Fachmethoden anwenden

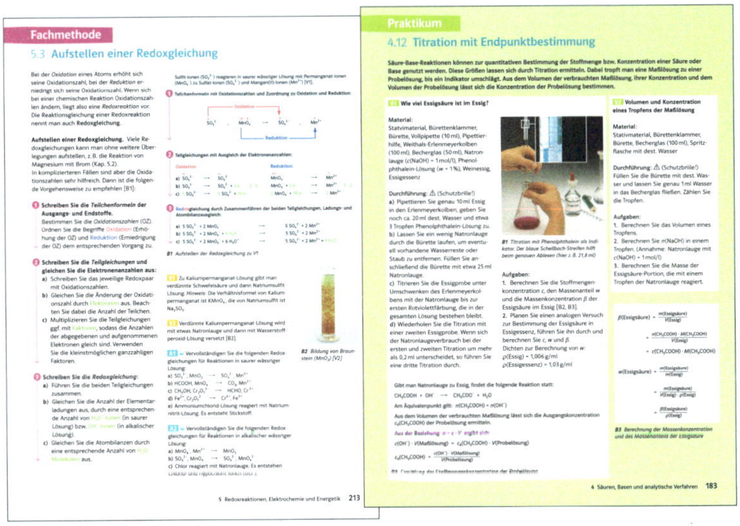

Klausuren vorbereiten

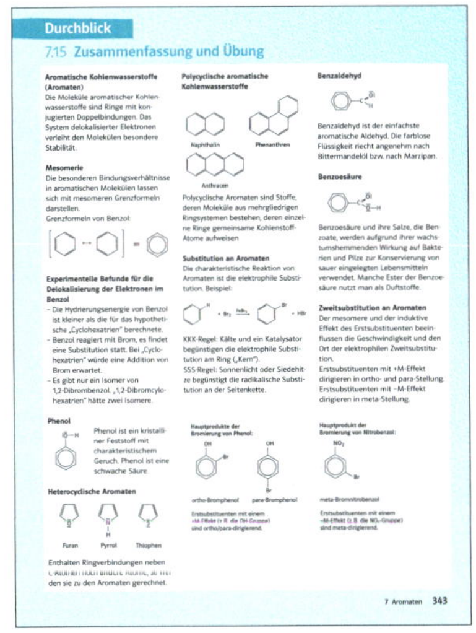

Fachmethode: Spezielle Methoden der Chemie werden so vorgestellt, dass Sie diese eigenständig erarbeiten und anwenden können.

Praktikum: Ausführlich und Schritt für Schritt werden Sie von der Planung über die Durchführung bis zur Beobachtung und Auswertung eines Versuchs geführt.

Durchblick: Alle Inhalte des Kapitels zum schnellen Nachlesen. Aufgaben helfen Ihnen bei der Vorbereitung auf Klausuren. Lösungen dazu finden Sie im eBook und in den Medien zum Schulbuch.

Symbole im Buch

V1	Schülerversuch Die allgemeinen Hinweise zur Vermeidung von Unfällen beim Experimentieren müssen bekannt sein. Insbesondere ist immer eine **Schutzbrille** zu tragen. Auch Schülerversuche sind nur auf Anweisung der Lehrkraft auszuführen.
V1	Lehrerversuch
⚠	Gefahrensymbol Bei Versuchen, die mit diesem Zeichen versehen sind, müssen von der Lehrkraft besondere Vorsichtsmaßnahmen getroffen werden.
○	einfache Aufgabe
◒	mittlere Aufgabe
●	schwierige Aufgabe
MK	Aufgabe, zu deren Lösung Medienkompetenz erforderlich ist
NE	Inhalte zur nachhaltigen Entwicklung

▶	Video
☝	interaktive Übungen
📄	Dokument Auf einigen Seiten im Buch finden Sie diese Mediensymbole. Mindestens eine der Medienarten steht jeweils zur Verfügung.

Videos, interaktive Übungen und Dokumente zum Schulbuch sind im eBook und in den Medien zum Schulbuch verfügbar.

Hinweise zu den Versuchen
Vor der Durchführung eines Versuchs müssen mögliche Gefahrenquellen besprochen werden. Die geltenden Richtlinien zur Vermeidung von Unfällen beim Experimentieren sind zu beachten.

Da Experimentieren grundsätzlich umsichtig erfolgen muss, wird auf die üblichen Verhaltensregeln und die Regeln für Sicherheit und Gesundheitsschutz beim Umgang mit Gefahrstoffen im Unterricht nicht bei jedem Versuch gesondert hingewiesen.

Beim Experimentieren muss immer eine Schutzbrille getragen werden.

Zum Bild auf dem Umschlag:
Das Foto zeigt einen 3D-Drucker, mit dem ein Gegenstand aus Kunststoff hergestellt wird. Der 3D-Druck wird auf S. 376 und in Kap. 9.5 kurz beschrieben. Der Filament-3D-Druck (FFF – Fused Filament Fabrication) ist das bekannteste Verfahren in der Industrie und im Privatbereich. Am häufigsten wird PLA (Kap. 9.11) zum Filament-3D-Druck verwendet; dieser Kunststoff ist kostengünstig und wegen seines niedrigen Schmelzbereichs leicht zu verarbeiten. Aber auch andere Kunststoffe werden eingesetzt. ABS (S. 376 und Kap. 9.2) ist wegen seines höheren Schmelzbereichs schwieriger zu verarbeiten, aber dafür härter und langlebiger.

1. Auflage

1 5 4 3 2 1 | 2028 27 26 25 24 23

Autorinnen und Autoren: Paul Gietz, Peter Nelle, Dr. Carsten Penz, Dr. h. c. Elke Schumacher, Dr. Wilke de Vries
Bei der Erstellung dieses Unterrichtswerkes wurde auch auf andere Titel des Ernst Klett Verlags zurückgegriffen.
Deren Autorinnen und Autoren sind: Prof. Ulrich Bee, Oliver Blauth, Edgar Brückl, Prof. Werner Eisner, Paul Gietz, Heike Große, Dr. Erhard Irmer, Axel Justus, Prof. Dr. Klaus Laitenberger, Prof. Heike Maier, Dr. Martina Mihlan, Peter Nelle, Hildegard Nickolay, Dr. Carsten Penz, Horst Schaschke, Prof. Dr. Werner Schierle (†), Bärbel Schmidt, Andrea Schuck, Michael Sternberg, Dr. Jutta Töhl-Borsdorf, Prof. Karsten Wiese, Peter Zehentmeier, Dr. Thorsten Zippel.

Entstanden in Zusammenarbeit mit dem Projektteam des Verlages.

Gestaltung: normaldesign GbR, Maria und Jens-Peter Becker, Schwäbisch Gmünd.
Titelbild: Getty Images Plus, München (E+/izusek)
Satz: Thomas Krauß Verlagsservice, Ederheim/Hürnheim
Reproduktion: Schwabenrepro, Fellbach
Druck: aprinta druck, Wemding

Printed in Germany.
ISBN: 978-3-12-756916-2

9 783127 569162

Oberstufe

Elemente Chemie

Nordrhein-Westfalen

Paul Gietz
Peter Nelle
Carsten Penz
Elke Schumacher
Wilke de Vries

Ernst Klett Verlag
Stuttgart · Leipzig

Rückblick und Vertiefung

Chemische Reaktion 4
Metalle und Metallgewinnung 6
Atombau und Periodensystem 8
Salze und Ionenbindung 10
Metalle und Metallbindung 12
Moleküle und Elektronenpaarbindung 14
Zwischenmolekulare Kräfte 16
Elektronen-Übertragungsreaktionen 18
Protonen-Übertragungsreaktionen 19
Die Alkane – eine homologe Reihe 20
Die Alkane – Nomenklatur 21
Die Alkane – Struktur-Eigenschafts-Beziehungen 22
Ethen – ein Alken 25
Die Vielfalt der Kohlenwasserstoffe 26
Größen und Größengleichungen 28
Chemisches Rechnen 30
Hinweise zu den Arbeitsaufträgen 32

Einführungsphase: Kapitel 1 bis 3

1 Organische Sauerstoff-Verbindungen 33

Die Vielfalt der organischen Sauerstoff-Verbindungen 34
1.1 Alkoholische Gärung 36
1.2 Die Herstellung von Alkohol 37
1.3 Alkohol – Genussmittel und Alltagsdroge 38
1.4 Untersuchung von Ethanol 40
1.5 Der Aufbau des Ethanol-Moleküls 41
1.6 Ethanol – Eigenschaften und Verwendung 42
1.7 Super E10 – Bioethanol als Treibstoffzusatz 44
1.8 Die Alkanole 46
1.9 Alkanole – Eigenschaften und Verwendung 48
1.10 Nachweis von Alkoholen 50
1.11 Alkohole als Emulgatoren in Cremes 51
1.12 Mehrwertige Alkohole 52
1.13 Lernzirkel Alkohole 54
1.14 Wichtige Ether 55
1.15 Oxidationszahlen in organischen Verbindungen 56
1.16 Oxidation von Alkoholen 58
1.17 Nachweis von Aldehyden 59
1.18 Aldehyde und Ketone 60
1.19 Gewinnung eines Aromastoffes 62
1.20 Vom Alkohol zum Katerfrühstück 64
1.21 Vergiftungen durch Methanol 65
1.22 Essig und Essigsäure 66
1.23 Essig im Alltag 68
1.24 Essigsäure – genauer betrachtet 69
1.25 Carbonsäuren 70
1.26 Carbonsäuren in der Natur 72
1.27 Carbonsäuren als Lebensmittelzusatzstoffe 73
1.28 Carbonsäuren in Lebensmitteln 74
1.29 Gewinnung von Citronensäure 75
1.30 Veresterung und Esterspaltung 76
1.31 Verwendungen und Vorkommen von Carbonsäureestern 78
1.32 Die Vielfalt der Ester 80
1.33 Duft- und Aromastoffe im Überblick 81
1.34 **Durchblick** Zusammenfassung und Übung 82

2 Reaktionsgeschwindigkeit und chemisches Gleichgewicht 85

Geschwindigkeit und Gleichgewicht 86
2.1 Die Geschwindigkeit von Reaktionen 88
2.2 Einfluss der Konzentration und des Zerteilungsgrades 90
2.3 Reaktionsgeschwindigkeit und Konzentration 91
2.4 Reaktionsgeschwindigkeit und Zerteilungsgrad 92
2.5 Energieverlauf beim Wechseln eines Bindungspartners 93
2.6 Reaktionsgeschwindigkeit und Temperatur 94
2.7 Katalyse 96
2.8 Einfluss der Temperatur und von Katalysatoren 98
2.9 Enzyme 99
2.10 Chemische Reaktion und Gleichgewichtseinstellung 100
2.11 Umkehrbarkeit und Gleichgewicht 102
2.12 Gleichgewichtseinstellung im Modell 103
2.13 Beeinflussung des chemischen Gleichgewichts 104
2.14 Fließgleichgewichte 108
2.15 Die Ammoniak-Synthese 109
2.16 Fritz Haber 112
2.17 Das Massenwirkungsgesetz 113
2.18 Aggregatzustände und Gleichgewichte 116
2.19 **Durchblick** Zusammenfassung und Übung 117

3 Stoffe im Fokus von Umwelt und Klima 119

Kreislauf des Kohlenstoff-Atoms und Klima 120
3.1 Kohlenstoffoxide und Kohlensäure 122
3.2 Carbonate und Hydrogencarbonate 124
3.3 Natürliche und technische Kalkkreisläufe 126
3.4 Kalk und Wasserhärte 128

3.5 Der Kreislauf der Kohlenstoff-Atome 130
3.6 Versuche mit Kohlenstoffdioxid 133
3.7 Kohlenstoffdioxid im Ozean 134
3.8 Erdatmosphäre und Treibhauseffekt 136
3.9 Landwirtschaft und Böden als Klimafaktoren 140
3.10 Erneuerbare Energiequellen 142
3.11 Speicherung – eine Lösung des CO_2-Problems? 144
3.12 Polarforschung 145
3.13 Modellieren in Regelkreisen 146
3.14 Pflanzenwachstum und Mineralstoffangebot 147
3.15 Sulfate – Salze der Schwefelsäure 148
3.16 Salpetersäure und Nitrate 149
3.17 Der Kreislauf der Stickstoff-Atome 150
3.18 Phosphorsäure und Phosphate 151
3.19 Der Kreislauf der Phosphor-Atome 152
3.20 Mineraldünger 153
3.21 Untersuchung eines Mineraldüngers 154
3.22 Belastung der Umwelt durch Nitrate und Phosphate 155
3.23 **Durchblick** Zusammenfassung und Übung 156

Qualifikationsphase: Kapitel 4 bis 9

4 Säure, Basen und analytische Verfahren 159

Säuren und Basen in Alltag, Technik und Umwelt 160
4.1 Die Säure-Base-Theorie nach Brønsted 162
4.2 Autoprotolyse des Wassers und pH-Wert 164
4.3 Die Stärke von Säuren und Basen 167
4.4 Einfluss der Molekülstruktur auf die Säure- und Basenstärke 170
4.5 Protolysen bei Nachweisreaktionen 172
4.6 Nachweisreaktionen 173
4.7 Löslichkeitsgleichgewichte und Nachweis von Ionen 174
4.8 Säurestärke und pH-Wert saurer Lösungen 176
4.9 Basenstärke und pH-Wert alkalischer Lösungen 177
4.10 Protolysen in Salzlösungen 178
4.11 Puffersysteme 180
4.12 Titration mit Endpunktbestimmung 183
4.13 pH-metrische Titration 184
4.14 Halbtitration 186
4.15 Titration und Indikator 187
4.16 Konduktometrische Titration 188
4.17 Titrationen im Vergleich 190
4.18 Konzentrationsberechnungen 191
4.19 Säuren und Basen in Produkten des Alltags 192
4.20 Chemische Reaktionen und Energie 194
4.21 Die Neutralisationsenthalpie 196
4.22 Reaktionsenergie und Reaktionsenthalpie – ein Vergleich 198
4.23 Kalorimetrische Ermittlung von Enthalpien 200
4.24 Lösungsenthalpien 202
4.25 **Durchblick** Zusammenfassung und Übung 204

5 Redoxreaktionen, Elektrochemie und Energetik 207

Speicherung und Nutzung von Energie 208
5.1 Oxidation und Reduktion 210
5.2 Oxidationszahlen 212
5.3 Aufstellen einer Redoxgleichung 213
5.4 Redoxtitrationen 214
5.5 Iodometrie und Perganometrie 215
5.6 Bildungsenthalpien und Reaktionsenthalpien 216
5.7 Die Redoxreihe 220
5.8 Galvanische Zellen 221
5.9 Die elektrochemische Spannungsreihe 224
5.10 Ionenkonzentration und Spannung 227
5.11 Spannungen und Standardpotentiale 228
5.12 Die Nernst-Gleichung 229
5.13 Bestimmung extrem kleiner Konzentrationen 232
5.14 Berechnung einer Potentialdifferenz 233
5.15 Die Richtung spontaner Vorgänge 234
5.16 Reaktionsentropien 237
5.17 Entropie und Wahrscheinlichkeit 238
5.18 Die freie Enthalpie 239
5.19 Freie Enthalpie und chemisches Gleichgewicht 241
5.20 Freie Enthalpie und Spannung galvanischer Zellen 242
5.21 Elektrolysen in wässrigen Lösungen 244
5.22 Die Alkalichorid-Elektrolyse 247
5.23 Gewinnung von Zink 248
5.24 Gewinnung von Aluminium 249
5.25 Quantitative Betrachtung der Elektrolyse 250
5.26 Batterien 252
5.27 Primärzellen 254
5.28 Akkumulatoren 255
5.29 Recycling und Wertstoffkreisläufe 258
5.30 Wasserstoff – Energieträger und Reduktionsmittel 260
5.31 Energiespeicherung 262
5.32 Brennstoffzellen und heterogene Katalyse 264
5.33 Experimente mit Brennstoffzellen 266
5.34 Korrosion und Korrosionsschutz 267
5.35 Korrosion 270
5.36 Korrosionsschutz 272
5.37 **Durchblick** Zusammenfassung und Übung 273

Praktikum Exkurs Impulse Fachmethode

6 Wege zu organischen Produkten 275

Von Ausgangsstoffen zu Reaktionsprodukten 276
6.1 Kohlenwasserstoffe aus Erdöl und Erdgas 278
6.2 Gaschromatografie 280
6.3 Kleine Moleküle durch Cracken 282
6.4 E-Fuels – alternative Kraftstoffe? 283
6.5 Kohlenwasserstoffe und Reaktionstypen 284
6.6 Geometrie und Isomerie organischer Moleküle 286
6.7 Moleküldarstellungen mit Tablet und PC 288
6.8 Halogenierung von Alkanen – radikalische Substitution 290
6.9 Produktvielfalt durch nucleophile Substitutionen 293
6.10 Reaktionen der Alkene – elektrophile Addition 296
6.11 Reaktionsschritte der Esterbildung und Esterspaltung 298
6.12 Esterbildung und -spaltung – Gleichgewichtsbetrachtung 300
6.13 Vom C4-Schnitt zu organisch-chemischen Synthesen 302
6.14 Chemische Reaktion und Chiralität 303
6.15 Nachweise von funktionellen Gruppen 304
6.16 Technische Herstellung von Essigsäure 306
6.17 Synthesen und Katalysatoren 307
6.18 Aufbau und Eigenschaften der Fette 308
6.19 Fette und Fetthärtung 310
6.20 Fette 312
6.21 Fette als Nährstoffe 313
6.22 **Durchblick** Zusammenfassung und Übung 314

7 Aromaten 317

Aromaten und Arzneimittel 318
7.1 Benzol – ein Aromat 320
7.2 Bindungsverhältnisse im Benzol-Molekül 322
7.3 Mesomerie und Aromatizität 324
7.4 Beispiele für Aromaten 325
7.5 Das Benzol-Molekül im Orbitalmodell 326
7.6 Halogenierung von Benzol 329
7.7 Benzol-Derivate 330
7.8 Zweitsubstitution am Aromaten 332
7.9 Reaktionsmechanismen im Vergleich 334
7.10 ASS – ein Jahrhundertarzneimittel 336
7.11 Acetylsalicylsäure 337
7.12 Dünnschichtchromatografie 338
7.13 Wirkungsweise von Schmerzmitteln 340
7.14 Aromaten im Alltag 342
7.15 **Durchblick** Zusammenfassung und Übung 343

8 Organische Farbstoffe 345

Farbstoffe und Farbigkeit 346
8.1 Licht und Farbe 348
8.2 Struktur und Farbe 350
8.3 Kolorimetrie und Fotometrie 352
8.4 Farbe entsteht im Kopf 356
8.5 Farbstoffklassen 357
8.6 Lebensmittelfarbstoffe 362
8.7 Farbstoffe in Lebensmitteln 364
8.8 Färbeverfahren 366
8.9 Färben von Textilien 368
8.10 Die Farbstoff-Solarzelle 370
8.11 **Durchblick** Zusammenfassung und Übung 372

9 Moderne Werkstoffe 375

Werkstoffe nach Maß 376
9.1 Eigenschaften und Strukturen der Kunststoffe 378
9.2 Radikalische Polymerisation 380
9.3 Polykondensation 384
9.4 Polyaddition 386
9.5 Verarbeitung von Kunststoffen 388
9.6 Polypropen – ein technischer Weg zum Massenprodukt 390
9.7 Kunststoffe im Alltag 392
9.8 Verwertung von Kunststoffabfall 394
9.9 Kunststoffmüll – Endstation Meer? 396
9.10 Klebstoffe 397
9.11 Biologisch abbaubare Kunststoffe 398
9.12 Carbonfasern 399
9.13 Herstellung und Eigenschaften von Nanomaterialien 400
9.14 Nanomaterialien aus Kohlenstoff 402
9.15 Nanochemie 404
9.16 Nanomaterialien in der Anwendung 406
9.17 **Durchblick** Zusammenfassung und Übung 408

Erweiterung: Kapitel 10 bis 12

10 Kohlenhydrate und Proteine 411

10.1 Spiegelbildisomerie und optische Aktivität 412
10.2 Fischer-Projektionsformeln 414
10.3 Halbacetale und Vollacetale 416
10.4 Klassifizierung der Kohlenhydrate 417
10.5 Glucose und Fructose 418
10.6 Zuckerersatzstoffe 421
10.7 Maltose, Saccharose, Lactose 422
10.8 Stärke und Cellulose 424
10.9 Cyclodextrine 426
10.10 Stärke – nicht nur zum Essen 427
10.11 Kohlenhydrate 428
10.12 Strukturen der Aminosäuren 430
10.13 Der isoelektrische Punkt 432
10.14 Trennung von Aminosäuren 433
10.15 Aminosäuren im Alltag 434
10.16 Peptide und Peptidbindung 435
10.17 Struktur von Peptiden und Proteinen 436
10.18 Proteinstrukturen im Alltag 438
10.19 Eigenschaften und Nachweis von Proteinen 439
10.20 Denaturierung von Proteinen 440
10.21 Neue Proteine aus Bestandteilen der Nahrung 441
10.22 Bedeutung von Proteinen 442
10.23 Kohlenhydrate und Proteine in der Küche 444
10.24 Nucleinsäuren – vom Gen zum Protein 446
10.25 **Durchblick** Zusammenfassung und Übung 450

11 Seifen und Waschmittel 453

11.1 Seife selbst herstellen 454
11.2 Verseifung von Fetten 455
11.3 Seifen als waschaktive Stoffe 456
11.4 Der Waschvorgang 459
11.5 Tenside als waschaktive Stoffe 460
11.6 Inhaltsstoffe von Waschmitteln 462
11.7 Seifenblasen 466
11.8 **Durchblick** Zusammenfassung und Übung 467

12 Komplexverbindungen 469

12.1 Das Phänomen der Komplexverbindungen 470
12.2 Komplexe – Struktur und Bildung 472
12.3 Gleichgewichtsreaktionen bei Komplexverbindungen 474
12.4 Komplexreaktionen 476
12.5 Komplexverbindungen in Labor und Technik 478
12.6 Komplexverbindungen in der Natur 482
12.7 **Durchblick** Zusammenfassung und Übung 484

Basiskonzepte 485

Stoffe, Teilchen, Eigenschaften 486
Chemische Reaktion 490
Energie 494

Anhang

Die Kennzeichnung von Chemikalien 496
Gefahren- und Sicherheitshinweise: H- und P-Sätze 498
Entsorgung von Chemikalienabfällen 500
Potenzen und Logarithmen 502
Formeln, Reaktionsgleichungen, funktionelle Gruppen 504
Isomeriearten – eine Übersicht 506
Qualitative Analysemethoden – eine Übersicht 507
Tabellen 508

Stichwortverzeichnis 511
Quellenverzeichnis 524
Periodensystem der Elemente 528

Praktikum Exkurs Impulse Fachmethode

Rückblick und Vertiefung

Chemische Reaktion

B1 *Eisen und Schwefel reagieren in einer exothermen Reaktion miteinander*

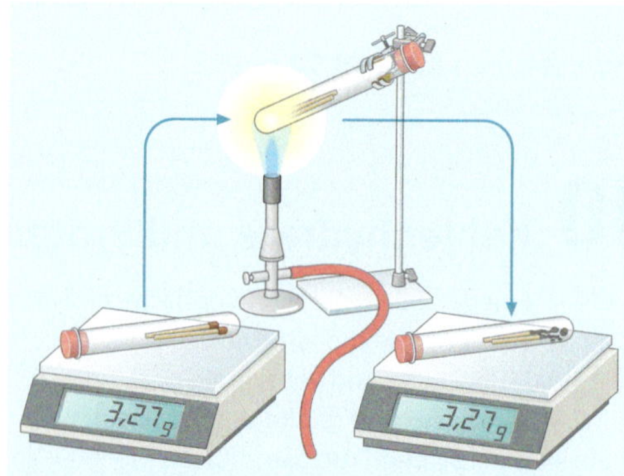

B2 *Massenerhaltung. Masse des Reagenzglases mit Inhalt vor und nach der Reaktion*

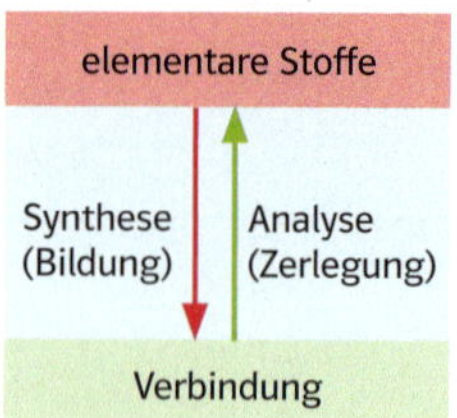

B3 *Bildung und Zerlegung*

Verbindungen und elementare Stoffe. Metalle reagieren mit Sauerstoff zu Metalloxiden, mit Schwefel zu Metallsulfiden. Die Metalle einerseits, Sauerstoff und Schwefel andererseits sind Reinstoffe, die sich nicht in andere Stoffe zerlegen lassen. Diese Stoffe sind **elementare Stoffe**. Metalloxide und Metallsulfide lassen sich durch chemische Reaktionen in die Metalle und Sauerstoff bzw. Schwefel zerlegen. Reinstoffe, die sich in mindestens zwei elementare Stoffe zerlegen lassen, sind **Verbindungen** [B3].

Die Reinstoffe lassen sich in elementare Stoffe und Verbindungen einteilen.

Massenerhaltung und Massenverhältnisse. Ermittelt man bei einer chemischen Reaktion mit der Waage die Masse der Ausgangsstoffe (Edukte) und die Masse der Reaktionsprodukte (Produkte), so erhält man das Gesetz von der Erhaltung der Masse [B2]:

Bei jeder chemischen Reaktion ist die Gesamtmasse der Reaktionsprodukte gleich der Gesamtmasse der Ausgangsstoffe.

Verfolgt man in einer Versuchsreihe jeweils die Masse der Ausgangsstoffe, in der diese miteinander reagieren, so erhält man das Gesetz von den konstanten Massenverhältnissen:

Das Massenverhältnis der elementaren Stoffe, aus denen eine Verbindung entsteht oder in die sie zerlegt wird, ist konstant.

Elementname	Elementsymbol
Magnesium	Mg
Aluminium	Al
Eisen	Fe
Kupfer	Cu
Zink	Zn
Sauerstoff	O
Schwefel	S

B4 *Namen und Symbole einiger Elemente*

Reaktionsgleichungen. Die Metalle sind Beispiele für elementare Stoffe. Ein elementarer Stoff besteht aus Atomen einer Atomart, die sich von den Atomen anderer elementarer Stoffe in ihrer Masse und Größe unterscheiden. Für die Atomarten wird der Begriff **Element** verwendet. Für die Elemente verwendet man **Elementsymbole**. Diese bestehen aus einem großen Buchstaben oder aus einem großen und einem kleinen Buchstaben [B4].

Das Elementsymbol für das Schwefel-Atom ist S, das Elementsymbol für das Aluminium-Atom ist Al. Für Verbindungen lassen sich Kombinationen aus den Elementsymbolen aufstellen. Al_2S_3 ist z. B. die Verhältnisformel von Aluminiumsulfid. Man spricht von einer Verhältnisformel, weil das Anzahlverhältnis der Atomarten durch die Formel wiedergegeben wird. Im Aluminiumsulfid ist es $N(\text{Al}) : N(\text{S}) = 2 : 3$.
Mit den Elementsymbolen und den Formeln für Verbindungen kann man **Reaktionsgleichungen** aufstellen. Diese sind in allen Ländern der Erde gleich:

$$2\,Al + 3\,S \longrightarrow Al_2S_3$$

Bei einer chemischen Reaktion gehen keine Atome verloren. Eine chemische Reaktion lässt sich als Umgruppierung der Atome und Ausbildung einer neuen Atomanordnung deuten.

In einer Reaktionsgleichung sind die Anzahlen der Atome jeder Atomart links und rechts vom Reaktionspfeil gleich.

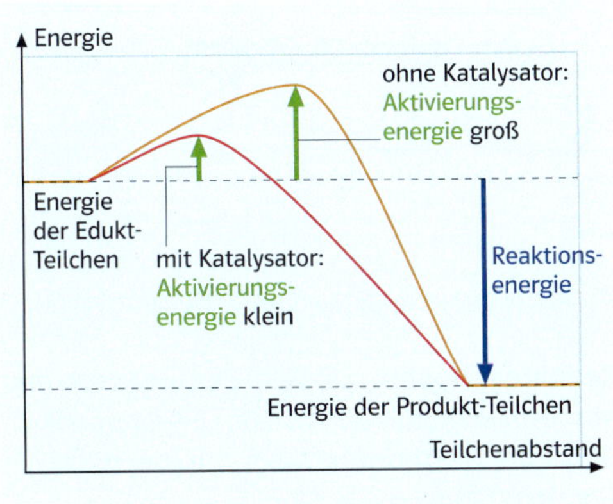

B5 *Aktivierungsenergie mit und ohne Katalysator*

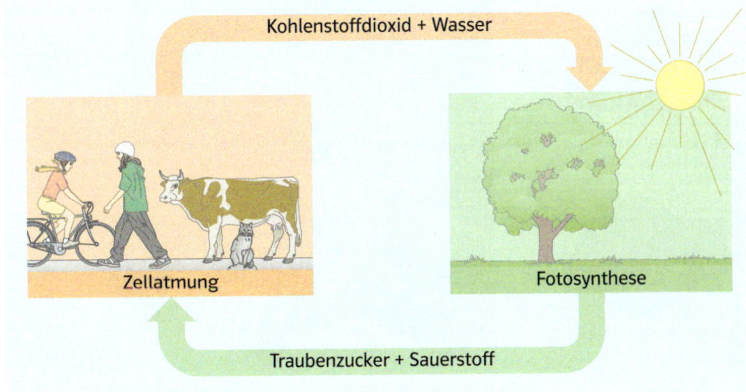

B6 *Der Kreislauf von Zellatmung und Fotosynthese*

Chemische Reaktionen und Energie. Erhitzt man ein Gemisch aus Eisen und Schwefel in einem kleinen Bereich bis zum Aufglühen [B1], so pflanzt sich das Glühen durch die ganze Stoffportion fort, obwohl der Brenner wieder entfernt wird. Das Reaktionsprodukt Eisensulfid ist sehr heiß. Die thermische Energie, die das Glühen verursacht, entsteht offenbar bei der Reaktion von Eisen mit Schwefel zu Eisensulfid. Diese Reaktion ist ein Beispiel für eine **exotherme Reaktion** [B7]. Die Zerlegung von Eisensulfid in Eisen und Schwefel gelingt nur, wenn man dem Eisensulfid die ganze Zeit Energie zuführt, sonst hört die Reaktion auf. Die Zerlegung von Eisensulfid ist ein Beispiel für eine **endotherme Reaktion** [B7].

Chemische Reaktionen, die unter Energieabgabe ablaufen, nennt man exotherme Reaktionen. Chemische Reaktionen, die nur unter andauernder Energiezufuhr ablaufen, nennt man endotherme Reaktionen.

Aktivierungsenergie und Katalyse. Die Reaktion von Eisen mit Schwefel ist eine exotherme Reaktion. Um sie auszulösen, erhitzt man das Eisen-Schwefel-Gemisch an einer Stelle. Das Gemisch reagiert dann ohne weitere Zufuhr von Energie und gibt Energie ab.

Bei vielen exothermen Reaktionen muss man Aktivierungsenergie zuführen, um sie zu starten. Die Aktivierungsenergie ist die Energie, die ein Teilchen benötigt, um vom einen Teilchenverband in den anderen zu gelangen. Wenn ein kleiner Teil der Teilchen aktiviert ist, reicht die abgegebene Reaktionsenergie aus, dass die Reaktion weiterläuft. Ein Katalysator ist ein Stoff, der die Aktivierungsenergie verringert. [B5]. Er beschleunigt dadurch die Reaktion, ohne selbst verbraucht zu werden.

Ein Katalysator ist ein Stoff, der die Aktivierungsenergie einer chemischer Reaktion verringert. Er beschleunigt dadurch die chemische Reaktion.

Chemische Reaktionen in Kreisläufen. Menschen und Tiere atmen Luft ein. Die Luft, die sie ausatmen, hat einen geringeren Anteil an Sauerstoff und einen höheren Anteil an Kohlenstoffdioxid, d.h., sie nehmen Sauerstoff auf und geben Kohlenstoffdioxid ab [B6]. Dass der Sauerstoff in der Atmosphäre trotzdem nie ausgeht, liegt daran, dass die Zellatmung und die Fotosynthese einen natürlichen Kreislauf bilden, an dem Kohlenstoffdioxid und Sauerstoff beteiligt sind.

Laufen chemische Reaktionen in einem Kreislauf ab, wechseln die Atome nur die Bindungspartner.

A1 Ein Stück Magnesiumband verbrennt erst, wenn es z.B. an einer Brennerflamme entzündet wird.
a) Erklären Sie, warum das Erhitzen notwendig ist.
b) Handelt es sich um eine endotherme oder exotherme Reaktion? Begründen Sie Ihre Antwort.

A2 MK Recherchieren Sie, wie ein Autoabgaskatalysator funktioniert.

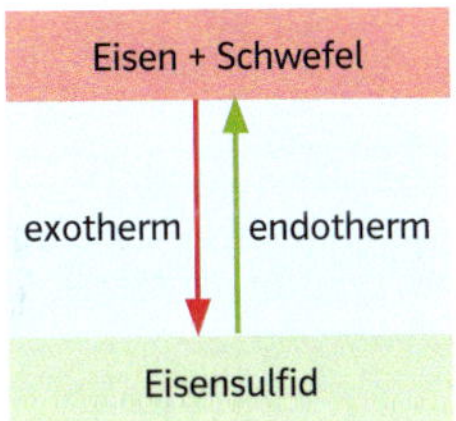

B7 *Bildung und Zerlegung von Eisensulfid*

endotherm, exotherm von griech. endon, innen; exo, außen; therme, Wärme

Bei einer endothermen Reaktion wird Energie aus der Umgebung aufgenommen, bei einer exothermen Reaktion abgegeben.

Metalle und Metallgewinnung

B1 *Erze für die Metallgewinnung*

B4 *Eisen reagiert mit Kupferoxid*

B2 *Piercing. Metalle als Körperschmuck*

Metalle werden seit mehreren Tausend Jahren für Gebrauchs- und Schmuckgegenstände [B2] und zur Herstellung von Münzen verwendet. Allerdings kommen die meisten Metalle in der Natur nicht gediegen vor, sondern werden aus Erzen gewonnen. Viele Erze enthalten Metalloxide oder Metallsulfide [B1].

Metalle bilden eine Stoffklasse. Metalle leiten den elektrischen Strom und sind gute Wärmeleiter. Metalle lassen sich verformen, ohne zu zerbrechen. Metallstücke haben eine glänzende Oberfläche. Diese gemeinsamen Eigenschaften grenzen die Metalle von anderen Stoffen ab und werden bei ihrer vielfältigen Verwendung genutzt. Metalle, deren Dichte kleiner als $\rho = 5\,g/cm^3$ ist, bezeichnet man als Leichtmetalle, alle übrigen als Schwermetalle.

Alle Metalle sind elektrisch leitfähig und gute Wärmeleiter. Sie sind gut verformbar und zeigen eine glänzende Oberfläche.

Legierungen. Die Eigenschaften von metallischen Werkstoffen lassen sich noch verändern, indem man unterschiedliche Metalle zusammenschmilzt. Auf diese Weise entstehen homogene Gemische, die ebenfalls metallische Eigenschaften besitzen. Sie werden als Legierungen bezeichnet [B8]. Das Metall Eisen bildet im Stahl sogar Legierungen mit dem Nichtmetall Kohlenstoff.

Legierungen sind homogene Stoffgemische, meist aus verschiedenen Metallen.

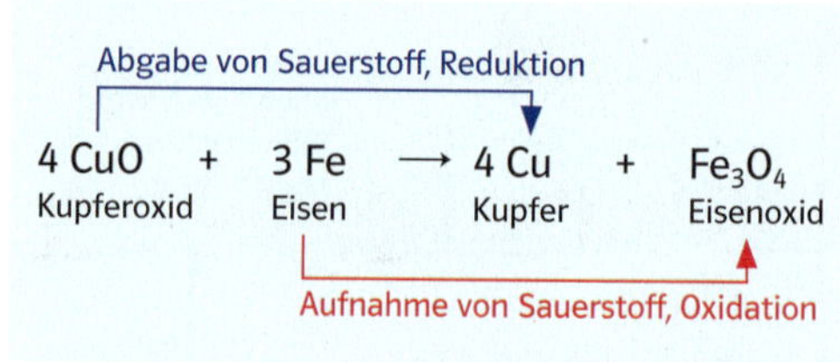

B3 *Metallgewinnung mit einem unedleren Metall*

Redoxreaktionen. Ein Gemisch aus Eisen und Kupferoxid glüht nach kurzem Erhitzen auf [B3]. Eine Glühfront bewegt sich durch das Gemisch hindurch.
Nach dem Erkalten erkennt man rötliche Kügelchen und eine grauschwarze Masse. Das schwarze Kupferoxid reagiert mit dem grauen Eisen zu rötlichem Kupfer und grauschwarzem Eisenoxid. Diese Reaktion verläuft exotherm. Das Kupferoxid gibt seine Sauerstoff-Atome ab, das Eisen nimmt sie auf [B3]. Es handelt sich um eine Redoxreaktion.

Die Abgabe und die Aufnahme von Sauerstoff-Atomen laufen gleichzeitig ab. Man bezeichnet einen solchen Vorgang auch als **Donator-Akzeptor-Reaktion**. Die umgekehrte Reaktion (also Kupfer mit Eisenoxid) läuft nicht ab.

Damit ein Metall die Abgabe von Sauerstoff-Atomen eines Oxids bewirken kann, muss es selbst möglichst leicht Sauerstoff-Atome aufnehmen können [B5]. Metalle, die leicht mit Sauerstoff reagieren oder Sauerstoff-Atome von Metalloxiden übernehmen, zählt man zu den unedlen Metallen. Magnesium, Zink und Eisen sind unedle Metalle, Silber ist ein Edelmetall.

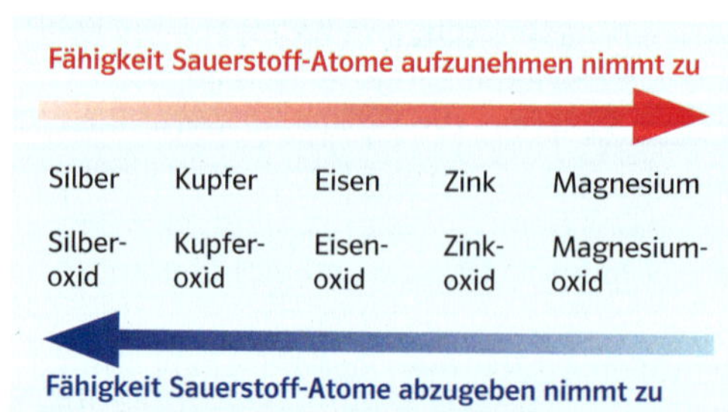

B5 *Die edleren Metalle stehen in diesem Schema links, die unedleren rechts. Ist das elementare Metall edler als das Metall im Oxid, so findet keine Redoxreaktion statt*

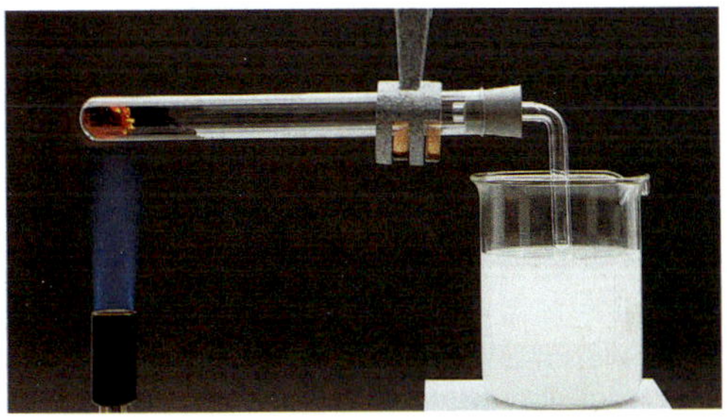

B6 *Kohlenstoff reagiert mit Kupferoxid, Nachweis von Kohlenstoffdioxid mit der Kalkwasserprobe*

Kohlenstoff reagiert mit Metalloxiden. Bei der Reaktion zwischen einem Metall und einem Metalloxid verbacken die neu gebildeten Stoffe häufig miteinander. Das Gemisch muss dann mühsam getrennt werden. Dieser Nachteil entfällt, wenn der Reaktionspartner mit Sauerstoff zu einem gasförmigen Stoff reagiert.

Erhitzt man ein Gemisch aus schwarzem Kupferoxid und Holzkohle, so glüht es auf. Im Kalkwasser perlen Gasblasen hoch, das Kalkwasser trübt sich [B6]. Nach dem Erkalten erkennt man im Reagenzglas einen rötlichen Feststoff. Auch hier findet eine Redoxreaktion statt. Kupferoxid und Kohlenstoff reagieren in einer exothermen Reaktion zu Kupfer und Kohlenstoffdioxid [B9].

Eine chemische Reaktion, bei der die Abgabe und Aufnahme von Sauerstoff-Atomen gleichzeitig ablaufen, ist eine Redoxreaktion. Es gibt allerdings auch viele Redoxreaktionen ohne Beteiligung von Sauerstoff [Randspalte].

Zwischen einem Metall und einem Metalloxid kann eine Redoxreaktion dann ablaufen, wenn das elementare Metall unedler ist als das Metall des Metalloxids.

Abgabe von Sauerstoff, Reduktion

$2\,CuO + C \longrightarrow 2\,Cu + CO_2$

Kupferoxid + Kohlenstoff ⟶ Kupfer + Kohlenstoffdioxid

Aufnahme von Sauerstoff, Oxidation

B9 *Metallgewinnung mit Holzkohle*

Metallgewinnung aus sulfidischen Erzen. Mit Kohlenstoff lassen sich Metalle nur aus Oxiden gewinnen. Deshalb müssen sulfidische Erze zuerst mit Sauerstoff in Oxide überführt werden. Dabei entsteht auch Schwefeldioxid. Diese Reaktion bezeichnet man als „Rösten".

Metallsulfid + Sauerstoff ⟶ Metalloxid + Schwefeldioxid

Erst dann kann die eigentliche Metallgewinnung beginnen:

Metalloxid + Kohlenstoff ⟶ Metall + Kohlenstoffdioxid

Sulfidische Erze müssen erst in ihre Oxide überführt werden, bevor daraus das Metall gewonnen werden kann.

A1 ○ MK Stellen Sie in einer Tabelle die Eigenschaften und wichtigen Verwendungen der folgenden Metalle zusammen: Aluminium, Blei, Eisen, Kupfer, Silber, Titan.

A2 ◒ MK Recherchieren Sie die Zusammensetzungen der folgenden Legierungen: Neusilber, Bronze, Messing, Edelstahl.

A3 ● Beurteilen Sie mithilfe von B5, ob die folgenden Reaktionen möglich sind oder nicht. Stellen Sie ggf. die Reaktionsgleichung auf und kennzeichnen Sie die Abgabe und Aufnahme von Sauerstoff-Atomen.
a) Kupferoxid + Zink
b) Magnesiumoxid + Kupfer
c) Silberoxid + Magnesium
d) Zinkoxid + Silber
e) Eisenoxid + Magnesium

A4 ● An Luft verbrennt Magnesium zu Magnesiumoxid (MgO). Hält man ein brennendes Magnesiumband in einen mit Kohlenstoffdioxid gefüllten Standzylinder, so brennt es weiter. Dabei entsteht ein weißer und ein schwarzer Stoff.
a) Formulieren Sie das Reaktionsschema.
b) Formulieren Sie die Reaktionsgleichung.
c) Begründen Sie, warum man aus Magnesiumoxid und Koks kein Magnesium gewinnen kann.

B7 *Eisenkies, auch Katzengold genannt, besteht aus FeS_2*

Holzkohle besteht überwiegend aus Kohlenstoff.

B8 *Spielzeug aus einer Metalllegierung*

Redoxreaktionen sind Elektronen-Übertragungsreaktionen (S. 18). Die Oxidation ist eine Elektronenabgabe, die Reduktion ist eine Elektronenaufnahme.

Atombau und Periodensystem

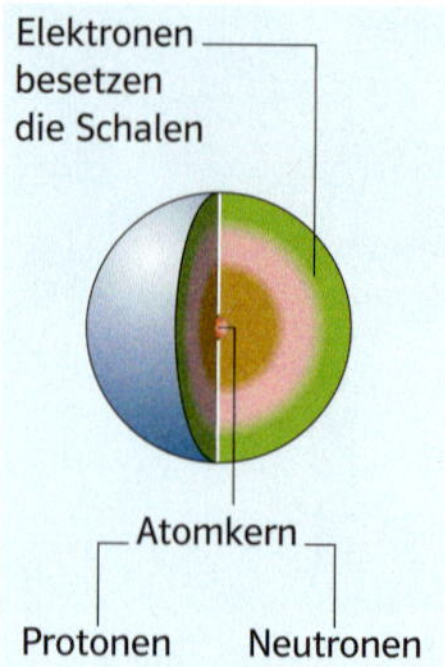

B1 *Verteilung der Grundbausteine im Atom*

Nukleonenzahl
Gesamtzahl der Nukleonen, d.h. Protonen und Neutronen. Man bezeichnet sie auch als Massenzahl.

Kernladungszahl anderer Begriff für Ordnungszahl

Das Schalenmodell [B1] gibt einen Einblick in den Aufbau der Atome. Mit dem Schalenmodell kann man u.a. den Aufbau des Periodensystems erklären.

Atomkern und Atomhülle. Ein Atom besteht aus einem **Atomkern** und einer **Atomhülle**. Der Atomkern ist positiv geladen. Er besteht aus **Protonen** und **Neutronen** und enthält nahezu die gesamte Masse des Atoms. Die Atomhülle ist negativ geladen, sie besteht aus **Elektronen**. Ein Proton trägt eine positive Elementarladung, ein Elektron eine negative Elementarladung. Die Elementarladung *e* ist sehr klein: $e = 1{,}602 \cdot 10^{-19}\,C$.
In einem Atom gleichen sich die positiven Ladungen der Protonen und die negativen Ladungen der Elektronen aus. Neutronen sind elektrisch neutral. Die Masse eines Protons und eines Neutrons beträgt jeweils ca. 1 u, die Masse eines Elektrons beträgt ca. 0,0005 u. Da die Masse der Elektronen sehr klein ist, entspricht die **Nukleonenzahl** eines Atomkerns ungefähr der Atommasse in u.

Protonen, Neutronen und Elektronen sind die Grundbausteine der Atome.

Energiestufen- und Schalenmodell. Das **Energiestufenmodell** [B3] liefert eine energetische Darstellung der Atomhülle. Jedes Elektron ist einer bestimmten Energiestufe zugeordnet. Die 1. Energiestufe kann mit maximal zwei Elektronen besetzt sein, die 2. Energiestufe mit maximal acht Elektronen. Ist eine Energiestufe voll besetzt, beginnt die Besetzung der nächsten Energiestufe.
Das **Schalenmodell** liefert eine räumliche Darstellung der Atomhülle. Die Elektronen befinden sich in verschiedenen Schalen. Jede Schale entspricht einer Energiestufe.
Die Verteilung der Elektronen auf die Schalen bzw. Energiestufen bezeichnet man als **Elektronenkonfiguration**.

	Atomhülle	Atomkern	
	Elektron	Proton	Neutron
Zeichen	e^-	p^+	n
Masse in kg	$9{,}109 \cdot 10^{-31}$	$1{,}673 \cdot 10^{-27}$	$1{,}675 \cdot 10^{-27}$
Masse in u	0,0005	1,0073	1,0087
Ladung in Elementarladungen	−1	+1	0

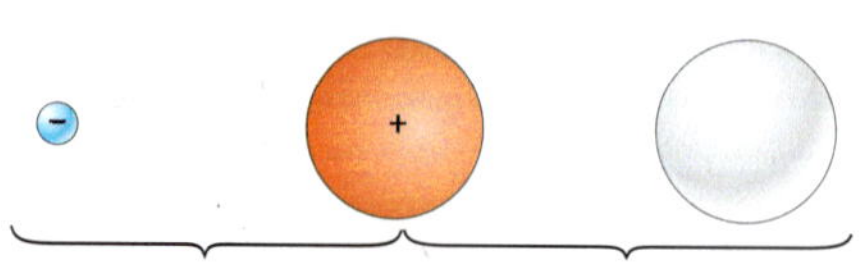

B2 *Die Grundbausteine der Atome*

Ionisierung und Ionisierungsenergie. Elektrisch geladene Atome bezeichnet man als **Ionen**. Wenn man von einem Atom Elektronen entfernt, entstehen positiv geladene Ionen. Den Vorgang bezeichnet man als **Ionisierung**. Die **Ionisierungsenergie** ist die Energie, die einem Atom oder Ion zugeführt werden muss, um ein Elektron abzuspalten.
Je näher ein Elektron am Atomkern ist, desto größer ist die Ionisierungsenergie. Beispielsweise ist die 3. Ionisierungsenergie des Magnesiums wesentlich größer als die 1. und 2. Ionisierungsenergie, da das dritte abgespaltene Elektron aus der 2. Energiestufe kommt.

Das Periodensystem der Elemente (PSE). Das PSE zeigt alle Elemente, die bis jetzt entdeckt oder künstlich hergestellt worden sind. Die **Ordnungszahl** eines Elements im **Periodensystem** entspricht der Anzahl der Protonen bzw. Elektronen seiner Atome. Von vielen Elementen gibt es **Isotope** mit unterschiedlichen Anzahlen von Neutronen.
Die 18 senkrechten Spalten des PSE bezeichnet man als **Elementgruppen**. Davon werden acht als **Hauptgruppen** mit den römischen Zahlen I bis VIII nummeriert. Die anderen zehn Gruppen sind **Nebengruppen**. Die Nummer einer Hauptgruppe entspricht der Anzahl der Außenelektronen ihrer Atome.
Die **Perioden** sind die waagerechten Zeilen des PSE. Die Nummer einer Periode entspricht der Anzahl der Schalen ihrer Atome.

Die Atomhüllen aller Elemente im Periodensystem haben ein gemeinsames Bauprinzip: Die 1. Energiestufe bzw. 1. Schale kann mit maximal zwei Elektronen besetzt sein, die 2. Energiestufe bzw. 2. Schale mit maximal acht Elektronen. Ist eine Schale voll besetzt, beginnt die Besetzung der nächsten Schale.

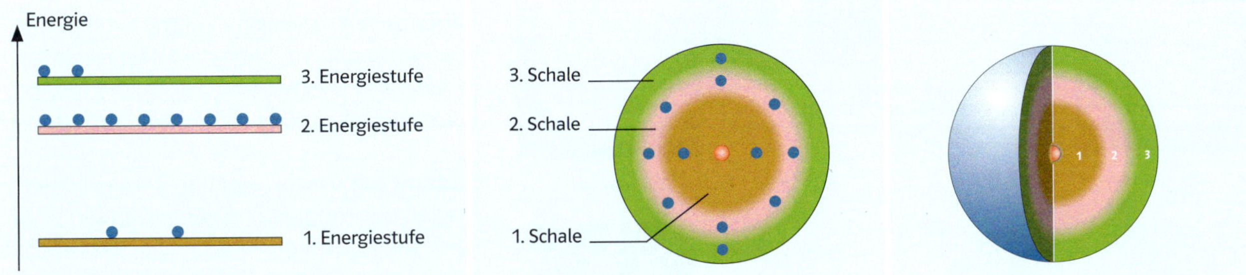

Energiestufenmodell des Magnesium-Atoms

Schalenmodell des Magnesium-Atoms (zweidimensionale Darstellung)

Schalenmodell eines Atoms der 3. Periode des PSE (dreidimensionale Darstellung)

B3 *Energiestufenmodell und Schalenmodell: Jeder Energiestufe kann eine Schale zugeordnet werden*

Valenzelektronen. Die Elemente einer Hauptgruppe weisen die gleiche Anzahl von Elektronen in der äußeren Schale auf. Die Eigenschaften und das Reaktionsverhalten der Elemente und der elementaren Stoffe werden durch diese Elektronen stark beeinflusst. Man bezeichnet sie als **Valenzelektronen,** oft auch als **Außenelektronen.** Den Atomkern mit den Elektronen der inneren Schalen bezeichnet man als **Atomrumpf.**

In der **Lewis-Schreibweise** [B4] werden die Valenzelektronen durch Punkte und Striche am Elementsymbol (Atomsymbol) dargestellt. Das Elementsymbol steht für den Atomrumpf. Für die Lewis-Schreibweise gelten die folgenden Regeln:
- Bis zu vier Valenzelektronen werden als Punkte am Elementsymbol dargestellt.
- Jedes weitere Valenzelektron wird mit einem bereits vorhandenen Elektron zu einem Elektronenpaar zusammengefasst und als Strich dargestellt.
- Ausnahme: Beim Helium-Atom werden die zwei Valenzelektronen zu einem Elektronenpaar zusammengefasst, da die 1. Schale maximal zwei Elektronen enthalten kann.

Perioden / Hauptgruppen	I	II	III	IV	V	VI	VII	VIII
1	H•							He|
2	Li•	Be•	•B•	•C•	•N|	•O|	|F|	|Ne|
3	Na•	Mg•	•Al•	•Si•	•P|	•S|	|Cl|	|Ar|
4	K•	Ca•	•Ga•	•Ge•	•As|	•Se|	|Br|	|Kr|
5	Rb•	Sr•	•In•	•Sn•	•Sb|	•Te|	|I|	|Xe|
6	Cs•	Ba•	•Tl•	•Pb•	•Bi|	•Po|	|At|	|Rn|
7	Fr•	Ra•						

B4 *Valenzelektronen (Außenlektronen) der Hauptgruppenelemente in der Lewis-Schreibweise*

Die Anzahl der Valenzelektronen (Außenelektronen) der Atome beeinflusst die Eigenschaften und das Reaktionsverhalten der Elemente und der elementaren Stoffe.

In der Lewis-Schreibweise werden Einzelelektronen als Punkte am Elementsymbol dargestellt, Elektronenpaare als Striche.

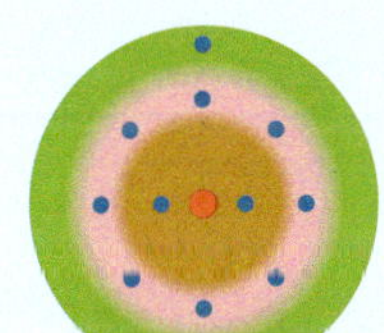

$^{23,0}_{11}Na$

Ordnungszahl 11
⇒ 11 Elektronen
3 Schalen
⇒ 3. Periode
1 Valenzelektron
⇒ I. Hauptgruppe

B5 *Schalenmodell des Natrium-Atoms*

A1 ○ MK Zeichnen Sie das Schalenmodell eines Chlor-Atoms.

A2 ◒ Erläutern Sie, welche Angaben zum Phosphor-Atom sich aus dem Periodensystem im hinteren Einband ermitteln lassen.

A3 ● a) Erläutern Sie, was man unter einem Isotop versteht.
b) Das Element Chlor besteht aus den Isotopen $^{37}_{17}Cl$ und $^{35}_{17}Cl$. Der Anteil des Isotops mit der kleineren Masse beträgt 75,8 %. Berechnen Sie die mittlere Atommasse von Chlor. Vergleichen Sie das Ergebnis mit der Angabe im Periodensystem.

Salze und Ionenbindung

B1 *Reaktion von Natrium und Chlor zu Natriumchlorid*

Kationen	Anionen
Na^+ Natrium-Ion	F^- Fluorid-Ion
K^+ Kalium-Ion	Cl^- Chlorid-Ion
Ca^{2+} Calcium-Ion	Br^- Bromid-Ion
Mg^{2+} Magnesium-Ion	O^{2-} Oxid-Ion
Al^{3+} Aluminium-Ion	S^{2-} Sulfid-Ion

B2 *Beispiele für Kationen und Anionen*

Oktettregel von lat. octo, acht. Andere Bezeichnung für Edelgasregel

Das Metall Natrium reagiert exotherm mit dem Nichtmetall Chlor zu Natriumchlorid, dem bekannten Kochsalz. Natrium ist aus Atomen aufgebaut, Chlor aus Molekülen, Natriumchlorid aus Ionen. Allgemein gilt, dass Metalle und Nichtmetalle Salze bilden können und dass Salze Ionenverbindungen sind.

Edelgaskonfiguration. Die Atome der Edelgase haben eine voll besetzte Außenschale. (Bei den Edelgasen Neon und Argon enthält die Außenschale 8 Elektronen, deshalb spricht man auch von einem *Elektronenoktett*.) Reagiert ein Metall mit einem Nichtmetall zu einem Salz, so entstehen Ionen. Viele dieser Ionen haben eine **Edelgaskonfiguration**, d.h. eine voll besetzte Außenschale wie ein Edelgas-Atom. Diesen Zusammenhang bezeichnet man als **Edelgasregel**.

Übertragung von Elektronen. B3 zeigt ein Natrium-Atom und ein Chlor-Atom im Schalenmodell. Das Natrium-Atom hat 1 Außenelektron, das Chlor-Atom hat 7 Außenelektronen. Wenn das Natrium-Atom ein Außenelektron abgibt und das Chlor-Atom ein Elektron aufnimmt, erreichen beide ein Elektronenoktett. Das Natrium-Ion hat nun die Edelgaskonfiguration eines Neon-Atoms, das Chlorid-Ion die Edelgaskonfiguration eines Argon-Atoms.

Bildung von Ionen. Gibt ein Atom ein Elektron ab oder nimmt es eines auf, ändert sich seine Ladung. Vor der Reaktion hat das Natrium-Atom 11 Protonen im Kern und 11 Elektronen in der Hülle. Nach der Reaktion sind es nur noch 10 Elektronen. Die positive Ladung des Kerns wird nun durch die Elektronen der Hülle nicht mehr ausgeglichen. Aus dem neutralen Natrium-Atom ist durch Elektronenabgabe ein einfach positiv geladenes Natrium-Ion entstanden, ein **Kation** [B3]. Aus dem Chlor-Atom dagegen ist durch Elektronenaufnahme ein einfach negativ geladenes Chlorid-Ion entstanden, ein **Anion**.

Salze sind Ionenverbindungen. Ein Salz bildet sich z.B. durch Reaktion eines Metalls mit einem Nichtmetall, wobei die Metall-Atome Elektronen abgeben und die Nichtmetall-Atome Elektronen aufnehmen. Die Kationen und Anionen können einfach oder mehrfach positiv bzw. negativ geladen sein [B2].
Zur Benennung der Salze wird der unveränderte Elementname des kationischen Bestandteils vorangestellt und der Name des Anions nachgestellt. *Beispiele*: Kaliumchlorid, Natriumbromid, Calciumchlorid.

Zum Aufstellen der Verhältnisformel eines Salzes muss man die Kationen und Anionen und deren Ladungen kennen. Man kombiniert dann so viele Kationen und Anionen miteinander, dass die Summe der positiven Ladungen mit der Summe der negativen Ladungen übereinstimmt [B6].

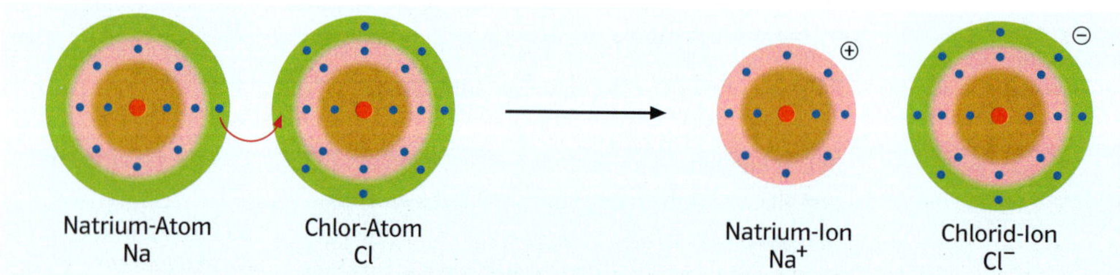

Elektronenabgabe:

$Na \longrightarrow Na^+ + e^-$

Elektronenaufnahme:

$Cl + e^- \longrightarrow Cl^-$

B3 *Ionen entstehen durch Abgabe oder Aufnahme von Elektronen*

Beispiel: $CaCl_2$
Die zweifach positive Ladung des Ca^{2+}-Ions wird durch die zwei negativ geladenen Cl^--Ionen ausgeglichen.

Bei der Reaktion von Metallen und Nichtmetallen zu Salzen geben die Metall-Atome Elektronen ab, es entstehen Kationen; die Nichtmetall-Atome nehmen Elektronen auf, es bilden sich Anionen.

Die Kationen und die Anionen der Salze haben häufig eine Edelgaskonfiguration.

Ionengitter. Zwischen den Ionen wirken elektrostatische Kräfte. Jedes Kation zieht mehrere Anionen an, und jedes Anion zieht mehrere Kationen an. Dadurch gruppieren sich so viele positiv geladene Kationen um ein negativ geladenes Anion, wie Platz vorhanden ist, und umgekehrt [B4]. Es entsteht ein dreidimensionales Ionengitter, in dem die Kationen und Anionen regelmäßig und symmetrisch angeordnet sind [B5].
Der Zusammenhalt zwischen den Ionen im Ionengitter durch elektrostatische Anziehungskräfte wird als **Ionenbindung** bezeichnet.

Eine regelmäßige dreidimensionale Anordnung von Kationen und Anionen nennt man Ionengitter. Die Ionen werden durch elektrostatische Kräfte zusammengehalten (Ionenbindung).

Eigenschaften von Salzen. Im festen Zustand leiten Salze den elektrischen Strom nicht. Das ist darauf zurückzuführen, dass die Ionen ihre Gitterplätze nicht verlassen können und somit im Kristall kein Transport elektrischer Ladung möglich ist. Ist das Salz geschmolzen, also flüssig, so sind die Ionen beweglich und der elektrische Strom kann geleitet werden. Auch in einer wässrigen Salzlösung liegen die einzelnen Ionen vor und können die elektrische Ladung transportieren.

Die elektrostatischen Anziehungskräfte zwischen den Ionen sind sehr stark. Um ein Salz zu schmelzen, muss man die Anziehungskräfte teilweise überwinden, sodass die Ionen beweglich werden. Um es zum Sieden zu bringen, muss man die Anziehungskräfte ganz überwinden. Dafür wird viel Energie benötigt. Dies führt dazu, dass die meisten Salze hohe Schmelz- und Siedetemperaturen haben.

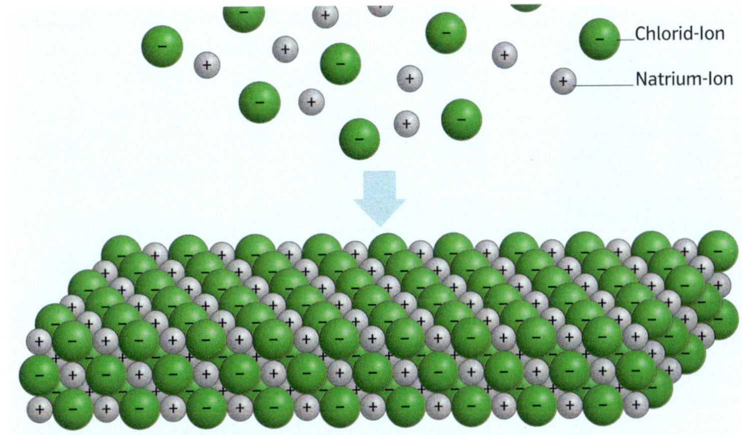

B4 *Unterschiedlich geladene Ionen ordnen sich zu einem Ionengitter an*

Salze leiten nur als Schmelze oder in Lösung den elektrischen Strom und sie haben hohe Schmelz- und Siedetemperaturen. Dies kann man mit dem Aufbau der Salze aus Kationen und Anionen erklären.

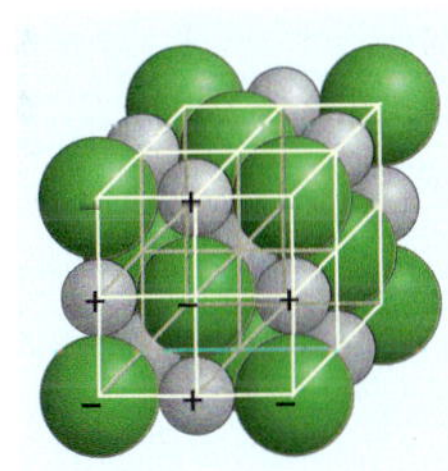
B5 *Struktur des Natriumchlorids im raumfüllenden Modell*

A1 ○ Beschreiben Sie, warum eine Salzschmelze den elektrischen Strom leitet, ein festes Salz aber nicht.

A2 ○ Benennen Sie die Salze, deren Verhältnisformeln in B6 aufgeführt sind.

A3 ◒ Schreiben Sie zu den folgenden Elementen die Formeln der Atom-Ionen auf, die normalerweise in Salzen vorliegen (z. B. Na^+): Lithium, Natrium, Kalium, Rubidium, Caesium, Beryllium, Magnesium, Calcium, Strontium, Barium, Fluor, Chlor, Brom, Iod, Sauerstoff. Erklären Sie die Ladungen der Ionen mit der Edelgasregel und nennen Sie den Zusammenhang mit der Nummer der Hauptgruppe.

A4 ◒ **a)** Vergleichen Sie ein Kalium-Atom mit einem Kalium-Ion bezüglich der Protonen-, Neutronen- und Elektronenanzahl. **b)** Vergleichen Sie genauso ein Fluor-Atom mit einem Fluorid-Ion.

A5 ● Magnesium reagiert mit Sauerstoff zu Magnesiumoxid. Erläutern Sie, wie viele Elektronen übetragen werden und beschreiben Sie die Edelgaskonfiguration der gebildeten Ionen.

$(Ca^{2+})(Br^-)$	$\Rightarrow$	$CaBr_2$
$(Ca^{2+})(S^{2-})$	$\Rightarrow$	CaS
$(Al^{3+})(Cl^-)$	$\Rightarrow$	$AlCl_3$
$(Al^{3+})(O^{2-})$	$\Rightarrow$	Al_2O_3

B6 *Ladungen von Ionen und Verhältnisformeln von Salzen*

Rückblick und Vertiefung

Metalle und Metallbindung

***B1** Beim Einsatz von Kupferdraht in Elektrogeräten nutzt man die hohe elektrische Leitfähigkeit und die Verformbarkeit von Kupfer*

Valenzelektronen (Außenelektronen) sind die Elektronen der äußeren Schale.

Die meisten elementaren Stoffe sind Metalle. Metalle zeichnen sich durch einige gemeinsame Eigenschaften aus: hohe elektrische Leitfähigkeit, hohe Wärmeleitfähigkeit und Duktilität (plastische Verformbarkeit). Diese Eigenschaften lassen sich mit dem Aufbau der Metalle erklären.

Metallbindung und Elektronengasmodell. Die meisten Metall-Atome haben nur wenige Valenzelektronen und kleine Ionisierungsenergien. Deshalb lassen sich die Valenzelektronen leicht vom Atom entfernen.
Lagern sich viele Metall-Atome zu einem Metallstück zusammen, werden ihre Valenzelektronen über das ganze Metallstück frei beweglich und lassen sich nicht mehr einem bestimmten Atom zuordnen. B2 zeigt dies am Beispiel von Magnesium: Aus den neutralen Atomen entstehen durch Abgabe der zwei Valenzelektronen zweifach positiv geladene Atomrümpfe. Diese stoßen sich gegenseitig ab, werden aber von den negativ geladenen Valenzelektronen zusammengehalten.

Die Atomrümpfe ordnen sich in einem regelmäßigen **Metallgitter** an. Die Valenzelektronen bewegen sich frei zwischen den Atomrümpfen, ähnlich wie die Teilchen eines Gases. Man spricht deshalb von einem **Elektronengas**. Die Bindung der Metall-Atome durch das Elektronengas bezeichnet man als **Metallbindung**.

Die Metallbindung wird durch die Anziehung zwischen positiv geladenen Atomrümpfen und negativ geladenen Elektronen (Elektronengas) bewirkt.

Elektrische Leitfähigkeit. Elektrischer Strom im Metall ist nichts anderes als eine gerichtete Bewegung von Elektronen. Die hohe Beweglichkeit der Elektronen zwischen den Atomrümpfen bewirkt die elektrische Leitfähigkeit der Metalle. Verbindet man ein Metallstück mit einer Gleichspannungsquelle [B3], so zieht der Pluspol die beweglichen Elektronen an und nimmt sie auf. Aus dem Minuspol treten gleichzeitig Elektronen aus und ersetzen die „abgewanderten" Elektronen im Metallstück.

Bei niedrigen Temperaturen leiten Metalle den elektrischen Strom besser als bei hohen Temperaturen. Das hängt damit zusammen, dass die Atomrümpfe im Metallgitter bei hoher Temperatur stärker hin und her schwingen als bei niedriger Temperatur. Der Zwischenraum zwischen den Atomrümpfen wird dadurch kleiner. Der Elektronenfluss zwischen den Atomrümpfen wird auf diese Weise behindert und so die elektrische Leitfähigkeit verringert.

Wärmeleitfähigkeit. Erhitzt man ein Metallstück, so wird sowohl den Atomrümpfen als auch dem Elektronengas Energie zugeführt. Die positiv geladenen Atomrümpfe schwingen stärker als vorher, und auch die Bewegungsenergie der Elektronen wird größer.

Die Energie breitet sich zum einen durch Stöße zwischen den Atomrümpfen aus, wie bei anderen Festkörpern auch, zum anderen durch die frei beweglichen Elektronen. Da die Energie von den Elektronen sehr schnell transportiert wird, haben Metalle eine hohe Wärmeleitfähigkeit.

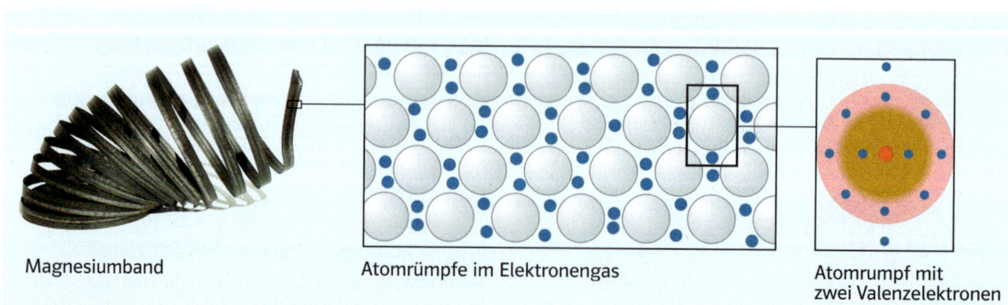

***B2** Metallbindung am Beispiel Magnesium*

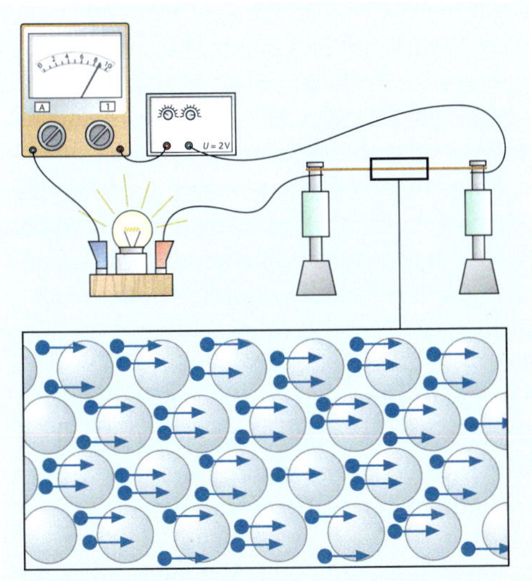

B3 Elektrische Leitfähigkeit eines Metalls

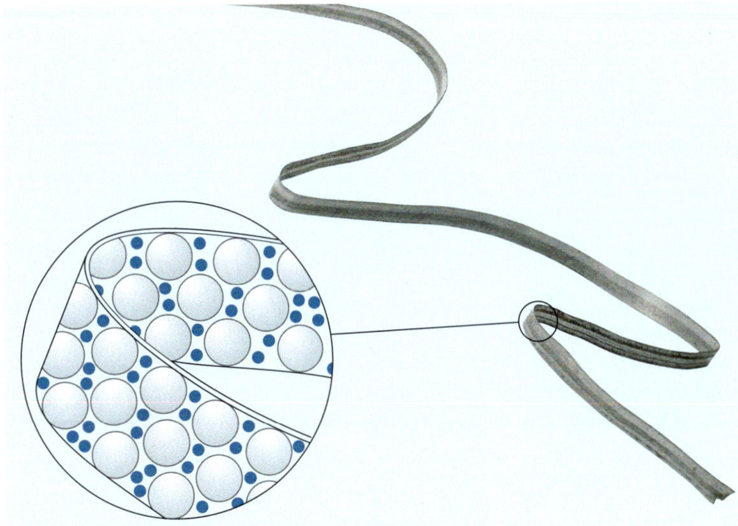

B4 Verformung eines Metalls

Duktilität. Wirkt auf ein Metallstück eine Kraft, so verschieben sich die Atomrümpfe gegeneinander. Das Elektronengas passt sich dieser Verformung an und hält weiterhin die Atomrümpfe zusammen, sodass das Metallstück nicht zerbricht [B4].

Legierungen. Metallschmelzen mischen sich gut. Beim Abkühlen entstehen Legierungen. Eine Legierung hat oft Eigenschaften, die keines der reinen Metalle hat, aus denen sie besteht, z.B. eine besonders niedrige Schmelztemperatur, eine große Härte oder eine hohe Beständigkeit gegen Korrosion durch Luft oder Chemikalien.

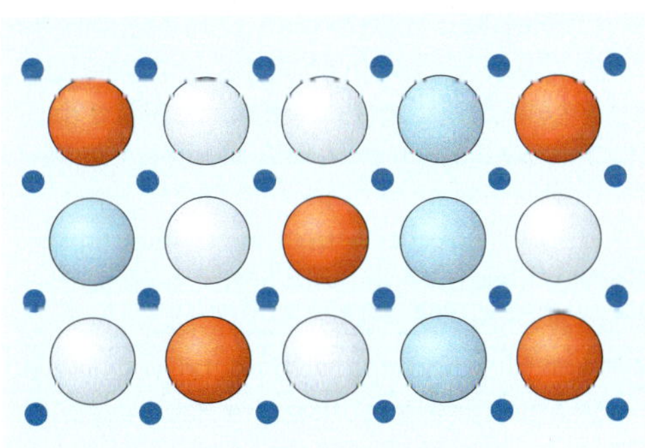

B5 Metallgitter einer Legierung aus drei verschiedenen Metallen

Der grundsätzliche Aufbau einer Legierung ist aber ähnlich wie der eines reinen Metalls. Die Atomrümpfe der verschiedenen Metalle werden durch das Elektronengas zusammengehalten [B5]. Deshalb haben auch Legierungen die typischen Metalleigenschaften wie elektrische Leitfähigkeit, Wärmeleitfähigkeit und Verformbarkeit.

Mit der Metallbindung kann man die hohe elektrische Leitfähigkeit, die hohe Wärmeleitfähigkeit und die Duktilität von Metallen erklären.

A1 ○ Beschreiben Sie die folgenden Vorgänge mit dem Elektronengasmodell:
a) Sobald man eine Spannungsquelle an einen Metalldraht anschließt, fließt Strom.
b) Man hält mit der Hand einen Metallstab in eine Flamme. Nach kurzer Zeit spürt man die Erwärmung.

A2 ◒ Nennen Sie zu jeder der drei im Text genannten Metalleigenschaften eine Verwendung eines Metalls als Werkstoff, bei der diese Eigenschaft genutzt wird.

A3 ● Erklären Sie, warum sich ein stromdurchflossener Kupferdraht oder Eisendraht erwärmt.

A4 ◒ Erklären Sie, wie die Erwärmung der Luft in einem Haartrockner (Föhn) funktioniert.

Duktilität von lat. ducere, ziehen, führen, leiten. Fähigkeit eines Werkstoffs, sich unter Belastung plastisch zu verformen, bevor er zerbricht

Moleküle und Elektronenpaarbindung

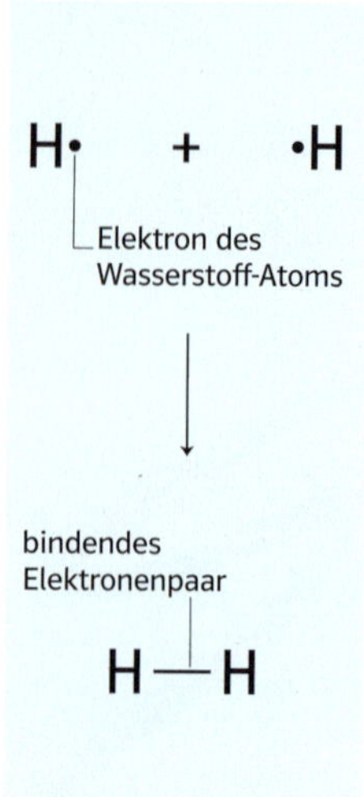

B1 Elektronenpaarbindung im Wasserstoff-Molekül

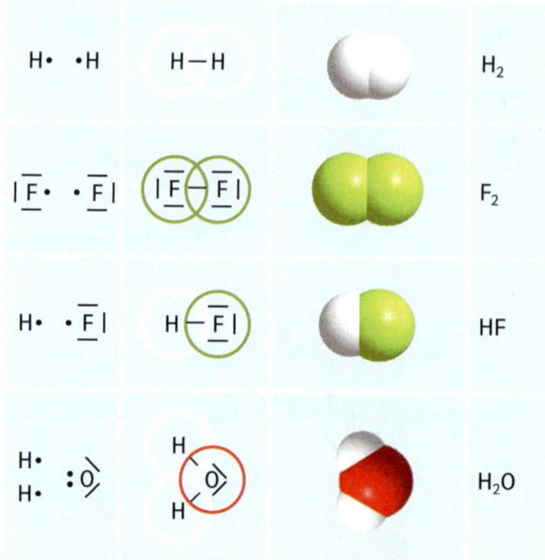

B2 Strukturformeln einfacher Moleküle

Atombindung bzw. kovalente Bindung sind andere Bezeichnungen für die Elektronenpaarbindung.

Freies Elektronenpaar ist eine andere Bezeichnung für ein nicht bindendes Elektronenpaar.

Valenzelektron ist eine andere Bezeichnung für Außenelektron.

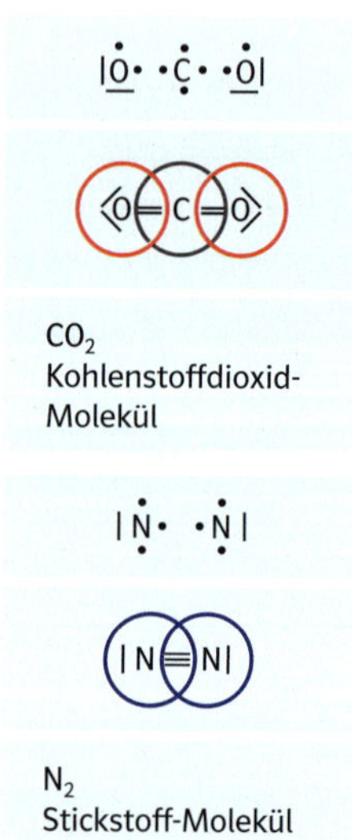

B3 Moleküle mit Mehrfachbindungen

Verbindungen, die nur aus nichtmetallischen Elementen bestehen und die elementaren Stoffe der Nichtmetalle (mit Ausnahme der Edelgase) sind aus Molekülen aufgebaut. Die Atome in den Molekülen werden durch bindende Elektronenpaare zusammengehalten.

Elektronenpaarbindung und Strukturformeln. In einem Wasserstoff-Molekül werden die beiden Elektronen der Wasserstoff-Atome von beiden Atomkernen gleichermaßen angezogen. Die Bindung zwischen beiden Atomen nennt man **Elektronenpaarbindung.** Das Elektronenpaar, das die beiden Atome zusammenhält, nennt man **bindendes Elektronenpaar**. In allen Molekülen werden die Atome durch bindende Elektronenpaare zusammengehalten. In Strukturformeln wird ein Elektronenpaar durch einen Strich dargestellt [B2].

In vielen Molekülen bilden nicht alle Valenzelektronen bindende Elektronenpaare. Beispielsweise hat das Sauerstoff-Atom sechs Valenzelektronen. Im Wasser-Molekül [B2] sind zwei dieser Valenzelektronen an den bindenden Elektronenpaaren beteiligt, die restlichen vier Valenzelektronen bilden zwei **nicht bindende Elektronenpaare**.

Atome können auch durch mehrere bindende Elektronenpaare miteinander verbunden sein, z. B. im CO_2-Molekül (zwei **Doppelbindungen**) und im N_2-Molekül (**Dreifachbindung**) [B3].

Stellt man Moleküle mit allen bindenden und nicht bindenden Elektronenpaaren dar, ergeben sich **Strukturformeln** [B2]. Die nicht bindenden Elektronenpaare zeichnet man rechtwinklig an die Seiten der Atomsymbole, die bindenden Elektronenpaare zwischen die Atomsymbole. Strukturformeln zeigen, wie die Atome in Molekülen miteinander verbunden sind. Die *Bindungswinkel* werden allerdings nicht exakt berücksichtigt.

Mit Strukturformeln lassen sich Moleküle übersichtlich darstellen. Bindende und nicht bindende Elektronenpaare werden in Strukturformeln durch Striche dargestellt.

Elektronenpaarbindung und Edelgasregel. Die Edelgasregel lässt sich auch auf viele Moleküle anwenden: Ordnet man ein bindendes Elektronenpaar sowohl dem einen als auch dem anderen Atom ganz zu, haben alle Atome in B2 eine Edelgaskonfiguration.
Auch ohne die Elektronen abzuzählen, kann man Moleküle konstruieren: Ein Sauerstoff-Atom hat zwei Elektronenpaare und zwei einzelne Elektronen in der äußeren Schale. Es kann somit zwei Wasserstoff-Atome binden. Das Wasser-Molekül hat die Formel H_2O.

In vielen Molekülen kann man jedem Atom so viele Elektronen zurechnen wie einem Edelgas-Atom.

Das Elektronenpaar-Abstoßungs-Modell (EPA-Modell) beschreibt die räumliche Struktur von Molekülen mit mehr als zwei Atomen. B4 zeigt einige Moleküle im Kugel-Stab-Modell, wobei alle Elektronenpaare durch Stäbe dargestellt sind. Nach dem EPA-Modell nehmen bindende und nicht bindende Elektronenpaare den größtmöglichen Abstand zueinander ein. Bei vier Elektronenpaaren ergibt sich die Gestalt eines *Tetraeders*. Im CH_4-Molekül sind alle vier Elektronenpaare bindend, folglich ist seine Struktur tetraedrisch. Im H_2O-Molekül sind zwei der vier Elektronenpaare nicht bindend, folglich ist dessen Struktur gewinkelt. Die Abweichungen vom „Tetraederwinkel" (109,5°) erklärt man damit, dass nicht bindende Elektronenpaare etwas mehr Raum einnehmen als bindende Elektronenpaare.

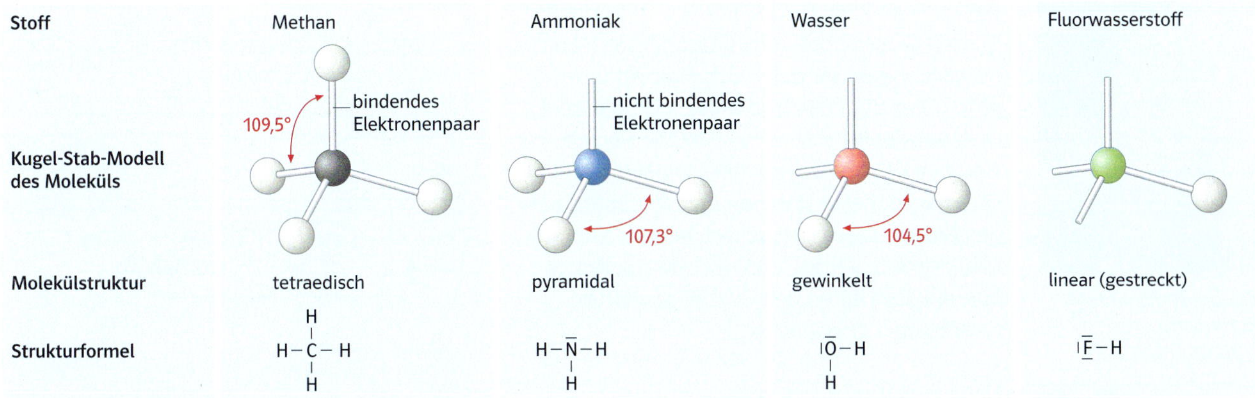

***B4** Räumliche Struktur von Molekülen nach dem EPA-Modell*

Elektronenpaare in einer Doppelbindung oder Dreifachbindung werden nach dem EPA-Modell wie ein Elektronenpaar behandelt. Daraus kann man z.B. folgern, dass das CO_2-Molekül linear ist, d.h., der Bindungswinkel ist 180°.

Mit dem EPA-Modell kann man die räumliche Struktur von Molekülen beschreiben.

Polare Elektronenpaarbindung. Im Wasser-Molekül werden die Bindungselektronen stärker vom Sauerstoff-Atom angezogen. Man spricht von **einer polaren Elektronenpaarbindung**. Die Fähigkeit eines Atoms, in einer chemischen Bindung die Bindungselektronen an sich zu ziehen, wird durch die **Elektronegativität** *EN* beschrieben. Als elektronegativstem Element wurde Fluor der Wert $EN = 4{,}0$ zugeordnet [B5].

Allgemein ist eine Elektronenpaarbindung zwischen zwei Atomen unterschiedlicher Elektronegativität polar. Das eine Atom des Moleküls trägt dann eine positive Teilladung (δ+), das andere eine negative Teilladung (δ−). Bei einer Elektronegativitätsdifferenz von $\Delta EN > 1{,}7$ liegt i.d.R. eine Ionenbindung vor.

Viele Moleküle mit polaren Elektronenpaarbindungen sind **Dipole** (z.B. das H_2O-Molekül), allerdings nicht alle [B6]. Bei manchen Molekülen fallen aufgrund der Symmetrie die Ladungsschwerpunkte zusammen, sodass sie keine Dipole sind. Wenn Dipole stark polar gebundene Wasserstoff-Atome und dazu nicht bindende Elektronenpaare aufweisen, können sie Wasserstoffbrücken bilden (S. 17).

Viele Moleküle, in denen polare Elektronenpaarbindungen vorliegen, sind Dipole.

VSEPR-Modell (engl. **v**alence **s**hell **e**lectron **p**air **r**epulsion model) ist eine andere Bezeichnung für das EPA-Modell.

Partialladung ist eine andere Bezeichnung für Teilladung.

Atom	Elektronegativität
F	4,0
O	3,5
N	3,0
C	2,5
H	2,1

***B5** Elektronegativitätswerte einiger Atome. Weitere EN-Werte finden Sie im Periodensystem im hinteren Einband*

A1 ○ Zeichnen Sie die Strukturformeln der folgenden Moleküle: Chlorwasserstoff (HCl), Kohlenstoffmonooxid (CO), Cyanwasserstoff (Blausäure, HCN).

A2 ◒ Ordnen Sie die folgenden Bindungen nach steigender Polarität: N–H, C–H, F–H, O–H. Begründen Sie Ihre Anordnung.

A3 ◒ Erläutern Sie, wie ein Dipol aufgebaut ist.

A4 ● MK Ermitteln Sie die räumliche Struktur der folgenden Moleküle nach dem EPA-Modell und zeichnen Sie Kugel-Stab-Modelle wie in B4: Kohlenstoffdioxid (CO_2), Cyanwasserstoff (Blausäure, HCN), Ethan (C_2H_6), Ethen (C_2H_4), Ethin (C_2H_2).

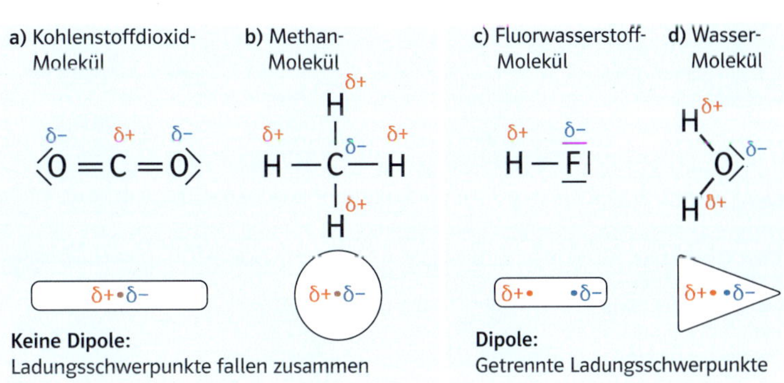

***B6** Die Lage der Ladungsschwerpunkte bestimmt, ob ein Molekül ein Dipol ist oder nicht*

Zwischenmolekulare Kräfte

B1 Ein Gecko an einer Glaswand

B2 Härchen an der Zehe eines Geckos (elektronenmikroskopische Aufnahme)

temporär von lat. tempus, Zeit, Zeitabschnitt

induzieren von lat. inducere, hervorrufen

Geckos sind kleine, echsenartige Tiere, die an glatten Glaswänden flink emporklettern können, ohne dass sie dabei den Halt verlieren [B1]. Unter dem Elektronenmikroskop erkennt man auf der Haut einer Geckozehe feinste Härchen [B2]. Zwischen den Molekülen an der Oberfläche dieser Härchen und der Oberfläche des Glases bilden sich schwache zwischenmolekulare und weitere elektrostatische Kräfte aus, die das Haften des Geckos an glatten Oberflächen ermöglichen.

Nähern sich zwei Moleküle, kommt es zu Wechselwirkungen; man bezeichnet diese als **zwischenmolekulare Kräfte**. Je nach Struktur und Polarität der Moleküle sind die Wechselwirkungen unterschiedlich stark, aber deutlich schwächer als chemische Bindungen. Die zwischenmolekularen Kräfte beeinflussen die Eigenschaften der Stoffe.

Van-der-Waals-Kräfte. Der niederländische Physiker Johannes D. van der Waals erkannte im Jahr 1869, dass in einem Atom oder Molekül zufällig eine temporäre (vorübergehende) Verschiebung der Ladung auftreten kann [B3]. Kurzzeitig entsteht dadurch eine positive und eine negative Teilladung (Partialladung). Es tritt also *spontan* ein **temporärer Dipol** auf. Ein temporärer Dipol beeinflusst benachbarte Atome oder Moleküle so, dass in ihnen ebenfalls eine Ladungsverschiebung zustande kommt, d.h., er *induziert* weitere temporäre Dipole [B3]. Aufgrund der unsymmetrischen Ladungsverteilungen ziehen sich die temporären Dipole elektrostatisch an. Diese Wechselwirkungen bezeichnet man als **London-Kräfte**. Sie treten z.B. zwischen Edelgas-Atomen und Alkan-Molekülen auf. Auch die Iod-Moleküle im Molekülgitter von Iod werden durch London-Kräfte zusammengehalten [B4].

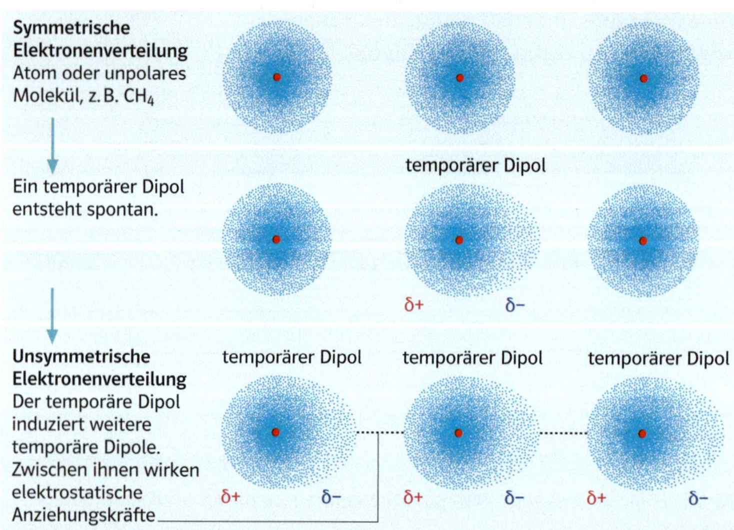

B3 Entstehung von temporären Dipolen

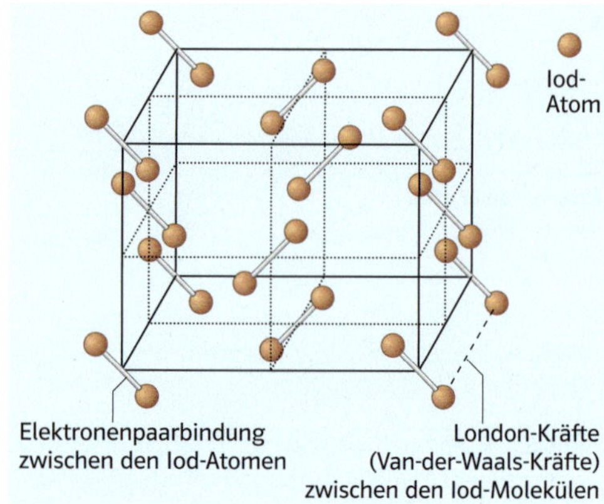

B4 London-Kräfte im Molekülgitter von Iod (temporäre Dipole)

In vielen Molekülen bestehen Teilladungen durch Elektronegativitätsunterschiede. Wenn die Teilladungen unsymmetrisch angeordnet sind, liegen **permanente Dipole** vor. Diese ziehen sich ebenfalls elektrostatisch an. Die Wechselwirkungen zwischen permanenten Dipolen bezeichnet man als **Dipol-Dipol-Kräfte** (Keesom-Kräfte); sie sind stärker als die London-Kräfte. Dipol-Dipol-Kräfte treten z.B. zwischen den Molekülen von Chlormethan (CH_3Cl), Chlorfluorid (ClF), Bromfluorid (BrF) und Dimethylether (CH_3OCH_3) auf [B5].

Zu Ehren ihres Entdeckers bezeichnet man die Kräfte zwischen Dipolen, d.h. sowohl die London-Kräfte als auch die Dipol-Dipol-Kräfte, als **Van-der-Waals-Kräfte**.

Zwischen Molekülen können Wechselwirkungen auftreten. Beruhen sie auf Dipolen, spricht man von Van-der-Waals-Kräften.

Wechselwirkungen zwischen permanenten Dipolen sind meist stärker als zwischen temporären Dipolen.

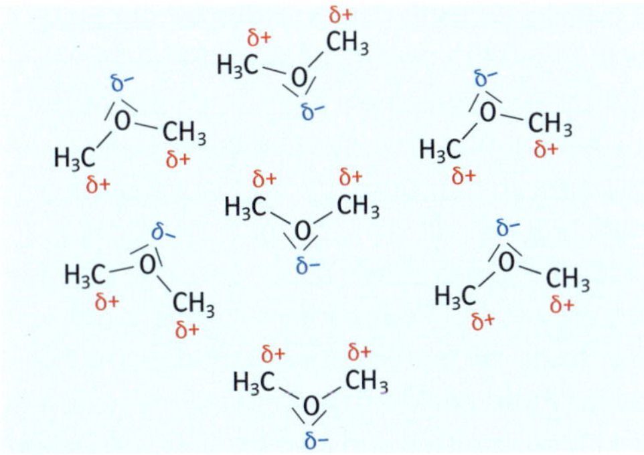

***B5** Dipol-Dipol-Kräfte (Keesom-Kräfte) zwischen Dimethylether-Molekülen (permanente Dipole)*

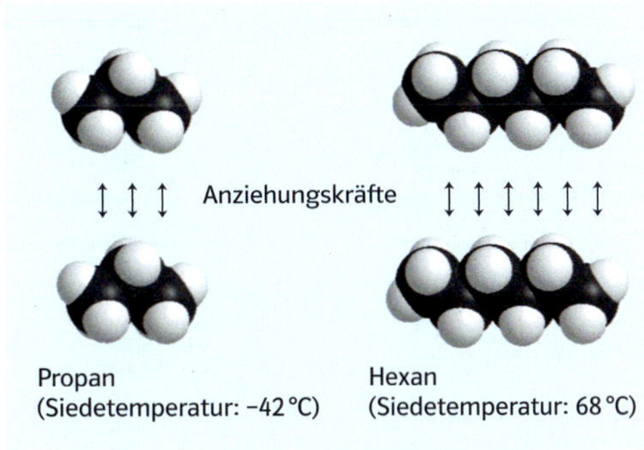

***B6** Mit wachsender Länge der Alkan-Moleküle nehmen die London-Kräfte zu*

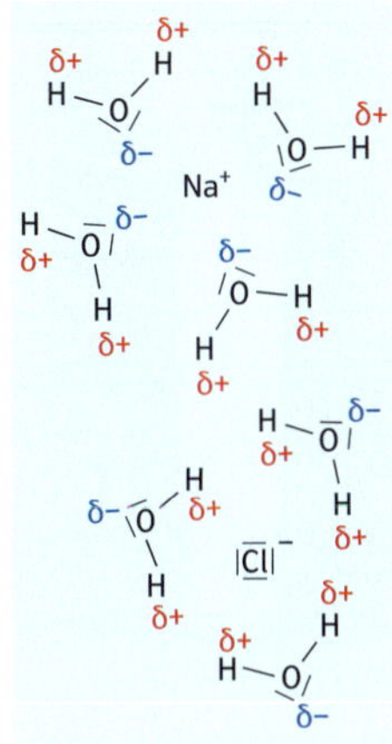

***B7** Dipol-Ionen-Kräfte in einer Natriumchlorid-Lösung*

Dipol-Ionen-Kräfte. Salze bestehen aus positiv und negativ geladenen Ionen. Diese können mit Dipolen in Wechselwirkung treten, z. B. beim Lösen in Wasser. Die Kationen ziehen dabei die negativ geladene Seite der Wasser-Moleküle an, die Anionen die positiv geladene Seite [B7]. Dadurch bildet sich um jedes Ion in der wässrigen Lösung eine Hülle von Wasser-Molekülen. Diese bezeichnet man als **Hydrathülle**. Die Dipol-Ionen-Kräfte sind stärker als die Dipol-Dipol-Kräfte.

Beim Lösen eines Salzes in Wasser bilden sich Hydrathüllen, die durch Dipol-Ionen-Kräfte zusammengehalten werden.

Wasserstoffbrücken. Sind in einem Molekül Wasserstoff-Atome an stark elektronegative Atome, wie z. B. Sauerstoff-, Stickstoff- oder Fluor-Atome, gebunden, so tragen diese Wasserstoff-Atome besonders große positive Teilladungen. Die Wasserstoff-Atome treten in Wechselwirkung mit den nicht bindenden Elektronenpaaren der Sauerstoff-, Stickstoff- bzw. Fluor-Atome. Dadurch entstehen **Wasserstoffbrücken** [B8, B9]. Diese Wasserstoffbrücken sind meist stärker als London-Kräfte. Sie erklären die hohe Siedetemperatur und Oberflächenspannung des Wassers.

Moleküle mit Wasserstoff-Atomen, die an stark elektronegative Atome gebunden sind, können Wasserstoffbrücken bilden.

Siedetemperaturen der Alkane. Beim Verdampfen eines molekularen Stoffes werden die einzelnen Moleküle voneinander getrennt, d. h., die zwischenmolekularen Kräfte müssen durch Energiezufuhr überwunden werden. Je stärker die zwischenmolekularen Kräfte sind, desto mehr Energie wird zum Verdampfen eines Stoffes benötigt und desto höher ist folglich die Siedetemperatur.
In Alkanen liegen temporäre Dipole vor. Je größer die *Kontaktfläche* zwischen den Molekülen ist, desto stärker sind die London-Kräfte [B6].
Bei den Alkanen besteht deshalb ein Zusammenhang zwischen der Länge der Moleküle und der Siedetemperatur: Die Siedetemperatur des Propans (C_3H_8) ist mit −42 °C ziemlich niedrig. Die Moleküle des Hexans (C_6H_{14}) sind etwa doppelt so lang; seine Siedetemperatur liegt mit 68 °C viel höher. Die Siedetemperatur des Octans (C_8H_{18}) liegt mit 125 °C sogar höher als die Siedetemperatur des Wassers. Die London-Kräfte zwischen den Octan-Molekülen sind also stärker als die Wasserstoffbrücken zwischen den Wasser-Molekülen.

Die Siedetemperatur eines Stoffes ist abhängig von der Stärke der Kräfte zwischen den Teilchen.

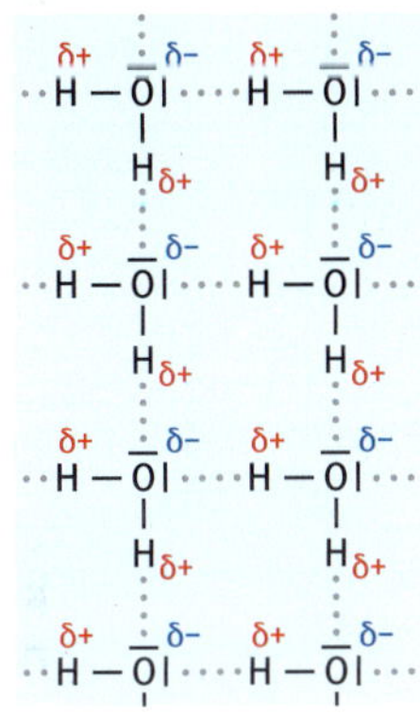

***B8** Wasserstoffbrücken zwischen Wasser-Molekülen*

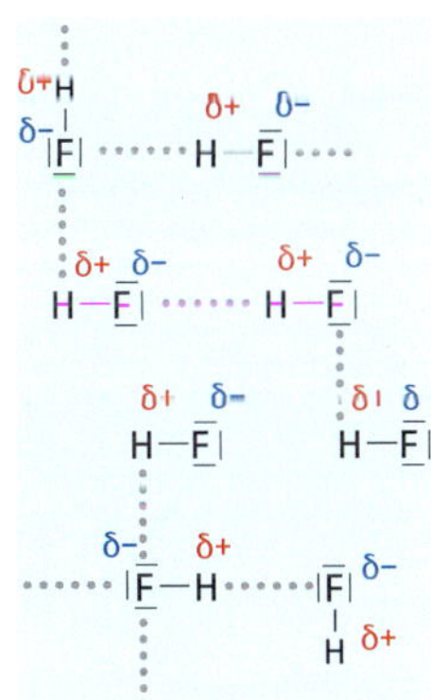

***B9** Wasserstoffbrücken zwischen Fluorwasserstoff-Molekülen*

A1 Ordnen Sie die Ihnen bekannten zwischenmolekularen Kräfte nach ihrer Stärke und nennen Sie jeweils ein Beispiel für einen Stoff, in dem die entsprechenden zwischenmolekularen Kräfte wirken.

A2 MK Entscheiden Sie mithilfe von B8 und B9, ob sich zwischen Fluorwasserstoff- und Wasser-Molekülen Wasserstoffbrücken ausbilden können. Begründen Sie Ihre Entscheidung anhand einer Zeichnung.

Elektronen-Übertragungsreaktionen

***B1** Magnesium reagiert mit Sauerstoff*

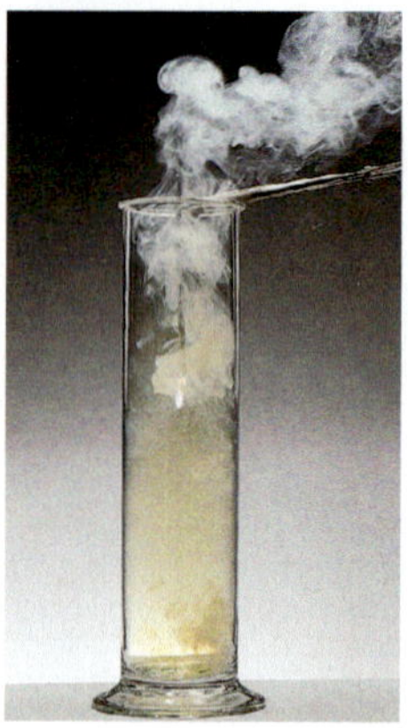

***B2** Magnesium reagiert mit Chlor*

Oxidation ursprünglich Reaktion mit Sauerstoff (lat. oxygenium), heute allgemein Elektronenabgabe

Reduktion von lat. reducere, zurückführen. Die Reduktion ist das Gegenteil der Oxidation.

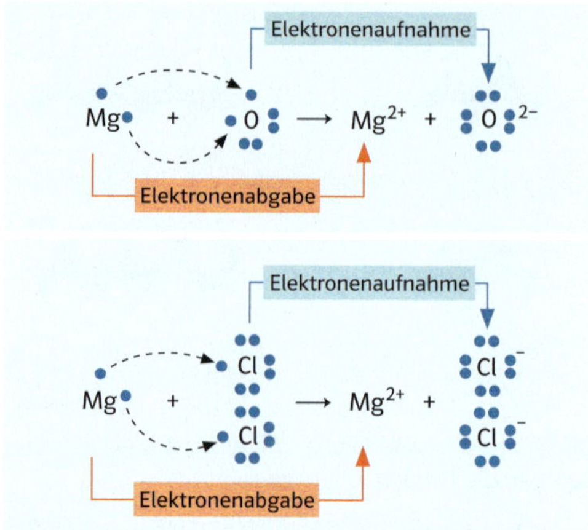

***B3** Bei der Reaktion von Metall-Atomen mit Nichtmetall-Atomen werden Elektronen übertragen*

Magnesium reagiert sowohl mit Sauerstoff als auch mit Chlor zu Ionenverbindungen, also Salzen. Diese Parallelen führen zur Einführung einheitlicher Begriffe in Bezug auf die Veränderung bei den Teilchen.

Redoxreaktionen. Die Magnesium-Atome geben in beiden Reaktionen an die Nichtmetall-Atome Elektronen ab [B3]. Die Elektronenabgabe bezeichnet man allgemein als Oxidation. Die Aufnahme von Elektronen wird Reduktion genannt. Die **Oxidation** ist immer mit einer **Reduktion** gekoppelt. Chemische Reaktionen, die auf der Übertragung von Elektronen beruhen, werden **Reduktions-Oxidations-Reaktionen** oder kurz **Redoxreaktionen** genannt. Bei einer Redoxreaktion ist die Anzahl der abgegebenen Elektronen gleich der Anzahl der aufgenommenen Elektronen [B4]. Die Teilchen, die Elektronen abgeben, nennt man **Elektronendonatoren**. Die aufnehmenden Teilchen bezeichnet man als **Elektronenakzeptoren**.

Oxidation:	Fe	→	$Fe^{3+} + 3\,e^-$	$\mid \cdot 2$
Reduktion:	$Cl_2 + 2\,e^-$	→	$2\,Cl^-$	$\mid \cdot 3$
	$2\,Fe + 3\,Cl_2 + 6\,e^-$	→	$2\,Fe^{3+} + 6\,Cl^- + 6\,e^-$	
	$2\,Fe + 3\,Cl_2$	→	$2\,Fe^{3+} + 6\,Cl^-$	

Rot unterlegt: Elektronendonator (Reduktionsmittel)

Blau unterlegt: Elektronenakzeptor (Oxidationsmittel)

***B4** Teilschritte einer Redoxreaktion*

Ein Elektron kann nur dann von einem Elektronendonator abgegeben werden, wenn es gleichzeitig von einem Elektronenakzeptor aufgenommen wird. Die Redoxreaktionen gehören zu den **Donator-Akzeptor-Reaktionen**. Teilchen, die als Elektronendonatoren wirken und daher den Reaktionspartner reduzieren, werden **Reduktionsmittel** genannt. Elektronenakzeptoren sind **Oxidationsmittel**, da sie ihren Reaktionspartner oxidieren. Ein Reduktionsmittel wird also oxidiert, ein Oxidationsmittel wird reduziert.

Eine Elektronen-Übertragungsreaktion bezeichnet man als Redoxreaktion.

Redoxreaktionen durch elektrischen Strom. Salzlösungen und Salzschmelzen leiten den elektrischen Strom. Eine Voraussetzung dafür sind bewegliche Ionen. Diese wandern durch das Anlegen einer Spannung jeweils zu der Elektrode, welche die zur Ionenladung entgegengesetzte elektrische Ladung hat. Auf den Elektrodenoberflächen laufen chemische Reaktionen ab. An der Kathode, dem Minuspol bei der Elektrolyse, findet eine Reduktion statt. An der Anode, dem Pluspol bei der Elektrolyse, läuft gleichzeitig eine Oxidation. Den gesamten Vorgang bezeichnet man als **Elektrolyse**.

Eine Elektrolyse ist eine Redoxreaktion, die durch Zufuhr elektrischer Energie abläuft.

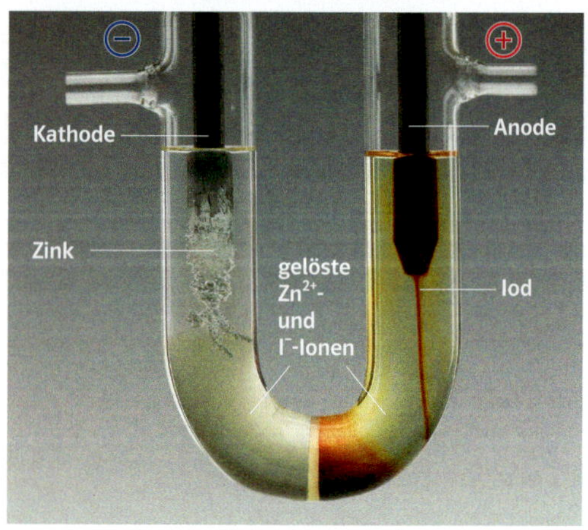

***B5** Elektrolyse einer Zinkiodid-Lösung*

Protonen-Übertragungsreaktionen

Mit Säuren kommen wir täglich in Berührung. Der saure Geschmack z. B. vieler Lebensmittel beruht auf Säuren [B1].

Säuren und saure Lösungen. Säuren sind feste, flüssige oder gasförmige Reinstoffe. Diese bilden mit Wasser saure Lösungen. Säuren und saure Lösungen weisen Gemeinsamkeiten auf. Diese lassen sich übersichtlich an der Bildung von Salzsäure darstellen. Salzäure entsteht bei der Reaktion von Chlorwasserstoff (HCl) mit Wasser. Bei dieser Reaktion findet eine Protonen-Übertragungsreaktion statt:

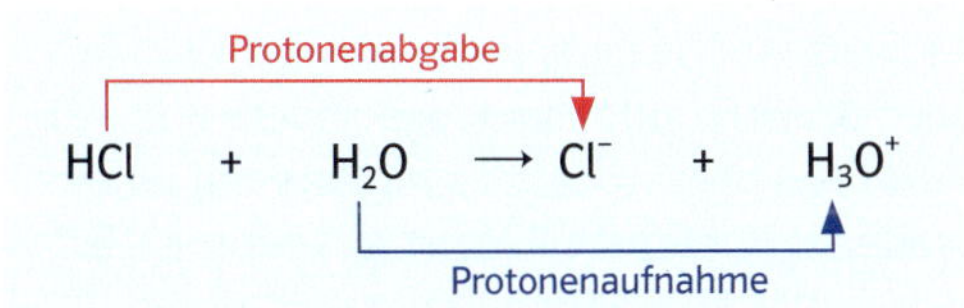

Chlorwasserstoff-Moleküle geben an Wasser-Moleküle Protonen ab. Dadurch entstehen **Oxonium-Ionen** und Chlorid-Ionen [B2].

Die Reaktion von Chlorwasserstoff mit Wasser ist also eine **Donator-Akzeptor-Reaktion**. Das Chlorwasserstoff-Molekül ist hier der **Protonendonator**, das Wasser-Molekül ist der **Protonenakzeptor**. Es gilt allgemein, dass Säuren Protonendonatoren sind und die sauren Lösungen Oxonium-Ionen enthalten.

Säuren sind Protonendonatoren. Oxonium-Ionen sind die für alle sauren Lösungen typischen Teilchen.

Basen und alkalische Lösungen. Natriumhydroxid (NaOH) bildet in Wasser Natronlauge, die am häufigsten eingesetzte alkalische Lösung.

$$NaOH \longrightarrow Na^+ + OH^-$$

Alle alkalischen Lösungen enthalten unterschiedliche Kationen, aber immer die negativ geladenen **Hydroxid-Ionen** (OH^-).
Auch beim Lösen von Ammoniak (NH_3) in Wasser entsteht eine alkalische Lösung. Diese entsteht durch eine Reaktion von Ammoniak-Molekülen mit Wasser-Molekülen [B3]. Bei dieser Protonen-Übertragungsreaktion werden Hydroxid-Ionen (OH^-) und positiv geladene Ammonium-Ionen (NH_4^+) gebildet:

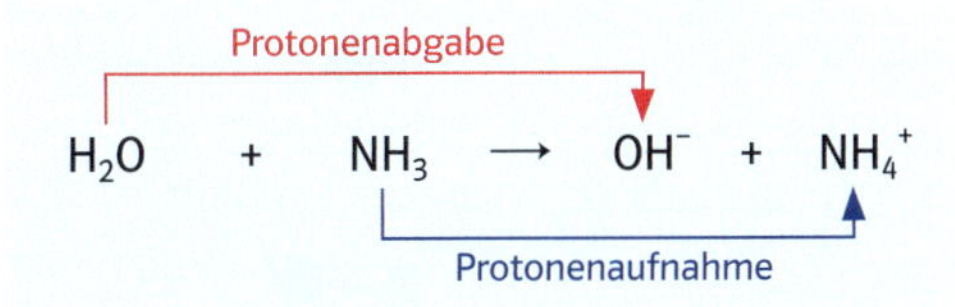

Teilchen, die wie das Ammoniak-Molekül Protonen aufnehmen, bezeichnet man als **Basen**. Basen sind Protonenakzeptoren. Basen müssen über ein nicht bindendes (freies) Elektronenpaar verfügen, um ein Proton binden zu können.

Basen sind Protonenakzeptoren. Hydroxid-Ionen sind die für alle alkalischen Lösungen typischen Teilchen.

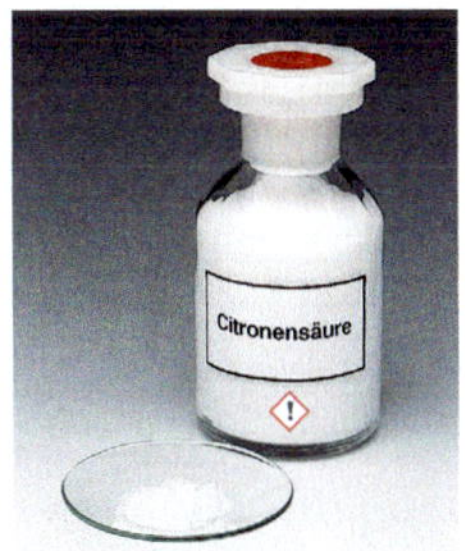

B1 *Citronensäure*

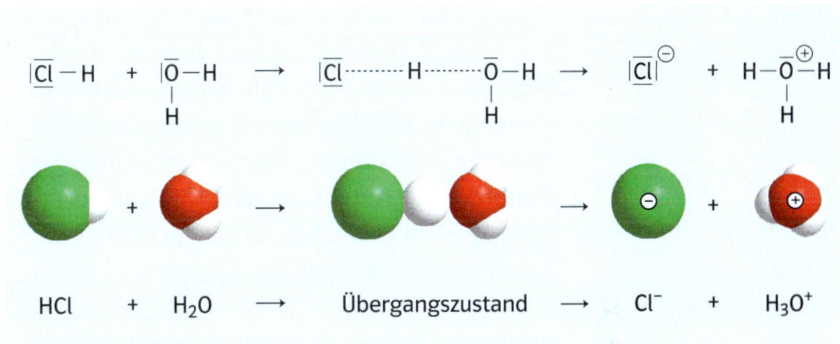

B2 *Übertragung eines Protons von einem Chlorwasserstoff-Molekül auf ein Wasser-Molekül*

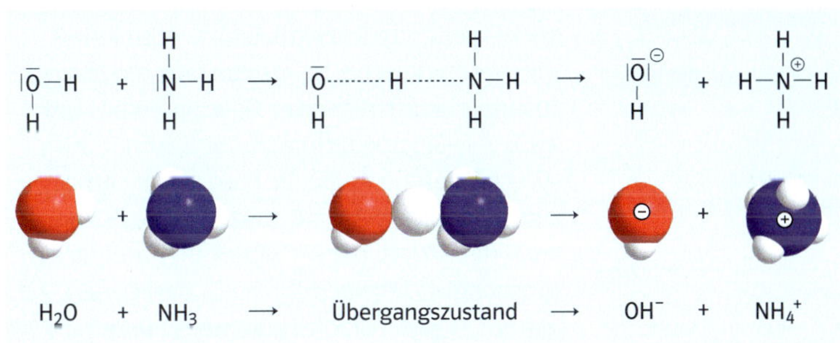

B3 *Übertragung eines Protons von einem Wasser-Molekül auf ein Ammoniak-Molekül*

A1 ○ Beschreiben Sie die Gemeinsamkeiten von sauren und die Gemeinsamkeiten von alkalischen Lösungen.

Rückblick und Vertiefung

Die Alkane – eine homologe Reihe

Name	Molekülformel (Summenformel)	Strukturformel	Kugel-Stab-Modell
Methan	CH_4	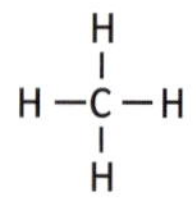	
Ethan	C_2H_6	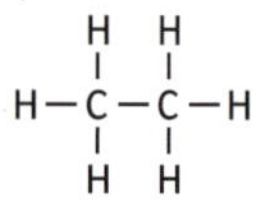	
Propan	C_3H_8	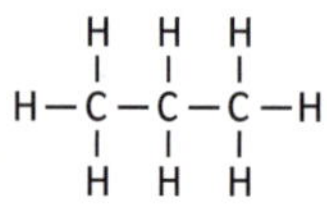	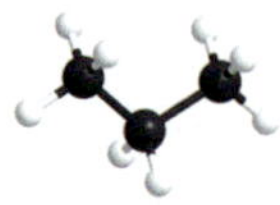
Butan	C_4H_{10}	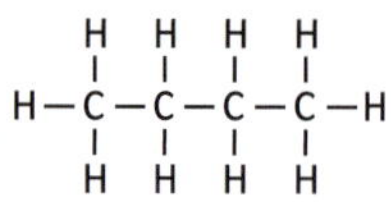	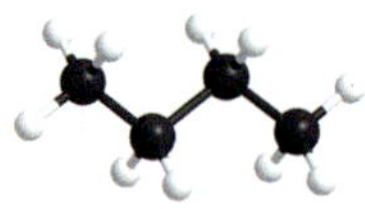

B1 *Die ersten Glieder der Alkanreihe*

Name des Alkans	Molekülformel
Methan	CH_4
Ethan	C_2H_6
Propan	C_3H_8
Butan	C_4H_{10}
Pentan	C_5H_{12}
Hexan	C_6H_{14}
Heptan	C_7H_{16}
Octan	C_8H_{18}
Nonan	C_9H_{20}
Decan	$C_{10}H_{22}$
Undecan	$C_{11}H_{24}$

B2 *Homologe Reihe der Alkane*

Die Molekülformel gibt die Arten und Anzahlen von Atomen an, aus denen ein Molekül aufgebaut ist. Beispiel: C_3H_8
Ein Propan-Molekül ist aus 3 Kohlenstoff-Atomen und 8 Wasserstoff-Atomen aufgebaut.

Summenformel ist eine andere Bezeichnung für die Molekülformel.

Isomer von griech. isos, gleich und meros, Teil

Neben Methan enthält Erdgas auch Ethan, Propan und Butan. Auch diese sind nur aus Kohlenstoff- und Wasserstoff-Atomen aufgebaut. Man spricht von **Kohlenwasserstoffen**. Darüber hinaus gibt es eine große Anzahl flüssiger und fester Kohlenwasserstoffe, die aus Erdöl gewonnen werden. Flüssige Verbindungen findet man z. B. in Benzin, feste in Paraffinen wie z. B. Kerzenwachs.

Homologe Reihe. Die einfachsten Kohlenwasserstoffe sind die Alkane. Ein Vergleich ihrer Formeln zeigt, dass jedes Glied dieser Reihe eine CH_2-Gruppe mehr aufweist als das vorhergehende Molekül. Eine solche Reihe von Verbindungen, bei denen sich die Moleküle aufeinanderfolgender Glieder jeweils um eine CH_2-Gruppe unterscheiden, nennt man eine **homologe Reihe**. Bei bekannter Anzahl n der Kohlenstoff-Atome eines Moleküls kann man die Anzahl der im Molekül gebundenen Wasserstoff-Atome mit $2n+2$ berechnen. Daraus ergibt sich die allgemeine Summenformel (Molekülformel) C_nH_{2n+2}. Die Kohlenwasserstoffe, deren Moleküle sich nach dieser Formel aufbauen lassen, heißen **Alkane**. Man kennzeichnet sie mit der Endsilbe „-an".

Die ersten vier Glieder der Alkane haben traditionelle Namen. Ab fünf C-Atomen im Molekül werden die Namen aus dem griechischen oder lateinischen Wort für die Zahl der Kohlenstoff-Atome und der Nachsilbe „-an" gebildet [B1, B2].

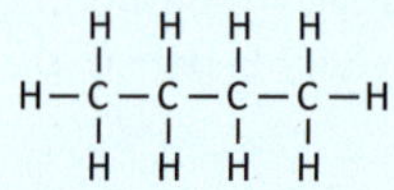

Butan
Siedetemp. $\vartheta_{sd} = -1\,°C$

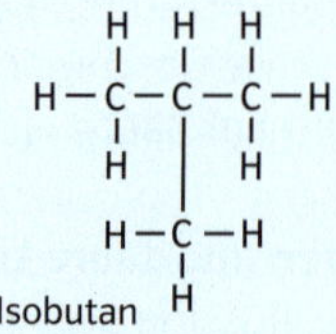

Isobutan
Siedetemp. $\vartheta_{sd} = -12\,°C$

B3 *Butan-Isomere*

Isomerie. Zur Molekülformel C_4H_{10} lassen sich zwei Strukturformeln zeichnen [B3]. Das eine Molekül ist aus einer Kette von vier Kohlenstoff-Atomen aufgebaut, das andere aus einer Kette von drei, wobei das mittlere mit einem weiteren Kohlenstoff-Atom verknüpft ist. Es gibt damit zwei Verbindungen mit unterschiedlichen Eigenschaften. Butan und Isobutan sind durch die unterschiedlichen Verknüpfungen der C-Atome ein Beispiel für *Gerüstisomere*. Die *Gerüstisomerie* gehört zur Strukturisomerie (auch „Konstitutionsisomerie").

Moleküle, die bei gleicher Molekülformel unterschiedliche Strukturformeln haben, bezeichnet man als Strukturisomere.

Zur deutlicheren Unterscheidung des Moleküls mit der unverzweigten Kette der Kohlenstoff-Atome von seinem Isomer wird häufig vor den Namen noch ein „n" gesetzt, also n-Butan (von normales Butan oder Normalbutan). Das verzweigte Isomer heißt auch i-Butan (iso-Butan).
Mit zunehmender Zahl der Isomere [B4] ist eine eindeutige Benennung wichtig.

Molekülformel (Summenformel)	Anzahl der Gerüstisomere
C_4H_{10}	2
C_6H_{14}	5
$C_{10}H_{22}$	75

B4 *Strukturisomere in der Reihe der Alkane*

A1 Zeichnen Sie zur Molekülformel C_5H_{12} die möglichen Strukturformeln.

Die Alkane – Nomenklatur

Die systematische Benennung von Verbindungen wird in der Chemie als Nomenklatur bezeichnet. Ein Verbindungsname muss eindeutig sein und nur zu einer Strukturformel führen. Die Nomenklaturregeln werden von einer internationalen Vereinigung, der IUPAC, festgelegt. In B1 sind die Regeln für die Benennung verzweigter Alkane aufgeführt.

Eine Verzweigung in einem Alkan entsteht formal, indem ein Wasserstoff-Atom durch eine sogenannte Alkylgruppe (Alkylrest) ersetzt wird.

Für die systematische Benennung der Alkane geht man von der längsten Kohlenstoffkette aus und gibt an, an welchen Stellen dieser Hauptkette Alkylgruppen gebunden sind.

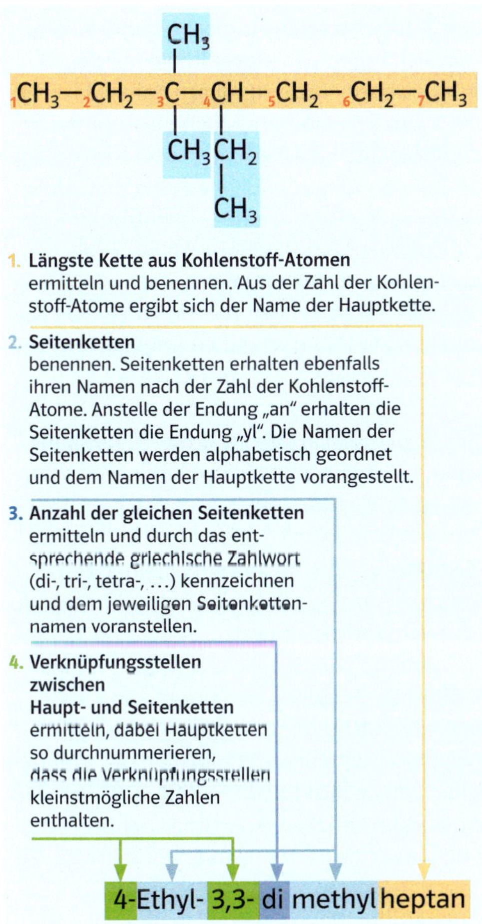

B1 *Benennung eines Alkans. Die Länge der Hauptkette bestimmt den Grundnamen der Verbindung*

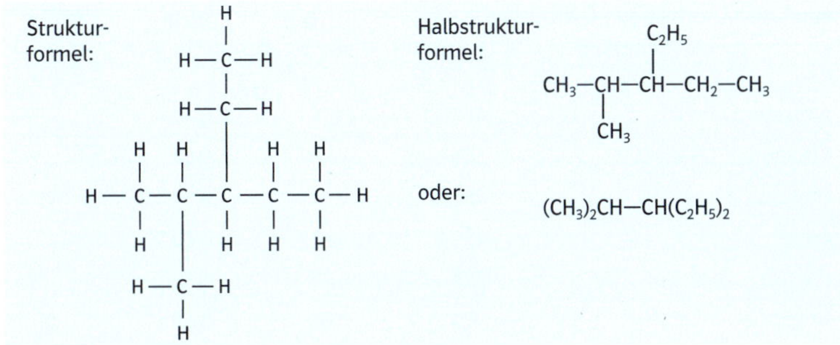

B2 *Struktur- und Halbstrukturformel eines Alkans*

Halbstrukturformel	Name	Siedetemperatur ϑ_{sd} in °C
$CH_3—CH_2—CH_2—CH_2—CH_2—CH_3$	Hexan	68
$CH_3—CH(CH_3)—CH_2—CH_2—CH_3$	2-Methylpentan	60
$CH_3—CH_2—CH(CH_3)—CH_2—CH_3$	3-Methylpentan	63
$CH_3—CH(CH_3)—CH(CH_3)—CH_3$	2,3-Dimethylbutan	58
$CH_3—C(CH_3)_2—CH_2—CH_3$	2,2-Dimethylbutan	50

B3 *Beispiele für Isomere der Molekülformel C_6H_{14}*

Halbstrukturformeln. Statt der oft unübersichtlichen vollständigen Strukturformeln verwendet man auch vereinfachte Strukturformeln, die Halbstrukturformeln [B2, B3]. In ihnen werden nach jeweiligem Bedarf Formelteile wie in Molekülformeln zusammengefasst. Die Art der Atomverknüpfungen muss dabei eindeutig erkennbar bleiben.

A1 Benennen Sie Isobutan nach der systematischen Nomenklatur.

A2 **a)** Stellen Sie die Struktur- und Halbstrukturformeln für die Moleküle der folgenden Verbindungen auf: 3,3-Dimethylpentan, 3-Methylhexan, 3-Ethylheptan, 3-Ethyl-2-methylhexan, 2,3,3-Trimethylhexan. **b)** Ordnen Sie die Moleküle so, dass ersichtlich ist, welche der Moleküle isomer zueinander sind.

A3 Benennen Sie die folgenden Alkane:

a) $(C_2H_5)_2CH(C_3H_7)$

b) $(C_2H_5)(CH_3)CH–CH(C_2H_5)–CH_2–CH(C_2H_5)(CH_3)$

IUPAC International Union of Pure and Applied Chemistry

Alkylgruppe Allgemein wird der aus einem Alkan-Molekül durch Abspaltung eines Wasserstoff-Atoms hervorgehende „Molekülrest" als Alkylrest oder Alkylgruppe bezeichnet.
Alkylgruppe: $—C_nH_{2n+1}$
Methylgruppe: $—CH_3$
Ethylgruppe: $—CH_2—CH_3$ oder $—C_2H_5$

Die Alkane – Struktur-Eigenschafts-Beziehungen

Name	Molekülformel (Summenformel)	Schmelztemperatur ϑ_{sm} in °C	Siedetemperatur ϑ_{sd} in °C	Dichte ϱ in g/cm³	Viskosität
Methan	CH_4	−182	−161	0,47*	nimmt zu
Ethan	C_2H_6	−183	−88	0,57*	
Propan	C_3H_8	−186	−42	0,59*	
Butan	C_4H_{10}	−135	−1	0,60*	
Pentan	C_5H_{12}	−129	36	0,63	
Hexan	C_6H_{14}	−94	68	0,66	
Heptan	C_7H_{16}	−90	98	0,68	
Octan	C_8H_{18}	−56	126	0,70	
Nonan	C_9H_{20}	−53	150	0,72	
Decan	$C_{10}H_{22}$	−30	174	0,73	
⋮	⋮				
Hexadecan	$C_{16}H_{34}$	18	287	0,77	
Heptadecan	$C_{17}H_{36}$	22	302	0,78	

* im flüssigen Zustand (nahe der Siedetemperatur)

***B1** Eigenschaften der Alkane im Vergleich*

London-Kräfte werden oft auch als Van-der-Waals-Kräfte bezeichnet.

Molekülgitter Regelmäßige Anordnung der Moleküle in einem Feststoff

Wechselwirkungen Andere Bezeichnung für Kräfte. Dieser Begriff betont, dass Kräfte gegenseitig ausgeübt werden, z. B. vom einen Dipol auf den anderen und umgekehrt. Zwischenmolekulare Kräfte bezeichnet man oft auch als Wechselwirkungen.

Alkane werden als Energieträger und als Ausgangsstoffe in der chemischen Industrie verwendet.

Eigenschaften und zwischenmolekulare Kräfte. Innerhalb der homologen Reihe der Alkane steigen die Siedetemperaturen und ab Pentan auch die Schmelztemperaturen an [B1]. Dies lässt darauf schließen, dass mit zunehmender Kettenlänge der Kohlenwasserstoff-Moleküle auch die zwischenmolekularen Kräfte zunehmen.
Die C—H-Bindungen der Alkan-Moleküle weisen wegen der geringen Elektronegativitätsunterschiede der Bindungspartner nur eine geringe Polarität auf. Aufgrund der tetraedrischen Anordnung der Bindungspartner um die Kohlenstoff-Atome sind Alkan-Moleküle keine Dipole. Ursache der Anziehung zwischen den Molekülen ist eine nicht immer symmetrische Verteilung der Elektronen [B3]. So entstehen für kurze Zeit Dipole, die mit der Elektronenhülle benachbarter Moleküle wechselwirken und diese dadurch ebenfalls polarisieren. Diese so entstandenen Dipole nennt man **temporäre Dipole**. Die Anziehungskräfte zwischen den temporären Dipolen werden als **London-Kräfte** bezeichnet.

London-Kräfte sind zwischenmolekulare Kräfte, die zwischen temporären Dipolen wirken.

Mit wachsender Kettenlänge der unverzweigten Alkan-Moleküle und damit wachsender Oberfläche nehmen gegenseitige Berührungs- und Polarisierungsmöglichkeiten und damit auch die Anziehungskräfte zu [B3]; die Siede- und Schmelztemperaturen steigen deshalb. Abweichungen von dieser Regel bei den Schmelztemperaturen rühren daher, dass für die Schmelztemperatur auch die Anordnung der Moleküle im *Molekülgitter* verantwortlich ist. Bei den höheren Alkanen sind die London-Kräfte so stark, dass eine Energiezufuhr eher die Spaltung von Bindungen bewirkt als die Aufhebung der zwischenmolekularen Kräfte. Deshalb zersetzen sich Alkane ab etwa Icosan ($C_{20}H_{42}$) schon unterhalb der Siedetemperatur (bei Normdruck).

Die Anziehungskräfte zwischen Alkan-Molekülen, die London-Kräfte, nehmen mit wachsender Kettenlänge zu.

Löslichkeit. Alle Alkane sind ineinander löslich, in Wasser lösen sie sich nur in Spuren. Ob zwei Stoffe ineinander löslich sind, hängt weitgehend von den zwischenmolekularen Kräften ab. Zwischen den unpolaren Alkan-Molekülen treten nur London-Kräfte auf; zwischen den polaren Molekülen des Wassers wirken zusätzlich noch Dipol-Dipol-Kräfte und Wasserstoffbrücken (H-Brücken). H-Brücken sind wesentlich stärker als London-Kräfte. Gibt man z. B. Heptan zu Wasser, so ist der Zusammenhalt der Wasser-Moleküle durch die H-Brücken so stark, dass die Heptan-Moleküle sich nicht dazwischenschieben und somit

Methan ist Hauptbestandteil des Erdgases. Camping- und Feuerzeuggas bestehen überwiegend aus Propan und Butan. Flüssige Alkane sind in Benzinen, Diesel- und Heizöl enthalten. Feste Alkane werden manchmal einfach nur „Paraffine" genannt. Man findet sie z. B. in Kerzen, Wachsmalstiften und in der Schutzhülle von Schnittkäse.

***B2** Alkane können fest, flüssig oder gasförmig sein*

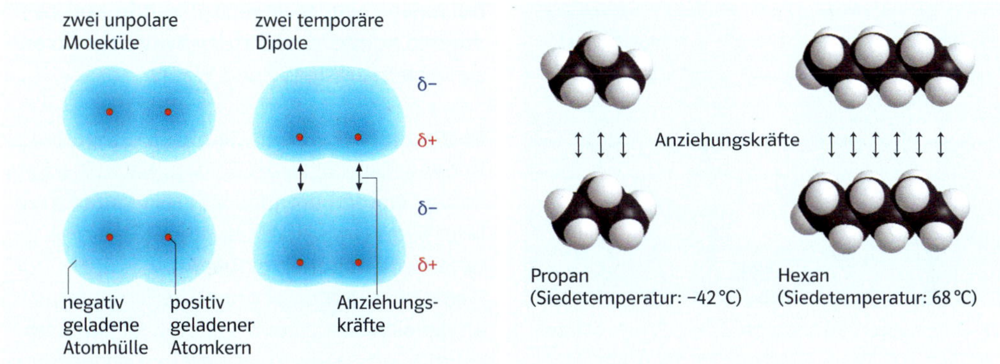

B3 *Durch Elektronendichteverschiebung können Alkan-Moleküle kurzzeitig zu Dipolen werden. Die Anziehungskräfte nehmen mit wachsender Kettenlänge zu*

lipophil von griech. lipos, Fett und griech. philos, liebend

hydrophil von griech. hydor, Wasser und griech. philos, liebend

Viskosität der Begriff geht auf den zähen Saft der Beeren von Misteln (lat. viscum) zurück.

keine zwischenmolekularen Kräfte zu den Wasser-Molekülen ausbilden können.
Gibt man Heptan zu Decan, so können sich genauso wie die London-Kräfte, die die Heptan- und Decan-Moleküle jeweils untereinander zusammenhalten, auch London-Kräfte zwischen Heptan- und Decan-Molekülen ausbilden. Daher sind alle Alkane ineinander löslich. Diese Überlegungen lassen sich auf andere Beispiele entsprechend übertragen:

Je ähnlicher sich die Teilchen zweier Stoffe in Bezug auf ihre Polarität sind, desto besser lösen sich die Stoffe ineinander. Als Faustregel gilt: Ähnliches löst sich in Ähnlichem.

Zur Charakterisierung des Lösungsverhaltens eines Stoffes gegenüber Wasser verwendet man häufig den Begriff **hydrophil** (wasserliebend) für Stoffe mit guter Wasserlöslichkeit und **hydrophob** (wassermeidend) für ein gegenteiliges Lösungsverhalten. Außer den Alkanen zählen vor allem Fette zu den ausgesprochen hydrophoben Stoffen. Fettlösliche Stoffe bezeichnet man als lipophil, wenig fettlösliche als lipophob. Alkane sind lipophil bzw. hydrophob.

Viskosität. In Motoren oder Getrieben verhindern Öl oder Fett, dass sich die bewegenden Teile direkt berühren. Die Reibung ungeschmierter Metallteile führt zu ihrer Erwärmung (Folge ist z. B. der „Kolbenfresser") und raschen Abnutzung. Die Schmierfähigkeit eines Öls hängt von seiner **Viskosität**, das bedeutet seiner Zähflüssigkeit bzw. seinem Fließverhalten, ab. Die Viskosität muss immer groß genug sein, damit ein ausreichender Schmierfilm an den Oberflächen bewegter Teile bestehen bleibt. Mineralische Motorenöle bestehen zum Großteil aus verschiedenen Kohlenwasserstoffen.

B4 *Der Schmierfilm des Öls vermindert den Verschleiß*

Kettenlänge und Viskosität. Die Viskosität kann im Kugelfallviskosimeter [B5] ermittelt werden. Hohe Viskosität bedeutet Dickflüssigkeit, niedrige Dünnflüssigkeit. Je dünnflüssiger die Flüssigkeit, desto schneller fällt die Kugel. Beim Fließen der Flüssigkeit gleiten Moleküle des Stoffes aneinander vorbei, was umso schwieriger ist, je größer die zwischenmolekularen Kräfte sind. Zwischen längerkettigen Molekülen herrschen stärkere Anziehungskräfte als zwischen kürzerkettigen.

Flüssige Kohlenwasserstoffe, die aus längerkettigen Molekülen aufgebaut sind, haben eine höhere Viskosität.

Mit steigender Temperatur nimmt die Viskosität einer Flüssigkeit ab. Bei Motorenölen wird die Viskosität oft durch zwei Werte angegeben z. B. 5 W 30.
Der erste Wert beschreibt dabei die Viskosität im Winter, der zweite Wert bei 100 °C.
Je kleiner der Winterwert, desto dünnflüssiger ist das Öl im Winter und bleibt damit auch bei winterlichen Temperaturen pumpfähig. Je höher der zweite Wert, desto besser kann das Öl auch bei hohen Temperaturen im Sommer einen Schmierfilm bilden und wird nicht zu dünnflüssig.

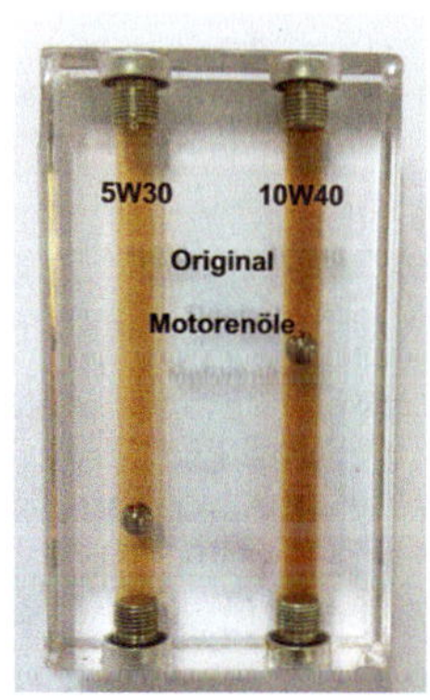

B5 *Ein Kugelfallviskosimeter*

Benzine und **Paraffinöle** sind Gemische aus Alkanen.

Flammpunkt Die Flammtemperatur wird auch als Flammpunkt bezeichnet.

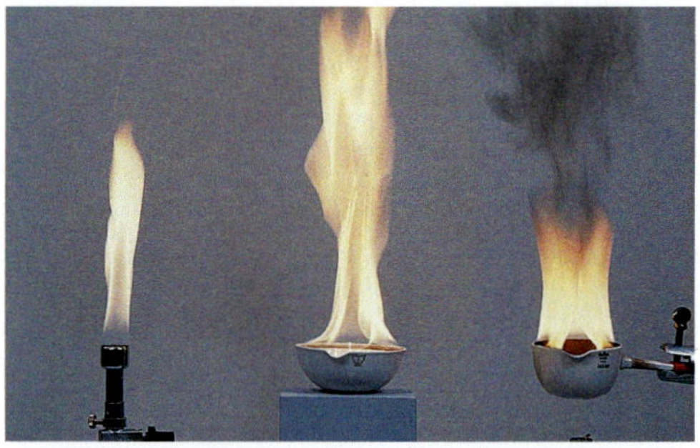

B6 Flammenvergleich: Butan (links), Benzin (Mitte), Paraffinöl (rechts). Die Kettenlänge der Moleküle nimmt vom Butan zum Paraffinöl zu

B7 Bestimmung der Flammtemperatur

Brennbarkeit. Alkane werden meist verbrannt, um die dabei abgegebene thermische Energie zu nutzen. Verbrennen Alkane an der Luft, so nehmen mit zunehmender Länge der Kohlenstoff-Atom-Kette die Leuchtkraft der orangefarbenen Flamme und die Rußentwicklung zu [B6]. Das Leuchten der Flamme ist auf das Glühen winziger Rußpartikel zurückzuführen, die bei unvollständiger Verbrennung entstehen und erst am Flammensaum mit dem Sauerstoff der Luft zu Kohlenstoffdioxid reagieren. Da die Anzahl und der Anteil der Kohlenstoff-Atome in den Alkan-Molekülen innerhalb der homologen Reihe zunimmt, findet bei gleichem Luftzustrom eine zunehmend unvollständige Verbrennung statt. Die Rußpartikel gelangen zum Teil unverbrannt bis in kältere Randbereiche der Flamme, wo sie nicht mehr reagieren und als Ruß in Erscheinung treten.

Gefahren-kategorie	1	2	3
Gefahren-piktogramm			
Signalwort	Gefahr	Gefahr	Achtung
Gefahren-hinweis (H-Satz)	H 224	H 225	H 226
Flamm-temperatur	< 23 °C	< 23 °	≥ 23 °C und ≤ 60 °C
Siede-temperatur	≤ 35 °C	> 35 °C	
Beispiel	2-Methylbutan	Pentan	Nonan

B8 Gefahrenpiktogramme für entzündbare Flüssigkeiten und Gefahrenkategorien

Bei ausreichender Sauerstoffzufuhr und genügend hoher Temperatur verbrennen Alkane zu Kohlenstoffdioxid und Wasser.

Entflammbarkeit und Gefahrenkategorien. In der Gefahrenklasse „Entzündbare Flüssigkeiten" werden brennbare Flüssigkeiten nach ihrer Siede- und Flammtemperatur in drei Gefahrenkategorien eingeteilt [B8]. Die Flammtemperatur ist dabei die Temperatur, ab der sich über einem brennbaren Stoff ein zündfähiges Dampf-Luft-Gemisch bilden kann. Sie lässt sich mit der in B7 abgebildeten Anordnung bestimmen. Von vielen Alkanen gehen Brand- und Explosionsgefahren aus. Propan, Butan und Gemische dieser Alkane werden als Treibmittel, z. B. in Deodorantsprays, eingesetzt. Da diese Alkane mit Luft explosionsfähige Gemische bilden, dürfen Spraydosen nicht in der Nähe von offenen Flammen eingesetzt werden.

Alkane, deren Moleküle aus einem bis acht C-Atomen aufgebaut sind, lassen sich leicht entflammen, da sie bei Zimmertemperatur gasförmig sind oder schnell verdunsten.

A1 ○ Ordnen Sie die Ihnen bekannten zwischenmolekularen Kräfte nach ihrer Stärke und geben Sie jeweils ein Beispiel für einen Stoff an, zwischen dessen Molekülen diese wirken.

A2 ◒ Betrachten Sie die Siedetemperaturen und die Viskositäten der Alkane von Hexan bis Decan in B1. Beschreiben Sie die Veränderungen und erklären Sie diese.

A3 ◒ MK In B8 sind die unterschiedlichen Gefahrenkategorien für entzündbare Flüssigkeiten dargestellt.
a) Erklären Sie, was man unter der Flammtemperatur versteht und beschreiben Sie, wie man sie bestimmt.
b) Zeichnen Sie die Strukturformeln der Moleküle der als Beispiel angegebenen Stoffe und recherchieren Sie für jede Kategorie jeweils einen weiteren Stoff.
c) Schlagen Sie im Anhang dieses Buches die Bedeutung der jeweils angegebenen H-Sätze nach.

A4 ● Ein Gefahrenhinweis auf einem Deospray lautet: „Extrem entzündbares Aerosol, Bildung explosionsfähiger Gemische möglich." Erklären Sie, weshalb dieser Hinweis in Bezug auf die Gefahren hier nötig ist.

Rückblick und Vertiefung

Ethen – ein Alken

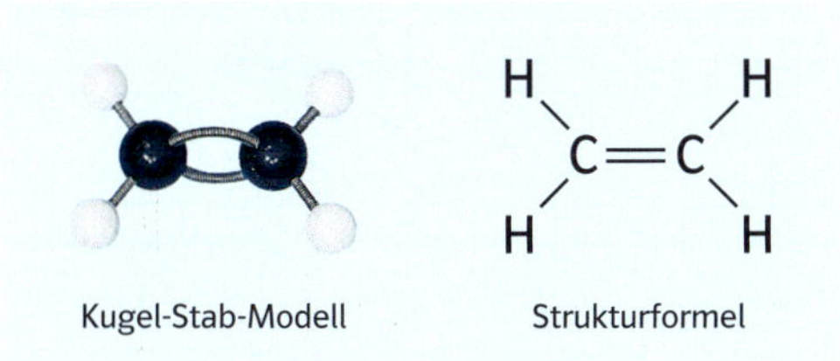

B1 *Darstellungen des Ethen-Moleküls*

Ethen ist ein farbloses, süßlich riechendes Gas. Es wurde früher Ethylen genannt. Ethen gehört zu den bedeutendsten Ausgangsstoffen der chemischen Industrie. Ein großer Teil des Ethens wird zur Herstellung von Kunststoffen verwendet, vor allem für Polyethen (Polyethylen, PE), das als Material für Plastiktragetaschen und Folien bekannt ist. Auch zum Beschleunigen des Reifungsprozesses von Früchten, wie Bananen oder Tomaten, wird Ethen benutzt [Exkurs].

Struktur des Ethen-Moleküls. Das Ethen-Molekül hat die Molekülformel C_2H_4 und weist zwei Wasserstoff-Atome weniger als das Ethan-Molekül auf. Damit stehen zwei weitere Elektronen für eine zweite Bindung zwischen den Kohlenstoff-Atomen zur Verfügung, sodass eine Doppelbindung existiert [B1].

Die Alkene – eine homologe Reihe. Auch die anderen Alken-Moleküle haben zwei Wasserstoff-Atome weniger als die entsprechenden Alkan-Moleküle und dementsprechend Molekülformeln, die sich aus der allgemeinen Formel C_nH_{2n} ableiten lassen. Wie bei den Alkanen spricht man auch hier von einer homologen Reihe. Die Namen der Alkene leiten sich von denen der Alkane mit entsprechender Kohlenstoff-Atomanzahl ab und enden mit der Nachsilbe „-en", z. B. Ethen, Propen. Zusätzlich muss man aber bei der Benennung die Lage der Doppelbindung im Molekül berücksichtigen. Dazu wird die Nummerierung der Kohlenstoff-Atome so gewählt, dass die Zahl für die Lage der Doppelbindung möglichst klein ist [B2].

Alken-Moleküle enthalten eine C=C-Doppelbindung. Sie bilden eine homologe Reihe mit der allgemeinen Molekülformel C_nH_{2n}.

Halbstrukturformel	Systematischer Name	Schmelztemperatur ϑ_{sm} in °C	Siedetemperatur ϑ_{sd} in °C
$H_2\overset{1}{C}=\overset{2}{C}H_2$	Ethen	−169	−104
$H_2\overset{1}{C}=\overset{2}{C}H-\overset{3}{C}H_3$	Propen	−185	−48
$H_2\overset{1}{C}=\overset{2}{C}H-\overset{3}{C}H_2\overset{4}{C}H_3$	But-1-en	−185	−6

B2 *Homologe Reihe der Alkene*

Exkurs

Welche Rolle spielt Ethen beim Reifungsprozess von Früchten? Ethen wird von vielen Pflanzen gebildet und an die Umgebung abgegeben. So produzieren viele Früchte während einer bestimmten Reifungsphase besonders viel Ethen, das auch benachbarte, noch unreife Früchte schneller reifen lässt. Ethen ist ein Pflanzenhormon. In der Praxis wird dieser Einfluss des Ethens auf die Reifung genutzt. So werden Bananen, die ganzjährig grün geerntet werden, in den Verbraucherländern in Reifekammern mit Ethen begast. Die Bananen reifen dadurch in wenigen Tagen. Legt man zu unreif geernteten Tomaten reife Äpfel, reifen die Tomaten nach, weil die Äpfel Ethen abgeben. Im Freien und in Gewächshäusern lässt sich Ethen nicht anwenden, weil sich das Gas zu schnell verdünnen würde. Deshalb werden Lösungen und Emulsionen von Verbindungen eingesetzt, die erst auf der Pflanze Ethen abgeben. So können Ananaspflanzen eines Feldes mit einem Mittel, das auf der Pflanze Ethen abgibt, besprüht werden, damit alle Pflanzen gleichzeitig reif werden. Sie können dann zu einem vorbestimmten Termin geerntet und an die Fruchtmärkte geliefert werden.

B3 *Fruchtstaude der Banane (links) geöffnete Bananenfrucht (rechts)*

A1 ○ Begründen Sie, warum die allgemeine Molekülformel der Alkene C_nH_{2n} lautet.

A2 ◒ MK Recherchieren Sie, wofür Propen vorwiegend verwendet wird.

Rückblick und Vertiefung

Die Vielfalt der Kohlenwasserstoffe

B1 *Räumliche Molekülmodelle unterstützen das Vorstellungsvermögen*

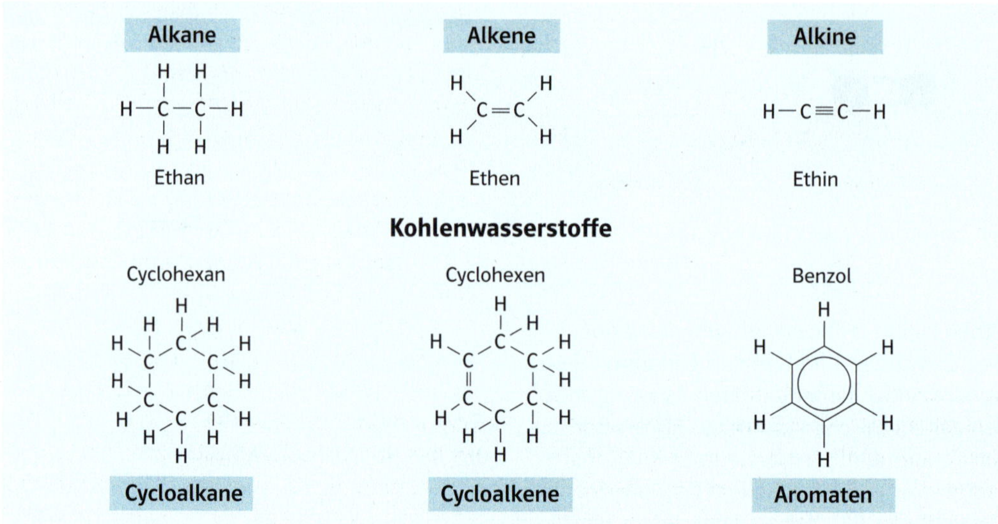

B2 *Vertreter wichtiger homologer Reihen von Kohlenwasserstoffen*

Kohlenstoff-Atome können nicht nur durch Einfach-, sondern auch durch Doppel- oder Dreifachbindungen verbunden sein. Zudem gibt es Kohlenwasserstoff-Moleküle mit ringförmigen (cyclischen) Molekülgerüsten [B2].

Alkine. Kohlenwasserstoffe, deren Moleküle eine C≡C-Dreifachbindung aufweisen, gehören zu den Alkinen. Die allgemeine Molekülformel lautet: C_nH_{2n-2}. Das erste und wichtigste Glied der Alkine ist Ethin. Aufgrund der Dreifachbindung zählt Ethin zu den ungesättigten Verbindungen.
Ethin wird häufig Acetylen genannt. Es kommt in Stahlflaschen in den Handel. Reines Ethin kann explosionsartig zerfallen. Es muss deshalb unter besonderen Bedingungen aufbewahrt werden. Ethin verbrennt an der Luft mit hell leuchtender und stark rußender Flamme. Verbrennt man Ethin in Schweiß- und Schneidbrennern zusammen mit Sauerstoff, so erhält man eine nur wenig rußende, sehr helle und heiße Flamme, die Flammentemperatur kann bis zu etwa 3000 °C betragen, sodass sogar Stoffe wie Stahl leicht geschmolzen werden können [B3, B4].

Alkine sind Kohlenwasserstoffe, deren Moleküle mindestens eine C≡C-Dreifachbindung aufweisen. Sie bilden (bei einer Dreifachbindung) eine homologe Reihe mit der allgemeinen Molekülformel C_nH_{2n-2}.

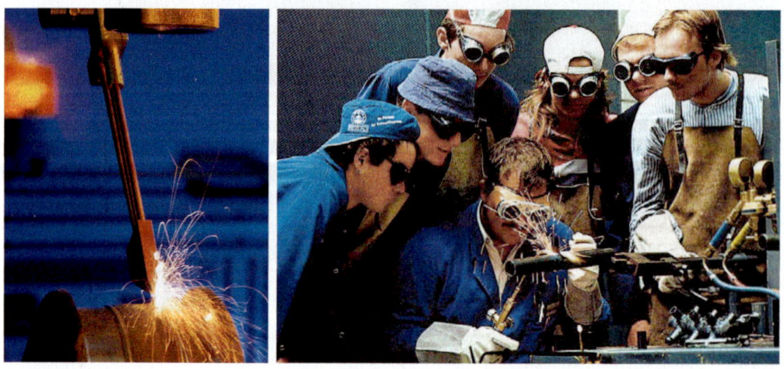

B3 *Schweißen und Schneiden*

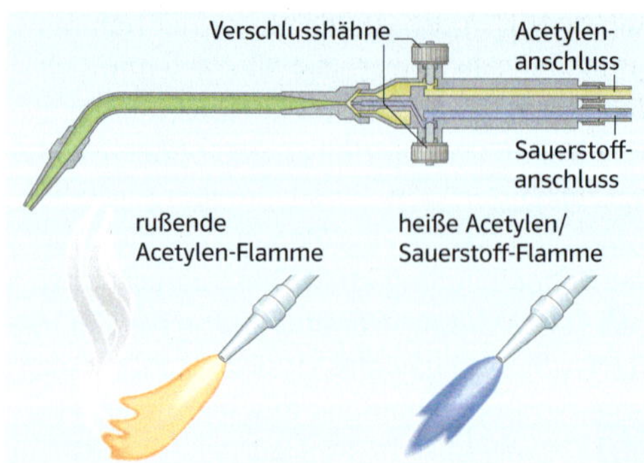

B4 *Schweißen mit Acetylen; oben: Schnitt durch den Brenner*

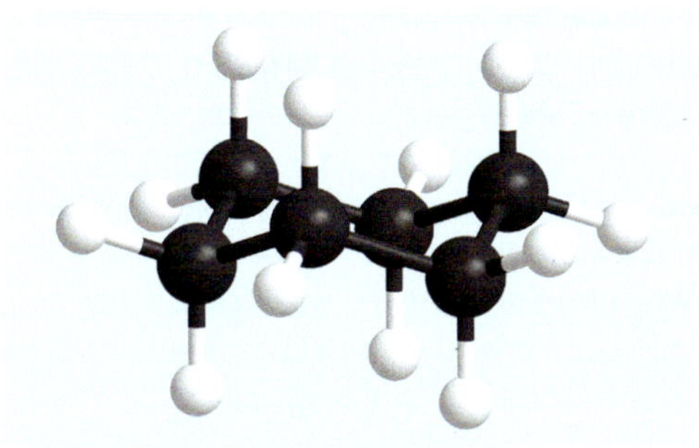

B5 Modell des Cyclohexan-Moleküls

Cyclohexan (Molekülformel: C_6H_{12}) ist ein **Cycloalkan**, das die Eigenschaften und das Reaktionsverhalten eines vergleichbaren offenkettigen Alkans aufweist. So ist es eine farblose, hydrophobe Flüssigkeit. Der Cyclohexanring ist nicht eben gebaut, bei allen Bindungen liegt auch hier ein Tetraederwinkel vor [B5].

Cycloalkene. In ihren Eigenschaften und ihrem Reaktionsverhalten ähneln die Cycloalkene weitgehend den offenkettigen Alkenen. Cyclohexen (Molekülformel: C_6H_{10}) ist eine farblose Flüssigkeit mit benzinartigem Geruch. Sie ist löslich in Alkohol, aber unlöslich in Wasser. Cyclohexen [B2] wird u.a. als Lösungsmittel in Klebstoffen eingesetzt.

Kohlenwasserstoffe können auch ringförmige Strukturen aufweisen, man spricht dann von Cycloalkanen bzw. Cycloalkenen.

Benzol (Molekülformel: C_6H_6) ist eine hydrophobe Flüssigkeit, die an der Luft mit stark rußender Flamme verbrennt [B6]. Benzol ist giftig und cancerogen (kann Krebs erzeugen). Benzin enthält Benzol in einer Volumenkonzentration von bis zu 1%, da es die Qualität des Benzins erhöht.

Auch bei Benzol handelt es sich um einen cyclischen Kohlenwasserstoff. Es lässt sich eine Strukturformel aufstellen, in der sich C—C-Einfachbindungen und C=C-Doppelbindungen abwechseln. Tatsächlich liegen aber im Benzol-Molekül weder C—C-Einfach- noch C=C-Doppelbindungen vor. Im Benzol-Molekül ist jedes Kohlenstoff-Atom mit je einem Elektronenpaar mit zwei weiteren Kohlenstoff-Atomen und einem Wasserstoff-Atom verbunden. Die verbleibenden sechs Elektronen, von jedem Kohlenstoff-Atom eines, lassen sich nicht zuordnen. Sie sind über den ganzen Ring verteilt (delokalisiert).
Für das Benzol-Molekül wird deshalb häufig eine besondere Strukturformel gebraucht, die die Delokalisierung der sechs Elektronen andeuten soll [B7].

Viele Verbindungen, die sich vom Benzol ableiten lassen, sind wohlriechende Stoffe. Sowohl Benzol als auch diese Benzol-Abkömmlinge gehören zu den Aromaten. Sie sind wichtige Ausgangsstoffe und Zwischenprodukte für die Herstellung von Farbstoffen, Kunststoffen und Medikamenten.

Beim Benzol (C_6H_6) sind die drei Doppelbindungen im cyclischen Molekül über den ganzen Ring delokalisiert.

Wundbenzin. In den verschiedenen Benzinsorten sind unterschiedliche Kohlenwasserstoffe vertreten. Zur Entfernung von Fettflecken oder Pflasterrückständen sollten benzolfreie lipophile Lösungsmittel wie z.B. Wundbenzin verwendet werden. Dieses enthält im Wesentlichen Pentan und seine Isomere. Bei der Verwendung muss das Wundbenzin von Zündquellen ferngehalten werden.

B6 Benzol verbrennt mit rußender Flamme

Aromat von lat. aroma, Wohlgeruch

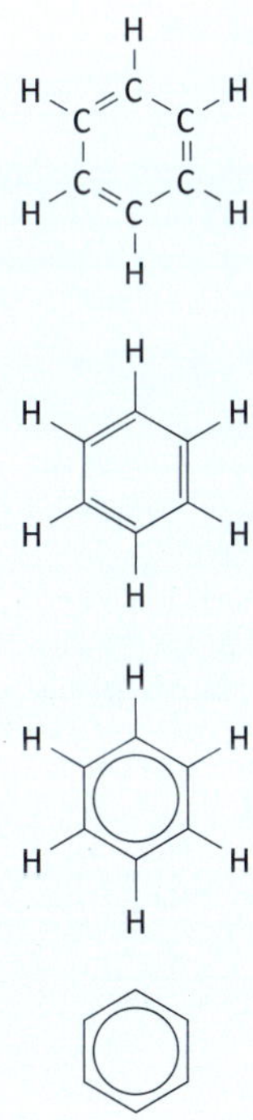

B7 Strukturformeln für Benzol-Moleküle

A1 Beschreiben und vergleichen Sie den Molekülaufbau von Ethan, Ethen und Ethin.

A2 Vergleichen Sie die Molekülformeln von Hexan, Cyclohexan und Cyclohexen.

A3 Formulieren Sie eine Reaktion zur Gewinnung von Ethan aus Ethen. Wie heißt diese Reaktion?

A4 MK Informieren Sie sich über die Verwendung von Benzol sowie die Gefahren, die von diesem Stoff ausgehen.

Größen und Größengleichungen

$\rho = \frac{m}{V}$

$\Leftrightarrow \quad m = \rho \cdot V$

$\Leftrightarrow \quad V = \frac{m}{\rho}$

Ein Goldbarren der Masse $m = 100\,g$ hat das Volumen:

$V = \frac{100\,g}{19{,}32\,g/cm^3} = 5{,}18\,cm^3$

Ein Goldnugget mit dem Volumen $V = 100\,cm^3$ hat die Masse:

$m = 19{,}32\,\frac{g}{cm^3} \cdot 100\,cm^3 = 1932\,g = 1{,}932\,kg$

***B1** Umgang mit den Größen Masse, Volumen und Dichte*

$m_t(Na) = m_t(Na^+)$
$m_t(A) = m_t(A^{z+})$

$m_t(Cl) = m_t(Cl^-)$
$m_t(B) = m_t(B^{z-})$

***B2** Die Massen der Atom-Ionen entsprechen den Atommassen*

Für chemische Untersuchungen und Reaktionen benötigt man quantitative Angaben zu Stoffportionen. Dazu nutzt man Größen und Einheiten. Nutzen Sie dieses Kapitel bei Bedarf als Informationsquelle.

Masse, Volumen und Dichte. Wie groß eine Stoffportion ist, beschreibt man häufig mit der **Masse** m oder mit dem Volumen V. Die **Dichte** ρ ist eine Stoffeigenschaft. Mithilfe der Dichte kann man die Masse einer Stoffportion in das Volumen umrechnen und umgekehrt [B1].

Teilchenmasse und Stoffmenge. Teilchenmassen m_t sind sehr klein. Deshalb gibt man sie in u (von engl. unit, Einheit) an.

Es gilt: $1\,u = 1{,}66054 \cdot 10^{-24}\,g$

$1\,g = 6{,}02214 \cdot 10^{23}\,u$

Die Masse eines Moleküls oder einer Elementargruppe in Ionenverbindungen ergibt sich durch Addition der Atommassen. Die Massen von Atom-Ionen entsprechen den Atommassen [B2].

Die Anzahl der Atome, Moleküle oder Ionen ist selbst in sehr kleinen Stoffportionen riesig groß. Deshalb fasst man eine sehr große Anzahl zur Einheit Mol zusammen. Eine Stoffportion, die $6{,}022 \cdot 10^{23}$ Teilchen enthält, hat die **Stoffmenge** $n = 1\,mol$.

Die Stoffmenge n ist nur ein anderer Name für die **Teilchenanzahl** N. Der Begriff „Stoffmenge" wird jedoch bevorzugt verwendet, wenn die Teilchenanzahl in Mol angegeben wird. Die Einheit Mol hat den Vorteil, dass mit kleinen Zahlen gerechnet werden kann.

Für die Umrechnung einer Teilchenanzahl N in die Stoffmenge n verwendet man die **Avogadro-Konstante** $N_A = 6{,}022 \cdot 10^{23}\,mol^{-1}$.

$$n = \frac{N}{N_A}$$

Die molare Masse. Den Quotienten aus der Masse m und der Stoffmenge n einer Stoffportion nennt man **molare Masse** M.

$$M = \frac{m}{n} \qquad \text{Übliche Einheit: g/mol}$$

Die molare Masse M ist identisch mit der Teilchenmasse m_t, sie wird nur in einer anderen Einheit angegeben.

Das molare Volumen. Den Quotienten aus dem Volumen V und der Stoffmenge n einer Stoffportion nennt man **molares Volumen** V_m.

$$V_m = \frac{V}{n} \qquad \text{Übliche Einheit: l/mol}$$

Gleiche Volumina verschiedener Gase bei gleichem Druck und gleicher Temperatur enthalten annähernd gleich viele Teilchen. Umgekehrt haben Gasportionen mit gleichen Teilchenanzahlen auch gleiche Volumina.
Das molare Volumen von Gasen ist:
- bei 0 °C und 1013 hPa: $V_m = 22{,}4\,l/mol$
- bei 20 °C und 1013 hPa: $V_m \approx 24\,l/mol$
- bei 25 °C und 1000 hPa: $V_m \approx 25\,l/mol$

Stoffportion	Teilchen (bzw. Elementargruppe)	Teilchenmasse m_t bzw. molare Masse M		Teilchenanzahl N bzw. Stoffmenge n	
		m_t	M	N	n
12 g Kohlenstoff	C	12,0 u	12,0 g/mol	$6{,}022 \cdot 10^{23}$	1,0 mol
5,6 g Stickstoff	N_2	28,0 u	28,0 g/mol	$1{,}204 \cdot 10^{23}$	0,20 mol
18 g Wasser	H_2O	18,0 u	18,0 g/mol	$6{,}022 \cdot 10^{23}$	1,0 mol
1,1 g Kohlenstoffdioxid	CO_2	44,0 u	44,0 g/mol	$1{,}506 \cdot 10^{22}$	0,025 mol
585 g Natriumchlorid	NaCl	58,5 u	58,5 g/mol	$6{,}022 \cdot 10^{24}$	10,0 mol

***B3** Beispiele für Stoffportionen und Teilchenanzahlen*

Der Massenanteil. Eine Kochsalz-Lösung mit $w = 0{,}9\,\%$ enthält 0,9 g Natriumchlorid in 100 g Kochsalz-Lösung. Eine Salzsäure mit $w = 25\,\%$ enthält 25 g Chlorwasserstoff in 100 g Salzsäure. Es handelt sich um den **Massenanteil**. Der Massenanteil *w* eines Bestandteils A ist der Quotient aus der Masse des Bestandteils *m*(Bestandteil A) dividiert durch die Gesamtmasse des Gemisches *m*(Gemisch).

$$w(\text{Bestandteil A}) = \frac{m(\text{Bestandteil A})}{m(\text{Gemisch})}$$

Der Massenanteil ist eine Zahl zwischen 0 und 1. Multipliziert man die Zahl mit 100 % erhält man den Massenanteil in %.

Die Massenkonzentration. Der Gehalt an Kationen und Anionen in einem Mineralwasser wird häufig in Milligramm pro Liter (mg/l) angegeben. Es handelt sich um die **Massenkonzentration**.
Die Massenkonzentration β ist der Quotient aus der Masse eines Bestandteils A *m*(Bestandteil A) und dem Volumen der Lösung *V*(Lösung).

$$\beta(\text{Bestandteil A}) = \frac{m(\text{Bestandteil A})}{V(\text{Lösung})}$$

Mögliche Einheiten: mg/l, g/l, g/m^3

Die Volumenkonzentration. Auf den Etiketten alkoholischer Getränke steht der Alkoholgehalt in Prozent. Es handelt sich um die **Volumenkonzentration**.
Die Volumenkonzentration σ eines Bestandteils A ist der Quotient aus dem Volumen des Bestandteils *V*(Bestandteil A) dividiert durch das Gesamtvolumen des Gemisches *V*(Gemisch).

$$\sigma(\text{Bestandteil A}) = \frac{V(\text{Bestandteil A})}{V(\text{Gemisch})}$$

Die Volumenkonzentration ist eine Zahl zwischen 0 und 1. Multipliziert man die Zahl mit 100 %, erhält man die Volumenkonzentration in Prozent.

Die Stoffmengenkonzentration. Bei Titrationen ermittelt man Stoffmengen gelöster Stoffe mithilfe von Maßlösungen mit bekannter **Stoffmengenkonzentration**.
Die Stoffmengenkonzentration *c* ist der Quotient aus der Stoffmenge des gelösten Bestandteils *n*(Teilchen A) und dem Volumen der Lösung *V*(Lösung).

$$c(\text{Teilchen A}) = \frac{n(\text{Teilchen A})}{V(\text{Lösung})}$$

Übliche Einheit: mol/l

$$\Leftrightarrow\; n(\text{Teilchen A}) = c(\text{Teilchen A}) \cdot V(\text{Lösung})$$

Größen
n: Stoffmenge
N: Teilchenanzahl
m: Masse
m_t: Teilchenmasse
M: molare Masse
V: Volumen
V_m: molares Volumen
ρ: Dichte
w: Massenanteil
β: Massenkonzentration
σ: Volumenkonzentration
c: Stoffmengenkonzentration

Konzentrationen sind auf das Volumen bezogene Größen.

A1 ○ Ermitteln Sie für eine Stoffportion Wasser der Masse *m*(Wasser) = 36 g die Stoffmenge $n(H_2O)$ und die Teilchenanzahl $N(H_2O)$. Geben Sie außerdem die molare Masse von Wasser $M(H_2O)$ an.

A2 ◒ Ermitteln Sie für eine Stoffportion Kohlenstoffmonooxid der Stoffmenge *n*(CO) = 0,5 mol die Masse *m*(Kohlenstoffmonooxid) und die Teilchenanzahl *N*(CO).

A3 ◒ 5 ml eines Mineralwassers enthalten 2 mg Calcium-Ionen. Berechnen Sie die Massenkonzentration $\beta(Ca^{2+})$.

A4 ◒ In 1 l Natronlauge sind 80 g Natriumhydroxid gelöst. Berechnen Sie die Stoffmengenkonzentration *c*(NaOH).

A5 ◒ Berechnen Sie die Anzahl der Natrium-Ionen und Hydroxid-Ionen in 2 l Natronlauge der Konzentration *c*(NaOH) = 0,1 mol/l.

A6 ◒ Zur Neutralisation von 25 ml Salzsäure werden 40 ml Natronlauge der Konzentration *c*(NaOH) = 1 mol/l benötigt. Berechnen Sie die Stoffmengenkonzentration *c*(HCl).

A7 ● In 2 l Natronlauge sind 200 g Natriumhydroxid gelöst. Ermitteln Sie das Volumen der Salzsäure der Stoffmengenkonzentration *c*(HCl) = 2 mol/l, das zur Neutralisation der Natronlauge benötigt wird.

A8 ● Erläutern Sie Ihr Vorgehen zur Herstellung einer Ethanol-Wasser-Lösung mit σ(Ethanol) = 40 %.

Tipp
Anhand der Einheiten kann man überprüfen, ob beim Hantieren mit den Größengleichungen nicht doch ein Fehler unterlaufen ist.

Chemisches Rechnen

Gegeben:

Treibstoff-Verbrauch des Pkw: $\frac{V(\text{Heptan})}{s} = \frac{6{,}50\,\text{l}}{100\,\text{km}} = \frac{0{,}0650\,\text{l}}{1\,\text{km}}$

Dichte von Heptan: $\rho(\text{Heptan}) = 0{,}684\,\text{g/cm}^3$

Gesucht:

Kohlenstoffdioxid-Emission des Pkw: $\frac{m(\text{Kohlenstoffdioxid})}{1\,\text{km}}$

---

1. Berechnung der Masse m(Heptan), die für $s = 1\,\text{km}$ Fahrstrecke benötigt wird.

   Dazu wird die Größengleichung $\rho = \frac{m}{V}$ (S. 40) umgeformt:

$$m(\text{Heptan}) = \rho(\text{Heptan}) \cdot V(\text{Heptan}) = 0{,}684\,\frac{\text{g}}{\text{cm}^3} \cdot 65{,}0\,\text{cm}^3 \approx 44{,}5\,\text{g}$$

2. Berechnung der Masse m(Kohlenstoffdioxid), die bei der Verbrennung von 44,5 g Heptan entsteht.

a) Formulierung der Reaktionsgleichung zur Verbrennung von Heptan:
$C_7H_{16} + 11\ O_2 \longrightarrow 7\ CO_2 + 8\ H_2O$

Nach der Reaktionsgleichung ergibt sich:

$$\frac{n(CO_2)}{n(C_7H_{16})} = \frac{7}{1} \Leftrightarrow n(CO_2) = 7 \cdot n(C_7H_{16})$$

b) Anstatt $n(CO_2)$ und $n(C_7H_{16})$ bekannte Werte einbringen, dazu wird die Größengleichung $M = \frac{m}{n}$ umgeformt:

$$M = \frac{m}{n} \Leftrightarrow n = \frac{m}{M}$$

Einsetzen in die obige Gleichung ergibt:

$$\frac{m(\text{Kohlenstoffdioxid})}{M(\text{Kohlenstoffdioxid})} = 7 \cdot \frac{m(\text{Heptan})}{M(\text{Heptan})}$$

$$\Leftrightarrow m(\text{Kohlenstoffdioxid}) = 7 \cdot \frac{m(\text{Heptan}) \cdot M(\text{Kohlenstoffdioxid})}{M(\text{Heptan})} = 7 \cdot \frac{44{,}5\,\text{g} \cdot 44{,}0\,\text{g/mol}}{100{,}2\,\text{g/mol}} \approx 137\,\text{g}$$

Lösung:
Der Pkw hat eine Kohlenstoffdioxid-Emission von ca. 137 g/km.

***B1** Berechnung der Kohlenstoffdioxid-Emission eines Pkw*

Das Rechnen in der Chemie fällt manchen schwer – aber wie in vielen anderen Gebieten des Lernens hilft Üben. Ein Tipp vorneweg: Am besten setzt man beim Rechnen immer alle Einheiten ein. Wenn dann das Ergebnis die richtige Einheit hat, ist dies zwar keine Garantie, aber ein guter Hinweis auf eine richtige Rechnung.

Rechnen mit Massen und Stoffmengen. Bei bekannter molarer Masse kann man Massen in Stoffmengen umrechnen und umgekehrt. Ein Beispiel ist die Umrechnung des Benzinverbrauchs eines Pkw in seine Kohlenstoffdioxid-Emission. Vereinfachend kann die Berechnung mit dem Reinstoff Heptan anstelle von Benzin durchgeführt werden, wobei man annimmt, dass das Heptan vollständig zu Kohlenstoffdioxid und Wasser verbrennt:

$$C_7H_{16} + 11\ O_2 \longrightarrow 7\ CO_2 + 8\ H_2O$$

Aus jedem Heptan-Molekül entstehen also 7 Kohlenstoffdioxid-Moleküle bzw. aus 1 mol Heptan entstehen 7 mol Kohlenstoffdioxid. B1 zeigt eine Beispielrechnung.

Titration (Maßanalyse). Eine Titration ist eine quantitative analytische und sehr exakte Messmethode. Die Titration wird auch als *Maßanalyse* bezeichnet.
Bei einer **Säure-Base-Titration** gibt man eine saure oder alkalische *Maßlösung* bekannter Konzentration zu einer alkalischen bzw. sauren *Probelösung* unbekannter Konzentration, die einen *Indikator* enthält. Es wird so viel Maßlösung zugegeben, bis der Indikator das Ende der Neutralisation anzeigt. Aus dem Volumen der verbrauchten Maßlösung, ihrer Konzentration und dem Volumen der Probelösung lässt sich die Konzentration der Probelösung bestimmen.
Wenn für eine Säure Base-Titration gilt:
$n(\text{Säure}) : n(\text{Base}) = 1 : 1$,
dann gilt für die Konzentration der Probelösung:
$c(\text{Probelsg.}) = \frac{c(\text{Maßlsg.}) \cdot V(\text{Maßlsg.})}{V(\text{Probelsg.})}$

Chemische Reaktionen mit Gasen. Das Volumen einer Gasportion hängt von ihrer Stoffmenge, ihrem Druck und ihrer Temperatur ab. Beispielsweise hat 1 mol eines Gases bei 20 °C und 1013 hPa ein Volumen von etwa 24 l ($V_m \approx 24$ l). Bei anderen Temperaturen und Drücken kann man das Volumen mit der **allgemeinen Gasgleichung** berechnen [B2, B3].

Bei vielen chemischen Reaktionen werden Gase als Ausgangsstoffe eingesetzt, oder es entstehen Gase als Reaktionsprodukte. Bei solchen Reaktionen kann man bei bekannter Temperatur und bekanntem Druck die Stoffmege in ein Volumen umrechnen und umgekehrt.

Ein Beispiel ist die Reaktion von Magnesium mit Salzsäure:

$$Mg + 2\,H_3O^+ + 2\,Cl^- \longrightarrow Mg^{2+} + 2\,Cl^- + H_2 + 2\,H_2O$$

Der Reaktionsgleichung kann man entnehmen, dass aus 1 mol Magnesium genau 1 mol Wasserstoff gebildet wird. Das Volumen des Wasserstoffs lässt sich mithilfe der allgemeinen Gasgleichung berechnen [B4].

Beim chemischen Rechnen werden Größen und Größengleichungen verwendet.
Für Berechnungen zu einer chemischen Reaktion ist die Reaktionsgleichung unverzichtbar.

A1 Ermitteln Sie das Volumen einer Sauerstoffportion der Masse 4,8 g bei 25 °C und 1020 hPa.

A2 44,5 g Methan werden vollständig verbrannt. Berechnen Sie die Kohlenstoffdioxid-Emission in Gramm.

A3 Zeigen Sie mithilfe der allgemeinen Gasgleichung, dass das molare Volumen V_m eines Gases bei 20 °C und 1013 hPa etwa 24 l beträgt.

A4 1,31 g Zink werden zu Zinkoxid (ZnO) verbrannt. Berechnen Sie das Volumen der dazu benötigten Sauerstoffportion bei 22 °C und 1016 hPa.

A5 1 kg Wasserstoff wird vollständig verbrannt. Berechnen Sie das Volumen der dazu benötigten Luft bei 20 °C und 1013 hPa.

Allgemeine Gasgleichung: $p \cdot V = n \cdot R \cdot T$

p: Druck der Gasportion
V: Volumen der Gasportion
n: Stoffmenge der Gasportion
T: Temperatur der Gasportion in Kelvin (K)
R = 83,14463 hPa·l/(mol·K) (universelle Gaskonstante)

Aus der allgemeinen Gasgleichung folgt für eine Gasportion dieser Zusammenhang:

$$p_1 \cdot \frac{V_1}{T_1} = p_2 \cdot \frac{V_2}{T_2} = n \cdot R$$

B2 *Die allgemeine Gasgleichung*

Kelvin-Temperaturskala
Der absolute Nullpunkt (die tiefstmögliche Temperatur) ist auf der Celsius-Skala $\vartheta = -273{,}15\,°C$. Bei dieser Temperatur liegt der Nullpunkt der Kelvin-Skala $T = 0\,K$. Sie ist also um −273,15 °C gegen die Celsius-Skala versetzt. Temperaturdifferenzen in den Einheiten Kelvin (K) und Grad Celsius (°C) haben den gleichen Zahlenwert.

$$\frac{T}{K} = \frac{\vartheta}{°C} + 273{,}15$$

Beispiel:
$\vartheta = 25\,°C \Rightarrow T = 298{,}15\,K$

Aufgabe: Eine Wasserstoffportion von $V_1 = 200$ ml bei Standardbedingungen ($p_1 = 1000$ hPa, $\vartheta_1 = 25\,°C$) wurde auf $\vartheta_2 = 100\,°C$ erhitzt und gleichzeitig auf $p_2 = 2000$ hPa komprimiert. Berechnen Sie das Volumen V_2 der Wasserstoffportion.

Lösung:

$T_1 = 298{,}15\,K$ und $T_2 = 373{,}15\,K$

Auflösen des Zusammenhangs $\frac{p_1 \cdot V_1}{T_1} = \frac{p_2 \cdot V_2}{T_2}$ nach V_2 ergibt:

$$V_2 = \frac{p_1 \cdot V_1 \cdot T_2}{p_2 \cdot T_1} = \frac{1000\,hPa \cdot 200\,ml \cdot 373{,}15\,K}{2000\,hPa \cdot 298{,}15\,K} \approx 125\,ml$$

B3 *Anwendung der allgemeinen Gasgleichung auf die Berechnung des Volumens einer Gasportion nach einer Temperatur- und Druckänderung*

Aufgabe: Man lässt 2,00 g Magnesium mit verdünnter Salzsäure reagieren. Berechnen Sie das Volumen der gebildeten Wasserstoffportion bei 22 °C (295,15 K) und 1016 hPa.

Lösung:

$$Mg + 2\,H_3O^+ + 2\,Cl^- \longrightarrow Mg^{2+} + 2\,Cl^- + H_2 + 2\,H_2O$$

Aus der Reaktionsgleichung folgt: $n(H_2) = n(Mg)$

$$n(H_2) = n(Mg) = \frac{m(\text{Magnesium})}{M(Mg)} = \frac{2{,}00\,g}{24{,}3\,g/mol} \approx 0{,}0823\,mol$$

Einsetzen in die allgemeine Gasgleichung:

$$p(\text{Wasserstoff}) \cdot V(\text{Wasserstoff}) = n(H_2) \cdot R \cdot T$$

$$\Leftrightarrow \quad V(\text{Wasserstoff}) = \frac{n(H_2) \cdot R \cdot T}{p(\text{Wasserstoff})}$$

$$V(\text{Wasserstoff}) \approx \frac{0{,}0823\,mol \cdot 83{,}14463\,hPa \cdot l/(mol \cdot K) \cdot 295{,}15\,K}{1016\,hPa} = 1{,}98\,l$$

B4 *Anwendung der allgemeinen Gasgleichung auf die Berechnung des Volumens einer Gasportion, die bei einer Reaktion gebildet wird*

Hinweise zu den Arbeitsaufträgen

In Ihrem Chemiebuch finden Sie eine Vielzahl von Aufgaben. Die Verwendung der nachfolgenden Operatoren soll dazu beitragen, dass die bei der Lösung erwarteten Leistungen klar erkennbar sind.

abschätzen
durch begründetes Überlegen Näherungswerte angeben

analysieren
unter einer gegebenen Fragestellung wichtige Bestandteile oder Eigenschaften herausarbeiten

anwenden
einen bekannten Sachverhalt oder eine bekannte Methode auf etwas Neues beziehen

Aufbauen eines Experimentes
Objekte und Geräte zielgerichtet anordnen und kombinieren

aufstellen
Sachverhalte und Methoden zielgerecht miteinander verknüpfen; eine Hypothese, eine Skizze, ein Experiment oder ein Modell schrittweise weiterführen und ausbauen

aufstellen einer Reaktionsgleichung
vorgegebene chemische Informationen in eine Reaktionsgleichung übersetzen

auswerten
Daten, Einzelergebnisse oder andere Sachverhalte in einen Zusammenhang stellen und ggf. zu einer Gesamtaussage zusammenführen

begründen
Sachverhalte auf Regeln und Gesetzmäßigkeiten bzw. kausale Beziehungen von Ursachen und Wirkung zurückführen

berechnen
mittels Größengleichungen eine chemische oder physikalische Größe bestimmen

beschreiben
Strukturen, Sachverhalte oder Zusammenhänge wiedergeben

bestätigen
die Gültigkeit einer Aussage (z. B. einer Hypothese, einer Modellvorstellung, eines Naturgesetzes) durch ein Experiment verifizieren

beurteilen/Stellung nehmen
zu einem Sachverhalt eine selbstständige Einschätzung unter Verwendung von Fachwissen und Fachmethoden formulieren und begründen

bewerten
eine eigene Position nach ausgewiesenen Kriterien vertreten

darstellen
Sachverhalte, Zusammenhänge, Methoden und Bezüge in angemessenen Kommunikationsformen strukturiert wiedergeben

deuten
kausale Zusammenhänge in Hinblick auf Erklärungsmöglichkeiten untersuchen und abwägend herausstellen

diskutieren/erörtern
im Zusammenhang mit Sachverhalten, Aussagen oder Thesen unterschiedliche Positionen bzw. Pro- und Kontra-Argumente einander gegenüberstellen und abwägen

dokumentieren
alle notwendigen Erklärungen, Herleitungen und Skizzen darstellen

durchführen eines Experiments
an einer Experimentieranordnung zielgerichtete Messungen und Änderungen vornehmen oder eine Experimentieranleitung umsetzen

entwickeln
Sachverhalte und Methoden zielgerichtet miteinander verknüpfen:
eine Hypothese, eine Skizze, ein Experiment, ein Modell oder eine Theorie schrittweise weiterführen und ausbauen

erklären
einen Sachverhalt nachvollziehbar und verständlich zum Ausdruck bringen

erläutern
einen Sachverhalt durch zusätzliche Informationen (chemische Formeln und Gleichungen) veranschaulichen und verständlich machen

ermitteln
einen Zusammenhang oder eine Lösung finden und das Ergebnis formulieren

herleiten
aus Größengleichungen durch mathematische Operationen begründet eine Bestimmungsgleichung einer naturwissenschaftliche Größe erstellen

nennen
Elemente, Sachverhalte, Begriffe, Daten ohne Erläuterungen aufzählen

ordnen
vorliegende Objekte oder Sachverhalte kategorisieren und hierarchisieren

planen eines Experiments
zu einem vorgegebenen Problem eine Experimentieranordnung finden oder zu einem vorgegebenen Problem eine Experimentieranleitung erstellen

protokollieren
Beobachtungen oder die Durchführung von Experimenten zeichnerisch bzw. fachsprachlich richtig wiedergeben

skizzieren
Sachverhalte, Strukturen oder Ergebnisse auf das Wesentliche reduziert grafisch oder als Fließtext übersichtlich darstellen

überprüfen/prüfen
Sachverhalte oder Aussagen an Fakten oder innerer Logik messen und eventuelle Widersprüche aufdecken

verallgemeinern
aus einem erkannten Sachverhalt eine erweiterte Aussage formulieren

vergleichen
Gemeinsamkeiten, Ähnlichkeiten und Unterschiede feststellen

zeichnen
eine anschauliche und hinreichend exakte grafische Darstellung beobachtbarer oder gegebener Strukturen anfertigen

zusammenfassen
das Wesentliche in konzentrierter Form herausstellen

1 Organische Sauerstoff-Verbindungen

Alle organischen Sauerstoff-Verbindungen enthalten die Elemente Kohlenstoff, Sauerstoff und Wasserstoff, haben aber unterschiedliche Strukturen und Eigenschaften. Die wichtigsten Vertreter sind Alkohole, Aldehyde, Ketone, Carbonsäuren und Ester.

Die Vielfalt der organischen Sauerstoff-Verbindungen

Vom Traubenzucker zum Alkohol

Die Umwandlung von Zucker in Alkohol zählt zu den vom Menschen bewusst angewandten biochemischen Reaktionen.

Der in vielen Früchten enthaltene Traubenzucker (Glucose) bildet die Grundlage für die Entstehung des Alkohols Ethanol. Hefen bauen die Glucose mithilfe von Biokatalysatoren ab und nutzen die dabei frei werdende Energie für ihre Lebensprozesse. Die Hefezellen bauen die Glucose-Moleküle mit oder ohne Sauerstoff ab. Mit Sauerstoff betreiben sie die Zellatmung. Die Abbauprodukte der Zellatmung sind Kohlenstoffdioxid und Wasser. Steht den Hefen kein Sauerstoff zur Verfügung, vergären sie den Zucker zu Ethanol und Kohlenstoffdioxid (alkoholische Gärung). Das entstehende Ethanol ist der trinkbare Alkohol.

***B1** Weintrauben enthalten bis zu 8 % Traubenzucker (Glucose)*

***B2** Gärröhrchen auf einem Holzfass*

$6\,CO_2 + 6\,H_2O \longrightarrow C_6H_{12}O_6 + 6\,O_2$

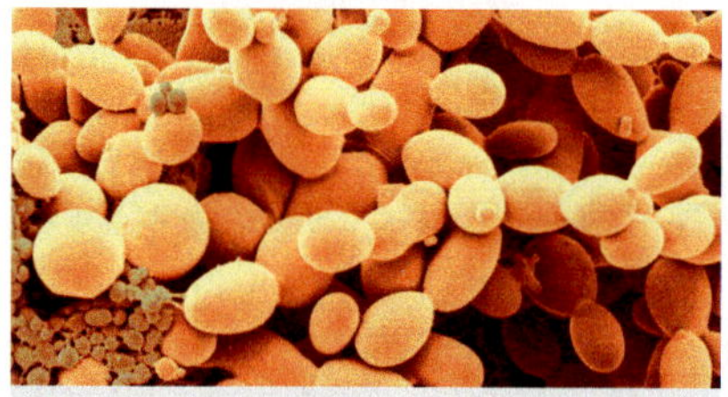

$C_6H_{12}O_6 \longrightarrow 2\,C_2H_5OH + 2\,CO_2$

***B3** Zweistufige Synthese von Ethanol durch Lebewesen: Fotosynthese und anschließende alkoholische Gärung*

A1 a) Erläutern Sie den Unterschied zwischen der alkoholischen Gärung und der Zellatmung. Formulieren Sie für die Zellatmung eine Reaktionsgleichung. Geben Sie auch an, ob es sich um eine exotherme oder endotherme Reaktion handelt.

b) Begründen Sie, warum man bei der Weinherstellung mit Wasser oder Kalkwasser gefüllte Gärröhrchen verwendet [B2].

c) Erklären Sie, was jeweils geschehen würde, wenn der Gäransatz luftdicht verschlossen bzw. ganz offen (der Luft zugänglich) gelagert würde.

d) Erläutern Sie, welche Informationen Sie der Molekülformel C_2H_5OH entnehmen.

e) Zeichnen Sie zwei Strukturformeln zur Molekülformel C_2H_6O.

Essig – seit Jahrtausenden bekannt

Schon den römischen Legionären diente Wasser, das mit Essig versetzt war, als Erfrischungsgetränk. Auf Feldzügen musste stets eine große Menge Essig mitgeführt werden, um die Soldaten zu versorgen.

A2 Geben Sie einige Beispiele für die Zubereitung von Speisen mit Essig an.

A3 Notieren Sie einige Variationen von Speiseessig, die man in einem gut sortierten Lebensmittelgeschäft erhält.

***B4** Variationen von Speiseessig*

Säuren reizend

Wer sich schon einmal „in die Nesseln gesetzt" hat, weiß, was gemeint ist! „Reizend" ist auch der Biss einer Ameise.

***B5** Der Biss einer Ameise reizt die Haut*

A4 MK Recherchieren Sie über die Säure der Ameisen und über den Inhaltsstoff der Brennhaare von Brennnesseln.

Eine besondere Parfüm-Note

Als die französische Modeschöpferin Coco CHANEL 1921 ihr erstes Parfüm unter dem Namen „Chanel N° 5" herausbrachte, unterschied sich dieser Duft von den bisher bekannten Parfüms deutlich.

B6 Das berühmteste Parfüm der Modeschöpferin Coco CHANEL

Nicht mehr nur eine oder wenige Duftnoten waren enthalten, sondern eine Vielzahl von Komponenten war herauszuriechen. „Neue, frische Hesperiden-Noten unterstreichen die vertrauten Aromen von Zitrone, Neroli, Orange und Mandarine, die durch Aldehyde feinperlig vibrieren", wirbt die Firma Chanel. Und tatsächlich sind es die Aldehyde Decanal, Undecanal und Dodecanal, die in hoher Dosierung die sogenannte Kopfnote des Parfüms bestimmen. Noch heute gehört Chanel N° 5 zu den am häufigsten verkauften Parfüms.

A5 Formulieren Sie die Strukturformeln der drei in Chanel N° 5 enthaltenen Aldehyde und markieren Sie in den Formeln die funktionelle Gruppe.

A6 **MK** Recherchieren Sie die Eigenschaften der in Chanel N° 5 enthaltenen Aldehyde und diskutieren Sie, wie diese Eigenschaften für den Parfüm-Einsatz passen.

Ein unangenehmer Geruch

Der Schweiß der Haut riecht nicht. Der Geruch in einer Sportumkleide bleibt jedoch ein unvergessliches Erlebnis.

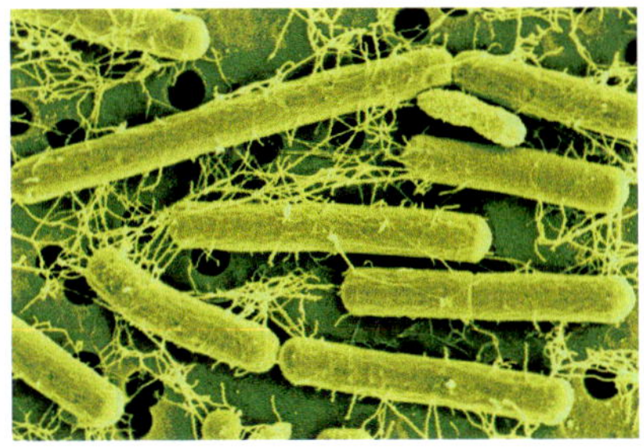

B8 Milchsäurebakterien (REM-Aufnahme, nachträglich eingefärbt)

Beim Schwitzen produzieren Bakterien auf der Haut Milchsäure, wodurch der Schweiß ein saures Milieu bildet. Nun können andere Bakterien längerkettige organische Verbindungen zersetzen. Dabei entsteht u.a. auch Butandion (auch Diacetyl genannt). Dieser Stoff weist einen intensiven butterähnlichen Geruch auf und wurde deshalb auch als künstliches Butteraroma eingesetzt – bis man merkte, dass er für Atemwegserkrankungen verantwortlich war. Im Schweiß, aber auch bei der Bier- oder Weinherstellung, gilt es, die Entstehung von Butandion zu vermeiden.

A8 Formulieren Sie für das Butandion eine ausführliche Strukturformel. Schreiben Sie auf, wie der komplette systematische Name für diese Verbindung lauten müsste. Erklären Sie, warum die Bezeichnung „Butandion" trotzdem eindeutig ist.

A9 Benennen Sie die funktionellen Gruppen, die das Molekül enthält.

A10 Erklären Sie, aus welchem Alkohol Butandion hergestellt werden kann.

Aromastoffe

Das Aroma, der Duft und Geschmack, von Erdbeeren, Ananas, Äpfeln, Birnen und anderen Früchten entsteht durch das Zusammenwirken einer Vielzahl verschiedener Aromastoffe. Aromastoffe können auch künstlich hergestellt werden und als Lebensmittelzusatzstoffe Geschmack und Geruch von Lebensmitteln beeinflussen. Viele von ihnen gehören zur Gruppe der Ester („Fruchtester").

A7 Ermitteln Sie, durch welche Besonderheiten im Molekülbau sich Fruchtester auszeichnen.

B7 Das Aroma von Früchten entsteht durch eine Vielzahl von Stoffen

1.1 Alkoholische Gärung

V1 Vergärung von Fruchtsäften

Material:
Weintrauben oder Äpfel (jeweils ungewaschen), Kalkwasser, Erlenmeyerkolben (Enghals, 250 ml), passender Stopfen (einfach durchbohrt), Glasrohr (doppelt gewinkelt, U-Form), Becherglas (100 ml, hohe Form), Reibschale mit Pistill, Reibe mit Teller für Äpfel

Durchführung:
Drücken Sie in einer Reibschale Weintrauben oder geriebene Äpfel mit einem Pistill aus und füllen Sie den Saft dieser Früchte in den Erlenmeyerkolben. Verschließen Sie ihn mit einem durchbohrten Gummistopfen mit doppelt gewinkeltem Glasrohr, das in das Becherglas mit Kalkwasser eintaucht. Lassen Sie die Lösung für Versuch 3 mindestens eine Woche stehen.

Aufgabe:
Beschreiben und deuten Sie Ihre Beobachtungen.

V2 Bedeutung der Hefe

Material:
2 Erlenmeyerkolben (Enghals, 250 ml), 2 Stopfen (einfach durchbohrt), 2 Gärröhrchen, Waage, Kalkwasser, Wasser, Hefe, Traubenzucker

Durchführung:
Geben Sie jeweils 15 g Traubenzucker und 150 ml Wasser in die Erlenmeyerkolben. Fügen Sie einer der Lösungen noch 2 g Hefe zu, schwenken Sie gut um und markieren Sie diesen Kolben. Verschließen Sie die Kolben mit Stopfen und Gärröhrchen mit Kalkwasser. Stellen Sie die Kolben etwa eine Woche an einen warmen Ort.

Aufgabe:
Beschreiben und deuten Sie Ihre Beobachtungen.

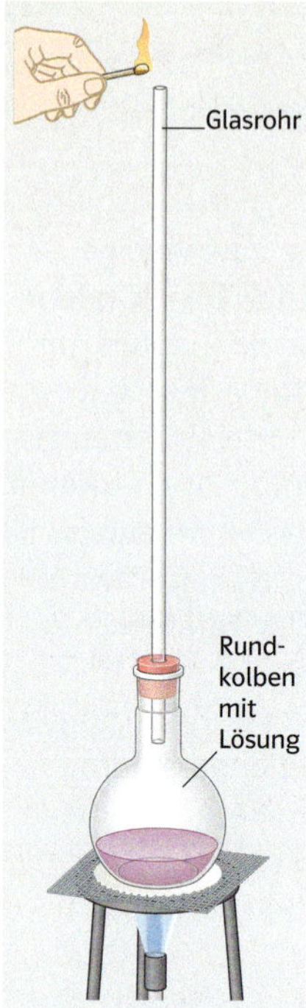

B1 Brennprobe (zu V3)

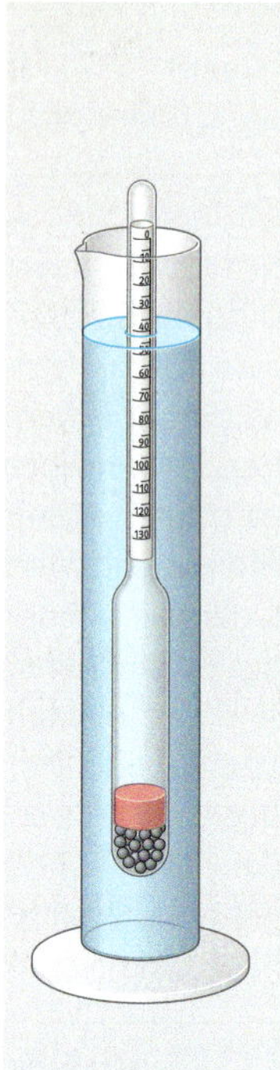

B2 Dichtebestimmung (zu V4)

V3 Brennprobe auf Alkohol

Material:
Stativ, Doppelmuffe, Universalklemme, Dreifuß mit Keramik-Drahtnetz, Gasbrenner, Holzspan, Siedesteinchen, Rundkolben (100 ml), Glasrohr (ca. 80 cm), Stopfen (einfach durchbohrt), Ansätze von Versuch 1 und 2

Durchführung:
Bauen Sie die Apparatur nach B1 zusammen und sichern Sie den Rundkolben mit einem Stativ. Befüllen Sie den Rundkolben etwa zur Hälfte mit dem Ansatz von V1. Setzen Sie einige Siedesteinchen zu und erhitzen Sie langsam bis zum Sieden. Versuchen Sie, die Dämpfe wie in B1 gezeigt zu entzünden. Führen Sie die Probe ebenso mit den Ansätzen von V2 durch.

Aufgabe:
Beschreiben und deuten Sie Ihre Beobachtungen.

V4 Bestimmung des Zuckergehalts von Fruchtsäften

Das Ausmaß der Alkoholbildung bei der Gärung hängt vom Zuckergehalt der eingesetzten Lösung ab. So ist es z. B. im Weinbau sehr wichtig, den Zuckergehalt des Traubensafts zu kennen. Die Bestimmung erfolgt mithilfe eines Aräometers (Senkwaage). Durch Zucker und einige andere Inhaltsstoffe besitzen die Lösungen höhere Dichten als reines Wasser (ϱ = 1000 g/l). Als Maß für den Zuckergehalt, v. a. von vergärbarem Fruchtsaft (Most), wird häufig das „Mostgewicht" in der Einheit Oechslegrad (Zeichen: °Oe) angegeben:

$$\text{Mostgewicht} = \left(\frac{\varrho(\text{Lösung})}{\text{g/l}} - 1000\right)\text{°Oe}$$

Aus dem Mostgewicht lässt sich die Zuckerkonzentration β(Zucker) und die maximal bei vollständiger Vergärung erreichbare Alkoholkonzentration σ(Alkohol) nach folgenden Beziehungen grob abschätzen:

$$\beta(\text{Zucker}) \approx \frac{\text{Mostgewicht}}{\text{°Oe}} \cdot 2\,\text{g/l}$$

$$\sigma(\text{Alkohol}) \approx \frac{\text{Mostgewicht}}{8\,\text{°Oe}}\,\%$$

Material:
Aräometer mit Standzylinder („Oechslewaage"), verschiedene klare Mostsorten

Durchführung:
Füllen Sie den Standzylinder mit Most und tauchen Sie das Aräometer langsam ein [B2]. Lesen Sie die Skala des Aräometers an der Oberfläche der Flüssigkeit ab. (Das Aräometer muss frei schwimmen.)

Aufgabe:
Schätzen Sie aus den Messwerten die Zuckerkonzentration der Moste sowie die erreichbare Alkoholkonzentration ab.

1.2 Die Herstellung von Alkohol

Alkoholische Getränke sind weit verbreitet. Es handelt sich dabei im Wesentlichen um Alkohol-Wasser-Gemische, welche je nach Herstellungsverfahren noch viele weitere Stoffe enthalten können, z.B. Zucker, Aromastoffe und Farbstoffe. Bei Likören wird der Alkohol zugesetzt, bei Bier, Wein oder Sekt entsteht er durch eine chemische Reaktion bei der Herstellung. Die Zubereitung alkoholischer Getränke ist schon seit Jahrtausenden bekannt. Wie so oft, war es wohl der Zufall, der zu dieser Entwicklung führte. Lässt man z.B. Brot in Gefäßen mit Wasser stehen, so beginnt es zu gären. Die berauschende Wirkung dieses trüben Trunks dürfte sich schnell herumgesprochen haben.

Alkoholische Gärung. Alkohol entsteht aus Traubenzucker (Glucose), der in vielen Früchten enthalten ist. Unter dem Einfluss der **Enzyme** (Biokatalysatoren) von *Hefepilzen* [B2] entsteht neben Alkohol ein weiteres Reaktionsprodukt, Kohlenstoffdioxid:

$$\text{Traubenzucker} \xrightarrow[\text{Wasser}]{\text{Enzyme}} \text{Alkohol} + \text{Kohlenstoffdioxid}$$

Diesen Vorgang nennt man alkoholische Gärung. Bei vielen Früchten sind auf ihren Schalen bereits Hefepilze vorhanden, sodass der Gärvorgang von selbst beginnen kann [Kap. 1.1, V1]. Der Traubenzucker liefert den Hefezellen die für sie lebensnotwendige Energie. Der Presssaft der Früchte reichert sich durch den Gärvorgang langsam mit Alkohol an. So entsteht z.B. Apfelwein. Den Gärvorgang kann man anhand der Bildung von Kohlenstoffdioxid verfolgen. Verschließt man die Gärgefäße, bevor die Gärung völlig beendet ist, löst sich unter dem steigenden Druck ein großer Teil des Kohlenstoffdioxids in der Flüssigkeit. So entsteht z.B. Champagner.

Alkohol lässt sich durch Gärung aus zuckerhaltigen Lösungen herstellen.

Auch aus Pflanzen, die Stärke enthalten, können alkoholische Getränke hergestellt werden, da in Pflanzenzellen aus Stärke enzymatisch Traubenzucker entstehen kann. Dies nutzt man z.B. bei der Bierherstellung, für die man

B1 Bierbrauen

u.a. Gerste benötigt. Auch aus anderen stärkehaltigen Früchten und Knollen, wie Reis und Kartoffeln, kann Alkohol hergestellt werden. In einem *Hefeteig* läuft ebenfalls eine alkoholische Gärung ab. Das Kohlenstoffdioxid treibt das Gebäck auf und macht es locker. Der ebenfalls entstehende Alkohol verdampft beim Backvorgang.

***B2** Hefezellen (mikroskopische Aufnahme)*

Destillation. Die alkoholische Gärung hört von alleine auf, sobald eine Volumenkonzentration von ca. 15% erreicht ist, da dann die Hefezellen vergiftet werden und absterben. Höhere Alkoholkonzentrationen lassen sich durch Destillieren („Brennen") erreichen. Man erhält so *Branntwein*. Im Destillat liegt maximal eine Volumenkonzentration von 96% vor. Lösungen mit diesem Alkoholgehalt nennt man *Spiritus*, er wird u.a. zur Herstellung von Spirituosen verwendet. Aus steuerlichen Gründen wird er durch Zusätze ungenießbar gemacht („vergällt") und dient als *Brennspiritus*. Um wasserfreien Alkohol herzustellen, muss das restliche Wasser durch Zusatz eines wasserentziehenden (hygroskopischen) Stoffes, z.B. Calciumoxid, entfernt werden.

A1 ○ MK Informieren Sie sich gruppenweise über die Herstellungsverfahren für **a)** Wein, **b)** Sekt und **c)** Bier. Stellen Sie die Abläufe in einem Schema dar, sodass die einzelnen Schritte deutlich werden.

A2 ◒ Stellen Sie eine Hypothese auf, welche Vorteile die Verwendung sogenannter Reinzuchthefen bei der Weinherstellung bieten kann.

A3 ● Bei der Destillation von Branntweinen muss sehr sorgsam vorgegangen werden. Erklären Sie, warum dies notwendig ist.

1.3 Alkohol – Genussmittel und Alltagsdroge

B1 *Alkohol, ein Genussmittel*

Bier	Shot, z. B. Wodka	Weißwein oder Sekt	Mixgetränk, z. B. Alcopop	Cocktail
0,3 l	0,02 l	0,2 l	0,33 l	0,5 l
Volumenkonzentration σ(Ethanol):				
5 %	40 %	12 %	z. B. 6 %	z. B. 10 %
Masse der in einem Getränk enthaltenen Alkoholportion m(Ethanol):				
11,8 g	6,3 g	18,9 g	15,6 g	39,5 g

B2 *Alkoholgehalt einiger Getränke im Vergleich*

Volumenkonzentration
Auf Bierflaschen und anderen alkoholischen Getränken findet man die Angabe des Alkoholgehalts als Volumenkonzentration:

$$\sigma = \frac{V(\text{Alkohol})}{V(\text{Gesamtlösung})}$$

σ wird häufig in % angegeben.

Durchschnittlicher Alkoholkonsum
Pro Tag trinkt ein Einwohner (ab 15 Jahren) in Deutschland im Durchschnitt 30 ml reinen Alkohol, das entspricht 10,9 l pro Jahr (Werte von 2019).

Alkohol ist in unserem Kulturkreis ein gesellschaftlich akzeptiertes Genussmittel [B1]. In kleinen Mengen konsumiert, wirkt er entspannend und euphorisierend. Regelmäßiger Konsum kann jedoch zur Alkoholabhängigkeit führen. Alkohol ist eine Droge und Alkoholismus eine gefährliche Suchtkrankheit, die schwere körperliche Schäden verursacht und die Persönlichkeit eines Menschen zerstört. Besonders groß ist die Gefahr der Gewöhnung für Jugendliche. Süße Mixgetränke, wie Biermischgetränke, Cocktails oder Alcopops, werden von den Herstellern perfekt auf den Geschmack von Jugendlichen abgestimmt. Der bittere oder scharfe Alkoholgeschmack wird durch die Süße und das Aroma der Getränke überdeckt. Meist wird jedoch nicht bedacht, dass eine Flasche dieser Mixgetränke häufig mehr Alkohol enthält als ein Glas Wodka oder Bier [B2].

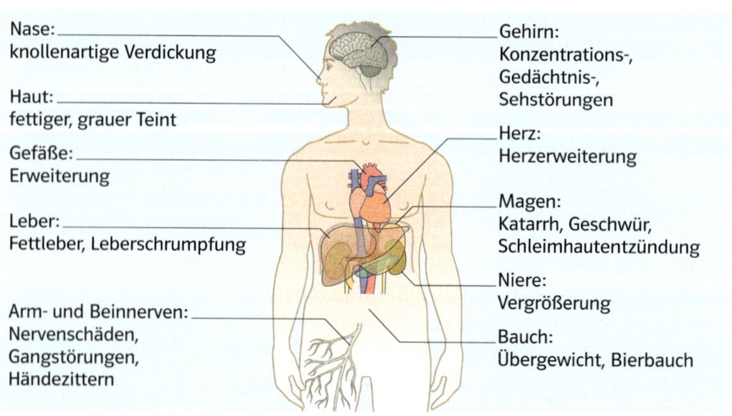

B3 *Alkohol schädigt die Organe des Menschen*

Die Wirkung von Alkohol auf den Körper. In Deutschland nimmt jeder Einwohner im Durchschnitt täglich 30 ml (ca. 23,7 g) reinen Alkohol zu sich. Alkohol ist ein giftiger Stoff, die tödliche Dosis für ein Kleinkind liegt bei 7 g bis 17 g reinem Alkohol. Dies entspricht etwa einem Glas Wein [B2]. Da Alkohol direkt in den Blutkreislauf gelangt, haben auch beim Erwachsenen bereits geringe Mengen sehr schnell Auswirkungen auf Befinden und Verhalten. Durch Alkohol werden Nervenzellen schnell und nachhaltig in ihrer Funktion gestört. Die direkten Folgen sind die Minderung des logischen Denkvermögens und der Selbstkontrolle sowie der Abbau von Hemmungen. Der Genuss größerer Alkoholmengen führt zum „Rausch". Dabei werden bis zu 10 Millionen Gehirnzellen zerstört. Langfristig wird die Leber geschädigt, in der der Alkohol abgebaut wird. Je nach körperlicher Verfassung kann eine tägliche Aufnahme von 20 g bis 60 g Alkohol über längere Zeit zu lebensbedrohlicher Leberschrumpfung (Leberzirrhose) führen. Auch andere Organe werden geschädigt [B3].

Alkohol und Sucht. Eine *psychische* (seelische) Abhängigkeit von Alkohol kann sich bereits bei relativ geringer täglicher Aufnahme einstellen und zur Alkoholsucht führen. Die psychische Abhängigkeit besteht in dem Bedürfnis, die angenehmen Gefühle, die durch den Alkohol erzeugt werden, immer wieder hervorzurufen (Wiederholungszwang). Alkoholkonsum führt zur Ausschüttung von körpereigenen Opiaten (Endorphinen) im Belohnungszentrum des Gehirns. Diese wirken auf spezielle „Andockstellen" (Rezeptoren), wodurch Glücksgefühle ausgelöst werden. Bei Alkoholikern sind diese „Andockstellen" so verändert, dass ihre Aktivität sinkt. Das Belohnungszentrum hat dadurch Mangelerscheinungen und das Gehirn signalisiert, dass es einen Nachschub an Alkohol benötigt.

Darüber hinaus kommt es auch zu einer *physischen* (körperlichen) Abhängigkeit. Typische Entzugssymptome sind Frieren und Übelkeit.

Nur eine Entziehungskur und lebenslanger Verzicht auf Alkohol können die Sucht zum Stillstand bringen.

Alkohol ist ein Genussmittel, aber auch eine Droge. Regelmäßiger Alkoholkonsum kann zur Sucht führen und auch tödlich wirken.

Alkohol und Verkehr. Besonders gefährlich sind die Auswirkungen von Alkohol auf Verkehrsteilnehmer [B4]. Vor allem die enthemmende Wirkung von Alkohol führt zur Selbstüberschätzung und so zu riskantem Verhalten. Ein Viertel der im Straßenverkehr Getöteten sind Opfer alkoholbedingter Verkehrsdelikte. Bei Verdacht auf „Alkohol am Steuer" werden von der Polizei bei Autofahrern, Radfahrern und anderen Verkehrsteilnehmern Kontrollen durchgeführt. Dabei wird der Alkoholgehalt in der Atemluft mit einem elektronischen Messgerät bestimmt oder eine Blutprobe angeordnet.

Ein Massenanteil von 1‰ bedeutet, dass sich 1 mg Alkohol in 1000 mg Blut befindet. Der Blutalkoholgehalt nach dem Konsum von Alkohol lässt sich abschätzen [B5].

A1 ○ Erklären Sie, warum die Unfallgefahr nach Alkoholkonsum erhöht ist.

A2 ○ MK **a)** Ermitteln Sie, welche „Promillegrenzen" für Verkehrsteilnehmer in Deutschland gelten.
b) Recherchieren Sie die „Promillegrenzen" in unseren Nachbarländern.

A3 ◒ Berechnen Sie mithilfe von B5 den ungefähren Blutalkoholgehalt einer 50 kg schweren Frau nach zwei Flaschen eines Biermischgetränks (σ = 5,5 %; je 0,33 l).

A4 ◒ MK Bereits im Jahr 2004 hat der Gesetzgeber eine Sondersteuer für Alcopops beschlossen. Recherchieren Sie, was man rechtlich im Sinne des Alcopopsteuergesetzes unter Alcopops versteht und wie Hersteller ihre Rezepturen so verändert haben, dass sie nicht von der Steuer betroffen sind.

A5 ◒ MK **a)** Recherchieren Sie im Internet nach Promillerechnern oder Smartphone-Apps, mit denen man seinen Blutalkoholgehalt nach dem Konsum verschiedener alkoholischer Getränke abschätzen kann. Testen Sie diese.
b) Erläutern Sie, warum man das Ergebnis nicht als Entscheidungsgrundlage für die Bedienung eines Fahrzeugs verwenden darf.

In einer Stunde verringert sich der Alkoholgehalt um ca. 0,1‰. Wann der Alkohol vollständig abgebaut ist, lässt sich allerdings nur schwer vorhersagen.

Schon kleine Mengen Alkohol führen zu verminderter Fahrtüchtigkeit. Der Alkoholgehalt im Blut wird in Promille angegeben.

Promille Ein Promille ist ein Tausendstel.
1‰ = 1/1000 = 10^{-3}
Diese Einheit kann bei allen Anteilen (z. B. Massenanteil, Volumenanteil) verwendet werden.

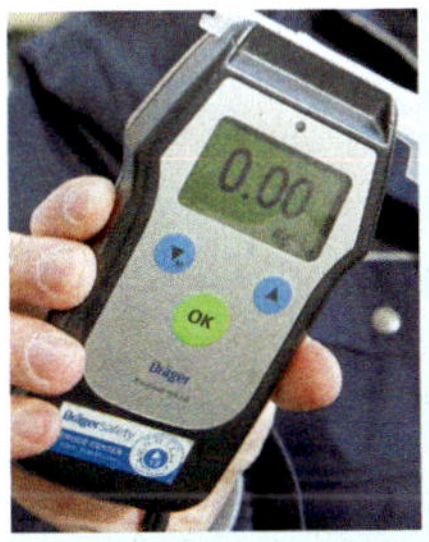

Unter 0,5 ‰: Bereits 0,3 ‰ erschweren den schnellen Überblick über eine ständig wechselnde Verkehrslage. Das Reaktionsvermögen verschlechtert sich.

0,5 bis 0,8 ‰: Reaktion auf optische und akustische Signale wird deutlich verlangsamt. Bremsweg verlängert sich bei 50 km/h um 14 m, Blickfeld ist eingeengt („Tunnelblick"), Minderung der Konzentrationsfähigkeit; Unfallhäufigkeit mit Personenschäden verdoppelt sich.

0,8 bis 1,2 ‰: Erhebliche Minderung der Aufmerksamkeit und Konzentrationsfähigkeit, stark verzögerte Reaktionsabläufe; euphorische Überschätzung der eigenen Fähigkeiten.

1,2 bis 2,4 ‰: Absolute Fahruntüchtigkeit, bei 1,5 ‰ sechzehnfaches Risiko für einen Unfall mit Personenschäden; Gleichgewichts- und Koordinationsstörungen; stark gestörte Reaktionsabläufe bei gleichzeitiger Überschätzung der eigenen Fähigkeiten.

***B4** Gefahren durch Alkoholmissbrauch im Straßenverkehr*

Widmark-Formel zur Berechnung des Blutalkoholgehalts:

$$w(\text{Alkohol im Blut}) = \frac{m(\text{Alkohol})}{m(\text{Person}) \cdot r}$$

r ist der sogenannte Reduktionsfaktor, der berücksichtigt, dass Alkohol sich nur in dem wasserhaltigen Körperanteil verteilen kann, nicht jedoch im Fettgewebe und in den Knochen.
Durchschnittswerte: $r(\text{Mann}) = 0{,}7$; $r(\text{Frau}) = 0{,}6$.

Beispiel: Ein Mann (m = 75 kg) trinkt ein Glas Bier (V = 0,3 l) mit einer Volumenkonzentration

$$\sigma(\text{Alkohol}) = \frac{V(\text{Alkohol})}{V(\text{Getränk})} = 0{,}05\ (5\,\%)$$

Schätze seinen Blutalkoholgehalt ab.

Rechnung: Volumen des reinen Alkohols:

$$V(\text{Alkohol}) = \sigma(\text{Alkohol}) \cdot V(\text{Getränk}) = 0{,}05 \cdot 0{,}3\,\text{l} = 0{,}015\,\text{l} = 15\,\text{ml}$$

Masse des reinen Alkohols:

$$m(\text{Alkohol}) = \rho(\text{Alkohol}) \cdot V(\text{Alkohol}) = 0{,}785\,\text{g/ml} \cdot 15\,\text{ml} = 11{,}8\,\text{g}$$

Einsetzen in die Widmark-Formel:

$$w(\text{Alkohol im Blut}) = \frac{11{,}8\,\text{g}}{75\,000\,\text{g} \cdot 0{,}7} = 0{,}000\,22 = 0{,}22\,‰$$

***B5** Berechnung des Blutalkoholgehalts*

1.4 Untersuchung von Ethanol

V1 Nachweis von Kohlenstoff- und Wasserstoff-Atomen

Material:
Porzellanschale, Weithals-Erlenmeyerkolben (250 ml) mit Stopfen, Reagenzglas, Universalklemme, Gasbrenner, Spatel, Holzspan, frisch filtriertes Kalkwasser, Kupfer(II)-oxid in Pulverform, Wasser-Testpapier, Ethanol

Durchführung:
a) Geben Sie 2–3 ml Ethanol in eine Porzellanschale und entzünden Sie den Stoff mit dem Holzspan. Halten Sie den Weithals-Erlenmeyerkolben mit der Öffnung nach unten über die Flamme. Schütten Sie dann etwas Kalkwasser in den Kolben; verschließen und schütteln Sie ihn kräftig.
b) ⚠ (Abzug!) Geben Sie in ein Reagenzglas 5 Spatel Kupferoxid und 0,5 ml Ethanol. Halten Sie einen Streifen Wasser-Testpapier über die Öffnung des Reagenzglases und erhitzen Sie das Gemisch kräftig.

V2 Hinweis auf Sauerstoff-Atome
Eine Lösung von Iod in Sauerstoff-Verbindungen ist gelb bis braun, eine Lösung von Iod in Verbindungen, die keine Sauerstoff-Atome enthalten, ist i. d. R. rotviolett bis violett [B1]. (Ausnahmen bilden einige Schwefel- und Stickstoff-Verbindungen, die hier aber keine Rolle spielen.)

Material:
2 Reagenzgläser, Iod, Ethanol, Heptan

Durchführung:
Befüllen Sie ein Reagenzlas mit 2 ml Heptan, das andere mit dem gleichen Volumen Ethanol. Geben Sie dann in jedes Reagenzglas eine kleine Spatelspitze Iod und beobachten Sie.

B1 *Lösung von Iod – links: in Ethanol – rechts: in Heptan*

V3 Nachweis von Stickstoff-Atomen

Material:
Gasbrenner, 2 Reagenzgläser, Spatel, 2 Pinzetten, konz. Natronlauge in einer Tropfflasche ($w \approx 30\,\%$), gekochtes Hühnereiweiß, Ethanol, Universalindikator-Papier.

Durchführung: ⚠ (Schutzbrille!)
Hinweise: Durch Natronlauge können schwere Verätzungen hervorgerufen werden! Es kann auch zum Herausspritzen heißer Lauge kommen, obwohl das Reagenzglas nicht mehr in der Flamme war!
a) Erhitzen Sie in einem Reagenzglas eine kleine Portion gekochtes Hühnereiweiß mit etwa 3 ml konz. Natronlauge kurz bis zum Sieden. Nehmen Sie das Reagenzglas aus der Flamme.
b) Halten Sie mit der Pinzette ein feuchtes Indikator-Papier in die entweichenden Dämpfe über der Reagenzglasöffnung.
c) Wiederholen Sie die Experimente (a) und (b) mit 1 ml Ethanol statt Hühnereiweiß.

Aufgaben:
a) Beschreiben und deuten Sie Ihre Beobachtungen.
b) Hält man in die Dämpfe über der Reagenzglasöffnung mit dem gekochten Hühnereiweiß einen Glasstab mit einem Tropfen konz. Salzsäure, bildet sich ein weißer Rauch. Deuten Sie diese Beobachtung.

V4 Bestimmung der Molekülmasse

Material:
Siehe B2, Waage im Milligramm-Bereich

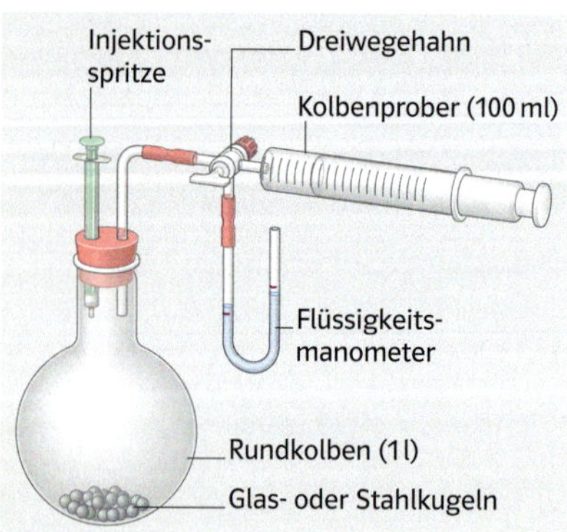

B2 *Apparatur zu V4*

Durchführung:
Saugen Sie in die Kunststoffspritze etwa 0,1 ml Ethanol ein und bestimmen Sie die Gesamtmasse. Spritzen Sie das Ethanol in den Kolben. Schwenken Sie den Kolben zur Beschleunigung der Verdunstung des Ethanols und lesen Sie die Volumenänderung am Kolbenprober ab. Bestimmen Sie anschließend die Masse der leeren Spritze.

Aufgabe:
Berechnen Sie unter der Annahme, dass $V_m = 24\,l/mol$ ist, die Molekülmasse (Teilchenmasse m_t) in der Einheit u.

V5 Reaktion mit Natrium
Ihr Lehrer oder Ihre Lehrerin gibt eine kleine Portion Natrium in ein Reagenzglas mit Ethanol, fängt das entstehende Gas über Wasser auf und führt die Knallgasprobe durch. Überprüfen Sie nach der Reaktion die Leitfähigkeit der Lösung.

1.5 Der Aufbau des Ethanol-Moleküls

Bei der alkoholischen Gärung entsteht Alkohol (Kap. 1.1 und 1.2). Die wissenschaftliche Bezeichnung ist **Ethanol**. Bei Zimmertemperatur ist Ethanol ein flüssiger, leicht flüchtiger Stoff. Daher kann man vermuten, dass Ethanol nicht aus Ionen aufgebaut ist, sondern aus Molekülen.
Durch Experimente erhält man Hinweise auf die Atomarten, die am Aufbau des Ethanol-Moleküls beteiligt sind, und auf deren Verknüpfung.

Elementare Zusammensetzung. Bei der Verbrennung von Ethanol entstehen Kohlenstoffdioxid und Wasser (Kap. 1.4, V1). Am Aufbau des Ethanol-Moleküls müssen also Kohlenstoff- und Wasserstoff-Atome beteiligt sein. Durch weitere Experimente erhält man einen Hinweis auf Sauerstoff-Atome (Kap. 1.4, V2). Weitere Atomarten lassen sich nicht nachweisen (Kap. 1.4, V3).
Eine quantitative Analyse liefert das Atomanzahlverhältnis $N(C) : N(H) : N(O) = 2 : 6 : 1$. Über die Ermittlung der Molekülmasse (Kap. 1.4, V4) erhält man daraus die Molekülformel C_2H_6O.

Struktur des Ethanol-Moleküls. Zu der Molekülformel C_2H_6O lassen sich zwei sinnvolle Strukturformeln aufstellen [B2]. In der Struktur A sind alle Wasserstoff-Atome an Kohlenstoff-Atome gebunden. In der Struktur B nimmt ein Wasserstoff-Atom eine Sonderstellung ein.

Die unterschiedliche Verknüpfung der Atome in den beiden denkbaren Molekülen muss Auswirkungen auf ihr Reaktionsverhalten haben. Auffällig ist, dass in der Struktur B eine Atomgruppierung vorliegt, wie sie auch im Wasser-Molekül vorkommt: die OH-Gruppe. Es ist zu erwarten, dass ein Stoff, der aus Molekülen der Struktur B besteht, einige Eigenschaften und Reaktionen zeigt, die auch das Wasser aufweist.

Eine solche Ähnlichkeit besteht in der Reaktion mit Natrium. Es reagiert mit Wasser und mit Ethanol unter Wasserstoff-Entwicklung (Kap. 1.4, V5):

Kalottenmodell

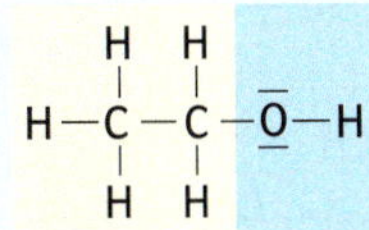

Strukturformel
Gelb: Ethylgruppe
Blau: Hydroxygruppe

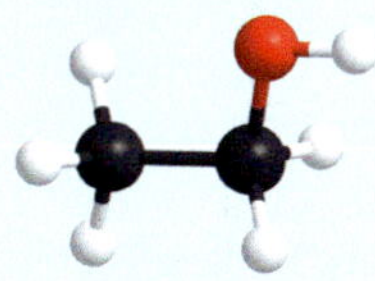

Kugel-Stab-Modell

C_2H_5OH

Molekülformel mit Hervorhebung der Hydroxygruppe

C_2H_6O

Molekülformel

B1 Modelle und Formeln des Ethanol-Moleküls

$$2\ HO{-}H + 2\ Na \longrightarrow 2\ HO^- + 2\ Na^+ + H_2$$

$$2\ C_2H_5O{-}H + 2\ Na \longrightarrow 2\ C_2H_5O^- + 2\ Na^+ + H_2$$

Die Reaktion von Natrium mit Ethanol verläuft allerdings weniger heftig als mit Wasser.

Durch weitere Versuche wurde bestätigt, dass das Ethanol-Molekül tatsächlich eine OH-Gruppe enthält, sodass die Struktur B zutrifft. Man kann sogar nachweisen, dass die Wasserstoff-Atome im entstehenden Wasserstoff aus der OH-Gruppe des Alkohol-Moleküls stammen. Um die Sonderstellung des Wasserstoff-Atoms der OH-Gruppe zu kennzeichnen, schreibt man statt der Molekülformel C_2H_6O meistens C_2H_5OH. Die OH-Gruppe wird als **Hydroxygruppe** bezeichnet [B1].

Das Ethanol-Molekül hat die Formel C_2H_5OH. Es enthält eine Ethylgruppe und eine Hydroxygruppe (OH-Gruppe).

(A)

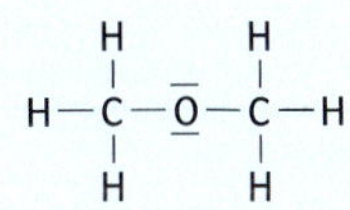

(B)

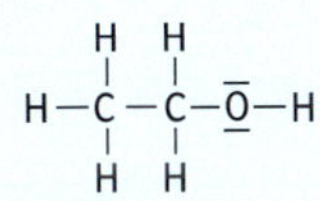

B2 Mögliche Strukturformeln zur Molekülformel C_2H_6O

A1 ◯ Formulieren Sie die Reaktionsgleichung der vollständigen Verbrennung von Ethanol.

A2 ◒ Die Masse eines Ethanol-Moleküls beträgt $m = 46\ u$. Das Atomanzahlverhältnis ist $N(C) : N(H) : N(O) = 2 : 6 : 1$. Wie erhält man daraus die Molekülformel? Erläutern Sie.

1.6 Ethanol – Eigenschaften und Verwendung

***B1** Alltagsprodukte mit Ethanol*

Ethanol ist nicht nur Bestandteil alkoholischer Getränke, sondern in vielen Bereichen des täglichen Lebens [B1] und der Technik zu finden. Die besonderen Eigenschaften und Anwendungsbereiche des Ethanols lassen sich durch den Bau der Moleküle erklären.

Polare Moleküle Moleküle mit polaren Bindungen sind polare Moleküle (Dipole), wenn die Teilladungen nicht symmetrisch verteilt sind.

Auswirkungen der Hydroxygruppe. Das Ethanol-Molekül besitzt eine OH- bzw. Hydroxygruppe. Die Bindung zwischen dem Wasserstoff- und dem Sauerstoff-Atom ist stark polar, mit einer positiven Teilladung am Wasserstoff-Atom und einer negativen am Sauerstoff-Atom. Es liegt ein Dipol vor. Zwischen Ethanol-Molekülen können sich Wasserstoffbrücken ausbilden [B2]. Im Unterschied zu einem Wasser-Molekül kann jedes Ethanol-Molekül hierbei nur ein Wasserstoff-Atom zur Verfügung stellen, um eine Wasserstoffbrücke zum Nachbarmolekül auszubilden.

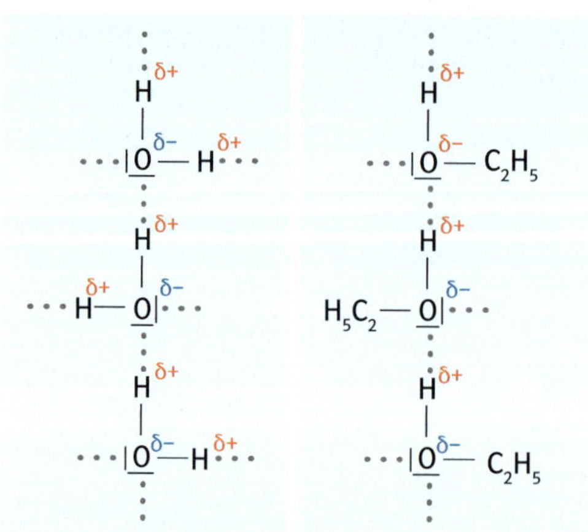

***B2** Wasserstoffbrücken zwischen Wasser-Molekülen (links) und zwischen Ethanol-Molekülen (rechts)*

Die London-Kräfte zwischen den Alkylresten der Ethanol-Moleküle spielen nur eine untergeordnete Rolle.
Insgesamt sind daher die zwischenmolekularen Kräfte schwächer als beim Wasser. Dementsprechend ist auch die Siedetemperatur von Ethanol mit 78 °C niedriger als die von Wasser. Sie ist allerdings wesentlich höher als die Siedetemperatur von Propan (–42 °C), obwohl zwischen Propan-Molekülen ähnlich große London-Kräfte wirken wie zwischen Ethanol-Molekülen.

Auch die Tatsache, dass Ethanol in Wasser löslich ist [V1], ist auf die polare Hydroxygruppe zurückzuführen. Zwischen Ethanol- und Wasser-Molekülen bilden sich ebenfalls Wasserstoffbrücken aus.

Ethanol-Moleküle bilden untereinander und mit Wasser-Molekülen Wasserstoffbrücken. Dies erklärt die relativ hohe Siedetemperatur von Ethanol und seine Löslichkeit in Wasser.

Ethanol als Lösungsmittel. Die Farbflecke mancher Filzstifte lassen sich nicht gut mit Wasser, dagegen sehr gut mit Ethanol entfernen. Offenbar hat Ethanol andere Lösungseigenschaften als Wasser. Versuche zeigen, dass Ethanol nicht nur in Wasser, sondern auch in Benzin löslich ist [V1]. Dieses Verhalten ist erstaunlich, da sich Wasser und Benzin nicht ineinander lösen.
Benzin ist ein Gemisch aus Kohlenwasserstoffen. Stoffe mit derartigen Molekülen gehören zur Stoffklasse der Alkane. Aufgrund ihres räumlichen Baus sind Alkan-Moleküle unpolar. Zwischen ihnen wirken nur London-Kräfte (Kap. 1.9).
Ein Teil des Ethanol-Moleküls, die C_2H_5-Gruppe, zeigt dasselbe Bauprinzip wie die Alkan-Moleküle. Dieser Molekülteil ist ebenfalls unpolar und verantwortlich für die Löslichkeit von Ethanol in Benzin.
Das Löslichkeitsverhalten von Ethanol wird also durch die unterschiedlichen Polaritäten seiner beiden Molekülteile bestimmt. Verschiedene Stoffe lösen sich nur ineinander, wenn ihre Moleküle ähnliche Polaritäten und damit ähnliche Strukturen besitzen [B3].

Je ähnlicher die Polaritäten der Moleküle zweier Stoffe sind, desto besser lösen sich die Stoffe ineinander. Kurz: „Ähnliches" löst sich in „Ähnlichem".

Zur Charakterisierung des Lösungsverhaltens eines Stoffes gegenüber Wasser verwendet man die Begriffe **hydrophil** (wasserfreundlich) und **hydrophob** (wassermeidend) bei guter bzw. schlechter Wasserlöslichkeit [B3]. Neben den Alkanen zählen vor allem Fette und Öle zu den ausgesprochen hydrophoben Stoffen. Fettlösliche Stoffe bezeichnet man als **lipophil**, wenig fettlösliche als **lipophob**. Ethanol ist sowohl hydrophil als auch lipophil.

Ethanol-Moleküle besitzen eine polare Hydroxygruppe und eine unpolare Ethylgruppe. Der Stoff Ethanol ist daher sowohl hydrophil als auch lipophil.

Verwendung von Ethanol. Wie die Kohlenwasserstoffe gehört auch Ethanol zu den brennbaren Stoffen. Diese Eigenschaft wird bei der Verwendung als Brennspiritus und als Treibstoff genutzt (Kap. 1.7). Auch Lösungen mit Wasser sind bis zu einer Alkoholkonzentration von mindestens ca. 50 % brennbar.

Der Bedarf an Ethanol zur industriellen Verwendung ist sehr groß. Der größte Teil des „Industriealkohols" wird durch die Reaktion von aus Erdöl gewonnenem Ethen mit Wasser hergestellt.
In vielen Bereichen wird Ethanol als Lösungsmittel verwendet, insbesondere, wenn zugleich hydrophile und hydrophobe Stoffe, z.B. Wirkstoffe in einem Arzneimittel, gelöst werden sollen [B4]. Solche Lösungen sind zudem noch bis zu einem bestimmten Grad mit Wasser verdünnbar, bevor sich eine Emulsion bildet [V2b]. Dies nutzt man auch bei der Herstellung von Kosmetika, wie Rasier-, Gesichts- und Mundwasser sowie in der Lack- und Farbenindustrie. Auch viele Filzstifte und Tinten enthalten Ethanol als Lösungsmittel. Ferner wird es als Extraktions-, Reinigungs-, Desinfektions- und Konservierungsmittel verwendet. Für nicht zu hohe Temperaturen ersetzt Ethanol als Thermometerfüllung das giftige Quecksilber [B5].

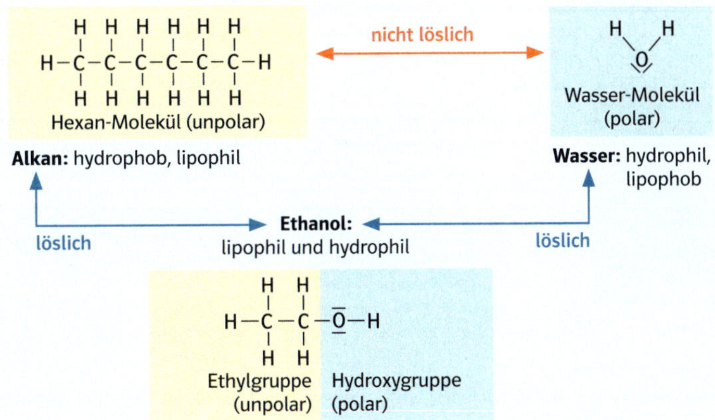

***B3** Struktur und Löslichkeit. Ethanol löst sich aufgrund seines Molekülbaus in Wasser und Benzin*

V1 Geben Sie in je ein Reagenzglas etwas Wasser bzw. Wundbenzin, fügen Sie dann tropfenweise Ethanol (Brennspiritus) zu und schütteln Sie.

V2 **a)** Geben Sie in ein Reagenzglas zu 1 ml Wundbenzin 1 ml Wasser und schütteln Sie. Fügen Sie anschließend portionsweise etwa 20 ml Brennspiritus zu. **b)** Geben Sie in ein Reagenzglas etwas alkoholischen Anisextrakt oder Ouzo oder Pastis und fügen Sie tropfenweise Wasser hinzu.

A1 ○ **a)** Erläutern Sie, welche zwischenmolekularen Kräfte hauptsächlich für die Höhe der Siedetemperaturen von Wasser und Ethanol verantwortlich sind. **b)** Erklären Sie, warum Ethanol bei einer tieferen Temperatur siedet als Wasser.

A2 ◒ Erklären Sie die Löslichkeit von Ethanol in Wasser, indem Sie einige Ethanol- und Wasser-Moleküle zeichnen und die zwischenmolekularen Kräfte markieren.

A3 ◒ Erklären Sie, welche Eigenschaften von Ethanol man bei seiner Verwendung in Parfum und Rasierwasser nutzt.

A4 ● MK Recherchieren Sie den Begriff Louche-Effekt und geben Sie eine Erklärung für das beobachtete Phänomen.

A5 ● Es gibt Folienschreiber in den Ausführungen „nonpermanent bzw. wasserlöslich" und „permanent bzw. wasserfest". Letztere sind jedoch in Spiritus (Ethanol) löslich. Erläutern Sie, was sich aus diesen Angaben über die Polaritäten der enthaltenen Farbstoff-Moleküle sagen lässt.

***B4** Ethanol als Lösungsmittel für Pflanzenwirkstoffe*

***B5** Ethanol wird als Thermometerfüllung verwendet*

NE 1.7 Super E10 – Bioethanol als Treibstoffzusatz

E85	ist nur für spezielle Motoren geeignet. σ(Ethanol) ≤ 85 %	Flexible Fuel Vehicles werden damit betrieben. In Brasilien, Schweden, Tschechien und USA schon lange auf dem Markt.
E10	vertragen die meisten Benzinmotoren. σ(Ethanol) ≤ 10 %	2011 in Deutschland eingeführt, um die Erneuerbare-Energien-Richtlinie umzusetzen.
E5	ist für alle Motoren geeignet, erhöht die Klopffestigkeit. σ(Ethanol) ≤ 5 %	In Deutschland enthalten die beiden Kraftstoffe Super und Super Plus 5 % Bioethanol.

***B1** E5, E10 und E85 für Benzinmotoren*

Vorteile	Nachteile
Schonung der Erdölreserven	Höherer Treibstoffverbrauch durch geringeren Heizwert des Ethanols
Bessere CO_2-Bilanz	Ethanol greift Bauteile von älteren Motoren an, sodass diese nicht mehr funktionsfähig sind.

***B2** Vor- und Nachteile der Verwendung von Bioethanol als Treibstoff*

Biotreibstoffe sollen das Autofahren umweltverträglicher und ressourcenschonender machen. Deshalb wurde am 8. Mai 2003 in einer EU-Richtlinie beschlossen, dass fossile Treibstoffe durch *biogene* Treibstoffe (Treibstoffe biologischen Ursprungs) sukzessiv ersetzt werden sollen. Im Januar 2011 wurde deshalb in Deutschland ein neuer Treibstoff eingeführt: **Super E10** [B1]. E steht für Ethanol, 10 für eine Volumenkonzentration an Bioethanol von bis zu 10 %. Der restliche Teil des Gemisches ist Benzin. Dadurch soll der Verbrauch an fossilen Energieträgern und damit die CO_2-Emission reduziert werden.
Die EU-Kommission hat darüber hinaus beschlossen, dass schrittweise bis zum Jahre 2020 der Anteil an erneuerbaren Energien in Treibstoffen 20 % betragen soll.

Biosprit. Dieser Begriff hört sich zunächst einmal gut an. Man versteht darunter flüssige oder gasförmige Treibstoffe, die aus Biomasse gewonnen werden. Bei der Verbrennung dieser Treibstoffe wird genauso viel Kohlenstoffdioxid freigesetzt, wie zuvor bei der Fotosynthese gebunden wurde. Man spricht deshalb von *klimaneutralen* Prozessen.

Biosprit steht jedoch auch in der Kritik; u.a. deshalb, weil die Ausgangsstoffe auch als Nahrungsmittel dienen, welche vor allem in Entwicklungsländern dringend benötigt werden.

Bioethanol. Ethanol, das aus Biomasse oder biogenen Abfällen [B4] gewonnen wird, bezeichnet man als Bioethanol. Beim Abbau der in der Biomasse enthaltenen Kohlenhydrate (Stärke und Zucker, z. B. Glucose $C_6H_{12}O_6$) mithilfe von Enzymen werden diese zu Ethanol und Kohlenstoffdioxid umgesetzt:

$$C_6H_{12}O_6 \longrightarrow 2\,C_2H_5OH + 2\,CO_2$$

Diese Reaktion läuft optimal bei einer Temperatur von 40 °C und einer bestimmten Konzentration des eingesetzten Kohlenhydrats ab. Ausgangsstoffe für die Bioethanolproduktion sind lokal verfügbare Pflanzen mit einem hohen Gehalt an Stärke bzw. Zucker: Zuckerrohr in Südamerika, Mais in Nordamerika und Europa, Weizen und Zuckerrüben in Europa und Maniok in Asien. Langfristig wird die Nutzung pflanzlicher Rest- bzw. Abfallstoffe angestrebt.

In landwirtschaftlichen Betrieben liefert eine Vernetzung von Material- und Energienutzung eine optimale Ausbeute.

Da der Energiegehalt und somit der Heizwert von Ethanol [V1] geringer als der von Benzin ist, steigt der Treibstoffverbrauch bei Verwendung von Biotreibstoffen.

V1 Heizwerte bestimmen

Den Heizwert (H_i) bestimmt man, um herauszufinden, wie viel thermische Energie (Q) sich mit verschiedenen Brennstoffen gewinnen lässt. Dazu wird eine bestimmte Masse eines Brennstoffs (m_B) verbrannt. Die thermische Energie wird dadurch bestimmt, dass eine Wasserportion in einer Alu-Getränkedose einer bestimmten Masse (m_W) erwärmt und die Temperaturdifferenz ($\Delta \vartheta_W$) bestimmt wird: Die thermische Energie Q kann mit der folgenden Gleichung berechnet werden:

$$Q = m_W \cdot c_W \cdot \Delta \vartheta_W$$

Hinweise: Die spezifische Wärmekapazität des Wassers beträgt $c_W = 4{,}18\ \text{J/(g} \cdot {}^\circ\text{C)}$. Nicht nur das Wasser, sondern auch die Alu-Getränkedose nimmt eine geringe Wärmemenge auf, was jedoch hier vernachlässigt werden kann. Der Heizwert ist der Betrag der abgegebenen thermischen Energie pro Masse des Brennstoffs und kann mit der folgenden Formel errechnet werden:

$$H_i = -\frac{Q}{m_B}$$

Material:
2 Spiritusbrenner mit Docht (möglichst kurze Dochtlänge), Waage, Stativmaterial, Alu-Getränkedose, Wasser, Digitalthermometer, Glasstab, Bioethanol, Wundbenzin, Streichhölzer

Durchführung:

a) Stellen Sie die leere Dose auf die Waage und bestimmen Sie deren Masse. Wiegen Sie, nachdem Sie ca. 300 ml Wasser eingefüllt haben erneut und bestimmen Sie die Masse des Wassers (m_W).

b) Befüllen Sie den Spiritusbrenner ca. 2 cm hoch mit Bioethanol und bestimmen Sie die Ausgangsmasse (m_A).

c) Messen Sie die Anfangstemperatur (ϑ_{W1}) des Wassers, entzünden Sie das Bioethanol und lassen Sie es 5 min lang brennen.
Das Wasser muss dabei ständig gerührt werden, um eine gleichmäßige Temperaturverteilung zu erreichen. Löschen Sie die Flamme und messen Sie die Endtemperatur (ϑ_{W2}).

d) Bestimmen Sie nun die Masse des Spiritusbrenners erneut und berechnen Sie die Masse des verbrannten Brennstoffs (m_B).

e) Wiederholen Sie den Versuch mit dem zweiten Brenner, in den Sie nun Wundbenzin füllen.

Aufgaben:

1. Berechnen Sie $\Delta \vartheta_W = \vartheta_{W2} - \vartheta_{W1}$ und Q. Bestimmen Sie aus den verbrauchten Massen der Brennstoffe die jeweiligen Heizwerte H_i.

2. a) Vergleichen Sie die von Ihnen bestimmten Heizwerte von Bioethanol und Wundbenzin und begründen Sie die unterschiedlichen Werte.

b) Vergleichen Sie Ihre Werte mit den Literaturwerten. Diskutieren Sie Fehlerquellen Ihrer Messungen.

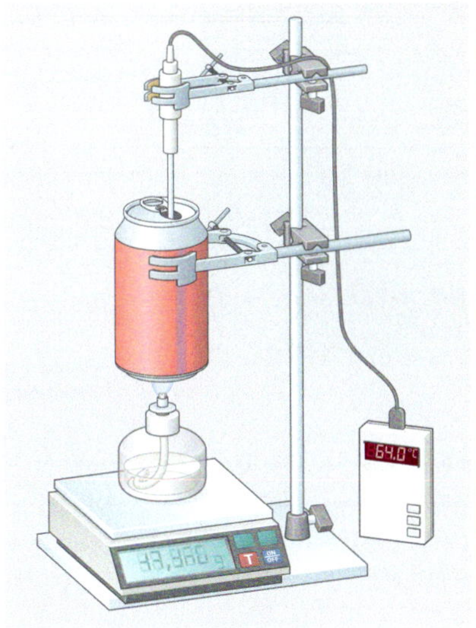

B3 *Bestimmung des Heizwertes*

Herstellung von Bioethanol

A1 ○ Stellen Sie die Produktionsschritte für Bioethanol in tabellarischer Form mit Erläuterungen dar.

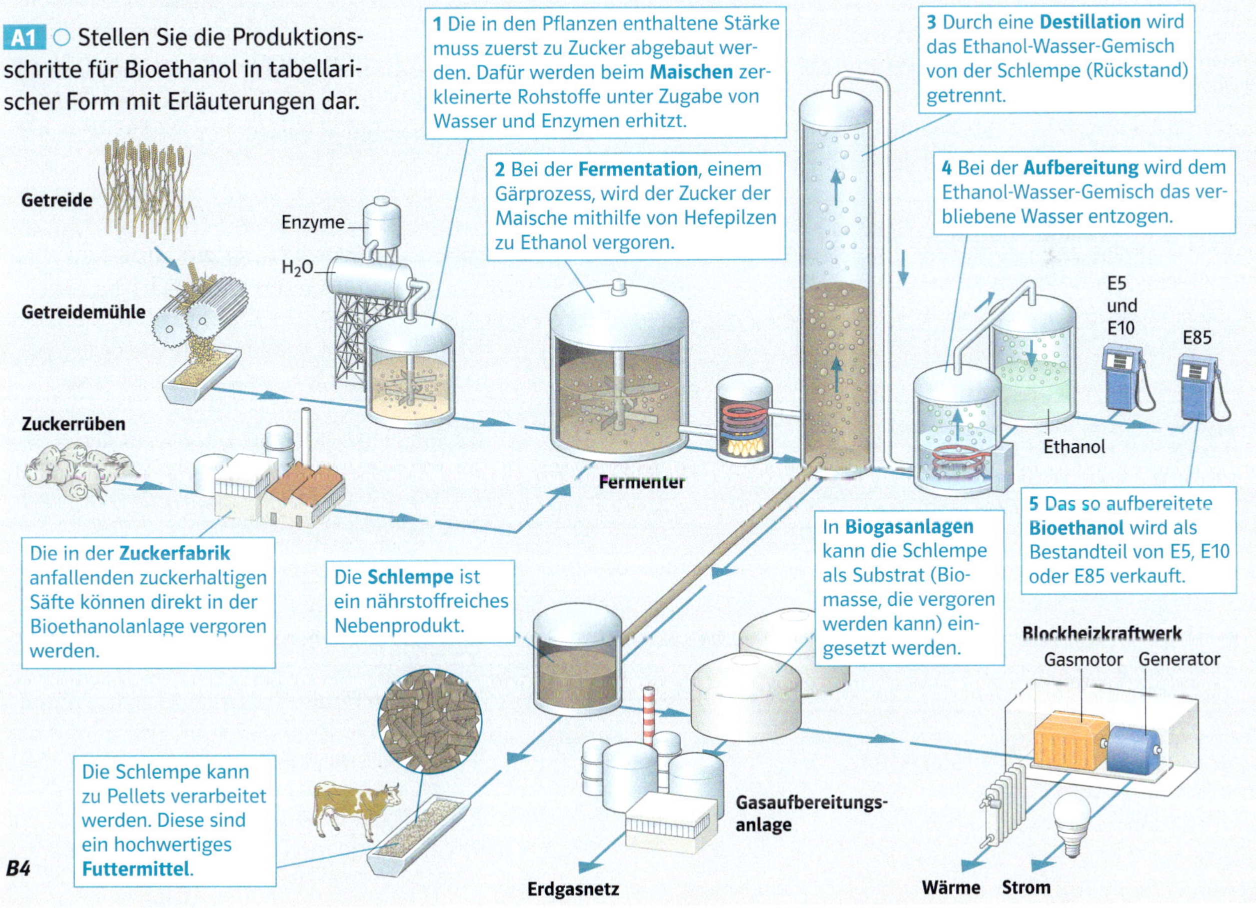

B4

1.8 Die Alkanole

B1 Blätteralkohol (Hex-3-en-1-ol) riecht nach frisch gemähtem Gras

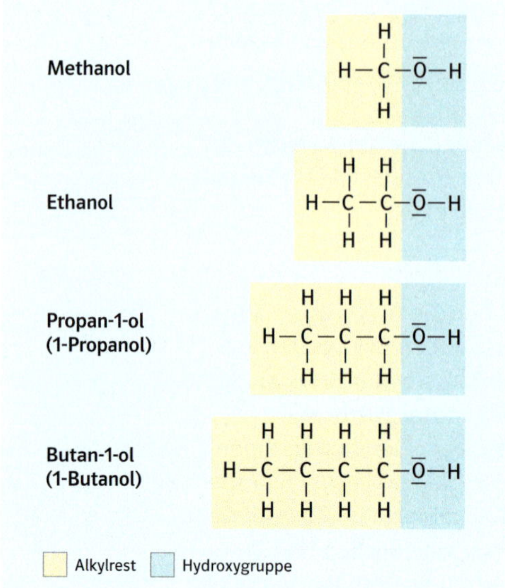

B2 Strukturformeln einiger Alkanol-Moleküle

Skelettformeln dienen zum schnellen Zeichnen von Strukturen. Jeder Knick und jedes Ende entspricht einem C-Atom mit der entsprechenden Anzahl an H-Atomen. Atomsymbole werden nur in funktionellen Gruppen dargestellt.

Alle Verbindungen, die wie Ethanol-Moleküle eine Hydroxygruppe besitzen, fasst man zur Stoffklasse der **Alkohole** zusammen. Ein Beispiel zeigt B1. Die besonderen Eigenschaften und Reaktionen der Alkohole lassen sich auf die Hydroxygruppe zurückführen. Daher bezeichnet man die OH-Gruppe als **funktionelle Gruppe** der Alkohol-Moleküle.

Name	Halbstruktur- und Skelettformeln	
Methanol	CH_3—OH	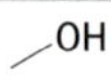
Ethanol	CH_3—CH_2—OH	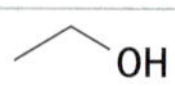
Propan-1-ol	CH_3—CH_2—CH_2—OH	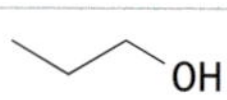
Butan-1-ol	CH_3—CH_2—CH_2—CH_2—OH	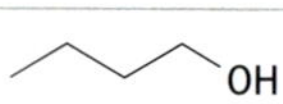
⋮		
Nonan-1-ol	CH_3—CH_2—CH_2—CH_2—CH_2—CH_2—CH_2—CH_2—CH_2—OH	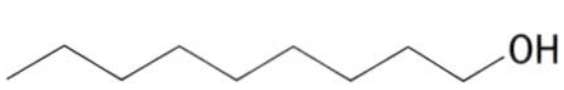
Decan-1-ol	CH_3—CH_2—CH_2—CH_2—CH_2—CH_2—CH_2—CH_2—CH_2—CH_2—OH	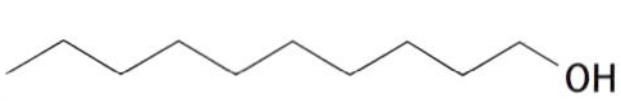

B3 Homologe Reihe der Alkanole. Der Alkylrest wird jeweils um eine CH_2-Gruppe verlängert

Homologe Reihe der Alkanole. Alkohole, die sich von den Alkanen (S. 20) ableiten, nennt man **Alkanole**. Formal wird ein Wasserstoff-Atom im Alkan-Molekül durch eine Hydroxygruppe ersetzt [B2]. Jedes *Alkanol* ist daher ein *Alkohol*. Aber nicht jeder *Alkohol* ist ein *Alkanol*, da auch viele andere organische Moleküle Hydroxygruppen enthalten können [B1].

Die Alkanol-Moleküle lassen sich ähnlich wie die Alkan-Moleküle in einer Reihe anordnen [B2, B3]. Der alkanähnliche Molekülteil wird als **Alkylgruppe** oder **Alkylrest** bezeichnet (S. 21). Auch hier unterscheidet sich jedes Molekül dieser Reihe von dem vorhergehenden durch das Hinzukommen einer weiteren CH_2-Gruppe. Es handelt sich also um eine homologe Reihe. Die Alkanol-Moleküle besitzen die allgemeine Molekülformel $C_nH_{2n+1}OH$. In B3 sind für die ersten Vertreter der homologen Reihe der Alkanole die vereinfachten Strukturformeln (Halbstrukturformeln) sowie die Skelettformeln angegeben.

Die funktionelle Gruppe der Alkohol-Moleküle ist die Hydroxygruppe. Die Alkanole bilden eine homologe Reihe.

A1 ○ **a)** Bauen Sie mit einem Molekülbaukasten alle isomeren Alkanol-Moleküle mit der Formel C_4H_9OH.
b) Ordnen Sie die gebauten Moleküle den primären, sekundären bzw. tertiären Alkanolen zu.

A2 ◒ Formulieren und benennen Sie die Strukturformeln aller isomeren Pentanole. Teilen Sie sie in primäre, sekundäre und tertiäre Alkanole ein und begründen Sie Ihre Zuordnung.

A3 ◒ **a)** Wenden Sie bei folgenden Beispielen die Regeln zur Benennung eines Alkanols an:
C_3H_7—$CH(C_2H_5)$—$CH(CH_3)$—CH_2OH,
$C(CH_3)_3$—CH_2OH.
b) Zeichnen Sie die Strukturformeln oder Halbstrukturformeln der Moleküle von 2,3,4-Trimethylpentan-2-ol und 3-Ethyl-4,5,5-trimethyloctan-1-ol.

A4 ◒ Formulieren Sie
a) die Skelettformeln für Pentan-1-ol und Octan-1-ol.
b) die Strukturformel für Blätteralkohol [B1].

Isomerie und Nomenklatur. Das Propanol-Molekül besteht aus einer OH-Gruppe und einem Propylrest (Alkylrest). Es gibt zwei verschiedene Propanol-Moleküle [B4, links]. Die OH-Gruppe ist beim oberen Molekül mit dem 1. und beim unteren Molekül mit dem 2. C-Atom verbunden. Beide Propanol-Moleküle besitzen zwar dieselbe Molekülformel, jedoch eine unterschiedliche Verknüpfung der Atome (Struktur). Aufgrund der unterschiedlichen Position der OH-Gruppe liegt hier *Positionsisomerie* vor. Diese gehört zur Strukturisomerie (auch „Konstitutionsisomerie").

Die Benennung der Alkanole erfolgt durch Anhängen der Silbe „-ol" an den Namen des entsprechenden Alkans mit gleicher Anzahl von C-Atomen. Vor der Silbe „-ol" steht die Nummer des C-Atoms, das die OH-Gruppe trägt, in diesem Fall also Propan-1-ol und Propan-2-ol.

Besteht der Alkylrest aus mehr als drei Kohlenstoff-Atomen, so können sich die isomeren Moleküle nicht nur durch die Stellung der OH-Gruppe unterscheiden, sondern auch durch eine unterschiedliche Verknüpfung der Kohlenstoff-Atome untereinander [B4, rechts]. So ergeben sich insgesamt vier Butanol-Isomere. Mit steigender Anzahl an C-Atomen nimmt die Anzahl der Isomere sehr stark zu. Um die Isomere eindeutig benennen zu können und umgekehrt aus dem Stoffnamen auf die Struktur der Moleküle zu schließen, gibt es, wie bei den Alkanen, eindeutige Benennungsregeln (Nomenklatur-Regeln) [B5].

Darüberhinaus teilt man Alkanole in drei Typen ein. Ist an das Kohlenstoff-Atom, das die Hydroxygruppe trägt, kein oder ein Alkylrest gebunden, so spricht man von einem **primären Alkanol**. Sind *zwei* Alkylreste gebunden, liegt ein **sekundäres Alkanol** vor und bei *drei* Alkylresten ein **tertiäres Alkanol** [B4].

Man unterscheidet primäre, sekundäre und tertiäre Alkanole, je nachdem wie viele Alkylgruppen an das C-Atom mit der Hydroxygruppe in den Molekülen gebunden sind.

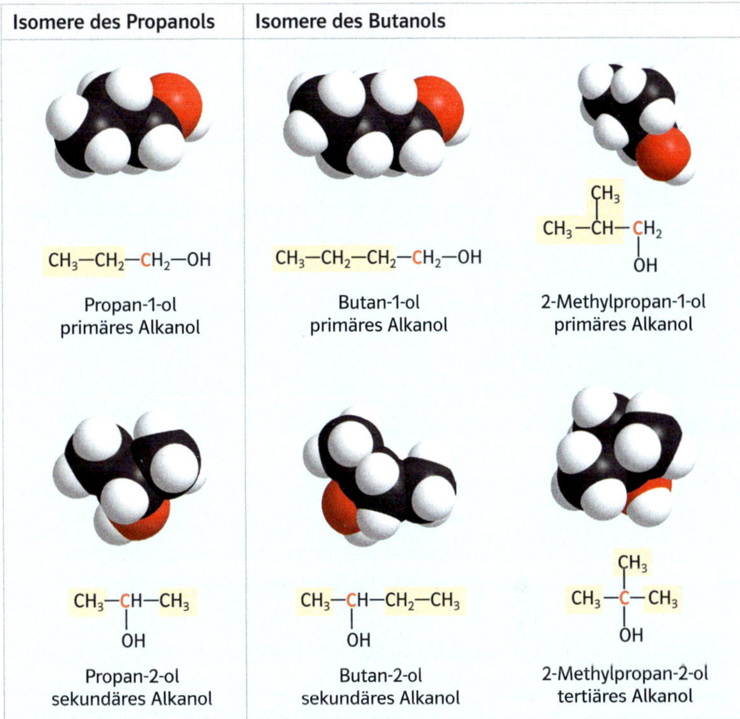

***B4** Zwei Strukturisomere des Propanols und vier Strukturisomere des Butanols. Molekülmodelle und Halbstrukturformeln*

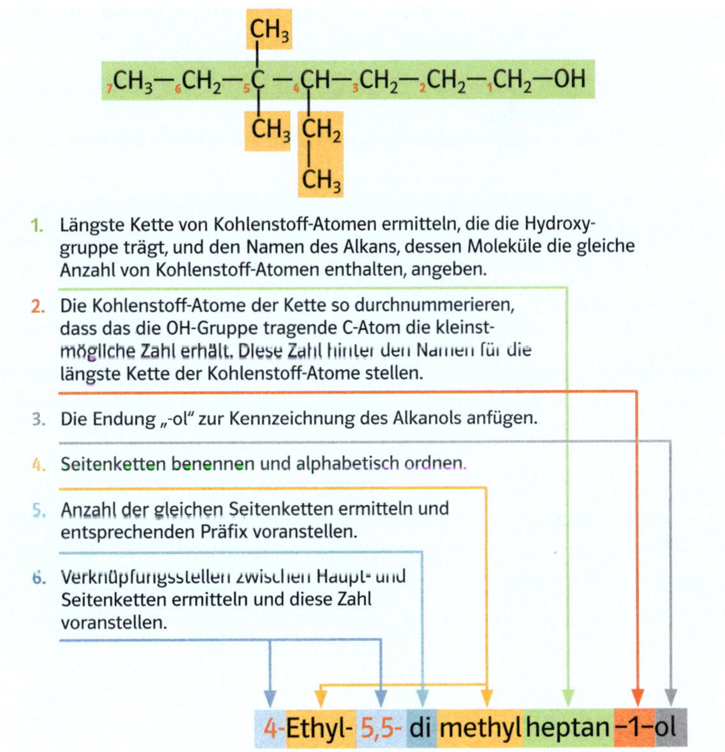

***B5** Benennung eines Alkanols*

1.9 Alkanole — Eigenschaften und Verwendung

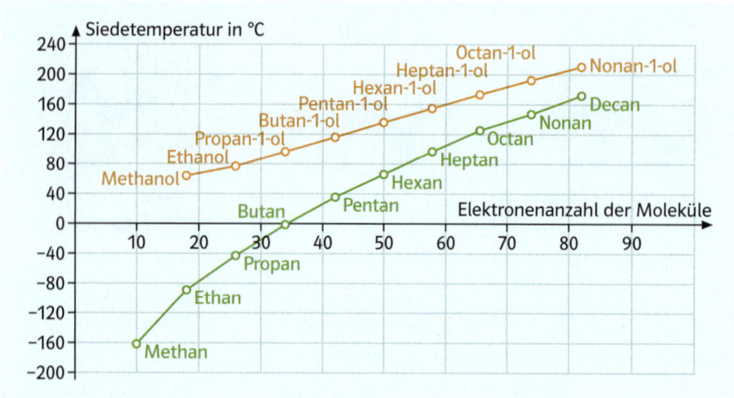

***B1** Siedetemperaturen von Alkanolen und Alkanen im Vergleich*

Die Siedetemperaturen der Alkanole steigen innerhalb der homologen Reihe an [B1, orange Kurve]. Sie liegen insgesamt wesentlich höher als die Siedetemperaturen von Alkanen mit ähnlicher Kettenlänge und Elektronenanzahl [B1, grüne Kurve].

Die Stoffeigenschaften eines Alkanols werden sowohl von der polaren OH-Gruppe als auch von dem unpolaren Alkylrest geprägt. Es besteht somit ein direkter Zusammenhang zwischen der Struktur der Moleküle und den Eigenschaften der Stoffe. Man spricht von Struktur-Eigenschafts-Beziehungen.

Siedetemperaturen in der homologen Reihe. Die vergleichsweise hohen Siedetemperaturen der Alkanole sind auf die Polarität der OH-Gruppe der Alkanol-Moleküle zurückzuführen, die zur Ausbildung von Wasserstoffbrücken zwischen den Alkanol-Molekülen führt. Mit zunehmender Kettenlänge der Moleküle nähern sich allerdings die Siedetemperaturen von Alkanen und entsprechenden Alkanolen an, da die London-Kräfte zwischen den Alkylresten mit zunehmender Molekülgröße und damit zunehmender Elektronenanzahl immer größer werden. Sie gewinnen gegenüber den Wasserstoffbrücken einen immer größeren Anteil an den zwischenmolekularen Kräften.

Name	Siedetemperatur ϑ_{sd} in °C	Löslichkeit in Wasser	Löslichkeit in Benzin	Viskosität
Methanol	65	unbegrenzt	wenig	nimmt zu (↓)
Ethanol	78		unbegrenzt	
Propan-1-ol	97			
Butan-1-ol	117	nimmt zu (↑)		
Pentan-1-ol	138			
Hexan-1-ol	157			
⋮ Dodecan-1-ol	256			
⋮ Hexadecan-1-ol	344			

***B2** Stoffeigenschaften der Alkanole*

Homologe Reihe und Viskosität. Die mit größer werdender Kettenlänge zunehmenden London-Kräfte sind auch die Ursache für die im Verlauf der homologen Reihe zunehmende Zähflüssigkeit (Viskosität) der Alkanole [B2].

Die Siedetemperaturen und die Viskositäten der Alkanole steigen innerhalb der homologen Reihe an.

Aufgrund der polaren OH-Gruppe liegen die Siedetemperaturen der Alkanole insgesamt höher als die der Alkane mit vergleichbarer Molekülgröße.

Homologe Reihe und Löslichkeit. Der Einfluss des Alkylrestes bzw. der Hydroxygruppe wirkt sich auch auf das Löslichkeitsverhalten der Alkanole aus [B2]. Zwischen der polaren OH-Gruppe der Alkanol-Moleküle und den Wasser-Molekülen können sich Wasserstoffbrücken ausbilden. Die ersten drei Glieder der homologen Reihe lösen sich deshalb unbegrenzt in Wasser. Ab Butan-1-ol nimmt die Wasserlöslichkeit immer mehr ab, da der größer werdende unpolare Alkylrest der Moleküle zunehmend das Löslichkeitsverhalten bestimmt. In Benzin und anderen lipophilen Lösungsmitteln sind alle Alkohole unbegrenzt löslich [B2].

Alkanole als Lösungsmittel. Aufgrund ihrer Fähigkeit, sowohl hydrophile als auch hydrophobe Stoffe zu lösen, werden Alkanole in vielen Bereichen als Lösungsmittel verwendet. Ein weiterer Vorteil ist, dass solche Lösungen noch bis zu einem bestimmten Grad mit Wasser verdünnbar sind, bevor sich eine Emulsion bildet. Außer in der pharmazeutischen Industrie nutzt man dies bei der Herstellung von Kosmetika, wie z. B. Parfum,

Rasier- und Gesichtswasser [B3] sowie in der Lack- und Farbenindustrie.

Der wichtigste Vertreter der Alkanole ist das Ethanol (Kap. 1.6). Außer Ethanol sind vor allem Methanol, Propan-2-ol und Fettalkohole (Alkanole mit sechs oder mehr Kohlenstoff-Atomen) technisch von Bedeutung.

Methanol ist einer der wichtigsten Alkohole mit einer Jahresproduktion in Deutschland von ca. 1 Mio. t. Methanol ist ein wichtiges Lösungsmittel. Der größte Teil des Methanols wird jedoch zur Herstellung von Ausgangsstoffen für die Kunststoff-Produktion benötigt. Ferner ist Methanol wegen des geringeren Schadstoffausstoßes als Treibstoff für Verbrennungsmotoren interessant. In Fahrzeugen mit Brennstoffzellen-Antrieb kann es zudem als Quelle für die Herstellung von Wasserstoff dienen.
In Geruch und Geschmack ähnelt Methanol stark dem Ethanol, ist jedoch weitaus giftiger.

Methanol und Ethanol lassen sich durch die Boraxprobe leicht voneinander unterscheiden: Man gibt Borax zu einer Stoffprobe von Methanol bzw. Ethanol und entzündet das Gemisch. Die Methanol-Probe brennt mit grüner Flamme, die Ethanol-Probe mit gelber Flamme [B5].

Propan-2-ol (Isopropanol) ist in vielen Eigenschaften dem Ethanol sehr ähnlich und ersetzt dieses in verschiedenen Anwendungsbereichen. Sein gutes Lösungsvermögen, seine desinfizierende und die Hautdurchblutung anregende Wirkung sind Eigenschaften, die den breiten Einsatz als Lösungsmittel in vielen Kosmetika erklären. Darüber hinaus wird Isopropanol als Lösungsmittel in vielen Haushaltsreinigern sowie in Lacken und Farben verwendet. Auch als Bestandteil von Enteisern und Frostschutzmitteln für Scheibenwaschanlagen von Autos wird es eingesetzt.

Fettalkohole sind aus Alkohol-Molekülen mit langen C-Ketten (6 bis 22 C-Atome) aufgebaut. Fettalkohole kommen in gebundener Form in natürlichen Wachsen vor (z. B. in Wollwachs). Sie sind nicht mit Wasser mischbar und werden als Grundlage vieler Cremes und Salben verwendet. Ein häufiger Inhaltsstoff von Cremes ist z. B. Cetylalkohol (Hexadecan-1-ol, [B4]), da er eine leichte Emulgatorwirkung (Kap. 1.11) besitzt und die Konsistenz und Geschmeidigkeit von Cremes verbessert. Fettalkohole werden zudem für die Herstellung von Tensiden verwendet.

Alkanole sind sehr gute Lösungsmittel. Ihre Moleküle enthalten eine polare Hydroxygruppe und einen unpolaren Alkylrest. Je nach Kettenlänge der Moleküle überwiegen die hydrophilen oder die lipophilen Eigenschaften des Alkanols.

B3 *Parfum, eine alkoholische Lösung*

B4 *Cetylalkohol ist in Form kleiner, weißer Plättchen im Handel*

V1 Geben Sie ein paar Stückchen Cetylalkohol in ein Reagenzglas mit **a)** 1 ml Wasser und **b)** 1 ml Wundbenzin. Verschließen Sie die Reagenzgläser mit Stopfen, schütteln Sie.
Zeichnen Sie die Halbstrukturformel oder Skelettformel (Kap. 1.8) von Cetylalkohol und erklären Sie Ihre Beobachtungen.

V2 Geben Sie in ein Reagenzglas mit 1 ml Wundbenzin 1 ml Wasser, schütteln Sie. Fügen Sie anschließend portionsweise etwa 20 ml Brennspiritus zu. Erklären Sie Ihre Beobachtungen.

A1 ◒ Propan-1-ol siedet bei 97 °C, Butan bei 0 °C. Erklären Sie den Unterschied.

A2 ◒ Diskutieren Sie den folgenden Satz bezüglich Alkoholen: „Eine OH-Gruppe zieht drei Kohlenstoff-Atome ins Wasser."

A3 ● Propan-1-ol ist sowohl in Wasser als auch in Heptan löslich. Erklären Sie diese Beobachtung anhand einer schematischen Skizze, wobei davon ausgegangen werden soll, dass sich jeweils Molekülaggregate (Verbünde von Molekülen) bilden.

B5 *Die Boraxprobe mit Methanol (oben) und Ethanol (unten)*

1.10 Nachweis von Alkoholen

V1 Nachweis von Alkoholen

***B1** Cer(IV)-ammoniumnitrat-Lösung mit Wasser (links) und mit Ethanol (rechts)*

Mit einer salpetersauren Lösung von Cer(IV)-ammoniumnitrat bilden Alkohole einen roten Farbkomplex. Dies dient als Nachweis für Alkohole.

Material:
Reagenzglasgestell, 5 Reagenzgläser, 5 Kunststoffpipetten, verschiedene Alkohole (z. B. Ethanol, Propan-1-ol, Propan-2-ol, Ethandiol), Wasser, Cer(IV)-ammoniumnitrat-Reagenz

Durchführung:
Geben Sie zu jeweils 2 ml verschiedener Alkohole 1 ml Cer(IV)-ammoniumnitrat-Reagenz. Nehmen Sie als Vergleichsprobe die gleiche Menge Wasser und versetzen Sie diese ebenfalls mit dem Nachweisreagenz.

Aufgabe:
Beschreiben und deuten Sie Ihre Beobachtungen.

V3 Nachweis von Ethanol in Getränken

Bei der Methode *Tüpfelanalytik* werden nur geringste Mengen der Stoffe, die untersucht werden sollen, benötigt. Auf der laminierten Tüpfelplatte arbeitet man im Tropfenmaßstab.

Material:
Laminierte Tüpfelplatte, Probenfläschchen mit Pipette, Cer(IV)-ammoniumnitrat-Reagenz, Weißwein, Sekt oder andere alkoholische Getränke, alkoholfreier Sekt, Wasser

Durchführung:
Geben Sie auf ein Feld einer Tüpfelplatte jeweils 3 Tropfen eines alkoholischen Getränks, als Vergleichsprobe dienen 3 Tropfen Wasser. Fügen Sie zu jeder Probelösung 2 Tropfen Cer(IV)-ammoniumnitrat-Reagenz mit der Pipette hinzu. Notieren Sie sofort die Farbe der resultierenden Mischung. Untersuchen Sie auf die gleiche Weise alkoholfreien Sekt.
Untersuchen Sie weitere alkoholische und alkoholfreie Getränke.

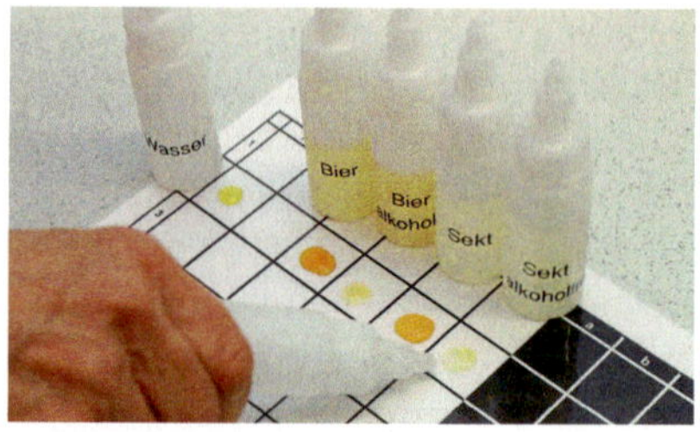

***B2** Tüpfelanalytik*

Aufgabe:
Beschreiben und deuten Sie Ihre Beobachtungen.

V4 Alkoholnachweis mit einem digitalen Alkoholtester

Material:
Digitaler Alkoholtester, Pipette, Kunststoffspritze (50 ml), Verbindungsstück, Ethanol

Durchführung:
Geben Sie mit einer Pipette einen Tropfen Ethanol in die Kunststoffspritze, schütteln Sie etwas und koppeln Sie diese über ein Verbindungsstück an den Alkoholtester. Drücken Sie das Ethanol in das Testgerät und lesen Sie den Promillegehalt ab. Wiederholen Sie das Experiment mit einer größeren Tropfenanzahl.

Aufgabe:
Stellen Sie Ihre Ergebnisse grafisch dar.

V2 Unterscheidung Alkane – Alkanole

Kohlenwasserstoffe bilden mit Iod-Lösung violett gefärbte Lösungen. Sauerstoff-Verbindungen ergeben mit Iod-Lösung dagegen rotbraun gefärbte Lösungen.

Material:
Reagenzglasgestell, 4 Reagenzgläser, 5 Pipetten, wässrige Iod-Lösung in einem Reagenzglas, Wasser, Ethanol, Propan-1-ol, Heptan

Durchführung:
Geben Sie in jedes der 4 Reagenzgläser jeweils 1 cm hoch Ethanol, Propan-1-ol, Heptan und Wasser und fügen Sie zu jeder Probe etwa zeitgleich 2 Tropfen der wässrigen Iod-Lösung hinzu.

Aufgabe:
Protokollieren Sie Ihre Beobachtungen und deuten Sie diese.

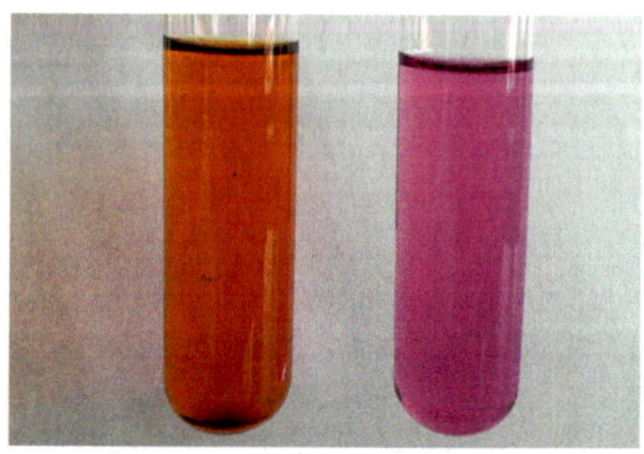

***B3** Lösung von Iod in Ethanol (links), in Heptan (rechts)*

1.11 Alkohole als Emulgatoren in Cremes

V1 Herstellung einer Hautcreme

Materialien:
2 Bechergläser (250 ml), Messzylinder (50 ml), Waage, Spatel, Glasstab, Becherglas (1 000 ml), 2 Gasbrenner, 2 Dreifüße, Döschen, Pflanzenöl (z. B. Sojaöl, Mandelöl), Tegomuls (ein Emulgator), Cetylalkohol, Paraben K (ein Konservierungsstoff), Siedesteinchen, dest. Wasser, Ethanol-Spray, Duftöl

Durchführung:
a) Waschen Sie das Döschen gründlich mit Spülmittel aus und sprühen Sie es mit Ethanol ein (Desinfektion).
b) Messen Sie 40 ml Pflanzenöl mit dem Messzylinder ab und gießen Sie es in das Becherglas (250 ml). Geben Sie dazu 2,5 g Cetylalkohol und 15 g Tegomuls.
c) Erwärmen Sie das Becherglas im Wasserbad, bis alles geschmolzen ist.
d) Erwärmen Sie gleichzeitig ca. 150 ml destilliertes Wasser. Kochen Sie das Wasser kurz auf (Sterilisation). Siedesteinchen nicht vergessen!
e) Geben Sie das heiße Wasser unter Rühren (Glasstab) zu der Ölmischung und rühren Sie zwei Minuten lang.
f) Wenn die Creme auf etwa 50 °C abgekühlt ist, fügen Sie 12 Tropfen Paraben K hinzu und rühren Sie gut um.
g) Füllen Sie die noch warme Creme in Döschen ab.
h) Fügen Sie 2 – 3 Tropfen Duftöl hinzu.

V2 Bestimmung des Emulsionstyps einer Creme

Material:
4 Uhrgläser, 4 Spatel, 2 Reagenzgläser, Reagenzglasgestell, 4 verschiedene Cremes (auch die selbst hergestellte), Pflanzenöl, Wasser, Farbstoffgemisch aus Carotin (oder Paprikaextrakt) und sehr wenig Methylenblau (oder auch einer wässrigen Lösung von Methylenblau)

Durchführung:
a) Untersuchen Sie, ob die beiden Farbstoffe (Carotin und Methylenblau) hydrophil oder lipophil sind. Geben Sie dazu in je ein Reagenzglas einen Fingerbreit Pflanzenöl bzw. Wasser und fügen Sie eine Spatelspitze des Farbstoffgemisches hinzu. Schütteln Sie anschließend beide Reagenzgläser.
b) Geben Sie einen Spatel der zu untersuchenden Creme auf ein Uhrglas. Fügen Sie eine Spatelspitze des Farbstoffgemisches hinzu. Verrühren Sie nach einigen Minuten das Farbstoffgemisch mit der Creme. Dabei färbt sich das Farbstoff-Creme-Gemisch rot oder blau, die jeweils andere Farbe ist manchmal in Form kleiner Pünktchen sichtbar [B1].

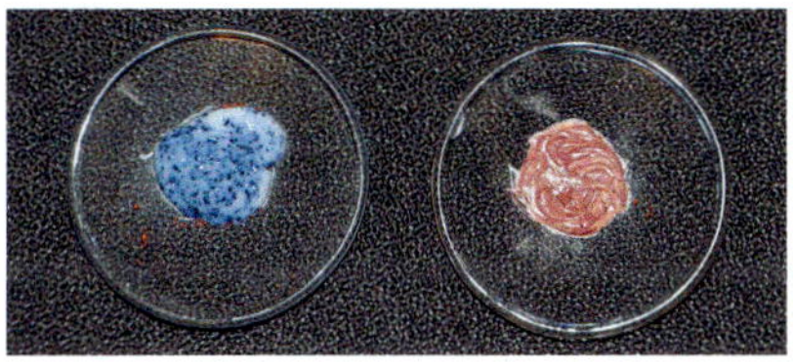

B1

Aufgaben:
1. Notieren Sie Ihre Beobachtungen.
2. Begründen Sie, ob die beiden Farbstoffe hydrophil oder lipophil sind.
3. Erläutern Sie, bei welchen der untersuchten Cremes es sich um Wasser-in-Öl-Emulsionen und bei welchen es sich um Öl-in-Wasser-Emulsionen handelt.
4. Zeichnen Sie eine Skizze wie in B3, die die Lösungsverhältnisse in einer Wasser-in-Öl-Emulsion mit einem Alkanol als Emulgator darstellt.

Exkurs

Emulgatoren in der Haut und in Cremes. Die menschliche Haut wird von einem **Hydrolipidfilm** bedeckt, der sie vor Austrocknung und dem Eindringen von Bakterien schützt. Er besteht aus den Sekreten der Schweiß- und Talgdrüsen, d.h. aus einem Gemisch einer wässrigen und einer öligen Phase. Körpereigene Emulgatoren, wie z. B. Lecithin, dienen dabei als „Lösungsvermittler". Emulgatoren müssen zur „Lösungsvermittlung" sowohl hydrophil als auch lipophil sein, d.h., ihre Moleküle müssen aus einem polaren und einem unpolaren Teil bestehen.

Auch als Bestandteil von Hautcremes, die ebenfalls aus Öl und Wasser bestehen, sind Emulgatoren zu finden. Meist werden Alkanole verwendet, deren Moleküle lange C-Ketten aufweisen [B2]; ein Beispiel dafür ist Cetylalkohol. Die Wirkungsweise eines Emulgators bei einer Öl-in-Wasser-Emulsion besteht darin, dass kleine Öltröpfchen von den unpolaren Enden der Emulgator-Moleküle umschlossen werden und sog. Micellen bilden [B3]. Die Micellen sind gut wasserlöslich, da die polaren, nach außen gerichteten Teile der Emulgator-Moleküle Wasserstoffbrücken zu den polaren Wasser-Molekülen ausbilden können.

Man unterscheidet zwischen Öl-in-Wasser- (O/W) und Wasser-in-Öl-Emulsionen (W/O). In V2 kann der Emulsionstyp verschiedener Cremes bestimmt werden.

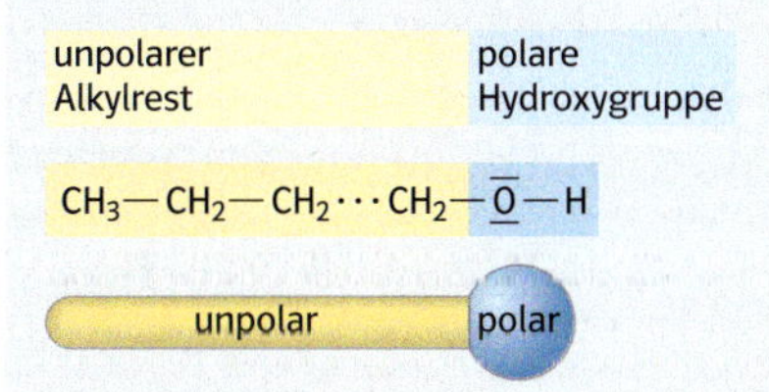

***B2** Modell eines Alkanols*

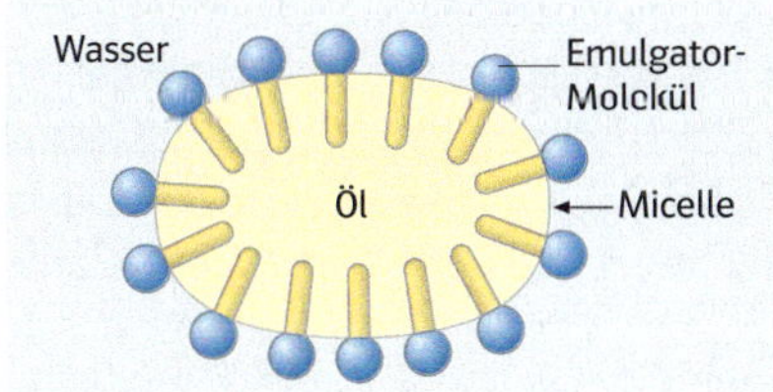

***B3** Öl-in-Wasser-Emulsion*

1.12 Mehrwertige Alkohole

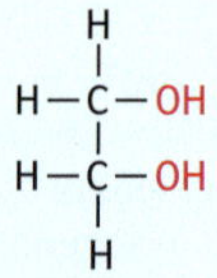

Ethandiol
(Glykol)

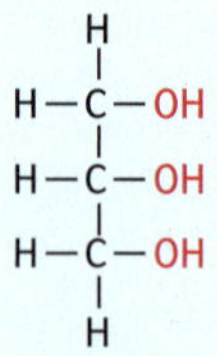

Propantriol
(Glycerin)

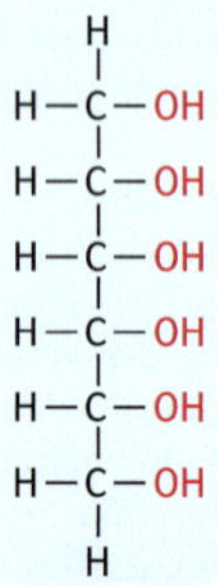

Hexanhexol
(Sorbit)

B1 *Strukturformeln einiger mehrwertiger Alkohole*

Glykol von griech. glykys, süß

B2 *Viele Insekten benutzen mehrwertige Alkohole wie Glycerin als Frostschutzmittel*

B3 *Enteisung eines Flugzeugs mit einem Glykol-Wasser-Gemisch*

Es gibt auch Alkohole mit zwei oder mehr Hydroxygruppen in ihren Molekülen [B1]. Prinzipiell kann *jedes* Kohlenstoff-Atom eines Moleküls mit *einer* OH-Gruppe verbunden sein. Moleküle mit mehr als einer OH-Gruppe an *einem* C-Atom sind meist nicht beständig (**Erlenmeyer-Regel**). Bei *zwei* OH-Gruppen im Molekül spricht man von **Diolen** (*zweiwertige Alkohole*), bei drei OH-Gruppen von **Triolen** (*dreiwertige Alkohole*) und allgemein von **Polyolen**. Alkohole mit *einer* OH-Gruppe sind **einwertige Alkohole**.

Mehrwertige Alkohole (Polyole) enthalten zwei oder mehr Hydroxygruppen. Nach der Erlenmeyer-Regel sind Moleküle mit mehreren OH-Gruppen an einem Kohlenstoff-Atom meist nicht beständig.

Die strukturelle Besonderheit mehrerer OH-Gruppen im Molekül führt dazu, dass Polyole besondere Eigenschaften haben, die verschiedene Anwendungsmöglichkeiten erschließen. So sind Polyole meist hochviskos (zähflüssig) bis fest, süß schmeckend, hygroskopisch (feuchtigkeitsanziehend) und sind als Frostschutzmittel geeignet.

Ethandiol (*Glykol*) ist eine dickflüssige, giftige, süß schmeckende Flüssigkeit. Aufgrund der zwei OH-Gruppen im Molekül [B1] herrschen relativ starke zwischenmolekulare Kräfte (Wasserstoffbrücken). Diese verleihen dem Ethandiol im Vergleich zu Ethanol eine deutlich höhere Siedetemperatur (ϑ_{sd} = 198 °C) und Viskosität [V1].

Wässrige Ethandiol-Lösungen haben tiefe Erstarrungstemperaturen [V2]. Sie werden daher zum Enteisen von Flugzeugen [B3] eingesetzt sowie als Frostschutzmittel in Kühlern von Kraftfahrzeugen. Außerdem ist Glykol ein wichtiger Grundstoff für die Herstellung von Kunststoffen.

V1 Geben Sie jeweils gleich große Portionen von Propan-1-ol, Ethandiol und Propantriol in Reagenzgläser und vergleichen Sie die Viskositäten durch Schütteln.

V2 Stellen Sie jeweils ein Reagenzglas mit Wasser bzw. einem Wasser-Ethandiol-Gemisch in eine Eis-Kochsalz-Mischung. Beobachten Sie.

A1 ○ Zeichnen Sie die Strukturformel von Pentanpentol.

A2 ◒ Deuten Sie folgende Sachverhalte:
a) Hexan-1-ol ist bei Zimmertemperatur eine Flüssigkeit, Hexanhexol dagegen ein Feststoff.
b) Octan-1-ol und Ethandiol haben etwa gleiche Siedetemperaturen.

A3 ◒ Paraffinöl und Propantriol sind farblose, viskose Flüssigkeiten. Beschreiben Sie einen einfachen Versuch, mit dem man sie unterscheiden kann.

A4 ● Erörtern Sie, ob Xylit und Sorbit eine Möglichkeit sind, den immer häufiger als gesundheitsgefährdend angesehenen Zucker (Haushaltszucker; Saccharose) zu ersetzen.

B4 *Glycerin findet man in Cremes*

Propantriol (*Glycerin*) ist ein Molekül mit drei OH-Gruppen [B1]. Da es mehr Möglichkeiten zur Ausbildung von Wasserstoffbrücken gibt, ist die Viskosität von Propantriol im Vergleich zum Ethandiol nochmals größer. Auch seine Siedetemperatur liegt höher (ϑ_{sd} = 290 °C). Aufgrund der drei OH-Gruppen sind Propantriol-Moleküle auch stark hydrophil. Daher ist Glycerin in Wasser unbegrenzt löslich, in Benzin dagegen unlöslich.
Glycerin ist im Gegensatz zu Glykol ungiftig, hat jedoch wie dieses einen süßen Geschmack, woher auch die Bezeichnung Glycerin rührt. Wegen seiner hygroskopischen Wirkung (durch Ausbildung von Wasserstoffbrücken zu Wasser-Molekülen) wird es z. B. zum Feuchthalten von Cremes [B4], Zahnpasten, Druck- und Stempelfarben [B5] sowie in Schuhcreme und Tabak verwendet.

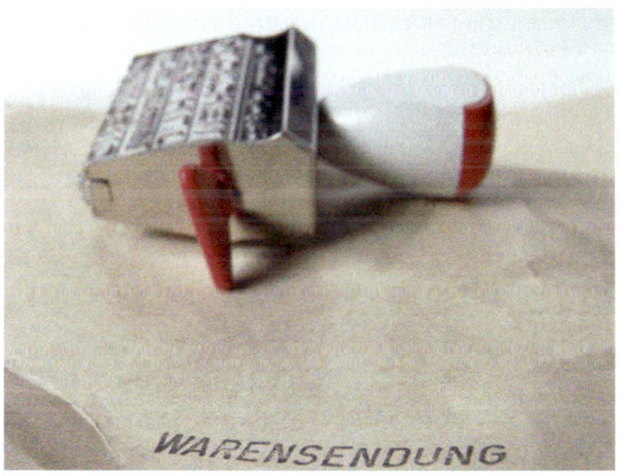

B5 *Stempelfarben enthalten Glycerin als Feuchthaltemittel*

B6 *Beeren der Eberesche (Sorbus aucuparia) enthalten Sorbit*

Hexanhexol (*Sorbit*), ein Alkohol mit sechs OH-Gruppen im Molekül, ist ein weißer, süß schmeckender Feststoff. Sorbit kommt in der Natur z. B. in Äpfeln, Birnen, Kirschen und Beeren der Eberesche [B6] vor. Auch hier ist der süße Geschmack auf die vielen OH-Gruppen im Molekül zurückzuführen. Wegen dieser OH-Gruppen ist Sorbit wasser-, aber nicht benzinlöslich und, wie Glycerin, hygroskopisch.
Sorbit wird als Feucht- und Weichhaltemittel für Back- und Süßwaren eingesetzt [B7] und findet auch als Zuckeraustauschstoff für Diabetikersüßwaren und in „zuckerfreien" Kaugummis Verwendung. Sorbit besitzt zwar nur die halbe Süßkraft von Zucker, aber wirkt nicht kariesfördernd. Ähnliche Eigenschaften bei etwa gleicher Süßkraft wie Zucker besitzt *Pentanpentol (Xylit)*.

B7 *Sorbit ist in Backwaren enthalten*

1.13 Lernzirkel Alkohole

Station 1: Analyse von Ethanol

V1

Material:
Abdampfschale, Becherglas (100 ml), Tiegelzange, Pipette, Streichhölzer, Ethanol, Wassertestpapier, Kalkwasser

Durchführung:
Entzünden Sie in einer Abdampfschale 5 ml Ethanol und halten Sie das Becherglas darüber. Weisen Sie die entstehenden Reaktionsprodukte nach, indem Sie den Beschlag am Becherglas untersuchen und das Becherglas mit 5 ml Kalkwasser ausschwenken.

A1 ◒ Leiten Sie aus Ihren Beobachtungen Erklärungen zum Aufbau des Ethanol-Moleküls ab.

A2 ◒ Beschreiben Sie, wie man experimentell vorgehen kann, um herauszufinden, ob es sich bei Alkoholen um Sauerstoff-Verbindungen handelt.

A3 ○ Nennen Sie die allgemeine Molekülformel (Summenformel) für die Alkanol-Moleküle und zeichnen Sie die Strukturformel für das Ethanol-Molekül. Kennzeichnen Sie die funktionelle Gruppe.

Station 2: Verzweigte Alkohole

V2

Material:
Dreigeteilte Petrischale, 4 Pipetten, Kaliumpermanganat-Lösung (c = 0,01 mol/l), Natronlauge (c = 1 mol/l), Propan-1-ol, Propan-2-ol, 2-Methylpropan-2-ol

Durchführung:
Geben Sie in die dreigeteilte Petrischale jeweils 5 ml alkalische Kaliumpermanganat-Lösung (Kaliumpermanganat-Lösung und Natronlauge im Volumenverhältnis 2:1) und fügen Sie je 2 ml des jeweiligen Alkohols hinzu.

A4 ● Zeichnen Sie die jeweiligen Strukturformeln der Alkohol-Moleküle und recherchieren Sie, worauf die Farbveränderung zurückzuführen ist. Formulieren Sie die jeweiligen Redoxgleichungen.

A5 ○ Notieren Sie die Strukturformeln aller Isomere mit der Formel C_4H_9OH und benennen Sie diese.

A6 ◒ Erklären Sie, was man unter primären, sekundären und tertiären Alkoholen versteht. Kennzeichnen Sie die Alkohole aus A5 entsprechend.

Station 3: Löslichkeit

V3

Material:
10 Reagenzgläser, Reagenzglasgestell, 2 Stopfen, 2 Tropfpipetten (eine für Wasser, eine für Heptan), Ethanol, Propan-1-ol, Pentan-1-ol, Dodecan-1-ol, Heptan, Wasser

Durchführung:
a) Geben Sie von Heptan und den Alkoholen jeweils einen Fingerbreit in die Reagenzgläser und setzen Sie tropfenweise Wasser zu. Schütteln Sie die Reagenzgläser.
b) Geben Sie von Wasser und den Alkoholen jeweils einen Fingerbreit in die Reagenzgläser und setzen Sie tropfenweise Heptan zu. Schütteln Sie die Reagenzgläser.

A7 ◒ Beschreiben und deuten Sie Ihre Beobachtungen zu V3.
Ziehen Sie zur Deutung auch die Halbstrukturformeln der Moleküle der eingesetzten Stoffe heran.

Station 4: Viskosität

V4

Material:
4 Pipetten (10 ml), Pipettierhilfe, 4 Bechergläser (ca. 150 ml), Stoppuhr, Ethanol, Butan-1-ol, Ethandiol, Propantriol

Durchführung:
Befüllen Sie die erste Pipette bis zur Null-Marke mit Ethanol. Durch Abziehen der Pipettierhilfe lassen Sie die Pipette auslaufen. Messen Sie die zum Auslaufen benötigte Zeit. Wiederholen Sie die Messung mit den anderen Alkoholen.

A8 ◒ Beschreiben und deuten Sie Ihre Beobachtungen zu V4. Gehen Sie dazu auch auf die zwischenmolekularen Kräfte ein.

A9 ◒ Welche Flüssigkeit hat eine größere Viskosität: Butan-1-ol oder Pentan? Schätzen Sie ab und begründen Sie Ihre Entscheidung.

Station 5: Ethanol als Treibstoff

A10 ○ Nennen Sie Vor- und Nachteile der Verwendung von Ethanol als Treibstoff.

A11 ○ Geben Sie die Reaktionsgleichung für die Verbrennung von Ethanol an.

A12 ◒ Vergleichen Sie die Einsatzmöglichkeiten von Erdgas und Ethanol in ihrer Funktion als Treibstoffe.

A13 ○ NE Erklären Sie, warum Ethanol und Zuckerrohr als „nachwachsende Rohstoffe" bezeichnet werden. Nennen Sie weitere Beispiele für die Verwendung nachwachsender Rohstoffe.

A14 ● NE Diskutieren Sie, wie sich der Einsatz von Treibstoffen aus nachwachsenden Rohstoffen auf die Konzentration des Treibhausgases Kohlenstoffdioxid in der Atmosphäre auswirkt.

Exkurs

1.14 Wichtige Ether

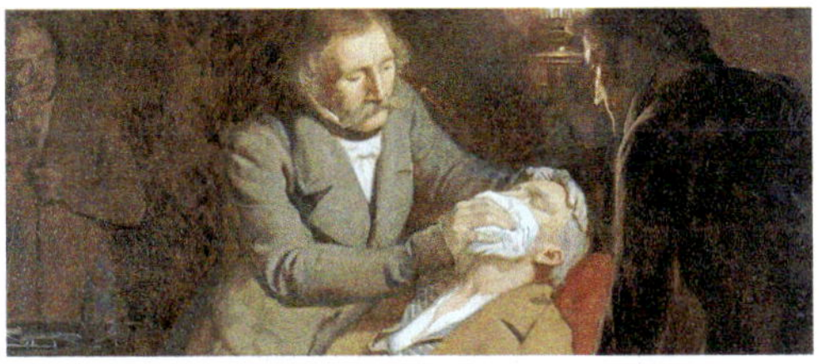

B1 Ein Patient bekommt eine Äther-Narkose – Gemälde von Ernst Board um 1920

Vor 200 Jahren operierte man ohne Betäubung. Dies war sehr schmerzhaft. Erst am 30. März 1842 wurde in den USA die erste Operation mit einer Äther-Narkose durchgeführt, dieser Tag wird noch heute als Doctors' Day gefeiert. Äther, heute Ether genannt, ist die Kurzbezeichnung für Diethylether. Er führt zu Rauschzuständen und zur Bewusstlosigkeit.

Herstellung der Ether. Ether sind Isomere der Alkohole. Die Moleküle der Stoffgruppe der Ether sind gekennzeichnet durch zwei Alkylgruppen, die über ein Sauerstoff-Atom verbunden sind. Zur Bezeichnung werden die Namen der Alkylgruppen dem Wort „-ether" vorangestellt. Gibt man Ethanol und konzentrierte Schwefelsäure zusammen und destilliert anschließend, so erhält man eine Flüssigkeit mit geringer Siedetemperatur und charakteristischem Geruch, Diethylether [B3]. Allgemein kann man sich die Bildung eines Ether-Moleküls durch Abspaltung eines Wasser-Moleküls aus zwei Alkohol-Molekülen denken [B2].

Eigenschaften der Ether. Ether weisen niedrigere Siedetemperaturen als vergleichbare Alkohole auf (Diethylether: ϑ_{sd} = 35 °C). Die Ether Moleküle sind zwar schwache Dipole, sie können untereinander aber keine Wasserstoffbrücken ausbilden. Ihre Wasserlöslichkeit ist gering. Viele Ether sind vergleichsweise reaktionsträge. Deshalb stellen sie in der organischen Chemie beliebte Lösungsmittel dar. Ether sind brennbar. Ihre Dämpfe bilden, wie alle brennbaren Gase, mit Luft explosive Gemische. Beim Arbeiten mit Diethylether ist besondere Vorsicht geboten, da die sehr leicht entstehenden Dämpfe eine größere Dichte als Luft besitzen und sich daher auf dem Arbeitstisch „fließend" ausbreiten und sich auch an weit entfernten heißen Objekten entzünden.

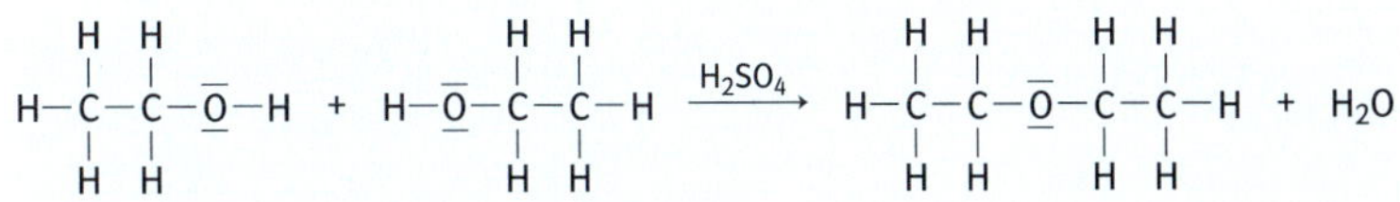

B2 Herstellung von Diethylether

Natürliches Vorkommen. In der Natur kommen Ether vor allem in Aromastoffen vor. Das Anethol [B4] als Aromastoff im Anisöl (Kap. 1.19, V2) enthält eine Ethergruppe. Auch der Aromastoff im Estragon, das Estragol, oder das Eugenol, welches in Gewürznelken und im Basilikum vorkommt, sind Ether.

Kraftstoffe und Ether. Die Benzinmotoren moderner Fahrzeuge benötigen, je nach Bauart, Benzine unterschiedlicher Qualität, die sich in der **Octanzahl** (ROZ) des Benzins ausdrückt [B5]. Das Benzin aus der Rohöldestillation muss für die heutigen Motoren noch veredelt werden. Dabei spielen zwei Ether eine wichtige Rolle. Einen Ausweg zu „bleifreiem Benzin" mit hoher Octanzahl bietet die Synthese von **MTBE** (Methyl-tertiär-butylether, ROZ 118) aus 2-Methylpropen (Isobuten), das aus den Crackgasen der Raffinerien stammt [B6]. MTBE kann Benzin bis zu einem Volumenanteil von 15 % zugesetzt werden. MTBE ist wassergefährdend und biologisch schlecht abbaubar. Es zählt heute zu den in großem Maßstab industriell hergestellten Chemikalien (Produktionskapazität über 20 Mio. t pro Jahr). **ETBE** (Ethyl-tertiär-butylether, ROZ 117) besitzt ähnliche Eigenschaften wie MTBE und ersetzt dieses heute schrittweise. Die industrielle Herstellung erfolgt ebenfalls durch eine Additionsreaktion, bei der Ethanol und 2-Methylpropen eingesetzt werden.

A1 a) Formulieren Sie die Reaktionsgleichung für die Additionsreaktion von Ethanol mit 2-Methylpropen zu ETBE. b) Benennen Sie ETBE nach IUPAC.

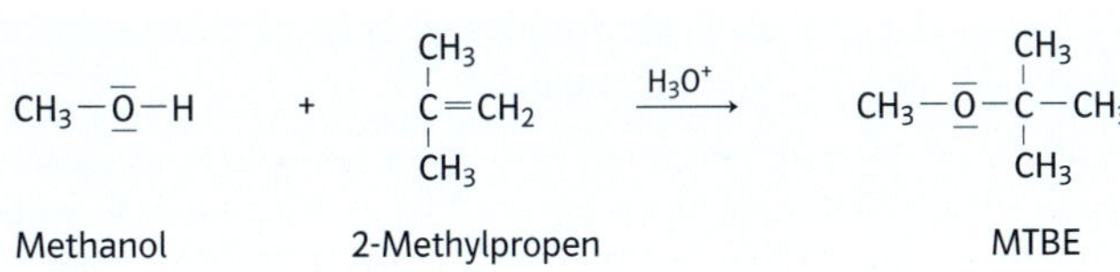

B6 Herstellung von MTBE

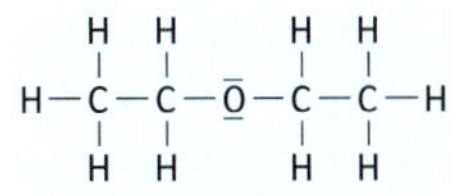

C_2H_5-O-C_2H_5

B3 Diethylether

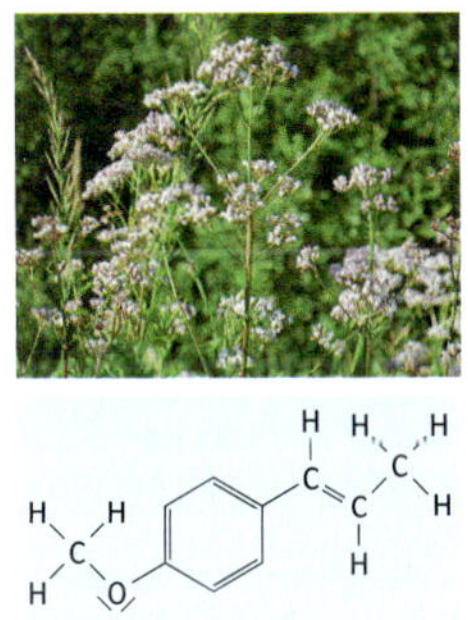

B4 Anispflanze und Strukturformel von Anethol

Benzinsorte	ROZ
Normal	91
Super	95
Super-plus	98
V-Power / Ultimate	100

B5 Benzinsorten und Octanzahl

MTBE wird nach der IUPAC-Nomenklatur als 2-Methoxy-2-methylpropan bezeichnet.

ROZ Research-Octanzahl

1.15 Oxidationszahlen in organischen Verbindungen

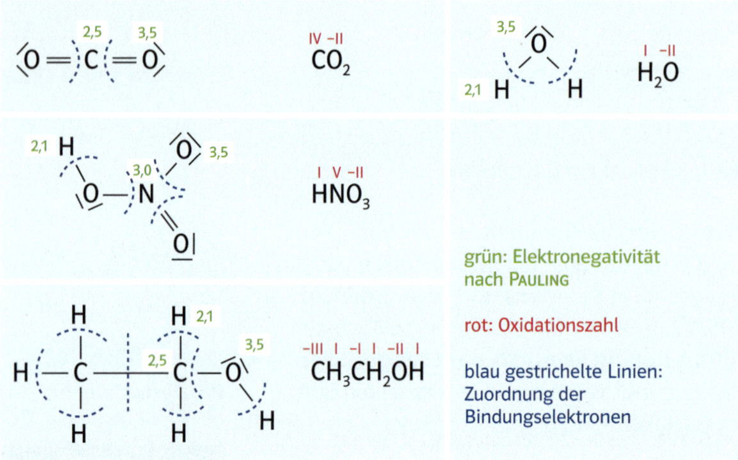

B1 *Ermittlung von Oxidationszahlen*

1. Die Summe der Oxidationszahlen aller Atome ist bei *Molekülen* null, bei *Molekül-Ionen* entspricht sie der Ionenladung.
2. Ein Metall-Atom hat immer eine positive Oxidationszahl.
3. Das Fluor-Atom hat immer die Oxidationszahl -I.
4. Das Wasserstoff-Atom hat meistens die Oxidationszahl I. Ausnahme: Bei Metall-Wasserstoff-Verbindungen, sog. Metallhydriden liegt die Oxidationszahl -I vor
5. Das Sauerstoff-Atom hat meistens die Oxidationszahl -II. Ausnahme: In Peroxiden erhält das Sauerstoff-Atom die Oxidationszahl -I (z. B. Wasserstoffperoxid H_2O_2).

B2 *Regeln zur Ermittlung von Oxidationszahlen in Verbindungen*

Außenelektronen
sind die Elektronen der Außenschale eines Atoms, die sich an Bindungen zwischen Atomen beteiligen können. Außenelektronen werden auch als Valenzelektronen bezeichnet.

PSE
Periodensystem der Elemente

Redoxreaktionen finden nicht nur bei der Bildung von Ionen statt, sondern auch dann, wenn Nichtmetall-Atome miteinander zu Molekülen reagieren. Beim Aufstellen der Redoxgleichungen ist das Konzept der **Oxidationszahlen** hilfreich.

Zur Ermittlung der Oxidationszahlen stellt man sich vor, die Elektronen einer polaren Elektronenpaarbindung seien vollständig an das elektronegativere Atom abgegeben, sodass *formal* Atom-Ionen entstehen [B1]. Die Oxidationszahl *(OZ)* eines Atoms erhält man, indem man die Anzahl der Außenelektronen des formalen Atom-Ions von der Anzahl der Außenelektronen des ungebundenen Atoms gemäß PSE subtrahiert.

Die Oxidationszahl eines Atoms in einem Molekül gibt die gedachte Ladung an, die dieses Atom hätte, wenn die Elektronen aller Bindungen dem jeweils elektronegativeren Atom zugeordnet würden.

In Formeln werden Oxidationszahlen in *römischen Ziffern* über das jeweilige Atomsymbol geschrieben. Bei negativen Oxidationszahlen wird der römischen Ziffer ein Minuszeichen vorangestellt.

Bei elementaren Stoffen erhalten die Atome die Oxidationszahl Null (arabische Ziffer 0). Bei Atom-Ionen entspricht die Oxidationszahl der Ionenladung (Beispiele: $OZ(Fe^{2+})$ = II; $OZ(Cl^-)$ = – I).

Oxidationszahlen und chemische Reaktionen. Die *Oxidation* ist eine *Elektronenabgabe*. Daher erhöht sich für das entsprechende Atom die Oxidationszahl. Die *Reduktion* ist eine *Elektronenaufnahme*. Daher erniedrigt sich die Oxidationszahl des betreffenden Atoms. Bei einer chemischen Reaktion kann man durch die Änderung der Oxidationszahlen erkennen, ob eine Redoxreaktion vorliegt [B3].

Eine Oxidation liegt vor bei einer Erhöhung der Oxidationszahl; eine Reduktion liegt vor bei einer Erniedrigung der Oxidationszahl.

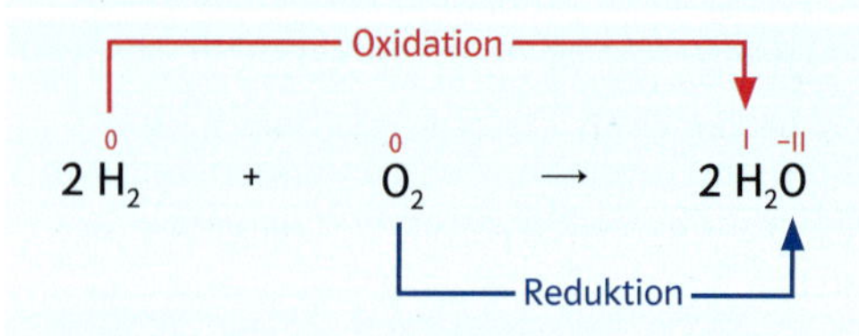

B3 *Die Verbrennung von Wasserstoff ist eine Redoxreaktion*

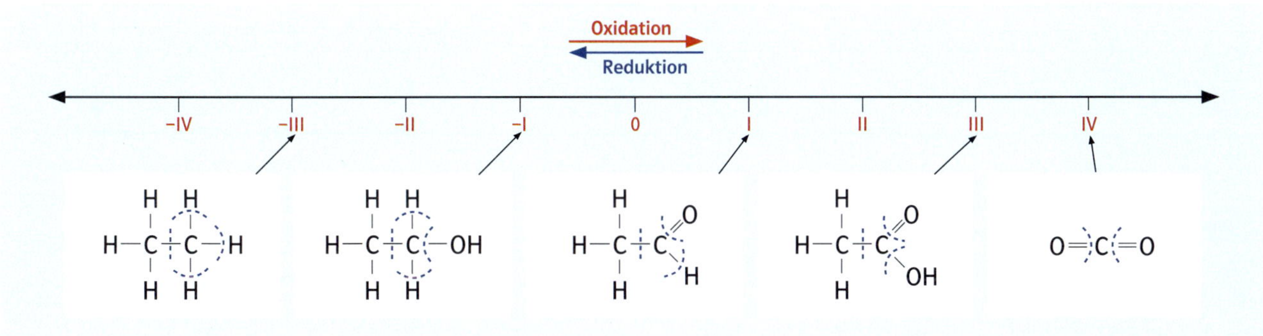

B4 *Oxidationszahlen in unterschiedlichen Kohlenstoff-Verbindungen*

Oxidationszahlen bei organischen Molekülen. Beim Abbau von organischen Verbindungen, wie z.B. Ethanol, reagieren diese mit Sauerstoff. Diese Oxidation kann letztendlich bis zur vollständigen Oxidation, d.h. der Bildung von Kohlenstoffdioxid, erfolgen [B4]. Der jeweilige Oxidationszustand dieser Verbindungen kann mithilfe der Oxidationszahlen gezeigt werden. Die Oxidationszahlen von organischen Molekülen lassen sich in 6 Schritten ermitteln. Die Vorgehensweise ist am Beispiel eines Ethanol-Moleküls in B5 dargestellt.

A1 ○ Geben Sie die Oxidationszahlen aller Atome der folgenden Moleküle an:
$H_2C{=}O$, $H_3C{-}OH$, $H_2C{=}CH_2$, $CH_2OH{-}CH_2OH$.

A2 ◒ Ermitteln Sie die drei Verbindungen, auf die Folgendes zutrifft:

Verbindung	Anzahl der Atome im Molekül			*OZ* C-Atom
	C	H	O	
1	1	?	0	–IV
2	1	?	?	0
3	1	0	?	IV

Notieren Sie jeweils die zugehörige Strukturformel und benennen Sie die jeweilige Verbindung.

A3 ● Eisenoxalat ($Fe(COO)_2$) ist ein gelber Feststoff, der bei starkem Erhitzen in elementares Eisen und Kohlenstoffdioxid zerfällt.
Formulieren Sie die Reaktionsgleichung und zeigen Sie, dass es sich um eine Redoxreaktion handelt.

Schritt 1: Strukturformel eines Moleküls mit bindenden und nicht bindenden Elektronenpaaren aufzeichnen.	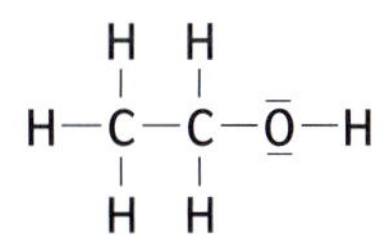
Schritt 2: Bei zwei gleichen Atomen, die über eine Elektronenpaarbindung miteinander verbunden sind, werden die beiden Elektronen gleichmäßig aufgeteilt.	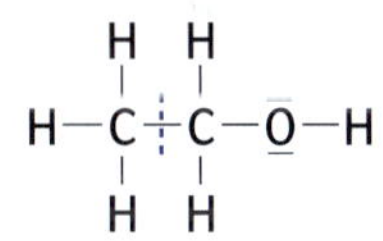
Schritt 3: Bei unterschiedlichen Atomen werden die beiden Elektronen einer Elektronenpaarbindung dem elektronegativeren Atom zugeordnet.	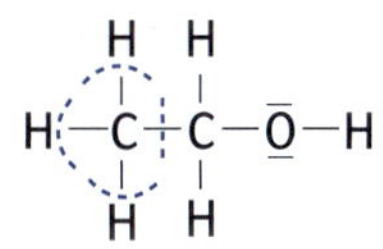
Schritt 4: Die Oxidationszahl erhält man, indem man von den Außenelektronen des Atoms laut PSE ausgeht und die Anzahl der zugeordneten Elektronen subtrahiert: Bsp: C-Atom: IV – VII = –III	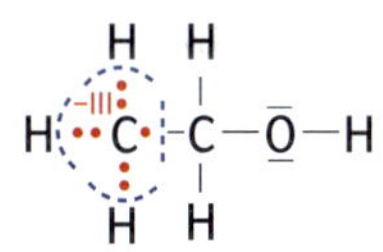
Schritt 5: Die Oxidationszahlen aller Atome werden in römischen Ziffern über das jeweilige Atomsymbol geschrieben; negative Oxidationszahlen mit Minuszeichen.	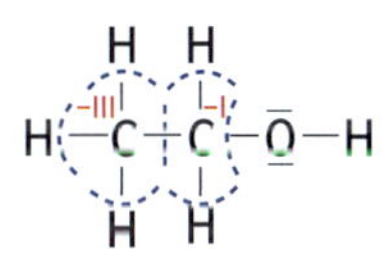
Schritt 6: dient zur Kontrolle: Die Summe der Oxidationszahlen in einem ungeladenen Molekül ist Null. Die OZ von Wasserstoff-Atomen ist i.d.R. I und von Sauerstoff-Atomen i.d.R. –II. Im Bsp.: 6 · I – III – I – II – 0	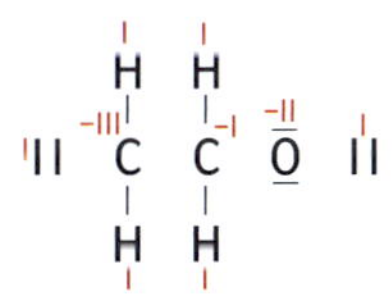

B5 *Ermittlung der Oxidationszahlen von Kohlenstoff-Atomen am Beispiel des Ethanol-Moleküls*

1.16 Oxidation von Alkoholen

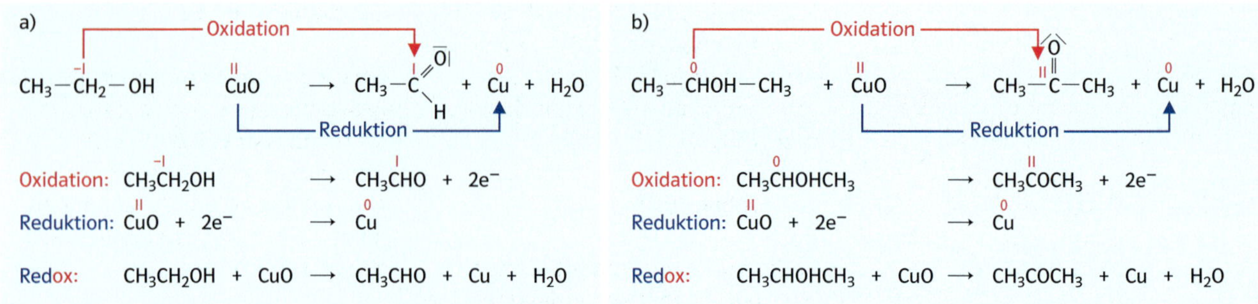

***B1** Oxidation von a) Ethanol und b) Propan-2-ol mit Kupferoxid*

Dehydrierung Abspaltung von Wasserstoff (H_2) aus einer chemischen Verbindung

***B2** Oxidation von Ethanol durch Kupferoxid*

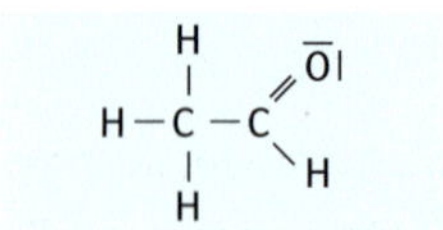

***B3** Ethanal, ein Aldehyd*

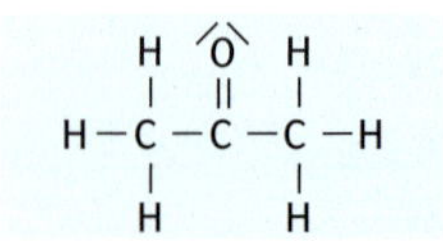

***B4** Propanon, ein Keton*

Taucht man ein heißes, durch Kupferoxid an der Oberfläche geschwärztes Kupferblech in Ethanol [V1], so zeigt die Farbänderung, dass das Kupferoxid zu Kupfer reduziert worden ist [B2]. Ethanol muss also oxidiert worden sein.

Oxidation von Alkoholen. Bei genauer Betrachtung zeigt sich, dass nur das C-Atom, das die OH-Gruppe trägt, oxidiert worden ist [B1]. Das Reaktionsprodukt Ethanal [B3] nennt man auch Acetaldehyd. Es gehört zur Stoffgruppe der **Aldehyde**.

Oxidation primärer und sekundärer Alkohole. Nicht nur Ethanol, sondern alle primären Alkohole können durch Oxidation bzw. Dehydrierung in Aldehyde überführt werden. Aldehyde, die aus primären Alkanolen gebildet werden können, heißen mit systematischem Namen **Alkanale**. Ihre Benennung erfolgt durch Anhängen der Silbe „-al" an den entsprechenden Alkannamen. So entsteht z. B. aus Propan-1-ol durch Oxidation Propanal [V2a].

Wird der sekundäre Alkohol Propan-2-ol oxidiert bzw. dehydriert, so entsteht ein **Keton**, das Propanon (Aceton) [B2,V2b]. Propanon [B4] gehört zur Stoffgruppe der **Ketone**. Die Ketone, die sich von sekundären Alkanolen ableiten lassen, werden **Alkanone** genannt und durch die Endsilbe „-on" gekennzeichnet. Tertiäre Alkohole lassen sich unter diesen Bedingungen nicht oxidieren.

Primäre Alkohole (Alkanole) reagieren bei einer Oxidation zu Aldehyden (Alkanalen). Sekundäre Alkohole (Alkanole) kann man zu Ketonen (Alkanonen) oxidieren.

Exkurs

Oxidation und Dehydrierung. Das Kunstwort Aldehyd (aus *al*cohol *dehyd*rogenatus, dehydrierter Alkohol) geht auf JUSTUS VON LIEBIG zurück. Er ließ Ethanol oxidieren und stellte fest, dass ein Molekül des Reaktionsproduktes zwei Wasserstoff-Atome weniger enthält als ein Ethanol-Molekül.
Man kann dem Ethanol-Molekül auch Wasserstoff-Atome entziehen, indem man Ethanol über erhitztes Platin leitet. Es findet eine Dehydrierung statt:

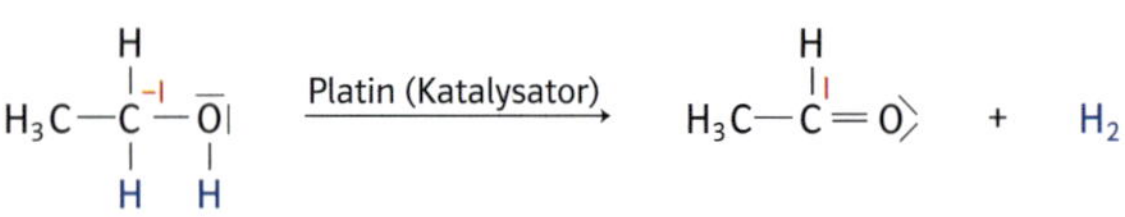

Es entsteht Ethanal, also dasselbe Reaktionsprodukt wie bei der Oxidation mit Kupferoxid. Deshalb betrachtet man die Dehydrierung auch als Oxidation.

V1 ⚠ (Abzug!) Man erhitzt ein Kupferblech oder Kupferdrahtnetz in der Brennerflamme, bis es an der Oberfläche oxidiert ist, und taucht es heiß in ein Becherglas mit Ethanol. Der Königsblau-Nachweis wird durchgeführt (Reagenzstreifen mit Gummiring befestigen, mit Uhrglas abdecken, Oxidationsvorgang wiederholen).

V2 Führen Sie den Versuch V1 mit **a)** Propan-1-ol und **b)** Propan-2-ol durch. Nehmen Sie statt des Kupferdrahtnetzes ein 1-Cent-Stück und statt des Becherglases ein Schnappdeckelglas.

A1 ◒ **a)** Erläutern Sie, wie sich primäre, sekundäre und tertiäre Alkohole gegenüber heißem Kupferoxid verhalten.
b) Formulieren Sie die Redoxgleichungen.

A2 ◒ Formulieren Sie die Halbstrukturformeln von allen acht Isomeren mit der Molekülformel $C_5H_{11}OH$. Erläutern Sie, welche Produkte jeweils bei der Reaktion mit Kupferoxid entstehen.

A3 ◒ Begründen Sie, warum tertiäre Alkanole nicht weiter oxidiert werden können.

Praktikum

1.17 Nachweis von Aldehyden

***B1** Zitronen enthalten Citral, Formel des Citral-Moleküls (unten)*

Viele Aldehyde zeichnen sich durch ihren außergewöhnlichen Geruch aus. Der Zitronenduft z. B. ist auf das in Zitronenöl enthaltene Aldehyd Citral zurückzuführen [B1].

V1 Tollens-Probe (Silberspiegelprobe)

Diese Probe nach Bernhard Tollens dient dem Nachweis von Aldehyden und Stoffen mit reduzierend wirkenden funktionellen Gruppen.

Material:
Wasserkocher, Thermometer, Becherglas (100 ml), Reagenzglasgestell, 4 Reagenzgläser (neu), Pipetten, Silbernitrat-Lösung (w = 1 %), Ammoniak-Lösung (w = 15 %), Propanal, Propan-1-ol, Propanon, Citral

Durchführung:
Erhitzen Sie das Wasser im Wasserkocher auf ca. 80 °C und geben ca. 80 ml in ein Becherglas. Befüllen Sie alle Reagenzgläser zur Hälfte mit Silbernitrat-Lösung. Tropfen Sie in alle vier Reagenzgläser unter Schütteln so lange Ammoniak-Lösung, bis sich der gebildete braune Niederschlag gerade auflöst. Geben Sie nun in die vier Reagenzgläser mit einer Pipette jeweils 1 ml der zu testenden Stoffe, also Propanal, Propan-1-ol, Propanon bzw. Citral. Stellen Sie die Reagenzgläser ins Wasserbad.

Aufgaben:
1. Beschreiben und deuten Sie Ihre Beobachtungen.
2. Erläutern Sie die Reaktionsgleichung der Silberspiegelprobe (*Hilfe*: Kap. 1.18).

V2 Fehling-Probe

Zur Diagnose der Zuckerkrankheit Diabetes veröffentlichte Hermann Fehling im Jahre 1848 eine Nachweisreaktion, mit der Zucker im Harn durch Titration quantitativ bestimmt werden konnte. Mit dieser Probe können allgemein Reduktionsmittel, z. B. Aldehyde und reduzierende Zucker nachgewiesen werden.

Material:
Wasserkocher, Thermometer, Becherglas (100 ml), 4 Reagenzgläser mit Reagenzglasgestell, 6 Pipetten, Fehling-Lösung 1 und 2, Propanal, Citral, Propan-1-ol, Propanon

Durchführung:
(Schutzhandschuhe!)
Erhitzen Sie das Wasser im Wasserkocher auf ca. 80 °C und füllen Sie das Becherglas bis ca. 80 ml mit dem heißen Wasser. Geben Sie in die vier Reagenzgläser jeweils ca. 1 cm hoch Fehling-Lösung 1 und 2. Mischen Sie die beiden Lösungen vorsichtig. Geben Sie nun in die vier Reagenzgläser mit einer Pipette jeweils ca. 1 ml der zu testenden Stoffe dazu. Beschriften Sie die Reagenzgläser und stellen Sie diese in das Wasserbad.

Aufgaben:
1. Beschreiben Sie Ihre Beobachtungen.
2. Deuten Sie Ihre Beobachtungen mit dem Hinweis, dass Fehling-Lösung 1 Kupfer(II)-sulfat und Fehling-Lösung 2 Natronlauge enthält.
3. Formulieren Sie eine allgemeine Reaktionsgleichung für diese Redoxreaktion (ein Produkt ist Cu_2O).

V3 Benedict-Probe

Bei der Benedict-Probe (nach Stanley Benedict) wird Natronlauge durch Natriumcarbonat-Lösung ersetzt. Das Benedict-Reagenz ist durch Hinzufügen von Natriumcitrat stabiler und muss nicht in Form von zwei Lösungen aufbewahrt werden.

Material:
Siehe V2, anstelle von Fehling 1 und 2 Benedict-Reagenz.

Durchführung:
Wie bei V2.

Aufgaben:
Formulieren Sie die Reaktionsgleichung für die Benedict-Reaktion.

V4 Königsblau-Nachweis

Königsblau-Reagenzstreifen weisen Aldehyde in der Gasphase nach.

Material:
Wasserkocher, Thermometer, Becherglas (150 ml), 4 Reagenzgläser, 4 Stopfen, Pinzette, Königsblau-Reagenzstreifen, Propanal, Propan-1-ol, Propanon, Citral

Durchführung:
Geben Sie in je ein Reagenzglas 2 Tropfen Propanal, Propan-1-ol, Propanon bzw. Citral. Hängen Sie mithilfe der Pinzette je einen Königsblau-Reagenzstreifen über die Flüssigkeiten und klemmen Sie ihn mit dem Stopfen fest. Stellen Sie das Reagenzglas mit dem Citral in ein ca. 80 °C warmes Wasserbad.

Aufgaben:
1. Notieren und deuten Sie Ihre Beobachtungen.
2. Erklären Sie, warum das Citral erwärmt werden muss.

1.18 Aldehyde und Ketone

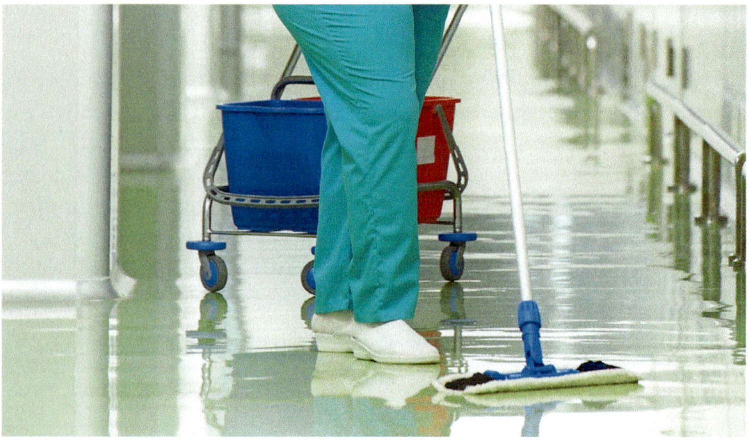

B1 *Formalin-Lösung zur Desinfektion*

B2 *Präparat in Formalin-Lösung*

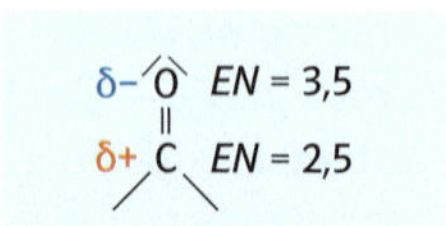

B3 *Die Carbonylgruppe ist gekennzeichnet durch ein Kohlenstoff-Atom, das ein doppelt gebundenes Sauerstoff-Atom trägt*

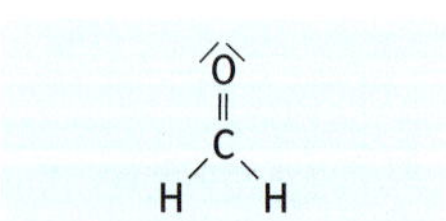

B4 *Formaldehyd*

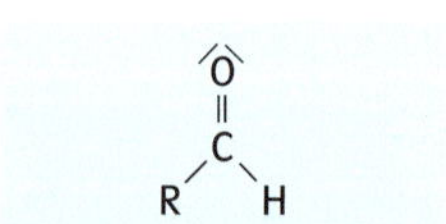

B5 *Allgemeine Formel für die Aldehyde (Aldehydgruppe: –CHO)*

Ein seit Jahrzehnten weit verbreitetes Desinfektionsmittel in Kliniken ist Formaldehyd, weil es sich durch ein großes Wirkungsspektrum gegen Keime, besonders gegen unbehüllte Viren (z. B. Noroviren), auszeichnet. Deshalb spielt es auch als Konservierungsmittel von biologischen bzw. medizinischen Präparaten eine große Rolle [B2].

Aldehyde sind als Duft- und Aromastoffe weit verbreitet. **Formaldehyd** (Methanal) [B4] ist der einfachste Vertreter der Stoffgruppe der Aldehyde. Methanal ist ein stechend riechendes Gas, das sehr gut in Wasser löslich ist. Eine wässrige Lösung mit einem Massenanteil von $w = 35-40\,\%$ Methanal wird **Formalin** genannt. Diese Lösung ist ein hervorragendes Konservierungs- und Desinfektionsmittel [B1]. Formalin-Lösung steht im Verdacht krebserregend zu sein, weshalb Hygieniker auf der Suche nach geeigneten Ersatzstoffen sind.

Acetaldehyd (Ethanal), das bei der Oxidation von Ethanol entsteht, birgt ein ähnliches Gefahrenpotenzial wie Formaldehyd. Deshalb greift man im Chemieunterricht auf **Propionaldehyd** (Propanal) zurück.

Hexanal kommt in Früchten, z. B. Äpfeln, Birnen bzw. Kirschen vor. Der typische Bittermandel-Geruch basiert auf **Benzaldehyd** [B6, links], in Zimtstangen ist **Zimtaldehyd** [B6, rechts] für den typischen Zimtduft verantwortlich.

Struktur-Eigenschafts-Beziehungen. Ein Blick auf die allgemeine Strukturformel der Aldehyde zeigt, dass die **Carbonylgruppe** [B3] mit einem Wasserstoff-Atom und einem Alkylrest (bzw. beim Methanal-Molekül mit einem weiteren Wasserstoff-Atom) verbunden ist [B5]. Die Eigenschaften von Aldehyden werden wesentlich durch diese funktionelle Gruppe bestimmt. Aufgrund der Elektronegativitätsdifferenz zwischen dem Kohlenstoff- und dem Sauerstoff-Atom ist die Carbonylgruppe stark polar [B3].

Die Siedetemperaturen der Alkanale liegen deutlich über denen der Alkane mit ähnlicher Molekülgröße und Elektronenanzahl, sind jedoch niedriger als die der entsprechenden Alkanole. Dies wird dadurch verständlich, dass zwischen Alkanal-Molekülen zwar Dipol-Dipol-Kräfte wirken, jedoch keine Wasserstoffbrücken ausgebildet werden können. Alkanal-Moleküle besitzen kein positiv polarisiertes Wasserstoff-Atom, das an ein Atom mit einer hohen Elektronegativität, z. B. ein Sauerstoff-Atom, gebunden ist. Wasser-Moleküle sind dagegen durchaus in der Lage, über ihre positiv polarisierten Wasserstoff-Atome Wasserstoffbrücken zu den Sauerstoff-Atomen der Carbonylgruppen auszubilden. Deshalb sind Methanal, Ethanal und Propanal in Wasser gut löslich.

Nachweis von Aldehyden. Aldehyde können andere Stoffe reduzieren, indem sie selbst oxidiert werden. Darauf beruht der Nachweis von Aldehyden durch die **Silberspiegelprobe**. Aus einer ammoniakalischen Silbernitrat-Lösung entsteht hier Silber. Dieses liegt zum Teil sehr fein verteilt vor und verleiht der Flüssigkeit eine grau-schwarze Färbung und haftet zum Teil als Silberspiegel an der Gefäßwand [B13].
Auch mit der Fehling-Probe bzw. der Benedict-Probe (Kap. 1.17) können Aldehyde nachgewiesen werden.

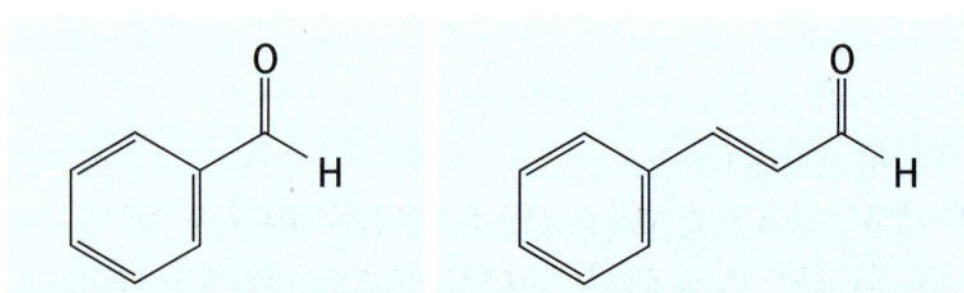

B6 *Benzaldehyd (links) und Zimtaldehyd (rechts)*

B7 Himbeeren enthalten „Himbeerketon“

Oxidation von Aldehyden. Die Nachweisreaktionen der Aldehyde sind Oxidationen. Die Reaktion erfolgt an der **Aldehydgruppe (–CHO)**, dabei entstehen Carbonsäuren [B8].

Ketone. In der Natur findet man Ketone in Früchten, z. B. das **„Himbeerketon“** [B9]. Aber auch die Sexualhormone **Testosteron** bzw. **Progesteron** und der in vielen Lippenblütlern oder Lorbeergewächsen vorkommende **Campher** sind Ketone.
In der chemischen Industrie ist **Aceton** (Propanon) [B10] ein wichtiger Ausgangstoff für viele Synthesen, z. B. für Plexiglas. Aufgrund seiner guten Lösungseigenschaften für Fette und Öle sowie für Harze und Lacke ist Aceton als Lösungsmittel weit verbreitet. So ist er oft auch in Nagellackentfernern enthalten. Aceton ist eine leicht entzündbare Flüssigkeit, die bei Zimmertemperatur leicht verdampft und mit Luft explosive Gemische bildet. Deshalb, und weil die Nägel durch Aceton austrocknen, findet man in den Drogerieabteilungen meistens auch „acetonfreie“ Nagellackentferner [B11].

Struktur-Eigenschaft-Beziehungen. Alkanale und Alkanone ähneln sich in ihrem molekularen Aufbau. Auch Alkanon-Moleküle haben eine stark polare Carbonylgruppe mit einem negativ polarisierten Sauerstoff-Atom. Zwischen den Alkanon-Molekülen treten daher nur Dipol-Dipol-Kräfte auf. Wie bei den Alkanalen kommt es aufgrund des Fehlens eines positiv polarisierten Wasserstoff-Atoms im Molekül nicht zur Ausbildung von Wasserstoffbrücken.
Propanon und Butanon sind gut in Wasser löslich. Die Wasserlöslichkeit der Pentanone ist gering bzw. nicht vorhanden. Alkanone, deren Moleküle sechs und mehr C-Atome aufweisen, lösen sich nicht mehr in Wasser, da die unpolaren Alkylreste in ihren Molekülen hier einen größeren Einfluss haben. Alle Alkanone lösen sich in Benzin.

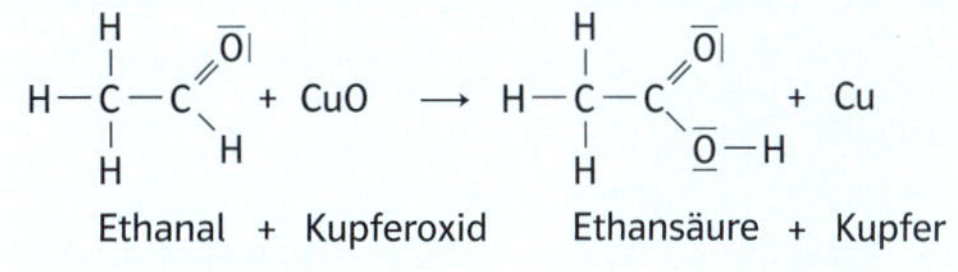

***B8** Oxidation von Ethanal*

Aldehyd- und Keton-Moleküle weisen als gemeinsame funktionelle Gruppe die stark polare Carbonylgruppe auf, die die Eigenschaften von Aldehyden und Ketonen bestimmt. Zwischen den Molekülen wirken Dipol-Dipol-Kräfte.

A1 ○ MK Recherchieren Sie, welches Gefahrenpotenzial das Aldehyd Propanal aufweist und begründen Sie, warum es im Schülerexperiment anstelle von Methanal bzw. Ethanal verwendet werden kann.

A2 ◒ Ordnen Sie die Siedetemperaturen jeweils einem der fünf Stoffe begründet zu.
Siedetemperaturen: –42 °C, 48,8 °C, 56 °C, 82,6 °C, 97 °C
Stoffe: Propan, Propanon, Propan-1-ol, Propan-2-ol, Propanal.

A3 ◒ Aceton ist sowohl in Wasser als auch in Ethanol und Benzin löslich. Erklären Sie dieses Lösungsverhalten.

A4 ○ Zeichnen Sie die Strukturformeln von allen isomeren Pentanonen und benennen Sie diese.
Tipp: Wie bei den Alkanolen wird die Nummer des C-Atoms, an welches das Sauerstoff-Atom gebunden ist, hinter den entsprechenden Alkannamen geschrieben und dann die Endung -on angehängt, also z. B. Decan-2-on.

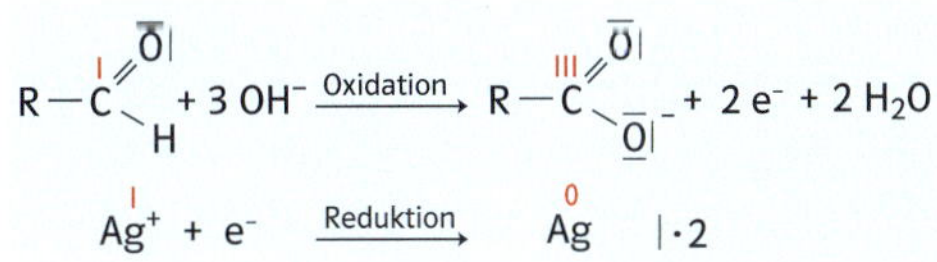

Redoxgleichung:
$R{-}CHO + 2\,Ag^+ + 3\,OH^- \longrightarrow R{-}COO^- + 2\,Ag + 2\,H_2O$

***B12** Redoxreaktion bei der Silberspiegelprobe*

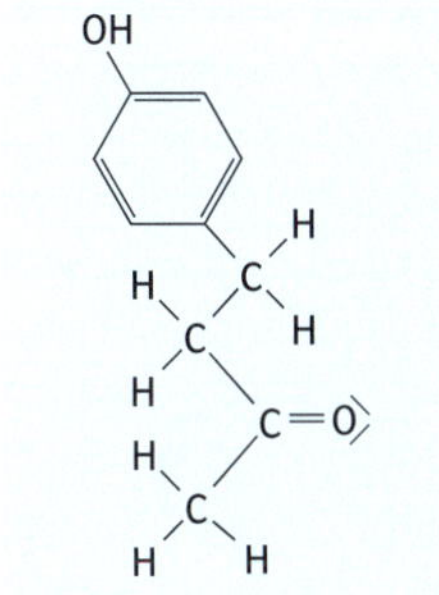

***B9** Der systematische Name des Himbeerketons lautet 4-(4-Hydroxyphenyl)-butan-2-on*

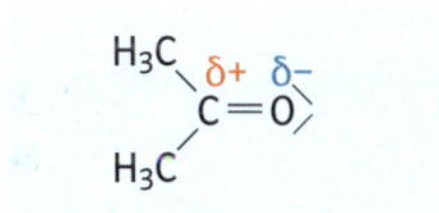

***B10** Aceton (Propanon)*

***B11** Acetonfreier Nagellackentferner*

***B13** Silberspiegel*

Praktikum

1.19 Gewinnung eines Aromastoffes

Aroma- und Duftstoffe findet man vor allem in verschiedenen Pflanzenteilen, wie Knospen, Blüten, Blättern, Früchten, Rinden oder Wurzeln. Es sind sog. **ätherische Öle**, flüchtige, in Wasser schwer lösliche Substanzen. Nicht immer lassen sich diese Stoffe durch Alkohole als Lösungsmittel aus ihrem Ursprungsmaterial extrahieren. Eine Trennung in einer einfachen Destillation schlägt in der Regel fehl, da sich die Aromastoffe bei höheren Temperaturen zersetzen. Die Gewinnung der ätherischen Öle muss daher bei niedrigeren Temperaturen erfolgen, entweder durch Vakuumdestillation oder Wasserdampfdestillation.

Wasserdampfdestillation. Hierbei leitet man Wasserdampf durch ein siedendes Gemisch von Wasser und Pflanzenteilen. Die leicht flüchtigen Aromastoffe werden durch den heißen Dampf mitgerissen. Im Destillat erhält man zwei Phasen. Die Öle lassen sich einfach von der wässrigen Phase abtrennen.

Vakuumdestillation. Eine schonende Variante der Destillation ist die Vakuumdestillation (Destillation bei vermindertem Druck), da die Siedetemperatur druckabhängig ist und die Flüssigkeiten unter geringeren Drücken bei viel niedrigeren Temperaturen sieden.

Extraktion. Bei dieser Trennmethode nutzt man die gute Löslichkeit der Duftstoffe in hydrophoben Lösungsmitteln (z. B. Heptan) aus und löst sie so aus den Pflanzenteilen heraus. Die Ausbeute steigt, wenn man den Extraktionsvorgang mehrmals wiederholt.
Eine sehr gute Extraktion mit einer geringen Menge Lösungsmittel erreicht man mit der Soxhlet-Apparatur [B6] (benannt nach FRANZ VON SOXHLET, 1848 – 1926).

V1 Gewinnung von Lavendelöl durch Wasserdampfdestillation

Material:
2 Enghals-Erlenmeyerkolben (250 – 300 ml), größeres Reagenzglas mit seitlichem Ansatz, 4 gewinkelte Glasrohre in unterschiedlicher Länge, 4 Schlauchstücke, 2 einfach und 1 doppelt durchbohrter Stopfen, Becherglas (600 ml), 2 Gasbrenner, 3 Dreifüße, 3 Keramik-Drahtnetze, lange Tropfpipette, Vorratsfläschchen, Stativmaterial, Waage, Pürierstab, Filterpapier, Siedesteinchen, heißes Wasser, Eis, 50 g Lavendelblüten (oder Nelken, Pfefferminzblätter, Malvenblüten, Zitronengras)

Durchführung:
a) Bauen Sie die Apparatur nach B2 zusammen; setzen Sie aber die Stopfen mit den Verbindungsleitungen noch nicht auf. Sichern Sie die Erlenmeyerkolben und das Reagenzglas mit Stativmaterial gegen Umfallen.
b) Zerkleinern Sie die Lavendelblüten mit dem Pürierstab und geben Sie diese in den rechten Erlenmeyerkolben. Fügen Sie ca. 50 ml heißes Wasser zu.
c) Geben Sie in den linken Erlenmeyerkolben ca. 100 ml heißes Wasser und Siedesteinchen. Verschließen Sie die Apparatur mit den Stopfen.
d) Erhitzen Sie das Wasser in beiden Kolben mit der rauschenden Flamme bis es siedet.
e) Unterbrechen Sie die Destillation, wenn sich im Reagenzglas etwa 20 – 25 ml Destillat gesammelt haben.
f) Nehmen Sie die obere Phase mit der Tropfpipette auf und geben Sie die Flüssigkeit in ein Fläschchen. Geben Sie einige Tropfen auf ein Filterpapier und prüfen Sie den Geruch.

B1 Lavendelblüten enthalten Lavendelöl, ein Gemisch mehrerer ätherischer Öle

Aufgaben:
a) Beschreiben und deuten Sie ihre Beobachtungen.
b) Beschreiben Sie den Geruch des Destillats.

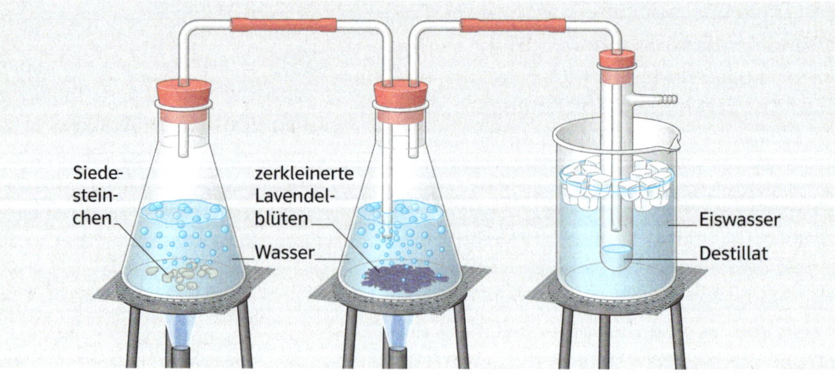

B2 Apparatur zur Wasserdampfdestillation

V2 Gewinnung von Anisöl durch vereinfachte Wasserdampfdestillation

Material:
Erlenmeyerkolben (250 – 300 ml), Reagenzglas, Becherglas (250 ml), doppelt gewinkeltes Glasrohr, einfach durchbohrter Stopfen, Gasbrenner, 2 Dreifüße, 2 Keramik-Drahtnetze, Mörser mit Pistill, Hebebühne (Laborboy), Stativmaterial, Waage, Spatel, Tropfpipette, Filterpapier, heißes Wasser, Eis, Anissamen (oder Gewürznelken, Pfefferminzblätter, Zitronen- oder Orangenschalen)

Durchführung:
a) Bauen Sie die Apparatur nach B4 zusammen; setzen Sie aber die Stopfen mit den Verbindungsleitungen noch nicht auf. Sichern Sie die Erlenmeyerkolben und das Reagenzglas mit Stativmaterial gegen Umfallen.
b) Wiegen Sie 5 g Anissamen ab und zerkleinern Sie diese im Mörser.
c) Geben Sie die zerkleinerten Samen in den Erlenmeyerkolben und fügen Sie anschließend ca. 40 ml heißes Wasser hinzu. Verschließen Sie den Erlenmeyerkolben mit dem Stopfen mit Glasrohr.
d) Erhitzen Sie den Inhalt des Kolbens bis zum Sieden und destillieren Sie etwa 5 – 10 Minuten.
e) Unterbrechen Sie die Destillation, nehmen Sie mit der Tropfpipette einige ölige Tröpfchen des Destillats auf und prüfen Sie den Geruch auf einem Filterpapier.

Aufgaben:
a) Beschreiben und deuten Sie ihre Beobachtungen.
b) Beschreiben Sie den Geruch des Destillats.

B3 *Die Früchte des Anis enthalten Anethol, ein ätherisches Öl*

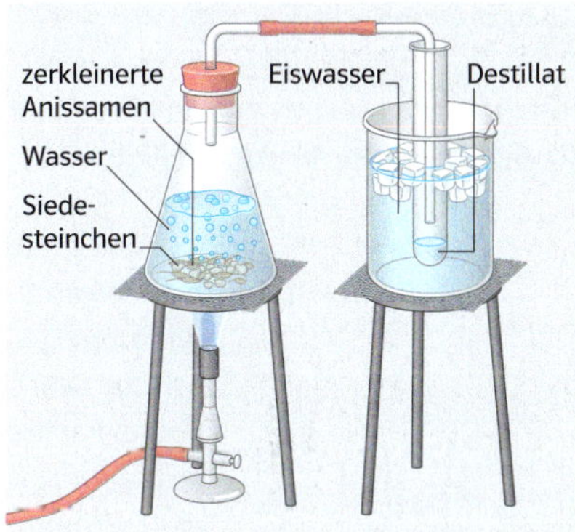

B4 *Vereinfachte Wasserdampfdestillation*

V3 Isolierung von Zitronenöl durch Soxhlet-Extraktion

Material:
Rundkolben mir Schliff (100 ml oder 200 ml), Soxhlet-Extraktor, Rückflusskühler, Heizhaube, Stativmaterial, 2 Kühlwasserschläuche, Siedesteinchen, Extraktionshülse, Glaswolle, Küchenreibe, Mörser mit Pistill, Tropfpipette, Spatel, Filterpapier, Heptan, 2 Zitronen (oder Orangen, Gewürznelken oder Anissamen)

Durchführung:
a) Reiben Sie die äußere Schale der Zitronen ab, zerkleinern Sie sie weiter mit dem Pistill, geben Sie die Masse in die Extraktionshülse und decken Sie sie mit einem lockeren Glaswollepfropf ab.
b) Bauen Sie die Apparatur nach B6 zusammen. Füllen Sie den Rundkolben zur Hälfte mit Heptan und setzen Sie Siedesteinchen zu.
c) Stellen Sie das Kühlwasser und die Heizhaube an und lassen Sie den Extraktionsvorgang sieben- bis zehnmal durchlaufen. Brechen Sie ab, wenn sich die Flüssigkeit im Rundkolben befindet.
d) Geben Sie einige Tropfen des Gemisches auf ein Filterpapier und prüfen Sie den Duft.

Aufgabe:
Beschreiben Sie die Arbeitsweise eines Soxhlet-Extraktors [B6].

B5 *Die getrockneten Blütenknospen der Gewürznelke enthalten herb schmeckendes Eugenol, das auch in Zimt enthalten ist*

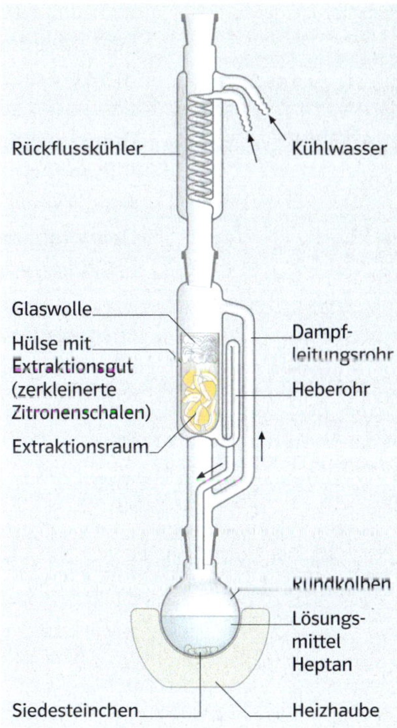

B6 *Soxhlet-Extraktor*

1.20 Vom Alkohol zum Katerfrühstück

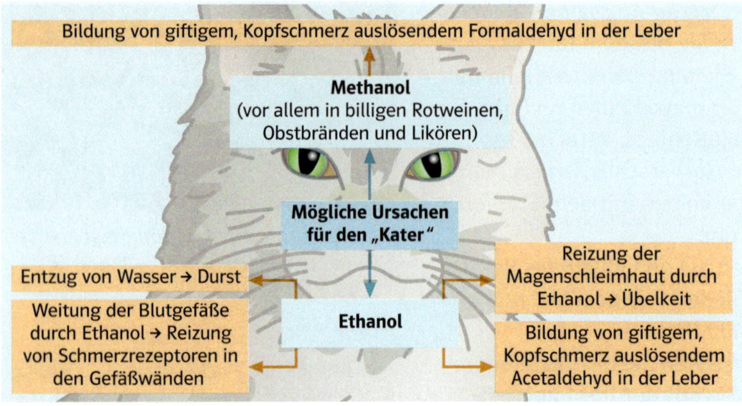

***B1** Mögliche Ursachen für den Kater*

Der übermäßige Genuss von alkoholischen Getränken bringt oft unangenehme Nebenwirkungen für den Körper mit sich [B1]. Kopfschmerzen, Übelkeit oder Schwindel sind die Folge. Fachleute sprechen vom *postalkoholischen Intoxikationssyndrom*. Doch wie kommt es überhaupt zum „Kater"?

post von lat. nach, hinter

Intoxikation von griech. toxikon pharmakon, Pfeilgift

Diuretikum Stoff, der bewirkt, dass Wasser durch die Nieren aus dem Körper ausgeschwemmt wird

Abbau von Alkohol. Nach dem Trinken von Alkohol wird dieser von unserer größten Verdauungsdrüse, der Leber, abgebaut. Sie setzt 95 % des aufgenommenen Ethanols um. Den Rest scheiden wir unverändert über Urin, Schweiß und als „Fahne" über die Atemluft aus. In der Leber hilft das Enzym **Alkohol-Dehydrogenase (ADH)** Ethan*ol* zu Acetaldehyd (Ethan*al*) abzubauen. Anschließend wird aus Acetaldehyd mithilfe des Enzyms **Aldehyd-Dehydrogenase (ALDH)** Essigsäure gebildet. Es handelt sich dabei um Oxidationsreaktionen. Als Oxidationsmittel steht im menschlichen Körper **NAD^+** *(Nicotinamid-Adenin-Dinucleotid)* zur Verfügung [B2]. Am Ende wird Essigsäure mithilfe von Sauerstoff zu Kohlenstoffdioxid und Wasser umgesetzt.

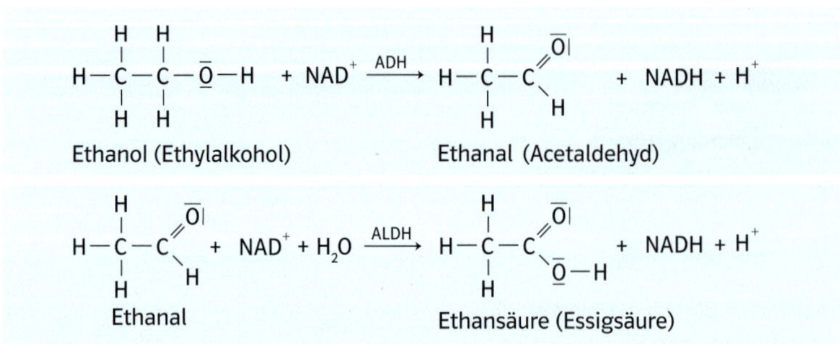

***B2** Reaktionsgleichungen: Ethanol reagiert zu Ethanal (oben), Ethanal reagiert zu Essigsäure (unten)*

Ethanol wird im Körper über die Zwischenstufen Acetaldehyd und Essigsäure zu Kohlenstoffdioxid und Wasser abgebaut.

Ursachen des Katers. Das zwischenzeitlich gebildete Ethanal ist wahrscheinlich die Hauptursache für den „Kater". Ethanal ist, wie Ethanol, ein Zellgift. Es beeinflusst die Informationsübertragung im Zentralnervensystem. Auch der sogenannte Nachdurst ist eine Folge übermäßigen Alkoholgenusses. Er entsteht, weil Ethanol als **Diuretikum** wirkt, d. h., dem Körper Wasser entzieht. Dabei werden wasserlösliche Vitamine und Mineralstoffe mit ausgeschwemmt, dies stört den Wasserhaushalt und die Übertragung von Nervenimpulsen. Um den Elektrolytverlust auszugleichen, entsteht am nächsten Morgen das Verlangen nach salzhaltigen Speisen. Verstärkt wird der Kater auch durch Methanol und andere **Begleitalkohole** (Fuselakohole), die bei der Gärung in geringen Mengen entstehen und in Spuren ebenfalls in Spirituosen enthalten sind (Kap. 1.21).

Der „Kater" nach übermäßigem Alkoholgenuss wird überwiegend von Ethanol, Methanol und deren Oxidationsprodukten verursacht.

A1 ○ **a)** Zeigen Sie anhand der sich ändernden Oxidationszahlen im Ethanol-Molekül, dass es sich beim Alkoholabbau im Körper um eine Redoxreaktion handelt. **b)** Formulieren Sie die Reaktionsschritte für den Abbau (Oxidation) von Methanol analog zum Abbau von Ethanol.

A2 ◒ MK Recherchieren Sie die bei der Gärung am häufigsten gebildeten *Begleitalkohole* und die Stoffklassen, aus denen sie gebildet werden.

A3 ● Manche Asiaten vertragen keinen Alkohol, da es ihnen am Enzym ALDH mangelt. Schon wenig Alkohol führt zu starken Kopfschmerzen, Herzklopfen und Übelkeit. **a)** Erklären Sie, welche Hypothese zur Hauptursache des „Katers" durch diesen Befund unterstützt wird. **b)** Begründen Sie, welcher Stoff im Blut dieser Menschen nach Alkoholkonsum in hoher Konzentration nachweisbar sein müsste.

Exkurs

1.21 Vergiftungen durch Methanol

Schüler stirbt an Methanol-Vergiftung

Verhängnisvolles Trinkgelage auf der Klassenfahrt von Lübeck in die Türkei: Zwei Schüler liegen im Koma, einer stirbt. Todesursache war eine Methanol-Vergiftung.
Bei einer Obduktion wurden 2,0 Promille im Blut des 21-Jährigen nachgewiesen, wie die Hamburger Staatsanwaltschaft am Mittwoch mitteilte. Bereits ab 0,2 Promille könne Methanol tödlich wirken. Die Schüler hatten den gepanschten Wodka in ihrem Hotel gekauft. Der Getränkehändler des Hotels wurde später festgenommen.

B1 *Zeitungsbericht aus dem Jahr 2009*

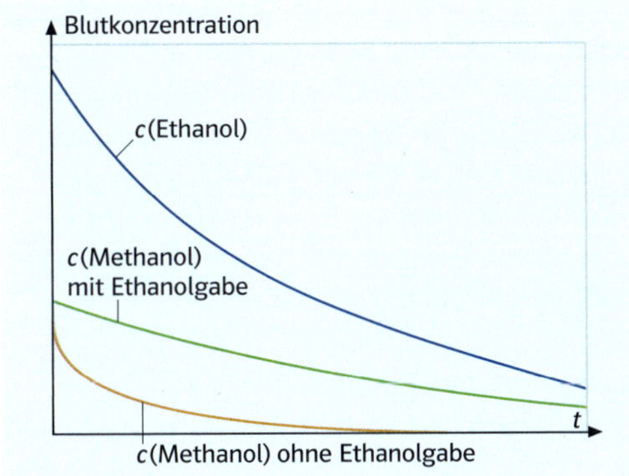

B2 *Verlauf der Konzentration von Methanol im Körper ohne und mit Gabe von Ethanol*

Häufig liest man von Vergiftungen mit Methanol [B1]. Dieser Stoff entsteht neben Ethanol bei der alkoholischen Gärung in geringen Mengen. Wird das Methanol, z. B. beim Brennen von Schnaps, nicht entfernt, spricht man auch von „gepanschtem Alkohol".

Vergiftungen mit Methanol. Methanol ähnelt in Geruch und Geschmack dem Ethanol, ist aber weitaus giftiger. Der Genuss von 5 bis 10 ml Methanol führt bereits zu Sehstörungen bis hin zur Erblindung. Schon 20 bis 50 ml führen zur Atemlähmung und sind tödlich. Die Giftwirkung zeigt sich häufig erst nach 15 bis 20 Stunden, da nicht nur Methanol selbst, sondern vor allem seine Abbauprodukte äußerst toxisch sind [B2]. Die Giftwirkung zeigt sich also erst dann, wenn die Konzentration der Abbauprodukte bereits angestiegen ist. Methanol wird nur zu einem geringen Teil unverändert ausgeschieden. Der größere Teil wird über die gleichen Enzyme wie beim Ethanol in der Leber abgebaut (Kap. 1.20). Dabei entsteht mithilfe der ADH zunächst *Formaldehyd*. Dieses wird durch die ALDH zu *Ameisensäure* abgebaut.
Formaldehyd und Ameisensäure sind toxisch, werden nur sehr langsam über die Niere ausgeschieden und reichern sich im Körper an. Während Formaldehyd die Organe direkt schädigt, bewirkt Ameisensäure eine Übersäuerung des Körpers.

Methanol wird im Körper zu Formaldehyd und Ameisensäure abgebaut. Dies führt zu starken Organschäden bis hin zum Tod.

Therapie von Methanol-Vergiftungen. In der Regel wird bei einer Methanol-Vergiftung zuerst eine Magenspülung vorgenommen. Eine weitere Maßnahme ist die Verlangsamung des Methanol-Abbaus, um die Blutkonzentration an Formaldehyd und Ameisensäure möglichst gering zu halten. Dazu verabreicht man den Patienten teilweise über mehrere Tage große Mengen an Ethanol. Da Ethanol eine höhere Affinität zum Enzym ADH hat als Methanol, bilden sich daher vorrangig die weniger toxischen Abbauprodukte von Ethanol und nur geringe Mengen der stark toxischen Methanol-Abbauprodukte [B2]. Dieses Prinzip nennt man **kompetitive Hemmung**.

Ein noch stärkerer kompetitiver Hemmstoff der ADH ist Fomepizol. Es hat eine ca. 8000-fach höhere Affinität zur ADH als Ethanol und daher eine bessere Wirksamkeit bei weniger unerwünschten Nebenwirkungen. In Deutschland ist es jedoch bisher nur für die Therapie von Glycol-Vergiftungen zugelassen.

Methanol-Vergiftungen können u. a. durch die Gabe von Ethanol therapiert werden.

A1 ◒ MK Recherchieren Sie Therapiemöglichkeiten bei einer alkoholbedingten Übersäuerung (Azidose).

A2 ◒ Zeigen Sie, dass es sich beim Methanol-Abbau zu Formaldehyd und Ameisensäure um Oxidationsreaktionen handelt. Zeichnen Sie dazu die Formeln der drei Verbindungen auf und ermitteln Sie die Oxidationszahlen der entsprechenden C-Atome.

Kompetitive Hemmung Enzymhemmung, bei der zwei Moleküle um die Besetzung eines Rezeptors konkurrieren

Übersäuerung des Organismus Der pH-Wert des Blutes sinkt dabei unter 7,35. Der Normalwert liegt zwischen 7,35 und 7,45.

LD_{50}-Wert Dosis eines Giftstoffes, bei der 50 % aller Versuchstiere sterben, wenn sie die Stoffportion auf einmal aufnehmen. Die Abkürzung „LD" bedeutet „letale Dosis".

Stoff	LD_{50} (Ratte, oral) in mg/kg
Ethanol	7060
Acetaldehyd	661
Essigsäure	3310
Methanol	5630
Formaldehyd	100
Ameisensäure	1100

B3 *LD_{50}-Werte von Methanol, Ethanol und Abbauprodukten*

1.22 Essig und Essigsäure

B1 Essig verleiht Geschmack

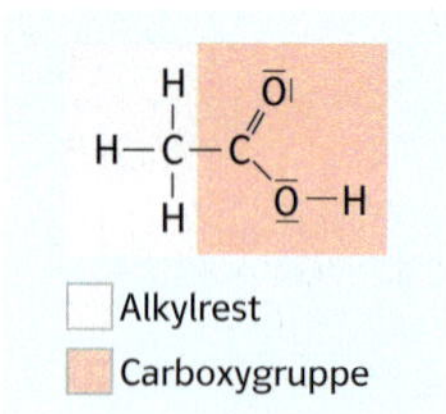

B2 Strukturformel des Essigsäure-Moleküls

Carboxylgruppe andere Bezeichnung für Carboxygruppe

Essig findet in der Küche zum Würzen von Salat und anderen Speisen, aber auch zur Herstellung von Tafelsenf oder Gewürzgurken Verwendung. Im Haushalt wird Essig außerdem zum Entfernen von Kalkablagerungen oder Rost eingesetzt. Essig ist eine saure Lösung von Essigsäure in Wasser. Auch Essigreiniger enthalten Essigsäure.

Essigsäure aus Ethanol. Wein, dem keine konservierenden Stoffe zugesetzt wurden und der einige Zeit in einem offenen Gefäß an der Luft gestanden hat, schmeckt sauer und riecht nach Essig [V1]. An der Oberfläche der Flüssigkeit bildet sich eine dünne, graue Haut von Essigsäurebakterien. Enzyme dieser Bakterien katalysieren die Oxidation des im Wein enthaltenen Ethanols mit dem Sauerstoff der Luft zu Essigsäure [B3].

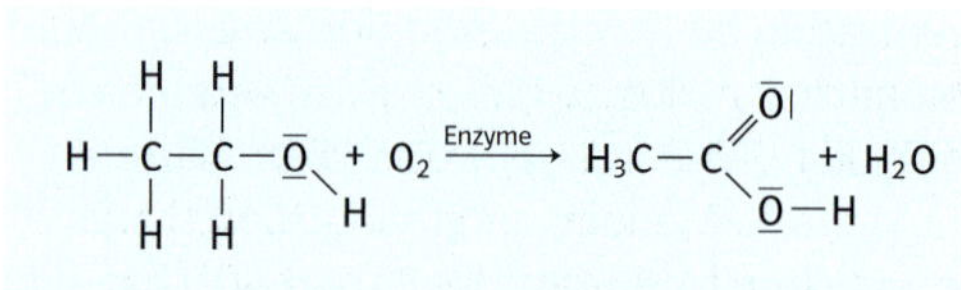

B3 Ethanol reagiert mit Sauerstoff

Die funktionelle Gruppe des Essigsäure-Moleküls [B2] ist die Carboxygruppe **–COOH** (**Carb**onylhydr**oxy**gruppe); sie bestimmt im Wesentlichen die Eigenschaften und das Reaktionsverhalten der Essigsäure. Verbindungen, deren Moleküle die Carboxygruppe aufweisen, heißen **Carbonsäuren**.

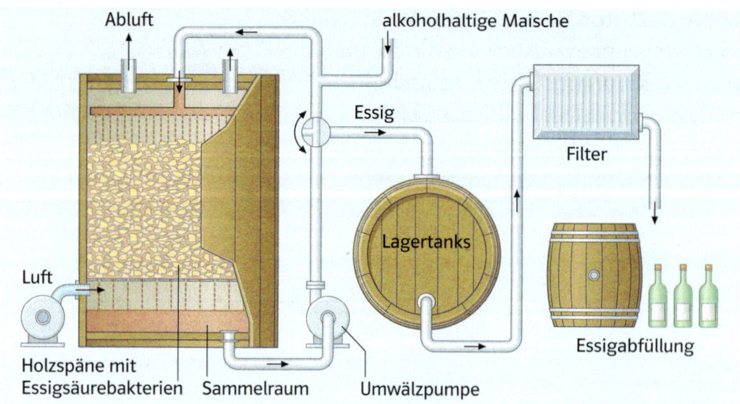

B4 Industrielle Herstellung von Speiseessig. Ethanol wird durch Essigsäurebakterien mithilfe von Luftsauerstoff zu Essigsäure oxidiert

Die funktionelle Gruppe des Essigsäure-Moleküls ist die Carboxygruppe. Verbindungen, deren Moleküle die Carboxygruppe enthalten, sind Carbonsäuren.

Industrielle Essig- und Essigsäureherstellung. Essig wird auch heute noch durch enzymatische Oxidation von Ethanol gewonnen. Dazu lässt man aus einem Spritzrad Wein, Most (Obstwein) oder andere Flüssigkeiten, die Ethanol enthalten, über Buchenholzspäne rieseln, die mit Essigsäurebakterien geimpft sind. Von unten strömt im Gegenstrom die zur Oxidation benötigte Luft entgegen [B4]. Die Flüssigkeit wird so lange über Kühlrohre, die außen um den Behälter verlaufen, umgepumpt, bis das gesamte Ethanol zu Essigsäure oxidiert worden ist. Daher nennt man dieses Verfahren Rundpumpverfahren. Vor dem Abfüllen wird der Essig so verdünnt, dass der Massenanteil der Essigsäure $w = 5\,\%$ bis $6\,\%$ beträgt.

In modernen Verfahren sind die Buchenholzspäne durch Schaum ersetzt, der durch Einblasen von Luft erzeugt wird. Da der Schaum eine größere Oberfläche besitzt, können darauf mehr Essigsäurebakterien angesiedelt werden. Dadurch verläuft die Oxidation des Ethanols schneller.

Der überwiegende Teil der Essigsäure wird jedoch aus Methanol und Kohlenstoffmonooxid hergestellt. Der größte Teil der Essigsäure dient der chemischen Industrie zur Herstellung von Lösungsmitteln, Kunstseide (Acetatseide), Kunststoffen und Medikamenten.

Verwendung von Essig. Haushaltsessig ist eine verdünnte Lösung von Essigsäure. Die Lösung ist sauer, worauf vor allem die konservierende Eigenschaft beruht. Essig ist zudem schmackhaft und gesundheitlich unbedenklich. Daher ist Essig hervorragend zum Konservieren von Nahrungsmitteln geeignet, so z. B. von Gewürzgurken und Heringen.

In Essigsäure-Lösungen mit $w > 2\,\%$ sind viele Bakterien nicht lebensfähig. Zum Würzen von Speisen werden verschiedene Essigsorten

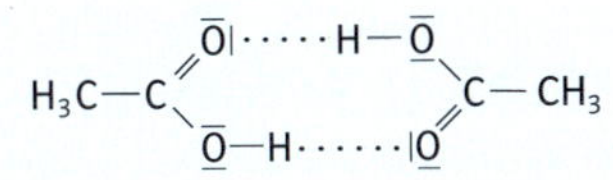

B5 *Ein Essigsäure-Dimer*

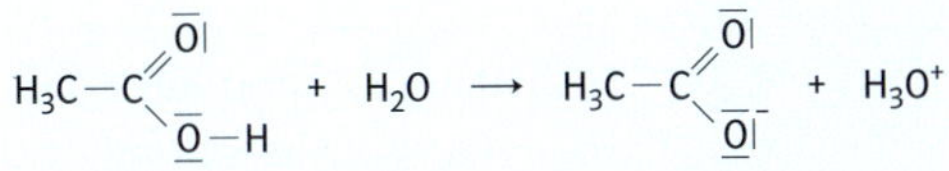

B6 *Reaktion eines Essigsäure-Moleküls mit einem Wasser-Molekül*

verwendet, die aus unterschiedlichen alkoholischen Lösungen gewonnen werden, z. B. Obstessig aus Apfelwein. Weinessig wird nur aus Wein hergestellt. Branntweinessig (Tafelessig) entsteht aus Alkohol, der aus Getreide, Kartoffeln oder Zuckerrüben gewonnen wurde. Durch Einwirkung von Tafelessig auf Kräuter lassen sich verschiedene Arten von Kräuteressig herstellen.
In Essigessenz liegt der Massenanteil *w* an Essigsäure zwischen 15 und 25 %. Für die Zubereitung von Speisen muss diese vor Gebrauch verdünnt werden.

Essig ist eine saure Lösung von Essigsäure in Wasser.

Eigenschaften der Essigsäure. Reine Essigsäure ist ein farbloser, ätzend wirkender und stechend riechender Stoff, der bei 118 °C siedet, bei 16 °C erstarrt und Eisessig genannt wird [B7]. Essigsäure weist im Vergleich zu Propan-1-ol (ϑ_{sd} = 97 °C) und Propanal (ϑ_{sd} = 49 °C) eine hohe Siede- und Schmelztemperatur auf, obwohl die Moleküle aller drei Stoffe ähnliche Kettenlängen und Moleküloberflächen haben. Diese hohe Siede- und Schmelztemperatur ist auf die stark polare Carboxygruppe zurückzuführen. Die Carboxygruppe enthält die polare C=O-Doppelbindung und die O–H Bindung.
Essigsäure-Moleküle können Wasserstoffbrücken ausbilden, wobei Essigsäure-Dimere entstehen [B5].

Essigsäure bildet mit Wasser eine saure Lösung. Ein Essigsäure-Molekül kann ein Proton an ein Wasser-Molekül abgeben, hierbei wird ein Oxonium-Ion gebildet. Das Proton wird von der stark polaren OH-Gruppe, der Carboxygruppe, abgespalten. Das dabei gebildete Anion heißt **Acetat-Ion** (von lat. acetum, Essig) oder mit dem systematischen Namen *Ethanoat-Ion* [B6].

Allerdings liegen in verdünnter Essigsäure überwiegend Essigsäure-Moleküle, aber nur wenige Oxonium-Ionen und Acetat-Ionen vor. Die Reaktion der Essigsäure mit Wasser verläuft also unvollständig, da nur ca. 1 % der Essigsäure-Moleküle reagieren. Der Geruch von verdünnter Essigsäure beruht auf dem Vorhandensein von Essigsäure-Molekülen. Ein geringer Anteil davon tritt aus der Lösung in die Luft über.

Die stark polare Carboxygruppe beeinflusst die Eigenschaften der Essigsäure-Moleküle und damit die Eigenschaften der Essigsäure.

Salze der Essigsäure. Verdünnte Essigsäure reagiert mit unedlen Metallen, mit Metalloxiden und alkalischen Lösungen. Als Reaktionsprodukte werden u. a. Acetate (Ethanoate) gebildet. Kupferacetat ist Bestandteil des giftigen „Grünspans" [B8], der sich bildet, wenn Kupfer oder Messing mit verdünnter Essigsäure und Luft in Berührung kommt.

B7 *Reine Essigsäure ist unter 16 °C fest. Man bezeichnet sie auch als „Eisessig"*

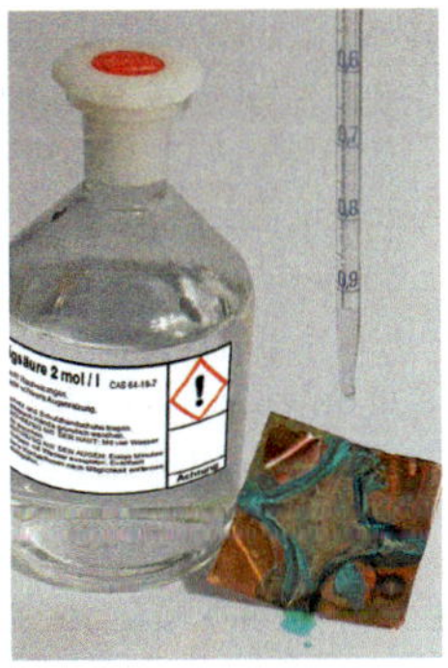

B8 *Grünspan, ein giftiges Salz der Essigsäure*

V1 Stellen Sie ein Glas mit vergorenem Traubensaft einige Tage offen an einen warmen Ort. Prüfen Sie den Geruch und testen Sie mit Universalindikator-Papier.

A1 ○ Beschreiben Sie, welche Rolle die eingeblasene Luft bei der industriellen Gewinnung von Essig spielt.

A2 ◒ Erklären Sie, warum Essigsäure eine höhere Siedetemperatur als Ethanol hat.

A3 ● Erläutern Sie die Schritte, die bei der Herstellung von Branntweinessig, ausgehend von Getreide, ablaufen.

1.23 Essig im Alltag

B1 Essigsorten im Haushalt

Essig wird im Haushalt nicht nur zum Würzen von Speisen verwendet, sondern findet auch in anderen Bereichen Verwendung, so z.B. als Bestandteil von Essigreinigern, zum Entkalken und als Rostentferner.

V1 Essig als Entkalker

Kalk reagiert mit vielen sauren Lösungen unter Bildung von wasserlöslichen Verbindungen und Kohlenstoffdioxid. Die Verwendung von Essig zu diesem Zweck ist preiswert und umweltfreundlich.

Material:
Becherglas (100 ml), Objektträger mit Kalkflecken (vorbereitet durch Eintauchen in Kalkwasser und Trocknen an der Luft), Essig oder Essigreiniger, Universalindikator-Papier

Durchführung: ⚠ (Schutzbrille!)
a) Prüfen Sie Essig und Essigreiniger mit einem Universalindikator-Papier.
b) Tauchen Sie den Objektträger zur Hälfte einige Minuten in die saure Lösung, spülen Sie anschließend mit Wasser ab und betrachten Sie das Glas.

Aufgabe:
Formulieren Sie für die Reaktion von Essigsäure mit Kalk die Reaktionsgleichung.

V2 Bestimmung des Essigsäuregehalts von Essig, Essigreiniger und Essigessenz

Essigsäure reagiert mit alkalischen Lösungen zu Wasser und Acetaten. Dabei reagiert ein Essigsäure-Molekül mit einem Hydroxid-Ion.
Daher kann man durch eine Säure-Base-Titration den Essigsäuregehalt einer Essigsäure-Lösung bestimmen.

Material:
Weithals-Erlenmeyerkolben, Bürette mit Natronlauge (c = 1 mol/l), Messpipette (10 ml), Pipettierhilfe, Essig, Essigreiniger, Essigessenz, Thymolphthalein-Lösung (oder Phenolphthalein-Lösung, $w < 1\%$), dest. Wasser

Aufgabe: ⚠ (Schutzbrille!)
Bestimmen Sie den Massenanteil w(Essigsäure) in verschiedenen Essigsorten bzw. Essigreiniger.

Planen und entwickeln Sie ein dafür geeignetes Experiment und führen Sie es durch. Notieren Sie die einzelnen Schritte der Durchführung.

Hilfe bei der Berechnung:
a) Ermitteln Sie zunächst den Verbrauch an Natronlauge V(Natronlauge). Berechnen Sie die Stoffmenge $n(OH^-)$ mithilfe der folgenden Beziehung:

$$n(OH^-) = c(OH^-) \cdot V(\text{Natronlauge})$$

b) $n(OH^-)$ ist identisch mit $n(CH_3COOH)$ in der Probe.

c) Die Masse der Essigsäure in der Probe ergibt sich durch:

$$m(\text{Essigsäure}) = M(CH_3COOH) \cdot n(CH_3COOH)$$

d) Damit Sie den Massenanteil in % angeben können, muss die Masse der Probe $m(\text{Probe}) = 100\,g$ sein. Nehmen Sie vereinfacht an, dass die Dichte der Probe $\rho = 1\,g/ml$ ist.

Berechnen Sie also die Masse der Essigsäure in einer 100-ml-Probe und daraus den Massenanteil der Essigsäure w(Essigsäure) in %:

$$w(\text{Essigsäure}) = \frac{m(\text{Essigsäure})}{m(\text{Probe})}$$

V3 Essig als Rostentferner

Essigsäure bildet mit Rost wasserlösliche Salze.

Material:
kleines Becherglas, rostiges Eisenstück (Nagel, Schraube, Blech usw.), Pinzette, (Papier-)Tuch, Essig oder Essigessenz

Durchführung: ⚠ (Schutzbrille!)
a) Geben Sie den rostigen Gegenstand in Essig oder Essigessenz. Schütteln Sie nach einigen Minuten vorsichtig und beobachten Sie.
b) Lassen Sie den Versuchsansatz bis zur nächsten Chemiestunde stehen. Entnehmen Sie dann den Gegenstand mit der Pinzette, spülen Sie ihn mit Wasser und reiben Sie ihn mit dem Tuch ab.

Aufgabe:
Kupfergefäße laufen mit der Zeit an der Luft an. Nach einem alten Hausrezept kann man mit einer Zahnbürste einen Brei aus Kochsalz und Essig auf das Gefäß auftragen. Man lässt den Brei einige Zeit einwirken und spült ihn dann mit warmem Wasser ab. Anschließend trocknet man das Gefäß mit einem Tuch ab. Schon zeigt sich wieder der Kupferglanz.
Erklären Sie die beschriebene Vorgehensweise und Beobachtung.

1.24 Essigsäure – genauer betrachtet

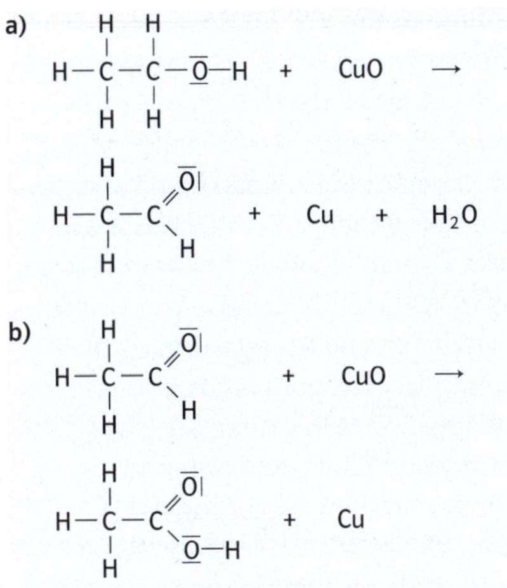

B1 Die Oxidationsfolge zur Bildung von Essigsäure aus Ethanol

Vom Ethanol über Acetaldehyd zur Essigsäure

Ethanol kann enzymatisch oder z. B. mit Kupferoxid oxidiert werden [B1].

A1 ○ Geben Sie an, welche Stoffe oxidiert und welche Stoffe reduziert werden.

A2 ◒ Übertragen Sie die Reaktionsgleichungen aus B1 in Ihr Heft.
a) Geben Sie für alle Atome oder Ionen die Oxidationszahlen an.
b) Markieren Sie die Atome/Ionen, bei denen eine Erhöhung/Erniedrigung der Oxidationszahl vorliegt.

Essigsäure und Wasser

Essigsäure bildet mit Wasser eine saure Lösung. Essigsäure ist in jedem Verhältnis in Wasser löslich. Diese Sachverhalte lassen sich erklären.

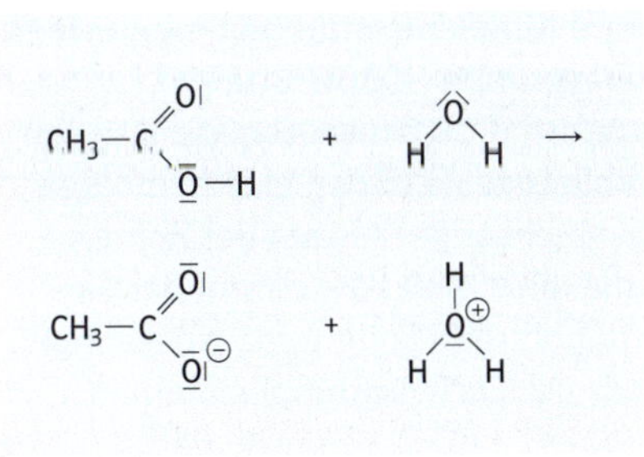

B2 Essigsäure reagiert mit Wasser

Wasser-Moleküle	H_2O
Essigsäure-Moleküle	CH_3COOH
Oxonium-Ionen	H_3O^+
Acetat-Ionen	CH_3COO^-
Hydroxid-Ionen	OH^-

Die Anzahl der Teilchen nimmt ab.

B3 Teilchen in einer Essigsäure-Lösung

Essigsäure-Moleküle reagieren mit Wasser in einer Säure-Base-Reaktion [B2]. Allerdings haben in einer Essigsäure-Lösung, z. B. der Konzentration $c = 1\,mol/l$, nur ca. 1 % der Essigsäure-Moleküle reagiert.

Die gute Wasserlöslichkeit der Essigsäure ist auf die Bildung von Wasserstoffbrücken zwischen Essigsäure-Molekülen und Wasser-Molekülen zurückzuführen [B4].

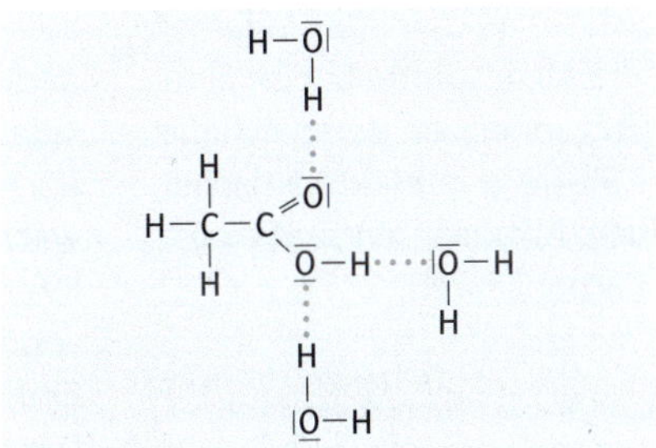

B4 Essigsäure-Moleküle bilden mit Wasser-Molekülen Wasserstoffbrücken

A3 ◒ **a)** Erklären Sie die abnehmenden Konzentrationen der Teilchen, die in einer Essigsäure-Lösung vorliegen [B3] durch Reaktionsgleichungen.
b) Beschreiben Sie die Teilchen einer Essigsäure-Lösung [B3], die als Protonendonatoren reagieren, und die Teilchen, die als Protonenakzeptoren reagieren.
c) Erklären Sie, welche Voraussetzungen vorliegen müssen, damit ein Teilchen als Protonendonator bzw. als Protonenakzeptor reagieren kann.
d) Stellen Sie eine Vermutung an, warum das Proton von der Carboxygruppe und nicht von der Methylgruppe abgegeben wird.

Essigbildung – eine unvollständige Oxidation

B5 Essigmutter am Boden einer Essigflasche

Essig kann man in einem einfachen Schulexperiment herstellen: In ein Becherglas, das zur Hälfte mit warmem Wasser gefüllt ist, gibt man etwa 2 Esslöffel Zucker. Dann zermatscht man zwei Falläpfel oder Äpfel mit kleinen Faulstellen. Die Apfelmaische gibt man in die Zucker-Lösung. Das Becherglas deckt man mit einem Sieb ab und stellt es an einen warmen Ort.

A4 ● **a)** Erklären Sie, warum man im beschriebenen Experiment Zucker einsetzt.
b) MK Nach einigen Tagen beobachtet man die Bildung einer schleimigen Substanz, der Essigmutter [B5]. Recherchieren Sie, welche Aufgabe die Essigmutter hat.
c) Bei der Essigherstellung muss darauf geachtet werden, dass noch Ethanol in der Maische oder Lösung vorhanden ist, sonst reagiert die Essigsäure zu Kohlenstoffdioxid und Wasser. Stellen Sie die Reaktionsgleichung für die Oxidation der Essigsäure auf. Geben Sie für die Atome die Oxidationszahlen an.
d) Begründen Sie, warum die Essigbildung als unvollständige Oxidation bezeichnet wird.

1.25 Carbonsäuren

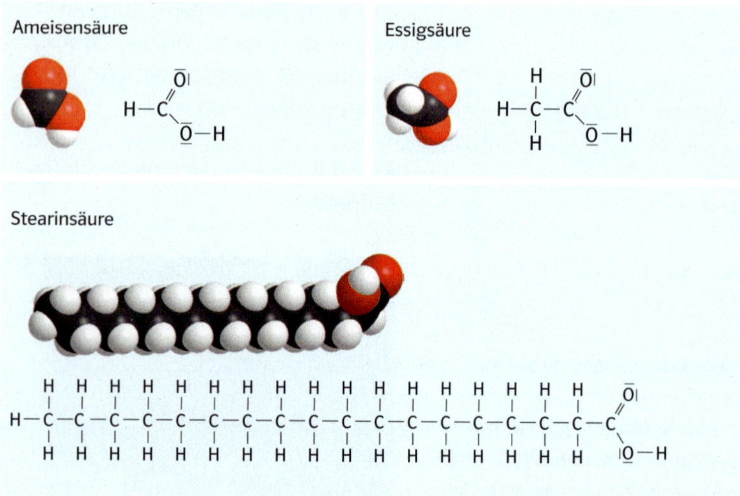

***B1** Einige Alkansäuren mit Strukturformel und Molekülmodell*

Ethanol lässt sich zu Ethansäure (Essigsäure) oxidieren (Kap. 1.22). Die bei der Oxidation von Alkanolen entstehenden Stoffe nennt man **Alkansäuren**. Sie leiten sich von den Alkanen ab und unterscheiden sich von diesen durch ihre typische funktionelle Gruppe, die Carboxygruppe (-COOH), die an das Alkangrundgerüst angehängt ist. Zur systematischen Benennung wird die Endung „säure" an den Stammnamen angehängt. Auch die Alkansäuren bilden eine homologe Reihe [B2], innerhalb derer sich die Eigenschaften der Stoffe in charakteristischer Weise unterscheiden. Alkansäuren sind eine Untergruppe der Carbonsäuren.

Name (Trivialname)	Molekülformel	ϑ_{sm} in °C	ϑ_{sd} in °C	Namen der Salze
Methansäure (Ameisensäure)	HCOOH	8	100	Methanoate (Formiate)
Ethansäure (Essigsäure)	CH_3COOH	16	118	Ethanoate (Acetate)
Propansäure (Propionsäure)	C_2H_5COOH	−22	141	Propanoate (Propionate)
Butansäure (Buttersäure)	C_3H_7COOH	−7	164	Butanoate (Butyrate)
Dodecansäure (Laurinsäure)	$C_{11}H_{23}COOH$	44	225*	Dodecanoate (Laurate)
Hexadecansäure (Palmitinsäure)	$C_{15}H_{31}COOH$	63	269*	Hexadecanoate (Palmitate)
Octadecansäure (Stearinsäure)	$C_{17}H_{35}COOH$	69	287*	Octadecanoate (Stearate)
* bei 133 hPa				

***B2** Homologe Reihe der Alkansäuren und ihre Salze*

Die homologe Reihe der Alkansäuren. Die Eigenschaften der ersten vier Alkansäuren werden am stärksten durch die polare Carboxygruppe bestimmt. Die Moleküle können mit anderen geeigneten Molekülen Wasserstoffbrücken eingehen, z. B. mit Wasser-Molekülen. Diese Säuren lösen sich daher in jedem Verhältnis in Wasser. Bei Zugabe von Wasser findet zusätzlich zum Lösungsvorgang auch eine Protonen-Übertragung statt, sodass neben den Alkansäure-Molekülen auch in geringer Konzentration Säure-Anionen und Oxonium-Ionen in der Lösung vorliegen. Alkansäuren, deren Moleküle mehr als vier Kohlenstoff-Atome enthalten, lösen sich nur wenig in Wasser, da die Wirkung der polaren Carboxygruppe gegenüber der sich vergrößernden, unpolaren Alkylgruppe in den Hintergrund tritt. Diese Alkansäuren sind zunehmend hydrophob. Schon ab der Ethansäure bilden Säuren mit Benzin in jedem Verhältnis eine Lösung; die bei Zimmertemperatur festen Alkansäuren lösen sich bei höherer Temperatur in Benzin.

Die Siedetemperaturen der Alkansäuren liegen wegen der polaren Carboxygruppe deutlich über denen der Alkanole mit Molekülen ähnlicher Kettenlänge und Moleküloberfläche. Auch bei den Alkansäuren steigen mit wachsender Anzahl der Kohlenstoff-Atome ihrer Moleküle die Siedetemperaturen, da die London-Kräfte einen zunehmend größeren Einfluss haben.
Der Geruch der Alkansäuren verändert sich vom stechenden Geruch der Methan- und Ethansäure zum widerwärtigen Geruch der Butansäure und der folgenden Säuren. Die bei Zimmertemperatur festen Alkansäuren riechen wegen ihrer geringen Flüchtigkeit kaum.

Carbonsäure-Moleküle enthalten mindestens eine Carboxygruppe (-COOH-Gruppe). Alkansäuren sind Carbonsäuren, die sich von Alkanen ableiten. Sie bilden eine homologe Reihe. Mit wachsender Anzahl der Kohlenstoff-Atome ihrer Moleküle nimmt der Einfluss der unpolaren Alkylgruppe zu, während der Einfluss der Carboxygruppe abnimmt.

Viele Alkansäuren sind schon sehr lange bekannt. Ihre Trivialnamen weisen auf Herkunft und Vorkommen hin.

Methansäure (Ameisensäure) ist die Alkansäure mit nur einem C-Atom im Molekül. Sie ist im Sekret der Ameisen enthalten [B3]. Die Körpermasse mancher Ameisenarten besteht bis zu 20 % aus Ameisensäure. Auch das Gift der Bienen und das Gift in den Nesselkapseln von Quallen sowie die Brennhaare der Brennnesseln enthalten diese Säure.

Ameisensäure riecht stechend und wirkt ätzend. Im Haushalt kann Methansäure zum Entkalken von Wasserkochern, Kaffeemaschinen u. a. verwendet werden. Sie wird auch als Konservierungsmittel für Fruchtsäfte und Silofutter eingesetzt. Imker behandeln ihre Bienen mit Ameisensäure, um sie von Parasiten, wie der Varroamilbe, zu befreien.

Propansäure (Propionsäure) kommt in der Natur ziemlich selten vor. Sie entsteht z. B. bei der Reifung mancher Käsesorten durch Propionsäurebakterien [B4]. Ein weiteres Produkt dabei ist Kohlenstoffdioxid, das für die Lochbildung im Käse verantwortlich ist.
Propansäure ist eine klare, ölige Flüssigkeit mit unangenehmem Geruch. Die Säure und ihre Salze werden auch als Konservierungsmittel verwendet, da sie z. B. beim Brot die Schimmelbildung verhindern [B5]. Da die Salze nicht den unangenehmen Geruch der Säure aber eine ähnliche Wirkung haben, werden in der Lebensmittelindustrie auch die Salze der Propansäure verwendet.

Butansäure (Buttersäure) wird beim Ranzigwerden der Butter frei und verursacht den typischen unangenehmen Geruch. Auch der Schweiß von Säugetieren enthält Buttersäure. Ihr Geruch wird noch in geringen Konzentrationen von blutsaugenden Insekten, wie z. B. Zecken und vielen anderen Tieren wahrgenommen. Ein Hund riecht noch ein Billionstel Gramm (10^{-12} g) Buttersäure in einem Kubikmeter Luft.

Fettsäuren. Alkansäuren, deren Moleküle sehr lange Ketten aus Kohlenstoff-Atomen aufweisen, sind bei Zimmertemperatur fest. Sie können aus Fetten gewonnen werden, deshalb bezeichnet man sie auch als Fettsäuren. Häufig vorkommende Fettsäuren sind die Dodecansäure (Laurinsäure, $C_{11}H_{23}COOH$), die Hexadecansäure (Palmitinsäure, $C_{15}H_{31}COOH$) und die Octadecansäure (Stearinsäure, $C_{17}H_{35}COOH$).
Ein Gemisch aus Palmitin- und Stearinsäure wird z. B. zur Herstellung von Kerzen, in Kosmetikprodukten und in der Seifenindustrie verwendet. Fettsäuren, deren Moleküle C=C-Doppelbindungen aufweisen, gehören zu den ungesättigten Fettsäuren. Diese können z. B. durch Hydrieren in gesättigte Fettsäuren überführt werden [B6].

A1 a) Begründen Sie, warum die Siedetemperaturen der Alkansäuren innerhalb der homologen Reihe ansteigen.
b) In B2 werden die Siedetemperaturen ab der Dodecansäure bei vermindertem Druck angegeben. Erklären Sie.

B3 *Ameisen produzieren Ameisensäure*

B4 *Emmentaler Käse. Bei der Reifung entstehen Propionsäure und Kohlenstoffdioxid*

E 280 Propionsäure
E 281 Natriumpropionat
E 282 Calciumpropionat
E 283 Kaliumpropionat

B5 *E-Nummern von Propionsäure und ihren Salzen*

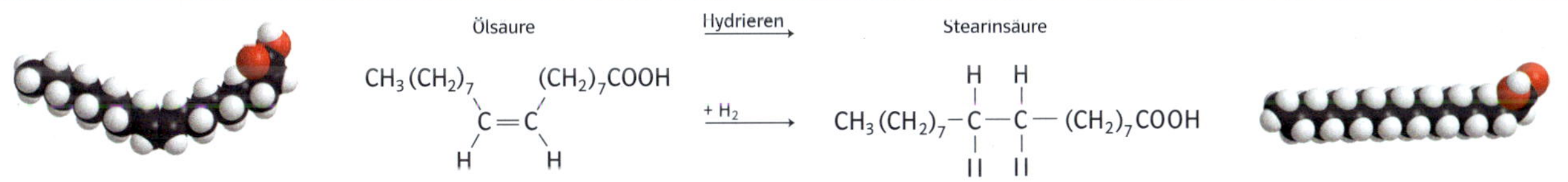

Name	Halbstrukturformel	vereinfacht	Schmelztemperatur	Namen der Salze
Ölsäure	$CH_3(CH_2)_7$ CH=CH $(CH_2)_7COOH$	$C_{17}H_{33}COOH$	16 °C	Oleate
Linolsäure	$CH_3(CH_2)_4$ CH=CH CH_2 CH=CH $(CH_2)_7COOH$	$C_{17}H_{31}COOH$	−10 °C	Linolate
Linolensäure	$CH_3(CH_2)$ CH=CH CH_2 CH=CH CH_2 CH=CH $(CH_2)_7COOH$	$C_{17}H_{29}COOH$	−11 °C	Linolenate

B6 *Oben: Hydrieren ungesättigter Fettsäuren führt zu gesättigten Fettsäuren.*
Unten: Wichtige ungesättigte Fettsäuren. Die Doppelbindungen sind rot unterlegt

1.26 Carbonsäuren in der Natur

***B1** Natürliche Carbonsäuren*

Außer den Alkansäuren, wie z. B. Essigsäure und Buttersäure, kommen in der Natur noch viele weitere Carbonsäuren vor. Ihre Moleküle sind meist komplizierter gebaut und dadurch gekennzeichnet, dass sie nicht nur *eine funktionelle Gruppe* tragen [B1]. Häufig sind zusätzlich weitere Carboxygruppen (*Di-* und *Tricarbonsäuren*) sowie Hydroxygruppen (*Hydroxycarbonsäuren*) vorhanden. Viele dieser Säuren findet man in Pflanzen bzw. Pflanzenteilen, z. B. Früchten (*Fruchtsäuren*). Auch im Stoffwechsel von Tieren und Menschen sind solche Säuren zu finden.

Milchsäure entsteht bei der Vergärung von Zuckern durch bestimmte Bakterien, z. B. beim Sauerwerden von Milch, und befindet sich deshalb in Produkten wie Joghurt, Kefir und Buttermilch. Auch bei der Herstellung von Sauerkraut und Silofutter bildet sich Milchsäure, ferner tritt sie beim Abbau des Kohlenhydrats Glykogen im arbeitenden Muskel auf.

Oxalsäure ist die Dicarbonsäure mit den am einfachsten gebauten Molekülen und bildet farblose Kristalle. Da jedes Oxalsäure-Molekül zwei Protonen abspalten kann, gibt es zwei Reihen von Salzen: die Hydrogenoxalate und die Oxalate. Der saure Geschmack von Sauerklee (Oxalis acetosella), Sauerampfer, Rhabarber und Stachelbeeren wird überwiegend durch Kaliumhydrogenoxalat (K^+ $^-OOC{-}COOH$) hervorgerufen. Oxalsäure ist giftig. 5 g davon können tödlich wirken, da sich mit Calcium-Ionen schwer lösliches Calciumoxalat bildet, das die feinen Nierenkanälchen verstopfen kann. Auch Harn- und Nierensteine enthalten häufig Calciumoxalat.

Fruchtsäuren sind Feststoffe, die in Früchten in gelöster Form vorliegen. Die meisten haben ihren Namen nach einer Frucht erhalten, in der sie überwiegend vorkommen.
Weinsäure kommt z. B. in Weintrauben vor. Als Dicarbonsäure kann auch sie zwei Reihen von Salzen bilden, die Hydrogentartrate und die Tartrate (von frz. tartre, Weinstein). Der sich beim Lagern von Wein abscheidende Weinstein ist ein Gemisch aus Kaliumhydrogentartrat und Calciumtartrat.

Citronensäure kommt nicht nur in Zitronen vor (im Saft: $w \approx 6\,\%$), sie ist als eine der häufigsten Fruchtsäuren auch in vielen anderen Früchten wie Orangen, Ananas und Preiselbeeren enthalten. Zudem ist die Citronensäure ein Zwischenprodukt im menschlichen Stoffwechsel. Die Salze der Citronensäure heißen Citrate.
Die **Äpfelsäure** ist neben der Citronensäure die verbreitetste Fruchtsäure. Sie kommt in vielen Obstarten wie Äpfeln, Birnen, Quitten, Aprikosen, Kirschen und Pflaumen vor. Die Salze der Äpfelsäure sind die Malate (von lat. malum, Apfel).

Viele Carbonsäuren kommen als Fruchtsäuren in Pflanzen oder im Stoffwechsel von Tieren und Menschen vor.

Vitamin C gegen Skorbut. Vitamin C, auch Ascorbinsäure genannt, ist eine organische Säure mit kompliziertem Molekülbau. Sie ist für den menschlichen Körper unentbehrlich, kann von ihm jedoch selbst nicht gebildet werden und muss in der Nahrung enthalten sein. Besonders Hagebutten, Sanddorn, schwarze Johannisbeeren, Kiwi, Paprika, Petersilie und Grünkohl sind reich an Vitamin C. Eine unzureichende Versorgung mit Vitamin C führt zu Mangelkrankheiten. Eine Folge extremen Vitamin-C-Mangels, der Skorbut, war in den früheren Jahrhunderten bei Seefahrern eine gefürchtete Krankheit [B2]. Sie war darauf zurückzuführen, dass vor allem wegen fehlender Konservierungsmöglichkeiten auf langen Reisen kein frisches Obst und Gemüse zur Verfügung stand. Später wurde dem Skorbut z. B. durch Verzehr von Sauerkraut oder Zitronensaft begegnet.

Drittens hatten auch viele den Scharbock, welcher eine schmerzliche Krankheit ist und auf dem Land selten gefunden wird. Es fanget zuerst in denen Zähnen an, daß das Zahnfleisch gantz faul wird, und man den gantzen Kiefer wegnehmen kan; sie werden gantz steiff an dem gantzen Leib, daß sie sich weder wenden noch regen können; sie bekommen auch faul Fleisch an dem Leib, daß man gantze Stücker ausschneiden kan.

***B2** Schilderung von Skorbut (Scharbock) während einer Schiffsreise (1740)*

Exkurs

1.27 Carbonsäuren als Lebensmittelzusatzstoffe

Organische Säuren sind nicht nur Bestandteile vieler Naturprodukte, sondern finden auch in vielen Bereichen des Alltags und der Technik Verwendung. Außer als Bestandteil z. B. von Entkalkern und industriellen Reinigern für Metalloberflächen in der Elektronikindustrie (Citronensäure) oder Rost- und Tintenfleckentfernern (Oxalsäure) werden organische Säuren wegen ihrer besonderen Eigenschaften vielen Lebensmitteln zugesetzt [B1]. Auswahl und erlaubte Mengen sind durch das Lebensmittelgesetz geregelt. Die zugesetzten Stoffe müssen durch die Stoffnamen oder ihre E-Nummern auf der Verpackung angegeben werden [B3].

B1 Vielen Lebensmitteln werden organische Säuren zugesetzt

B2 Brausepulver

Organische Säuren als Konservierungsstoffe. Viele leicht verderbliche Lebensmittel können durch Zusatz von organischen Säuren länger haltbar gemacht werden. Sie verhindern, dass z. B. durch Fäulnisbakterien und Schimmelpilze Giftstoffe in diesen Lebensmitteln entstehen können. Zur Verhinderung der Schimmelbildung in Brot wird vielfach Sorbinsäure (C_5H_7COOH) zugesetzt [B3], eine ungesättigte Carbonsäure, die im Körper des Menschen vollständig abgebaut wird. Benzoesäure (C_6H_5COOH) ist für saure Lebensmittel zugelassen und wird z. B. Fleischsalat und Fischkonserven zugesetzt. Propionsäure (Propansäure) als Konservierungsstoff wird wegen der erforderlichen hohen Dosierung und der dadurch entstehenden Geschmacksveränderung zunehmend durch Sorbinsäure ersetzt.

Säuerungsmittel. Sauer schmeckende Getränke wirken besonders erfrischend. Zu diesem Zweck werden Fruchtsaftgetränken, Nektaren und Limonadengetränken organische Säuren als Säuerungsmittel zugesetzt. Hierbei finden vor allem die Citronensäure, Weinsäure und Äpfelsäure Verwendung.
In Brausepulver dient der Zusatz von Citronen- bzw. Weinsäure sowohl dem Geschmack als auch der Entwicklung von Kohlenstoffdioxid durch die Reaktion mit Natriumhydrogencarbonat [B2]. Da es sich um feste Säuren handelt, erfolgt diese Reaktion erst nach Zusatz von Wasser. Dadurch ist eine lange Lagerfähigkeit in trockenem Zustand gewährleistet.

Oxidationshemmer. Beim Stehen an der Luft verändern viele Lebensmittel ihre Farbe und bekommen ein unappetitliches Aussehen (z. B. „Grauwerden" von Fleisch und Wurst, Dunkelfärbung von Apfelmus). Dies ist auf eine Reaktion von natürlichen Inhaltsstoffen mit Sauerstoff, vor allem an der Oberfläche zurückzuführen. Durch Zusatz von „Antioxidantien", z. B. Vitamin C (Ascorbinsäure), kann die Bildung solcher (z. T. farbiger) Oxidationsprodukte verhindert werden [V1]. Vitamin C wirkt reduzierend.

Carbonsäuren werden Lebensmitteln als Säuerungsmittel zugesetzt, um sie länger haltbar zu machen und um eine Oxidation zu verhindern.

V1 Reiben Sie einen Apfel und/oder eine Kartoffel zu Mus und verteilen dies auf zwei Schälchen. Vermischen Sie eine der beiden Proben sofort nach dem Reiben mit ca. zwei Messerspitzen Vitamin C. Beurteilen Sie das Aussehen der beiden Proben nach 20–30 Minuten.

A1 MK Informieren Sie sich über verschiedene Methoden, Lebensmittel haltbar zu machen.

A2 MK Recherchieren Sie, welche Bedeutung die erste Ziffer in den E-Nummern zur Kennzeichnung von Lebensmittelzusatzstoffen besitzt.

A3 Erläutern Sie, warum nach dem Lebensmittelgesetz Höchstwerte für den Zusatz von Konservierungsstoffen in Lebensmitteln festgelegt werden.

E 200	Sorbinsäure
E 210	Benzoesäure
E 211	Natriumbenzoat
E 220	Schwefeldioxid
E 260	Essigsäure
E 270	Milchsäure
E 296	Äpfelsäure
E 300	Vitamin C
E 330	Citronensäure
E 334	Weinsäure
E 420	Sorbit
E 422	Glycerin

B3 E-Nummern von Lebensmittelzusatzstoffen

Praktikum

1.28 Carbonsäuren in Lebensmitteln

Carbonsäuren kommen in unterschiedlicher Form in den verschiedensten Lebensmitteln vor.

B1 Rhabarber enthält viel Oxalsäure

V1 Fällung der Calciumsalze

Oxalsäure, Weinsäure und Citronensäure bilden mit Calcium-Ionen schwer lösliche Salze.

Material:
Reagenzgläser, Bechergläser (250 ml), Spatel, Dreifuß, Keramik-Drahtnetz, Gasbrenner, 2 Messpipetten (10 ml), Pipettierhilfe, Siedesteinchen, Oxalsäure, Weinsäure und Citronensäure, Calciumchlorid-Lösung (w = 20 %), Kalkwasser, Rhabarbersaft, Zitronensaft, Brausepulver

Durchführung:
a) Lösen Sie eine Spatelspitze Oxalsäure in wenig Wasser und geben Sie etwas Calciumchlorid-Lösung zu. Geben Sie auch zu ca. 5 ml Rhabarbersaft (zuvor filtriert) etwas Calciumchlorid-Lösung.
b) Lösen Sie jeweils eine Spatelspitze Wein- bzw. Citronensäure in wenig Wasser und fügen Sie jeweils 40 ml Kalkwasser zu. Geben Sie zu dem Ansatz mit Citronensäure Siedesteinchen und kochen Sie diesen auf.
c) Prüfen Sie entsprechend (b) ca. 5 ml Brausepulver-Lösung (zur Entfernung von Kohlenstoffdioxid vorher auskochen) auf Weinsäure und ca. 1 ml Zitronensaft auf Citronensäure.

V2 Säuregehalt von Milch und Milchprodukten

Die natürlicherweise in Milch enthaltenen Milchsäurebakterien bauen Milchzucker zu Milchsäure ab. Der Milchsäure-Gehalt bei Frischmilch gibt daher einen Hinweis auf Alter und Lagerung der Milch. Bei Sauermilchprodukten ist ein bestimmter Milchsäure-Gehalt erwünscht. Milch enthält außer Milchsäure auch andere Säuren. Daher gibt man zur Beurteilung die Gesamtsäurekonzentration an, die durch Titration mit Natronlauge bestimmt wird. Auch der Säuregehalt von Zitrusfrüchten kann auf diese Weise ermittelt werden.

Material:
Weithals-Erlenmeyerkolben (200 ml), Stativmaterial, Bürette, Messzylinder, Natronlauge (c = 0,1 mol/l), Phenolphthalein-Lösung (w < 1 %), verschiedene (flüssige) Milchprodukte

B2 Bestimmung des Säuregehalts von Lebensmitteln durch Titration

Aufgabe:
Planen und entwickeln Sie ein Experiment zur Bestimmung der Säurekonzentration. Notieren Sie die einzelnen Schritte der Durchführung. Führen Sie das Experiment mit verschiedenen Milchprodukten durch. Notieren Sie die Ergebnisse und werten Sie diese aus.

V3 Bestimmung des Vitamin-C-Gehalts

Vitamin C wirkt reduzierend. Iod wird beispielsweise durch Vitamin C zu Iodid reduziert. Der Gehalt an Vitamin C kann somit durch den Verbrauch an Iod ermittelt werden. Der Endpunkt der Titration wird durch die Iod-Stärke-Reaktion angezeigt (blauschwarze Verfärbung).

Material:
Stativmaterial, Bürette, Messzylinder, 2 Messpipetten (10 ml), Pipettierhilfe, Weithals-Erlenmeyerkolben (200 ml), Iod-Kaliumiodid-Lösung ($c(I_2) \approx 0{,}01$ mol/l: 2,5 g Iod und 5 g Kaliumiodid in 1 l Lösung), Salzsäure ($c \approx 0{,}01$ mol/l), Stärke-Lösung (w = 1 %), Vitamin-C-Teststäbchen, Ascorbinsäure oder Vitamin-C-Tablette, Zitronensaft, Orangensaft, Apfelsaft, Kiwisaft

Durchführung:
a) Bestimmen Sie den Vitamin-C-Gehalt der Proben mit Teststäbchen.
b) Geben Sie 2 ml Salzsäure und 5 ml Stärke-Lösung zu 25 ml der Probe und titrieren Sie mit der Iod-Kaliumiodid-Lösung.
c) Stellen Sie mit Ascorbinsäure oder einer Vitamin-C-Tablette (Gehaltsangabe auf der Packung beachten) eine Standardlösung her, die 100 mg Ascorbinsäure in 100 ml Lösung enthält. Titrieren Sie diese Lösung wie in (b).

Aufgabe:
Zu **c)**: Tragen Sie in ein Diagramm das Titrationsergebnis für die Standardlösung ein (Abszisse: V(Iod-Kaliumiodid-Lösung) in ml; Ordinate: m(Vitamin C) in der Probe in mg). Zeichnen Sie eine Ursprungsgerade durch diesen Punkt. Ermitteln Sie aus dieser Geraden den Vitamin-C-Gehalt der übrigen Proben unter Verwendung der Ergebnisse von (b). Zu **a)** und **b)**: Vergleichen Sie die verschiedenen Proben hinsichtlich der Vitamin-C-Gehalte.

Exkurs

1.29 Gewinnung von Citronensäure

B1 Bioreaktoren zur Gewinnung von Citronensäure

Citronensäure ist eine der am weitesten verbreiteten Säuren im Pflanzenreich und tritt als Stoffwechselprodukt in allen Organismen auf. Die Säure wird als Kalklöser, zur Konservierung und als Säuerungsmittel von Lebensmitteln verwendet. Die jährliche Produktion beläuft sich auf mehrere Millionen Tonnen.

Biotechnologische Gewinnung. Citronensäure wurde lange Zeit aus Zitrusfrüchten gewonnen. Heute erfolgt die Herstellung biotechnologisch mithilfe von Mikroorganismen. Ausgangsmaterial ist Melasse, ein Rückstand der Zuckerproduktion, mit einem Zuckergehalt von ca. 50 %. Gentechnisch veränderte Schimmelpilze [B2] bilden bei einem hohen Glucose- und Sauerstoffgehalt, einem niedrigen pH-Wert und einer sehr geringen Fe^{2+}-Ionenkonzentration in sog. **Bioreaktoren** [B1] als Stoffwechselprodukt Citronensäure. Sie wird durch Zugabe von Kalkmilch als schwer lösliches Calciumcitrat ausgefällt. Nach dem Abfiltrieren erhält man durch Zugabe von verdünnter Schwefelsäure wieder Citronensäure.

A1 ○ Zählen Sie weitere Prozesse auf, bei denen Mikroorganismen benötigt werden.

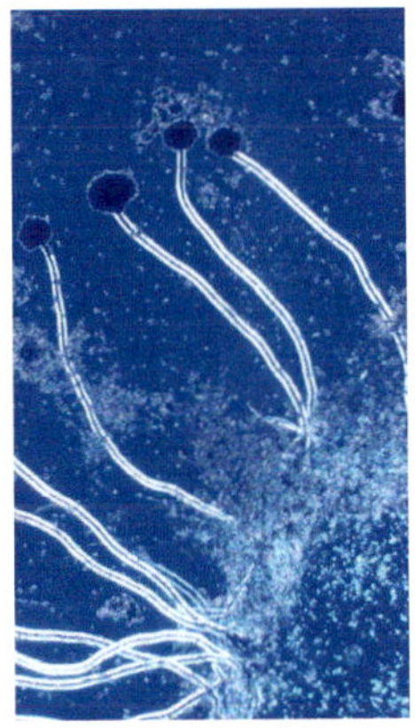

B2 Aspergillus niger, mikroskopische Aufnahme

Bioreaktoren sind große Behälter, in denen günstige Lebensbedingungen für Mikroorganismen geschaffen werden.

Praktikum

Material:
2 Bechergläser (250 ml), Tropfpipette, Watte, Trichter, Universalindikatorpapier, Büchnertrichter, Saugflasche, Messzylinder (100 ml), Wasserstrahlpumpe, Erlenmeyerkolben (250 ml, weit), Spatel, evtl. Magnetrührer, Kristallisierschale, Vierfuß, Keramik-Drahtnetz, Gasbrenner, Zitronensaft, Ammoniak-Lösung (w = 25 %), Calciumchlorid-Lösung (c = 1 mol/l), frisch regenerierter Kationenaustauscher, dest. Wasser

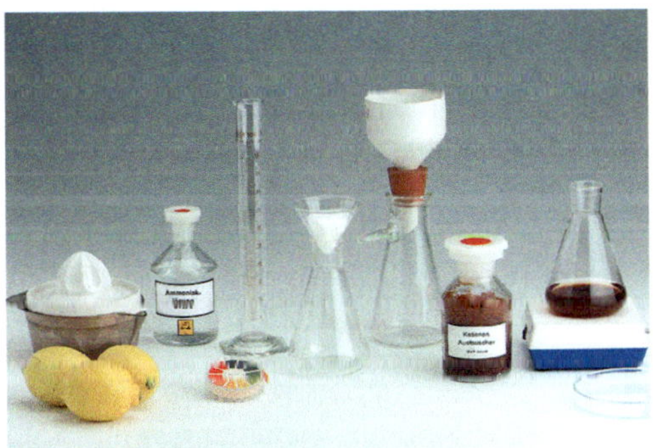

B4 Isolierung von Citronensäure aus Zitronensaft

Durchführung: ⚠ (Schutzbrille! Abzug!)
a) Geben Sie 50 ml Zitronensaft in ein Becherglas und fügen Sie mit der Tropfpipette Ammoniak-Lösung bis zur schwach alkalischen Reaktion hinzu (Kontrolle mit Indikatorpapier). Geben Sie Watte in den Trichter und filtrieren Sie gröbere Bestandteile ab. Versetzen Sie das Filtrat mit 25 ml Calciumchlorid-Lösung und erhitzen Sie die Lösung in einem Becherglas bis zum Sieden. Filtrieren Sie die noch heiße Suspension mithilfe des Büchnertrichters und der Saugflasche.
b) Geben Sie den Feststoff mit 50 ml dest. Wasser in einen Erlenmeyerkolben, fügen Sie 5 bis 6 Spatel Kationenaustauscher (liefert H_3O^+-Ionen) zu und rühren Sie mit dem Magnetrührer, bis die überstehende Flüssigkeit klar ist (evtl. etwas Kationenaustauscher zugeben). Prüfen Sie mit dem Indikatorpapier.
c) Filtrieren Sie den Kationenaustauscher ab, geben Sie das Filtrat in eine Kristallisierschale und lassen Sie diese einige Tage stehen.

Auswertung:
a) Formulieren Sie die Reaktionsgleichungen für die Reaktionen (Citronensäure = H_3Cit).
b) Beschreiben Sie die Citronensäure-Kristalle.

B3 Citronensäure in Pulverform

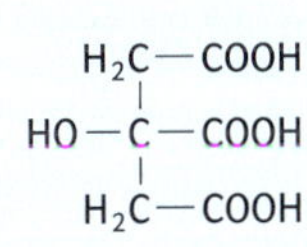

B5 Citronensäure

1.30 Veresterung und Esterspaltung

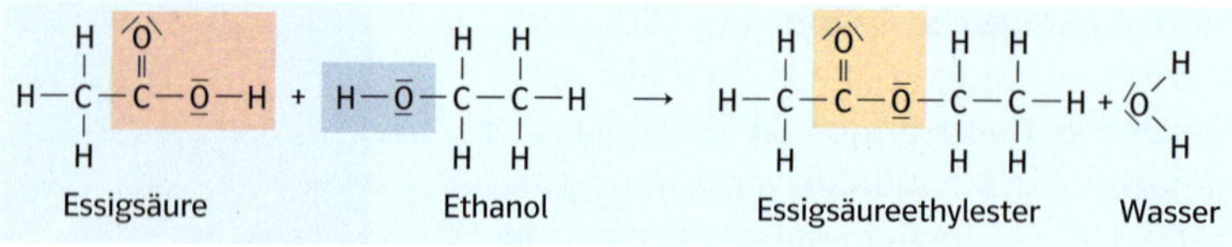

***B1** Bildung von Essigsäureethylester*

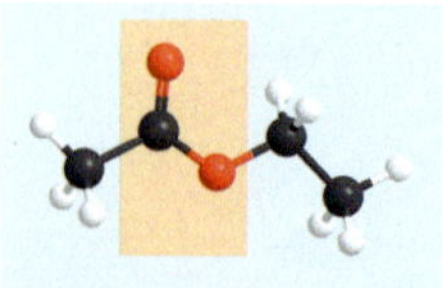

***B2** Essigsäureethylester*

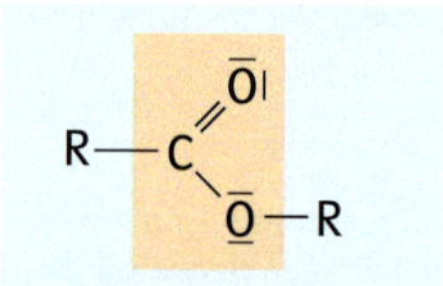

***B4** Ester in der allgemeinen Schreibweise, die Carbonsäureestergruppe ist markiert*

IUPAC International Union of Pure and Applied Chemistry, deutsch: Internationale Union für reine und angewandte Chemie, kümmert sich z.B. um Fragen der Nomenklatur.

Möchte man aus Wein selbst Weinessig herstellen, kommt es zu Komplikationen, wenn man das Gemisch über Wochen stehen lässt. Statt des vollmundigen Essigaromas entwickelt das Produkt einen eigenartigen Geruch nach Klebstoff. Was ist passiert? Die entstehende Essigsäure (Ethansäure) reagiert mit dem restlichen Ethanol.

Esterbildung Essigsäure und Ethanol reagieren zu Essigsäureethylester und Wasser [B1]. Die Esterbildung verläuft allerdings selbst bei Temperaturen zwischen 70 °C und 90 °C nur sehr langsam. Im Labor kann man diese Reaktion durch Zugabe von Schwefelsäure beschleunigen. Diese wirkt als Katalysator. Gießt man die erhaltene Flüssigkeit in Wasser, so ist ein eigenartiger Geruch, der an Klebstoff erinnert, wahrnehmbar und es bilden sich zwei Flüssigkeitsschichten [B3].
Auch andere Alkohole und Carbonsäuren reagieren in einer **Kondensationsreaktion** zu **Estern** und Wasser [B5].

Eine Reaktion, bei der sich Moleküle unter Abspaltung von Wasser-Molekülen oder anderen kleinen Molekülen verbinden, heißt Kondensationsreaktion. Säuren reagieren dabei mit Alkoholen zu Estern und Wasser.

Estergruppe Alle Ester-Moleküle die aus Carbonsäuren hergestellt werden, enthalten als funktionelle Gruppe die Carbonsäureestergruppe, kurz Estergruppe genannt. Diese ist in B1, B2, B4 und B5 orange markiert.

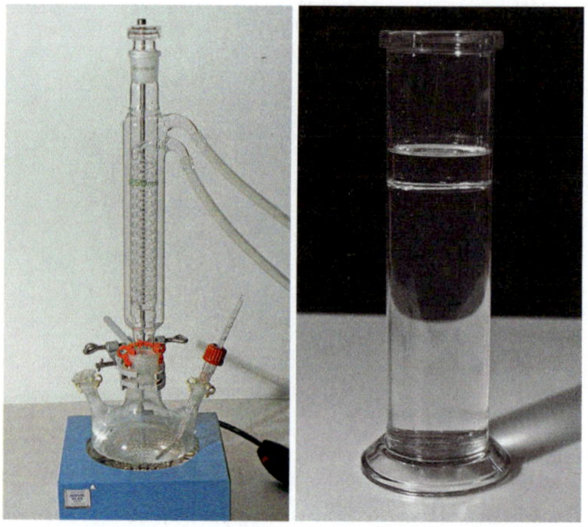

***B3** Synthese von Essigsäureethylester im Labor (links), Essigsäureethylester mit Wasser (rechts)*

Nomenklatur. Der Name eines Carbonsäureesters setzt sich wie in B6 gezeigt zusammen. Nach den IUPAC-Regeln werden Carbonsäureester als „Salze" der Carbonsäuren benannt. Essigsäureethylester bzw. Ethansäureethylester wird daher auch als Ethylacetat oder Ethylethanoat bezeichnet.

Eigenschaften. Essigsäureethylester ist in Wasser begrenzt löslich (8,5 g in 100 g Wasser), mit Benzin bildet dieser Ester in jedem Verhältnis eine Lösung [B9]. Dies liegt daran, dass der Einfluss der unpolaren Methyl- und Ethylgruppe gegenüber der polaren CO-Gruppe in den Ester-Molekülen überwiegt. Carbonsäureester lösen sich daher gut in organischen Lösungsmitteln und können selbst als Lösungsmittel für organische Stoffe dienen. Essigsäureethylester und Essigsäurebutylester sind wichtige Bestandteile vieler Nagellackentferner und Klebstoffe. Essigsäurebutylester ist auch ein Lösungsmittel für viele Lacke.

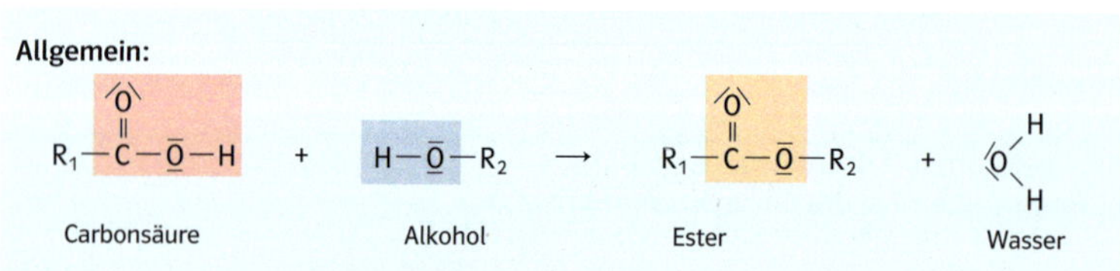

***B5** Allgemeines Schema der Esterbildung*

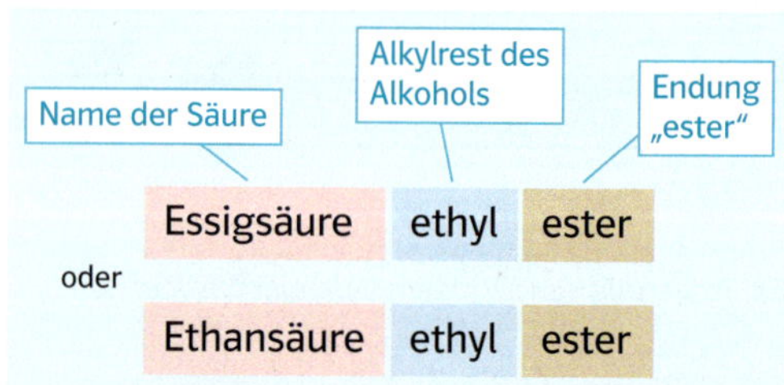

***B6** Nomenklatur eines Carbonsäureesters am Beispiel des aus Essigsäure und Ethanol gebildeten Esters*

Stoff	Formel	ϑ_{sd} in °C
Essigsäureethylester	$CH_3COOC_2H_5$	77
Butansäure	C_3H_7COOH	164
Butanol	C_4H_9OH	117
Essigsäure	CH_3COOH	118
Ethanol	C_2H_5OH	78

B7 *Siedetemperaturen ausgewählter organischer Verbindungen*

Da die Ester-Moleküle keine Hydroxygruppen aufweisen, können sie untereinander keine Wasserstoffbrücken bilden. Die Siedetemperaturen der Ester liegen deshalb weit niedriger als die der Alkohole und Alkansäuren mit Molekülen ähnlicher Kettenlänge [B7].

Ester, die aus Alkansäuren und Alkoholen mit jeweils kurzkettigen Molekülen gewonnen werden können, sind leicht flüchtig. Sie haben einen angenehm fruchtartigen oder blumigen Geruch, ganz im Gegensatz zum stechenden Geruch der Alkansäuren, die an deren Bildung beteiligt sind.

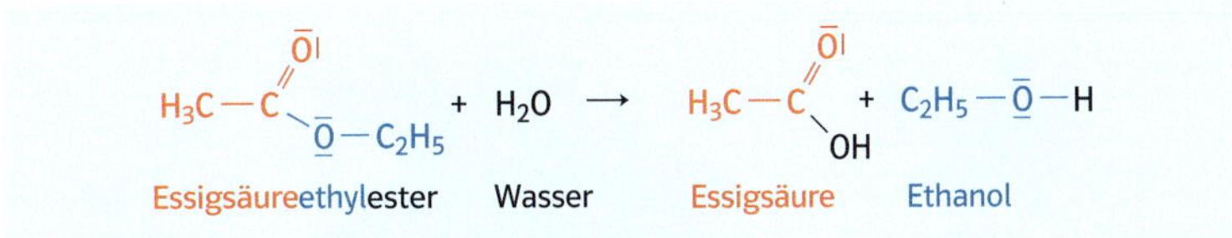

B8 *Esterspaltung von Essigsäureethylester*

Ester unterscheiden sich durch die funktionelle Gruppe ihrer Moleküle deutlich in ihren Eigenschaften von den Stoffen, aus denen sie gebildet wurden.

Esterspaltung (Hydrolyse). Durch die Reaktion mit Wasser können Ester wieder in Alkohol und Säure gespalten werden. Auch diese Reaktion wird durch Schwefelsäure katalysiert. Die Esterspaltung ist die Umkehrung der Esterbildung und ist ein Beispiel für eine **Hydrolyse** [B8].

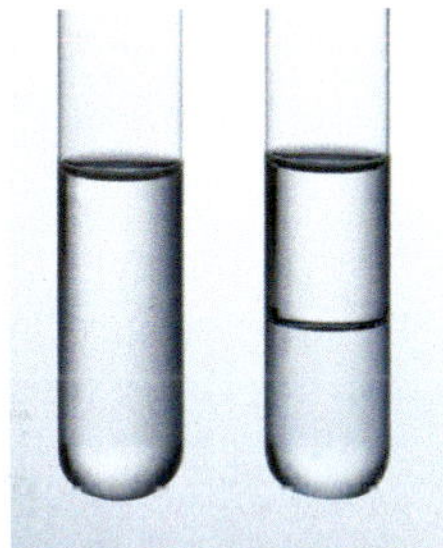

B9 *Essigsäureethylester in Benzin (links), in Wasser (rechts)*

Bei einer Hydrolyse entstehen aus einem großen Molekül durch Reaktion mit einem Wasser-Molekül zwei kleinere Moleküle.

Die Esterbildung (Kondensationsreaktion) und die Esterspaltung (Hydrolyse) sind Beispiele für umkehrbare Reaktionen.

V1 ⚠ (Schutzbrille! Schutzhandschuhe!) Man erhitzt ein Gemisch aus 20 ml Essigsäure (Eisessig), 20 ml Ethanol und 3 ml konz. Schwefelsäure ca. 10 Minuten im Kolben mit aufgesetztem Rückflusskühler. Danach wird die Flüssigkeit in einen kleinen Standzylinder mit Wasser gegossen. Der Geruch wird vor und nach der Reaktion geprüft.

V2 ⚠ (Schutzbrille! Schutzhandschuhe!) Man stellt in einem Reagenzglas ein Gemisch aus 3 ml Butan-1-ol und 2,5 ml Essigsäure (Eisessig) her und gibt einige Tropfen konz. Schwefelsäure dazu. Man schüttelt, erwärmt kurz und lässt das Reagenzglas einige Minuten stehen. Der Inhalt wird in ein Becherglas mit verdünnter Natronlauge gegossen. Der Geruch wird geprüft.

V3 Befüllen Sie vier Reagenzgläser mit jeweils 2 ml Wasser, 20 ml Wasser, 2 ml Wundbenzin bzw. 2 ml Pflanzenöl. Geben Sie in jedes Reagenzglas zusätzlich 2 ml Essigsäureethylester. Schütteln Sie.

V4 ⚠ (Schutzbrille!) Geben Sie in ein Reagenzglas 2 Tropfen Essigsäureethylester und fügen Sie 3 ml verdünnte Natronlauge ($c \approx 2$ mol/l) hinzu. Erwärmen Sie im Wasserbad (60 bis 70 °C). Prüfen Sie am Anfang und nach 10 Minuten den Geruch.

A1 ○ Formulieren Sie für die Reaktion der Essigsäure mit Butan-1-ol die Reaktionsgleichung. Benennen Sie die Produkte.

A2 ◒ Vergleichen Sie die Siedetemperatur des Essigsäureethylesters (ϑ_{sd} = 77 °C) mit der Siedetemperatur der isomeren Carbonsäure und erklären Sie den Unterschied.

A3 ◒ Ameisensäuremethylester ist in Wasser besser löslich als Essigsäureethylester. Erklären Sie diese Beobachtung.

A4 ● Gibt man einige Tropfen des wohlriechenden Butansäureethylesters in einen Erlenmeyerkolben mit Wasser und verschließt diesen, so nimmt man nach einiger Zeit den penetranten Geruch nach Buttersäure wahr. Erklären Sie die beschriebene Beobachtung.

1.31 Verwendung und Vorkommen von Carbonsäureestern

B1 *Ester sind Bestandteile des Erdbeeraromas*

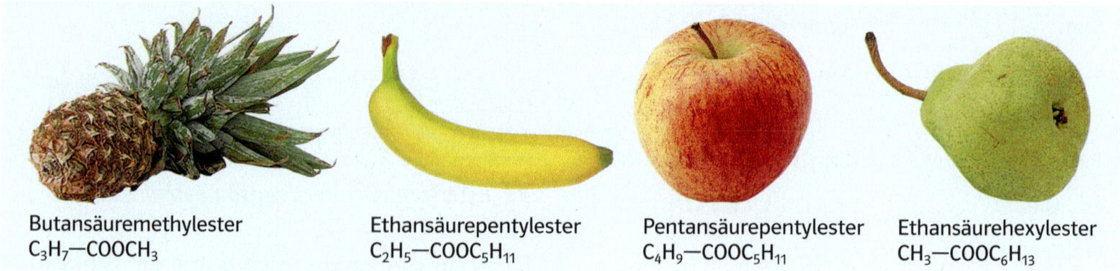

B2 *Die Aromen vieler Früchte werden durch Ester geprägt*

Carbonsäureester finden sich in Früchten, sie sind Bestandteile von Lebensmitteln, Süßigkeiten und Parfüms oder werden als Lösungsmittel eingesetzt. Sie spielen bei der Kunststoffherstellung und in der Pharmazie eine wichtige Rolle – Ester sind vielseitig nutzbar. Die Vielfalt der Ester und ihrer Einsatzmöglichkeiten beruht auf den Kombinationsmöglichkeiten von ganz unterschiedlichen Alkoholen und Carbonsäuren, den Ausgangsstoffen der Estersynthese.

Aromastoffe. Der Geruch oder Geschmack eines Aromastoffes ist häufig auf leicht flüchtige Ester zurückzuführen, d.h., die Moleküle dieser Verbindungen besitzen nur relativ kurze Alkylgruppen. Ester kommen z.B. in Früchten von Natur aus vor [B2]. Das Gesamtaroma, beispielsweise einer Erdbeere [B1], entsteht aber meist durch ein Gemisch von vielen verschiedenen Stoffen. Die reinen Ester riechen und schmecken dagegen meist nicht sehr natürlich. Deshalb ist es auch so schwierig, natürlich wirkende Aromastoffe künstlich herzustellen.

Lösungsmittel. Ester sind aufgrund ihres wenig polaren Molekülbaus gute Lösungsmittel für organische Stoffe. Sie werden z.B. zum Verdünnen von Lacken und Anstrichfarben eingesetzt. Nagellackentferner enthält statt Aceton (Propanon) häufig Essigsäureethylester [V1]. Dieser wird auch zur Entkoffeinierung von Kaffee verwendet und dient als Lösungsmittel vieler Klebstoffe [V2]. Die Lösungsmitteldämpfe dürfen jedoch nicht in größeren Mengen eingeatmet werden, da sie zu Übelkeit, Schwindel und Bewusstlosigkeit führen können.

Fette. Auch Fette gehören zu den Carbonsäureestern. Sie sind aus dem mehrwertigen Alkohol Glycerin (Propantriol) und Fettsäuren (Kap. 1.25) aufgebaut. Es sind also Glycerinester. Da die drei Hydroxygruppen des Glycerin-Moleküls meist mit verschiedenen Fettsäuren verestert sind, handelt es sich um komplexe Gemische mit entsprechend verschiedenen Eigenschaften.

Wachse. Ester aus Fettsäuren und Fettalkoholen, d.h., Verbindungen deren Moleküle langkettige Alkylreste aufweisen, heißen Wachse. Sie kommen in der Natur als Schutzschicht auf Blättern, Blüten oder Früchten vor. Der Hauptbestandteil des Bienenwachses [B3] ist z.B. ein Ester aus Palmitinsäure ($C_{15}H_{31}COOH$) (Kap. 1.25) und Myricylalkohol ($C_{30}H_{61}OH$). Wachse werden in Pflegemitteln für Schuhe, Böden, Möbel und als Salbengrundlagen verwendet.

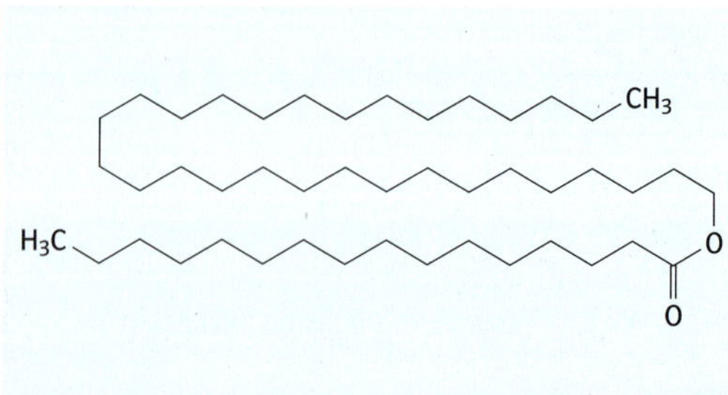

B3 *Links: Bienenwachs besteht aus Estern. Hauptbestandteil ist Palmitinsäuremyricylester (rechts)*

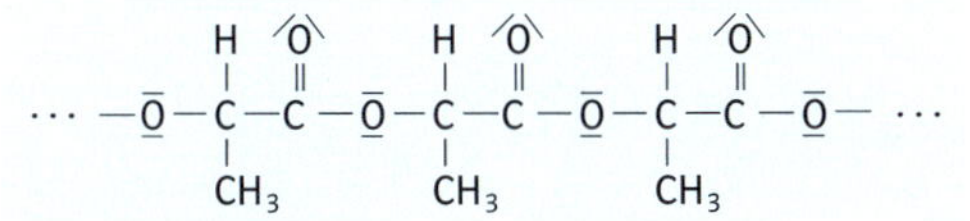

B4 Polyester-Molekül durch Kondensation von Milchsäure-Molekülen

Polyester. Erwärmt man Milchsäure (2-Hydroxypropansäure), so wird die Stoffportion zunehmend zähflüssiger. Am Ende erhält man ein festes, klebriges Reaktionsprodukt [V4]. Die Milchsäure-Moleküle besitzen jeweils eine Carboxy- und eine Hydroxygruppe, zwischen denen Estergruppen entstehen können. Da im entstandenen Ester-Molekül noch eine OH- und eine COOH-Gruppe verbleiben, kann eine Reaktion zu langkettigen Makromolekülen erfolgen [B4]. Aus derartigen Makromolekülen können Kunststoffe hergestellt werden. Sie heißen **Polyester**.

Konservierungsmittel (Parabene). Die Ester der para-Hydroxybenzoesäure heißen auch **Parabene** oder kurz **PHB-Ester**. Da sie gegen Bakterien und Schimmelpilze wirken, werden sie in pharmazeutischen Produkten und Kosmetika verwendet. Der Einsatz von Parabenen ist allerdings umstritten, da sie leicht allergisierend wirken und wahrscheinlich eine geringe hormonähnliche Wirkung besitzen. Für alle Parabene, meist werden Methyl- und Ethylester verwendet, wurden daher Höchstkonzentrationen in Kosmetika festgelegt.

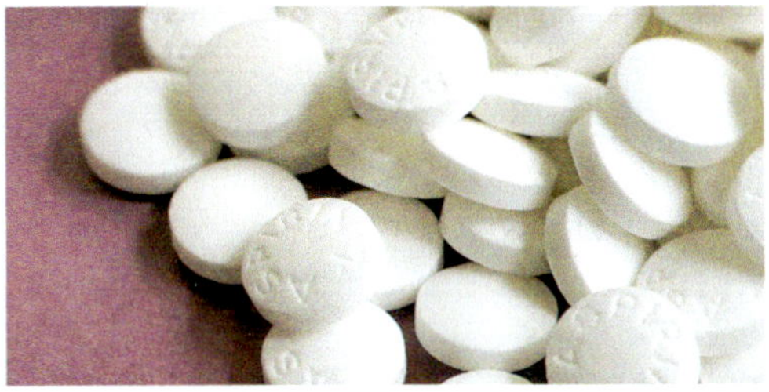

B5 Handelsübliche Form von ASS

Medikamente. Eines der bekanntesten Schmerzmittel wird durch Veresterung der Salicylsäure (2-Hydroxybenzoesäure) mit Essigsäure hergestellt. Das Produkt ist Acetylsalicylsäure (ASS) [B5, 6]. Es ist nicht nur gegen Kopfschmerzen wirksam, sondern wird zudem bei Herz-Kreislauf-Erkrankungen eingesetzt, da es auch eine blutverdünnende Wirkung hat.

Carbonsäureester werden häufig als Duft- und Aromastoffe, aber auch als Lösungsmittel, Konservierungsmittel und Kunststoffe verwendet. In der Natur findet man sie vor allem in Früchten, aber auch in Fetten und in Form von Wachsen auf Blättern.

Die Vielfalt ihrer Eigenschaften und Einsatzmöglichkeiten beruht auf den zahlreichen Kombinationsmöglichkeiten der beiden Ausgangsstoffe.

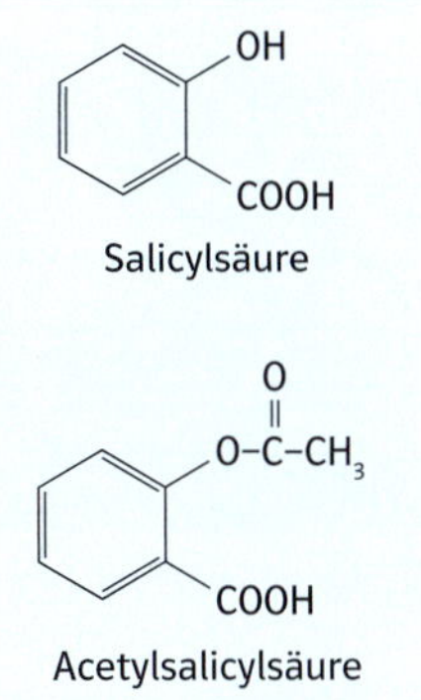

B6 Acetylsalicylsäure (ASS) kann durch Veresterung von Salicylsäure hergestellt werden

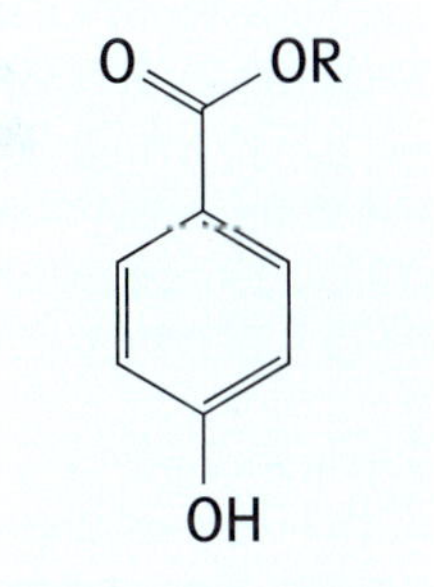

B7 para-Hydroxybenzoesäureester (Parabene) dienen als Konservierungsmittel

---

V1 Geben Sie in drei Reagenzgläser jeweils etwas Nagellack. Versuchen Sie, den Nagellack in **a)** etwas Aceton, **b)** etwas Ethanol und **c)** etwas Essigsäureethylester zu lösen.

V2 Lösen Sie viel Polystyrol (Styropor®) in Essigsäureethylester, bis eine dickflüssige Mischung entsteht. Führen Sie damit Klebeversuche durch, z. B. Glas auf Glas, Papier oder Pappe auf Glas, Polystyrol-Teil auf Polystyrol-Teil.

V3 (Schutzbrille!) Mischen Sie in einem Reagenzglas ca. 0,5 g Salicylsäure [B5] mit 2 ml Methanol. Lassen Sie von der Lehrkraft ca. 1 ml konz. Schwefelsäure zusetzen und erhitzen Sie. Prüfen Sie den Geruch.

V4 Geben Sie Milchsäure (w = 90 %) in eine Teelichthülle und stellen Sie diese 24 Stunden bei einer Temperatur von ca. 200 °C in den Trockenschrank.

A1 ○ Erklären Sie, warum viele Ester gute Lösungsmittel sind.

A2 ◒ Formulieren Sie jeweils die Reaktionsgleichung für die Reaktion von:
a) Butansäure mit Ethandiol
b) Salicylsäure mit Essigsäure

A3 ◒ Der in V3 gebildete Ester ist Bestandteil des Wintergrünöls und wird häufig als Aromastoff in Kaugummi [B8] und in Mundwässern verwendet. Formulieren Sie die Reaktionsgleichung und benennen Sie den Ester mit systematischem Namen.

B8 Bonbons mit Wintergrünöl

1.32 Die Vielfalt der Ester

B1 *Birnenaroma: Essigsäurepentylester*

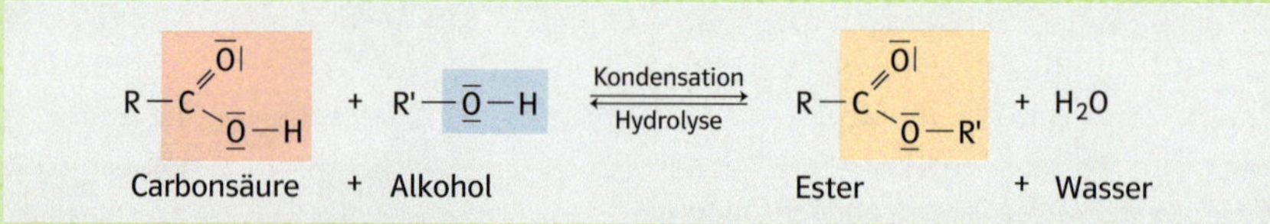

B2 *Esterbildung und -spaltung*

Carbonsäuren und Alkohole reagieren zu Carbonsäureestern. Durch Kombination von unterschiedlichen Carbonsäuren und Alkoholen können vielfältige Ester synthetisiert werden.

V1 Synthese von Aromastoffen

Material:
Heizplatte mit Thermoblock aus Aluminium oder Wasserbad, Reagenzglasgestell, 10 Reagenzgläser, 5 Adsorptionsstopfen, 2 Pipetten, Spatel, wasserfester Stift, konz. Schwefelsäure, Natronlauge (w = 10 %), Benzoesäure; in Tropfflaschen: Ethanol, Propan-1-ol, Pentan-1-ol, Ameisensäure, Essigsäure, Propionsäure

Durchführung:
⚠ (Schutzhandschuhe!) Stellen Sie aus den oben gegebenen Ausgangsstoffen die folgenden Ester her: Ameisensäureethylester, Essigsäurepropylester, Essigsäurepentylester, Propionsäurepentylester und Benzoesäureethylester. Geben Sie dazu die jeweilige Alkoholkomponente ca. 1 cm hoch in ein beschriftetes Reagenzglas, dazu die Carbonsäurekomponente, ebenfalls ca. 1 cm hoch. Fügen Sie 3 Tropfen Schwefelsäure hinzu und schütteln Sie die Mischung vorsichtig. Setzen Sie Adsorptionsstopfen auf die fünf Reagenzgläser und erhitzen Sie diese ca. 10 min auf 80 °C.
Geben Sie in fünf frische Reagenzgläser jeweils ca. 4 cm hoch Natronlauge und dazu je ca. 0,5 cm hoch die abgekühlten Reaktionsgemische.

Aufgaben:
1. Beschreiben Sie Ihre Beobachtungen und deuten Sie diese.
2. Formulieren Sie die Reaktionsgleichungen zur Herstellung der Ester und ordnen Sie diese jeweils einem der folgenden Aromen zu: Bananen-Aroma, Apfel-Aroma, Birnen-Aroma, Rum-Aroma, Ananas-Aroma.

V3 Carbonyle und DNPH-Test

Material:
⚠ Abzug! 3 Reagenzgläser, passende Stopfen, Reagenzglasgestell, Propanal, Propanon, Ethansäureethylester, DNHP-Reagenz (Das DNPH-Reagenz enthält 2,4-Dinitrophenylhydrazin (0,025 mol/l) in Salzsäure der Konzentration c(HCl) = 2 mol/l))

Durchführung:
Geben Sie zu ca. 1 ml DNPH-Reagenz in drei Reagenzgläsern 1 ml dest. Wasser und anschließend in das erste Reagenzglas ca. 1 ml Propanal, in das zweite ca. 1 ml Propanon und in das dritte ca. 1 ml Ethansäureethylester. Schütteln Sie die Reagenzgläser und beobachten Sie ca. 1 Minute.

Aufgabe:
Begründen Sie, welche Schlussfolgerungen sich aus Ihren Beobachtungen ziehen lassen.

V2 Esterspaltung

Material:
5 Erlenmeyerkolben (100 ml) mit Stopfen, wasserfester Stift, Natronlauge (w = 10 %), Versuchsansätze von V1

Durchführung:
Füllen Sie die beschrifteten Erlenmeyerkolben zur Hälfte mit Natronlauge und geben Sie jeweils die Hälfte Ihrer Versuchsansätze von V1 dazu. Prüfen Sie den Geruch (durch vorsichtiges Zufächeln) und verschließen Sie dann die Kolben. Kippen Sie vorsichtig die Kolben, um die wasserunlösliche Phase (obere Flüssigkeitsschicht) besser zu erkennen.
Prüfen Sie nochmals nach ca. 30 min und nach einem Tag, ob sich der Geruch verändert hat und ob die wasserunlösliche Phase noch vorhanden ist. (*Hinweis*: Pentan-1-ol ist in Natronlauge fast unlöslich.)

Aufgaben:
1. Beschreiben Sie Ihre Beobachtungen und erklären Sie diese.
2. Formulieren Sie für zwei Esterspaltungen jeweils eine Reaktionsgleichung mit Strukturformeln.
3. Begründen Sie, warum man die Esterspaltung auch als Hydrolyse bezeichnet.
4. Begründen Sie, warum die Esterspaltung auch zum Esternachweis genutzt werden kann.

1.33 Duft- und Aromastoffe im Überblick

Der Duft einer Blume, der Geruch oder Geschmack von Gewürzen und Früchten wird durch Stoffe verursacht, die meist schon in geringen Mengen den jeweiligen Sinneseindruck hervorrufen. Das Gesamtaroma entsteht jedoch durch Kombination vieler verschiedener Stoffe. Duft- und Aromastoffe gehören oft zu den Stoffklassen der Alkohole, Aldehyde, Ketone und Carbonsäureester.

Aromastoffe werden Lebensmitteln zugesetzt, um ihnen einen besonderen Geruch oder Geschmack zu verleihen. Viele Produkte sind jedoch auch überaromatisiert. Dies ändert das Geschmacksempfinden, weshalb naturbelassene Lebensmittel dann mit der Zeit als fade empfunden werden. Bei der Nennung auf dem Etikett unterscheidet man zwischen *natürlichen Aromen* und einfach *Aromen*, letztere können künstlich oder naturidentisch sein [A3].

***B1** Aromastoffe können aus Früchten stammen oder künstlich hergestellt werden*

A1 ◒ MK Recherchieren Sie zu den Duft- bzw. Aromastoffen Heptan-2-on, Butan-2,3-dion (Diacetyl), Linalylacetat, Menthol sowie Perilla-Aldehyd und ergänzen Sie B2 in ihrem Heft. Markieren Sie in den Strukturformeln die funktionellen Gruppen und nennen Sie die Stoffklassen.

A2 ○ Nennen Sie eine oder mehrere Möglichkeiten, die Aromastoffe in B2 in Gruppen zu ordnen.

A3 ◒ MK Recherchieren Sie, was man unter natürlichen, naturidentischen und künstlichen Aromastoffen versteht.

Duft- u. Aromastoff	Formel	Vorkommen	Verwendung	Sonstiges
Benzaldehyd	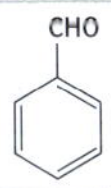	In Kernen von Mandeln, Aprikosen, Pfirsichen und Pflaumen	Bittermandelaroma zum Backen, Aromastoff des Marzipans	Wird leicht vom Luftsauerstoff zu Benzoesäure oxidiert
Vanillin	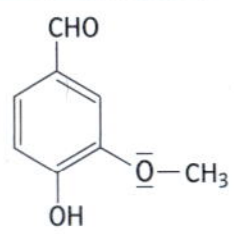	In Vanilleschoten und Gewürznelken	Synthetisch hergestelltes Vanillin als Aromastoff für Schokolade, Backwaren und Vanillinzucker	Verzögert den Verderb von Lebensmitteln durch Schimmelpilze, Hefen und Sauerstoff
Zimtaldehyd	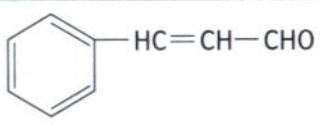	Bestandteil der Myrrhe, in Zimtöl	In Gewürzen, zur Parfümierung von Seifen	Wirkt als Insektizid
2-Hexenal (Hex-2-enal) (Blätteraldehyd)	$CH_3(-CH_2)_2-CH=CH-CHO$	In grünen Blättern (z. B. Tee), Bestandteil des Olivenöl- und Apfelaromas	Für Parfümöl	Stoff, an dem Heuschrecken ihr Futter erkennen, Geruch nach grünem Gras
Eugenol	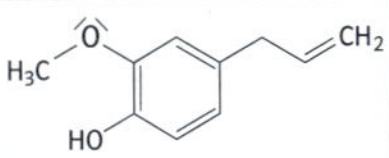	In Nelken-, Piment-, Zimtrinden- und Basilikumöl	Zur Parfümierung von Seifen und Tensiden; Anästhetikum in der Zahnheilkunde	Lockstoff für Insekten
α-Jonon	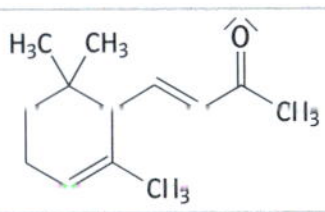	In Veilchenöl	In der Riechstoffindustrie; zur Herstellung von Aromen	Kann noch in äußerst geringer Konzentration von Menschen gerochen werden
Essigsäurebenzylester (Benzylacetat)	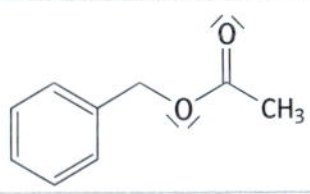	In Jasminöl	Als blumige Note bei der Parfümherstellung; Lösungsmittel für Druckfarben und Lacke	Jasminduft ist neben dem Rosenduft der am meisten verwendete Blütenduft
Geraniol	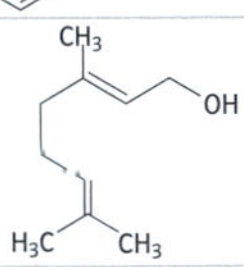	In Geranien- und Rosenöl	Als blumige Note bei der Parfümherstellung und der Parfümierung von Seifen; in der Genussmittelindustrie	
Limonen	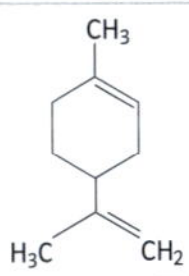	In Zitronen- und Orangenöl	Preiswerter Duftstoff; als Reiniger und Verdünnungsmittel in der Lackindustrie	Fällt in großen Mengen bei der Produktion von Orangensaft an

***B2** Duft- und Aromastoffe*

1.34 Zusammenfassung und Übung

Name	Halbstrukturformel
Methanol	$CH_3{-}OH$
Ethanol	$CH_3{-}CH_2{-}OH$
Propan-1-ol	$CH_3{-}CH_2{-}CH_2{-}OH$
Butan-1-ol	$CH_3{-}CH_2{-}CH_2{-}CH_2{-}OH$
Pentan-1-ol	$CH_3{-}CH_2{-}CH_2{-}CH_2{-}CH_2{-}OH$

***B1** Die homologe Reihe der Alkanole*

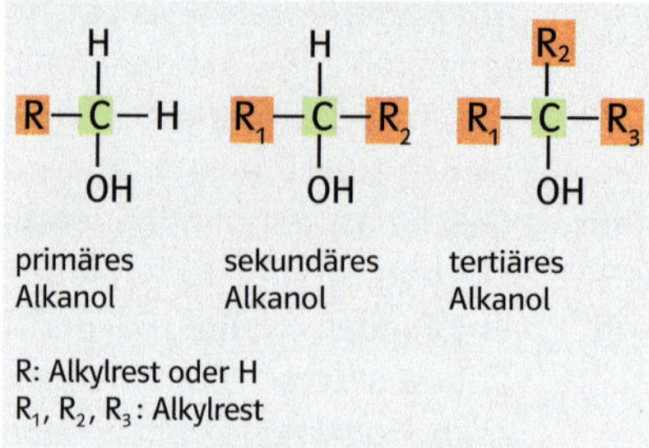

***B4** Einteilung der Alkanole*

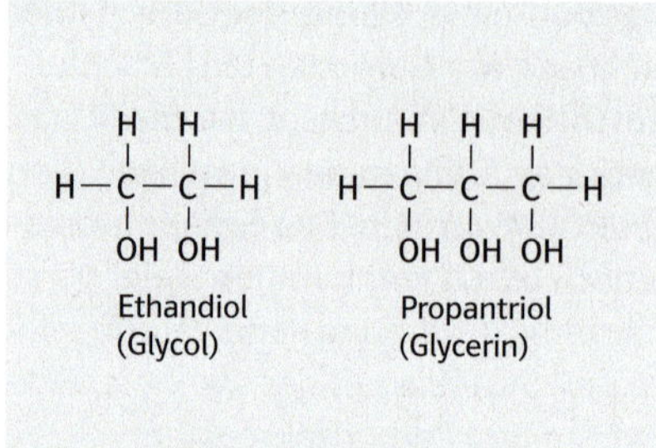

***B7** Mehrwertige Alkohole*

Alkohole und Alkanole

Die funktionelle Gruppe der Alkohole ist die Hydroxygruppe. Diese bestimmt im Wesentlichen die Eigenschaften und das Reaktionsverhalten dieser Stoffklasse. Lassen sich die Alkohol-Moleküle von den Alkan-Molekülen ableiten, so spricht man von Alkanolen. Sie bilden, wie die Alkane, eine homologe Reihe [B1].
Die allgemeine Formel der Alkanole lautet $C_nH_{2n+1}OH$.
Die Benennung erfolgt durch Anfügen der Endung „-ol" an den entsprechenden Alkannamen.

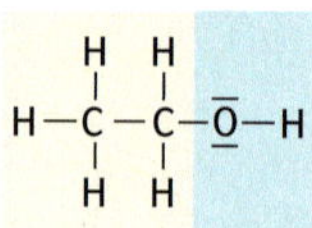

***B2** Das Ethanol-Molekül besteht aus einer Ethylgruppe (gelb) und einer Hydroxygruppe (blau)*

Ethanol

Der wichtigste Vertreter der Gruppe der Alkanole ist Ethanol [B2]. Es wird u.a. mithilfe von Enzymen durch alkoholische Gärung aus Traubenzucker (Glucose) gewonnen [B3]. Alkoholkonsum führt zu zahlreichen körperlichen Ausfallerscheinungen und zu Kontrollverlust, langfristig auch zu Schädigungen der Organe und häufig zur Sucht.

$$C_6H_{12}O_6 \longrightarrow 2\,C_2H_5OH + 2\,CO_2$$

Glucose — Ethanol — Kohlenstoffdioxid

***B3** Alkoholische Gärung*

Primäre, sekundäre und tertiäre Alkanole

Je nach Anzahl der gebundenen Alkylgruppen am C-Atom, das die OH-Gruppe trägt, unterscheidet man primäre, sekundäre und tertiäre Alkanol-Moleküle [B4].

Eigenschaften der Alkanole

Alkanol-Moleküle besitzen eine unpolare Alkylgruppe, die London-Kräfte ausbilden kann, und eine oder mehrere polare OH-Gruppen, die Wasserstoffbrücken bilden können [B5].
Bei Alkanolen die aus langkettigen Molekülen bestehen, überwiegen die lipophilen Eigenschaften, sie sind in Benzin löslich. Alkanole, die aus kurzkettigen Molekülen bestehen, sind auch hydrophil und lösen sich in Wasser [B6].
Methanol, Ethanol und die Propanole sind bedeutende Lösungsmittel, da sie sowohl hydrophile als auch lipophile Stoffe lösen können.

Mehrwertige Alkohole

enthalten mindestens zwei OH-Gruppen im Molekül [B7].
Nach der Erlenmeyer-Regel sind Moleküle mit mehreren OH-Gruppen an *einem* Kohlenstoff-Atom meist nicht beständig.

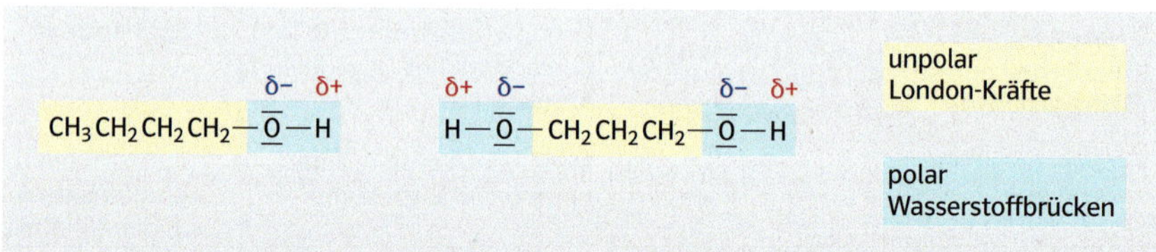

***B5** Polare und unpolare Molekülteile von Alkoholen*

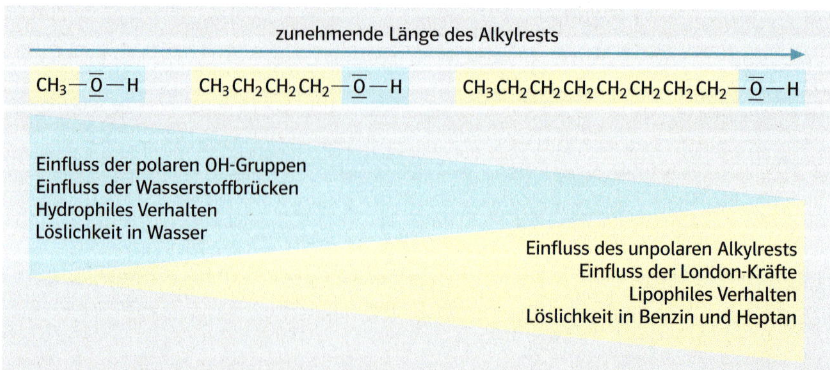

***B6** Hydroxygruppe und Alkylrest sind für die Eigenschaften der Alkohole verantwortlich*

Oxidationsreaktionen von Alkoholen

Primäre Alkohole ergeben bei der Oxidation Aldehyde, sekundäre Alkohole reagieren zu Ketonen. Tertiäre Alkohole reagieren unter den gleichen Bedingungen nicht. Aldehyde können zu Carbonsäuren weiteroxidiert werden [B9].

Aldehyde und Ketone

Sie entstehen durch Oxidation primärer bzw. sekundärer Alkohole. Nachweisreaktionen für Aldehyde sind die Probe mit Schiff'sche Probe, die Silberspiegelprobe und die Fehling-Probe.

Alkansäuren

Stoffe, deren Moleküle eine Carboxygruppe tragen, zählt man zu den Carbonsäuren. Befindet sich die Carboxygruppe an einer Alkylgruppe, nennt man die entsprechenden Stoffe Alkansäuren. Ein Beispiel ist die Essigsäure. Die wässrigen Lösungen dieser Stoffe reagieren sauer, d.h., ihre Moleküle bilden mit Wasser-Molekülen Oxonium-Ionen [B8].

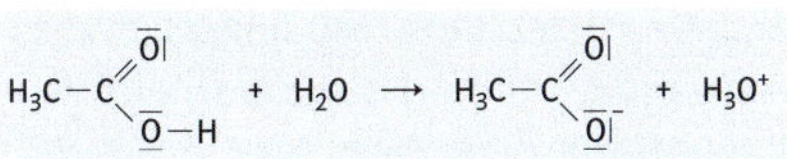

B8 *Reaktion von Essigsäure und Wasser*

Fettsäuren

Alkansäuren, deren Moleküle sehr lange Ketten aus Kohlenstoff-Atomen und eine Carboxygruppe aufweisen, zählt man zu den Fettsäuren.

Ester

Ester entstehen bei der Reaktion von Säuren mit Alkoholen durch Abspaltung von Wasser [B11].
Ester sind
- als Aromastoffe in Früchten enthalten,
- gute Lösungsmittel,
- Medikamente,
- Wachse,
- Fette und
- Konservierungsmittel.

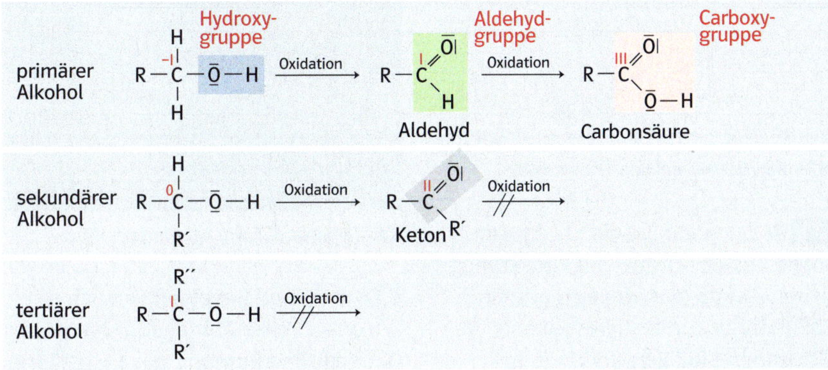

B9 *Oxidationsreaktionen der Alkohole*

Verbindungsklasse	Allgemeine Strukturformel	Funktionelle Gruppe
Alkohole (z.B. Alkanole)	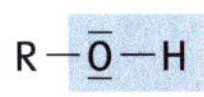	Hydroxygruppe
Aldehyde (z.B. Alkanale)	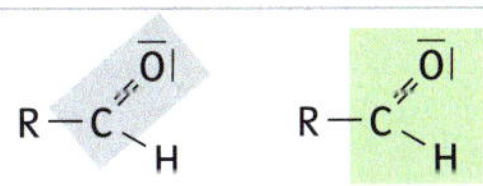	Carbonylgruppe (links) Aldehydgruppe (rechts)
Ketone (z.B. Alkanone)	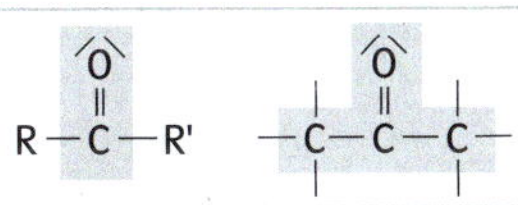	Carbonylgruppe (links) Ketogruppe (rechts)
Carbonsäuren (z.B. Alkansäuren)	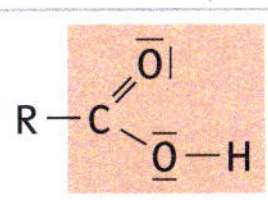	Carboxygruppe
Ester	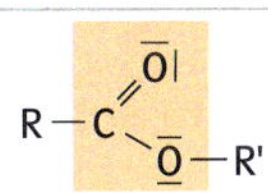	Estergruppe

B10 *Wichtige Verbindungsklassen und ihre funktionellen Gruppen*

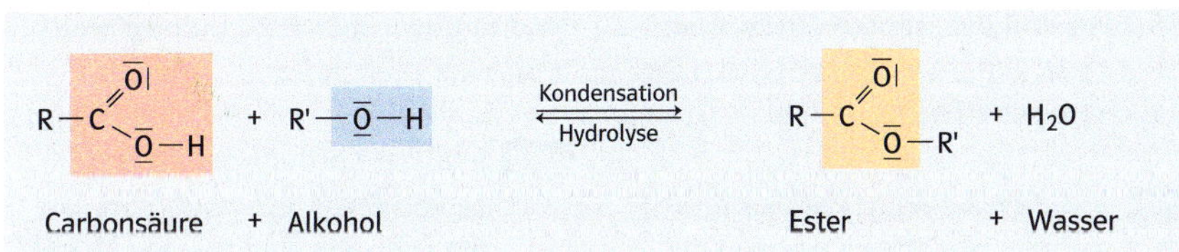

B11 *Estersynthese und Esterspaltung*

Siedetemperatur und Löslichkeit sauerstoffhaltiger organischer Verbindungen

Im Allgemeinen gilt:
Je länger die Alkylgruppe im Molekül ist, desto höher ist die Siedetemperatur und desto geringer ist die Löslichkeit in Wasser.

Und:
Je mehr Hydroxygruppen (bzw. Carboxygruppen) im Molekül vorhanden sind, desto höher ist die Siedetemperatur und desto besser ist die Löslichkeit in Wasser, da sich Wasserstoffbrücken zwischen den Molekülen ausbilden.

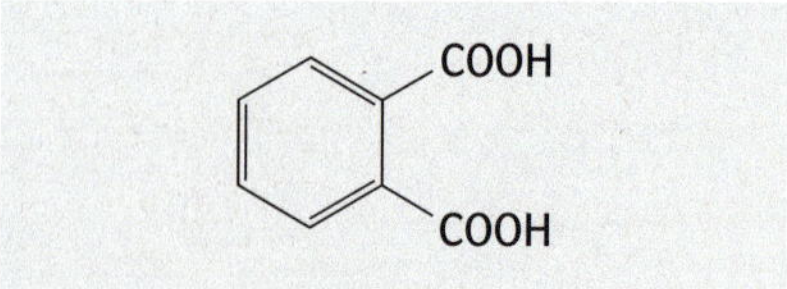

B12 *Strukturformel von Phthalsäure*

A1 ◒ Zeichnen Sie die Strukturformel eines Alkantriols mit kürzestmöglicher C-Kette, das zugleich primäres, sekundäres und tertiäres Alkanol ist. Benennen Sie diese Verbindung.

A2 ◒ Benzin und Wasser sind zwei ineinander nicht lösliche Flüssigkeiten. Fügt man jedoch dem Gemisch eine größere Portion Ethanol zu, so entsteht eine homogene Lösung. Erklären Sie dies.

A3 ● Beim Verdunsten einer Alkoholportion der Masse m(Alkohol) = 67 mg entstehen bei ϑ = 20 °C und p = 1013 hPa V = 50 ml gasförmiger Alkohol. Ermitteln Sie, um welchen Alkohol es sich handelt. Gehen Sie dabei von V_m = 24 l/mol für das molare Volumen aus.

A4 ◒ Propan-1-ol siedet bei 97 °C und Propanon bei 57 °C. Erklären Sie die unterschiedlichen Siedertemperaturen. Nehmen Sie dazu die Strukturformeln und die zwischenmolekularen Kräfte zuhilfe und verwenden Sie die chemische Fachsprache.

A5 ◒ Butan-2-ol wird mit Kupfer-(II) oxid oxidiert. **a)** Formulieren Sie die Redoxgleichung mit Strukturformeln und benennen Sie das organische Reaktionsprodukt. **b)** Recherchieren Sie Verwendungsmöglichkeiten für das organische Reaktionsprodukt.

A6 ● Zeichnen Sie die Halbstrukturformeln der beiden isomeren Propanole und entwickeln Sie ein Experiment, mit dem man die beiden Verbindungen unterscheiden kann. Formulieren Sie ggf. Reaktionsgleichungen.

B13 *Wasser auf wachshaltigem Blatt*

A7 ● Planen Sie einen Versuch mit Angaben von Material und Durchführung zur Bestimmung des Essigsäure-Gehalts in Essig oder Essigreiniger.

A8 ● Ethanol siedet bei 78 °C, Ethanal bei 21 °C, Ethansäure bei 118 °C und Propan bei −42 °C. Formulieren Sie die Strukturformeln der Moleküle und erklären Sie die Unterschiede in den Siedetemperaturen.

A9 ◒ MK In Kap. 1.9, B1 sind die Siedetemperaturen einiger Alkane und Alkanole dargestellt.
a) Stellen Sie die Siedetemperaturen der Ester aus B14 in einem geeigneten Koordinatensystem dar (x-Achse: Anzahl der C-Atome, y-Achse: Temperatur). Schreiben Sie auch die Zahlenwerte an die Punkte.
b) Erläutern Sie, wo in etwa die entsprechenden Kurven für die Stoffklasse der Alkanale bzw. der Alkansäuren im Vergleich zu den Alkanen und Alkanolen liegen.

A10 ◒ **a)** Im Körper wird Ethanol mithilfe von Enzymen abgebaut. Dabei entstehen die Zwischenprodukte Ethanal und Ethansäure und schließlich Kohlenstoffdioxid, das über die Atemluft abgegeben wird. Ermitteln Sie nach den Regeln in Kap. 1.15 die Oxidationszahlen der C-Atome aller beteiligten Verbindungen und zeigen Sie so, dass der Alkoholabbau durch Oxidationsreaktionen erfolgt.
b) Erläutern Sie, ob Alkoholtrinken klimaschädlich ist, wenn am Schluss CO_2 gebildet wird.

A11 ○ Geben Sie die Reaktionsgleichung für die Reaktion von Essigsäure mit 2-Methylpropan-1-ol in Strukturformeln an. Beschreiben Sie diese Reaktion möglichst genau mit Fachbegriffen.

A12 ○ Erklären Sie, warum Wasser auf wachshaltigen Oberflächen von Blättern abperlt [B13].

A13 ◒ Ethansäureethylester (Ethylacetat) ist ein sehr häufig eingesetztes Lösungsmittel in Klebstoffen und Nagellackentfernern.
a) Beschreiben Sie, welche Gefahren von dem Stoff im Alltag ausgehen können.
b) Begründen Sie, wie Nagellackentferner und Klebstoffe sachgerecht entsorgt werden müssen.

A14 ● Erläutern und bewerten Sie den Einsatz der Konservierungsstoffe Zucker, Essig, Salz, Ethanol und Propionsäure (Propansäure) in der Lebensmittelherstellung.

A15 ● Betrachten Sie das Diagramm aus A9. Formulieren Sie allgemeine Aussagen, die man daraus ableiten kann. Berücksichtigen Sie dabei Isomere und die Anzahl der C-Atome der Ester-Moleküle. Welche Auswirkung hat es auf die Siedetemperaturen der Ester, wenn sich deren Moleküle in der C-Atom-Anzahl um 1 unterscheiden?

Nr.	Ester	ϑ_{sd} in °C
1	Ameisensäuremethylester	32
2	Ameisensäureethylester	54
3	Ameisensäurepropylester	81
4	Essigsäuremethylester	57
5	Essigsäureethylester	77
6	Essigsäurepropylester	102
7	Propansäuremethylester	80
8	Propansäureethylester	99
9	Propansäurepropylester	122

B14 *Siedetemperaturen einiger Ester*

2 Reaktionsgeschwindigkeit und chemisches Gleichgewicht

Manche chemische Reaktionen laufen sehr schnell ab, andere langsamer. Bei vielen Reaktionen wird ein chemisches Gleichgewicht erreicht, d. h., sie laufen nicht vollständig ab.

Geschwindigkeit und Gleichgewicht

Schnelle Reaktionen im Airbag

Die Anzahl tödlicher Autounfälle in Europa ist in den letzten Jahrzehnten deutlich zurückgegangen. Dazu hat der Airbag beigetragen. Bei einem Zusammenstoß wird eine sehr schnelle chemische Reaktion ausgelöst. Diese sorgt dafür, dass sich der Airbag schnell mit Gas füllt.

B1 *Crashtest mit Airbag*

A1 MK Recherchieren Sie, mit welchen Gasen Airbags aufgeblasen werden und in welcher Zeit die Gase in den Airbag einströmen.

Geschwindigkeit und Reaktionsgeschwindigkeit

Ein Tachometer zeigt die Geschwindigkeit an, die das Fahrzeug im Moment des Ablesens fährt, die momentane Geschwindigkeit. Allerdings schwankt diese ständig.

B2 *Ein Tachometer zeigt die momentane Geschwindigkeit an*

Die mittlere Geschwindigkeit (Durchschnittsgeschwindigkeit) wird am Ende einer Fahrt berechnet, indem der zurückgelegte Weg durch die Zeit dividiert wird:

$$\bar{v} = \frac{s}{t}$$

In der Chemie kann man auf ähnliche Weise die mittlere Reaktionsgeschwindigkeit definieren.

A2 **a)** Erklären Sie, welche Größen (wie z. B. Stoffmenge, Masse, Konzentration, Volumen) sich bei der Reaktion von Wasserstoff und Sauerstoff zu Wasser im Verlauf der Reaktion verändern.
b) Geben Sie eine mögliche Definition für die mittlere Reaktionsgeschwindigkeit der Reaktion aus (a) an.

Katalysatoren

Im Jahr 1823 entwickelte der Chemiker Johann Wolfgang Döbereiner das nach ihm benannte Feuerzeug [B3].
Wenn man mit dem Finger auf den Hahn drückt, strömt Wasserstoff durch eine Düse auf einen Platinschwamm. Der Platinschwamm glüht auf und entzündet den Wasserstoff. Gleichzeitig strömt Schwefelsäure in die Glasglocke und reagiert mit der Zinkwolle zu Wasserstoff.
Nach dem Schließen des Hahns verdrängt der Überdruck des Wasserstoffs die Schwefelsäure von der Zinkwolle. Die Wasserstoffentwicklung hört auf.

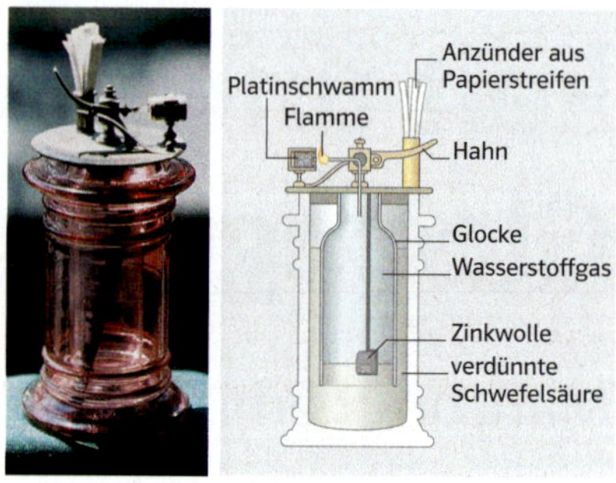

B3 *Das Döbereiner-Feuerzeug*

A3 Nennen Sie den Katalysator im Döbereiner-Feuerzeug.

A4 Nennen Sie Katalysatoren, die Ihnen aus dem Alltag bekannt sind.

A5 Erläutern Sie, worin der Vorzug des Einsatzes eines Katalysators bei einer chemischen Reaktion liegt.

Viele Nagellackentferner [B4] enthalten u. a. Essigsäureethylester (Ethylacetat). Diese Verbindung kann man herstellen, indem man Essigsäure, Ethanol und Schwefelsäure zusammengibt.

B4 *Einsatz eines Nagellackentferners*

A6 **a)** Stellen Sie für die Bildung eines Esters aus einem Alkohol und einer Carbonsäure die Reaktionsgleichung auf.
b) Nennen Sie den Grund, warum dem Reaktionsgemisch Schwefelsäure zugesetzt wird.

Fließgleichgewicht

Am Rhein, an der Donau und auch an kleineren Flüssen gibt es Wasserkraftwerke zur Gewinnung von elektrischem Strom. Dazu wird häufig ein Stauwehr in den Fluss gebaut. Flussabwärts hinter dem Stauwehr befindet sich die Turbine zur Stromgewinnung.
Diese Laufwasserkraftwerke [B5] werden in der Regel rund um die Uhr betrieben und geben ihren Strom zur Deckung der Grundlast ins Netz der öffentlichen Versorgung ab.

B5 *An einem Laufwasserkraftwerk stellt sich ein Fließgleichgewicht ein*

A7 **a)** Beschreiben Sie, wie sich die Wasserhöhe verändert oder einstellt, nachdem das Wehr errichtet ist.
b) Beschreiben Sie eine Möglichkeit, wie in Zeiten geringen Strombedarfs das Laufwasserkraftwerk betrieben werden kann, um anschließend bei hohem Strombedarf möglichst viel elektrischen Strom zu erzeugen.

A8 Erklären Sie die Gemeinsamkeit und den Unterschied zwischen einem Fließgleichgewicht (z.B. an einem Laufwasserkraftwerk) und einem mechanischen Gleichgewicht (z.B. an einer Balkenwaage.)

Tafelwasser selbst hergestellt

In vielen Haushalten gibt es Trinkwassersprudler [B6]. Zur Herstellung von Tafelwasser aus Leitungswasser wird eine druckbeständige Flasche bis zur Markierung mit Leitungswasser gefüllt und mit dem Gerät verbunden. Durch Betätigung eines Dosierknopfes wird Kohlenstoffdioxid aus einer Gaskartusche in das Leitungswasser eingeleitet. In der Gebrauchsanleitung eines Herstellers stehen u.a. die folgenden Hinweise:

„Wir empfehlen, die mit Leitungswasser gefüllten Wasserflaschen im Kühlschrank vorzukühlen, bevor sie ins Gerät eingesetzt werden. Sie können den Geschmack Ihres Tafelwassers selbst steuern: Zweimaliges Drücken des Dosierknopfs liefert stilles Wasser, dreimaliges Drücken medium, und mit viermaligem Drücken erhalten Sie sauren Sprudel. Um den Geschmack Ihres Tafelwassers zu erhalten, sollten Sie die Flaschen stets gut verschließen."

B6 *Trinkwassersprudler mit Kohlenstoffdioxid-Kartusche*

A9 **a)** Erläutern Sie die Hinweise des Herstellers.
b) Das in Wasser gelöste Kohlenstoffdioxid soll nachgewiesen werden. Beschreiben Sie eine mögliche experimentelle Vorgehensweise und formulieren Sie eine entsprechende Reaktionsgleichung.
c) In einem Versuch füllt man eine weiche, dünnwandige Kunststoffflasche mit Kohlenstoffdioxid. Anschließend wird die Flasche bis zur Hälfte mit Wasser gefüllt, dann gut verschlossen und geschüttelt. Erläutern Sie die zu erwartende Beobachtung.

Chemisches Gleichgewicht – ein Spiel als Modellversuch

An den kurzen Seiten einer Schulbank steht je ein Spieler. Das Ziel des Spiels besteht darin, 10-Cent-Münzen aus der eigenen Bankhälfte in die Hälfte des gegnerischen Spielers zu schnipsen. Spieler 1 beginnt und schnipst (gerundet) ein Viertel seiner Münzen in Richtung Gegner. Dann ist Spieler 2 an der Reihe und schnipst (gerundet) ein Viertel seiner Münzen in die andere Richtung. Fällt eine Münze auf den Boden, wird sie vom Schiedsrichter wieder auf die ursprüngliche Bankhälfte gelegt. Gewonnen hat der Spieler, in dessen Bankhälfte nach 5 Minuten weniger Münzen liegen.
Das erste Spiel startet mit jeweils 10 Münzen in der Hälfte von Spieler 1 und Spieler 2. Das zweite Spiel startet mit 20 Münzen in der Hälfte von Spieler 1 und keiner Münze in der Hälfte von Spieler 2.

B7 *Modellversuch mit Münzen*

A10 Viele chemische Reaktionen sind umkehrbar. Die beiden Richtungen bezeichnet man dann als Hinreaktion und Rückreaktion.
a) Begründen Sie, inwiefern das Spiel diesbezüglich als Modell angesehen werden kann.
b) Interpretieren Sie den Gleichgewichtszustand, der sich nach einiger Zeit des Spielens häufig einstellt.

2.1 Die Geschwindigkeit von Reaktionen

B1 *Das Rosten von Eisen ist eine langsame Reaktion*

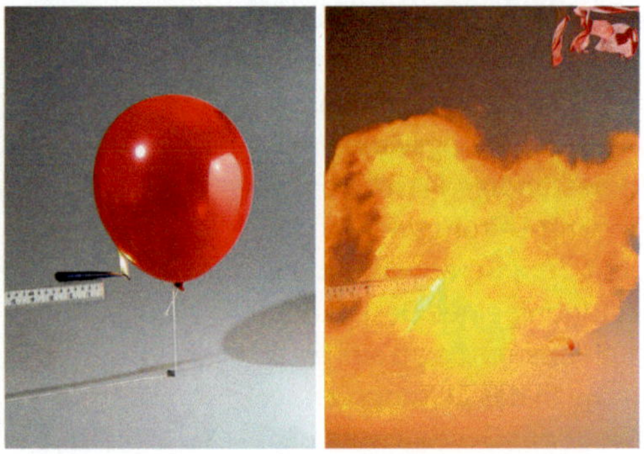

B2 *Entzündet man einen mit Wasserstoff gefüllten Ballon, erfolgt eine explosionsartige Reaktion*

Kinetik von griech. kinesis, Bewegung

Edukte Ausgangsstoffe einer Reaktion

Produkte Hier kurz für Reaktionsprodukte

Δ griech. Buchstabe Delta, Zeichen für die Differenz von zwei Messgrößen, z. B. $\Delta t = t_2 - t_1$

Das Rosten von Eisen verläuft sehr langsam [B1]. Im Vergleich dazu verläuft die Verbrennung von Wasserstoff sehr schnell [B2].
Die **Kinetik** ist ein Teilbereich der Chemie; sie beschäftigt sich mit dem zeitlichen Ablauf von Reaktionen. Dies ist z. B. für die chemische Industrie wichtig: Ein Produktionsprozess ist wirtschaftlich, wenn die Produkte in möglichst kurzer Zeit gebildet werden.

Geschwindigkeit in der Mechanik. Legt ein Auto in 2 Stunden 160 km zurück, so ist seine *mittlere Geschwindigkeit* der Quotient aus der zurückgelegten Strecke und der Fahrzeit, also 80 km/h. Allerdings fährt das Auto im Straßenverkehr zeitweise langsamer und dann auch wieder schneller, d. h., seine *momentane Geschwindigkeit* weicht von der mittleren Geschwindigkeit ab.
Bei einer chemischen Reaktion wird keine Strecke zurückgelegt. Wie lässt sich die Geschwindigkeit einer chemischen Reaktion erfassen?

Der zeitliche Verlauf einer Reaktion. Bei einer chemischen Reaktion werden *Edukte* verbraucht und *Produkte* gebildet. Misst man den Verbrauch eines Edukts oder die Bildung eines Produkts abhängig von der Zeit, so lässt sich die Geschwindigkeit der chemischen Reaktion verfolgen.

Die Reaktion von Magnesium mit verdünnter Salzsäure läuft in einer Zeit ab, die sich mit der Stoppuhr verfolgen lässt. Sie ist daher gut geeignet, um die Geschwindigkeit einer chemischen Reaktion zu untersuchen [B3, V1]:

$$Mg(s) + 2\,H_3O^+(aq) \longrightarrow Mg^{2+}(aq) + 2\,H_2O(l) + H_2(g)$$

Bei dieser Reaktion könnte man die Änderung der Masse des Magnesiums, die Änderung der Konzentration der Salzsäure, die Volumenänderung des entstehenden Wasserstoffs oder die Konzentrationsänderung der gebildeten Magnesium-Ionen ermitteln. In V1 wird das Volumen des entstehenden Wasserstoffs abhängig von der Zeit gemessen [B3, B4]. Die Gasentwicklung wird im Verlauf der Reaktion immer schwächer, d. h., in gleichen Zeitintervallen Δt wird die Volumenzunahme ΔV immer kleiner.
Der Quotient $\Delta V / \Delta t$ kann also zur Beschreibung der Reaktionsgeschwindigkeit verwendet werden.

Zur Untersuchung der Geschwindigkeit einer chemischen Reaktion kann man die zeitliche Änderung der Masse, des Volumens oder der Konzentration eines Edukts oder Produkts messen.

V1 Bauen Sie eine Apparatur nach B3 auf (mit 100-ml-Erlenmeyerkolben). Geben Sie bei offenem Dreiwegehahn 50 ml Salzsäure ($c_0(HCl) = 0{,}1\,mol/l$) in den Erlenmeyerkolben. Starten Sie den Magnetrührer und lassen Sie eine Magnesium-Portion mit der Masse $m \approx 1\,g$ (mehrere ca. 5 cm lange Bandstücke) in die Salzsäure fallen. Verbinden Sie schnell den Erlenmeyerkolben mit dem Kolbenprober und starten Sie die Uhr. Es bildet sich gasförmiger Wasserstoff; dieser strömt in den Kolbenprober. Tragen Sie das Volumen des Wasserstoffs in Zeitabständen von 10 Sekunden in eine Tabelle ein.

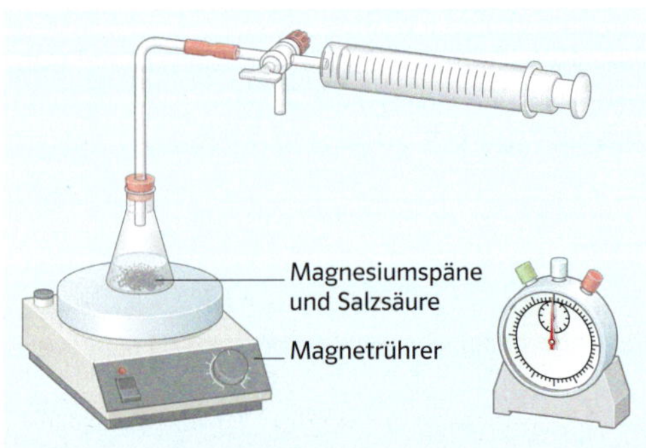

B3 *Versuchsaufbau zu V1*

Mittlere Reaktionsgeschwindigkeit. Zur Messung der Reaktionsgeschwindigkeit wählt man eine Größe, die sich möglichst einfach und schnell quantitativ bestimmen lässt, z. B. das Volumen eines entstehenden Gases [V1]. Diese Größe rechnet man meistens in die Stoffmengenkonzentration *c* eines Edukts oder Produkts um [B5] und gibt dann die mittlere Reaktionsgeschwindigkeit $\overline{v}$ als Quotient aus der Konzentrationsänderung Δc und dem Zeitintervall Δt an. Verfolgt man die Stoffmengenkonzentration eines Produkts, so erhält man die folgende Gleichung:

$$\overline{v} = \frac{c(t_2) - c(t_1)}{t_2 - t_1} = \frac{\Delta c}{\Delta t}$$

Wird die abnehmende Stoffmengenkonzentration eines Edukts verfolgt, so ist Δc negativ. Damit die mittlere Reaktionsgeschwindigkeit einen positiven Wert annimmt, setzt man den Betrag $|\Delta c|$ in die Gleichung ein:

$$\overline{v} = \frac{|\Delta c|}{\Delta t}$$ (Steigung der Sekante in B6)

Die mittlere Reaktionsgeschwindigkeit $\overline{v}$ wird meistens als Quotient aus einer Konzentrationsänderung und dem entsprechenden Zeitabschnitt angegeben.

Momentane Reaktionsgeschwindigkeit. Häufig interessiert man sich für die momentane Reaktionsgeschwindigkeit *v* zu einem bestimmten Zeitpunkt *t*. Dazu müsste das Zeitintervall Δt beliebig klein gewählt werden. Wird im Konzentration-Zeit-Diagramm [B6] das Zeitintervall Δt immer kleiner, so nähert sich die Sekante einer Tangente an.

Die momentane Reaktionsgeschwindigkeit $v(t)$ entspricht der Steigung einer Tangente im Zeitpunkt *t* im Konzentration-Zeit-Diagramm.

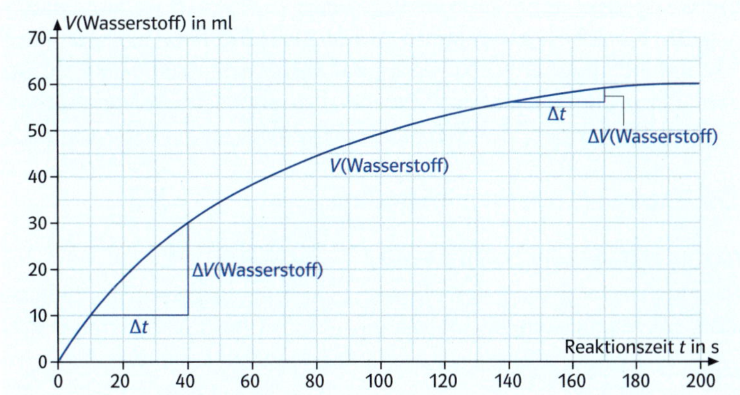

***B4** Volumen-Zeit-Diagramm der Reaktion von Magnesium mit Salzsäure*

Bei der Reaktion von Magnesium mit Salzsäure $Mg + 2\,H_3O^+ \longrightarrow Mg^{2+} + 2\,H_2O + H_2$ sind die Stoffmengen von Magnesium-Ionen und Wasserstoff-Molekülen zum Zeitpunkt *t* gleich:

$$n_t(Mg^{2+}) = n_t(H_2) = \frac{V_t(\text{Wasserstoff})}{V_m(H_2)}$$

Damit ergibt sich für die Konzentration der Magnesium-Ionen:

$$c_t(Mg^{2+}) = \frac{n_t(Mg^{2+})}{V(\text{Salzsäure})} = \frac{V_t(\text{Wasserstoff})}{V_m(H_2) \cdot V(\text{Salzsäure})}$$

Es werden 2 mol Oxonium-Ionen für die Bildung von 1 mol Magnesium-Ionen benötigt. Mithilfe der Anfangskonzentration $c_0(H_3O^+)$ ergibt sich für die Konzentration $c_t(H_3O^+)$ zum Zeitpunkt *t*:

$$c_t(H_3O^+) = c_0(H_3O^+) - 2 \cdot c_t(Mg^{2+})$$

***B5** Berechnung von $c(H_3O^+)$ und $c(Mg^{2+})$ aus V(Wasserstoff) in V1*

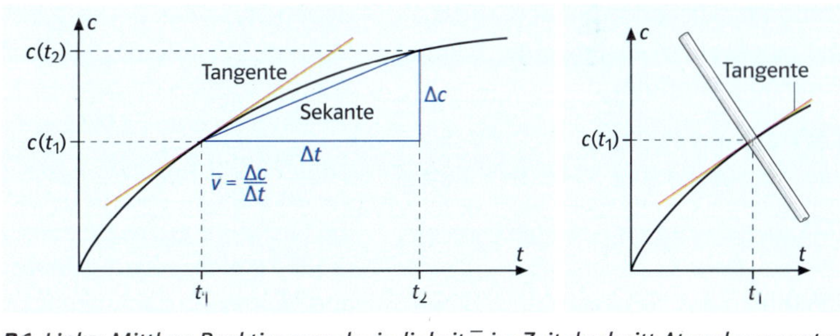

***B6** Links: Mittlere Reaktionsgeschwindigkeit $\overline{v}$ im Zeitabschnitt Δt und momentane Reaktionsgeschwindigkeit v bei t_1.*
Rechts: Legt man ein Kapillarglasrohr so aufs Papier, dass die Kurve nicht verschoben erscheint, erhält man die Senkrechte zur Tangente

A1 ● Bei einem ähnlichen Versuch wie V1 (Zinkstückchen mit 65 ml Salzsäure, $c_0(HCl) = 0{,}1\,mol/l$) ergaben sich die folgenden Wertepaare: (0 s / 0 ml), (10 s / 30 ml), (20 s / 47 ml), (30 s / 60 ml), (40 s / 68 ml), (50 s / 74 ml), (60 s / 77ml), (70 s / 78 ml), (80 s / 78 ml), (100 s / 78 ml). *Hinweis*: $V_m(H_2) \approx 24\,l/mol$

a) Erstellen Sie aus den Wertepaaren ein Diagramm.
b) Bestimmen Sie $\overline{v}$ für die Zeitspannen 0 – 10 s, 10 – 20 s, 20 – 30 s, 30 – 40 s.
c) Nimmt die Reaktionsgeschwindigkeit mit der Zeit ab oder zu?

Praktikum

2.2 Einfluss der Konzentration und des Zerteilungsgrades

Um die Geschwindigkeiten von Reaktionen zu vergleichen, kann man z. B. die Zeit messen, bis sich eine bestimmte Portion eines Stoffes umgesetzt hat [V1]. Verfolgt man den zeitlichen Verlauf der Messwerte einer Größe, so lässt sich die Veränderung der Reaktionsgeschwindigkeit ermitteln. Geeignete Größen sind z. B. das Volumen, der pH-Wert oder auch einfach die Masse eines Produkts [V2].

V1 Magnesium reagiert mit Salzsäure

Unedle Metalle reagieren mit sauren Lösungen unter Bildung von Wasserstoff, z. B. Magnesium mit Salzsäure:

$$Mg(s) + 2\,H_3O^+(aq) \longrightarrow Mg^{2+}(aq) + 2\,H_2O(l) + H_2(g)$$

Der Reaktionsverlauf lässt sich durch Messung des pH-Werts oder des Wasserstoffvolumens verfolgen (Kap. 2.1). Wenn man nur die mittleren Reaktionsgeschwindigkeiten vergleichen will, genügt es, die Zeit bis zur vollständigen Umsetzung des Metalls zu messen.

Material:
3 Reagenzgläser, Stoppuhr, Salzsäure (c = 1 mol/l; c = 0,5 mol/l; c = 0,1 mol/l), Magnesiumband

Durchführung:
Geben Sie in drei Reagenzgläser jeweils 5 ml Salzsäure der Konzentration 1 mol/l, 0,5 mol/l bzw. 0,1 mol/l. Geben Sie zu jeder Säureportion jeweils ein 1 cm langes Magnesiumband. Messen Sie die Zeit bis zur vollständigen Umsetzung des Magnesiums. Schütteln Sie die Reagenzgläser während des Versuchs.

Aufgaben:
1. Stellen Sie Ihre Messergebnisse in einer Tabelle zusammen.
2. Formulieren Sie eine qualitative Aussage zum Zusammenhang zwischen der Konzentration und der Reaktionsgeschwindigkeit.

V2 Salzsäure reagiert mit Calciumcarbonat

Marmor besteht zum größten Teil aus Calciumcarbonat und Magnesiumcarbonat. Calciumcarbonat reagiert mit einer sauren Lösung unter Bildung von Kohlenstoffdioxid:

$$CaCO_3(s) + 2\,H_3O^+(aq) \longrightarrow Ca^{2+}(aq) + 3\,H_2O(l) + CO_2(g)$$

(Magnesiumcarbonat reagiert analog.)

Lässt man das Kohlenstoffdioxid aus dem offenen Reaktionsgefäß entweichen, so kann man anhand der Massenabnahme den Reaktionsverlauf verfolgen.

Material:
Becherglas (100 ml), Messzylinder (25 ml), Thermometer, oberschalige Waage, Stoppuhr, Glaswanne, Salzsäure (w = 5 % und w = 10 %), Marmor (Stück und granuliert)

Durchführung:
a) Konzentrationsabhängigkeit:
Geben Sie in das Becherglas 10 g Marmor (granuliert) und in den Messzylinder 25 ml Salzsäure (w = 5 %). Stellen Sie beide Gefäße in die Glaswanne auf der Waage und stellen Sie die Anzeige auf Null [B1]. Gießen Sie die Salzsäure in das Becherglas, starten Sie gleichzeitig die Zeitmessung und stellen Sie dann den leeren Messzylinder auf die Waage zurück. Notieren Sie 10 min lang im Abstand von 30 s die Masse des gebildeten Kohlenstoffdioxids (entspricht der Massenabnahme).
Wiederholen Sie den Versuch mit der Salzsäure höherer Konzentration (w = 10 %).
b) Abhängigkeit vom Zerteilungsgrad:
Führen Sie den Versuch wie in (a) mit Salzsäure der Konzentration w = 10 % durch, jedoch mit einem Marmorstück mit $m \approx 10$ g (genau gewogen). Wiederholen Sie den Versuch mit Marmorgranulat gleicher Masse.

Aufgaben:
1. Zeichnen Sie zu (a) und (b) je ein Diagramm, indem Sie die Masse des gebildeten Kohlenstoffdioxids gegen die Zeit auftragen.
2. Interpretieren Sie die Diagramme.

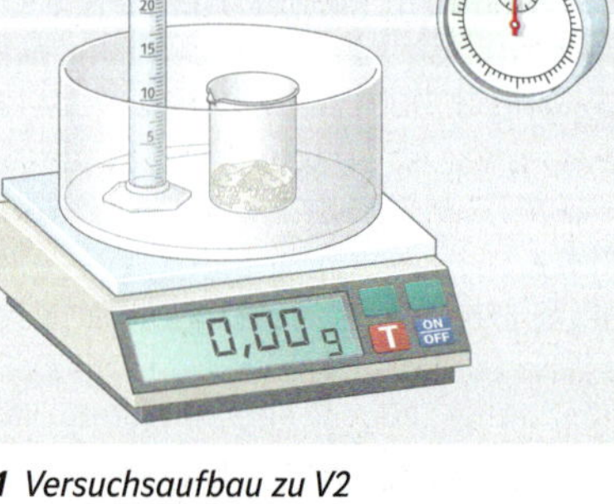

B1 *Versuchsaufbau zu V2*

2.3 Reaktionsgeschwindigkeit und Konzentration

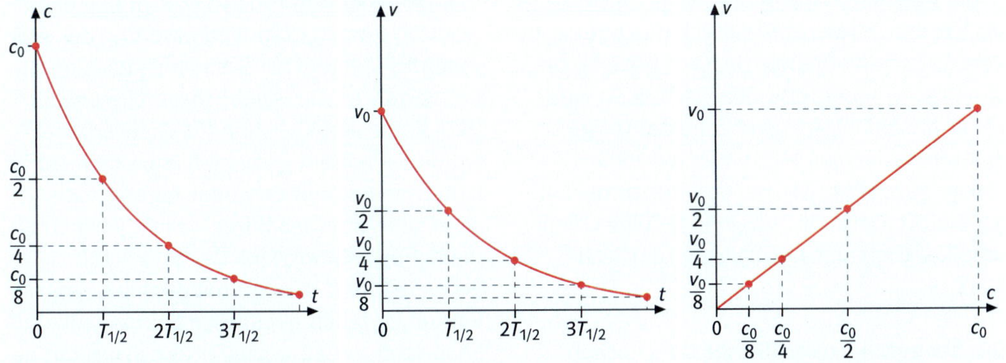

a) Konzentrations-Zeit-Diagramm: Die Konzentration fällt exponentiell ab

b) Reaktionsgeschwindigkeits-Zeit-Diagramm

c) Reaktionsgeschwindigkeits-Konzentrations-Diagramm

B1 *Diagramme zu Reaktionen, die von einer Konzentration abhängen. $T_{1/2}$ bezeichnet man als Halbwertszeit*

Bei der Reaktion von Magnesium mit Salzsäure beobachtet man eine allmähliche Verlangsamung der Reaktion (Kap. 2.1). Die Reaktionsgeschwindigkeit wird offenbar kleiner, wenn die Konzentration eines Reaktionspartners (hier Salzsäure) abnimmt. Um dies genauer zu untersuchen, misst man die zeitliche Änderung einer Konzentration während einer Reaktion.

Abhängigkeit von einer Konzentration. Bei der Reaktion von Malachitgrün mit Natronlauge kann man die zeitliche Änderung der Konzentration des Malachitgrüns verfolgen [V1]. Man stellt fest, dass diese exponentiell sinkt [B1a]. Auch die Reaktionsgeschwindigkeit nimmt exponentiell ab [B1b]. Trägt man die Reaktionsgeschwindigkeit v gegen die Konzentration c auf, so erkennt man, dass die Reaktionsgeschwindigkeit proportional zur Konzentration ist [B1c]. Es gilt also:

$$v \sim c \qquad \text{oder} \qquad v = k \cdot c$$

Die Konstante k nennt man **Geschwindigkeitskonstante.** Sie hängt von der Art der Reaktionspartner ab. Der Zusammenhang zwischen Reaktionsgeschwindigkeit und Konzentration wird als **Geschwindigkeitsgesetz** bezeichnet.

Die Reaktionsgeschwindigkeit ist in diesem Fall proportional zur Konzentration nur eines Reaktionspartners. Es gibt aber auch viele Reaktionen, deren Geschwindigkeit von den Konzentrationen zweier Stoffe abhängt.

Abhängigkeit von zwei Konzentrationen. Das Kollisionsmodell [B2] veranschaulicht, wie die Reaktionsgeschwindigkeit von zwei Reaktionspartnern A und B abhängen kann: Sie ist umso größer, je häufiger ein Teilchen A mit einem Teilchen B zusammenstößt. Erhöht man die Anzahl der Teilchenarten A und B in einem bestimmten Volumen, so nimmt die Anzahl der Zusammenstöße zu. Wenn die Reaktionsgeschwindigkeit sowohl proportional zu c(A) als auch zu c(B) ist, gilt dies auch für das Produkt dieser Konzentrationen:

$$v = k \cdot c(\text{A}) \cdot c(\text{B})$$

Je höher die Konzentrationen der Reaktionspartner sind, desto höher ist die Reaktionsgeschwindigkeit.

V1 a) Stellen Sie eine wässrige Lösung von Malachitgrün her ($M = 365$ g/mol, $c = 10^{-4}$ mol/l). Geben Sie zu einem bestimmten Volumen der Lösung das gleiche Volumen Wasser. Bestimmen Sie mit einem Spektralfotometer bei der Wellenlänge $\lambda = 590$ nm die Extinktion E_0. b) Geben Sie zu der Malachitgrün-Lösung ($c = 10^{-4}$ mol/l) das gleiche Volumen Natronlauge ($c = 2 \cdot 10^{-2}$ mol/l). Messen Sie die Extinktion im Abstand von 30 Sekunden sechs Minuten lang und berechnen Sie jeweils die Konzentration.
Aufgaben: Berechnen Sie (als Mittelwerte) die Konzentrationen nach 15; 45; 75; … Sekunden und die mittleren Reaktionsgeschwindigkeiten in den jeweiligen Zeitabschnitten. Zeichnen Sie ein Diagramm, das die Abhängigkeit der Reaktionsgeschwindigkeit von der Konzentration zeigt.

B2 *Kollisionsmodell*

Extinktion Fotometrische Messgröße, die zur Konzentration einer gelösten, Licht absorbierenden Verbindung proportional ist

Malachitgrün ist ein Farbstoff, dessen Farbe vom pH-Wert abhängt. Im stark sauren Milieu ist er gelb, im Bereich $0{,}2 \leq \text{pH} \leq 13{,}2$ nimmt er verschiedene Grüntöne an, im stark alkalischen Bereich wird er durch Reaktion mit Hydroxid-Ionen farblos. Die Reaktion mit Hydroxid-Ionen läuft in einer Geschwindigkeit ab, die man mit der Stoppuhr erfassen kann.

2.4 Reaktionsgeschwindigkeit und Zerteilungsgrad

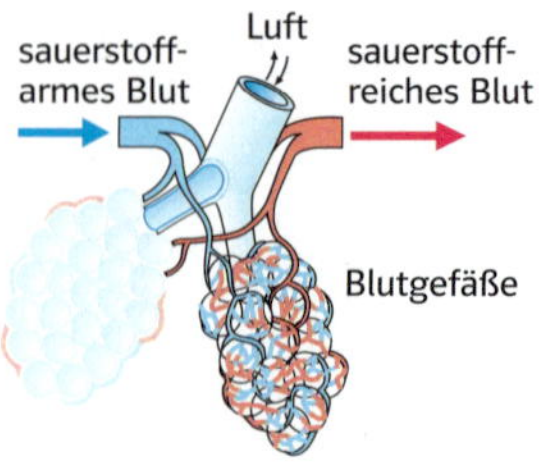

B1 *Lungenbläschen. Die gesamte Innenfläche der Lunge beträgt 100 bis 200 m^2*

In der belebten Natur gibt es viele Beispiele für filigrane Strukturen, die sich durch feine Verästelungen ergeben. Dadurch haben manche Organe sehr große Oberflächen. So wird die atmungsfähige Innenfläche der Lunge eines erwachsenen Menschen auf 100 bis 200 m^2 geschätzt [B1]. Bei der Aufnahme von Sauerstoff durch die Lunge findet eine chemische Reaktion an einer Phasengrenzfläche statt.

Die Bedeutung vergrößerter Oberflächen. Bei Reaktionen zwischen Stoffen in verschiedenen Phasen können nur die Teilchen reagieren, die an der Phasengrenzfläche zusammenstoßen. Je größer die Phasengrenzfläche ist, desto mehr Zusammenstöße können in einer bestimmten Zeit erfolgen.

Phase Homogener Bereich in einem Stoff oder Gemisch. Bewegt man sich innerhalb einer Phase, ändern sich die Zusammensetzung des Gemisches und Stoffeigenschaften wie z. B. der Aggregatzustand und die Dichte nicht oder nur allmählich.

Phasengrenzfläche Räumliche Grenze zwischen zwei Phasen

Reaktionen an Phasengrenzflächen. Mit der Zerteilung einer festen oder flüssigen Stoffportion wächst ihre Oberfläche. Reagiert diese Stoffportion an der Phasengrenzfläche, so nimmt die Reaktionsgeschwindigkeit mit dem Zerteilungsgrad zu. Ein Beispiel ist die Reaktion von Magnesium mit Salzsäure [V1].

Die Reaktion von Eisen mit Sauerstoff läuft normalerweise extrem langsam ab, sodass Stahltüren als Feuerschutztüren geeignet sind. Sehr feines Eisenpulver mit Partikelgrößen von einigen hundert Nanometern reagiert jedoch so schnell mit Sauerstoff, dass es glüht, sobald es mit Luft in Berührung kommt [V2]. Man bezeichnet ein solches Eisenpulver als *pyrophores Eisen*.

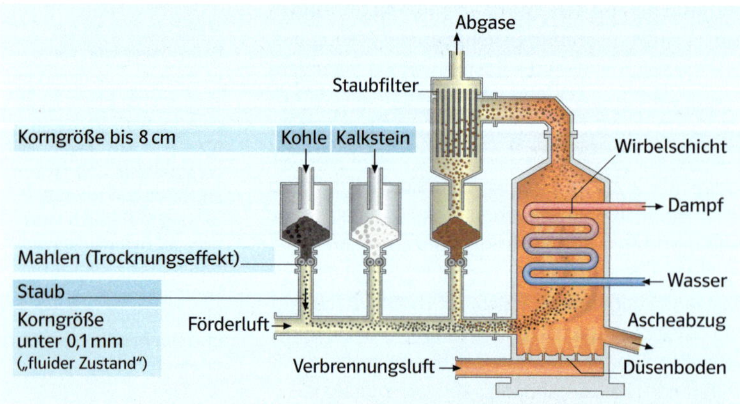

B2 *Oberflächenvergrößerung von Kalkstein und Kohle beim Wirbelschichtverfahren*

In Kohlefeuerungsanlagen (z. B. in Kohlekraftwerken) setzt man zur Verbesserung der Wirtschaftlichkeit und zur Schadstoffreduzierung das Verfahren der *Wirbelschichtfeuerung* ein [B2]. Kohle und Kalkstein (Calciumcarbonat) werden staubfein gemahlen und durch starke Luftströme dem Brennraum zugeführt. In einer schwebenden Wirbelschicht verbrennt die Kohle zu 99 Prozent. Der Schadstoff Schwefeldioxid reagiert mit dem aus dem Calciumcarbonat gebildeten Calciumoxid und Sauerstoff zu Calciumsulfat (Gips), das mit der Asche abgezogen wird.

Je höher der Zerteilungsgrad, desto höher ist die Reaktionsgeschwindigkeit.

V1 Versuchsaufbau wie bei Kap. 2.1, V1. Bringen Sie jeweils 0,05 g Magnesiumpulver, Magnesiumspäne bzw. Magnesiumband mit 50 ml verdünnter Salzsäure (c = 0,5 mol/l) zur Reaktion. Bestimmen Sie das Volumen des entstehenden Wasserstoffs in Abhängigkeit von der Zeit und stellen Sie die Ergebnisse grafisch dar.

V2 **a)** Ein Reagenzglas wird ca. 1 cm hoch mit gelbem Eisen(II)-oxalat befüllt und mit einem Wattebausch locker verschlossen. Das Eisenoxalat wird mit dem Gasbrenner erhitzt und gleichzeitig geschüttelt, bis sich ein durchgehend schwarzes Pulver gebildet hat. Nach dem Beenden des Erhitzens wird das noch heiße Reagenzglas sofort mit einem Gummistopfen verschlossen, damit beim Abkühlen keine Luft eindringen kann.
b) In einem abgedunkelten Raum wird aus ca. 1 m Höhe das schwarze Pulver auf eine feuerfeste Unterlage geschüttelt.
Beschreiben Sie den Versuchsverlauf und das Reaktionsprodukt. Formulieren Sie zum Versuchteil (b) die Reaktionsgleichung.
Hinweis: Durch Erhitzen von Eisen(II)-oxalat erhält man u. a. Eisen:
$Fe(COO)_2 \longrightarrow Fe + 2\,CO_2$
Die Eisenpartikel sind extrem klein, ihre Durchmesser betragen einige hundert Nanometer. Sie verbrennen an der Luft zu rotem Eisenoxid (Fe_2O_3).

2.5 Energieverlauf beim Wechseln eines Bindungspartners

Ein Zusammenstoß von Teilchen führt nur dann zu einer chemischen Reaktion, wenn die Teilchen mit ausreichender kinetischer Energie zusammenstoßen.

Übergangszustand. Bei der folgenden einfachen Reaktion zwischen einem Iodwasserstoff-Molekül und einem Chlor-Atom wechselt das Wasserstoff-Atom den Bindungspartner:

$$I-H + Cl \longrightarrow I + H-Cl$$

Nach dem Zusammenstoß der Teilchen entsteht zunächst ein dreiatomiger **Übergangszustand**, der jedoch keinem stabilen Molekül entspricht. Aus dem instabilen Übergangszustand entstehen dann die Reaktionsprodukte.

Chemische Reaktionen verlaufen über einen oder mehrere Übergangszustände.

Reaktionskoordinate. Den Reaktionsverlauf zwischen den (hier) drei beteiligten Atomen kann man in einem **Energiediagramm** darstellen [B1]. Darin wird die Energie der drei Atome in Abhängigkeit von ihrer Anordnung aufgetragen. Während der Reaktion ändert sich die Anordnung der Atome, deshalb nennt man diese Beschreibung der Anordnung auch **Reaktionskoordinate**.

Die Reaktionskoordinate beschreibt die Anordnung der Atome vor, während und nach der Reaktion.

Aktivierungsenergie. Bei der hier betrachteten Reaktion trennen sich das H-Atom und das I-Atom des Edukt-Moleküls, und der I-H-Abstand wächst entlang der Reaktionskoordinate. Die Energie der Teilchen verläuft über einen „Berg", dessen Höhe dem Unterschied zwischen der Energie der Teilchen vor der Reaktion und der Energie des Übergangszustands entspricht. Zur Überwindung des „Energiebergs" müssen die Teilchen beim Zusammenstoß die **Aktivierungsenergie** aufbringen.

Die Aktivierungsenergie ist die Differenz zwischen der Energie des Übergangszustands und der Energie der Teilchen vor der Reaktion.

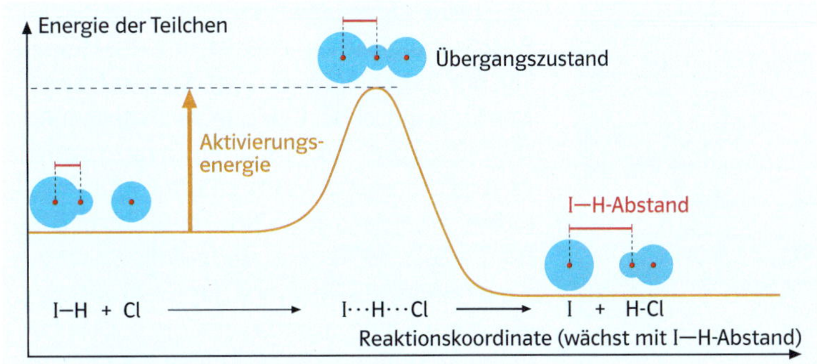

***B1** Energie eines Ensembles von drei Atomen in Abhängigkeit von ihrer Anordnung*

Dominostein-Modell. Reaktionskoordinate, Aktivierungsenergie und Übergangszustand sind Begriffe der Teilchenebene. Sie haben (wie auch die Bindungslänge) keine Entsprechung auf der Stoffebene.
Eine reagierende Stoffportion *als Ganze* muss folglich *nicht* über einen „Energieberg" gebracht werden. Vielmehr genügt zum *Auslösen* einer Reaktion oft ein winziger Funke, der nur einem kleinen Teil der reaktionsfähigen Teilchen gerade so viel Energie zuführt, dass sie eine Reaktion ausführen können. Die dabei abgegebene Energie kann weitere Teilchen aktivieren, sodass schließlich die ganze Stoffportion aufgrund des einen Funkens durchreagiert.

Zwischenprodukte sind keine Übergangszustände, sondern nachweisbare Moleküle oder Ionen. Wenn bei einer Reaktion ein Zwischenprodukt auftritt (z. B. bei einer Katalyse, Kap. 2.7), so gibt es einen Übergangszustand zwischen den Edukten und dem Zwischenprodukt und einen zweiten Übergangszustand zwischen dem Zwischenprodukt und den Produkten.

Diese Verhältnisse können durch ein Modell veranschaulicht werden: Wenn man eine Reihe hintereinander aufgestellter *Dominosteine* zum Umfallen bringen möchte, so genügt es, einen einzigen Stein umzustoßen [B2]. Dazu ist wenig Energie nötig: die „Aktivierungsenergie". Beim Umfallen gibt der Stein mehr Energie ab, als ihm selbst zugeführt wurde. Daher kann er den nächsten Stein umwerfen, ohne dass nochmals von außen Energie zugeführt werden müsste. Die ganze Reihe fällt nach und nach um.

***B2** Fallende Dominosteine als Modell für eine chemische Reaktion*

Die Aktivierungsenergie muss nur einem kleinen Teil der Edukt-Teilchen zugeführt werden, nicht der ganzen Stoffportion.

A1 ○ Erläutern Sie den Verlauf der Reaktion eines Iodwasserstoff-Moleküls mit einem Chlor-Atom.

2.6 Reaktionsgeschwindigkeit und Temperatur

B1 *Libelle in Kältestarre*

Es ist eine alltägliche Erfahrung, dass die Geschwindigkeit von chemischen Reaktionen von der Temperatur abhängt. So verderben Nahrungsmittel bei Kühlung viel langsamer, Metalle werden bei hoher Temperatur schneller oxidiert, wechselwarme Tiere verfallen bei tiefen Temperaturen in eine Kältestarre [B1]. Der Einfluss der Temperatur auf die Reaktionsgeschwindigkeit muss mit der Geschwindigkeit der Teilchen zusammenhängen. Eine höhere Temperatur bedeutet dabei eine höhere mittlere Geschwindigkeit der Teilchen.

Die Neutralisation, eine schnelle chemische Reaktion. Der schnelle Ablauf der Neutralisationsreaktion gibt eine ungefähre Vorstellung davon, wie oft Teilchen in einer bestimmten Zeit zusammenstoßen. Hatte man jeweils 1 l Lösung der Konzentration 1 mol/l, so sind sich – wenn die Durchmischung der Lösungen rasch erfolgt – in wenigen Sekunden je etwa $6 \cdot 10^{23}$ Oxonium- und Hydroxid-Ionen begegnet. Dabei sind die Zusammenstöße dieser Ionen mit Lösungsmittel-Molekülen nicht mitgerechnet.

Führt, wie bei der Neutralisation, jeder Zusammenstoß zweier Edukt-Teilchen zu einer Reaktion, so ist die Geschwindigkeitskonstante (Kap. 2.3) sehr groß. Bei den meisten Reaktionen ist sie viel kleiner. In solchen Fällen führt nicht jeder Zusammenstoß zu einer Reaktion. Die Anzahl der Zusammenstöße, die zu einem Produkt führen, ist von der Art der Reaktionspartner und von der Temperatur abhängig.

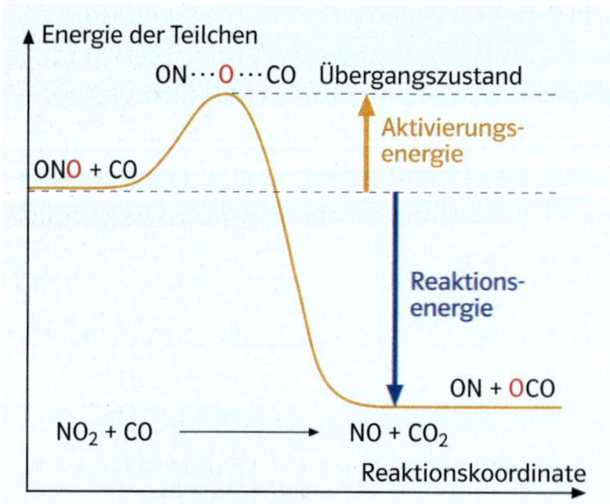

B2 *Energiediagramm der Reaktion* $NO_2 + CO \longrightarrow NO + CO_2$

Mindestgeschwindigkeit und Aktivierungsenergie. Bei einer chemischen Reaktion muss ein Teil der Edukt-Teilchen einen bestimmten Mindestbetrag an Geschwindigkeit bzw. kinetischer Energie haben, die *Aktivierungsenergie* (Kap. 2.5). Nur wenn diese erreicht oder überschritten ist, kann ein Zusammenstoß von Edukt-Teilchen zur Reaktion führen.
Die Tatsache, dass bei der Reaktion von zwei Teilchen eine *Energiebarriere* zu überwinden ist, kann an der Reaktion von Stickstoffdioxid mit Kohlenstoffmonooxid veranschaulicht werden [B2]. Für die Übertragung des Sauerstoff-Atoms vom NO_2- auf das CO-Molekül muss zunächst Energie zur Lockerung der N-O-Bindung aufgewandt werden. Dabei wird ein energiereicher *Übergangszustand* (Kap. 2.5) durchlaufen, in dem sich das zu übertragende Sauerstoff-Atom im Anziehungsbereich beider Moleküle befindet.

Das Beispiel der Reaktion von NO_2 mit CO zeigt zudem, dass für einen erfolgreichen Zusammenstoß die richtige Orientierung dieser Teilchen zueinander gegeben sein muss. Das CO-Molekül muss mit dem Kohlenstoff-Atom auf das Sauerstoff-Atom des NO_2-Moleküls treffen.

Ein erfolgreicher Zusammenstoß setzt eine Mindestenergie und die richtige Orientierung der Teilchen zueinander voraus.

Die Geschwindigkeit von Teilchen. Hätten alle Teilchen bei einer bestimmten Temperatur die gleiche Geschwindigkeit, so hätte bei einer niedrigen Temperatur kein Teilchen die Mindestgeschwindigkeit und würde damit auch nicht die Aktivierungsenergie erreichen. Alle Zusammenstöße wären unwirksam, die Reaktion dürfte nicht stattfinden. Bei Temperaturerhöhung müssten alle Teilchen gleichzeitig die Mindestenergie für einen wirksamen Zusammenstoß erreichen, die Reaktion müsste schlagartig ablaufen. Messreihen zeigen jedoch, dass bei den meisten chemischen Reaktionen die Reaktionsgeschwindigkeit mit steigender Temperatur exponentiell ansteigt. Dies lässt vermuten, dass die Teilchen einer Stoffportion unterschiedliche Geschwindigkeiten haben.

B3 Ein Raketentriebwerk verbrennt Wasserstoff mit Sauerstoff in einer „kontrollierten Explosion"

Explosion. In einem Wasserstoff-Sauerstoff-Gemisch hat bei Zimmertemperatur nur ein sehr geringer Anteil der Teilchen die erforderliche Mindestgeschwindigkeit für einen erfolgreichen Zusammenstoß, der zur Bildung eines H_2O-Moleküls führt.
Führt man dem Gemisch Energie zu, steigt dieser Anteil und damit die Anzahl der erfolgreichen Zusammenstöße. Die Reaktionsgeschwindigkeit wird größer. Durch die Bildung von H_2O-Molekülen erhält das Gemisch noch mehr Energie und weitere Teilchen erreichen die Mindestgeschwindigkeit. Dadurch steigt die Reaktionsgeschwindigkeit so rasch an, dass es zu einer Explosion kommen kann [B3].

Eine chemische Reaktion verläuft langsam, wenn nur ein geringer Anteil der Teilchen die Mindestgeschwindigkeit aufweist, die für einen erfolgreichen Zusammenstoß notwendig ist. Mit steigender Temperatur nimmt der Anteil dieser Teilchen und damit auch die Reaktionsgeschwindigkeit zu.

RGT-Regel. Bei vielen Reaktionen führt eine Temperaturerhöhung um 10 °C (10 K) ungefähr zur Verdopplung der Reaktionsgeschwindigkeit. Man bezeichnet dies als Reaktionsgeschwindigkeits-Temperatur-Regel (RGT-Regel).

RGT-Regel: Bei vielen Reaktionen bewirkt eine Temperaturerhöhung um 10 °C etwa eine Verdopplung der Reaktionsgeschwindigkeit.

Exkurs

Geschwindigkeitsverteilung von Teilchen

Ein Modellversuch veranschaulicht die unterschiedlichen Geschwindigkeiten der Teilchen eines Gases [B4]:
Viele kleine Kugeln werden durch eine vibrierende Platte in heftige Bewegung versetzt. Ihre Geschwindigkeiten sind jedoch unterschiedlich, ähnlich wie bei den Teilchen eines Gases. Durch eine seitliche Öffnung können die Kugeln den Modell-Gasraum verlassen und werden von einer Reihe hintereinander liegender Kammern aufgefangen. Je größer die Geschwindigkeit einer Kugel ist, desto weiter fliegt sie.
Durch die Unterteilung des Auffangbehälters in Kammern wird der gesamte Geschwindigkeitsbereich in Intervalle der Größe Δv zerlegt. Die Anzahl ΔN der Kugeln, die jeweils in ein Intervall Δv fallen, ist je nach Geschwindigkeit v sehr unterschiedlich. Zählt man die in den einzelnen Kammern aufgefangenen Kugeln, so ergibt die grafische Darstellung ein Bild der Geschwindigkeitsverteilung.

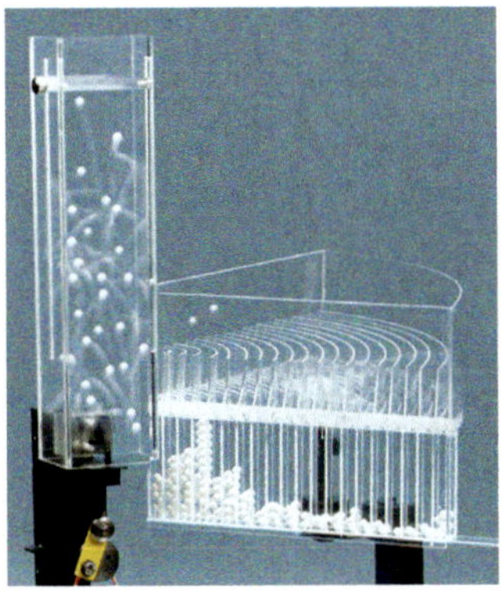

B4 Modellversuch zur Geschwindigkeitsverteilung

James Clerk Maxwell und Ludwig Boltzmann haben diese Geschwindigkeitsverteilung für Gasteilchen theoretisch hergeleitet [B5]. Je höher die Temperatur ist, desto größer ist die durchschnittliche Geschwindigkeit der Teilchen. Mit steigender Temperatur wächst auch die Anzahl der Teilchen, die eine bestimmte Mindestgeschwindigkeit v_A überschreiten.
Auf eine chemische Reaktion bezogen bedeutet dies, dass mit steigender Temperatur der Anteil der erfolgreichen Zusammenstöße zunimmt. Die kinetische Energie, die ein Teilchen mit der Mindestgeschwindigkeit v_A hat, entspricht der Aktivierungsenergie der Reaktion.

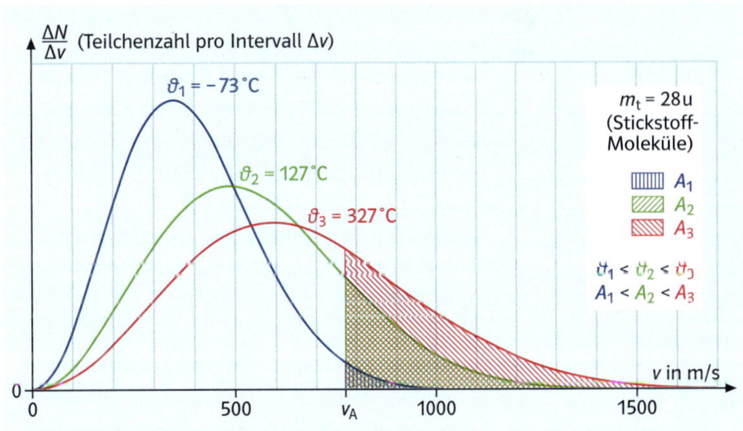

B5 Maxwell-Boltzmann-Verteilung bei drei Temperaturen. Je höher die Temperatur, desto mehr Teilchen überschreiten eine gegebene Mindestgeschwindigkeit v_A

A1 ○ Die Temperatur eines Reaktionsgemisches wird von 10 °C auf 100 °C erhöht. Ermitteln Sie mit der RGT-Regel den Faktor, um den sich die Reaktionsgeschwindigkeit erhöht.

A2 ◒ MK Ein Schnellkochtopf verringert Garzeiten um 50–70 Prozent. Recherchieren und beschreiben Sie Gründe dafür.

2.7 Katalyse

B1 *Ein Wasserstoff-Luft-Gemisch reagiert an einer Platin-Katalysatorperle; man beobachtet die Bildung von feinen Wassertröpfchen*

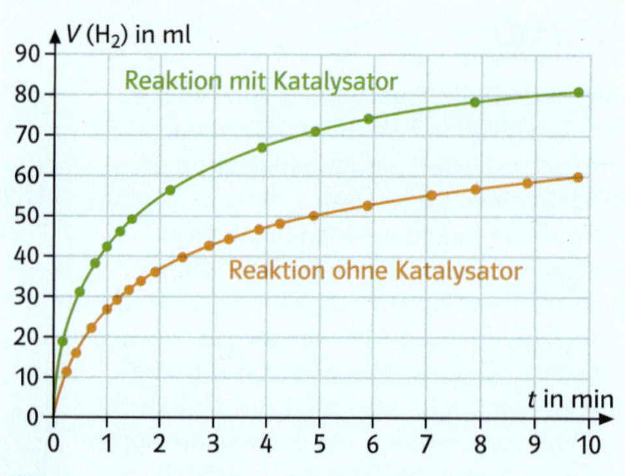

B2 *Verlauf der Reaktion von Zink mit Salzsäure ohne und mit Katalysator (ϑ = 20 °C)*

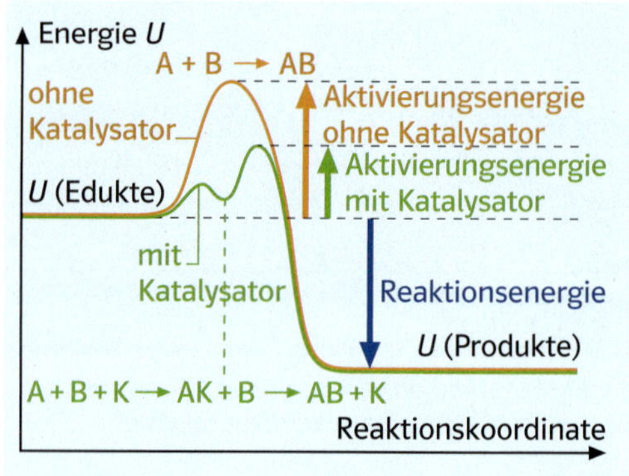

B3 *Energiediagramm einer Reaktion ohne und mit Katalysator*

Die Zündtemperatur von Wasserstoff an der Luft beträgt ca. 560 °C. An einer Platin-Katalysatorperle reagiert Wasserstoff schon bei Zimmertemperatur mit dem Sauerstoff der Luft [B1].
Die Reaktion von Zink mit Salzsäure kann man beschleunigen, indem man die Konzentration der Salzsäure oder die Temperatur erhöht. Eine weitere Möglichkeit besteht darin, eine winzige Kupferportion hinzuzufügen. Diese wirkt als Katalysator [B2].

Katalysatoren können in Reaktionsgemischen bei einer Vielzahl von möglichen Reaktionen eine spezielle Reaktion beschleunigen, sodass hauptsächlich diese Reaktion abläuft. Katalysatoren werden bei ihrem Einsatz nicht verbraucht. Eine kleine Portion eines Katalysators genügt, um die Umsetzung großer Portionen der reagierenden Stoffe zu beeinflussen.

Katalysatoren beschleunigen Reaktionen. Sie werden bei diesen Reaktionen nicht verbraucht.

Aktivierungsenergie. Bei der Annäherung von Edukt-Teilchen und zur Lockerung oder Spaltung vorhandener Bindungen muss die *Aktivierungsenergie* aufgewendet werden. Sie ist häufig so groß, dass keine oder nur wenige Teilchen genügend Energie haben. Ein Edukt-Gemisch, das bei bestimmten Bedingungen nicht reagiert, bezeichnet man als **metastabil**. So können z. B. bei Zimmertemperatur Benzin-Luft-Gemische vorliegen, ohne zu reagieren. Auch ein Holzstoß an der Luft ist metastabil.

Wirkungsweise von Katalysatoren. Die Wirkung eines Katalysators beruht meist darauf, dass er mit einem der Edukte ein oder mehrere Zwischenprodukte bildet, sodass ein neuer Reaktionsweg mit einer niedrigeren Aktivierungsenergie ermöglicht wird [B3]. Bei der Bildung des Produkts aus den Zwischenprodukten wird der Katalysator wieder freigesetzt. Er geht also in die Gesamtbilanz der Reaktion, wie sie in der Reationsgleichung dargestellt wird, nicht ein. Aufgrund der herabgesetzten Aktivierungsenergie haben bei gegebener Temperatur mehr Teilchen die Mindestenergie für einen erfolgreichen Zusammenstoß.

Die Reaktion $A + B \longrightarrow AB$ kann z. B. mit einem Katalysator K über zwei Teilreaktionen laufen:

$A + K \longrightarrow AK$ und $AK + B \longrightarrow AB + K$

Jede Teilreaktion für sich hat eine kleinere Aktivierungsenergie als die nicht katalysierte Reaktion. Damit hat bei beiden Teilreaktionen eine größere Anzahl von Teilchen die erforderliche Mindestenergie. Die beiden Teilreaktionen laufen so schnell ab, dass auch die Reaktionsgeschwindigkeit der Gesamtreaktion höher ist als ohne Katalysator.

Ein Katalysator verringert die Aktivierungsenergie einer chemischen Reaktion und erhöht dadurch die Reaktionsgeschwindigkeit.

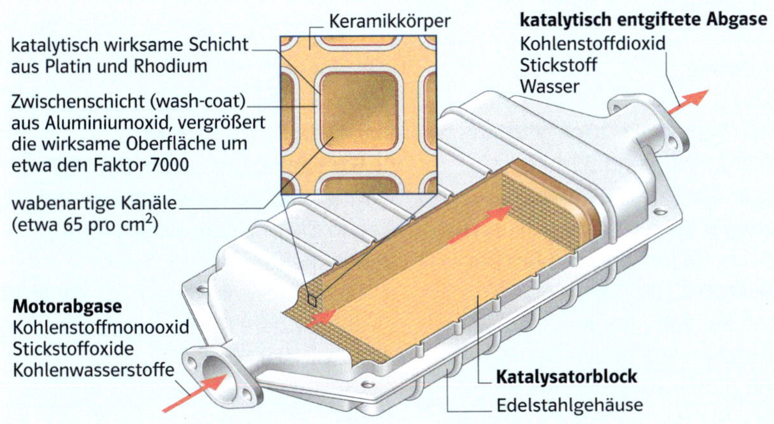

Reaktionen der Kohlenwasserstoffe (Beispiele):

$C_7H_{16} + 11\,O_2 \longrightarrow 7\,CO_2 + 8\,H_2O$
$C_2H_6 + 4\,H_2O \longrightarrow 2\,CO_2 + 7\,H_2$

Reaktionen von Kohlenstoffmonooxid:

$2\,CO + O_2 \longrightarrow 2\,CO_2$
$CO + H_2O \longrightarrow CO_2 + H_2$

Reaktionen von Stickstoffmonooxid:

$2\,NO + 2\,CO \longrightarrow N_2 + 2\,CO_2$
$16\,NO + C_5H_{12} \longrightarrow 8\,N_2 + 6\,H_2O + 5\,CO_2$
$2\,NO + 2\,H_2 \longrightarrow N_2 + 2\,H_2O$

Einige Nebenreaktionen:

$2\,SO_2 + O_2 \longrightarrow 2\,SO_3$
$SO_2 + 3\,H_2 \longrightarrow H_2S + 2\,H_2O$
$2\,NO + 5\,H_2 \longrightarrow 2\,NH_3 + 2\,H_2O$
$2\,H_2 + O_2 \longrightarrow 2\,H_2O$

B4 *Aufbau eines Dreiwegekatalysators und die darin ablaufenden Reaktionen zur Abgasreinigung*

Schadstoffe in Autoabgasen. Benzin und Diesel verbrennen in Motoren hauptsächlich zu Kohlenstoffdioxid und Wasser, aber es entstehen auch giftige Nebenprodukte. Durch unvollständige Verbrennung entsteht *Kohlenstoffmonooxid*. Ein Teil der Kohlenwasserstoffe wird in *andere Kohlenwasserstoffe* umgewandelt. Wegen der hohen Temperaturen reagiert Stickstoff aus der Luft zu *Stickstoffoxiden*.

Der Dreiwegekatalysator verringert den Anteil der Schadstoffe im Abgas von Benzinmotoren um über 90 Prozent. Er besteht aus einem meist keramischen Körper mit dünnen Kanälen, durch welche die vom Motor kommenden Abgase strömen [B4]. Auf der Innenfläche der Kanäle befinden sich Partikel aus Platin, Rhodium oder Palladium bzw. eine Kombination aus diesen. Ein Dreiwegekatalysator enthält ca. 2 Gramm dieser Edelmetalle.

Voraussetzung für eine gute Wirksamkeit des Dreiwegekatalysators ist die optimale Zusammensetzung des Benzin-Luft-Gemisches, das in den Motor eingespritzt wird. Die Lambda-Sonde misst den Sauerstoffgehalt im Abgas und ermöglicht so die Regelung der Anteile im Benzin-Luft-Gemisch.

Die selektive katalytische Reduktion (SCR, selective catalytic reduction) wird in Dieselfahrzeugen eingesetzt [B5]. Eine wässrige Harnstoff-Lösung wird kontinuierlich in den Abgasstrang eingespritzt. Bei der hohen Temperatur des Abgases entstehen daraus Ammoniak und Kohlenstoffdioxid. An einem Katalysator reagiert dann das Ammoniak mit den Stickstoffoxiden zu Stickstoff und Wasser.

Mithilfe von Katalysatoren werden giftige Stoffe in Autoabgasen in ungiftige Stoffe umgewandelt.

Dreiwegekatalysator
(TWC, three way catalytic converter) Die Bezeichnung kommt daher, dass der Katalysator *drei* Schadstoffe bzw. Schadstoffgruppen umsetzt: Kohlenstoffmonooxid, Kohlenwasserstoffe und Stickstoffoxide.

Erzeugung von Ammoniak im Abgasstrom:

$(NH_2)_2CO \longrightarrow NH_3 + HNCO$ ($(NH_2)_2CO$ ist Harnstoff)
$HNCO + H_2O \longrightarrow NH_3 + CO_2$ (NHCO ist Isocyansäure)

Reaktionen von Ammoniak mit Stickstoffoxiden am Katalysator:

$4\,NH_3 + 4\,NO + O_2 \longrightarrow 4\,N_2 + 6\,H_2O$
$2\,NH_3 + NO + NO_2 \longrightarrow 2\,N_2 + 3\,H_2O$
$8\,NH_3 + 6\,NO_2 \longrightarrow 7\,N_2 + 12\,H_2O$

B5 *Reaktionen bei SCR-Technik in Dieselfahrzeugen*

A1 ○ Erklären Sie in eigenen Worten, was ein Katalysator ist und wie er wirkt.

A2 ◒ Die Reaktion von Wasserstoff mit Sauerstoff verläuft sehr heftig. Trotzdem kann ein Gemisch aus Wasserstoff und Sauerstoff („Knallgas") lange aufbewahrt werden. Erklären Sie dies.

A3 ◒ **a)** Überprüfen Sie, welche Reaktionen in B5 Redoxreaktionen sind. **b)** Erklären Sie, weshalb man hier nur von „Reduktion" spricht.

A4 ◒ MK **a)** Recherchieren Sie die Stoffe, die bei der SCR als Katalysatoren eingesetzt werden. **b)** Begründen Sie, weshalb Harnstoff hier kein Katalysator ist.

2.8 Einfluss der Temperatur und von Katalysatoren

V1 Einfluss der Temperatur auf die Bildung von Schwefel aus Natriumthiosulfat

Bei der Reaktion von Thiosulfat-Ionen mit Oxonium-Ionen entsteht Schwefel:

$$S_2O_3^{2-}(aq) + 2\ H_3O^+(aq) \longrightarrow SO_2(aq) + 3\ H_2O(l) + S(s)$$

Durch die Bildung von fein verteiltem festem Schwefel wird die Lösung trüb. Um die Reaktionsgeschwindigkeiten bei verschiedenen Temperaturen zu vergleichen, kann man die Zeit messen, bis man nicht mehr durch die Lösung hindurchschauen kann. In dieser Zeit bildet sich immer etwa die gleiche Menge Schwefel.

Material:
Wasserbad, Stoppuhr, Thermometer, weißes Papierblatt mit aufgezeichnetem schwarzem Kreuz, Messzylinder (50 ml), Kunststoffspritze (5 ml), Weithals-Erlenmeyerkolben (100 ml), verd. Salzsäure (c = 2 mol/l), Natriumthiosulfat-Lösung (c = 0,1 mol/l), Eis

Durchführung:
⚠ (Abzug!)
a) Geben Sie jeweils 20 ml Natriumthiosulfat-Lösung und 30 ml dest. Wasser in den Erlenmeyerkolben und temperieren Sie die Lösung im Wasserbad auf die gewünschte Temperatur (10 °C, 20 °C, 30 °C bzw. 40 °C). Trocknen Sie den Erlenmeyerkolben ab und stellen Sie ihn auf das Papierblatt mit dem schwarzem Kreuz.
b) Geben Sie mit der Kunststoffspritze 5 ml verd. Salzsäure zu, schwenken Sie die Lösung um und starten Sie gleichzeitig die Stoppuhr. Bestimmen Sie die Temperatur des Reaktionsgemisches. Messen Sie die Zeit t_R, bis das Kreuz von oben durch die Lösung blickend nicht mehr zu erkennen ist.
c) Wiederholen Sie den Versuch, bis Sie zu jeder der fünf Temperaturen eine Zeit gemessen haben.

Aufgaben:
1. Stellen Sie Ihre Messergebnisse in einer Tabelle zusammen.
2. Berechnen Sie jeweils den Kehrwert t_R^{-1} der gemessenen Zeit und tragen Sie in einem Diagramm t_R^{-1} gegen die Temperatur ϑ auf.
3. Erklären Sie, inwiefern t_R^{-1} ein Maß für die mittlere Reaktionsgeschwindigkeit $\overline{v}$ ist.

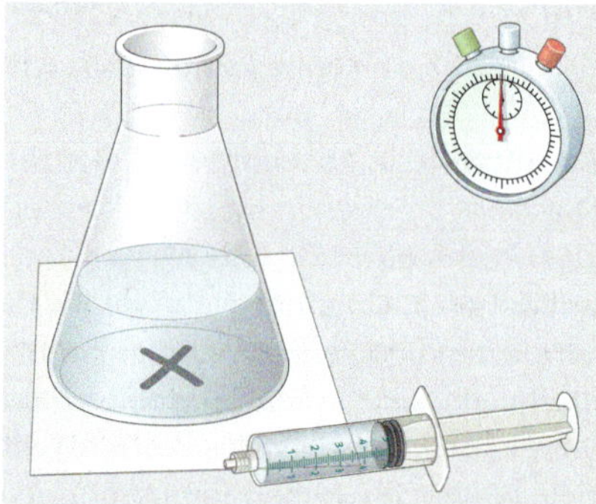

***B1** Die Zeit wird gemessen, bis das schwarze Kreuz von oben nicht mehr sichtbar ist*

V2 Wasserstoffperoxid und verschiedene Katalysatoren

Wasserstoffperoxid zerfällt bei höherer Temperatur oder in Gegenwart eines Katalysators:

$$2\ H_2O_2 \longrightarrow 2\ H_2O + O_2$$

Material:
2 Reagenzgläser, Reagenzglasgestell, Platin-Katalysatorperlen, Holzspan, Kartoffel, Schälmesser, Kartoffelreibe, Wasserstoffperoxid-Lösung ($w \approx 5\,\%$)

Durchführung:
Geben Sie in zwei Reagenzgläser mit je ca. 5 ml Wasserstoffperoxid-Lösung
a) 3 Platin-Katalysatorperlen bzw.
b) einen Spatel einer frisch geriebenen Kartoffel.
Weisen Sie den entstehenden Sauerstoff mit einem glimmenden Holzspan nach.

V3 Enzyme zerlegen Eiweiße

Waschmittel enthalten Enzyme (Biokatalysatoren). Sie zerlegen u.a. Proteine (Eiweiße, z.B. von Essensresten), die die Wäsche verschmutzen [B2]. Gelatine ist ein tierisches Protein.

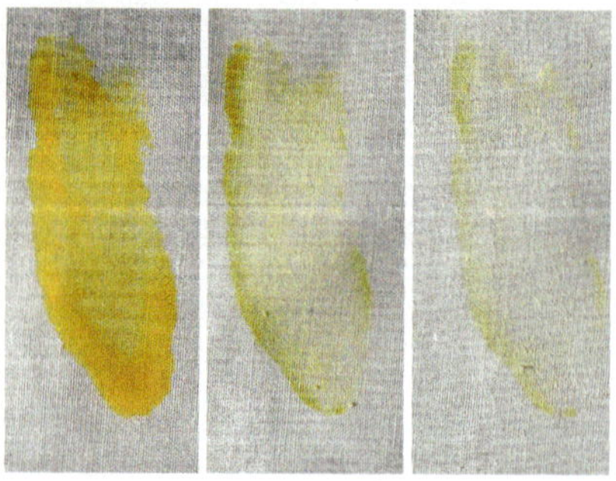

***B2** Entfernen eines Eigelb-Flecks durch ein Enzym*

Material:
Becherglas (100 ml), 5 Bechergläser (50 ml), Glasstab, Waage, Gelatine, 4 Waschmittelproben, Wasserbad

Durchführung:
Lösen Sie unter Rühren 2 g Gelatine in 50 ml warmem Wasser. Versetzen Sie je 0,5 g verschiedener Waschmittelproben mit 10 ml Wasser in 50-ml-Bechergläsern. Geben Sie zum Vergleich 10 ml Wasser in ein weiteres Becherglas. Verteilen Sie dann die Gelatine-Lösungen gleichmäßig auf die Bechergläser mit den Waschmittelproben. Stellen Sie die Lösungen ca. 15 bis 30 min lang in kaltes Wasser oder in den Kühlschrank.

Aufgabe:
Deuten Sie Ihre Beobachtungen.

Exkurs

2.9 Enzyme

Enzyme sind Katalysatoren von enormer Effektivität. Fast alle Stoffwechselprozesse lebender Zellen beruhen auf der Aktivität und Zusammenarbeit von verschiedenen Enzymen. Als „Biokatalysatoren" haben sie die Funktion, die Aktivierungsenergie der Reaktionen in einer Zelle so abzusenken, dass die chemischen Vorgänge in einem engen, relativ niedrigen Temperaturbereich in angemessener Zeit ablaufen können.
Enzyme übertreffen anorganische Katalysatoren in der Geschwindigkeit erheblich. Ein besonders schnell arbeitendes Enzym ist die *Katalase*, die das giftige Wasserstoffperoxid zu Wasser und Sauerstoff zerlegt. Ein Katalase-Molekül kann über eine Million Wasserstoffperoxid-Moleküle in einer Minute zerlegen (Kap. 2.8).

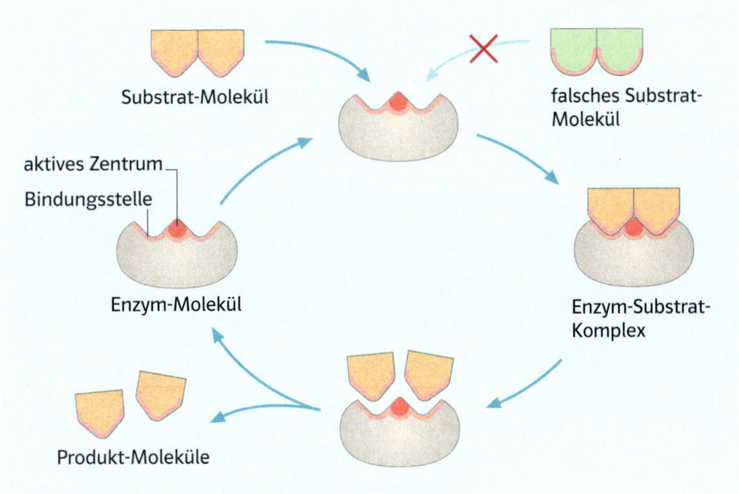

***B1** Schematischer Ablauf einer enzymatischen Reaktion (Beispiel: Spaltung eines Disaccharid-Moleküls)*

Verlauf einer enzymatischen Reaktion. In einem ersten Reaktionsschritt bilden das Enzym- und das Substrat-Molekül einen **Enzym-Substrat-Komplex** [B1]. Anschließend wird das Substrat-Molekül zu den Produkten umgesetzt, und das Enzym-Molekül wird wieder frei. Im Vergleich zur Reaktion des Substrates ohne Enzym wird auf diesem Reaktionsweg die Aktivierungsenergie so weit herabgesetzt, dass z. B. die Körpertemperatur für eine schnelle Reaktion ausreicht.

Substratspezifität. Nach dem **Schlüssel-Schloss-Modell** ist die Bindungsstelle des Enzym-Moleküls, das **aktive Zentrum**, eine Passform für das Substrat-Molekül. Andere Moleküle können vom aktiven Zentrum i. d. R. nicht gebunden werden. Man bezeichnet diese Eigenschaft als *Substratspezifität*.

Eine Weiterentwicklung des Schlüssel-Schloss-Modells ist die *Induced-Fit-Theorie*. Sie besagt, dass sich die Form des Enzym-Moleküls (das „Schloss") erst exakt ausbildet, wenn sich das Substrat-Molekül (der „Schlüssel") an das Enzym-Molekül bindet. Röntgenstrukturanalysen zeigen, dass bei den meisten Enzymen das aktive Zentrum bereits vorgeformt ist, es aber während der Bindungsbildung zu den Substrat-Molekülen zu kleinen Änderungen der Konformation des Enzym-Moleküls kommt.

Wirkungsspezifität. Enzyme sind Proteine, die hoch spezialisiert nur ganz bestimmte Reaktionen katalysieren. Aufgrund der Bindungsverhältnisse am aktiven Zentrum katalysiert ein Enzym nur eine von mehreren möglichen Reaktionen des Substrates. Diese Eigenschaft heißt *Wirkungsspezifität*. Nach der Bildung der Produkte wird das Enzym-Molekül wieder frei und steht für die Reaktion mit dem nächsten Substrat-Molekül zu Verfügung.

Temperatur und Enzymwirkung. Auch für enzymatische Reaktionen gilt, dass die Reaktionsgeschwindigkeit mit steigender Temperatur zunimmt. Allerdings verändern sich mit zunehmender Temperatur immer mehr Enzym-Moleküle und werden unwirksam. Deshalb gibt es für jedes Enzym eine *optimale Temperatur*. Wird diese überschritten, nimmt die Reaktionsgeschwindigkeit stark ab.

A1 ○ Erläutern Sie den Verlauf einer enzymatisch katalysierten Reaktion und das Schlüssel-Schloss-Modell.

A2 ◒ Erklären Sie den Unterschied zwischen der Substratspezifität und der Wirkungsspezifität eines Enzyms.

A3 ◒ Begründen Sie die große Bedeutung der Enzyme für den menschlichen und tierischen Stoffwechsel.

Induced-Fit-Theorie von engl. induced fit, hervorgerufene Passung

Konformation Durch Drehung um eine oder mehrere Einfachbindungen können Atome oder Atomgruppen in einem Molekül unterschiedliche räumliche Positionen einnehmen. Dabei werden keine Elektronenpaarbindungen gebrochen. Die dadurch erzeugten unterschiedlichen Formen des Moleküls bezeichnet man als Konformationen.

2.10 Chemische Reaktion und Gleichgewichtseinstellung

Verbindung	CH_3COOH	C_2H_5OH	$CH_3COOC_2H_5$	H_2O
Stoffmenge zu Beginn der Veresterung in mol	1	1	0	0
Stoffmenge am Ende der Veresterung in mol	0,33	0,33	0,67	0,67
Stoffmenge zu Beginn der Esterhydrolyse in mol	0	0	1	1
Stoffmenge am Ende der Esterhydrolyse in mol	0,33	0,33	0,67	0,67

B1 *Ausbeuten bei der Bildung bzw. Hydrolyse von Essigsäureethylester*

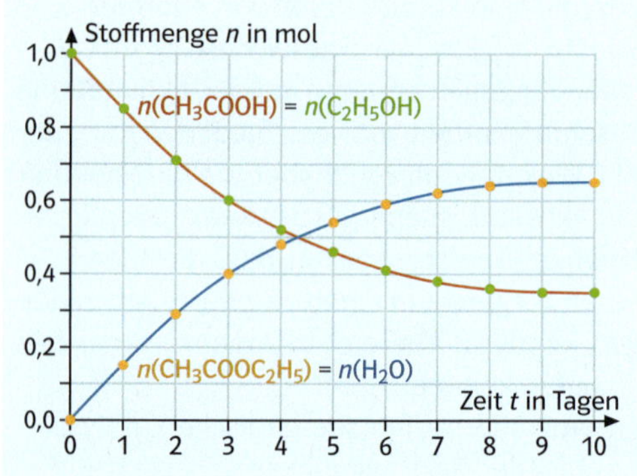

B2 *Zeitlicher Verlauf der Veresterung*

Essigsäure und Ethanol reagieren bei Zimmertemperatur in einer Kondensationsreaktion zu Essigsäureethylester und Wasser (Veresterung, Kap. 1.30):

$$CH_3COOH + C_2H_5OH \longrightarrow CH_3COOC_2H_5 + H_2O$$

Essigsäureethylester und Wasser werden andererseits bei Zimmertemperatur in Essigsäure und Ethanol gespalten (Esterhydrolyse):

$$CH_3COOC_2H_5 + H_2O \longrightarrow CH_3COOH + C_2H_5OH$$

Die Veresterung und die Esterhydrolyse sind *umkehrbare Reaktionen.*

Chemisches Gleichgewicht. Wenn man 1 mol Essigsäure und 1 mol Ethanol zur Reaktion bringt, so erhält man nicht 1 mol Essigsäureethylester und 1 mol Wasser, sondern bei Zimmertemperatur nur jeweils 0,67 mol.
Auch bei der Esterhydrolyse erhält man nicht 100 % Produktausbeute. Geht man hier von 1 mol Essigsäureethylester und 1 mol Wasser aus, so bilden sich nur 0,33 mol Ethanol und 0,33 mol Essigsäure [B1].
Gleichgültig, ob man von der Veresterung oder von der Hydrolyse ausgeht, nach einiger Zeit liegen alle an der Reaktion beteiligten Stoffe als Gemisch vor. Wenn die Temperatur konstant bleibt, ändern sich die Stoffmengen im Gemisch nicht mehr. Die Veresterung und die Esterhydrolyse bilden ein *chemisches Gleichgewicht.* Die Hinreaktion und die Rückreaktion wird durch einen **Gleichgewichtspfeil** zusammengefasst:

$$CH_3COOH + C_2H_5OH \rightleftharpoons CH_3COOC_2H_5 + H_2O$$

Einstellung des chemischen Gleichgewichts. Zu Beginn einer Veresterung liegen im Reaktionsgefäß nur Säure- und Alkohol-Moleküle vor [B3, links]. Wenn ein Säure- und ein Alkohol-Molekül aufeinandertreffen, können sie zu einem Ester- und einem Wasser-Molekül reagieren. Diese verteilen sich aufgrund der Diffusion gleichmäßig in der Lösung. Mit dem Fortschreiten der Veresterung wird also die Anzahl der Edukt-Moleküle abnehmen und die Anzahl der Produkt-Moleküle zunehmen.
Die Konzentration der Edukte nimmt also ab, und die Konzentration der Produkte nimmt zu. Dies führt dazu, dass immer seltener ein Säure-Molekül auf ein Alkohol-Molekül trifft; die Veresterung verlangsamt sich.

Gleichzeitig treffen immer häufiger Ester-Moleküle auf Wasser-Moleküle, sodass die Hydrolyse voranschreitet. Im Reaktionsverlauf wird schließlich ein Zustand erreicht, ab dem z. B. pro Minute genau so viele Ester-Moleküle gebildet wie gespalten werden. Dies ist der Gleichgewichtszustand [B3, Mitte]. Äußerlich ist keine Stoffmengenänderung einer der beteiligten Stoffe mehr beobachtbar. Die Reaktion ist abgeschlossen, obwohl noch Ausgangsstoffe vorhanden sind.

Bei einer Veresterung stellt sich ein chemisches Gleichgewicht ein.
Im chemischen Gleichgewicht werden pro Zeiteinheit genauso viele Ester-Moleküle gebildet wie gespalten. Daher ist keine Änderung der Stoffmengen der beteiligten Stoffe zu beobachten.

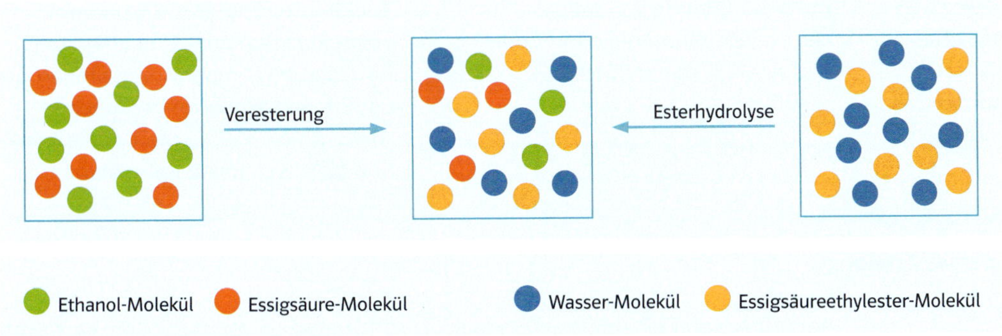

***B3** Bildung und Hydrolyse von Essigsäureethylester. Betrachtung auf der Teilchenebene*

Gleichgewichtsreaktionen. Alle Veresterungen und viele weitere Reaktionen sind *Gleichgewichtsreaktionen*, d.h., auch die Rückreaktion läuft in messbarem Umfang ab. In der Reaktionsgleichung kann man dies mit einem Gleichgewichtspfeil darstellen [B4].
Einige umkehrbare Reaktionen zeigen bei Zimmertemperatur fast keine Rückreaktion, z.B. die Reaktion von Wasserstoff mit Sauerstoff (Knallgasreaktion). Bei höheren Temperaturen ist jedoch auch die Knallgasreaktion eine Gleichgewichtsreaktion.

In der Reaktionsgleichung einer Gleichgewichtsreaktion kann man die linke und rechte Seite vertauschen. Die von links nach rechts geschriebene Reaktion bezeichnet man als *Hinreaktion* und die umgekehrte Reaktion als *Rückreaktion*. Da auch im Gleichgewichtszustand beide Reaktionen ständig ablaufen, spricht man von einem **dynamischen Gleichgewicht**.

$$\text{Alkohol} + \text{Säure} \underset{\text{Hydrolyse}}{\overset{\text{Veresterung}}{\rightleftharpoons}} \text{Ester} + \text{Wasser}$$

***B4** Reaktionsschema einer Gleichgewichtsreaktion*

Das chemische Gleichgewicht ist ein dynamisches Gleichgewicht. Die Hinreaktion und die Rückreaktion laufen im Gleichgewichtszustand gleich schnell ab.

Edukte und Produkte
Bei Gleichgewichtsreaktionen kann man eigentlich nicht von Edukten (Ausgangsstoffen) und Produkten (Reaktionsprodukten) sprechen, da Produkte gleichermaßen Edukte sind und umgekehrt. Häufig werden aber die links vom Gleichgewichtspfeil stehenden Stoffe als Edukte und die rechts vom Pfeil stehenden als Produkte bezeichnet.

V1 ⚠ (Schutzbrille! Abzug!)
a) Vermischen Sie in einem Erlenmeyerkolben 0,5 mol Essigsäure (30 g bzw. 29 ml) und 0,5 mol Ethanol (23 g bzw. 28 ml).
In einem zweiten Erlenmeyerkolben geben Sie 0,5 mol Essigsäureethylester (44 g bzw. 49 ml) zu 0,5 mol Wasser (9 g bzw. 9 ml). Geben Sie noch in jeden Kolben 0,2 ml konz. Schwefelsäure und schütteln Sie. Lassen Sie die Kolben verschlossen mindestens 10 Tage stehen.
b) Entnehmen Sie nach 10 Tagen jedem Kolben genau 5 ml Flüssigkeit und pipettieren Sie diese in je einen Kolben mit 150 ml kaltem Wasser und 4 Tropfen Phenolphthalein-Lösung. Bestimmen Sie die Konzentration der Essigsäure durch Titration mit Natronlauge ($c(NaOH) = 1\,mol/l$). Der Endpunkt der Titration ist erreicht, wenn zum ersten Mal die *gesamte* Flüssigkeit rot gefärbt ist. Es muss zügig titriert werden. Berechnen Sie die Stoffmenge der Essigsäure. (Gehen Sie dazu von 57,5 ml Flüssigkeit in jedem Erlenmeyerkolben aus.)

A1 ○ In B2 ist immer $n(CH_3COOC_2H_5) = n(H_2O)$. Geben Sie dafür eine Begründung.

A2 ◒ **a)** Beschreiben und erklären Sie die Einstellung des Gleichgewichts am Beispiel der Reaktion von Essigsäure mit Ethanol und der Hydrolyse von Essigsäureethylester.
b) Nennen Sie Merkmale des Gleichgewichtszustands.

A3 ● **a)** Berechnen Sie die Anfangskonzentration der Essigsäure in V1.
b) Bereits nach 5 Tagen wird dem ersten Kolben eine Probe von 5 ml entnommen. Bei der Titration zur Bestimmung der Essigsäure werden 18 ml Natronlauge ($c(NaOH) = 1\,mol/l$) verbraucht. Berechnen Sie die Konzentration und die Stoffmenge der Essigsäure. Beurteilen Sie durch Vergleich mit B1, ob das chemische Gleichgewicht schon erreicht ist. (Beachten Sie dabei, dass in B1 von der doppelten Stoffmenge ausgegangen wird.)

Praktikum

2.11 Umkehrbarkeit und Gleichgewicht

Die folgenden Versuche beschäftigen sich mit umkehrbaren Reaktionen. Die Veresterung von Methansäure mit Methanol ist bei Zimmertemperatur eine Gleichgewichtsreaktion:

$$HCOOH + CH_3OH \xrightleftharpoons{H_3O^+} HCOOCH_3 + H_2O$$

Auch die Bildung von Ammoniumchlorid aus Ammoniak und Chlorwasserstoff ist eine Gleichgewichtsreaktion:

$$NH_3 + HCl \rightleftharpoons NH_4Cl$$

Bei Zimmertemperatur ist allerdings keine Rückreaktion zu beobachten. Bei höheren Temperaturen stehen die Edukte und Produkte im Gleichgewicht. Ab ca. 340 °C spielt die Hinreaktion praktisch keine Rolle mehr.

V1 Bildung und Spaltung eines Esters

Material:
2 Erlenmeyerkolben (50 ml), 9 Erlenmeyerkolben (100 ml), Bürette, Stativ, Bürettenklammer, Messzylinder (25 ml), Messzylinder (100 ml), 2 Kunststoffspritzen (1 ml), Stoppuhr, kaltes dest. Wasser, Methansäure (Ameisensäure), Methanol, konz. Schwefelsäure, dest. Wasser, Methansäuremethylester, Natronlauge (c(NaOH) = 1 mol/l), Phenolphthalein-Lösung (w < 1%)

Durchführung:
⚠ (Schutzbrille! Schutzhandschuhe!)
a) Ihre Lehrkraft vermischt in einem 50-ml-Erlenmeyerkolben schnell (in der folgenden Reihenfolge) 0,25 mol Methanol (8 g bzw. 10 ml), 0,25 mol Methansäure (11,5 g bzw. 9,4 ml) und 0,2 ml konz. Schwefelsäure.
b) Sofort und dann nach 5, 10, 15, 20, 25, 30, 40, 50 Minuten entnimmt die Lehrkraft mit der Kunststoffspritze je eine 1-ml-Probe, spritzt sie sofort in einen 100-ml-Erlenmeyerkolben, der 50 ml kaltes Wasser und 3 Tropfen Phenolphthalein-Lösung enthält, und verteilt die Kolben an Schülergruppen. Titrieren Sie zügig den Kolbeninhalt unter ständigem Schütteln mit Natronlauge bis zur ersten sich in der gesamten Flüssigkeit zeigenden Rotfärbung.
c) Vermischen Sie schnell (in der folgenden Reihenfolge) 0,25 mol Methansäuremethylester (15 g bzw. 15,5 ml), 0,25 mol dest. Wasser (4,5 g bzw. 4,5 ml) und 0,2 ml konz. Schwefelsäure.
d) Gehen Sie weiter vor wie in (b).
e) Geben Sie 0,2 ml konz. Schwefelsäure in 19,8 ml dest. Wasser, schütteln Sie kräftig um. Titrieren Sie eine 1-ml-Probe wie in (b).

Aufgaben:
1. Erfassen Sie den Natronlauge-Verbrauch tabellarisch. Subtrahieren Sie jeweils den zur Neutralisation der Schwefelsäure notwendigen Natronlauge-Verbrauch.
2. Berechnen Sie die Methansäure-Konzentrationen zu den verschiedenen Zeitpunkten und stellen Sie die Methansäure-Konzentration in Abhängigkeit von der Zeit grafisch dar. Interpretieren Sie das Diagramm.

V2 Bildung und Zersetzung von Ammoniumchlorid

Material:
Spatel, 2 Wattestäbchen, kurzes Glasrohr, Stativ, Doppelmuffe, Stativklemme, 2 Bechergläser (25 ml), Reagenzglas, Gasbrenner, Universalindikator-Papier, Glaswolle oder Watte, konz. Salzsäure, konz. Ammoniak-Lösung, Ammoniumchlorid

Durchführung:
⚠ (Abzug!) **a)** Befestigen Sie das Glasrohr waagerecht am Stativ und geben Sie konz. Salzsäure und konz. Ammoniak-Lösung in je ein Becherglas. Tauchen Sie je ein Wattestäbchen mit dem Ende in die Reagenzien. Stecken Sie die benetzten Enden der Wattestäbchen in die beiden Enden des Glasrohrs [B1].
b) Erhitzen Sie mit der nicht leuchtenden Brennerflamme fächelnd eine sehr kleine Ammoniumchlorid-Portion in einem Reagenzglas, an dessen Wandung zwei feuchte Stücke Universalindikator-Papier, getrennt durch einen Glaswolle- oder Wattebausch, liegen [B2]. Unterbrechen Sie ab und zu das Erhitzen und beobachten Sie das Universalindikator-Papier.

Aufgabe:
Beschreiben und erklären Sie Ihre Beobachtungen.

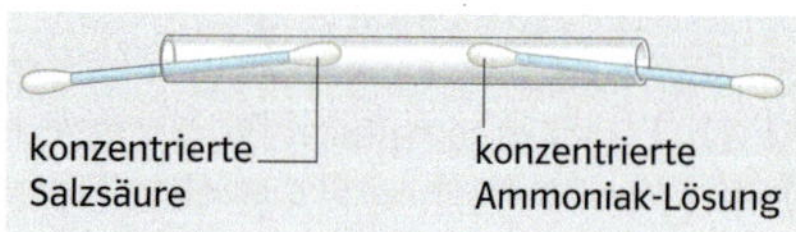

B1 *Zu V2a*

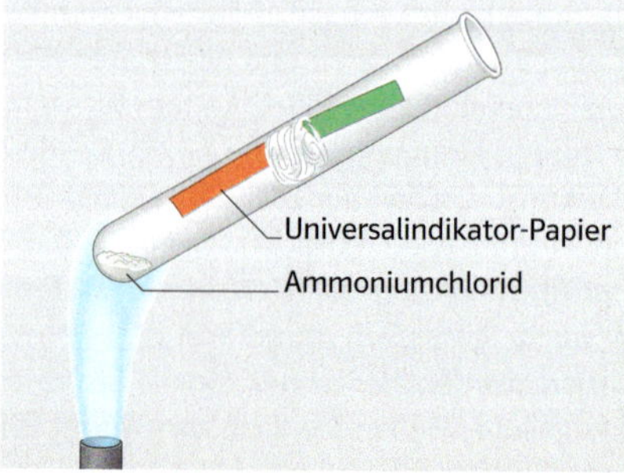

B2 *Zu V2b*

2.12 Gleichgewichtseinstellung im Modell

Bei Versuchen mit realen Stoffen kann man die Konzentrationen der Edukte und Produkte und die Einstellung des chemischen Gleichgewichts meistens nicht direkt beobachten. Hier helfen Modellversuche.

V1 Das Kugelspiel

Material:
40 etwa gleich große Kugeln (10 blaue, 10 gelbe, 10 rote, 10 grüne), Beutel oder Karton. Alternativ können z. B. auch farbige Schokolinsen eingesetzt werden.

Durchführung:
a) Geben Sie die 10 blauen und die 10 gelben Kugeln in den Beutel (bzw. Karton).
b) Greifen Sie in den Beutel und entnehmen Sie zwei Kugeln. Haben Sie die Kombination blau/gelb gezogen, so ersetzen Sie die beiden Kugeln durch die Kombination rot/grün. Haben Sie zwei gleiche Kugeln erwischt, legen Sie diese zurück.
c) Ab dem Zug, bei dem auch rote und grüne Kugeln im Beutel sind, gehen Sie prinzipiell wie in (b) beschrieben vor. Allerdings müssen Sie bei Ziehung der Kombination rot/grün statt dieser beiden Kugeln eine blaue und eine gelbe Kugel in den Beutel geben.

Aufgaben:
1. Erstellen Sie eine Tabelle wie B1.
2. Werten Sie die Tabelle grafisch aus, indem Sie die Anzahl *N* der blauen bzw. gelben Kugeln und die Anzahl der roten bzw. grünen Kugeln über der Nummer der Ziehung auftragen.
3. Interpretieren Sie die Tabelle und das Diagramm. Übertragen Sie das Ergebnis auf die folgende Gleichgewichtsreaktion:

A + B ⇌ C + D

Ziehung Nr.	*N* (blau)	*N* (gelb)	*N* (rot)	*N* (grün)
0	10	10	0	0
1				
2				
…				

***B1** Tabelle zu V1*

V2 Der Stechheberversuch

Material:
2 Messzylinder (100 ml), 2 Glasrohre mit deutlich unterschiedlichem Durchmesser, Methylorange-Lösung. Die Glasrohre werden vor dem Versuch mit einem wasserfesten Folienschreiber skaliert, Ablesegenauigkeit 0,5 ml.

Durchführung:
a) Erstellen Sie eine Tabelle wie B2.
b) Geben Sie in einen Messzylinder 5 Tropfen Methylorange-Lösung und anschließend 90 ml Wasser.
c) Stellen Sie das dickere Glasrohr in den Messzylinder A und das dünnere in Messzylinder B. (Die Glasrohe müssen jeweils den Boden berühren [B3]!)
d) Verschließen Sie die Öffnung der Glasrohre jeweils mit einem Daumen und ziehen Sie die Glasrohre aus den Messzylindern heraus. Lesen Sie das Volumen in jedem Glasrohr ab und tragen Sie den Wert in die Tabelle ein.
e) Übertragen Sie nun das in den Glasrohren enthaltene Wasser gleichzeitig in den jeweils anderen Messzylinder. Lesen Sie die Volumina des Wassers in den Messzylindern ab und tragen Sie diese in die Tabelle ein. (Beim Ablesen dürfen sich die Glasrohre nicht in den Messzylindern befinden! Achten Sie darauf, dass jedes Glasrohr wieder in den gleichen Messzylinder gestellt wird!)

Übertragungsvorgang Nr.	*V* (Wasser) in ml im …			
	Glasrohr		Messzylinder	
	A	B	A	B
0	–	–	90	0
1		0		
…				

***B2** Tabelle zu V2*

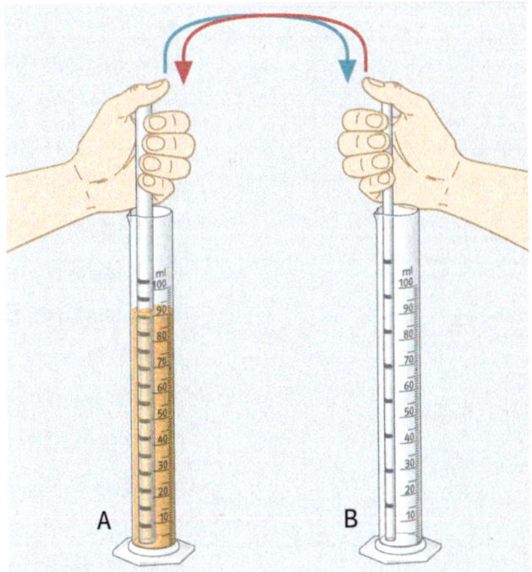

***B3** Versuchsaufbau zu V2*

f) Wiederholen Sie die Schritte (c) bis (e) ca. 25-mal.

Aufgaben:
1. Werten Sie die Tabelle grafisch aus, indem Sie jeweils über der Nummer des Übertragungsvorgangs
   - die Wasservolumina in den Rohren A und B,
   - in ein zweites Diagramm die Wasservolumina in den Messzylindern A und B auftragen.
2. Interpretieren Sie die Tabelle und die Diagramme.
3. Beschreiben Sie, wie die Diagramme aussehen würden, wenn die zwei Glasrohre den gleichen Innendurchmesser hätten.

A1 Stellen Sie, soweit möglich, für die beiden Modellversuche jeweils die Entsprechungen zu den folgenden Begriffen tabellarisch dar: Edukte, Produkte, Konzentrationen der Edukte, Konzentrationen der Produkte, Hinreaktion, Rückreaktion, Geschwindigkeit der Hinreaktion, Geschwindigkeit der Rückreaktion, Geschwindigkeitskonstante der Hinreaktion, Geschwindigkeitskonstante der Rückreaktion.

2.13 Beeinflussung des chemischen Gleichgewichts

Viele chemische Reaktionen, die in der Industrie eingesetzt werden, sind Gleichgewichtsreaktionen, d.h., im Reaktionsgemisch liegen auch nach der Reaktion noch Edukte vor. Man kann aber die Zusammensetzung eines Reaktionsgemisches im Gleichgewicht beeinflussen, indem man die Hin- oder die Rückreaktion begünstigt. Dann stellt sich ein neues Gleichgewicht ein, bei dem die beteiligten Stoffe andere Konzentrationen haben. Dadurch kann man z.B. die Ausbeute eines gewünschten Produkts erhöhen.

Eisen(III)-Ionen, Thiocyanat-Ionen und Wasser-Moleküle bilden Komplexverbindungen. Die nebenstehende Reaktionsgleichung ist vereinfacht. Die korrekte Schreibweise ist:
$[Fe(H_2O)_6]^{3+} + SCN^- \rightleftharpoons [Fe(SCN)(H_2O)_5]^{2+} + H_2O$

Konzentrationsänderung. Thiocyanat-Ionen (SCN^-) lagern sich in einer Gleichgewichtsreaktion an Eisen(III)-Ionen an und bilden eine blutrote Verbindung [V1]:

$$Fe^{3+}(aq) + SCN^-(aq) \rightleftharpoons [Fe(SCN)]^{2+}(aq)$$

gelb — farblos — blutrot

Anhand der Farbe der Lösung kann man abschätzen, ob die Konzentration der $[Fe(SCN)]^{2+}$-Ionen hoch oder niedrig ist.

B1 Zugabe von Eisen(III)-chlorid-Lösung zu verdünnter Eisen(III)-chlorid-Kaliumthiocyanat-Lösung

Gibt man zu dem im Gleichgewicht befindlichen Gemisch farbloses Kaliumthiocyanat, so vertieft sich die Farbe der Lösung. Die Konzentration der $[Fe(SCN)]^{2+}$-Ionen ist also gestiegen. Auch die Zugabe von Eisen(III)-Ionen bewirkt eine *Erhöhung* der Konzentration des Reaktionsproduktes [B1].
Versetzt man die Lösung mit Natriumhydroxid, so wird sie deutlich heller. Eisen(III)-Ionen reagieren mit den Hydroxid-Ionen:

$$Fe^{3+}(aq) + 3\,OH^-(aq) \rightleftharpoons Fe(OH)_3(s)$$

Die Entfernung von Eisen(III)-Ionen führt zu einer *Verringerung* ihrer Konzentration. Durch Zerfall von $[Fe(SCN)]^{2+}$-Ionen werden daraufhin wieder Eisen(III)-Ionen und Thiocyanat-Ionen gebildet.

Die Zugabe des Kaliumthiocyanats hat zwar zu einer Erhöhung der Konzentration der Thiocyanat-Ionen geführt, durch die erneute Gleichgewichtseinstellung fällt diese Konzentrationserhöhung aber kleiner aus. Die Entfernung von Eisen(III)-Ionen hat zwar zu einer Verringerung ihrer Konzentration geführt, durch die erneute Gleichgewichtseinstellung fällt diese Konzentrationsverringerung kleiner aus.

Die Neueinstellung des chemischen Gleichgewichts nach Zugabe oder Wegnahme eines Reaktionspartners bezeichnet man als **Gleichgewichtsverschiebung**. Erhöht man die Konzentration eines Reaktionspartners, verschiebt sich das Gleichgewicht in die Richtung, bei der er zum Teil verbraucht wird. Verringert man die Konzentration eines Reaktionspartners, verschiebt sich das Gleichgewicht in die Richtung, bei der er zum Teil nachgebildet wird [B2]. Die Gleichgewichtsverschiebung vermindert also die Auswirkung der Stoffzugabe bzw. -wegnahme auf die Konzentration.

Soll eine Gleichgewichtsreaktion vollständig zugunsten eines Produkts ablaufen, muss dieses bzw. ein anderer Reaktionspartner der Produktseite aus dem Reaktionsgemisch entfernt werden. Dadurch wird die Rückreaktion unterbunden.

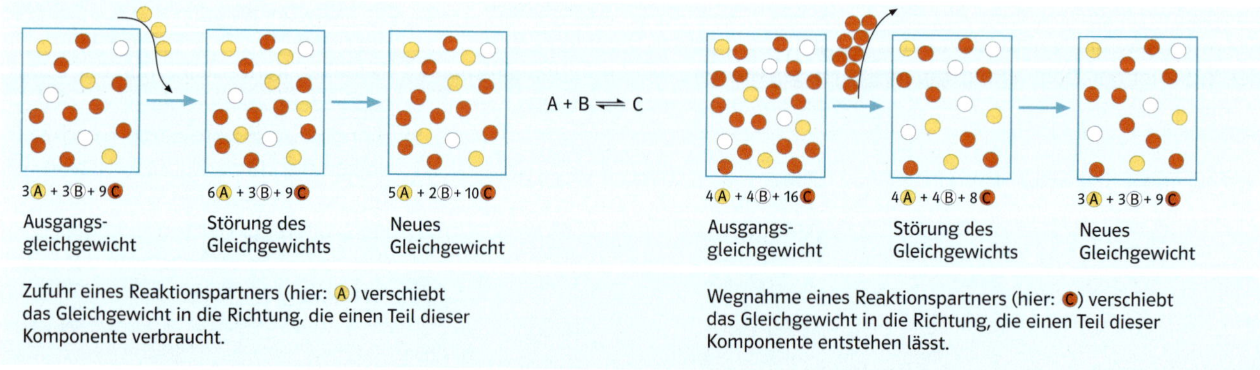

B2 Beeinflussung eines chemischen Gleichgewichts durch Stoffmengen- und Konzentrationsänderung

Beispielsweise kann in einem Estergleichgewicht

Carbonsäure + Alkohol $\rightleftharpoons$ Ester + Wasser

die Produktausbeute an Ester durch Entfernen des Esters oder Wassers aus dem Gleichgewicht erhöht werden. Eine weitere Möglichkeit ist die Zugabe eines preiswerten Ausgangsstoffes (Carbonsäure oder Alkohol).

Die Erhöhung der Konzentration eines Reaktionspartners verschiebt ein Gleichgewicht in die Richtung, die einen Teil dieser Komponente verbraucht.
Die Verringerung der Konzentration eines Reaktionspartners verschiebt ein Gleichgewicht in die Richtung, die einen Teil dieser Komponente entstehen lässt.

Temperaturänderung. Das braune Gas Stickstoffdioxid (NO_2) steht mit dem farblosen Gas Distickstofftetraoxid (N_2O_4) im Gleichgewicht:

$$\underset{\text{braun}}{2\ NO_2(g)} \underset{\text{endotherm}}{\overset{\text{exotherm}}{\rightleftharpoons}} \underset{\text{farblos}}{N_2O_4(g)}$$

Bei der Temperatur von 27 °C besteht das Gemisch zu $\varphi = 20\,\%$ aus Stickstoffdioxid und zu $\varphi = 80\,\%$ aus Distickstofftetraoxid. Die Bildung des farblosen Distickstofftetraoxids ist exotherm, seine Spaltung ist endotherm.

Kühlt man das sich im Gleichgewicht befindliche Gemisch der beiden Gase ab, so nimmt der Anteil des energieärmeren Distickstofftetraoxids im Gemisch zu [B3, oben]. Die Abkühlung, der Wärmeentzug, begünstigt also die wärmeliefernde (exotherme) Hinreaktion. Die dabei abgegebene Wärme bewirkt, dass sich die Temperatur des Gasgemisches nicht so stark verringert, wie dies bei gleichem Wärmeentzug ohne Gleichgewichtsverschiebung eintreten würde.

Erwärmt man das sich im Gleichgewicht befindliche Gemisch, so steigt der Anteil des Stickstoffdioxids [B3, unten]. Die Temperaturerhöhung, die Wärmezufuhr, begünstigt die wärmeverbrauchende (endotherme) Teilreaktion. Bei 100 °C beträgt der Volumenanteil des Distickstofftetraoxids nur noch 11 %. Die Zunahme des Anteils des Stoffes mit der höheren Energie bewirkt, dass die Temperatur sich nicht so stark erhöht, wie dies bei gleicher Wärmezufuhr ohne Gleichgewichtsverschiebung erfolgen würde.

Eine Gleichgewichtsverschiebung durch eine Temperaturänderung tritt bei allen Gleichgewichtsreaktionen auf. (Eine Ausnahme sind Reaktionen, die weder exotherm noch endotherm sind.)

Temperaturabsenkung begünstigt die exotherme Reaktion. Temperaturerhöhung begünstigt die endotherme Reaktion.

φ griech. Buchstabe phi, Symbol für Volumenanteil (Anhang, Tabellen)

***B3** Einfluss der Temperatur auf die Gleichgewichtsreaktion $2\ NO_2 \rightleftharpoons N_2O_4$*

V1 Mischen Sie 2 ml verd. Eisen(III)-chlorid-Lösung mit 2 ml verd. Kaliumthiocyanat-Lösung. Verdünnen Sie die blutrote Lösung so weit, dass sie nur noch rosa erscheint. Verteilen Sie diese Lösung auf drei Reagenzgläser und geben Sie in das erste festes Eisen(III)-chlorid, in das zweite festes Kaliumthiocyanat und in das dritte ein Natriumhydroxid-Plätzchen.

V2 Ein mit einem Gemisch aus Stickstoffdioxid und Distickstofftetraoxid gefüllter und gut verschlossener Kolben wird in heißes Wasser und anschließend in kaltes Wasser getaucht.

A1 Erklären Sie, wie man die Ausbeute an Ester bei der folgenden Reaktion erhöhen kann:
$CH_3COOH + C_2H_5OH \rightleftharpoons CH_3COOC_2H_5 + H_2O$

A2 Zwischen Chromat- und Dichromat-Ionen besteht in wässriger Lösung folgendes Gleichgewicht:
$2\ CrO_4^{2-} + 2\ H_3O^+ \rightleftharpoons Cr_2O_7^{2-} + 3\ H_2O$
Erklären Sie, wie sich das Gleichgewicht bei Zugabe von Salzsäure bzw. Natronlauge verschiebt.

A3 Erklären Sie die Auswirkungen einer Temperaturerhöhung auf die folgende exotherme Reaktion:
$2\ CH_4(g) + O_2(g) \rightleftharpoons 2\ CO(g) + 4\ H_2(g)$

Druckänderung. Füllt man in einen Kolbenprober Wasser und Kohlenstoffdioxid, so löst sich ein wenig Kohlenstoffdioxid im Wasser [V3]. Ein Teil des gelösten Kohlenstoffdioxids reagiert mit Wasser zu Oxonium- und Hydrogencarbonat-Ionen weiter. Es stellen sich zwei Gleichgewichte ein:

$$CO_2(g) \rightleftharpoons CO_2(aq)$$

$$CO_2(aq) + 2\,H_2O(l) \rightleftharpoons H_3O^+(aq) + HCO_3^-(aq)$$

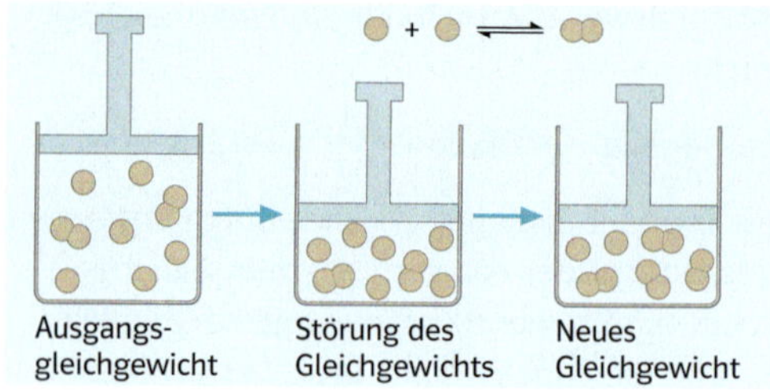

***B4** Beeinflussung des chemischen Gleichgewichts einer Gasreaktion durch Druckerhöhung*

Drückt man den Kolben in den Zylinder und erhöht dadurch den Druck, so löst sich ein Teil des gasförmigen Kohlenstoffdioxids in der Flüssigkeit. Ein Teil dieses gelösten Kohlenstoffdioxids reagiert wiederum mit dem Wasser. Durch das Lösen des Kohlenstoffdioxids sinkt die Anzahl der Moleküle im Gasraum. Die von außen bewirkte Druckerhöhung wird also durch das Gleichgewichtssystem teilweise kompensiert.

Entsprechendes ist bei dem System $2\,NO_2(g) \rightleftharpoons N_2O_4(g)$ zu beobachten [B4, V4]. Erhöht man schnell den Druck und verringert dadurch das Volumen, so vertieft sich die braune Farbe infolge der Konzentrationserhöhung der eingeschlossenen Stoffe. Anschließend hellt sich das Gasgemisch aber wieder etwas auf, weil sich das Gleichgewicht zugunsten des farblosen Distickstofftetraoxids verschiebt. Das System verringert die von außen erzeugte Druckerhöhung, indem es das Gleichgewicht zu der Seite mit der geringeren Teilchenanzahl verschiebt. Bei einer Druckverminderung verschiebt sich das Gleichgewicht zu der Seite mit der größeren Teilchenanzahl.

Chemische Gleichgewichte ohne Beteiligung von Gasen werden durch eine Druckänderung kaum beeinflusst. Auch Gleichgewichtsreaktionen, bei denen gasförmige Stoffe auftreten, werden nur dann beeinflusst, wenn sich die Teilchenanzahl in der Gasphase durch eine Gleichgewichtsverschiebung ändert. So ist z. B. durch eine Druckänderung des Systems $H_2(g) + I_2(g) \rightleftharpoons 2\,HI(g)$ keine Erhöhung der Ausbeute an Iodwasserstoff zu erzielen, da sich die Teilchenanzahl nicht ändert. Auf der linken Seite des Gleichgewichtspfeils steht die gleiche Teilchenanzahl gasförmiger Stoffe wie auf der rechten Seite des Gleichgewichtspfeils.

Das Gleichgewicht einer Reaktion, an der Gase beteiligt sind, wird durch Druckerhöhung zu der Seite mit der geringeren Anzahl von Gasteilchen verschoben, durch Druckverringerung zu der Seite mit der größeren Anzahl von Gasteilchen.

Exkurs

Kohlenstoffdioxid in Getränken

Wird eine Coladose oder Mineralwasserflasche geöffnet, bildet sich über der Öffnung ein feiner, weißer Nebel, gleichzeitig bilden sich Gasblasen. Woher rühren diese Phänomene?

Beim Hersteller wurde das Getränk bei einem Kohlenstoffdioxid-Druck von 2 000 bis 3 000 hPa abgefüllt. In der Dose oder Flasche stellte sich ein Gleichgewicht zwischen dem gelösten und dem gasförmigen Kohlenstoffdioxid ein:

$$CO_2(g) \rightleftharpoons CO_2(aq)$$

Wird der Verschluss geöffnet, fällt der Druck schlagartig auf den Atmosphärendruck ab (ca. 1013 hPa), und das Gas dehnt sich aus, da ihm jetzt ein größerer Raum zur Verfügung steht. Durch die Ausdehnung sinkt die Temperatur sehr stark. Wasserdampf kondensiert und bildet den feinen Nebel.

Das Entweichen des Kohlenstoffdioxids aus der Flasche führt dazu, dass sich das Gleichgewicht zugunsten des ungelösten Kohlenstoffdioxids verschiebt. In der Lösung bilden viele Kohlenstoffdioxid-Moleküle Mikrobläschen. Diese vereinigen sich zu größeren Blasen, die nach oben steigen. Wird die Flasche oder Dose wieder verschlossen, stellt sich erneut ein Gleichgewicht zwischen gelöstem und gasförmigem Kohlenstoffdioxid ein.

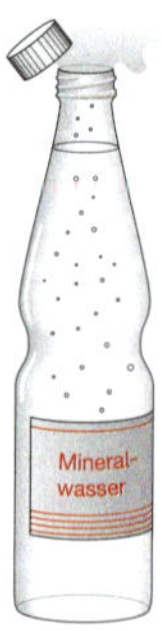

***B5** Beim Öffnen der Flasche bilden sich Gasblasen und ein feiner Nebel*

Das Prinzip von Le Chatelier und Braun. In den Jahren 1887 und 1888 formulierten Henry Le Chatelier und Ferdinand Braun ein Prinzip, das die Gesetzmäßigkeiten bei der Verschiebung eines Gleichgewichts zusammenfasst. Man bezeichnet es auch als „Prinzip vom kleinsten Zwang“:

Übt man auf ein im Gleichgewicht befindliches chemisches System Zwang durch eine Änderung der Temperatur, des Druckes oder der Konzentration aus, so verschiebt sich das Gleichgewicht in die Richtung, in der die zunächst erfolgte Änderung vermindert wird.

Exkurs

Ein Modell zum Prinzip von Le Chatelier und Braun. Eine Gleichgewichtsreaktion kann mit der in B6 gezeigten Anordnung verglichen werden.
- Die *Füllhöhe im Hauptgefäß* steht für eine der folgenden Eigenschaften des Systems: Konzentration, Temperatur oder Druck.
- Das *Öffnen des Hahns* steht für die Neueinstellung des Gleichgewichts.
- Das *Nebengefäß* steht für die „Antwortmöglichkeit“ der Gleichgewichtsreaktion auf eine „Störung“.

(Achtung: Die beiden Gefäße stehen *nicht* für die Edukte und Produkte der Gleichgewichtsreaktion!)

B7 zeigt, wie das System auf eine „Störung“, d.h. auf eine Veränderung einer der Eigenschaften, reagiert. Durch die Gleichgewichtsreaktion fällt die Konzentrations-, Temperatur- oder Druckänderung kleiner aus als ohne Neueinstellung des Gleichgewichts.

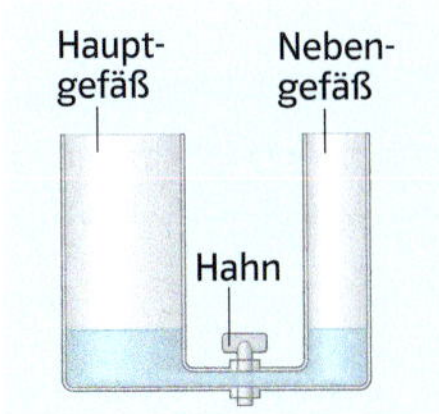

***B6** Modell zur Gleichgewichtsreaktion*

	a)	b)	c)
	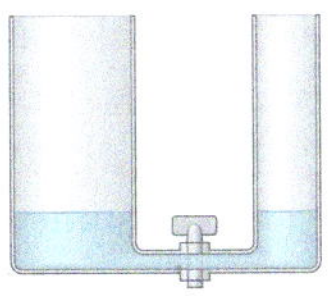	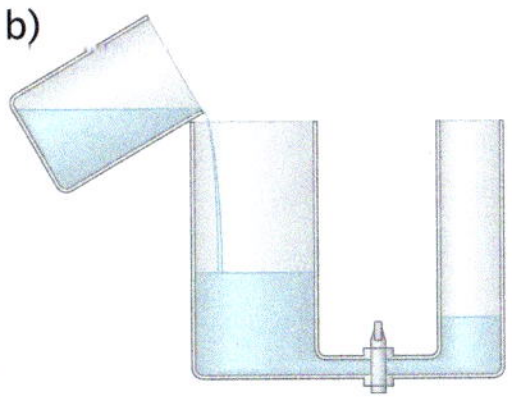	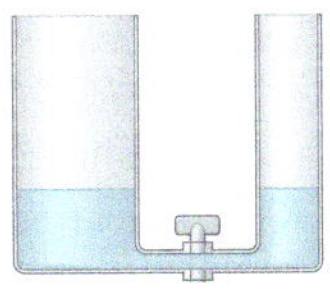
Modell	Im Haupt- und Nebengefäß steht das Wasser gleich hoch.	In das Hauptgefäß wird bei geschlossenem Hahn Wasser gefüllt. Die Wasserhöhe steigt.	Der Hahn wird geöffnet. Die Wasserhöhe im Hauptgefäß sinkt.
Übertragung auf das chemische Gleichgewicht	Das System befindet sich im Gleichgewichtszustand.	Die Konzentration eines Stoffes *oder* die Temperatur *oder* der Druck wird erhöht.	Das Gleichgewicht stellt sich neu ein. Das System vermindert die Erhöhung der Konzentration, der Temperatur oder des Drucks.

***B7** Anwendung des Modells auf das chemische Gleichgewicht*

V3 Lassen Sie in einen Kolbenprober mit Hahn 80 ml Kohlenstoffdioxid strömen. Saugen Sie anschließend 20 ml kaltes Leitungswasser ein, das mit Universalindikator versetzt worden ist, und schließen Sie den Hahn.
a) Schütteln Sie den Kolbenprober gut durch.
b) Pressen Sie das Gasvolumen kräftig zusammen und halten Sie den Stempel einige Minuten fest.
c) Lassen Sie den Stempel wieder los.
d) Ziehen Sie den Stempel ein wenig heraus und halten Sie ihn einige Minuten fest.

V4 ⚠ (Abzug!) Ein sehr dicht schließender Kolbenprober mit Hahn wird mit Stickstoffdioxid / Distickstofftetraoxid gefüllt. Man verringert rasch das Gasvolumen des Kolbens durch kräftiges Hineindrucken des Stempels und wartet ca. 10 Sekunden. Anschließend zieht man den Stempel schnell heraus und wartet wieder ca. 10 Sekunden.

A4 ◒ Entscheiden Sie bei den folgenden Reaktionen, in welche Richtung das System bei Druckerhöhung bzw. Druckverminderung ausweicht.
a) $2\,NO(g) + O_2(g) \rightleftharpoons 2\,NO_2(g)$
b) $C(s) + CO_2(g) \rightleftharpoons 2\,CO(g)$
c) $CO(g) + NO_2(g) \rightleftharpoons CO_2(g) + NO(g)$
d) $CaCO_3(s) \rightleftharpoons CaO(s) + CO_2(g)$

2.14 Fließgleichgewichte

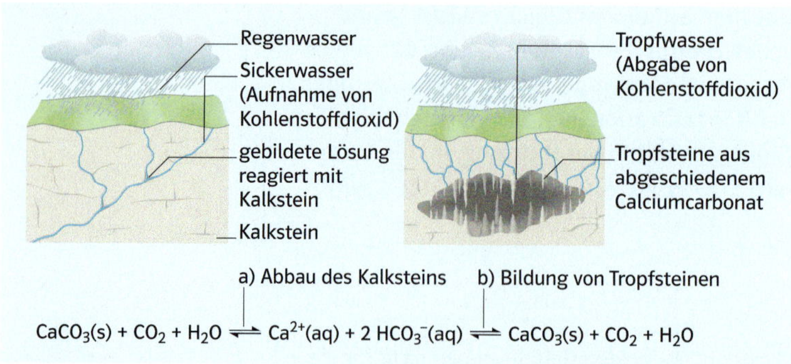

***B1** Fließgleichgewicht bei der Bildung von Stalaktiten und Stalagmiten*

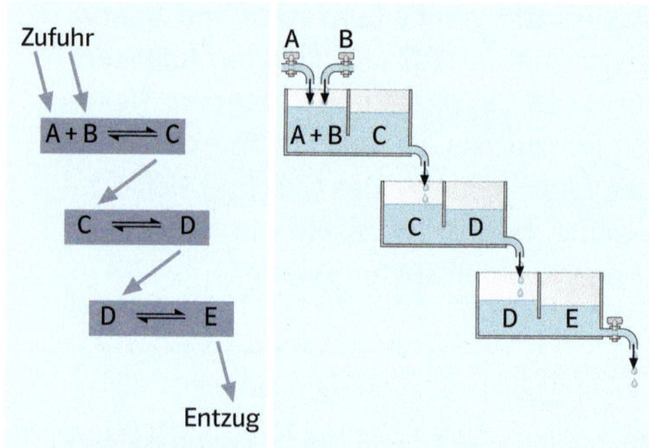

***B2** Fließgleichgewicht im Modell*

Die meisten chemischen Reaktionen in lebenden Systemen sind Gleichgewichtsreaktionen. Meist sind mehrere Reaktionen miteinander gekoppelt, sodass die Produkte einer Gleichgewichtsreaktion als Ausgangsstoffe in die nächste Gleichgewichtsreaktion eingehen. Die Gleichgewichtszustände der Einzelreaktionen werden nie erreicht; die Reaktionen laufen insgesamt nur in eine Richtung ab. Dennoch ergeben sich relativ konstante Konzentrationen, da die Reaktionspartner etwa gleich schnell gebildet und verbraucht werden.

Offenes System System, das mit seiner Umgebung Energie und Stoffe austauschen kann

Fließgleichgewicht. In Gefäßen, denen Wasser von oben zufließt und die durch eine Öffnung ständig Wasser abgeben, stellen sich nach einiger Zeit konstante Wasserhöhen ein. Man bezeichnet dies als *stationären Zustand* eines *offenen Systems* [B2].
Analog zu den Wassergefäßen spricht man von einem *Fließgleichgewicht*, wenn die Konzentrationen der Reaktionspartner in einem offenen System vom „Zufluss" bzw. „Abfluss" der Stoffe abhängen. Ein Fließgleichgewicht ist also *kein* chemisches Gleichgewicht.

Fließgleichgewicht in Höhlen. Bei der Entstehung vom Tropfsteinhöhlen in Gebirgen aus Calciumcarbonat (Kalkstein) spielt Kohlenstoffdioxid eine wichtige Rolle. Regenwasser nimmt aus der Luft Kohlenstoffdioxid auf und kommt dadurch mit einem pH-Wert von etwa 5,7 am Boden an. Im Boden löst sich weiteres Kohlenstoffdioxid aus dem Abbau organischen Materials. Kommt dieses saure Wasser mit dem Kalkstein in Berührung, reagiert das schwer lösliche Calciumcarbonat zu hydratisierten Calcium- und Hydrogencarbonat-Ionen [B1a].
Erreicht ein Tropfen Sickerwasser die Decke einer Höhle, entweicht etwas Kohlenstoffdioxid aus der Lösung heraus in die Luft. Dadurch verschiebt sich das Gleichgewicht; schwer lösliches Calciumcarbonat lagert sich ab [B1b]. Nach und nach bildet sich ein Stalaktit. Fällt ein Tropfen auf den Höhlenboden, läuft diese Gleichgewichtsverschiebung am Boden ab, es bildet sich ein Stalagmit.

Die Stalaktiten und Stalagmiten bilden sich also in einem Fließgleichgewicht, dem ständig Edukte zugeführt und Produkte entnommen werden. Die Tropfsteine wachsen im Jahr um etwa 0,2 mm. Spuren von Metall-Ionen, meistens Eisen(III)-Ionen, bilden ebenfalls schwer lösliche Carbonate und verleihen den Stalaktiten und Stalagmiten Farbigkeit.

Fließgleichgewicht beim Abbau von Alkohol. In der menschlichen Leber wird Ethanol mithilfe der Enzyme Alkohol-Dehydrogenase (ADH) und Aldehyd-Dehydrogenase (ALDH) in zwei Schritten zu Ethansäure oxidiert [B3].

Während des Ethanol-Abbaus ist die Stoffmenge des Zwischenprodukts Ethanal nahezu konstant. Ethanal ist ein Zellgift. Es ist vermutlich eine der Ursachen des „Katers" nach übermäßigem Alkoholgenuss (Kap. 1.20).

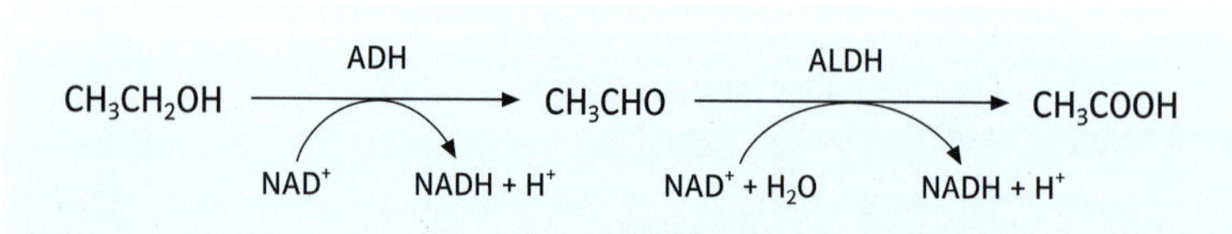

***B3** Fließgleichgewicht beim Abbau von Ethanol in der Leber*

2.15 Die Ammoniak-Synthese

Ammoniak ist neben der Schwefelsäure eine der bedeutendsten anorganischen Grundchemikalien [B1]. Die jährliche Produktion von Ammoniak beträgt weltweit über 200 Millionen Tonnen. Etwa 80 % der Produktion werden zur Herstellung von Düngemitteln verwendet. Pflanzen nehmen das Element Stickstoff z. B. in Form von Ammonium-Ionen oder Nitrat-Ionen auf. Aus Ammoniak kann man diese Verbindungen gewinnen. Daneben stellt man aus Ammoniak viele weitere Stickstoff-Verbindungen her, z. B. Salpetersäure, Kunststoffe, Farbstoffe, Sprengstoffe, Pflanzenschutzmittel und Medikamente.

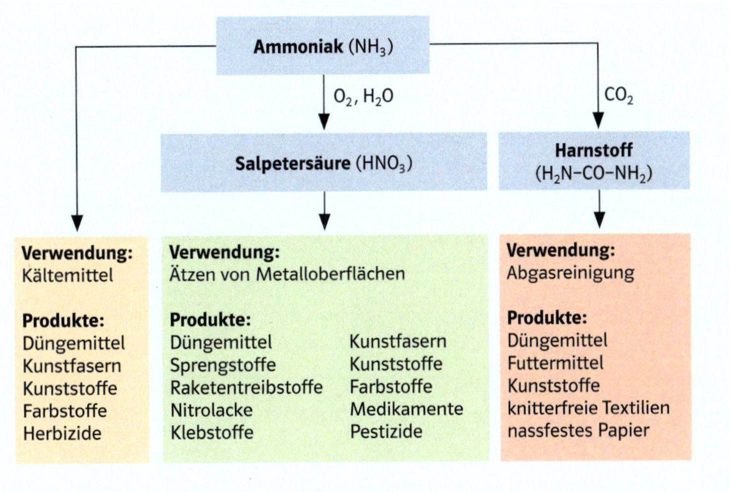

***B1** Verwendung von Ammoniak als Ausgangsstoff der chemischen Industrie*

Reaktionsbedingungen für die Ammoniak-Synthese. Der Synthese von Ammoniak liegt folgende Gleichgewichtsreaktion zugrunde:

$$3\,H_2(g) + N_2(g) \rightleftharpoons 2\,NH_3(g) \quad | \text{ exotherm } (-92\,kJ)$$

In einem geschlossenen System stellt sich ein chemisches Gleichgewicht ein, das stark temperatur- und druckabhängig ist. Nach dem Prinzip von LE CHATELIER und BRAUN müsste sich umso mehr Ammoniak bilden, je niedriger die Temperatur und je höher der Druck ist [B2]. Bei Zimmertemperatur ist jedoch keine Umsetzung zwischen Wasserstoff und Stickstoff zu beobachten, da die Reaktionsgeschwindigkeit sehr gering und damit die Zeit bis zur Gleichgewichtseinstellung viel zu lang ist.

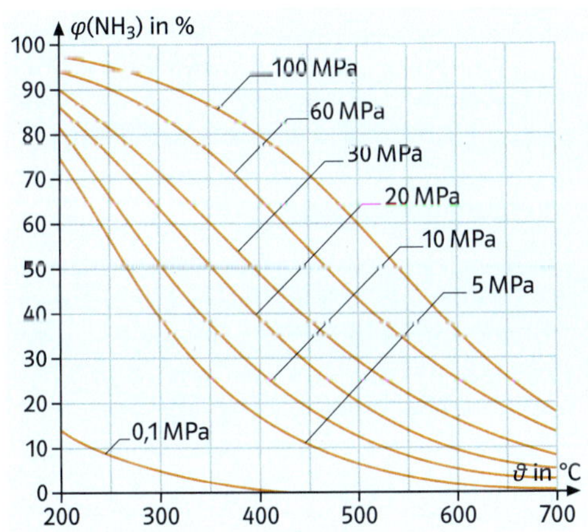

***B2** Ammoniak-Ausbeute in Abhängigkeit von Druck und Temperatur*

Eine Temperaturerhöhung führt zwar zu einer schnelleren Einstellung des Gleichgewichts, jedoch verschiebt sich dadurch die Gleichgewichtslage zu den Ausgangsstoffen hin.

Die Reaktionsgeschwindigkeit kann mithilfe eines Katalysators (Kap. 2.7) erhöht werden. Die Reaktionstemperatur wird dann durch den Temperaturbereich bestimmt, in dem der Katalysator aktiv ist, d. h. ab 450 °C. Auch mithilfe eines Katalysators entstehen deshalb bei Atmosphärendruck (ca. 0,1 MPa) nur geringe Mengen Ammoniak. Durch Druckerhöhung kann der Anteil von Ammoniak im Reaktionsgemisch jedoch erheblich gesteigert werden.

Eine niedrige Temperatur und ein hoher Druck verschieben das Gleichgewicht zugunsten der Ammoniak-Bildung.
Stickstoff und Wasserstoff reagieren aber erst ab ca. 450 °C unter Einfluss eines Katalysators miteinander.

Ammoniak (NH_3)
Summenformel: NH_3
Eigenschaften:
stechend riechendes, giftiges Gas
702 l Ammoniak lösen sich in 1 l Wasser (bei 20 °C und 1013 hPa)
$M(NH_3)$ = 17,03 g/mol
ϑ_{sm} = −78 °C (p = 1013 hPa)
ϑ_{sd} = −33 °C (p = 1013 hPa)
ϱ = 0,771 g/l
(p = 1013 hPa und ϑ = 0 °C)

Geschlossenes System
System, das mit seiner Umgebung zwar Energie, aber keine Stoffe austauschen kann

A1 ○ Nennen Sie anhand von B2 den Volumenanteil an Ammoniak im Gleichgewicht bei:
a) 400 °C, 20 MPa; **b)** 400 °C, 60 MPa;
c) 300 °C, 30 MPa; **d)** 500 °C, 30 MPa

A2 ◒ NE Im Reaktor einer industriellen Ammoniak-Anlage herrscht ein Druck von 15 – 30 MPa und eine Temperatur von 400 – 500 °C. Erklären Sie, inwiefern diese Reaktionsbedingungen ein Kompromiss sind.

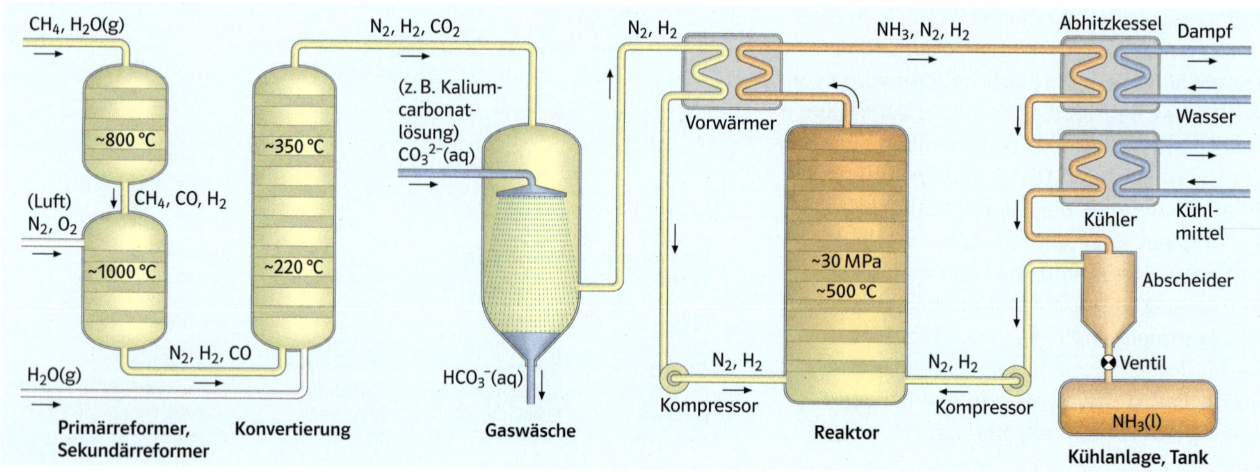

***B3** Schema der technischen Ammoniak-Herstellung nach dem Haber-Bosch-Verfahren*

B4 FRITZ HABER (1868 – 1934)

B5 CARL BOSCH (1874 – 1940)

Die großtechnische Ammoniak-Synthese. Der Chemiker FRITZ HABER [B4] erforschte in den Jahren 1904 bis 1908 die Grundlagen der Ammoniak-Synthese. Die Übertragung dieser Reaktion in den großtechnischen Maßstab war wegen der neuen Technologie eine weitere herausragende Leistung, vollbracht von CARL BOSCH [B5].
1913 konnte die BASF (Badische Anilin- & Soda-Fabrik) in Ludwigshafen die erste großtechnische Ammoniaksynthese nach dem Haber-Bosch-Verfahren mit einer Tagesleistung von 30 Tonnen Ammoniak in Betrieb nehmen. Heutige Anlagen produzieren über 1 500 Tonnen Ammoniak pro Tag, einige sogar über 2 000 Tonnen.

Erzeugung des Synthesegemisches. Für die Synthese steht Stickstoff aus der Luft in praktisch unbegrenzter Menge zur Verfügung, während Wasserstoff in einem der Synthese vorgeschalteten Prozess erzeugt werden muss. Wasserstoff wird heute überwiegend durch „Dampfspaltung" von Erdgas (Methan) gewonnen.
In einem *Primärreformer* wird das Erdgas nach vorangegangener Entschwefelung mit Wasserdampf bei ca. 800 °C an einem Katalysator zu Wasserstoff und Kohlenstoffmonooxid umgesetzt:

$$CH_4(g) + H_2O(g) \overset{Kat.}{\rightleftharpoons} CO(g) + 3\,H_2(g) \quad | \text{ endotherm } (+207\,kJ)$$

Nicht umgesetztes Methan wird anschließend im *Sekundärreformer* unter Zusatz von Luft in Wasserstoff und Kohlenstoffmonooxid umgewandelt (partielle Oxidation):

$$2\,CH_4(g) + O_2(g) \overset{Kat.}{\rightleftharpoons} 2\,CO(g) + 4\,H_2(g) \quad | \text{ exotherm } (-72\,kJ)$$

Analog lassen sich andere Kohlenwasserstoffe (Benzin, Heizöl) zur Wasserstoffgewinnung einsetzen.

Das im Primär- und Sekundärreformer gebildete Kohlenstoffmonooxid wird in einem als *Konvertierung* bezeichneten Prozess in Gegenwart eines Katalysators zu weiterem Wasserstoff und Kohlenstoffdioxid umgesetzt:

$$CO(g) + H_2O(g) \overset{Kat.}{\rightleftharpoons} CO_2(g) + H_2(g) \quad | \text{ exotherm } (-40\,kJ)$$

Das Kohlenstoffdioxid wird aus dem Gasgemisch ausgewaschen, z. B. mit einer wässrigen Kaliumcarbonat-Lösung.

Die verschiedenen Verfahrensstufen sind so aufeinander abgestimmt, dass das Synthesegemisch Wasserstoff und Stickstoff im Volumenverhältnis 3 : 1 enthält.

B6 Ammoniak-Anlage

Synthese im Reaktor. Das kalte Synthesegemisch wird in einem Wärmetauscher erhitzt, dabei kühlt es gleichzeitig das aus dem Reaktor austretende Gasgemisch. Danach wird es durch einen Kompressor auf den Reaktionsdruck gebracht und strömt in den Reaktor. Die Ammoniak-Synthese verläuft bei einem Druck von ca. 30 MPa (300 bar) und einer Temperatur von ca. 450 °C. (Es gibt auch Verfahren, die bei anderen Temperaturen und Drücken ablaufen.) Da die Reaktion exotherm ist, entwickelt sich im Reaktor Wärme. Diese muss durch Kühlung abgeführt werden.

Reaktoren mit einer Tagesproduktion von 1500 Tonnen Ammoniak haben eine Höhe von 30 m, einen Innendurchmesser von 2,4 m und eine Masse von 400 Tonnen. Als Katalysator dienen 6 bis 20 mm dicke, poröse Eisenkörner, denen Metalloxide beigemischt sind. Ein Reaktor enthält bis zu 100 Tonnen Katalysator.

Die großtechnische Ammoniak-Synthese wird bei ca. 30 MPa (300 bar) und ca. 450 °C an einem Katalysator durchgeführt.

Ausbeute und Reaktionsgeschwindigkeit. Das Synthesegemisch im Reaktor kommt etwa 30 Sekunden mit dem Katalysator in Berührung. In dieser kurzen Zeit stellt sich nicht das Gleichgewicht mit der maximalen Ammoniak-Ausbeute ein. Es ist wirtschaftlicher, die Gase rasch über den Katalysator strömen zu lassen, da der Verzicht auf den maximalen Ammoniak-Anteil durch die viel größeren Gasmengen überkompensiert wird. Die Synthese wird im Kreislauf betrieben, d.h., das gebildete Ammoniak wird durch Kühlung als Flüssigkeit abgetrennt und das übrige Synthesegemisch wieder in den Reaktor geführt. In den meisten Anlagen durchströmt das Gas zur Ausbeutesteigerung noch einen zweiten Synthesereaktor.

Die Ammoniak-Synthese wird im Kreislauf betrieben, d.h., das Ammoniak wird abgetrennt und das übrige Synthesegemisch wieder dem Reaktor zugeführt.

A3 Erklären Sie die beiden Vorteile des Vorwärmers in B3.

A4 Erklären Sie, warum man im Synthesereaktor auf die Einstellung des Gleichgewichts verzichtet, obwohl der Volumenanteil des Ammoniaks dann größer wäre.

Exkurs

Ammoniak als Kältemittel

Früher wurden im Winter Eisblöcke aus Teichen und Seen geschnitten und in tiefen Kellern (Eiskellern) für die Sommermonate gelagert. Bis zur Erfindung des Kühlschranks war dies die einzige Möglichkeit, Lebensmittel kühl zu halten.

Carl von Linde (1842–1934) entwickelte in den Jahren 1874 bis 1876 mit seiner Ammoniak-Kompressor-Kältemaschine ein neuartiges Kreislaufverfahren zur Erzeugung tiefer Temperaturen. Gasförmiges Ammoniak wird mit einem Kompressor verdichtet, das Ammoniak wird dadurch flüssig. Die dabei entstehende Wärme wird durch Kühlung abgeführt. Das flüssige Ammoniak wird durch ein enges Rohr in einen Verdampfer geleitet. Dort geht das Ammoniak unter Aufnahme von Wärme, die der Umgebung entzogen wird, wieder in den gasförmigen Zustand über. Der Verdampfer und die Umgebung kühlen sich ab.

B7 Montage eines Ammoniak-Tanks an der International Space Station (ISS)

Die heutigen Kühlschränke haben dasselbe Funktionsprinzip, nutzen aber andere Gase als Kältemittel. Ammoniak wird vorwiegend in Großanlagen wie Kühlhäusern, Schlachthäusern, Brauereien und Eislaufhallen eingesetzt, außerdem in der Raumfahrt [B7].

Vorteile des Ammoniaks sind die große spezifische Verdampfungswärme (ca. 1300 kJ/kg) und die äußerst geringe Entflammbarkeit. Außerdem trägt Ammoniak nicht zum Treibhauseffekt oder Ozonabbau bei. Ein Nachteil des Ammoniaks ist seine Giftigkeit.

2.16 Fritz Haber

B1 *Fritz Haber als junger Doktor, 1891*

B2 *Clara Immerwahr als Studentin, etwa 1899*

Kaum ein anderer Chemiker hat so wie Fritz Haber [B1] gleichzeitig die Bewunderung und den Abscheu seiner Mitmenschen erregt. Auf der einen Seite hat er zusammen mit Carl Bosch ein Verfahren zur Ammoniak-Synthese entwickelt, das die Massenproduktion von Stickstoffdünger und damit die Bekämpfung des Hungers auf der Welt ermöglicht [B3, links]. Auf der anderen Seite hat er im Ersten Weltkrieg den Ersteinsatz von Giftgas durch deutsche Truppen befürwortet und vorbereitet. Für Viele ist er der „Vater des Gaskrieges" [B3, rechts].

Hier die wichtigsten Stationen seines Lebens:
1868 wird Fritz Haber am 9. Dezember in Breslau (heute Wrocław, Polen) als Kind einer jüdischen Kaufmannsfamilie geboren. Seine Mutter stirbt im Kindbett.
1886 beginnt Haber gegen den Willen des Vaters in Berlin sein Chemiestudium, das er
1891 mit der Promotion abschließt.
1893 konvertiert er, sehr zum Missfallen seines Vaters, zum protestantischen Glauben.
1894 erhält Haber eine Assistentenstelle an der Universität Karlsruhe, wo er
1898 zum außerordentlichen Professor für Technische Chemie ernannt wird.
1901 heiratet er Clara Immerwahr [B2], eine der ersten Frauen, die in Deutschland Chemie studiert und den Doktortitel erworben hat.
1904 beginnt Haber, die Ammoniak-Synthese aus Stickstoff und Wasserstoff zu erforschen. Um die Ausbeute zu steigern, wird bei hohen Drücken und Temperaturen gearbeitet, wofür aber erst geeignete Apparaturen entwickelt werden müssen [B4].
1908 hat Haber eine taugliche Kombination aus Druck, Temperatur und Katalysator gefunden, die in den nächsten Jahren von Carl Bosch weiter verbessert und in den industriellen Maßstab umgesetzt wird.
1911 wird Haber Leiter des Kaiser-Wilhelm-Instituts für Physikalische Chemie in Berlin.
1914 beginnt der Erste Weltkrieg. Haber stellt sich sofort der Obersten Heeresleitung zur Verfügung. Im Range eines Hauptmanns leitet er im Kriegsministerium eine eigene Abteilung, die sich u.a. mit Giftgas beschäftigt.
1915, am 22. April, werden in Belgien bei Ypern unter der Aufsicht Habers 180 Tonnen Chlor freigesetzt. Der Wind weht es in die alliierten Stellungen. Etwa 3 000 Soldaten sterben, etwa 7 000 erleiden Vergiftungen. Am 1. Mai erschießt sich Habers Frau mit seiner Dienstpistole. Nach dem deutschen Gasangriff, der ein klarer Verstoß gegen die Haager Landkriegsordnung war, setzen auch die anderen kriegführenden Staaten Giftgas ein.
1917 heiratet Haber zum zweiten Mal.
1918 endet der Krieg. Etwa 90 000 Soldaten haben durch Giftgas ihr Leben verloren.
1919 wird Fritz Haber der Nobelpreis für Chemie verliehen. Englische und französische Wissenschaftler sind empört, sie betrachten ihn als Kriegsverbrecher. Haber nimmt seine Arbeit am Kaiser-Wilhelm-Institut wieder auf.
1933 ist Haber wegen seiner jüdischen Abstammung nationalsozialistischen Anfeindungen ausgesetzt. Er legt seine Ämter nieder.
1934 folgt er einem Ruf an die Universität Cambridge. Am 29. Januar stirbt er auf der Durchreise in Basel, wo auch sein Grab ist.

B3 *Habers Forschungen und ihre Folgen: Reiche Ernte durch Mineraldünger (links); Gasangriff im 1. Weltkrieg (rechts)*

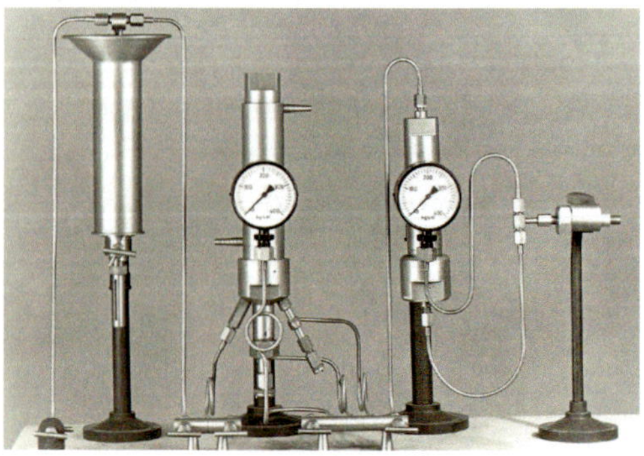

B4 *Habers Versuchsanlage zur Ammoniak-Synthese (Nachbau)*

2.17 Das Massenwirkungsgesetz

Ein sehr gründlich untersuchtes chemisches Gleichgewicht ist die Bildung und der Zerfall von Iodwasserstoff (Hydrogeniodid):

$$H_2(g) + I_2(g) \rightleftharpoons 2\,HI(g)$$

Wie auch bei anderen Gleichgewichtsreaktionen stellt sich nach einiger Zeit ein Zustand ein, in dem sich die Konzentrationen der Stoffe nicht mehr ändern. Hierbei ist es gleichgültig, ob man Wasserstoff und Iod zur Reaktion bringt oder von Iodwasserstoff ausgeht [B1]. Reagieren z.B. Iod und Wasserstoff mit den Konzentrationen von jeweils 1 mol/l oder zerfällt Iodwasserstoff mit der Konzentration von c = 2 mol/l, so stellen sich bei 448 °C folgende Gleichgewichtskonzentrationen ein:
$c(I_2) = c(H_2) \approx 0{,}22$ mol/l und $c(HI) \approx 1{,}56$ mol/l.
Die Konzentration des Iodwasserstoffs ist wesentlich größer als die des Iods und des Wasserstoffs. Das Gleichgewicht liegt also auf der Seite des Iodwasserstoffs.

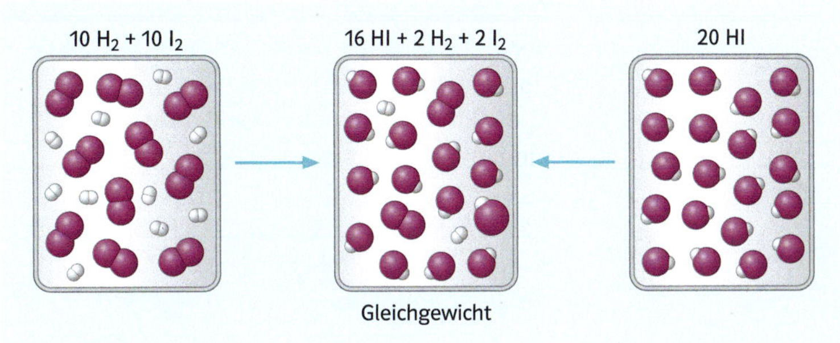

B1 *Gleichgewichtseinstellung*

Bei Änderung einer Konzentration wird die Hin- oder Rückreaktion begünstigt (Kap. 2.13), jedoch nur so lange, bis sich das Gleichgewicht wieder eingestellt hat, d.h., bis der Quotient der Konzentrationen wieder K_c entspricht.
Bei Gasreaktionen gilt das Gleiche für eine Druckänderung, da sie in diesem Fall gleichbedeutend mit einer Konzentrationsänderung ist.

Gleichgewichtskonstante. Der Chemiker Max Bodenstein untersuchte diese Reaktion im Jahr 1893 genauer, indem er unterschiedliche Mengen von Iod und Wasserstoff miteinander reagieren ließ. Er stellte fest, dass bei der Temperatur von 448 °C nach Einstellung des Gleichgewichts der folgende Quotient immer den gleichen Wert annimmt:

$$\frac{c^2(HI)}{c(H_2) \cdot c(I_2)} \approx 51$$

Bei anderen Temperaturen ergaben sich andere Werte [B2].

Den Quotienten der Konzentrationen, die im Gleichgewicht vorliegen (Gleichgewichtskonzentrationen) bezeichnet man als **Gleichgewichtskonstante** K_c:

$$K_c = \frac{c^2(HI)}{c(H_2) \cdot c(I_2)}$$

(c: Gleichgewichtskonzentrationen)

Die Gleichgewichtskonstante K_c ist *abhängig* von der Temperatur. Sie ist jedoch *unabhängig* vom Druck und von den aktuellen Konzentrationen der beteiligten Stoffe (z.B. den Ausgangskonzentrationen).

Massenwirkungsgesetz. Ein konstanter Quotient der Konzentrationen lässt sich bei allen Gleichgewichtsreaktionen beobachten, deren Edukte und Produkte alle gasförmig im selben Behälter vorliegen oder alle im selben Lösungsmittel gelöst sind, d.h. in einem *homogenen System*.
Stehen in der Reaktionsgleichung von einer Teilchenart zwei Teilchen, z.B. 2 HI, so ist das Produkt von zwei gleichen Konzentrationen einzusetzen, also das Quadrat $c^2(HI)$. Allgemein werden die Konzentrationen der Teilchen mit den zugehörigen Koeffizienten der Reaktionsgleichung *potenziert*.

Für eine allgemeine Reaktion

$$a\,A + b\,B \rightleftharpoons c\,C + d\,D$$

in einem homogenen System gilt:

$$K_c = \frac{c^c(C) \cdot c^d(D)}{c^a(A) \cdot c^b(B)}$$

Diese quantitative Beschreibung eines **homogenen Gleichgewichts** bezeichnet man als *Massenwirkungsgesetz* (MWG).

Massenwirkungsgesetz
Der Name stammt von der alten Bezeichnung „aktive Masse" für die Massenkonzentration. Das Massenwirkungsgesetz wurde 1867 von den Norwegern Cato Maximilian Guldberg und Peter Waage formuliert.

Temperatur in °C	K_c
356	67
393	60
448	51
508	40

B2 *Gleichgewichtskonstanten der Gleichgewichtsreaktion* $H_2 + I_2 \rightleftharpoons 2\,HI$ *bei unterschiedlichen Temperaturen*

Die *Einheit* der Gleichgewichtskonstante K_c ist abhängig von den Koeffizienten in der Reaktionsgleichung. Beim Rechenbeispiel in B5 hat K_c die Einheit 1 (Eins). K_c kann aber auch z.B. die Einheit l/mol haben [B3].

Der *Zahlenwert* der Gleichgewichtskonstante hängt bei vielen Reaktionen sehr stark von der Temperatur ab.

MWG Häufig verwendete Abkürzung für Massenwirkungsgesetz

Die Konzentrationen im MWG sind immer die Gleichgewichtskonzentrationen, d.h. die Konzentrationen *nach* Einstellung des chemischen Gleichgewichts.

Massenwirkungsgesetz (MWG):
Die Gleichgewichtskonstante K_c ist das Produkt aus den Konzentrationen der rechts in der Reaktionsgleichung stehenden Teilchen dividiert durch das Produkt aus den Konzentrationen der links stehenden Teilchen. Die Koeffizienten der Reaktionsgleichung treten als Exponenten der Konzentrationen auf.

Temperatur und Gleichgewichtskonstante. Für die Gleichgewichtsreaktion

$$2\,NO_2(g) \rightleftharpoons N_2O_4(g) \qquad | \Delta_r H^0 = -57\,kJ$$

(Kap. 2.13) lautet das Massenwirkungsgesetz:

$$K_c = \frac{c(N_2O_4)}{c^2(NO_2)}$$

Bei Temperaturerhöhung steigt die Konzentration des Stickstoffdioxids im Gasgemisch. Die Konzentration des Distickstofftetraoxids sinkt. Wird der Nenner des MWG größer, der Zähler aber kleiner, muss K_c kleiner werden. Bei Temperaturabsenkung wird K_c größer [B3].

Volumenanteil Diese in B3 verwendete Größe ist das Volumen einer Komponente bezogen auf das Gesamtvolumen aller Komponenten vor dem Mischen. In B3 ist z.B.:

$$\varphi(NO_2) = \frac{V(NO_2)}{V(NO_2) + V(N_2O_4)}$$

Es hängt von der Formulierung der Gleichgewichtsreaktion ab, ob die Konzentration eines Reaktionspartners im Nenner oder im Zähler des MWG steht. Im obigen Beispiel wurde die Reaktion so formuliert, dass sie von links nach rechts exotherm verläuft. Dies wird häufig so gehandhabt, wenn auch nicht immer. Zur eindeutigen Zuordnung von K_c gehört deshalb immer die Reaktionsgleichung oder die Formulierung des MWG.

Die Gleichgewichtskonstante K_c ist abhängig von der Temperatur.
Eine Druck- oder Konzentrationsänderung verschiebt zwar das Gleichgewicht, hat aber keinen Einfluss auf K_c.

Temperatur	27 °C	100 °C
$\varphi(NO_2)$	0,20 oder 20 %	0,89 oder 89 %
$\varphi(N_2O_4)$	0,80 oder 80 %	0,11 oder 11 %
V_m (bei 1013 hPa)	24,6 l/mol	30,6 l/mol
$c(NO_2)$	$\frac{1}{24{,}6\,l/mol} \cdot 0{,}20 \approx 0{,}0081\,mol/l$	$\frac{1}{30{,}6\,l/mol} \cdot 0{,}89 \approx 0{,}029\,mol/l$
$c(N_2O_4)$	$\frac{1}{24{,}6\,l/mol} \cdot 0{,}80 \approx 0{,}033\,mol/l$	$\frac{1}{30{,}6\,l/mol} \cdot 0{,}11 \approx 0{,}0036\,mol/l$
$K_c = \frac{c(N_2O_4)}{c^2(NO_2)}$	$\frac{0{,}033\,mol/l}{(0{,}0081\,mol/l)^2} \approx 500\,l/mol$	$\frac{0{,}0036\,mol/l}{(0{,}029\,mol/l)^2} \approx 4{,}3\,l/mol$

B3 *Temperaturabhängigkeit einer Gleichgewichtskonstante (φ: Volumenanteil)*

Fachmethode

Berechnungen zum MWG
In einem Stahlzylinder mit 10,0 Liter Volumen werden Wasserstoff und Stickstoff miteinander zur Reaktion gebracht. Bei einer Temperatur von 727 °C liegen im Gleichgewicht 15,0 mol Wasserstoff, 11,3 mol Stickstoff und 0,95 mol Ammoniak vor. Die Gleichgewichtskonstante K_c soll berechnet werden.

1. Erstellen der Reaktionsgleichung:

$$3\,H_2 + N_2 \rightleftharpoons 2\,NH_3$$

2. Formulieren des MWG der Reaktion:

$$K_c = \frac{c^2(NH_3)}{c^3(H_2) \cdot c(N_2)}$$

3. Ermitteln der gegebenen und der gesuchten Größen. Dabei beachten:
   - Unterscheiden zwischen Größen bei Reaktionsbeginn (c_0, n_0) und Größen im Gleichgewicht (c, n)
   - Einbeziehen der Reaktionsgleichung in die Überlegungen zu unbekannten Konzentrationen (z.B.: pro Edukt-Molekül A werden zwei Produkt-Moleküle D gebildet)
   - Gleichgewichtskonzentrationen ggf. berechnen

   Aus den Stoffmengen im Gleichgewicht werden zunächst die Stoffmengenkonzentrationen $c = n/V$ für das Beispiel berechnet:
   $c(H_2) = 15{,}0\,mol/(10{,}0\,l) = 1{,}50\,mol/l$
   $c(N_2) = 11{,}3\,mol/(10{,}0\,l) = 1{,}13\,mol/l$
   $c(NH_3) = 0{,}95\,mol/(10{,}0\,l) = 0{,}095\,mol/l$

4. Einsetzen aller gegebenen und gesuchten Größen in das Massenwirkungsgesetz:

$$K_c = \frac{(0{,}095\,mol/l)^2}{(1{,}50\,mol/l)^3 \cdot 1{,}13\,mol/l} \approx 0{,}0024\,l^2/mol^2$$

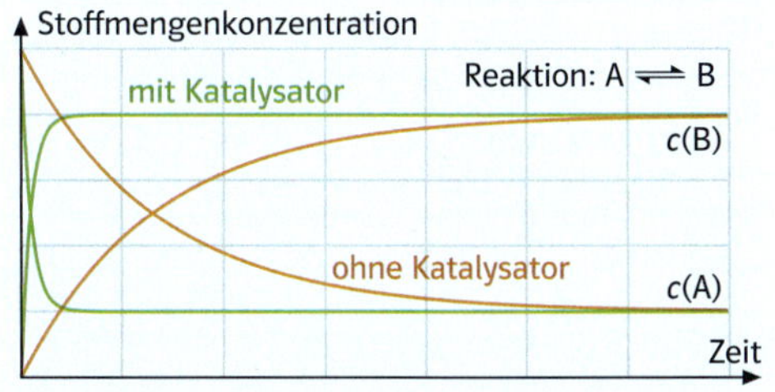

B4 Gleichgewichtseinstellung mit und ohne Katalysator

Gleichgewicht und Katalysator. Eine Temperaturänderung bewirkt eine Änderung der Gleichgewichtszusammensetzung. Ein Katalysator führt zu einer schnelleren Einstellung des Gleichgewichts, aber er beeinflusst nicht die Gleichgewichtszusammensetzung [B4]. Durch einen Katalysator kann die Gleichgewichtskonstante grundsätzlich nicht verändert werden.

Ein Katalysator verändert die Gleichgewichtskonstante K_c nicht.

Exkurs

Reaktionsgeschwindigkeit und MWG

Das chemische Gleichgewicht ist ein *dynamisches* Gleichgewicht (Kap. 2.10). Aus dieser Voraussetzung folgt für das $H_2/I_2/HI$-Gleichgewicht eine Gleichung, die dem Massenwirkungsgesetz entspricht.

Die Reaktionsgeschwindigkeiten der Gleichgewichtsreaktion $H_2(g) + I_2(g) \rightleftharpoons 2\,HI(g)$ sind:

$$v_{hin} = k_{hin} \cdot c(H_2) \cdot c(I_2)$$

$$v_{rück} = k_{rück} \cdot c^2(HI)$$

Im chemischen Gleichgewicht sind die Geschwindigkeiten der Hin- und Rückreaktion gleich:

$$v_{hin} = v_{rück}$$

$$k_{hin} \cdot c(H_2) \cdot c(I_2) = k_{rück} \cdot c^2(HI)$$

$$\Leftrightarrow \quad \frac{k_{hin}}{k_{rück}} = \frac{c^2(HI)}{c(H_2) \cdot c(I_2)} = K_c$$

Diese „kinetische Herleitung" des Massenwirkungsgesetzes gilt allerdings nur für Reaktionen, deren Reaktionsgeschwindigkeiten in so einfacher Weise von den Konzentrationen abhängen wie beim $H_2/I_2/HI$-Gleichgewicht.
Das Massenwirkungsgesetz gilt jedoch für *alle* Reaktionen in homogenen Systemen. Es kann mithilfe der chemischen Energetik hergeleitet werden.

Essigsäure und Ethanol werden in Aceton gelöst. Vor der Reaktion sind die Konzentrationen $c_0(CH_3COOH) = 0{,}90\,mol/l$ und $c_0(C_2H_5OH) = 0{,}90\,mol/l$. Nach Eintreten des Gleichgewichtszustands ist bei Zimmertemperatur $c(CH_3COOH) = 0{,}30\,mol/l$ und $c(C_2H_5OH) = 0{,}30\,mol/l$.

a) Ermitteln Sie die Gleichgewichtskonstante K_c.
b) Berechnen Sie die Ausbeute des Esters.

Lösungsweg:

Reaktionsgleichung: $CH_3COOH + C_2H_5OH \rightleftharpoons CH_3COOC_2H_5 + H_2O$

Verbindung	CH_3COOH	C_2H_5OH	$CH_3COOC_2H_5$	H_2O
Ausgangskonzentration c_0 in mol/l	0,90	0,90	0	0
Gleichgewichtskonzentration c in mol/l	0,30	0,30	0,90 − 0,30 = 0,60	0,90 − 0,30 = 0,60

a) MWG: $K_c = \frac{c(CH_3COOC_2H_5) \cdot c(H_2O)}{c(CH_3COOH) \cdot c(C_2H_5OH)} = \frac{0{,}60\,mol/l \cdot 0{,}60\,mol/l}{0{,}30\,mol/l \cdot 0{,}30\,mol/l} = 4{,}0$

b) Ausbeute (Ester) $= \frac{\text{Konzentration des Esters im Gleichgewicht}}{\text{Konzentration des Esters bei vollständiger Umsetzung}}$

$= \frac{0{,}60\,mol/l}{0{,}90\,mol/l} \approx 0{,}67 = 67\,\%$

B5 Rechenbeispiel zur Gleichgewichtskonstante und Ausbeute

A1 ○ Formulieren Sie das Massenwirkungsgesetz für die folgende Reaktion:
$2\,SO_2(g) + O_2(g) \rightleftharpoons 2\,SO_3(g)$

A2 ◒ **a)** Formulieren Sie das Massenwirkungsgesetz für die folgende Reaktion:
$N_2(g) + 3\,H_2(g) \rightleftharpoons 2\,NH_3(g)$
b) Die Bildung des Ammoniaks aus den elementaren Stoffen ist exotherm (−92 kJ). Begründen Sie, ob und wie sich die Gleichgewichtskonstante bei Temperaturerhöhung, bei Druckerhöhung bzw. bei Zugabe von Stickstoff verändert.

A3 ● 8,300 mol Wasserstoff und 2,940 mol Iod werden in einem Gefäß (V = 2000 ml) auf 508 °C erhitzt. Nach der Einstellung des Gleichgewichts ist $n(HI)$ = 5,596 mol. Berechnen Sie die Gleichgewichtskonstante K_c. (*Kleine Hilfe*: 5,596 mol Iodwasserstoff werden aus 2,798 mol Wasserstoff und 2,798 mol Iod gebildet.)

2.18 Aggregatzustände und Gleichgewichte

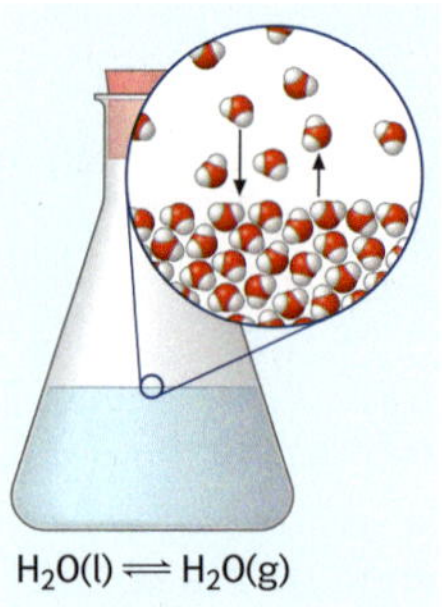

***B1** Modell zum Gleichgewicht zwischen Flüssigkeit und Dampf*

Viele Erscheinungen in der Natur und viele technische Prozesse beruhen auf der Beeinflussung von Gleichgewichten, die zwischen den Aggregatzuständen eines Reinstoffs oder Gemisches bestehen.

Gleichgewicht zwischen Flüssigkeit und Dampf. Wird Wasser in ein Gefäß eingeschlossen, stellt sich nach einiger Zeit ein Gleichgewicht zwischen den aus der Oberfläche des flüssigen Wassers austretenden und den in die Oberfläche eintretenden Wasser-Molekülen ein [B1]. Die Überführung von Wasser in Wasserdampf ist endotherm:

$$H_2O(l) \rightleftharpoons H_2O(g) \qquad |\ \text{endotherm} \ (+44\,\text{kJ})$$

Durch Wärmezufuhr wird das Gleichgewicht zugunsten des Wasserdampfes verschoben. Wärmeentzug führt dagegen zur vermehrten Kondensation des Dampfes.

Dampfdruck. Der Wasserdampf, der bei einer bestimmten Temperatur im Gleichgewicht mit dem flüssigen Wasser steht, erzeugt in dem Gefäß einen bestimmten Druck, den Gleichgewichtsdampfdruck oder Sättigungsdampfdruck, der verkürzt als Dampfdruck bezeichnet wird. Trägt man den Dampfdruck gegen die Temperatur in ein Diagramm ein, erhält man die Dampfdruckkurve der Flüssigkeit [B2].

Erreicht der Dampfdruck den Atmosphärendruck, so siedet die Flüssigkeit. Die tabellierten Siedetemperaturen gelten i.d.R. für einen Atmosphärendruck von 1013,25 hPa. Auf dem

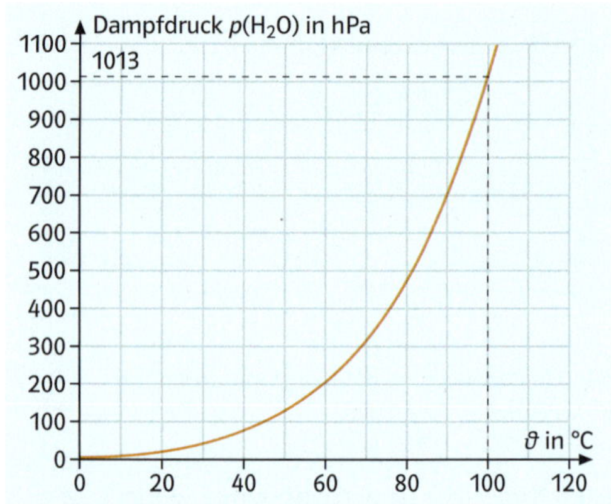

***B2** Dampfdruckkurve des Wassers*

Gipfel des Mount Everest, wo der Druck ca. 320 hPa beträgt, siedet Wasser bei nur 71 °C.

Bei der Siedetemperatur ist der Dampfdruck gleich dem Atmosphärendruck.

Destillation. Im Dampfraum über einer Lösung aus flüchtigen Stoffen, z. B. Wasser mit Ethanol oder flüssigem Stickstoff mit Sauerstoff, befinden sich Moleküle aller Bestandteile. Allerdings ist im Dampfraum der Anteil der Komponente mit dem höheren Dampfdruck größer als in der Lösung. Daraus ergibt sich die Möglichkeit der Trennung des Gemisches durch Destillation.

Bei einer Destillation nutzt man die unterschiedlichen Dampfdrücke der Komponenten zur Trennung.

Auf einer Eisoberfläche befindet sich eine extrem dünne Schicht von Wasser-Molekülen, die nicht fest mit dem Eis verbunden sind. Deshalb ist Eis rutschig. Beim *Eislaufen mit Schlittschuhen* entsteht durch die zwei folgenden Effekte ein zusätzlicher Schmierfilm aus sehr kleinen Eispartikeln und flüssigem Wasser:

1. Die Stahlkufen sind mit einem Hohlschliff versehen. Wegen der kleinen Auflagefläche kann der Druck auf das Eis bis zum 1000fachen des Atmosphärendrucks betragen. Da flüssiges Wasser ein kleineres Volumen hat als Eis, senkt der hohe Druck die Schmelztemperatur.
2. Durch die Reibung auf der Oberfläche bilden sich kleine Eispartikel. Die Reibungswärme liefert Energie für das exotherme Schmelzen des Eises.

***B3** Gleichgewicht zwischen flüssigem und festem Wasser beim Eislaufen*

V1 Destillieren Sie von 500 ml Weißwein 250 ml Flüssigkeit ab. Unterwerfen Sie dieses Destillat wiederum einer Destillation, bei der 125 ml Flüssigkeit abgetrennt werden. Destillieren Sie von diesen 125 ml Destillat etwa 60 ml Flüssigkeit ab. Bestimmen Sie die Dichte des jeweiligen Destillates und untersuchen Sie seine Entflammbarkeit.
Sie können diese Destillation auch mit einer Glockenbodenkolonne durchführen.

A1 ○ Auf der Zugspitze (2962 m) beträgt der Luftdruck ca. 690 hPa. Ermitteln Sie mit B2 die ungefähre Temperatur, bei der Wasser dort siedet.

A2 ◒ MK Recherchieren Sie, was man unter dem Tripelpunkt des Wassers versteht.

Durchblick

2.19 Zusammenfassung und Übung

Reaktionsgeschwindigkeit
Die mittlere Reaktionsgeschwindigkeit $\overline{v}$ ist der Quotient aus dem Betrag der Konzentrationsänderung $|\Delta c|$ eines Edukts oder Produkts und der entsprechenden Zeitspanne Δt:

$$\overline{v} = \frac{|\Delta c|}{\Delta t}$$

Die momentane Reaktionsgeschwindigkeit v ist die Ableitung der Konzentration eines Edukts oder Produkts nach der Zeit t:

$$v = \lim_{\Delta t \to 0} \frac{\Delta c}{\Delta t} = \frac{dc}{dt}$$

Die Reaktionsgeschwindigkeit wird durch folgende Faktoren beeinflusst:
- *Konzentration* der Reaktionspartner: Die Wahrscheinlichkeit eines Zusammenstoßes der Reaktionspartner steigt mit steigender Konzentration.
- *Temperatur*: Eine höhere Temperatur bedeutet eine höhere mittlere Geschwindigkeit der Teilchen und damit eine höhere kinetische Energie der Teilchen. Dies führt zu einer größeren Anzahl an Kollisionen, die zu einer Reaktion führen.
- *Zerteilungsgrad*: Je größer der Zerteilungsgrad und damit die Oberfläche der Stoffe ist, desto häufiger stoßen die Reaktionspartner zusammen.

Kollisionsmodell
Die Reaktionsgeschwindigkeit ist proportional zur Zahl der Kollisionen pro Zeiteinheit, da mit steigender Anzahl der Kollisionen auch die Zahl der Stöße erhöht ist, welche zu einer chemischen Reaktion führen (effektive Stöße).

RGT-Regel
Bei vielen Reaktionen führt eine Temperaturerhöhung um 10 °C dazu, dass sich die Reaktionsgeschwindigkeit verdoppelt.

Katalyse
Durch einen Katalysator wird die Aktivierungsenergie einer chemischen Reaktion verringert und damit die Reaktionsgeschwindigkeit erhöht.

Enzyme
Enzyme sind Biokatalysatoren der Zelle. Sie setzen die Aktivierungsenergie biochemischer Reaktionen herab und erhöhen so die Reaktionsgeschwindigkeit.

Chemisches Gleichgewicht
- Alle Stoffe, die rechts und links vom Gleichgewichtspfeil stehen, liegen nebeneinander vor.
- Die Konzentrationen der Reaktionspartner ändern sich nicht.
- Es liegt ein dynamisches Gleichgewicht vor. Die Geschwindigkeit der Hinreaktion ist gleich der Geschwindigkeit der Rückreaktion.

Massenwirkungsgesetz (MWG)
Gegeben sei die folgende allgemeine Reaktion in einem homogenen System:

$$a\,A + b\,B \rightleftharpoons c\,C + d\,D$$

Die Gleichgewichtskonstante wird folgendermaßen berechnet:

$$K_c = \frac{c^c(C) \cdot c^d(D)}{c^a(A) \cdot c^b(B)}$$

Im chemischen Gleichgewicht ist das Produkt aus den Konzentrationen der rechts in der Reaktionsgleichung stehenden Teilchen dividiert durch das Produkt aus den Konzentrationen der links stehenden Teilchen konstant. Die Koeffizienten der Reaktionsgleichung treten als Exponenten der Konzentrationen auf.

Prinzip von Le Chatelier und Braun
Übt man auf ein im Gleichgewicht befindliches chemisches System Zwang durch eine Änderung der Temperatur, des Druckes oder der Konzentration aus, so verschiebt sich das Gleichgewicht in die Richtung, in der die zunächst erfolgte Änderung verringert wird. Beispiele:
- *Temperaturerhöhung* verschiebt ein Gleichgewicht in Richtung der endothermen Reaktion. Die Gleichgewichtskonstante K_c ändert sich durch die Temperaturerhöhung.
- *Druckerhöhung* verschiebt ein Gleichgewicht, an dem gasförmige Stoffe beteiligt sind, zu der Seite mit der geringeren Teilchenanzahl. Die Gleichgewichtskonstante K_c bleibt gleich.
- *Erhöhung einer Konzentration* verschiebt ein Gleichgewicht in die Richtung, die einen Teil der betreffenden Komponente verbraucht. Die Gleichgewichtskonstante K_c bleibt gleich.

Man sagt auch, das System weicht dem Zwang aus. Deshalb bezeichnet man das Prinzip von Le Chatelier und Braun auch als „Prinzip vom kleinsten Zwang".

Ammoniak-Gleichgewicht

$$3\,H_2(g) + N_2(g) \rightleftharpoons 2\,NH_3(g) \quad | \text{ exotherm}$$

Eine niedrige Temperatur und ein hoher Druck verschieben das Gleichgewicht zugunsten der Ammoniak-Bildung. Stickstoff und Wasserstoff reagieren aber erst ab ca. 450 °C unter Einfluss eines Katalysators miteinander.

Das Massenwirkungsgesetz für das Ammoniak-Gleichgewicht lautet:

$$K_c = \frac{c^2(NH_3)}{c^3(H_2) \cdot c(N_2)}$$

Ammoniak ist der wichtigste Ausgangsstoff für die Synthese vieler Stickstoffverbindungen.

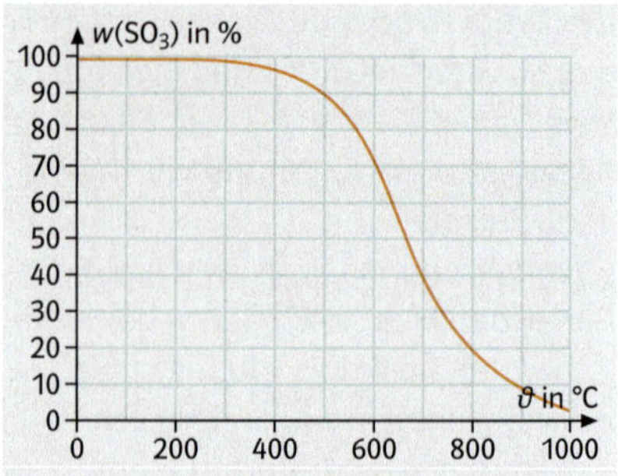

***B1** Temperaturabhängigkeit des Gleichgewichts $2\,SO_2 + O_2 \rightleftharpoons 2\,SO_3$ (zu A5)*

A1 ◒ Ein Stück Zink reagiert bei Zimmertemperatur mit Salzsäure. Es wird:
a) das Zinkstück zerkleinert,
b) die Temperatur erhöht,
c) das Volumen der Säure vergrößert,
d) das Reaktionsgefäß geschüttelt.
Erläutern Sie die jeweilige Wirkung auf die Geschwindigkeit der Reaktion.

A2 ◒ Bei der Reaktion von Natriumthiosulfat mit Salzsäure bildet sich Schwefel, der zu einer Trübung der Lösung führt:

$$S_2O_3^{2-}(aq) + 2\,H_3O^+(aq) \longrightarrow SO_2(aq) + 3\,H_2O(l) + S(s)$$

Die Zeit vom Zusammengeben von Natriumthiosulfat-Lösung und Salzsäure bis zum Auftreten der Trübung wurde bei verschiedenen Temperaturen gemessen:

ϑ in °C	10	20	30	40	50
t in s	302	150	76	38	18

Interpretieren Sie die Versuchsergebnisse.

A3 ● In einem Versuchsaufbau nach B3 werden 0,5 g Magnesiumspäne zu 10 ml Salzsäure ($c(HCl) = 1\,mol/l$) gegeben. Anschließend wird das Volumen des Wasserstoffs in Abhängigkeit von der Zeit am Kolbenprober abgelesen.
a) Erstellen Sie aus der Tabelle in B3 ein Diagramm.
b) Beschreiben und interpretieren Sie den Graphen in Ihrem Diagramm.
c) Ermitteln Sie zu drei selbst gewählten Zeitintervallen die mittleren Reaktionsgeschwindigkeiten.

A4 ◒ Bei der Erzeugung des Synthesegemisches zur Ammoniaksynthese findet u.a. die folgende Gleichgewichtsreaktion statt:

$$CO(g) + H_2O(g) \overset{\text{Kat.}}{\rightleftharpoons} CO_2(g) + H_2(g) \quad | \text{ exotherm}$$

Erklären Sie, wie sich **a)** eine Temperaturerhöhung, **b)** die Entfernung von Kohlenstoffdioxid aus dem geschlossenen System und **c)** eine Druckverminderung auf die Wasserstoff-Ausbeute und auf den Wert der Gleichgewichtskonstante auswirken.

A5 ● Die Bildung von Schwefeltrioxid aus Schwefeldioxid und Sauerstoff ist eine wichtige Stufe bei der Herstellung von Schwefelsäure.
a) Beschreiben Sie den Verlauf des Graphen in B1.
b) Erklären Sie, ob es sich bei der Bildung von Schwefeltrioxid aus Schwefeldioxid und Sauerstoff um eine exotherme oder endotherme Reaktion handelt.
c) Erläutern Sie Möglichkeiten, die Schwefeltrioxid-Ausbeute zu erhöhen.

A6 ◒ In 1 l acetonischer Lösung liegen im Gleichgewicht 1 mol Ethanol, 0,0625 mol Ethansäure, 0,5 mol Ethansäureethylester und 0,5 mol Wasser vor. Formulieren Sie das Massenwirkungsgesetz und berechnen Sie K_c.

ϑ in °C	$\varphi(CO_2)$ in %	$\varphi(CO)$ in %
400	99	1
500	95	5
600	77	23
700	42	58
800	10	90
900	3	97
1000	1	99

***B2** Volumenanteile im Boudouard-Gleichgewicht (zu A8)*

A7 ◒ Beschreiben Sie den Unterschied zwischen einem homogenen und einem heterogenen chemischen Gleichgewicht. Nennen Sie jeweils zwei Beispiele.

A8 ● MK Bei der Eisengewinnung im Hochofen ist das Boudouard-Gleichgewicht bedeutend. Es handelt sich um ein heterogenes Gleichgewicht zwischen gasförmigem Kohlenstoffdioxid, gasförmigem Kohlenstoffmonooxid und festem Kohlenstoff (Koks). B2 zeigt die Volumenanteile abhängig von der Temperatur.
a) Erstellen Sie aus B2 ein Diagramm.
b) Formulieren Sie die Reaktionsgleichung (endotherme Reaktion von links nach rechts) und das Massenwirkungsgesetz. *Hinweis*: $c(C) = 1$
c) Erläutern Sie die Abhängigkeit des Boudouard-Gleichgewichts von der Temperatur und vom Druck.

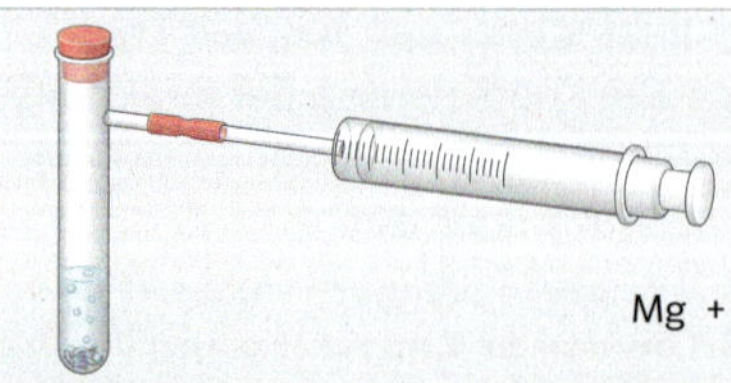

$$Mg + 2\,H_3O^+ + 2\,Cl^- \longrightarrow Mg^{2+} + H_2 + 2\,H_2O + 2\,Cl^-$$

t in s	0	10	20	30	40	50	60	70	80	90	100
$V(H_2)$ in ml	0	20	35	45	53	60	65	69	72	75	78

***B3** Messung der Geschwindigkeit der Reaktion von Magnesium mit Salzsäure (zu A3)*

3 Stoffe im Fokus von Umwelt und Klima

Erdaufgang über dem Mond: Blaue Ozeane, grüne und braune Landflächen, Wolkenbänder in der Atmosphäre. Darin befindet sich Kohlenstoffdioxid, das im Kohlenstoff-Atom-Kreislauf das Leben auf der Erde mitbestimmt.

Kreislauf des Kohlenstoff-Atoms und Klima

Speicher und Flüsse

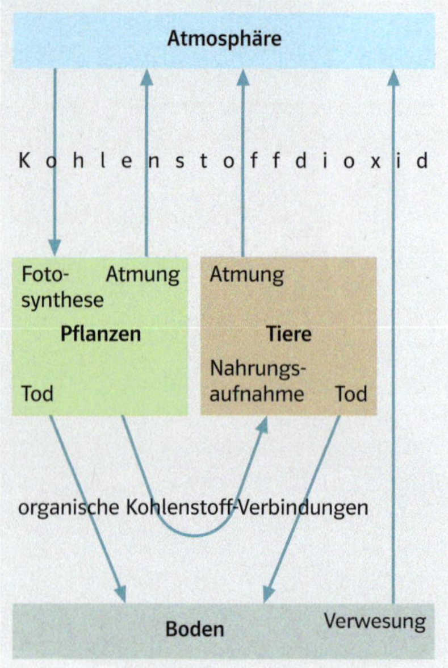

B1 *Der Kohlenstoff-Atom-Kreislauf an Land. Die Speicher sind durch Rechtecke, die Flüsse durch Pfeile dargestellt*

Ein Kreislauf besteht aus Speichern und Flüssen, den Verbindungen zwischen den Speichern. Nur 1% der auf der Erde vorkommenden C-Atome sind im globalen Kreislauf „unterwegs", 99% befinden sich in den Speichern. Der Kohlenstoff-Atom-Kreislauf kann in Teilkreisläufe aufgeteilt werden. B1 zeigt ein Kreislaufschema des Kohlenstoffs in der Landvegetation.

A1 **a)** Beschreiben Sie die dargestellten Sachverhalte. Wodurch wird der Kreislauf angetrieben?
b) Stellen Sie zwei mögliche Wege eines C-Atoms dar, das von einer Pflanze in Form von Kohlenstoffdioxid aufgenommen wird.
c) Diskutieren Sie Möglichkeiten, wie C-Atome in die Hydrosphäre überwechseln könnten.

Algen speichern Kohlenstoff

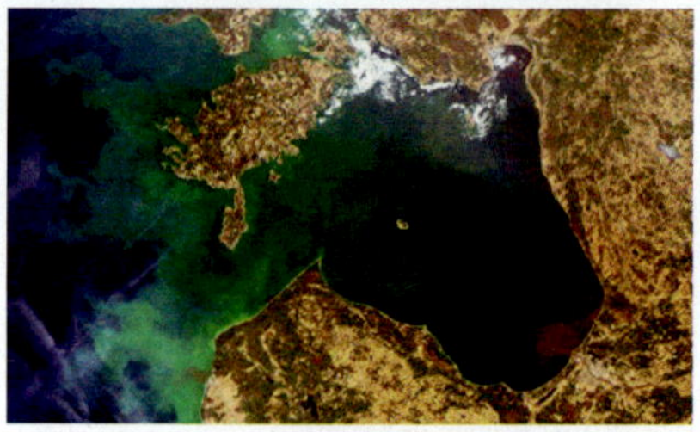

B2 *Algenblüte an der Ostsee (2007)*

Satellitenbilder zeigen eine „Algenblüte" als blaugrünen Schleier [B2]. Typisch für solche „Algenblüten" ist, dass sie nach einer explosionsartigen Vermehrung durch Absterben wieder verschwinden.

A2 **a)** Erläutern Sie, woher die winzigen Algen das für die Fotosynthese erforderliche Kohlenstoffdioxid bekommen.
b) Gebiete hoher Algendichte sind flache Schelfmeere und Stellen des Ozeans, an denen Wassermassen aus der Tiefe aufsteigen. Erklären Sie diesen Sachverhalt.

Kohlenstoff aus der Lithosphäre

B3 *Ein Vulkanausbruch schleudert unter anderem riesige Mengen an Kohlenstoffdioxid in die Atmosphäre*

Im Sedimentgestein der Lithosphäre, wie z.B. Kalkstein ($CaCO_3$), ist der größte Teil des auf der Erde vorhandenen Kohlenstoffs gespeichert. Der kleinste Speicher ist die Atmosphäre. Aus der Lithosphäre gelangt wenig Kohlenstoff in die Atmosphäre. Bei einem Vulkanausbruch werden jedoch gewaltige Mengen an Kohlenstoffdioxid in die Atmosphäre geschleudert.

A3 Im Gegensatz zur Lithosphäre haben die anderen Kohlenstoffspeicher hohe Austauschraten mit der Atmosphäre. Erörtern Sie die Konsequenzen für die Atmosphäre, wenn der Austausch von Kohlenstoff, wie z.B. bei Vulkanausbrüchen oder beim Verbrennen von eigentlich in der Lithosphäre gelagertem Öl, Erdgas oder Kohle, nicht ausgeglichen ist.

Anstieg der CO_2-Konzentration

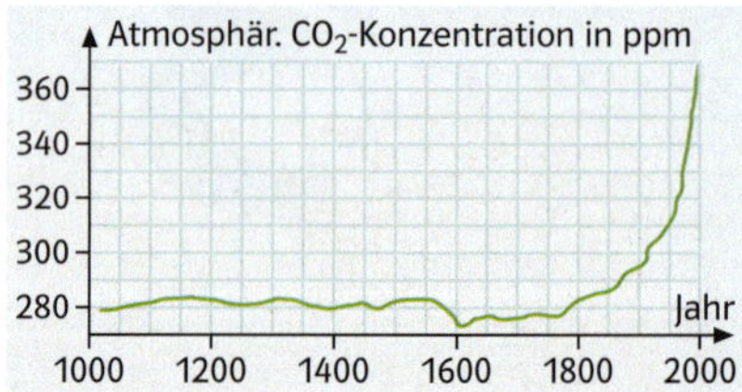

B4 *Volumenkonzentration des Kohlenstoffdioxids in der Atmosphäre in den letzten 1000 Jahren.*

Messungen in Eisbohrkernen ergaben, dass die Volumenkonzentration des Kohlenstoffdioxids in der Atmosphäre bis zum Ende des 19. Jahrhunderts unter 300 ppm lag. In den vergangenen 100 Jahren stieg sie jedoch auf über 400 ppm [B4].

A4 Ermitteln Sie die Ursachen des Anstiegs.

Eine dünne Gashülle

***B5** Die Erdatmosphäre*

Der Druck der Erdatmosphäre nimmt nach außen exponentiell ab. Um eine Vorstellung von der Größe der Atmosphäre im Vergleich zur Erde zu bekommen, kann man sie sich als einen Bereich vorstellen, in dem überall derselbe Druck herrscht. Sie wäre dann 8 km hoch (p = 1013 hPa, ϑ = 0 °C).

A5 Stellen Sie sich die Erde als einen Fußball vor. Berechnen Sie die Dicke der Atmosphäre um diesen Fußball, die dieser „Homogenhöhe" entspricht (Durchmesser des Fußballs 23 cm, der Erde 12 756 km).

Gefrorenes Süßwasser

***B6** Kalbender Gletscher in Grönland*

Eisberge der Arktis stammen vorwiegend von der Küste Grönlands und entstehen durch Eisabbrüche. Eisberge bestehen aus gefrorenem Süßwasser. Klimaforscher stellen mit fortschreitender Erderwärmung eine zunehmende Eisschmelze in Grönland fest.

A6 Die Eisdecke Grönlands ist ein Süßwasserspeicher. Diskutieren Sie die Folgen, welche das Schmelzen der Eisberge für den Nordatlantik haben kann.

Klimaentwicklung

Die grün gezeichnete Kurve in B7 stellt die gemessenen globalen Temperaturänderungen seit 1900 dar. Die rote Kurve fußt auf 23 Klimamodellrechnungen und berücksichtigt nur natürliche Einflüsse. Die vertikalen Balken zeigen die Streuung der Modellrechnungen.

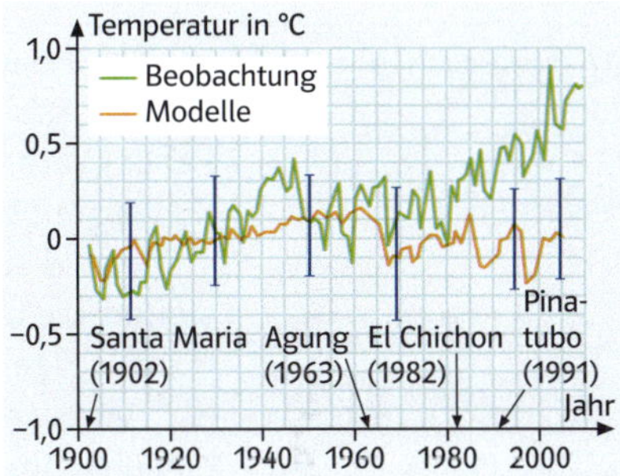

***B7** Globale Mitteltemperatur (1900–2010) mit Vulkanausbrüchen*

A7 Betrachten Sie die Entwicklung seit 1980 und deuten Sie die Beobachtungen.

Aufbau der Atmosphäre

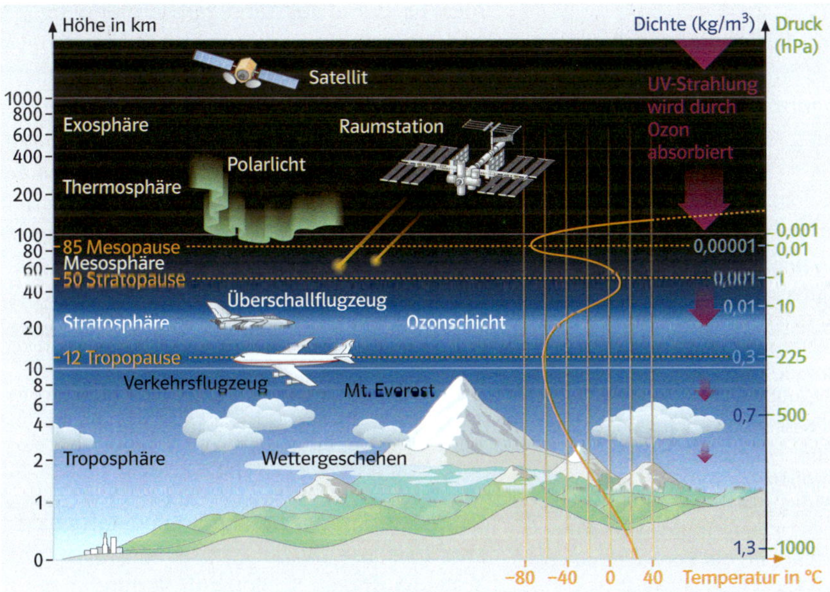

***B8** Der Aufbau der Atmosphäre folgt dem vertikalen Temperaturverlauf*

Der Aufbau der Atmosphäre entspricht dem vertikalen Temperaturverlauf. Die Troposphäre, in dem sich das Wetter abspielt, reicht bis 12 km. Die Temperatur sinkt von etwa 15 °C bis −60 °C. Hieran schließt sich die Stratosphäre an, in der es wieder wärmer wird, die Temperatur steigt bis auf ca. 0 °C an. In der Mesosphäre, die von 50 bis 85 km reicht, sinkt sie wieder auf −100 °C ab. In der darüber liegenden Thermosphäre ist die Teilchendichte so gering, dass sich keine Temperaturen bestimmen lassen. Man geht jedoch von einem Anstieg der Temperatur aus. Ab 500 km spricht man von der Exosphäre, in der Satelliten und die Internationale Raumstation positioniert sind.

A8 Erklären Sie mit B8 die Erwärmung, die in der Stratosphäre stattfindet.

3.1 Kohlenstoffoxide und Kohlensäure

	Kohlenstoffdioxid	Kohlenstoffmonooxid
Farbe, Geruch	farb-, geruchlos	farb-, geruchlos
Dichte bei 20 °C	1,83 g/l	1,16 g/l
molare Masse	44,0 g/mol	28,0 g/mol
Schmelztemperatur		−204 °C
Siedetemperatur		−192 °C
Sublimationstemperatur	−78 °C	
Löslichkeit in Wasser (20 °C) (0 °C)	 880 ml/l 1710 ml/l	 23 ml/l 33 ml/l

***B1** Eigenschaften von Kohlenstoffdioxid und Kohlenstoffmonooxid*

Hämoglobin ist der rote Blutfarbstoff

Bei der Verbrennung von Kohlenstoff oder Kohlenstoff-Verbindungen kann neben Kohlenstoffdioxid auch Kohlenstoffmonooxid entstehen. Die beiden Oxide unterscheiden sich in ihren Eigenschaften deutlich voneinander [B1]. Im Gegensatz zum Kohlenstoffdioxid ist Kohlenstoffmonooxid äußerst giftig. Ein bedeutender Unterschied besteht im Verhalten gegenüber Wasser: Kohlenstoffmonooxid löst sich nur in geringen Mengen in Wasser und reagiert mit diesem nicht. Kohlenstoffdioxid löst sich gut in Wasser und reagiert mit diesem zu einem geringen Teil zu Kohlensäure. Die Salze der Kohlensäure bilden ganze Gebirge.

Kohlenstoffdioxid – Vorkommen und Verwendung. Das Gas entsteht bei der Verbrennung von organischen Brennstoffen. Auch bei der Atmung, Gärung und Zersetzung abgestorbener Organismen wird Kohlenstoffdioxid gebildet. Es ist Bestandteil von vulkanischen Gasen und von Erdgas. Der Volumenanteil von Kohlenstoffdioxid in der Atmosphäre beträgt ca. 0,04 %, in der ausgeatmeten Luft 4 bis 5 %. Pflanzen benötigen zur Fotosynthese Kohlenstoffdioxid.
Hohe Volumenanteile des Gases können in Bergwerken und Höhlen sowie in Gärkellern und Futtersilos auftreten.
Kohlenstoffdioxid wird hauptsächlich als Getränkezusatz und im festen Zustand („Trockeneis") als Kühlmittel verwendet.
Ein weiterer Anwendungsbereich ist der Einsatz des Kohlenstoffdioxids in Hochdruckextraktionsverfahren als schonendes Lösungsmittel für empfindliche Naturstoffe [Exkurs]. Dabei liegt bei sehr hohem Druck Kohlenstoffdioxid als Gas mit hoher Dichte vor, in dem ähnlich geringe Abstände zwischen den Molekülen vorliegen wie bei herkömmlichen Lösungsmitteln.

Kohlenstoffmonooxid. Leitet man Kohlenstoffdioxid bei hohen Temperaturen über Kohlenstoff, so entsteht Kohlenstoffmonooxid:

$$C + CO_2 \longrightarrow 2\,CO$$

Auch bei der unvollständigen Verbrennung von Kohle, Erdölprodukten und Erdgas bildet sich Kohlenstoffmonooxid, indem überschüssiger Kohlenstoff mit Kohlenstoffdioxid reagiert. Dadurch gelangen beträchtliche Mengen Kohlenstoffmonooxid in die Atmosphäre. Die Verbesserung der Verbrennungsprozesse und der Einsatz von Abgaskatalysatoren haben zu einer Verringerung der Abgabe dieses Schadstoffs geführt.
Die Giftigkeit des Kohlenstoffmonooxids beruht auf der Reaktion dieses Gases mit *Hämoglobin*. Dadurch wird der Sauerstofftransport im Blut blockiert. Kohlenstoffmonooxid ist auch Bestandteil des Zigarettenrauchs.

Kohlenstoffmonooxid und Kohlenstoffdioxid entstehen u. a. bei der Verbrennung von Kohlenstoff oder Kohlenstoff-Verbindungen. Welches Oxid gebildet wird, ist abhängig vom zur Verfügung stehenden Sauerstoff.

Exkurs

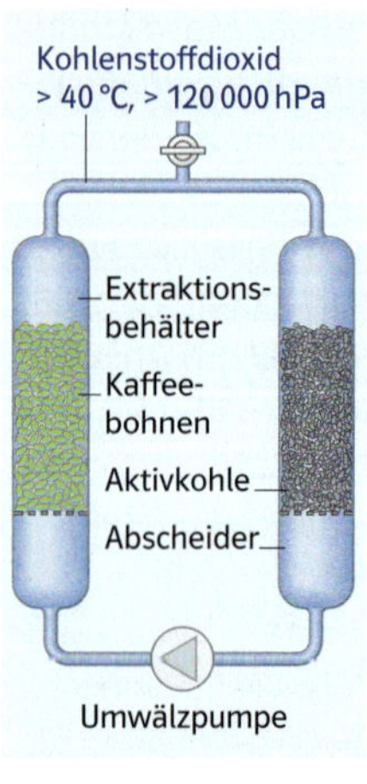

Entkoffeinierung von Rohkaffee mit Kohlenstoffdioxid Die grünen Kaffeebohnen werden zunächst mit Wasserdampf auf einen höheren Wassergehalt gebracht. Durch Extraktion mit wassergesättigtem Kohlenstoffdioxid wird die Löslichkeit des Coffeins erhöht und das pflanzliche Gewebe kann im gequollenen Zustand besser von Kohlenstoffdioxid durchdrungen werden.
Die Extraktion erfolgt oberhalb von 40 °C und 120 000 hPa. Das gelöste Coffein wird im Abscheider an Aktivkohle adsorbiert. Kohlenstoffdioxid wird so lange im Kreislauf geführt, bis der Rohkaffee einen Rest von weniger als 0,1 % Coffein aufweist.
Die Aromastoffe bleiben bei diesem Verfahren im Rohkaffee. Nach der Entnahme werden die grünen Kaffeebohnen getrocknet und in üblicher Weise geröstet.

Kohlensäure. Leitet man Kohlenstoffdioxid in Wasser ein, so entsteht eine schwach saure Lösung [V1]. Nur etwa 0,1 % der Moleküle des in Wasser gelösten Kohlenstoffdioxids reagieren mit Wasser zu Kohlensäure. Dabei stellt sich ein Gleichgewicht ein, das weitgehend auf der linken Seite liegt:

$$CO_2 + H_2O \rightleftharpoons H_2CO_3$$

Kohlensäure reagiert mit Wasser zu Oxonium- und Hydrogencarbonat-Ionen. Auch bei dieser Reaktion besteht wieder ein Gleichgewicht, das auf der linken Seite liegt, sodass Oxonium-Ionen nur in geringer Konzentration vorliegen:

$$H_2CO_3 + H_2O \rightleftharpoons H_3O^+ + HCO_3^-$$

Die Hydrogencarbonat-Ionen reagieren mit Wasser geringfügig weiter zu Oxonium- und Carbonat-Ionen und stehen mit diesen in einem Gleichgewicht, das wiederum fast vollständig auf der linken Seite liegt:

$$HCO_3^- + H_2O \rightleftharpoons H_3O^+ + CO_3^{2-}$$

Von Kohlensäure gibt es zwei Arten von Anionen, **Hydrogencarbonat-Ionen** (HCO_3^-) und die **Carbonat-Ionen** (CO_3^{2-}).

Kohlensäure ist eine unbeständige Säure. Öffnet man eine Mineralwasserflasche, so entweicht Kohlenstoffdioxid. Bei längerem Stehen oder beim Erwärmen verliert Mineralwasser seine saure Eigenschaft [V2, B4]. Nimmt der Anteil der Kohlenstoffdioxid-Moleküle in der Lösung ab, so wird auch der Anteil der Kohlensäure-Moleküle kleiner. Sie zerfallen wieder in die Ausgangsmoleküle.

Enthält der Gasraum über Wasser Kohlenstoffdioxid [V3], so besteht zwischen gasförmigem und gelöstem Kohlenstoffdioxid ein Gleichgewicht.

$$CO_2(g) \xrightleftharpoons{\text{Wasser}} CO_2(aq)$$

Entweicht Kohlenstoffdioxid, verschiebt sich das Gleichgewicht nach links, damit werden auch alle Folgegleichgewichte nach links verschoben. Wird Kohlenstoffdioxid aus der Lösung durch Sieden entfernt, ist auch die Kohlensäure nicht mehr vorhanden. Kohlensäure als Reinstoff ist nur bei völliger Abwesenheit von Wasser stabil.
Die Löslichkeit von Kohlenstoffdioxid ist außer von der Temperatur auch vom Druck abhängig [V4, B3]. Zur Herstellung von Sprudel wird Kohlenstoffdioxid unter Druck in Mineralwasser gepresst.

Kohlensäure in unserer Umwelt. An Orten, wo Kohlenstoffdioxid vulkanischen Ursprungs aus dem Boden strömt, führen Quellen kohlenstoffdioxidreiches Wasser. Sie werden als *Säuerlinge* bezeichnet. Auch Regenwasser, das aus der Luft Kohlenstoffdioxid aufnimmt, ist schwach sauer. Durch die saure Lösung werden Korrosionsvorgänge beschleunigt, z. B. das Rosten von Eisen.

In einer Gleichgewichtsreaktion können Kohlenstoffdioxid-Moleküle mit Wasser-Molekülen reagieren.
Es entsteht eine saure Lösung, die auch Oxonium-Ionen, Hydrogencarbonat-Ionen und Carbonat-Ionen enthält.

***B2** Mineralwasser mit Kohlensäure*

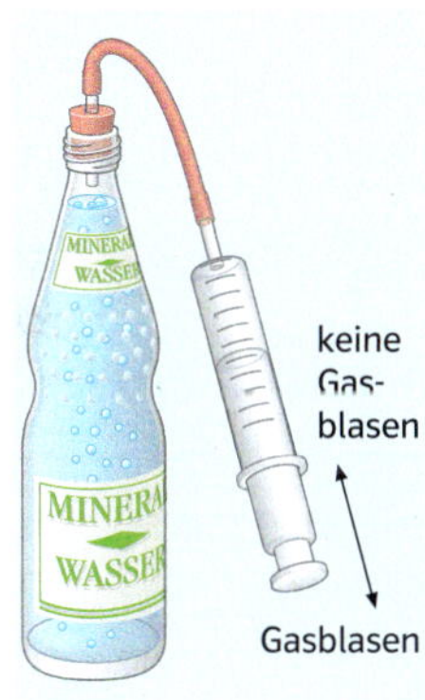

***B3** Löslichkeit von Kohlenstoffdioxid unter Druck*

V1 Leiten Sie Kohlenstoffdioxid längere Zeit durch kaltes Wasser, dem Universalindikator zugefügt ist.

V2 Füllen Sie etwas Sprudel mit Universalindikator-Lösung in ein Reagenzglas, dem ein Stopfen mit Gasableitungsrohr aufgesetzt wird. Erhitzen Sie bis zum Sieden und leiten Sie das Gas in Kalkwasser.

V3 Leiten Sie 70 ml Kohlenstoffdioxid in einen Kolbenprober mit Hahn und saugen Sie 30 ml Wasser ein. Schütteln Sie und lesen Sie das Gasvolumen ab.

V4 Öffnen und schließen Sie eine Sprudelflasche und beobachten Sie die Gasblasen. Verbinden Sie die Flaschenöffnung mit einem Kolbenprober. Erhöhen bzw. verringern Sie den Druck in der Flasche durch Bewegung des Kolbens [B3].

A1 Erläutern Sie, wie sich der pH-Wert einer wässrigen Lösung des Kohlenstoffdioxids verändert, wenn dessen Druck über der Flüssigkeit erhöht wird.

A2 Nennen Sie die Teilchen, die man nach dem Einpressen von Kohlenstoffdioxid in dest. Wasser in der Lösung findet.

***B4** Sprudel ist nach dem Erhitzen nicht mehr sauer*

3.2 Carbonate und Hydrogencarbonate

Name	Formel	Verwendung
Natriumcarbonat (Soda)	$Na_2CO_3 \cdot 10\,H_2O$	bei der Herstellung von Glas, Seife, Waschmitteln und Farbstoffen
Natriumhydrogencarbonat (Natron)	$NaHCO_3$	bei der Herstellung von Brause- und Backpulver; in Feuerlöschern; als Mittel gegen Sodbrennen
Kaliumcarbonat (Pottasche)	K_2CO_3	bei der Herstellung von Kaliseifen (Schmierseifen) und Glas
Calciumcarbonat (Kalk)	$CaCO_3$	als Baustein und Schotter; bei der Herstellung von Zement, Branntkalk, Löschkalk und Düngemitteln

B1 *Wichtige Carbonate und Hydrogencarbonate*

Kohlensäure bildet zwei Reihen von Salzen. Lösungen der Kohlensäure enthalten zwei verschiedene Sorten von Anionen, die Hydrogencarbonat- und die Carbonat-Ionen. Dementsprechend gibt es zwei Reihen von Salzen: Die **Hydrogencarbonate** mit den HCO_3^--Ionen und die **Carbonate** mit den CO_3^{2-}-Ionen.
Zur Herstellung dieser Salze geht man von Hydroxid-Lösungen aus, in die Kohlenstoffdioxid geleitet wird. Verwendet man Natronlauge, so entsteht eine Natriumcarbonat-Lösung:

$$2\,Na^+ + 2\,OH^- + CO_2 \longrightarrow 2\,Na^+ + CO_3^{2-} + H_2O$$

Nach dem Eindampfen bleibt **Natriumcarbonat** (Soda) als weißer Feststoff zurück.

Natriumcarbonat-Lösung reagiert bei weiterem Einleiten von Kohlenstoffdioxid zu **Natriumhydrogencarbonat**, das als kristallines, weißes Reaktionsprodukt ausfällt:

B2 *Kalksteinbruch*

$$2\,Na^+ + CO_3^{2-} + CO_2 + H_2O \longrightarrow 2\,NaHCO_3$$

Kohlenstoffdioxid wird mit Kalkwasser nachgewiesen, dabei entsteht schwer lösliches **Calciumcarbonat** als weißer Niederschlag:

$$Ca^{2+} + 2\,OH^- + CO_2 \longrightarrow CaCO_3 + H_2O$$

Nach längerem Einleiten von Kohlenstoffdioxid löst sich dieser Niederschlag durch die Bildung von Calcium- und Hydrogencarbonat-Ionen wieder auf:

$$CaCO_3 + CO_2 + H_2O \longrightarrow Ca^{2+} + 2\,HCO_3^-$$

Mit Ausnahme der Alkalimetallcarbonate sind Carbonate in Wasser schwer löslich [V1].

Vorkommen der Carbonate und Hydrogencarbonate. Diese Verbindungen sind in der Natur in großen Mengen anzutreffen. *Kalkstein* (der im Wesentlichen aus Calciumcarbonat besteht) und *Dolomit* (vor allem aus dem Doppelsalz Calcium-magnesium-carbonat, $CaMg(CO_3)_2$ zusammengesetzt) bilden ganze Gebirgsmassive, wie z. B. die Kalkalpen.
Auch Kreide-Kalk, Jura-Kalk (Schwäbische Alb), Muschelkalk und *Travertin* bestehen zum größten Teil aus Calciumcarbonat. *Kalkspat* (Calcit), dessen Kristalle durch ihre Doppelbrechung des Lichts bekannt sind, ist ganz reines Calciumcarbonat. *Marmor* und *Tropfstein* sind ebenfalls fast reines Calciumcarbonat.

Soda (Natriumcarbonat) und Natron (Natriumhydrogencarbonat) kommen in den Salzseen und Salzpfannen vieler Trockengebiete vor und werden dort bei anhaltender Trockenheit ausgeschieden [B3], z. B. in Ägypten (Natrontal), Ostafrika, USA (Nevada) und Mexiko. Eisenspat (Eisencarbonat, $FeCO_3$), Manganspat (Mangancarbonat, $MnCO_3$) und Zinkspat (Zinkcarbonat, $ZnCO_3$) sind wichtige Erze.

Wichtige Carbonate und Hydrogencarbonate. Neben Kalk ist Soda das von der Menge her wichtigste Carbonat [B1]. Bis ca. Mitte des 19. Jahrhunderts wurde es aus bestimmten Salzseen gewonnen. Heute wird Soda in einem technischen Prozess hergestellt. Natriumcarbonat kommt wasserfrei oder als Salzhydrat ($Na_2CO_3 \cdot 10\,H_2O$, Kristallsoda) in den Handel. Kaliumcarbonat findet ähnliche

Verwendung wie Soda. Es wird auch als Pottasche bezeichnet, da man es früher in großen Töpfen (Pötten) aus Holzasche [V3] durch Auslaugen (Herauslösen) gewonnen hat.

Reaktion mit sauren Lösungen. Durch saure Lösungen werden Carbonate und Hydrogencarbonate zersetzt, dabei entweicht Kohlenstoffdioxid [V2]. Wegen der leicht wahrnehmbaren Entwicklung des Gases (Aufschäumen) dient diese Reaktion als *Nachweis für Kalkstein* und andere Carbonate [V2b]:

$$CaCO_3 + 2\,H_3O^+ \longrightarrow Ca^{2+} + 3\,H_2O + CO_2$$

Auch beim *Entkalken* von Geräten und Töpfen spielt diese Reaktion eine Rolle.

Die Eigenschaft der Carbonate und Hydrogencarbonate, mit sauren Lösungen zu reagieren, macht man sich häufig zunutze. Calciumcarbonat wird mit der Bezeichnung E 170 in Lebensmitteln als *Säureregulator* eingesetzt. *Brausepulver* und *Backpulver* [B4] sind im Wesentlichen Gemische aus Natriumhydrogencarbonat und festen Säuren. Da sich erst mit Wasser Oxonium-Ionen bilden, sind die trockenen Gemische beständig. Sobald man Wasser dazu gibt, entsteht Kohlenstoffdioxid und bringt das Getränk zum „Prickeln" bzw. macht den Teig locker. Früher verwendete man Natriumhydrogencarbonat (Natron) gegen Sodbrennen. Durch die Reaktion mit der Salzsäure im Magen verminderte es die Reizung der Speiseröhre durch den Magensaft.

B3 *Der Magadisee in Ostafrika enthält Natron und Soda*

Reaktionen beim Erwärmen. Da die Hydrogencarbonate schon bei mäßigem Erhitzen unter Freisetzung von Kohlenstoffdioxid zerfallen, verwendet man Natriumhydrogencarbonat auch in *Pulverlöschern* (*Trockenlöschern*) [V4]. Das in die Flammen geblasene Natron bildet bei den herrschenden Temperaturen Kohlenstoffdioxid, das die Flamme erstickt:

$$2\,NaHCO_3 \longrightarrow Na_2CO_3 + H_2O + CO_2$$

Hirschhornsalz ist ein Backtriebmittel, z. B. für Lebkuchen und Spekulatius. Hirschhornsalz enthält u. a. Ammoniumhydrogencarbonat, das beim Erhitzen in Ammoniak, Kohlenstoffdioxid und Wasser zerfällt.

B4 *Natriumhydrogencarbonat im Haushalt*

Natriumcarbonat und Natriumhydrogencarbonat sind wichtige Salze der Kohlensäure. Da sie alkalische Lösungen bilden bzw. Kohlenstoffdioxid freisetzen können, werden sie vielfältig eingesetzt.

V1 Gießen Sie verdünnte Calcium- bzw. Magnesiumchlorid-Lösung und Natriumcarbonat-Lösung zusammen.

V2 a) Geben Sie zu wässriger Natriumcarbonat- bzw. Natriumhydrogencarbonat-Lösung etwas verdünnte Salzsäure. Prüfen Sie das entstehende Gas mit Kalkwasser.
b) Tropfen Sie verdünnte Salzsäure auf Kalkstein, ein Schneckenhaus, eine Muschelschale, Eierschalen und auf verschiedene Gesteins- und Bodenproben.

V3 Geben Sie etwas Holzasche in ein Reagenzglas, versetzen Sie diese mit einigen Tropfen verdünnter Salzsäure und halten Sie einen Tropfen Kalkwasser an einem Glasstab über das Gemisch.

V4 Erhitzen Sie Natriumhydrogencarbonat in einem Reagenzglas. Leiten Sie das entstehende Gas in ein Becherglas, in dem eine brennende Kerze steht.

A1 ○ Stellen Sie für folgende Reaktionen die Reaktionsgleichungen auf:
a) Die wässrigen Lösungen von Calciumchlorid und Natriumcarbonat reagieren miteinander.
b) Natriumhydrogencarbonat reagiert mit Salzsäure.
c) Natriumcarbonat reagiert mit Salzsäure.

A2 ◒ Was lässt sich beobachten, wenn Soda-Lösung mit Kalkwasser versetzt wird? Begründen Sie Ihre Antwort.

3.3 Natürliche und technische Kalkkreisläufe

B1 *Entstehung von Tropfsteinhöhlen durch Lösen und Abscheiden von Kalk*

Als Kalkstein ist Calciumcarbonat, Kalk, in der Natur weit verbreitet. Es handelt sich meist um Meeresablagerungen. Bei ihrer Bildung waren viele Arten von Organismen wie Muscheln, Korallen, Schnecken, Ammoniten und Seelilien beteiligt. Deren versteinerte Skelette sind in vielen Kalkgesteinen noch erkennbar. Die Kristalle des Marmors haben sich nachträglich aus solchen Ablagerungen in der Tiefe der Erdrinde bei hohen Temperaturen und hohem Druck gebildet. Kalkstein findet Verwendung als Baustein und zur Herstellung von Zement, Branntkalk und Löschkalk.

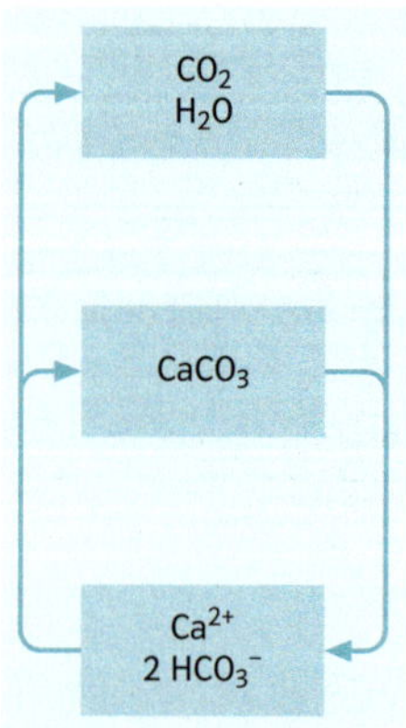

B2 *Lösen und Abscheiden von Kalk als Schema*

Kalk wird gelöst. In Landschaften wie z. B. der Schwäbischen Alb, deren Untergrund aus Kalkstein besteht, gibt es häufig Spalten und Höhlen im Gestein. Sie entstehen durch die Wirkung des kohlenstoffdioxidhaltigen Wassers, das durch Ritzen und Fugen im Gestein sickert. Stalaktiten und Stalagmiten in Tropfsteinhöhlen faszinieren die Besucher – doch wie kommt es zur Bildung der Säulen und Nadeln?

Regenwasser nimmt aus der Luft Kohlenstoffdioxid auf; es bildet sich eine schwach saure Lösung [B1a]:

$$CO_2(g) + 2\ H_2O(l) \rightleftharpoons HCO_3^-(aq) + H_3O^+(aq)$$

Trifft diese saure Lösung auf Kalkgestein, reagieren die Carbonat-Ionen des Kalks mit Oxonium-Ionen zu Hydrogencarbonat-Ionen:

$$CaCO_3(s) + H_3O^+(aq) \rightleftharpoons Ca^{2+}(aq) + HCO_3^-(aq) + H_2O(l)$$

Insgesamt wird dabei das schwer lösliche Calciumcarbonat in besser lösliches Calciumhydrogencarbonat überführt [B1b, c, V1]. Dieses wird vom Grundwasser fortgespült. Mit der Zeit bilden sich dadurch Höhlen im Kalkgestein.

Kalk wird abgeschieden. An der Decke einer Höhle hängen Wassertropfen, die gelöste Calcium-Ionen und Hydrogencarbonat-Ionen enthalten. Wenn aus diesen Wassertropfen Kohlenstoffdioxid entweicht, bildet sich wieder Calciumcarbonat [B1d]:

$$Ca^{2+}(aq) + 2\ HCO_3^-(aq) \longrightarrow CaCO_3(s) + CO_2(g) + H_2O(l)$$

Das schwer lösliche Calciumcarbonat kristallisiert aus der Lösung aus und wächst langsam als Tropfstein von der Decke herab. Es bilden sich Stalaktiten. Aus der Lösung, die auf den Boden tropft, wachsen auf die gleiche Weise Stalagmiten empor. Die Farbe der Stalaktiten und Stalagmiten beruht auf eingeschlossenen Schwermetall-Salzen, wie z. B. Eisencarbonat und Mangancarbonat. Während sich in Höhlen Tropfsteine bilden, entstehen an Quellen und Bächen Kalksinterterrassen [B3] oder Kalktuff.

B3 *Kalksinterterrassen in Pamukkale (Türkei)*

Kalkbrennen und Kalklöschen. In der Technik wird in Steinbrüchen abgebauter Kalkstein auf ca. 1000 °C erhitzt („gebrannt"). Dabei zerfällt Calciumcarbonat in Kohlenstoffdioxid und Calciumoxid [B4]. Calciumoxid wird auch als Branntkalk bezeichnet. Mit Wasser reagiert dieser in einer stark exothermen Reaktion zu Calciumhydroxid, dem Löschkalk [V2]. Man spricht vom „Kalklöschen".
Mischt man Löschkalk mit Sand und Wasser, erhält man Kalkmörtel. Zum Abbinden muss dieser Kohlenstoffdioxid aus der Luft aufnehmen [V3], dabei entsteht wieder Calciumcarbonat. Seine kleinen Kristalle bilden dabei mit den Sandkörnern ein festes Gefüge. Heute wird Kalkmörtel vor allem für den Außenputz von Gebäuden verwendet.

Hartes und weiches Wasser. Schüttelt man destilliertes Wasser und Leitungswasser jeweils mit Seifenlösung, so beobachtet man unterschiedliche Schaumentwicklung [V4a]. Bei starker Schaumbildung spricht man von weichem Wasser, bei geringer von hartem Wasser. Die Wasserhärte wird durch *Calcium-* und *Magnesium-Ionen* verursacht. Beim Erhitzen einer Lösung, die diese Ionen und Hydrogencarbonat-Ionen enthält, scheidet sich Calcium- und Magnesiumcarbonat ab und die Wasserhärte verschwindet. Sie wird *als temporäre Härte* oder *Carbonathärte* bezeichnet.

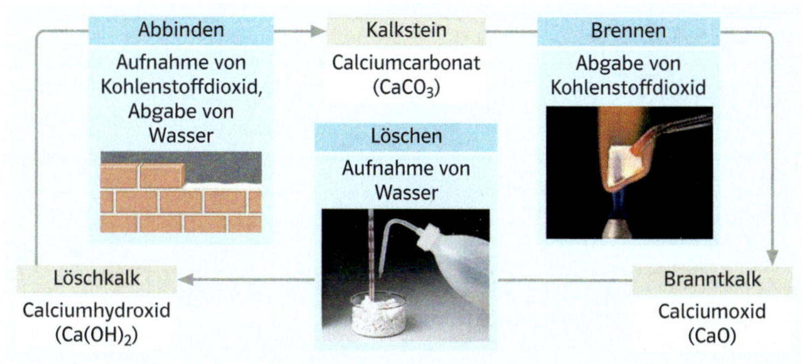

B4 *Vom Kalk über den Branntkalk und Löschkalk wieder zum Kalk*

Die abgeschiedenen Carbonate setzen sich als Kesselstein in Töpfen, Rohren oder an Heizspiralen fest [B5]. Sind in der Lösung auch noch Sulfat-Ionen vorhanden, so halten diese nach dem Erhitzen die gleiche Anzahl an Calcium-Ionen zurück. Die dadurch noch vorhandene Härte wird *permanente Härte* genannt.
Seife reagiert in hartem Wasser zu schwer löslicher und damit waschinaktiver Kalkseife. Erst wenn die Calcium-Ionen ausgefällt sind, kann sich die Waschwirkung der Seife entfalten. Aus diesem Grund hat man früher der Waschlösung als Enthärtungsmittel Soda zugesetzt [V4b]. Die Carbonat-Ionen reagieren dabei mit den Calcium-Ionen zu schwer löslichem Calciumcarbonat. Heute benutzt man andere Enthärter, die meist schon in den Waschmitteln enthalten sind.

B5 *Kalkablagerungen an einer Heizspirale (oben) und einem Wasserhahn (unten)*

V1 Leiten Sie so lange Kohlenstoffdioxid in Kalkwasser ein, bis sich der zunächst entstehende Niederschlag von Calciumcarbonat wieder vollständig aufgelöst hat. Erhitzen Sie die erhaltene, klare Lösung.

V2 ⚠ (Schutzbrille! Schutzscheibe!) Man legt einige Stückchen von Calciumoxid in eine Porzellanschale, gibt darauf tropfenweise Wasser und misst die Temperatur.

V3 Mischen Sie einen Teil Löschkalk mit drei Teilen Sand und Wasser. Lassen Sie eine Probe davon einige Tage an der Luft, eine andere in einem mit Kohlenstoffdioxid gefüllten Glas mit Deckel stehen. Ermitteln Sie jeweils die Dauer, bis der Mörtel fest wird. Tropfen Sie nach dem Erhärten verdünnte Salzsäure auf beide Proben.

V4 **a)** Schütteln Sie gleich große Portionen dest. Wasser und Leitungswasser mit der gleichen Menge verdünnter Seifenlösung. Beobachten Sie die Schaumbildung. **b)** Wiederholen Sie (a) mit Regenwasser, Mineralwasser, gekochtem Wasser und zuvor mit Soda versetztem Leitungswasser.

A1 ○ Erklären Sie in eigenen Worten die Entstehung von Stalagmiten und Stalaktiten.

A2 ◒ Planen Sie ein Experiment, um Kalkstein von anderem Gestein zu unterscheiden.

A3 ◒ Formulieren Sie die Reaktionsgleichung für die Enthärtung von hartem Wasser mit Soda.

A4 ● Erklären Sie, welcher Stoff als Rückstand beim Eindampfen einer Lösung von Calciumhydrogencarbonat zurückbleibt.

temporär von lat. tempus, Zeit, Abschnitt; hier in der Bedeutung: vorübergehend

permanent von lat. permanens, bleibend, ständig

3.4 Kalk und Wasserhärte

B1 *Kalkhaltige Proben: Eierschalen, Muscheln und Schneckengehäuse enthalten Calciumcarbonat*

Der Kalkgehalt eines Bodens spielt für die landwirtschaftliche Nutzung und für eine sinnvolle und gezielte Düngung eine wichtige Rolle. Auch die Belastbarkeit eines Bodens durch sauren Regen hängt wesentlich von seinem Kalkgehalt ab.

Der Kalk im Boden stammt aus der Verwitterung von kalkhaltigem Gestein, auf dem der Boden entstanden ist. Letztlich stammt dieser Kalk aus Meeresablagerungen wie z.B. Muschelschalen und Schneckengehäusen. Zur Bestimmung des Kalkgehalts kann z.B. die Reaktion von Kalk mit Salzsäure dienen:

$$CaCO_3 + 2\,H_3O^+ + 2\,Cl^- \longrightarrow Ca^{2+} + 2\,Cl^- + 3\,H_2O + CO_2$$

Die Masse des Kalks in der Probe kann z.B. durch Bestimmung des Verbrauchs an Salzsäure berechnet werden [B2].

Grundlagen für V1:
Damit eine vollständige Reaktion des Kalks gewährleistet ist, wird die Probe mit einem Überschuss an Salzsäure umgesetzt, deren Konzentration bekannt ist.
Um festzustellen, wie viel Salzsäure für die Reaktion verbraucht wurde, wird der noch verbliebene Rest mit Natronlauge titriert.

Für die Reaktion des Calciumcarbonats mit Salzsäure $\left(c(H_3O^+) = 1\frac{mol}{l}\right)$ folgt aus der Reaktionsgleichung:

$n(CaCO_3) : n(H_3O^+) = 1:2$

$n(CaCO_3) = 0{,}5 \cdot n(H_3O^+) = 0{,}5 \cdot c(H_3O^+) \cdot V(\text{Salzsäure})$

$m(CaCO_3) = n(CaCO_3) \cdot m_t(CaCO_3)$

$= 0{,}5 \cdot c(H_3O^+) \cdot V(\text{Salzsäure}) \cdot m_t(CaCO_3)$

$m_t(CaCO_3) = 100{,}1\,u = 100{,}1\frac{g}{mol}$ $(1\,u \cdot 1\,mol = 1\,g)$

$m(CaCO_3) = 0{,}5 \cdot 1\frac{mol}{l} \cdot 100{,}1\frac{g}{mol} \cdot V(\text{Salzsäure})$

$= 50{,}05\frac{g}{l} \cdot V(\text{Salzsäure})$

$= 50{,}05\frac{mg}{ml} \cdot V(\text{Salzsäure})$

Mit Salzsäure der Konzentration $c(HCl) = 1\frac{mol}{l}$ und $V(\text{Salzsäure}) = 1\,ml$ reagiert eine Kalkportion der Masse $m(CaCO_3) = 0{,}05\,g$.

B2 *Berechnung der Masse der Kalkportion, die mit 1 ml Salzsäure ($c(H_3O^+) = 1\,mol/l$) reagiert*

V1 Bestimmung des Kalkgehalts durch Rücktitration

Material:
Reibschale mit Pistill, Spatel, Weithals-Erlenmeyerkolben (200 ml), Messpipette (20 ml) mit Pipettierhilfe, Bürette am Stativ, Waage, getrocknete kalkhaltige Proben (z.B. Kalkstein, Bodenproben, Muschelschalen, Schneckenhäuser, Eierschalen, B1), Salzsäure ($c(HCl) = 1\,mol/l$), Natronlauge ($c(NaOH) = 1\,mol/l$), Bromthymolblau-Lösung

Durchführung:
Pulverisieren Sie die zu untersuchende Probe in der Reibschale, wiegen Sie davon genau 0,5 g in den Erlenmeyerkolben ab und fügen Sie 20 ml Salzsäure zu.
Kochen Sie nach beendeter Gasentwicklung die Lösung kurz auf und geben Sie anschließend 5 Tropfen Bromthymolblau-Lösung dazu. Notieren Sie den Stand der Natronlauge in der Bürette.
Tropfen Sie die Natronlauge langsam unter Umschwenken in den Erlenmeyerkolben, bis der Indikator von Gelb nach Grün umschlägt.
Lesen Sie den Endstand an der Bürette ab und ermitteln Sie den Verbrauch an Natronlauge.

Aufgaben:
1. Ermitteln Sie das Volumen der Salzsäure-Portion, die mit dem Kalk reagiert hat. Da die Salzsäure und die Natronlauge in derselben Konzentration eingesetzt werden, neutralisieren sich beide Lösungen bei gleichen Volumina. Das Volumen der zugegebenen Natronlauge ist somit dem Volumen der Salzsäure gleich, die nach beendeter Reaktion mit dem Kalk übrig geblieben ist.
2. Berechnen Sie die Masse des Kalks in der Probe. Hinweis: 0,05 g Kalk reagieren mit 1 ml Salzsäure ($c(HCl) = 1\,mol/l$) [B2].
3. Berechnen Sie den Massenanteil w des Kalks der Probe:

$$w(\text{Kalk}) = \frac{m(\text{Kalk})}{m(\text{Probe})} \cdot 100\,\%$$

Beim Erhitzen von Leitungswasser, z. B. in Heizungen und Haushaltsgeräten, scheidet sich Kalk ab, der die Leitungen verengt und als Überzug auf Heizelementen zu einem höheren Energieverbrauch führt. Um Vorkehrungen treffen zu können, wie z. B. den Einbau von Enthärtungsanlagen oder die richtige Dosierung von Enthärtern beim Waschen, ist es wichtig, die Wasserhärte zu kennen.
Temporäre und permanente Härte bilden die Gesamthärte des Wassers. Sie wird oft noch in Härtegraden (Grad deutscher Härte, Einheitenzeichen °dH) angegeben. 1 °dH entspricht einer Calcium-Ionen-Konzentration $c(Ca^{2+}) = 0{,}1783$ mmol/l, die z. B. durch Lösen von 10 mg Calciumoxid in 1 l Wasser erreicht wird.

Die Wasserhärte ist je nach geologischem Untergrund sehr unterschiedlich [B3]. Die Gesamthärte ist in vier [B4] bzw. drei [B5] Härtebereiche eingeteilt. Für die Härte des Leitungswassers wird vom Wasserwerk der Härtebereich angegeben.
Eine halbquantitative Bestimmung der Gesamthärte ist auch mit Teststäbchen möglich. Durch eine Farbreaktion lässt sich so der Härtebereich einer Wasserprobe abschätzen.

Grundlagen für V2:
Der Seifenverbrauch durch die Bildung von schwer löslichen Calcium- und Magnesium-Salzen („Kalkseifen") ist proportional zur Wasserhärte. Solange bei Zusatz von Seifenlösung diese Salze entstehen, hat sie keine Waschwirkung. Dies ist daran zu erkennen, dass keine Schaumbildung erfolgt. Bei bekanntem Gehalt der bis zur Schaumbildung zugesetzten Seifenlösung lässt sich aus dem Verbrauch an Seifenlösung die Wasserhärte ermitteln.

Ort	Herkunft des Wassers	Gesamthärte in °dH
Kaiserslautern	Buntsandstein	1
Freiburg im Breisgau	Grundgebirge (Granit, Gneis)	1,5
Braunschweig	Quarzite, Grauwacken (Harz)	2,5
Frankfurt am Main	Basalt (Vogelsberg)	5
Essen	Ruhrschotter	9
Kiel	Braunkohlensande	16
Hamburg	Eiszeitliche Sande	20
Tübingen	Keuper	25
Würzburg	Muschelkalk	37
Konstanz	Bodenseewasser	ca. 10

***B3** Orte, Gestein und Wasserhärte*

Härtebereich	Härtegrad in °dH
1 weich	0–7
2 mittelhart	7–14
3 hart	14–21
4 sehr hart	über 21

***B4** Härtebereiche des Wassers (bis 2007)*

Härtebereich	Gesamthärte in mmol/l
weich	unter 1,5
mittel	1,5–2,5
hart	über 2,5

***B5** Härtebereiche des Wassers (ab 2007)*

V2 Bestimmung der Gesamthärte mit einer Seifenlösung

Material:
Erlenmeyerkolben (250 ml), Stopfen, Messzylinder (100 ml), Bürette, Seifenlösung nach BOUTRON-BOUDET oder PELLET, Wasserproben

Durchführung:
Nach BOUTRON-BOUDET: Geben Sie 40 ml der Probe in den Erlenmeyerkolben. Setzen Sie zuerst Portionen von jeweils einem Milliliter, dann kleinere Portionen Seifenlösung aus der Bürette zu. Verschließen Sie und schütteln Sie den Erlenmeyerkolben nach jeder Zugabe kräftig. Die Bildung von Kalkseife ist beendet, wenn sich 5 mm hoch Schaum bildet, der bestehen bleibt. Lesen Sie das Volumen der verbrauchten Seifenlösung an der Bürette ab. Wiederholen Sie den Versuch zweimal und ermitteln Sie den Mittelwert.
Nach PELLET: Durchführung wie oben, jedoch mit einer Probe von 100 ml.

Hinweis: Bei Wasserhärten über 12 °dH behindert die gebildete Kalkseife die Schaumbildung auch nach dem Endpunkt, sodass der Endpunkt schwer zu bestimmen ist. In diesem Fall muss die Probe mit destilliertem Wasser verdünnt werden (nach BOUTRON-BOUDET: 20 ml Probe + 20 ml dest. Wasser; nach PELLET: 50 ml Probe + 50 ml dest. Wasser).

Aufgabe:
Ermitteln Sie aus dem Volumen der verbrauchten Seifenlösung die Wasserhärte der Probe nach folgenden Beziehungen:
BOUTRON-BOUDET (bei Verwendung von 40 ml Probe): 1 ml Seifenlösung entspricht 5 °dH.
PELLET (bei Verwendung von 100 ml Probe): 1 ml Seifenlösung entspricht 1 °dH.

NE 3.5 Der Kreislauf der Kohlenstoff-Atome

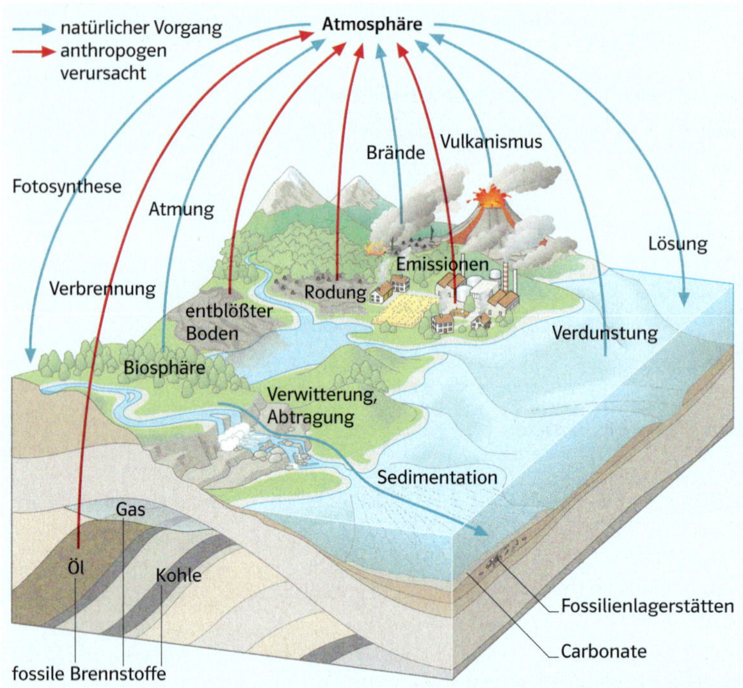

***B1** Der Kreislauf der Kohlenstoff-Atome im Überblick*

Kerogen von griech. keros, Wachs

Kohlenstoff gehört zwar nicht zu den häufigsten Elementen auf der Erde; sein Massenanteil an der Erdkruste beträgt weniger als 0,1%. Jedoch ist der Umsatz der Kohlenstoff-Atome in seinen Verbindungen zwischen Festland, Meer und Atmosphäre für unsere Umwelt von besonderer Bedeutung.

Die Übergänge verlaufen dabei nicht nur in einer Richtung, sondern in einem Kreislauf, dem globalen **Kreislauf der Kohlenstoff-Atome** [B1]. In diesem Kreislauf erfolgt ein Austausch kohlenstoffhaltiger Stoffe zwischen den einzelnen Kohlenstoffspeichern [B2].

Speicher	Art des Vorkommens	*m*(Kohlenstoff) in 10^9 t
Sediment	Calciumcarbonat Calcium-magnesium-carbonat Kerogen (Kohlenwasserstoff, Bitumen)	60 000 000 15 000 000
Meerwasser	Kohlenstoffdioxid, gelöst Hydrogencarbonat, gelöst	35 000
Fossile Brennstoffe	Kohle, Erdöl, Erdgas	4 100
Tote Biomasse	Humus, Torf	2 500
Lebende Biomasse	Pflanzen, Tiere	800
Atmosphäre	Kohlenstoffdioxid	730

***B2** Speicher von Kohlenstoff-Verbindungen (Massen in Gigatonnen)*

Zur besseren Übersicht unterscheidet man zwischen dem *geologischen Kohlenstoff-Atom-Kreislauf*, dem Kreislauf der Kohlenstoff-Atome in der unbelebten Natur und dem *biologischen Kohlenstoff-Atom-Kreislauf* in der belebten Natur.

Die Kohlenstoffspeicher der Erde. In den *Sedimentgesteinen* ist ca. 99 % der Masse des Elements Kohlenstoff als Carbonat (Kalk, Dolomit) und Kerogen gespeichert. Kerogen besteht aus öl- oder wachsartigen Ablagerungen, die vorwiegend in Tongestein, z. B. Ölschiefer [B3], enthalten sind. Es handelt sich um Kohlenstoff-Verbindungen mit sehr großen Molekülen. Aus Kerogen können sich Erdgas und Erdöl bilden.

Ein weiterer großer Speicher für Kohlenstoff-Verbindungen ist das Meer. In ihm ist Kohlenstoffdioxid und Hydrogencarbonat gelöst. Pflanzen und Tiere im Meer wie am Land rechnet man zur Biomasse. Die lebende Biomasse bestimmt zusammen mit dem toten organischen Bodenmaterial den biologischen Kohlenstoffkreislauf. Ihr Anteil am gesamten Kohlenstoffspeicher ist vor allem gegenüber den Sedimenten verschwindend klein.

Der kleinste Kohlenstoffspeicher ist die *Atmosphäre*. In ihr liegt fast der gesamte Kohlenstoff als Kohlenstoffdioxid vor. Selbst relativ kleine Zuflüsse von Kohlenstoff-Verbindungen aus anderen Speichern können eine erhebliche Änderung des Kohlenstoffdioxid-Gehalts der Atmosphäre verursachen.

Man unterscheidet verschiedene Speicher für Kohlenstoff-Atome in ihren unterschiedlichen Verbindungen: Die Sedimente, das Meer, die Biomasse und die Atmosphäre.

***B3** Ölschiefer*

Der geologische Kohlenstoff-Atom-Kreislauf. Bei der Verwitterung von Carbonatgesteinen wird durch das im Regenwasser gelöste Kohlenstoffdioxid ständig aus unlöslichem Calciumcarbonat wasserlösliches Calciumhydrogencarbonat gebildet [B4-1]:

$$CaCO_3 + CO_2 + H_2O \rightleftharpoons Ca^{2+} + 2\,HCO_3^-$$

Wenn sich dieses chemische Gleichgewicht z. B. durch Temperaturerhöhung nach links verschiebt, wird ein geringer Anteil der gelösten Hydrogencarbonate wieder als Carbonat ausgefällt. Unter Abgabe von CO_2 an die Atmosphäre bildet sich Kalktuff.
Auch bei der Verwitterung von Silicatgestein wie Calciumsilicat entsteht unter Verbrauch von Kohlenstoffdioxid Calciumhydrogencarbonat, das vom Wasser weggeführt wird [B4-2]. Festes Siliciumdioxid bleibt als Quarzsand zurück.

$$CaSiO_3 + 2\,CO_2 + H_2O \longrightarrow Ca^{2+} + 2\,HCO_3^- + SiO_2$$

Der größte Teil des Hydrogencarbonats wird vom Wasser über die Flüsse ins Meer befördert. Dort bilden Korallen, Muscheln und Planktonorganismen daraus Schalen und Skelette aus Calciumcarbonat (Kalk, B5). Dabei wird Kohlenstoffdioxid freigesetzt:

$$Ca^{2+} + 2\,HCO_3^- \rightleftharpoons CaCO_3 + CO_2 + H_2O$$

Sterben diese Meeresorganismen ab, bilden sich daraus Carbonatsedimente [B4-3].

Durch Verschiebungen in der Erdkruste können Carbonatsedimente in große Tiefen gelangen, wo sie sehr hohen Temperaturen ausgesetzt sind. Dort können sie in einer „magmatischen Zersetzung" mit Siliciumdioxid (Quarz) zu Silicaten und Kohlenstoffdioxid reagieren [B4-4]:

$$CaCO_3 + SiO_2 \longrightarrow CaSiO_3 + CO_2$$

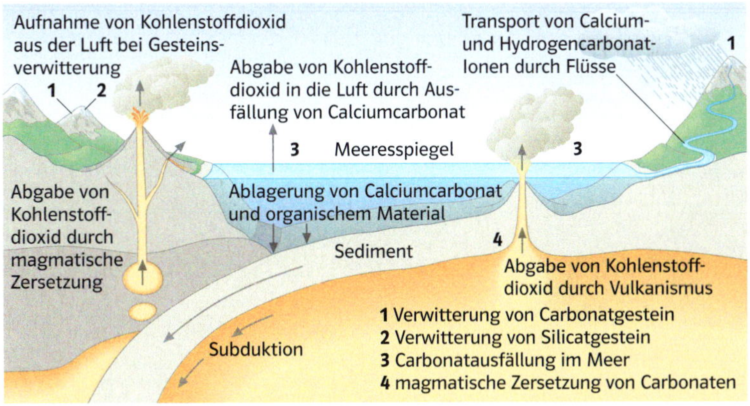

B4 Der geologische Kreislauf der Kohlenstoff-Atome

Kohlenstoffdioxid steigt in Spalten der Erdkruste nach oben. Bei Vulkanausbrüchen werden gewaltige Mengen Kohlenstoffdioxid in die Atmosphäre abgegeben. Es tritt aber auch in der Umgebung inaktiver oder erloschener Vulkane aus. Häufig kommt Kohlenstoffdioxid im Mineralwasser gelöst an die Erdoberfläche. Es ist auch die treibende Kraft bei Kaltwassergeysiren, wie dem Geysir von Andernach am Rhein [B6].

Subduktion ist das Abtauchen einer Platte der Erdkruste unter eine andere.

Im geologischen Kohlenstoff-Atom-Kreislauf wird Kohlenstoffdioxid zwischen Gestein und Atmosphäre ausgetauscht.

Über lange Zeiträume hinweg waren die Abflüsse des Kohlenstoffdioxids aus der Atmosphäre durch die Verwitterung von Gesteinen und durch die Kerogenbildung etwa so groß wie die Zuflüsse z. B. durch die Neubildung von Silicatgestein. Mit Beginn des Industriezeitalters wird der Atmosphäre durch Verbrennen fossiler Brennstoffe mehr Kohlenstoffdioxid zugeführt als ihr entzogen wird. Dadurch steigt ihr Gehalt an Kohlenstoffdioxid stetig an.

B5 Steinkorallen scheiden Kalk ab

B6 Geysir in Andernach

A1 ○ Nennen Sie die Speicher, die am geologischen Kohlenstoff-Atom-Kreislauf beteiligt sind und beschreiben Sie den Verbrauch und das Entstehen von Kohlenstoffdioxid im geologischen Kohlenstoff-Atom-Kreislauf.

A2 ◒ Zeichnen Sie einen Kohlenstoff-Atom-Kreislauf, der nur Carbonate berücksichtigt.

A3 ◒ Das Regenwasser, in dem Kohlenstoffdioxid gelöst ist, ist sauer (Kap. 3.1). Beschreiben Sie die Verwitterung von Calciumcarbonat unter Berücksichtigung dieser Tatsache.

A4 ◒ Erklären Sie die Verwitterung von Dolomit, $CaMg(CO_3)_2$. Formulieren Sie auch die Reaktionsgleichung.

B7 Humus entsteht durch Zersetzung von organischer Substanz

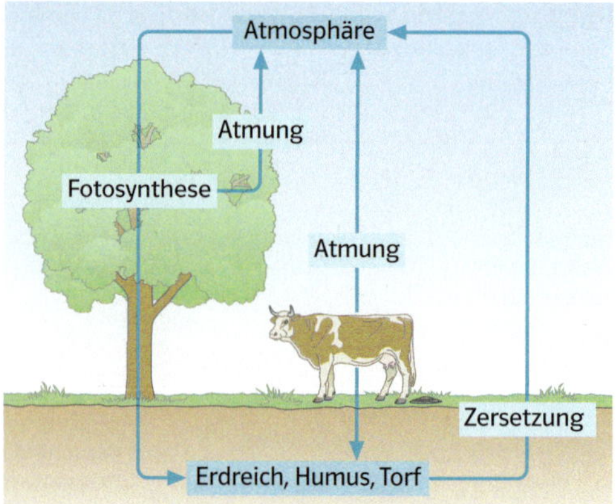

B8 Der biologische Kohlenstoff-Atom-Kreislauf

Der biologische Kohlenstoff-Atom-Kreislauf. An diesem Kreislauf sind Pflanzen und andere Lebewesen beteiligt. Pflanzen wachsen mithilfe der Fotosynthese. Sie entnehmen dazu Kohlenstoffdioxid aus der Luft und bilden in mehreren Schritten zunächst Traubenzucker. Vereinfacht kann man formulieren:

$$6\,CO_2 + 6\,H_2O \longrightarrow C_6H_{12}O_6 + 6\,O_2$$

Die Atome der O_2-Moleküle stammen aus den H_2O-Molekülen. In weiteren Reaktionen entstehen dann z.B. die Kohlenhydrate Stärke und Cellulose.
Um für ihre Stoffwechselprozesse Energie zu gewinnen, oxidiert die Pflanze einen Teil der Kohlenhydrate.

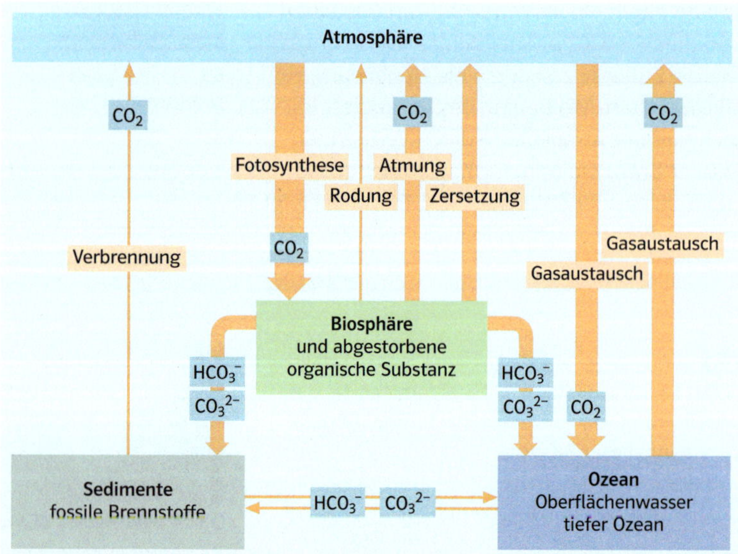

B9 Der globale Kohlenstoff-Atom-Kreislauf

Diese Vorgänge werden als Pflanzenatmung bezeichnet und können als Umkehrung der Fotosynthese verstanden werden:

$$C_6H_{12}O_6 + 6\,O_2 \longrightarrow 6\,CO_2 + 6\,H_2O$$

Ein Teil des zunächst aufgenommenen Kohlenstoffdioxids gelangt auf diesem Weg wieder in die Atmosphäre. Die energiereichen Verbindungen, welche die Pflanzen gebildet haben, werden von anderen Lebewesen (Tiere, Menschen) aufgenommen. Diese geben durch Atmung weiteres Kohlenstoffdioxid ab.
Nach dem Absterben von Pflanzen und Lebewesen beginnt die Zersetzung der organischen Substanz. Bei diesen Abbaureaktionen entsteht unter anderem Kohlenstoffdioxid, das sich z.T. im Bodenwasser oder im Meerwasser löst.

Der Aufbau von Kohlenstoff-Verbindungen durch die Aufnahme von Kohlenstoffdioxid bei der Fotosynthese und deren Abbau unter Abgabe von Kohlenstoffdioxid bilden den biologischen Kohlenstoff-Atom-Kreislauf.

Solange die Biomasse der Erde konstant ist, bleibt der Gehalt an Kohlenstoffdioxid in der Atmosphäre durch den biologischen Kohlenstoff-Atom-Kreislauf im Wesentlichen unverändert.

Der globale Kohlenstoff-Atom-Kreislauf. Der geologische und der biologische Kohlenstoff-Atom-Kreislauf stehen miteinander in Verbindung [B9]. Die Massen des ausgetauschten Kohlenstoffs sind durch Pfeilstärken angedeutet. Dabei sind die Massen der Kohlenstoff-Verbindungen auf die von Kohlenstoff-Atomen berechnet.

Der geologische und der biologische Kohlenstoff-Atomkreislauf stehen miteinander in Verbindung.

A5 ○ Geben Sie an, welche Speicher am biologischen Kohlenstoff-Atom-Kreislauf beteiligt sind.

A6 ◒ Stellen Sie den globalen Kohlenstoff-Atom-Kreislauf als Kombination der beiden dargestellten Kreisläufe dar.

Praktikum

3.6 Versuche mit Kohlenstoffdioxid

V1 Ein überraschender Versuch

Material:
Standzylinder mit Deckel, Kristallisierschale, 3 Brausetabletten

Durchführung:
Füllen Sie den Standzylinder bis zum Rand mit Wasser. Legen Sie den Deckel auf den Standzylinder, sodass keine Luft mehr darin ist. Füllen Sie die Kristallisierschale bis mindestens zur Hälfte mit Wasser. Stellen Sie den Standzylinder mit dem Deckel umgekehrt in die Kristallisierschale und entfernen Sie den Deckel. Legen Sie nun unter die Öffnung des Standzylinders eine Brausetablette. (Hantieren Sie vorsichtig, damit kein Wasser ausläuft.) Wenn sich die erste Brausetablette aufgelöst hat, legen Sie die zweite unter die Öffnung. Falls nach deren Auflösen noch Wasser im Standzylinder ist, legen Sie auch die dritte Brausetablette unter die Öffnung.

Aufgabe:
Erklären Sie das Ergebnis des Versuchs.
Hinweis: Das frei werdende Gas beim Lösen der Brausetablette ist Kohlenstoffdioxid.

Variante für zu Hause:
Verwenden Sie statt der Laborgeräte ein hohes Trinkglas (möglichst 400 ml), einen Pappdeckel und eine Schüssel oder ein Waschbecken.

V2 Kohlenstoffdioxid im Ozean (Salzwasser) – Löslichkeit und Temperatur

Material:
Kolbenprober, Erlenmeyerkolben (250 ml), durchbohrter Stopfen mit Glasrohr (gebogen oder gerade), Schlauch ($l \approx 10$ cm), Thermometer, Waage, Spatel, Glasstab, Natriumchlorid (z. B. Speisesalz), Natriumhydrogencarbonat, Universalindikator-Lösung, Kohlenstoffdioxid (Gasflasche)

***B1** Materialien für V2 (Variante für zu Hause)*

Durchführung:
Verbinden Sie zunächst den Kolbenprober über den Gummischlauch mit dem Glasrohr im Stopfen.
a) Geben Sie 100 ml Leitungswasser ($\vartheta \approx 20$ °C) in den Erlenmeyerkolben und lösen Sie darin ca. 3,4 g Natriumchlorid und ca. 5 Tropfen Universalindikator-Lösung. Bringen Sie die Natriumchlorid-Lösung durch Zugabe einer Spatelspitze Natriumhydrogencarbonat auf einen pH-Wert von etwa 8. Messen Sie die Temperatur der Lösung. Lassen Sie Kohlenstoffdioxid auf die Lösung strömen, bis Sie annehmen, dass die Luft im Erlenmeyerkolben durch Kohlenstoffdioxid ersetzt ist. Stellen Sie am Kolbenprober ein Volumen von 80 ml ein. Verbinden Sie den Erlenmeyerkolben mit dem Kolbenprober und notieren Sie das Gasvolumen im Kolbenprober. Schütteln Sie den Erlenmeyerkolben etwa eine Minute lang. Notieren Sie wieder das Gasvolumen im Kolbenprober.

b) Wiederholen Sie die unter (a) beschriebenen Schritte mit Wasser, das Sie vorher durch Zugabe von Eis auf ca. 15 °C abgekühlt haben.

Aufgabe:
Außer der Volumenänderung am Kolbenprober lässt sich eine weitere Beobachtung machen. Erklären und diskutieren Sie die Beobachtungen in Bezug auf das atmosphärische Kohlenstoffdioxid und seinen Einfluss auf den Ozean. *Hinweis*: Die Salzlösung hat ähnliche Eigenschaften wie das Ozeanwasser.

Variante für zu Hause:
Füllen Sie eine dünnwandige, weiche PET-Getränkeflasche zu etwa einem Viertel mit Wasser, dem Sie Salz hinzufügen können. Lassen Sie Kohlenstoffdioxid aus einer CO_2-Fahrradpumpe [B1] in die Flasche strömen. Verschließen Sie die Flasche fest und schütteln Sie diese.

V3 Säurewirkung einer Kohlenstoffdioxid-Lösung

Material:
3 Reagenzgläser, Gaseinleitungsrohr mit Schlauch, Kalkwasser, Leitungswasser, Kohlenstoffdioxid, Universalindikator-Lösung

Durchführung:
a) Geben Sie zu Leitungswasser (es sollte neutral oder leicht alkalisch sein) einige Tropfen Universalindikator-Lösung. Leiten Sie dann Kohlenstoffdioxid in einem langsamen Strom durch die Lösung.

b) Leiten Sie Kohlenstoffdioxid so lange in Kalkwasser, bis Sie nach dem zunächst auftretenden Niederschlag von Calciumcarbonat (Kalk) eine weitere Veränderung beobachten.

Aufgabe:
Erklären Sie die Versuchsergebnisse.

NE 3.7 Kohlenstoffdioxid im Ozean

B1 *Ozean und Atmosphäre tauschen beständig Kohlenstoffdioxid aus*

Der größte Teil der Erdoberfläche wird von Ozeanen eingenommen. Kohlenstoffdioxid in der Atmosphäre löst sich im Meerwasser. Gleichzeitig gibt das Meerwasser aber auch Kohlenstoffdioxid an die Atmosphäre ab. Es findet also ein Austausch von Kohlenstoffdioxid statt [B1]. Durch den zurzeit hohen Gehalt an Kohlenstoffdioxid in der Atmosphäre nimmt der Ozean gegenwärtig mehr Kohlenstoffdioxid auf, als er abgibt.

Kohlenstoffdioxid im Ozean. Das aus der Atmosphäre im Meerwasser gelöste Kohlenstoffdioxid bleibt zunächst im 70 bis 100 m tiefen Oberflächenwasser. In größere Tiefen gelangt es erst nach weiträumigem Transport durch globale Meeresströmungen. Sie befördern warmes Wasser aus niederen Breiten in die Polarmeere [B2].

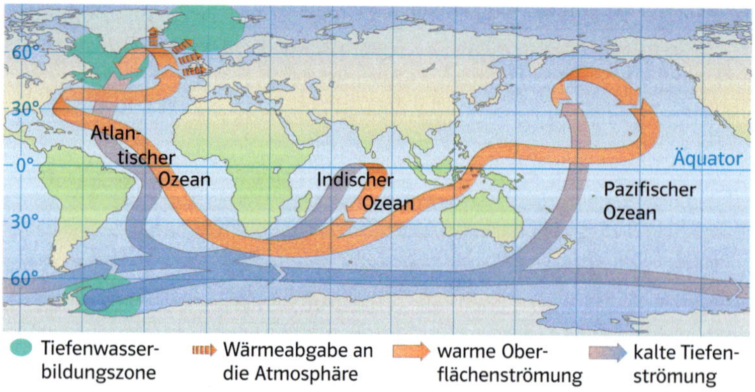

Das globale maritime Strömungssystem transportiert gewaltige Wassermassen durch die Weltmeere und beeinflusst dabei das Weltklima. Das riesige „Förderband" reagiert empfindlich auf Schwankungen der globalen Temperatur, was wiederum Auswirkungen auf den Kohlenstoffdioxid-Austausch mit der Atmosphäre zur Folge hat.

B2 *Das globale maritime Strömungssystem*

Eine dieser Meeresströmungen ist der *Golfstrom*. Er fließt aus der Karibik in den Nordatlantik. Das zunächst warme Meerwasser kühlt auf seinem Weg immer weiter ab. Im kälteren Wasser löst sich mehr Kohlenstoffdioxid. Im arktischen Meer trifft das *salzreiche* Meerwasser auf Wasser, dessen Salzkonzentration durch das Abschmelzen der Grönlandgletscher *salzärmer* geworden ist. Da das kältere, salzreichere Wasser eine größere Dichte hat als das Wasser des Polarmeeres, sinkt es ab. Dabei wird Kohlenstoffdioxid in Tiefen über 1000 m transportiert. Die abgesunkenen Wassermassen fließen als kalte Tiefenströmung in den Südatlantik und weiter bis in den Pazifik, wo sie durch die zunehmende Erwärmung wieder an die Oberfläche kommen.

Der pH-Wert des Meeres. Im Meerwasser löst sich Kohlenstoffdioxid aus der Atmosphäre. Dabei stehen gasförmiges und gelöstes Kohlenstoffdioxid miteinander im Gleichgewicht [B3]. Ob vom Meer mehr Kohlenstoffdioxid aufgenommen wird als an die Atmosphäre abgegeben wird, hängt von der jeweiligen CO_2-Konzentration in der Luft und im Wasser ab und von der Temperatur. Für das Gleichgewicht sind dazu die Folgegleichgewichte zu berücksichtigen:

$$CO_2 + 2\,H_2O \rightleftharpoons HCO_3^- + H_3O^+$$
$$HCO_3^- + H_2O \rightleftharpoons CO_3^{2-} + H_3O^+$$

Die Konzentration der Oxonium-Ionen bestimmt den pH-Wert des Wassers.

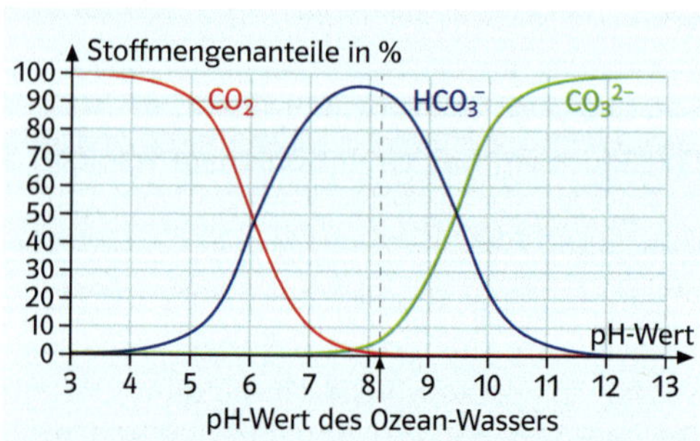

B3 *Stoffmengenanteile für das Kohlenstoffdioxid-Carbonat-Gleichgewicht im Meerwasser in Abhängigkeit vom pH-Wert*

Für Meerwasser bis zu 50 m Tiefe liegt der Durchschnittswert bei pH = 8,07. Beträgt der Salzgehalt des Wassers 3,4 % und dessen Temperatur 10 °C, entspricht dies einem Kohlenstoffdioxid-Gehalt von 1 %. Hydrogencarbonat-Ionen sind dann zu 94 % und Carbonat-Ionen zu 5 % vorhanden. Durch den zunehmenden Gehalt an Kohlenstoffdioxid in der Atmosphäre wird das Meerwasser saurer, was Auswirkungen auf Lebewesen hat, die auf einen bestimmten pH-Wert des Wassers angewiesen sind.

Meerwasser kann große Mengen an Kohlenstoffdioxid lösen, das so der Atmosphäre entzogen wird. Gelöstes Kohlenstoffdioxid bestimmt weitgehend den pH-Wert des Meerwassers.

Biologische Vorgänge im Meer. In der durchleuchteten Meeresschicht entzieht das Phytoplankton durch Fotosynthese dem Meerwasser Kohlenstoffdioxid. Vom Phytoplankton leben direkt oder indirekt alle Meerestiere, die den größten Teil der Biomasse wieder abbauen. Während ein Teil der Stoffe im Oberflächenwasser zersetzt wird und so als Nährstoff im Kreislauf verbleibt, sinkt etwa 1 % in die Tiefsee und wird dort von Bakterien abgebaut. Durch den dort herrschenden hohen Druck kann beim Abbau entstehendes Kohlenstoffdioxid nicht nach oben entweichen und bleibt daher langfristig gespeichert.
Zu den wichtigsten Phytoplanktonarten gehören **Kalk- und Kieselalgen** [B4], die zeitweise in großen Massen auftreten. Nach ihrem Absterben gelangt der von ihnen gebildete Kalk zu einem beträchtlichen Teil auf den Meeresboden und ins Sediment.

Ozeane als Speicher für Kohlenstoffdioxid. Seit Jahrzehnten kann man wie in der Atmosphäre auch im Meerwasser einen Anstieg der Kohlenstoffdioxid-Konzentration nachweisen. Zurzeit nimmt das Wasser der Ozeane etwa ein Drittel des vom Menschen verursachten Kohlenstoffdioxids auf. Dieser Vorgang trägt dazu bei, dass die Erwärmung der Atmosphäre (Kap. 3.8) verlangsamt wird. Wie oben beschrieben, gelangen die Kohlenstoff-Verbindungen – Kohlenstoffdioxid und die im Wasser gebildeten Hydrogencarbonat- und Carbonat-Ionen – durch Meeresströmungen mit der Zeit in tiefere Schichten der Ozeane. Dort werden sie langfristig gespeichert und so der Auswirkung auf das Klima entzogen.

Versauerung der Meere. Seit Beginn der Industrialisierung im 19. Jahrhundert ist der pH-Wert des Oberflächenwassers der Meere um 0,11 Einheiten auf einen mittleren Wert von pH = 8,07 gesunken. Dies erscheint minimal, bedeutet aber einen Anstieg der Oxonium-Ionen-Konzentration von 30 %. Die zunehmende Versauerung des Meerwassers hat Auswirkungen auf die Lebewesen, die Kalkskelette mithilfe der Carbonat-Ionen im Wasser aufbauen. Sie nehmen Carbonat-Ionen aus dem Meerwasser auf. Als ein Stoffwechselprodukt entsteht Calciumcarbonat, das in Form kleiner Calcit-Kriställchen abgeschieden wird. Die zunehmende Versauerung des Meerwassers führt dazu, dass diese immer dünner werden. Man führt das auf die geringere Konzentration der Carbonat-Ionen im stärker sauren Meerwasser zurück:

$$CO_3^{2-} + H_3O^+ \rightleftharpoons HCO_3^- + H_2O$$

Da Kalkalgen auch zur Riffbildung beitragen, sind ganze Meeresregionen durch die Versauerung gefährdet. Auch die Riff bildenden Korallen, die allerdings nur 10 % zur Kalkproduktion beitragen, können durch den sinkenden pH-Wert der Meere absterben [B5].

Kohlenstoffdioxid, Hydrogencarbonat-Ionen und Carbonat-Ionen werden in den Ozeanen gespeichert. Die vermehrte Aufnahme von Kohlenstoffdioxid führt zu einer Versauerung der Meere.

A1 ◒ In der durchlichteten Zone des Meeres ist die Kohlenstoffdioxid-Konzentration wesentlich geringer als in der darunter liegenden Schicht, in der die Konzentration deutlich ansteigt und nach einigen 100 m wieder abnimmt. Erklären Sie diesen Sachverhalt.

A2 ● MK Erstellen Sie eine Präsentation zur Gefährdung von Korallenriffen durch die zunehmende Versauerung des Meerwassers.

B4 *Kalkalgen (eingefärbte REM-Aufnahme)*

Plankton griech. plankton, das Umherirrende. Organismen, die im Wasser leben und deren Schwimmrichtung von der Meeresströmung bestimmt wird

Phytoplankton pflanzliches Plankton

Zooplankton tierisches Plankton

B5 *Koralle am Riff des Südpazifiks*

NE 3.8 Erdatmosphäre und Treibhauseffekt

Stratosphäre. 12 bis 50 km. Die Ozonschicht gehört zur Stratosphäre. Hier wird ein großer Teil der von der Sonne kommenden Strahlung durch Reaktionen von Sauerstoff und Ozon verbraucht. Da die Reaktionen exotherm verlaufen, ist die Temperatur höher als in der Troposphäre. Die Stratosphäre enthält kaum Wasserdampf und ist fast wolkenfrei.

Troposphäre. Bis etwa 12 km. Diese Schicht enthält fast 80 % der gesamten Luftmasse, weil der Luftdruck nach außen geringer wird. Die Temperatur sinkt mit zunehmender Höhe. Wegen der wärmeren Luft in der Stratosphäre findet kaum ein Luftaustausch zwischen den Schichten statt. Die Grenze bildet die Tropopause, deren Höhe zwischen 8 km an den Polen und 18 km am Äquator reicht.

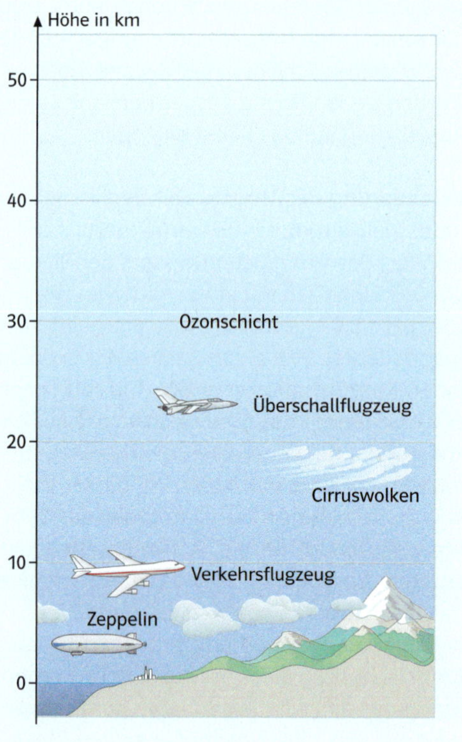

B1 Der Aufbau der unteren Atmosphäre

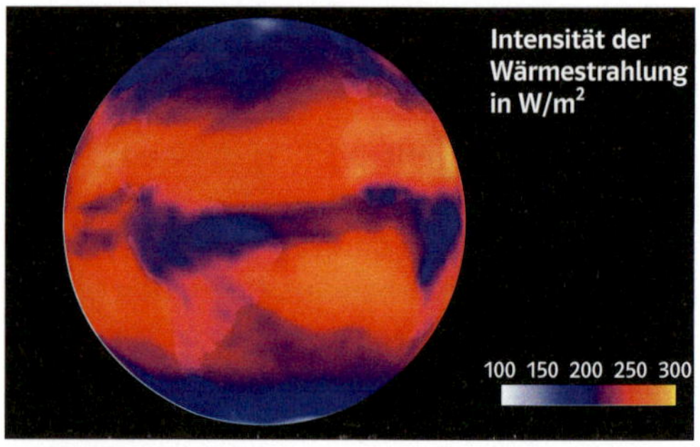

B2 Satellitenaufnahmen: Die Erde strahlt Wärme ab

Watt (Einheitenzeichen W) ist die Einheit der Leistung.

$1\,W = \frac{1\,J}{1\,s}$

anthropogen von griech. anthropos, Mensch und genea, Erzeugung; vom Menschen verursacht

Das Klima auf der Erde wird durch die Lufthülle, die **Atmosphäre,** bestimmt [B1]. Sie bildet mit der **Hydrosphäre** (Wasserhülle einschließlich der Gewässer und Eismassen), der Biosphäre (Lebensraum aller Lebewesen) und der **Pedosphäre** (Böden und Gesteine) ein System. Veränderungen, die dieses System beeinflussen, offenbaren sich in Schwankungen des Klimas und beeinflussen dadurch die Lebensbedingungen auf der Erde.
Man unterscheidet *natürliche* Veränderungen und *anthropogen verursachte* Effekte, d.h. durch den Menschen hervorgerufene Veränderungen.

Der natürliche Treibhauseffekt. Für das Klima der Erde verantwortlich ist die Energie der Sonne, die in Form von Strahlung die Erde erreicht und vom Erdboden und der Atmosphäre absorbiert wird. Die aufgenommene Energie strahlt die Erde wieder in den Weltraum ab. Dabei ist im Gleichgewicht die ausgestrahlte Energie gleich der eingestrahlten Energie, sonst würde es auf der Erde ständig wärmer. Die Energie, die die Erdoberfläche aufnimmt, wird von ihr durch Wärmestrahlung (im Infrarotbereich) wieder abgegeben [B2]. Die Abgabe in den Weltraum wird allerdings durch einige Luftbestandteile verzögert, z.B. durch Wasserdampf, Kohlenstoffdioxid, Methan und Ozon. Diese Gase sind zwar in der Atmosphäre nur zu einem geringen Anteil vorhanden (Spurengase), sie absorbieren jedoch einen Teil der von der Erde abgegebenen Wärmestrahlung. Die Atmosphäre ist also wärmer, als sie ohne diese Stoffe wäre.
Die Gase in der Atmosphäre wirken wie das Glasdach eines Gewächshauses, das die vom Boden und den Pflanzen abgegebene Wärmestrahlung zurückhält [B3]. Man nennt daher die zusätzliche Erwärmung der Atmosphäre den *Treibhauseffekt*. Die danach benannten *Treibhausgase* sind in unterschiedlichem Maße an dieser Erwärmung beteiligt [B5].
Ohne den natürlichen Treibhauseffekt läge die mittlere Temperatur auf der Erdoberfläche bei ca. −18 °C und nicht bei der heute herrschenden mittleren Temperatur von ca. +15 °C. Der durch den Treibhauseffekt hervorgerufene Temperaturunterschied in der Atmosphäre beträgt also ca. 33 °C.

B3 Ein Gewächshaus ist ein Treibhaus

B4 *Satellitenaufnahmen: reflektiertes Sonnenlicht*

Spurengas		Volumenkonzentration		Beitrag zum natürlichen Treibhauseffekt
		vor 1750	2020	
Wasserdampf	H_2O	2 bis 3 %	2 bis 3 %	60 %
Kohlenstoffdioxid	CO_2	0,028 %	0,04 %	26 %
Methan	CH_4	0,000 07 %	0,000 18 %	3 %
Distickstoffmonooxid	N_2O	0,000 027 %	0,000 033 %	4 %
Ozon	O_3	0,000 002 5 %	0,000 03 4 %	7 %

B5 *Spurengase in der Atmosphäre und ihr Beitrag zum Treibhauseffekt*

Die eingestrahlte Sonnenenergie wird zu ca. 70 % absorbiert, 30 % wird direkt in den Weltraum reflektiert [B4, B6]. Etwa zur Hälfte tragen Wolken und Schwebteilchen in der Luft zur Reflexion bei, weiterhin Wüsten sowie Eis- und Wasserflächen. Man nennt diese Reflexion *Albedo*.

Die eingestrahlte Sonnenenergie wird zum größten Teil von der Erdoberfläche absorbiert. Als Wärmestrahlung wird sie wieder an die Atmosphäre und den Weltraum abgegeben. Die Treibhausgase erhöhen die Temperatur der Atmosphäre. Diese gibt die aufgenommene Energie wieder an den Weltraum ab. Es gilt: Einstrahlungsenergie = Ausstrahlungsenergie

Der anthropogene Treibhauseffekt. Gase, die sich auf den Treibhauseffekt auswirken, werden auch durch menschliche Aktivitäten erzeugt. So entstehen z. B. beim Verbrennen von Kohlenstoff-Verbindungen neben Kohlenstoffdioxid und Wasser auch Stickstoffoxide und andere Gase, die Einfluss auf den Strahlungshaushalt der Erde haben.
Seit der Industrialisierung im 19. Jahrhundert hat die Konzentration von Kohlenstoffdioxid und anderer Treibhausgase in der Atmosphäre ständig zugenommen [B5]. Die mittlere Konzentration des Spurengases Ozon, dessen Bildung u. a. durch Stickstoffoxide gefördert wird, hat sich in der Troposphäre über Europa in den vergangenen 100 Jahren verdreifacht und wächst derzeit auf der Nordhalbkugel jährlich um etwa 1 %.
Verantwortlich für die Zunahme der Konzentrationen der Treibhausgase sind zu 50 % die Energieerzeugung durch die Verbrennung von Kohle, Erdöl und Erdgas. 20 % trägt die Industrie, 30 % die Landwirtschaft bei. So erzeugen der Nassreisanbau und die Rinderhaltung das Treibhausgas Methan. Auch die Stickstoffdüngung und die Rodung der Tropenwälder haben Einfluss auf den Treibhauseffekt.

Emission Abgabe von schädigenden Stoffen, Strahlen oder Geräuschen an die Umwelt

Ein ausgewachsenes Rind kann bis zu 400 l Methan pro Tag abgeben.

Der Mensch verstärkt den natürlichen Treibhauseffekt durch Freisetzen von Treibhausgasen. Dadurch erwärmt sich die Erde stärker.

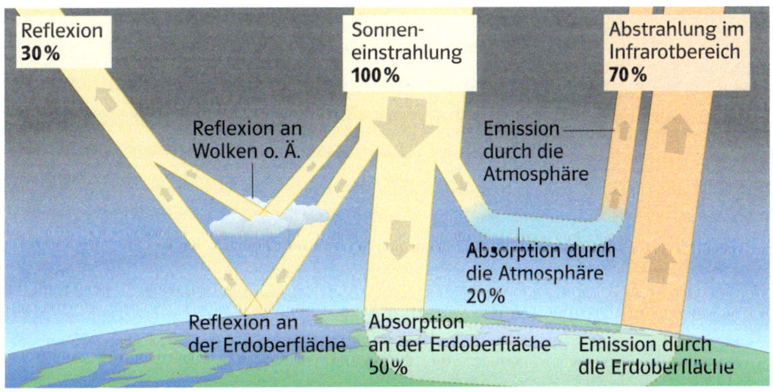

B6 *Strahlungs- und Energiebilanz der Erde*

A1 Hat ein Kohlenstoffdioxid- oder ein Methan-Molekül eine höhere Wirksamkeit bezüglich des Treibhauseffekts? Begründen Sie Ihre Entscheidung. Nutzen Sie dazu B5.

A2 Erläutern Sie den Einfluss der Treibhausgase auf den Energiehaushalt der Atmosphäre.

A3 Nennen Sie Ursachen für die Reflexion der Sonneneinstrahlung.

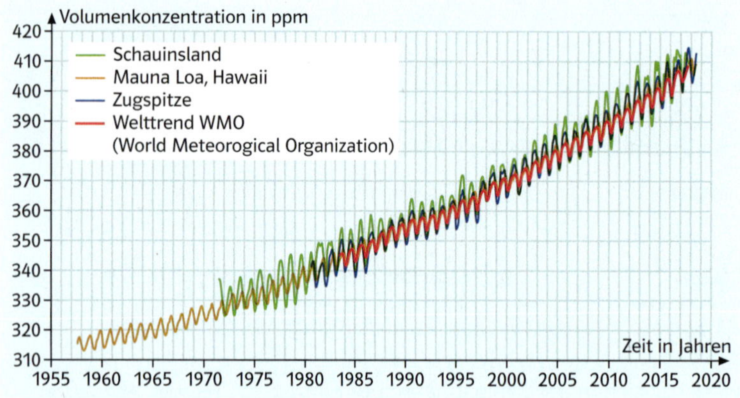

***B7** Entwicklung der Volumenkonzentration von Kohlenstoffdioxid in der Atmosphäre an verschiedenen Messstationen. 1 ppm entspricht hier 1 ml/m³*

ppm parts per million
Einheit für Anteile

$1\,\text{ppm} = \frac{1}{1\,000\,000}$

vgl. auch

$1\,\% = \frac{1}{100}$

$1\,‰ = \frac{1}{1000}$

(Die Einheit ppm wird von DIN-Normen nicht empfohlen.)

Kerogen aus organischen Verbindungen bestehende Zwischenstufe der Umwandlung von abgestorbenen Organismen zu Erdöl und Erdgas

Bezugstemperatur Die globale Mitteltemperatur wird häufig durch ihre Abweichung von einer Bezugstemperatur dargestellt. Die Bezugstemperatur in B8 ist die globale Mitteltemperatur der Zeitspanne 1986 – 2005.

Kohlenstoffdioxid und Treibhauseffekt. Vor allem der steigende Kohlenstoffdioxid-Anteil vermindert zunehmend die Wärmeabstrahlung der Erde. In den natürlichen Kreisläufen wird vom Boden und den Ozeanen etwa so viel Kohlenstoffdioxid gebunden wie in die Atmosphäre abgegeben wird. Der Austausch des Kohlenstoffdioxids zwischen Atmosphäre und Biosphäre bzw. dem Oberflächenwasser der Ozeane erfolgt relativ schnell. Er ist verantwortlich für die jahreszeitlichen Schwankungen des CO_2-Gehalts der Atmosphäre an einem Ort [B7].

Durch die Brandrodung großer Waldflächen und die anschließende landwirtschaftliche Nutzung der Flächen greift der Mensch in diesen biosphärischen Kreislauf ein. Beim Verbrennen des Holzes wird wesentlich mehr Kohlenstoffdioxid frei als beim Anbau von Nutzpflanzen fixiert wird. Der Austausch des in Sedimenten (Kalk), Kerogen und dem Tiefenwasser der Ozeane gespeicherten Kohlenstoffs in seinen Verbindungen erfordert dagegen lange Zeiträume. Auch in diesen Kreislauf greift der Mensch ein, indem er z. B. gespeicherte Kohlenstoff-Verbindungen wie Erdgas und Erdöl als Brenn- und Treibstoffe nutzt. Durch diese Aktivitäten ist die Emission von Kohlenstoffdioxid etwa 60-mal so groß wie beim natürlichen Austausch. Durch diese anthropogenen Aktivitäten wird der Anteil des Kohlenstoffdioxids in der Atmosphäre seit Beginn der Industrialisierung im 19. Jahrhundert erhöht [B7].

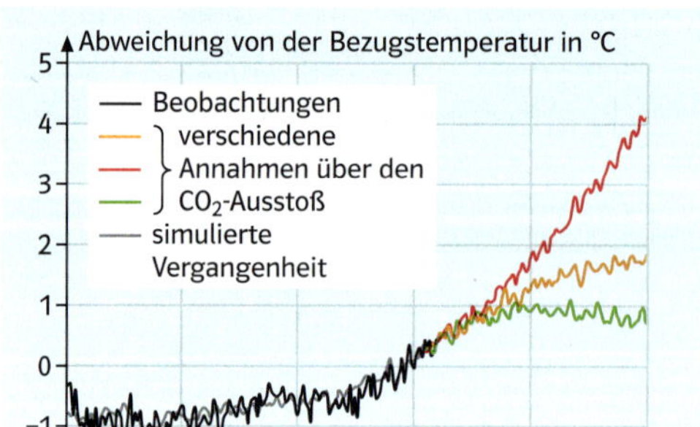

***B8** Entwicklung der globalen Mitteltemperatur. Prognosen bei unterschiedlichen Konzentrationen der atmosphärischen Spurengase*

Kohlenstoffdioxid-Gehalt und Erwärmung. Klimaforscher fanden heraus, dass der größte Teil der in den letzten 50 Jahren beobachteten Erwärmung vom Menschen verursacht wurde. Ohne Maßnahmen zur Reduzierung der Emission von Kohlenstoffdioxid könnte bereits Mitte des Jahrhunderts eine Verdoppelung der CO_2-Konzentration gegenüber dem vorindustriellen Wert von 0,028 % erreicht werden. Bei einem Anwachsen des CO_2-Gehalts der Atmosphäre auf 0,080 %, der unter diesen Umständen etwa im Jahr 2100 erreicht sein könnte, wäre ein Anstieg der globalen Mitteltemperatur um 4 °C wahrscheinlich [B8].

Die globale Mitteltemperatur. Aus vielen Temperaturmessungen in allen Teilen der Welt berechnet man eine fiktive gemittelte Jahrestemperatur, die globale Mitteltemperatur eines Jahres. In Wetterstationen [B10] misst man die Temperatur in einer Höhe von 2 m über dem Boden. In den Ozeanen werden die Oberflächentemperaturen des Wassers bestimmt. Die erhaltenen Werte mittelt man über große Flächen und Zeiträume, die Datensätze von Land und Ozean werden zusammengefasst. Eine Zunahme der globalen Mitteltemperatur bedeutet demnach nicht, dass die Temperatur überall auf der Welt um diesen Wert steigt. Es kann vielmehr an einigen Orten deutlich wärmer, an anderen dagegen kälter werden.

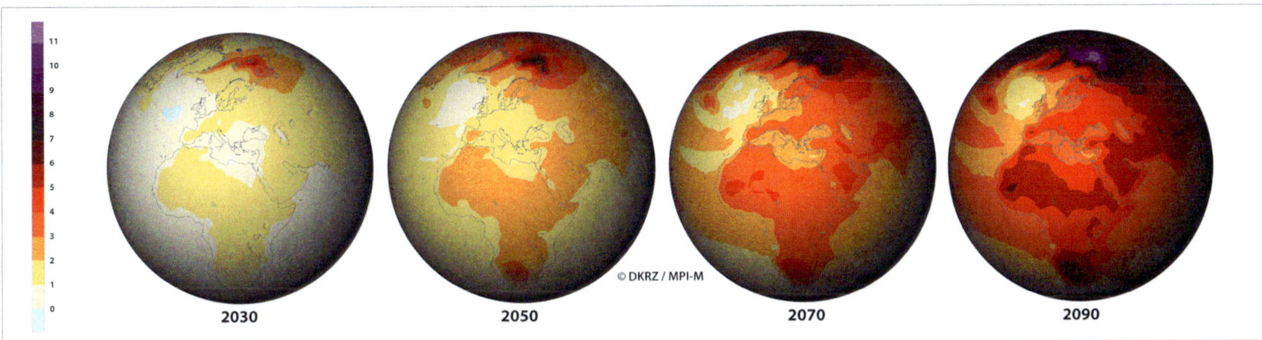

B9 *Entwicklung der bodennahen Mitteltemperatur im Vergleich zur Zeitspanne 1986 – 2005 (Szenario)*

Auswirkungen auf das Erdklima. Der Anstieg der globalen Mitteltemperatur durch den anthropogenen Treibhauseffekt kann sich in unterschiedlicher Weise auswirken. Mit Klimamodellen berechnet man mögliche Veränderungen [B9].

Die Modelle zeigen, dass durch eine Erhöhung der Temperatur der Atmosphäre die Luftdruckgegensätze größer werden. Man erwartet daher häufigere und stärkere Stürme.
In den Ozeanen können Veränderungen der Temperaturverhältnisse den Verlauf der Meeresströmungen beeinflussen. So sagen einige Modelle voraus, dass eine Erwärmung der Atmosphäre über dem Nordatlantik zu einem Abschmelzen des Eises in der Arktis führt. Wenn dann der Salzgehalt des Meerwassers vor Grönland sinkt, würden die Dichteverhältnisse im Nordatlantik verändert. Dies könnte zum Erliegen des Golfstroms führen. Da er das Klima in Europa wesentlich mitgestaltet, würden einschneidende Klimaveränderungen die Folge sein. Ferner würde die Vergrößerung des Meerwasservolumens durch Erwärmung und Schmelzen des in Grönland und der Antarktis gebundenen Eises den Meeresspiegel ansteigen lassen, und tiefer gelegene Küstenregionen würden versinken. Man vermutet, dass ca. im Jahr 2100 die Arktis im Spätsommer eisfrei ist, wenn die Konzentration der Treibhausgase weiter ansteigt. Die Erwärmung der Nordhalbkugel fiele wegen der größeren Landmassen größer aus als die der Südhalbkugel. Daher nimmt man an, dass in den Monsungebieten Asiens und in den mittleren Breiten der Nordhalbkugel die Niederschläge zunehmen. Zudem könnten sich die Gegensätze zwischen Feucht- und Trockengebieten verstärken, was wiederum zu Dürren und Unwettern führen kann.

In den vergangenen 150 Jahren beobachtet man ein immer schnelleres Ansteigen der globalen Mitteltemperatur [B8]. Dies ist nach Aussagen von Klimaforschern nicht mehr nur auf natürliche Klimaschwankungen zurückzuführen. Wenn es zu einer Klimakatastrophe kommt, sind die Menschen mit ihrem Ausstoß klimaschädlicher Gase mitverantwortlich.

Durch die Zunahme des Gehalts an Kohlenstoffdioxid und anderer Treibhausgase steigt die globale Mitteltemperatur. Ohne eine Begrenzung dieses Anstiegs droht eine Klimakatastrophe.

Szenario in der Klimaforschung Plausible Voraussetzungen über zukünftige Entwicklungen, z. B. im Hinblick auf den Ausstoß von Treibhausgasen. Die Farb-Temperatur-Skala in B9 gibt an, um wie viel Grad Celsius die Temperatur von der Bezugstemperatur abweichen wird.

B10 *Wetterstation im Radarturm des Flugplatzes in Knock-Emden*

A4 ○ Nennen Sie die Eingriffe des Menschen in den natürlichen Austausch von Kohlenstoffdioxid mit der Atmosphäre.

A5 ◒ Ermittlen Sie den Wert des Kohlenstoffdioxid-Gehalts in der Atmosphäre, der 2025 erreicht würde, wenn man die Kurve in B7 linear (gemittelt) fortschreiben würde.

A6 ◒ Ermitteln Sie aus dem Diagramm in B8 die Erhöhung der globalen Mitteltemperatur, die die Prognosen für 2025 vorsehen.

A7 ◒ **MK** Recherchieren Sie, welche Maßnahmen die Länder der Welt ergreifen wollen, um die Erhöhung der globalen Mitteltemperatur auf 2 °C zu begrenzen und beurteilen Sie die geplanten Maßnahmen auf deren Wirksamkeit.

NE 3.9 Landwirtschaft und Böden als Klimafaktoren

B1 Der Nordpol im September 1979

B2 Der Nordpol im September 2017

Kohlenstoff-speicher	Giga-tonnen
Lithosphäre (Sedimente)	75 Mio
Ozean	35 000
Kohle, Erdöl, Erdgas	4 100
Böden (Humus, Torf)	2 500
Permafrost-böden	950 bis 1 700
Biosphäre (Pflanzen, Tiere)	800
Atmosphäre	730

B3 Globale Kohlenstoff-speicher

Das Klima der Erde wird von vielen Faktoren beeinflusst. Eine wesentliche Rolle spielen die Böden, auf denen Pflanzen wachsen. Diese beeinflussen die Reflexion der Sonnenstrahlung in den Weltraum. Außerdem enthalten sie Kohlenstoff-Verbindungen und sind damit Kohlenstoffspeicher.

Permafrostböden als Kohlenstoffspeicher. „Riesige Mengen Kohlenstoff im ewigen Eis gespeichert." So lautete eine Zeitungsmeldung, die sich auf Ergebnisse einer Langzeituntersuchung der **Permafrostböden** in der Nordpolregion [B1, B2] bezog.
Die Landmassen nördlich des 50. Breitengrades enthalten etwa die Hälfte des in Böden gespeicherten Kohlenstoffs, das ist doppelt so viel wie in der Atmosphäre in Form von Kohlenstoffdioxid und Methan vorhanden ist.

B4 Durch Grabenbruch freigelegter Permafrostboden in Alaska mit einem Eiskeil, über dem eine dünne Vegetationsschicht liegt

In der nördlichen Hemisphäre ist der Boden je nach Region bis zu Tiefen von einigen hundert Metern gefroren [B4]. In diesen **Permafrostregion** genannten Gebieten taut die oberste Bodenschicht im Sommer auf und entwickelt eine spärliche Vegetation. In den Mooren und Sümpfen entstehen durch mikrobielle Zersetzung die Kohlenstoff-Verbindungen Kohlenstoffdioxid (CO_2) und Methan (CH_4) sowie die Stickstoff-Verbindung Lachgas (N_2O).

Alle drei Gase sind effektive Treibhausgase, die zur Klimaerwärmung beitragen. In einem Forschungsprojekt der Europäischen Kommission wurde festgestellt, dass durch die Erwärmung des Klimas die Böden stärker auftauen und der Permafrost an den Rändern sogar zurückgeht. Die Emission der Treibhausgase nimmt zu. Man befürchtet einen Rückkopplungseffekt: Die Emission der Treibhausgase führt zur Erwärmung der Atmosphäre, der gefrorene Boden taut stärker auf, die Produktion der Treibhausgase steigt usw.

Landwirtschaft und Klima. Seit Menschen sesshaft geworden sind und Landwirtschaft betreiben, wandeln sie die natürliche Vegetation in Acker- und Weideland um. Das hatte und hat Folgen für das Klima der Erde.
So beeinflusst der Mensch schon sehr lange das Klima, auch in vorindustrieller Zeit. Ackerflächen wurden fast immer durch Rodung von Wäldern gewonnen; der im Holz gespeicherte Kohlenstoff gelangte dann über kurz oder lang als Kohlenstoffdioxid in die Atmosphäre. Vernichtung von Biomasse führt zur Produktion von Kohlenstoffdioxid.

Gleichzeitig speichern Pflanzen Kohlenstoff, indem sie Kohlenstoffdioxid aus der Atmosphäre durch die Fotosynthese in andere Kohlenstoff-Verbindungen umwandeln. So können Landpflanzen von den jährlich etwa 6,4 Gigatonnen Kohlenstoffdioxid, die aus der Verbrennung von Kohle, Erdgas und Erdöl entstehen, etwa eine Gigatonne durch gesteigertes Wachstum wieder aufnehmen. Etwa 15% der aus der Verbrennung fossiler Brennstoffe entstehenden Emissionen können durch die „Kohlenstoffdioxid-Düngung" von der Vegetation gespeichert werden.

Unterschiedliche Vegetationsformen haben zudem Einfluss auf die Reflexion der Sonnenstrahlung. Man hat errechnet, dass die aufgenommene Sonneneinstrahlung in Europa, Indien und China im Laufe der Landnutzung um 2 W/m^2 abgenommen hat. Wie Wolken, Eis- und Wasseroberflächen, so reflektieren auch Böden die Sonnenstrahlung. Dies hat einen abkühlenden Effekt zur Folge, der dem Treibhauseffekt entgegengesetzt ist. So wird das lokale Klima durch die Art der Vegetation mitbestimmt [B6]. Eine immer wieder propagierte Wiederaufforstung ist in mittleren Breiten nicht in jedem Fall ein Mittel gegen den Klimawandel. Durch eine geringere Reflexion der Sonnenstrahlung wird der Effekt der Kohlenstoffdioxidspeicherung der Wälder wieder zunichte gemacht.

B6 *Getreideernte. Bewirtschaftung der Böden hat Einfluss auf das lokale Klima*

B5 *Lachgas- und Methanproduzenten: weidende Rinder im Hochgebirge*

Lachgas als Treibhausgas. Lachgas (N_2O) gehört zu den wichtigsten Treibhausgasen, es ist 300-mal so wirksam wie Kohlenstoffdioxid. Größere Mengen an Lachgas entstehen beim mikrobiellen Abbau der Exkremente weidender Schafe oder Rinder [B5]. Man ging daher davon aus, dass die Zunahme der Viehhaltung in Steppen oder Präriegebieten zur wachsenden Lachgaskonzentration in der Atmosphäre beiträgt. Untersuchungen haben jedoch ergeben, dass nicht beweidete Steppenflächen mehr Lachgas freisetzen als die zur Viehhaltung genutzten. Ursache ist u.a. die durch die Beweidung geringere Grashöhe, die im Winter bewirkt, dass Schnee leichter abtransportiert wird und die Flächen dadurch stärker abkühlen. In der Tauperiode des Frühjahrs wird so die mikrobielle Lachgasproduktion gehemmt. Allerdings produzieren Rinder bei der Verdauung Methan, das ebenfalls als Treibhausgas wirksam ist. Viehherden können sich also sowohl günstig als auch ungünstig auf das Klima auswirken.

Lachgas ist der gebräuchliche Name für Distickstoffmonooxid (auch Distickstoffoxid).

A1 ○ Permafrostregionen gibt es rund um den Nordpol [B1]. Ermitteln Sie die Länder, deren Gebiete an der Permafrostregion beteiligt sind.

A2 ◒ In der Permafrostregion entstehen nur im Sommer die Treibhausgase Kohlenstoffdioxid, Methan und Distickstoffmonooxid (Lachgas). Begründen Sie diesen Sachverhalt.

A3 ● MK Distickstoffmonooxid entsteht bei der mikrobiellen Zersetzung von Exkrementen und im Boden, z. B. in der Landwirtschaft. Recherchieren Sie die Prozesse, bei denen Lachgas entsteht.

NE 3.10 Erneuerbare Energiequellen

Die Gewinnung von Energie (Strom, Wärme) durch das Verbrennen von Kohle, Erdöl und Erdgas erhöht den Kohlenstoffdioxid-Gehalt der Atmosphäre und trägt so zur Klimaerwärmung bei. Zudem sind diese „fossilen Energieträger" nicht unbegrenzt vorhanden. Als Alternativen nutzt man verstärkt Sonne, Wind und Wasser sowie nachwachsende Rohstoffe und die Erdwärme zur Energiegewinnung. Man bezeichnet diese als erneuerbare Energiequellen.

B1 *Sonnenkollektoren auf dem Hausdach*

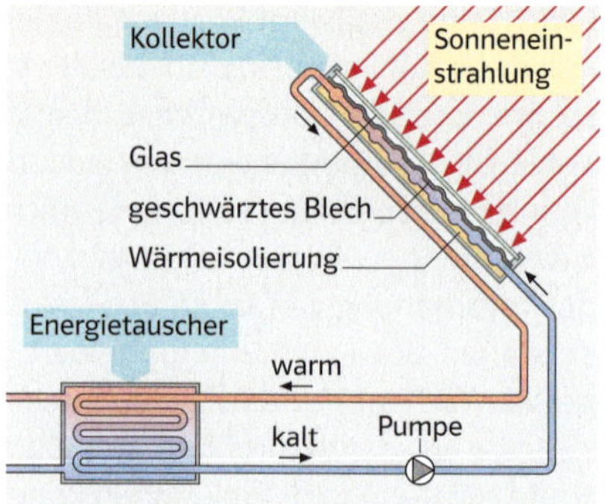

B2 *Funktionsweise des Sonnenkollektors*

Energie von der Sonne

Die Sonne erzeugt Strahlungsenergie durch Kernfusionen. Dies wird noch viele Millionen Jahre in praktisch gleichem Ausmaß stattfinden; daher betrachtet man die Sonnenenergie als erneuerbar. Ein winziger Bruchteil der Sonnenenergie kommt auf der Erde an und kann mithilfe von **Sonnenkollektoren** und Fotovoltaikanlagen genutzt werden. Sonnenkollektoren unterstützen die Warmwasserversorgung des Hauses [B1].

B3 *Solaranlage zur Stromerzeugung*

B4 *Solarzellen werden montiert*

Die schwarzen Kunststoff- oder Metallplatten der Kollektoren erwärmen sich durch die Sonnenstrahlung und geben die thermische Energie an eine Flüssigkeit im Röhrensystem weiter. Eine Pumpe fördert die erwärmte Flüssigkeit durch den Wasserkessel [B2]. In großtechnischen Anlagen zur Stromerzeugung wird die Sonnenstrahlung durch gebogene Spiegel gebündelt [B3]. Durch die hohen Temperaturen wird auch hier eine Flüssigkeit erhitzt, die im Wärmetauscher Wasser verdampfen lässt. Mit dem Wasserdampf werden Turbinen zur Stromerzeugung angetrieben.
Fotovoltaik wird sowohl auf Hausdächern [B4] als auch in großen Anlagen zur Stromerzeugung eingesetzt. In Solarzellen wird Sonnenstrahlung in elektrische Energie umgewandelt. Meist bestehen die Solarzellen aus dem Halbmetall Silicium. Die Energie der Sonnenstrahlung transportiert Elektronen von einer Siliciumschicht in die andere und erzeugt so eine elektrische Spannung.

Energie aus Wind und Wasser

Die Stromerzeugung mit **Windkraftanlagen** nutzt indirekt die Sonnenenergie. Die Luftströmungen auf der Erde (Wind und Sturm) werden letztendlich von der Sonnenstrahlung verursacht. In Deutschland gibt es nicht genügend geeignete Standorte. Daher baut man auch im Meer sog. *Offshore-Windparks* [B5].

Das Problem der Stromerzeugung mithilfe der Windkraft ist die unzureichende Speichermöglichkeit. Nur wenn der Wind weht, kann Strom erzeugt werden; in Zeiten der Windstille wird aber ebenfalls Strom benötigt. Man braucht daher Systeme, die Strom verbrauchen, wenn genügend vorhanden ist und Strom erzeugen, wenn er benötigt wird. Eine Lösung des Problems besteht in **Pump-Speicherwerken**. Mit überschüssigem Strom aus den Windkraftanlagen wird Wasser auf ein höheres Niveau gepumpt. Wenn Strom erzeugt werden soll, lässt man das Wasser durch Turbinen nach unten fließen; diese treiben Generatoren an.

In Deutschland muss der an der Küste erzeugte Strom ins Inland z.T. bis an die Alpen gebracht werden. Das erfordert leistungsfähige Stromleitungen. Es wird noch viele Jahre dauern, bis Deutschland mit großen Stromtrassen versorgt ist, die den Strom in allen Gebieten verfügbar machen.

B5 *Offshore-Windpark*

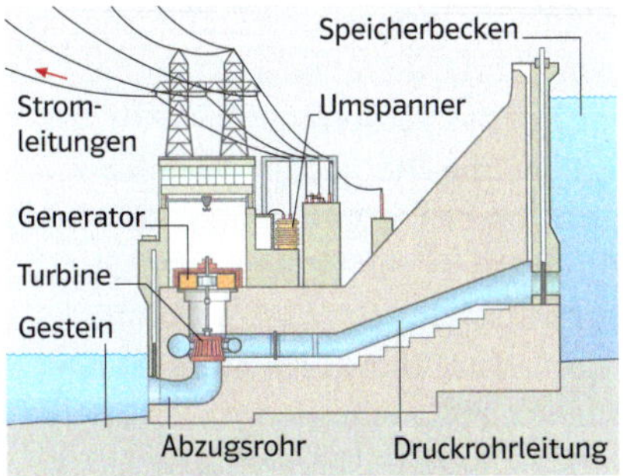

***B6** Prinzip des Wasserkraftwerks*

***B7** Ölpflanzen: Raps, Ölpalme (oben), Öllein, Sonnenblume (unten)*

Auch **Wasserkraftwerke** nutzen indirekt die Sonnenenergie. Ohne Sonne gäbe es keine Wasserverdunstung und damit weder Regen noch Flüsse. Wasserkraftwerke baut man an Stauseen und Staustufen von Flüssen [B6].

Energie aus der Erde
In Gegenden mit aktivem oder erloschenem Vulkanismus lohnt es sich, die Erdwärme zu nutzen. In **Geothermie-Kraftwerken** wird Wasser 3 000 bis 5 000 m tief unter die Erdoberfläche gepumpt. Dort erwärmt es sich auf ca. 150 °C. Aus einem zweiten Bohrloch strömt es wieder nach oben und treibt Turbinen zur Stromerzeugung an [B8].

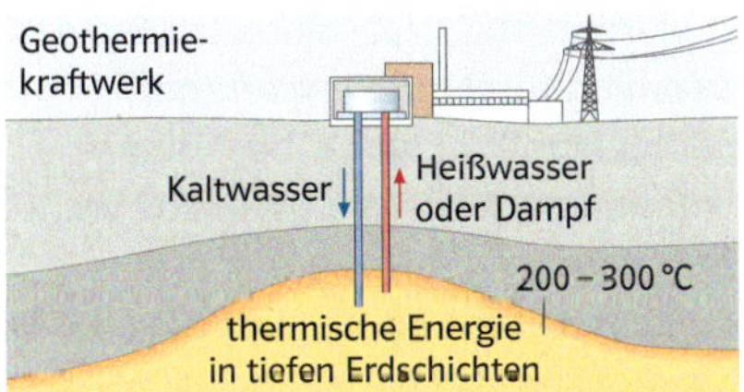

***B8** Geothermie-Kraftwerk*

Energie aus nachwachsenden Rohstoffen
Pflanzen, wie z. B. Bäume, Sträucher, Mais, Getreidestroh, Raps und Sonnenblumen, werden ebenfalls zur Energiegewinnung genutzt. Man bezeichnet sie auch als **nachwachsende Rohstoffe.** Bei ihrer Verbrennung wird so viel Kohlenstoffdioxid frei, wie zuvor bei der Fotosynthese zum Aufbau der Pflanzen verbraucht wurde. Die Energiegewinnung aus Pflanzen ist also *klimaneutral*. Werden Pflanzen oder organische Abfälle unter Luftabschluss in Biogasanlagen zersetzt, entsteht vorwiegend Methan. Die Verbrennung des Methans wird zur Stromgewinnung genutzt.
Aus Samen und Früchten von Ölpflanzen [B7] werden Pflanzenöle gewonnen. Diese werden direkt zur Strom- und Wärmeerzeugung eingesetzt oder nach Weiterverarbeitung als Biodiesel verwendet.
Holz, Holzhackschnitzel und Holzpellets sind oft Abfälle von Sägewerken. Sie werden zur Gewinnung nutzbarer Energie verbrannt.

	Fossile Brennstoffe	Brennstoffe aus nachwachsenden Rohstoffen		Brennstoffe aus erneuerbaren Energiequellen
Beispiele	Kohle Erdöl Erdgas	Pflanzenöl Biodiesel Biogas Bioethanol	Holzhackschnitzel Holzpellets	Wasserstoff aus Solar-Wasserstoffanlagen
Entstehungszeitraum	Millionen von Jahren	Kann in einem Menschenleben nachwachsen und/oder hergestellt werden		

***B9** Fossile und alternative Brennstoffe*

A1 ○ Beschreiben Sie die verschiedenen Möglichkeiten der Gewinnung von Energie für die Nutzung durch Menschen.

A2 ◒ Erörtern Sie mögliche Risiken, die mit der Nutzung fossiler Brennstoffe einhergehen.

A3 ◒ MK Recherchieren Sie, wie eine Solarzelle funktioniert. Präsentieren Sie das Ergebnis der Recherche Ihren Mitschülerinnen und Mitschülern.

A4 ◒ Diskutieren Sie die Probleme, die sich aus der Nutzung erneuerbarer Energiequellen ergeben, die von der Sonne abhängig sind.

A5 ○ Beschreiben Sie die Stromerzeugung in einem Wasserkraftwerk [B6].

A6 ◒ Manchmal werden an Flüssen Laufwasserkraftwerke zur Stromerzeugung eingerichtet. Recherchieren Sie die Funktionsweise.

A7 ◒ MK Recherchieren Sie weitere Möglichkeiten der Stromspeicherung. Stellen Sie das Ergebnis Ihrer Recherche vor.

A8 ◒ Erörtern Sie die Probleme bei der Stromerzeugung durch Windkraft in Offshore-Anlagen und die jeweiligen Lösungsansätze.

A9 ◒ Geothermie nutzt man auch beim Heizen und bei der Warmwasserbereitung. Dafür benötigt man geringere Tiefen der Bohrungen als bei Geothermie-Kraftwerken zur Stromerzeugung. Begründen Sie diese Tatsache.

A10 ● Pflanzenöle als Dieseltreibstoff sind ebenso wie Bioethanol als Benzinzusatz in der Diskussion. Stellen Sie Argumente für und dagegen zusammen.

NE 3.11 Speicherung – eine Lösung des CO_2-Problems?

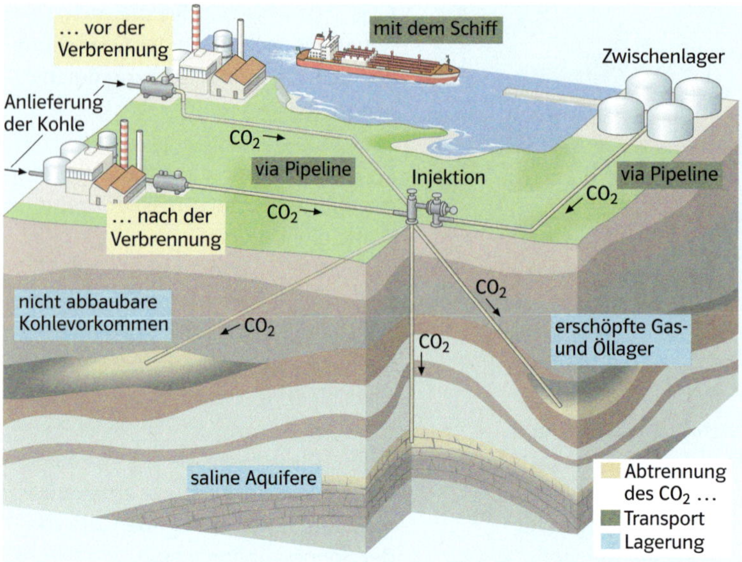

***B1** CO_2-Abtrennung und -Lagerung. Bei der Abtrennung vor der Verbrennung (IGCC-Technologie) erzeugt man zuerst Wasserstoff und Kohlenstoffdioxid aus Kohle, Sauerstoff und Wasser und verbrennt anschließend Wasserstoff in einer Gasturbine*

IGCC Integrated Gasification Combined Cycle, in etwa Kombi-Prozess mit integrierter Vergasung

CCS Die Speicherung von Kohlenstoffdioxid wird auch als CCS (carbon capture and storage) bezeichnet.

Mehr als 60 % der globalen CO_2-Emission stammt aus Kraftwerken zur Strom- und Wärmeerzeugung, Zementwerken und der Eisen- und Stahlproduktion [B2]. Für diesen Anteil des anfallenden Kohlenstoffdioxids bietet sich die Speicherung im Boden als mögliche Alternative an.

Forschung. Bereits im Jahr 2004 begann man mit der Erforschung der Kohlenstoffdioxid-Speicherung im Boden. Man erkannte, dass trotz der Steigerung der Effektivität der Stromerzeugung sowie des Einsatzes erneuerbarer Energiequellen der Ausstoß von Kohlenstoffdioxid noch wesentlich zu hoch ist.

Um das aus dem Abgas abgetrennte Kohlenstoffdioxid im Boden speichern zu können, sind bestimmte geologische Gegebenheiten erforderlich. Als Speicher können z. B. ehemalige Erdöl- und Erdgasspeichergesteine oder *saline Aquifere* dienen [B1]. Hierbei handelt es sich um unterirdische Sandsteinschichten, deren Poren wie ein Schwamm wirken können. In den Poren der salinen Aquifere fließt salzhaltiges Wasser, sie sind umschlossen von auch für Gase undurchlässigen Tonschichten.

Sektor	Emission in %
Strom und Wärme	42
Verkehr	24
Industrie	19
Haushalte	6
Andere	9
Gesamte globale Emission: 34,4 Gigatonnen CO_2	

***B2** Globale CO_2-Emission nach Sektoren (2017)*

Speicherung. Zur Erdgas- und Erdölförderung wird Kohlenstoffdioxid schon seit langem verwendet, um das Fördergut mit höherem Druck aus dem Speichergestein zu holen. Die Speicherung des eingebrachten Kohlenstoffdioxids war hier nur ein Nebeneffekt. Die heutige Forschung hat das Ziel, große Mengen Kohlenstoffdioxid dauerhaft in der Erde zu speichern. Zu Forschungszwecken sind bereits mehrere Millionen Tonnen Kohlenstoffdioxid in einem Erdgasfeld in Norwegen und in Brandenburg in die Erde gepresst worden. In Brandenburg befinden sich große salzwasserführende Gesteinsschichten. Der größte Teil des hierin eingebrachten Kohlenstoffdioxids löst sich, wie man es vom Mineralwasser kennt, zunächst im Salzwasser. Gegenstand der Forschung ist, ob im Laufe mehrerer Jahre das gelöste Kohlenstoffdioxid mit dem umliegenden Gestein reagiert, d. h., ob es mineralisiert wird.

Warum Kohlenstoffdioxid-Speicherung?
Nach Schätzungen der Internationalen Energieagentur (IEA) wird die Nachfrage nach Energie in den kommenden Jahrzehnten steigen. Auch weiterhin werden trotz des verstärkten Einsatzes regenerativer Energieerzeugung die fossilen Rohstoffe Kohle, Erdgas und Erdöl eine wesentliche Rolle spielen. Da die Belastung der Atmosphäre mit einer erhöhten Kohlenstoffdioxid-Konzentration dringend verringert werden muss, ist es notwendig, das beim Verbrennen fossiler Energieträger erzeugte Kohlenstoffdioxid zu „beseitigen". Bis 2050 können nach Schätzungen des Weltklimarates zwischen 220 Milliarden und 2 200 Milliarden Tonnen Kohlenstoffdioxid unter der Erde oder im Meer gelagert werden. Mithilfe von CCS wäre es möglich, einen großen Teil der weltweiten CO_2-Emission nicht in die Atmosphäre gelangen zu lassen.

Kohlenstoffdioxid aus Verbrennungsreaktionen kann in unterirdischen Speichern gelagert werden.

A1 MK Recherchieren Sie im Internet zum Stand der Forschung zur CCS und beziehen Sie begründet Stellung.

3.12 Polarforschung

B1 Die Antarktis – der Südpol

B2 Die Forschungsstation Neumeyer III untersucht das antarktische Eis

Die Klimaforschung untersucht, wie sich das Klima im Vergleich zu früher verändert hat. Aktuelle Veränderungen lassen sich anhand der vorhandenen Messdaten leicht nachvollziehen. Zum Beispiel nimmt die Geschwindigkeit, in der das „ewige Eis" der Antarktis [B1] schmilzt, immer mehr zu. Aber woher weiß man, wie das Klima vor mehreren Tausend Jahren gewesen ist? Eine weitere Aufgabe der Klimaforschung ist es, die Änderung des Klimas in der Zukunft möglichst exakt vorherzusagen.

Untersuchung des Eises. In der Antarktis befinden sich mehrere Forschungsstationen, z. B. die vom Alfred-Wegener-Institut seit 2009 betriebene Neumayer-Station III [B2]. Um das Eis zu untersuchen, bohrt man mit einem Hohlbohrer in die Tiefe und bekommt dabei einen Eisbohrkern [B3]. Dieser enthält Eisschichten unterschiedlicher Dicke, die den Jahresringen eines Baumes ähneln. Vor allem sind die winzigen Gasbläschen interessant, die im Eis eingeschlossen sind. Die Forscher ermitteln darin den Anteil des Kohlenstoffdioxids und des Methans, um mehr über das damalige Klima zu erfahren. Auch der Anteil bestimmter Isotope wie ^{18}O erlaubt Rückschlüsse.

Untersuchung der Meere. Auch bei der Erforschung der Meere werden nicht nur die aktuellen Folgen erhöhter Temperatur und Versauerung der antarktischen Ozeane auf Fische und Meerespflanzen deutlich. Die Untersuchung des Meeresbodens erlaubt einen Blick in die Vergangenheit, als die Antarktis noch nicht von Eis bedeckt war. Überreste bestimmter Lebewesen deuten auf gewisse klimatische Bedingungen hin.

Ausdehnung des Meereises. Auch das Meereis wird überwacht. Man misst seine Ausdehnung, Temperatur, Salzgehalt sowie die Strömungsrichtung und -geschwindigkeit des umgebenden Wassers. Diese Daten ermöglichen Prognosen, wie der Eisschild auf den Klimawandel reagiert und wie schnell und stark der Meeresspiegel ansteigen wird.

B3 Ein Bohrkern wird begutachtet

Das Forschungsschiff Polarstern war im Frühjahr 2021 vor Ort als der Eisberg A74 vom antarktischen Eisschild abgebrochen ist [B4]. Dieser war mit einer Fläche von 1270 Quadratkilometern ungefähr halb so groß wie das Saarland. Eisberge dieser Größe brechen in der Antarktis nur etwa alle zehn Jahre ab.

A1 ○ Erklären Sie, inwiefern Eisbohrkerne Rückschlüsse auf das Klima vergangener Zeiten geben können.

A2 ◒ MK Recherchieren Sie, wie alt das älteste Eis ist, das man bislang untersucht hat.

A3 ● Die Untersuchung von Meeressedimenten erlaubt, dass man weiter in die Vergangenheit der Klimageschichte zurückblicken kann als mithilfe von Eisbohrkernen. Erklären Sie.

B4 Das Forschungsschiff Polarstern

3.13 Modellieren in Regelkreisen

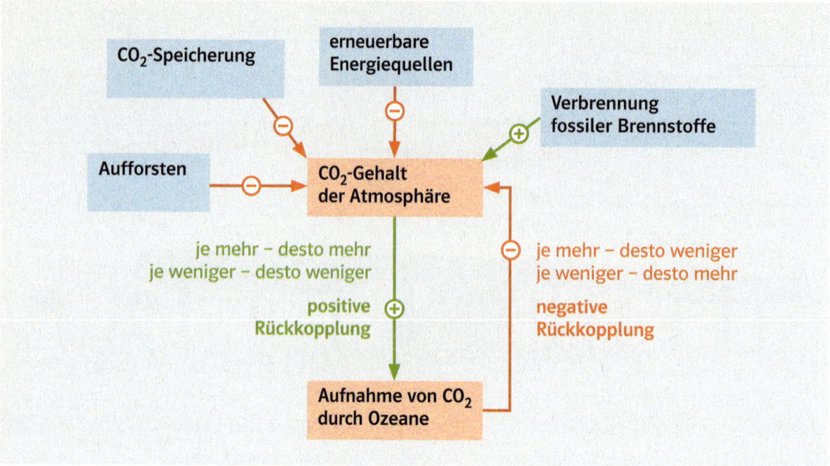

B1 *Ein vereinfachtes Modell zu den Auswirkungen veränderter CO_2-Emissionen auf den CO_2-Gehalt der Atmosphäre*

B2 *Ein programmierbarer Thermostat*

Die Folgen veränderter Kohlenstoffdioxid-Emissionen lassen sich nur abschätzen. Viele Faktoren spielen eine Rolle. Mit Regelkreisen kann man Modelle beschreiben, die Veränderungen übersichtlich darstellen.

Steuern und Regeln. Steuern und Regeln sind ähnliche, aber verschiedene Vorgänge. Beim *Steuern* wird ein Faktor verändert, um eine Änderung eines weiteren Faktors zu bewirken. Zum Beispiel kann man bei einem Heizlüfter die Heizstufe verändern, um die Temperatur in einem Zimmer zu erhöhen. Eine *Regelung* geht über eine reine Steuerung hinaus, weil dort auch die bewirkten Änderungen einen Einfluss haben.

Ein Thermostat einer Heizung ist ein *Regler* [B2]. Stellt man eine bestimmte Temperatur ein, heizt die Heizung zunächst. Erkennt der Temperaturfühler, dass die Zieltemperatur erreicht ist, reduziert er die Heizleistung oder schaltet die Heizung ab. Der Temperaturfühler wirkt also dann der Heizung entgegen. Eine solche **negative Rückkopplung** ist ein Kennzeichen einer **Regelung**.

Ein vereinfachtes Modell [B1]. Werden mehr fossile Brennstoffe verbrannt, steigen die CO_2-Emissionen und somit auch der Gehalt an CO_2 in der Atmosphäre. Die Verbrennung fossiler Brennstoffe und der CO_2-Gehalt der Atmosphäre sind *positiv gekoppelt*. Werden dagegen Maßnahmen wie Aufforsten, Speicherung von CO_2 oder die Nutzung erneuerbarer Energiequellen verstärkt, nimmt der CO_2-Gehalt der Atmosphäre ab. Hier spricht man von einer *negativen Kopplung*. Je mehr CO_2 sich in der Atmosphäre befindet, umso mehr wird auch von den Ozeanen aufgenommen. Diese beiden Faktoren sind also positiv gekoppelt. Gleichzeitig führt eine Aufnahme von CO_2 durch die Ozeane dazu, dass der CO_2-Gehalt der Atmosphäre sinkt. Die beiden Faktoren sind als gleichzeitig *negativ rückgekoppelt*. Die in B1 dargestellte Rückkopplung bezeichnet man aufgrund der kreisförmigen Gestalt als **Regelkreis**. Insgesamt stellen sich der CO_2-Gehalt der Atmosphäre und die Aufnahme von CO_2 durch die Ozeane so ein, dass sich die Einflüsse aller Effekte verringern. Sie heben sich jedoch nicht auf. Dies liegt daran, dass B1, wie alle Modelle, eine Vereinfachung der Realität darstellt.

A1 ○ Nennen Sie Beispiele für negative Rückkopplungen.

A2 ○ Das Modell in B1 ist eine Vereinfachung der Realität. Nennen Sie unberücksichtigte Faktoren.

A3 ◒ Zeichnen Sie einen Regelkreis, der folgende Faktoren berücksichtigt: CO_2-Emissionen, CO_2-Gehalt in der Atmosphäre, Temperatur, Pflanzenwachstum.

A4 ● Zeichnen Sie ein Modell, das folgende Faktoren in dieser Reihenfolge berücksichtigt und geben Sie jeweils die Art der Kopplung an: CO_2-Gehalt der Atmosphäre, Temperatur der Atmosphäre, Temperatur der Ozeane, Abgabe von CO_2 aus den Ozeanen an die Atmosphäre. Nennen Sie die Art der Rückkopplung zwischen CO_2-Gehalt der Atmosphäre und Abgabe von CO_2 aus den Ozeanen an die Atmosphäre, die sich insgesamt ergibt.

positive Kopplung
zwei Größen stehen in einer „je mehr – desto mehr"-Beziehung

negative Kopplung
zwei Größen stehen in einer „je mehr – desto weniger"-Beziehung

Rückkopplung
eine Größe verändert direkt oder indirekt eine zweite Größe und wird selbst wieder von dieser verändert

3.14 Pflanzenwachstum und Mineralstoffangebot

Die enorme Zunahme der Erdbevölkerung verschärft zunehmend das Problem der Versorgung mit Nahrungsmitteln. Eine ausreichende Ernährung ist nur dann möglich, wenn die nutzbaren Flächen bestmöglich bewirtschaftet werden. Ihr Ertrag hängt u.a. stark vom Ausmaß der Düngung ab.

Essenzielle Elemente der Pflanzen. Basis für das pflanzliche Wachstum ist die Fotosynthese. Zum Aufbau von Kohlenstoff-Verbindungen entnehmen die Pflanzen der Luft Kohlenstoffdioxid. Alle übrigen Substanzen, Wasser und die Ionen der Mineralsalze, stammen aus dem Boden. Die Ionen werden von den Wurzeln aufgenommen [B1]. Insgesamt gibt es 17 für alle Pflanzen essenzielle (lebenswichtige) Elemente.

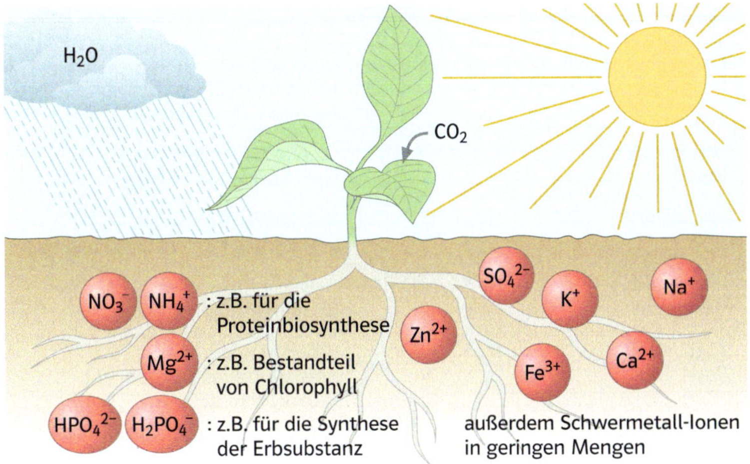

B1 *Lebensgrundlage der Pflanze. Neben Licht, Wärme, Wasser und Kohlenstoffdioxid benötigt sie außerdem verschiedene Elemente in Form gelöster Salze*

Mineralstoffe in genutzten Böden. Pflanzen nehmen über die Wurzeln lebenswichtige Elemente als **Mineralstoffe** in Form von gelösten Ionen auf. Wenn die Pflanze stirbt, werden die organischen Verbindungen durch Mikroorganismen abgebaut. Dadurch gelangen die Nährelemente zurück in den Boden. Eine nachwachsende Pflanze kann sie in Form von Ionen erneut aufnehmen. In der unberührten Natur durchlaufen die Atome der Nährelemente damit einen geschlossenen Kreislauf.
Auf intensiv genutzten Flächen werden die Mineralsalze diesem Kreislauf mit der Ernte entzogen. Der Boden verarmt dadurch rasch an entsprechenden Ionen der Mineralsalze. Die Erträge nehmen ab. Die verloren gegangenen Salze müssen durch Wirtschaftsdünger (Mist, Gülle, Kompost) oder Mineralsalzdünger wieder zugeführt werden.

Pflanzen brauchen neben Wasser und Kohlenstoffdioxid weitere Stoffe zum Wachstum, die sie aus dem Boden aufnehmen.

Essenzielle Elemente
Für Pflanzen lebenswichtige Elemente. Man unterscheidet Makronährelemente (werden in größeren Mengen gebraucht) und Mikronährelemente (Spurenelemente, werden nur in sehr kleinen Mengen benötigt).
Makronährelemente sind: H, K, Mg, Ca, C, N, P, O, S.
Mikronährelemente sind: Mo, Mn, Fe, Ni, Cu, Zn, B, Cl

V1 (Schutzbrille!) Geben Sie zu Holzkohlenasche verdünnte Salzsäure und filtrieren Sie den Rückstand ab. Führen Sie mit dem Filtrat Nachweisproben auf Kalium-, Phosphat- und Sulfat-Ionen durch. Prüfen Sie mit Teststäbchen auf Calcium- und Eisen-Ionen. *Hinweis:* In Kap. 3.21 werden die Nachweise beschrieben.

A1 ○ Erstellen Sie eine Tabelle mit den Ionen aus B1 mit Formeln und Namen, z.B. NO_3^- / Nitrat-Ion.

Exkurs

Hydrokultur zur Identifizierung essenzieller Elemente. Mithilfe von Hydrokulturen lässt sich feststellen, ob ein bestimmtes Element für eine Pflanze essenziell ist. Dazu werden zwei Lösungen von Mineralsalzen hergestellt.
- Eine Lösung enthält zum Vergleich alle notwendigen Ionen im richtigen Verhältnis zueinander und in einer für die Pflanze verwertbaren Form.
- Der anderen Lösung fehlen z.B. Kalium-Ionen. Sie ist aber ansonsten genauso zusammengesetzt. Geringes Wachstum und verfärbte Blätter zeigen, dass Kalium-Ionen für die getestete Pflanze essenziell sind.

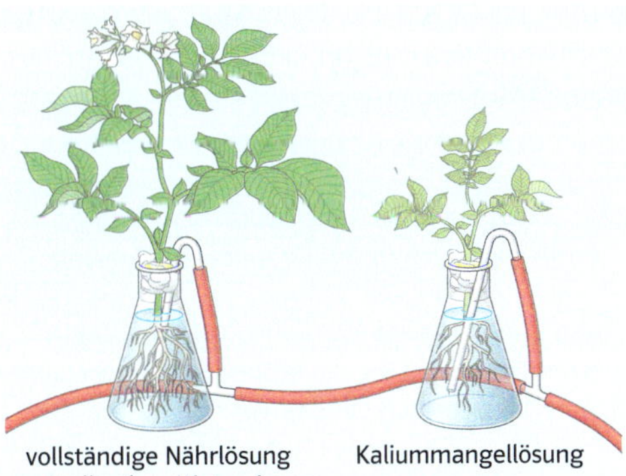

3.15 Sulfate – Salze der Schwefelsäure

Name	Formel	Verwendung
Blaues Kupfersulfat	$CuSO_4 \cdot 5\,H_2O$	Bekämpfung von Pilzkrankheiten (Obst- und Weinbau); Kunstseideherstellung
Calciumsulfat (Gips)	$CaSO_4 \cdot 2\,H_2O$	Stuckarbeiten, Tafelkreide, Gipsabdrücke, Estrichgips
Bariumsulfat	$BaSO_4$	Röntgenkontrastmittel, Füllmaterial für Kunstdruckpapiere
Natriumsulfat (Glaubersalz)	$Na_2SO_4 \cdot 10\,H_2O$	Gelöst in Heilwässern, Glasherstellung, Färberei
Magnesiumsulfat (Bittersalz)	$MgSO_4 \cdot 7\,H_2O$	Gelöst in Heilquellen, Herstellung von Düngern und Feuerlöschmitteln
Natriumhydrogensulfat	$NaHSO_4$	WC-Reiniger

***B1** Zusammensetzung und Verwendung der wichtigsten Sulfate im Überblick*

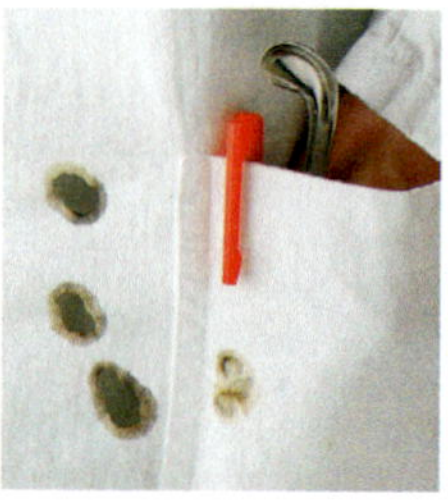

***B2** Schwefelsäure zerstört Baumwollgewebe*

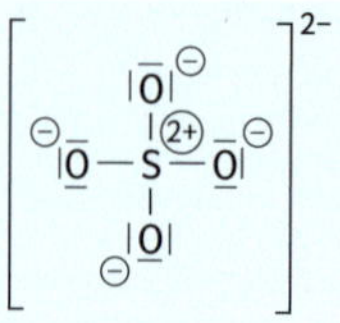

Sulfat-Ion

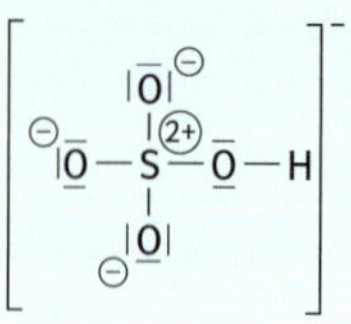

Hydrogensulfat-Ion

***B3** Anionen der Schwefelsäure*

Schwefelsäure (H_2SO_4) ist eine der wichtigsten Industriechemikalien. Pro Jahr werden weltweit etwa 200 Mio Tonnen hergestellt.

Eigenschaften der Schwefelsäure. Konzentrierte Schwefelsäure hat einen Massenanteil von $w = 96 - 98\,\%$. Sie ist eine ölige Flüssigkeit mit einer Dichte von $\varrho = 1{,}84\,g/ml$ und der Siedetemperatur $\vartheta_{sd} = 338\,°C$.
Aus Stoffen wie Zucker, Holz oder Papier, die hauptsächlich aus Kohlenstoff-, Wasserstoff- und Sauerstoff-Atomen aufgebaut sind, spaltet konzentrierte Schwefelsäure Wasser ab: Sie wirkt *verkohlend*. Auch Kleidungsstücke, Haut und Haare werden zerstört.

Salze der Schwefelsäure. Die Schwefelsäure (H_2SO_4) bildet zwei Arten von Salzen [B3]: die **Sulfate** (SO_4^{2-}) und die **Hydrogensulfate** (HSO_4^-). Viele dieser Salze sind wichtige Stoffe im Alltag [B1]. Das Salz mit der Verhältnisformel $CaSO_4 \cdot 2\,H_2O$ bildet schöne Kristalle. Es kommt als **Gips** in der Natur vor. Im Ionengitter sind neben den Calcium- und Sulfat-Ionen Wasser-Moleküle eingebaut. Da dieser Anteil an Kristallwasser für bestimmte Salze typisch ist, wird er auch in der Verhältnisformel angegeben.

Ammoniumsulfat ist insbesondere in der Landwirtschaft von Bedeutung. Es entsteht durch Einleiten von Ammoniak in Schwefelsäure:

$$2\,NH_3 + H_2SO_4 \longrightarrow (NH_4)_2SO_4$$

Im Handel ist dieses Salz als „schwefelsaures Ammoniak" erhältlich und Bestandteil vieler Düngemittel. Ammoniumsulfat führt dem Boden Stickstoff und Schwefel in Form von Ionenverbindungen zu.

Nachweis von Sulfat-Ionen. Gibt man Bariumchlorid-Lösung zu verdünnter Schwefelsäure oder Sulfat-Lösungen, so fällt ein weißer, feinkristalliner Niederschlag aus:

$$Ba^{2+}(aq) + SO_4^{2-}(aq) \longrightarrow BaSO_4(s)$$

Dieses Salz ist nahezu unlöslich in Wasser. Bariumsulfat ist deshalb im Gegensatz zu wasserlöslichen Barium-Verbindungen ungiftig. Es wird bei Röntgenaufnahmen des Magens und Darms als Kontrastmittel eingesetzt.

Hydrogensulfate bilden saure Lösungen. Natriumhydrogensulfat hat die Verhältnisformel $NaHSO_4$. Beim Lösen des Salzes in Wasser entsteht eine saure Lösung:

$$NaHSO_4(s) \longrightarrow Na^+(aq) + HSO_4^-(aq)$$

$$HSO_4^-(aq) + H_2O \longrightarrow SO_4^{2-}(aq) + H_3O^+(aq)$$

Die H_3O^+-Ionen, die die sauren Eigenschaften verursachen, entstehen durch die Reaktion der Hydrogensulfat-Ionen mit Wasser-Molekülen. Natriumhydrogensulfat ist Bestandteil mancher WC-Reiniger.

Sulfate und Hydrogensulfate sind die Salze der Schwefelsäure.

$CuSO_4 \cdot 2\,H_2O$ lies „Kupfersulfat mit 2 H_2O".
In diesem Salz ist Kristallwasser enthalten.

V1 Geben Sie zu Schwefelsäure- bzw. Sulfat-Lösungen einige Tropfen Bariumchlorid-Lösung.

V2 Lösen Sie etwas Natriumhydrogensulfat in Wasser und prüfen Sie die Lösung mit Universalindikator. Wiederholen Sie den Versuch mit Natriumsulfat.

A1 ○ **a)** Nennen Sie die Verhältnisformel des weißen (kristallwasserfreien) Kupfer(II)-sulfats.
b) Nennen und erklären Sie die Ionenladungen des Kations und des Anions im Kupfer(II)-sulfat.

A2 ◒ MK Recherchieren Sie wichtige Verwendungsmöglichkeiten der Schwefelsäure.

3.16 Salpetersäure und Nitrate

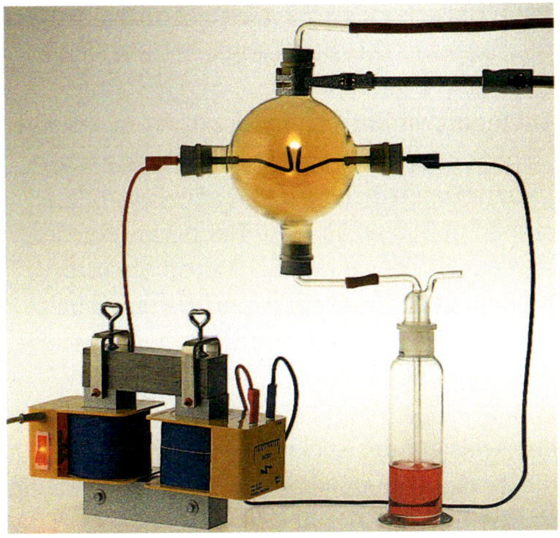

B1 *Luftverbrennung. Stickstoff reagiert mit Sauerstoff im elektrischen Lichtbogen*

Reine Salpetersäure (HNO_3) ist eine farblose Flüssigkeit mit der Siedetemperatur ϑ_{sd} = 84 °C, die an der Luft Nebel bildet. Sie wird auch als **„rauchende Salpetersäure"** bezeichnet. Eine Salpetersäure-Lösung mit einem Massenanteil von w = 65–69 % wird **konzentrierte Salpetersäure** genannt. Verdünnt man Salpetersäure mit Wasser, reagiert sie vollständig zu hydratisierten Oxonium- und Nitrat-Ionen:

$$HNO_3 + H_2O \longrightarrow NO_3^- + H_3O^+$$

Verwendung. In Deutschland werden jährlich ca. 3 Millionen Tonnen Salpetersäure produziert. Der größte Teil davon dient der Gewinnung von Nitraten für Düngemittel. Ferner wird die Salpetersäure zur Herstellung von Medikamenten, Pflanzenschutzmitteln, Farbstoffen, Kunststoffen und Sprengstoffen (z. B. Dynamit) verwendet.

Herstellung von Salpetersäure. Schon gegen Ende des 19. Jahrhunderts nahm der Bedarf an Stickstoffdünger zu. Daher versuchte man, mit Stickstoff und Sauerstoff aus der Luft Salpetersäure zu gewinnen. Eines dieser Verfahren ist die „Luftverbrennung" [B1]: Im elektrischen Lichtbogen bei über 3000 °C reagiert der reaktionsträge Stickstoff mit Sauerstoff in einer endothermen Reaktion zu Stickstoffmonooxid. Dieses reagiert mit weiterem Sauerstoff zu Stickstoffdioxid. Mit Wasser und

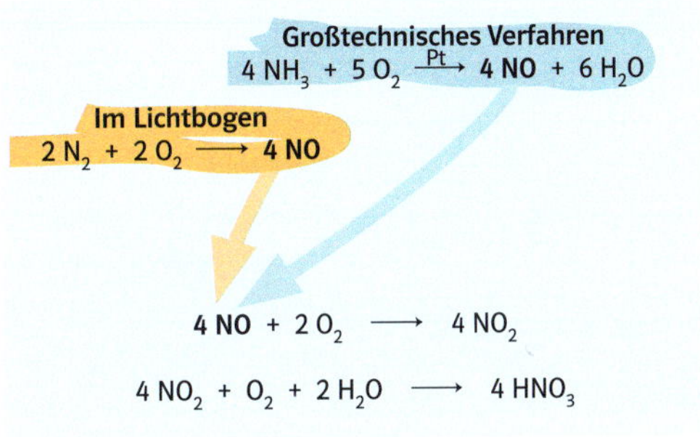

B2 *Herstellung von Salpetersäure*

Sauerstoff reagiert das Stickstoffdioxid zu Salpetersäure [B2]. Wegen des hohen Energiebedarfs spielt dieses Verfahren heute keine Rolle mehr. Heute geht die großtechnische Herstellung der Salpetersäure vom Ammoniak aus [B2]: Man verbrennt Ammoniak (NH_3) mit Platin als Katalysator zu Stickstoffmonooxid, das dann mit weiterem Sauerstoff und Wasser zu Salpetersäure umgesetzt wird.

Salpetersäure wird großtechnisch aus Ammoniak hergestellt.

Vorkommen und Verwendung einiger Nitrate. Bedeutende Lagerstätten von Kaliumnitrat (Kalisalpeter) liegen in Indien und China. Natriumnitrat (Natronsalpeter, Chilesalpeter) findet man vor allem in der Wüste Atacama in Nordchile. Chilesalpeter war lange Zeit ein wichtiges Welthandelsgut, um dessen Lagerstätten sogar Krieg geführt wurde (Salpeterkrieg 1879 – 1883). Früher wurden die Nitrate vor allem zur Herstellung von Schießpulver und Sprengstoffen verwendet. Seit dem 19. Jahrhundert finden Nitrate immer mehr Anwendung als Mineraldünger. Auch im chemischen Labor werden Nitrate eingesetzt: Eine Lösung von Silbernitrat ($AgNO_3$) dient zum Nachweis von Halogeniden.

Die Salze der Salpetersäure heißen Nitrate. Sie werden heute hauptsächlich zur Produktion von Dünger verwendet.

A1 ○ In der Luft liegt Stickstoff neben Sauerstoff vor, ohne dass eine Reaktion eintritt. In B1 läuft jedoch eine Reaktion ab. Erklären Sie den Unterschied.

B3 *Stickstoffdünger*

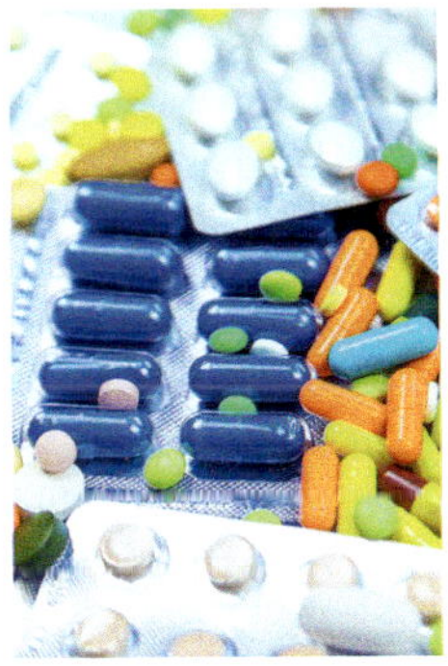

B4 *Salpetersäure dient zur Herstellung von Medikamenten*

Salpeter von lat. sal petrae, Felsensalz

NE 3.17 Der Kreislauf der Stickstoff-Atome

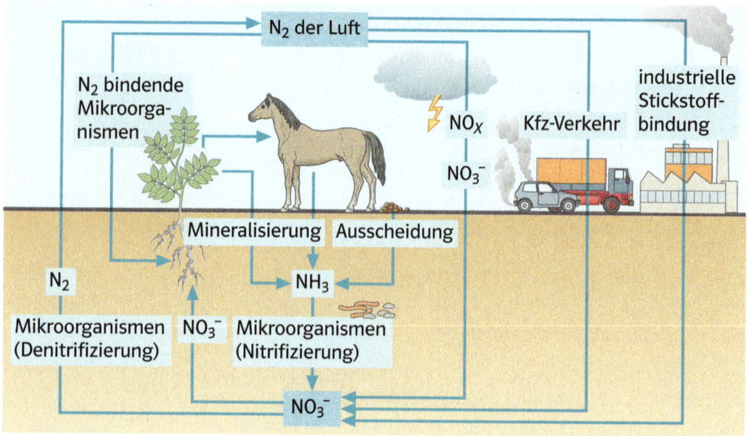

B1 *Kreislauf der Stickstoff-Atome*

Schon im 19. Jahrhundert erkannte der Chemiker JUSTUS VON LIEBIG, dass die Atome der für das Wachstum wichtigen Elemente Kreisläufe durchlaufen [B2]. Von besonderer Bedeutung für das Wachstum von Pflanzen, Tieren und Menschen ist das Element Stickstoff.

Stickstoff-Atom-Kreislauf. Pflanzen benötigen Stickstoff z. B. zum Aufbau von Proteinen (Eiweißstoffen). Nur wenige Pflanzen wie die Leguminosen, zu denen die Lupine und der Klee gehören, können mithilfe von Bakterien in ihren Wurzeln (Knöllchenbakterien) Stickstoff aus der Luft verarbeiten. Die meisten Pflanzen sind auf Nitrat- oder Ammonium-Ionen aus dem Boden angewiesen. Tiere und Menschen können ihren Stickstoffbedarf aus pflanzlichem Eiweiß decken.

Ausscheidungen von Tieren und Menschen sowie abgestorbene Pflanzen und Körper toter Tiere werden im Boden unter Bildung von Ammoniak und Ammonium-Salzen abgebaut. Diese können wieder zu Nitraten oxidiert werden **(Nitrifizierung)**. Ein Teil der Nitrate wird diesem Kreislauf durch Bakterien entzogen, die Nitrate in Stickstoff umwandeln. Der Stickstoff wird an die Atmosphäre abgegeben **(Denitrifizierung)**. Bei Gewittern entstehen in Blitzen so hohe Temperaturen, dass sich aus Stickstoff und Sauerstoff Stickstoffmonooxid bildet. Dieses kann weiter zu Salpetersäure reagieren, die mit dem Regenwasser in den Boden gelangt.

Der Kreislauf der Stickstoff-Atome wird durch die landwirtschaftliche Nutzung gestört, da ein großer Teil der Stickstoff-Verbindungen mit der Ernte weggeführt wird. Mit der Wirtschaftsdüngung durch Mist oder Gülle können diese zumindest teilweise wieder ersetzt werden.

Bis zum Anfang des 20. Jahrhunderts stand im Wesentlichen nur der hauptsächlich in Chile abgebaute Natronsalpeter ($NaNO_3$, Chilesalpeter) als zusätzlicher Dünger zur Verfügung. Seit 1913 wird mit dem Haber-Bosch-Verfahren großtechnisch Ammoniak aus Wasserstoff und Stickstoff hergestellt (Kap. 2.15). Aus dem Ammoniak kann man durch Oxidation Salpetersäure herstellen (Kap. 3.16), und daraus Nitrate zur Herstellung von Düngemitteln gewinnen. Etwa 80 % des weltweit produzierten Ammoniaks werden zu Düngemitteln verarbeitet.

Für Nitrate als Bestandteil des Kreislaufs der Stickstoff-Atome gibt es natürliche und anthropogene Quellen.

> Kohlensäure, Ammoniak und Wasser enthalten in ihren Elementen die Bedingungen zur Erzeugung aller Thier- und Pflanzenstoffe, während ihres Lebens. Kohlensäure, Ammoniak und Wasser sind die letzten Producte des chemischen Prozesses ihrer Fäulniß und Verwesung. Alle die zahllosen, in ihren Eigenschaften so unendlich verschiedenen, Producte der Lebenskraft nehmen nach dem Tode die ursprünglichen Formen wieder an, aus denen sie gebildet worden sind. Der Tod, die völlige Auflösung einer untergegangenen Generation, ist die Quelle des Lebens für eine neue.

B2 *Text von* JUSTUS VON LIEBIG *über den Kreislauf der Elemente aus dem Jahre 1840 (Auszug)*

A1 ○ Beschreiben Sie durch Auswertung von B1, auf welchen Wegen Stickstoff-Verbindungen in den Boden gelangen können.

A2 ◒ In der ökologischen Landwirtschaft verzichtet man auf Mineraldünger. Erklären Sie, wie dem Boden trotzdem die notwendigen Stickstoff-Verbindungen zugeführt werden können.

A3 ◒ Erstellen Sie mithilfe von Kap. 2.15 und 3.16 ein Pfeilschema, das die Herstellung von Natriumnitrat aus Stickstoff mithilfe der technischen Ammoniak-Synthese zeigt.

3.18 Phosphorsäure und Phosphate

Cola-Getränke: Phosphorsäure zur Geschmacksgebung und Säuerung
Backwaren: Phosphate begünstigen die Entwicklung von Kohlenstoffdioxid beim Backen
Brühwürste: Phosphate erhöhen die Wasserbindefähigkeit
Schmelzkäse: Phosphate als Schmelzsalz verhindern das Verklumpen
Speiseeis: Phosphate verhindern die Bildung von Eiskristallen und geben Cremigkeit
Instantpudding: Phosphate erhöhen die cremige Konsistenz

B1 *Phosphorsäure und Phosphate in Lebensmitteln*

Phosphorsäure. Reine Phosphorsäure ist ein Feststoff (Schmelztemperatur ϑ_{sm} = 42 °C). Eine wässrige Phosphorsäure-Lösung mit einem Massenanteil von w = 85 % ist eine farblose, ölige Flüssigkeit; sie wird **konzentrierte Phosphorsäure** genannt.

Phosphorsäure (H_3PO_4) bildet mit Wasser eine saure Lösung, die H_3O^+-Ionen und **Dihydrogenphosphat-Ionen** ($H_2PO_4^-$), **Hydrogenphosphat-Ionen** (HPO_4^{2-}) und **Phosphat-Ionen** (PO_4^{3-}) enthält. Die Konzentration der Hydrogenphosphat- und Phosphat-Ionen in der Lösung ist gering. Den drei unterschiedlichen Anionen entsprechen drei Reihen von Salzen der Phosphorsäure [B4].
Die Hydrogen- und Dihydrogenphosphate der Alkali- und Erdalkalimetalle sind wasserlöslich.

Herstellung und Verwendung. Phosphorsäure kann aus Tetraphosphordecaoxid hergestellt werden, das beim Verbrennen von Phosphor entsteht. Der Feststoff ist aus Molekülen aufgebaut, die die Formel P_4O_{10} haben. **Tetraphosphordecaoxid** bildet mit Wasser in einer exothermen Reaktion Phosphorsäure.

$$P_4O_{10} + 6\,H_2O \longrightarrow 4\,H_3PO_4 \quad | \text{ exotherm}$$

Phosphorsäure wird vor allem zur Herstellung von Düngemitteln und Rostumwandlern [V1] gebraucht. Da sie ungiftig ist, wird Phosphorsäure als Zusatz zu Erfrischungsgetränken verwendet, um diesen einen sauren Geschmack zu verleihen [B1].

Phosphate. Das wichtigste in der Natur vorkommende Phosphat ist **Calciumphosphat** (Apatit, Phosphorit), das große Lager in Nordafrika, den USA und in Russland bildet. Calciumphosphat ist in Wasser nur sehr wenig löslich. Durch „Aufschließen" mit Schwefelsäure kann es in lösliches Dihydrogenphosphat überführt werden.

$$Ca_3(PO_4)_2 + 2\,H_2SO_4 \longrightarrow 2\,CaSO_4 + Ca(H_2PO_4)_2$$

Das entstehende Salzgemisch („Superphosphat") ist ein wichtiger Mineraldünger. Für seine Erzeugung werden etwa 60 % der Weltproduktion an Schwefelsäure eingesetzt.

Phosphat-Ionen sind für alle Organismen lebensnotwendig. Pflanzen entziehen die für ihr Wachstum notwendigen Phosphat-Ionen dem Boden. Menschen und Tiere nehmen sie mit der Nahrung auf.

Phosphorsäure bildet drei Arten von Salzen: Dihydrogenphosphate ($H_2PO_4^-$), Hydrogenphosphate (HPO_4^{2-}) und Phosphate (PO_4^{3-}). Phosphate sind für alle Organismen lebensnotwendig.

B2 *Eiskristallbildung wird durch Phosphate verhindert*

B3 *Rostumwandlung durch Phosphorsäure. Dabei entsteht eine schützende Phosphatschicht*

Anionen		Beispiel	
Dihydrogenphosphat-Ion	$H_2PO_4^-$	Natriumdihydrogenphosphat	NaH_2PO_4
Hydrogenphosphat-Ion	HPO_4^{2-}	Dinatriumhydrogenphosphat	Na_2HPO_4
Phosphat-Ion	PO_4^{3-}	Natriumphosphat	Na_3PO_4

B4 *Anionen und Salze der Phosphorsäure*

V1 (Schutzbrille!) Streichen Sie Phosphorsäure dünn auf ein rostiges Eisenblech und trocknen Sie das Blech durch Erwärmen. Versuchen Sie, den Belag abzuwaschen [B3].

A1 ○ Nennen Sie Namen und Formeln von drei Alkalimetall-Salzen, die sich von der Phosphorsäure ableiten.

A2 ◒ Begründen Sie, warum Calciumphosphat für die Düngung ungeeignet ist. Wie lässt sich daraus geeigneter Dünger herstellen?

A3 ● Erklären Sie, warum Phosphor an vielen natürlichen (d.h. nicht gedüngten) Standorten das Nährelement ist, durch dessen Menge das Pflanzenwachstum begrenzt wird.

NE 3.19 Der Kreislauf der Phosphor-Atome

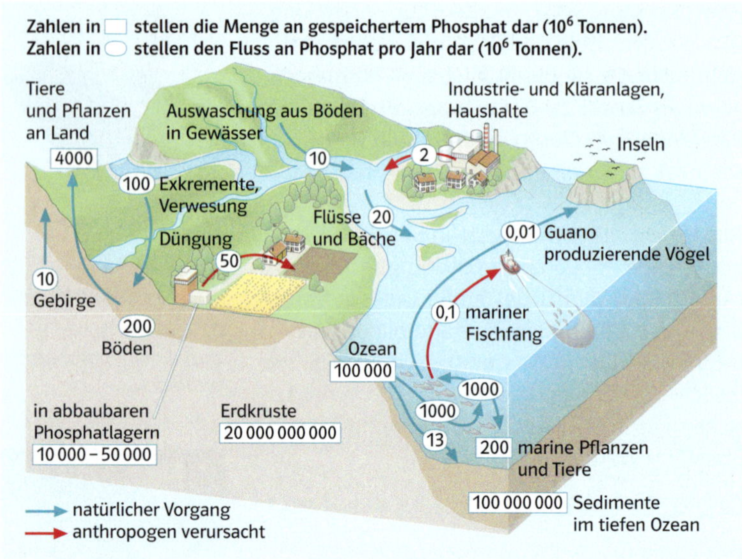

B1 *Der Kreislauf der Phosphor-Atome*

Die Atome des Phosphors durchlaufen wie die Atome der Elemente Kohlenstoff und Stickstoff einen globalen Kreislauf, an dem die Atmosphäre jedoch nicht beteiligt ist.

Phosphat als Dünger. Die Verwitterung phosphorhaltigen Gesteins trägt nur einen kleinen Teil zur Versorgung der Pflanzen mit Phosphor bei. Rund 60 % des Phosphors im Boden liegt als Phosphat vor, 40 % sind organischer Herkunft und im Humus enthalten. Pflanzen können mit ihren Wurzeln nur die wasserlöslichen Hydrogenphosphate aufnehmen. Die lebensnotwendige Versorgung von Tier und Mensch mit phosphorhaltiger Nahrung erfolgt direkt bzw. indirekt durch Pflanzen. Durch Zersetzung von Exkrementen und abgestorbenen Lebewesen werden im Boden organische Phosphor-Verbindungen wieder in Phosphate umgewandelt und im Kreislauf zurückgeführt.

Der Kreislauf. Durch Auswaschung gelangt Phosphat in Fließgewässer und damit in das Meer. Dieser Verlust wird im natürlichen globalen Phosphor-Atom-Kreislauf durch Verwitterung phosphorhaltigen Gesteins ausgeglichen. Im Meer wird der größte Anteil des verfügbaren Phosphors von Plankton und größeren Meerestieren umgesetzt. Rund 5 % des Phosphats sinken in den tiefen Ozean und kommen durch Tiefenwasserströmungen zum Teil wieder zurück. Der Rest wird in den Sedimenten als schwer lösliches Phosphat abgelagert.

Phosphate im Mineraldünger. Die landwirtschaftliche Nutzung entzieht dem Boden mit der Ernte große Mengen an Phosphat. Dieser Verlust wird durch industriell hergestellten Mineraldünger ausgeglichen. Die Phosphatvorräte der Welt sind begrenzt und ihre Erschöpfung ist absehbar. Dadurch wird die Produktion von Mineraldüngern gefährdet. Phosphat-Auswaschungen können in Gewässern eine Überdüngung bewirken.

Phosphor-Atome durchlaufen einen globalen Kreislauf.

A1 ○ Beschreiben Sie den Kreislauf der Phosphor-Atome.

Exkurs

ATP – Treibstoff des Lebens. Die wichtigste Energiequelle für Lebewesen ist Glucose, die im Organismus zu Sauerstoff und Wasser abgebaut wird. Um die in der Glucose gespeicherte Energie für die endothermen Reaktionen in der Zelle zu nutzen, muss sie in kleinere Portionen in Form energiereicher, transportfähiger Moleküle aufgeteilt werden. Diese Funktion übernimmt bei allen Organismen das **Adenosintriphosphat** (ATP).
Im ATP sind drei Phosphatgruppen an das aus Adenin und Ribose aufgebaute Adenosin gebunden. ATP ist ein Ester der Triphosphorsäure. Unter Abspaltung eines Dihydrogenphosphat-Ions entsteht aus ATP durch Abgabe von Energie **Adenosindiphosphat** (ADP).

$$ATP^{4-} + H_2O \underset{\text{endotherm}}{\overset{\text{exotherm}}{\rightleftharpoons}} ADP^{3-} + H_2PO_4^-$$

Die ATP-Bildung erfolgt in der Zelle durch Energieaufnahme von ADP bei der Fotosynthese bzw. bei der Oxidation von Brennstoffmolekülen.

Der gesamte Körper eines erwachsenen Menschen enthält ca. 80 g ATP. Es wird in den Zellen universell eingesetzt, wo immer Energie aufnehmende Prozesse stattfinden.

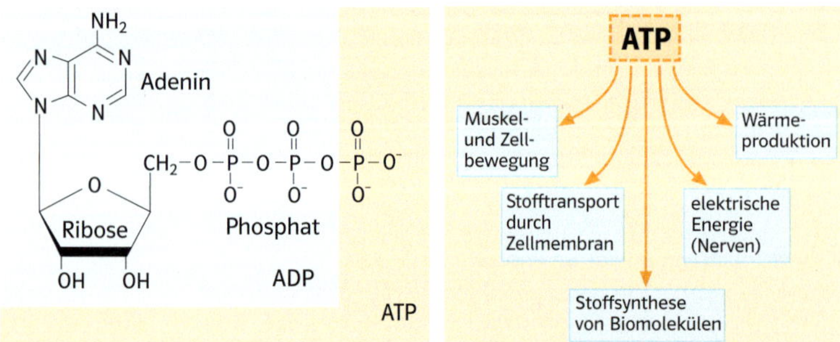

B2

3.20 Mineraldünger

Durch landwirtschaftliche Nutzung werden den Böden wichtige Elemente entzogen. Dieser Verlust kann durch den Einsatz von Wirtschaftsdüngern nur teilweise und unter Verzicht auf Höchsterträge ausgeglichen werden. Durch Mineraldünger können dem Boden die Nährstoffe zugeführt werden, die für einen optimalen Ertrag notwendig sind.

Richtiges Düngen. Vor dem Einsatz eines Mineraldüngers wird häufig eine Bodenuntersuchung durchgeführt. Danach wird der richtige Dünger ausgewählt. Aber nicht nur die richtige Zusammensetzung des Düngers, auch die Wahl des Zeitpunktes der Düngung ist von großer Wichtigkeit [B1].

Pflanzen haben nicht in allen Entwicklungsstadien den gleichen Bedarf. Ein Dünger, der zum falschen Zeitpunkt eingesetzt wird, kann durch Auswaschen zu einer Belastung der Umwelt führen.

Mineraldünger führen landwirtschaftlich genutzten Böden wichtige Elemente zu.

A1 ○ Ermitteln Sie aus B1 den richtigen Zeitpunkt für die Düngung von Winterweizen, Sommergerste und Mais.

A2 ◒ Erläutern Sie die Aussagen, die sich aus dem Fassmodell ableiten lassen.

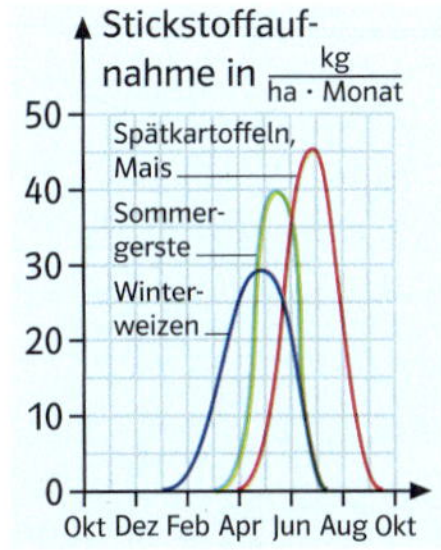

B1 Stickstoffbedarf einiger Pflanzen während des Wachstums

Exkurs

Das Fassmodell. JUSTUS VON LIEBIG (1803–1873) wirkte von 1824 bis 1852 als Professor für Chemie und Pharmazie an der Universität Gießen und danach an der Universität München. Viele seiner Studenten wurden bedeutende Chemiker. Zu seinen wichtigsten Verdiensten gehören die Entwicklung der organischen Elementaranalyse und die Förderung der Agrarchemie.

Unter dem Eindruck von Hungersnöten in Europa erforschte LIEBIG Möglichkeiten, durch gezielte Düngung die Ernteerträge zu steigern. Seine Forschungen und die von CARL SPRENGEL (1787–1859) ergaben, dass Pflanzen bestimmte Elemente in einer verwertbaren Form und in einem ausgewogenen Verhältnis zueinander benötigen [B3]. 100 %ige Bedarfsdeckung bedeutet z. B. beim Weizen für das Element Stickstoff 25–35 kg/ha bzw. für Phosphor 4–6 kg/ha. Das Fassmodell [B5] veranschaulichte dies.
Die ersten der von LIEBIG entwickelten Düngemittel erwiesen sich allerdings als Fehlschläge. Da er befürchtete, dass die Mineralsalze mit dem Regen ausgewaschen werden, verwendete er wasserunlösliche Salze. Diese konnten jedoch von den Pflanzen nicht aufgenommen werden.

Fassmodell	Realität
Fassdaube	Element
Wasserstand	Ertrag
Länge der Fassdaube	Verhältnis zwischen der vorhandenen Menge des Elements im Boden und dem Bedarf am Element
Länge der Fassdaube im intakten Fass	100 %ige Bedarfsdeckung des Elements
Die kürzeste Fassdaube begrenzt die Höhe des Wasserstands im Fass.	Das im Vergleich zu seinem Bedarf im geringsten Maße vorhandene Element begrenzt den Ertrag.
Eine andere, höhere Fassdaube als die kürzeste ermöglicht nicht, dass der Wasserstand im Fass erhöht wird.	Ein verstärkter Einsatz eines anderen Elements ermöglicht keinen höheren Ertrag.

B2 Bezug des Fassmodells [B5] zur Realität

B3 JUSTUS VON LIEBIG

Entzug in Kilogramm pro Hektar		
	Weizen	Mais
N	25–35	18–22
P	4–6	3–4
K	17–21	3–5
Ca	3–6	1
Mg	1–3	1–2

B4 Der Bedarf an Elementen im Dünger entspricht dem Entzug von Elementen durch die Ernte

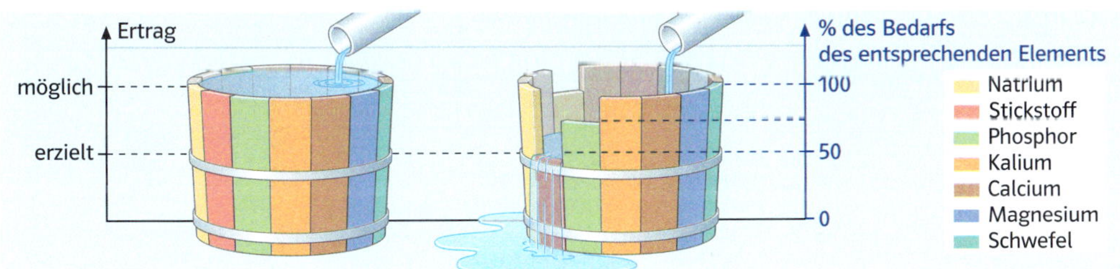

B5 Das Fassmodell nach JUSTUS VON LIEBIG

3.21 Untersuchung eines Mineraldüngers

***B1** Ein Volldünger*

Ein Volldünger enthält verschiedene Mineralsalze in einem Mischungsverhältnis, das auf durchschnittliche Böden abgestimmt ist. Er enthält Verbindungen der Elemente Stickstoff, Phosphor und Kalium, oft auch Verbindungen von Schwefel, Magnesium, Calcium und Eisen.

Mit den Versuchen auf dieser Seite prüfen Sie einen Volldünger auf die Anwesenheit verschiedener wichtiger Ionen. Halten Sie die Ergebnisse Ihrer Untersuchung in einem Protokoll fest.

Sie erhalten von Ihrer Lehrkraft eine Düngerprobe. Lösen Sie diese in destilliertem Wasser. Falls die Flüssigkeit trüb ist, filtrieren Sie sie.

V1 Prüfung auf Kalium-Ionen

Material:
Magnesiastäbchen, Cobaltglas, Gasbrenner, gelöste Düngerprobe

Durchführung:
Befeuchten Sie ein Magnesiastäbchen mit der Düngerlösung und halten Sie es in die nicht leuchtende Brennerflamme. Betrachten Sie die Flamme durch das Cobaltglas. Eine violette Flammenfärbung zeigt Kalium-Ionen an.

V2 Prüfung auf Calcium-Ionen

Material:
Reagenzglas, Essigsäure ($c = 2\,mol/l$), Ammoniumoxalat-Lösung (gesättigt), gelöste Düngerprobe

Durchführung:
Geben Sie zu 2 ml der Probe 1 ml Essigsäure und versetzen Sie mit 5 Tropfen Ammoniumoxalat-Lösung. Bei einer hohen Konzentration von Calcium-Ionen bildet sich sofort ein farbloser Niederschlag, sonst erst nach einiger Zeit oder nach Erwärmen.

V3 Prüfung auf Ammonium-Ionen

Material:
Reagenzglas, Gasbrenner, Natriumhydroxid-Plätzchen, feste Düngerprobe, Universalindikator-Papier

Durchführung:
⚠ (Schutzbrille! Handschuhe! Abzug!)
Mischen Sie im Reagenzglas eine angefeuchtete Probe des Düngers mit einigen Natriumhydroxid-Plätzchen. Erhitzen Sie das Gemisch mit der nicht leuchtenden Brennerflamme. Halten Sie über die Reagenzglasöffnung ein angefeuchtetes Universalindikatorpapier. Blaufärbung zeigt Ammoniak an, das aus den Ammonium-Ionen entsteht.

V4 Prüfung auf Eisen-Ionen

Material:
Reagenzgläser, Lösungen von Rotem bzw. von Gelbem Blutlaugensalz (jeweils $\beta = 0{,}5\,g/(100\,ml)$), gelöste Düngerprobe

Durchführung:
Geben Sie zu 10 ml der Probe 0,5 ml der Lösung von Rotem Blutlaugensalz. Eine tiefblaue Färbung zeigt Fe^{2+}-Ionen an. Geben Sie zu 10 ml der Probe 0,5 ml der Lösung von Gelbem Blutlaugensalz. Eine tiefblaue Färbung zeigt Fe^{3+}-Ionen an.

V5 Prüfung auf Sulfat-Ionen

Material:
Reagenzglas, Gasbrenner, Salzsäure ($c = 2\,mol/l$), Bariumchlorid-Lösung ($\beta = 10\,g/(100\,ml)$), gelöste Düngerprobe

Durchführung:
Geben Sie zu ca. 2 ml der Probe 1 ml Salzsäure und 5 Tropfen Bariumchlorid-Lösung. Ein feinkristalliner Niederschlag zeigt Sulfat-Ionen an. Evtl. müssen Sie das Gemisch etwas erwärmen.

V6 Prüfung auf Nitrat-Ionen und Phosphat-Ionen

Material:
2 Reagenzgläser, Reagenzglasgestell, Teststäbchen für Nitrat, Teststäbchen für Phosphat, gelöste Düngerprobe

Durchführung:
Führen Sie die Versuche nach Gebrauchsanleitung durch.

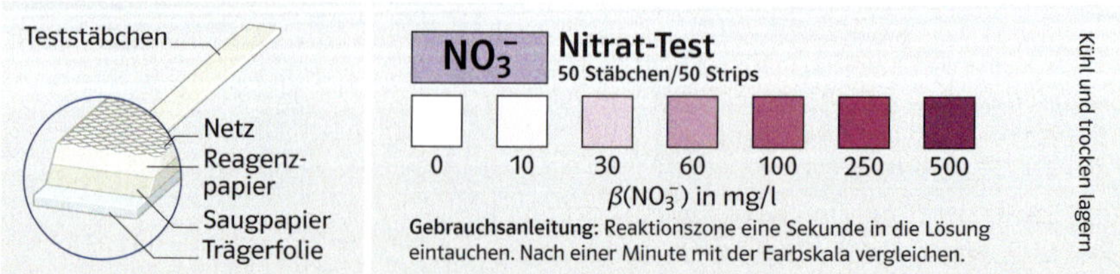

***B2** Aufbau eines Teststäbchens und Gebrauchsanleitung (Beispiel)*

3.22 Belastung der Umwelt durch Nitrate und Phosphate

Das Düngen mit Kompost, der aus abgestorbenen Pflanzen entsteht, ist eine sehr umweltverträgliche Methode, die oft in Gärten angewandt wird. Die im Kompost gebundenen Mineralsalze werden infolge des bakteriellen Abbaus nur schrittweise freigesetzt. Dagegen sind die Bestandteile des Mineraldüngers zwar sofort verfügbar, sie können andererseits aber auch z. B. durch Regen ausgewaschen werden und die Umwelt belasten.

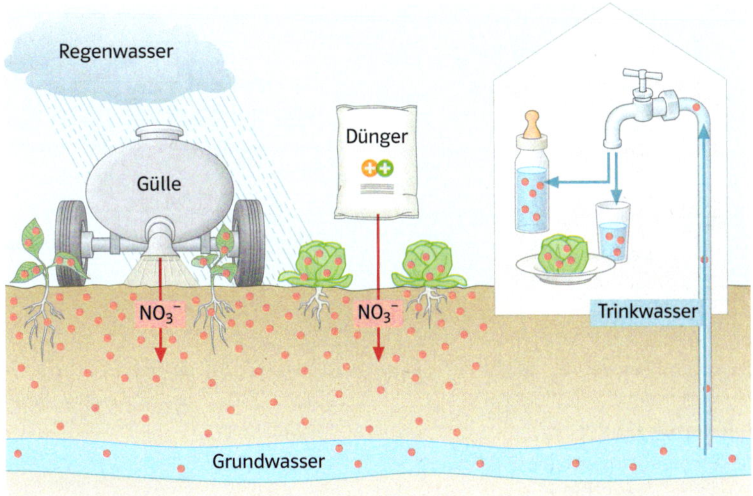

B1 Überschüssige Nitrat-Ionen werden aus dem Boden ausgewaschen und gelangen ins Trinkwasser

Trinkwassergefährdung. Wenn Düngemittel bei sehr intensiv betriebener Landwirtschaft oder intensiv betriebenem Gartenbau in zu großen Mengen eingesetzt werden, können sie durch Regenwasser ausgewaschen werden und ins Oberflächen- oder Grundwasser gelangen. Vor allem die gut löslichen Nitrate können zur Belastung des Trinkwassers führen. Durch bestimmte Bakterien können Nitrat-Ionen (NO_3^-) zu Nitrit-Ionen (NO_2^-) reduziert werden. Nitrit-Ionen gehen mit dem Hämoglobin des Blutes eine chemische Reaktion ein. Das so veränderte Hämoglobin ist nicht mehr in der Lage, seine Funktion als Sauerstofftransportmittel zu erfüllen. Besonders gefährdet sind Säuglinge. Aus Nitriten können im menschlichen Körper auch krebserregende Stoffe (Nitrosamine) entstehen.

Nitrat in Lebensmitteln. Düngung kann zu einer Anreicherung von Nitrat-Ionen in Pflanzen und damit auch in unserer Nahrung führen. Produkte aus ökologischem Landbau schneiden in dieser Hinsicht in vielen Fällen besser ab als konventionell produzierte.

Eutrophierung und Hypertrophierung von Gewässern. Die Zufuhr an Mineralsalzen, vor allem an Phosphaten und Nitraten, hat für Gewässer ein starkes Pflanzenwachstum zur Folge. Dieser Vorgang wird **Eutrophierung** genannt. Übermäßiges Pflanzenwachstum führt zu einer entsprechenden Vermehrung von Tieren und Mikroorganismen, die den Sauerstoff des Gewässers verbrauchen. Pflanzen und Tiere sterben ab und sinken zu Boden. Bei ihrer Zersetzung wird zusätzlich Sauerstoff verbraucht. Schließlich kann im Stadium der Hypertrophierung Fäulnis eintreten, wobei Giftstoffe entstehen, u. a. auch Schwefelwasserstoff. Tiere und Pflanzen sterben. Man sagt, das Gewässer „kippt um".

oligotroph von griech. oligos wenig und trophe Nahrung; gilt für mineralstoffarme Gewässer

eutroph von griech. eu gut; gilt für mineralstoffreiche Gewässer

hypertroph von griech. hyper über; gilt für stark mineralstoffbelastete Gewässer

Kläranlagen. Da Haushaltsabwässer große Mengen an Nitraten und Phosphaten enthalten, ist es notwendig, diese in Kläranlagen zu entfernen. Phosphate werden durch Zusatz von Eisen-Verbindungen als schwer lösliches Eisenphosphat ausgefällt. Nitrat-Ionen werden durch Bakterien unter Bildung von Stickstoff-Molekülen entfernt (Kap. 3.17).

Durch Überdüngung kann es zur Hypertrophierung eines Gewässers kommen. Sauerstoffmangel führt dann zum „Umkippen" des Gewässers.

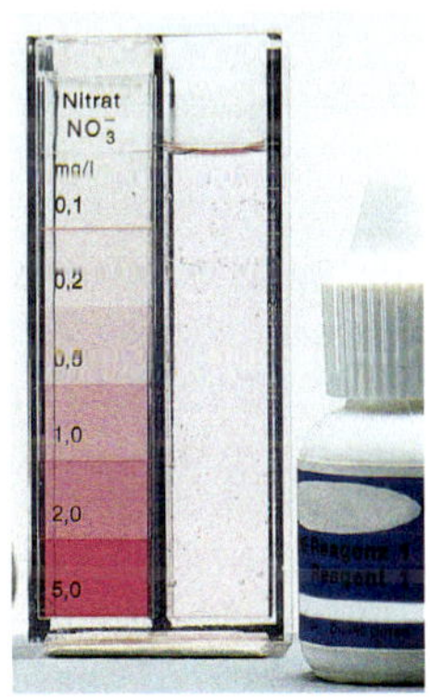

B2 Nitratnachweis

V1 Untersuchen Sie Gewässerproben mit Teststäbchen auf Ammonium-, Nitrat- und Phosphat-Ionen.

V2 Geben Sie zu einer Gewässerprobe bzw. zu einer Lösung von Kaliumdihydrogenphosphat Eisen(III)-chlorid-Lösung (w = 10 %).

A1 ○ Beschreiben sie, welche Gefährdungen für den Menschen von Nitrat-Ionen in Lebensmitteln oder Trinkwasser ausgehen.

A2 ◒ Erstellen Sie ein Flussdiagramm zu den Folgen der Überdüngung eines Gewässers.

3.23 Zusammenfassung und Übung

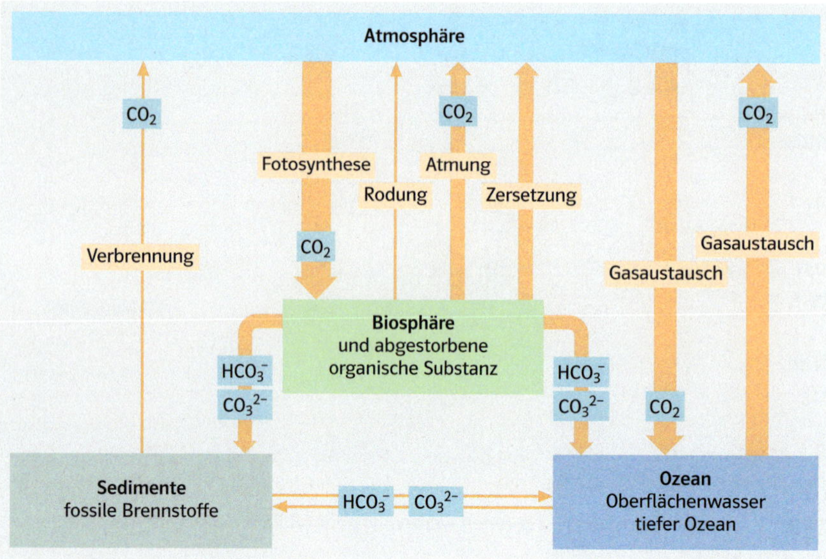

B1 Der globale Kohlenstoff-Atom-Kreislauf

Kohlenstoff-Atom-Kreislauf
Übergänge von Kohlenstoff in seinen Verbindungen zwischen Atmosphäre, Biosphäre, Hydrosphäre und Lithosphäre wird durch den globalen Kohlenstoff-Atom-Kreislauf erfasst. Die übertretenden Massen werden durch die Pfeilstärken angedeutet [B1]. Die bedeutendsten beteiligten Teilchen sind die Kohlenstoffdioxid-Moleküle sowie die Hydrogencarbonat- und die Carbonat-Ionen.

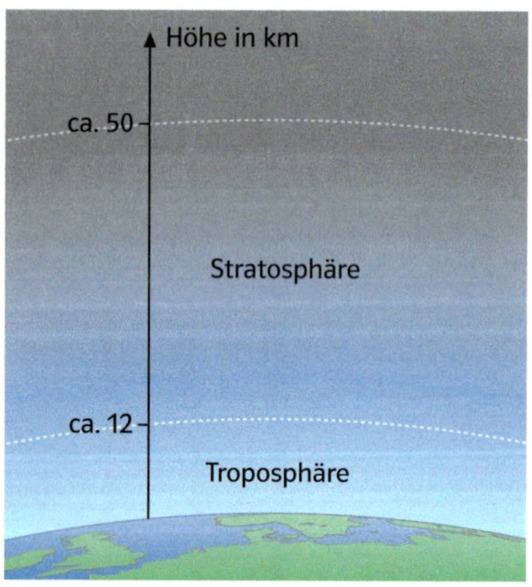

B2 Aufbau der unteren Atmosphäre (Lufthülle der Erde)

Atmosphäre
Die Lufthülle der Erde [B2] wird als Erdatmosphäre bezeichnet.

Kohlenstoffdioxid und Kohlensäure
Das in wässriger Lösung bestehende Gleichgewicht

$$CO_2 + H_2O \rightleftharpoons H_2CO_3$$

liegt weitgehend auf der linken Seite. Die Lösung ist durch die Bildung von Oxonium-Ionen schwach sauer:

$$H_2CO_3 + H_2O \rightleftharpoons H_3O^+ + HCO_3^-$$

Die Salze der Kohlensäure enthalten zwei Sorten von Anionen, die Hydrogencarbonat-Ionen HCO_3^- und die Carbonat-Ionen CO_3^{2-}.

Calciumcarbonat
Die Ursache für viele Veränderungen im Kalkgestein beruht auf dem Lösen und Abscheiden des Calciumcarbonats durch Verschiebung des folgenden Gleichgewichts auf die eine oder andere Seite:

$$CaCO_3 + CO_2 + H_2O \rightleftharpoons Ca^{2+} + 2\,HCO_3^-$$

Treibhauseffekt
So wird der durch Treibhausgase hervorgerufene, zusätzlich zum natürlichen Treibhauseffekt auftretende Erwärmung der Troposphäre bezeichnet. Die Gase absorbieren die von der Erde abgegebene Wärmestrahlung und geben sie verzögert in den Weltraum ab [B4].
Der Temperaturunterschied durch den natürlichen Treibhauseffekt beträgt ca. 33 °C. Durch ihn wird die globale Mitteltemperatur auf zurzeit ca. 15 °C erhöht. Der anthropogene Treibhauseffekt wird vor allem durch Kohlenstoffdioxid aus fossilen Energieträgern verursacht. Zukünftig könnte der Beitrag durch Methan gravierend an Bedeutung gewinnen.

Treibhausgase
Gasförmige Stoffe, die zur Erderwärmung aufgrund des Treibhauseffekts beitragen. Beispiele: Wasserdampf, Kohlenstoffdioxid, Distickstoffoxid, Methan, Ozon.

Klima
Durchschnittlicher Zustand der Atmosphäre und des darunter liegenden Landes oder Wassers, der über längere Zeiträume gemittelt wird. Durch die zusätzliche Erwärmung der Atmosphäre kann es zu Klimaveränderungen kommen, die die Lebensbedingungen für verschiedene Organismen auf der Erde verändern.

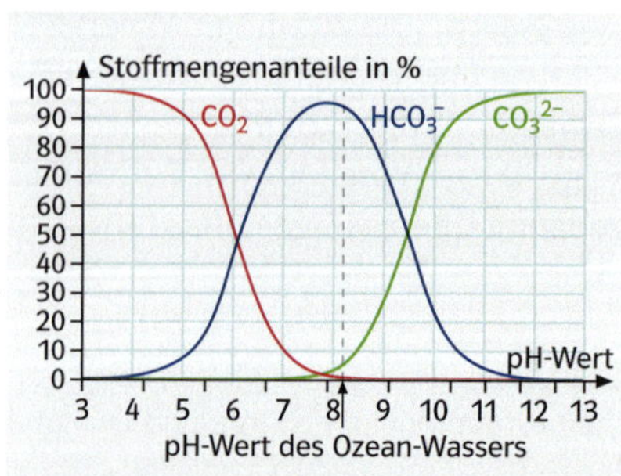

B3 Stoffmengenanteile für das Kohlenstoffdioxid-Carbonat-Gleichgewicht im Meerwasser in Abhängigkeit vom pH-Wert

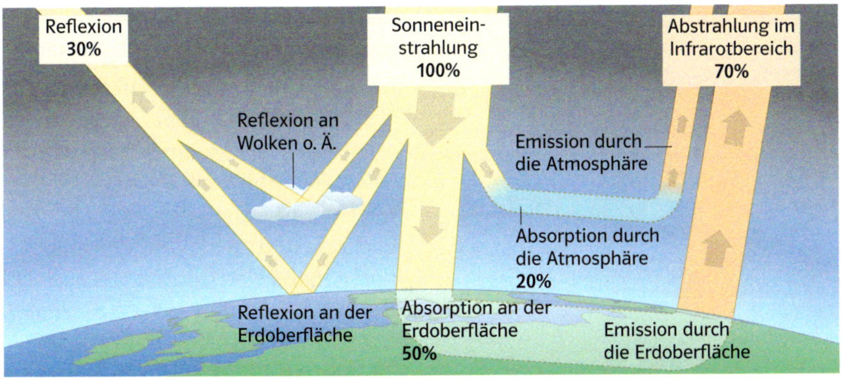

B4 Strahlungs- und Energiebilanz der Erde

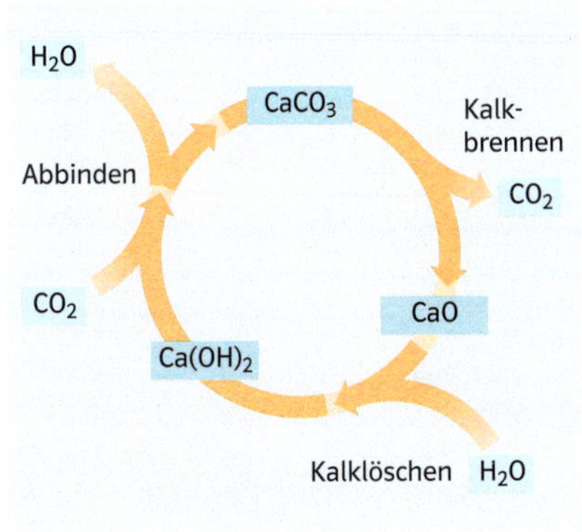

B5 Der Kalk-Kreislauf in der Technik

Calciumcarbonat (Kalkstein)
Als Kalkstein ist Calciumcarbonat, Kalk, in der Natur weit verbreitet. Kalkstein findet Verwendung als Baustoff zur Herstellung von Zement, Branntkalk und Löschkalk [B5]. Auch zur Bodenverbesserung wird Kalkstein eingesetzt, er wirkt insbesondere der Versauerung von Böden entgegen.

Nitrate und Phosphate
Nitrat- und Phosphat-Ionen sind für alle Organismen lebensnotwendig. Pflanzen entziehen die für ihr Wachstum notwendigen Ionen dem Boden. Menschen und Tiere nehmen sie mit der Nahrung auf.

Mineralsalze
Eine Reihe von Elementen nehmen Pflanzen aus dem Boden in Form der Ionen ihrer Salze aus wässriger Lösung auf. Zu Ihnen gehören neben Stickstoff, Phosphor, Schwefel, Kalium, Calcium und Magnesium einige Spurenelemente.

Düngung
Aus landwirtschaftlich genutzten Böden werden durch die Ernte Mineralsalze entnommen. Durch Düngung wird die Differenz zwischen dem Mineralsalzbedarf der Pflanzen und dem Angebot im Boden ausgeglichen. Mineraldünger, den Pflanzen nicht aufnehmen, kann ausgewaschen werden und in Gewässer gelangen.

Humus
Humus heißt das organische Material der obersten Bodenschicht, das durch die Tätigkeit zahlreicher Kleintiere und Mikroorganismen entstanden ist und permanent weiter zersetzt wird. Humus sorgt für die Krümelstruktur des Bodens, hält Wasser und mineralische Stoffe. Er ermöglicht auch die Durchlüftung des Bodens durch kleine Hohlräume und die Gänge von Tieren, wie z. B. Regenwürmern.

pH-Wert des Bodens
Ist der pH-Wert zu niedrig, werden Kationen durch Niederschläge ausgewaschen. Sie stehen dann den Pflanzen nicht mehr zur Verfügung. Ein zu hoher pH-Wert lässt schwer lösliche Hydroxide, z. B. $Fe(OH)_3$, entstehen. Die so gebundenen Metall-Ionen stehen dann für Pflanzen nicht zum Wachstum zur Verfügung.

Boden als Ionenaustauscher
Vor allem Kationen werden durch Ionenbindung an negativ geladenen Oberflächen von Tonpartikeln gebunden. Die Kationen können bei Versauerung des Bodens im Austausch mit Oxonium-Ionen freigesetzt werden und liegen dann in wässriger Lösung im Boden vor.

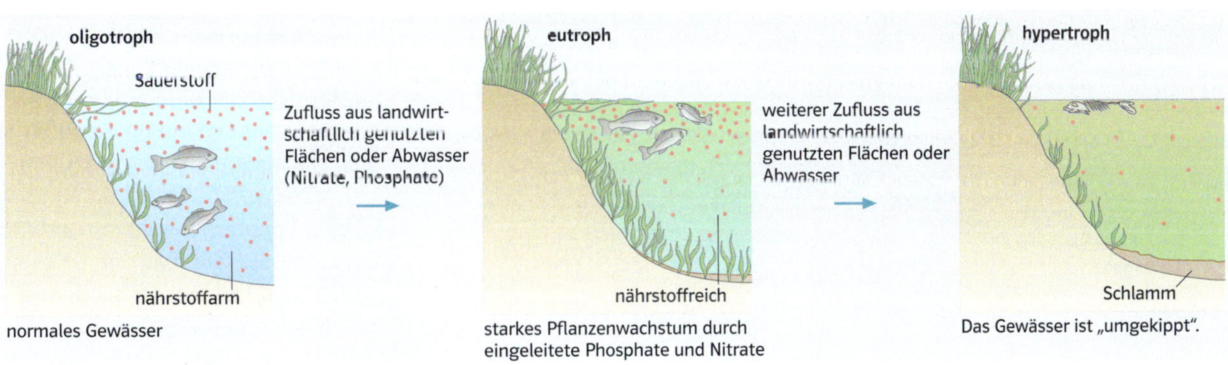

B6 Eutrophierung eines Gewässers durch Phosphate und Nitrate

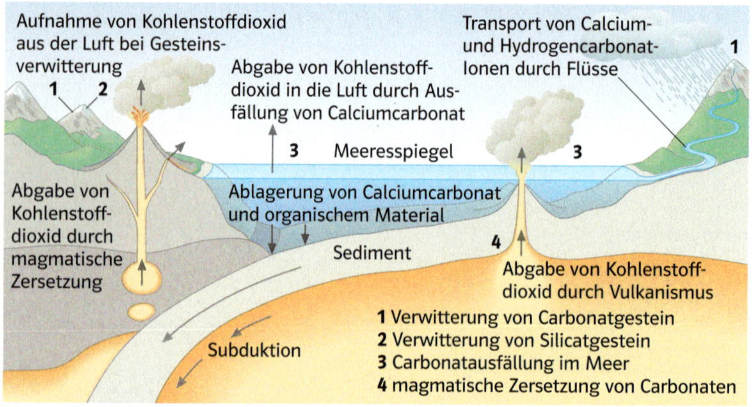

B7 *Der geologische Kohlenstoff-Atom-Kreislauf (zu Aufgabe 1)*

A1 ○ Erläutern Sie die in B6 dargestellten Wege des Kohlenstoffs und ordnen Sie ihnen chemische Reaktionen zu.

A2 ◒ Die Konzentration des Kohlenstoffdioxids unmittelbar über großen Waldgebieten ist in den Sommermonaten deutlich geringer als knapp über dem Boden. Erklären Sie diese Beobachtung.

A3 ● Erklären Sie, mit welcher Begründung von der Versauerung der Meere gesprochen werden kann, obwohl Meerwasser mit einem durchschnittlichen pH-Wert von 8 weiterhin schwach alkalisch ist.

A4 ○ Nennen Sie Einflüsse des Menschen auf den Kohlenstoff-Atom-Kreislauf. Durch welche Kohlenstoffspeicher werden diese bisher abgemildert?

A5 ● Bei einer Algenblüte entnehmen die Algen dem Meerwasser sehr viel Kohlenstoffdioxid. Trotzdem bleibt die CO_2-Konzentration des Meerwassers im Wesentlichen gleich, da ständig aus zwei Quellen CO_2 „nachgeliefert" wird. Erläutern Sie diesen Sachverhalt anhand von Reaktionsgleichungen.

A6 ○ Nennen Sie wichtige, für Pflanzen essenzielle Elemente.

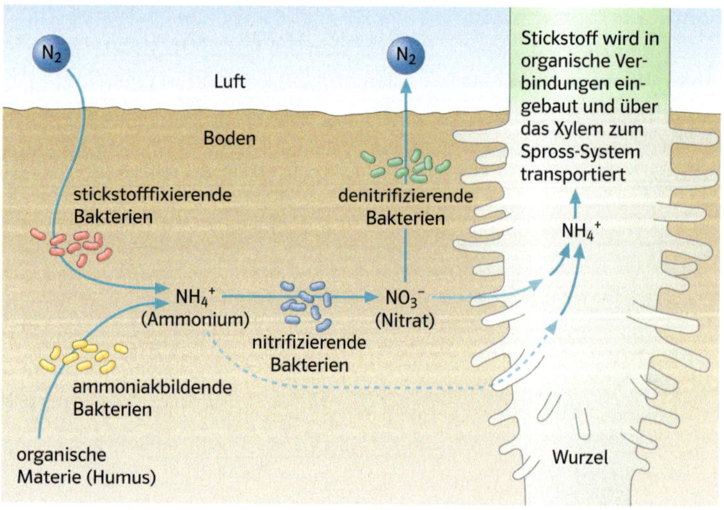

B8 *Die Rolle der Bodenbakterien im Stickstoffhaushalt (zu Aufgabe 4)*

A7 ◒ Stellen Sie am Beispiel des Magnesiums dar, wie ermittelt werden kann, dass ein Element essenziell für eine Pflanzenart ist.

A8 ○ Benennen Sie die folgenden Salze: $KHSO_4$, K_2SO_4, NH_4NO_3, $Ca(NO_3)_2$, $AgNO_3$, $Ca_3(PO_4)_2$, $Ca(H_2PO_4)_2$, $CaHPO_4$.

A9 ● Ein Stück Phosphor wird an der Luft verbrannt. Zum Verbrennungsprodukt gibt man zuerst Wasser und dann Calciumhydroxid.
a) Geben Sie die Reaktionsgleichungen an.
b) Erläutern Sie anhand der Oxidationszahlen, welche der Reaktionen eine Redoxreaktion ist.

A10 ◒ Sandstürme aus der Sahara transportieren jährlich Zehntausende Tonnen phosphat- und eisenhaltigen Staub in den Atlantik. Erörtern Sie, welche Wirkungen diese Mineralienzufuhr auf das Ökosystem des Atlantiks hat.

A11 ○ Beschreiben und erklären Sie die Rolle der Bodenbakterien für den Stickstoffhaushalt des Bodens [B7].

A12 ◒ Eine „Großvieheinheit", das entspricht einer Kuh oder sieben Schweinen oder 50 Hühnern, produziert je nach Tierart und Fütterung zwischen 50 und 100 kg Stickstoff-Verbindungen pro Jahr. Davon entweichen etwa 20 – 40 kg gasförmig als Ammoniak auf dem Weg vom Tier zum Feld. Berechnen Sie die Masse der Stickstoff-Verbindungen, die ein Bauernhof mit 50 Kühen durch Mist oder Gülle auf die Felder ausbringt.

A13 ◒ Erläutern Sie, warum es wichtig ist, den Nitratgehalt von Lebensmitteln und Trinkwasser so niedrig wie möglich zu halten.

4 Säuren, Basen und analytische Verfahren

Säuren und Basen sind Teilchen, die Protonen abgeben bzw. aufnehmen können.
Die Neutralisationsreaktion einer Säure mit einer Base nutzt man beim analytischen Verfahren der Titration.

Säuren und Basen in Alltag, Technik und Umwelt

Säuren und Basen in Brause- und Backpulver

Gibt man Brausepulver in Wasser, so sprudelt das Getränk. Im Mund ruft es ein angenehmes Prickeln hervor. Auch das Sprudeln von löslichen Vitamintabletten und ähnlichen Produkten wird von der gleichen Reaktion hervorgerufen, die beim Lösen von Brausepulver abläuft.
Backpulver lässt einen Teig aufgehen und locker werden.
Das Sprudeln der Brause und die lockere Konsistenz eines Kuchens beruhen auf den Reaktionen von Säuren und Basen.

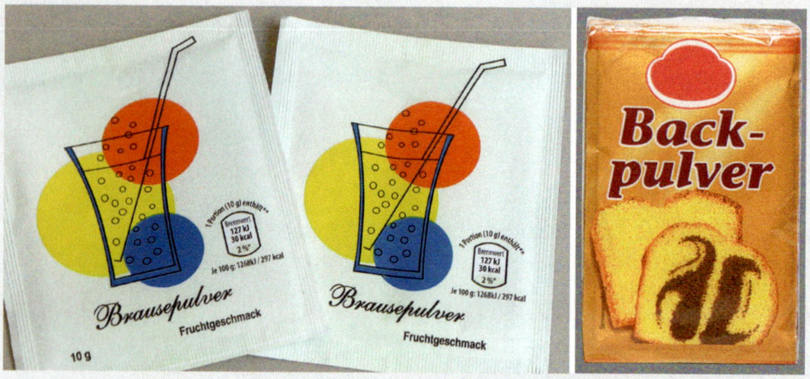

Brausepulver mit Frucht-Mix-Geschmack
Zutaten: Zucker, Säuerungsmittel (Weinsäure), Natriumhydrogencarbonat, Maltodextrin, Farbstoff (Anthocyane), Aroma, Süßstoff (Sucralose, Acesulfam K), Kochsalz

Reinweinstein-Backpulver für 500 g Mehl
Zutaten: Maisstärke, Säuerungsmittel Monokaliumtartrat (Reinweinstein), Backtriebmittel Natriumhydrogencarbonat (Natron)

B1 *Die Inhaltsstoffe von Brausepulver und Backpulver*

A1 Erläutern Sie, welche Gemeinsamkeiten Brause- und Backpulver aufweisen.

A2 Geben Sie die Namen und Formeln der Stoffe an, die zum Sprudeln der Brause führen.

A3 Geben Sie die Namen und Formeln der Stoffe an, die zum Aufgehen eines Teiges führen.

A4 Begründen Sie, dass man Brause- und Backpulver trocken lagern muss.

Vielfalt der Säuren im Alltag

Viele Getränke enthalten Citronensäure, Äpfelsäure oder Phosphorsäure. Salat wird mit Essig angemacht. Entkalkungsmittel enthalten z. B. Essigsäure oder Ameisensäure.

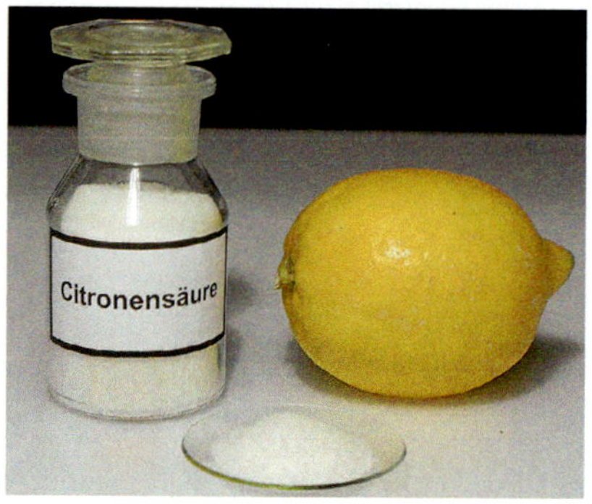

B3 *Citronensäure ist bei Zimmertemperatur fest. In Zitronen liegt sie gelöst vor*

A7 Legen Sie eine Tabelle von Alltagsprodukten an, die Säuren enthalten. Nennen Sie jeweils die im Produkt enthaltene Säure, ihre Molekülformel oder Halbstrukturformel und die Funktion, die die Säure erfüllen soll.

Basen in Produkten des Alltags

Manche Reinigungsmittel, die fetthaltigen Schmutz beseitigen sollen, enthalten Natriumhydroxid oder eine Ammoniak-Lösung.

B4 *Abflussreiniger enthält Natriumhydroxid*

A8 Erläutern Sie den Unterschied zwischen Natriumhydroxid und Natronlauge.

Auf den pH-Wert kommt es an

Der pH-Wert gibt an, wie sauer oder alkalisch eine Lösung ist. Er hängt von der Konzentration und der Stärke der gelösten Säure oder Base ab.

A5 Geben Sie den pH-Wert oder pH-Bereich an, den eine saure, eine neutrale bzw. eine alkalische Lösung aufweist.

A6 Gurken und Zwiebeln werden häufig in Essig eingelegt. Begründen Sie diese Form der Lebensmittelbehandlung.

B2 *Mit Universalindikator-Papier kann man den pH-Wert einer Lösung ungefähr bestimmen*

Neutralisation schützt Gewässer

Saure und alkalische Abwässer müssen neutralisiert werden, bevor man sie geklärt und in Flüsse oder Seen leitet. Erfolgt das Beheizen eines Hauses mit Brennwerttechnik, muss das Abwasser neutralisiert werden. Beim Verbrennen von Erdgas oder Heizöl kann das dabei gebildete Wasser zur Kondensation gebracht werden, um die Kondensationswärme zu nutzen. Allerdings ist dieses Wasser sauer. Auch in einem Labor und insbesondere in einem Chemiebetrieb können größere Mengen saurer oder alkalischer Abwässer anfallen.

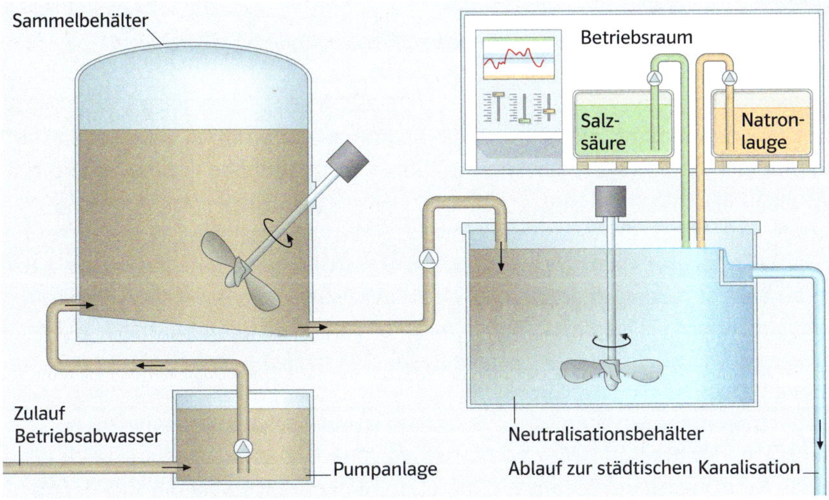

***B5** Funktionsschema einer industriellen Neutralisationsanlage*

A9 Erläutern Sie, warum das beim Nutzen der Brennwerttechnik anfallende Abwasser sauer ist.

A10 **a)** Stellen Sie eine Reaktionsgleichung zur Neutralisation des Abwassers auf.
b) Benennen Sie die daran beteiligten Teilchen mit Fachbegriffen.

A11 In einigen Gegenden Deutschlands versucht man, der Versauerung der Wälder durch Kalken des Bodens entgegenzuwirken und so eine Bodenverbesserung zu erreichen. Dazu wird meist gebrannter Kalk (CaO) oder Calciumcarbonat ($CaCO_3$) und Magnesiumcarbonat ($MgCO_3$) am Boden oder aus Hubschraubern über den Wäldern verstreut. Stellen Sie die Reaktionsgleichungen für dieses Neutralisieren auf.

Unfall durch Neutralisation

Fette reagieren mit Laugen und Säuren zu wasserlöslichen Stoffen. Deshalb nutzt die Lebensmittelindustrie Natronlauge oder Salpetersäure zur Reinigung, – allerdings nicht als Gemisch.
Bei der Reinigung eines Tanks in einem Lebensmittelwerk wurden versehentlich 10 000 Liter Salpetersäure zu 14 000 Liter Natronlauge geschüttet. Die Temperatur stieg auf über 100 °C; aus dem Tank entwichen giftige Gase. Die Anwohner wurden in Sicherheit gebracht. Damit der Tank nicht zerbrach, kühlte ihn die Feuerwehr mit Wasser.

***B6** Beim Austritt gefährlicher Stoffe verwendet die Feuerwehr Schutzanzüge*

A12 Erklären Sie die beschriebenen Folgen der Vermischung von Natronlauge und Salpetersäure (Temperaturanstieg und Bildung giftiger Gase).
Hinweis: Salpetersäure siedet bei 86 °C und zersetzt sich beim Erhitzen zu Stickstoffdioxid, Sauerstoff und Wasser.

Die Neutralisation – eine Protonen-Übertragungsreaktion

Saure und alkalische Lösungen reagieren miteinander zu Salzen und Wasser. Gibt man z. B. Salzsäure und Natronlauge zusammen, so reagieren diese zu Natriumchlorid und Wasser.

***B7** Oxonium-Ion (H_3O^+), Kalottenmodell*

***B8** Hydroxid-Ion (OH^-), Kalottenmodell*

$$\underbrace{Na^+ + OH^-}_{\text{Ionen in der Natronlauge}} + \underbrace{H_3O^+ + Cl^-}_{\text{Ionen in der Salzsäure}} \longrightarrow \underbrace{Na^+ + Cl^-}_{\text{Ionen in der neutralen Lösung}} + 2\,H_2O$$

A13 Beschreiben Sie die Reaktion von Salzsäure mit Natronlauge. Nutzen Sie dazu auch die folgenden Fachbegriffe: Oxonium-Ion, Hydroxid-Ion, Protonen-Übertragungsreaktion.

A14 Leitet man Ammoniak auf Wasser, so bildet sich eine alkalische Lösung. Erklären Sie den beschriebenen Sachverhalt.

4.1 Die Säure-Base-Theorie nach Brønsted

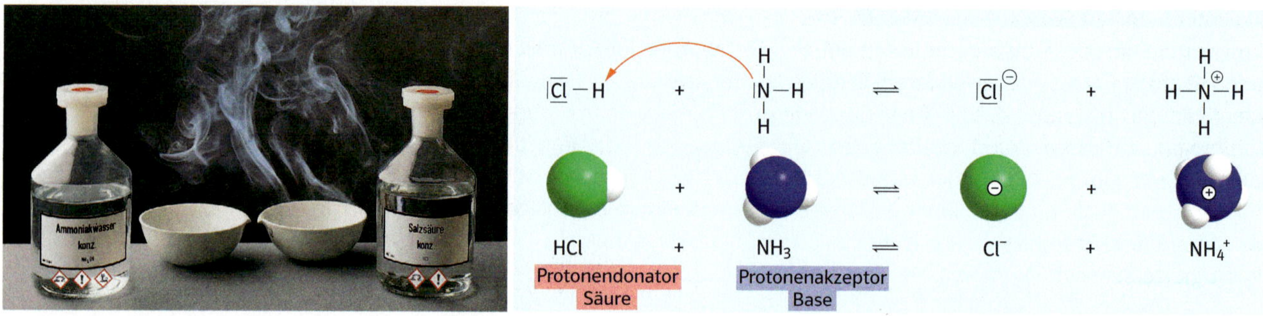

***B1** Ammoniak und Chlorwasserstoff reagieren zu Ammoniumchlorid (links). Das Chlorwasserstoff-Molekül gibt ein Proton an das Ammoniak-Molekül ab (rechts)*

H_3O^+: Oxonium-Ion

OH^-: Hydroxid-Ion

Proton Formal ein H^+-Ion, das jedoch in wässriger Lösung nicht existieren kann. Ein Proton kann nur dann abgegeben werden, wenn es gleichzeitig von einem anderen Molekül aufgenommen wird. Wenn z. B. ein H_2O-Molekül ein Proton aufnimmt, wird es dadurch zum H_3O^+-Ion.

Protolyse Protonenübertragung (anderer Begriff: Protonenübergang)

kunjugiert von lat. coniugere, verknüpfen

Korrespondierendes Säure-Base-Paar ist ein anderer Begriff für konjugiertes Säure-Base-Paar.

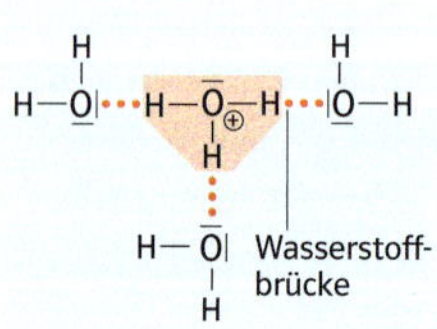

***B2** Das aus einem Proton und einem Wasser-Molekül gebildete H_3O^+-Ion ist in wässriger Lösung hydratisiert, d. h. von Wasser-Molekülen umhüllt*

Bei der Reaktion von Chlorwasserstoff mit Ammoniak zu Ammoniumchlorid reagiert das Chlorwasserstoff-Molekül als Protonendonator und das Ammoniak-Molekül als Protonenakzeptor [B1]. Bei der Reaktion von Chlorwasserstoff mit Wasser zu Salzsäure reagiert das Chlorwasserstoff-Molekül ebenfalls als Protonendonator und das Wasser-Molekül als Protonenakzeptor. Um die Gemeinsamkeiten von solchen Protonen-Übertragungsreaktionen herauszustellen, definierte der dänische Wissenschaftler Johannes Nicolaus Brønsted im Jahr 1923 die Begriffe „Säure" und „Base" so:
Säuren sind **Protonendonatoren**, also Teilchen, die bei einer Reaktion Protonen abgeben.
Basen sind **Protonenakzeptoren**, also Teilchen, die bei einer Reaktion Protonen aufnehmen.

Protolysen. Die Begriffe Säure und Base beschreiben im Sinne von Brønsted keine Stoffklassen, sondern die Funktion von Teilchen (Abgabe bzw. Aufnahme von Protonen). Eine Säure muss mindestens ein als Proton abspaltbares Wasserstoff-Atom aufweisen. Allen Basen ist gemeinsam, dass sie freie (nicht bindende) Elektronenpaare zur Ausbildung von Elektronenpaarbindungen mit Protonen haben. Damit eine Säure ein Proton abgeben kann, muss eine geeignete Base vorhanden sein, die dieses Proton aufnimmt. Chemische Reaktionen, bei denen eine Protonenübertragung von einer Säure auf eine Base stattfindet, bezeichnet man als Säure-Base-Reaktionen oder auch als **Protolysen** [B3].

Protolysen sind chemische Reaktionen, bei denen Protonen von Säuren auf Basen übertragen werden.

Viele Säure-Base-Reaktionen sind umkehrbar und führen zu chemischen Gleichgewichten, die sich sehr schnell einstellen. Die häufig als typische Basen angesehenen Metallhydroxide, z. B. NaOH, $Ca(OH)_2$ oder die Metalloxide, z. B. Li_2O, CaO, sind im Sinne Brønsteds als Stoffe keine Basen, sondern in ihnen sind lediglich die Basen OH^- bzw. O^{2-} enthalten.

Salzsäure ist nach Brønsted keine Säure. Salzsäure ist eine wässrige Lösung, die H_3O^+- und Cl^--Ionen enthält, wobei die H_3O^+-Ionen als Protonendonatoren reagieren können. Die H_3O^+-Ionen liegen wie andere Ionen in wässrigen Lösungen hydratisiert vor [B2].

Säure-Base-Paare. Betrachtet man verschiedene Säure-Base-Reaktionen, so erkennt man Teilchenpaare wie NH_4^+ und NH_3, HCl und Cl^-, CH_3COOH und CH_3COO^-, H_3O^+ und H_2O, bei denen die beiden Teilchen sich jeweils um ein Proton unterscheiden [B3]. Ein solches Paar von Teilchen nennt man **konjugiertes (korrespondierendes) Säure-Base-Paar.**

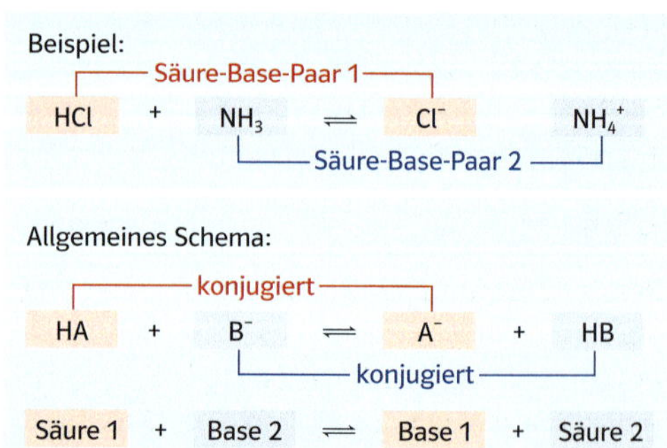

***B3** Säure-Base-Reaktionen – Beispiel und allgemeines Schema*

An jeder Säure-Base-Reaktion [B3] sind zwei konjugierte Säure-Base-Paare beteiligt. HA und HB stehen für beliebige Säuren. Die Lage des Gleichgewichts einer Säure-Base-Reaktion hängt von der Stärke der Säuren bzw. Basen ab (Kap. 4.3).

An jeder Säure-Base-Reaktion sind zwei konjugierte Säure-Base-Paare beteiligt.

Ampholyte. Ein Wasser-Molekül kann sich gegenüber einer Säure (z. B. Chlorwasserstoff-Molekül) als Base verhalten oder mit einer Base (z. B. Ammoniak-Molekül) als Säure reagieren. Ob sich ein Teilchen als Säure oder Base verhält, hängt vom Reaktionspartner ab:

$$HCl + \underset{\text{Base}}{H_2O} \rightleftharpoons Cl^- + H_3O^+$$

$$\underset{\text{Säure}}{H_2O} + NH_3 \rightleftharpoons OH^- + NH_4^+$$

Das Hydrogencarbonat-Ion reagiert z. B. mit Wasser-Molekülen als Base, mit Hydroxid-Ionen als Säure. Bei der Reaktion der Hydrogencarbonat-Ionen mit Oxonium-Ionen bilden sich Moleküle der Kohlensäure, die in Kohlenstoffdioxid- und Wasser-Moleküle zerfallen [B5].

Teilchen, die je nach Reaktionspartner als Säure oder Base reagieren, bezeichnet man als amphotere Teilchen oder Ampholyte.

Mehrprotonige Säuren. Es gibt Teilchen, wie z. B. H_3PO_4 oder H_2S, die bei Abgabe eines Protons in konjugierte Basen übergehen, die ihrerseits aber auch als Säuren reagieren können [B6].

1. Schritt: $H_3PO_4 + OH^- \rightleftharpoons H_2PO_4^- + H_2O$

2. Schritt: $H_2PO_4^- + OH^- \rightleftharpoons HPO_4^{2-} + H_2O$

3. Schritt: $HPO_4^{2-} + OH^- \rightleftharpoons PO_4^{3-} + H_2O$

Bei der vollständigen Reaktion mit einer sehr starken Base gibt das H_3PO_4-Molekül alle drei Protonen ab. Man spricht deshalb bei solchen Teilchen auch von mehrprotonigen Säuren.

Säuren, die mehr als ein Proton abgeben können, nennt man mehrprotonige Säuren.

a) Säure-Base-Reaktionen in wässriger Lösung:

$H_2O + CO_3^{2-} \rightleftharpoons OH^- + HCO_3^-$

$H_3O^+ + NH_3 \rightleftharpoons H_2O + NH_4^+$

$NH_4^+ + OH^- \rightleftharpoons NH_3 + H_2O$

$H_3O^+ + OH^- \rightleftharpoons H_2O + H_2O$

b) Säure-Base-Reaktionen in nichtwässriger Lösung:

$NH_4^+ + NH_2^- \rightleftharpoons NH_3 + NH_3$

$H_2SO_4 + H_3PO_4 \rightleftharpoons HSO_4^- + H_4PO_4^+$

c) Säure-Base-Reaktionen in der Gasphase:

$HCl + NH_3 \rightleftharpoons NH_4Cl$

B4 *Säure-Base-Gleichgewichte*

B5 *Das Hydrogencarbonat-Ion reagiert in sauren Lösungen als Base*

Einprotonige Säuren	Chlorwasserstoff (Hydrogenchlorid)	HCl	Chlorid-Ion	Cl^-
	Perchlorsäure	$HClO_4$	Perchlorat-Ion	ClO_4^-
	Ameisensäure	$HCOOH$	Formiat-Ion	$HCOO^-$
	Bromwasserstoff	HBr	Bromid-Ion	Br^-
	Salpetersäure	HNO_3	Nitrat-Ion	NO_3^-
	Essigsäure	CH_3COOH	Acetat-Ion	CH_3COO^-
Zweiprotonige Säuren	Schwefelwasserstoff	H_2S	Hydrogensulfid-Ion Sulfid-Ion	HS^- S^{2-}
	Schweflige Säure	H_2SO_3	Hydrogensulfit-Ion Sulfit-Ion	HSO_3^- SO_3^{2-}
	Schwefelsäure	H_2SO_4	Hydrogensulfat-Ion Sulfat-Ion	HSO_4^- SO_4^{2-}
	Kohlensäure	H_2CO_3	Hydrogencarbonat-Ion Carbonat-Ion	HCO_3^- CO_3^{2-}
Dreiprotonige Säure	Phosphorsäure	H_3PO_4	Dihydrogenphosphat-Ion Hydrogenphosphat-Ion Phosphat-Ion	$H_2PO_4^-$ HPO_4^{2-} PO_4^{3-}

B6 *Einige Säuren, Basen und Ampholyte mit Namen und Formeln*

A1 **a)** Erstellen Sie für die folgenden Säure-Base-Reaktionen in wässriger Lösung die Reaktionsgleichungen (das jeweils zuerst angegebene Teilchen reagiert als Säure). Kennzeichnen Sie jeweils die beteiligten konjugierten Säure-Base-Paare.

$H_3PO_4 + NH_3 \rightleftharpoons$

$HSO_4^- + CO_3^{2-} \rightleftharpoons$

$CH_3COOH + H_2O \rightleftharpoons$

$NH_4^+ + S^{2-} \rightleftharpoons$

$CH_3COOH + HCO_3^- \rightleftharpoons$

$HCO_3^- + OH^- \rightleftharpoons$

b) Begründen Sie, welche der oben genannten Teilchen Ampholyte sind.

4.2 Autoprotolyse des Wassers und pH-Wert

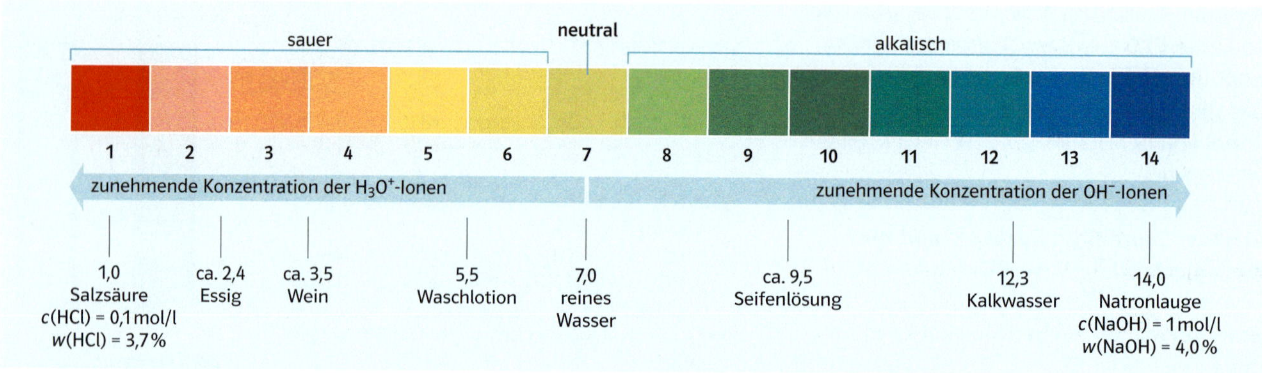

B1 *pH-Werte einiger Lösungen*

Autoprotolyse von griech. auto, selbst; Eigenprotolyse des Wassers

Massenkonzentration β Masse eines Stoffes A bezogen auf das Volumen eines Stoffgemisches

$$\beta(A) = \frac{m(A)}{V(\text{Gemisch})}$$

Die menschliche Haut baut auf ihrer Oberfläche einen Schutzfilm auf, dessen pH-Wert bei etwa 5,5 liegt. Dies bietet einen Schutz vor Krankheitserregern. Seifenlösungen sind jedoch alkalisch. Um den Schutzfilm der Haut zu schonen, gibt es Waschlotionen, die auf den pH-Wert der Haut abgestimmt sind.

Die meisten Lebensmittel werden nach kurzer Zeit von Mikroorganismen zersetzt, wenn man sie bei Zimmertemperatur an der Luft liegen lässt. Eine Möglichkeit, dies zu verhindern, besteht im Absenken des pH-Wertes. Essigsäure wird vor allem zur Konservierung von Gemüse und Fischkonserven eingesetzt. Sie senkt den pH-Wert, sodass der Stoffwechsel vieler Mikroorganismen gestört ist.

Diese Beispiele zeigen, dass es häufig auf den pH-Wert ankommt. Im Folgenden wird der Zusammenhang zwischen dem pH-Wert sowie den Konzentrationen der Oxonium-Ionen und der Hydroxid-Ionen erklärt.

Das Ionenprodukt des Wassers. Auch reinstes Wasser zeigt eine, wenn auch sehr geringe, elektrische Leitfähigkeit [V1].
Es müssen also Ionen vorhanden sein, die offensichtlich aus den Wasser-Molekülen gebildet wurden. Wasser-Moleküle sind amphotere Teilchen, sie können also sowohl Protonen aufnehmen als auch abgeben. Eine Protonenübertragung ist auch zwischen zwei Wasser-Molekülen möglich, also zwischen gleichen Molekülen:

$$H_2O + H_2O \rightleftharpoons H_3O^+ + OH^-$$

Zu dieser **Autoprotolyse** des Wassers findet auch eine Rückreaktion statt. Dies führt zu einem chemischen Gleichgewicht, das weitgehend auf der Seite der Wasser-Moleküle liegt. Hierfür lässt sich das Massenwirkungsgesetz formulieren:

$$K_c = \frac{c(H_3O^+) \cdot c(OH^-)}{c^2(H_2O)}$$

Die Konzentrationen der Oxonium-Ionen und der Hydroxid-Ionen können z. B. durch Leitfähigkeitsmessungen ermittelt werden. Bei 25 °C betragen diese Konzentrationen:

$$c(H_3O^+) = c(OH^-) = 1{,}00 \cdot 10^{-7}\,mol/l$$

Die Konzentration dieser Ionen in reinem Wasser ist also sehr klein im Vergleich zur „Konzentration" der Wasser-Moleküle, die sich wie folgt berechnen lässt (die Masse von 1 l Wasser bei 25 °C ist $m = 997\,g$):

$$c(H_2O) = \frac{\beta(\text{Wasser})}{M(H_2O)} = \frac{997\,g/l}{18{,}0\,g/mol} = 55{,}4\,mol/l$$

Das Anzahlverhältnis der Wasser-Moleküle zu den Oxonium-Ionen bzw. Hydroxid-Ionen in reinem Wasser beträgt also:

$$(55{,}4\,mol/l) : (10^{-7}\,mol/l) \approx 554\,000\,000 : 1$$

Die Autoprotolyse kann deshalb bei der Berechnung der Konzentration der Wasser-Moleküle vernachlässigt werden, sodass deren Konzentration als konstant angesehen werden kann.

Die Konzentration der Wasser-Moleküle lässt sich mit der Gleichgewichtskonstante K_c zu einer neuen Konstante K_W zusammenfassen:

$$K_c \cdot c^2(H_2O) = K_W = c(H_3O^+) \cdot c(OH^-)$$

Das Produkt $c(H_3O^+) \cdot c(OH^-)$ bezeichnet man kurz als **Ionenprodukt des Wassers**. Der Wert des Ionenproduktes K_W ist temperaturabhängig [B2]. Bei 25 °C ist:

$$K_W = 1{,}00 \cdot 10^{-14}\,mol^2/l^2$$

Das Produkt der Konzentrationen der Oxonium-Ionen und der Hydroxid-Ionen nennt man das Ionenprodukt des Wassers. Bei 25 °C ist $K_W = 10^{-14}\,mol^2/l^2$.

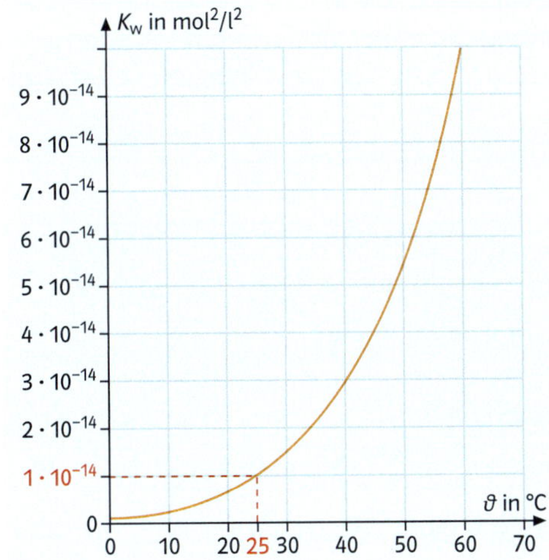

***B2** Temperaturabhängigkeit des K_W-Wertes (Ionenprodukt des Wassers)*

Saure und alkalische Lösungen. Auch in sauren und alkalischen Lösungen findet eine Autoprotolyse des Wassers statt. In sauren Lösungen sind folglich nicht nur H_3O^+-Ionen, sondern auch OH^--Ionen vorhanden. In alkalischen Lösungen sind nicht nur OH^--Ionen, sondern auch H_3O^+-Ionen vorhanden. Ihre Konzentrationen sind über das Autoprotolysegleichgewicht des Wassers voneinander abhängig: Gibt man z. B. zu einer sauren Lösung weitere H_3O^+-Ionen hinzu, so verringert sich als Folge die Konzentration der OH^--Ionen.

Auf verdünnte wässrige Lösungen kann man mit hinreichender Genauigkeit das Ionenprodukt des Wassers anwenden. Man kann also die Konzentration der OH^--Ionen aus der Konzentration der H_3O^+-Ionen berechnen und umgekehrt.

Wässrige Lösungen kann man aufgrund ihrer Konzentration von Oxonium- oder Hydroxid-Ionen in saure, alkalische und neutrale Lösungen einteilen. Da durch die Konzentration der Oxonium-Ionen auch die Konzentration der Hydroxid-Ionen festgelegt ist, genügt zur Charakterisierung einer Lösung die Angabe der Konzentration der Oxonium-Ionen. Man nennt eine wässrige Lösung neutral, wenn gilt:

$$c(H_3O^+) = c(OH^-) = \sqrt{K_W} = 10^{-7}\,mol/l$$

Ist $c(H_3O^+)$ größer als 10^{-7} mol/l, sind mehr Oxonium-Ionen vorhanden; die Lösung ist *sauer*. Ist $c(H_3O^+)$ kleiner als 10^{-7} mol/l, überwiegen die Hydroxid-Ionen; die Lösung ist *alkalisch*.

Saure Lösung: $c(H_3O^+) > 10^{-7}\,mol/l$

Alkalische Lösung: $c(OH^-) > 10^{-7}\,mol/l$

Neutrale Lösung: $c(H_3O^+) = c(OH^-) = 10^{-7}\,mol/l$

Der pH-Wert. Damit man nicht immer mit Potenzzahlen umgehen muss und einfachere Zahlenwerte erhält, führt man eine logarithmische Größe ein: Der **pH-Wert** ist der mit −1 multiplizierte dekadische Logarithmus des Zahlenwertes der Stoffmengenkonzentration der Oxonium-Ionen in mol/l:

$$pH = -\lg\{c(H_3O^+)\}$$

pH-Wert Beispiel:
Statt $c(H_3O^+) = 10^{-7}$ mol/l schreibt man pH = 7.
Das Symbol pH ist abgeleitet von „Potenzexponent der Wasserstoff-Ionen-Konzentration".
Dies sollte man nicht zu wörtlich nehmen, da in Wasser keine Wasserstoff-Ionen (H^+, Protonen) vorkommen, sondern Oxonium-Ionen (H_3O^+).

{c} Zahlenwert der Stoffmengenkonzentration
$\{c\} = \frac{c}{1\,mol/l}$

Rechnen mit Logarithmen siehe Anhang

Saure Lösung	$c(H_3O^+) > 10^{-7}$ mol/l $c(OH^-) < 10^{-7}$ mol/l	pH < 7
Alkalische Lösung	$c(H_3O^+) < 10^{-7}$ mol/l $c(OH^-) > 10^{-7}$ mol/l	pH > 7
Neutrale Lösung	$c(H_3O^+) = c(OH^-) = 10^{-7}$ mol/l	pH = 7

***B3** Die Konzentrationen der Hydroxid- und Oxonium-Ionen bestimmen den Charakter einer Lösung*

$$pH = 3$$
$$\Downarrow$$
$$c(H_3O^+) = 10^{-3}\,mol/l$$
$$\Downarrow$$
$$c(OH^-) = \frac{K_W}{c(H_3O^+)} = \frac{10^{-14}\,mol^2/l^2}{10^{-3}\,mol/l} = 10^{-11}\,mol/l$$

***B4** Zusammenhang von pH, $c(H_3O^+)$, $c(OH^-)$ an einem Beispiel*

Ist der pH-Wert in einer wässrigen Lösung bekannt, so ergibt sich die Konzentration der Oxonium-Ionen aus der folgenden Beziehung:

$$c(H_3O^+) = 10^{-pH}\,mol/l$$

Analog zum pH-Wert definiert man den **pOH-Wert**:

$$pOH = -lg\{c(OH^-)\}$$

Bei 25 °C gilt:

$$c(H_3O^+) \cdot c(OH^-) = K_W = 10^{-14}\,mol^2/l^2$$

Daraus ergibt sich:

$$-[lg\{c(H_3O^+)\} + lg\{c(OH^-)\}] = -lg\{K_W\} = -lg\,10^{-14}$$
$$pH + pOH = pK_W = 14$$

Vereinfacht wird der pH-Wert häufig in der folgenden Weise definiert:

Der pH-Wert ist der mit −1 multiplizierte Logarithmus der Oxonium-Ionen-Konzentration.

Bei pH = 7 ist eine wässrige Lösung neutral. Der pH-Wert saurer Lösungen ist kleiner als 7, der pH-Wert alkalischer Lösungen ist größer als 7.

pH-Wert und Stoffmengenkonzentration. Der Bereich zwischen pH = 0 und pH = 14 ist messtechnisch gut zugänglich. Bei Lösungen mit pH-Werten unter 0 ist die Stoffmengenkonzentration der Oxonium-Ionen größer als 1 mol/l. Ist die Stoffmengenkonzentration der Hydroxid-Ionen größer als 1 mol/l, so liegt der pH-Wert über 14.

Eine Verringerung des pH-Wertes um eine Einheit bedeutet eine Verzehnfachung der Stoffmengenkonzentration der Oxonium-Ionen $c(H_3O^+)$.
Beispiele:
pH = 2 $c(H_3O^+) = 10^{-2}\,mol/l = 0{,}01\,mol/l$
pH = 1 $c(H_3O^+) = 10^{-1}\,mol/l = 0{,}1\,mol/l$

Sinkt der pH-Wert um eine Einheit, steigt die Stoffmengenkonzentration der Oxonium-Ionen $c(H_3O^+)$ auf das Zehnfache.

	pH-Wert	$c(H_3O^+)$ in mol/l	$c(OH^-)$ in mol/l	pOH-Wert
zunehmend alkalisch ↑	14	10^{-14}	10^{0}	0
	13	10^{-13}	10^{-1}	1
	12	10^{-12}	10^{-2}	2
	11	10^{-11}	10^{-3}	3
	10	10^{-10}	10^{-4}	4
	9	10^{-9}	10^{-5}	5
	8	10^{-8}	10^{-6}	6
neutral	7	10^{-7}	10^{-7}	7
	6	10^{-6}	10^{-8}	8
	5	10^{-5}	10^{-9}	9
	4	10^{-4}	10^{-10}	10
	3	10^{-3}	10^{-11}	11
	2	10^{-2}	10^{-12}	12
	1	10^{-1}	10^{-13}	13
zunehmend sauer ↓	0	10^{0}	10^{-14}	14

***B5** pH-Werte, pOH-Werte und Konzentrationen*

V1 Prüfen Sie die elektrische Leitfähigkeit von Schwefelsäure, Essigsäure, Natronlauge, Ammoniak-Lösung (Konzentration jeweils $c = 0{,}1\,mol/l$) und von dest. Wasser.

A1 ◒ Die pH-Werte wässriger Lösungen sind bei 25 °C **a)** 1, **b)** 4, **c)** 8, **d)** 12, **e)** 13,5. Berechnen Sie jeweils $c(H_3O^+)$ und $c(OH^-)$. Geben Sie an, ob die Lösungen sauer, neutral oder alkalisch sind.

A2 ◒ Die Konzentrationen von Oxonium-Ionen in wässrigen Lösungen sind bei 25 °C **a)** $10^{-2}\,mol/l$, **b)** $10^{-4}\,mol/l$, **c)** $5 \cdot 10^{-7}\,mol/l$, **d)** $10^{-8}\,mol/l$, **e)** $3 \cdot 10^{-10}\,mol/l$. Berechnen Sie die pH-Werte der Lösungen. Geben Sie an, ob die Lösungen sauer, neutral oder alkalisch sind.

A3 ◒ Die Hydroxid-Ionen-Konzentrationen wässriger Lösungen sind bei 25 °C **a)** 0,1 mol/l, **b)** $10^{-4}\,mol/l$, **c)** $10^{-7}\,mol/l$, **d)** $4 \cdot 10^{-7}\,mol/l$, **e)** $10^{-11}\,mol/l$. Berechnen Sie die pH-Werte der Lösungen. Geben Sie an, ob die Lösungen sauer, neutral oder alkalisch sind.

A4 ● **a)** 1 ml einer sauren Lösung, deren pH-Wert pH = 1 ist, wird mit dest. Wasser auf 1 l verdünnt. Berechnen Sie den pH-Wert der verdünnten sauren Lösung.
b) 10 ml einer alkalischen Lösung, deren Hydroxid-Ionen-Konzentration $c(OH^-) = 10^{-2}\,mol/l$ ist, wird mit dest. Wasser auf 1 l verdünnt. Berechnen Sie den pH-Wert der verdünnten alkalischen Lösung.
c) Erläutern Sie, welchen pH-Bereich man durch Verdünnen einer sauren oder alkalischen Lösung höchstens erreichen kann.

4.3 Die Stärke von Säuren und Basen

Salzsäure und Essigsäure gleicher Ausgangskonzentration c_0 weisen unterschiedliche pH-Werte auf [B1]. Wie ist dies zu erklären?

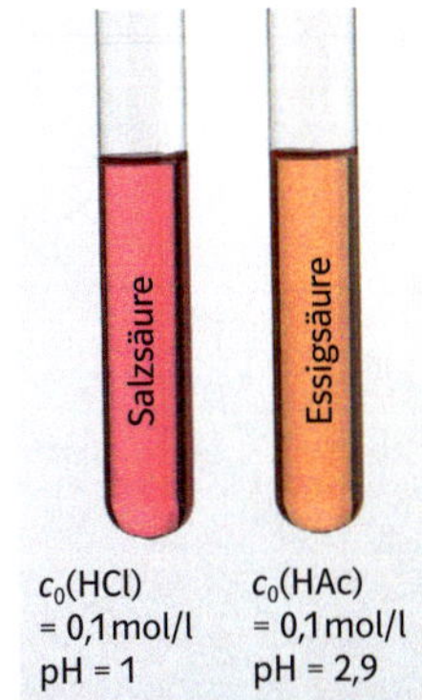

B1 Gleiche Konzentrationen – unterschiedliche pH-Werte

Protolysegleichgewicht. Der pH-Wert von Salzsäure der Ausgangskonzentration $c_0(HCl) = 0{,}1\,mol/l$ beträgt pH = 1 [V1]. Vergleicht man die Oxonium-Ionen-Konzentration, die sich aus dem pH-Wert berechnen lässt, mit der Ausgangskonzentration, so erkennt man, dass beide gleich sind:

$$c(H_3O^+) = c_0(HCl) = 0{,}1\,mol/l$$

Dies bedeutet, dass in dieser Salzsäure (fast) keine Chlorwasserstoff-Moleküle vorliegen. Die Chlorwasserstoff-Moleküle haben ihre Protonen an die Wasser-Moleküle abgegeben. Das Gleichgewicht liegt fast vollständig auf der rechten Seite. Daher kann man die Reaktionsgleichung vereinfachend mit dem „normalen" Reaktionspfeil schreiben:

$$HCl + H_2O \longrightarrow Cl^- + H_3O^+$$

Der pH-Wert von Essigsäure (CH_3COOH, abgekürzt HAc) der Ausgangskonzentration $c_0(HAc) = 0{,}1$ mol/l beträgt pH = 2,9. Hier ist die Konzentration der Oxonium-Ionen viel kleiner als die Ausgangskonzentration. Nur etwa jedes hundertste Essigsäure-Molekül hat sein Proton abgegeben, das Gleichgewicht der Säure-Base-Reaktion liegt auf der linken Seite. Die Reaktionsgleichung schreibt man mit dem Gleichgewichtspfeil:

$$HAc + H_2O \rightleftharpoons Ac^- + H_3O^+$$

In einer Chlorwasserstoff-Lösung (Salzsäure) ist der Anteil der protolysierten Säure-Moleküle viel höher als in einer Essigsäure-Lösung. Chlorwasserstoff ist also eine viel stärkere Säure als Essigsäure. Die Stärke einer Säure und auch die einer Base lässt sich mit dem Massenwirkunsgesetz definieren.

Säure- und Basenkonstanten. Für einen Vergleich der Stärke verschiedener Säuren bzw. Basen muss man ihre Reaktionen mit derselben Base bzw. Säure betrachten. Als Bezugsbase und Bezugssäure hat man den Ampholyten Wasser gewählt.

Für das Gleichgewicht einer Säure bzw. Base mit Wasser gilt das Massenwirkungsgesetz.

Reaktion einer Säure HA mit Wasser:

$$HA + H_2O \rightleftharpoons A^- + H_3O^+$$

Massenwirkungsgesetz:

$$K_1 = \frac{c(A^-) \cdot c(H_3O^+)}{c(HA) \cdot c(H_2O)}$$

Reaktion einer Base B mit Wasser:

$$H_2O + B \rightleftharpoons OH^- + HB^+$$

Massenwirkungsgesetz:

$$K_2 = \frac{c(OH^-) \cdot c(HB^+)}{c(H_2O) \cdot c(B)}$$

Ähnlich wie beim Ionenprodukt des Wassers kann man in verdünnter wässriger Lösung die Konzentration des Wassers als konstant ansehen und mit der Gleichgewichtskontante K_1 bzw. K_2 zu einer neuen Konstante K_S bzw. K_B zusammenfassen:

$$K_S = K_1 \cdot c(H_2O) = \frac{c(A^-) \cdot c(H_3O^+)}{c(HA)}$$

$$K_B = K_2 \cdot c(H_2O) = \frac{c(OH^-) \cdot c(HB^+)}{c(B)}$$

Die Konstanten K_S und K_B bezeichnet man als *Säurekonstante* bzw. *Basenkonstante*. Beide Konstanten sind von der Temperatur abhängig, jedoch unabhängig von der Konzentration der Säure oder Base.

Statt der Konstanten K_S und K_B gibt man häufig die mit −1 multiplizierten dekadischen Logarithmen ihrer Zahlenwerte an:

Säureexponent:

$$pK_S = -\lg\{K_S\} \qquad K_S = 10^{-pK_S}\,mol/l$$

Basenexponent:

$$pK_B = -\lg\{K_B\} \qquad K_B = 10^{-pK_B}\,mol/l$$

Die Säurekonstante und die Basenkonstante sind ein Maß für die Säure- bzw. Basenstärke. Je größer der K_S- bzw. der K_B-Wert ist, desto stärker ist die Säure bzw. Base.

Ausgangskonzentration c_0 fiktive Konzentration der Säure bzw. Base vor der Säure-Base-Reaktion

Protolysierte Säure-Moleküle haben ihr Proton abgegeben.

Stärke einer Säure oder Base Der Begriff „Stärke" bezieht sich auf den K_S- bzw. K_B-Wert, nicht auf die Konzentration.

Die pK_S- und pK_B-Werte ermöglichen eine Einteilung von Säuren und Basen nach ihrer Stärke [B2, B3]. Beispielsweise ist die Ameisensäure eine stärkere Säure als die Essigsäure; das Ammoniak-Molekül ist eine schwächere Base als das Phosphat-Ion.
Der pK_S-Wert (bei $\vartheta = 25\,°C$) ist eine *stoffspezifische Konstante*. So hat Essigsäure in Speiseessig und Essigessenz immer den gleichen Wert $pK_S = 4{,}75$. Die Eigenschaften von Speiseessig und Essigessenz sind jedoch unterschiedlich. Sie hängen von der Stoffmengenkonzentration der Säure ab.

Der K_S-Wert einer Säure HA und der K_B-Wert ihrer konjugierten Base A^- hängen voneinander ab. Dies erkennt man, wenn man die beiden Werte miteinander multipliziert:

$$K_S \cdot K_B = \frac{c(A^-) \cdot c(H_3O^+)}{c(HA)} \cdot \frac{c(HA) \cdot c(OH^-)}{c(A^-)}$$

$$= c(H_3O^+) \cdot c(OH^-)$$

Das Produkt $c(H_3O^+) \cdot c(OH^-)$ ist nichts anderes als das Ionenprodukt des Wassers K_W (Kap. 4.2). Folglich gilt für ein konjugiertes Säure-Base-Paar bei 25 °C:

$$K_S \cdot K_B = K_W = 10^{-14}\,mol^2/l^2$$

Entsprechend gilt auch:

$$pK_S + pK_B = 14$$

Ist der pK_S-Wert einer Säure bekannt, so kann man den pK_B-Wert der konjugierten Base berechnen, und umgekehrt [B2].

Aus der Gleichung folgt außerdem:

Je stärker eine Säure ist, umso schwächer ist ihre konjugierte Base.
Je stärker eine Base ist, umso schwächer ist ihre konjugierte Säure.

Säurestärke und Reaktion mit Metallen. Saure Lösungen reagieren in einer Redoxreaktion mit unedlen Metallen, z. B. mit Zink:

$$Zn + 2\,H_3O^+ \longrightarrow Zn^{2+} + H_2 + 2\,H_2O$$

Die Reaktionsgeschwindigkeit hängt von der Konzentration der Oxonium-Ionen $c(H_3O^+)$ ab (Kap. 2.3). Bei gegebener Konzentration $c(HA)$ ist die Oxonium-Ionen-Konzentration $c(H_3O^+)$ umso größer, stärker die Säure ist. Lösungen starker Säuren reagieren folglich heftiger mit Metallen als Lösungen schwacher Säuren gleicher Konzentration [V2].

Lösungen starker Säuren reagieren mit unedlen Metallen heftiger als schwache Säuren.

K_S in mol/l	pK_S	Säure	konjugierte Base	pK_B	K_B in mol/l
Vollständige Protonenabgabe		$HClO_4$	ClO_4^-	Keine Protonenaufnahme	
		HI	I^-		
		HCl	Cl^-		
		H_2SO_4	HSO_4^-		
$10^{1,74}$	−1,74	H_3O^+ *	H_2O	15,74	$10^{-15,74}$
$10^{1,32}$	−1,32	HNO_3	NO_3^-	15,32	$10^{-15,32}$
$10^{-1,92}$	1,92	HSO_4^-	SO_4^{2-}	12,08	$10^{-12,08}$
$10^{-2,13}$	2,13	H_3PO_4	$H_2PO_4^-$	11,87	$10^{-11,87}$
$10^{-2,22}$	2,22	$[Fe(H_2O)_6]^{3+}$	$[Fe(OH)(H_2O)_5]^{2+}$	11,78	$10^{-11,78}$
$10^{-3,14}$	3,14	HF	F^-	10,86	$10^{-10,86}$
$10^{-3,35}$	3,35	HNO_2	NO_2^-	10,65	$10^{-10,65}$
$10^{-3,75}$	3,75	HCOOH	$HCOO^-$	10,25	$10^{-10,25}$
$10^{-4,75}$	4,75	CH_3COOH	CH_3COO^-	9,25	$10^{-9,25}$
$10^{-4,85}$	4,85	$[Al(H_2O)_6]^{3+}$	$[Al(OH)(H_2O)_5]^{2+}$	9,15	$10^{-9,15}$
$10^{-6,52}$	6,52	H_2CO_3/CO_2 **	HCO_3^-	7,48	$10^{-7,48}$
$10^{-6,92}$	6,92	H_2S	HS^-	7,08	$10^{-7,08}$
$10^{-7,00}$	7,00	HSO_3^-	SO_3^{2-}	7,00	$10^{-7,00}$
$10^{-7,20}$	7,20	$H_2PO_4^-$	HPO_4^{2-}	6,80	$10^{-6,80}$
$10^{-9,25}$	9,25	NH_4^+	NH_3	4,75	$10^{-4,75}$
$10^{-9,40}$	9,40	HCN	CN^-	4,60	$10^{-4,60}$
$10^{-10,40}$	10,40	HCO_3^-	CO_3^{2-}	3,60	$10^{-3,60}$
$10^{-12,36}$	12,36	HPO_4^{2-}	PO_4^{3-}	1,64	$10^{-1,64}$
$10^{-13,00}$	13,00	HS^-	S^{2-}	1,00	$10^{-1,00}$
$10^{-15,74}$	15,74	H_2O	OH^- *	−1,74	$10^{1,74}$
Keine Protonenabgabe		C_2H_5OH	$C_2H_5O^-$	Vollständige Protonenaufnahme	
		NH_3	NH_2^-		
		OH^-	O^{2-}		
		H_2	H^-		

Säurestärke nimmt zu (↑) — Basenstärke nimmt zu (↓)

* Für die Reaktion $H_3O^+ + H_2O \rightleftharpoons H_2O + H_3O^+$ gilt: $K_c = 1$. Multiplikation mit $c(H_2O) = 55{,}4\,mol/l$ ergibt $K_S(H_3O^+) = 10^{1,74}$. Analog wird $K_B(OH^-)$ berechnet.
** Der oben angegebene pK_S-Wert ist ein effektiver Wert für das System $CO_2(aq)/H_2CO_3$. Der tatsächliche Wert für H_2CO_3 ist $pK_S = 3{,}45$.

***B2** pK_S- und pK_B-Werte in wässriger Lösung (bei $\vartheta = 25\,°C$)*

Sehr starke Säuren und Basen. Wässrige Lösungen gleicher Ausgangskonzentration an Ameisensäure und Essigsäure haben unterschiedliche pH-Werte. Dagegen kann man in gleich konzentrierten wässrigen Lösungen aus Chlorwasserstoff bzw. Perchlorsäure ($HClO_4$) keine pH-Unterschiede feststellen.
Alle sehr starken Säuren reagieren so gut wie vollständig mit Wasser.

Beispiel: $HClO_4 + H_2O \longrightarrow ClO_4^- + H_3O^+$

Wässrige Lösungen sehr starker Säuren gleicher Konzentration haben daher den gleichen pH-Wert.
Da sehr starke Säuren mit $pK_S < pK_S(H_3O^+)$ annähernd vollständig protolysieren, kann man ihre pK_S-Werte in wässriger Lösung nicht ermitteln. Das bei der Protolyse gebildete Oxonium-Ion ist die stärkste Säure, die in wässriger Lösung existieren kann.

Ähnliche Überlegungen gelten für sehr starke Basen mit $pK_B < pK_B(OH^-)$.

Beispiel: $H_2O + O^{2-} \longrightarrow OH^- + OH^-$

Für sehr starke Basen kann man in wässriger Lösung keine pK_B-Werte ermitteln. Das Hydroxid-Ion ist die stärkste Base, die in wässriger Lösung existieren kann.

Sehr starke Säuren sind in verdünnter wässriger Lösung annähernd vollständig protolysiert.

Sehr starke Basen sind in verdünnter wässriger Lösung annähernd vollständig protoniert.

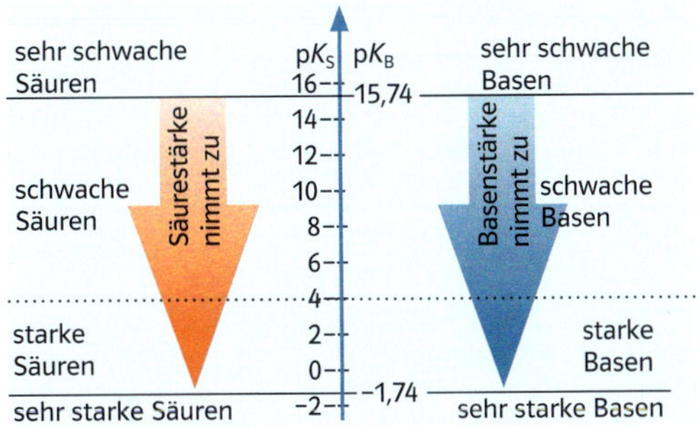

B3 *Einteilung der Stärke von Säuren und Basen nach ihrem pK-Wert*

Essigsäure der Konzentration $c_0(HAc) = 0{,}1\,mol/l$ weist den pH-Wert $pH = 2{,}9$ auf.
Wie groß ist der K_S-Wert?

Lösung:

$HAc + H_2O \rightleftharpoons Ac^- + H_3O^+$

Essigsäure reagiert nur in geringem Ausmaß mit Wasser, deshalb ist die Gleichgewichtskonzentration $c(HAc)$ näherungsweise gleich der Ausgangskonzentration $c_0(HAc)$. Die Konzentration von Oxonium-Ionen aus dem Autoprotolysegleichgewicht des Wassers ist sehr klein und kann vernachlässigt werden, es gilt:

$$c(Ac^-) = c(H_3O^+)$$

$$K_S = \frac{c(Ac^-) \cdot c(H_3O^+)}{c(HAc)} \approx \frac{c^2(H_3O^+)}{c_0(HAc)}$$

$$K_S \approx \frac{(10^{-2,9}\,mol/l)^2}{10^{-1}\,mol/l} = 10^{-4,8}\,mol/l$$

Der K_S-Wert der Essigsäure ist: $K_S \approx 10^{-4,8}\,mol/l$

B4 *Bestimmung des K_S-Wertes der Essigsäure, einer schwachen Säure*

pK_S- und pK_B-Werte sind ein Maß für die Säure- bzw. Basenstärke.
Je kleiner der pK_S- bzw. der pK_B-Wert ist, desto stärker ist die Säure bzw. Base.

V1 Messen Sie die pH-Werte von Salzsäure und Essigsäure der folgenden Ausgangskonzentrationen $c_0(HA)$: 0,1 mol/l; 0,01 mol/l; 0,001 mol/l.

V2 Füllen Sie je ein Reagenzglas zu etwa einem Drittel mit Essigsäure bzw. Salzsäure ($c_0(HA) = 0{,}1\,mol/l$). Geben Sie jeweils ein kleines Stück Magnesiumband in die Säuren. Beschreiben und deuten Sie Ihre Beobachtungen.

A1 Benennen Sie die Teilchen, die in
a) Salzsäure ($c_0(HCl) = 0{,}1\,mol/l$),
b) Essigsäure ($c_0(HAc) = 0{,}1\,mol/l$),
c) Natronlauge ($c_0(NaOH) = 0{,}1\,mol/l$) und
d) Ammoniak-Lösung ($c_0(NH_3) = 0{,}1\,mol/l$)
vorliegen und ordnen Sie die Teilchen der jeweiligen Lösung nach steigender Konzentration.

A2 Propansäure (vereinfacht: HProp) der Konzentration $c_0(HProp) = 0{,}1\,mol/l$ hat den pH-Wert 2,94. Berechnen Sie den K_S-Wert und den pK_S-Wert der Säure.

4.4 Einfluss der Molekülstruktur auf die Säure- und Basenstärke

Säure	pK_S	Konjugierte Base	pK_B
Methansäure-Molekül Ameisensäure-Molekül	3,75	Methanoat-Ion Formiat-Ion	10,25
Ethansäure-Molekül Essigsäure-Molekül	4,75	Ethanoat-Ion Acetat-Ion	9,25
Propansäure-Molekül Propionsäure-Molekül	4,88	Propanoat-Ion Propionat-Ion	9,12
2,2-Dimethylpropansäure-Molekül Pivalinsäure-Molekül	5,03	2,2-Dimethylpropanoat-Ion Pivalat-Ion	8,97
Chlorethansäure-Molekül Chloressigsäure-Molekül	2,87	Chlorethanoat-Ion Chloracetat-Ion	12,13
Ammonium-Ion	9,25	Ammoniak-Molekül	4,25
Methylammonium-Ion	10,66	Methylamin-Molekül	3,34

***B1** Die Säurestärke und die Basenstärke einiger Säuren und ihrer konjugierten (korrespondierenden) Basen*

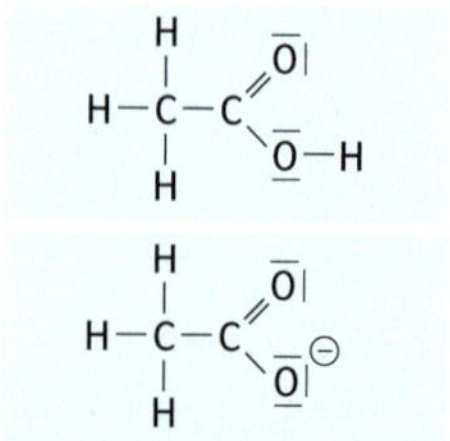

***B2** Essigsäure-Molekül und Acetat-Ion*

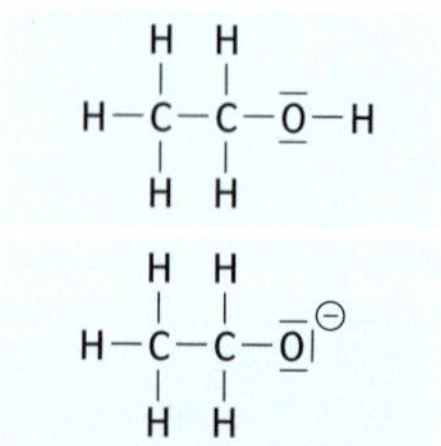

***B3** Ethanol-Molekül und Ethanolat-Ion*

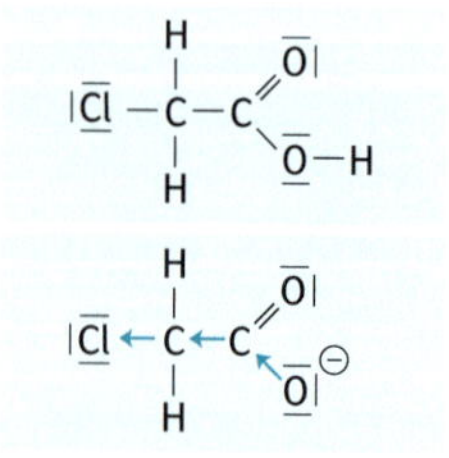

***B4** Chloressigsäure-Molekül und Chloracetat-Ion.*
Blaue Pfeile: –I-Effekt

Die Säurestärke und die Basenstärke hängen von der Molekülstruktur ab. B1 zeigt jedoch, dass Säuren mit scheinbar ähnlicher Struktur sehr unterschiedliche pK_S-Werte haben. Um diese Unterschiede zu erklären, muss man die Stabilität der Säuren mit der Stabilität ihrer konjugierten (korrespondierenden) Basen vergleichen. Für eine Abschätzung genügt es aber oft, nur die konjugierten Basen zu betrachten. Eine Säure ist umso stärker, je stabiler ihre konjugierte Base ist.

Mesomerie und Säurestärke. Essigsäure bildet mit Wasser eine saure Lösung, da Essigsäure-Moleküle ein Proton abgeben können. Das Proton löst sich aus der O–H-Bindung der Carboxygruppe unter Zurücklassen des vormals bindenden Elektronenpaars. Es entsteht ein Acetat-Ion [B2]. Im Gegensatz dazu bilden Alkohole, z. B. Ethanol, keine sauren Lösungen, obwohl auch die Hydroxygruppe prinzipiell ein Proton abgeben könnte [B3].

Untersuchungen (z. B. die Röntgenstrukturanalyse) des *Acetat-Ions* zeigen, dass die beiden C-O-Bindungen der Carboxylatgruppe gleich lang sind, obwohl die Strukturformel eine Einfach- und eine Doppelbindung aufweist. Die Bindungslänge liegt zwischen der einer Einfach- und einer Doppelbindung. Beide Sauerstoff-Atome sind gleich gebunden und nicht voneinander zu unterscheiden. Dieser Befund lässt sich in der Elektronenpaarschreibweise nicht in einer Formel darstellen.

Es sind jedoch zwei gleichwertige Formeln für das Acetat-Ion möglich, die jeweils einen Extremfall der Elektronen- bzw. Ladungsverteilung zeigen. Man bezeichnet sie als **mesomere Grenzformeln**:

Die tatsächliche Elektronenverteilung liegt *zwischen* diesen beiden Grenzformeln. Diesen Sachverhalt bezeichnet man als **Mesomerie**. Zwischen die beiden Grenzformeln schreibt man einen Pfeil mit zwei Spitzen, den **Mesomeriepfeil**.
Durch die Mesomerie wird die negative Ladung des Acetat-Ions gleichmäßig auf die beiden Sauerstoff-Atome verteilt (delokalisiert). Dadurch ist das Acetat-Ion wesentlich stabiler als die (nicht existierenden) Ionen, die den beiden mesomeren Grenzformeln entsprechen würden.

Beim *Ethanolat-Ion*, der konjugierten Base des Ethanol-Moleküls [B3], ist keine Mesomerie möglich. Die negative Ladung ist folglich nicht delokalisiert; das Ethanolat-Ion ist relativ instabil. Ethanol ist deshalb eine sehr schwache Säure und bildet mit Wasser keine sauren Lösungen.

Induktiver Effekt und Säurestärke. Die Chloressigsäure ist eine wesentlich stärkere Säure als die Essigsäure [B1]. Auch dies lässt sich mit der unterschiedlichen Stabilität der konjugierten Basen erklären.

Das *Chloracetat-Ion* [B4] enthält ein Chlor-Atom; dieses hat eine hohe Elektronegativität. Es zieht die Bindungselektronen der C–Cl-Bindung an. Diese elektronenziehende Wirkung setzt sich bis zur Carboxylatgruppe fort. Die negative Ladung wird dadurch auf einen größeren Bereich des Chloracetat-Ions verteilt. Dadurch wird es stabilisiert.

Das *Acetat-Ion* [B2] enthält abgesehen von den Sauerstoff-Atomen kein weiteres Atom mit hoher Elektronegativität. Die negative Ladung wird folglich nicht auf einen größeren Bereich verteilt.

Die Essigsäure ist eine schwächere Säure als die Ameisensäure [B1]. Dies kann man mit der CH_3-Gruppe der Essigsäure erklären, die eine elektronenschiebende Wirkung hat.
Ein Vergleich der konjugierten Basen [B6] zeigt den Effekt der CH_3-Gruppe: Im *Acetat-Ion* schiebt die CH_3-Gruppe Elektronen (also negative Ladung) zur Carboxylatgruppe. Dadurch wird die negative Ladung in einem kleinen Bereich des Acetat-Ions größer; dies hat eine destabilisierende Wirkung. Das *Formiat-Ion* enthält keine CH_3-Gruppe und wird folglich nicht destabilisiert.

Bei Gruppen mit einem elektronenschiebenden Effekt spricht man von einem **positiven induktiven Effekt (+I-Effekt).** Umgekehrt bewirken Atome, deren Elektronegativität größer als die des Wasserstoff-Atoms ist, z. B. die Halogen-Atome, einen **negativen induktiven Effekt (–I-Effekt).**

Induktiver Effekt und Basenstärke. Methylamin ist eine stärkere Base als Ammoniak. Ein Vergleich der konjugierten Säuren erklärt dies [B7]: Im *Methylammonium-Ion* schiebt die CH_3-Gruppe negative Ladung zum N-Atom (+I-Effekt). Die *positive* Ladung wird also teilweise vom N-Atom auf die CH_3-Gruppe übertragen, d. h. auf einen größeren Bereich verteilt. Dadurch wird das Ion stabilisiert. Das *Ammonium-Ion* wird nicht stabilisiert.

Die Säurestärke und die Basenstärke wird durch den induktiven Effekt und durch Mesomerie beeinflusst. Anionen und Kationen werden stabilisiert, wenn ihre Ladung auf einen größeren Bereich verteilt wird.

Phenol als Säure. Aufgrund seiner Strukturformel mit der Hydroxygruppe könnte man Phenol für einen Alkohol halten [B5]. Allerdings ist eine Lösung von Phenol in Wasser schwach sauer. Das Phenol-Molekül kann ein Proton abgeben; es ist eine Säure. Dies erklärt man mit der Stabilität des *Phenolat-Ions*, der konjugierten Base. Die negative Ladung ist nicht am Sauerstoff-Atom lokalisiert, sondern über das ganze Phenolat-Ion delokalisiert. Man kann mesomere Grenzformeln erstellen, bei denen neben den Elektronen der Phenylgruppe ($-C_6H_5$) auch ein freies Elektronenpaar des Sauerstoff-Atoms an der Mesomerie beteiligt ist. Eine solche Stabilisierung des Anions tritt nur bei aromatischen Hydroxyverbindungen auf.
Das Phenol ist eine relativ schwache Säure ($pK_S = 9{,}95$); das Phenolat-Ion wird z. B. durch Essigsäure protoniert. Gibt man Essigsäure zu Natriumphenolat-Lösung, so wird diese durch das entstehende, schwer lösliche Phenol trüb.

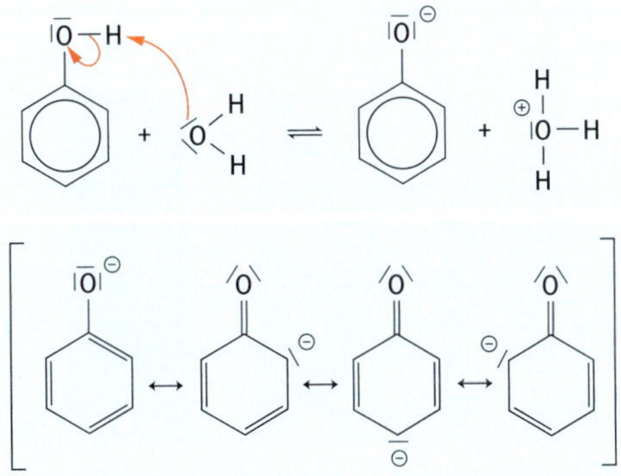

B5 *Protolyse von Phenol in Wasser. Das Phenolat-Ion ist mesomeriestabilisiert*

Für das *Anilin-Molekül* [B9] kann man ähnliche Grenzformeln wie in B5 aufstellen [A3]. Sie zeigen eine positive Formalladung am N-Atom, wodurch dessen negative Teilladung ausgeglichen wird. Dies stabilisiert das Anilin; es ist eine schwächere Base als Ammoniak.

Phenol reagiert mit Wasser als Säure, weil das Phenolat-Ion mesomeriestabilisiert ist.

Aromatische Verbindungen (Aromaten) werden in Kap. 7 behandelt.

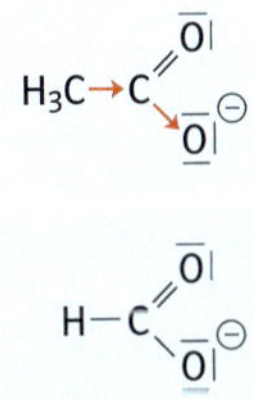

B6 *Acetat-Ion und Formiat-Ion. Rote Pfeile: +I-Effekt*

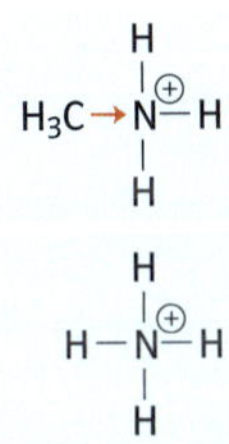

B7 *Methylammonium-Ion und Ammonium-Ion. Roter Pfeil: +I-Effekt*

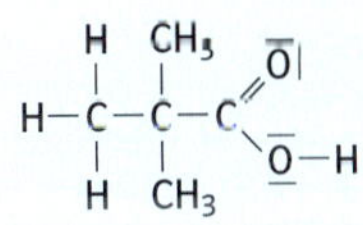

B8 *2,2-Dimethylpropansäure*

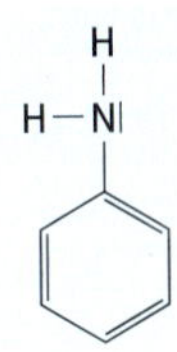

B9 *Anilin (Aminobenzol)*

A1 Erklären Sie, warum die 2,2-Dimethylpropansäure [B8] eine schwächere Säure als die Ethansäure ist.

A2 Entscheiden und begründen Sie, ob die Fluorethansäure eine stärkere oder schwächere Säure als die Ethansäure ist.

A3 Erläutern Sie anhand von Grenzformeln, warum Anilin [B9] eine schwächere Base als Ammoniak ist ($pK_B(C_6H_5NH_2) = 9{,}37$; $pK_B(NH_3) = 4{,}75$).

A4 Erklären Sie, dass p-Nitrophenol (4-Nitrophenol, $HO-C_6H_4-NO_2$) eine stärkere Säure als Phenol ist.

4.5 Protolysen bei Nachweisreaktionen

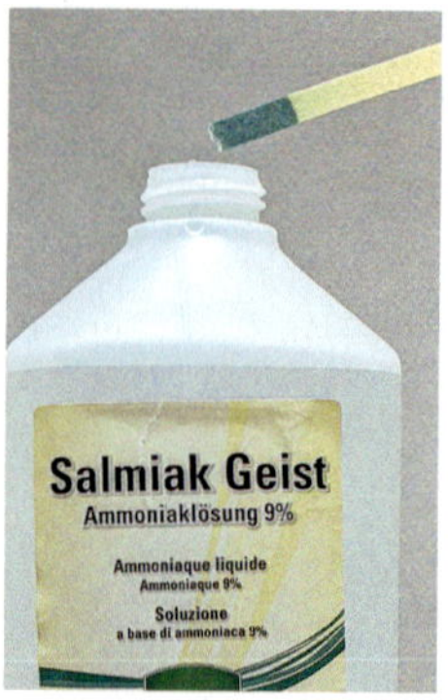

B1 Gasförmiges Ammoniak färbt feuchtes Universalindikator-Papier

B2 Bromthymolblau in saurer Lösung (links), neutraler Lösung (Mitte) und alkalischer Lösung (rechts)

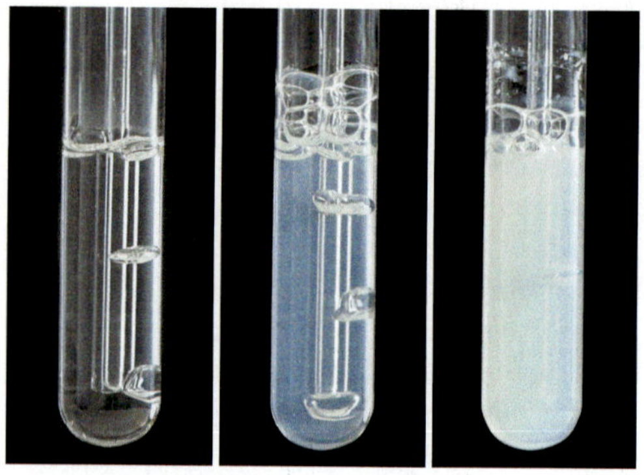

B3 Einleiten von Kohlenstoffdioxid in Kalkwasser: Die am Anfang klare Lösung wird trüb

Einige Nachweise der analytischen Chemie nutzen Protolysen. Beispielsweise beruht die Farbänderung von Säure-Base-Indikatoren auf einer Protolyse [B1, B2], ebenso die Fällungsreaktion bei der Kalkwasserprobe [B3].

Nachweis von Hydroxid-Ionen (OH^-) und Oxonium-Ionen (H_3O^+). Ein *Säure-Base-Indikator* ist eine schwache organische Säure, deren konjugierte Base eine andere Farbe hat. In wässriger Lösung besteht das folgende chemische Gleichgewicht (Kap. 4.15):

$$\underset{\text{Indikatorsäure (Farbe 1)}}{HInd(aq)} + H_2O(l) \rightleftharpoons \underset{\text{Indikatorbase (Farbe 2)}}{Ind^-(aq)} + H_3O^+(aq)$$

Lösungen des HInd-Moleküls von *Bromthymolblau* [B2] sind gelb; Lösungen des Ind^--Ions sind blau. Bei $pH \approx 7$ liegen etwa gleich viele HInd-Moleküle wie Ind^--Ionen im Gleichgewicht vor, die Lösung zeigt die Mischfarbe Grün.
Durch Zugabe von OH^--Ionen wird das Gleichgewicht nach *rechts* verschoben; die Lösung wird *blau*. Durch Zugabe von H_3O^+-Ionen wird das Gleichgewicht nach *links* verschoben; die Lösung wird *gelb*.
Universalindikatoren sind Gemische von mehreren Indikatorfarbstoffen.

Die Moleküle von Carbonsäuren enthalten als funktionelle Gruppe die **Carboxygruppe** (–COOH). Bei der Reaktion mit Wasser-Molekülen entstehen Oxonium-Ionen; dies kann man mit einem Indikator nachweisen:

$$R{-}COOH + H_2O \rightleftharpoons R{-}COO^- + H_3O^+$$

Indikatorfarbstoffe ändern durch Protolyse ihre Struktur so, dass ihre Moleküle Licht anderer Wellenlängen absorbieren. In Kap. 8.5 wird dies erklärt.

Kohlensäure entsteht durch Reaktion von Kohlenstoffdioxid mit Wasser:

$$CO_2 + H_2O \rightleftharpoons H_2CO_3$$

Im chemischen Gleichgewicht ist die Konzentration der H_2CO_3-Moleküle allerdings sehr klein.
Um die Reaktionen beim Nachweis von Carbonat-Ionen als Säure-Base-Reaktionen zu erkennen, formuliert man sie zweistufig, mit Kohlensäure als Zwischenprodukt.

Nachweis von Ammonium-Ionen (NH_4^+). Das Ammonium-Ion ist eine schwache Säure. Es reagiert mit dem Hydroxid-Ion (also einer sehr starken Base) zum Ammoniak-Molekül:

$$NH_4^+(aq) + OH^-(aq) \rightleftharpoons NH_3(g) + H_2O(l)$$

Das gasförmige Ammoniak kann man durch die Blaufärbung von feuchtem Universalindikator-Papier nachweisen [B1]. Es reagiert mit Wasser, dabei entstehen Hydroxid-Ionen:

$$NH_3(g) + H_2O(l) \rightleftharpoons NH_4^+(aq) + OH^-(aq)$$

Ammoniak bildet also mit Wasser eine alkalische Lösung; der Universalindikator ändert entsprechend seine Farbe. Auch durch seinen Geruch kann Ammoniak identifiziert werden.

Nachweis von Carbonat-Ionen (CO_3^{2-}). Wenn man eine saure Lösung zu einem Carbonat gibt, entsteht Kohlensäure [Randspalte]. Diese zerfällt sofort in gasförmiges Kohlenstoffdioxid und Wasser:

$$CO_3^{2-}(aq) + 2\,H_3O^+(aq) \longrightarrow CO_2(g) + 3\,H_2O(l)$$

Kohlenstoffdioxid bzw. Kohlensäure reagiert mit Kalkwasser (Calciumhydroxid-Lösung) zum schwer löslichen Calciumcarbonat [B3]:

$$Ca^{2+}(aq) + 2\,OH^-(aq) + CO_2(g) \longrightarrow CaCO_3(s) + H_2O(l)$$

Einige wichtige Nachweisreaktionen sind Säure-Base-Reaktionen (Protolysen).

A1 Erläutern Sie zu allen auf dieser Seite beschriebenen Nachweisen, dass es sich um Säure-Base-Reaktionen handelt.

4.6 Nachweisreaktionen

In diesem Praktikum führen Sie Nachweise durch, die auf Säure-Base-Reaktionen beruhen. Die Nachweisreaktionen werden in Kap. 4.5 beschrieben.

V1 Nachweis von Oxonium-Ionen in Lebensmitteln

Material:
Reagenzglasgestell, 5 Reagenzgläser, Universalindikator-Lösung, pH-Meter, Leitfähigkeitsprüfer, 3 Experimentierkabel, Wechselspannungsquelle (ca. 4 V), Stromstärkemessgerät, Zitronensaft, Orangensaft, Mineralwasser mit Kohlensäure, Cola, dest. Wasser

Durchführung:
a) Geben Sie die vier Lebensmittel und dest. Wasser als Vergleichsprobe jeweils ca. 3 cm hoch in ein Reagenzglas. Messen Sie die Leitfähigkeit der Proben oder die (zur Leitfähigkeit proportionale) Stromstärke [B1].
b) Geben Sie je 3 Tropfen Universalindikator-Lösung zu den Proben und bestimmen Sie deren pH-Wert anhand der Farbkarte.
c) Erneuern Sie die Proben in den Reagenzgläsern und messen Sie deren pH-Wert mit dem pH-Meter.

Aufgaben:
1. Stellen Sie Ihre Ergebnisse in einer Tabelle dar.
2. Erklären Sie die folgenden Befunde: Elektrische Leitfähigkeit ist kein eindeutiger Nachweis für Oxonium-Ionen; Universalindikator-Lösung ist nicht für alle Proben geeignet.
3. Berechnen Sie aus dem jeweiligen pH-Wert die Konzentration der Oxonium-Ionen $c(H_3O^+)$.

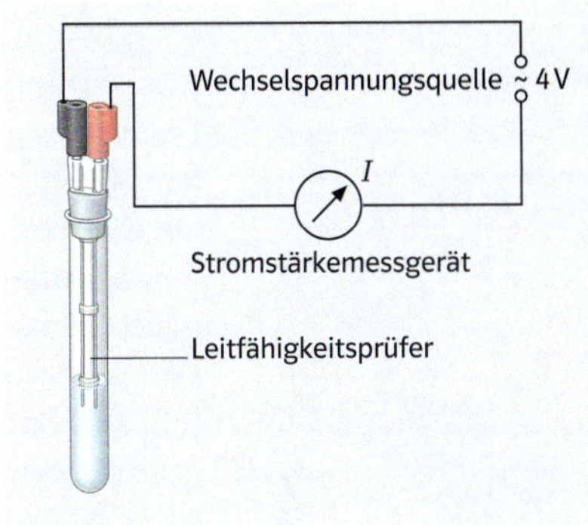

B1 *Prinzip der Leitfähigkeitsmessung*

V2 Nachweis von Ammonium-Ionen

Material:
Tropfenobjektträger (TOT) mit durchsichtiger Plastikbox (alternativ Objektträger und Uhrglas), Spatel, Pipette, Ammoniumchlorid, Natriumhydroxid-Perlen, Universalindikator-Papier

Durchführung:
⚠ (Schutzbrille! Schutzhandschuhe! Abzug!) Ihre Lehrkraft gibt eine Natriumhydroxid-Perle auf den TOT bzw. Objektträger. Geben Sie eine Spatelspitze Ammoniumchlorid daneben und vermischen Sie die Stoffe mit dem Spatel. Schieben Sie den TOT in die Plastikbox und legen Sie ein feuchtes Stück Universalindikator-Papier neben die Probe. (Alternativ „kleben" Sie mit Wasser ein kurzes Stück Universalindikator-Papier in das Uhrglas und stülpen es so über den Objektträger, dass das Universalindikator-Papier die Probe nicht berührt.)

Aufgabe:
Formulieren Sie die Reaktionsgleichungen.

V3 Nachweis von Carbonat-Ionen

Material:
Zweigeteilte Petrischale mit Deckel, dunkle Unterlage, kleiner Kalkbrocken; in Tropfflaschen: verd. Salzsäure (c = 2 mol/l), Kalkwasser

Durchführung:
Stellen Sie die Petrischale auf die dunkle Unterlage. Geben Sie ca. 10 Tropfen Kalkwasser in die Petrischale und legen Sie den Kalkbrocken in die andere Hälfte der Petrischale. Geben Sie ca. 5 Tropfen verd. Salzsäure auf den Kalkbrocken und verschließen Sie die Petrischale. Beobachten Sie die Reaktion auf dem Kalkbrocken und im Kalkwasser.

Aufgaben:
1. Formulieren Sie jeweils zwei Reaktionsgleichungen (Folgereaktion mit dem Zwischenprodukt Kohlensäure) zu den beiden Reaktionen.
2. MK Ein Feldversuch der Geologen ist das Tropfen von Salzsäure auf eine Bodenprobe. Recherchieren Sie zwei Mineralien, die dabei reagieren.

V4 Nachweis der Carboxygruppe

Material:
Tropfenobjektträger (TOT) bzw. 5 Reagenzgläser mit Reagenzglasgestell, Spatel, 6 Kapillarpipetten bzw. normale Pipetten, Universalindikator-Lösung, Essigsäure, Citronensäure, DL-Milchsäure, Ethanol, dest. Wasser

Durchführung:
a) Stellen Sie wässrige Lösungen aller unter „Material" genannten Stoffe her. Sie können dazu entweder einen TOT oder Reagenzgläser verwenden. Geben Sie dest. Wasser als Vergleichsprobe auf den TOT bzw. in ein Reagenzglas.
b) Tropfen Sie zu jeder Probe Universalindikator-Lösung.

Aufgaben:
1. Formulieren Sie jeweils eine Reaktionsgleichung, wenn Sie einen anderen pH-Wert als in der Vergleichsprobe beobachten.
2. Erklären Sie anhand von Reaktionsgleichungen, warum der pH-Wert von dest. Wasser oft kleiner als 7 ist.

4.7 Löslichkeitsgleichgewichte und Nachweis von Ionen

***B1** Gesättigte Lösung mit Bodenkörper*

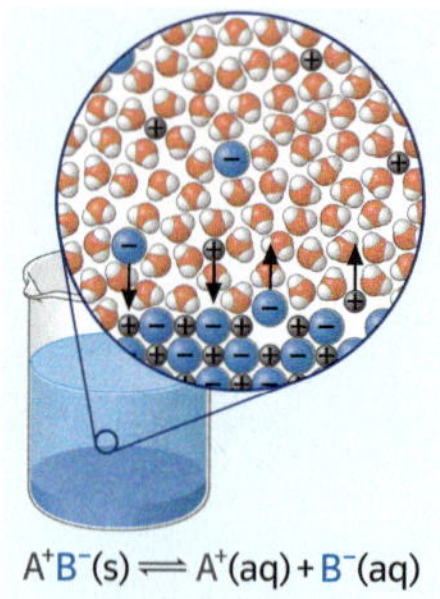

***B2** Modell einer gesättigten Lösung*

Gesättige Lösung Lösung, in der sich von einem bestimmten Stoff nicht mehr lösen kann, als bereits gelöst ist

Heterogenes Gleichgewicht Die am Gleichgewicht beteiligten Stoffe liegen in unterschiedlichen Aggregatzuständen vor.

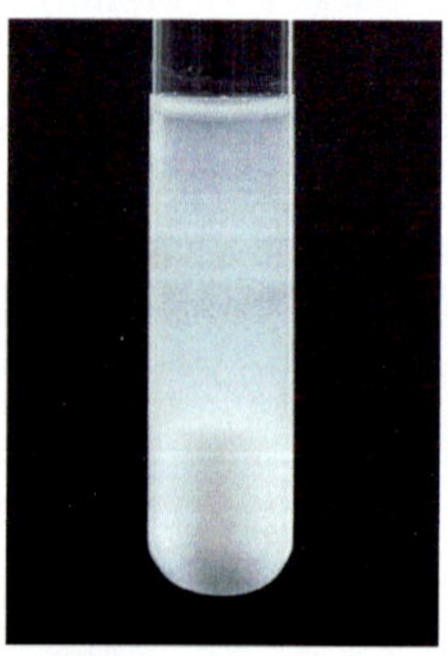

***B4** Niederschlag von Bariumsulfat durch Überschreitung des Löslichkeitsproduktes*

Viele Salze lösen sich in Wasser. Wasser-Moleküle sind Dipole; sie werden deshalb von Ionen angezogen. Treffen Wasser-Moleküle auf ein Ionengitter, können Ionen hydratisiert werden und in Lösung gehen. Umgekehrt können Ionen unter Verlust ihrer Hydrathülle wieder in das Ionengitter eingelagert werden. Während des Lösungsvorgangs gehen mehr Ionen in Lösung als Ionen wieder in das Gitter eingebaut werden.
Mit steigender Konzentration der Ionen in der Lösung steigt die Kristallisationsgeschwindigkeit. In einer **gesättigten Lösung** [B1] besteht ein Gleichgewicht zwischen Lösungs- und Kristallisationsvorgang. Beide Prozesse laufen gleich schnell ab, sodass sich die Konzentrationen der Ionen in der Lösung nicht ändern [B2]. Der Bodenkörper ist ein Feststoff, die gesättigte Lösung ist eine Flüssigkeit. Das Löslichkeitsgleichgewicht ist also ein **heterogenes Gleichgewicht**.

Löslichkeitsprodukt. Auch für Löslichkeitsgleichgewichte lässt sich das Massenwirkungsgesetz (Kap. 2.17) formulieren. Allerdings sind im *heterogenen* Gleichgewicht die Konzentrationen der gelösten Ionen (Produkte) unabhängig davon, wie viel Bodenkörper (Edukt) vorhanden ist. Das Massenwirkungsgesetz vereinfacht sich entsprechend: Der Nenner des Bruchs mit den Konzentrationen der Edukte entfällt. Die Gleichgewichtskonstante bezeichnet man als **Löslichkeitsprodukt** K_L.
Beispiele:

$$AgCl \rightleftharpoons Ag^+ + Cl^- \quad | \; K_L = c(Ag^+) \cdot c(Cl^-)$$

$$PbI_2 \rightleftharpoons Pb^{2+} + 2\,I^- \quad | \; K_L = c(Pb^{2+}) \cdot c^2(I^-)$$

Allgemein:

$$A_xB_y \rightleftharpoons x\,A^{a+} + y\,B^{b-} \quad | \; K_L = c^x(A^{a+}) \cdot c^y(B^{b-})$$

Das Löslichkeitsprodukt K_L ist ein Maß für die Löslichkeit eines Salzes bei einer gegebenen Temperatur. Je größer K_L ist, desto höher sind die Konzentrationen der gelösten Ionen in der gesättigten Lösung.
Filtriert man die gesättigte Lösung eines Salzes vom Bodenkörper ab und dampft das Filtrat ein, so lässt sich aus der Masse des abgetrennten Salzes das Löslichkeitsprodukt berechnen [B5]. Umgekehrt kann aus dem Löslichkeitsprodukt eines Salzes seine **Sättigungskonzentration** ermittelt werden [B6].

Salz	K_L bei $\vartheta = 25\,°C$
AgOH	$1{,}5 \cdot 10^{-8}$ mol²/l²
AgCl	$1{,}6 \cdot 10^{-10}$ mol²/l²
Ag_2CO_3	$6{,}2 \cdot 10^{-12}$ mol³/l³
AgBr	$6{,}3 \cdot 10^{-13}$ mol²/l²
AgI	$1{,}5 \cdot 10^{-16}$ mol²/l²
Ag_2S	$1{,}6 \cdot 10^{-49}$ mol³/l³
$Ba(OH)_2$	$4{,}3 \cdot 10^{-3}$ mol³/l³
$BaCO_3$	$8{,}1 \cdot 10^{-9}$ mol²/l²
$BaSO_4$	$1 \cdot 10^{-10}$ mol²/l²
$CaSO_4$	$6{,}1 \cdot 10^{-5}$ mol²/l²
$Ca(OH)_2$	$5{,}5 \cdot 10^{-6}$ mol³/l³
$CaCO_3$	$4{,}8 \cdot 10^{-9}$ mol²/l²
$Mg(OH)_2$	$2{,}6 \cdot 10^{-12}$ mol³/l³
$PbCl_2$	$2{,}0 \cdot 10^{-5}$ mol³/l³
$PbSO_4$	$1{,}5 \cdot 10^{-8}$ mol²/l²
PbI_2	$8{,}7 \cdot 10^{-9}$ mol³/l³
PbS	$3{,}4 \cdot 10^{-28}$ mol²/l²

***B3** Löslichkeitsprodukte einiger Salze in Wasser*

Löslichkeitsgleichgewichte und Zugabe von Salzlösungen. Gibt man gesättigte Kaliumchlorid-Lösung oder gesättigte Natriumnitrat-Lösung zu einer gesättigen Kaliumnitrat-Lösung, so fällt Kaliumnitrat aus. Die Zufuhr einer Ionenart verschiebt das Gleichgewicht nach dem Prinzip von LE CHATELIER und BRAUN in die Richtung, bei der ein Teil dieser Ionen verbraucht wird. Der Wert von K_L ändert sich dabei nicht.

Wird zu einer gesättigten Silberchlorid-Lösung eine Kaliumiodid-Lösung getropft, bildet sich ein Niederschlag von Silberiodid. Das Löslichkeitsprodukt von Silberiodid ist kleiner als das von Silberchlorid [V1, B3]. Durch Zugabe von Iodid-Ionen wird das Löslichkeitsprodukt von Silberiodid überschritten, sodass es ausfällt.

In einer Salzlösung liegen höchstens so viele Kationen und Anionen vor, dass das Produkt ihrer Konzentrationen nicht größer ist als das Löslichkeitsprodukt K_L.

Nachweis von Ionen. Die Überschreitung des Löslichkeitsprodukts eines schwer löslichen Salzes wird zum Nachweis von Ionen genutzt. So kann man z. B. Chlorid-Ionen (Cl^-) durch Zugeben von Silber-Ionen (Ag^+) nachweisen; es bildet sich ein weißer Niederschlag von Silberchlorid. (Auch Br^-- und I^--Ionen lassen sich so nachweisen.) Umgekehrt kann man Ag^+-Ionen mit Cl^--Ionen nachweisen. Nach demselben Prinzip kann man Ba^{2+}-Ionen mit SO_4^{2-}-Ionen nachweisen und umgekehrt [B4].

Der Nachweis vieler Ionen beruht auf der Bildung eines schwer löslichen Salzes, d. h. auf einem sehr kleinen Löslichkeitsprodukt.

Löslichkeitsgleichgewichte und Temperatur. Der Lösungsvorgang von Kaliumnitrat in Wasser ist *endotherm*. Erhitzt man eine gesättigte Lösung über einem Bodenkörper von Kaliumnitrat, geht ein Teil des Bodenkörpers in Lösung [V2]. Das Löslichkeitsprodukt wird folglich *größer*.
Der Lösungsvorgang von Lithiumchlorid in Wasser ist *exotherm*. In diesem Fall wird das Löslichkeitsprodukt beim Erwärmen *kleiner*. Das Prinzip von LE CHATELIER und BRAUN (Kap. 2.13) gilt also auch für den Einfluss der Temperatur auf die Löslichkeit.

**Ist der Lösungsvorgang exotherm, so sinkt die Löslichkeit bei Temperaturerhöhung.
Ist der Lösungsvorgang endotherm, so steigt die Löslichkeit bei Temperaturerhöhung.**

100 ml gesättigte Blei(II)-chlorid-Lösung werden vom Bodenkörper abfiltriert und eingedampft. Die Masse des Bleichlorids beträgt 0,473 g.
Wie groß ist das Löslichkeitsprodukt von Blei(II)-chlorid?

Lösung:

$$PbCl_2 \rightleftharpoons Pb^{2+} + 2\,Cl^-$$

$$K_L = c(Pb^{2+}) \cdot c^2(Cl^-) \quad \text{und} \quad c(Cl^-) = 2\,c(Pb^{2+})$$

$$\Rightarrow \quad K_L = c(Pb^{2+}) \cdot (2\,c(Pb^{2+}))^2 = 4\,c^3(Pb^{2+})$$

$$c(Pb^{2+}) = \frac{n(Pb^{2+})}{V(\text{Lösung})} \quad \text{und} \quad n(Pb^{2+}) = n(PbCl_2) = \frac{m(\text{Blei(II)-chlorid})}{M(PbCl_2)}$$

$$\Rightarrow \quad c(Pb^{2+}) = \frac{m(\text{Blei(II)-chlorid})}{M(PbCl_2) \cdot V(\text{Lösung})} = \frac{0{,}473\,g}{278{,}1\,g/mol \cdot 0{,}100\,l} \approx 0{,}017\,mol/l$$

$$\Rightarrow \quad K_L = 4\,c^3(Pb^{2+}) \approx 4 \cdot (0{,}017\,mol/l)^3 \approx 2{,}0 \cdot 10^{-5}\,mol^3/l^3$$

B5 *Bestimmung eines Löslichkeitsprodukts*

Wie hoch ist die Sättigungskonzentration von Silberchlorid in Wasser?

Lösung:

$$AgCl \rightleftharpoons Ag^+ + Cl^-$$

$$K_L = c(Ag^+) \cdot c(Cl^-) = 1{,}6 \cdot 10^{-10}\,mol^2/l^2 \quad \text{und} \quad c(Ag^+) = c(Cl^-)$$

$$\Rightarrow \quad K_L = c^2(Ag^+) = c^2(Cl^-) = c^2(AgCl) = 1{,}6 \cdot 10^{-10}\,mol^2/l^2$$

$$\Leftrightarrow \quad c(Ag^+) = c(Cl^-) = c(AgCl) = \sqrt{1{,}6 \cdot 10^{-10}\,mol^2/l^2} = 1{,}3 \cdot 10^{-5}\,mol/l$$

Die Sättigungskonzentration von Silberchlorid ist $c(AgCl) = 1{,}3 \cdot 10^{-5}\,mol/l$.

B6 *Berechnung der Sättigungskonzentration eines Salzes*

V1 **a)** Tropfen Sie zu einer verdünnten Silbernitrat-Lösung einige Tropfen verd. Natriumchlorid-Lösung und filtrieren Sie den Niederschlag ab. Tropfen Sie zum Filtrat verd. Kaliumiodid-Lösung und filtrieren Sie erneut. **b)** ⚠ (Abzug!) Prüfen Sie, ob mit Natriumsulfid-Lösung noch Silbersulfid ausgefällt wird.

V2 Geben Sie unter Rühren in kleinen Portionen Kaliumnitrat zu 100 ml Wasser, bis sich ein Bodenkörper bildet. Erwärmen Sie dann das Gemisch.

A1 ○ Formulieren Sie jeweils das Löslichkeitsprodukt der folgenden Salze: $CaCO_3$, $Al(OH)_3$, Na_2S.

A2 ○ Kühlt man eine gesättigte Ammoniumnitrat-Lösung ab, bildet sich ein Bodenkörper. Begründen Sie, ob das Lösen von Ammoniumnitrat ein exothermer oder ein endothermer Vorgang ist.

A3 ◒ Berechnen Sie die Massen der gelösten Silber- und Chlorid-Ionen in 100 ml gesättigter Silberchlorid-Lösung aus der Sättigungskonzentration [B6].

A4 ◒ In einer gesättigten Aluminiumhydroxid-Lösung ist $c(OH^-) = 7{,}4 \cdot 10^{-9}\,mol/l$. Berechnen Sie das Löslichkeitsprodukt von Aluminiumhydroxid.

A5 ◒ Berechnen Sie die Masse der gelösten Blei-Ionen **a)** in 1 l gesättigter Bleichlorid-Lösung, **b)** in 1 l gesättigter Bleiiodid-Lösung.

4.8 Säurestärke und pH-Wert saurer Lösungen

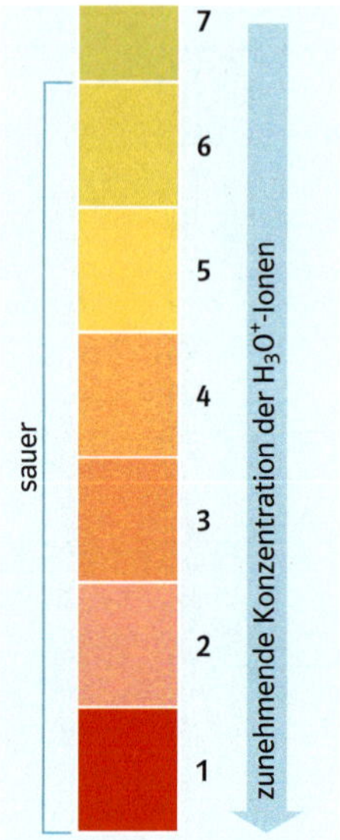

B1 *pH-Werte saurer Lösungen*

Aus der Konzentration einer Säure und ihrer Säurestärke kann man den pH-Wert berechnen.

Sehr starke Säuren wie z. B. Chlorwasserstoff reagieren vollständig mit Wasser:

$$HA + H_2O \longrightarrow A^- + H_3O^+$$

Man kann somit die Konzentration $c(A^-)$ gleich der Ausgangskonzentration $c_0(HA)$ setzen. Da man für Konzentrationen $c_0(HA) \geq 10^{-6}$ mol/l die H_3O^+-Ionen aus dem Autoprotolysegleichgewicht des Wassers vernachlässigen kann, ist näherungsweise $c(H_3O^+) = c(A^-) = c_0(HA)$.
Für den pH-Wert der Säurelösung gilt dann annähernd:

$$pH = -\lg\{c_0(HA)\}$$

pH-Wert der Lösung einer sehr starken Säure

Schwache Säuren reagieren in einer Gleichgewichtsreaktion nur in sehr geringem Ausmaß mit Wasser, z. B. Essigsäure:

$$HA + H_2O \rightleftharpoons A^- + H_3O^+$$

Die Gleichgewichtskonzentration $c(HA)$ ist näherungsweise gleich der Ausgangskonzentration $c_0(HA)$. Vernachlässigt man außerdem die Oxonium-Ionen aus dem Autoprotolysegleichgewicht des Wassers, gilt $c(A^-) \approx c(H_3O^+)$. Mit diesen Näherungen und mit Kenntnis des K_S- bzw. pK_S-Wertes der Säure lässt sich der pH-Wert der Säurelösung berechnen [B2].

Der pH-Wert der Lösung einer sehr starken Säure ist abhängig von der Konzentration der Säure.
Der pH-Wert der Lösung einer schwachen Säure hängt von der Konzentration der Säure und ihrem pK_S-Wert ab.

$$K_S = \frac{c(A^-) \cdot c(H_3O^+)}{c(HA)} = \frac{c^2(H_3O^+)}{c_0(HA)}$$

$$\Leftrightarrow \quad c(H_3O^+) = \sqrt{K_S \cdot c_0(HA)} = [K_S \cdot c_0(HA)]^{1/2}$$

Logarithmieren der Gleichung und Multiplikation mit −1 ergibt:

$$\Leftrightarrow \quad -\lg\{c(H_3O^+)\} = \frac{1}{2} \cdot [-\lg\{K_S\} - \lg\{c_0(HA)\}]$$

$$\Leftrightarrow \quad pH = \frac{1}{2} \cdot [pK_S - \lg\{c_0(HA)\}]$$

pH-Wert der Lösung einer schwachen Säure

B2 *pH-Wert-Berechnung bei einer schwachen Säure*

Sehr starke Säure:
$c_0(HCl) = 0{,}01$ mol/l

$$pH = -\lg\{c(H_3O^+)\} = -\lg\{c_0(HCl)\} = -\lg 10^{-2} = 2$$

Schwache Säure:
$c_0(CH_3COOH) = 0{,}01$ mol/l

$$pH = \frac{1}{2}[pK_S - \lg\{c_0(CH_3COOH)\}] = \frac{1}{2}[4{,}75 + 2] = 3{,}38$$

Aufgabe: Berechnen Sie den pH-Wert einer Ammoniumchlorid-Lösung der Konzentration $c_0(NH_4Cl) = 0{,}1$ mol/l.

Lösung: Ammoniumchlorid besteht aus Ammonium-Ionen und Chlorid-Ionen. Das Chlorid-Ion ist eine sehr schwache Base; es geht mit dem Wasser-Molekül keine Säure-Base-Reaktion ein. Das Ammonium-Ion ($pK_S = 9{,}25$) ist eine schwache Säure, die mit einem Wasser-Molekül ein Oxonium-Ion bildet:

$$NH_4^+ + H_2O \rightleftharpoons NH_3 + H_3O^+$$

Berechnung des pH-Wertes:

$$pH = \frac{1}{2} \cdot [9{,}25 - \lg 0{,}1] = \frac{1}{2} \cdot [9{,}25 - (-1)]$$
$$= \frac{1}{2} \cdot 10{,}25 \approx 5{,}13$$

B3 *pH-Werte von Säurelösungen: Rechenbeispiele*

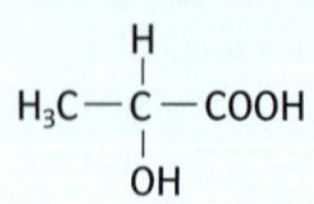

B4 *Milchsäure, eine schwache Säure, verleiht dem Joghurt den fein säuerlichen Geschmack [A3]*

A1 ◒ Berechnen Sie die pH-Werte von:
a) Salzsäure $c_0(HCl) = 0{,}001$ mol/l
b) Salzsäure $c_0(HCl) = 0{,}02$ mol/l,
c) Essigsäure $c_0(HAc) = 0{,}1$ mol/l

A2 ● Welche Aussage können Sie über den pH-Wert einer Salzsäure der Konzentration $c_0(HCl) = 10^{-8}$ mol/l machen?

A3 ◒ In 100 ml Joghurt sind nach Lebensmittelanalysen 1,1 g Milchsäure [B4] enthalten.
Der K_S-Wert dieser einprotonigen Säure ist $K_S = 1{,}35 \cdot 10^{-4}$ mol/l. Berechnen Sie den pH-Wert des Joghurts unter der Annahme, dass dieser nur von der Konzentration der Milchsäure abhängig ist.

4.9 Basenstärke und pH-Wert alkalischer Lösungen

Basenlösungen haben pH-Werte größer als 7. Aus der Konzentration einer Base und ihrer Basenstärke kann man den pH-Wert berechnen.

Sehr starke Basen wie z. B. das Oxid-Ion (O^{2-}) und das Amid-Ion (NH_2^-) reagieren vollständig mit Wasser. Beispiel:

$$H_2O + O^{2-} \longrightarrow 2\,OH^-$$

Gibt man also z. B. Kaliumoxid (K_2O) in Wasser, entsteht eine Kaliumhydroxid-Lösung. Da man für Konzentrationen $c_0(O^{2-}) \geq 10^{-6}$ mol/l die OH^--Ionen aus dem Autoprotolysegleichgewicht des Wassers vernachlässigen kann, ist näherungsweise $c(OH^-) = 2 \cdot c_0(O^{2-})$.
Für den pOH-Wert gilt:

$$\text{pOH} = -\lg\{c(OH^-)\} = -\lg\{c_0(OH^-)\}$$

pOH-Wert der Lösung eines Metallhydroxids

Der pOH-Wert lässt sich leicht in den pH-Wert umrechnen:

$$\text{pH} = \text{p}K_W - \text{pOH} \quad \text{oder} \quad \text{pH} = 14 - \text{pOH}$$

Sehr starke Base:
$c_0(OH^-) = 0{,}1$ mol/l

$$\text{pOH} = -\lg\{c(OH^-)\} = -\lg\{c_0(OH^-)\} = -\lg 10^{-1} = 1$$

$$\text{pH} = 14 - \text{pOH} = 14 - 1 = 13$$

Schwache Base:
$c_0(NH_3) = 0{,}1$ mol/l

$$\text{pOH} = \tfrac{1}{2}[\text{p}K_B - \lg\{c_0(NH_3)\}] = \tfrac{1}{2}[4{,}75 + 1] = 2{,}88$$

$$\text{pH} = 14 - \text{pOH} = 14 - 2{,}88 = 11{,}12$$

Aufgabe: Berechnen Sie den pH-Wert einer Natriumacetat-Lösung mit $c(NaAc) = 0{,}1$ mol/l.

Lösung: Das Natrium-Ion geht mit dem Wasser-Molekül keine Säure-Base-Reaktion ein. Das Acetat-Ion reagiert als Base mit Wasser:

$$H_2O + Ac^- \rightleftharpoons OH^- + HAc$$

$$\text{pOH} = \tfrac{1}{2} \cdot [9{,}25 - \lg 0{,}1] = \tfrac{1}{2} \cdot [9{,}25 - (-1)]$$

$$= \tfrac{1}{2} \cdot 10{,}25 \approx 5{,}13$$

$$\text{pH} = 14 - 5{,}13 = 8{,}87$$

B3 pH-Werte von Basenlösungen: Rechenbeispiele

$$K_B = \frac{c(OH^-) \cdot c(HB^+)}{c(B)} = \frac{c^2(OH^-)}{c_0(B)}$$

$$\Leftrightarrow c(OH^-) = \sqrt{K_B \cdot c_0(B)} = [K_B \cdot c_0(B)]^{1/2}$$

Logarithmieren der Gleichung und Multiplikation mit −1 ergibt:

$$\Leftrightarrow -\lg\{c(OH^-)\} = \tfrac{1}{2} \cdot [-\lg\{K_B\} - \lg\{c_0(B)\}]$$

$$\Leftrightarrow \text{pOH} = \tfrac{1}{2} \cdot [\text{p}K_B - \lg\{c_0(B)\}]$$

pOH-Wert der Lösung einer schwachen Base

B1 pOH-Wert-Berechnung bei einer schwachen Base

Schwache Basen reagieren in einer Gleichgewichtsreaktion nur in sehr geringem Ausmaß mit Wasser, z. B. Ammoniak (NH_3):

$$H_2O + B \rightleftharpoons OH^- + HB^+$$

Die Gleichgewichtskonzentration $c(B)$ ist näherungsweise gleich der Ausgangskonzentration $c_0(B)$. Vernachlässigt man außerdem die Hydroxid-Ionen aus dem Autoprotolysegleichgewicht des Wassers, gilt $c(OH^-) \approx c(HB^+)$. Mit diesen Näherungen und mit Kenntnis des K_B- bzw. pK_B-Wertes der Base lässt sich der pOH-Wert der Basenlösung berechnen [B1].

Der pH-Wert der Lösung einer sehr starken Base ist abhängig von der Konzentration der Base.
Der pH-Wert der Lösung einer schwachen Base hängt von der Konzentration der Base und ihrem pK_B-Wert ab.

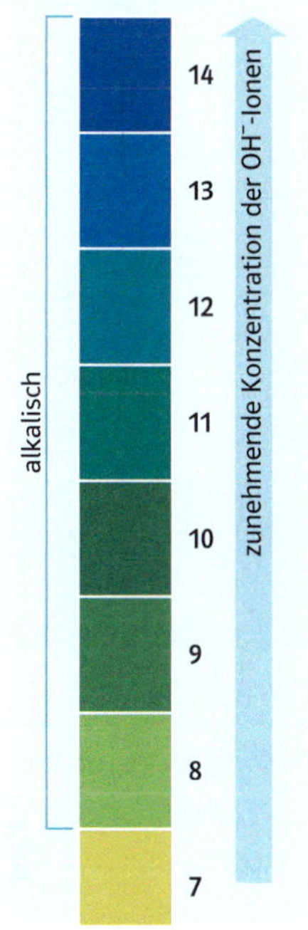

B2 pH-Werte alkalischer Lösungen

A1 Berechnen Sie die pH-Werte von:
a) Kalilauge $c_0(KOH) = 0{,}01$ mol/l
b) Kalkwasser $c_0(Ca(OH)_2) = 0{,}0005$ mol/l
c) Ammoniak-Lösung $c_0(NH_3) = 1$ mol/l

A2 Man lässt 0,05 mol Kaliumoxid (K_2O) mit Wasser reagieren und füllt dann die Lösung auf 1 Liter auf. Berechnen Sie den pH-Wert.

A3 Einige Backofenreiniger [B4] enthalten 2-Aminoethanol als Base. Der pK_B-Wert dieser Base ist 4,56.
a) Formulieren Sie die Gleichgewichtsreaktion von 2-Aminoethanol mit Wasser.
b) Erläutern Sie, welche Funktion dieser Stoff im Backofenreiniger erfüllen soll.

$H_2N-CH_2-CH_2-OH$

B4 Einige Backofenreiniger enthalten die schwache Base 2-Aminoethanol [A3]

4.10 Protolysen in Salzlösungen

***B1** Feste saure WC-Reiniger enthalten u.a. Natriumhydrogensulfat*

Salzlösungen können *sauer*, *neutral* oder *alkalisch* sein. Salze sind kristalline Verbindungen, die aus Ionen aufgebaut sind. Beim Lösen in Wasser können ihre Kationen und Anionen als Säuren oder Basen mit dem Ampholyt Wasser reagieren.

Kationen als Säuren. Damit ein Kation als Säure reagieren kann, muss es ein Proton abgeben können.
Das Ammonium-Ion ist die konjugierte (korrespondierende) Säure des Ammoniak-Moleküls, einer schwachen Base. Mit einem Wasser-Molekül bildet es ein Oxonium-Ion:

$$NH_4^+ + H_2O \rightleftharpoons NH_3 + H_3O^+$$

Einige Metall-Ionen (z.B. Al^{3+} und Fe^{3+}) bilden ebenfalls saure Lösungen. Ionen liegen in wässriger Lösung stets hydratisiert vor. Wenn man nur die direkt an das Metall-Ion gebundenen Wasser-Moleküle berücksichtigt, lauten die Formeln der hydratisierten Metall-Ionen z.B. $[Fe(H_2O)_6]^{3+}$ und $[Al(H_2O)_6]^{3+}$). Die gebundenen Wasser-Moleküle werden durch das mehrfach positiv geladene Metall-Ion so stark polarisiert, dass es zur Abspaltung eines Protons kommen kann. Deshalb reagieren diese hydratisierten Metall-Ionen als Säuren mit Wasser-Molekülen [B2].

Hydratisierte Metall-Ionen sind umso stärkere Säuren, je höher ihre Ladung und je kleiner ihr Radius ist, d.h., je größer ihre Ladungsdichte ist. Hydratisierte Alkali- und Erdalkalimetall-Ionen haben aufgrund ihrer geringen Ladungsdichte eine so geringe Säurestärke, dass ihre wässrigen Lösungen nicht sauer sind. Li^+, Na^+, K^+, Mg^{2+} und Ca^{2+} sind also „neutrale" Metall-Ionen.

Anionen als Säuren. Wenn eine mehrprotonige Säure nur ein Proton abgibt, kann auch ihr Anion als Säure mit Wasser reagieren. Das Hydrogensulfat-Ion ist z.B. eine so starke Säure, dass Natriumhydrogensulfat mit Wasser eine saure Lösung bildet:

$$HSO_4^- + H_2O \rightleftharpoons SO_4^{2-} + H_3O^+$$

Daher verwendet man z.B. Natriumhydrogensulfat unter anderem als Säure in festen WC-Reinigern.

Anionen als Basen. Anionen, die konjugierte Basen schwacher Säuren sind, reagieren als Basen mit Wasser. Beispielsweise bildet Natriumacetat mit Wasser alkalische Lösungen, weil das Acetat-Ion mit einem Wasser-Molekül als Base reagiert:

$$CH_3COO^- + H_2O \rightleftharpoons CH_3COOH + OH^-$$

Die Anionen sehr starker Säuren und auch die Anionen vieler starker Säuren sind sehr schwache bzw. schwache Basen. Sie reagieren deshalb praktisch nicht mit Wasser-Molekülen. Zu diesen „neutralen Anionen" gehören Cl^-, Br^-, I^-, NO_3^-, ClO_4^- und SO_4^{2-}.

Neutrale Salzlösungen. Die wässrige Lösung eines Salzes ist neutral, wenn weder die Kationen noch die Anionen mit Wasser in merklichem Ausmaß reagieren (z.B. Natriumchlorid-Lösung) oder wenn die Säurestärke der einen Ionenart gleich der Basenstärke der anderen ist (z.B. Ammoniumacetat-Lösung). Der pK_S-Wert des Ammonium-Ions ist $pK_S = 9{,}25$; der pK_B-Wert des Acetat-Ions ist $pK_B = 9{,}25$. Ammoniumacetat ($CH_3COO^-NH_4^+$) bildet deshalb mit Wasser eine neutrale Lösung.

Hydratisierte Metall-Ionen kann man als Komplexe betrachten (Kap. 6.17, Kap. 12): Die *Liganden* (H_2O-Moleküle) sind über *koordinative Bindungen* an das *Zentralteilchen* (Metall-Ion) gebunden.

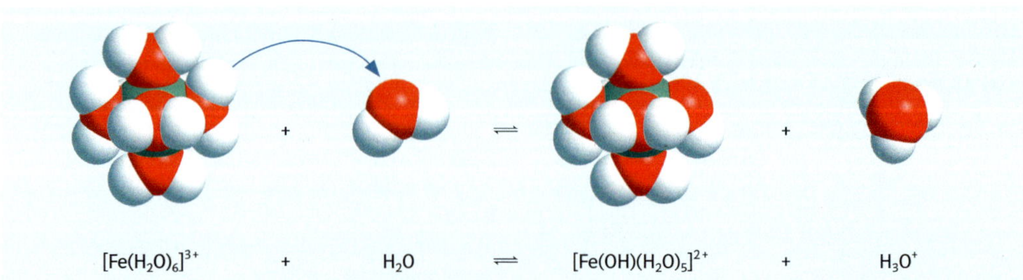

***B2** Das hydratisierte Fe^{3+}-Ion kann als Säure reagieren*

Salz	Ionen nach dem Lösen des Salzes in Wasser	pK_S- und pK_B-Werte	Säure-Base-Reaktion der Ionen	Einordnung der Lösung
Natrium-hydrogen-sulfat	$Na^+ + HSO_4^-$	$pK_S(HSO_4^-) = 1{,}92$	Na^+-Ionen gehen mit Wasser keine Säure-Base-Reaktion ein. $HSO_4^- + H_2O \rightleftharpoons SO_4^{2-} + H_3O^+$	Die Lösung ist sauer.
Eisen(III)-chlorid	$[Fe(H_2O)_6]^{3+} + 3\,Cl^-$	$pK_S([Fe(H_2O)_6]^{3+}) = 2{,}22$	$[Fe(H_2O)_6]^{3+} + H_2O \rightleftharpoons [Fe(OH)(H_2O)_5]^{2+} + H_3O^+$ Cl^--Ionen gehen mit Wasser keine Säure-Base-Reaktion ein.	Die Lösung ist sauer.
Kalium-carbonat	$2\,K^+ + CO_3^{2-}$	$pK_B(CO_3^{2-}) = 3{,}60$	$CO_3^{2-} + H_2O \rightleftharpoons HCO_3^- + OH^-$	Die Lösung ist alkalisch.
Natrium-chlorid	$Na^+ + Cl^-$	Keine Angabe des pK_S- bzw. pK_B-Wertes möglich	Na^+- und Cl^--Ionen gehen mit Wasser keine Säure-Base-Reaktionen ein.	Die Lösung ist neutral.
Ammonium-acetat	$NH_4^+ + Ac^-$	$pK_S(NH_4^+) = pK_B(Ac^-) = 9{,}25$	$NH_4^+ + H_2O \rightleftharpoons NH_3 + H_3O^+$ $Ac^- + H_2O \rightleftharpoons HAc + OH^-$	Die Lösung ist neutral.

***B3** Protolyse von Salzen: qualitative Abschätzung des pH-Bereichs aus den pK-Werten*

Abschätzung des pH-Werts einer Salzlösung. Sind die pK_S bzw. pK_B Werte der Ionen bekannt, kann man qualitativ voraussagen, ob die wässrige Lösung eines Salzes sauer, alkalisch oder neutral ist [B3].
Bei einigen Salzen sind die Anionen Ampholyte, z.B. HSO_4^- oder HPO_4^{2-}. Bei amphoteren Anionen ist entscheidend, ob ihre Säurestärke oder Basenstärke überwiegt. Ist der pK_S-Wert kleiner als der pK_B-Wert, dann ist die wässrige Lösung sauer, im umgekehrten Fall alkalisch. Dies gilt allerdings nur, wenn das Kation des Salzes eine sehr schwache Säure ist.

Beim Lösen eines Salzes kann eine saure, neutrale oder alkalische Lösung entstehen. Entscheidend für den pH-Wert einer Salzlösung sind die Säure-Base-Reaktionen der Kationen und Anionen mit den Wasser-Molekülen.

V1 Bestimmen Sie die pH-Werte von dest. Wasser und der Lösungen ($c = 0{,}1\,mol/l$) von: Natriumchlorid (NaCl), Natriumacetat (CH_3COONa), Ammoniumchlorid (NH_4Cl), Ammoniumacetat (CH_3COONH_4) und Eisen(III)-chlorid ($FeCl_3$).

V2 Füllen Sie ein Reagenzglas zu etwa einem Drittel mit dest. Wasser. Geben Sie eine Spatelspitze festen WC-Reiniger [B1] dazu und beobachten Sie die Reaktion. Wenn die Reaktion schwächer wird, geben Sie eine Spatelspitze Calciumcarbonat dazu.

A1 Erklären Sie die folgenden Sachverhalte durch Anwendung der Brønsted-Säure-Base-Theorie:
Eine Ammoniumchlorid- und auch eine Zinkchlorid-Lösung sind sauer. Eine Kaliumnitrat- und eine Natriumsulfat-Lösung sind neutral. Eine Natriumsulfid- und auch eine Natriumhydrogencarbonat-Lösung sind alkalisch.

A2 Begründen Sie, weshalb eine Natriumcarbonat-Lösung stärker alkalisch ist als eine Natriumhydrogencarbonat-Lösung gleicher Ausgangskonzentration.

A3 Saurer WC-Reiniger kann zur Beseitigung von Urinstein und Kalk eingesetzt werden. Neben Natriumhydrogensulfat („Natriumbisulfat") enthält der WC-Reiniger häufig auch Natriumhydrogencarbonat oder Natriumcarbonat. Erläutern Sie den Zweck dieses Zusatzes.

A4 Gibt man eine Spatelspitze Natriumhydrogensulfat zu dest. Wasser, erhält man eine saure Lösung. Wird eine Spatelspitze Natriumhydrogencarbonat in Wasser gelöst, bildet sich eine alkalische Lösung. Deuten Sie die beschriebenen Beobachtungen.

4.11 Puffersysteme

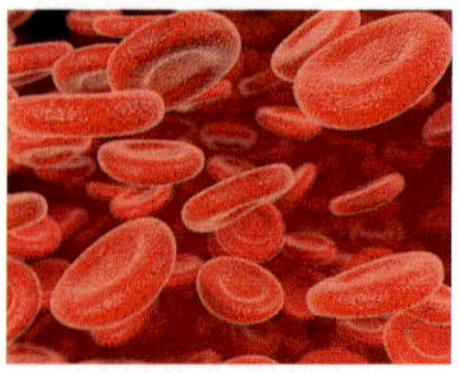

***B1** Der pH-Wert des Blutes darf nur wenig schwanken*

***B2** Häufig verwendete Pufferlösungen*

$$HAc + H_2O \rightleftharpoons Ac^- + H_3O^+$$
$$+$$
$$Ac^- + H_2O \rightleftharpoons HAc + OH^-$$
$$\Updownarrow$$
$$2\,H_2O$$

***B3** Vernetzung der Gleichgewichtsreaktionen im Essigsäure-Acetat-Puffer*

Der pH-Wert des menschlichen Blutes [B1] schwankt nur sehr wenig um den pH-Wert von 7,4, obwohl beim Stoffwechsel Säuren an das Blut abgegeben werden [B6].
Gibt man dagegen zu dest. Wasser nur wenig Salzsäure, so zieht dies eine hohe pH-Wert-Änderung nach sich [V1]. Man bezeichnet Systeme, die auf die Zugabe einer sauren oder alkalischen Lösung mit einer nur sehr geringen pH-Wert-Änderung reagieren, als **Pufferlösungen**.

1 ml Salzsäure der Konzentration $c_0(HCl)$ = 1 mol/l wird zu folgenden Lösungen gegeben:

a) zu 0,1 l dest. Wasser (pH = 7)
b) zu 0,1 l Essigsäure-Acetat-Pufferlösung mit $c_0(HAc) = c_0(Ac^-) = 0{,}10\,mol/l$
(folglich ist $pH = pK_s = 4{,}75$)

Wie ändert sich jeweils der pH-Wert?

Stoffmenge von HCl:
$n(HCl) = 1\,mol/l \cdot 0{,}001\,l = 0{,}001\,mol$

Zur Vereinfachung wird das Volumen der zugegebenen Salzsäure vernachlässigt, d.h., das Volumen sei vor und nach der Zugabe 0,1 l.

Zu **a)**: pH-Wert der wässrigen Lösung der sehr starken Säure HCl: $pH = -\lg\{c(HCl)\}$

$c(HCl) = 0{,}001\,mol/(0{,}1\,l) = 0{,}01\,mol/l$

$pH = -\lg 0{,}01 = 2 \Rightarrow \Delta pH = 7 - 2 = 5$

Zu **b)**: pH-Wert der Essigsäure-Acetat-Pufferlösung:

$$pH = 4{,}75 + \lg\frac{c(Ac^-)}{c(HAc)}$$

Stoffmengen vor der Reaktion:
$n(Ac^-) = 0{,}10\,mol/l \cdot 0{,}1\,l = 0{,}010\,mol$
$n(HAc) = 0{,}10\,mol/l \cdot 0{,}1\,l = 0{,}010\,mol$

Annahme: Alle H_3O^+-Ionen der Salzsäure (0,001 mol) reagieren mit den Ac^--Ionen der Pufferlösung zu HAc. Daraus ergeben sich folgende Stoffmengen und Konzentrationen nach der Reaktion:

$n(Ac^-) = 0{,}010\,mol - 0{,}001\,mol = 0{,}009\,mol$
$n(HAc) = 0{,}010\,mol + 0{,}001\,mol = 0{,}011\,mol$

$c(Ac^-) = 0{,}009\,mol/(0{,}1\,l) = 0{,}09\,mol/l$
$c(HAc) = 0{,}011\,mol/(0{,}1\,l) = 0{,}11\,mol/l$

$$pH = 4{,}75 + \lg\frac{0{,}09\,mol/l}{0{,}11\,mol/l} = 4{,}75 - 0{,}09 = 4{,}66$$

$\Rightarrow \Delta pH = 4{,}75 - 4{,}66 = 0{,}09$

***B4** Beispielrechnung zur Wirkung einer Pufferlösung*

Wirkungsweise einer Pufferlösung. Eine Lösung, die Essigsäure und Natriumacetat in ausreichender und gleicher Konzentration enthält, hat einen pH-Wert von 4,75. Bei Zusatz von Oxonium- oder Hydroxid-Ionen in nicht allzu großen Stoffmengen sinkt bzw. steigt der pH-Wert nur geringfügig [V1]. Eine Lösung, die Essigsäure-Moleküle und Acetat-Ionen enthält, bezeichnet man **Essigsäure-Acetat-Puffer**. Die Reaktionsgleichung der Säure-Base-Reaktion ist:

$$HAc + H_2O \rightleftharpoons Ac^- + H_3O^+$$

Das System kann sowohl Oxonium-Ionen als auch Hydroxid-Ionen abfangen.

Zugabe von Oxonium-Ionen:
$$HAc + H_2O \longleftarrow Ac^- + H_3O^+$$

Das Gleichgewicht verschiebt sich nach links.

Zugabe von Hydroxid-Ionen:
$$HAc + OH^- \longrightarrow Ac^- + H_2O$$

Das Gleichgewicht verschiebt sich nach rechts.

Die schwache Säure gibt Protonen zur Neutralisation der Hydroxid-Ionen ab. Ihre konjugierte (korrespondierende) Base wirkt als Protonenakzeptor. Eine Pufferlösung enthält dementsprechend eine *schwache Säure und deren konjugierte Base*. Alternativ kann die Pufferlösung auch aus einer *schwachen Base und deren konjugierter Säure* bestehen. Ein Beispiel für eine Pufferlösung aus einer schwachen Base und ihrer konjugierten Säure ist der Ammoniak/Ammonium-Puffer (NH_3/NH_4^+-Puffer). In dieser Pufferlösung fangen die Ammoniak-Moleküle Oxonium-Ionen und die Ammonium-Ionen Hydroxid-Ionen ab:

$$NH_3 + H_3O^+ \longrightarrow NH_4^+ + H_2O$$
$$NH_4^+ + OH^- \longrightarrow NH_3 + H_2O$$

Puffersysteme sind Lösungen schwacher Säuren (Basen) und ihrer konjugierten Basen (Säuren). Pufferlösungen ändern ihren pH-Wert bei Zugabe von Oxonium- oder Hydroxid-Ionen nur wenig.

pH-Wert einer Pufferlösung. Neben dem Essigsäure-Acetat-Puffer gibt es eine Reihe weiterer wichtiger Pufferlösungen, z. B. den Kohlensäure-Hydrogencarbonat-Puffer (H_2CO_3/HCO_3^-) und den Phosphatpuffer ($H_2PO_4^-/HPO_4^{2-}$). Diese Puffersysteme entfalten ihre Wirkung bei unterschiedlichen pH-Werten.

Der pH-Wert einer Pufferlösung lässt sich mit dem Massenwirkungsgesetz berechnen:

$$\frac{c(H_3O^+) \cdot c(A^-)}{c(HA)} = K_S \quad \Leftrightarrow \quad c(H_3O^+) = K_S \cdot \frac{c(HA)}{c(A^-)}$$

Logarithmieren der Gleichung und Multiplikation mit −1 ergibt:

$$-\lg\{c(H_3O^+)\} = -\lg\{K_S\} - \lg\frac{c(HA)}{c(A^-)}$$

Wendet man die Definitionen des pH-Wertes und des pK_S-Wertes an, so ergibt sich:

$$pH = pK_S + \lg\frac{c(A^-)}{c(HA)}$$

(Henderson-Hasselbalch-Gleichung)

B5 zeigt diesen Zusammenhang grafisch.

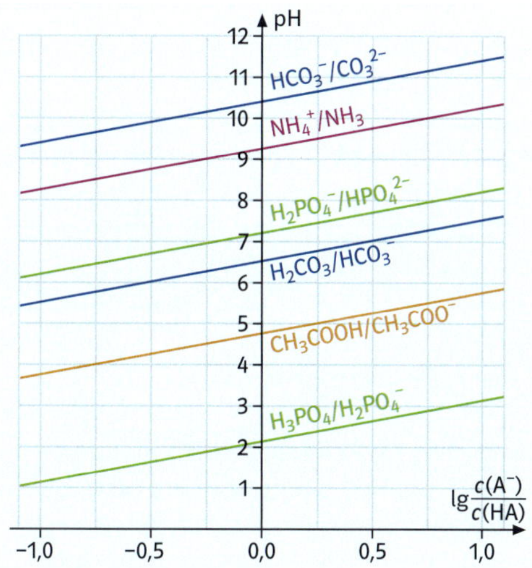

***B5** pH-Wert als Funktion von $\lg[c(A^-)/c(HA)]$ nach der Henderson-Hasselbalch-Gleichung*

Eigenschaften von Puffersystemen. Aus der Henderson-Hasselbalch-Gleichung („Puffergleichung") folgt u. a.: Der pH-Wert einer Pufferlösung ist gleich dem pK_S-Wert der schwachen Säure, wenn die Gleichgewichtskonzentrationen der Säure und der konjugierten Base gleich sind ($c(HA) = c(A^-)$).

Bei einem zehnfachen Überschuss an Base bzw. Säure weicht der pH-Wert der Pufferlösung um +1 bzw. −1 vom pK_S-Wert ab. Den Bereich zwischen $pK_S - 1$ und $pK_S + 1$ bezeichnet man als **Pufferbereich** des Puffersystems. In der Praxis setzt man häufig die Säure und die konjugierte Base im Stoffmengenverhältnis 1 : 1 ein. Bei diesem Verhältnis kann man in guter Näherung für die Gleichgewichtskonzentrationen $c(A^-)$ und $c(HA)$ die Ausgangskonzentrationen $c_0(A^-)$ und $c_0(HA)$ einsetzen.

Eine Pufferlösung kann nicht beliebig viele Oxonium-Ionen oder Hydroxid-Ionen neutralisieren. Die **Pufferkapazität** (Fähigkeit zur Pufferung) ist erschöpft, wenn der größte Teil der Säure zur konjugierten Base reagiert hat, bzw. der größte Teil der Base zur konjugierten Säure.
Je höher die Konzentrationen der Säure und der Base des Pufferstems sind, desto mehr Oxonium-Ionen oder Hydroxid-Ionen kann die Pufferlösung ohne größere pH-Wert-Änderung neutralisieren.

Der pH-Wert einer Pufferlösung entspricht ungefähr dem pK_S-Wert der schwachen Säure des Puffersystems (pH ≈ pK_S).

Der Pufferbereich eines Puffersystems liegt zwischen $pK_S - 1$ und $pK_S + 1$.

Puffer im Blut. Der pH-Wert des menschlichen Blutes muss zwischen 7,36 und 7,44 liegen, also im leicht alkalischen Bereich. Abweichungen des Blut-pH-Wertes sind lebensbedrohend. Fällt der pH-Wert des Blutes unter einen Wert von 7,3, kann diese sogenannte **Acidose** zu irreparablen Zellschäden führen, da wichtige Proteine bzw. Enzyme denaturiert werden. Steigt der pH-Wert dagegen über einen Wert von 7,45, spricht man von einer **Alkalose**. Eine Alkalose kann durch verstärktes Ausatmen von Kohlenstoffdioxid verursacht werden (respiratorische Alkalose) oder durch eine Störung der Nierenfunktion (metabolische Alkalose).

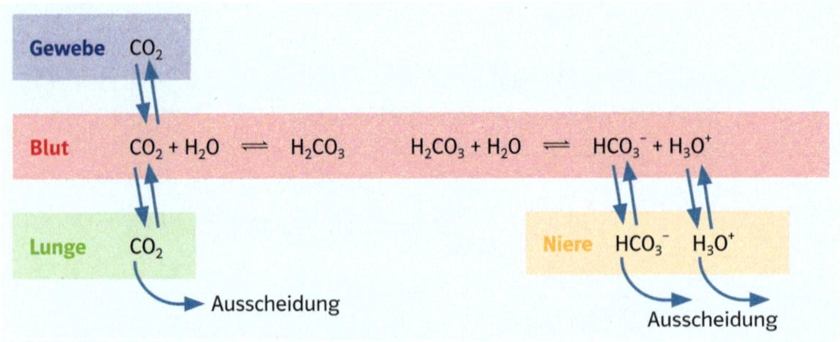

B6 *Kohlensäure-Hydrogencarbonat-Puffersystem im Organismus*

Kohlensäure-Bicarbonat-Puffer ist die veraltete Bezeichnung für Kohlensäure-Hydrogencarbonat-Puffer.

Homöostase Selbstregulation, Prozess der Konstanthaltung

Kalk Calciumcarbonat ($CaCO_3$)

Das wichtigste Puffersystem im Blut ist der Kohlensäure-Hydrogencarbonat-Puffer. Ist das Blut *an Oxonium-Ionen verarmt*, fungieren Kohlensäure-Moleküle als Protonenlieferanten. Ist das Blut *übersäuert*, sorgen Hydrogencarbonat-Ionen für das „Abfangen" der Protonen. Die Kohlensäure kann in Wasser und Kohlenstoffdioxid zerfallen, das über die Lunge abgeatmet werden kann [B6].

Neben dem Kohlensäure-Hydrogencarbonat-Puffer sorgen auch Protein-Puffersysteme und der Hydrogenphosphat-Puffer für die Homöostase des Blutes.

Puffer in Böden. Die verschiedenen Arten von Böden unterscheiden sich u.a. durch den pH-Wert, auf den die darauf wachsenden Pflanzenarten angepasst sind. Viele Böden sind *schwach alkalisch* oder *schwach sauer*. In ihnen dominiert ein Puffersystem aus Kohlensäure und ihren Anionen $H_2CO_3 / HCO_3^- / CO_3^{2-}$). Wenn in einem Acker- oder Waldboden dieses Puffersystem durch Säuren aus der Umwelt überlastet wurde, kann man es durch Düngen mit Kalk wieder auf den richtigen pH-Wert bringen. Zudem sorgt der Kalk für ein verbessertes Wurzelwachstum. In *sauren* Böden sind an der Pufferung u.a. Tonmineralien beteiligt, die als Ionenaustauscher wirken. In *sehr sauren* Böden wirken hydratisierte Eisen- und Aluminium-Ionen und ihre konjugierten Basen als Puffersysteme.

Puffer in der Industrie. Puffersysteme spielen auch in vielen Bereichen der Industrie eine wichtige Rolle. Beispielsweise werden bei der Herstellung von *Leder* und *Farbstoffen* oder beim *Galvanisieren* Pufferlösungen benötigt.

Puffersysteme sind wichtig für lebende Organismen und für industrielle Verfahren.

V1 Geben Sie in zwei Bechergläser jeweils 100 ml dest. Wasser und in zwei weitere jeweils 100 ml einer Lösung aus Essigsäure (HAc) und Natriumacetat mit den Konzentrationen $c_0(\text{HAc}) = c_0(\text{NaAc}) = 0{,}1\,\text{mol/l}$. Geben Sie zu dem dest. Wasser und der Lösung jeweils 5 Tropfen Universalindikator-Lösung. Geben Sie in das eine Becherglas mit dest. Wasser und in das eine Becherglas mit der Essigsäure-Natriumacetat-Lösung jeweils 1 ml Salzsäure der Konzentration $c_0(\text{HCl}) = 1\,\text{mol/l}$.
In die beiden anderen Bechergläser lassen Sie je 1 ml Natronlauge der Konzentration $c_0(\text{NaOH}) = 1\,\text{mol/l}$ fließen. Rühren Sie um, bestimmen Sie die pH-Werte und vergleichen Sie die pH-Wert-Änderungen.

A1 ◒ In 100 ml Lösung sind je 0,1 mol Ammoniak und Ammoniumchlorid gelöst.
a) Geben Sie den Pufferbereich dieses Systems an.
b) Erklären Sie anhand einer Berechnung, warum sich der pH-Wert der Lösung bei Zugabe von z.B. 9 ml Salzsäure der Konzentration $c_0(\text{HCl}) = 1\,\text{mol/l}$ bzw. 9 ml Natronlauge der Konzentration $c_0(\text{NaOH}) = 1\,\text{mol/l}$ nur wenig ändert.

A2 ◒ MK Recherchieren Sie, **a)** aus welchen Komponenten das Protein-Puffersystem besteht und **b)** die Wirkungsweise des Hydrogenphosphat-Puffers im Blut.

A3 ◒ Erläutern Sie mithilfe von B6 die Vorgänge, welche einer Alkalose entgegenwirken.

A4 ● Planen Sie einen Versuch, mit dem Sie zeigen können, dass eine Kalkdüngung den pH-Wert eines Bodens beeinflusst.

A5 ● Ein Meerwasseraquarium ist mit Fischen, Wasserpflanzen, Kalkalgen und Korallen besetzt. Zur Pflege wird ab und zu Calciumhydrogencarbonat zugegeben, sodass der pH-Wert zwischen 8 und 8,5 liegt. Nennen Sie die Puffersysteme im Aquarium und beschreiben Sie den Einfluss der Lebewesen auf die Puffersysteme.
(*Hinweis:* Aus den Ausscheidungen von Tieren entwickelt sich u.a. Ammoniak.)

Praktikum

4.12 Titration mit Endpunktbestimmung

Säure-Base-Reaktionen können zur quantitativen Bestimmung der Stoffmenge bzw. Konzentration einer Säure oder Base genutzt werden. Diese Größen lassen sich durch Titration ermitteln. Dabei tropft man eine Maßlösung zu einer Probelösung, bis ein Indikator umschlägt. Aus dem Volumen der verbrauchten Maßlösung, ihrer Konzentration und dem Volumen der Probelösung lässt sich die Konzentration der Probelösung bestimmen.

V1 Wie viel Essigsäure ist im Essig?

Material:
Statvimaterial, Bürettenklammer, Bürette, Vollpipette (10 ml), Pipettierhilfe, Weithals-Erlenmeyerkolben (100 ml), Becherglas (50 ml), Natronlauge (c(NaOH) = 1 mol/l), Phenolphthalein-Lösung (w < 1%), Weinessig, Essigessenz

Durchführung: ⚠ (Schutzbrille!)
a) Pipettieren Sie genau 10 ml Essig in den Erlenmeyerkolben, geben Sie noch ca. 20 ml dest. Wasser und etwa 3 Tropfen Phenolphthalein-Lösung zu.
b) Lassen Sie ein wenig Natronlauge durch die Bürette laufen, um eventuell vorhandene Wasserreste oder Staub zu entfernen. Füllen Sie anschließend die Bürette mit etwa 25 ml Natronlauge.
c) Titrieren Sie die Essigprobe unter Umschwenken des Erlenmeyerkolbens mit der Natronlauge bis zur ersten Rotviolettfärbung, die in der gesamten Lösung bestehen bleibt.
d) Wiederholen Sie die Titration mit einer zweiten Essigprobe. Wenn sich der Natronlaugeverbrauch bei der ersten und zweiten Titration um mehr als 0,2 ml unterscheidet, so führen Sie eine dritte Titration durch.

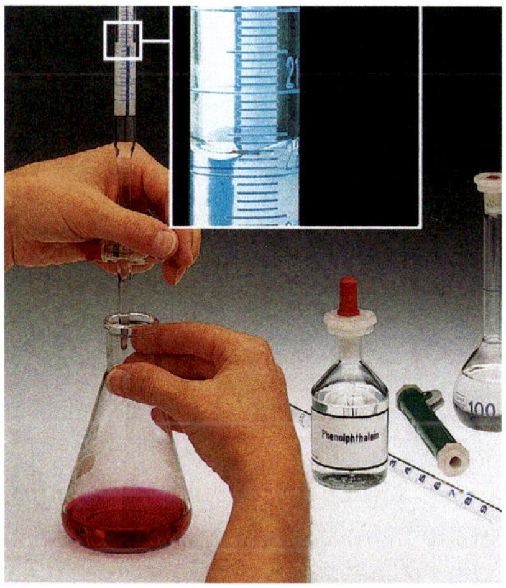

B1 *Titration mit Phenolphthalein als Indikator. Der blaue Schellbach-Streifen hilft beim genauen Ablesen (hier z. B. 21,8 ml)*

Aufgaben:
1. Berechnen Sie die Stoffmengenkonzentration c, den Massenanteil w und die Massenkonzentration β der Essigsäure im Essig [B2, B3].
2. Planen Sie einen analogen Versuch zur Bestimmung der Essigsäure in Essigessenz, führen Sie ihn durch und berechnen Sie c, w und β.
Dichten zur Berechnung von w:
ρ(Essig) = 1,006 g/ml
ρ(Essigessenz) = 1,03 g/ml

Gibt man Natronlauge zu Essig, findet die folgende Reaktion statt:

$$CH_3COOH + OH^- \longrightarrow CH_3COO^- + H_2O$$

Am Äquivalenzpunkt gilt: $n(CH_3COOH) = n(OH^-)$

Aus dem Volumen der verbrauchten Maßlösung lässt sich die Ausgangskonzentration $c_0(CH_3COOH)$ der Probelösung ermitteln.

Aus der Beziehung $n = c \cdot V$ ergibt sich:

$$c(OH^-) \cdot V(\text{Maßlösung}) = c_0(CH_3COOH) \cdot V(\text{Probelösung})$$

$$c_0(CH_3COOH) = \frac{c(OH^-) \cdot V(\text{Maßlösung})}{V(\text{Probelösung})}$$

B2 *Ermittlung der Stoffmengenkonzentration der Probelösung*

V2 Volumen und Konzentration eines Tropfens der Maßlösung

Material:
Stativmaterial, Bürettenklammer, Bürette, Becherglas (100 ml), Spritzflasche mit dest. Wasser

Durchführung: ⚠ (Schutzbrille!)
Füllen Sie die Bürette mit dest. Wasser und lassen Sie genau 1 ml Wasser in das Becherglas fließen. Zählen Sie die Tropfen.

Aufgaben:
1. Berechnen Sie das Volumen eines Tropfens.
2. Berechnen Sie n(NaOH) in einem Tropfen. (Annahme: Natronlauge mit c(NaOH) = 1 mol/l)
3. Berechnen Sie die Masse der Essigsäure-Portion, die mit einem Tropfen der Natronlauge reagiert.

$$\beta(\text{Essigsäure}) = \frac{m(\text{Essigsäure})}{V(\text{Essig})} = \frac{n(CH_3COOH) \cdot M(CH_3COOH)}{V(\text{Essig})} = c(CH_3COOH) \cdot M(CH_3COOH)$$

$$w(\text{Essigsäure}) = \frac{m(\text{Essigsäure})}{m(\text{Essig})} = \frac{m(\text{Essigsäure})}{V(\text{Essig}) \cdot \rho(\text{Essig})} = \frac{\beta(\text{Essigsäure})}{\rho(\text{Essig})}$$

B3 *Berechnung der Massenkonzentration und des Massenanteils der Essigsäure*

4.13 pH-metrische Titration

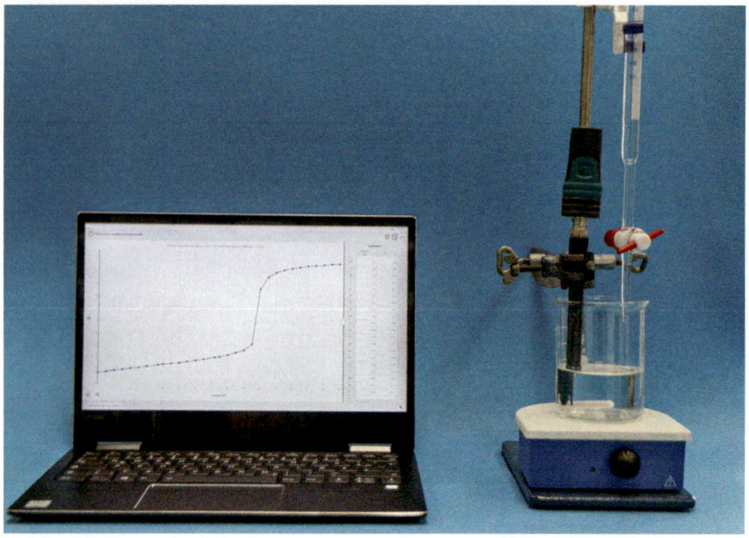

B1 *Arbeitsplatz für die Durchführung und Auswertung einer pH-metrischen Titration an einer Schule*

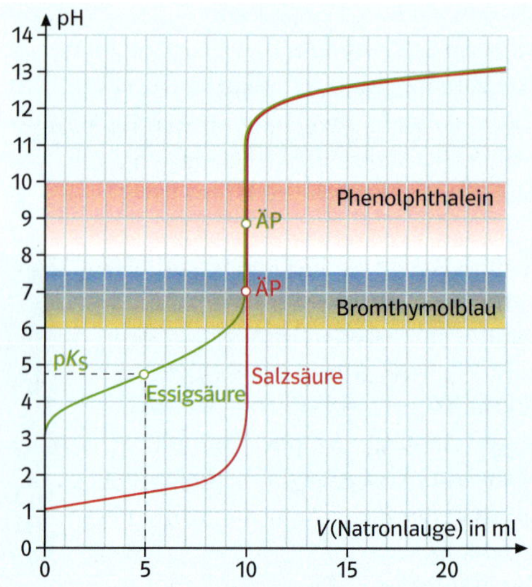

B2 *Titrationskurven für die Titration von jeweils 100 ml Säure (c_0 = 0,1 mol/l) mit Natronlauge ($c(OH^-)$ = 1 mol/l). ÄP: Äquivalenzpunkt*

Potentiometrische pH-Messung. Zur Messung des pH-Werts nutzt man Redoxpotentiale, die vom pH-Wert abhängig sind (Kap. 5.12).

Am Wendepunkt einer Kurve geht die Linkskrümmung in eine Rechtskrümmung über (oder umgekehrt).

Bei einer pH-metrischen Titration wird eine saure oder alkalische **Probelösung** in kleinen Schritten mit einer **Maßlösung** neutralisiert. Abhängig vom Volumen der zugetropften Maßlösung wird der pH-Wert gemessen und in einer **Titrationskurve** aufgetragen. In professionellen Labors werden Titrationen von einem Computer gesteuert, durchgeführt und ausgewertet.

Titration einer starken Säure. Betrachtet man die Titrationskurve der Titration von Salzsäure mit Natronlauge, so lässt sich erkennen, dass der pH-Wert zunächst verhältnismäßig wenig, dann sprunghaft und schließlich wieder weniger stark ansteigt [B2, rote Kurve]. Der am Ende der Titration erreichte pH-Wert entspricht etwa dem der bei der Titration verwendeten Maßlösung.

Die Mitte des pH-Sprungs ist der *Wendepunkt* der Titrationskurve. Er entspricht dem **Äquivalenzpunkt** der Titration, d.h, es wurde die gleiche Stoffmenge NaOH zugegeben, wie vorher HCl vorhanden war. Der Äquivalenzpunkt liegt bei pH = 7,00, also beim **Neutralpunkt**. Man erkennt, dass in der Nähe des Äquivalenzpunktes bereits ein minimaler Zusatz von Natronlauge genügt, um einen sprunghaften pH-Wert-Anstieg zu bewirken.

Titration einer schwachen Säure. Auch die Titrationskurve für die Titration von Essigsäure zeigt einen pH-Sprung [B2, grüne Kurve]. Dieser ist allerdings wesentlich kleiner als bei der Titration von Salzsäure. Außerdem liegt die Mitte des pH-Sprungs, d.h. der Äquivalenzpunkt, im alkalischen Bereich (pH = 8,9). Der Grund ist, dass am Äquivalenzpunkt eine Natriumacetat-Lösung vorliegt (Kap. 4.10).

Charakteristisch ist außerdem das Auftreten eines zweiten Wendepunktes bei pH = 4,75. Dieser pH-Wert entspricht dem pK_S-Wert der Essigsäure. An dieser Stelle hat genau die Hälfte der Essigsäure-Moleküle reagiert, d.h., es ist $c(Ac^-) = c(HAc)$. Im Bereich des pH-Wertes, der dem pK_S-Wert entspricht, wird der Puffereffekt des Essigsäure-Acetat-Puffers wirksam (Kap. 4.11). Aus der Titrationskurve einer schwachen Säure kann also deren pK_S-Wert entnommen werden (Kap. 4.14).

Jenseits des Äquivalenzpunktes stimmen die Titrationskurven der Essigsäure und der Salzsäure überein, da der pH-Wert nur noch von der zugegebenen Natronlauge bestimmt wird.

Titration von Basen. Alle für die Titration von Säuren mit einer starken Base getroffenen Feststellungen gelten analog für die Titration von Basen mit einer starken Säure (z. B. Salzsäure). Die Titrationskurven der Basen ergeben sich (bei gleichen Ausgangskonzentrationen und p*K*-Werten) aus den Titrationskurven der Säuren durch Spiegelung an der waagerechten Geraden pH = 7.

Titration einer starken mehrprotonigen Säure. Die Neutralisation von Phosphorsäure (H_3PO_4) verläuft schrittweise: Mit steigender Basenzugabe bilden sich nacheinander die Anionen $H_2PO_4^-$, HPO_4^{2-} und PO_4^{3-}. Entsprechend gibt es drei Äquivalenzpunkte. In der Titrationskurve treten allerdings nur zwei pH-Sprünge auf [B3]. Der dritte Äquivalenzpunkt liegt oberhalb von pH = 12; dort kann die Zugabe von wenig Natronlauge keine sprunghafte pH-Änderung verursachen.

Bei einer pH-metrischen Titration wird der pH-Wert der Probelösung in Abhängigkeit von der Zugabe der Maßlösung verfolgt.

Einen Äqivalenzpunkt der Neutralisation erkennt man an einem Wendepunkt der Titrationskurve.

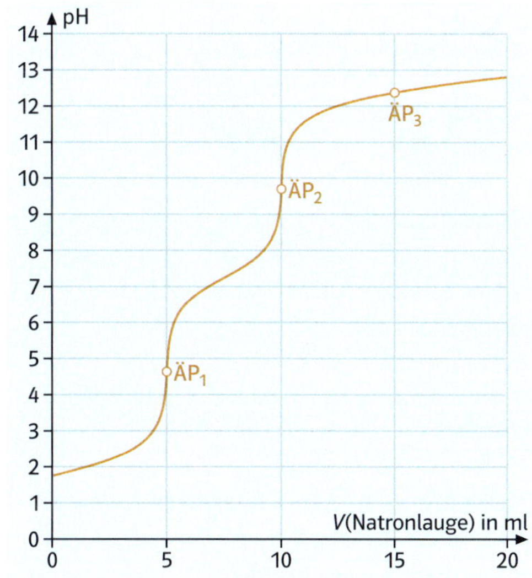

***B3** Titrationskurve für die Titration von 100 ml Phosphorsäure (c_0 = 0,05 mol/l) mit Natronlauge ($c(OH^-)$ = 1 mol/l). ÄP: Äquivalenzpunkte*

Titration mit Indikatoren. Die Titrationskurven in B2 zeigen, dass man bei Titrationen mit Endpunktbestimmung auf den richtigen Indikator achten muss. Der pH-Wert des Äquivalenzpunktes muss im Umschlagsbereich des Indikators liegen (Kap. 4.15).

V1 Titration von Salzsäure mit Natronlauge: Geben Sie genau 100 ml Salzsäure der Konzentration $c_0(HCl)$ = 0,1 mol/l und 5 Tropfen Bromthymolblau-Lösung in einen Erlenmeyerkolben. Bestimmen Sie den pH-Wert der Salzsäure mit einem pH-Meter. Lassen Sie aus einer Bürette 0,5 ml Natronlauge der Konzentration $c_0(NaOH)$ = 1 mol/l zu der Säure fließen und rühren Sie um. Bestimmen Sie anschließend den pH Wert der Lösung. Wiederholen Sie die Zugabe der Lauge (jeweils 0,5 ml), das Umrühren und das Messen des pH-Wertes, bis Sie 12 ml Natronlauge in den Erlenmeyerkolben haben fließen lassen.

V2 Titration von Essigsäure mit Natronlauge: Führen Sie V1 mit Essigsäure der Konzentration $c_0(HAc)$ = 0,1 mol/l anstelle der Salzsäure durch. Setzen Sie statt der Bromthymolblau-Lösung als Indikator Phenolphthalein-Lösung ein.

V3 Titration von Phosphorsäure mit Natronlauge: Geben Sie genau 100 ml Phosphorsäure der Konzentration $c_0(H_3PO_4)$ = 0,05 mol/l in einen Erlenmeyerkolben. Bestimmen Sie den pH-Wert der Phosphorsäure mit einem pH-Meter. Lassen Sie aus einer Bürette 0,5 ml Natronlauge der Konzentration $c_0(NaOH)$ = 1 mol/l zu der Säure fließen und rühren Sie um. Bestimmen Sie anschließend den pH-Wert der Lösung. Wiederholen Sie die Zugabe der Lauge (jeweils 0,5 ml), das Umrühren und das Messen des pH-Wertes, bis Sie 17 ml Natronlauge in den Erlenmeyerkolben haben fließen lassen.

V4 Planen Sie eine pH-metrische Titration zur Bestimmung der Essigsäure-Konzentration in einem Essigreiniger. Erfassen Sie die Messwerte mit einem Tabellenkalkulationsprogramm. Nehmen Sie auch die grafische Auswertung mit dem Tabellenkalkulationsprogramm vor.

A1 Begründen Sie, weshalb der Äquivalenzpunkt einer Titrationskurve nicht immer mit dem Neutralpunkt zusammenfällt.

A2 **a)** Vergleichen Sie in B2 die pH-Werte der Ausgangslösungen. Erklären Sie den Unterschied. **b)** Begründen Sie, wo der pH-Wert einer Ameisensäure-Lösung gleicher Konzentration liegt.

Titration von Essigsäure mit Natronlauge: Berechnung des pH-Wertes am Äquivalenzpunkt

Acetat-Ionen wirken als schwache Base, daher gilt:

$$pOH = \frac{1}{2} \cdot [pK_B - lg\{c(Ac^-)\}]$$

Bei der Titration in V2 ist am Äquivalenzpunkt:

$$c(Ac^-) = c_0(HAc) = 0{,}1\,mol/l$$

$$pOH = \frac{1}{2} \cdot [9{,}25 + 1] = 5{,}125$$

$$pH = 14 - 5{,}125 = 8{,}875 \approx 8{,}9$$

4.14 Halbtitration

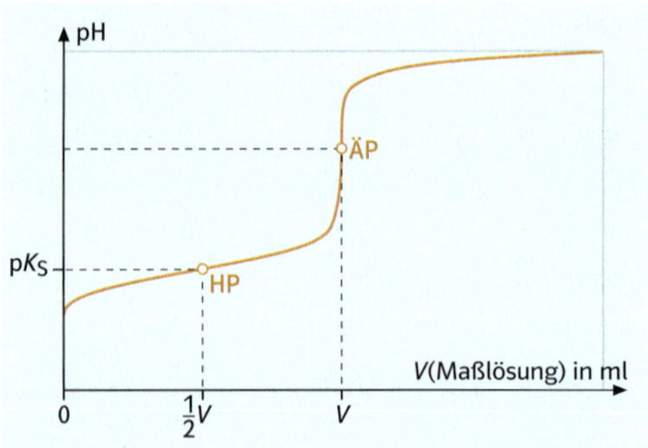

***B1** Ermittlung des pK_S-Werts aus dem Halbäquivalenzpunkt*

Die Halbtitration ist ein analytisches Verfahren, um den pK_S-Wert einer *schwachen Säure* experimentell zu ermitteln.

Theoretische Grundlagen. Schwache Säuren werden nach der folgenden Reaktionsgleichung teilweise protolysiert:

$$HA + H_2O \rightleftharpoons A^- + H_3O^+$$

Für die Konzentration der Oxonium-Ionen gilt:

$$\frac{c(H_3O^+) \cdot c(A^-)}{c(HA)} = K_S \quad \Leftrightarrow \quad c(H_3O^+) = K_S \cdot \frac{c(HA)}{c(A^-)}$$

Logarithmieren der Gleichung und Multiplikation mit −1 ergibt:

$$-\lg\{c(H_3O^+)\} = -\lg\{K_S\} - \lg\frac{c(HA)}{c(A^-)}$$

Wendet man die Definitionen des pH-Wertes und des pK_S-Wertes an, so ergibt sich:

$$pH = pK_S + \lg\frac{c(A^-)}{c(HA)}$$

(Henderson-Hasselbalch-Gleichung)

Bei einer normalen Titration wird so viel alkalische Maßlösung zu der sauren Lösung gegeben, bis der Äquivalenzpunkt (ÄP) erreicht ist. Die Säure ist dann zu 100 % neutralisiert.

Gibt man nur die *Hälfte* der für den Äquivalenzpunkt benötigten Maßlösung zu, so erreicht man den **Halbäquivalenzpunkt (HP)**. Am Halbäquivalenzpunkt ist die Säure zu 50 % neutralisiert, daher ist $c(A^-) = c(HA)$.

Am Halbäquivalenzpunkt gilt also: $\frac{c(A^-)}{c(HA)} = 1$

Die Henderson-Hasselbalch-Gleichung vereinfacht sich dadurch zu:

$$pH = pK_S + \lg 1 = pK_S + 0 = pK_S$$

Der pH-Wert des Halbäquivalenzpunktes entspricht folglich auch dem zentralen pH-Wert des *Pufferbereichs* der schwachen Säure mit ihrer konjugierten Base (Kap. 4.11).

B1 zeigt, dass man durch Messen des pH-Werts am Halbäquivalenzpunkt direkt den pK_S-Wert einer Säure ermitteln kann.

Praktische Durchführung einer Halbtitration. Die experimentelle Ermittlung eines pK_S-Werts verläuft in zwei Schritten:

1) Zu einer Probelösung mit Indikator wird so viel Maßlösung gegeben, bis es zum Farbwechsel des Indikators kommt. Das Volumen der Maßlösung wird notiert.
2) Eine weitere, gleiche Probelösung wird exakt mit der Hälfte der Maßlösung von Schritt 1 versetzt. Dann wird der pH-Wert gemessen. Es gilt: $pH = pK_S$

Auch bei einer schwachen *Base* kann der pK_B-Wert durch Halbtitration ermittelt werden. Am Halbäquivalenzpunkt gilt dann: $pOH = pK_B$

Am Halbäquivalenzpunkt entspricht der pH-Wert dem pK_S-Wert der titrierten Säure bzw. der pOH-Wert dem pK_B-Wert der titrierten Base.

V(Natronlauge) in ml	pH
0	2,9
1	3,9
2	4,3
3	4,5
4	4,7
5	4,9
6	5,1
7	5,2
8	5,5
9	5,8
10	8,9
11	12,0
12	12,3
13	12,4
14	12,6

***B2** Wertetabelle zu A1*

V1 Lösen Sie unter längerem Rühren 1,22 g Benzoesäure in 1 l Wasser. Titrieren Sie mit Natronlauge der Konzentration $c(NaOH) = 0{,}1\,mol/l$ und bestimmen Sie den pK_S-Wert.

A1 ◒ MK Propansäure ($c = 0{,}1\,mol/l$) wird mit Natronlauge ($c = 0{,}1\,mol/l$) titriert. Zeichnen Sie aus der Wertetabelle [B2] die Titrationskurve und ermitteln Sie den pK_S-Wert der Propansäure.

A2 ● Zeichnen Sie ein übersichtliches Diagramm einer Titrationskurve für eine schwache Base, deren pK_B-Wert 5 ist.

A3 ● Erläutern Sie den Zusammenhang des Pufferbereichs einer schwachen Base mit ihrer konjugierten Säure und dem Halbäquivalenzpunkt.

4.15 Titration und Indikator

Für Titrationen mit Endpunktbestimmung benötigt man einen Indikator.

Ein Säure-Base-Indikator ist eine schwache, farbige organische Säure, deren konjugierte (korrespondierende) Base eine andere Farbe aufweist. In wässriger Lösung stellt sich für einen Indikator HInd ein Säure-Base-Gleichgewicht ein, das pH-abhängig ist:

$$\underset{\text{Indikatorsäure (Farbe 1)}}{HInd} + H_2O \rightleftharpoons \underset{\text{konjugierte Indikatorbase (Farbe 2)}}{Ind^-} + H_3O^+$$

Zwischen dem pH-Wert, dem pK_S-Wert des Indikators und den Konzentrationen von HInd und Ind^- besteht der folgende Zusammenhang:

$$K_S = \frac{c(Ind^-) \cdot c(H_3O^+)}{c(HInd)} \Leftrightarrow c(H_3O^+) = K_S \cdot \frac{c(HInd)}{c(Ind^-)}$$

$$\Leftrightarrow -\lg\{c(H_3O^+)\} = -\lg\{K_S\} - \lg\frac{c(HInd)}{c(Ind^-)}$$

$$pH = pK_S(HInd) + \lg\frac{c(Ind^-)}{c(HInd)}$$

Umschlagsbereich. Da die Empfindlichkeit des Auges für Farbunterschiede begrenzt ist, muss die Konzentration der Indikatorbase Ind^- etwa das 10-Fache der Indikatorsäure HInd betragen, damit ihre Farbe erkennbar ist.

Das Umgekehrte gilt für die Indikatorsäure HInd. Da $\lg 10 = 1$ bzw. $\lg 0{,}1 = -1$ ist, folgt aus der oben gezeigten Gleichung der **Umschlagsbereich** eines Indikators:

$$pH \approx pK_S(HInd) \pm 1$$

Indikator	Farbe der Indikatorsäure	pH-Bereich des Farbumschlags	Farbe der Indikatorbase	pK_S(HInd)
Thymolblau	rot	1,2 – 2,8	gelb	1,7
Methylorange	rot	3,0 – 4,4	gelborange	3,4
Bromkresolgrün	gelb	3,8 – 5,4	blau	4,7
Methylrot	rot	4,2 – 6,2	gelb	5,0
Lackmus	rot	5,0 – 8,0	blau	6,5
Bromthymolblau	gelb	6,0 – 7,6	blau	7,1
Thymolblau	gelb	8,0 – 9,6	blau	8,9
Phenolphthalein	farblos	8,2 – 10,0	purpur	9,4
Thymolphthalein	farblos	9,3 – 10,5	blau	10,0

***B1** Farbumschläge von Säure-Base-Indikatoren*

Indikatoren, bei denen sowohl die Indikatorsäure als auch die Indikatorbase farbig ist, zeigen im Umschlagsbereich eine *Mischfarbe*.

Für die Titration von Salzsäure mit Natronlauge ist z. B. Bromthymolblau geeignet. Man kann aber auch Methylorange oder Phenolphthalein verwenden. Der Äquivalenzpunkt liegt zwar nicht in den Umschlagsbereichen dieser Indikatoren, aber sie ändern innerhalb des großen pH-Sprungs ihre Farben, sodass der Fehler vernachlässsigbar ist. Je kleiner der pH-Sprung einer Titration ist, desto geringer ist die Auswahl geeigneter Indikatoren. Ist der pH-Sprung kleiner als $\Delta pH = 2$ oder ist er nicht steil genug, kann der Äquivalenzpunkt nicht mit einem Indikator ermittelt werden. Da ein Indikator Maßlösung verbraucht, darf man nur eine geringe Menge zur Probelösung geben.

Ein Indikator ist für eine Titration geeignet, wenn innerhalb seines Umschlagsbereichs der pH-Wert des Äquivalenzpunktes liegt.

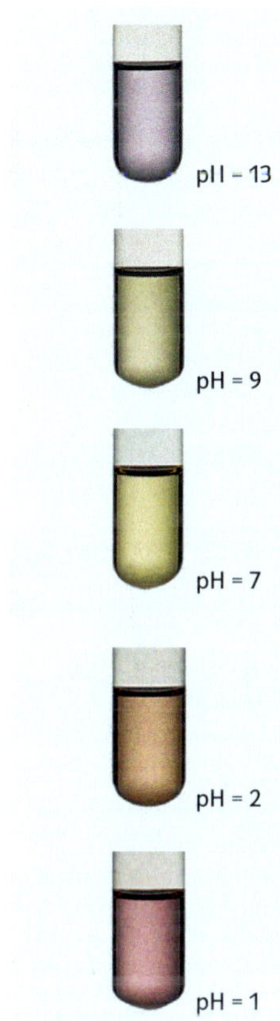

***B2** Thymolblau in wässrigen Lösungen mit verschiedenen pH-Werten*

V1 Pipettieren Sie genau 20 ml **a)** Salzsäure und **b)** Essigsäure (c_0(HAc) = 0,1 mol/l) in jeweils einen 100-ml-Erlenmeyerkolben. Geben Sie je drei Tropfen Methylorange in die Lösungen. Titrieren Sie die Säuren mit Natronlauge (c(NaOH) = 0,1 mol/l). Wiederholen Sie die Titrationen mit Bromthymolblau und Phenolphthalein als Indikatoren.

V2 ⚠ (Abzug!) Untersuchen Sie Universalindikator-Lösung dünnschichtchromatografisch (Kap. 7.12). Verwenden Sie zwei Cellulose-Platten CEL 300 und als Fließmittel ein Gemisch aus Methanol und Natronlauge (c = 0,1 mol/l) im Volumenverhältnis 1:10. Als Vergleichslösungen verwenden Sie Methylrot, Phenolphthalein, Bromthymolblau, Thymolblau, Thymolphthalein und Methylorange. Halten Sie die fertigen (trockenen) Chromatogramme in Chlorwasserstoff und anschließend in Ammoniak.

A1 ◒ Geben Sie jeweils den Indikator aus B1 an, der am besten geeignet ist für die Titration von **a)** Kalilauge und **b)** Ammoniak-Lösung der Konzentration c_0(B) = 0,1 mol/l mit Salzsäure der Konzentration c(HCl) = 1 mol/l.

Universalindikatoren sind Gemische mehrerer Indikatorfarbstoffe.

Exkurs

4.16 Konduktometrische Titration

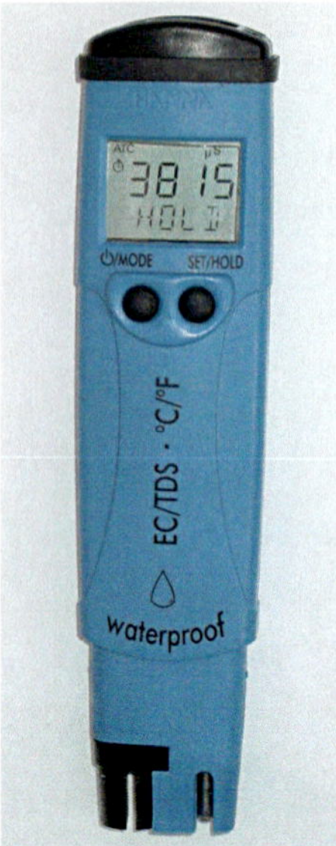

***B1** Handgerät zur Messung der Leitfähigkeit*

Saure und alkalische Lösungen leiten ebenso wie Salzlösungen den elektrischen Strom. Dies beruht auf der „Wanderung" frei beweglicher Ionen unter dem Einfluss der Spannung. Durch **Konduktometrie** (Leitfähigkeitsmessung) können sehr geringe Ionenkonzentrationen bis zu ca. 10^{-5} mol/l bestimmt werden. Daraus ergibt sich die Anwendbarkeit dieses Messverfahrens für Qualitätsuntersuchungen, z. B. von Trinkwasser, und zur Bestimmung des Äqivalenzpunktes bei Säure-Base-Titrationen.

Leitfähigkeit von Ionenlösungen. Die elektrische Leitfähigkeit einer Lösung hängt im Wesentlichen von der Konzentration der gelösten Ionen und von den Arten der Ionen ab. Die **Äquivalentleitfähigkeit** einer Ionenart nennt man **Ionenäquivalentleitfähigkeit** [B3]. Bei verdünnten Lösungen setzt sich die elektrische Leitfähigkeit additiv aus den Beiträgen der Kationen und Anionen zusammen.

Die unterschiedlichen Ionenäquivalentleitfähigkeiten [B4] beruhen darauf, dass Ionen in wässriger Lösung hydratisiert vorliegen. Kleine sowie mehrfach geladene Ionen sind aufgrund der größeren Ladungsdichte stärker hydratisiert und deshalb weniger beweglich.

Oxonium-Ionen und Hydroxid-Ionen in wässriger Lösung weisen besonders große Ionenäquivalentleitfähigkeiten auf. Dieses hängt mit der Nahordnung der Wasser-Moleküle

Konduktometrische Titration Weitere gebräuchliche Begriffe dafür sind:
- Leitfähigkeitstitration
- amperometrische Titration

ϱ griech. rho
κ griech. kappa
λ griech. lambda
Λ griech. Lambda
Ω griech. Omega

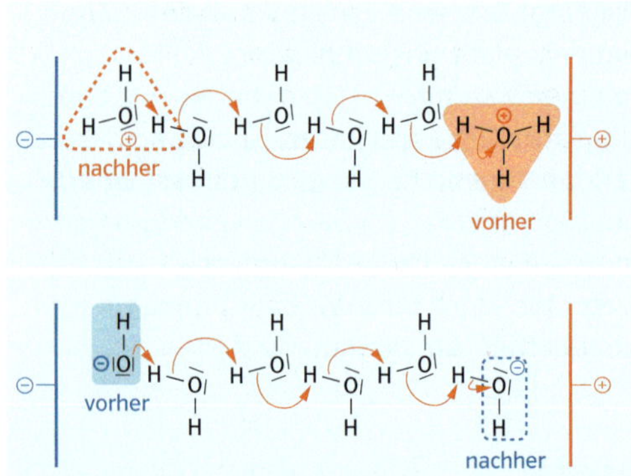

***B2** Grotthuß-Mechanismus in Wasser: Ladungstransport durch „wandernde" O–H-Bindungen*

zusammen. „Wandernde" O–H-Bindungen ermöglichen einen raschen Ladungstransport, ohne dass dazu die eigentliche „Wanderung" von Oxonium-Ionen oder Hydroxid-Ionen erforderlich ist (Grotthuß-Mechanismus) [B2].

Oxonium-Ionen und Hydroxid-Ionen haben besonders große Ionenäquivalentleitfähigkeiten.

Konduktometrische Titration. Die Unterschiede in den Ionenäquivalentleitfähigkeiten können z. B. zur Bestimmung des Äquivalenzpunktes bei einer Säure-Base-Titration genutzt werden.

Bei der *konduktometrischen Titration* wird an einen Leitfähigkeitsprüfer, der in die Probe-

Größe	Definition	Einheit
Widerstand R (Spannung U, Stromstärke I)	$R = \frac{U}{I}$	$1\,\Omega$ (Ohm) $= 1\,\frac{V}{A}$
Leitwert G	$G = \frac{1}{R} = \frac{I}{U}$	1 S (Siemens) $= 1\,\Omega^{-1}$
Spezifischer Widerstand ϱ (Elektrodenoberfläche A, Elektrodenabstand l)	$\varrho = R \cdot \frac{A}{l}$	$1\,\Omega \cdot cm$
elektrische Leitfähigkeit κ (Zellkonstante l/A)	$\kappa = \frac{1}{\varrho} = G \cdot \frac{l}{A} = \frac{I}{U} \cdot \frac{l}{A}$	$1\,S \cdot cm^{-1} = 1\,\Omega^{-1} \cdot cm^{-1}$
Äquivalentleitfähigkeit Λ_{eq} (Betrag der Ionenladung z, Stoffmengenkonzentration c)	$\Lambda_{eq} = \frac{\kappa}{z \cdot c}$	$1\,S \cdot cm^2 \cdot mol^{-1}$
Ionenäquivalentleitfähigkeit λ_+, λ_-	$\lambda_+ + \lambda_- = \Lambda_{eq}$	$1\,S \cdot cm^2 \cdot mol^{-1}$

***B3** Wichtige Größen und Einheiten zur elektrischen Leitfähigkeit von Ionenlösungen*

Kation	λ_+	Anion	λ_-
H_3O^+	349,7	OH^-	199,2
Li^+	38,7	F^-	55,4
Na^+	50,1	Cl^-	76,4
K^+	73,5	Br^-	78,1
Ag^+	61,9	I^-	76,8
NH_4^+	73,5	CH_3COO^-	40,9
Mg^{2+}	53,0	NO_3^-	71,5
Ca^{2+}	59,5	CrO_4^{2-}	85,0
Ba^{2+}	63,6	SO_4^{2-}	80,0
Cu^{2+}	53,6	HCO_3^-	44,5
Zn^{2+}	52,8	CO_3^{2-}	68,4

***B4** Ionenäquivalentleitfähigkeiten in wässriger Lösung bei $\vartheta = 25\,°C$ (in $S \cdot cm^2 \cdot mol^{-1}$)*

lösung taucht, eine konstante *Wechselspannung* angelegt [B5]. In Abhängigkeit vom Volumen der zugegebenen Maßlösung wird die Stromstärke gemessen. Sie kann anstelle der elektrischen Leitfähigkeit erfasst werden, weil bei konstanter Spannung und Elektrodenanordnung die Stromstärke zur Leitfähigkeit proportional ist. Eine Wechselspannung verwendet man, um die Abscheidung von Elektrolyseprodukten weitgehend zu vermeiden.

Titriert man z. B. Salzsäure mit Natronlauge, nimmt die Leitfähigkeit bis zum Erreichen des Äquivalenzpunktes ab [B5]. Bei weiterer Zugabe von Natronlauge nimmt die Leitfähigkeit wieder zu, d. h., die Leitfähigkeit durchläuft am Äquivalenzpunkt ein Minimum. Der Schnittpunkt der beiden linearen „Kurvenäste" ergibt den Verbrauch an Maßlösung bis zum Äquivalenzpunkt.

Die Leitfähigkeit nimmt zunächst dadurch ab, dass Oxonium-Ionen mit Hydroxid-Ionen zu Wasser-Molekülen reagieren und durch Natrium-Ionen ersetzt werden:

$$H_3O^+ + Cl^- + Na^+ + OH^- \longrightarrow 2\,H_2O + Cl^- + Na^+$$

Die Natrium-Ionen tragen zur Leitfähigkeit in geringerem Maße bei als die Oxonium-Ionen [B4]. Am Äquivalenzpunkt erreicht die Konzentration der Ionen insgesamt ein Minimum. Die danach zunehmende Leitfähigkeit erklärt sich aus der Konzentrationszunahme überschüssiger Hydroxid- und Natrium-Ionen.

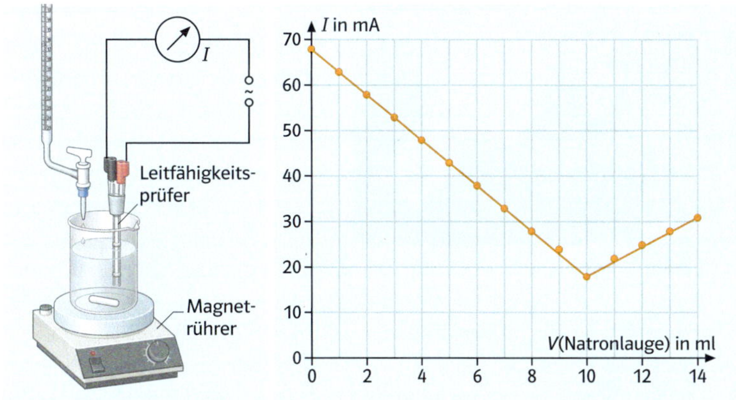

***B5** Messprinzip und Titrationskurve einer konduktometrischen Titration von 100 ml Salzsäure (c(HCl) = 0,1 mol/l) mit Natronlauge (c(NaOH) = 1 mol/l)*

Die gleichzeitige Verminderung der Leitfähigkeit durch Vergrößerung des Gesamtvolumens und damit Verringerung der Konzentrationen kann vernachlässigt werden.

Konduktometrische Titrationen können auch bei Fällungsreaktionen durchgeführt werden.

Beispiel: $Ag^+(aq) + Cl^-(aq) \longrightarrow AgCl(s)$

Bei einer konduktometrischen Titration wird die elektrische Leitfähigkeit einer Probelösung in Abhängigkeit von der Zugabe der Maßlösung verfolgt.

Der Äquivalenzpunkt liegt auf dem Schnittpunkt zweier linearer Kurvenäste der grafisch dargestellten Leitfähigkeitswerte.

V1 **a)** Titrieren Sie 100 ml Natronlauge ($c \approx 0{,}1$ mol/l) mit Salzsäure ($c = 1$ mol/l) als Maßlösung.
Legen Sie eine Wechselspannung an, sodass die Stromstärke zu Beginn der Titration etwa 30 mA beträgt. Messen Sie die Stromstärken nach Zugabe von jeweils 1 ml Maßlösung. Halten Sie die angelegte Wechselspannung während der Titration konstant. Ändern Sie während der Titration den Messbereich für die Stromstärke nicht.
b) Titrieren Sie ein Gemisch aus 50 ml Essigsäure ($c \approx 0{,}1$ mol/l) und 50 ml Salzsäure ($c \approx 0{,}1$ mol/l) mit Natronlauge ($c = 1$ mol/l) als Maßlösung. Gehen Sie wie in (a) vor.
Ermitteln Sie die Titrationskurven mithilfe eines Computers oder skizzieren Sie diese aus den gemessenen Werten in einem Diagramm. Bestimmen Sie den Verbrauch an Maßlösung bis zum jeweiligen Äquivalenzpunkt.

A1 ● Erklären Sie, dass bei der Titration von Natronlauge mit Salzsäure die Leitfähigkeit nach dem Äquivalenzpunkt stärker zunimmt, als sie bis zum Erreichen des Äquivalenzpunktes abnimmt.

A2 ● Konduktometrische Titrationen können auch bei Fällungsreaktionen durchgeführt werden. Skizzieren Sie den prinzipiellen Verlauf der Titrationskurve bei einer Titration **a)** von Bariumhydroxid-Lösung mit Schwefelsäure-Lösung bzw. **b)** von Natriumchlorid-Lösung mit Silbernitrat-Lösung.

4.17 Titrationen im Vergleich

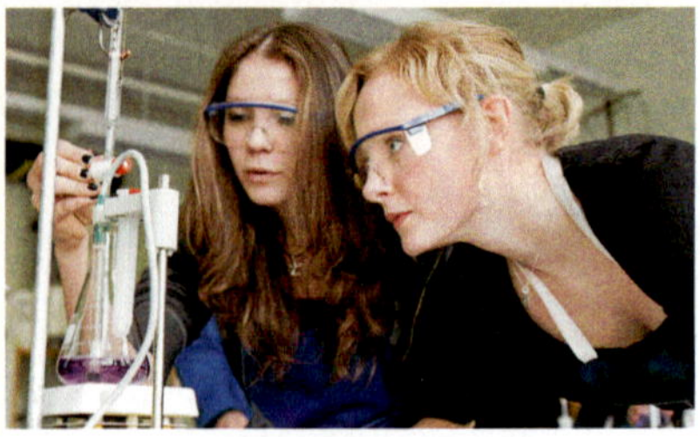

B1 *Säure-Base-Titration*

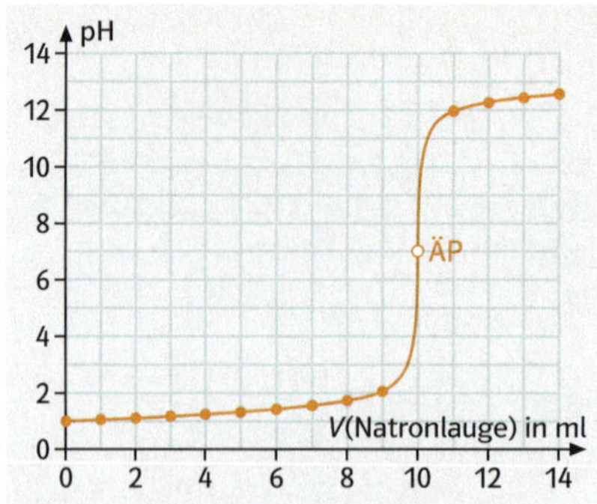

B2 *pH-metrische Titration (berechnete Kurve). Probelösung: 100 ml Salzsäure, $c_0(HCl) = 0{,}1\,mol/l$, Maßlösung: Natronlauge, $c(OH^-) = 1\,mol/l$*

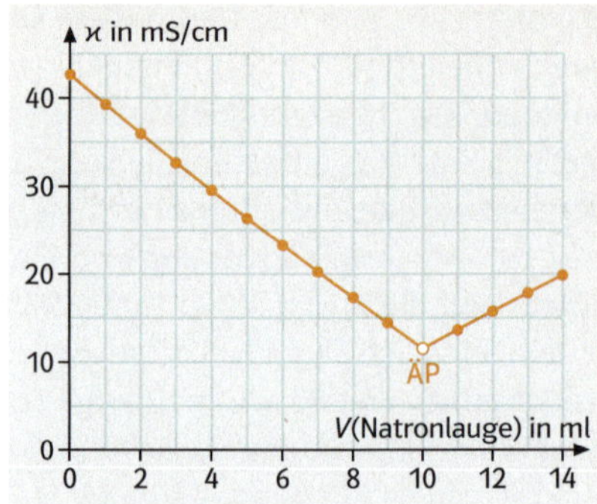

B3 *Konduktometrische Titration (berechnete Kurve). Probelösung: 100 ml Salzsäure, $c_0(HCl) = 0{,}1\,mol/l$, Maßlösung: Natronlauge, $c(OH^-) = 1\,mol/l$*

Es gibt unterschiedliche Verfahren der Säure-Base-Titration. Bei allen diesen Verfahren gibt man eine Maßlösung in kleinen Portionen zu einer Probelösung. Die Verfahren unterscheiden sich durch die Ermittlung des Äquivalenzpunktes.

Titration mit Endpunktbestimmung. Der Äquivalenzpunkt wird am Farbumschlag eines Indikators erkannt. Von Vorteil ist, dass hierzu kein weiteres Messgerät benötigt wird. Das Auge als „Messgerät" kann allerdings ungenau sein, vor allem, wenn der pH-Sprung klein ist.
Bei der Titration mit Endpunktbestimmung ermittelt man oft in einem ersten Durchgang den Äquivalenzpunkt nur grob. In einem zweiten oder sogar dritten Durchgang gibt man kurz vor dem Äquivalenzpunkt bis zum Farbumschlag des Indikators die Maßlösung nur tropfenweise zu.

pH-metrische Titration. Bei der pH-metrischen Titration wird der pH-Wert der Probelösung abhängig von der zugegebenen Maßlösung gemessen. Die pH-Werte werden dann in Abhängigkeit vom Volumen der zugegebenen Maßlösung grafisch dargestellt.

Der Äquivalenzpunkt ergibt sich aus dem Wendepunkt des pH-Sprungs [B2]. Die pH-metrische Titration liefert meist genauere Ergebnisse als die Titration mit Endpunktbestimmung. Sie ist allerdings aufwändiger in der Durchführung und in der Auswertung. Für beide Schritte kann ein Computer eingesetzt werden.

Konduktometrische Titration. Die elektrische Leitfähigkeit der Probelösung wird abhängig von der zugegebenen Maßlösung gemessen. Die Leitfähigkeitswerte werden dann in Abhängigkeit vom Volumen der Maßlösung grafisch dargestellt.
Der Äquivalenzpunkt liegt auf dem Schnittpunkt zweier linearer Kurvenäste [B3]. Dieser ist meist leichter zu bestimmen als ein Wendepunkt.
Vor allem bei kleinen Konzentrationen und kleinen pH-Sprüngen liefert die konduktometrische Titration deshalb genauere Ergebnisse als die pH-metrische Titration. Voraussetzung dafür ist allerdings ein Netzgerät mit konstanter elektrischer Spannung.

A1 ○ Begründen Sie, welches der drei Titrationsverfahren den geringsten Materialaufwand erfordert.

A2 ○ Begründen Sie, welches der drei Titrationsverfahren ungeeignet für die Ermittlung der Konzentration der Phosphorsäure in Cola classic ist.

A3 ◒ **a)** Erklären Sie die Vorgehensweise einer Titration mit Endpunktbestimmung. **b)** Bei einer Titration mit Endpunktbestimmung dürfen nur wenige Tropfen der Indikator-Lösung zugegeben werden. Erklären Sie dies.

A4 ◒ Erläutern Sie, mit welchem der drei Titrationsverfahren sich die Chlorid-Ionen-Konzentration eines Gewässers mit einer Silbernitrat-Maßlösung ermitteln lässt.

A5 ● B2 zeigt die grafische Auswertung einer Titration von 100 ml Salzsäure ($c_0(HCl) = 0{,}1\,mol/l$) mit Natronlauge ($c(OH^-) = 1\,mol/l$).
Berechnen Sie **a)** den pH-Wert der Ausgangslösung, **b)** den pH-Wert nach Zugabe von 9,00 ml Natronlauge, **c)** den pH-Wert nach Zugabe von 9,90 ml Natronlauge, **d)** den pH-Wert nach Zugabe von 9,99 ml Natronlauge, **e)** den pH-Wert nach Zugabe von 11 ml Natronlauge. **f)** Erläutern Sie, warum der pH-Sprung der Titrationskurve sehr groß ist.
Hinweis: Zur Berechnung der pH-Werte können Sie vereinfacht immer V(Probelösung) = 100 ml setzen. Die Autoprotolyse des Wassers ist zu vernachlässigen.

A6 ◒ Erklären Sie, welche der drei hier beschriebenen Säure-Base-Titrationen zur Bestimmung der Stoffmengenkonzentration einer sehr verdünnten Salzsäure $c_0(HCl) < 10^{-3}\,mol/l$ mit Natronlauge $c(NaOH) = 10^{-2}\,mol/l$ das genaueste Ergebnis ergibt.

Fachmethode

4.18 Konzentrationsberechnungen

Die Auswertung einer Titration besteht meistens darin, dass man eine Stoffmengenkonzentration berechnet. Dies wird hier an je einem Beispiel für eine einprotonige und für eine zweiprotonige Säure gezeigt.

1. Beispiel:
Probelösung: Salzsäure ($V = 20\,ml$),
zur Neutralisation benötigte Maßlösung:
Natronlauge ($V = 15\,ml$, $c = 1\,mol/l$)

Die Augangskonzentration der Salzsäure $c_0(HCl)$ soll berechnet werden.

Reaktionsgleichung:

Salzsäure: $H_3O^+(aq) + Cl^-(aq)$ + Natronlauge: $Na^+(aq) + OH^-(aq)$

$$\longrightarrow 2\,H_2O + Na^+(aq) + Cl^-(aq)$$

Pro Molekül Chlorwasserstoff wird mit Wasser *ein* Oxonium-Ion gebildet (Chlorwasserstoff ist eine *einprotonige* Säure). Pro Ionengruppe Natriumhydroxid entsteht *ein* Hydroxid-Ion.

Für die Titration von Salzsäure mit Natronlauge gilt am Äquivalenzpunkt:

$$n(HCl) = n(H_3O^+) = n(OH^-) = n(NaOH)$$

$$n(HCl) = n(NaOH)$$

Da $n = c \cdot V$, können in der Gleichung jeweils die Stoffmengen n durch $c \cdot V$ ersetzt werden:

$$c_0(HCl) \cdot V(\text{Salzsäure}) = c(NaOH) \cdot V(\text{Natronlauge})$$

Da mit Ausnahme der gesuchten Augangskonzentration der Säure alle anderen Werte bekannt sind, kann nach $c_0(HCl)$ aufgelöst werden:

$$c_0(HCl) = \frac{c(NaOH) \cdot V(\text{Natronlauge})}{V(\text{Salzsäure})} = \frac{1\,mol/l \cdot 0{,}015\,l}{0{,}020\,l} = 0{,}75\,mol/l$$

Die Probelösung hat eine Augangskonzentration von $c_0(HCl) = 0{,}75\,mol/l$.

2. Beispiel:
Probelösung: Schwefelsäure ($V = 45\,ml$),
zur Neutralisation benötigte Maßlösung:
Natronlauge ($V = 50\,ml$, $c = 0{,}1\,mol/l$)

Reaktionsgleichung:

Schwefelsäure: $2\,H_3O^+(aq) + SO_4^{2-}(aq)$ + Natronlauge: $2\,Na^+(aq) + 2\,OH^-(aq)$

$$\longrightarrow 4\,H_2O + 2\,Na^+(aq) + SO_4^{2-}(aq)$$

Um die Augangskonzentration der Schwefelsäure $c_0(H_2SO_4)$ zu berechnen, geht man analog zum Beispiel 1 vor. Allerdings ist Schwefelsäure eine *zweiprotonige* Säure. Das heißt, pro Schwefelsäure-Molekül werden *zwei* Oxonium-Ionen gebildet.

$$\frac{n(H_2SO_4)}{n(H_3O^+)} = \frac{1}{2} \quad \Leftrightarrow \quad n(H_2SO_4) = \frac{1}{2} \cdot n(H_3O^+) = \frac{1}{2} \cdot n(OH^-) = \frac{1}{2} \cdot n(NaOH)$$

$$n(H_2SO_4) = \frac{1}{2} \cdot n(NaOH)$$

Die Stoffmengen n werden durch $c \cdot V$ ersetzt, dann wird nach $c_0(H_2SO_4)$ aufgelöst:

$$c_0(H_2SO_4) \cdot V(\text{Schwefelsäure}) = \frac{1}{2} \cdot c(NaOH) \cdot V(\text{Natronlauge})$$

$$c_0(H_2SO_4) = \frac{1}{2} \cdot \frac{c(NaOH) \cdot V(\text{Natronlauge})}{V(\text{Schwefelsäure})} = \frac{1}{2} \cdot \frac{0{,}1\,mol/l \cdot 0{,}050\,l}{0{,}045\,l} = 0{,}056\,mol/l$$

Die Probelösung hat eine Augangskonzentration von $c_0(H_2SO_4) = 0{,}056\,mol/l$.

A1 ● Ermitteln Sie die Stoffmengenkonzentration einer Calciumhydroxid-Lösung, wenn 15 ml verdünnte Salzsäure ($c = 0{,}05\,mol/l$) aufzuwenden sind, um $V = 40\,ml$ der Calciumhydroxid-Lösung zu neutralisieren.

A2 ● MK B1 zeigt die Messwerte einer Leitfähigkeitstitration von 100 ml Amidosulfonsäure mit Natronlauge ($c = 1\,mol/l$). Zeichnen Sie die zugehörige Titrationskurve. Ermitteln Sie $c_0(H_2N{-}SO_3H)$ und $\beta_0(H_2N{-}SO_3H)$.

V(Natronlauge) in ml	Leitfähigkeit in mS/cm
0,0	25,8
1,0	23,8
2,0	21,7
3,0	19,5
4,0	17,5
5,0	15,6
6,0	13,8
7,0	12,0
8,0	10,4
9,0	8,9
10,0	7,5
11,0	8,8
12,0	10,7
13,0	12,4
14,0	14,0

***B1** Wertetabelle zu A2*

Amidosulfonsäure ($H_2N{-}SO_3H$) wird z. B. zum Lösen von Kalk in Kaffeemaschinen verwendet.

Praktikum

4.19 Säuren und Basen in Produkten des Alltags

Viele Haushaltsprodukte enthalten Säuren oder Basen. Viele dieser Produkte sind frei verkäuflich, obwohl es sich bei einem Teil davon um Gefahrstoffe handelt.
In diesem Praktikum untersuchen Sie ein Cola-Getränk, Essigessenz, einen Weißwein und einen Rohrreiniger. Dass Rohrreiniger ein Gefahrstoff ist, erkennen Sie an den Gefahrenpiktogrammen auf der Packung. Aber auch beim Umgang mit Essigessenz ist Vorsicht geboten: Essigessenz kann Verätzungen der Haut und Augenschäden verursachen.

B1 *Cola-Getränk: Wie viel Phosphorsäure ist drin?*

B2 *Weißwein: Wie viel Weinsäure ist drin?*

B3 *Rohrreiniger: Wie viel Natriumhydroxid und Natriumcarbonat ist drin?*

V1 Phosporsäure in einem Cola-Getränk

Material:
Stativmaterial, Bürettenklammer, Bürette, Becherglas (50 ml), 2 Bechergläser (400 ml, weite Form), pH-Meter mit Einstabmesskette, Magnetrührer und Rührmagnet, Haushaltsmixer mit Kunststoffschüssel, Messzylinder (100 ml), Cola-Getränk (kein Getränk, das andere Säuren als Phosphorsäure enthält, z. B. kein Light-Getränk), Natronlauge (c(NaOH) = 0,25 mol/l)

Durchführung: ⚠ (Schutzbrille!)
a) Geben Sie ca. 250 ml des Cola-Getränks in die Kunststoffschüssel und treiben Sie die Kohlensäure mit dem Küchenmixer aus. Geben Sie das Getränk dann in ein Becherglas. (Wenn kein Haushaltsmixer vorhanden ist, geht dies auch im Becherglas auf dem Magnetrührer.)
b) Lassen Sie ein wenig Natronlauge durch die Bürette laufen, um eventuell vorhandene Wasserreste oder Staub zu entfernen. Füllen Sie dann die Bürette mit etwa 25 ml Natronlauge.
c) Füllen Sie genau 200 ml Cola-Getränk ohne Kohlensäure in das Becherglas (400 ml). Bestimmen Sie den pH-Wert. Lassen Sie anschließend 1 ml Natronlauge aus der Bürette zum Cola-Getränk fließen. Rühren Sie um und bestimmen Sie den pH-Wert der Lösung.
Wiederholen Sie die Zugabe der Lauge, das Umrühren und das Messen des pH-Wertes, bis Sie 15 ml Natronlauge zugegeben haben. Geben Sie anschließend noch einmal 5 ml Natronlauge zu, rühren Sie um und messen Sie den pH-Wert.

Aufgaben:
1. Erstellen Sie eine Messwerttabelle, in die Sie die Volumina der zugegebenen Natronlauge V(Natronlauge) und die pH-Werte eintragen.
2. Werten Sie die Tabelle grafisch aus, indem Sie die pH-Werte in Abhängigkeit von der zugegebenen Natronlauge auftragen.
3. Bestimmen Sie die Äquivalenzpunkte und berechnen Sie die Massenkonzentration β(Phosphorsäure) des Cola-Getränks.
4. Recherchieren Sie, wie viel Zucker 1 l des Cola-Getranks enthält. Vergleichen Sie die Masse des gelösten Zuckers und der gelösten Phosphorsäure.

V2 Überprüfung des Essigsäure-Anteils in Essigessenz

Material:
Stativmaterial, Bürettenklammer, Bürette, Vollpipette (20 ml), Pipettierhilfe, Messkolben (1 l), Messkolben (100 ml), Leitfahigkeitsprüfer, Spannungsquelle, Stromstärkemessgerät, Becherglas (250 ml), Magnetrührer und Rührmagnet, Essigessenz, Natronlauge (c(NaOH) = 1 mol/l)

Aufgaben:
1. Planen Sie eine Versuchsreihe zur Bestimmung des Essigsäure-Anteils in Essigessenz unter Verwendung des angegebenen Materials.
2. Führen Sie nach der Vorstellung Ihrer Planung und Erlaubnis der Lehrkraft die Versuchsreihe durch.
3. Erstellen Sie eine Messwerttabelle und tragen Sie in einem Diagramm die Stromstärke I gegen das Volumen V der zugegebenen Maßlösung auf.
4. Ermitteln Sie aus Ihrem Diagramm den Äquivalenzpunkt.
5. Berechnen Sie den Massenteil w(Essigsäure) in der Essigessenz. Gehen Sie dabei von der Dichte ϱ(Essigessenz) = 1,03 g/ml aus. Vergleichen Sie Ihr Ergebnis mit der Angabe auf der Flasche.

V3 Bestimmung von Säuren in Weißwein

Material:
Stativmaterial, Bürettenklammer, Bürette, Vollpipetten (10 ml, 20 ml), Pipettierhilfe, Messkolben (100 ml), Weithals-Erlenmeyerkolben (50 ml), Präparategläschen, Waage, Natronlauge (*c* = 0,1 mol/l), Bromthymolblau-Lösung, Weinsäure, Weißwein

Durchführung: ⚠ (Schutzbrille!)
a) Pipettieren Sie genau 20 ml Weißwein in den Erlenmeyerkolben und geben Sie 2 bis 3 Tropfen Bromthymolblau-Lösung in den Wein. Titrieren Sie die Probe mit Natronlauge (*c*(NaOH) = 0,1 mol/l) bis zur Blaugrünfärbung der Lösung.
b) Stellen Sie Weinsäure-Lösungen (je 50 ml) der Konzentrationen *c* = 0,025 mol/l, *c* = 0,05 mol/l und *c* = 0,1 mol/l her. Titrieren Sie jeweils 20 ml dieser Lösungen mit Natronlauge (*c*(NaOH) = 0,1 mol/l) und Bromthymolblau-Lösung als Indikator bis zur Blaugrünfärbung der Lösung.

Aufgaben:
1. Tragen Sie in ein Diagramm (*x*-Achse: Stoffmengenkonzentration der Weinsäure, *y*-Achse: Volumen der Natronlauge) die Werte für die Titrationen der Weinsäure-Lösungen ein und zeichnen Sie den Graphen. Ermitteln Sie aus dem Diagramm die Stoffmengenkonzentration der Weinsäure im Weißwein unter der Annahme, dass außer Weinsäure keine anderen Säuren im Wein enthalten sind.
2. Berechnen Sie aus der Stoffmengenkonzentration der Weinsäure im Weißwein die Massenkonzentration der Weinsäure (*M*(Weinsäure) = 150,09 g/mol).

Hinweis: Weine enthalten unterschiedliche Säuren. Die Säurekonzentration wird aber so berechnet, als ob nur Weinsäure [B4] vorläge. Man sagt auch: Die insgesamt enthaltene Säure wird „als Weinsäure berechnet".

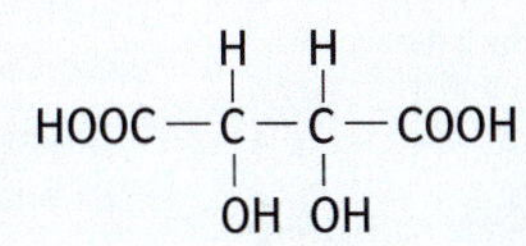

***B4** Halbstrukturformel der Weinsäure*

V4 Bestimmung von Hydroxid- und Carbonat-Ionen in einem festen Rohrreiniger

Ein fester Rohrreiniger [B3] ist ein Gemisch aus Natriumhydroxid, Natriumcarbonat, Aluminium und Natriumnitrat. Für die Bildung der alkalischen Lösung beim Lösen des Rohrreinigers sind das Natriumhydroxid und das Natriumcarbonat verantwortlich.

Material:
Stativmaterial, Bürettenklammer, Bürette, Vollpipette (20 ml), Messpipette (10 ml), Pipettierhilfe, Messkolben (100 ml), Becherglas (100 ml), Erlenmeyerkolben (100 ml und 50 ml), Waage, Wägegläschen, Pinzette, Filterpapier, Spatel, Schutzhandschuhe, Salzsäure (*c* = 1 mol/l), neutrale Bariumnitrat-Lösung (*c* = 0,2 mol/l), Oxalsäure-Lösung (*c* = 0,5 mol/l), Methylorange-Lösung, Phenolphthalein-Lösung (*w* < 1 %), fester Rohrreiniger (Abflussreiniger)

Durchführung: ⚠ (Schutzbrille!)
a) Wiegen Sie etwa 4 g Rohrreiniger ab und notieren Sie die genaue Masse. Entfernen Sie mit einer Pinzette alle Aluminiumkörner. Lösen Sie den Rohrreiniger ohne Aluminiumkörner in ca. 80 ml dest. Wasser unter Kühlen. Geben Sie diese Lösung anschließend in einen 100-ml-Messkolben und füllen Sie mit dest. Wasser bis zur Ringmarke auf.
b) Pipettieren Sie genau 20 ml der Rohrreinigerlösung in einen kleinen Erlenmeyerkolben und geben Sie 2 bis 3 Tropfen Methylorange-Lösung zu der Lösung. Titrieren Sie die Lösung mit Salzsäure, bis die Lösung einen kräftigen Orangeton aufweist.
c) Versetzen Sie eine zweite 20-ml-Probe der Rohrreinigerlösung mit etwa 7 ml Bariumnitrat-Lösung und schütteln Sie die Lösung.
Geben Sie zu dieser Lösung nach etwa 10 Minuten 2 bis 3 Tropfen Phenolphthalein-Lösung und titrieren Sie mit Oxalsäure-Lösung langsam und unter ständigem Umschwenken bis zur ersten bleibenden Entfärbung der gesamten Lösung.

Aufgaben:
1. Analysieren Sie die Schritte der Durchführung und erläutern Sie deren Zweck.
2. Berechnen Sie die Stoffmengen des Hydroxids und des Carbonats und die Massenanteile des Natriumcarbonats und Natriumhydroxids im Rohrreiniger.
3. Begründen Sie, warum Sie für mehrere Proben eventuell unterschiedliche Massenanteile für Natriumcarbonat und Natriumhydroxid erhalten. Wodurch könnten solche Unterschiede vermieden werden?
4. Recherchieren und erläutern Sie die Funktionen des Aluminiums und des Natriumnitrats im Rohrreiniger.

4.20 Chemische Reaktionen und Energie

B1 *Lagerfeuer – ein offenes System*

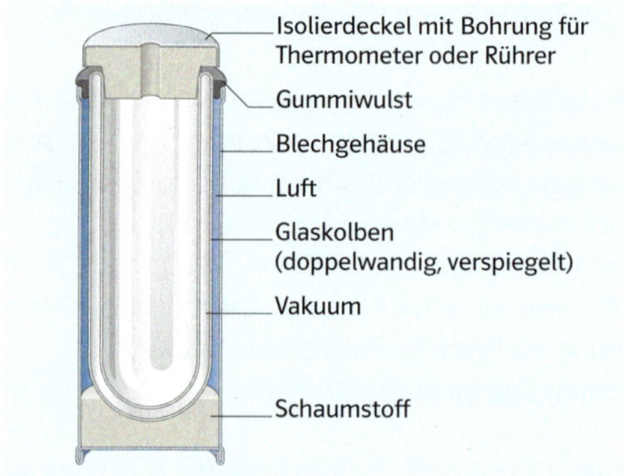

B2 *Dewar-Gefäß*

Pyrolyse von griech. pyr, Feuer und lysis, Auflösung. Zersetzung organischer Stoffe bei hohen Temperaturen

Dewar-Gefäß nach dem Physikochemiker JAMES DEWAR (1842 – 1923). Behälter mit einer evakuierten (d.h. luftleeren) und verspiegelten Doppelwand

Bei chemischen Reaktionen sind Stoffumwandlungen mit Energieumsätzen verbunden. Bei vielen Reaktionen nutzt man die abgegebene Energie:

- In einem Lagerfeuer [B1] reagieren die Pyrolysegase des Holzes mit dem Sauerstoff aus der Luft zu Kohlenstoffdioxid und Wasserdampf. Dabei wird Wärme an die Umgebung abgegeben.
- Batterien, Akkumulatoren und Brennstoffzellen verrichten elektrische Arbeit.
- Entstehen bei einer chemischen Reaktion Gase, kann mechanische Arbeit verrichtet werden (z.B. in Verbrennungsmotoren und bei Sprengungen).

System und Umgebung. In der chemischen Energetik bezeichnet man einen festgelegten räumlichen Bereich, in dem sich Stoffe befinden und Reaktionen ablaufen können, als **System**. Für quantitative Untersuchungen ist es sinnvoll, diesen räumlichen Bereich von der **Umgebung** abzugrenzen, z.B. durch eine Trennwand.

Je nachdem, ob die Abgrenzung zwischen System und Umgebung Stoffaustausch oder Energieaustausch zulässt, unterscheidet man drei Typen von Systemen [B3, B4]:

- **Offene Systeme** können *Stoffe und Energie* mit der Umgebung austauschen. Beispielsweise nimmt ein Lagerfeuer aus der Umgebung Sauerstoff auf und gibt gasförmige Verbrennungsprodukte und Energie an die Umgebung ab.
- **Geschlossene Systeme** können *nur Energie* mit der Umgebung austauschen. Führt man z.B. eine chemische Reaktion in einem Erlenmeyerkolben mit Stopfen durch, dann ist kein Stoffaustausch mit der Umgebung möglich, aber durch die Glaswand des Kolbens kann Wärme an die Umgebung abgegeben werden.
- **Isolierte Systeme** können *weder Stoffe noch Energie* mit der Umgebung austauschen. Ein Dewar-Gefäß [B2] ist so konstruiert, dass man damit nahezu (allerdings nicht ganz) ein isoliertes System verwirklichen kann.

In der chemischen Energetik unterscheidet man offene, geschlossene und isolierte Systeme.

B3 *Systeme der chemischen Energetik – ein Beispiel*

System	Stoffaustausch mit der Umgebung	Energieaustausch mit der Umgebung
Offen	Ja	Ja
Geschlossen	Nein	Ja
Isoliert	Nein	Nein

B4 *Systeme der chemischen Energetik*

Zustandsgrößen. Die Eigenschaften eines Systems werden durch **Zustandsgrößen** beschrieben, z. B. Masse, Volumen, Druck und Temperatur. Eine wichtige Zustandsgröße ist die gesamte im System enthaltene Energie, die **innere Energie** U.

Die Eigenschaften eines Systems werden durch Zustandsgrößen beschrieben. Die innere Energie U ist eine Zustandsgröße.

Prozessgrößen. Ein offenes oder geschlossenes System kann mit seiner Umgebung Energie austauschen. Als Beispiel soll die Reaktion von Zink mit Salzsäure in einem Becherglas (also in einem offenen System) betrachtet werden. Die Reaktion ist exotherm, deshalb wird an die Umgebung **Wärme** Q abgegeben. Bei der Reaktion entsteht gasförmiger Wasserstoff. In einem geschlossenen System würde der Druck steigen. Aus dem offenen Becherglas strömt das Gas hinaus. Dabei wird mechanische Energie auf die Umgebung übertragen, d. h., es wird **Arbeit** W an der Umgebung verrichtet (Kap. 4.21, 4.22). Wärme und Arbeit treten nur während eines *Prozesses* auf, man bezeichnet sie als **Prozessgrößen**.

Für die Gesamtheit eines Systems und seiner Umgebung gilt der Energieerhaltungssatz. Man bezeichnet ihn auch als **Ersten Hauptsatz der Thermodynamik**. Dieser besagt, dass Energie weder neu geschaffen noch vernichtet werden kann.
Aus dem Ersten Hauptsatz der Thermodynamik folgt, dass die Gesamtenergie eines Systems mit seiner Umgebung konstant bleibt. Die Summe der mit der Umgebung ausgetauschten Energie entspricht also der Änderung der inneren Energie des Systems.

Wärme und Arbeit sind Prozessgrößen. Sie beschreiben den Energieaustausch zwischen einem System und seiner Umgebung.

Erster Hauptsatz der Thermodynamik (Energieerhaltungssatz): Die Gesamtenergie eines Systems mit seiner Umgebung bleibt konstant.

Reaktionswärme. Bei einer chemischen Reaktion tauscht ein System mit seiner Umgebung Wärme aus. Diese bezeichnet man als **Reaktionswärme** Q_r.
Bei *exothermen Reaktionen* gibt das System Wärme an die Umgebung ab, d. h., die innere Energie des Systems nimmt ab. Die Reaktionswärme ist *negativ*. Beispiele sind Verbrennungsreaktionen [B5, oben] und Neutralisationsreaktionen.
Bei *endothermen Reaktionen* nimmt das System Wärme aus der Umgebung auf, d. h., die innere Energie des Systems nimmt zu. Die Reaktionswärme ist *positiv*. Ein Beispiel ist die Thermolyse von Ammoniumchlorid [B5, unten].

Bei exothermen Reaktionen ist die Reaktionswärme negativ: $Q_r < 0$
Bei endothermen Reaktionen ist die Reaktionswärme positiv: $Q_r > 0$

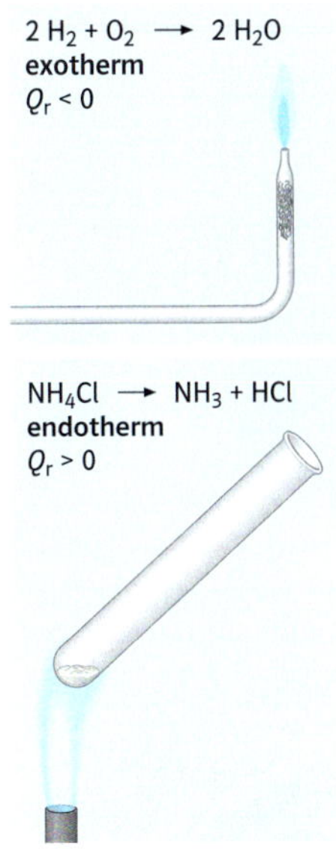

***B5** Exotherme und endotherme Reaktion*

exotherm, endotherm von griech. exo, außen; endon, innen und therme, Wärme. Wenn bei einer Reaktion Licht oder elektrische Arbeit ausgetauscht wird, wandelt man diese „in Gedanken" in Wärme um. Eine Elektrolyse wird z. B. als endotherme Reaktion betrachtet, obwohl nicht Wärme, sondern elektrische Arbeit zugeführt wird.

A1 ○ Nennen Sie Beispiele für offene, geschlossene und isolierte Systeme.

A2 ◒ Diskutieren Sie, ob es Systeme geben kann, die Stoffaustausch mit der Umgebung zulassen, jedoch keinen Energieaustausch.

A3 ◒ Erläutern Sie, wie sich die innere Energie eines Systems bei einer endothermen Reaktion ändert.

Exkurs

Wärmeübertragung von einem System auf ein anderes
Wenn zwischen zwei offenen oder geschlossenen Systemen eine Temperaturdifferenz besteht, wird Energie in Form von Wärme übertragen. Höhere Temperatur bedeutet höhere mittlere Teilchengeschwindigkeit. Gibt z. B. das System A Wärme an das System B ab, wird die mittlere Teilchengeschwindigkeit im System A kleiner und im System B größer. Der Endzustand ist erreicht, wenn die mittlere kinetische Energie in beiden Systemen gleich ist.

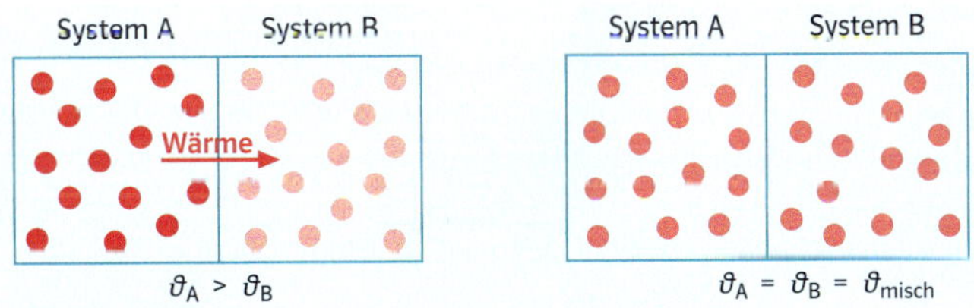

Anfangszustand:
Die mittlere kinetische Energie der Teilchen im System A ist größer als im System B

Endzustand:
Die mittlere kinetische Energie der Teilchen ist in beiden Systemen gleich

B6

4.21 Die Neutralisationsenthalpie

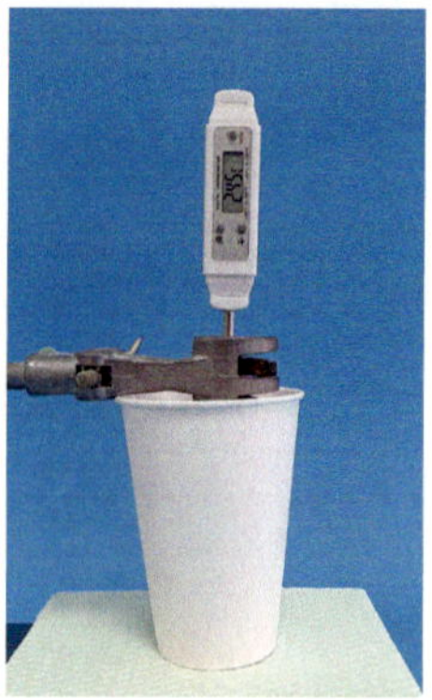

***B1** Versuchsaufbau zur Ermittlung der Neutralisationswärme*

Größen

Q_r: Reaktionswärme bzw. Neutralisationswärme

c_W: spezifische Wärmekapazität des Wassers. Bei 20 °C ist $c_W = 4{,}18\,J/(g \cdot K)$.

m: Masse der neutralisierten Lösung

$\Delta\vartheta$: Temperaturdifferenzen gibt man üblicherweise in der Einheit Kelvin (K) an. Temperaturdifferenzen in Grad Celsius (°C) haben den gleichen Zahlenwert.

Bei fast allen chemischen Reaktionen wird Wärme abgegeben oder aufgenommen. Man bezeichnet sie als **Reaktionswärme Q_r**. Bei *exothermen* Reaktionen hat Q_r ein negatives Vorzeichen, bei *endothermen* Reaktionen hat Q_r ein positives Vorzeichen.
Gibt man eine alkalische Lösung zu einer sauren Lösung, so läuft die *exotherme* Neutralisationsreaktion ab. Ihre Reaktionswärme bezeichnet man als **Neutralisationswärme**.

Ermittlung der Neutralisationswärme. Aus beispielsweise 100 ml Salzsäure und 100 ml Natronlauge der gleichen Konzentration entstehen durch die Neutralisationsreaktion 200 ml Kochsalz-Lösung:

$$H_3O^+(aq) + Cl^-(aq) + Na^+(aq) + OH^-(aq) \longrightarrow 2\,H_2O(l) + Na^+(aq) + Cl^-(aq)$$

Die Neutralisationsreaktion läuft so schnell ab, dass die Kochsalz-Lösung zunächst fast die gesamte Neutralisationswärme Q_r aufnimmt. Die Temperatur der Kochsalz-Lösung steigt dadurch schnell an. Wenn man die Temperatur misst, bevor die Wärme an die Umgebung abgegeben wird, genügt ein einfacher Versuchsaufbau ohne Wärmeisolation [B1, V1], um einen relativ genauen Wert der Neutralisationswärme zu ermitteln.

In einem Versuch gibt man 100 ml Salzsäure ($c(HCl) = c(H_3O^+) = 1{,}0\,mol/l$) und 100 ml Natronlauge ($c(NaOH) = c(OH^-) = 1{,}0\,mol/l$) zusammen.
Die Temperatur beider Ausgangslösungen ist $\vartheta_{Anfang} = 20{,}5\,°C$.
Nach der Reaktion hat die Lösung eine Temperatur von $\vartheta_{Ende} = 27{,}3\,°C$.

Zur Berechnung der Neutralistionswärme nimmt man vereinfachend an, dass die Lösung die gleiche Dichte und Wärmekapazität wie Wasser hat:
$\rho \approx 1\,g/ml$ und $c_W \approx 4{,}2\,J/(g \cdot K)$

Stoffmengen: $n(H_3O^+) = n(OH^-) = 1{,}0\,mol/l \cdot 0{,}100\,l = 0{,}10\,mol$

Temperaturdifferenz: $\Delta\vartheta = 27{,}3\,°C - 20{,}5\,°C = 6{,}8\,°C = 6{,}8\,K$

Masse der Lösung: $m \approx 200\,ml \cdot 1\,g/ml = 200\,g$

Berechnung der Neutralisationswärme:

$$Q_r(0{,}10\,mol) = -c_W \cdot m \cdot \Delta\vartheta \approx -4{,}2\,J/(g \cdot K) \cdot 200\,g \cdot 6{,}8\,K \approx -5{,}7 \cdot 10^3\,J = -5{,}7\,kJ$$

Bei der Reaktion der zehnfachen Stoffmengen, d.h. von 1 mol H_3O^+ mit 1 mol OH^-, entsteht die zehnfache Wärmemenge:

$Q_r(1\,mol) = -57\,kJ$

***B2** Berechnung der Neutralisationswärme an einem Beispiel*

Aus der spezifischen Wärmekapazität, der Masse der neutralisierten Lösung und der Temperaturdifferenz berechnet man die Neutralisationswärme [B2]:

$$Q_r = -c_W \cdot m \cdot (\vartheta_{Ende} - \vartheta_{Anfang}) = -c_W \cdot m \cdot \Delta\vartheta$$

(Bei einer verdünnten Lösung nimmt man vereinfachend an, dass sie die gleiche Dichte und spezifische Wärmekapazität wie Wasser hat.)

Ermittelt man die Neutralisationswärmen von jeweils 1 mol unterschiedlicher Säuren und Laugen, so erhält man immer nahezu gleiche Werte. Dieses zunächst erstaunliche Ergebnis ist damit zu erklären, dass bei allen Neutralisationsreaktionen die gleiche Reaktion abläuft – die Übertragung von Protonen von den Oxonium-Ionen auf die Hydroxid-Ionen:

$$H_3O^+ + OH^- \longrightarrow 2\,H_2O \qquad | \; Q_r \approx -57\,kJ$$

Die Neutralisationswärme der Reaktion von 1 mol H_3O^+-Ionen mit 1 mol OH^--Ionen ist $Q_r \approx -57\,kJ$.

Reaktionsenergie und Reaktionsenthalpie. Die gesamte Energie, über die ein System (wie z.B. das Gemisch aus Salzsäure und Natronlauge) in seinem Inneren verfügt, bezeichnet man als **innere Energie *U***. Die Änderung der inneren Energie bei einer chemischen Reaktion ist die **Reaktionsenergie $\Delta_r U$**. Wird bei einer Reaktion Energie abgegeben, so hat $\Delta_r U$ einen negativen Wert. In einem druckfesten, verschlossenen Gefäß kann man die Reaktionsenergie direkt bestimmen; sie ist gleich der Reaktionswärme bei konstantem Volumen:

$$\Delta_r U = Q_{r,V}$$

Für Reaktionen bei konstantem Druck (z.B. in einem offenen Gefäß), verwendet man die Energiegröße der **Enthalpie *H***. Die **Reaktionsenthalpie $\Delta_r H$** ist gleich der Reaktionswärme bei konstantem Druck:

$$\Delta_r H = Q_{r,p}$$

Dies gilt z.B. für die Neutralisationsreaktion in einem offenen Becher [B1, V1]. Die Reaktionsenthalpie der Neutralisationsreaktion bezeichnet man als **Neutralisationsenthalpie**.

Da die Neutralisationsreaktion exotherm ist, gibt das reagierende System Wärme an die Umgebung ab. Die Neutralisationsenthalpie hat einen negativen Wert: $\Delta_r H \approx -57\,\text{kJ}$

Die Neutralisationsenthalpie ist gleich der Neutralisationswärme bei konstantem Druck.

Neutralisationsreaktion und Erster Hauptsatz der Thermodynamik. Bei einer exothermen Reaktion wird Wärme abgegeben. Falls sich bei der Reaktion das Volumen ändert, wird außerdem Arbeit verrichtet. Wenn z. B. ein Gas entsteht, „drückt" das reagierende System dieses in die Atmosphäre und verrichtet dadurch Arbeit an seiner Umgebung.
Aus dem Ersten Hauptsatz der Thermodynamik (Energieerhaltungssatz, Kap. 4.20) folgt: Die innere Energie des reagierenden Systems wird um die Beträge der abgegebenen Wärme und der verrichteteten Arbeit verringert.
Folglich gilt:

$$\Delta_r U = Q_{r,p} + W$$

An der *Neutralisationsreaktion* sind keine Gase beteiligt. Deshalb ist die Volumenänderung annähernd Null und somit auch die Arbeit W. Daraus folgt für die Neutralisationsreaktion [B3]:

$$\Delta_r U \approx \Delta_r H$$

Die Neutralisationsenergie ist ungefähr gleich der Neutralisationsenthalpie.

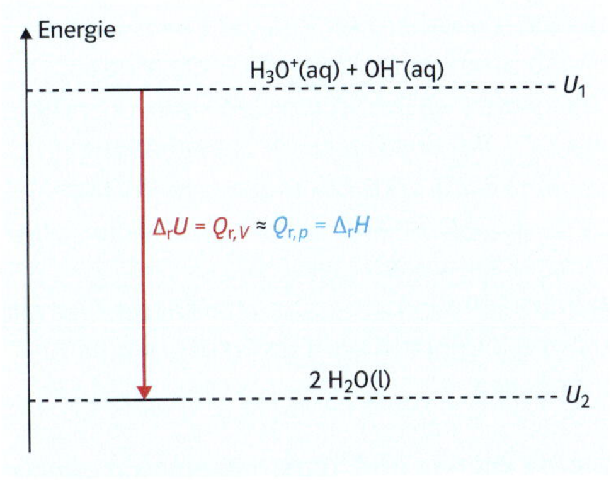

***B3** Energiediagramm der Neutralisationsreaktion*

A1 ○ Formulieren Sie zu den vier Reaktionen in V1 die Reaktionsgleichungen mit allen Ionen. Erklären Sie dann anhand der vier Reaktionsgleichungen, dass trotzdem in allen Fällen die gleiche Reaktion abläuft.

A2 ◒ Bei der Reaktion von 50 ml Kalilauge der Konzentration $c(KOH) = 1\,\text{mol/l}$ mit 50 ml Salpetersäure der Konzentration $c(HNO_3) = 1\,\text{mol/l}$ steigt die Temperatur des Reaktionsgemisches von 22,3 °C auf 29,0 °C. Berechnen Sie in Anlehnung an B2 die Neutralisationswärme für die Reaktion von 1 mol KOH mit 1 mol HNO_3.

A3 ● Als Reaktionsgefäß zur Ermittlung der Neutralisationswärme kann man z. B. einen Kunststoffbecher oder eine Thermosflasche verwenden. Begründen Sie, warum diese Gefäße besser geeignet sind als ein Metallbecher.

Größen

p: Druck

W: Arbeit

$Q_{r,V}$: Reaktionswärme bei konstantem Volumen

$Q_{r,p}$: Reaktionswärme bei konstantem Druck

U: innere Energie

$\Delta_r U$: Reaktionsenergie

H: Enthalpie

$\Delta_r H$: Reaktionsenthalpie

Index 1: vor der Reaktion

Index 2: nach der Reaktion

Praktikum

V1 Ermittlung der Neutralisationsenthalpie

Material:
Kunststoffbecher (200 ml, z. B. aus PE), 2 Messzylinder (100 ml), Digitalthermometer, Stativmaterial, Salzsäure $c(HCl) = 1\,\text{mol/l}$, Salpetersäure $c(HNO_3) = 1\,\text{mol/l}$, Natronlauge $c(NaOH) = 1\,\text{mol/l}$, Kalilauge $c(KOH) = 1\,\text{mol/l}$

Durchführung:
Zum Temperaturausgleich werden die Geräte und die sauren und alkalischen Lösungen längere Zeit im Experimentierraum aufbewahrt. Legen Sie zunächst eine Messwerttabelle wie B4 an. Führen Sie dann den Versuch mit den Kombinationen Salzsäure/Natronlauge, Salzsäure/Kalilauge, Salpetersäure/Natronlauge und Salpetersäure/Kalilauge durch.

Geben Sie genau 50 ml Säure in den Kunststoffbecher und messen Sie die Temperatur $\vartheta_{\text{Anfang}}$. Schütten Sie dann in einem Schwung genau 50 ml Lauge dazu. Rühren Sie den Becherinhalt mit dem Messfühler und verfolgen Sie den Temperaturanstieg. Notieren Sie die höchste Temperatur ϑ_{Ende}.

Aufgaben:
1. Berechnen Sie die Temperaturdifferenzen: $\Delta\vartheta = \vartheta_{\text{Ende}} - \vartheta_{\text{Anfang}}$
2. Vergleichen Sie die Temperaturdifferenzen und deuten Sie die Ergebnisse. Formulieren Sie auch die Reaktionsgleichungen.
3. Berechnen Sie zu jeder Säure-Lauge-Kombination die Neutralisationswärme $Q_r(1\,\text{mol})$ [B2] und die Neutralisationsenthalpie $\Delta_r H(1\,\text{mol})$.

	Salzsäure u. Natronlauge	...
ϑ_{Ende}		
$\vartheta_{\text{Anfang}}$		
$\Delta\vartheta$		

***B4** Messwertabelle zu V1*

Exkurs

4.22 Reaktionsenergie und Reaktionsenthalpie – ein Vergleich

B1 *Aufgeschnittener Verbrennungsmotor: Während des Betriebs verrichtet eine exotherme Reaktion Arbeit*

B3 *Explosion eines Gasgemisches [V1]*

Edukte Ausgangsstoffe einer Reaktion

Produkte Hier kurz für Reaktionsprodukte

Größen

p: Druck
V: Volumen
ΔV: Volumendifferenz
W: Arbeit
$Q_{r,V}$: Reaktionswärme bei konstantem Volumen
$Q_{r,p}$: Reaktionswärme bei konstantem Druck
U: innere Energie
$\Delta_r U$: Reaktionsenergie
H: Enthalpie
$\Delta_r H$: Reaktionsenthalpie
Index 1: vor der Reaktion
Index 2: nach der Reaktion

Bei einer exothermen Reaktion wird *Wärme* an die Umgebung abgegeben. Dass dabei auch *Arbeit* verrichtet werden kann, erkennt man z. B. bei der Explosion eines Gasgemisches [B3, V1]. Verbrennungsmotoren sind eine wichtige Anwendung, bei der die abgegebene Arbeit genutzt wird [B1].
Der Zusammenhang zwischen innerer Energie, Wärme und Arbeit wird im Folgenden näher untersucht.

Innere Energie und Reaktionsenergie. Die gesamte Energie, über die ein System in seinem Inneren verfügt, bezeichnet man als **innere Energie** *U*. Sie ist die Summe aller Energien der Teilchen, die sich in dem System befinden, d. h. kinetische Energie (Bewegung der Teilchen) und potentielle Energie (z. B. Bindungsenergie und zwischenmolekulare Kräfte). Ein *Absolutwert* für *U* kann experimentell nicht bestimmt werden. Nur die *Änderung* der inneren Energie ΔU ist messbar. Handelt es sich um eine chemische Reaktion, bezeichnet man sie als **Reaktionsenergie** $\Delta_r U$. Sie ist wie folgt definiert:

$$\Delta_r U = U_2 - U_1$$

U_1 ist die innere Energie des Systems vor der Reaktion, U_2 nach der Reaktion. Wird bei einer Reaktion Energie abgegeben, so ist $\Delta_r U$ negativ.

Die Reaktionsenergie ist die Änderung der inneren Energie bei einer chemischen Reaktion.

Reaktionswärme und Reaktionsenergie. Sind an einer Reaktion Gase beteiligt, so zeigt sich, dass die Reaktionswärme davon abhängt, ob die Reaktion unter konstantem Druck oder konstantem Volumen durchgeführt wird. Gibt man z. B. 1 mol Zink in verdünnte Salzsäure, so bildet sich in einer exothermen Reaktion 1 mol gasförmiger Wasserstoff und eine Zinkchlorid-Lösung:

$$Zn(s) + 2\,H_3O^+(aq) \longrightarrow Zn^{2+}(aq) + H_2(g) + 2\,H_2O(l)$$

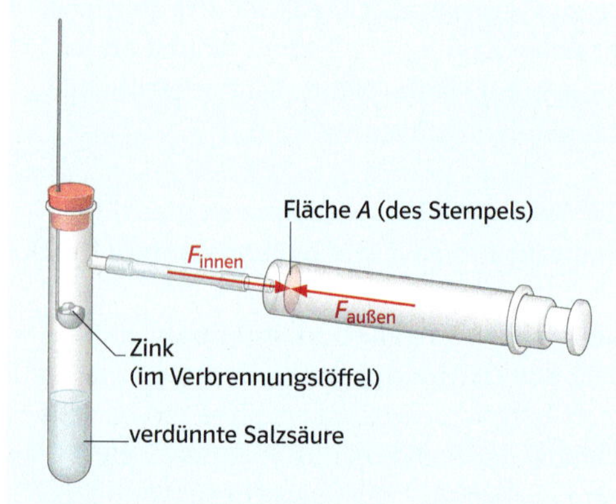

B2 *Apparatur für die Reaktion von Zink mit Salzsäure bei konstantem Druck*

Führt man die Reaktion in einem Kalorimeter durch (Kap. 4.23), so kann die Reaktionswärme Q_r gemessen werden:
- *Bei konstantem Druck*: Die Reaktion erfolgt in einer *offenen* Apparatur [B2]. Durch die Wasserstoff-Entwicklung wird das Gasvolumen größer. $Q_{r,p} = -154{,}0\,kJ$
- *Bei konstantem Volumen*: Die Reaktion erfolgt in einer druckfesten, *geschlossenen* Apparatur. Durch die Wasserstoff-Entwicklung erhöht sich der Druck. $Q_{r,V} = -156{,}5\,kJ$

Die Reaktionsenergie $\Delta_r U$ ist in beiden Fällen gleich, da die Edukte und Produkte gleich sind. Trotzdem wird bei konstantem Druck weniger Wärme abgegeben. Dies liegt daran, dass die Reaktionsenergie nicht nur in *Wärme*, sondern auch in *Arbeit* umgewandelt wird. Der entstehende Wasserstoff drückt den Stempel des Kolbenprobers gegen den Luftdruck nach außen und verrichtet dadurch **Volumenarbeit** an der Umgebung. Auch wenn man den Kolbenprober entfernt und das Gas einfach ausströmen lässt, wird die gleiche Arbeit verrichtet, da die Luft weggedrückt werden muss. Nur bei *konstantem Volumen* wird die Reaktionsenergie vollständig in Wärme umgewandelt; Reaktionswärme und Reaktionsenergie sind in diesem Fall also gleich.

Läuft eine Reaktion bei konstantem Volumen ab, ist die Reaktionswärme gleich der Reaktionsenergie: $Q_{r,V} = \Delta_r U$

Wird der Kolben in B2 um die Wegstrecke Δs verschoben, so wird Volumenarbeit verrichtet.

Es gilt: $W = F \cdot \Delta s$ und $F = p \cdot A$

$\Rightarrow \quad W = F_{innen} \cdot \Delta s = -F_{außen} \cdot \Delta s = -p \cdot A \cdot \Delta s$

Mit $A \cdot \Delta s = \Delta V$ ergibt sich: $W = -p \cdot \Delta V$

Beispiel: Bei $\vartheta = 25\,°C$ und $p = 1000\,hPa$ ist das molare Gasvolumen ca. 25 l. Entsteht bei einer Reaktion 1 mol Gas, ist folglich $\Delta V \approx 25\,l$.

$$W = -p \cdot \Delta V \approx -1000\,hPa \cdot 25\,l$$
$$= -100\,000\,N/m^2 \cdot 0{,}025\,m^3$$
$$\approx -2\,500\,Nm \approx -2{,}5\,kJ$$

***B4** Berechnung der Volumenarbeit von Reaktionen, an denen Gase beteiligt sind*

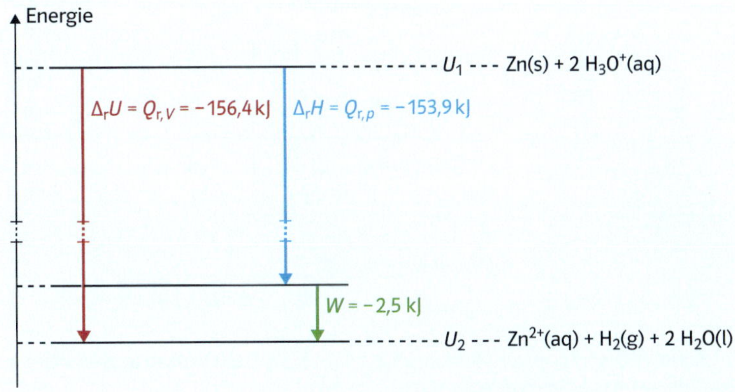

***B5** Reaktionsenergie, Reaktionsenthalpie und Volumenarbeit der Reaktion von 1 mol Zink mit Salzsäure bei konstantem Druck*

Reaktionswärme und Volumenarbeit. Bei chemischen Reaktionen, die unter *konstantem Druck* ablaufen und an denen Gase beteiligt sind, muss die Volumenarbeit W [B4] berücksichtigt werden. Die Reaktionsenergie $\Delta_r U$ ist dann die Summe aus Wärme und Arbeit:

$$\Delta_r U = Q_{r,p} + W \qquad \text{mit} \qquad W = -p \cdot \Delta V$$

Bei konstantem Druck gilt also:

$$\Delta_r U = Q_{r,p} - p \cdot \Delta V \quad \Leftrightarrow \quad Q_{r,p} = \Delta_r U + p \cdot \Delta V$$

Bei einer Reaktion mit Volumenzunahme ($\Delta V > 0$) hat die Volumenarbeit W einen negativen Wert; das System verrichtet Arbeit an der Umgebung. Ein Beispiel ist die Reaktion von Zink mit Salzsäure, bei der gasfömiger Wasserstoff entsteht [B2, B6].
Bei einer Reaktion mit Volumenabnahme ($\Delta V < 0$) verrichtet die Umgebung Arbeit am System. Ein Beispiel ist die Knallgasreaktion, bei der flüssiges Wasser aus gasfömigem Wasserstoff und Sauerstoff entsteht [A3].

Bei Reaktionen, an denen keine Gase beteiligt sind, ist die Volumenarbeit vernachlässigbar. Die Gleichung $\Delta_r U = Q_{r,p} + W$ gilt allerdings auch, wenn andere Formen der Arbeit verrichtet werden, z. B. elektrische Arbeit bei einer galvanischen Zelle.

Reaktionsenthalpie. Viele chemische Reaktionen im Labor laufen in offenen Gefäßen ab, d. h. bei konstantem Druck. Deshalb hat man die **Enthalpie** H als Zustandsgröße definiert, die energetische Berechnungen bei konstantem Druck vereinfacht:

Enthalpie von griech. en, in und thalpein, erhitzen. Das Symbol H kommt von engl. heat content.

$$H = U + p \cdot V$$

Für die Reaktionsenthalpie $\Delta_r H$ gilt:

$$\Delta_r H = \Delta_r U + p \cdot \Delta V = Q_{r,p}$$

Läuft eine Reaktion bei konstantem Druck ab, ist die Reaktionswärme gleich der Reaktionsenthalpie: $Q_{r,p} = \Delta_r H$

V1 ⚠ (Schutzbrille!) Bohren Sie in die Wand einer Chips-Dose ca. 2 cm über dem Boden ein Loch ($d \approx 7\,mm$). Füllen Sie ca. 30 ml Feuerzeuggas aus einer Nachfüllkartusche über einen Schlauch in eine Spritze. Spritzen Sie das Gas in die Dose. Verschließen Sie die Dose mit dem Deckel und das Loch mit einem Finger. Vermischen Sie die Gase durch mehrmaliges Umdrehen der Dose. Stellen Sie die Dose auf eine feuerfeste Unterlage und halten Sie unter Aufsicht der Lehrkraft einen brennenden Holzspan an das Zündloch [B3].

A1 ○ Nennen Sie Beispiele für Reaktionen (auch aus dem Alltag) mit **a)** $W < 0$ bzw. **b)** $W > 0$

A2 ◒ Begründen Sie, welches System die größere innere Energie hat: 1 kg Eis oder 1 kg flüssiges Wasser.

A3 ◒ **a)** Erstellen Sie zur Knallgasreaktion ein Diagramm analog zu B5. **b)** Erläutern Sie anhand des Diagramms die folgenden Begriffe: Reaktionsenergie, Reaktionsenthalpie, Volumenarbeit.

4.23 Kalorimetrische Ermittlung von Enthalpien

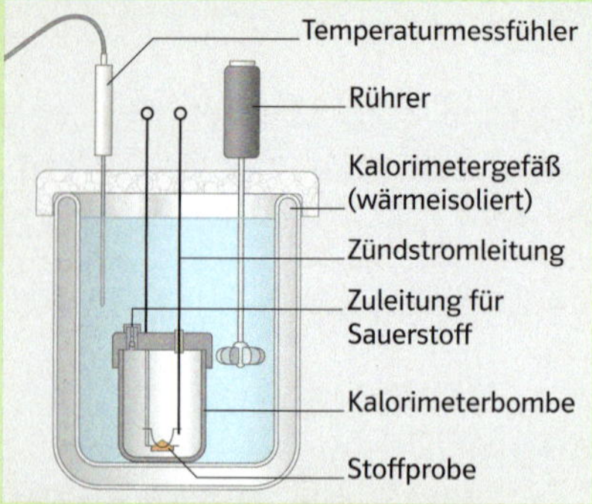

B1 *Bombenkalorimeter zur Messung der Reaktionswärme einer Verbrennung*

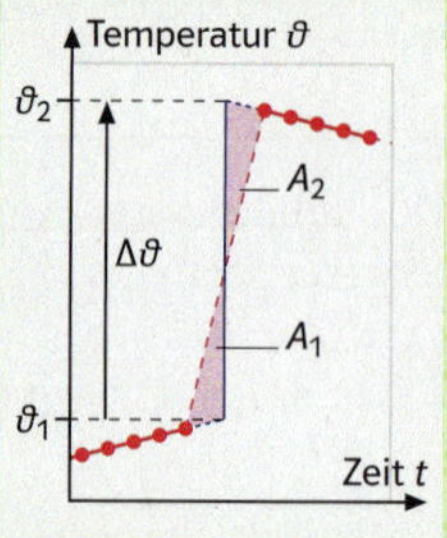

Da die Isolation eines Kalorimeters nie ideal ist, wird während eines Versuchs Wärme zwischen dem Kalorimeter und der Umgebung ausgetauscht. Im nebenstehenden Diagramm ist die Temperatur der Kalorimeterflüssigkeit vor der Reaktion niedriger als die Umgebungstemperatur und danach höher. Die Temperatur steigt deshalb vor der Reaktion langsam an und fällt danach ab. Zur Ermittlung der Temperaturdifferenz $\Delta\vartheta$ extrapoliert man die beiden Kurvenäste im Diagramm so, dass die Flächen A_1 und A_2 etwa gleich groß sind.

B2 *Grafische Ermittlung einer Temperaturdifferenz*

Unter *Kalorimetrie* versteht man experimentelle Methoden zur Bestimmung von Reaktionswärmen. In einem Kalorimeter [B1] wird die Reaktionswärme auf eine Wasserportion (eine „begrenzte Umgebung") übertragen. Läuft die Reaktion in einem abgedichteten Stahlbehälter (Kalorimeterbombe) ab, so entspricht die Reaktionswärme der *Reaktionsenergie*, in offenen Apparaturen entspricht sie der *Reaktionsenthalpie*.

Der Betrag der vom Wasser aufgenommenen Wärme ist näherungsweise gleich der Reaktionswärme. Man berechnet sie folgendermaßen:

$$Q_r = -c_W \cdot m_W \cdot (\vartheta_2 - \vartheta_1)$$
$$= -c_W \cdot m_W \cdot \Delta\vartheta$$

Q_r: Reaktionswärme in J

m_W: Masse des Kalorimeterwassers in g

c_W: spezifische Wärmekapazität des Wassers: $c_W = 4{,}18\ \text{J/(g} \cdot \text{K)}$ bei 20 °C

ϑ_1: Anfangstemperatur des Wassers in °C

ϑ_2: Endtemperatur des Wassers in °C

$\Delta\vartheta$: Temperaturdifferenz in K (Temperaturdifferenzen in den Einheiten Kelvin (K) und Grad Celsius (°C) haben den gleichen Zahlenwert.)

V1 Bestimmung der Wärmekapazität des Kalorimetermaterials

Nicht nur das Wasser in einem Kalorimeter nimmt Wärme auf, sondern auch das Kalorimetermaterial. Um dies bei der Auswertung einer Messung zu berücksichtigen, muss man die Wärmekapazität des Kalorimetermaterials C_K kennen.

In diesem Versuch bestimmen Sie C_K experimentell. Dazu füllen Sie das Kalorimeter zur Hälfte mit einer Wasserportion, die die Zimmertemperatur ϑ_1 hat. (Auch das Kalorimeter hat die Temperatur ϑ_1.) Dann geben Sie eine Wasserportion mit höherer Temperatur ϑ_2 dazu und messen die Mischungstemperatur ϑ_{misch}. (Auch das Kalorimeter hat nun die Temperatur ϑ_{misch}.) Aus den Temperaturen und Massen der Wasserportionen können Sie die Wärmekapazität des Kalorimetermaterials C_K berechnen [B6].

Material:
Verschiedene Kalorimeter (u.a. die Gefäße für V2 und V3), Becherglas, Messzylinder, Waage, Digitalthermometer, Wasserkocher, Magnetrührer

Durchführung:
Füllen Sie 100 ml bei Zimmertemperatur temperiertes Wasser in das Kalorimeter. Bestimmen Sie die Masse $m_{W,1}$ und die Temperatur ϑ_1 der Wasserportion genau. Geben Sie unter Rühren schnell 100 ml warmes Wasser (40 bis 50 °C) hinzu, dessen Masse $m_{W,2}$ und Temperatur ϑ_2 vorher genau bestimmt wurde. Messen Sie nach 1 min die Mischungstemperatur ϑ_{misch}.

Aufgabe:
Berechnen Sie die Wärmekapazität des Kalorimetermaterials C_K in J/K.

Wärmekapazität des Kalorimetermaterials:
Das warme Wasser gibt die Wärme $Q_{W,2}$ ab:

$$Q_{W,2} = c_W \cdot m_{W,2} \cdot (\vartheta_{misch} - \vartheta_2)$$

(*Hinweis:* $Q_{W,2} < 0$, da $\vartheta_{misch} - \vartheta_2 < 0$)

Das kalte Wasser nimmt die Wärme $Q_{W,1}$ auf:

$$Q_{W,1} = c_W \cdot m_{W,1} \cdot (\vartheta_{misch} - \vartheta_1)$$

Das Kalorimetermaterial nimmt die Wärme Q_K auf. Nach dem Energieerhaltungssatz ergibt sich:

$$Q_{Aufnahme} = -Q_{Abgabe}$$

$$Q_{W,1} + Q_K = -Q_{W,2} \quad \Leftrightarrow \quad Q_K = -Q_{W,2} - Q_{W,1}$$

Die Wärmekapazität des Kalorimetermaterials C_K ist der Quotient aus Q_K und der Temperaturerhöhung:

$$C_K = \frac{Q_K}{\vartheta_{misch} - \vartheta_1}$$

Beispiel: Wenn $C_K = 70\ \text{J/K}$ ist, nimmt bei einer Temperaturerhöhung um 1 K (1 °C) das Kalorimetermaterial 70 J Wärme auf.

Berechnung einer Reaktionswärme:

$$Q_r = -(c_W \cdot m_W \cdot \Delta\vartheta + C_K \cdot \Delta\vartheta)$$
$$= -(c_W \cdot m_W + C_K) \cdot \Delta\vartheta$$

B3 *Berechnung der Wärmekapazität des Kalorimetermaterials und Berücksichtigung bei der Berechnung einer Reaktionswärme*

V2 Bestimmung einer Neutralisationsenthalpie

Wenn man eine saure und eine alkalische Lösung mischt, findet die folgende exotherme Reaktion statt:

$H_3O^+ + OH^- \longrightarrow 2\,H_2O$

Die Reaktionsenthalpie dieser Reaktion bezeichnet man als *Neutralisationsenthalpie*. Wenn die Lösungen durch Rühren gemischt werden, ist die Reaktion bereits in wenigen Sekunden beendet, d.h., die Reaktionswärme wird in kurzer Zeit abgegeben. Die entstehende Salzlösung kann gleichzeitig als Kalorimeterflüssigkeit genutzt werden. Deshalb eignet sich als Kalorimeter ein einfaches Dewar-Gefäß oder ein anderes wärmeisoliertes Gefäß.

Material:
Dewar-Gefäß (oder anderes wärmeisoliertes Gefäß), Stativmaterial, Magnetrührer, Rührstäbchen, Digitalthermometer, 2 Messzylinder (100 ml), Waage, Natronlauge-Maßlösung (c = 1,00 mol/l), Salzsäure-Maßlösung (c = 1,00 mol/l)

Durchführung:
a) Bestimmen Sie die Wärmekapazität des Kalorimetermaterials (V1). Die Wasserportionen und die Zeit bis zum Ablesen der Mischungstemperatur müssen gleich wie im Versuchsteil (b) sein.
b) Lassen Sie das Dewar-Gefäß auf Zimmertemperatur abkühlen und füllen Sie exakt 100 ml Natronlauge ein. Das Dewar-Gefäß mit der Natronlauge und die Salzsäure müssen die gleiche Temperatur ϑ_1 haben. Starten Sie den Rührer und gießen Sie rasch exakt 100 ml Salzsäure dazu. Messen Sie die Temperatur ϑ_2 30 s nach dem Mischen.

Aufgaben:
1. Berechnen Sie die Neutralisationsenthalpie der Reaktion von 1 mol H_3O^+-Ionen mit 1 mol OH^--Ionen in kJ. (*Hinweis*: Die spezifische Wärmekapazität der Natriumchlorid-Lösung kann derjenigen von Wasser gleichgesetzt werden.)
2. Welche Neutralisationsenthalpie ergibt sich, wenn statt der Salzsäure eine Schwefelsäure-Maßlösung ($c(H_2SO_4)$ = 0,50 mol/l) verwendet wird? Begründen Sie Ihre Vermutung.

V3 Bestimmung einiger Lösungsenthalpien

Die Kationen und Anionen eines festen Salzes sind durch Ionenbindungen verknüpft. Beim Lösen des Salzes in Wasser wird das Ionengitter zerstört. Die dazu notwendige Energie entspricht bei konstantem Druck dem Betrag der Gitterenthalpie. Gleichzeitig werden die Kationen und Anionen von Wasser-Molekülen umhüllt, dabei wird Energie abgegeben. Diese entspricht bei konstantem Druck der Hydratationsenthalpie.
Die „Bilanz" aus abgegebener und aufgenommener Energie kann einen positiven oder negativen Wert haben, d.h., ein Lösungsvorgang kann exotherm oder endotherm sein. Die beim Lösen eines Salzes abgegebene oder aufgenommene Wärme bezeichnet man als Lösungsenthalpie $\Delta_{Loes}H$.

Material:
Dewar-Gefäß (oder anderes wärmeisoliertes Gefäß) mit bekannter Wärmekapazität, Stativmaterial, Magnetrührer, Rührstäbchen, Digitalthermometer, Waage, Reibschale, Pistill, Filterpapier, Spatel, Natriumchlorid, Kaliumchlorid, Kaliumnitrat, Calciumchlorid

Durchführung:
Führen Sie den Versuch viermal durch, mit jeweils 0,050 mol der folgenden Salze: Natriumchlorid (3,0 g), Kaliumchlorid (3,8 g), Kaliumnitrat (5,0 g), Calciumchlorid (5,5 g).
a) Zerreiben Sie etwas mehr Salz als benötigt zu einem feinen Pulver. Wiegen Sie dann die benötigte, fein pulverisierte Salzportion auf einem einmal gefalteten Filterpapier ab.
b) Geben Sie 50 ml Wasser in das Dewar-Gefäß und messen Sie die Ausgangstemperatur. Geben Sie die Salzportion in einem Schwung hinzu und verfolgen Sie unter Rühren den Temperaturverlauf. Messen Sie die Endtemperatur, wenn sich das gesamte Salz gelöst hat.

Aufgaben:
1. Berechnen Sie aus Ihren Messwerten jeweils die Lösungsenthalpie für die eingesetzte Salzportion [B3] sowie die molare Lösungsenthalpie $\Delta_{Loes}H_m$ (Enthalpie beim Lösen von 1 mol des Salzes).
2. Berechnen Sie jeweils die molare Standardlösungsenthalpie $\Delta_{Loes}H^0_m$ aus den in Kap. 4.24 angegebenen molaren Standardgitterenthalpien und molaren Standardhydratationsenthalpien. Vergleichen Sie diese mit Ihrem experimentellen Wert.

Vereinfachte Durchführung:
Anstelle des Dewar-Gefäßes können Sie ein Becherglas verwenden und mit einem Glasstab rühren. Die Wärmekapazität des Kalorimetermaterials wird dann nicht berücksichtigt.

4.24 Lösungsenthalpien

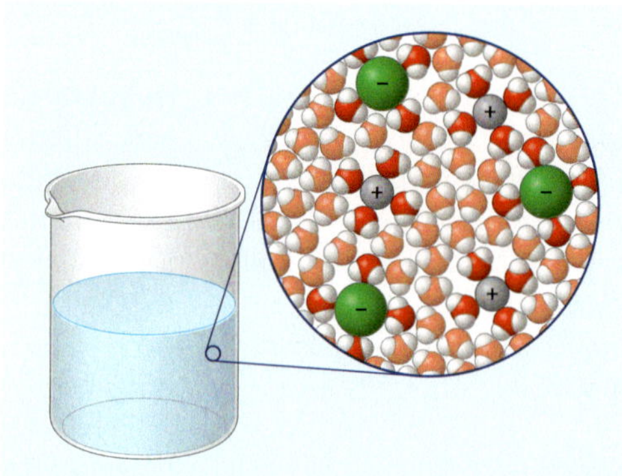

***B1** Hydratisierte Ionen in einer wässrigen Natriumchlorid-Lösung*

Solvatation Umhüllung der Teilchen eines gelösten Stoffs durch Lösungsmittel-Teilchen aufgrund von Wechselwirkungen

Hydratation Solvatation durch Wasser-Moleküle; es bilden sich Hydrathüllen

Salz	$\Delta_{Gitt}H^0_m$ in kJ/mol
LiCl	-856
NaCl	-780
NaBr	-750
KCl	-718
KBr	-685
KNO_3	-604
$CaCl_2$	-2262

***B2** Molare Standardgitterenthalpien*

Salz	$\Delta_{Hydr}H^0_m$ in kJ/mol
Li^+	-508
Na^+	-400
K^+	-314
Ca^{2+}	-1577
Cl^-	-376
Br^-	-342
NO_3^-	-255

***B3** Molare Standardhydratationsenthalpien*

Beim Lösen von Salzen in Wasser wird Wärme abgegeben oder aufgenommen. Lösungsvorgänge kann man (ähnlich wie chemische Reaktionen) auch energetisch betrachten.

Lösungsvorgang auf Teilchenebene. Gelangt ein Natriumchlorid-Kristall in Wasser, lagern sich sofort Wasser-Moleküle an die äußere Schicht der Kationen und Anionen des Ionengitters an. Da die Wasser-Moleküle Dipole sind, richten sie sich je nach Ladung des Ions unterschiedlich aus. Es treten Dipol-Ionen-Kräfte auf.
Zunehmend lösen sich Ionen von der Oberfläche des Ionengitters ab und werden von den Wasser-Molekülen umhüllt. Man bezeichnet diesen Vorgang als **Hydratation**. Allgemein (bei beliebigen Lösungsmitteln) spricht man von **Solvatation**.
Am Ende des Lösungsvorgangs liegen alle Kationen und Anionen hydratisiert im Lösungsmittel Wasser vor [B1]. Ein Teil der Wasser-Moleküle ist also in Hydrathüllen gebunden. Diese Hydrathüllen verhindern, dass sich die Kationen und Anionen in der Lösung zum Ionengitter ordnen können, d.h., sie stabilisieren die Ionen in der Lösung.

Lösungsvorgang und Energie. Die Ablösung der Ionen aus dem Kristall und die Hydratisierung der Ionen erfolgen gleichzeitig. Energetisch kann man diese Vorgänge jedoch getrennt betrachten.

Bei der Bildung eines Ionengitters aus einzelnen Ionen wird Energie abgegeben, die Gitterenergie. Betrachtet man den Vorgang für 1 mol Natriumchlorid bei konstantem Druck und bei Standardbedingungen, erhält man die molare Standardgitterenthalpie:

$$Na^+ + Cl^- \longrightarrow NaCl(s) \mid \Delta_{Gitt}H^0_m = -780\,kJ/mol$$

Der umgekehrte Vorgang, die Zerstörung des Natriumchlorid-Gitters, ist ein endothermer Vorgang. Hierfür muss der gleiche Energiebetrag aufgewendet werden.

Die Bildung von Hydrathüllen wird energetisch durch die **molare Standardhydratationsenthalpie** $\Delta_{Hydr}H^0_m$ beschrieben. Es handelt sich um einen exothermen Vorgang:

$$Na^+ + Cl^- \xrightarrow{\text{Wasser}} Na^+(aq) + Cl^-(aq)$$

Aus den Werten in B3 kann man die molare Standardhydratationsenthalpie berechnen:

$$\begin{aligned}\Delta_{Hydr}H^0_m &= \Delta_{Hydr}H^0_m(Na^+) + \Delta_{Hydr}H^0_m(Cl^-)\\ &= -400\,kJ/mol + (-376\,kJ/mol)\\ &= -776\,kJ/mol\end{aligned}$$

Die molare Standardlösungsenthalpie ergibt sich als „Bilanz“ aus der Gitterenthalpie und der Hydratationsenthalpie. Für Natriumchlorid erhält man einen sehr kleinen Wert:

$$\begin{aligned}\Delta_{Loes}H^0_m &= \Delta_{Hydr}H^0_m - \Delta_{Gitt}H^0_m\\ &= -776\,kJ/mol - (-780\,kJ/mol)\\ &= +4\,kJ/mol\end{aligned}$$

Beim Lösen von Natriumchlorid wird die Gitterenthalpie durch die Hydratationsenthalpie nahezu kompensiert. Deshalb kann man nur durch eine genaue Messung im Kalorimeter feststellen, dass die Temperatur etwas sinkt. Bei vielen anderen Lösungsvorgängen beobachtet man eine deutlichere Temperaturänderung. Je nach Stoff und Lösungsmittel können Lösungsvorgänge exotherm oder endotherm sein [B4]. Folglich kann die Lösungsenthalpie negative oder positive Werte annehmen.

Die Lösungsenthalpie ist die Enthalpieänderung beim Lösen eines Stoffes in einem Lösungsmittel.
Die Lösungsenthalpie von Salzen kann man aus der Hydratationsenthalpie und der Gitterenthalpie berechnen.

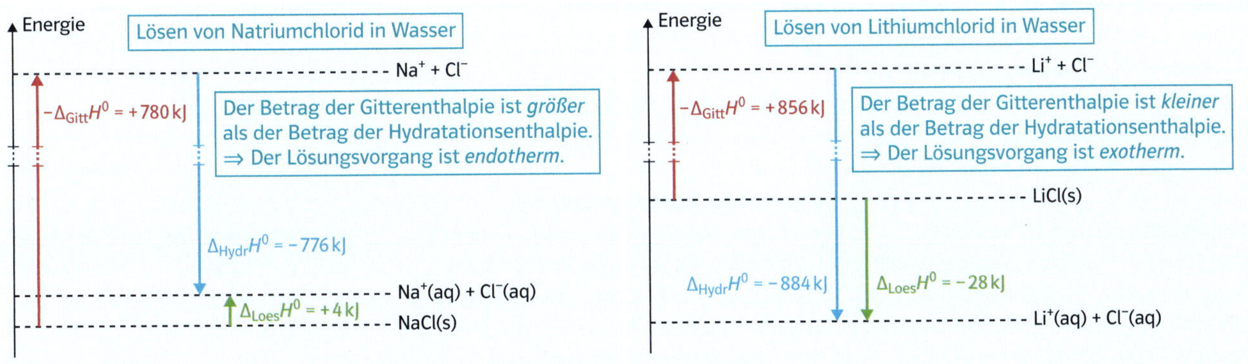

***B4** Die Lösungsenthalpie eines Salzes ist die Differenz zwischen Hydratationsenthalpie und Gitterenthalpie*

Lösungsvorgang und Entropie. Lösungsvorgänge, die ohne äußere Einwirkung wie z.B. Temperaturerhöhung ablaufen können, nennt man **spontan**. Sowohl exotherme als auch endotherme Lösungsvorgänge können spontan ablaufen (dies gilt auch für chemische Reaktionen).
Ob ein Vorgang spontan abläuft, entscheidet sich *nicht* durch den Betrag oder das Vorzeichen des Energieumsatzes, sondern durch die **Entropie**. Die Entropie ist eine Zustandsgröße; sie ist ein Maß für die Unordnung. Wenn die Entropie eines Systems mit seiner Umgebung insgesamt zunimmt, ist der Vorgang spontan.

Beim Lösen eines Salzes wandern die Ionen von ihren festen Gitterplätzen in das Wasser. In der Lösung können sie viele unterschiedliche Plätze besetzen; dies ist eine Erhöhung der Unordnung. Die Entropie *des Systems* nimmt folglich zu.
Die Entropie *der Umgebung* kann allerdings beim Lösungsvorgang zu- oder abnehmen: Wenn die Lösungsenthalpie einen *negativen Wert* hat ($\Delta_{Loes}H_m^0 < 0$), gibt das System Wärme an die Umgebung ab, d.h., Energie wird auf einen großen Raum verteilt. Auch dies ist eine Erhöhung der Unordnung; die Entropie der Umgebung nimmt zu. Hat die Lösungsenthalpie einen *positiven Wert* ($\Delta_{Loes}H_m^0 > 0$), nimmt die Entropie der Umgebung ab.

Entscheidend ist die *Summe* der beiden Entropieänderungen. Wenn diese zunimmt, läuft der Lösungsvorgang spontan ab.

Die Entropie ist ein Maß für die Unordnung. Bei einem spontanen Lösungsvorgang nimmt die Gesamtentropie zu.

A1 ◒ Berechnen Sie die molaren Standardlösungsenthalpien von Natriumbromid und Calciumchlorid. Geben Sie an, ob der jeweilige Lösungsvorgang exotherm oder endotherm ist.

A2 ● B4 zeigt die Lösungsenthalpien von Natriumchlorid und Lithiumchlorid. Erläutern Sie anhand des Prinzips von LE CHATELIER und BRAUN, wie eine Temperaturerhöhung die Löslichkeit dieser Salze beeinflusst.

Exkurs

Enthalpie beim Mischen von Flüssigkeiten
Nicht nur das Lösen von Salzen in Wasser ist mit Energieumsätzen verbunden, sondern auch das Mischen von Flüssigkeiten. Gibt man Ethanol in Wasser, wird ein Teil der bisher bestehenden Wasserstoffbrücken zerstört; dazu ist Energie notwendig. Gleichzeitig entstehen neue Wasserstoffbrücken zwischen Wasser- und Ethanol-Molekülen; dabei wird Energie abgegeben. Insgesamt ist der Vorgang exotherm.
Die Enthalpie eines solchen Vorgangs bezeichnet man i.d.R. als **Mischungsenthalpie**; im Prinzip ist diese aber nichts anderes als eine Lösungsenthalpie. Mischungsenthalpien haben meistens kleine Beträge, und sie sind abhängig vom Mischungsverhältnis. Beispiel: Beim Mischen von 1mol Wasser mit 1mol Ethanol bei 25 °C beträgt die Mischungsenthalpie −0,4 kJ.

A3 ● Beim Mischen von Ethanol mit Heptan tritt eine Abkühlung auf. Erklären Sie die beschriebene Beobachtung mit den Wechselwirkungen zwischen den Teilchen.

Größen

$\Delta_{Gitt}H_m^0$: molare Standardgitterenthalpie

$\Delta_{Hydr}H_m^0$: molare Standardhydratationsenthalpie

$\Delta_{Loes}H_m^0$: molare Standardlösungsenthalpie

Standardbedingungen
$\vartheta = 25\,°C$ (bzw. $T = 298{,}15\,K$) und $p = 1000\,hPa$
(Der frühere Standarddruck von 1013,25 hPa wird heute als Normaldruck bezeichnet. Auf ihn beziehen sich z.B. Dichten von Gasen und Siedetemperaturen.)

4.25 Zusammenfassung und Übung

Säure-Base-Begriff nach Brønsted
Säuren sind Protonendonatoren, Basen sind Protonenakzeptoren. Bei einer Säure-Base-Reaktion findet eine Protonenübertragung statt; man bezeichnet sie auch als *Protolyse*.

Konjugiertes Säure-Base-Paar
Eine Säure geht durch Abgabe eines Protons in ihre konjugierte Base über. Eine Base geht durch Aufnahme eines Protons in ihre konjugierte Säure über. Eine Säure und ihre konjugierte Base bezeichnet man als *konjugiertes Säure-Base-Paar.*

Ampholyte
Teilchen, die in Abhängigkeit vom Reaktionspartner sowohl als Protonendonator wie auch als Protonenakzeptor reagieren können, nennt man amphotere Teilchen oder Ampholyte.
Beispiele für Ampholyte:
- Wasser-Molekül (H_2O)
- Hydrogensulfat-Ion (HSO_4^-)
- Hydrogencarbonat-Ion (HCO_3^-)
- Dihydrogenphosphat-Ion ($H_2PO_4^-$)
- Hydrogenphosphat-Ion (HPO_4^{2-})
- Hydrogensulfit-Ion (HSO_3^-)

Ionenprodukt des Wassers
Wasser-Moleküle sind amphotere Teilchen, sie können sowohl Protonen aufnehmen als auch Protonen abgeben. Zwischen einzelnen Wasser-Molekülen ist deshalb eine Protolyse möglich. Dies bezeichnet man als *Autoprotolyse*:

$$H_2O + H_2O \rightleftharpoons H_3O^+ + OH^-$$

Stellt man für diese Gleichgewichtsreaktion das Massenwirkungsgesetz auf und fasst die Konzentration der Wasser-Moleküle mit K_c zusammen, so erhält man die Konstante K_W:

$$K_W = c(H_3O^+) \cdot c(OH^-)$$

Die Konstante K_W bezeichnet man als *Ionenprodukt des Wassers*.

Das Ionenprodukt des Wassers ist temperaturabhängig.

Bei 25 °C gilt: $K_W = 1 \cdot 10^{-14}\,mol^2/l^2$

Säure- und Basenkonstanten
Je stärker eine Säure ist, desto höher ist ihre Säurekonstante, der K_S-Wert. Multipliziert man den dekadischen Logarithmus des Zahlenwerts von K_S mit −1, erhält man den pK_S-Wert.

$$K_S = \frac{c(H_3O^+) \cdot c(A^-)}{c(HA)} \qquad pK_S = -\lg\{K_S\}$$

Je stärker eine Base ist, desto höher ist ihre Basenkonstante, der K_B-Wert. Multipliziert man den dekadischen Logarithmus des Zahlenwerts von K_B mit −1, erhält man den pK_B-Wert.

Je stärker eine Säure ist, desto schwächer ist die konjugierte Base. Es gilt:

$$K_S \cdot K_B = K_W = 10^{-14}\,mol^2/l^2$$

$$pK_S + pK_B = pK_W = 14$$

Protolysen in Salzlösungen
Die pH-Werte von Salzlösungen werden durch die Säure-Base-Reaktionen der Kationen und Anionen mit den Wasser-Molekülen bestimmt.
Beispiele: Ammonium-Ionen sind Protonendonatoren, daher bilden viele Ammonium-Salze saure Lösungen. Carbonat-Ionen sind Protonenakzeptoren, daher bilden viele Carbonate alkalische Lösungen.

Säure-Base-Titration
Die Säure-Base-Titration ist ein maßanalytisches Verfahren zur Bestimmung der Konzentration von Säuren oder Basen. Man versetzt eine Probelösung mit kleinen Portionen einer Maßlösung und bestimmt den Äquivalenzpunkt. Der Äquivalenzpunkt einer Säure-Base-Titration ist der

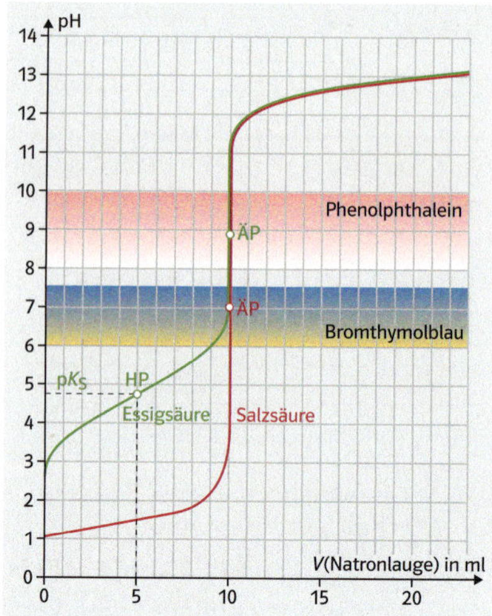

***B1** Titrationskurven für die Titration von jeweils 100 ml Säure (c_0 = 0,1 mol/l) mit Natronlauge ($c(OH^-)$ = 1 mol/l). ÄP: Äquivalenzpunkt*

Punkt, an dem die Stoffmenge $n(OH^-)$ den gleichen Wert wie die Stoffmenge $n(H_3O^+)$ der Säure erreicht. Für den Äquivalenzpunkt gilt also:

$$n(H_3O^+) = n(OH^-)$$

$$c(H_3O^+) \cdot V(\text{saure Lösung}) = c(OH^-) \cdot V(\text{alkalische Lösung})$$

Puffersysteme
Die Lösung einer schwachen Säure und ihrer konjugierten Base (bzw. einer schwachen Base und ihrer konjugierten Säure) bildet ein Puffersystem. Pufferlösungen ändern ihren pH-Wert bei Zugabe von Oxonium- oder Hydroxid-Ionen nur wenig. Für den pH-Wert einer Pufferlösung gilt:

$$pH = pK_S + \lg\frac{c(A^-)}{c(HA)}$$
(Henderson-Hasselbalch-Gleichung)

Stellt man eine Pufferlösung mit gleichen Stoffmengenkonzentrationen von HA und A^- her, so entspricht ihr pH-Wert dem pK_S-Wert der schwachen Säure: $pH = pK_S$
Der Pufferbereich eines Puffersystems liegt zwischen $pK_S - 1$ und $pK_S + 1$.

sehr starke Säuren	schwache Säuren	sehr starke Basen	schwache Basen
$pH = -\lg\{c_0(HA)\}$	$pH = \frac{1}{2} \cdot [pK_S - \lg\{c_0(HA)\}]$	$pOH = -\lg\{c(A^-)\}$ $pH = 14 - pOH$	$pOH = \frac{1}{2} \cdot [pK_B - \lg\{c_0(A^-)\}]$ $pH = 14 - pOH$

***B2** Berechnung des pH-Wertes wässriger Lösungen*

Halbtitration
Durch eine Halbtitration kann man den pK_S-Wert einer schwachen Säure ermitteln. Zuerst führt man eine normale Titration durch und bestimmt den Äqiuvalenzpunkt. Bei einer zweiten Titration gibt man genau die Hälfte der benötigten Maßlösung zu und misst dann den pH-Wert.
Da jetzt die Hälfte der Säure neutralisiert ist, sind die Konzentrationen der Säure und der konjugierten Base gleich groß: $c(HA) = c(A^-)$. Aus der Henderson-Hasselbalch-Gleichung folgt dann:

$$pH = pK_S + \lg 1 = pK_S + 0 = pK_S$$

Auch der pK_B-Wert einer schwachen Base kann in analoger Weise durch Halbtitration ermittelt werden.

Indikatoren
Ein Säure-Base-Indikator ist eine schwache, farbige organische Säure, deren konjugierte Base eine andere Farbe aufweist. Ein Indikator ist für eine Titration geeignet, wenn innerhalb seines Umschlagsbereichs der pH-Wert des Äqivalenzpunktes liegt:

$$pH = pK_S(HInd) \pm 1$$

Indikatoren, bei denen sowohl die Indikatorsäure als auch die Indikatorbase farbig ist, zeigen im Umschlagsbereich eine Mischfarbe.

Energieerhaltungssatz (Erster Hauptsatz der Thermodynamik)
Energie kann weder neu geschaffen noch vernichtet werden. Die Gesamtenergie eines Systems mit seiner Umgebung ist folglich konstant.

Innere Energie
Die innere Energie U eines Systems ist die Summe aller Energien der Teilchen in diesem System.

Enthalpie
Die Enthalpie H wird verwendet, um Energien und Energieänderungen in Systemen bei konstantem Druck zu beschreiben. Es gilt:

$$H = U + p \cdot V$$

Reaktionsenthalpie
Die Reaktionsenthalpie $\Delta_r H$ ist die Änderung der Enthalpie eines Systems bei einer chemischen Reaktion. Die Reaktionsenthalpie ist gleich der Reaktionswärme bei konstantem Druck:

$$\Delta_r H = H_2 - H_1 = Q_{r,p}$$

Neutralisationsenthalpie
Die Neutralisationsenthalpie ist die Reaktionsenthalpie der Neutralisationsreaktion:

$$H_3O^+ + OH^- \longrightarrow 2\,H_2O \quad | \; \Delta_r H \approx -57\,kJ$$

Lösungsenthalpie
Die Lösungsenthalpie ist die Enthalpieänderung beim Lösen eines Stoffes in einem Losungsmittel.
Die molare Standardlösungsenthalpie ergibt sich als „Bilanz" aus der molaren Standardgitterenthalpie und der molaren Standardhydratationsenthalpie [B3]:

$$\Delta_{Loes} H_m^0 = \Delta_{Hydr} H_m^0 - \Delta_{Gitt} H_m^0$$

Kalorimetrie
Ein Kalorimeter ist ein mit Wasser gefülltes, isoliertes Gefäß. Um eine Reaktionswärme zu bestimmen, lässt man die entsprechende chemische Reaktion so ablaufen, dass die Reaktionswärme vollständig auf das Kalorimeter übertragen wird. Es gilt dann:

$$Q_r = -(c_W \cdot m_W + C_K) \cdot \Delta\vartheta$$

Q_r: Reaktionswärme; c_W: spezifische Wärmekapazität des Wassers; m_W : Masse des Wassers; C_K : Wärmekapazität des Kalorimetermaterials; $\Delta\vartheta$: Temperaturdifferenz

Entropie
Die Entropie ist ein Maß für die Unordnung. Bei einem spontan ablaufenden Vorgang nimmt die Entropie zu.
Um zu beurteilen, ob ein Vorgang spontan ablaufen kann, muss man die die *Summe* der Entropieänderungen des Systems und der Umgebung betrachten. Insbesondere wird bei exothermen Vorgängen die Entropie der Umgebung erhöht, da die Umgebung Wärme aufnimmt.

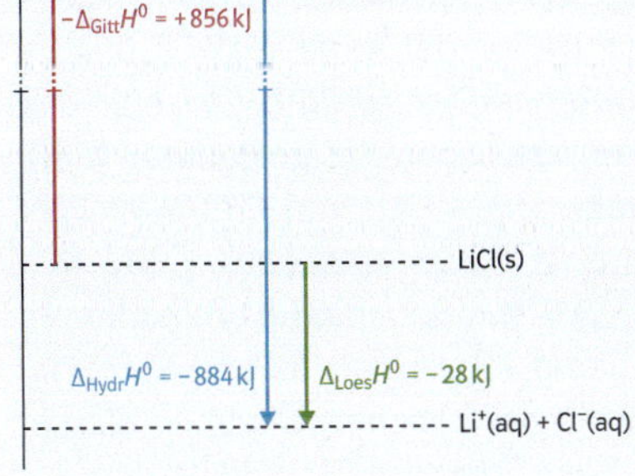

***B3** Energiebilanz beim Lösen von 1 mol Lithiumchlorid*

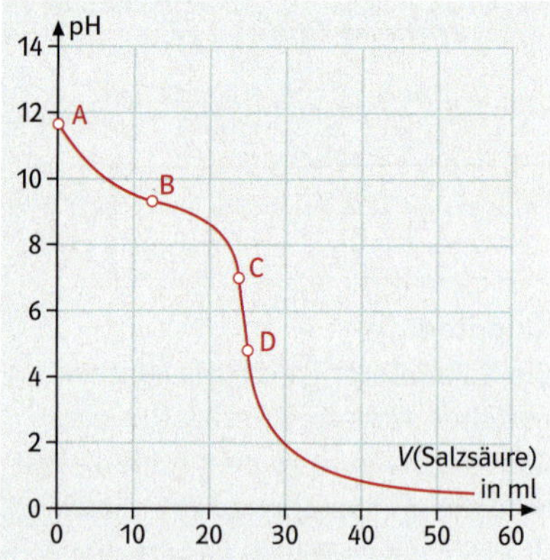

***B4** Titrationskurve zu A3*

A1 ○ Bei einer Säure-Base-Reaktion entstehen Sulfat-Ionen und Dihydrogenphosphat-Ionen. **a)** Erstellen sie die zugrunde liegende Reaktionsgleichung. **b)** Erläutern Sie mithilfe von Reaktionsgleichungen, ob es sich bei den Sulfat- und Dihydrogenphosphat-Ionen um amphotere Teilchen handelt.

A2 ◒ Berechnen Sie die pH-Werte folgender wässriger Lösungen:
a) Iodwasserstoff (c_0(HI) = 0,25 mol/l)
b) Kaliumhydroxid (c_0(KOH) = 0,1 mol/l)
c) Schwefelwasserstoff ($c_0(H_2S)$ = 0,4 mol/l)

A3 ● 25 ml Ammoniak-Lösung wurden mit Salzsäure (c(HCl) = 1 mol/l) tritriert; B4 zeigt die Titrationskurve.
a) Ordnen Sie den Punkten A bis D die Begriffe Äquivalenzpunkt und Neutralpunkt zu. Erläutern Sie den Kurvenverlauf im Bereich des Punktes B.
b) Berechnen Sie die Ausgangskonzentration der Ammoniak-Lösung.
c) Nennen Sie einen zur Anzeige des Äquivalenzpunktes geeigneten Indikator.

A4 ◒ Natriumchlorid, Ammoniumchlorid, Natriumacetat und Natriumhydrogencarbonat werden in Wasser gelöst. Erläutern Sie anhand von Reaktionsgleichungen, ob die Lösungen sauer, alkalisch oder neutral sind.

A5 ◒ MK 40,0 ml einer wässrigen Lösung von Ethansäure (Essigsäure, CH_3COOH) werden mit Natronlauge (c(NaOH) = 0,100 mol/l) titriert. Man erhält die in B5 gezeigte Wertetabelle.
a) Erstellen Sie aus B5 eine Titrationskurve.
b) Berechnen Sie die Anfangskonzentration der Säure aus dem Äquivalenzpunkt.
c) Bestimmen Sie grafisch den pK_S-Wert der Säure.
d) Erläutern Sie anhand des pK_S-Werts und anhand des Verlaufs der Titrationskurve, ob Ethansäure eine starke oder schwache Säure ist.

A6 ● Berechnen Sie den pH-Wert einer Lösung (V = 1 l), die 1 mol Kaliumdihydrogenphosphat (KH_2PO_4) und 0,5 mol Kaliumhydrogenphosphat (K_2HPO_4) gelöst enthält.

A7 ◒ Tropft man Kaliumiodid-Lösung zu einer gesättigten Silberchlorid-Lösung, so bildet sich ein Niederschlag von Silberiodid. Erklären Sie diese Beobachtung.

A8 ● Carbonat-Ionen bilden mit Silber-Ionen einen weißen Niederschlag. Erläutern Sie, wie man in einer Lösung, die Carbonat-Ionen enthält, trotzdem Chlorid-Ionen nachweisen kann.

A9 ◒ Bei 25 °C ist $K_L(Ba(OH)_2)$ = $4{,}3 \cdot 10^{-3}\,mol^3/l^3$. Berechnen Sie die maximale Masse an Bariumhydroxid, die sich bei 25 °C in 500 ml Wasser löst.

V(NaOH) in ml	pH	V(NaOH) in ml	pH	V(NaOH) in ml	pH	V(NaOH) in ml	pH
0,00	3,12	10,00	4,76	20,00	9,12	26,00	11,61
1,00	3,56	13,00	5,04	21,00	10,65	28,00	11,69
2,00	3,85	16,00	5,37	22,00	11,12	31,00	11,79
4,00	4,18	18,00	5,75	23,00	11,34	35,00	11,84
7,00	4,50	19,00	6,16	24,00	11,44	50,00	12,00

***B5** Wertetabelle zu A5*

A10 ◒ Die Reaktion von Zink mit Salzsäure ist exotherm und kann bei konstantem Druck oder bei konstantem Volumen durchgeführt werden. Beurteilen Sie, bei welcher Variante mehr Wärme an die Umgebung abgegeben wird, wenn jeweils gleiche Stoffmengen eingesetzt werden.

A11 ● Die folgenden Neutralisationsreaktionen haben erstaunlicherweise unterschiedliche Neutralisationsenthalpien:

HCl(aq) + NaOH(aq) ⟶
NaCl(aq) + H_2O(l) | $\Delta_r H$ = –57 kJ

CH_3COOH(aq) + NaOH(aq) ⟶
CH_3COONa(aq) + H_2O(l) | $\Delta_r H$ = –54 kJ

Stellen Sie eine Hypothese auf, was die Ursache dafür sein könnte, dass die Neutralisationsenthalpie der Reaktion von Essigsäure mit Natronlauge etwas kleiner ist.

A12 ◒ Berechnen Sie die molare Standardlösungsenthalpie von Kaliumbromid. Geben Sie an, ob der Lösungsvorgang exotherm oder endotherm ist.
Hinweis: Die notwendigen Daten finden Sie in Kap. 4.24.

A13 ● Die molare Standardlösungsenthalpie von Lithiumbromid ist $\Delta_{Loes}H^0_m$ = –50 kJ/mol. Berechnen Sie die molare Standardgitterenthalpie $\Delta_{Gitt}H^0_m$ von Lithiumbromid.
Hinweis: Die notwendigen Daten finden Sie in Kap. 4.24.

5 Redoxreaktionen, Elektrochemie und Energetik

Die Entwicklung effizienter Speicher für elektrische Energie ist eine Zukunftsaufgabe. Die meisten Speichersysteme beruhen auf umkehrbaren Redoxreaktionen.

Speicherung und Nutzung von Energie

Mobile Energiequellen

B1 *Tablet-PC im Unterricht*

Kaum jemand möchte auf sein Smartphone und seine Armbanduhr verzichten. Notebooks sind mobil einsetzbare Computer. In vielen Schulen werden Tablet-PCs eingesetzt [B1]. Voraussetzung für einen ausdauernden Betrieb dieser mobilen Geräte sind leistungsfähige Akkumulatoren. Je nach Verwendungszweck haben sie unterschiedliche Größen und Formen. Ein Blick auf die Beschriftungen liefert erste Hinweise auf ihre Inhaltsstoffe.

A1 Stellen Sie eine Liste mit technischen Geräten aus Ihrem Haushalt zusammen, die auf Batterien oder Akkumulatoren angewiesen sind. Geben Sie an, in welchen zeitlichen Abständen die Batterien ausgetauscht bzw. die Akkus aufgeladen werden müssen.

Die ersten Batterien

Ein früher Vorläufer der Batterien ist die Volta-Säule, die im Jahr 1800 von ALESSANDRO VOLTA entwickelt wurde. Ein Volta-Element besteht aus einem Kupferblech und einem Zinkblech mit einem elektrolytgetränkten Papp- oder Lederstück dazwischen. Stapelt man mehrere Volta-Elemente übereinander, erhält man eine Volta-Säule [B2]. Mit Volta-Säulen wurden im 19. Jahrhundert elektrische Beleuchtungen und Elektroboote betrieben.

A2 MK Informieren Sie sich über weitere historische Batterietypen und beschreiben Sie diese.

B2 *Volta-Säule*

Akkus machen mobil

Pedelecs [B3] sind mit einem Lithium-Ionen-Akkumulator ausgestattet. Er liefert die Energie für den Elektromotor, der die Kraft der Beine beim Treten unterstützt. Fast mühelos überwindet man damit Steigungen und Gegenwind.
Lithium-Ionen-Akkumulatoren werden heute überall dort eingesetzt, wo es auf eine hohe Energie bei geringem Gewicht ankommt.

B3 *Pedelec*

Die meisten Automobil-Hersteller bieten Fahrzeuge mit Hybridantrieb oder reinem Elektroantrieb an [B4]. Auch hier werden Lithium-Ionen-Akkumulatoren eingesetzt.

B4 *Elektroauto an der Ladestation*

A3 MK Informieren Sie sich über das aktuelle Angebot an Hybrid- und Elektroautos auf dem Markt. Geben Sie die Vor- und Nachteile von Hybrid- und Elektroautos im Vergleich zu herkömmlichen Fahrzeugen mit Verbrennungsmotoren an.

Brennwerttechnik

In moderne Gas-, Holzpellets- und Ölheizungsanlagen sind Brennwertkessel eingebaut. Diese nutzen nicht nur die Verbrennungswärme, sondern entziehen durch Kondensation von Wasserdampf den Abgasen weitere Energie.

B5 *Edelstahl-Schornstein einer Heizungsanlage mit Brennwerttechnik*

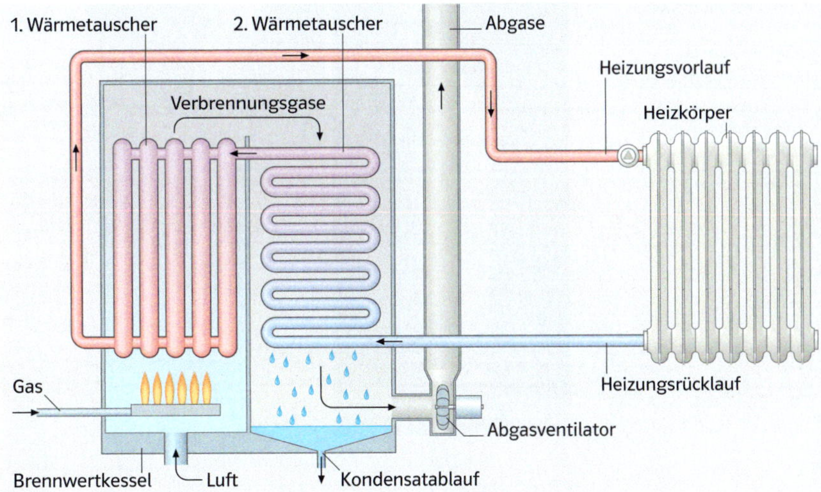

B6 *Funktionsschema einer Heizungsanlage mit Brennwerttechnik*

A4 MK **a)** Recherchieren Sie den Unterschied zwischen dem Heizwert und dem Brennwert.
b) Begründen Sie, weshalb Schornsteinrohre für Brennwertkessel aus Edelstahl oder Kunststoff bestehen.

A5 **a)** Erläutern Sie das abgebildete Funktionsschema [B6].
b) Erläutern Sie, wodurch der Wasserdampf des Abgases zur Kondensation gebracht wird und was diese Kondensation im Heizkreislauf bewirkt.

A6 MK **a)** Recherchieren Sie, welcher Brennstoff in Ihrem Haushalt zum Heizen eingesetzt wird.
b) Ermitteln Sie die Energiemenge, die in Ihrem Haushalt für das Heizen und Betreiben der elektrischen Geräte pro Jahr benötigt wird.

Entropie und spontane Vorgänge

Die Entropie ist ein Maß für die Unordnung. Sie nimmt z. B. beim Schmelzen und beim Verdampfen zu, ebenso beim Lösen von Salzen in Wasser und bei Temperaturerhöhungen. Auch beim Verteilen von Energie von einem kleinen Bereich auf einen größeren Bereich nimmt die Entropie zu.
Vorgänge laufen spontan ab, wenn die Entropie *insgesamt* zunimmt: An kalter Luft gefriert Wasser (Entropieabnahme), aber dabei wird Wärme an die Luft abgegeben (Entropiezunahme). Butan wird in eine Gasflasche gepresst und dadurch verflüssigt (Entropieabnahme), die elektrische Energie für die Pumpe wird in z. B. in einem Kraftwerk erzeugt (Entropiezunahme).
Diese Überlegungen kann man auch auf das gesamte Weltall anwenden: Die Entropie muss stets zunehmen, bis zum vollständigen Temperaturausgleich zwischen allen Körpern. Danach können keine spontanen Vorgänge mehr ablaufen. Dieser Zustand wird als *Wärmetod* bezeichnet.

A7 In einer Gefriertruhe bilden sich Eiskristalle, obwohl die Entropie des Wassers im gefrorenen Zustand kleiner als im flüssigen Zustand ist. Erkären Sie, warum dieser Vorgang trotzdem ablaufen kann.

A8 Ein Kühlschrank arbeitet mit offener Tür. Begründen Sie, ob es in der Küche, in der er steht, wärmer oder kälter wird.
Hinweis: Wird ein Kühlschrank eingeschaltet, sinkt im Inneren die Temperatur (Entropieabnahme), während der Wärmetauscher an der Rückseite die Luft erwärmt (Entropiezunahme).

B7 *Ein Kühlschrank gibt an der Rückseite Wärme ab und erhöht dadurch die Entropie seiner Umgebung*

5.1 Oxidation und Reduktion

Oxidation von griech./lat. oxygenium, Sauerstoff

Reduktion von lat. reducere, zurückführen

B1 *Die Reaktionen von Magnesium mit Sauerstoff (links) und mit Brom (rechts) sind sehr ähnlich*

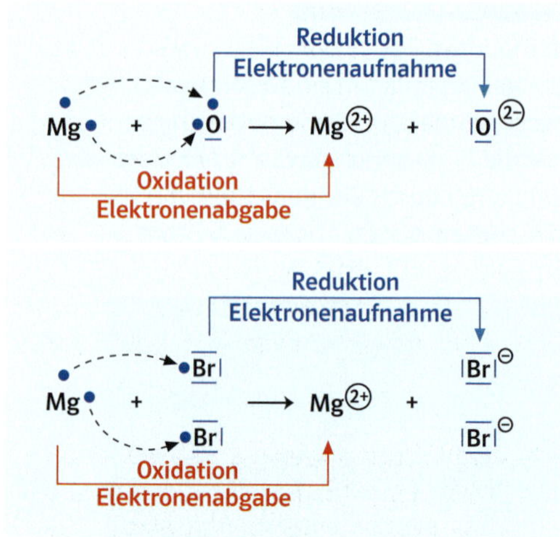

B2 *Elektronenübertragung bei den beiden in B1 gezeigten Redoxreaktionen*

Hält man ein brennendes Magnesiumband in Sauerstoff bzw. Brom [B1], so bildet sich in beiden Fällen unter Aufleuchten ein weißer Feststoff. Obwohl es sich um unterschiedliche Reaktionspartner handelt, haben die beiden Reaktionen viele Gemeinsamkeiten.

Elektronenübergang ist ein anderer Begriff für Elektronenübertragung

Elektronen-Übertragungsreaktionen. Die Produkte der Reaktionen sind die Salze Magnesiumoxid bzw. Magnesiumbromid. Die Ähnlichkeit der beiden Reaktionen zeigt sich besonders deutlich, wenn man sie in Teilschritten darstellt:

$$\begin{array}{lrcll} \text{(I)} & Mg & \rightarrow & Mg^{2+} + 2\,e^- & \mid \cdot 2 \\ \text{(II)} & O_2 + 4\,e^- & \rightarrow & 2\,O^{2-} & \\ \hline & 2\,Mg + O_2 & \rightarrow & 2\,MgO & \end{array}$$

Redoxreaktion kurz für Reduktions-Oxidations-Reaktion

$$\begin{array}{lrcl} \text{(I)} & Mg & \rightarrow & Mg^{2+} + 2\,e^- \\ \text{(II)} & Br_2 + 2\,e^- & \rightarrow & 2\,Br^- \\ \hline & Mg + Br_2 & \rightarrow & MgBr_2 \end{array}$$

Die Magnesium-Atome wirken als **Elektronendonatoren** (I). Die aus O_2- und Br_2-Molekülen gebildeten Sauerstoff- und Brom-Atome wirken als **Elektronenakzeptoren** (II). Die Magnesium-Atome geben ihre Außenelektronen ab, diese werden von den Nichtmetall-Atomen aufgenommen.

Bei beiden Reaktionen entstehen aus den Atomen des Magnesiums durch Abgabe von zwei Elektronen zweifach positiv geladene Kationen: Mg^{2+}-Ionen. Der Vorgang der *Elektronenabgabe* wird **Oxidation** genannt. Die Magnesium-Atome des Metalls Magnesium werden bei der Reaktion mit Brom bzw. Sauerstoff zu Mg^{2+}-Ionen des jeweiligen Salzes Magnesiumoxid bzw. Magnesiumbromid oxidiert.

Die Nichtmetall-Atome nehmen die Elektronen der Magnesium-Atome auf und werden dadurch zu Anionen. Man nennt den Vorgang der *Elektronenaufnahme* **Reduktion.** In den vorliegenden Fällen werden Sauerstoff-Atome zu Oxid-Ionen (O^{2-}) und Brom-Atome zu Bromid-Ionen (Br^-) reduziert.

Redoxreaktionen. In einer chemischen Reaktion kann ein Teilchen nur dann Elektronen abgeben, wenn diese von anderen Teilchen aufgenommen werden. Folglich ist eine Oxidation immer mit einer Reduktion gekoppelt und umgekehrt [B2]. Beide Vorgänge laufen als *Redoxreaktion* gleichzeitig ab.

Die Abgabe von Elektronen bezeichnet man als Oxidation, die Aufnahme von Elektronen als Reduktion.

Redoxreaktionen sind chemische Reaktionen, bei denen Elektronen übertragen werden.

Oxidationsmittel und Reduktionsmittel. Ein Teilchen (Atom, Ion, Molekül), das Elektronen aufnimmt, d.h. als *Elektronenakzeptor* wirkt, oxidiert seinen Reaktionspartner. Man bezeichnet es deshalb als **Oxidationsmittel.** Entsprechend wird ein Teilchen, das Elektronen abgibt, d.h. als *Elektronendonator* wirkt, als **Reduktionsmittel** bezeichnet.
Ein Oxidationsmittel wird also selbst reduziert. Entsprechend wird ein Reduktionsmittel oxidiert.

Konjugierte Redoxpaare. Elektronenabgabe und Elektronenaufnahme sind umkehrbare Vorgänge. Ein Reduktionsmittel wird durch Elektronenabgabe zum konjugierten Oxidationsmittel, z.B. $Fe^{2+} \longrightarrow Fe^{3+} + e^-$ [V2], ein Oxidationsmittel durch Elektronenaufnahme zum konjugierten Reduktionsmittel, z.B. $Fe^{3+} + e^- \longrightarrow Fe^{2+}$ [V3].
So ist jedem Reduktionsmittel ein ganz bestimmtes, ihm zugehöriges konjugiertes Oxidationsmittel zugeordnet und umgekehrt. Beide bilden ein *konjugiertes (korrespondierendes) Redoxpaar* [B3].

Red	⇌	Ox + z e⁻	kurz: Red/Ox
Ag	⇌	$Ag^+ + e^-$	*kurz:* Ag/Ag^+
Cu	⇌	$Cu^{2+} + 2\,e^-$	*kurz:* Cu/Cu^{2+}
$2\,Cl^-$	⇌	$Cl_2 + 2\,e^-$	*kurz:* Cl^-/Cl_2
$2\,O^{2-}$	⇌	$O_2 + 4\,e^-$	*kurz:* O^{2-}/O_2

B3 *Konjugierte Redoxpaare (Beispiele). Das Symbol z steht für die Anzahl der Elektronen, die abgegeben bzw. aufgenommen werden*

An jeder Redoxreaktion sind zwei konjugierte Redoxpaare beteiligt, z.B. bei der Reaktion von Fe^{2+}- mit Ag^+-Ionen die Redoxpaare Fe^{2+}/Fe^{3+} und Ag/Ag^+ [V2b]. Damit gilt für Redoxreaktionen ein allgemeines Schema:

konjugiert (Red1 – Ox1)

$$\text{Red1} + \text{Ox2} \rightleftharpoons \text{Ox1} + \text{Red2}$$

konjugiert (Ox2 – Red2)

Oxidationsmittel sind Elektronenakzeptoren, sie selbst werden reduziert. Reduktionsmittel sind Elektronendonatoren, sie selbst werden oxidiert.

An jeder Redoxreaktion sind zwei konjugierte (korrespondierende) Redoxpaare beteiligt.

kunjugiert von lat. coniugere, verknüpfen

Korrespondierendes Redoxpaar anderer Begriff für konjugiertes Redoxpaar

B4 *Kupfer reagiert mit Brom in Wasser*

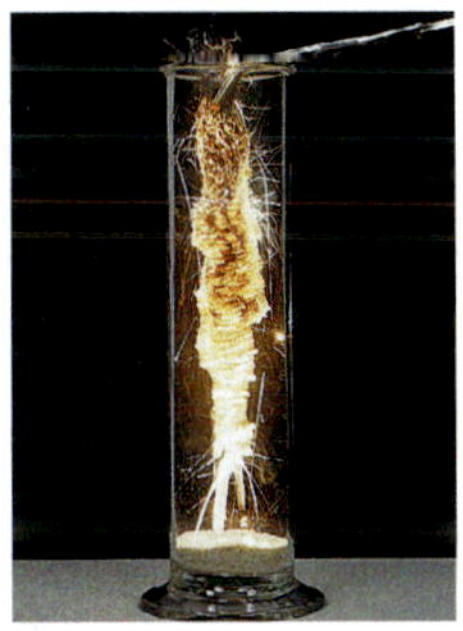

B5 *Eisen reagiert mit Sauerstoff*

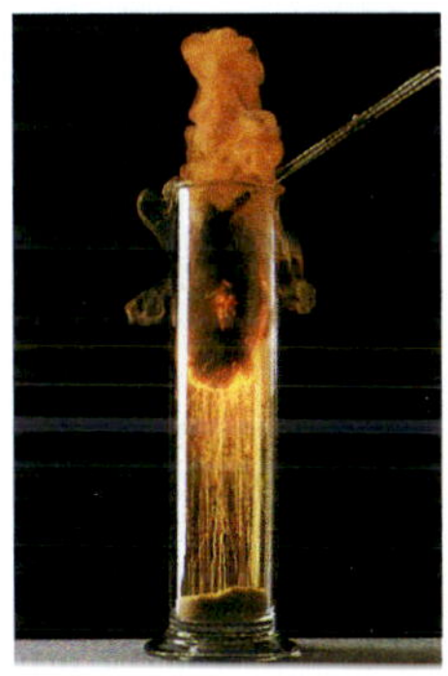

B6 *Eisen reagiert mit Chlor*

V1 ⚠ (Abzug!) In einem Reagenzglas wird Bromwasser zu etwas Kupferpulver gegeben und geschüttelt.

V2 Oxidation von Fe^{2+}-Ionen:
a) ⚠ (Abzug!) In eine Lösung von Eisen(II)-sulfat leitet man Chlor ein.
b) Zu einer Eisen(II)-sulfat-Lösung gibt man eine Lösung von Silbernitrat und erwärmt vorsichtig.

V3 Reduktion von Fe^{3+}-Ionen:
a) Geben Sie Zinkpulver zu einer Lösung von Eisen(III)-chlorid und schütteln Sie.
b) Versetzen Sie eine Eisen(III)-chlorid-Lösung mit einer Lösung von Kaliumiodid.
c) Zeigen Sie durch Nachweisreaktionen, dass Fe^{3+}-Ionen zu Fe^{2+}-Ionen reduziert werden (a und b) und Iod gebildet wird (b).
Hinweis: Fe^{3+}-Ionen kann man mit einer Lösung von Kaliumthiocyanat (KSCN) nachweisen (Rotfärbung), Fe^{2+}-Ionen mit einer Lösung von Kaliumhexacyanidoferrat(III) ($K_3[Fe(CN)_6]$, Blaufärbung).
Iod lässt sich mit Stärkelösung nachweisen (Blaufärbung).

A1 ◒ Kupfer reagiert mit Schwefel zu Kupfer(I)-sulfid. Kennzeichnen Sie wie in B2 die Elektronenübertragung. Nennen Sie die Gemeinsamkeit dieser Reaktion zur Reaktion von Kupfer mit Sauerstoff.

A2 ● Eisen reagiert mit Sauerstoff zu Eisen(III)-oxid und mit Chlor zu Eisen(III)-chlorid [B5, B6]. Formulieren Sie für beide Fälle die Teilgleichungen für die Oxidationen und Reduktionen. Geben Sie jeweils die konjugierten Redoxpaare an und ordnen Sie deren Partnern die Begriffe Reduktionsmittel bzw. Oxidationsmittel zu.

A3 ● Formulieren Sie die Teilgleichungen für die Oxidationen und Reduktionen sowie die Gesamtgleichungen für die Redoxreaktionen, die in den Versuchen V1, V2 und V3 ablaufen. Geben Sie jeweils die konjugierten Redoxpaare an.

A4 ● Chemiker im 18. Jahrhundert definierten die Oxidation als Reaktion mit Sauerstoff und die Reduktion als Entzug von Sauerstoff aus einem Oxid. Erläutern Sie anhand von Beispielen, dass es sich nach heutigem Verständnis jeweils um Redoxreaktionen handelt.

5.2 Oxidationszahlen

1. Die Summe der Oxidationszahlen aller Atome ist bei *Molekülen* null, bei *Molekül-Ionen* entspricht sie der Ionenladung.
2. Ein Metall-Atom hat immer eine positive Oxidationszahl.
3. Das Fluor-Atom hat immer die Oxidationszahl -I.
4. Das Wasserstoff-Atom hat meistens die Oxidationszahl I.
5. Das Sauerstoff-Atom hat meist die Oxidationszahl -II.

B1 *Regeln zur Ermittlung von Oxidationszahlen (OZ) in Verbindungen*

Im H_2SO_4-Molekül sind enthalten:

2 Wasserstoff-Atome, OZ(H) = I **(Regel 4)**
4 Sauerstoff-Atome, OZ(O) = −II **(Regel 5)**

1 Schwefel-Atom, dessen OZ berechnet werden muss.
Dazu geht man folgendermaßen vor:

$2 \cdot OZ(H) + 1 \cdot OZ(S) + 4 \cdot OZ(O) = 0$ **(Regel 1)**

$OZ(S) = -2 \cdot OZ(H) - 4 \cdot OZ(O)$
$= -2 \cdot I - 4 \cdot (-II)$
$= VI$

$\overset{I}{H_2}\overset{VI}{S}\overset{-II}{O_4}$

B2 *Ermittlung von Oxidationszahlen am Beispiel des H_2SO_4-Moleküls*

Donator-Akzeptor-Reaktion siehe Basiskonzepte

Oxidationszahlen sind beim Aufstellen einer Reaktionsgleichung hilfreich, wenn man wissen möchte, ob es sich um eine Redoxreaktion handelt oder nicht. Zudem können die Vorgänge mithilfe der Oxidationszahlen besser verstanden werden.

Oxidationszahlen und Redoxreaktionen. An Redoxreaktionen können Atome, Moleküle und Ionen beteiligt sein. Bei Redoxreaktionen werden Elektronen übertragen; sie gehören zu den Donator-Akzeptor-Reaktionen. In Kapitel 5.1 wurde als Beispiel die Reaktion von Magnesium mit Brom behandelt:

$$Mg + Br_2 \longrightarrow MgBr_2$$

Die Ausgangsstoffe sind hier Atome und Moleküle elementarer Stoffe. Die Atome elementarer Stoffe erhalten die Oxidationszahl 0 (null). Das Reaktionsprodukt Magnesiumbromid besteht aus Ionen. Bei Atom-Ionen entspricht die Oxidationszahl der Ionenladung. Die Mg-Atome werden zu Mg^{2+}-Ionen oxidiert; ihre Oxidationszahl wird von 0 auf II erhöht. Die Br_2-Moleküle werden zu Br^--Ionen reduziert; die Oxidationszahl der Br-Atome wird von 0 auf −I erniedrigt. Damit ergibt sich:

$$\overset{0}{Mg} + \overset{0}{Br_2} \longrightarrow \overset{II}{Mg}\overset{-I}{Br_2}$$

Redoxreaktionen lassen sich durch die Erhöhung und Erniedrigung der Oxidationszahlen erkennen und beschreiben.

Die Ermittlung von Oxidationszahlen Man geht nach den in B1 gezeigten Regeln vor, wobei die weiter oben stehenden Regeln Vorrang haben [B2]. Oft geht man von den Oxidationszahlen des Wasserstoff-Atoms (meistens I) und des Sauerstoff-Atoms (meistens −II) aus. Die Summe der Oxidationszahlen aller Atome muss bei Molekülen null ergeben. Auch bei Molekül-Ionen (z. B. SO_4^{2-}) setzt man zunächst die bekannten Oxidationszahlen ein und ermittelt dann die Oxidationszahlen der weiteren Atome. Dabei ist zu beachten, dass die Summe der Oxidationszahlen die Ionenladung des Molekül-Ions ergibt.
B3 zeigt einige Beispiele. Man sieht, dass viele Elemente außer der Oxidationszahl 0 (im elementaren Stoff) mehrere weitere Oxidationszahlen annehmen können.

Die Atome vieler Elemente können unterschiedliche Oxidationszahlen annehmen.

$\overset{II}{C}\overset{-II}{O}$ $\overset{IV}{C}\overset{-II}{O_2}$ $\overset{-IV}{C}\overset{I}{H_4}$ $\overset{-II}{C}\overset{I}{H_3}\overset{-II}{O}\overset{I}{H}$

$\overset{IV}{S}\overset{-II}{O_2}$ $\overset{IV}{S}\overset{-II}{O_3}{}^{2-}$ $\overset{VI}{S}\overset{-II}{O_3}$ $\overset{VI}{S}\overset{-II}{O_4}{}^{2-}$

$\overset{I}{K}\overset{VII}{Mn}\overset{-II}{O_4}$ $\overset{IV}{Mn}\overset{-II}{O_2}$ $\overset{II}{Mn}\overset{VI}{S}\overset{-II}{O_4}$

B3 *Beispiele für Oxidationszahlen*

A1 ○ Geben Sie die Oxidationszahlen der Stickstoff-Atome in den folgenden Teilchen an: NO, NO_2, N_2O, N_2O_3, N_2O_5, NO_2^-, NO_3^-, NH_3.

A2 ◒ Entscheiden Sie jeweils, ob eine Redox- oder eine Säure-Base-Reaktion vorliegt:
a) $Cu + 2\,H_2SO_4 \longrightarrow CuSO_4 + 2\,H_2O + SO_2$
b) $CaCO_3 + 2\,HCl \longrightarrow CaCl_2 + H_2O + CO_2$
c) $Zn + 2\,HCl \longrightarrow ZnCl_2 + H_2$

5.3 Aufstellen einer Redoxgleichung

Bei der *Oxidation* eines Atoms erhöht sich seine Oxidationszahl, bei der *Reduktion* erniedrigt sich seine Oxidationszahl. Wenn sich bei einer chemischen Reaktion Oxidationszahlen ändern, liegt also eine *Redoxreaktion* vor. Die Reaktionsgleichung einer Redoxreaktion nennt man auch **Redoxgleichung**.

Aufstellen einer Redoxgleichung. Viele Redoxgleichungen kann man ohne weitere Überlegungen aufstellen, z.B. die Reaktion von Magnesium mit Brom (Kap. 5.2).
In komplizierteren Fällen sind aber die Oxidationszahlen sehr hilfreich. Dann ist die folgende Vorgehensweise zu empfehlen [B1]:

1 Schreiben Sie die *Teilchenformeln* der Ausgangs- und Endstoffe.
Bestimmen Sie die *Oxidationszahlen* (OZ). Ordnen Sie die Begriffe Oxidation (Erhöhung der OZ) und Reduktion (Erniedrigung der OZ) dem entsprechenden Vorgang zu.

2 Schreiben Sie die *Teilgleichungen* und gleichen Sie die Elektronenanzahlen aus:

a) Schreiben Sie das jeweilige Redoxpaar mit Oxidationszahlen.
b) Gleichen Sie die Änderung der Oxidationszahl durch Elektronen aus. Beachten Sie dabei die Anzahl der Teilchen.
c) Multiplizieren Sie die Teilgleichungen ggf. mit Faktoren, sodass die Anzahlen der abgegebenen und aufgenommenen Elektronen gleich sind. Verwenden Sie die kleinstmöglichen ganzzahligen Faktoren.

3 Schreiben Sie die *Redoxgleichung*:

a) Führen Sie die beiden Teilgleichungen zusammen.
b) Gleichen Sie die Anzahl der Elementarladungen aus, durch eine entsprechende Anzahl von H_3O^+-Ionen (in saurer Lösung) bzw. OH^--Ionen (in alkalischer Lösung).
c) Gleichen Sie die Atombilanzen durch eine entsprechende Anzahl von H_2O-Molekülen aus.

Sulfit-Ionen (SO_3^{2-}) reagieren in saurer wässriger Lösung mit Permanganat-Ionen (MnO_4^-) zu Sulfat-Ionen (SO_4^{2-}) und Mangan(II)-Ionen (Mn^{2+}) [V1].

1 Teilchenformeln mit Oxidationszahlen und Zuordnung zu Oxidation und Reduktion:

Oxidation (SO_3^{2-} → SO_4^{2-})

$$\overset{IV}{S}O_3^{2-}\ ,\ \overset{VII}{Mn}\overset{-II}{O}_4^- \longrightarrow \overset{VI}{S}O_4^{2-}\ ,\ \overset{II}{Mn}^{2+}$$

Reduktion (MnO_4^- → Mn^{2+})

2 Teilgleichungen mit Ausgleich der Elektronenanzahlen:

	Oxidation:			Reduktion:		
a)	$\overset{IV}{S}O_3^{2-}$ →	$\overset{VI}{S}O_4^{2-}$		$\overset{VII}{Mn}O_4^-$ →	$\overset{II}{Mn}^{2+}$	
b)	SO_3^{2-} →	$SO_4^{2-} + 2\,e^-$	| · 5	$MnO_4^- + 5\,e^-$ →	Mn^{2+}	| · 2
c)	$5\,SO_3^{2-}$ →	$5\,SO_4^{2-} + 10\,e^-$		$2\,MnO_4^- + 10\,e^-$ →	$2\,Mn^{2+}$	

3 Redoxgleichung durch Zusammenführen der beiden Teilgleichungen, Ladungs- und Atombilanzausgleich:

a) $5\,SO_3^{2-} + 2\,MnO_4^- \longrightarrow 5\,SO_4^{2-} + 2\,Mn^{2+}$
b) $5\,SO_3^{2-} + 2\,MnO_4^- + 6\,H_3O^+ \longrightarrow 5\,SO_4^{2-} + 2\,Mn^{2+}$
c) $5\,SO_3^{2-} + 2\,MnO_4^- + 6\,H_3O^+ \longrightarrow 5\,SO_4^{2-} + 2\,Mn^{2+} + 9\,H_2O$

B1 Aufstellen der Redoxgleichung zu V1

V1 Zu Kaliumpermanganat-Lösung gibt man verdünnte Schwefelsäure und dann Natriumsulfit-Lösung. *Hinweis*: Die Verhältnisformel von Kaliumpermanganat ist $KMnO_4$, die von Natriumsulfit ist Na_2SO_3.

V2 Verdünnte Kaliumpermanganat-Lösung wird mit etwas Natronlauge und dann mit Wasserstoffperoxid-Lösung versetzt [B2].

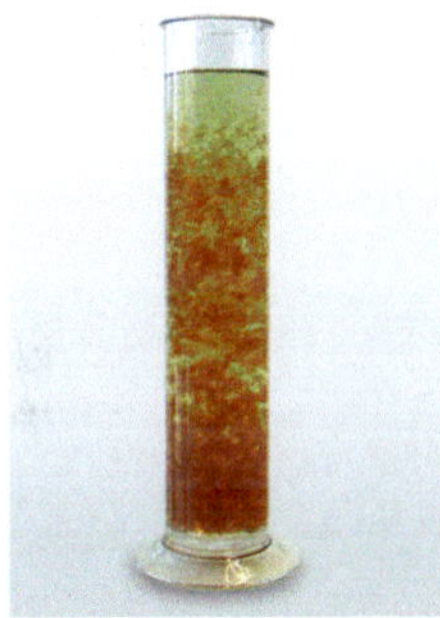

B2 Bildung von Braunstein (MnO_2) [V2]

A1 Vervollständigen Sie die folgenden Redoxgleichungen für Reaktionen in saurer wässriger Lösung:
a) $SO_3^{2-}, MnO_2 \longrightarrow SO_4^{2-}, Mn^{2+}$
b) $HCOOH, MnO_4^- \longrightarrow CO_2, Mn^{2+}$
c) $CH_3OH, Cr_2O_7^{2-} \longrightarrow HCHO, Cr^{3+}$
d) $Fe^{2+}, Cr_2O_7^{2-} \longrightarrow Cr^{3+}, Fe^{3+}$
e) Ammoniumchlorid-Lösung reagiert mit Natriumnitrit-Lösung. Es entsteht Stickstoff.

A2 Vervollständigen Sie die folgenden Redoxgleichungen für Reaktionen in alkalischer wässriger Lösung:
a) $MnO_4^-, Mn^{2+} \longrightarrow MnO_2$
b) $SO_3^{2-}, MnO_4^- \longrightarrow SO_4^{2-}, MnO_4^{2-}$
c) Chlor reagiert mit Natronlauge. Es entstehen Chlorid- und Hypochlorit-Ionen (OCl^-).

5.4 Redoxtitrationen

$$MnO_4^- + 5\ Fe^{2+} + 8\ H_3O^+ \longrightarrow Mn^{2+} + 5\ Fe^{3+} + 12\ H_2O$$

$$2\ MnO_4^- + 5\ C_2O_4^{2-} + 16\ H_3O^+ \longrightarrow 2\ Mn^{2+} + 10\ CO_2 + 24\ H_2O$$

B1 *Permanganometrie*

Redoxreaktionen können ähnlich wie Säure-Base-Reaktionen in der quantitativen Analyse eingesetzt werden. Bei *Säure-Base-Titrationen* titriert man mit einer sauren oder alkalischen Maßlösung (Kap. 4.12 – 4.18). Bei *Redoxtitrationen* titriert man mit der Maßlösung eines Oxidations- oder Reduktionsmittels. Den Äquivalenzpunkt erkennt man z. B. dadurch, dass die Farbe eines Oxidationsmittels verschwindet oder auch neu auftritt.

Iod-Kaliumiodid-Lösung
Da Iod in Wasser schlecht löslich ist, löst man Iod in Kaliumiodid-Lösung. Es bilden sich gut lösliche Triiodid-Ionen (I_3^-).

Bestimmung bedeutet in der Analytik: Ermittlung einer Konzentration.

Massenkonzentration β
$$\beta(\text{Bestandteil A}) = \frac{m(\text{Bestandteil A})}{V(\text{Lösung})}$$

Permanganometrie. Permanganat-Ionen (MnO_4^-) in saurer Lösung sind ein starkes Oxidationsmittel. Eine Kaliumpermanganat-Maßlösung eignet sich deshalb zur Bestimmung von Reduktionsmitteln, z. B. Eisen(II)-Ionen oder Oxalat-Ionen ($C_2O_4^{2-}$). Die violette Permanganat-Lösung wird beim Eintropfen in die Probelösung entfärbt, und es entsteht die farblose Lösung eines Mangan(II)-Salzes.

Der Äquivalenzpunkt ist erreicht, wenn die zugegebene Permanganat-Lösung nicht mehr ganz entfärbt wird und die Farbe der Probelösung schwach violett bleibt.

$V(\text{Flasche}) = 102\ \text{ml}$ und $V(\text{Überlauf}) = 2\ \text{ml}$
$\Rightarrow\ V(\text{Probelösung}) = 102\ \text{ml} - 2\ \text{ml} = 100\ \text{ml}$

$V(\text{Maßlösung}) = 9{,}5\ \text{ml}$ mit $c(S_2O_3^{2-}) = c(Na_2S_2O_3) = 0{,}01\ \text{mol/l}$

$$\beta(\text{Sauerstoff}) = \frac{m(\text{Sauerstoff})}{V(\text{Probelösung})}$$

Mit $m(\text{Sauerstoff}) = n(O_2) \cdot M(O_2)$

und $n(O_2) = ¼ \cdot n(S_2O_3^{2-}) = ¼ \cdot c(S_2O_3^{2-}) \cdot V(\text{Maßlösung})$

ergibt sich durch Einsetzen:

$$\beta(\text{Sauerstoff}) = \frac{¼ \cdot c(S_2O_3^{2-}) \cdot V(\text{Maßlösung}) \cdot M(O_2)}{V(\text{Probelösung})}$$

$$\beta(\text{Sauerstoff}) = \frac{¼ \cdot 0{,}01\ \text{mol/l} \cdot 9{,}5\ \text{ml} \cdot 32{,}0\ \text{g/mol}}{100\ \text{ml}} = 0{,}0076\ \text{g/l} = 7{,}6\ \text{mg/l}$$

B3 *Beispielrechnung zur Bestimmung der Massenkonzentration von Sauerstoff*

$$4\ Mn^{2+} + O_2 + 8\ OH^- \longrightarrow 4\ MnO(OH) + 2\ H_2O \quad (1)$$

$$4\ MnO(OH) + 4\ I^- + 12\ H_3O^+ \longrightarrow 4\ Mn^{2+} + 2\ I_2 + 20\ H_2O \quad (2)$$

$$I_2 + 2\ S_2O_3^{2-} \longrightarrow 2\ I^- + S_4O_6^{2-} \quad (3)$$

B2 *Winkler-Methode*

Iodometrie. Das Redoxpaar I^-/I_2 eignet sich zur Bestimung von Reduktionsmitteln und Oxidationsmitteln. Reduktionsmittel titriert man mit Iod-Kaliumiodid-Lösung. Oxidationsmitteln setzt man Iodid-Ionen im Überschuss zu und bestimmt dann das gebildete Iod.

Die **Winkler-Methode zur Bestimmung von Sauerstoff** ist ein iodometrisches Verfahren. Der in einer Gewässerprobe gelöste Sauerstoff wird zunächst „fixiert". Dazu gibt man Mangan(II)-chlorid-Lösung und alkalische Kaliumiodid-Lösung zur Probe. Der Sauerstoff oxidiert die Mn^{2+}-Ionen. Es entsteht ein gelbbrauner Niederschlag von Mangan(III)-hydroxid-oxid [B2, (1)]. Dann wird das Gemisch mit Phosphorsäure angesäuert. Das Mangan(III)-hydroxid-oxid oxidiert nun zuvor zugegebene Iodid-Ionen zu Iod-Molekülen [B2, (2)].

Das entstandene Iod wird mit einer Natriumthiosulfat-Maßlösung ($Na_2S_2O_3$) titriert. Dabei werden die Iod-Moleküle zu Iodid-Ionen reduziert [B2, (3)]. Der Äquivalenzpunkt wäre am Verschwinden des Iods nur schwer zu erkennen. Deshalb gibt man kurz vor dem Äquivalenzpunkt Stärke-Lösung zu; es bildet sich eine tiefblaue Iod-Stärke-Verbindung (Kap. 10.8). Dann titriert man weiter und erkennt den Äquivalenzpunkt am Verschwinden der blauen Farbe. Am Äquivalenzpunkt gilt:

$$n(O_2) = ¼\ n(S_2O_3^{2-})$$

Bei einer Redoxtitration setzt man eine Redoxreaktion zur quantitativen Analyse ein.

A1 Zeigen Sie anhand der drei Redoxgleichungen in B2, dass am Äquivalenzpunkt gilt: $n(O_2) = ¼\ n(S_2O_3^{2-})$.

5.5 Iodometrie und Permanganometrie

V1 Titration einer Oxalsäure-Lösung

Material:
Weithalserlenmeyerkolben (250 ml), Messpipette (50 ml), Pipettierhilfe, Bürette (25 ml) am Stativ, Messzylinder (25 ml), Oxalsäure-Lösung (unbekannte Konzentration), Kaliumpermanganat-Maßlösung ($c(MnO_4^-)$ = 0,01 mol/l), Schwefelsäure (w = 25 %)

Durchführung:
Pipettieren Sie in einen 250-ml-Erlenmeyerkolben 50 ml Oxalsäure-Lösung und fügen Sie ca. 10 ml Schwefelsäure zu. Titrieren Sie die Lösung mit Kaliumpermanganat-Maßlösung, bis die Lösung schwach violett bleibt. Notieren Sie das Volumen der verbrauchten Maßlösung.

Aufgabe:
Berechnen Sie die Stoffmengenkonzentration c der Oxalsäure-Lösung.

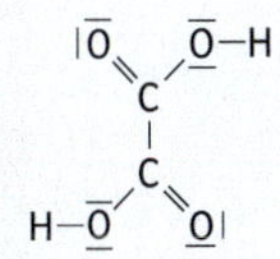

***B1** Oxalsäure (Ethandisäure)*

V2 Bestimmung von Sauerstoff in einer Gewässerprobe

Material:
1 Winklerflasche, Weithalserlenmeyerkolben (250 ml), 3 Vollpipetten (zwei 1 ml, eine 2 ml), Pipettierhilfe, Bürette (25 ml) am Stativ, Auffangschale, Tropfpipette, Glasperlen, Thermometer, Magnetrührer, 40 g Mangan(II)-chlorid in 50 ml dest. Wasser, Natriumthiosulfat-Maßlösung ($c(Na_2S_2O_3)$ = 0,01 mol/l), 10 g Kaliumiodid und 18 g Natriumhydroxid in 50 ml dest. Wasser, konz. Phosphorsäure ($w(H_3PO_4)$ = 85 %), frisch bereitete Stärkelösung (w = 1 %).
Hinweis: Statt der Winklerflasche kann man auch eine andere luftdicht verschließbare Flasche verwenden (z. B. Polyethylenflasche ca. 100 ml, genaues Volumen durch Einfüllen von Wasser und Abwiegen ermitteln)

Durchführung:
a) Füllen Sie eine Winklerflasche mit der Gewässerprobe unter Vermeidung von Luftblasen bis zum Überlaufen und verschließen Sie die Flasche fest.
b) Stellen Sie die Winklerflasche in eine Auffangschale und geben Sie zu der Gewässerprobe nacheinander 1 ml Mangan(II)-chlorid-Lösung und 1 ml Kaliumiodid-Natriumhydroxid-Lösung (Vollpipetten etwa 2 cm tief eintauchen, keine Luft einblasen). Geben Sie zum besseren Durchmischen eine kleine Glasperle in die Flasche. Verschließen Sie die Flasche blasenfrei, dabei laufen 2 ml Probelösung über (V(Überlauf) = 2 ml). Schütteln Sie die Flasche.
c) Geben Sie nach dem Absetzen des Niederschlags 2 ml Phosphorsäure in die Winklerflasche (Vollpipette eintauchen) und verschließen Sie die Flasche blasenfrei. (Der Überlauf spielt hier keine Rolle, da der Sauerstoff im Niederschlag „fixiert" ist.) Schütteln Sie, bis sich der Niederschlag gelöst hat, lassen Sie dann die Flasche etwa 10 Minuten im Dunkeln stehen. Danach füllen Sie den Flascheninhalt in den Erlenmeyerkolben.
d) Titrieren Sie die Lösung mit Natriumthiosulfat-Maßlösung bis zur schwachen Gelbfärbung. Fügen Sie dann einige Tropfen Stärke-Lösung hinzu und titrieren Sie bis zum Farbumschlag von Blau nach Farblos. Notieren Sie das Volumen der verbrauchten Maßlösung V(Maßlösung).

Aufgabe:
Berechnen Sie mithilfe von Kap. 5.4, B3 die Massenkonzentration β des Sauerstoffs in der Gewässerprobe.

***B2** Winkler-Methode zur Sauerstoffbestimmung: „Fixierung" des gelösten Sauerstoffs durch Ausfällen von Mangan(III)-hydroxid-oxid (links), Bildung von Iod nach Säurezugabe (Mitte), Titration mit Natriumthiosulfat und Zugabe von Stärke-Lösung kurz vor Erreichen des Äquivalenzpunktes (rechts)*

5.6 Bildungsenthalpien und Reaktionsenthalpien

B1 *Roheisen-Abstich am Hochofen. Links oben ist die ringförmige Heißwindleitung erkennbar*

Größen

$\Delta_r H^0$: Standardreaktionsenthalpie (Reaktionsenthalpie bei Standardbedingungen)
Die Reaktionsenthalpie *exothermer* Reaktionen hat einen *negativen* Wert; die Reaktionsenthalpie *endothermer* Reaktionen hat einen *positiven* Wert.

$\Delta_f H_m^0$: molare Standardbildungsenthalpie

Hochgestellte 0: bei Standardbedingungen (p = 1000 hPa und ϑ = 25 °C bzw. T = 298,15 K)
Index f: von engl. formation

Index m: molar

n: Stoffmenge

Die Gewinnung von Eisen im Hochofenprozess ist weltweit eines der wichtigsten industriellen Verfahren. Ein wichtiger Rohstoff dafür ist das Eisenerz Hämatit (Eisen(III)-oxid, Fe_2O_3).

Das Reduktionsmittel im Hochofenprozess ist Kohlenstoffmonooxid (CO). Es entsteht im Hochofen durch unvollständige Verbrennung von Koks; dieser besteht zum Großteil aus elementarem Kohlenstoff (Graphit). Die Bildung des Kohlenstoffmonooxids kann man vereinfacht mit der folgenden Reaktionsgleichung beschreiben:

$$2\,C + O_2 \longrightarrow 2\,CO$$

Das Kohlenstoffmonooxid reagiert dann in der folgenden Redoxreaktion mit dem Eisen(III)-oxid:

$$Fe_2O_3 + 3\,CO \longrightarrow 2\,Fe + 3\,CO_2$$

Zur optimalen Führung des Hochofenprozesses ist es wichtig, die Reaktionsenthalpie dieser Redoxreaktion zu kennen. Da sie nur bei hohen Temperaturen abläuft, ist die Messung im Kalorimeter (Kap. 4.23) kaum möglich. Im Folgenden wird gezeigt, wie man Reaktionsenthalpien rechnerisch ermittelt.

Bildungsenthalpien. Eine Reaktionsenthalpie kann man aus Enthalpien der Edukte und Produkte berechnen. Da man Absolutwerte von Energien (und damit auch von Enthalpien) nicht bestimmen kann, setzt man *willkürlich* die Enthalpie elementarer Stoffe bei Standardbedingungen gleich *null*. Bezogen auf die Stoffmenge bezeichnet man diese Enthalpie als **molare Standardbildungsenthalpie** $\Delta_f H_m^0$. Gibt es von einem Element mehrere Modifikationen, wird eine davon als Bezugszustand gewählt, z. B. die Modifikation Graphit des Kohlenstoffs.

Die Bestimmung der molaren Standardbildungsenthalpie einer Verbindung wird am folgenden Beispiel gezeigt. Bei der vollständigen Verbrennung von Graphit mit Sauerstoff entsteht aus *elementaren Stoffen* die *Verbindung* Kohlenstoffdioxid:

$$C_{(Graphit)} + O_2 \longrightarrow CO_2$$

Wenn man diese Reaktion mit genau 0,1 mol Graphit (1,200 g) im Kalorimeter ablaufen lässt, erhält man bei Standardbedingungen eine Reaktionsenthalpie von −39,3 kJ. Das Reaktionsprodukt ist 0,1 mol Kohlenstoffdioxid. Der Quotient aus der Reaktionsenthalpie und der Stoffmenge des gebildeten Reaktionsprodukts ist die molare Standardbildungsenthalpie:

$$\Delta_f H_m^0(CO_2) = \frac{\Delta_r H^0}{n} = \frac{-39{,}3\,\text{kJ}}{0{,}1\,\text{mol}} = -393\,\text{kJ/mol}$$

Die molaren Standardbildungsenthalpien vieler Stoffe sind bekannt und tabelliert [B2].

Die molare Standardbildungsenthalpie $\Delta_f H_m^0$ ist die Reaktionsenthalpie der Bildung einer Verbindung aus den elementaren Stoffen bei Standardbedingungen, bezogen auf die Stoffmenge.

Die Standardbildungsenthalpie elementarer Stoffe ist null.

Formel	$\Delta_f H_m^0$ in kJ/mol	Formel	$\Delta_f H_m^0$ in kJ/mol	Formel	$\Delta_f H_m^0$ in kJ/mol
HF(g)	−273	NH_4Cl(s)	−315	SO_2(g)	−297
HCl(g)	−92	$CO(NH_2)_2$(s)	−333	Al_2O_3(s)	−1676
HI(g)	+26	CO(g)	−111	CuO(s)	−156
H_2O(l)	−286	CO_2(g)	−393	FeS(s)	−102
H_2O(g)	−242	CH_4(g)	−75	Fe_2O_3(s)	−824
NH_3(g)	−46	C_2H_6(g)	−85	MgO(s)	−601
NO(g)	+90	C_2H_4(g)	+53	NaCl(s)	−411
NO_2(g)	+33	CH_3OH(l)	−239	ZnO(s)	−350
N_2O_4(g)	+9	C_2H_5OH(l)	−277	C(Diamant)	+2

B2 *Molare Standardbildungsenthalpien einiger Stoffe*

Der Satz von HESS. Zwischen den Edukten und Produkten einer chemischen Reaktion sind oft mehrere Reaktionswege denkbar. Der Chemiker GERMAIN HENRI HESS [B3] erkannte im Jahr 1840: Die Reaktionsenthalpie ist unabhängig vom Reaktionsweg; sie hängt nur vom Ausgangs- und Endzustand des Systems ab. Man bezeichnet dies als **Satz von HESS**.
Aus heutiger Sicht folgt der Satz von HESS aus dem Energieerhaltungssatz (1. Hauptsatz der Thermodynamik, Kap. 4.20).

Satz von HESS: Die Reaktionsenthalpie ist unabhängig vom Reaktionsweg.

Berechnung von Reaktionsenthalpien.
Mithilfe des Satzes von HESS kann man eine Reaktionsenthalpie aus Bildungsenthalpien berechnen. B4 zeigt dies am Beispiel der Redoxreaktion, die im Hochofen abläuft.
Die Gesamtreaktion wird *gedanklich* in zwei Teilreaktionen zerlegt:

$$Fe_2O_3 + 3\,CO \longrightarrow 2\,Fe + 3\,O_2 + 3\,C \qquad (I)$$

$$2\,Fe + 3\,O_2 + 3\,C \longrightarrow 2\,Fe + 3\,CO_2 \qquad (II)$$

In der Teilreaktion (I) werden die Edukte in elementare Stoffe zerlegt; aus diesen werden dann in der Teilreaktion (II) die Produkte erzeugt. Man wählt also einen „Umweg" über elementare Stoffe. Die Reaktionsenthalpien der Teilreaktionen lassen sich aus den Bildungsenthalpien der beteiligten Stoffe berechnen. Dabei macht man sich zunutze, dass die Standardbildungsenthalpie elementarer Stoffe null ist. Als Ergebnis erhält man:

$\Delta_r H^0(\text{I}) = +1157\,\text{kJ}$ und $\Delta_r H^0(\text{II}) = -1179\,\text{kJ}$

Die *gedachten* Teilreaktionen sind in der Praxis kaum durchführbar, aber das spielt für energetische Betrachtungen keine Rolle. Nach dem Satz von HESS ist die **Standardreaktionsenthalpie** der Gesamtreaktion gleich der Summe der Standardreaktionsenthalpien der Teilreaktionen:

$$\Delta_r H^0 = \Delta_r H^0(\text{I}) + \Delta_r H^0(\text{II}) = +1157\,\text{kJ} + (-1179\,\text{kJ}) = -22\,\text{kJ}$$

Man kann die Berechnung auch in einer einzigen Gleichung zusammenfassen. Die folgende Formel gilt für die Standardreaktionsenthalpie einer beliebigen Reaktion:

$$\Delta_r H^0 = \sum_i n_i \cdot \Delta_f H^0_{m,i}(\text{Produkte}) - \sum_i n_i \cdot \Delta_f H^0_{m,i}(\text{Edukte})$$

In Worten bedeutet diese Formel: Man summiert die Standardbildungsenthalpien der Produkte und der Edukte und berechnet dann die Differenz der beiden Summen. B4 zeigt eine Anwendung der Formel.

Die Standardreaktionsenthalpie ist die Differenz der Standardbildungsenthalpien der Produkte und der Edukte.

B3 GERMAIN HENRI HESS *(1802–1850)*

Edukte Ausgangsstoffe einer Reaktion

Produkte Hier kurz für Reaktionsprodukte

Energieerhaltungssatz Energie kann weder neu geschaffen noch vernichtet werden.
HERMANN VON HELMHOLTZ formulierte den Energieerhaltungssatz im Jahr 1847. In der chemischen Energetik wird der Energieerhaltungssatz auch als „Erster Hauptsatz der Thermodynamik" bezeichnet.

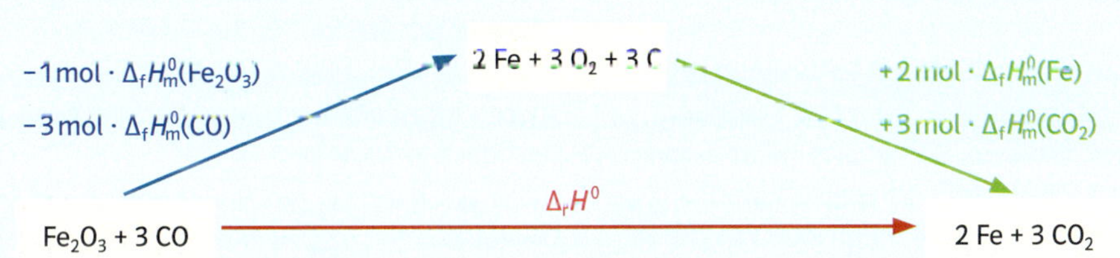

$$\begin{aligned}\Delta_r H^0 &= [n(\text{Fe}) \cdot \Delta_f H^0_m(\text{Fe}) + n(CO_2) \cdot \Delta_f H^0_m(CO_2)] - [n(Fe_2O_3) \cdot \Delta_f H^0_m(Fe_2O_3) + n(\text{CO}) \cdot \Delta_f H^0_m(\text{CO})]\\ &= [2\,\text{mol} \cdot 0\,\text{kJ/mol} + 3\,\text{mol} \cdot (-393\,\text{kJ/mol})] - [1\,\text{mol} \cdot (-824\,\text{kJ/mol}) + 3\,\text{mol} \cdot (-111\,\text{kJ/mol})]\\ &= -1179\,\text{kJ} - (-1157\,\text{kJ})\\ &= -22\,\text{kJ}\end{aligned}$$

B4 *Berechnung einer Reaktionsenthalpie*

Enthalpieänderungen bei Temperaturerhöhung berechnet man aus der spezifischen Wärmekapazität c, der molaren Masse M, der Stoffmenge n und der Temperaturdifferenz $\Delta\vartheta$:

$\Delta H = c \cdot M \cdot n \cdot \Delta\vartheta$

Beispiel: Erwärmt man 1 mol Wasser von 25 °C auf 95 °C ($\Delta\vartheta$ = 70 K), so ergibt sich mit $c \approx 4{,}2\ \text{J/(g·K)}$ und $M \approx 18\ \text{g/mol}$ eine Enthalpieerhöhung von $\Delta H \approx 5\ \text{kJ}$.
Zum Vergleich: Die Standardbildungsenthalpie von Wasser beträgt $\Delta H_m^0 = -286\ \text{kJ/mol}$.

Schmelzenthalpie Enthalpieänderung beim Schmelzen

Verdampfungsenthalpie Enthalpieänderung beim Verdampfen

Temperaturabhängigkeit von Reaktionsenthalpien. Die meisten Reaktionen werden nicht unter Standardbedingungen durchgeführt. Im Hochofen beispielsweise herrschen Temperaturen von bis zu 2000 °C.
Zur Berechnung einer Reaktionsenthalpie bei einer höheren Temperatur muss man eigentlich berücksichtigen, dass die Bildungsenthalpien der Edukte und Produkte höher sind als bei 25 °C. Enthalpieänderungen aufgrund der höheren Temperatur kann man berechnen [Randspalte]. Aus zwei Gründen ergeben sich daraus nur kleine Unterschiede in der Reaktionsenthalpie:
- Im Vergleich zur Enthalpieänderung durch eine chemische Reaktion ist die Enthalpieänderung durch eine Temperaturerhöhung relativ klein, solange der Aggregatzustand gleich bleibt.
- Da die Bildungsenthalpien sowohl der Edukte als auch der Produkte höher sind, ist der Einfluss auf die Differenz (d. h. die Reaktionsenthalpie) relativ klein.

Man kann also näherungsweise mit Standardbildungsenthalpien rechnen. Wenn ein Edukt oder Produkt in einem anderen Aggregatzustand vorliegt als bei Standardbedingungen, muss man dies durch Einrechnen der Schmelzenthalpie bzw. Verdampfungsenthalpie berücksichtigen.

Reaktionsenthalpien sind näherungsweise temperaturunabhängig, wenn die Edukte und Produkte im gleichen Aggregatzustand wie bei Standardbedingungen vorliegen.

Berechnung von Bildungsenthalpien aus Reaktionsenthalpien. Manche Standardbildungsenthalpien lassen sich nicht direkt bestimmen, z. B. von Kohlenstoffmonooxid. Wenn man Graphit mit Sauerstoff reagieren lässt, entsteht nie reines Kohlenstoffmonooxid, sondern (vor allem bei niedrigen Temperaturen) hauptsächlich Kohlenstoffdioxid. Aus diesem Grund bestimmt man die Standardbildungsenthalpie von Kohlenstoffmonooxid über einen „Umweg". Dazu verbrennt man Graphit bzw. Kohlenstoffmonooxid jeweils vollständig zu Kohlenstoffdioxid und bestimmt die Standardreaktionsenthalpien:

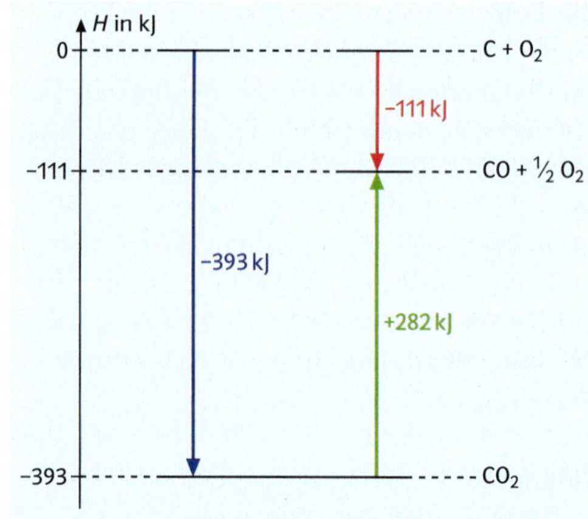

***B5** Ermittlung der Reaktionsenthalpie der Reaktion* $C + O_2 \longrightarrow CO + \frac{1}{2} O_2$

$$C + O_2 \longrightarrow CO_2 \qquad | \ \Delta_r H^0 = -393\ \text{kJ}\ \text{(III)}$$
$$CO + \tfrac{1}{2} O_2 \longrightarrow CO_2 \qquad | \ \Delta_r H^0 = -282\ \text{kJ}\ \text{(IV)}$$

Zur Berechnung von $\Delta_f H_m^0(CO)$ stellt man sich vor, dass zuerst die Reaktion (III) abläuft und dann die Reaktion (IV) in umgekehrter Richtung (d. h. ihre Reaktionsenthalpie hat das umgekehrte Vorzeichen):

$$C + O_2 \longrightarrow CO_2 \longrightarrow CO + \tfrac{1}{2} O_2$$

Die Bildung von Kohlenstoffdioxid ist ein *gedachter* Zwischenschritt. Nach dem Satz von HESS kann man die Standardreaktionsenthalpie der Gesamtreaktion als Summe der Standardreaktionsenthalpien der beiden Teilreaktionen berechnen:

$$\Delta_r H^0 = -393\ \text{kJ} + 282\ \text{kJ} = -111\ \text{kJ}$$

B5 veranschaulicht diese Berechnung.
Die molare Standardbildungsenthalpie von Kohlenstoffmonooxid entspricht der berechneten Standardreaktionsenthalpie, bezogen auf die Stoffmenge:

$$\Delta_f H_m^0(CO) = \frac{-111\ \text{kJ}}{1\ \text{mol}} = -111\ \text{kJ/mol}$$

Dieser Wert ist in B2 tabelliert und wurde bereits für Berechnungen zur Redoxreaktion im Hochofen verwendet [B4].

Wenn eine Bildungsreaktion aus elementaren Stoffen nicht möglich ist, berechnet man die molare Standardbildungsenthalpie aus mehreren Reaktionsenthalpien.

Bindungsenthalpien. Zur Spaltung einer Elektronenpaarbindung muss Energie aufgebracht werden. Diese Energie kann bei Standardbestimmungen bestimmt werden; sie wird als **molare Standardbindungsenthalpie** $\Delta_b H_m^0$ bezeichnet. Beispielsweise ist die molare Standardbindungsenthalpie der H–H-Bindung $\Delta_b H_m^0 = 436\,kJ/mol$. Diese Energie muss aufgebracht werden, wenn 1 mol Wasserstoff-Moleküle bei konstantem Druck zu 2 mol Wasserstoff-Atomen reagieren und dabei 1 mol H–H-Bindungen gespalten werden. Einige weitere Werte sind in B6 tabelliert.

	–H	–C	=C	≡C	–N	=N	≡N	–O	=O
C	413	348	614	839	305	615	891	358	745*
N	391	305	615	891	163	418	945	201	607
O	464	358	745*		201	607		146	498
F	567	489			278			193	
Cl	431	339			192			208	
Br	366	285						234	
I	298	218						234	
P	323	264						335	
S	367	272	536						
Si	318	285						451	

* in CO_2: 803

***B6** Molare Standardbindungsenthalpien in kJ/mol (Mittelwerte)*

Hinweis zu B6:
Die Kombination „O=O" ist *keine* korrekte Formel für das O_2-Molekül. Das O_2-Molekül ist ein Diradikal, d.h., es hat keine normale Doppelbindung.

Standardbindungsenthalpien können auch für gleichartige Bindungen in *mehratomigen* Molekülen ermittelt werden. Das folgende Beispiel zeigt die Berechnung der molaren Standardbindungsenthalpie der O–H-Bindung im Wasser-Molekül (wobei alle Edukte und Produkte gasförmig angenommen werden):

$$
\begin{array}{llll}
2\,H_2 + O_2 & \longrightarrow & 2\,H_2O & |\ \Delta_r H^0 = -484\,kJ \\
4\,H & \longrightarrow & 2\,H_2 & |\ \Delta_r H^0 = -872\,kJ \\
2\,O & \longrightarrow & O_2 & |\ \Delta_r H^0 = -498\,kJ \\
\hline
4\,H + 2\,O & \longrightarrow & 2\,H_2O & |\ \Delta_r H^0 = -1854\,kJ
\end{array}
$$

Die molare Standardbindungsenthalpie erhält man, indem man den Betrag der berechneten Reaktionsenthalpie durch die Stoffmenge des gebildeten Moleküls (hier 2 mol) und durch die Anzahl der O–H-Bindungen (hier 2) teilt:

$$\Delta_b H_m^0(\text{O–H}) = \left|\frac{-1854\,kJ}{2\,mol \cdot 2}\right| \approx 464\,kJ/mol$$

Eine Bindungsenthalpie beziehen sich auf die *Spaltung* einer Elektronenpaarbindung und hat deshalb ein *positives* Vorzeichen. Beim *Knüpfen* einer Elektronenpaarbindung wird genau der gleiche Energiebetrag abgegeben, d.h., diese Energie hat ein ein *negatives* Vorzeichen.
Aus der Enthalpiebilanz der gespaltenen und geknüpften Bindungen kann man die Reaktionsenthalpie einer chemischen Reaktion näherungsweise berechnen, wenn die Edukte und Produkte im gleichen Aggregatzustand vorliegen [A4].

Die molare Standardbindungsenthalpie $\Delta_b H_m^0$ ist die Energie, die nötig ist, um 1 mol einer Elektronenpaarbindung bei Standardbedingungen homolytisch zu spalten.

Bindungsenthalpien
werden auch als Dissoziationsenthalpien bezeichnet. Sie beziehen sich auf die homolytische Spaltung von Bindungen und haben deshalb positive Werte.

Homolytische Spaltung
Bei der Spaltung der Bindung verbleibt je ein Elektron an den beiden beteiligten Atomen, d.h., es entstehen Radikale und *nicht* Ionen.

A1 Stellen Sie zu den folgenden Vorgängen jeweils die Reaktionsgleichung auf und berechnen Sie die Standardreaktionsenthalpie:
a) Schwefel verbrennt zu Schwefeldioxid.
b) Stickstoff reagiert mit Wasserstoff zu Ammoniak.
c) Natriumchlorid wird in elementare Stoffe zerlegt.
d) Aluminium verbrennt zu Aluminiumoxid (Al_2O_3).

A2 Zur Verringerung des Kohlenstoffmonooxid-Anteils in Gasgemischen führt man die Wassergas-Shift-Reaktion durch. Dabei reagiert Kohlenstoffmonooxid mit Wasserdampf zu Kohlenstoffdioxid und Wasserstoff. Berechnen Sie die Standardreaktionsenthalpie für die Umsetzung von 1 mol Kohlenstoffmonooxid.

A3 Kupfer(II) oxid (CuO) wird durch Wasserstoff zu Kupfer reduziert. Berechnen Sie die Standardreaktionsenthalpie. Veranschaulichen Sie wie in B4 den Zusammenhang mit den Bildungsenthalpien.

A4 Ethen verbrennt zu Kohlenstoffdioxid und Wasserdampf.
a) Formulieren Sie die Reaktionsgleichung.
b) Berechnen Sie die ungefähre Reaktionsenthalpie durch Aufstellen einer Enthalpiebilanz aller zu spaltenden und zu knüpfenden Bindungen.
c) Berechnen Sie die Standardreaktionsenthalpie aus den molaren Standardbildungsenthalpien [B2]. Vergleichen Sie das Ergebnis mit dem in Aufgabe (b) berechneten Wert.

5.7 Die Redoxreihe

B1 *Eisennagel in Kupfer(II)-sulfat-Lösung (links), Kupferblech in Silbernitrat-Lösung (rechts)*

Bei vielen Redoxreaktionen geben Metall-Atome Elektronen ab und werden zu Kationen. Die Fähigkeit zur Elektronenabgabe, also das Reduktionsvermögen, ist je nach Metall unterschiedlich.

Redoxreihe der Metalle. Taucht man einen Eisennagel in eine Kupfer(II)-sulfat-Lösung, so scheidet sich am Nagel Kupfer ab, und es bilden sich Fe^{2+}-Ionen [V1, B1]. Eisen-Atome reduzieren Cu^{2+}-Ionen zu Kupfer-Atomen.

Oxidation: $Fe \longrightarrow Fe^{2+} + 2\,e^-$

Reduktion: $Cu^{2+} + 2\,e^- \longrightarrow Cu$

Redoxreaktion: $Fe + Cu^{2+} \longrightarrow Fe^{2+} + Cu$

Gibt man umgekehrt ein Stück Kupferblech in eine Eisen(II)-sulfat-Lösung, so ist keine Reaktion feststellbar. Kupfer-Atome sind nicht in der Lage, Fe^{2+}-Ionen zu reduzieren. Eisen-Atome geben offensichtlich leichter Elektronen ab als Kupfer-Atome.
Eisen ist somit ein stärkeres Reduktionsmittel als Kupfer, das Cu^{2+}-Ion ein stärkeres Oxidationsmittel als das Fe^{2+}-Ion. Führt man solche Versuche systematisch mit mehreren Metallen und Salzlösungen durch [V2], so kann man anhand der Ergebnisse die Metalle in einer Redoxreihe anordnen [B2].

Ein Metall-Atom kann die Ionen des in der Redoxreihe unter ihm stehenden Metalls reduzieren.

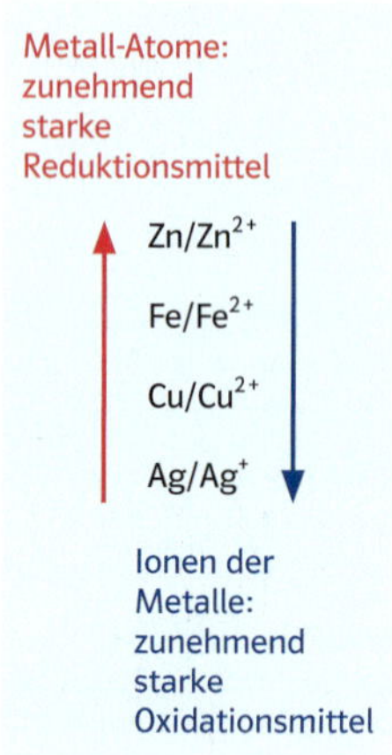

B2 *Redoxreihe einiger Metalle*

Redoxreihe der Nichtmetalle. Eine Redoxreihe kann man auch für Redoxpaare des Typs Nichtmetall-Ion/Nichtmetall-Molekül aufstellen. Iodid-Ionen können Brom-Moleküle zu Bromid-Ionen bzw. Chlor-Moleküle zu Chlorid-Ionen reduzieren [V3].
Somit muss für die drei Redoxpaare die in B3 dargestellte Redoxreihe gelten.

Ein Nichtmetall-Ion kann die Atome des in der Redoxreihe unter ihm stehenden Nichtmetall-Moleküls reduzieren.

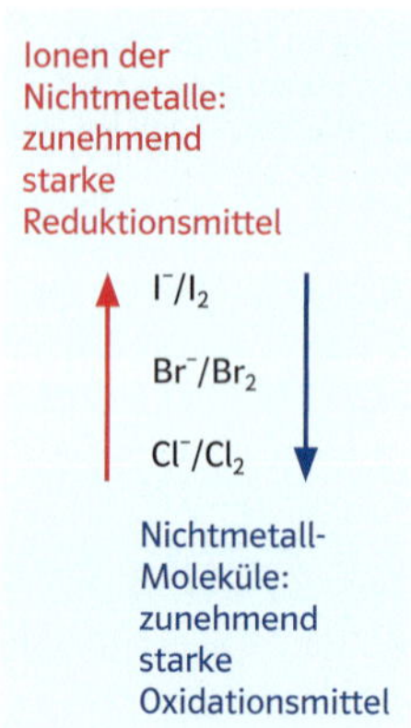

B3 *Redoxreihe einiger Nichtmetalle*

V1 **a)** Tauchen Sie einen blanken Eisennagel in eine Kupfer(II)-sulfat-Lösung. **b)** Geben Sie Eisenpulver in eine verdünnte Kupfer(II)-sulfat-Lösung und schütteln Sie die erhaltene Suspension. Versetzen Sie dann eine Probe der Lösung mit Kalium-hexacyanidoferrat(III)-Lösung (Fe^{2+}-Nachweis, Kap. 5.1, V3).

V2 Geben Sie jeweils einen Tropfen Eisen(II)-sulfat-, Kupfer(II)-sulfat-, Silbernitrat- und Zinksulfat-Lösung nacheinander auf blanke Streifen der Metalle Eisen, Kupfer, Silber und Zink. Saugen Sie den Tropfen nach ca. 4 min. mit einem Zellstofftuch vorsichtig auf.

V3 ⚠ (Abzug!) Drei Reagenzgläser (a), (b) und (c) werden mit je 1 ml Heptan gefüllt. Man gibt in (a) 2 ml verdünnte Kaliumbromid-Lösung, in (b) und (c) je 2 ml verdünnte Kaliumiodid-Lösung. Zu (a) und (b) gibt man dann je 1 ml Chlorwasser und zu (c) 1 ml Bromwasser.
Hinweis: Braunfärbung des Heptans zeigt die Bildung von Brom an, Violettfärbung die Bildung von Iod.

V4 Geben Sie jeweils einen Tropfen verdünnte Salzsäure auf blanke Streifen der Metalle Eisen, Kupfer, Silber und Zink. Beobachten Sie mit der Lupe.

A1 ◒ Formulieren Sie zu den Reaktionen der Versuche V2 und V3 jeweils die Reaktionsgleichungen für die Oxidation, die Reduktion und die gesamte Redoxreaktion.

A2 ◒ Ordnen Sie das Redoxpaar H_2/H_3O^+ anhand der Ergebnisse von V4 in die Redoxreihe der Metalle ein.

5.8 Galvanische Zellen

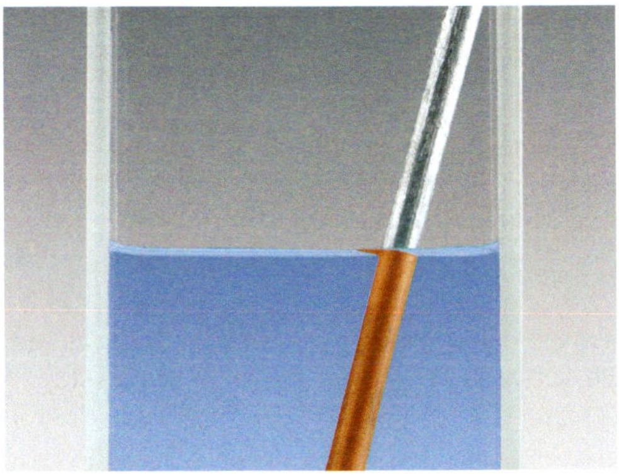

B1 *Zinkstab in Kupfer-(II)-sulfat-Lösung*

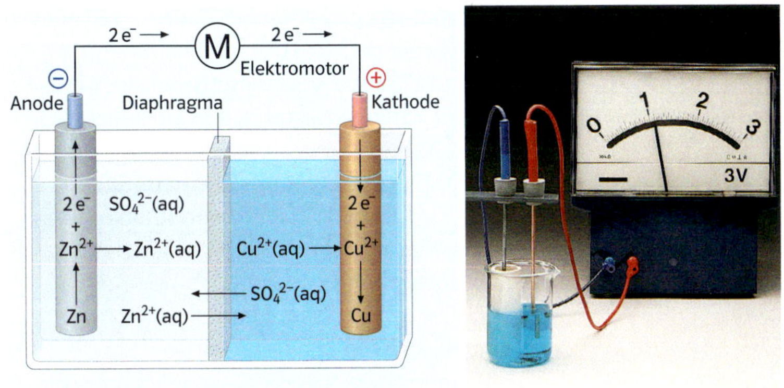

B2 *Reaktionen im Daniell-Element (links), Daniell-Element im Becherglas (rechts)*

Taucht man ein Stück Zink in eine Kupfer(II)-sulfat-Lösung, so scheidet sich Kupfer am Zink ab (Kap. 5.7, V2), [B1].

Oxidation:	Zn	$\longrightarrow$	$Zn^{2+} + 2\,e^-$
Reduktion:	$Cu^{2+} + 2\,e^-$	$\longrightarrow$	Cu
Redoxreaktion:	$Zn + Cu^{2+}$	$\longrightarrow$	$Zn^{2+} + Cu$

Die Elektronenübertragung findet unmittelbar an der Zinkoberfläche statt und ist nicht direkt als Strom messbar.

Das Daniell-Element, eine galvanische Zelle. Wenn die Oxidation und die Reduktion räumlich getrennt stattfinden, kann man die Elektronenübertragung in Form von elektrischem Strom nutzbar machen. In einem *Daniell-Element* taucht ein Kupferblech in Kupfer(II)-sulfat-Lösung und ein Zinkblech in Zinksulfat-Lösung. Die Lösungen sind durch ein *Diaphragma* (poröse Trennwand), welches eine rasche Vermischung der Salzlösungen durch Diffusion verhindert, voneinander getrennt [B2]. Die Redoxreaktion beginnt erst, wenn man das Kupfer- und das Zinkblech über einen Leitungsdraht verbindet. Mit einem Daniell-Element kann man z. B. einen kleinen Elektromotor betreiben [V1].

An dem Zinkblech werden Zink-Atome zu Zink-Ionen oxidiert. Die Elektronen fließen im Leitungsdraht von dem Zinkblech zum Kupferblech, an dem Kupfer-Ionen zu Kupfer-Atomen reduziert werden. Zum Ladungsausgleich wandern Sulfat-Ionen durch das Diaphragma in die Zinksulfat-Lösung und Zink-Ionen in die Kupfersulfat-Lösung.

Eine galvanische Zelle macht eine Redoxreaktion als Spannungsquelle nutzbar. In ihr laufen eine Oxidation und eine Reduktion räumlich getrennt ab.

Eine galvanische Zelle besteht aus zwei **Halbzellen** (Halbelementen), die durch ein Diaphragma getrennt sind. In den Halbzellen befindet sich eine Lösung, in der Ionen elektrische Ladung transportieren können, eine **Elektrolytlösung**. Ein Elektronenleiter (Metall oder Graphit), der in eine Elektrolytlösung taucht, wird als **Elektrode** bezeichnet. Die Elektrode, an der Teilchen oxidiert werden, wird **Anode** genannt. Die Elektrode, an der Teilchen reduziert werden, heißt **Kathode**.

Die Anode ist bei einer galvanischen Zelle der *Minuspol*, da hier Elektronen aus der Halbzelle in den Leitungsdraht austreten. Die Kathode ist der *Pluspol*.

Eine galvanische Zelle wie das Daniell-Element kann durch die in B3 dargestellte Schreibweise symbolisiert werden.

Üblicherweise wird zuerst die **Donatorhalbzelle** angegeben; sie bildet den **Minuspol**.

Der **doppelte Schrägstrich** kennzeichnet ein **Diaphragma**

Die **Akzeptorhalbzelle** bildet den **Pluspol**.

$$Zn/ZnSO_4\ (c = 1\tfrac{mol}{l})\ //\ CuSO_4\ (c = 1\tfrac{mol}{l})\ /Cu$$

Die **Schrägstriche** stehen für **Phasengrenzen**

B3 *Symbolische Schreibweise für eine galvanische Zelle*

Galvanische Zellen werden auch als galvanische Elemente bezeichnet.

Daniell-Element 1836 von JOHN FREDERIC DANIELL erfunden

Anode von griech. ana, hinauf; hodos, Weg

Kathode von griech. kata, herab; hodos, Weg

Merkhilfe: An der **A**node findet die **O**xidation statt (zwei Vokale als Anlaut), an der **K**athode findet die **R**eduktion statt (zwei Konsonanten).

Phasengrenze Fläche, an der sich die chemische Zusammensetzung und/oder der Aggregatzustand sprunghaft ändert

Potential auch Potenzial, von lat. potentia, Macht, Kraft

Lösungstension von lat. tendere, streben

Spannungen galvanischer Zellen. Verbindet man die beiden Elektroden des Daniell-Elements über ein Spannungsmessgerät mit hohem Innenwiderstand, d.h. bei sehr kleiner Stromstärke, so misst man zwischen den beiden Elektroden eine elektrische Gleichspannung von 1,1V. Diese **Leerlaufspannung** ist unabhängig von den Abmessungen der Elektroden [V1].

Eine elektrische Spannung ist gleichbedeutend mit einer elektrischen *Potentialdifferenz* (Exkurs in Kap. 5.9). Jedem korrespondierenden Redoxpaar einer Halbzelle kann ein elektrisches Potential *E* zugeordnet werden, das als **Redoxpotential** bezeichnet wird. Ein Redoxpotential kann man jedoch nicht absolut messen, sondern nur relativ zu einem anderen Redoxpotential. Man benötigt also immer eine *Bezugshalbzelle.* Kombiniert man zwei Halbzellen zu einer galvanischen Zelle, so ist die Leerlaufspannung gleich der Differenz der beiden Redoxpotentiale.
Um die Leerlaufspannungen verschiedener galvanischer Zellen zu vergleichen, misst man sie bei $\vartheta = 25\,°C$. Um die Redoxpotentiale vergleichbar zu machen, bestimmt man die sogenannten Standardpotentiale (Kap. 5.9).

Jedem konjugierten Redoxpaar kann ein Redoxpotential zugeordnet werden. Die Leerlaufspannung einer galvanischen Zelle ist die Differenz zweier Redoxpotentiale.

Lösungstension. Das Zustandekommen der Spannung einer galvanischen Zelle von der Art des Daniell-Elements lässt sich anschaulich darstellen [B4]. Jedes Metall besitzt die Fähigkeit, in wässriger Lösung Ionen zu bilden. Diese als *Lösungstension* bezeichnete Fähigkeit ist von Metall zu Metall verschieden. Sie hängt von der Energiebilanz bei der Bildung hydratisierter Metall-Kationen aus dem Metallgitter ab. Das Ausmaß der Ionenbildung hängt auch davon ab, wie groß die Konzentration dieser Ionen bereits ist.

Die Fähigkeit von Metallen, in Lösung zu gehen und dabei Ionen zu bilden, wird als Lösungstension bezeichnet.

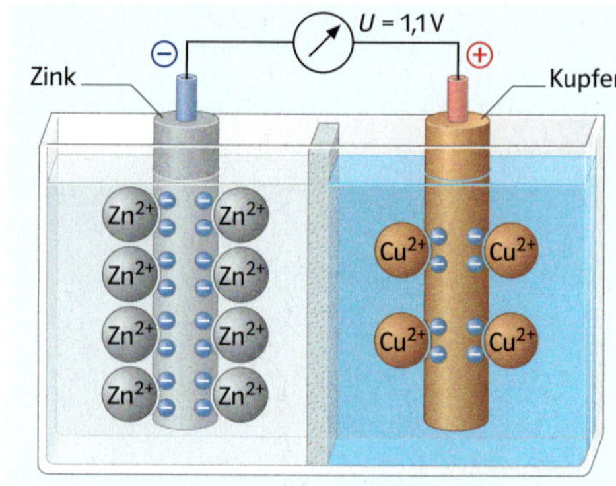

B4 *Zustandekommen der Spannung eines Daniell-Elements*

Elektrochemische Doppelschicht. Treten aus der Metalloberfläche Metall-Ionen in die Lösung über, so bleiben Elektronen im Metall zurück, das sich dadurch negativ auflädt. Durch die Ionenbildung entsteht an der Grenze zwischen Metall und Lösung ein elektrisches Feld, das die Bildung weiterer Ionen behindert. Umgekehrt besteht auch die Tendenz, dass Metall-Kationen durch das elektrische Feld wieder zum Metall zurückgeführt werden und dort Elektronen aufnehmen.

Für jedes Metall stellt sich ein charakteristisches dynamisches Gleichgewicht ein, das zur Bildung einer elektrochemischen Doppelschicht aus Ionen und Elektronen führt. Wegen der Teilchenbewegung ist die Doppelschicht diffus. Mit der elektrochemischen Doppelschicht lässt sich z.B. erklären, wie die Spannung beim Daniell-Element zustande kommt: An der Kupferelektrode bilden sich weit weniger Ionen als an der Zinkelektrode. Auf der Kupferelektrode bleiben somit weniger Elektronen zurück, d.h., es herrscht dort ein geringerer „Elektronendruck".
Verbindet man die Elektroden durch einen Draht, wird der Stromkreis geschlossen: Durch das Metallgitter (S. 12) fließen Elektronen vom Ort höheren „Elektronendrucks" (Zink) zum Ort niedrigeren „Elektronendrucks" (Kupfer). Durch die Elektrolytlösung und das Diaphragma fließen Zink- und Sulfat-Ionen.

Die elektrochemische Doppelschicht ist eine Grenzschicht, an der sich elektrisch verschieden geladene Schichten gegenüberstehen.

Messung von Redoxpotentialen Die in B5 angegebenen galvanischen Zellen werden z. B. in einem U-Rohr mit Diaphragma aufgebaut. Alle Elektrolytlösungen haben die gleiche Konzentration $c = 0{,}1\,mol/l$. Bei jeder galvanischen Zelle wird ermittelt, welche Elektrode der Minus- bzw. Pluspol ist. Die Spannung wird jeweils gemessen. Man stellt fest, dass in diesen galvanischen Zellen die Zinkelektrode stets der Minuspol ist, die Silberelektrode stets der Pluspol.

Wählt man *willkürlich* die Halbzelle bzw. das Redoxpaar Zn/Zn^{2+} als Nullpunkt einer Spannungsskala, kann jedem anderen Redoxpaar ein Redoxpotential *E* gegenüber dieser Bezugshalbzelle bzw. diesem Bezugsredoxpaar zugeordnet werden [B6].
Die Reihenfolge der Redoxpaare in dieser Spannungsskala ist mit der in der Redoxreihe identisch. Die Spannungen der anderen galvanischen Zellen können als Differenzen dieser Redoxpotentiale berechnet werden.

Achtung: Die so bestimmten Redoxpotentiale *E* gelten nur für gleiche Elektrolytkonzentrationen (z. B. $c = 0{,}1\,mol/l$) und nur in Bezug auf die willkürlich gewählte Halbzelle Zn/Zn^{2+}. Es handelt sich *nicht* um die Standardpotentiale (Kap. 5.9).

Das Redoxpotential einer Halbzelle wird im Vergleich zu einer Bezugshalbzelle gemessen, deren Redoxpotential willkürlich als Nullpunkt gesetzt wird.

$Zn/ZnSO_4//FeSO_4/Fe$
$Zn/ZnSO_4//CuSO_4/Cu$
$Zn/ZnSO_4//AgNO_3/Ag$
$Fe/FeSO_4//CuSO_4/Cu$
$Fe/FeSO_4//AgNO_3/Ag$
$Cu/CuSO_4//AgNO_3/Ag$

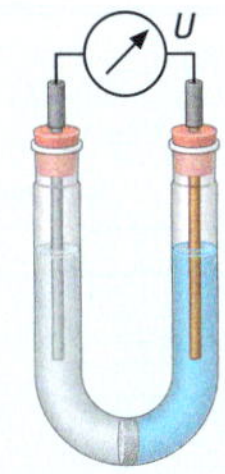

***B5** Galvanische Zellen und Versuchsaufbau*

Volta-Element. Beim Daniell-Element tauchen die beiden Metallelektroden in Lösungen der entsprechenden Metall-Ionen. Man kann aber auch eine Spannung messen, wenn zwei verschiedene Metalle in dieselbe Elektrolytlösung tauchen, da die Metalle gegenüber der Lösung unterschiedliche Lösungstensionen haben. Darauf beruht das **Volta-Element**, bei dem Zink oder Zinn und Kupfer oder Silber in verdünnte Schwefelsäure tauchen. Stapelt man mehrere Volta-Elemente, erhält man eine Volta-Säule [B7], (S. 208).

***B7** Alessandro Volta führt Napoleon seine neu erfundene Batterie (Volta-Säule) vor*

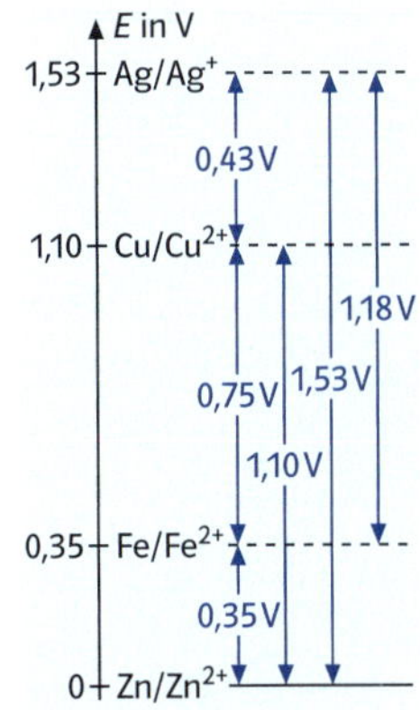

***B6** Redoxpotentiale mit Zink als Nullpunkt und c(Elektrolytlösung) = 0,1 mol/l*

V1 In ein Becherglas, das mit Zinksulfat-Lösung ($c(ZnSO_4) = 1\,mol/l$) gefüllt ist, taucht ein poröser Tonzylinder, in dem sich Kupfer(II)-sulfat-Lösung ($c(CuSO_4) = 1\,mol/l$) befindet. (Die Füllhöhen der Lösungen müssen gleich sein.) In die Zinksulfat-Lösung taucht ein Zinkblech, in die Kupfer(II)-sulfat-Lösung ein Kupferblech [B3]. **a)** Verbinden Sie das Kupferblech mit dem Pluspol, das Zinkblech mit dem Minuspol eines Spannungsmessgerätes (mit hohem Innenwiderstand) und bestimmen Sie so die Leerlaufspannung. Verändern Sie dabei die Eintauchtiefe der Elektroden. **b)** Verbinden Sie die Elektroden z. B. mit einem kleinen Elektromotor. Verändern Sie wieder die Eintauchtiefe der Elektroden. Beobachten Sie dabei den Elektromotor und messen Sie gleichzeitig die Spannung.

A1 ◒ Stellen Sie dar, welche Reaktionen in einem Strom liefernden Volta-Element aus Zink und Silber ablaufen. Formulieren Sie dazu die Teilgleichungen für die Oxidation und Reduktion.

A2 ● Heinrich Meidinger verbesserte 1859 das Daniell-Element, indem er es durch ein Glasgefäß, welches mit Kupfer(II)-sulfat-Kristallen gefüllt war, ergänzte. Begründen Sie, warum das Meidinger-Element eine konstante Spannung lieferte und für den Dauerbetrieb geeignet war.

5.9 Die elektrochemische Spannungsreihe

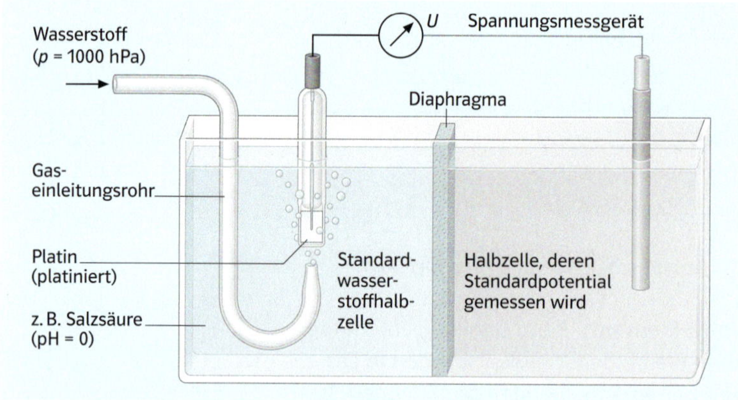

B1 *Die Standardwasserstoffhalbzelle wird bei der Messung von Standardpotentialen als Bezugshalbzelle verwendet*

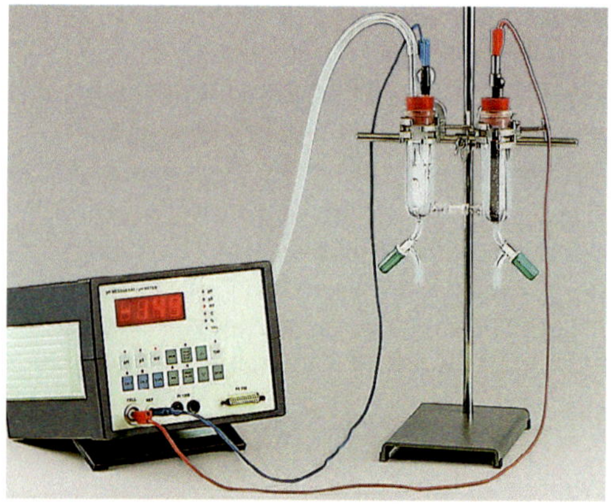

B2 *Potentialmessung mit einer Standardwasserstoffhalbzelle*

Standardredoxpotential Die Kurzform für das Standardredoxpotential ist „Standardpotential".

Standardwasserstoffelektrode Die Standardwasserstoffhalbzelle wird auch als Standardwasserstoffelektrode bezeichnet.

Die Spannung einer galvanischen Zelle ist abhängig vom *Elektrodenmaterial*, von den verwendeten *Elektrolytlösungen* und deren *Konzentrationen* sowie von der *Temperatur*. Sind Gase an den Reaktionen beteiligt, so ist die Spannung auch vom *Gasdruck* abhängig. Es ist daher sinnvoll, die Spannung galvanischer Zellen für alle Reaktionsteilnehmer bei **Standardbedingungen** ($p = 1000\,\text{hPa}$, $c = 1\,\text{mol/l}$) und $\vartheta = 25\,°\text{C}$) anzugeben.

Bezugshalbzelle. Nach internationaler Übereinkunft nimmt man als *Bezugshalbzelle* eine **Standardwasserstoffhalbzelle** [B1, B2]. Es handelt sich dabei um eine Platinelektrode, deren Oberfläche durch aufgebrachtes, fein verteiltes Platin stark vergrößert ist, um die Adsorption des Gases an deren Oberfläche zu verbessern. Diese platinierte Platinelektrode taucht bei $\vartheta = 25\,°\text{C}$ in eine Lösung der Oxonium-Ionenkonzentration $c(H_3O^+) = 1\,\text{mol/l}$ (d.h. pH = 0) und wird von Wasserstoff unter einem Druck von $p = 1000\,\text{hPa}$ umspült.

Die Standardwasserstoffhalbzelle ist die international festgelegte Bezugshalbzelle.

Standardpotentiale. Der Standardwasserstoffhalbzelle wird definitionsgemäß das *Standardpotential* $E^0 = 0\,\text{V}$ zugeordnet. Die Standardpotentiale aller anderen Halbzellen beziehen sich darauf. Sie werden mit dem Symbol E^0 gekennzeichnet und in der Einheit Volt angegeben. Standardpotentiale von Halbzellen, die gegen die Standardwasserstoffhalbzelle den Minuspol bilden, bekommen ein negatives Vorzeichen.

Die Spannung zwischen einer Halbzelle und der Standardwasserstoffhalbzelle unter Standardbedingungen ist das Standardpotential.

Exkurs

Potential und Spannung. Jede elektrische Ladung besitzt ein elektrisches Feld, über das sie Kräfte auf andere Ladungen ausübt. Ein Körper mit der elektrischen Ladung Q hat in einem elektrischen Feld eine potentielle Energie E_{pot}, diese ist abhängig von seinem Ort und seiner Ladung. Um den Körper vom Ort A zum Ort B zu transportieren, ist die Energie ΔE_{AB} nötig: $\Delta E_{AB} = E_{pot,B} - E_{pot,A}$

Dividiert man die potentielle Energie durch die Ladung, erhält man eine Größe, die unabhängig von der Ladung ist, das elektrische Potential φ: $\frac{E_{pot}}{Q} = \varphi$

Division durch die Ladung ergibt:

$$\frac{\Delta E_{AB}}{Q} = \frac{E_{pot,B}}{Q} - \frac{E_{pot,A}}{Q} = \varphi_B - \varphi_A = \Delta\varphi$$

Die elektrische Potentialdifferenz $\Delta\varphi$ bezeichnet man als **Spannung *U***. Sie ist gleich dem Quotienten aus der Energie ΔE_{AB} und der Ladung Q.

$$U = \Delta\varphi = \frac{\Delta E_{AB}}{Q}$$

Einheit: 1 V = 1 J/C
(1 Volt = 1 Joule / Coulomb)

Hinweis: In der Elektrochemie wird für das elektrische Potential meistens das Symbol E statt des φ verwendet.

Messung des Standardpotentials. Bei vielen Halbzellen wie z. B. Cu/Cu^{2+} wird die reduzierte Form des Redoxpaares als Elektrode verwendet. Ist die reduzierte Form kein Metall, benötigt man eine zusätzliche *Ableitelektrode* zur Ableitung bzw. Zuleitung der Elektronen. Meist dient dazu eine Platinelektrode, die eine geringe chemische Angreifbarkeit aufweist (Inertelektrode), z. B. bei der Standardwasserstoffhalbzelle, oder eine Graphitelektrode.

Zur Messung des Standardpotentials des Redoxpaares Cl^-/Cl_2 taucht man eine von Chlor (p = 1000 hPa) umspülte Platinelektrode in eine Natriumchlorid-Lösung (c = 1 mol/l). Zur Messung des Standardpotentials des Redoxpaares Fe^{2+}/Fe^{3+} taucht die Platinelektrode in eine Lösung, die Fe^{2+}- und Fe^{3+}-Ionen jeweils in der Konzentration c = 1 mol/l enthält.

Einige Standardpotentiale können nicht direkt gegen die Standardwasserstoffhalbzelle gemessen werden. Zum Teil bestimmt man sie mit speziellen Verfahren, z. B. das Standardpotential von Na/Na^+ durch Lösen von Natrium in Quecksilber. In einfachen Fällen können Standardpotentiale auch aus energetischen Daten berechnet werden, z. B. bei F^-/F_2.

Einen Ausschnitt der elektrochemischen Spannungsreihe zeigt B4 (siehe auch Anhang). Sofern an den Reaktionen Oxonium-Ionen bzw. Hydroxid-Ionen beteiligt sind, gelten die Standardpotentiale für pH = 0 bzw. pH = 14, d. h. $c(H_3O^+)$ = 1 mol/l bzw. $c(OH^-)$ = 1 mol/l.

Meist kann das Standardpotential von Halbzellen durch eine Messung direkt gegen die Standardwasserstoffhalbzelle ermittelt werden.

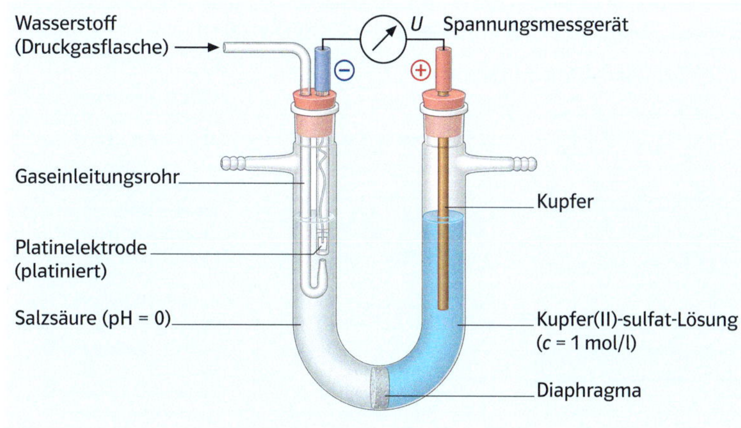

B3 *Messung des Standardpotentials $E^0(Cu/Cu^{2+})$ im U-Rohr mit Diaphragma*

Red	⇌	Ox + z e⁻	Standardpotential E^0 in Volt
Li	⇌	$Li^+ + e^-$	−3,02
Na	⇌	$Na^+ + e^-$	−2,71
Al	⇌	$Al^{3+} + 3\,e^-$	−1,66
Zn	⇌	$Zn^{2+} + 2\,e^-$	−0,76
Fe	⇌	$Fe^{2+} + 2\,e^-$	−0,41
Pb	⇌	$Pb^{2+} + 2\,e^-$	−0,13
$H_2 + 2\,H_2O$	⇌	$2\,H_3O^+ + 2\,e^-$	0
Cu	⇌	$Cu^{2+} + 2\,e^-$	+0,34
$4\,OH^-$	⇌	$O_2 + 2\,H_2O + 4\,e^-$	+0,40
$2\,I^-$	⇌	$I_2 + 2\,e^-$	+0,54
Fe^{2+}	⇌	$Fe^{3+} + e^-$	+0,77
Ag	⇌	$Ag^+ + e^-$	+0,80
$2\,Br^-$	⇌	$Br_2 + 2\,e^-$	+1,07
$2\,Cl^-$	⇌	$Cl_2 + 2\,e^-$	+1,36
Au	⇌	$Au^{3+} + 3\,e^-$	+1,42
$Mn^{2+} + 12\,H_2O$	⇌	$MnO_4^- + 8\,H_3O^+ + 5\,e^-$	+1,49
$2\,F^-$	⇌	$F_2 + 2\,e^-$	+2,87

Zunahme der Stärke des Reduktionsmittels (↑)

Zunahme der Stärke des Oxidationsmittels (↓)

B4 *Ausschnitt aus der elektrochemischen Spannungsreihe (s. Anhang)*

Elektrochemische Spannungsreihe. Verschiedene Halbzellen, d. h. konjugierte Redoxpaare, können nach den Standardpotentialen in einer Reihe angeordnet werden [V1 und V2]. Man erhält so die *elektrochemische Spannungsreihe* [B4]. Diese beinhaltet die Redoxreihen der Metalle und der Nichtmetalle (Kap. 5.7). Das Redoxpaar H_2/H_3O^+ mit dem Standardpotential E^0 = 0 V bildet den „Nullpunkt" der Spannungsreihe.

Aussagen aus der Spannungsreihe. Die Standardpotentiale charakterisieren das Reduktions- bzw. Oxidationsvermögen von Teilchen in wässriger Lösung.
Die am oberen Ende der Spannungsreihe stehenden *unedlen Metalle* sind besonders starke Reduktionsmittel; sie lassen sich leicht oxidieren. Das Alkalimetall Lithium ist das stärkste Reduktionsmittel. Dies ist darauf zurückzuführen, dass die Überführung von

E^0 Die hochgestellte Null bei E^0 bedeutet „unter Standardbedingungen"

Beispiel: Werden Iod-, Brom- und Chlor-Moleküle von Eisen(II)-Ionen reduziert?

Ausschnitt aus der Spannungsreihe:

Red	⇌	Ox + z e⁻	E^0 in Volt
$2\,I^-$	⇌	$I_2 + 2\,e^-$	+0,54
Fe^{2+}	⇌	$Fe^{3+} + e^-$	+0,77
$2\,Br^-$	⇌	$Br_2 + 2\,e^-$	+1,07
$2\,Cl^-$	⇌	$Cl_2 + 2\,e^-$	+1,36

„bergauf"

„bergab"

Genau genommen handelt es sich bei allen drei Redoxreaktionen um Gleichgewichtsreaktionen. Schon bei kleinen Differenzen der Standardpotentiale (ca. 0,2 Volt) liegt jedoch das Gleichgewicht weit auf der linken bzw. auf der rechten Seite. Daher kann an dieser Stelle auch der normale Reaktionspfeil anstatt des Gleichgewichtspfeils verwendet werden.

Redoxreaktionen:

$2\,Fe^{2+} + I_2 \not\longrightarrow 2\,Fe^{3+} + 2\,I^-$ — GG liegt weit auf der linken Seite, vereinfacht: **reagiert nicht**

$2\,Fe^{2+} + Br_2 \longrightarrow 2\,Fe^{3+} + 2\,Br^-$

$2\,Fe^{2+} + Cl_2 \longrightarrow 2\,Fe^{3+} + 2\,Cl^-$ — GG liegt weit auf der rechten Seite, vereinfacht: **reagiert**

B5 *Voraussage möglicher Redoxreaktionen aus der elektrochemischen Spannungsreihe*

Bergab-Regel als einfache Merkhilfe für die Voraussage von Redoxreaktionen: Elektronen werden immer „bergab" vom in der Spannungsreihe höher stehenden Redoxpaar auf das in der Spannungsreihe weiter unten stehende Redoxpaar übertragen.

Lithium-Atomen aus dem festen Zustand in hydratisierte Li^+-Ionen am wenigsten Energie erfordert.
Die am unteren Ende der Spannungsreihe stehenden *edlen Metalle* sind schwer zu oxidieren. Ihre Ionen sind starke Oxidationsmittel. Zu den stärksten Oxidationsmitteln gehören die Halogene, also typische Nichtmetalle. Fluor ist das stärkste Oxidationsmittel.

Die elektrochemische Spannungsreihe ermöglicht die Voraussage von Redoxreaktionen in wässriger Lösung [B5]. Dies gilt sowohl für Reaktionen, bei denen das Reduktions- und das Oxidationsmittel unmittelbar miteinander reagieren, als auch für galvanische Zellen. Unter Standardbedingungen gibt das Reduktionsmittel des Redoxpaares mit dem kleineren (negativeren) Standardpotential Elektronen an das Oxidationsmittel mit dem größeren (positiveren) Standardpotential ab. Das in der Spannungsreihe höher stehende Reduktionsmittel reduziert das tiefer stehende Oxidationsmittel (*Bergab-Regel*).

Beispiel [B5]: Unter Standardbedingungen können z. B. Fe^{2+}-Ionen sowohl Chlor- als auch Brom-Moleküle zu ihren Anionen reduzieren, dabei werden sie zu Fe^{3+}-Ionen oxidiert (Kap. 5.1, V3). Iod-Moleküle werden von Fe^{2+}-Ionen nicht reduziert.

Je negativer das Standardpotential, umso stärker ist das Reduktionsmittel.
Je stärker ein Reduktionsmittel ist, umso schwächer ist sein konjugiertes Oxidationsmittel und umgekehrt.

Berechnung der Spannung galvanischer Zellen. Aus den Standardpotentialen E^0 kann auch die Spannung (Potentialdifferenz) $U^0 = \Delta E^0$ zwischen verschiedenen Halbzellen im Standardzustand berechnet werden:

$$U^0 = \Delta E^0 = E^0(\text{Pluspol}) - E^0(\text{Minuspol})$$

$$U^0 = \Delta E^0 = E^0(\text{Kathode}) - E^0(\text{Anode})$$

Die *Kathode* ist stets die Halbzelle mit dem *größeren* (positiveren) Standardpotential, also das Redoxpaar, welches *weiter unten* in der Spannungsreihe steht.

Anode, Oxidation: $Cu \longrightarrow Cu^{2+} + 2\,e^- \quad | \; E^0 = +0{,}34\,V$

Kathode, Reduktion: $2\,Ag^+ + 2\,e^- \longrightarrow 2\,Ag \quad | \; E^0 = +0{,}80\,V$

Redoxreaktion: $Cu + 2\,Ag^+ \longrightarrow Cu^{2+} + 2\,Ag$

$$U^0 = \Delta E^0 = E^0(Ag/Ag^+) - E^0(Cu/Cu^{2+})$$

$$U^0 = \Delta E^0 = +0{,}80\,V - (+0{,}34\,V) = 0{,}46\,V$$

B6 *Beispiel für die Berechnung der Spannung einer galvanischen Zelle, in diesem Fall $Cu/Cu^{2+}//Ag^+/Ag$*

A1 Betrachten Sie folgende Versuche (Standardbedingungen): **a)** Zink taucht in Silbernitrat-Lösung, **b)** Zinn taucht in Eisen(II)-sulfat-Lösung, **c)** Brom wird in eine wässrige Lösung von Natriumchlorid gegeben, **d)** Schwefelwasserstoff wird in eine wässrige Lösung von Iod eingeleitet. Untersuchen Sie anhand der elekrochemischen Spannungsreihe, welche Reaktionen ablaufen können, und formulieren Sie die entsprechenden Reaktionsgleichungen.

A2 Berechnen Sie die Spannungen folgender galvanischer Zellen (Standardbedingungen):
a) $Pb/Pb^{2+}//Cu^{2+}/Cu$
b) $Cd/Cd^{2+}//Br^-/Br_2/Pt$
c) $Pb/Pb^{2+}//Fe^{2+}, Fe^{3+}/Pt$

5.10 Ionenkonzentration und Spannung

In Kapitel 5.9 wurde die Abhängigkeit der Spannung einer galvanischen Zelle vom Elektrodenmaterial und von der Elektrolytlösung gezeigt. Die Konzentrationen der Elektrolytlösungen betrugen dabei jeweils $c = 1\ \text{mol/l}$.

Konzentrationszellen. Die Spannung ist jedoch auch abhängig von den Konzentrationen der Elektrolytlösungen. Um dies zu untersuchen, kombiniert man am besten zwei gleichartige Halbzellen, bei denen nur die Konzentrationen der Elektrolytlösungen verschieden sind [B1]. Eine solche galvanische Zelle bezeichnet man als **Konzentrationszelle** (Konzentrationselement). Allein aufgrund des Konzentrationsunterschieds besteht eine Spannung $U = \Delta E$ zwischen den Halbzellen.

B1 zeigt das Prinzip einer Ag/Ag^+-Konzentrationszelle. Das Zustandekommen der Spannung kann man mit der Lösungstension (Kap. 5.8) erklären: Aus der Silberelektrode treten umso mehr Ag^+-Ionen in die Lösung über, je niedriger ihre Konzentration in der Lösung ist. Diese Elektrode lädt sich stärker negativ auf als die Elektrode in der konzentrierteren Lösung. Die Elektrode der Halbzelle mit der niedrigeren Ionenkonzentration ist also der Minuspol, die andere Elektrode ist der Pluspol.

Verbindet man die Elektroden der Konzentrationszelle durch einen Leitungsdraht, so werden in der Halbzelle mit der *höheren* Konzentration die Ag^+-Ionen zu Ag-Atomen reduziert (Kathode). In der Halbzelle mit der *niedrigeren* Konzentration werden Ag-Atome zu Ag^+-Ionen oxidiert (Anode). Wenn in beiden Halbzellen gleiche Ionenkonzentrationen erreicht sind, endet die Reaktion, und es fließt kein Strom mehr durch den Leitungsdraht.

Spannung einer Konzentrationszelle. Ändert man die Konzentrationen der Elektrolytlösungen einer Ag/Ag^+-Konzentrationszelle systematisch, so zeigt sich, dass die Spannung proportional zum Logarithmus des Konzentrationsverhältnisses ist. Der Proportionalitätsfaktor ist temperaturabhängig. Bei $\vartheta = 25\,°C$ ergibt sich:

$$U = \Delta E = 0{,}059\,V \cdot \lg \frac{c_2(Ag^+)}{c_1(Ag^+)}$$

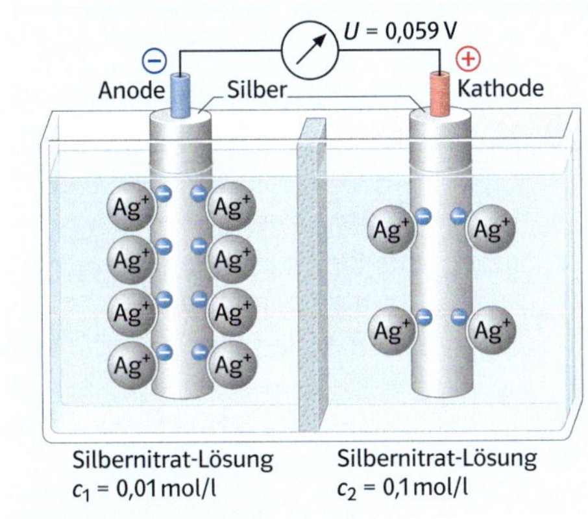

***B1** Ag/Ag⁺-Konzentrationszelle*

Eine Änderung des Konzentrationsverhältnisses um den Faktor 10 ergibt also eine Spannungszunahme um 0,059 V.

Für M/M^{z+}-Konzentrationszellen gilt allgemein (M = Metall, z = Anzahl der je Teilchen übergegangenen Elektronen):

$$U = \Delta E = \frac{0{,}059\,V}{z} \cdot \lg \frac{c_2(M^{z+})}{c_1(M^{z+})} \quad \text{mit} \quad c_2 > c_1$$

Die Spannung einer Konzentrationszelle ist proportional zum Logarithmus des Konzentrationsverhältnisses der Ionen der Lösungen.

A1 Berechnen Sie die zu erwartenden Zellspannungen der Silber-Konzentrationszellen:
a) $c_1(Ag^+) = 0{,}01\ \text{mol/l}$ $c_2(Ag^+) = 0{,}1\ \text{mol/l}$
b) $c_1(Ag^+) = 0{,}001\ \text{mol/l}$ $c_2(Ag^+) = 0{,}1\ \text{mol/l}$
c) $c_1(Ag^+) = 0{,}001\ \text{mol/l}$ $c_2(Ag^+) = 0{,}01\ \text{mol/l}$
d) $c_1(Ag^+) = 0{,}0001\ \text{mol/l}$ $c_2(Ag^+) = 0{,}1\ \text{mol/l}$

A2 Erläutern Sie, wie sich die Zellspannungen bei Cu/Cu^{2+}-Halbzellen gleicher Konzentrationen, wie die der Silber-Konzentrationszellen in A1, im Vergleich zu den Silber-Konzentrationszellen verändern würden.

A3) Zwei Wasserstoffhalbzellen mit $c_1(H_3O^+) = 1{,}0\ \text{mol/l}$ und $c_2(H_3O^+) = 0{,}001\ \text{mol/l}$ werden zu einer galvanischen Zelle kombiniert.
a) Berechnen Sie die zu erwartende Spannung.
b) Geben Sie die pH-Werte der Lösungen in den Halbzellen an und schätzen Sie ab, wie sich diese beim Betrieb der galvanischen Zelle verändern würden.

ΔE und ΔE^0 Eine Spannung ΔE ist die Differenz beliebiger Redoxpotentiale. Bei ΔE^0 handelt es sich um eine Differenz von *Standardredoxpotentialen*.

5.11 Spannungen und Standardpotentiale

V1 Potentialdifferenzen zwischen Silber, Kupfer, Eisen und Zink

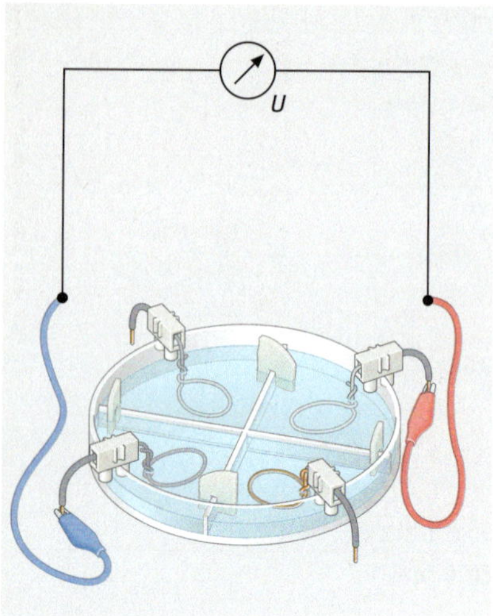

B1 *Messanordnung*

Material:
Elektroden (Metalldrähte – Silber, Zink, Kupfer, Eisen – in Lüsterklemmen befestigt [B1]), viergeteilte Petrischale, Multimeter, Bierdeckel, 4 Anschlussdrähte, 2 Messleitungen mit Krokodilklemmen, Lösungen (mit jeweils $c = 0{,}1\,\text{mol/l}$): Silbernitrat-Lösung, Zinksulfat-Lösung, Kupfersulfat-Lösung, Eisen(II)-sulfat-Lösung

Durchführung:
a) Bauen Sie die Messanordnung entsprechend B1 auf.
b) Befüllen Sie die Kammern der Petrischale jeweils (halbe Füllhöhe) mit der Salzlösung, die zum eintauchenden Metall gehört.
c) Schneiden Sie aus dem Bierdeckel kleine Stückchen (ca. $0{,}7\,\text{cm} \cdot 1\,\text{cm}$), kerben Sie diese ein und setzen Sie sie als Elektrolytbrücke (Stromschlüssel) zwischen die Kammern der Petrischale.
d) Messen Sie die Spannungen zwischen den Halbzellen.

Aufgaben:
1. Notieren Sie die Messwerte für die Potentialdifferenzen (Spannungen) zwischen den Halbzellen.
2. Begründen Sie jeweils die Polung Ihrer Messanordnung.
3. Vergleichen Sie Ihre Messwerte mit Tabellenwerten.

V3 Potentialdifferenzen zwischen Konzentrationszellen

Material:
4 Elektroden (Silberdrähte in Lüsterklemmen mit Anschlussdraht [B1]), Silbernitrat-Lösungen mit $c = 0{,}0001\,\text{mol/l}$, $0{,}001\,\text{mol/l}$, $0{,}01\,\text{mol/l}$ und $0{,}1\,\text{mol/l}$; ansonsten Messanordnung analog zu V1

Durchführung:
Messen Sie mithilfe der viergeteilten Petrischale die Spannungen zwischen den Halbzellen mit Silbernitrat-Lösungen der folgenden Konzentrationen:
$c_1(Ag^+) = 0{,}01\,\text{mol/l}$ $c_2(Ag^+) = 0{,}1\,\text{mol/l}$
$c_1(Ag^+) = 0{,}001\,\text{mol/l}$ $c_2(Ag^+) = 0{,}1\,\text{mol/l}$
$c_1(Ag^+) = 0{,}001\,\text{mol/l}$ $c_2(Ag^+) = 0{,}01\,\text{mol/l}$
$c_1(Ag^+) = 0{,}0001\,\text{mol/l}$ $c_2(Ag^+) = 0{,}1\,\text{mol/l}$

Aufgaben:
1. Notieren Sie sich die Messwerte für die Potentialdifferenzen zwischen den Halbzellen.
2. Tragen Sie in einem Diagramm U gegen $\lg[c_2(Ag^+)/c_1(Ag^+)]$ auf.

V2 Potentiale von Silber, Kupfer und Zink gegen die Wasserstoffhalbzelle

Standardpotentiale werden gegenüber der Standardwasserstoffhalbzelle gemessen. Im Folgenden werden im Gegensatz zu den Standardbedingungen durchweg Lösungen mit einer Konzentration von $c = 0{,}1\,\text{mol/l}$ verwendet.

Material:
Pipette, viergeteilte Petrischale, Elektroden aus V1 und zusätzlich Platinelektrode entsprechend B1, Multimeter, Bierdeckel, 2 Messleitungen mit Krokodilklemmen, Magnesiumband, Lösungen (mit jeweils $c = 0{,}1\,\text{mol/l}$): Silbernitrat-Lösung, Zinksulfat-Lösung, Kupfersulfat-Lösung, Salzsäure

Durchführung:
a) Verwenden Sie den Versuchsaufbau von V1. Entfernen Sie die Eisenelektrode und die beiden Elektrolytbrücken (Stromschlüssel), die in die Eisensulfat-Lösung tauchen. **b)** Saugen Sie die Eisensulfat-Lösung mithilfe einer Pipette aus der Petrischale heraus und dann mit einem Papiertuch die letzten Reste der Lösung.
c) In den nun leeren Teil der Petrischale setzen Sie die Platinelektrode und füllen Salzsäure ein. **d)** Setzen Sie zwei neue Elektrolytbrücken ein.
e) Schleifen Sie ein Stück Magnesiumband gut ab und halten Sie dieses für wenige Sekunden unter die Platinelektrode. Der entstehende Wasserstoff lagert sich an der Oberfläche des Platindrahts an.

Aufgaben:
1. a) Messen Sie die Potentiale von Silber, Kupfer und Zink gegen die Wasserstoffhalbzelle. **b)** Vergleichen Sie Ihre Werte mit Tabellenwerten.
2. Geben Sie jeweils an, welche Halbzelle die Donatorhalbzelle ist.
3. Ermitteln Sie das Standardpotential von Fe/Fe^{2+} mithilfe der Messergebnisse aus V1.
4. Die Spannung der galvanischen Zelle $Zn/Zn^{2+}//Cl^-/Cl_2/Pt$ beträgt unter Standardbedingungen $U = 2{,}12\,\text{V}$. Ermitteln Sie das Standardpotential von Cl^-/Cl_2.

5.12 Die Nernst-Gleichung

Standardpotentiale E^0 beziehen sich auf Halbzellen, in denen die Ionenkonzentrationen der Elektrolytlösungen $c = 1\ mol/l$ sind (Kap. 5.9). Sollen andere Elektrolytkonzentrationen berücksichtigt werden, wendet man eine Gleichung an, die auf den Physiker und Chemiker WALTHER NERNST [B1] zurückgeht:

$$E(\text{Red/Ox}) = E^0(\text{Red/Ox}) + \frac{0{,}059\ \text{V}}{z} \cdot \lg \frac{\{c(\text{Ox})\}}{\{c(\text{Red})\}}$$

Nernst-Gleichung und Redoxpaar. Wendet man die Nernst-Gleichung auf eine Metall/Metall-Ionen-Halbzelle an, so entsprechen die Metall-Ionen den oxidierten Teilchen (Ox) und die Metall-Atome den reduzierten Teilchen (Red). Beispielsweise lautet die Nernst-Gleichung für eine Cu/Cu^{2+}-Halbzelle:

$$E(\text{Cu/Cu}^{2+}) = E^0(\text{Cu/Cu}^{2+}) + \frac{0{,}059\ \text{V}}{2} \cdot \lg \frac{\{c(\text{Cu}^{2+})\}}{\{c(\text{Cu})\}}$$

Die Kupfer-Atome liegen in Form einer festen Elektrode vor. Für nicht gelöste feste Stoffe wird $\{c\} = 1$ eingesetzt. Für die Cu/Cu^{2+}-Halbzelle vereinfacht sich damit die Nernst-Gleichung:

$$E(\text{Cu/Cu}^{2+}) = E^0(\text{Cu/Cu}^{2+}) + \frac{0{,}059\ \text{V}}{2} \cdot \lg \{c(\text{Cu}^{2+})\}$$

Allgemein gilt:

$$E(\text{M/M}^{z+}) = E^0(\text{M/M}^{z+}) + \frac{0{,}059\ \text{V}}{z} \cdot \lg \{c(\text{M}^{z+})\}$$

Wendet man die Nernst-Gleichung auf eine Nichtmetall-Ionen/Nichtmetall-Halbzelle an, z. B. eine Cl^-/Cl_2-Halbzelle, so entsprechen die Moleküle bzw. Atome den oxidierten Teilchen und die Nichtmetall-Ionen den reduzierten Teilchen. Für gasförmige Stoffe wird $\{c\} = 1$ eingesetzt. Es gilt dann die Nernst-Gleichung, die in B2 aufgeführt ist.

B2 zeigt einige weitere Beispiele. Ein formaler Vergleich mit dem Massenwirkungsgesetz (Kap. 2.17) zeigt, dass im Argument des Logarithmus die gleichen Quotienten stehen, die sich auch bei der Anwendung des Massenwirkungsgesetzes auf die entsprechenden Gleichgewichtsreaktionen ergeben. Die Koeffizienten der Reaktionsgleichungen treten auch in der Nernst-Gleichung als Exponenten der Konzentrationen auf.

Mit der Nernst-Gleichung lässt sich das Potential einer Halbzelle aus dem Standardpotential und den Ionenkonzentrationen der Halbzelle berechnen.

Berechnungen mit der Nernst-Gleichung. Aus den Potentialen der Halbzellen kann man die Spannung (Potentialdifferenz) $\Delta E = U$ zwischen verschiedenen Halbzellen berechnen [B3]. Die Kathode ist die Halbzelle mit dem größeren (positiveren) Potential.

$$U = \Delta E = E(\text{Pluspol}) - E(\text{Minuspol})$$

$$U = \Delta E = E(\text{Kathode}) - E(\text{Anode})$$

B1 WALTHER NERNST *(1864–1941)*

E und E^0 Das Zeichen E steht für ein beliebiges Redoxpotential. Das Zeichen E^0 wird nur für ein *Standardredoxpotential* verwendet, d. h. $c = 1\ mol/l$; $p = 1000\ hPa$; $\vartheta = 25\ °C$.

$\{c\}$ Zahlenwert der Stoffmengenkonzentration: $\{c\} = \frac{c}{1\ mol/l}$

Ox oxidierte Teilchen, **Red** reduzierte Teilchen

Rechnen mit Logarithmen siehe Anhang

Redoxpaar	Nernst-Gleichung
$M(s) \rightleftharpoons M^{z+}(aq) + z\ e^-$ (M = Metall)	$E(M/M^{z+}) = E^0(M/M^{z+}) + \frac{0{,}059\ V}{z} \cdot \lg \{c(M^{z+})\}$
$2\ Cl^-(aq) \rightleftharpoons Cl_2(g) + 2\ e^-$	$E(Cl^-/Cl_2) = E^0(Cl^-/Cl_2) + \frac{0{,}059\ V}{2} \cdot \lg \frac{1}{\{c^2(Cl^-)\}} = E^0(Cl^-/Cl_2) - 0{,}059\ V \cdot \lg \{c(Cl^-)\}$
$Fe^{2+}(aq) \rightleftharpoons Fe^{3+}(aq) + e^-$	$E(Fe^{2+}/Fe^{3+}) = E^0(Fe^{2+}/Fe^{3+}) + 0{,}059\ V \cdot \lg \frac{\{c(Fe^{3+})\}}{\{c(Fe^{2+})\}}$
$H_2(g) + 2\ H_2O(l) \rightleftharpoons 2\ H_3O^+(aq) + 2\ e^-$	$E(H_2/H_3O^+) = E^0(H_2/H_3O^+) + \frac{0{,}059\ V}{2} \cdot \lg \{c^2(H_3O^+)\} = 0{,}059\ V \cdot \lg c(H_3O^+) = -0{,}059\ V \cdot pH$
$Mn^{2+}(aq) + 12\ H_2O(l) \rightleftharpoons MnO_4^-(aq) + 8\ H_3O^+(aq) + 5\ e^-$	$E(Mn^{2+}/MnO_4^-) = E^0(Mn^{2+}/MnO_4^-) + \frac{0{,}059\ V}{5} \cdot \lg \frac{\{c(MnO_4^-)\} \cdot \{c^8(H_3O^+)\}}{\{c(Mn^{2+})\}}$

B2 Nernst-Gleichung für einige Redoxpaare. $\{c\}$ ist der Zahlenwert der Stoffmengenkonzentration c.
Für nicht gelöste feste und gasförmige Stoffe bei $\vartheta = 25\ °C$ und $p = 1000\ hPa$ und für das Lösungsmittel Wasser wird $\{c\} = 1$ eingesetzt

Aufgabe: Eine galvanische Zelle besteht aus einer Standardwasserstoffhalbzelle und einer Ag/Ag^+-Halbzelle, bei dem die Silberelektrode in eine Silbernitrat-Lösung der Konzentration $c(Ag^+) = 10^{-3}\,mol/l$ taucht:

$Pt / H_2 / H_3O^+ (c = 1\,mol/l) // Ag^+ (c = 0{,}001\,mol/l) / Ag$

Berechnen Sie die Spannung dieser galvanischen Zelle.

Lösung:

$$E(H_2/H_3O^+) = E^0(H_2/H_3O^+) = 0$$

$$E(Ag/Ag^+) = E^0(Ag/Ag^+) + \frac{0{,}059\,V}{1} \cdot \lg\{c(Ag^+)\}$$

$$= 0{,}80\,V + 0{,}059\,V \cdot \lg 0{,}001 = 0{,}80\,V + 0{,}059\,V \cdot (-3) = 0{,}62\,V$$

$$U = \Delta E = 0{,}62\,V - 0 = 0{,}62\,V$$

***B3** Berechnung der Spannung einer galvanischen Zelle*

Aufgabe: Die Spannung einer galvanischen Zelle $Zn / Zn^{2+} // Cu^{2+} / Cu$ ist $U = \Delta E = 0{,}80\,V$. Die Konzentration der Zink(II)-Ionen ist $c(Zn^{2+}) = 1\,mol/l$. Berechnen Sie die Konzentration der Kupfer(II)-Ionen $c(Cu^{2+})$.
Hinweis: Runden Sie die Zwischenwerte und Ihr Ergebnis sinnvoll.

Lösung:

geg.: $U = \Delta E = 0{,}80\,V$
$c(Zn^{2+}) = 1\,mol/l \Rightarrow E(Zn/Zn^{2+}) = E^0(Zn/Zn^{2+})$
aus Tabellen: $E^0(Cu/Cu^{2+}) = +0{,}34\,V$ und $E^0(Zn/Zn^{2+}) = -0{,}76\,V$

ges.: $c(Cu^{2+})$

$$U = \Delta E = E(\text{Kathode}) - E(\text{Anode}) = E(Cu/Cu^{2+}) - E^0(Zn/Zn^{2+})$$

$$\Leftrightarrow \quad E(Cu/Cu^{2+}) = \Delta E + E^0(Zn/Zn^{2+}) \qquad (1)$$

Aus der Nernst-Gleichung folgt:

$$E(Cu/Cu^{2+}) = E^0(Cu/Cu^{2+}) + \frac{0{,}059\,V}{2} \cdot \lg\{c(Cu^{2+})\} \qquad (2)$$

Gleichsetzen der Gleichungen (1) und (2) ergibt:

$$E^0(Cu/Cu^{2+}) + \frac{0{,}059\,V}{2} \cdot \lg\{c(Cu^{2+})\} = \Delta E + E^0(Zn/Zn^{2+}) \qquad (3)$$

Einsetzen der gegebenen Werte in Gleichung (3) und Runden ergibt:

$$0{,}34\,V + 0{,}030\,V \cdot \lg\{c(Cu^{2+})\} \approx 0{,}80\,V - 0{,}76\,V$$

$$\Leftrightarrow \quad \lg\{c(Cu^{2+})\} \approx \frac{-0{,}30\,V}{0{,}030\,V} = -10$$

$$\Leftrightarrow \quad \{c(Cu^{2+})\} \approx 1 \cdot 10^{-10} \quad \Rightarrow \quad c(Cu^{2+}) \approx 1 \cdot 10^{-10}\,mol/l$$

***B4** Berechnung der Ionenkonzentration einer Halbzelle*

Mit der Nernst-Gleichung kann man nicht nur Spannungen galvanischer Zellen berechnen. Umgekehrt ist es auch möglich, aus der Spannung sehr kleine Ionenkonzentrationen zu berechnen [B4]. Dies wird z. B. zur Bestimmung des pH-Werts einer Lösung genutzt.

pH-Wert-Messung mit Wasserstoffhalbzellen. Die Abhängigkeit des Redoxpotentials der Wasserstoffhalbzelle vom pH-Wert lässt sich zur pH-Wert-Messung ausnutzen. Dazu misst man die Spannung einer Konzentrationszelle, die aus der Standardwasserstoffhalbzelle und einer Wasserstoffhalbzelle mit der Probelösung besteht. Aus der gemessenen Spannung wird der pH-Wert berechnet. Da dies sehr aufwändig ist, verwendet man in der Praxis andere Halbzellen.

pH-Wert-Messung mit der Einstabmesskette. Zur praktischen Messung von pH-Werten wird als *Indikatorelektrode* fast ausschließlich die **Glaselektrode** verwendet. Ihre Wirkungsweise beruht darauf, dass sich an einer Glasmembran, die eine Lösung mit konstantem pH-Wert (Pufferlösung) von der Probelösung trennt, ein Redoxpotential ausbildet. Es ist vom pH-Wert der Probelösung abhängig, ähnlich wie bei einer Konzentrationszelle.

Als *Bezugshalbzelle* dient häufig die **Silber/Silberchlorid-Halbzelle**. Sie besteht aus einem mit Silberchlorid überzogenen Silberdraht, der in eine Kaliumchlorid-Lösung genau bekannter Konzentration taucht.

Zur pH-Wert-Messung mit einem **pH-Meter** verwendet man eine *Einstabmesskette*, welche die Indikator- und die Bezugselektrode in einem Bauteil vereinigt enthält [B5]. Einstabmessketten werden so hergestellt, dass bei pH = 7 die Spannung $U = \Delta E = 0\,V$ ist. Die Skala des pH-Meters ist so kalibriert, dass nicht die Spannung $U = \Delta E$ angezeigt wird, sondern der pH-Wert.

pH-Abhängigkeit weiterer Redoxpotentiale. Wenn in der Reaktionsgleichung eines Redoxpaares H_3O^+- oder OH^--Ionen vorkommen, ist das Redoxpotential pH-abhängig [B2, B6].

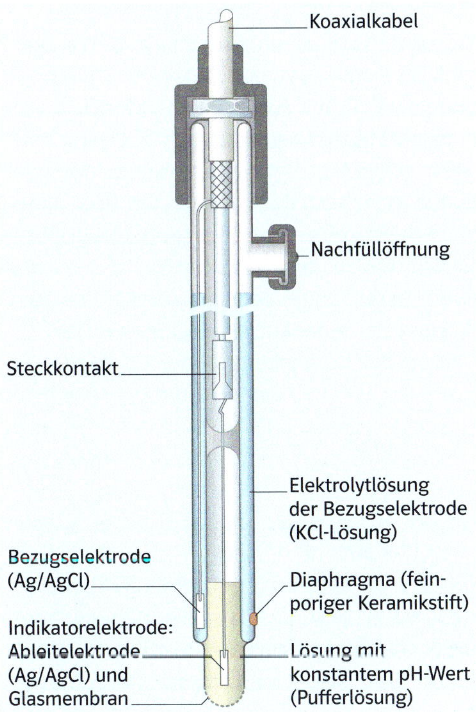

***B5** Einstabmesskette zur pH-Wert-Messung*

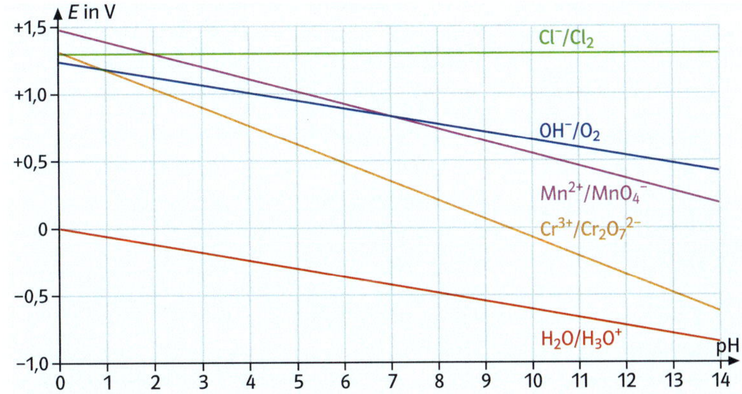

***B6** pH-Abhängigkeit von Redoxpotentialen ($\vartheta = 25\,°C$; $\{c\} = 1$, außer $\{c(H_3O^+)\}$ und $\{c(OH^-)\}$)*

Dies bedeutet z.B., dass Permanganat-Ionen (MnO_4^-) in stark saurer Lösung stärker oxidierend wirken als in schwach saurer Lösung. In einer Lösung, die MnO_4^-- und Cl^--Ionen enthält, werden die Cl^--Ionen nur bei niedrigen pH-Werten zu Chlor-Molekülen oxidiert.

Redoxpotentiale sind pH-abhängig, wenn in den Reaktionsgleichungen H_3O^+- oder OH^--Ionen vorkommen.

V1 Bauen Sie die folgende galvanische Zelle auf:
$Cu / Cu^{2+}(c = 0{,}1\,mol/l) // MnO_4^-$ ($c = 0{,}02\,mol/l$) / C(Graphit).
Messen Sie die Spannung. Geben Sie zu der MnO_4^--Lösung 1 ml konz. Schwefelsäure und messen Sie erneut die Spannung.

A1 Formulieren Sie die Nernst-Gleichung für die folgenden Redoxpaare:
a) $Al(s) \rightleftharpoons Al^{3+}(aq) + 3\,e^-$
b) $2\,F^-(aq) \rightleftharpoons F_2(g) + 2\,e^-$
c) $MnO_2(s) + 4\,OH^-(aq) \rightleftharpoons MnO_4^-(aq) + 2\,H_2O(l) + 3\,e^-$

A2 **a)** Zeichnen Sie die galvanische Zelle $Zn / Zn^{2+}(c = 0{,}1\,mol/l) // Cu^{2+}(c = 0{,}01\,mol/l) / Cu$.
b) Kennzeichnen Sie den Minuspol und den Pluspol, die Anode und die Kathode.
c) Berechnen Sie die Spannung.
d) Beschreiben Sie, was geschieht, wenn die Elektroden der Halbzellen mit einem leitenden Draht verbunden werden.

A3 Eine galvanische Zelle besteht aus zwei Pb/Pb^{2+}-Halbzellen mit unterschiedlichen Pb^{2+}-Konzentrationen. Entscheiden Sie jeweils, ob die Spannung der galvanischen Zelle größer oder kleiner wird, wenn man zur Elektrolytlösung mit der geringeren Pb^{2+}-Konzentration die folgenden Salze gibt:
a) Natriumnitrat,
b) Blei(II)-nitrat,
c) Natriumsulfat.
(*Tipp:* Blei(II)-sulfat ist schwer löslich.)

A4 In einer Lösung mit $c(Mn^{2+}) = c(MnO_4^-) = 1\,mol/l$ werden Bromid-Ionen ($c(Br^-) = 1\,mol/l$) bei pH = 3 zu Brom-Molekülen oxidiert, bei pH = 7 dagegen nicht. Erklären Sie dies.

A5 **a)** Berechnen Sie die Spannung der galvanischen Zelle
$Pt / H_2 / H_3O^+ (pH = 2) // OH^- (pH = 12) / O_2 / Pt$.
Die Temperatur der Lösungen beträgt $\vartheta = 25\,°C$; der Druck der Gase ist $p = 1000\,hPa$.
b) Begründen Sie, wie sich die Spannung beim Verdünnen der Lösungen ändert.

5.13 Bestimmung extrem kleiner Konzentrationen

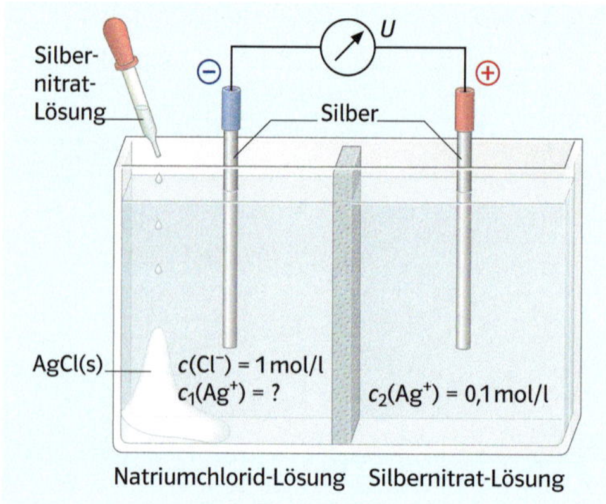

B1 *Bestimmung der Konzentration von Silber-Ionen nach der Ausfällung von Silberchlorid*

Silberchlorid (AgCl) ist in Wasser nahezu unlöslich. Die Ausfällung von Silberchlorid mit Silbernitrat-Lösung ist ein Nachweis für Chlorid-Ionen, ähnliches gilt für Bromid- und Iodid-Ionen. Aber auch nach der Ausfällung bleiben Ag^+-Ionen in Lösung. Ihre Konzentration beträgt oft weniger als 10^{-10} mol/l. Solche extrem kleinen Konzentrationen kann man durch Spannungsmessung an Konzentrationszellen bestimmen.

Die Spannung $U = \Delta E$ eines Ag/Ag^+-Konzentrationszelle ist:

$$U = \Delta E = 0{,}059\,V \cdot \lg\frac{c_2(Ag^+)}{c_1(Ag^+)} = -0{,}059\,V \cdot \lg\frac{c_1(Ag^+)}{c_2(Ag^+)}$$

Die Gleichung wird nach $c_1(Ag^+)$ aufgelöst:

$$U = \Delta E = -0{,}059\,V \cdot \lg\frac{c_1(Ag^+)}{c_2(Ag^+)} \quad \Leftrightarrow \quad \lg\frac{c_1(Ag^+)}{c_2(Ag^+)} = -\frac{\Delta E}{0{,}059\,V}$$

$$\Leftrightarrow \quad \frac{c_1(Ag^+)}{c_2(Ag^+)} = 10^{-\frac{\Delta E}{0{,}059\,V}} \quad \Leftrightarrow \quad c_1(Ag^+) = c_2(Ag^+) \cdot 10^{-\frac{\Delta E}{0{,}059\,V}}$$

Das Löslichkeitsprodukt K_L von Silberchlorid ist definiert als:

$$K_L(AgCl) = c_1(Cl^-) \cdot c_1(Ag^+)$$

Einsetzen der oben berechneten Formel für $c_1(Ag^+)$ ergibt:

$$K_L(AgCl) = \boxed{c_1(Cl^-)} \cdot \boxed{c_2(Ag^+)} \cdot 10^{-\frac{\boxed{\Delta E}}{0{,}059\,V}}$$

gemessen (ΔE)

bekannt ($c_1(Cl^-)$, $c_2(Ag^+)$)

B2 *Berechnung des Löslichkeitsproduktes von Silberchlorid. Die beiden Konzentrationen $c_1(Cl^-)$ und $c_2(Ag^+)$ werden vorgegeben (in V1: $c_2(Ag^+) = 0{,}1\,mol/l$ und $c_1(Cl^-) = 1\,mol/l$). Durch die Ausfällung von Silberchlorid nimmt $c_1(Cl^-)$ zwar etwas ab, dies ist jedoch vernachlässigbar*

Bestimmung von Löslichkeitsprodukten. Wenn man von einem Salz so viel in Wasser gibt, bis sich nichts mehr löst und sich ein ungelöster Bodenkörper bildet, so erhält man eine **gesättigte Lösung**. Es besteht dann ein chemisches Gleichgewicht zwischen den gelösten Ionen und dem ungelösten Bodenkörper. Aus dem Massenwirkungsgesetz ergibt sich für ein aus den Kationen K und den Anionen A bestehendes Salz A_xB_y ein konstantes Produkt der Ionenkonzentrationen in der Lösung, das **Löslichkeitsprodukt** K_L (Kap. 4.7):

$$K_L = c^x(A^{a+}) \cdot c^y(B^{b-})$$

Löslichkeitsprodukte schwer löslicher Salze wie z. B. Silberchlorid lassen sich mithilfe von Konzentrationszellen bestimmen [V1]. Dazu stellt man durch Ausfällung von Silberchlorid eine gesättigte Lösung her, in der $c_1(Cl^-)$ bekannt, $c_1(Ag^+)$ jedoch unbekannt ist. Eine Ag/Ag^+-Halbzelle mit dieser Lösung wird mit einer zweiten Ag/Ag^+-Halbzelle kombiniert, in der $c_2(Ag^+)$ bekannt ist. Die Spannung ΔE dieser Konzentrationszelle wird gemessen und daraus das Löslichkeitsprodukt K_L berechnet [B2].

V1 **a)** Bauen Sie die folgende galvanische Zelle nach B1 auf:
$Ag/NaCl\,(c_1 = 1\,mol/l)\,//\,AgNO_3\,(c_2 = 0{,}1\,mol/l)\,/\,Ag$.
Geben Sie zur Ausfällung von Silberchlorid wenige Tropfen verdünnte Silbernitrat-Lösung in die Natriumchlorid-Lösung. Dadurch bildet sich eine Ag/Ag^+-Konzentrationszelle. Messen Sie mit einem Spannungsmessgerät (hoher Innenwiderstand) die Spannung $U = \Delta E$ der Konzentrationszelle.
b) Setzen Sie statt Natriumchlorid-Lösung eine Natriumbromid-Lösung gleicher Konzentration ein.
c) Setzen Sie statt Natriumchlorid-Lösung eine Natriumiodid-Lösung gleicher Konzentration ein.
d) Berechnen Sie aus den Messwerten die Löslichkeitsprodukte der Silberhalogenide.
e) Vergleichen Sie die von Ihnen bestimmten Löslichkeitsprodukte mit Werten aus einem Tabellenwerk.

A1 ◒ Eine Konzentrationszelle $Ag\,/\,AgCl, NaCl\,(c(Cl^-) = 1\,mol/l)\,//\,AgNO_3\,(c(Ag^+) = 0{,}01\,mol/l)\,/\,Ag$ weist die Spannung $U = 0{,}45\,V$ auf. Ermitteln Sie das Löslichkeitsprodukt des Silberchlorids.

Fachmethode

5.14 Berechnung einer Potentialdifferenz

Eine galvanische Zelle besteht aus zwei Halbzellen, zwischen denen eine Potentialdifferenz besteht. Verbindet man die beiden Halbzellen über einen äußeren Stromkreis, so fließen Elektronen von der Anode (Minuspol) über den Draht zur Kathode (Pluspol). Da die *Anode* Elektronen für die Redoxreaktion liefert (*Oxidation*), wird sie auch als *Donator-Halbzelle* bezeichnet. Die *Kathode* (*Reduktion*) nennt man entsprechend auch *Akzeptor-Halbzelle*.

Beispiel: Das Daniell-Element besteht aus einer Zink- und einer Kupfer-Halbzelle: Zn/Zn^{2+} und Cu/Cu^{2+}. Die Konzentration der Kupfer-Ionen $c(Cu^{2+})$ sei 2,8 mol/l, die Konzentration der Zink-Ionen $c(Zn^{2+})$ sei 0,02 mol/l. Die Donator- und die Akzeptor-Halbzelle sollen bestimmt und die Potentialdifferenz (Spannung) berechnet werden.

1 Aufstellen der Redoxgleichgewichte der Halbzellen:

$$Zn \rightleftharpoons Zn^{2+} + 2\,e^-$$
$$Cu \rightleftharpoons Cu^{2+} + 2\,e^-$$

2 Formulierung der Nernst-Gleichung für beide Halbzellen:

Die Nernst-Gleichung für beliebige Redoxpaare lautet:

$$E(\text{Red/Ox}) = E^0(\text{Red/Ox}) + \frac{0{,}059\,\text{V}}{z} \cdot \lg \frac{\{c(\text{Ox})\}}{\{c(\text{Red})\}}$$

E^0: Standardpotential

$\{c(\text{Ox})\}$: Zahlenwert der Konzentration der oxidierten Form. Hier: Konzentration der gelösten Metall-Ionen $\{c(M^{z+})\}$

$\{c(\text{Red})\}$: Zahlenwert der Konzentration der reduzierten Form. Hier: Die Konzentration der ungelösten Metall-Atome ist per Definition 1, d.h. $\{c(M)\} = 1$

z: Anzahl der pro Formelumsatz ausgetauschten Elektronen

Für Halbzellen aus Metallen und ihren Salzen gilt deshalb vereinfacht:

$$E(M/M^{z+}) = E^0(M/M^{z+}) + \frac{0{,}059\,\text{V}}{z} \cdot \lg\{c(M^{z+})\}$$

3 Nachschlagen der Standardpotentiale E^0 in der elektrochemischen Spannungsreihe:

$E^0(Cu/Cu^{2+}) = +0{,}34\,V$
$E^0(Zn/Zn^{2+}) = -0{,}76\,V$

4 Bestimmen der Anzahl der pro Formelumsatz ausgetauschten Elektronen *z*:

Bei beiden Halbzellen: $z = 2$ (siehe Punkt 1)

5 Einsetzen der Werte aus 3. und 4. sowie der gegebenen Konzentrationen in die Nernst-Gleichung:

$$E(Cu/Cu^{2+}) = 0{,}34\,V + \frac{0{,}059\,V}{2} \cdot \lg 2{,}8 = 0{,}35\,V$$

$$E(Zn/Zn^{2+}) = -0{,}76\,V + \frac{0{,}059\,V}{2} \cdot \lg 0{,}02 = -0{,}81\,V$$

6 Bestimmen der Donator- und Akzeptor-Halbzelle:

Die in der Spannungsreihe höher stehende Halbzelle mit dem kleineren (negativeren) Potential ist die Donator-Halbzelle (Anode, Oxidation), hier also Zn/Zn^{2+}. Daraus folgt auch die Redoxgleichung des Daniell-Elements:

Anode, Oxidation:	Zn	$\longrightarrow$	$Zn^{2+} + 2\,e^-$
Kathode, Reduktion:	$Cu^{2+} + 2\,e^-$	$\longrightarrow$	Cu
Redoxreaktion:	$Zn + Cu^{2+}$	$\longrightarrow$	$Zn^{2+} + Cu$

7 Berechnen der Potentialdifferenz:

$U = \Delta E = E(\text{Kathode}) - E(\text{Anode})$
$U = \Delta E = E(Cu/Cu^{2+}) - E(Zn/Zn^{2+})$
$U = \Delta E = 0{,}35\,V - (-0{,}81\,V)$
$U = \Delta E = 1{,}16\,V$

Die Potentialdifferenz (Spannung) des Daniell-Elements beträgt unter den gegebenen Bedingungen 1,16 V.

A1 Aus den beiden folgenden Halbzellen wird eine galvanische Zelle zusammengestellt:
Sn/Sn^{2+} ($c(Sn^{2+}) = 0{,}1$ mol/l) und
Pb/Pb^{2+} ($c(Pb^{2+}) = 0{,}001$ mol/l).
a) Überlegen Sie, in welche Richtung die Elektronen fließen und benennen Sie die Akzeptor- und Donator-Halbzelle.
b) Berechnen Sie die Potentialdifferenz (Spannung).

5.15 Die Richtung spontaner Vorgänge

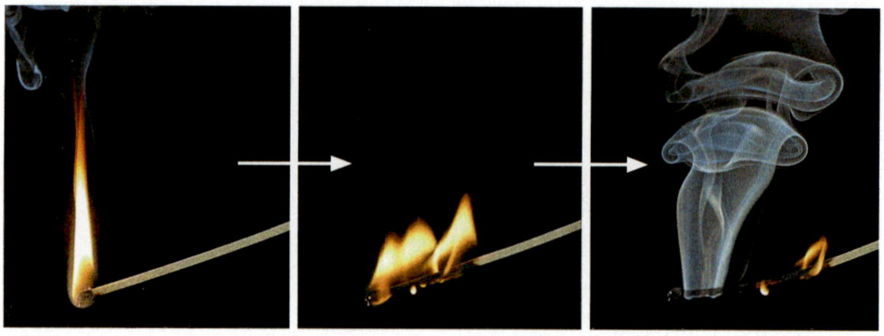

B1 *Spontaner Vorgang Verbrennung: Von rechts nach links wäre die Bildfolge unmöglich*

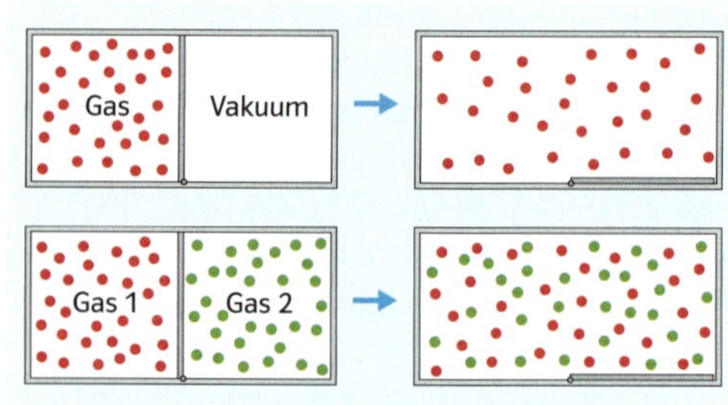

B2 *Spontane Vorgänge bei Gasen: Ausdehnung ins Vakuum (oben) und Durchmischung (unten)*

Entropie von griech. en, in und trope, Umwandlung

Aus dem Alltag sind uns viele Vorgänge vertraut, die nur in eine Richtung ablaufen: Ein Streichholz brennt ab [B1], ein heißes Getränk kühlt sich ab, ein Lebewesen altert. Andere Vorgänge können auch in zwei Richtungen ablaufen: Eis kann schmelzen, das Wasser kann wieder erstarren.

Spontane Reaktionen. Chemische Reaktionen, die ohne äußere Einwirkung ablaufen können, nennt man **spontan**. Dabei spielt die Geschwindigkeit keine Rolle. Eine spontane Reaktion kann sehr langsam ablaufen, z. B. das Rosten von Eisen.
Viele stark exotherme Reaktionen (z. B. die Verbrennung von Magnesium) laufen nach dem Starten selbstständig weiter. Viele endotherme Reaktionen (z. B. die Zersetzung von Silberoxid zu Silber und Sauerstoff) laufen dagegen nur unter ständiger Energiezufuhr ab. Daher dachte man früher, dass die Reaktionswärme ein Maß für die „Triebkraft" der Reaktion ist. Demnach dürften endotherme Reaktionen nicht spontan ablaufen. Es gibt jedoch endotherme Reaktionen, die bei Zimmertemperatur spontan ablaufen, indem sich das System abkühlt [V1–V4]. Was aber treibt dann eine Reaktion an?

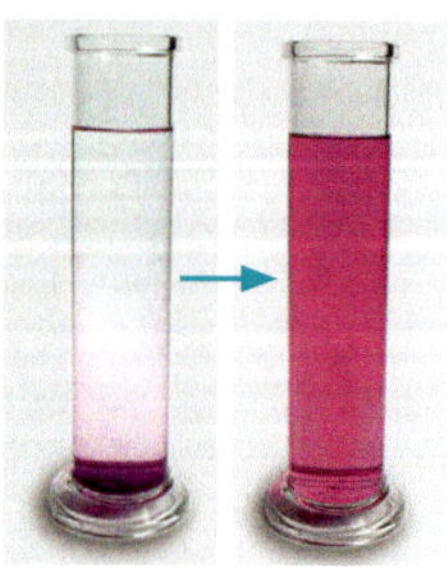

B3 *Spontaner Vorgang Diffusion: Die Kaliumpermanganat-Konzentration gleicht sich von selbst aus*

Spontane Vorgänge auf der Teilchenebene. Ein wasserlöslicher Feststoff auf dem Boden eines mit Wasser gefüllten Gefäßes bildet nach kurzer Zeit eine konzentrierte Lösung. Aus dieser wandern in der gleichen Zeit mehr Teilchen in Bereiche mit kleinerer Konzentration als umgekehrt. Die Lösung verdünnt sich spontan bis zum Konzentrationsausgleich [B3]. Man bezeichnet diesen Vorgang als Diffusion.

Auch die Ausdehnung von Gasen sowie ihre Durchmischung durch Diffusion sind spontane Vorgänge. B2 zeigt beide Vorgänge auf der Teilchenebene. Klappt man die Trennwand weg, so kommt es zur spontanen Ausdehnung bzw. Durchmischung der Gase.

Zum spontanen Konzentrationsausgleich kommt es auch beim Entladen einer Konzentrationszelle (Kap. 5.10): Es fließt Strom, bis in beiden Halbzellen gleiche Konzentrationen erreicht sind. Dann ist die Spannung Null, und folglich fließt auch kein Strom mehr [B4].

Ordnung und Entropie in Systemen. Befinden sich Teilchen in einem begrenzten Bereich an bestimmten Plätzen, bezeichnet man diesen Zustand als geordnet. Die Ordnung wird geringer, wenn für die Teilchen Raum und Anzahl der möglichen Plätze größer werden. Bei *allen* spontanen Vorgängen entstehen Zustände *geringerer* Ordnung.
Auch bei Vorgängen, bei denen sich die Anordnung der Teilchen nicht ändert, kann der Ordnungsgrad abnehmen. In einem System, das aus einem heißen und einem kalten Körper besteht, findet spontan ein Temperaturausgleich statt. Die Abnahme der Ordnung beruht hier auf der Ausbreitung von Wärme.

Die Erkenntnis, dass spontane Vorgänge nur in einer Richtung ablaufen, und dass es dabei zu einer Abnahme der Ordnung bzw. Zunahme der Unordnung kommt, führte zur Einführung einer neuen Zustandsgröße der chemischen Energetik, der **Entropie *S***. Sie ist ein Maß für die Unordnung eines Systems.

Die Entropie *S* ist ein Maß für die Unordnung.

Entropieänderungen in Systemen. Auch bei Änderungen von Aggregatzuständen und bei chemischen Reaktionen ändert sich die Entropie eines Systems. Werden z.B. aus Feststoffen oder Flüssigkeiten Gase gebildet oder nimmt bei einer Reaktion die Anzahl der Teilchen zu, wird die Unordnung und damit die Entropie größer. Sie nimmt dagegen ab, wenn z.B. Hydrathüllen oder Ionengitter entstehen.

In einem geschlossenen System kann sich die Entropie grundsätzlich auf zwei Arten ändern:

1. Durch Erzeugung von Entropie im Inneren des Systems, d.h. durch
- **Vergrößerung des Raums für die Teilchen**
- **Vermischung unterschiedlicher Teilchen**
- **Ausgleich von Temperaturen, Konzentrationen oder Drücken**
- **Zunahme der Anzahl der Teilchen**
- **Zunahme der mittleren Geschwindigkeit der Teilchen (d.h. Temperaturerhöhung)**

2. Durch Austausch von Wärme mit der Umgebung (Wärmezufuhr oder Wärmeabgabe)

Entropieänderungen in System und Umgebung. Die Kondensation eines Gases oder das Erstarren einer Flüssigkeit (Kristallisation) führen zu einem höheren Ordnungszustand und damit einer niedrigeren Entropie des Systems. Trotzdem können diese Vorgänge spontan ablaufen. Um dies zu verstehen, muss man auch auch die Veränderungen in der Umgebung berücksichtigen.

Die Änderung der Gesamtentropie setzt sich zusammen aus den Änderungen der Entropie des Systems und der Umgebung:

$$\Delta S_{Gesamt} = \Delta S_{System} + \Delta S_{Umgebung}$$

Bei einer Kristallisation nimmt die Entropie des Systems ab ($\Delta S_{System} < 0$). Die Umgebung wird jedoch durch die Kristallisationsenthalpie erwärmt, sodass dort die Entropie zunimmt ($\Delta S_{Umgebung} > 0$). Die Kristallisation kann spontan ablaufen, wenn die Temperatur der Umgebung etwas niedriger ist als die Temperatur des Systems. Insgesamt ergibt sich eine leichte Zunahme der Gesamtentropie ($\Delta S_{Gesamt} > 0$).

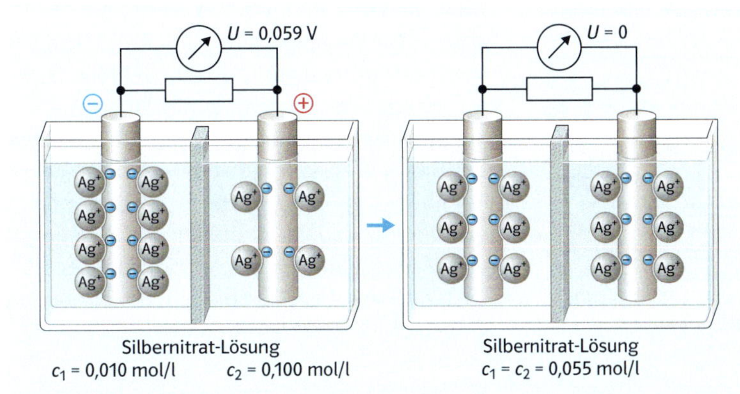

B4 *Spontaner Vorgang in einer Konzentrationszelle: Durch den angeschlossenen Widerstand fließt Strom, bis sich die Konzentrationen ausgeglichen haben*

Auch bei der exothermen Verbrennung von Magnesium nimmt die Entropie des Systems ab ($\Delta S_{System} < 0$), da ein Gas (O_2) zu einem Feststoff (MgO) reagiert. Durch die negative Reaktionsenthalpie wird jedoch Wärme abgegeben; die Entropie der Umgebung nimmt zu ($\Delta S_{Umgebung} > 0$). Hier ergibt sich eine starke Zunahme der Gesamtentropie ($\Delta S_{Gesamt} > 0$).

Diese Betrachtungen kann man verallgemeinern: Die Gesamtentropie nimmt bei allen spontanen Vorgängen zu. Nur wenn das System mit seiner Umgebung im selben Zustand bleibt, bleibt die Gesamtentropie gleich. Die Gesamtentropie nimmt niemals ab.

Isolierte Systeme und Entropie. Man kann ein System mit seiner Umgebung auch insgesamt als isoliertes System betrachten (Kap. 4.20). Für ein isoliertes System gilt deshalb auch, dass seine Entropie nur gleich bleiben oder zunehmen kann.

$$\Delta S_{Gesamt} \geq 0$$

Dies ist eine mögliche Formulierung für den **Zweiten Hauptsatz** der Thermodynamik.

Kristallisationsenthalpie Wärme, die beim Erstarren abgegeben wird. Sie entspricht der Schmelzenthalpie mit umgekehrtem Vorzeichen.

Zweiter Hauptsatz der Thermodynamik: Die Gesamtentropie kann nur zunehmen oder gleich bleiben, sie nimmt niemals ab.

Exkurs

Reversible Vorgänge. Wenn bei einer Kristallisation die Temperaturdifferenz zwischen System und Umgebung sehr klein ist, läuft die Kristallisation sehr langsam ab, und die Zunahme der Gesamtentropie ist sehr klein. Wenn die Temperaturdifferenz null wäre, wäre die Zunahme der Entropie der Umgebung genau gleich groß wie die Abnahme der Entropie des Systems. Die Änderung der Gesamtentropie wäre also null. Umgekehrt könnte man den Feststoff auch ohne Änderung der Gesamtentropie wieder schmelzen lassen, d.h., der Vorgang wäre *reversibel*. In der Realität ist dies nicht möglich. Allgemein gilt: Es gibt keine perfekt reversiblen Vorgänge; alle Vorgänge sind *irreversibel*.

Kelvin-Temperaturskala
Der absolute Nullpunkt (die tiefstmögliche Temperatur) ist auf der Celsius-Skala $\vartheta = -273{,}15\,°C$. Bei dieser Temperatur liegt der Nullpunkt der Kelvin-Skala $T = 0\,K$. Sie ist also um $-273{,}15\,°C$ gegen die Celsius-Skala versetzt. Temperaturdifferenzen in den Einheiten Kelvin (K) und Grad Celsius (°C) haben den gleichen Zahlenwert.
$\frac{T}{K} = \frac{\vartheta}{°C} + 273{,}15$
Beispiel:
$\vartheta = 25\,°C \Rightarrow T = 298{,}15\,K$

Molare Schmelzenthalpie
$\Delta_{fus}H_m$ Enthalpieänderung beim Schmelzen von 1 mol eines Stoffes (Index fus von engl. fusion, Schmelzen)

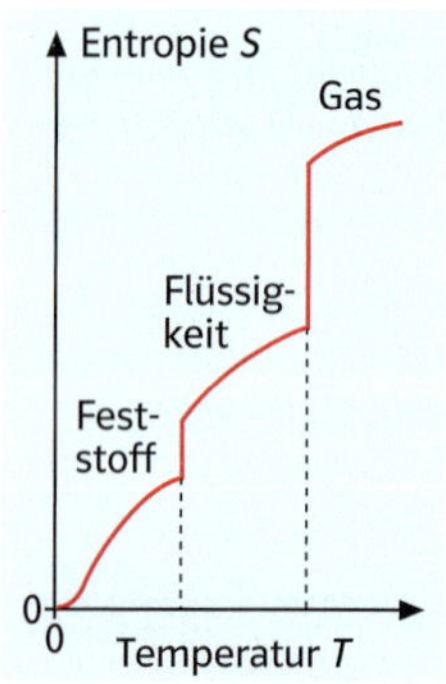

***B5** Temperatur und Entropie eines Stoffs*

Möglichkeiten für spontane Vorgänge. Ein *exothermer* Vorgang erhöht durch Wärmeabgabe die Entropie der Umgebung. Wenn auch die Entropie des Systems zunimmt, läuft er auf jeden Fall spontan ab. Nimmt die Entropie des Systems ab, kommt es darauf an, welcher Teil überwiegt. Beispielsweise „verschwindet" gasförmiger Sauerstoff bei der Verbrennung von Magnesium [B3], d.h., die Entropie des Systems nimmt ab. Durch die hohe Wärmeabgabe läuft die Reaktion trotzdem spontan ab.

Ein *endothermer* Vorgang entzieht der Umgebung Wärme, d.h., die Entropie der Umgebung nimmt ab. Er läuft nur dann spontan ab, wenn die Entropie des Systems noch stärker zunimmt. Dies kann z.B. der Fall sein, wenn Gase entstehen [V2, V3, V4] oder flüssiges Wasser aus einem Feststoff freigesetzt wird [V4, A1]. Die umgekehrten Vorgänge können „erzwungen" werden, indem man das System mit einem weiteren System koppelt, dessen Entropie zunimmt. Beispielsweise koppelt man eine Elektrolysezelle mit einer Spannungsquelle.

Spontane Vorgänge laufen stets in der Richtung ab, in der die Gesamtentropie zunimmt.

Berechnung der Entropiezunahme durch Wärmezufuhr. Wird einem System Wärme zugeführt, so erhöht sich seine Entropie. Die Entropiezunahme ist proportional zur zugeführten Wärme Q. Bei hoher Temperatur ist (bei gleicher Wärmezufuhr) der Effekt kleiner als bei niedriger Temperatur. Die Entropiezunahme ist *umgekehrt* proportional zur Temperatur T [Randspalte]. Insgesamt ergibt sich:

$$\Delta S_{System} = \frac{Q}{T}$$

Eine Anwendung dieser Gleichung ist die Berechnung der Entropieerhöhung beim Schmelzen von 1 mol eines Stoffes. Der Schmelzvorgang findet bei konstanter Temperatur statt, der Schmelztemperatur [B5]. Die Wärmezufuhr aus der Umgebung entspricht genau der molaren Schmelzenthalpie $\Delta_{fus}H_m$ [Randspalte]. Die molare Schmelzentropie $\Delta_{fus}S_m$ ist also die molare Schmelzenthalpie dividiert durch die Schmelztemperatur:

$$\Delta_{fus}S_m = \frac{\Delta_{fus}H_m}{T_{sm}}$$

Führt man einem System bei der Temperatur T (in Kelvin) die Wärme Q zu, so ist die Entropieerhöhung: $\Delta S_{System} = Q/T$

Exkurs

Dritter Hauptsatz der Thermodynamik. Kühlt man ein System immer weiter ab, so erreicht man schließlich einen Punkt, an dem jegliche thermische Bewegung zur Ruhe kommt und ein idealer Kristall entsteht. An diesem absoluten Nullpunkt (Temperatur $\vartheta = -273{,}15\,°C$ bzw. $T = 0\,K$) kann die Entropie dieses Systems nicht weiter verringert werden. Aus diesem Grund ist die Entropie eines solchen Systems null. In der Praxis kann der absolute Nullpunkt allerdings nicht ganz erreicht werden.
Dritter Hauptsatz der Thermodynamik: Am absoluten Nullpunkt ($T = 0\,K$) ist die Entropie eines ideal kristallisierten Reinstoffs gleich null.

V1 Lösen Sie eine Portion von Kaliumchlorid bzw. Ammoniumnitrat jeweils in etwas Wasser. Messen Sie die Temperatur vorher und nachher.

V2 ⚠ (Abzug!) Mischen Sie in einem Reagenzglas jeweils 2 g Bariumhydroxid-Octahydrat und Ammoniumthiocyanat. Stellen Sie die Temperaturänderung fest. Prüfen Sie den Gasraum mit feuchtem Universalindikator-Papier.

V3 ⚠ (Abzug!) Stecken Sie ein Thermometer in einen Wattebausch und geben Sie etwas Pentan auf den Wattebausch.

V4 Geben Sie in ein Reagenzglas je ca. 1 cm hoch Natriumcarbonat-Decahydrat und Citronensäure. Vermischen Sie die Feststoffe und beobachten Sie die Temperaturänderung.

A1 ◒ Kohlenstoffmonooxid reagiert mit Wasserstoff zu Propen und Wasser (Fischer-Tropsch-Verfahren). Formulieren Sie die Reaktionsgleichung und erklären Sie, ob die Entropie des Systems zu- oder abnimmt.

A2 ● Ein Reaktionsprodukt in V2 ist eine wässrige Lösung von Bariumthiocyanat ($Ba(SCN)_2$). Formulieren Sie die Reaktionsgleichung. Vergleichen Sie die Edukte mit den Produkten bezüglich der Entropie nach Temperaturausgleich mit der Umgebung.

A3 ● Ein Reaktionsprodukt in V4 ist eine wässrige Lösung von Natriumcitrat ($Na_3C_6H_5O_7$). Formulieren Sie die Reaktionsgleichung. Vergleichen Sie die Edukte mit den Produkten bezüglich der Entropie nach Temperaturausgleich mit der Umgebung.

5.16 Reaktionsentropien

Jeder Stoff hat eine molare Standardentropie S^0_m, die bei Standardbedingungen gilt [B1]. Im Unterschied zu den Standardbildungsenthalpien (Kap. 5.6) sind die Standardentropien elementarer Stoffe *nicht* null. Der Grund ist, dass man für den absoluten Nullpunkt ($T = 0\,K$ bzw. $\vartheta = -273{,}15\,K$) eine Entropie von $S = 0$ annimmt und von diesem Bezugspunkt aus die Entropie bei Standardbedingungen ermittelt.

Berechnung von Reaktionsentropien. Die Standardreaktionsentropie $\Delta_r S^0$ einer chemischen Reaktion kann man analog zur Reaktionsenthalpie (Kap. 5.6) berechnen:

$$\Delta_r S^0 = \sum_i n_i \cdot S^0_{m,i}(\text{Produkte}) - \sum_i n_i \cdot S^0_{m,i}(\text{Edukte})$$

In Worten bedeutet diese Formel: Man summiert die Standardentropien der Produkte und der Edukte und berechnet dann die Differenz der beiden Summen.

Die Standardreaktionsentropie ist die Differenz der Standardentropien der Produkte und der Edukte.

Reaktionsentropie und Gesamtentropie. Die Reaktionsentropie beschreibt nur die Entropieänderung des reagierenden Systems, d.h. ohne die Umgebung. Zur Beurteilung, ob eine chemische Reaktion spontan abläuft, muss man die Änderung der *Gesamtentropie* (also von System und Umgebung) betrachten. B2 zeigt dies am Beispiel der Knallgasreaktion.
1.: Die *Entropie des Systems* nimmt ab, da die Anzahl der Teilchen abnimmt und aus Gasen eine Flüssigkeit entsteht. Dies zeigt auch die Berechnung.
2. und 3.: Die *Entropie der Umgebung* nimmt zu, da die Reaktion exotherm ist. Die von der Umgebung aufgenommene Wärme entspricht der negativen Reaktionsenthalpie. Daraus kann man die Entropiezunahme der Umgebung berechnen.
4.: Die *Gesamtentropie* nimmt zu. Folglich läuft die Knallgasreaktion spontan ab.

Die Gesamtentropie einer Reaktion kann man aus der Reaktionsentropie und der Reaktionsenthalpie berechnen.

Formel	S^0_m in J/(K · mol)	Formel	S^0_m in J/(K · mol)	Formel	S^0_m in J/(K · mol)
$H_2(g)$	131	$NH_3(g)$	193	$C_2H_4(g)$	219
$O_2(g)$	205	$NH_3(aq)$	111	$C_2H_5OH(g)$	283
$N_2(g)$	192	$NH_4Cl(s)$	95	$C_2H_5OH(l)$	161
$F_2(g)$	203	$NH_4Cl(aq)$	170	$SO_2(g)$	248
$Cl_2(g)$	223	$NO(g)$	211	$Al(s)$	28
$Br_2(g)$	245	$NO_2(g)$	240	$Cu(s)$	33
$Br_2(l)$	152	$N_2O_4(g)$	304	$Fe(s)$	27
$I_2(s)$	116	C (Graphit)	6	$Mg(s)$	33
$HCl(g)$	187	C (Diamant)	2	$Al_2O_3(s)$	51
$HCl(aq)$	57	$CO(g)$	198	$CuO(s)$	43
$HI(g)$	207	$CO_2(g)$	214	$Fe_2O_3(s)$	87
$H_2O(g)$	189	$CH_4(g)$	186	$MgO(s)$	27
$H_2O(l)$	70	$C_2H_6(g)$	230	$NaCl(s)$	72

***B1** Molare Standardentropien einiger Stoffe*

Reaktion: $2\,H_2(g) + O_2(g) \rightarrow 2\,H_2O(l)$ bei $T = 298\,K$ ($\vartheta = 25\,°C$)

1. **Reaktionsentropie (d.h. Entropieänderung des Systems):**

$$\Delta S^0_{System} = \Delta_r S^0 = 2\,mol \cdot S^0_m(H_2O) - [2\,mol \cdot S^0_m(H_2) + 1\,mol \cdot S^0_m(O_2)]$$
$$= 2\,mol \cdot 70\,J/(K{\cdot}mol) - [2\,mol \cdot 131\,J/(K{\cdot}mol) + 1\,mol \cdot 205\,J/(K{\cdot}mol)]$$
$$= -327\,J/K$$

2. **Reaktionsenthalpie (vgl. Kap. 5.6, B2):**

$$\Delta_r H^0 = 2\,mol \cdot \Delta_f H^0_m(H_2O) - [2\,mol \cdot \Delta_f H^0_m(H_2) + 1\,mol \cdot \Delta_f H^0_m(O_2)]$$
$$= 2\,mol \cdot (-286\,kJ/mol) - [2\,mol \cdot 0\,kJ/mol + 1\,mol \cdot 0\,kJ/mol] = -572\,kJ$$

3. **Entropieänderung der Umgebung:**

$$\Rightarrow \quad \Delta S^0_{Umgebung} = \frac{Q_{Umgebung}}{T} = \frac{-\Delta_r H^0}{T} = \frac{+572\,kJ}{298\,K} = +1{,}919\,kJ/K = +1919\,J/K$$

4. **Änderung der Gesamtentropie:**

$$\Delta S^0_{Gesamt} = \Delta S^0_{System} + \Delta S^0_{Umgebung} = -327\,J/K + 1919\,J/K = +1592\,J/K$$

***B2** Änderung der Gesamtentropie bei der Knallgasreaktion*

A1 ○ Eine chemische Reaktion verläuft nur spontan, wenn die Gesamtentropie zunimmt. Erklären Sie, weshalb die Reaktionsentropie einer spontanen Reaktion trotzdem kleiner als null sein kann.

A2 ◒ Berechnen Sie die Änderung der Entropie, wenn eine Stoffportion von 200 g Wasser bei 25 °C und 1000 hPa verdunstet.

A3 ● Schätzen Sie ab, ob die Standardreaktionsentropie bei der Verbrennung von Magnesium positiv oder negativ ist, und überprüfen Sie Ihre Vermutung durch eine Berechnung.

Größen

S^0_m: molare Standardentropie

$\Delta_f H^0_m$: molare Standardbildungsenthalpie

$\Delta_r S^0$: Standardreaktionsentropie

$\Delta_r H^0$: Standardreaktionsenthalpie

Q: Wärme

5.17 Entropie und Wahrscheinlichkeit

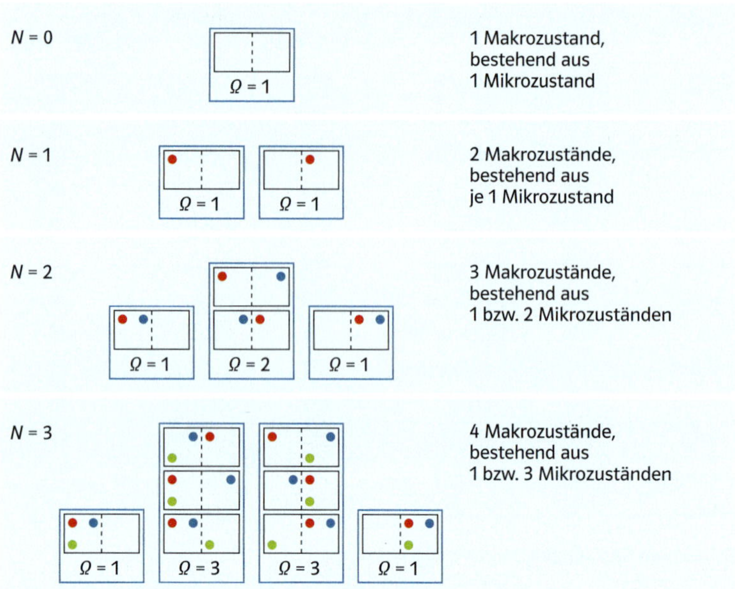

***B1** Makrozustände (blau umrandet) und Mikrozustände (schwarze Kästen)*

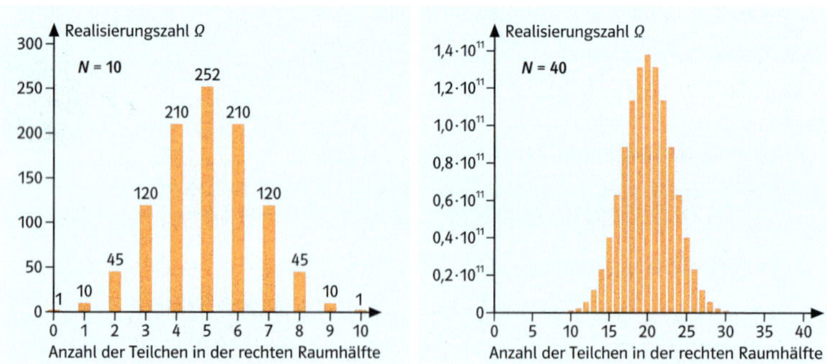

***B2** Mit zunehmender Teilchenanzahl N werden Zustände mit ungefährer Gleichverteilung auf die Kastenhälften immer wahrscheinlicher*

Die Realisierungszahl Ω wird mithilfe des Binomialkoeffizienten berechnet:

$$\Omega = \frac{N!}{K! \cdot (N-K)!}$$

N: Gesamtzahl der Teilchen
K: Anzahl der Teilchen in der rechten Kastenhälfte
$N - K$: Anzahl der Teilchen in der linken Kastenhälfte

Beispiel [B2]: Das Volumen eines Gases aus $N = 40$ Teilchen wird verdoppelt.

Am Anfang sind alle Teilchen in der linken Kastenhälfte $(K = 0)$. Für diesen Makrozustand gibt es nur eine Realisierungsmöglichkeit: $\Omega_1 = 40!/(40! \cdot 0!) = 1$
Nach der Volumenverdopplung ist der wahrscheinlichste Makrozustand eine Gleichverteilung der Teilchen auf die beiden Kastenhälften $(K = 20)$. Hierzu gibt es sehr viele Realisierungsmöglichkeiten: $\Omega_2 = 40!/(20! \cdot 20!) \approx 1{,}38 \cdot 10^{11}$

Berechnung der Entropieänderung mit der Boltzmann-Formel:

$$\Delta S = k \cdot \ln \Omega_2 - k \cdot \ln \Omega_1 = k \cdot \ln \frac{\Omega_2}{\Omega_1} \approx 1{,}38 \cdot 10^{-23}\,\mathrm{J/K} \cdot \ln \frac{1{,}38 \cdot 10^{11}}{1} \approx 3{,}5 \cdot 10^{-22}\,\mathrm{J/K}$$

Zum Vergleich: Für 1 mol Gas $(N = 6{,}022 \cdot 10^{23})$ ergibt sich: $\Delta S = 5{,}8\,\mathrm{J/K}$

***B3** Berechnung einer Entropieänderung*

Die Entropie ist ein Maß für die Unordnung. Man kann die Unordnung quantitativ durch die Anzahl der Realisierungsmöglichkeiten eines Zustandes beschreiben und daraus die Entropie berechnen.

Entropie und Wahrscheinlichkeit. LUDWIG BOLTZMANN gab Jahr 1877 der Entropie eine statistische Definition. Demnach wird die Entropie eines Zustandes aus der Anzahl der Realisierungsmöglichkeiten für diesen Zustand (Realisierungszahl Ω) berechnet:

$$S = k \cdot \ln \Omega \quad \text{und} \quad \Delta S = k \cdot \ln \frac{\Omega_2}{\Omega_1}$$

(Boltzmann-Konstante: $k = 1{,}38 \cdot 10^{-23}\,\mathrm{J/K}$; ln ist der natürliche Logarithmus; Beispiel s. B3)

Bestimmung der Realisierungszahl. Das System sei ein Gas, das aus N gleichen Teilchen besteht, die durch verschiedenfarbige Kugeln symbolisiert werden, aber eigentlich nicht unterscheidbar sind [B1]. Sie können sich in der linken oder in der rechten Hälfte eines schwarzen Kastens aufhalten. Dieser Kasten repräsentiert einen **Mikrozustand** (z. B. „rotes Teilchen links, blaues Teilchen rechts"). B1 zeigt alle möglichen Mikrozustände bis $N = 3$.

Alle Mikrozustände mit jeweils der gleichen Anzahl von Teilchen in einer Hälfte des schwarzen Kastens kann man zu einem **Makrozustand** zusammenfassen, da die Teilchen ja nicht unterscheidbar sind. Je größer die Anzahl der Realisierungsmöglichkeiten eines Makrozustandes durch Mikrozustände (die Realisierungszahl Ω) ist, desto größer ist die Wahrscheinlichkeit für diesen Makrozustand.

Jeder Mikrozustand ist gleich wahrscheinlich, die Makrozustände jedoch nicht. Für $N = 2$ lässt sich z. B. der Makrozustand „1 Teilchen links, 1 Teilchen rechts" durch zwei Mikrozustände realisieren, daher ist er doppelt so wahrscheinlich wie die anderen Makrozustände. Am wahrscheinlichsten sind Makrozustände, bei denen die Teilchen etwa gleichmäßig auf beide Raumhälften verteilt sind. Bei großen Teilchenanzahlen N sind die Realisierungszahlen Ω solcher Makrozustände sehr groß [B2].

5.18 Die freie Enthalpie

Bei spontanen chemischen Reaktionen nimmt die Gesamtentropie zu (Kap. 5.16). Um die zugehörigen Berechnungen zu vereinfachen, führte der Wissenschaftler JOSIAH W. GIBBS eine neue Zustandsgröße ein: die **freie Enthalpie**.

Freie Enthalpie und Gibbs-Helmholtz-Gleichung. Die freie Enthalpie *G* wird aus der Enthalpie *H*, der Entropie *S* und Temperatur *T* berechnet:

$$G = H - T \cdot S$$

Die *Änderung* der freien Enthalpie bei einer chemischen Reaktion bei konstantem Druck und konstanter Temperatur bezeichnet man als **freie Reaktionsenthalpie** $\Delta_r G$. Sie wird mit der **Gibbs-Helmholtz-Gleichung** berechnet:

$$\Delta_r G = \Delta_r H - T \cdot \Delta_r S$$

Die Berechnung in B2 zeigt, dass es einen einfachen Zusammenhang zwischen der freien Reaktionsenthalpie und der Änderung der Gesamtentropie gibt:

$$\Delta_r G = -T \cdot \Delta S_{Gesamt}$$

Eine *Zunahme* der Gesamtentropie entspricht also einer *Abnahme* der freien Enthalpie ($\Delta_r G < 0$). Der Wert der freien Reaktionsenthalpie einer spontanen Reaktion hat also ein negatives Vorzeichen. Eine solche Reaktion bezeichnet man als **exergonisch**.
Ist $\Delta_r G > 0$, bezeichnet man die Reaktion als **endergonisch**. Sie kann von außen *erzwungen* werden, indem man am System Arbeit verrichtet, z. B. bei einer Elektrolyse.

Eine exergonische Reaktion ($\Delta_r G < 0$) verläuft spontan.
Eine endergonische Reaktion ($\Delta_r G > 0$) verläuft nicht spontan.

Berechnung von freien Standardreaktionsenthalpien. Die molaren freien Standard*bildungs*enthalpien $\Delta_f G^0$ vieler Stoffe sind bekannt und tabelliert [B1]. Aus diesen kann man die freie Standard*reaktions*enthalpie $\Delta_r G^0$ einer chemischen Reaktion analog zur Reaktionsenthalpie (Kap. 5.6) berechnen:

Formel	$\Delta_f G_m^0$ in kJ/mol	Formel	$\Delta_f G_m^0$ in kJ/mol	Formel	$\Delta_f G_m^0$ in kJ/mol
HF(g)	−275	NH_4Cl(s)	−203	SO_2(g)	−300
HCl(g)	−95	$CO(NH_2)_2$(s)	−197	Al_2O_3(s)	−1582
HI(g)	+1,6	CO(g)	−137	CuO(s)	−128
H_2O(l)	−237	CO_2(g)	−394	FeS(s)	−102
H_2O(g)	−229	CH_4(g)	−51	Fe_2O_3(s)	−742
NH_3(g)	−16	C_2H_6(g)	−33	MgO(s)	−569
NO(g)	+87	C_2H_4(g)	+68	NaCl(s)	−384
NO_2(g)	+51	CH_3OH(l)	−166	ZnO(s)	−320
N_2O_4(g)	+98	C_2H_5OH(l)	−175	C(Diamant)	+3

***B1** Molare freie Standardbildungsenthalpien einiger Verbindungen (Für die jeweils energieärmste Form elementarer Stoffe gilt: $\Delta_f G^0 = 0$)*

$$\Delta_r G^0 = \sum_i n_i \cdot \Delta_f G^0_{m,i}(\text{Produkte}) - \sum_i n_i \cdot \Delta_f G^0_{m,i}(\text{Edukte})$$

Zum gleichen Ergebnis kommt man, wenn man die $\Delta_r S^0$, $\Delta_r H^0$ und $T = 298\,K$ in die Gibbs-Helmholtz-Gleichung einsetzt. B3 zeigt beide Möglichkeiten der Berechnung von $\Delta_r G^0$.

Die freie Standardreaktionsenthalpie ist die Differenz der freien Standardbildungsenthalpien der Produkte und der Edukte.

Gibbs-Energie andere Bezeichnung für die freie Enthalpie

exergonisch, endergonisch von griech. exo, außen; endon, innen und ergon, Arbeit

Im Folgenden wird für eine *vollständig ablaufende* Reaktion gezeigt, wie die freie Reaktionsenthalpie mit der Änderung der Gesamtentropie zusammenhängt.
Die Gibbs-Helmholtz-Gleichung besteht aus zwei Summanden, die einzeln interpretiert werden sollen: $\Delta_r G = \Delta_r H - T \cdot \Delta_r S$

1. Summand ($\Delta_r H$): $\Delta_r H$ ist die Reaktionswärme $Q_{r,p}$ bei konstantem Druck, also der *negative* Wert der Wärmemenge, die mit der *Umgebung* ausgetauscht wird. Aus dieser kann man die Änderung der Entropie der Umgebung berechnen (Kap. 5.15):

$$\Delta S_{Umgebung} = \frac{Q_{r,p}}{T} = \frac{-\Delta_r H}{T} \quad \Leftrightarrow \quad \Delta_r H = -T \cdot \Delta S_{Umgebung}$$

⇒ Ersatz für den 1. Summanden: $\Delta_r H = -T \cdot \Delta S_{Umgebung}$

2. Summand ($-T \cdot \Delta_r S$): Die Reaktionsentropie $\Delta_r S$ ist die Entropieänderung des Systems ΔS_{System}.

⇒ Ersatz für den 2. Summanden: $-T \cdot \Delta_r S = -T \cdot \Delta S_{System}$

Ersetzen beider Summanden in der Gibbs-Helmholtz-Gleichung ergibt:

$$\Delta_r G = -T \cdot \Delta S_{Umgebung} - T \cdot \Delta S_{System} = -T \cdot (\Delta S_{Umgebung} + \Delta S_{System}) = -T \cdot \Delta S_{Gesamt}$$

***B2** Zusammenhang zwischen der freien Reaktionsenthalpie und der Änderung der Gesamtentropie*

Reaktion: $H_2(g) + Cl_2(g) \longrightarrow 2\,HCl(g)$ bei $T = 298\,K$ ($\vartheta = 25\,°C$)

1) Berechnung von $\Delta_r G^0$ aus Tabellenwerten von $\Delta_f G^0_m$ [B1]:

$$\begin{aligned}\Delta_r G^0 &= 2\,mol \cdot \Delta_f G^0_m(HCl) - [1\,mol \cdot \Delta_f G^0_m(H_2) + 1\,mol \cdot \Delta_f G^0_m(Cl_2)]\\ &= 2\,mol \cdot (-95\,kJ/mol) - [1\,mol \cdot 0\,kJ/mol + 1\,mol \cdot 0\,kJ/mol]\\ &= -190\,kJ\end{aligned}$$

2) Berechnung von $\Delta_r G^0$ aus Tabellenwerten von $\Delta_f H^0_m$ und S^0_m:

$$\begin{aligned}\Delta_r H^0 &= 2\,mol \cdot \Delta_f H^0_m(HCl) - [1\,mol \cdot \Delta_f H^0_m(H_2) + 1\,mol \cdot \Delta_f H^0_m(Cl_2)]\\ &= 2\,mol \cdot (-92\,kJ/mol) - [1\,mol \cdot 0\,kJ/mol + 1\,mol \cdot 0\,kJ/mol]\\ &= -184\,kJ\end{aligned}$$

$$\begin{aligned}\Delta_r S^0 &= 2\,mol \cdot S^0_m(HCl) - [1\,mol \cdot S^0_m(H_2) + 1\,mol \cdot S^0_m(Cl_2)]\\ &= 2\,mol \cdot 187\,J/(K \cdot mol) - [1\,mol \cdot 131\,J/(K \cdot mol) + 1\,mol \cdot 223\,J/(K \cdot mol)]\\ &= 20\,J/K = 0{,}020\,kJ/K\end{aligned}$$

$$\Delta_r G^0 = \Delta_r H^0 - T \cdot \Delta_r S^0 = -184\,kJ - 298\,K \cdot 0{,}020\,kJ/K = -190\,kJ$$

***B3** Zwei Möglichkeiten zur Berechnung einer freien Standardreaktionsenthalpie*

	$\Delta_r H > 0$ (endotherm)	$\Delta_r H < 0$ (exotherm)
$\Delta_r S > 0$	exergonisch bei hoher Temperatur	$\Delta_r G < 0$ immer exergonisch
$\Delta_r S < 0$	$\Delta_r G > 0$ immer endergonisch	exergonisch bei niedriger Temperatur

***B4** Einfluss der Reaktionsenthalpie, der Reaktionsentropie und der Temperatur auf das Vorzeichen der freien Reaktionsenthalpie*

Kelvin-Temperaturskala siehe Kap. 5.15

Einheiten Die Enthalpie und die freie Enthalpie werden meistens in der Einheit kJ angegeben, die Entropie meistens in J/K. Zur Berechnung der freien Enthalpie muss man umrechnen: $1\,J/K = 0{,}001\,kJ/K$

Größen

H: Enthalpie
S: Entropie
G: freie Enthalpie
T: Temperatur in der Kelvin-Temperaturskala
Δ: -differenz
Index r: Reaktions-
Index f: Bildungs-
Index m: molar
Hochgestellte 0: bei Standardbedingungen ($p = 1000\,hPa$ und $\vartheta = 25\,°C$ bzw. $T = 298{,}15\,K$)

Berechnung von freien Reaktionsenthalpien bei beliebigen Temperaturen. Mit der Gibbs-Helmholtz-Gleichung kann man die freie Reaktionsenthalpie $\Delta_r G$ für eine bestimmte Temperatur *T* berechnen. Dazu benötigt man eigentlich die Reaktionsenthalpie $\Delta_r H$ und die Reaktionsentropie $\Delta_r S$ bei dieser Temperatur. Man kann jedoch auch näherungsweise mit den für Standardbedingungen gültigen Tabellenwerten rechnen (Kap. 5.6, 5.16), da die Abweichung relativ klein ist. Allerdings muss man jeweils den Wert für den richtigen Aggregatzustand wählen. Es gilt also näherungsweise:

$$\Delta_r G \approx \Delta_r H^0 - T \cdot \Delta_r S^0$$

Ob eine Reaktion exergonisch oder endergonisch ist, hängt nach der Gibbs-Helmholtz-Gleichung von der *Reaktionsentropie*, der *Reaktionsenthalpie* und der *Temperatur* ab. Für eine Abschätzung genügt es, das jeweilige Vorzeichen von $\Delta_r H$ und $\Delta_r S$ betrachten. Die vier möglichen Kombinationen sind in B4 dargestellt.

- Reaktionen mit *negativer* Reaktionsenthalpie und *positiver* Reaktionsentropie sind immer *exergonisch*.
- Reaktionen mit *positiver* Reaktionsenthalpie und *negativer* Reaktionsentropie sind immer *endergonisch*.
- Bei den anderen beiden Kombinationen kommt es auf die Temperatur an. Ein Beispiel ist die freie Reaktionsenthalpie der Bildung von Distickstofftetraoxid (N_2O_4) aus Stickstoffdioxid (NO_2) [A2]. Bei 298 K ist die Reaktion exergonisch ($\Delta_r G < 0$), bei 400 K jedoch endergonisch ($\Delta_r G > 0$).

Eine freie Standardreaktionsenthalpie wird aus tabellierten freien Standardbildungsenthalpien berechnet.
Bei beliebiger Temperatur benötigt man die Gibbs-Helmholtz-Gleichung zur Berechnung einer freien Reaktionsenthalpie.

A1 1 mol flüssiges Ethanol wird zu Kohlenstoffdioxid und Wasser verbrannt.
a) Formulieren Sie die Reaktionsgleichung.
b) Berechnen Sie $\Delta_r H^0$, $\Delta_r S^0$ und $\Delta_r G^0$.

A2 Berechnen Sie $\Delta_r G$ für die Bildung von 1 mol N_2O_4 aus 2 mol NO_2 bei 298 K und (näherungsweise) bei 400 K und vergleichen Sie die Werte.

A3 Berechnen Sie die freien Reaktionsenthalpien der folgenden Reaktionen **a)** bei Standardbedingungen, **b)** (näherungsweise) bei 1000 K:

$C(Graphit) + 2\,H_2 \longrightarrow CH_4$
$C(Graphit) + H_2O(g) \longrightarrow CO + H_2$

Beurteilen Sie jeweils, ob die Reaktion exergonisch oder endergonisch ist.

A4 Ammoniak reagiert mit Chlorwasserstoff (Hydrogenchlorid) zu festem Ammoniumchlorid.
a) Berechnen Sie $\Delta_r G$ für diese Reaktion bei Standardbedingungen (298 K) sowie (näherungsweise) bei 350 K und bei 250 K und diskutieren Sie das Ergebnis. **b)** Die Mindesttemperatur zur Umkehrung der Reaktion ist ungefähr die Temperatur, bei der $\Delta_r G = 0$ ist. Berechnen Sie diese Temperatur.

Exkurs

5.19 Freie Enthalpie und chemisches Gleichgewicht

Viele exergonische Reaktionen laufen praktisch vollständig ab, d.h., am Ende sind keine Edukte mehr vorhanden. Entsprechend laufen viele endergonische Reaktionen so gut wie gar nicht ab. Es gibt jedoch auch eine große Zahl chemischer Reaktionen, die *unvollständig* ablaufen, bis ein **chemisches Gleichgewicht** erreicht ist (Kap. 2).
Bei großtechnischen Synthesen und auch bei Laborsynthesen ist man an einer möglichst hohen Ausbeute interessiert. Diese lässt sich durch eine Verschiebung des Gleichgewichts beeinflussen, z.B. indem man die Temperatur des Reaktionsgemisches ändert.

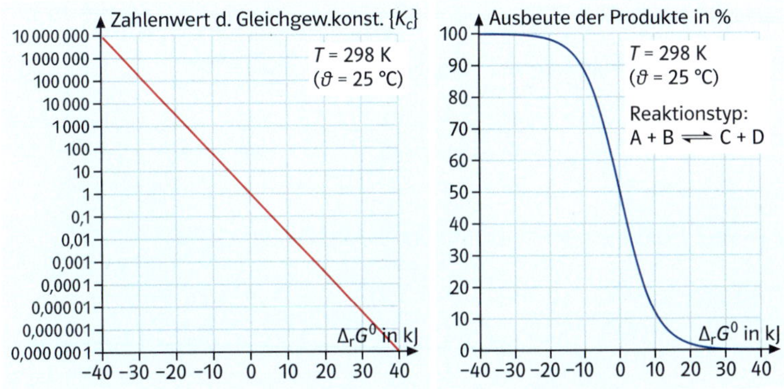

***B1** Die Gleichgewichtskonstante hängt von der freien Reaktionsenthalpie ab, entsprechend auch die Ausbeute der Produkte [Randspalte]*

Freie Enthalpie und Ausbeute. Bei einer chemischen Reaktion erreicht die Gesamtentropie des Reaktionsgemisches einen Maximalwert, bevor die Reaktion vollständig abgelaufen ist. Der Grund dafür ist die Vermischung von Edukten mit Produkten, die die Entropie des reagierenden Systems erhöht. Wenn der Maximalwert der Gesamtentropie erreicht ist, läuft die Reaktion nicht mehr spontan weiter. Diesen Zustand bezeichnet man als **chemisches Gleichgewicht**.
Bei großen Beträgen von Δ_rG ist dies vernachlässigbar. Stark exergonische Reaktionen laufen fast vollständig ab, stark endergonische Reaktionen so gut wie gar nicht. Ist der Betrag von Δ_rG eher klein, laufen jedoch sowohl exergonische als auch endergonische Reaktionen ab, bis das chemische Gleichgewicht erreicht ist.

Für praktische Zwecke (bei $\vartheta = 25\,°C$) kann man drei Fälle unterscheiden [B1]:
1. $\Delta_rG^0 \leq -30\,kJ$: Die Reaktion läuft fast vollständig ab (Ausbeute ca. 100 %).
2. $\Delta_rG^0 \geq +30\,kJ$: Es findet so gut wie keine Reaktion statt (Ausbeute ca. 0 %).
3. $-30\,kJ < \Delta_rG^0 < +30\,kJ$: Solche Reaktionen bezeichnet man als **Gleichgewichtsreaktionen** (Kap. 2).

Ist $\Delta_rG < 0$, überwiegen im Gleichgewicht die Produkte. Ist $\Delta_rG \approx 0$, sind die Stoffmengen an Edukten und Produkten etwa gleich (Ausbeute ca. 50 %). Ist $\Delta_rG > 0$, überwiegen im Gleichgewicht die Edukte.

Freie Enthalpie und Gleichgewichtskonstante. Die Lage eines chemischen Gleichgewichts kann man quantitativ beschreiben (Kap. 2.17). Die **Gleichgewichtskonstante** K_c der Reaktion $a\,A + b\,B \longrightarrow c\,C + d\,D$ ist:

$$K_c = \frac{c^c(C) \cdot c^d(D)}{c^a(A) \cdot c^b(B)}$$

Die Gleichgewichtskonstante K_c kann näherungsweise aus Δ_rG berechnet werden:

$$\{K_c\} \approx e^{-\frac{\Delta_rG/1\,mol}{R \cdot T}} \quad \Leftrightarrow \quad \frac{\Delta_rG}{1\,mol} \approx -R \cdot T \cdot \ln\{K_c\}$$

Dies kann man z.B. auf die Ammoniak-Synthese (Kap. 2.15) anwenden [A1]. Bei 25 °C ist die Reaktion stark *exergonisch*, und man erwartet eigentlich eine Ausbeute von fast 100 %. Wegen der hohen freien Aktivierungsenthalpie läuft die Reaktion jedoch nicht ab; das Gemisch der Edukte ist **metastabil**. Die technische Synthese führt man bei 450 °C an einem Katalysator durch. Bei dieser Temperatur ist die Reaktion *endergonisch*. Durch hohen Druck und ständiges Abtrennen des Produkts gelingt die Ammoniak-Synthese trotzdem.

A1 ● **a)** Formulieren Sie die Reaktionsgleichung der Synthese von Ammoniak (NH_3) aus Stickstoff (N_2) und Wasserstoff (H_2).
b) Berechnen Sie die freie Reaktionsenthalpie für 25 °C (298 K) und für 450 °C (723 K).
c) Berechnen Sie den Zahlenwert der Gleichgewichtskonstante für 25 °C und für 450 °C.
d) Diskutieren Sie Ihre Ergebnisse und erklären Sie, warum man die Synthese dennoch bei der höheren Temperatur durchführt.

Ausbeute Verhältnis zwischen Produktmenge im Gleichgewicht und Produktmenge bei angenommenem vollständigem Umsatz:

$$\frac{n(Prod)_{Gleichgew.}}{n(Prod)_{vollst.}} = \frac{c(Prod)_{Gleichgew.}}{c(Prod)_{vollst.}}$$

Die Ausbeute kann aus der Gleichgewichtskonstanten berechnet werden.
Beim Reaktionstyp A + B ⇌ C + D gilt:

$$\frac{c(D)_{Gleichgew.}}{c(D)_{vollst.}} = \frac{\sqrt{K_c}}{1 + \sqrt{K_c}}$$

B1 zeigt die berechnete Kurve.

Metastabile Systeme müssten sich aus energetischer Sicht eigentlich in einem spontanen Vorgang verändern (z.B. in einer chemischen Reaktion). Wegen einer hohen Aktivierungsenergie findet der spontane Vorgang jedoch nicht statt.

Hinweise zur Berechnung von K_c aus Δ_rG:
Δ_rG muss in der Einheit Joule (nicht Kilojoule) angegeben werden.
$R = 8{,}314\,J/(mol \cdot K)$ ist die ideale Gaskonstante.
T ist die Temperatur in Kelvin (nicht °C, Kap. 5.15).
$\{K_c\}$ ist der Zahlenwert von K_c ohne Einheit. (Nur von einer Zahl ohne Einheit kann der Logarithmus berechnet werden.)
ln ist der natürliche Logarithmus. $e = 2{,}718...$ ist die Euler'sche Zahl.

5.20 Freie Enthalpie und Spannung galvanischer Zellen

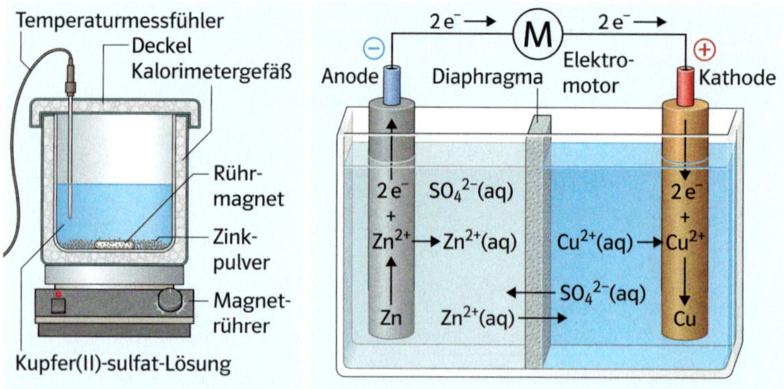

***B1** Reaktion von Kupfer(II)-Ionen mit Zink: direkte Reaktion im Kalorimeter (links) bzw. Reaktion im Daniell-Element (rechts)*

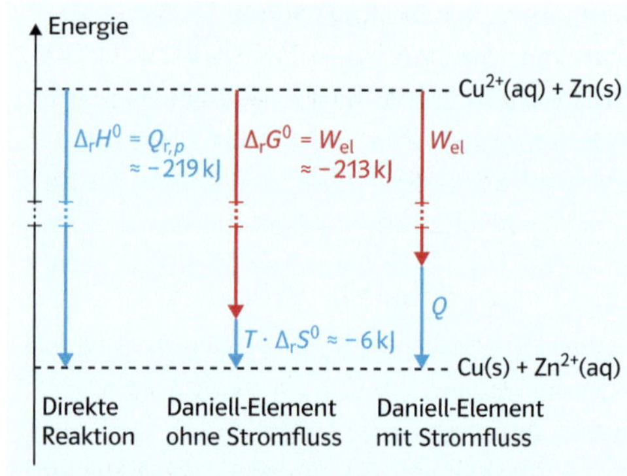

***B2** Energetische Betrachtung der Reaktion von Kupfer(II)-Ionen mit Zink*

Größen

ΔE: Potentialdifferenz (Einheit: 1 V = 1 J/As)

z: Anzahl der bei der Reaktion übertragenen Elektronen. Die *Stoffmenge* der übertragenen Elektronen ist folglich z mol.

F: Faraday-Konstante (F = 96 485,33 As/mol)

$\Delta_r H^0$: Standardreaktionsenthalpie

$\Delta_r S^0$: Standardreaktionsentropie

$\Delta_r G^0$: Freie Standardreaktionsenthalpie

T: Thermodynamische Temperatur (in Kelvin)

W_{el}: Elektrische Arbeit

$Q_{r,p}$: Reaktionswärme bei konstantem Druck

Viele Redoxreaktionen lassen sich in einer galvanischen Zelle als Spannungsquelle nutzbar machen. Man kann sie aber auch direkt in einem einfachen Reaktionsgefäß ablaufen lassen. Am Beispiel der Reaktion von Zink mit Kupfer(II)-Ionen wird im Folgenden die Energieumwandlung bei der direkten Reaktion und in der galvanischen Zelle betrachtet.

Direkte Reaktion. In einem Kalorimeter gibt man Zink-Pulver zu Kupfersulfat-Lösung [B1, links]. Sofort läuft eine spontane, exotherme Reaktion ab. Aus der Temperaturerhöhung und den Daten des Kalorimeters kann man die *Standardreaktionsenthalpie* ermitteln:

$$Cu^{2+}(aq) + Zn(s) \longrightarrow Cu(s) + Zn^{2+}(aq) \quad | \; \Delta_r H^0 \approx -219\,kJ$$

Reaktion in der galvanischen Zelle. Dieselbe Reaktion kann man auch in einer galvanischen Zelle (Daniell-Element, Kap. 5.8) ablaufen lassen [B1, rechts]. Sobald man z. B. einen Elektromotor anschließt, fließt Strom. Ein großer Teil der chemischen Energie wird in elektrische Arbeit umgewandelt, ein kleinerer Teil in Wärme. Ersetzt man den Elektromotor durch ein Spannungsmessgerät, misst man bei Standardbedingungen die Potentialdifferenz (Spannung) $\Delta E^0 = 1{,}102\,V$.

Aus der Potentialdifferenz kann man nach der folgenden Gleichung die *freie Standardreaktionsenthalpie* berechnen:

$$\Delta_r G^0 = -\Delta E^0 \cdot z\,mol \cdot F$$

Einsetzen von $z = 2$ und $\Delta E^0 = 1{,}102\,V$ in die Gleichung ergibt: $\Delta_r G^0 \approx -213\,kJ$.

Die freie Standardreaktionsenthalpie entspricht dem Betrag der maximal möglichen elektrischen Arbeit, die aus dieser Redoxreaktion gewonnen werden kann [B2].

Aus ΔE^0 kann man $\Delta_r G^0$ berechnen.

Berechnung der Reaktionsentropie. Die Gibbs-Helmholtz-Gleichung beschreibt den Unterschied zwischen der Reaktionsenthalpie und der freien Reaktionsenthalpie:

$$\Delta_r G = \Delta_r H - T \cdot \Delta_r S \quad \Leftrightarrow \quad \Delta_r H - \Delta_r G = T \cdot \Delta_r S$$

Einsetzen der Werte für Standardbedingungen ($\Delta_r H^0 \approx -219\,kJ$; $\Delta_r G^0 \approx -213\,kJ$; $T = 298{,}15\,K$) ergibt für das Daniell-Element:

$$298{,}15\,K \cdot \Delta_r S^0 \approx -6\,kJ$$

Der Energiebetrag von −6 kJ kann nicht in elektrische Arbeit umgewandelt werden, sondern nur in Wärme. Wenn im Daniell-Element Strom fließt, wird *zusätzlich* ein Teil der elektrischen Arbeit in Wärme umgewandelt [B2].

Aus dem Energiebetrag von −6 kJ lässt sich die Reaktionsentropie berechnen:

$$\Delta_r S^0 \approx \frac{-6\,000\,J}{298{,}15\,K} \approx -20\,J/K$$

Aus der Differenz zwischen $\Delta_r H^0$ und $\Delta_r G^0$ kann man $\Delta_r S^0$ berechnen.

Ermittlung der energetischen Daten ohne Kalorimetrie. Die Gibbs-Helmholtz-Gleichung ist annähernd eine Geradengleichung. Dies erkennt man, wenn man sie etwas anders als üblich aufschreibt:

$$\Delta_r G = -\Delta_r S^0 \cdot T + \Delta_r H^0$$

$$y = m \cdot x + b$$

Statt $\Delta_r H$ und $\Delta_r S$ stehen in dieser Gleichung die Standardwerte $\Delta_r H^0$ und $\Delta_r S^0$. Dies ist eine gute Näherung, solange die Aggregatzustände gleich bleiben (Kap. 5.18).

Die Variable $\Delta_r G$ kann man direkt aus der gemessenen Potentialdifferenz (Spannung) ΔE berechnen:

$$\Delta_r G = -\Delta E \cdot z \,\text{mol} \cdot F$$

Zur Ermittlung von $\Delta_r S^0$ und $\Delta_r H^0$ genügt es also, die Potentialdifferenz bei unterschiedlichen Temperaturen zu messen. B3 zeigt die Auftragung von $\Delta_r G$ gegen T für das Daniell-Element. Die freie Standardreaktionsenthalpie $\Delta_r G^0$ ergibt sich aus dem Wert der Potentialdifferenz bei 25 °C (298,15 K). Die Steigung der Geraden ist der negative Wert der Standardreaktionsentropie $-\Delta_r S^0$. Der Achsenabschnitt ist die Standardreaktionsenthalpie $\Delta_r H^0$.

Aus der temperaturabhängigen Messung der Spannung einer galvanischen Zelle ergeben sich die energetischen Daten der entsprechenden Redoxreaktion.

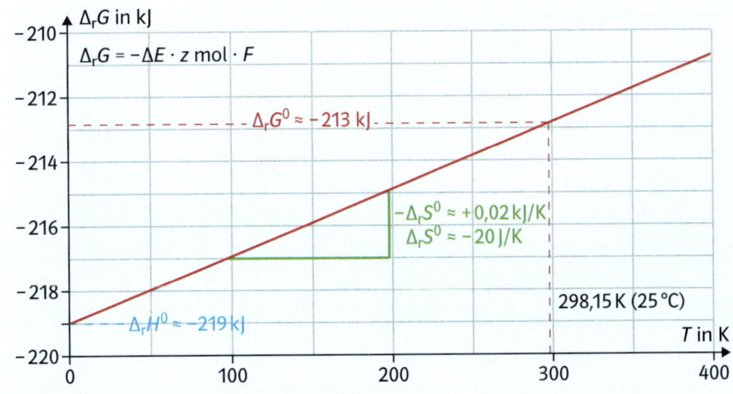

B3 Auftragung der freien Reaktionsenthalpie des Daniell-Elements gegen die Temperatur nach der Gibbs-Helmholtz-Gleichung

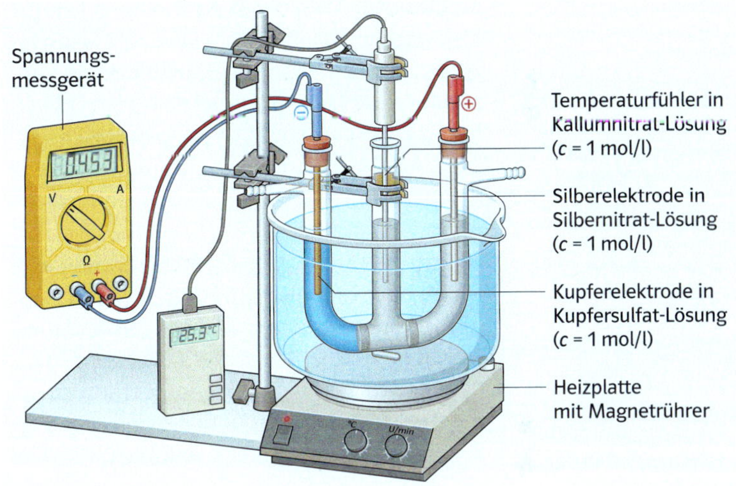

B4 Versuchsaufbau zu V1

V1 Die folgende galvanische Zelle wird aufgebaut und in ein Wasserbad gehängt [B4]:
$Cu / Cu^{2+}(aq) // KNO_3(aq) // Ag^+(aq) / Ag$ (alle Lösungen mit c = 1 mol/l). Das Wasserbad wird langsam erwärmt. Im Bereich zwischen ca. 15 °C und 70 °C wird die Potentialdifferenz (Spannung) ΔE abhängig von der Temperatur ϑ gemessen (z. B. in Schritten von 5 °C oder mit einer elektronischen Messwerterfassung in Abständen von 30 Sekunden).
Aufgaben: Legen Sie eine Wertetabelle mit den Messwerten ϑ und ΔE an. Stellen Sie die Reaktionsgleichung auf und ermitteln Sie daraus die Anzahl der übertragenen Elektronen z. Berechnen Sie nun T und $\Delta_r G$ aus den Messwerten. Tragen Sie in einem Diagramm T gegen $\Delta_r G$ auf und legen Sie eine Ausgleichsgerade durch die Messpunkte. Ermitteln Sie $\Delta_r G^0$, $\Delta_r S^0$ und $\Delta_r H^0$.

A1 Wird die Potentialdifferenz (Spannung) eines Daniell-Elements durch Temperaturerhöhung größer oder kleiner? Begründen Sie Ihre Antwort.

A2 Die Standardreaktionsenthalpie der Knallgasreaktion $2\,H_2 + O_2 \longrightarrow 2\,H_2O$ ist $\Delta_r H^0 \approx -572$ kJ. Diese Reaktion wird in der Wasserstoff-Sauerstoff-Brennstoffzelle genutzt (Kap. 5.32). Die Potentialdifferenz bei Standardbedingungen ist $\Delta E^0 = 1{,}229$ V. Berechnen Sie $\Delta_r G^0$ und $\Delta_r S^0$.

A3 Nehmen Sie Stellung zu der Aussage, dass man leere Batterien und Akkus auf die Heizung legen soll, um sie kurzfristig wieder etwas aufzuladen.

5.21 Elektrolysen in wässrigen Lösungen

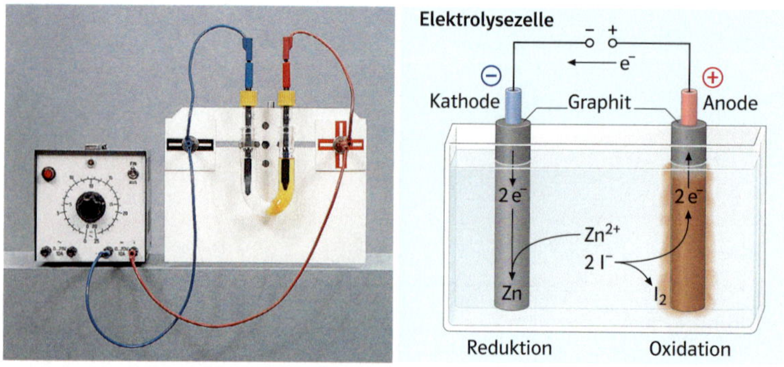

***B1** Elektrolyse einer Zinkiodid-Lösung*

Elektrolyse griech. Trennung („Auflösung") mittels Elektrizität

Anode Elektrode, an der die Oxidation stattfindet. Elektrolysezelle: Pluspol galvan. Zelle: Minuspol

Kathode Elektrode, an der die Reduktion stattfindet. Elektrolysezelle: Minuspol galvan. Zelle: Pluspol

Bergab-Regel und Elektrolyse Im Gegensatz zur spontan ablaufenden Reaktion in der galvanischen Zelle (Kap. 5.8) geht die Elektronenübertragung bei der erzwungenen Reaktion der Elektrolyse „bergauf".

Der Stromfluss in Elektrolytlösungen wird durch Kationen und Anionen ermöglicht.

Elektrolyse. Wird durch das Anlegen einer elektrischen Spannung die Elektrolytlösung zersetzt, spricht man von *Elektrolyse*. Die Vorgänge in der **Elektrolysezelle** sind die Umkehrung zu den Vorgängen in der galvanischen Zelle. Auch hier handelt es sich um eine Redoxreaktion.

Elektrolysiert man eine Zinkiodid-Lösung an Platin- oder Graphitelektroden [B1, V1], so werden an der mit dem Pluspol verbundenen Elektrode Iodid-Ionen zu Iod-Molekülen oxidiert. Davon räumlich getrennt werden an der mit dem Minuspol verbundenen Elektrode Zink-Ionen zu Zink-Atomen reduziert:

Oxidation (Pluspol): $2\,I^- \longrightarrow I_2 + 2\,e^-$
Reduktion (Minuspol): $Zn^{2+} + 2\,e^- \longrightarrow Zn$

Redoxreaktion: $Zn^{2+} + 2\,I^- \longrightarrow Zn + I_2$

Anders als bei der galvanischen Zelle (Kap. 5.8) ist bei einer Elektrolysezelle die Anode der Pluspol und die Kathode der Minuspol [B1].

Nur solange eine genügend große Gleichspannung an der Elektrolysezelle liegt, wird die Elektrolyse aufrecht erhalten. Ohne die Gleichspannungsquelle, die die elektrische Energie liefert, läuft die Reaktion nicht ab.

Unterbricht man die Elektrolyse, so kann man zwischen den Elektroden eine elektrische Spannung messen [V1]. Durch die Abscheidung der Elektrolyseprodukte verändern sich die Platinelektroden an ihrer Oberfläche. Sie sind zu einer Zink- bzw. Iodelektrode geworden. Durch die Elektrolyse ist eine galvanische Zelle entstanden, die aus einer Zn/Zn^{2+}- und einer I^-/I_2-Halbzelle besteht.

Die Elektrolyse ist die Umkehrung der in einer galvanischen Zelle spontan unter Abgabe elektrischer Energie ablaufenden Redoxreaktion. Die Elektrolyse wird durch die Zufuhr elektrischer Energie erzwungen.

Zersetzungsspannung. Elektrolysiert man Salzsäure an Platinelektroden [V2] und misst dabei die Stromstärke in Abhängigkeit von der angelegten Spannung U, ergibt sich die in B3 dargestellte **Stromstärke-Spannungs-Kurve**. Erhöht man die Spannung von $U = 0\,V$ ausgehend, nimmt die Stromstärke zunächst kaum zu. Erst ab einer bestimmten Spannung steigt die Stromstärke deutlich an. An den Platinelektroden ist auch erst ab dieser Spannung eine Abscheidung von Gasen zu beobachten (Wasserstoff an der Kathode, Chlor an der Anode). Von da ab nimmt die Stromstärke linear mit der Spannung zu und folgt somit dem Ohm'schen Gesetz. An den Elektroden entwickelt sich kontinuierlich Gas. Die zur ständigen Abscheidung der Elektrolyseprodukte erforderliche Mindestspannung heißt *Zersetzungsspannung* U_z. Sie kann aus der Stromstärke-Spannungs-Kurve ermittelt werden.

Für die kontinuierliche Abscheidung von Elektrolyseprodukten ist eine Mindestspannung erforderlich, die Zersetzungsspannung U_z.

Polarisationsspannung. Bereits bei einer geringen Spannung werden kleine Mengen von Wasserstoff und Chlor an den Platinelektroden abgeschieden und dort adsorbiert. Dadurch sind die Platinelektroden zu einer Wasserstoff- bzw. Chlorelektrode geworden, sie sind *polarisiert*. Somit ist eine galvanische Zelle entstanden. Die Spannung der galvanischen Zelle, die sogenannte *Polarisationsspannung*, ist der angelegten äußeren Spannung entgegengerichtet. Da ständig ein Teil

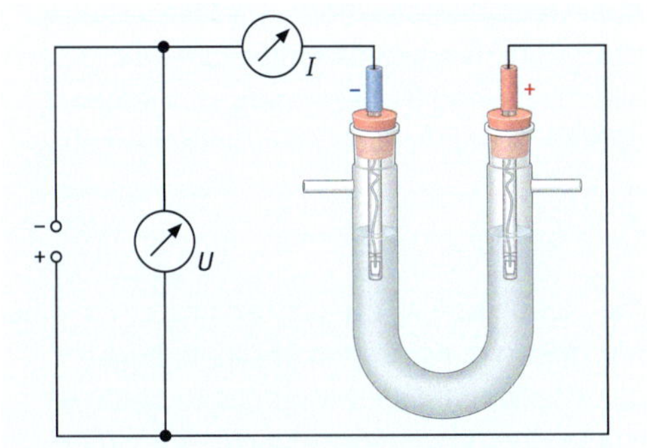

B2 Versuchsaufbau zur Ermittlung einer Stromstärke-Spannungs-Kurve

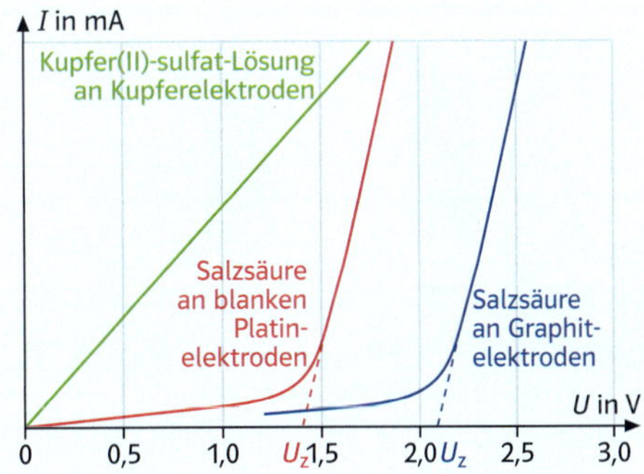

B3 Stromstärke-Spannungs-Kurven bei Elektrolysen

der adsorbierten Elektrolyseprodukte in die Lösung diffundiert, wird auch ständig etwas Wasserstoff und Chlor an den Elektroden abgeschieden. Dadurch kommt ein schwacher Strom zustande, der **Diffusionsstrom**. Erhöht man die äußere Spannung, steigt auch die Polarisationsspannung, bis sich an den Elektroden Gasblasen bilden. Diese *maximale* Polarisationsspannung ist die Zersetzungsspannung. Bei Platinelektroden entspricht sie annähernd der Spannung $U = \Delta E$ der galvanischen Zelle. Also ist die Zersetzungsspannung U_z bei Standardbedingungen der Elektrolysezelle $Pt/H_2/H_3O^+//Cl^-/Cl_2/Pt$:

$$U_z = \Delta E = E^0(Cl^-/Cl_2) - E^0(H_2/H_3O^+) = 1{,}36\,V - 0{,}00\,V = 1{,}36\,V$$

Abscheidungspotential. Den einzelnen Elektrodenvorgängen kann man *Abscheidungspotentiale* E_A zuordnen. Ihre Beträge entsprechen bei Platinelektroden annähernd den entsprechenden Redoxpotentialen. Die *Zersetzungsspannung* U_z ist die Differenz der Abscheidungspotentiale:

$$U_z = E_A(\text{Pluspol}) - E_A(\text{Minuspol}) = E_A(\text{Anode}) - E_A(\text{Kathode})$$

Überspannung. Verwendet man für die Elektrolyse von Salzsäure nicht Platin-, sondern Graphitelektroden, stellt man eine höhere Zersetzungsspannung fest [B3]. Die Differenz zwischen der berechneten Zersetzungsspannung (Spannung der entsprechenden galvanischen Zelle) und der gemessenen Zersetzungsspannung bezeichnet man als *Überspannung* $U_Ü$ [B5]. Die höhere Spannung kann dadurch erklärt werden, dass für die Elektrodenreaktionen Aktivierungsenergie erforderlich ist, die u.a. vom Elektrodenmaterial abhängt.

$$U_Ü = U_z(\text{gemessen}) - U_z(\text{berechnet})$$

Ohm'sches Gesetz
Proportionalität zwischen der Spannung U und der Stromstärke I
$U = R \cdot I$
Der Proportionalitätsfaktor wird als elektrischer Widerstand R bezeichnet:
$R = \frac{U}{I}$

U_z Zersetzungsspannung

E_A Abscheidungspotential

$U_Ü$ Überspannung

V1 a) Ein U-Rohr mit Diaphragma wird mit einer verdünnten Lösung von Zinkiodid (ZnI_2) gefüllt. Platin- oder Graphitelektroden werden eingesetzt. Eine Gleichspannung wird angelegt und beginnend bei 0 V erhöht, bis die Abscheidung von Iod erkennbar ist. b) Nach einigen Minuten wird die Spannungsquelle entfernt. Die Elektroden werden zunächst mit einem Spannungsmessgerät und anschließend mit einem Elektromotor verbunden.

V2 (Abzug!) In einem Versuchsaufbau nach B2 (U-Rohr ohne Diaphragma) elektrolysiert man Salzsäure ($c = 1\,mol/l$), zunächst an blanken Platinelektroden, dann an Graphitelektroden. Beginnend bei 0 V wird die Gleichspannung in 0,2-V-Schritten erhöht und jeweils die zugehörige Stromstärke (in mA) gemessen. Zeichnen Sie die beiden Stromstärke-Spannungs-Kurven.

V3 a) Eine wässrige Lösung von Zinkchlorid ($c(ZnCl_2) = 1\,mol/l$) wird an Graphitelektroden, b) Salzsäure ($c(HCl) = 1\,mol/l$) wird an Kupferelektroden elektrolysiert.

V4 Ermitteln Sie analog zu V2 die Stromstärke-Spannungs-Kurve zur Elektrolyse einer wässrigen Kupfer(II)-sulfat-Lösung ($c(CuSO_4) = 1\,mol/l$) an Kupferelektroden.

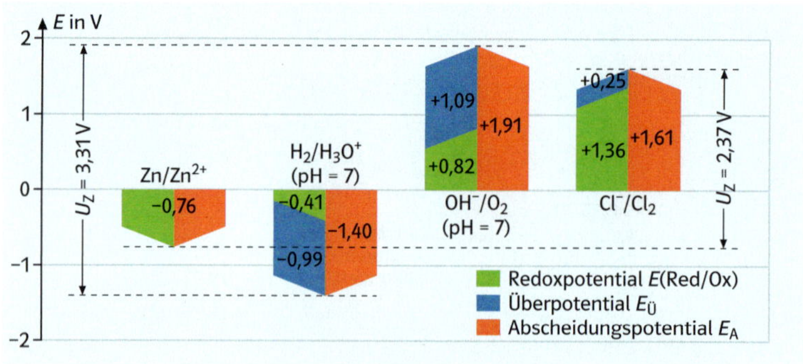

***B4** Abscheidungspotentiale E_A zur Elektrolyse einer Lösung von Zinkchlorid an Graphitelektroden (pH = 7; Stromdichte J = 0,1 A/cm²)*

Überpotential. Bei mindestens einer der Elektroden muss also der Betrag des Abscheidungspotentials höher sein als der Betrag des entsprechenden Redoxpotentials. Die Differenz nennt man *Überpotential* $E_Ü$ [B4].

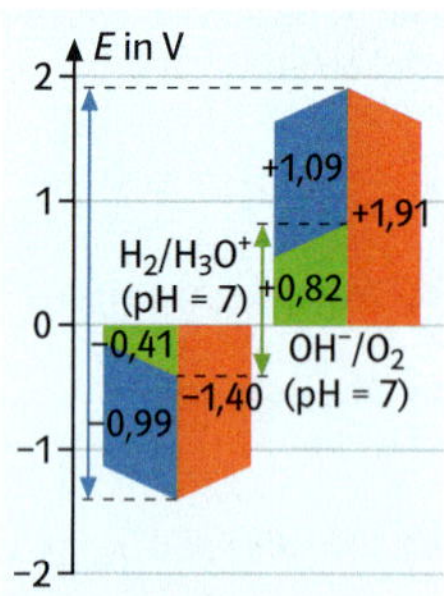

***B5** Grüner Doppelpfeil: U_z(berechnet) = 1,23 V (berechnete Zersetzungsspannung) Blauer Doppelpfeil: U_z(gemessen) = 3,31 V (gemessene Zersetzungsspannung) Überspannung: $U_Ü$ = (3,31 − 1,23) V = 2,08 V*

U_z Zersetzungsspannung

E_A Abscheidungspotential

$U_Ü$ Überspannung

Überpotentiale haben am Pluspol (Anode) ein positives, am Minuspol (Kathode) ein negatives Vorzeichen. Da sie entgegengesetzte Vorzeichen haben, können sie sich bei einer Elektrolyse nicht gegenseitig kompensieren. Die Höhe des Überpotentials hängt u.a. ab von der Art und Oberflächenbeschaffenheit des Elektrodenmaterials, von der Art und Konzentration der Ionen, von der Temperatur und von der Stromdichte. Überpotentiale sind gering bei Elektrodenreaktionen, die zur Abscheidung von Metallen führen, jedoch besonders groß, wenn Gase abgeschieden werden.

Elektrodenoberflächen können verändert werden um Überpotentiale zu verringern, z.B. durch das Platinieren von Platinelektroden, d.h. das Aufbringen einer oberflächenreichen, katalytisch aktiven Platinschicht.

Abscheidungspotentiale und Elektrolysen. Das tatsächliche *Abscheidungspotential* E_A an einer Elektrode ist die Summe des Redoxpotentials E(Red/Ox) und des Überpotentials $E_Ü$:

$$E_A = E(\text{Red/Ox}) + E_Ü$$

Aus den so berechneten Abscheidungspotentialen lässt sich vorhersagen, welche Elektrodenreaktionen bei einer Elektrolyse zuerst stattfinden.

Bei der Elektrolyse einer neutralen Zinkchlorid-Lösung an Graphitelektroden [V3a] würde man ohne Kenntnis der Überpotentiale erwarten, dass sich Wasserstoff und Sauerstoff abscheiden (allerdings beträgt U_z = 3,31 V an der Graphitelektrode und nicht wie erwartet 1,23 V [B5]). An Graphitelektroden erfordert jedoch die Abscheidung von Zink an der Kathode und Chlor an der Anode die geringste Zersetzungsspannung (U_z = 2,37 V) [B4]. Wasserstoff und Sauerstoff werden aufgrund der hohen Überspannungen erst dann abgeschieden, wenn alles Zinkchlorid zersetzt ist.

An den Elektrodenvorgängen kann auch das *Elektrodenmaterial* selbst beteiligt sein. Ein Beispiel ist die Elektrolyse von Salzsäure an Kupferelektroden: Die Oxidation des Anodenkupfers und die Abscheidung von Wasserstoff an der Kathode haben zusammen die geringste Zersetzungsspannung [V3b].

Bei der Elektrolyse werden zuerst die Teilchen oxidiert bzw. reduziert, welche die kleinste Differenz der Abscheidungspotentiale ergeben. Es läuft der Gesamtvorgang ab, welcher die kleinste Zersetzungsspannung erfordert.

A1 ○ Erstellen Sie für die galvanische Zelle aus Zink und Iod die Redoxgleichung einschließlich der Teilgleichungen.

A2 ○ **a)** Zeichnen Sie zu V2 die Stromstärke-Spannungs-Kurven und ermitteln Sie daraus die Zersetzungsspannungen [B4]. **b)** Erläutern Sie, warum nach Abschalten der Spannungsquelle noch kurzzeitig eine Spannung zu messen ist.

A3 ● Bei der Elektrolyse von Natronlauge (c = 1 mol/l) bzw. Schwefelsäure (c = 1 mol/l) an blanken Platinelektroden entsteht jeweils Wasserstoff und Sauerstoff. In beiden Fällen ergibt sich die gleiche Zersetzungsspannung U_z ≈ 1,75 V. Erläutern Sie die dargestellten Sachverhalte.

A4 ◒ Beschreiben Sie den Unterschied zwischen Überspannung und Überpotential.

Exkurs

5.22 Die Alkalichlorid-Elektrolyse

Chlor ist einer der wichtigsten anorganisch-chemischen Grundstoffe. Chlor wird z. B. bei der Synthese von Monomeren verwendet, aus denen Kunststoffe produziert werden. In der chemischen Industrie wird Chlor durch Elektrolyse einer wässrigen Lösung von Natriumchlorid (Steinsalz) hergestellt. Dabei entsteht Natronlauge als weiteres Produkt. Alle Alkalichlorid-Elektrolyse-Verfahren haben einen sehr hohen Energiebedarf.

Alkalichlorid-Elektrolyse – Allgemeines. In einer wässrigen Natriumchlorid-Lösung, die man auch als Sole bezeichnet, liegen folgende Ionen vor: Na^+ und Cl^- (durch Auflösen des Natriumchlorids), H_3O^+ und OH^- (durch die Autoprotolyse des Wassers). Daher sind prinzipiell folgende Elektrodenreaktionen möglich:

Pluspol (Anode):

$2\,Cl^- \longrightarrow Cl_2 + 2\,e^- \quad | \; E^0 = +1{,}36\,V$

$4\,OH^- \longrightarrow O_2 + 2\,H_2O + 4\,e^- \quad | \; E = +0{,}81\,V\ (pH = 7)$

Minuspol (Kathode):

$Na^+ + e^- \longrightarrow Na \quad | \; E^0 = -2{,}71\,V$

$2\,H_3O^+ + 2\,e^- \longrightarrow H_2 + 2\,H_2O \quad | \; E = -0{,}41\,V\ (pH = 7)$

Legt man an den Elektroden eine Spannung an, so werden bevorzugt die Zersetzungsprodukte abgeschieden, deren Ionen die geringste Zersetzungsspannung haben. Welche Elektrodenreaktionen stattfinden, kann man beeinflussen, z. B. durch das Elektrodenmaterial. Die folgende Gesamtreaktion ist erwünscht:

$$2\,NaCl(aq) + 2\,H_2O \longrightarrow 2\,NaOH(aq) + Cl_2(g) + H_2(g)$$

Bei der technischen Verwirklichung muss man daher Folgendes beachten:
- Die Bildung von Sauerstoff statt Chlor muss verhindert werden.
- Die Produkte Natronlauge und Chlor dürfen sich nicht vermischen, sonst reagieren sie zu einer Lösung von Natriumhypochlorit (NaOCl).
- Chlor darf sich nicht mit Wasserstoff zu Chlorknallgas mischen.

Diese Anforderungen werden von drei wichtigen Alkalichlorid-Elektrolyse-Verfahren erfüllt.

Beim Amalgamverfahren [B1] wird Chlor an Anoden aus Titan oder Graphit abgeschieden.

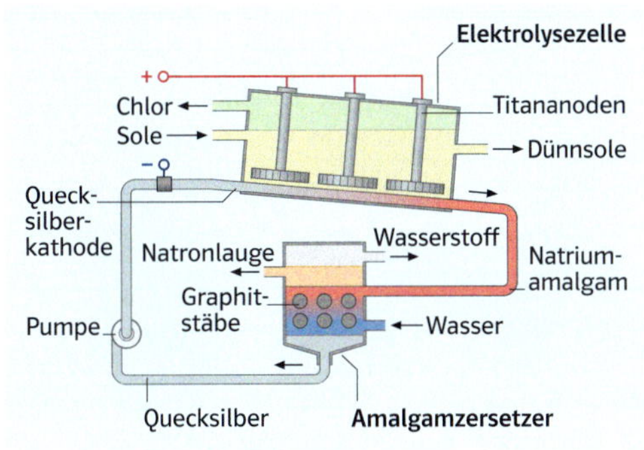

***B1** Amalgamverfahren*

Sauerstoff hat an diesen Elektroden ein hohes Überpotential. An der Quecksilber-Kathode hat Wasserstoff ein hohes Überpotential. Der Zusatz von Natriumhydroxid und Natriumcarbonat zur Sole erhöht den pH-Wert und damit auch das Abscheidungspotential. Das abgeschiedene Natrium bildet mit Quecksilber Natriumamalgam, welches im Amalgamzersetzer mit Wasser zu Natronlauge und Wasserstoff reagiert.

Beim Diaphragmaverfahren [B2] wird Chlor an einer Titananode abgeschieden. Wasserstoff und Natronlauge bilden sich direkt an einer Stahlkathode. Ein Diaphragma (i. d. R. aus PTFE, Kap. 9.2) und ein hydrostatischer Überdruck im Anodenraum verhindern die Wanderung der Hydroxid-Ionen zur Anode.

Beim Membranverfahren [B3] ist das Diaphragma durch eine Polymermembran ersetzt, die für Hydroxid- und Chlorid-Ionen undurchlässig ist. Dadurch erhält man chloridfreie Natronlauge. Bei neuen Anlagen wird nur noch das Membranverfahren eingesetzt.

Chlor, Natronlauge und Wasserstoff können durch Elektrolyse einer wässrigen Natriumchlorid-Lösung hergestellt werden.

A1 MK Recherchieren Sie die Verwendung von Chlor und Gründe dafür, dass Umweltverbände einen Verzicht auf Produkte aus Chlor-Verbindungen wie PVC fordern.

A2 MK Stellen Sie Vor- und Nachteile der drei Elektrolyse-Verfahren in einer Tabelle dar.

Chloralkali-Elektrolyse ist ein anderer Begriff für Alkalichlorid-Elektrolyse.

Natriumamalgam ist eine flüssige Legierung aus Natrium und Quecksilber.

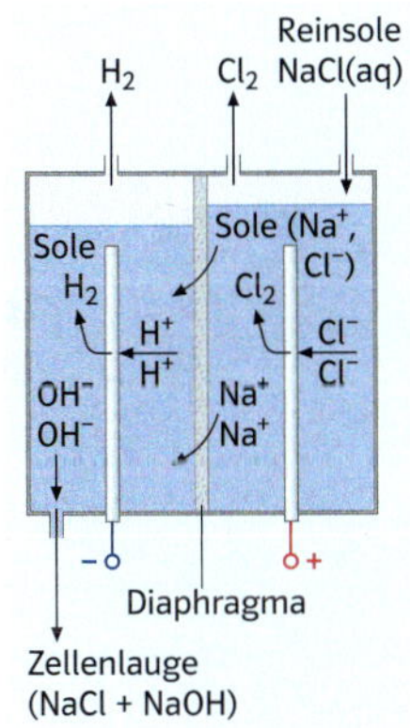

***B2** Diaphragmaverfahren*

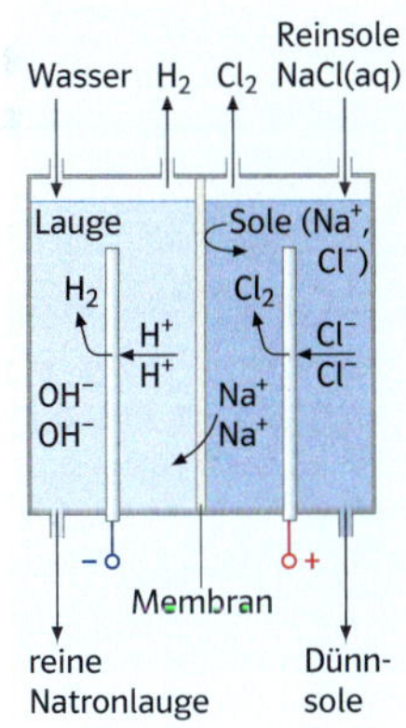

***B3** Membranverfahren*

5.23 Gewinnung von Zink

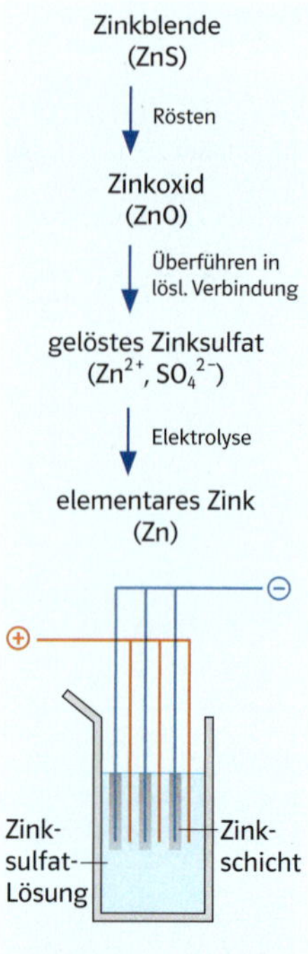

***B1** Schema der Zinkgewinnung*

***B2** Zinkblende (Rubinblende, eine rote Varietät)*

***B3** Verzinkte Gießkanne*

Elektrolysen haben eine große wirtschaftliche Bedeutung bei der Herstellung unedler Metalle. Durch die Zufuhr von elektrischer Energie erzwingen sie die Reduktion der Metall-Ionen [B1].

Vorkommen von Zink. Zink ist ein auf der Erde häufig vorkommendes Element, allerdings nur in Form seiner Erze. Die beiden häufigsten Erze sind Zinkblende (ZnS) [B2] und Smithsonit ($ZnCO_3$).
In Deutschland gibt es Zinkvorkommen, diese werden allerdings seit einiger Zeit nicht mehr abgebaut. Die größten Zinkproduzenten sind heute China, Australien und Peru.

China, Australien und Peru sind weltweit die größten Zinkproduzenten.

Der Werkstoff Zink. Zink ist ein wichtiger Werkstoff, der in vielen Bereichen des täglichen Lebens genutzt wird. Beispiele:
- Zink ist Bestandteil der Legierung Messing und damit in vielen Münzen, Badarmaturen und Metallbeschlägen enthalten.
- Leclanché-Elemente in Form der handelsüblichen Zink-Kohle-Batterie und Alkali-Mangan-Batterie enthalten Zink, außerdem die Zink-Luft-Knopfzelle und die Zink-Silberoxid-Knopfzelle (Kap. 5.26).
- Wegen seiner Haltbarkeit und Witterungsbeständigkeit spielt Zink eine wichtige Rolle als Korrosionsschutz (Kap. 5.34), z.B. bei verzinkten Autokarosserien, Dachrinnen und Gießkannen [B3].
- Feiner Zinkstaub wird bestimmten Farben als Rostschutzpigment beigemengt.
- Aus Feinzink-Gusslegierungen werden z.B. Spielzeugeisenbahnen hergestellt.

Zinkgewinnung [B1]. Um elementares Zink zu erhalten, lässt man in einem ersten Schritt Zinkblende mit Sauerstoff reagieren (Rösten).

$$2\,ZnS + 3\,O_2 \longrightarrow 2\,ZnO + 2\,SO_2$$

Das Schwefeldioxid kann zur Produktion von Schwefelsäure weiterverwendet werden.

Zinkoxid ist in Wasser nicht löslich. Für die Elektrolyse wird es mit Schwefelsäure in gut lösliches Zinksulfat überführt:

$$ZnO + H_2SO_4 \longrightarrow Zn^{2+} + SO_4^{2-} + H_2O$$

Bei der großtechnischen Zinkgewinnung verwendet man bei einer Spannung von ca. 3,5 V Aluminiumbleche als Minuspol und Bleielektroden als Pluspol. Zink scheidet sich in hoher Reinheit auf den Aluminiumblechen ab und kann dort mechanisch entfernt werden.

Minuspol: $Zn^{2+} + 2\,e^- \longrightarrow Zn$

Das durch Elektrolyse der Zinksulfat-Lösung hergestellte Zink deckt 80 % des weltweiten Zinkbedarfs.

Der größte Teil des weltweiten Zinkbedarfs wird durch Zink gedeckt, das durch Elektrolyse einer Zinksulfat-Lösung hergestellt wurde.

Recycling von Zink. Etwa ein Viertel des weltweit produzierten Zinks wird aus Recyclingmaterialien wie Autokarosserien oder Messingschrott gewonnen. Dadurch werden Ressourcen geschont und Energiekosten gesenkt. Auch bei den Recyclingprozessen werden elektrolytische Verfahren genutzt.

5.24 Gewinnung von Aluminium

B1 *Bauxithalde in Australien*

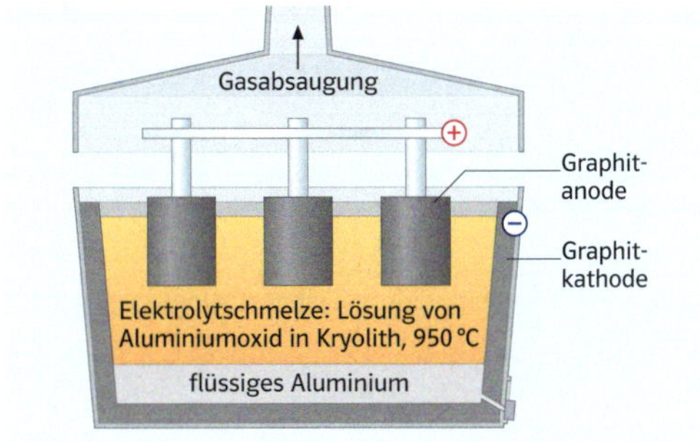

B2 *Schmelzofen zur Herstellung von Aluminium*

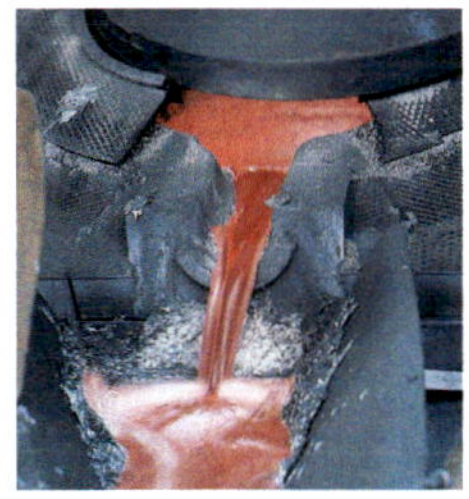

B3 *Flüssiges Aluminium*

In Les Beaux, einem kleinen Ort in Südfrankreich, wurde 1820 ein rotbraunes Erz entdeckt, das man **Bauxit** nannte. Aus ihm wird *Aluminiumoxid* (Al_2O_3) gewonnen. 2 t Bauxit liefern etwa 1 t reines Aluminiumoxid. Heute werden weltweit jährlich 150 Millionen Tonnen Bauxit abgebaut, ein Drittel davon in Australien [B1].

Schmelzflusselektrolyse. Weil Aluminiumoxid nicht wasserlöslich ist, unterwirft man es großtechnisch der *Schmelzflusselektrolyse*, um daraus Aluminium zu gewinnen. Aluminiumoxid hat allerdings den Nachteil, dass es eine hohe Schmelztemperatur von 2045 °C besitzt. Um den Energieverbrauch zu verringern, löst man das Aluminiumoxid in flüssigem Kryolith. Kryolith ist ein Salz der Zusammensetzung Na_3AlF_6 und hat eine Schmelztemperatur von 1009 °C. Ein Gemisch aus Aluminiumoxid und Kryolith mit einem Massenanteil $w(\text{Kryolith}) = 81{,}5\,\%$ schmilzt bereits bei 950 °C.

Die Schmelzflusselektrolyse wird in einer Eisenblechwanne durchgeführt, die mit Graphit ausgekleidet ist [B2]. Das Graphit dient gleichzeitig als Kathode (Minuspol). Die Anode (Pluspol) besteht aus Graphitblöcken, die in die Schmelze eintauchen.

Aus dem Aluminiumoxid entstehen durch elektrolytische Zersetzung Aluminium und Sauerstoff. Das flüssige Aluminium sammelt sich am Boden der Wanne [B2] und wird von Zeit zu Zeit abgelassen und in Barren gegossen [B3]. Der entstehende Sauerstoff reagiert mit dem Kohlenstoff der Graphitblöcke; die Verbrennungsgase werden abgesaugt. Die dabei abgegebene Wärme trägt neben der elektrischen Energie dazu bei, dass das Gemisch aus Aluminiumoxid und Kryolith flüssig bleibt.

Elektrodenvorgänge. In der Schmelze liegen Aluminium- und Oxid-Ionen vor. Die positiv geladenen Aluminium-Ionen wandern zum Minuspol (Kathode) und nehmen dort jeweils drei Elektronen auf. Es entstehen Aluminium-Atome. Die Oxid-Ionen wandern zum Pluspol (Anode) und geben dort jeweils zwei Elektronen ab:

Minuspol: $Al^{3+} + 3\,e^- \longrightarrow Al$
Pluspol: $2\,O^{2-} \longrightarrow O_2 + 4\,e^-$

Der entstehende Sauerstoff wird nicht freigesetzt, sondern reagiert mit dem Graphit der Elektrode zu Kohlenstoffmonooxid und Kohlenstoffdioxid:

$C + O_2 \longrightarrow CO_2$ bzw. $2\,C + O_2 \longrightarrow 2\,CO$

Aluminium wird durch Schmelzflusselektrolyse gewonnen.

A1 ● 1889 g Aluminiumoxid werden elektrolysiert.
a) Berechnen Sie die Masse des gewonnenen Aluminiums.
b) Berechnen Sie die Masse des verbrannten Graphits. (Gehen Sie davon aus, dass alles Graphit zu Kohlenstoffmonooxid verbrennt.)
c) Berechnen Sie die mindestens benötigte Energie in kWh. (Zersetzungsenergie von 1 mol Al_2O_3: 1676 kJ; 1 kWh = 3 600 kJ) Vergleichen Sie den errechneten Wert mit dem tatsächlichen Energieaufwand von ca. 13 kWh für 1 kg Aluminium.

5.25 Quantitative Betrachtung der Elektrolyse

MICHAEL FARADAY, der Sohn eines Londoner Schmieds, forschte mit großem Erfolg auf vielen Gebieten der Chemie und Physik.
Er untersuchte u.a. die elektrochemische Zersetzung und entdeckte das Benzol. Von ihm stammen die Begriffe Elektrolyse, Elektrode, Kathode, Anode, Ion, Kation und Anion.
Eine seiner bedeutendsten Entdeckungen ist die elektromagnetische Induktion. Sie ist die Grundlage der Elektrotechnik.

B1 MICHAEL FARADAY *(1791–1867)*

Avogadro-Konstante
$N_A = 6{,}022\,142 \cdot 10^{23}\,\text{mol}^{-1}$
Konstante zur Umrechnung der Teilchenanzahl in die Einheit Mol

Elementarladung
$e = 1{,}602\,176 \cdot 10^{-19}\,\text{A·s}$
Betrag der Ladung eines Elektrons

Faraday-Konstante
$F = N_A \cdot e$
$= 96485\,\text{A·s·mol}^{-1}$
Betrag der Ladung von Elektronen, bezogen auf die Stoffmenge

Die ersten quantitativen Untersuchungen von Elektrolysen durch MICHAEL FARADAY [B1] im Jahre 1834 lieferten wichtige Erkenntnisse über die Vorstellung vom Aufbau der Stoffe aus Atomen, Molekülen und Ionen und bildeten die Grundlage für die Elektrochemie.

Quantitative Elektrolyse. Elektrolysiert man z.B. verdünnte Schwefelsäure an blanken Platinelektroden [B2], finden an den Elektroden die folgenden Reaktionen statt:

Pluspol (Anode):
$$4\,OH^-(aq) \longrightarrow O_2(g) + 2\,H_2O(l) + 4\,e^-$$

Minuspol (Kathode):
$$4\,H_3O^+(aq) + 4\,e^- \longrightarrow 2\,H_2(g) + 4\,H_2O(l)$$

Die OH^--Ionen stammen aus dem Autoprotolyse-Gleichgewicht des Wassers.
Bei der quantitativen Untersuchung [V1, B2] zeigt sich, dass die Volumina V der abgeschiedenen Gase (Wasserstoff bzw. Sauerstoff) bei konstanter Stromstärke I proportional zur Elektrolysezeit t und bei konstanter Elektrolysedauer proportional zur Stromstärke sind:

$$V(\text{Gas}) \sim t \quad (I = \text{konst.}) \quad \text{bzw.}$$
$$V(\text{Gas}) \sim I \quad (t = \text{konst.}) \qquad (1)$$

Das Faraday-Gesetz. Fasst man beide Ergebnisse zusammen, so ergibt sich: Die Volumina der abgeschiedenen Gase sind proportional zum Produkt aus Stromstärke und Zeit, also zur elektrischen Ladung Q:

$$V(\text{Gas}) \sim I \cdot t \quad \text{bzw.} \quad V(\text{Gas}) \sim Q \qquad (2)$$

Mit dem molaren Volumen $V_m = V/n$ erhält man die *Stoffmengen n* der Elektrolyseprodukte und eine für alle Elektrolysen gültige Gesetzmäßigkeit: Die Stoffmenge n einer elektrolytisch abgeschiedenen Stoffportion ist proportional zur übertragenen Ladung Q:

$$n \sim I \cdot t \quad \text{bzw.} \quad n \sim Q \qquad (3)$$

Diese Beziehung wird im Folgenden theoretisch hergeleitet, dabei erhält man auch die *Proportionalitätskonstante*.

Zur Abscheidung von N Teilchen der Ladung $z \cdot e$ ist die Ladung $Q = N \cdot z \cdot e$ erforderlich. Die Anzahl N der Teilchen ist das Produkt der Stoffmenge n und der Avogadro-Konstante N_A. Damit ergibt sich:

$$Q = I \cdot t = N \cdot z \cdot e = n \cdot N_A \cdot z \cdot e \qquad (4)$$

Das Produkt $N_A \cdot e$ bezeichnet man als **Faraday-Konstante** *F*. Aus Gleichung (4) wird damit:

$$Q = I \cdot t = n \cdot z \cdot F \qquad (5)$$

Beispiel: Um 1 mol Ionen mit der Ladungszahl $z = 1$ zu entladen, ist die Ladung $Q = 1\,\text{mol} \cdot 1 \cdot F = 96\,485\,\text{A·s}$ erforderlich.
Umstellen der Gleichung (5) ergibt:

$$n = \frac{I \cdot t}{z \cdot F} \qquad \textbf{Faraday-Gesetz} \qquad (6)$$

Häufig will man nicht die Stoffmenge eines abgeschiedenen Stoffes berechnen, sondern die Masse oder das Volumen. Zur Umrechnung dienen die folgenden Gleichungen:

$$m \sim n \cdot M \quad \text{bzw.} \quad V \sim n \cdot V_m$$

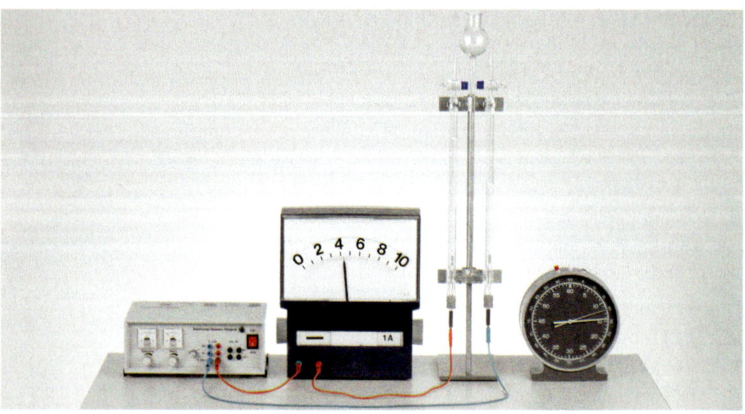

B2 *Quantitative Elektrolyse von verdünnter Schwefelsäure im Hofmann-Zersetzungsapparat*

Bei einer Elektrolyse von Kupfer(II)-sulfat-Lösung an Kupferelektroden fließt genau $t = 30\,\text{min}$ lang ein Strom der Stärke $I = 0{,}400\,\text{A}$.

Berechnung der Masse m des an der Kathode abgeschiedenen Kupfers:

$$m(\text{Kupfer}) = \frac{I \cdot t}{z \cdot F} \cdot M(\text{Cu})$$

$$m(\text{Kupfer}) = \frac{0{,}400\,\text{A} \cdot (30 \cdot 60\,\text{s}) \cdot 63{,}55\,\text{g} \cdot \text{mol}^{-1}}{2 \cdot 96\,485\,\text{A} \cdot \text{s} \cdot \text{mol}^{-1}}$$

$$= 0{,}237\,\text{g}$$

B3 *Anwendung des Faraday-Gesetzes*

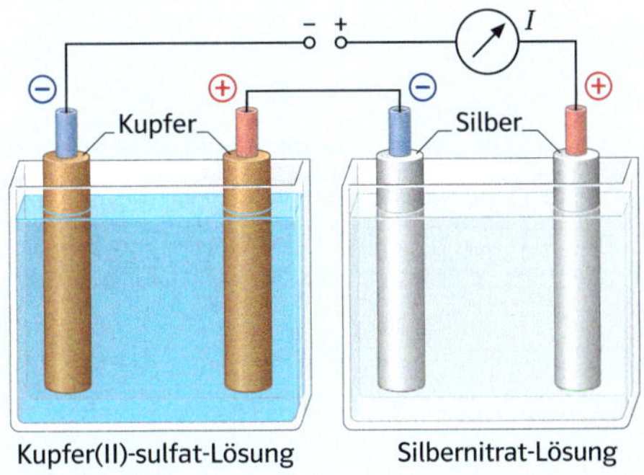

B4 *Gleichzeitige Elektrolyse einer Kupfer(II)-sulfat-Lösung an Kupferelektroden und einer Silbernitrat-Lösung an Silberelektroden*

Das 2. Faraday-Gesetz Aus dem Faraday-Gesetz folgt ein Zusammenhang zwischen den Stoffmengen verschiedener Elektrolyseprodukte, die durch die gleiche elektrische Ladung abgeschieden werden. Diesen Zusammenhang bezeichnet man auch als 2. Faraday-Gesetz.

Bei der in B4 dargestellten Elektrolyseanordnung wird an allen Elektroden in der gleichen Zeit die gleiche Ladung Q übertragen [V2]. Die folgenden Kathodenvorgänge finden statt:

$$Ag^+(aq) + e^- \longrightarrow Ag(s)$$

$$Cu^{2+}(aq) + 2\,e^- \longrightarrow Cu(s)$$

Die Abscheidung von 1 mol Kupfer-Atomen erfordert somit eine doppelt so große Ladung wie die Abscheidung von 1 mol Silber-Atomen.

Für den Zusammenhang zwischen den Stoffmengen n_1 und n_2 von Portionen verschiedener Elektrolyseprodukte, die durch die gleiche elektrische Ladung Q abgeschieden werden, gilt nach Gleichung (5):

$$Q = n_1 \cdot z_1 \cdot F = n_2 \cdot z_2 \cdot F \qquad (7)$$

Umstellen der Gleichung (7) ergibt das Verhältnis der Stoffmengen:

$$\frac{n_1}{n_2} = \frac{z_2}{z_1} \qquad \textbf{2. Faraday-Gesetz}\ (8)$$

V1 Elektrolysieren Sie in einem Hofmann-Zersetzungsapparat [B2] Schwefelsäure ($c(H_2SO_4) = 0{,}5\,\text{mol/l}$) an blanken Platinelektroden.
a) Messen Sie bei konstanter Stromstärke I (z. B. $I = 0{,}2\,\text{A}$; $0{,}4\,\text{A}$; $0{,}6\,\text{A}$) die Gasvolumina in Zeitabständen von je 60 s bis zum Erreichen eines Wasserstoffvolumens V(Wasserstoff) von ca. 25 ml. Tragen Sie die Messwerte in Wertetabellen ein.
b) Stellen Sie die Messwerte in einem V-t-Diagramm (I = konst.) bzw. einem V-I-Diagramm (t = konst.) grafisch dar.
c) Berechnen Sie die Stoffmengen n der abgeschiedenen Gase.

V2 Schalten Sie zwei Elektrolysezellen in Reihe: Silbernitrat-Lösung mit $c(AgNO_3) = 0{,}1\,\text{mol/l}$ und Silberelektroden, Kupfer(II)-sulfat-Lösung (12,5 g $CuSO_4 \cdot 5\,H_2O$; 2,5 ml konz. H_2SO_4, 5 ml Ethanol in 100 ml dest. Wasser) und Kupferelektroden [B4]. Wiegen Sie die Kathoden vor Beginn des Versuchs und nach einer Elektrolysedauer von z. B. 20 min bei einer Stromstärke von 0,4 A. Die Kathoden mit den abgeschiedenen Stoffen müssen vor dem Wiegen getrocknet werden.

A1 Bei der Elektrolyse einer Silbernitrat-Lösung werden 1,118 mg Silber in 1 Sekunde abgeschieden. Berechnen Sie die Stromstärke.

A2 Aus einer Kupfer(II)-sulfat-Lösung soll 1 g Kupfer bei einer Stromstärke von 0,1 A abgeschieden werden. Berechnen Sie die benötigte Zeit.

5.26 Batterien

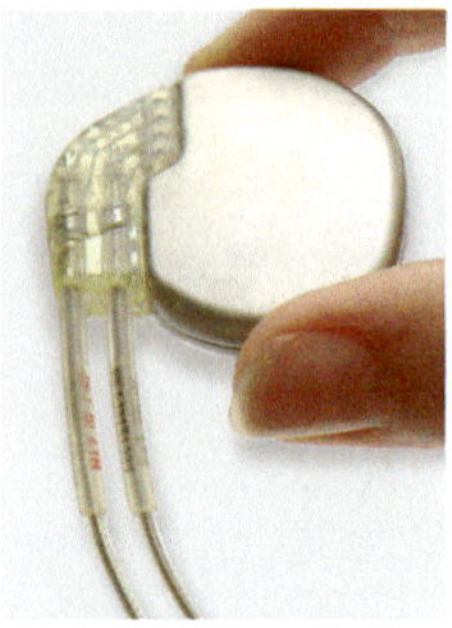

B1 *Im Herzschrittmacher befindet sich eine Knopfzelle*

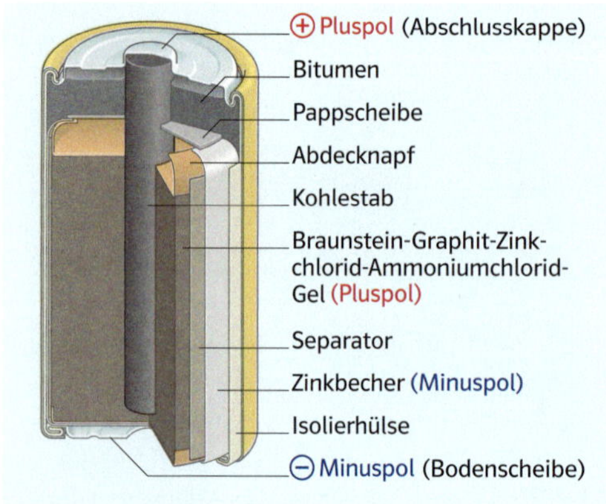

B2 *Zink-Kohle-Batterie*

Minuspol:

$$\overset{0}{\mathrm{Zn}} \longrightarrow \overset{\mathrm{II}}{\mathrm{Zn}}^{2+} + 2\,e^-$$

Pluspol:

$$\overset{\mathrm{IV}}{\mathrm{Mn}}\mathrm{O_2} + \mathrm{H_2O} + e^- \longrightarrow \overset{\mathrm{III}}{\mathrm{Mn}}\mathrm{O(OH)} + \mathrm{OH}^-$$

Mangan(IV)-oxid → Mangan(III)-hydroxid-oxid

B3 *Reaktionen beim Entladen einer Zink-Kohle-Batterie*

B4 *Eine 9-Volt-Batterie enthält sechs in Reihe geschaltete 1,5-Volt-Zellen*

Braunstein Mangan(IV)-oxid oder Mangandioxid, MnO_2

Nennspannung Die Nennspannung ist die mittlere Spannung an der Batterie während der Entladung mit einer niedrigen Stromstärke.

Galvanische Zellen sind Energiespeicher. Sie stellen unabhängig vom Stromnetz Energie bereit, z. B. für Computer und Spielzeug. Bei manchen Geräten wie z. B. Herzschrittmachern sind sie unersetzlich [B1]. Bei der „Entladung" einer galvanischen Zelle wird die gespeicherte chemische Energie durch eine Redoxreaktion in elektrische Energie umgewandelt.

Batterien. Oft werden mehrere galvanische Zellen (Elemente) zur Erhöhung der Spannung in Reihe geschaltet [B4]. Man spricht dann von *Batterien*. Häufig wird diese Bezeichnung jedoch auch für einzelne galvanische Zellen verwendet. Batterien gibt es in verschiedenen Größen und Typen für die unterschiedlichen Anwendungsbereiche [B7]. Besonders kleine Bauformen sind die Knopfzellen [B6].
Je nachdem, ob die Elektrodenreaktionen umkehrbar sind, teilt man Batterien in **Primärzellen** und in **Sekundärzellen** ein.
Im Handel gibt es unterschiedliche Größen und Typen von Primärzellen. Diese sind auf den Anwendungsbereich abgestimmt.

Kann eine galvanische Zelle nicht wieder aufgeladen werden, bezeichnet man sie als Primärzelle. Bei einer wieder aufladbaren galvanischen Zelle spricht man von einer Sekundärzelle oder einem Akkumulator.

Die **Zink-Kohle-Batterie** [B2] wird heute hauptsächlich in Taschenlampen und Spielzeug eingesetzt. Sie geht auf das *Leclanché-Element* zurück, das 1866 von Georges Leclanché patentiert wurde.

Die Anode ist ein Zinkbecher, der gleichzeitig als Behälter dient. Die Kathode ist ein Graphitstift, der von einem Braunstein-Ruß-Gemisch umgeben ist. Das ursprüngliche Leclanché-Element enthielt nur Ammoniumchlorid-Lösung als Elektrolyt. In der heutigen „Trockenbatterie" dient eine Lösung von Zinkchlorid mit geringen Mengen Ammoniumchlorid als Elektrolyt, welche durch Zusatz von Quellmitteln (z. B. Stärke) zu einem Gel eingedickt ist. Die Spannung beträgt 1,5 bis 1,7 V. Beim Betrieb der Batterie, d. h. bei Stromfluss, ist die Spannung etwas kleiner. Als sogenannte *Nennspannung* wird 1,5 V angegeben. Die beim Entladen einer Zink-Kohle-Batterie ablaufenden Reaktionen lassen sich vereinfacht wie in B3 dargestellt beschreiben.

Bei Stromfluss wird der Zinkbecher teilweise zerstört. Im Elektrolyt entsteht eine komplexe Zink-Verbindung ($ZnCl_2 \cdot 4\,ZnO \cdot 5\,H_2O$). Da Zink-Kohle-Batterien manchmal auslaufen und dadurch Elektrogeräte beschädigen können, werden sie zunehmend durch Alkali-Mangan-Batterien ersetzt.

Die **Alkali-Mangan-Batterie** [B4, B5] (auch „Alkaline") liefert eine höhere Stromstärke als die Zink-Kohle-Batterie und ist daher für Geräte mit hohem Strombedarf (z. B. Fotoapparate) und mit Dauernutzung (z. B. tragbare Audiogeräte) besser geeignet. Außerdem gilt sie als auslaufsicher.
Die Elektrodenreaktionen der Alkali-Mangan-Batterie entsprechen denen der Zink-Kohle-Batterie. Als Elektrolytlösung dient Kalilauge. Die Nennspannung beträgt ebenfalls 1,5 V.

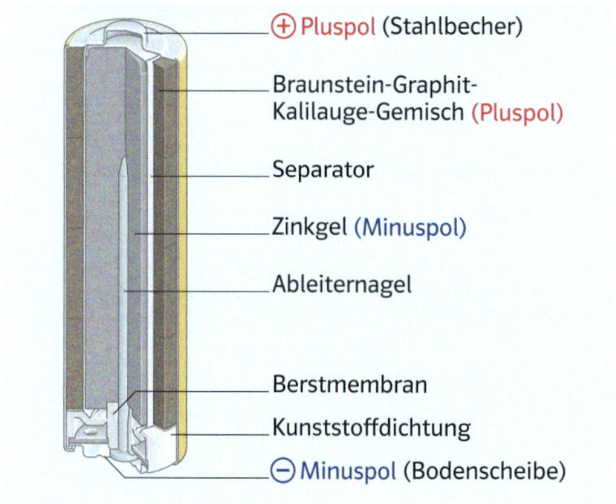

B5 *Alkali-Mangan-Batterie*

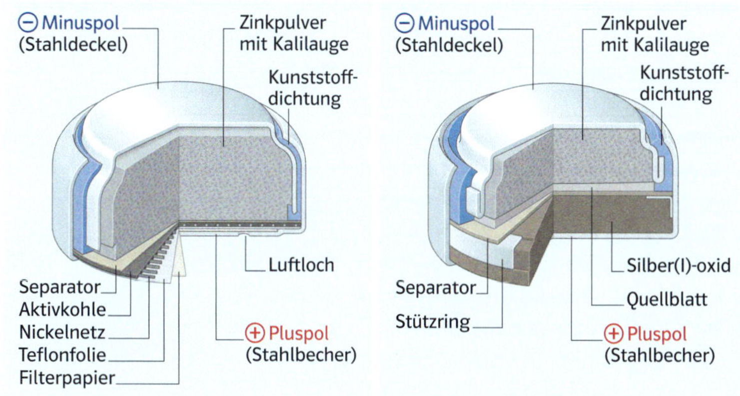

B6 *Zink-Luft-Knopfzelle (links), Silberoxid-Zink-Knopfzelle (rechts)*

Die **Zink-Luft-Knopfzelle** [B6, links] hat eine Nennspannung von 1,4 V. Sie eignet sich z. B. für Hörgeräte. Als Elektrolytlösung dient Kalilauge. Die Anodenreaktion ist die Oxidation von Zink, wie bei der Zink-Kohle- und Alkali-Mangan-Batterie. Die Kathode ist ein Aktivkohle-Ruß-Gemisch, das mit der Luft in Verbindung steht. An der katalytisch wirksamen Aktivkohle wird Sauerstoff reduziert:

$$\overset{0}{O_2} + 2\,H_2O + 4\,e^- \longrightarrow 4\,\overset{-II}{O}H^-$$

Die **Silberoxid-Zink-Knopfzelle** [B6, rechts] ist sehr langlebig (ca. 5 Jahre). Sie enthält eine Zinkanode und eine Silberoxidkathode. Als Elektrolyt wird Kalilauge verwendet.
Sie wird hauptsächlich in Uhren und Herzschrittmachern [B1] eingesetzt. Eine verbrauchte Silberoxid-Zink-Knopfzelle enthält Silber. Dieses kann bei fachgerechter Entsorgung der Batterie wiedergewonnen werden.

Die **Lithium-Mangan-Batterie** [B8] ist eine Primärzelle mit hoher Spannung (Nennspannung 3 V) sowie langer Lebensdauer.
Sie wird in der Mikroelektronik eingesetzt, z. B. in Fotoapparaten mit hohem Strombedarf und in Rauchmeldern. Lithium bildet das Anodenmaterial, Braunstein das Kathodenmaterial. Die Elektrolytlösung ist ein Gemisch aus organischen Lösungsmitteln und darin gelöstem Lithiumperchlorat ($LiClO_4$).
Beim Entladen werden die Mangan(IV)-Ionen des Braunsteins zu Mangan(III)-Ionen reduziert. Die durch Oxidation der Lithium-Atome gebildeten Lithium-Ionen werden in das Kristallgitter des Braunsteins eingebaut:

$$\overset{0}{Li} + \overset{IV}{Mn}O_2 \longrightarrow \overset{I}{Li}\overset{III}{Mn}O_2$$

In vielen Batterien wird Energie durch die Oxidation eines unedlen Metalls gewonnen.

Bezeichnung	Maße in mm	Spannung in V
Microzelle	10,5 · 44,5	1,5
Mignonzelle	14,5 · 50,5	1,5
Babyzelle	26,2 · 50	1,5
Monozelle	34,2 · 61,5	1,5
9-V-Block	26,5 · 17,5 · 48,5	9,0
Flachbatterie	26 · 22 · 67	4,5

B7 *Bauformen von Zink-Kohle- und Alkali-Mangan-Batterien*

B8 *9-Volt-Lithium-Mangan-Batterie (enthält drei Zellen)*

A1 ◒ **a)** Formulieren Sie die Gesamtreaktion der Zink-Kohle-Batterie.
b) Erklären Sie, warum eine Zink-Kohle-Batterie auslaufen kann.
c) Vergleichen Sie die Zink-Kohle-Batterie mit der Alkali-Mangan-Batterie hinsichtlich ihres Aufbaus.

A2 ◒ MK **a)** Erläutern Sie anhand von B6 die Vorgänge in einer Zink-Luft-Knopfzelle. **b)** Erklären Sie, warum vor Gebrauch eine Klebefolie von der Unterseite entfernt werden muss.

A3 ● MK Recherchieren Sie die Funktion einer Berstmembran einer Alkali-Mangan-Batterie [B5].

Praktikum

5.27 Primärzellen

Batterien haben oft einen ähnlichen Aufbau. Wesentlich ist, dass die Oxidation getrennt von der Reduktion abläuft.

V1 Volta-Elemente

Material:
Spannungsmessgerät mit hohem Innenwiderstand, Kleinelektromotor, 3 Bechergläser (100 ml), 3 Gummistopfen, 3 Kupfer- und 3 Zinkbleche (jeweils 3 cm · 6 cm), 6 Krokodilklemmen, 4 Verbindungsleitungen, verdünnte Essigsäure (c = 1 mol/l). (Statt der Bechergläser und Bleche können auch Rillentröge mit passenden Plattenelektroden verwendet werden.)

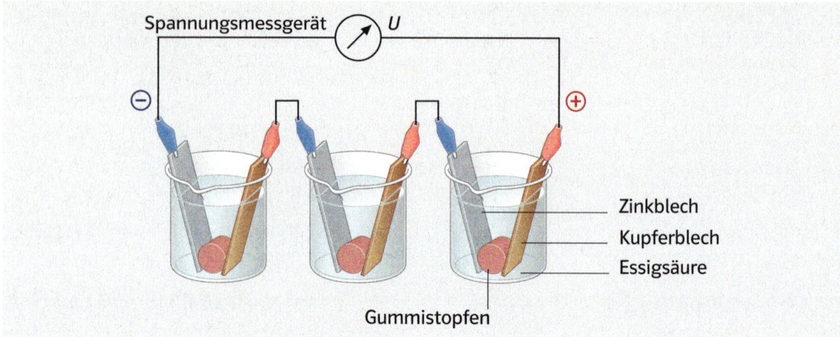

***B1** Volta-Elemente in Reihenschaltung*

Durchführung:
a) Legen Sie in drei Bechergläser jeweils einen Gummistopfen und füllen Sie die Bechergläser je zur Hälfte mit verdünnter Essigsäure. Stellen Sie ein Zinkblech und ein Kupferblech so in jedes Becherglas, dass die Bleche durch den Gummistopfen getrennt werden.

b) Messen Sie die Spannungen zwischen den Elektroden der Volta-Elemente. **c)** Schließen Sie an eines der Volta-Elemente den Kleinelektromotor an. Messen Sie die Spannung und die Stromstärke beim Betrieb des Motors. **d)** Schalten Sie zunächst 2 und dann alle 3 Volta-Elemente in Reihe [B1]. Messen Sie jeweils die Gesamtspannung.

Aufgaben:
1. Formulieren Sie die Teilgleichungen für die an den Elektroden ablaufenden Reaktionen.
2. Zeichnen Sie eine Schaltskizze zu Versuch (c).
3. Welche Gesamtspannung ergibt sich bei der Reihenschaltung von galvanischen Zellen? Formulieren Sie die entsprechende Gleichung.

V2 Leclanché-Element

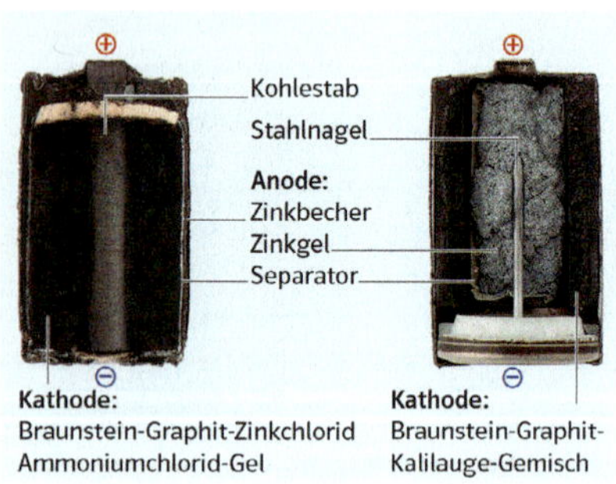

***B2** Zink-Kohle-Batterie (links) und Alkali-Mangan-Batterie (rechts) im Vergleich (längs aufgeschnitten)*

Material:
Spannungsmessgerät mit hohem Innenwiderstand, Kleinelektromotor, Becherglas (250 ml, hohe Form), Kohleelektrode, Zinkblech, Extraktionshülse, ein Stück Gummischlauch, 2 Krokodilklemmen, 4 Verbindungskabel, Mangandioxid (Braunstein), Aktivkohlepulver, Ammoniumchlorid-Lösung ($w(NH_4Cl)$ = 20 %)

Durchführung:
a) Rühren Sie Mangandioxid und Aktivkohle im Massenverhältnis 3 : 1 mit wenig Wasser zu einem Brei an. Füllen Sie den Brei in die Extraktionshülse (Diaphragma). Stecken Sie die Kohleelektrode in den Brei und schützen Sie den herausragenden Teil durch ein Stück Gummischlauch vor eindiffundierendem Sauerstoff. Füllen Sie das Becherglas zu zwei Dritteln mit der Ammoniumchlorid-Lösung. Biegen Sie das Zinkblech um die Hülse und tauchen Sie das Ganze in die Ammoniumchlorid-Lösung.

b) Messen Sie die Spannung des Leclanché-Elements *ohne* Betrieb des Elektromotors.
c) Schließen Sie den Elektromotor an. Messen Sie die Spannung des Leclanché-Elements bei Betrieb des Elektromotors und *nachdem* Sie den Elektromotor wieder entfernt haben.

Aufgaben:
1. Formulieren Sie die Teilgleichungen für die an den Elektroden ablaufenden Reaktionen.
2. Erklären Sie die Funktion der Aktivkohle.
3. Beschreiben Sie mithilfe von Kap. 5.26 und B2 die wichtigsten Unterschiede zwischen der Zink-Kohle- und Alkali-Mangan-Batterie.

5.28 Akkumulatoren

In Akkumulatoren sind die Elektrodenreaktionen umkehrbar, sodass sie bis zu 1000-mal wieder aufgeladen werden können. Man bezeichnet Akkumulatoren auch als **Sekundärzellen**. Häufig werden mehrere Akkumulatorzellen zu „Akku-Packs" zusammengebaut.

Der Bleiakkumulator wurde bereits im Jahr 1850 von WILHELM JOSEF SINSTEDEN erfunden. Der Minuspol besteht aus Blei, der Pluspol aus Blei(IV)-oxid.
Der Bleiakkumulator hat bis heute große Bedeutung als *Starterbatterie* in Kraftfahrzeugen, da er eine Stromstärke von mehreren hundert Ampere liefert. In einer Starterbatterie bilden zwei Sätze von parallel geschalteten Gitterplatten einen *Plattenblock*, der in verdünnte Schwefelsäure („Batteriesäure") taucht [B1]. Die mit fein verteiltem Blei (Schwammblei) beschichteten Gitter der negativen Platten bestehen aus einer Blei-Calcium-Legierung, die mit Blei(IV)-oxid beschichteten Gitter der positiven Platten bestehen aus einer Legierung aus Blei, Calcium, Silber, Zinn und Aluminium. *Separatoren* (mikroporöse Trennwände) verhindern den direkten Kontakt der Platten. Die Spannung eines Plattenblocks ist 2,1 V (Nennspannung 2 V). Eine typische 12-Volt-Starterbatterie besteht aus sechs in Reihe geschalteten Plattenblöcken und hat eine Kapazität von 60 Amperestunden.

Beim *Entladen* eines Bleiakkumulators laufen die in B2 und B3 dargestellen Reaktionen ab. Das schwer lösliche Blei(II)-sulfat scheidet sich als Überzug auf dem Minuspol ab. Da beim Entladen Schwefelsäure verbraucht wird, sinkt die Dichte der Elektrolytlösung. Somit kann man den Ladezustand durch Dichtemessung bestimmen.

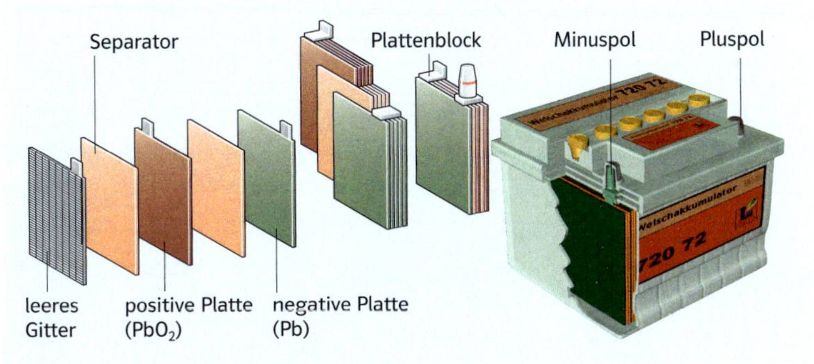

***B1** Aufbau einer Starterbatterie (Bleiakkumulator)*

Beim *Laden*, d.h. beim Anlegen einer äußeren Spannung, werden die Reaktionen umgekehrt. Das Laden des Bleiakkumulators ist u.a. deshalb möglich, weil die Abscheidung von Wasserstoff an Blei ein hohes Überpotential aufweist (Kap. 5.21). Beim Laden mit zu hoher Spannung oder beim „Überladen" bildet sich an der Kathode Wasserstoff und an der Anode Sauerstoff (der Akkumulator „gast"). Auch beim normalen Laden entstehen geringe Mengen an Wasserstoff und Sauerstoff.

Mit der Zeit lösen sich die Elektrodenmaterialien von den Gittern ab und bilden einen Bodensatz („Bleischlamm"). Der Bleiakkumulator wird dadurch allmählich unbrauchbar.

Beim Laden eines Akkumulators werden durch Anlegen einer äußeren Spannung die Reaktionen umgekehrt, die beim Entladen spontan (von selbst) ablaufen.
Die Vorgänge entsprechen denen einer Elektrolysezelle und der zugehörigen galvanischen Zelle.

Akkumulator von lat. accumulare, sammeln

Batteriesäure und Ladezustand Batteriesäure ist mit dest. Wasser verdünnte Schwefelsäure. Bei der voll geladenen Starterbatterie ist $w(H_2SO_4) = 38\,\%$. Die Dichte ϱ ist abhängig von $w(H_2SO_4)$ und damit vom Ladezustand:

ϱ (ϑ = 20 °C)	Ladezustand
1,28 g/cm³	100 %
1,24 g/cm³	50 %
1,10 g/cm³	0 %

Kapazität Bei Akkumulatoren die Ladung $Q = I \cdot t$, die innerhalb einer definierten Zeit entnommen werden kann, i.d.R. in der Einheit Amperestunden (Ah).
Beispiel: Eine Pkw-Starterbatterie mit der Kapazität 60 Ah liefert 20 Stunden lang durchschnittlich 3 Ampere.
(*Nicht verwechseln:* Die Kapazität eines Kondensators ist eine andere Größe!)

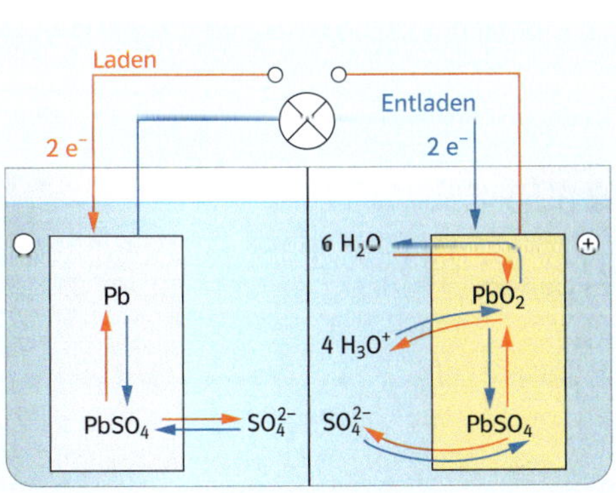

***B2** Elektrodenvorgänge im Bleiakkumulator*

Minuspol: $\overset{0}{Pb} + SO_4^{2-} \rightleftharpoons \overset{II}{PbSO_4} + 2\,e^-$

Pluspol: $\overset{IV}{PbO_2} + 2\,e^- + SO_4^{2-} + 4\,H_3O^+ \rightleftharpoons \overset{II}{PbSO_4} + 6\,H_2O$

$$Pb + PbO_2 + 2\,SO_4^{2-} + 4\,H_3O^+ \underset{\text{Laden}}{\overset{\text{Entladen}}{\rightleftharpoons}} 2\,PbSO_4 + 6\,H_2O$$

***B3** Entladen und Laden eines Bleiakkumulators*

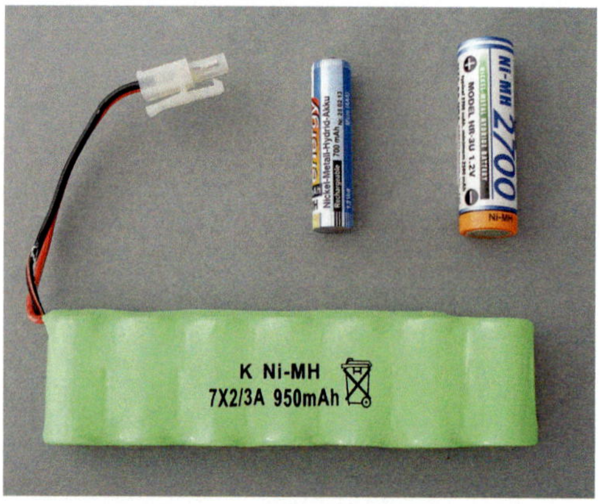

***B4** Verschiedene Bauformen von Nickel-Metallhydrid-Akkumulatoren*

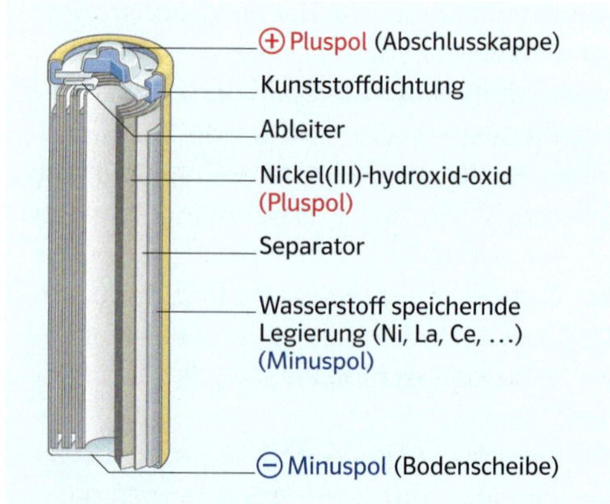

***B5** Nickel-Metallhydrid-Akkumulator (Ausführung als „Wickelzelle")*

Der Nickel-Metallhydrid-Akkumulator (NiMH-Akku) [B4, B5] hat eine Nennspannung von 1,2 Volt. Er enthält eine Metalllegierung, die Wasserstoff adsorbieren kann („Metallhydrid"). Vereinfacht kann man die elektrochemischen Prozesse wie folgt angeben:

$$\overset{III}{\text{Ni}}\text{O(O}\overset{I}{\text{H}}\text{) + Metall-}\overset{0}{\text{H}} \underset{\text{Laden}}{\overset{\text{Entladen}}{\rightleftarrows}} \overset{II}{\text{Ni}}\text{(O}\overset{I}{\text{H}}\text{)}_2 \text{ + Metall}$$

NiMH-Akkus findet man z. B. in schnurlosen Telefonen, in Spielzeug und in Hybridautos.

C_6^- in den Reaktionsgleichungen steht für ein Graphit-Gitter, in dem jeweils sechs C-Atome ein zusätzliches Elektron aufgenommen haben.

Der Lithium-Ionen-Akkumulator [B6, B7] ist bei vergleichbarer Kapazität wesentlich kleiner und leichter als andere Akkumulatoren. Er wird z. B. in Digitalkameras, Camcordern, Notebooks, Smartphones und Elektroautos eingesetzt. Mit Spannungen von 3,3 bis 3,8 Volt sind Lithium-Ionen-Akkumulatoren die Sekundärzellen mit den höchsten Spannungen. Beide Elektroden bestehen aus Materialien, die Lithium-Ionen in ihre Kristallstruktur einlagern und leicht abgeben können. Als Minuspol verwendet man häufig Graphit. Der Pluspol besteht aus einem Lithium-Metalloxid, z. B. $LiMn_2O_4$ oder $LiCoO_2$. Als Elektrolyt verwendet man die Lösung eines Lithiumsalzes (z. B. $LiPF_6$) in einem organischen Lösungsmittel. Beim Laden geben Metall-Ionen (z. B. Co^{3+}) am Pluspol Elektronen ab. Am Minuspol nimmt ein Graphit-Gitter Elektronen auf. Zum Ladungsausgleich wandern Lithium-Ionen (Li^+) vom Pluspol zum Minuspol und werden in das Graphit-Gitter eingelagert. Beim Entladen laufen die umgekehrten Reaktionen ab [B7].

Beim Laden und Entladen eines Lithium-Ionen-Akkumulators wandern Lithium-Ionen zum Ladungsausgleich zwischen den Polen. Die Li^+-Ionen ändern ihre Oxidationszahl dabei nicht, d. h., die Teilchen, die wandern, sind nicht an der Redoxreaktion beteiligt.

***B6** Lithium-Ionen-Akkumulator*

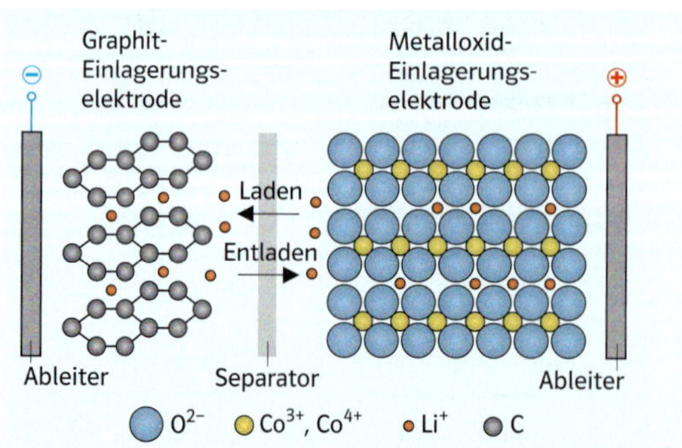

Laden:

Pluspol:	Co^{3+}	$\longrightarrow$	$Co^{4+} + e^-$
Minuspol:	$6\,C + e^-$	$\longrightarrow$	C_6^-

Entladen:

Pluspol:	$Co^{4+} + e^-$	$\longrightarrow$	Co^{3+}
Minuspol:	C_6^-	$\longrightarrow$	$6\,C + e^-$

***B7** Prinzip des Lithium-Ionen-Akkumulators (links), Reaktionen (rechts)*

Lithium-Polymer-Akkumulator. Neuere Entwicklungen des Lithium-Ionen-Akkumulators verwenden z. B. nanokristallines Silicium statt Graphit oder Lithium-Eisenphosphat ($LiFePO_4$) statt des Lithium-Metalloxids. Der **Lithium-Polymer-Akkumulator** (LiPo) enthält statt des organischen Lösungsmittels ein Polymer (einen Kunststoff) als Elektrolyt. Dadurch kann der Lithium-Polymer-Akkumulator nicht auslaufen und benötigt kein festes Gehäuse. Er kann in nahezu jeder beliebigen Form produziert werden und weist eine besonders hohe spezifische Energie auf. Häufig werden die Elektroden gewickelt [B8].

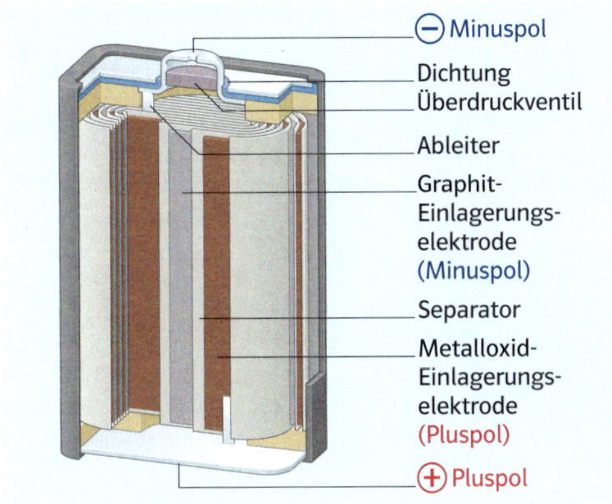

***B8** Gewickelter Lithium-Polymer-Akkumulator*

Akkumulatoren im Auto. Der Bleiakkumulator wird hauptsächlich als Starterbatterie in Autos mit Verbrennungsmotor eingesetzt. Seine große Masse ist ein erheblicher Nachteil. Ein Elektroauto, das mit Bleiakkus betrieben würde, müsste einen zu großen Teil der Energie für den Transport des Energiespeichers aufwenden.
Beim Nickel-Metallhydrid-Akkumulator ist die spezifische Energie wesentlich höher, er wird daher in Hybridautos eingesetzt. Eine noch viel höhere spezifische Energie weist der Lithium-Ionen-Akkumulator auf. Nachdem es gelungen ist, für diesen eine sehr stabile Membran herzustellen, wird er heute in den meisten Elektroautos und auch in Hybridautos verwendet.

***B9** Lithium-Ionen-Akkumulator in einem Elektroauto*

Für den Betrieb in Autos ist die Energiedichte eines Akkumulators von entscheidener Bedeutung. Geeignete Akkumulatoren haben einen hohen Energiegehalt bei geringer Masse.

Nanokristallines Silicium ist amorphes Silicium (d.h. die Atome sind unregelmäßig angeordnet), das sehr kleine kristalline Bereiche mit regelmäßiger Atomanordnung enthält.

Spezifische Energie Quotient aus gespeicherter Energie und Masse. Die spezifische Energie wird meistens in der Einheit Wattstunden pro Kilogramm angegeben (1 Wh/kg = 3600 J/kg). Der Bleiakkumulator hat eine spezifische Energie von ca. 40 Wh/kg, der Nickel-Metallhydrid-Akkumulator ca. 80 Wh/kg, Lithium-Ionen-Akkumulatoren über 150 Wh/kg.

Energiedichte Quotient aus gespeicherter Energie und Volumen. Der Begriff Energiedichte wird aber oft auch für die spezifische Energie verwendet.

V1 Zwei blanke Bleiplatten werden in ein mit Schwefelsäure ($w(H_2SO_4) = 20\,\%$) gefülltes Becherglas gestellt. Die Bleiplatten dürfen sich nicht berühren (z. B. Gummistopfen zwischen die Platten legen).
a) Mit einer Gleichspannung, die so hoch gewählt wird, dass an den Bleiplatten gerade eine Gasentwicklung zu erkennen ist, wird etwa 10 min lang elektrolysiert.
b) Nach der Elektrolyse wird anstelle der Spannungsquelle ein Spannungsmessgerät mit den Elektroden verbunden.
c) An die Elektroden wird ein Elektromotor angeschlossen.
Aufgabe: Erläutern Sie Ihre Beobachtungen.

A1 ○ Berechnen Sie die Spannung des Bleiakkumulators bei Standardbedingungen aus der elektrochemischen Spannungsreihe (s. Anhang).

A2 ◒ MK Vergleichen Sie am Beispiel des Bleiakkumulators die Vorgänge in einer galvanischen Zelle mit den Vorgängen bei einer Elektrolyse.

A3 ◒ Stellen Sie zum Lade- und Entladevorgang des Lithium-Ionen-Akkumulators die Gesamtreaktionsgleichung auf.

A4 ◒ MK Für die Produktion von Lithium-Ionen-Akkus wird immer mehr Lithiumcarbonat benötigt. Recherchieren Sie, wie sich der Abbau von Lithiumsalzen auf die Umwelt auswirkt.

A5 ● MK Fassen Sie die in den Kapiteln 5.26 und 5.28 vorgestellten Batterien und Akkumulatoren in einer Tabelle zusammen. Nennen Sie zu jedem Typ die Spannung, das Material der Elektroden (Plus- und Minuspol), den Elektrolyt, besondere Merkmale und Anwendungen.

NE 5.29 Recycling und Wertstoffkreisläufe

B1 *Elektrogeräte auf dem Schrottplatz*

B2 *Der Recycling-Code besteht aus dem Recycling-Symbol (drei Pfeilen), einer Nummer, welche für ein Material steht und einem Kürzel, welches die Werkstoffgruppe angibt*

Kaffeemaschinen, Smartphones, Computer etc. – jeden Tag wandern viele Elektrogeräte und damit wertvolle Metalle in den Müll [B1]. Da die Rohstoffe unserer Erde endlich sind, ist es wichtig, verantwortlich zu handeln. Dazu gehört u.a., die Geräte möglichst lange zu nutzen und nicht mehr funktionstüchtige Geräte bei Händlern oder Sammelstellen abzugeben.

Wertstoffkreisläufe. 1972 trat in Deutschland das *Abfallbeseitigungsgesetz* in Kraft. Seit 1994 wird der Umgang mit Abfällen durch das *Kreislaufwirtschaftsgesetz* geregelt. Der Schwerpunkt hat sich also von „Müll einfach nur loswerden" in Richtung „Müll wiederverwerten bzw. wiederverwenden" verschoben.

Da Rohstoffe immer knapper werden und die Klimaerwärmung zunimmt, gilt es Rohstoffressourcen zu schonen. Für die Ausbeutung neuer Ressourcen wird i.d.R. mehr Energie benötigt und damit mehr Kohlenstoffdioxid emittiert.

Abfälle können getrennt, sortiert, weiter aufgearbeitet und dann zur Produktion neuer Geräte verwendet werden. Besonders gut ist es, ganze Geräte in Ordnung zu bringen und wiederzuverwenden. Auf diese Weise können Ressourcen geschont werden [B3].

Wertstoffkreisläufe verfolgen das Ziel, Rohstoffressourcen zu schonen. Dabei spielen Abfallvermeidung und Abfallreduktion, aber auch Wiederverwendung, Aufarbeitung und Wiederverwertung von Abfällen eine Rolle.

Abfallbeseitigungsgesetz Gesetz über die Beseitigung von Abfällen

Kreislaufwirtschaftsgesetz Gesetz zur Förderung der Kreislaufwirtschaft und Sicherung der umweltverträglichen Bewirtschaftung von Abfällen

Wertstofftrennung. Elektrogeräte bestehen aus vielen Einzelteilen und somit verschiedensten Materialien. Sie enthalten Metalle, wie z.B. Kupfer und Gold, aber auch Glas, Keramik und unterschiedliche Kunststoffe. Damit die im Elektroschrott enthaltenen wertvollen Materialien wiederverwertet werden können, müssen diese Wertstoffe sortenrein voneinander getrennt werden.

Auf langen Förderbändern werden die Elektrogeräte zunächst vorsortiert und zerlegt. Dabei werden *schadstoffhaltige Bauteile*, wie z.B. Kondensatoren, Batterien oder quecksilberhaltige Hintergrundbeleuchtungen von Flachbildschirmen, entfernt. *Wertvolle Bauteile*, wie Leiterplatten und Kupferteile, werden entnommen. Das übrige Material wird anschließend mit einer Rotorschere so zerlegt, dass weitere Kleinteile aussortiert werden können. Der Rest kommt in einen Granulator, einen riesigen Schredder, der das Material in kleine Schnipsel zerlegt.

Die Metall- und Kunststoffschnipsel laufen durch verschiedene Sortieranlagen: Magnetabscheider entfernen eisenhaltige Teile, Rotationssiebe trennen Kunststoffe ab. Mithilfe von Laserstrahlen werden die restlichen Metallteile erkannt, vermessen und chemisch analysiert. Nach ihrer Identifikation werden die unterschiedlichen Materialien mit Druckluft in entsprechende Behälter geblasen. Auf diese Weise kann man 99 % reines Material erhalten. Die sortierten Metalle werden an die metallverarbeitende Industrie weitergegeben.

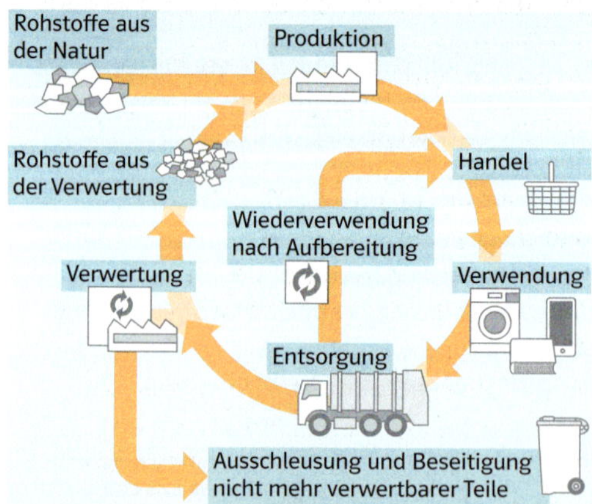

B3 *Allgemeiner Wertstoffkreislauf*

Recycling. Den Teil des Wertstoffkreislaufs, bei dem die Abfälle so aufgearbeitet werden, dass Rohstoffe später wieder der Produktion zugeführt werden können, bezeichnet man als **Recycling**. Man erhält dabei
- Stoffe, die man zuvor als Rohstoffe verwendet hat (siehe auch werkstoffliche Verwertung von Kunststoffen, Kap. 9.8),
- andere Rohstoffe (siehe auch rohstoffliche Verwertung von Kunststoffen, Kap. 9.8).

Der Recycling-Code hilft bei der Trennung und Aufarbeitung [B2].

Unter Recycling versteht man die Aufbereitung und Wiederverwertung von Rohstoffen.

Rohstofflager Smartphone. Ein Smartphone enthält über 60 verschiedene, zum Teil sehr wertvolle Materialien [B4]. Ungefähr drei Viertel eines Smartphones bestehen aus Glas und Keramik für das Display und Kunststoff für das Gehäuse.
Beim restlichen Viertel handelt es sich um Metalle. Diese kommen meist aus Asien, Afrika oder Südamerika. Die Gewinnung der Rohstoffe ist sehr aufwändig, oft mit Kinderarbeit und Umweltzerstörung verbunden. Außerdem entstehen lange Transportwege. Es gibt also viele Gründe, diese Metalle aus Altgeräten wiederzugewinnen.

Unter den Metallen hat *Kupfer* in einem Smartphone den höchsten Anteil. Es wird für Drähte bzw. Leiterplatten verwendet. *Zinn* verbindet als Lötzinn die Bauteile mit der Kupferschicht der Platine. Aus *Aluminium* wird das Abschirmblech hergestellt, das die Elektronik vor der elektromagnetischen Strahlung schützt, die von der Antenne ausgeht. Schrauben bestehen aus *Stahl*. *Palladium* wird für die Kontaktflächen zwischen einzelnen Bauteilen, *Silber* für die Tastaturmatte und die Leiterplatine der Kontaktbahnen eingesetzt. Die Kontakte einer SIM-Karte bestehen aus *Gold*. *Tantal* wird für den Kondensator verwendet. Als Hintergrundbeleuchtung des Displays wird in den Leuchtdioden *Gallium* eingesetzt. Das sehr seltene Metall *Indium* wird für LCD-Displays benötigt. *Lithium* und *Cobalt* kommen im Akku zum Einsatz.

***B4** Zusammensetzung eines Smartphones*

Wiederverwendung. Die meisten nicht mehr gebrauchten Smartphones verstauben in Schubladen, nur ca. 20% gelangen in den Wertstoffkreislauf zurück. Dabei können noch funktionstüchtig Smartphones gesäubert, repariert und weiterverkauft werden.

Recycling (Wiederverwertung). Nicht mehr funktionstüchtige Geräte werden in ihre Bauteile zerlegt und anschließend mit einem Schredder zerkleinert. Anhand laserbasierter Verfahren erfolgt die Identifizierung und Abtrennung von enthaltenen Wertstoffen. Rohstoffe wie Kupfer, Gold, Silber, Platin und Palladium werden abgetrennt und fließen in den Wertstoffkreislauf zurück. Auf diese Weise können 80% der Bestandteile eines Smartphones wiederverwertet werden.

Die Kunststoffe (meist Verbundstoffe) werden energetisch verwertet (Kap. 9.8).

A1 ● MK Recherchieren Sie die Eigenschaften der Metalle in einem Smartphone und begründen Sie damit deren Verwendung.

A2 ◒ MK Skizzieren Sie einen Wertstoffkreislauf für ein Smartphone.

A3 ● Erklären Sie, warum die im Smartphone verbauten Kunststoffe lediglich energetisch verwertet werden.

NE 5.30 Wasserstoff – Energieträger und Reduktionsmittel

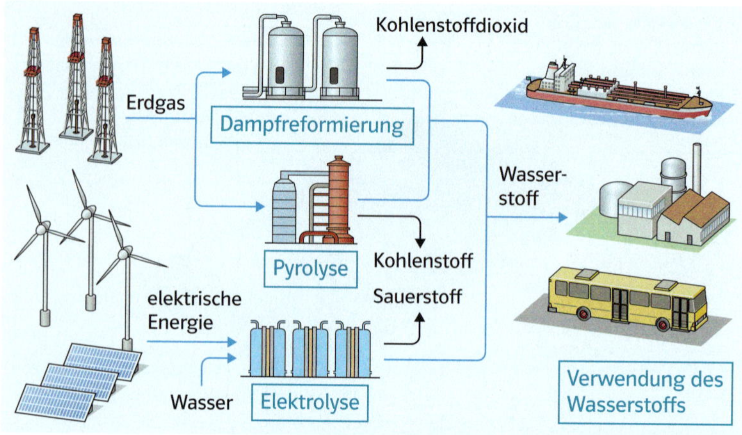

***B1** Herstellung von Wasserstoff: Elektrolyse, Dampfreformierung und Pyrolyse*

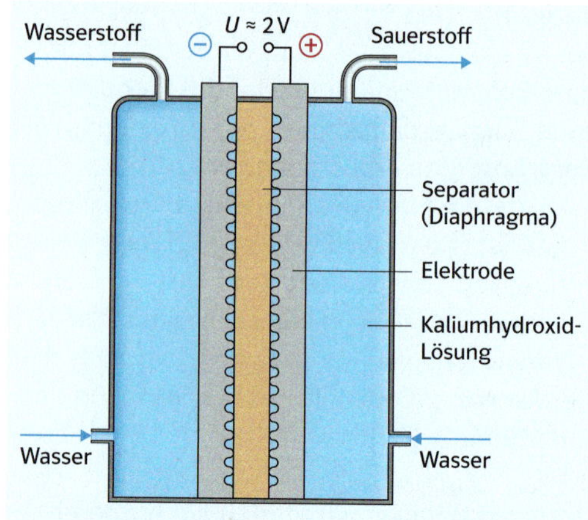

***B2** Elektrolyse von Kalilauge in einem Elektrolyseur (zero-gap electrolysis cell)*

Fossile Energieträger sind Erdgas, Erdöl und Kohle.

Erneuerbare Energiequellen sind Sonnenstrahlung, Wind, Wasserkraft, Gezeiten, Biomasse und Erdwärme.

Erdgas besteht zum größten Teil aus Methan (CH_4).

PEM **p**roton **e**xchange **m**embrane oder **p**olymer **e**lectrolyte **m**embrane

Pyrolyse Zerlegung einer chemischen Verbindung bei hoher Temperatur

Wenn der Klimawandel aufgehalten werden soll, muss die Energieversorgung der Zukunft ohne Kohlenstoffdioxid-Emissionen auskommen. Ein Energieträger der Zukunft könnte Wasserstoff sein [B1].

Wasserstoff aus Kohlenwasserstoffen. Der meiste Wasserstoff wird heute aus *fossilen Energieträgern* wie z. B. Erdgas durch **Dampfreformierung** gewonnen. Alle Reaktionsschritte laufen an einem festen Kataysator ab (heterogene Katalyse). Bei der Dampfreformierung entsteht Kohlenstoffdioxid.

Im *Primärreformer* reagiert Methan (bzw. Erdgas) mit Wasserdampf:

$$CH_4(g) + H_2O(g) \xrightleftharpoons{\text{Kat.}} CO(g) + 3\,H_2(g)$$

Nicht umgesetztes Methan reagiert dann im *Sekundärreformer* mit Sauerstoff:

$$2\,CH_4(g) + O_2(g) \xrightleftharpoons{\text{Kat.}} 2\,CO(g) + 4\,H_2(g)$$

Das Kohlenstoffmonooxid lässt man mit weiterem Wasserdampf reagieren:

$$CO(g) + H_2O(g) \xrightleftharpoons{\text{Kat.}} CO_2(g) + H_2(g)$$

Statt Methan werden auch andere Kohlenwasserstoffe eingesetzt, z. B. Leichtbenzin.

Eine Alternative zur Dampfreformierung ist die **Pyrolyse** von Kohlenwasserstoffen, z. B. Methan. Dabei entsteht reiner Kohlenstoff:

$$CH_4(g) \longrightarrow C(s) + 2\,H_2(g)$$

Grüner Wasserstoff. Wasserstoff kann auch durch Elektrolyse von Wasser gewonnen werden. Wenn die elektrische Energie hierzu aus *erneuerbaren Energiequellen* stammt, werden zur Herstellung des Wasserstoffs *keine* fossilen Energieträger benötigt, und es entsteht *kein* Kohlenstoffdioxid. Man spricht dann von *grünem Wasserstoff*.

Da reines Wasser den Strom schlecht leitet, setzt man im **Elektrolyseur** [B2] meistens Kaliumhydroxid-Lösung (Kalilauge) ein. Die Elektroden sind i. d. R. mit Ruthenium oder Nickel beschichtet.

Minuspol (Kathode):

$$4\,H_2O + 4\,e^- \longrightarrow 2\,H_2 + 4\,OH^-$$

Pluspol (Anode):

$$4\,OH^- \longrightarrow O_2 + 2\,H_2O + 4\,e^-$$

Gesamtreaktion:

$$2\,H_2O \longrightarrow 2\,H_2 + O_2$$

Eine Alternative ist die Elektrolyse von reinem Wasser in einem *PEM-Elektrolyseur*. Er funktioniert wie eine umgekehrte PEM-Brennstoffzelle (Kap. 5.32). Destilliertes Wasser wird auf eine Membran gedrückt, die mit Edelmetall-Nanopartikeln beschichtet ist. PEM-Elektrolyseure sind sehr effizient, aber wegen der benötigten Edelmetalle (i. d. R. Platin) teuer.

Grüner Wasserstoff wird durch Elektrolyse gewonnen, wobei die elektrische Energie aus erneuerbaren Energiequellen stammt.

	Wasserstoff	Methan	Motorenbenzin
Heizwert H_i in kWh/m³ (bei 25 °C)	2,75	9,16	ca. 8400
Heizwert H_i in kWh/kg	33,3	13,9	ca. 11,4
Brennwert H_s in kWh/kg	39,4	15,4	ca. 12,1
CO_2-Emission in kg/kWh (bzgl. H_i)	0,00	0,20	ca. 0,27

B3 *Wasserstoff im Vergleich mit Methan und Benzin*

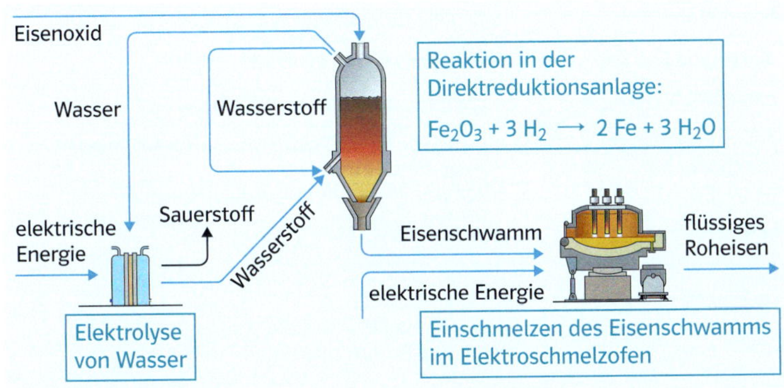

B4 *Roheisen-Erzeugung mit Wasserstoff als Reduktionsmittel*

Wasserstoff als Energieträger. Die Verbrennung von Wasserstoff ist eine stark exotherme Reaktion. Als Reaktionsprodukt entsteht Wasser, oft in Form von Wasserdampf:

$$2\,H_2(g) + O_2(g) \longrightarrow 2\,H_2O(g) \quad | \; \Delta_r H^0 = -484\,\text{kJ}$$

Aus dem Betrag der Reaktionsenthalpie kann man den **Heizwert** H_i des Wasserstoffs berechnen, indem man die Stoffmenge (hier 2 mol) in das Volumen oder in die Masse umrechnet [B3]. Wenn die Verbrennung so geführt wird, dass *flüssiges* Wasser entsteht, ist der Betrag der Reaktionsenthalpie deutlich größer: $\Delta_r H^0 = -572\,\text{kJ}$. Aus dem Betrag dieser Reaktionsenthalpie kann man den **Brennwert** H_s berechnen.

Anstatt Wasserstoff zu verbrennen, kann man ihn auch in Brennstoffzellen zur Erzeugung elektrischer Energie nutzen (Kap. 5.32).

Wasserstoff kann als Energieträger in Verbrennungsprozessen und in Brennstoffzellen genutzt werden.

Wasserstoff als Reduktionsmittel. Stahl ist ein wichtiger Grundstoff für Bauwerke, Maschinen und Fahrzeuge. Bei der Stahlproduktion im Hochofen wird Kohlenstoff (Koks) zunächst zu Kohlenstoffmonooxid verbrannt. Dieses reduziert das Eisenerz und wird dabei zu Kohlenstoffdioxid oxidiert. Eine Tonne Roheisen aus dem Hochofen verursacht eine Emission von ca. 1,7 Tonnen Kohlenstoffdioxid.

Aus diesem Grund werden **Direktreduktionsanlagen** entwickelt, die grünen Wasserstoff als Reduktionsmittel einsetzen [B4]. Die Temperaturen sind niedriger als im Hochofen, sodass das Roheisen nicht schmilzt. Wegen seiner porösen Struktur nennt man es **Eisenschwamm**. Zur Weiterverarbeitung wird der Eisenschwamm im Elektroschmelzofen (Lichtbogenofen) eingeschmolzen. Wenn für die Elektrolyse und das Einschmelzen Strom aus erneuerbaren Energien verwendet wird, treten keine Kohlenstoffdioxid-Emissionen auf.

Durch Reduktion mit Wasserstoff kann Eisenoxid zu Eisen reduziert werden.

Koks ist fast reiner Kohlenstoff. Steinkohlekoks wird durch Erhitzen von Steinkohle gewonnen.

Der Brennwert H_s und der Heizwert H_i haben immer positive Werte, d.h., sie werden aus dem *Betrag* der negativen Reaktionsenthalpie berechnet.
Wenn eines der Verbrennungsprodukte Wasser ist, gilt: $H_s > H_i$.
Die Differenz entspricht der Wärme, die beim Kondensieren des Wasserdampfs abgegeben wird.

A1 ○ Erklären Sie anhand von B3, welche Vorteile Benzin im Vergleich zu Wasserstoff hat.

A2 ◒ **a)** Berechnen Sie aus Tabellenwerten die Standardreaktionsenthalpie der Verbrennung von 1 mol Wasserstoff zu flüssigem Wasser. Berechnen Sie daraus den Brennwert von Wasserstoff in MJ/kg und in kWh/kg.
b) Führen Sie die analogen Berechnungen für die Verbrennung zu *Wasserdampf* durch und berechnen Sie so den *Heizwert* von Wasserstoff.

A3 ● Recherchieren Sie, wie Wasserstoff in Fahrzeugen gespeichert wird, sodass eine hohe Reichweite erreicht wird.

A4 ● Ammoniak (NH_3) ist eine denkbare „Transportform" von Wasserstoff. Ammoniak wird bereits unterhalb −78 °C flüssig, oder auch bei einem Druck von 1 MPa (10 bar) sogar bei +25 °C. Recherchieren Sie, welche Vor- und Nachteile Ammoniak im Vergleich zu Wasserstoff als Energieträger hat.

MJ Megajoule.
1 MJ = 1000 kJ

kWh Kilowattstunde.
1 kWh = 3 600 kJ

NE 5.31 Energiespeicherung

Energieform	Beispiele für Energieträger bzw. Energiespeicher
elektrische Energie	– elektrisches Feld im Kondensator
magnetische Energie	– magnetisches Feld in der Spule
potentielle Energie (mechanische)	– hochgepumptes Wasser im Pumpspeicherwerk – gespannte Feder – komprimierte Luft im Druckluftspeicher
kinetische Energie (mechanische)	– rotierendes Schwungrad
chemische Energie	– Akkumulatoren – gasförmige Brennstoffe (Power-to-Gas) – flüssige Brennstoffe (Power-to-Liquid)
thermische oder thermochemische Energie	– heißes Wasser im sensiblen Wärmespeicher – Flüssigkeit im Latentwärmespeicher – trockenes Kieselgel im thermochemischen Wärmespeicher

***B1** Möglichkeiten der Energiespeicherung*

Erneuerbare Energiequellen sind Sonnenstrahlung, Wind, Wasserkraft, Gezeiten, Biomasse und Erdwärme.

An einem sonnigen und windigen Tag wird mit Solar- und Windenergieanlagen mehr Energie erzeugt als an anderen Tagen. Die Haushalte und die Industrie müssen jedoch immer zuverlässig mit Strom versorgt werden. Zurzeit sorgen hauptsächlich die Kohle- und Gaskraftwerke dafür, dass die Stromversorgung vom Wetter unabhängig ist. Wenn diese durch erneuerbare Energiequellen ersetzt werden, benötigt man Energiespeicher.

Die Zukunft der Stromversorgung auf der Basis erneuerbarer Energiequellen hängt von den Speichermöglichkeiten ab.

Energieumwandlung. Elektrische Energie lässt sich in Form eines elektrischen Feldes im Kondensator speichern. Mit einer Spule kann sie in magnetische Energie umgewandelt und gespeichert werden. Kondensatoren und Spulen eignen sich aber nur zum Ausgleich kurzfristiger Schwankungen in Elektrogeräten und nicht für die großtechnische Energiespeicherung.

Alle anderen Energiespeicher basieren darauf, dass die elektrische Energie in mechanische, chemische oder thermische Energie umgewandelt wird [B1]. Im Folgenden werden einige ausgewählte Möglichkeiten der Energiespeicherung vorgestellt.

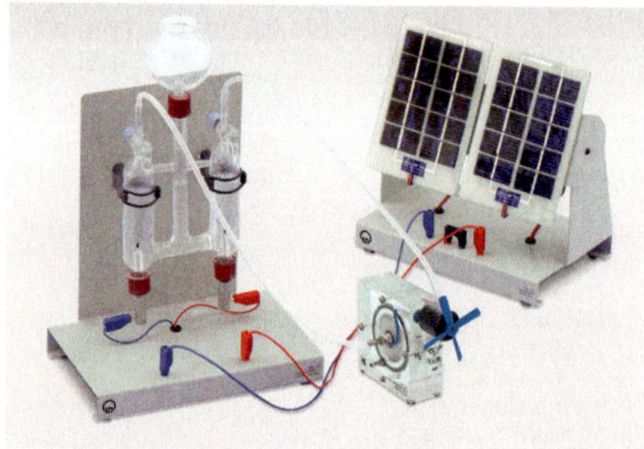

***B2** Modellversuch zur Speicherung von chemischer Energie (Power-to-Gas)*

Erzeugung von Brennstoffen. Durch Elektrolyse von Wasser kann man die Gase Wasserstoff und Sauerstoff gewinnen und so elektrische Energie in chemische Energie umwandeln [B2]. Durch die Umkehrung der Elektrolyse in der Brennstoffzelle kann man daraus wieder elektrische Energie erzeugen (Kap. 5.32).
Als Alternative zur Elektrolyse wird die **fotokatalytische Wasserspaltung** erforscht: Die Energie des Lichts zerlegt Wasser an einem Katalysator in Wasserstoff und Sauerstoff. Bis zu einer wirtschaftlichen Anwendung der fotokatalaytischen Wasserspaltung wird es jedoch noch Jahre dauern.

Da Wasserstoff schwierig zu lagern und zu transportieren ist, beschäftigt sich die Forschung mit der Synthese von Methan aus Wasserstoff und Kohlenstoffdioxid:

$$4\ H_2 + CO_2 \xrightarrow{\text{Katalysator}} CH_4 + 2\ H_2O$$

Diese Reaktion ist als **Methanisierung** oder **Sabatier-Prozess** bekannt. Sie ist exotherm, benötigt aber einen Katalysator.
Das Methan kann in das Erdgasnetz eingespeist werden. (Erdgas besteht zum Großteil aus Methan.) Das Konzept wird als **Power-to-Gas** bezeichnet, da mithilfe elektrischer Energie ein gasförmiger Energieträger erzeugt wird. In der Forschung gibt es auch Ansätze, elektrische Energie zur Erzeugung von flüssigen Energieträgern wie z. B. Methanol zu verwenden (**Power-to-Liquid**).

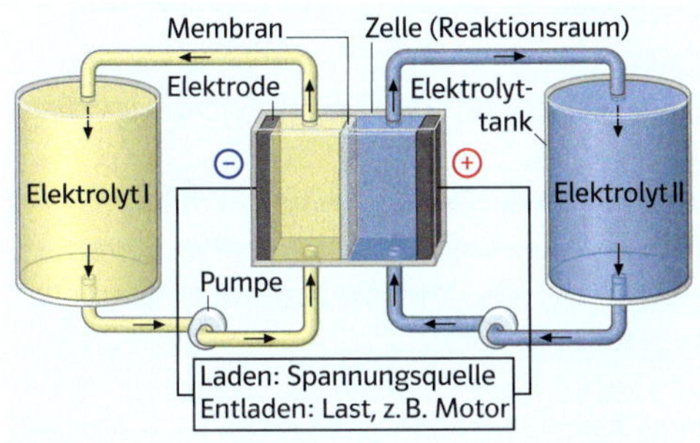

B3 *Schematische Darstellung eines Redox-Flow-Systems*

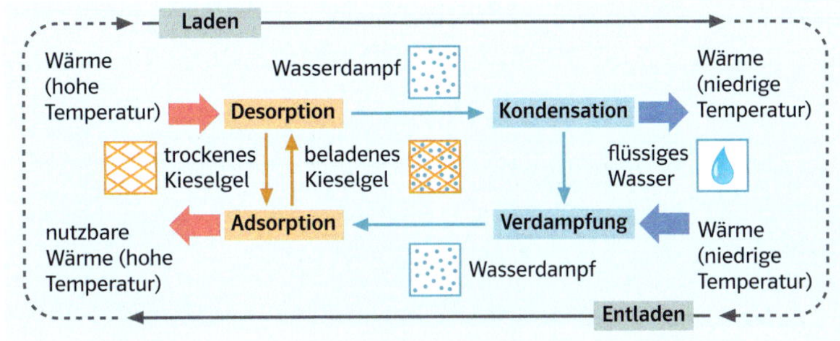

B4 *Prinzip des thermochemischen Wärmespeichers mit Kieselgel*

Wärmespeicher. KWK-Anlagen könnten in der Zukunft Spitzenlasten im Stromnetz abdecken. Dazu müssten sie aber genau dann laufen, wenn viel elektrische Energie angefordert wird. Da die gleichzeitig erzeugte Wärme oft zu anderen Zeiten benötigt wird, muss sie gespeichert werden.

In **sensiblen Wärmespeichern** (z. B. isolierten Wasserbehältern) ändert sich durch Wärmezufuhr die Temperatur. In **Latentwärmespeichern** wird ein Feststoff durch Wärmezufuhr geschmolzen (endothermer Vorgang). Beim Kristallisieren wird die Wärme wieder abgegeben (exothermer Vorgang). Handwärmer [V1] sind Latentwärmespeicher: Natriumacetat-Trihydrat wird durch Erhitzen geschmolzen und dann auf Zimmertemperatur abgekühlt. Ein Stahlklicker („Knackfrosch") löst die Kristallisation aus. In **thermochemischen Wärmespeichern** [B4] findet eine umkehrbare chemische Reaktion statt, z. B. die Adsorption von Wasser an Kieselgel: Bei der Desorption von Wasser (Trocknung) wird Wärme aufgenommen. Bei der Adsorption von Wasser gibt das Kieselgel diese Wärme wieder ab. Dies ermöglicht eine verlustfreie Speicherung, auch über längere Zeiten, bei hoher Energiedichte.

Redox-Flow-Systeme. In Entwicklung befinden sich zurzeit Systeme, bei denen die Energie in flüssigen Elektrolyten gespeichert wird. Durch Pumpen gelangen die Elektrolyte in einen Reaktionsraum, ähnlich einer Brennstoffzelle, in dem die Redoxreaktion abläuft. Dieser besteht aus zwei Halbzellen, die jeweils von einem Elektrolyten durchströmt werden [B3]. Beim Laden nimmt ein Elektrolyt die Elektronen des anderen auf. Wird Energie benötigt, läuft die Reaktion umgekehrt ab. Der Vorteil ist, dass die Elektrolyte in Tanks gelagert werden können. Dadurch wird die Menge an gespeicherter Energie letzlich über die Tankgröße vorgegeben.

Energie kann auf unterschiedliche Weise gespeichert werden. Die Vorgänge und Reaktionen der Energiespeicherung sind meist umkehrbar.

KWK-Anlage Kraft-Wärme-Kopplungsanlage. Eine Wärme-Kraft-Maschine (z. B. ein Dieselmotor) treibt einen Generator an und erzeugt elektrische Energie. Die thermische Energie des Kühlwassers wird zum Heizen genutzt.

„Kraft" soll hier mechanische Energie bedeuten. Das Wort Kraft in diesem Gebrauch war im 19. Jahrhundert üblich. Es ist heute eigentlich falsch.

Adsorption von lat. adsorbere, ansaugen. Anlagerung von Molekülen oder Atomen an der Oberfläche eines Festkörpers

Desorption Umkehrung der Adsorption

V1 Geben Sie in ein Reagenzglas ca. 5 g Natriumacetat-Trihydrat ($CH_3COONa \cdot 3\,H_2O$) und einige Tropfen dest. Wasser. Stellen Sie das Reagenzglas in ein siedendes Wasserbad, bis eine völlig klare Schmelze entstanden ist. Schwenken Sie das Reagenzglas vorsichtig, sodass Reste von festem Natriumacetat-Trihydrat, die evtl. an der Reagenzglaswand hängen, von der Schmelze aufgenommen werden. Lassen Sie die Schmelze langsam auf Zimmertemperatur abkühlen. (*Hinweis:* Wenn während des Abkühlens Kristalle erscheinen, muss das Reagenzglas erneut in siedendes Wasser gestellt werden.) Geben Sie zu der abgekühlten Schmelze einige Kristalle Natriumacetat-Trihydrat. Beobachten Sie den Inhalt des Reagenzglases und prüfen Sie mit dem Handballen die Temperaturänderung.

A1 MK Erstellen Sie ein Fließschema zur Speicherung von Energie nach dem Power-to-Gas-Konzept (Wasserstoff und Methan) einschließlich der Verwertung des Methans im Gaskraftwerk.

A2 MK Recherchieren Sie zu den Themen Power-to-Gas und Pumpspeicherkraftwerk. Nennen Sie jeweils Vor- und Nachteile.

NE 5.32 Brennstoffzellen und heterogene Katalyse

B1 *Der Brennstoffzellenantrieb lohnt sich vor allem bei Nutzfahrzeugen*

Grüner Wasserstoff wird durch Einsatz erneuerbarer Energiequellen gewonnen.

Grüner Wasserstoff und Brennstoffzellen sollen eine Säule der Energiewende bilden. Durch die Reaktion von Wasserstoff mit Sauerstoff in Brennstoffzellen wird elektrische Energie gewonnen und z. B. zum Betrieb von Fahrzeugen genutzt.

PEMFC **p**roton **e**xchange **m**embrane **f**uel **c**ell oder **p**olymer **e**lectrolyte **m**embrane **f**uel **c**ell

GDL **g**as **d**iffusion **l**ayer

Stack engl. Stapel

Brennstoffzellen – das Prinzip. Bereits im Jahr 1838 baute der Chemiker CHRISTIAN FRIEDRICH SCHÖNBEIN die erste Brennstoffzelle. Er tauchte zwei Platinelektroden in Salzsäure und umspülte sie mit Wasserstoff bzw. Sauerstoff. Zwischen den Platinelektroden konnte er eine elektrische Spannung messen.

B2 *Brennstoffzellen-Stack*

Das Prinzip dieser *Wasserstoff-Sauerstoff-Brennstoffzelle* besteht in der Umkehrung der Elektrolyse von Wasser, d. h., die elektrische Energie wird von einer „kontrollierten Knallgasreaktion" geliefert [B3, rechts]. Man bezeichnet die Wasserstoff-Sauerstoff-Brennstoffzelle deshalb auch als *Knallgaszelle*. Ihre Spannung beträgt etwa 1 Volt.
Im Gegensatz zur Batterie sind die energieliefernden Stoffe nicht in der Brennstoffzelle vorhanden, sondern werden von außen zugeführt. Eine Brennstoffzelle ist somit kein Energiespeicher, sondern ein *Energiewandler*.

Eine Brennstoffzelle ist eine galvanische Zelle, bei der das Reduktionsmittel („Brennstoff") und das Oxidationsmittel von außen zugeführt werden.

PEM-Brennstoffzellen (PEMFC). In der Technik spielt die PEM-Brennstoffzelle [B4] eine große Rolle. Ihr Elektrolyt besteht aus einer dünnen *Polymermembran*. Auf beiden Seiten der Polymermembran befindet sich eine *Katalysatorschicht*. Die reagierenden Gase (Wasserstoff und Sauerstoff bzw. Luft) werden durch eine elektrisch leitfähige *Diffusionsschicht* (GDL) zum Katalysator geleitet.
Die elektrischen Kontakte bezeichnet man als *Bipolarplatten*. Sie bestehen aus Graphit (bzw. aus einem Kunststoff, der Graphit enthält) oder aus Metall. In die Platten sind feine Kanäle gefräst; diese dienen der gleichmäßigen Verteilung der Gase über die Elektroden. Die Bipolarplatten führen außerdem die entstehende Reaktionswärme ab.

Fahrzeuge mit Brennstoffzellenantrieb führen den Wasserstoff in Tanks unter einem Druck von bis zu 80 MPa (800 bar) mit. Durch *Brennstoffzellen-Stacks* wird eine hohe Betriebsspannung erreicht; in diesen sind viele Brennstoffzellen in Reihe geschaltet [B2].

Heterogene Katalyse. Die beiden Katalysatorschichten einer PEM-Brennstoffzelle [B4] bestehen aus Edelmetall-Nanopartikeln (meistens Platin). Da der feste Katalysator und die

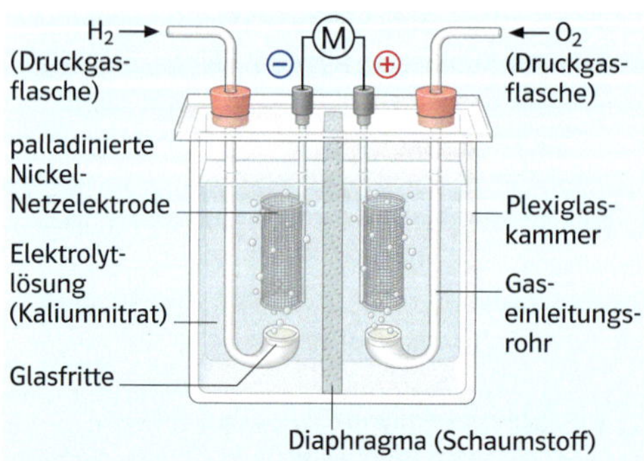

Minuspol: $$2\,\overset{0}{H_2} + 4\,H_2O \longrightarrow 4\,\overset{I}{H_3}O^+ + 4\,e^-$$

Pluspol: $$\overset{0}{O_2} + 2\,H_2\overset{-II}{O} + 4\,e^- \longrightarrow 4\,\overset{-II}{O}H^-$$

$$4\,H_3O^+ + 4\,OH^- \longrightarrow 8\,H_2O$$

$$2\,H_2 + O_2 \longrightarrow 2\,H_2O$$

B3 *Links: Modellversuch zur Knallgaszelle, rechts: „Kontrollierte Knallgasreaktion"*

gasförmigen Edukte kein homogenes Gemisch sind, spricht man von einer **heterogenen Katalyse**.
An der Anode wird Wasserstoff auf die Katalysatorschicht geleitet und dort adsorbiert. Dabei dissoziieren die Wasserstoff-Moleküle:

$$2\,Pt(s) + H_2(g) \longrightarrow 2\,Pt{-}H_{ads}$$

Die Wasserstoff-Atome geben dann ein Elektron ab und wandern als Wasserstoff-Ionen (Protonen) durch die Membran:

$$Pt{-}H_{ads} \longrightarrow Pt(s) + H^+ + e^-$$

Die Wasserstoff-Atome werden also oxidiert:

$$\overset{0}{H_2} \longrightarrow 2\,\overset{I}{H^+} + 2\,e^-$$

An der Kathode wird Sauerstoff auf die Katalysatorschicht geleitet. Die Sauerstoff-Moleküle werden adsorbiert und nehmen dann die von den Wasserstoff-Atomen abgegebenen Elektronen auf. Gleichzeitig reagieren sie mit den Wasserstoff-Ionen, die durch die Membran gewandert sind, zu Wasser-Molekülen. Die Sauerstoff-Atome werden also *reduziert*:

$$\overset{0}{O_2} + 4\,e^- + 4\,H^+ \longrightarrow 2\,H_2\overset{-II}{O}$$

In einer PEM-Brennstoffzelle wird durch heterogene Katalyse Wasserstoff oxidiert und Sauerstoff reduziert.

Vor- und Nachteile von Brennstoffzellen. Um die PEM-Brennstoffzelle mit Verbrennungsmotoren zu vergleichen, betrachtet man u.a. ihren Energiewirkungsgrad $\eta_{Energie}$. Dieser ist der Quotient aus der elektrischen Arbeit und der Reaktionswärme, die beim „normalen" Verbrennen entsteht:

$$\eta_{Energie} = \frac{W_{el}}{Q_{r,p}}$$

Die Reaktionswärme entspricht der Reaktionsenthalpie der Knallgasreaktion. Bei einer „idealen" Brennstoffzelle ist die elektrische Arbeit gleich der freien Reaktionsenthalpie (Kap. 5.20). Damit kann man den maximal möglichen („idealen") Energiewirkungsgrad bei Standardbedingungen berechnen:

$$\eta_{Energie}(ideal) = \frac{\Delta_r G^0}{\Delta_r H^0} = \frac{-474\,kJ}{-572\,kJ} \approx 83\,\%$$

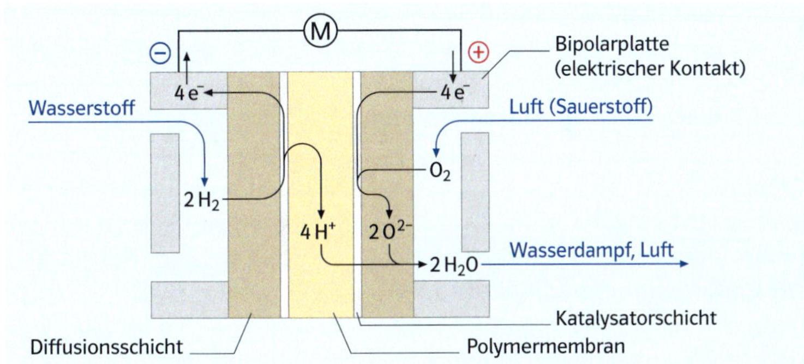

B4 *Prinzip der Polymermembran-Brennstoffzelle (PEMFC). Der Abstand zwischen den Elektroden ist ca. 0,3 mm (Die Vorgänge an den Elektroden sind vereinfacht dargestellt)*

In der Praxis erreichen PEM-Brennstoffzellen einen Energiewirkungsgrad von ca. 60 %. Der Energiewirkungsgrad von Pkw-Ottomotoren liegt bei maximal 40 %.

Weitere Vorteile der PEM-Brennstoffzelle sind:
- Elektrischer Strom wird ohne bewegliche Teile erzeugt, d.h. ohne Lärm.
- Als „Abgas" entsteht nur Wasser. Kohlenstoffdioxid-Emissionen werden allerdings nur dann eingespart, wenn grüner Wasserstoff verwendet wird.

Nachteile der PEM-Brennstoffzelle sind:
- Lagerung und Transport von Wasserstoff sind technisch aufwändig. Aus diesem Grund wurden auch Brennstoffzellen entwickelt, die flüssige Brennstoffe nutzen, z.B. Methanol oder Ethanol.
- Edelmetalle sind teuer. An neuen Katalysatoren für Brennstoffzellen wird jedoch geforscht.

Brennstoffzellen haben i.d.R. einen höheren Wirkungsgrad als Verbrennungsmotoren.

A1 ◌ MK Nennen Sie Gemeinsamkeiten und Unterschiede zwischen Batterien, Akkumulatoren und Brennstoffzellen.

A2 ◒ Eine Brennstoffzelle lieferte genau 10 Minuten lang einen Strom der Stromstärke $I = 0{,}230\,A$ bei der Spannung $U = 0{,}803\,V$. Dafür wurden 18 ml Wasserstoff verbraucht. Berechnen Sie die Leistung und den Energiewirkungsgrad. (*Hinweis:* Verwenden Sie die Angaben in der Randspalte.)

adsorbieren von lat. adsorbere, ansaugen. Anlagern von Molekülen oder Atomen an der Oberfläche eines Festkörpers

$Pt{-}H_{ads}$ an ein Platin-Atom adsorbiertes Wasserstoff-Atom

η griech. Buchstabe *eta*

Elektrische Arbeit
$W_{el} = U \cdot I \cdot t$
Einheiten:
$1\,V \cdot 1\,A \cdot 1\,s = 1\,J$
$3\,600\,000\,J = 1\,kWh$

Elektrische Leistung
$P_{el} = U \cdot I$
Einheiten:
$1\,V \cdot 1\,A = 1\,W$
$1000\,W = 1\,kW$

Reaktionswärme der Verbrennung von 1 mol Wasserstoff (H_2) bei Standardbedingungen:
$Q_{r,p} = 286\,kJ/mol$

Molares Gasvolumen bei Standardbedingungen:
$V_m \approx 25\,l/mol$

NE 5.33 Experimente mit Brennstoffzellen

In der Wasserstoff-Sauerstoff-Brennstoffzelle wird chemische Energie in elektrische Energie umgewandelt. Der Wirkungsgrad dieser Energieumwandlung kann durch Messungen bestimmt werden.

V1 Modellversuch zur Wasserstoff-Sauerstoff-Brennstoffzelle

Material:
Spannungsmessgerät mit hohem Innenwiderstand, Netzgerät mit variabler Gleichspannung, Kleinelektromotor, 2 Schalter, Becherglas (250 ml), 2 plattenförmige Kohleelektroden (Graphitplatten), 2 Krokodilklemmen, 6 Verbindungsleitungen, Separator (z. B. Gummistopfen), Kalilauge (c(KOH) = 1 mol/l)
(Statt des Becherglases kann auch ein Rillentrog verwendet werden, zu dem die Kohleelektroden passen.)

Durchführung: (Schutzbrille!)
a) Legen Sie den Separator in das Becherglas und füllen Sie das Becherglas zu drei Vierteln mit Kalilauge. Stellen Sie zwei Kohleelektroden so in die Lösung, dass die Elektroden durch den Separator getrennt werden. Verbinden Sie die Elektroden mit dem Spannungsmessgerät und über zwei Schalter mit dem Netzgerät und dem Elektromotor [B1].
b) Schließen Sie Schalter 1. (Schalter 2 bleibt geöffnet.) Elektrolysieren Sie bei etwa 5 Volt etwa 1 bis 3 Minuten lang.
c) Öffnen Sie Schalter 1 und messen Sie die Spannung zwischen den Kohleelektroden. (Das Spannungsmessgerät braucht nicht umgepolt zu werden.)
d) Schließen Sie Schalter 2 und messen Sie die Spannung bei Betrieb des Elektromotors.
Durch wiederholte Elektrolyse können der Brennstoff (Wasserstoff) und das Oxidationsmittel (Sauerstoff) nachgeliefert werden.

Aufgaben:
1. Formulieren Sie die Teilgleichungen für die an den Elektroden in der Elektrolysezelle und in der Strom liefernden Brennstoffzelle ablaufenden Reaktionen.
2. Informieren Sie sich über die Möglichkeiten des Einsatzes von Brennstoffzellen.

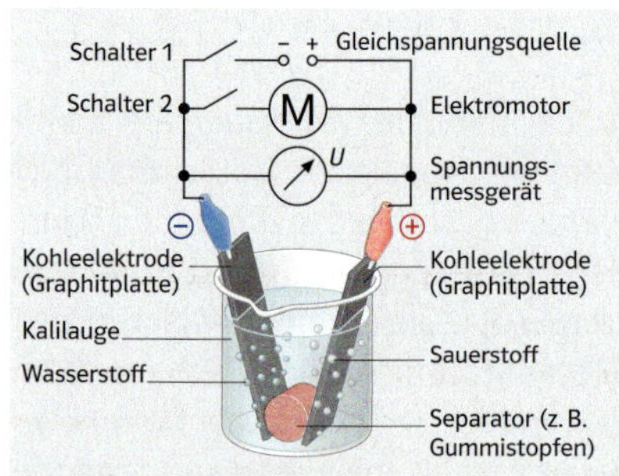

B1 *Versuchsaufbau zu V1*

V2 Wirkungsgrade einer Brennstoffzelle

Material:
Gerätesatz eines Lehrmittelherstellers (PEM-Brennstoffzelle mit Gasbehältern, Messwiderstände, Spannungsmessgerät, Stromstärkemessgerät), Netzgerät, Stoppuhr

Durchführung:
a) Nehmen Sie die Geräte nach der Anweisung des Herstellers in Betrieb. Elektrolysieren Sie, bis der Wasserstoff-Gasspeicher ca. 30 ml enthält.
b) Verbinden Sie die Brennstoffzelle mit dem Messwiderstand und den Messgeräten [B3]. Messen Sie die Stromstärke, Spannung und den Wasserstoffverbrauch bei konstantem Widerstand (z. B. 3 Ω). Notieren Sie nach einem Wasserstoffverbrauch von 5, 10, 15 und 20 ml die Spannung, die Stromstärke und die verstrichene Zeit.

Aufgaben:
1. Berechnen Sie nach Kap. 5.32 die Leistung und den Energiewirkungsgrad der Brennstoffzelle zu jedem der vier Zeitpunkte und bilden Sie jeweils den Mittelwert.
2. Der Faraday-Wirkungsgrad einer Brennstoffzelle ist das Verhältnis des theoretischen Wasserstoffverbrauchs zum experimentell bestimmten Wasserstoffverbrauch:

$$\eta_{\text{Faraday}} = \frac{V(\text{Wasserstoff})_{\text{theoretisch}}}{V(\text{Wasserstoff})_{\text{experimentell}}}$$

Berechnen Sie aus der elektrischen Ladung $Q = I \cdot t$ nach dem Faraday-Gesetz (Kap. 5.25) den theoretischen Wasserstoffverbrauch und ermitteln Sie damit den Faraday-Wirkungsgrad Ihrer Brennstoffzelle.

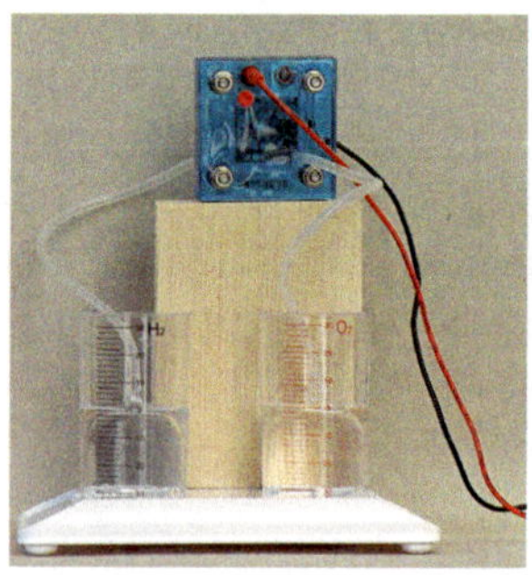
B2 *PEM-Brennstoffzelle mit Gasspeicher*

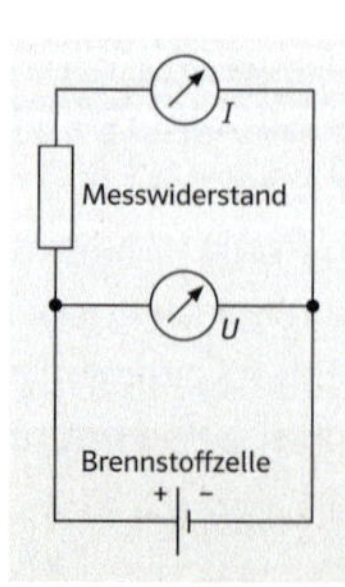

B3 *Schaltskizze zu V2*

5.34 Korrosion und Korrosionsschutz

Gegenstände aus unedlen Metallen können durch Redoxreaktionen mit Stoffen aus ihrer Umgebung beschädigt oder zerstört werden. Dies bezeichnet man als **Korrosion**. Auch das Rosten von Eisen ist eine Korrosion.

Man unterscheidet z. B. *Flächenkorrosion* mit nahezu gleichmäßiger Korrosion auf der gesamten Metalloberfläche und *Lochkorrosion*, die nur an kleinen Oberflächenbereichen abläuft und „Lochfraß" erzeugt [B1]. Gefährlich ist *Risskorrosion* in Stahlkonstruktionen oder Leitungsrohren, vor allem wenn sie von außen nicht sichtbar ist.

Die Beschädigung oder Zerstörung von Werkstoffen durch chemische Reaktionen mit Stoffen aus der Umgebung bezeichnet man als Korrosion.

Elektrochemische Korrosion am Lokalelement. Gibt man einen Zinkstab in verdünnte Schwefelsäure, so beobachtet man eine schwache Gasentwicklung an der Oberfläche. Zink-Atome werden zu Zink-Ionen oxidiert, Oxonium-Ionen werden zu Wasserstoff-Molekülen reduziert [B2 links, V1]:

Ox: $Zn \longrightarrow Zn^{2+} + 2\,e^-$

Red: $2\,H_3O^+ + 2\,e^- \longrightarrow H_2 + 2\,H_2O$

Redox: $Zn + 2\,H_3O^+ \longrightarrow Zn^{2+} + H_2 + 2\,H_2O$

Berührt man den Zinkstab mit einem Kupfer- oder Platindraht, wird die Gasentwicklung stärker. Der Wasserstoff entwickelt sich nun überwiegend an der Oberfläche des edleren Metalls [B2 rechts].

Da sich die beiden unterschiedlichen Metalle berühren und die Kontaktfläche von einer Elektrolytlösung umgeben ist, entsteht auf sehr kleinem Raum eine kurzgeschlossene galvanische Zelle. Diese wird als *Lokalelement* oder *Kontaktelement* bezeichnet.

Die Spannung des Lokalelements und der damit verbundene Stromfluss vom unedleren Metall (Lokalanode) zum edleren Metall (Lokalkathode) sind Ursachen für die stärkere Wasserstoffentwicklung am edleren Metall [B3]. Das edlere Metall wirkt hier als Ableitelektrode. Es wird bei dieser Redoxreaktion nicht verändert.

B1 *Flächenkorrosion (links) und Lochkorrosion (rechts)*

Korrosion von lat. corrodere, zernagen

Lokalelemente bilden sich nicht nur beim Kontakt von Metallen mit unterschiedlichen Redoxpotentialen, sondern auch, wenn das gleiche Metall in Lösungen mit unterschiedlichen Elektrolytkonzentrationen taucht, d.h. durch Bildung von Konzentrationszellen. Außerdem können Lokalelemente entstehen, wenn beim gleichen Metall Stellen mit verschiedener Temperatur vorliegen (Temperaturabhängigkeit des Redoxpotentials) oder wenn Stellen verschieden belüftet sind (unterschiedliche Sauerstoffkonzentration).

Unterschiedliche Metalle, die sich in einem Elektrolyten berühren, bilden ein Lokalelement (Kontaktelement). Dies ist die Ursache für die elektrochemische Korrosion.

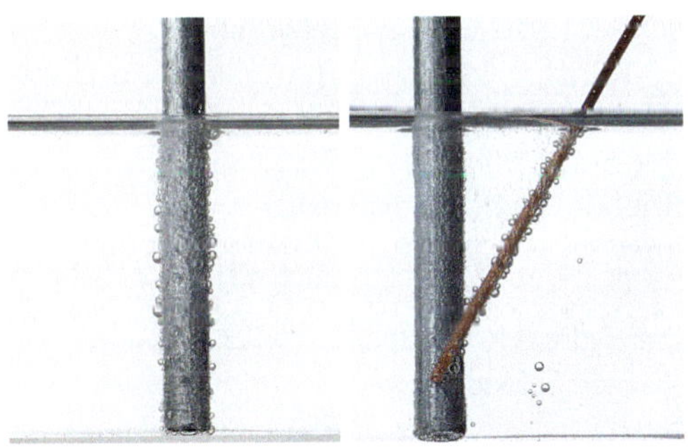

B2 *Reaktion von Zink mit Schwefelsäure (links). Bei einem Kontaktelement von Zink mit Kupfer (rechts) bildet sich der Wasserstoff am Kupfer*

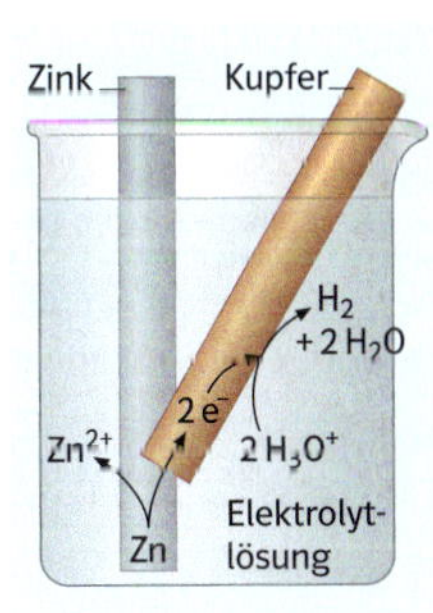

B3 *Vorgänge am Zink-Kupfer-Lokalelement*

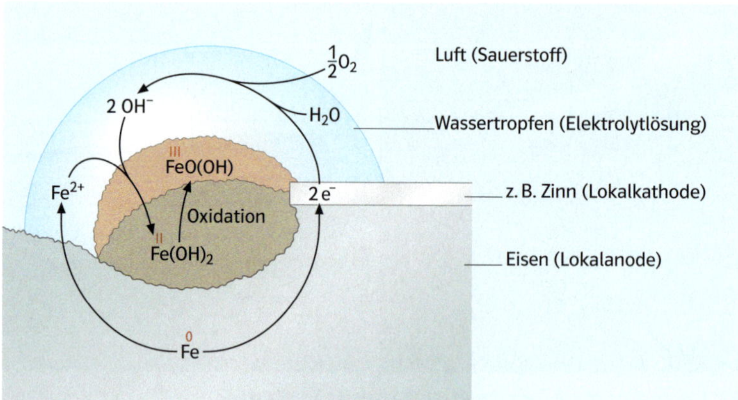

B4 *Sauerstoffkorrosion (Rosten) von Eisen am Lokalelement*

Rosten. Auch das Rosten von Eisen und Stahl ist durch die Bildung von Lokalelementen gekennzeichnet [V2, B4]. Beschichtungen mit edleren Metallen oder oxidbedeckte Stellen der Metalloberfläche können als Lokalkathoden wirken. Das Eisen als *Lokalanode* wird oxidiert:

$$Fe \longrightarrow Fe^{2+} + 2\,e^-$$

An der *Lokalkathode* findet bei Sauerstoffmangel in saurer Lösung **Säurekorrosion** statt. Oxonium-Ionen werden zu Wasserstoff-Molekülen reduziert:

$$2\,H_3O^+ + 2\,e^- \longrightarrow 2\,H_2O + H_2$$

Diffundiert Sauerstoff in die Elektrolytlösung [B4], so findet in neutraler und alkalischer Lösung **Sauerstoffkorrosion** statt. Sauerstoff-Moleküle werden zu Hydroxid-Ionen reduziert:

$$O_2 + 2\,H_2O + 4\,e^- \longrightarrow 4\,OH^-$$

Eisen(II)-Ionen bilden mit den Hydroxid-Ionen schwer lösliches Eisen(II)-hydroxid:

$$Fe^{2+} + 2\,OH^- \longrightarrow Fe(OH)_2$$

Das Eisen(II)-hydroxid wird teilweise zu Eisen(III)-hydroxid-oxid oxidiert:

$$4\,Fe(OH)_2 + O_2 \longrightarrow 4\,FeO(OH) + 2\,H_2O$$

Die Hydroxide werden durch Abgabe von Wasser zu Oxiden:

$$Fe(OH)_2 \longrightarrow FeO + H_2O$$
$$2\,FeO(OH) \longrightarrow Fe_2O_3 + H_2O$$

Rost ist ein Gemisch aus Eisen(II)-oxid, Eisen(III)-oxid und Kristallwasser.

Eine Rostschicht ist spröde und porös. Daher schützt sie das Eisen nicht vor weiterer Korrosion. Salze (z. B. Streusalz) beschleunigen den Korrosionsvorgang, da sie die Leitfähigkeit des Lokalelements erhöhen.

Säurekorrosion erfolgt überwiegend in sauren Lösungen bei Sauerstoffmangel.

Sauerstoffkorrosion erfolgt in neutralen oder alkalischen Lösungen bei Sauerstoffzutritt.

Bedeutung des Korrosionsschutzes. Korrosion verursacht große Schäden. Metallprodukte werden unbrauchbar und müssen ersetzt werden. Auch die Folgeschäden können gravierend sein, z. B. bei undichten Öltanks. Der *Korrosionsschutz* hat deshalb eine große technische und wirtschaftliche Bedeutung.

Passiver Korrosionsschutz. Eine Schutzschicht auf der Metalloberfläche hält Luft und Wasser fern und verhindert dadurch die Korrosion. Oberflächenschutzschichten können z. B. aus Lacken, Kunststoffpulvern, Email, Zinkphosphat ($Zn_3(PO_4)_2$, farblos), Zinkchromat ($ZnCrO_4$, gelb) oder edleren Metallen bestehen.

Metallüberzüge können auf vielfältige Weise aufgebracht werden. Wichtige Verfahren sind das **Galvanisieren**, bei dem das Überzugsmetall elektrolytisch auf dem als Kathode geschalteten Werkstück abgeschieden wird (z. B. Vergolden, Verchromen, Verzinnen), und das **Schmelztauchen**, bei dem das Werkstück in eine Schmelze des Überzugsmetalls getaucht wird (z. B. Feuerverzinnen). Beim Schmelztauchen sind die erhaltenen Schichten wesentlich dicker als beim Galvanisieren. Überzüge aus edleren Metallen schützen allerdings nur so lange, wie der Überzug nicht beschädigt wird. So korrodiert z. B. verzinnter Stahl (Weißblech) bei Beschädigung des Zinnüberzugs rascher als ungeschützter Stahl, da sich ein Lokalelement bildet [B4].

Kathodischer Korrosionsschutz. Bei unterirdischen Rohrleitungen oder Tanks sowie bei Stahlkonstruktionen im Meerwasser (z. B. Spundwände, Schiffswände) wird der *kathodi-*

B5 *Feuerverzinkte Autokarosserie aus Stahl*

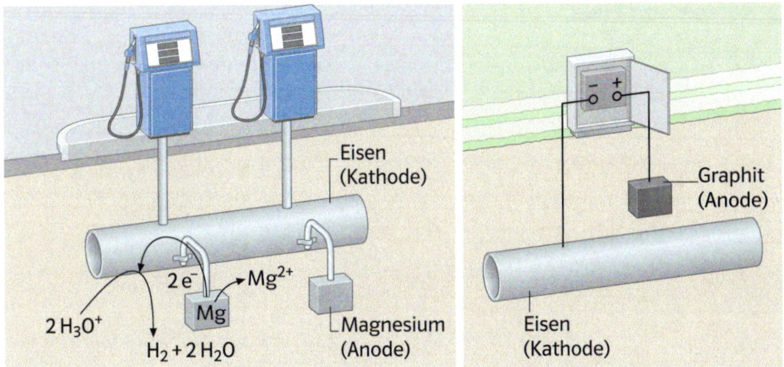

B6 *Kathodischer Korrosionsschutz, rechts mit Fremdstromanlage*

sche Korrosionsschutz angewandt („aktiver Korrosionsschutz"). Die Stahlkonstruktion wird mit auswechselbaren Elektroden aus einer Magnesiumlegierung oder Zink leitend verbunden [B6, links]. In solchen kurzgeschlossenen galvanischen Zellen bildet der Stahl die Kathode und das Magnesium eine sich auflösende Anode (Schutz- oder Opferanode).

Bei Verwendung einer *Fremdstromanlage* [B6, rechts] braucht die Opferanode kein negatives Potential gegen Stahl zu haben. Die Stahlkonstruktion wird mit dem Minuspol einer Gleichspannungsquelle verbunden. Als Anodenmaterial dient z. B. Gusseisen oder Graphit. Der Spannung der bei der Korrosion entstehenden galvanischen Zellen wird eine gleich große Spannung entgegengesetzt, sodass kein Strom fließen kann und dadurch die Stahlkonstruktion geschützt ist.

Auch das *Verzinken* von Stahl [B5] ist vorrangig kathodischer Korrosionsschutz. Wird die Zinkschicht beschädigt, bildet sich ein Lokalelement. Das unedlere Zink wirkt dabei als Opferanode. Durch die Zinkschicht ist zudem ein passiver Korrosionsschutz gegeben, da Zink eine schützende Oxidschicht bildet und deshalb zunächst nicht korrodiert (Passivierung).

Unedle Metalle können durch Überzüge vor Korrosion geschützt werden. Auch das Anlegen einer Gleichspannung schützt unedle Metalle vor Korrosion.

V1 Geben Sie in ein Reagenzglas verdünnte Schwefelsäure und tauchen Sie einen Stab aus reinem Zink ein. Berühren Sie den Zinkstab dann in der Lösung mit einem Kupfer- oder Platindraht. Der Versuch ist als Projektionsversuch geeignet.

V2 Geben Sie in eine Glasküvette eine Salz-Indikator-Lösung (3 g Natriumchlorid, 0,1 g Kaliumhexacyanidoferrat(III) ($K_3[Fe(CN)_6]$) sowie 10 Tropfen alkoholische Phenolphthalein-Lösung (w = 0,5 %) in 100 ml Wasser). Stellen Sie in die Lösung einen blank geschmirgelten Eisenstab (Nagel) und einen Kupferstab. Verbinden Sie die Metallstäbe außerhalb der Küvette mit einem Kabel. Der Versuch ist als Projektionsversuch geeignet.

A1 ○ Formulieren Sie für die Reaktion von Eisen mit Salzsäure die Teilgleichungen für die Oxidation und die Reduktion.

A2 ◒ In einem Reagenzglas wird festes Zinksulfat vorsichtig mit dest. Wasser überschichtet. Taucht ein blanker Zinkstab senkrecht bis knapp über den Bodenkörper ein, stellt man nach einigen Tagen am unteren Stabende Zinkkristalle fest, während der Stab im oberen Bereich matt und rau geworden ist. Erklären Sie diese Beobachtung. Wie lange läuft die Reaktion ab?

A3 ● Wasserstoff kann im Labor durch die Reaktion von Zink mit Salzsäure erhalten werden. Die Wasserstoffentwicklung wird beschleunigt, wenn man eine geringe Menge Kupfer(II)-sulfat zugibt. Erläutern Sie diese Beobachtung.

A4 ● MK Recherchieren Sie, warum Konservendosen für säurehaltige Früchte nicht verzinkt, sondern verzinnt sind.

Praktikum

5.35 Korrosion

V1 Rosten von Eisen

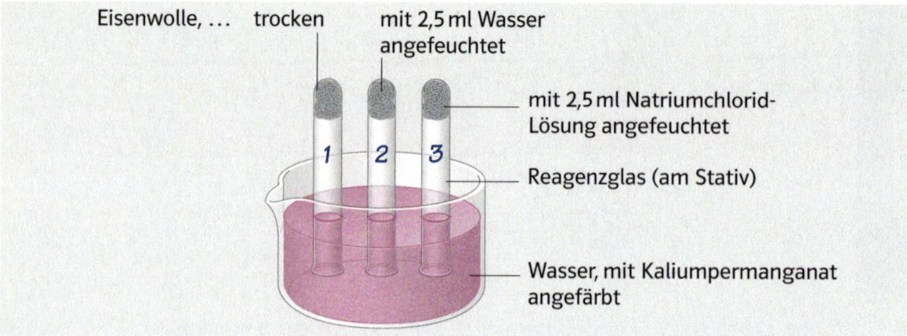

B1 *Rosten von Eisen*

Material:
Kristallisierschale, 3 Reagenzgläser, Glasstab, Messzylinder (10 ml), Folienschreiber, Eisenwolle (entfettet), Kaliumpermanganat, Natriumchlorid-Lösung (3 g Natriumchlorid in 100 ml Wasser)

Durchführung:
Geben Sie in drei nummerierte Reagenzgläser gleiche Portionen Eisenwolle und drücken Sie die Eisenwolle jeweils mit dem Glasstab zum Boden des Reagenzglases. Behandeln Sie die Eisenwolle dann wie in B1 beschrieben.

Füllen Sie die Kristallisierschale zu zwei Dritteln mit Wasser und lösen Sie zwei Kristalle Kaliumpermanganat darin auf (zum Färben des Wassers). Befestigen Sie die Reagenzgläser mit den Öffnungen nach unten so an einem Stativ, dass sich alle drei Mündungen auf gleicher Höhe unter der Wasseroberfläche befinden [B1].

Kontrollieren Sie die Wasserstände und das Aussehen der Eisenwolle nach einem Tag.

Aufgabe:
Deuten Sie die Beobachtungen.

V2 Eisen-Sauerstoff-Zelle („Rostbatterie")

Material:
Eisenblech, Kohleelektrode (Graphitplatte), Becherglas (100 ml), Spannungsmessgerät mit hohem Innenwiderstand, Kleinelektromotor, 2 Verbindungsleitungen, 2 Krokodilklemmen, Schmirgelpapier, Pappe, 2 Reagenzgläser, 2 Tropfpipetten, Natriumchlorid-Lösung ($c(\text{NaCl})$ = 1 mol/l), Wasserstoffperoxid-Lösung (Perhydrol in einer Tropfflasche, $w(H_2O_2)$ = 30 %), Kaliumhexacyanidoferrat(III)-Lösung ($w(K_3[Fe(CN)_6])$ = 1 %), alkoholische Phenolphthalein-Lösung (w = 0,5 %)

Durchführung:
a) Schmirgeln Sie das Eisenblech blank.
Füllen Sie das Becherglas zu drei Vierteln mit der Natriumchlorid-Lösung. Tauchen Sie das Eisenblech und die Kohleelektrode so in die Lösung, dass sie sich nicht berühren. Setzen Sie zwischen beide Elektroden ein Stück Pappe. Verbinden Sie das Eisenblech mit dem Minuspol und die Kohleelektrode mit dem Pluspol des Spannungsmessgeräts [B2]. Messen Sie nach etwa 5 Minuten die Spannung (Messbereich 1 V).
b) Tropfen Sie in die Nähe der Kohleelektrode etwas Wasserstoffperoxid-Lösung und ersetzen Sie das Spannungsmessgerät durch den Elektromotor. (Wasserstoffperoxid wird an Graphit katalytisch in Wasser und Sauerstoff zersetzt.)
c) Verbinden Sie beide Elektroden direkt mit einem Kabel. Entnehmen Sie nach etwa 10 Minuten jeweils aus der Nähe der Elektroden eine Probe der Elektrolytlösung. Versetzen Sie diese mit Kalium-hexacyanidoferrat(III)-Lösung bzw. mit Phenolphthalein-Lösung.

Aufgabe:
Formulieren Sie die Teilgleichungen für die an den Elektroden ablaufenden Reaktionen.
Hinweis: Kaliumhexacyanidoferrat(III) ($K_3[Fe(CN)_6]$, rotes Blutlaugensalz) ist ein Nachweisreagenz für Fe^{2+}-Ionen. Die $[Fe(CN)_6]^{3-}$-Ionen reagieren mit den Fe^{2+}-Ionen zu einer blauen Verbindung (Berliner Blau).

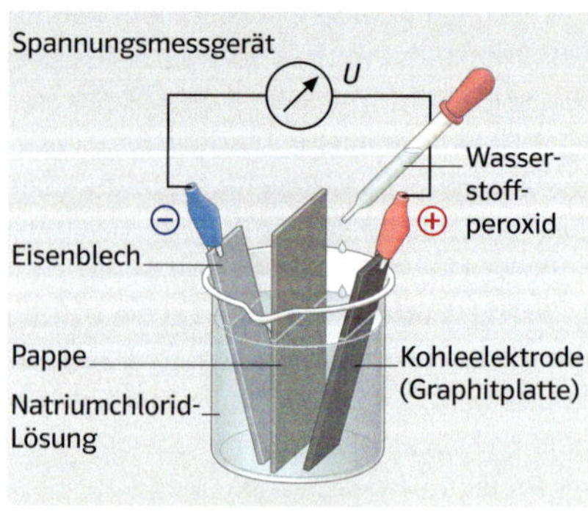

B2 *„Rostbatterie"*

V3 Rostbildung unter einem Salzwassertropfen

Material:
Eisenblech, Schmirgelpapier, Lupe, Putztuch, Aceton, Salz-Indikator-Lösung (wird auch für V4 und Kap. 5.36, V1 benötigt) aus 3 g Natriumchlorid, 0,1 g Kaliumhexacyanidoferrat(III) sowie 10 Tropfen Phenolphthalein-Lösung in 100 ml Wasser

Durchführung:
Bringen Sie auf das blank geschmirgelte und mit Aceton gereinigte Eisenblech einen großen Tropfen der Salz-Indikator-Lösung. Beobachten Sie mit der Lupe die Veränderungen im Tropfen.

Aufgabe:
Formulieren Sie die Teilgleichungen für die im Tropfen ablaufenden Reaktionen.
Hinweis: Kaliumhexacyanidoferrat(III) weist Fe^{2+}-Ionen nach [V2].

V4 Rostbildung an Lokalelementen

Material:
3 Petrischalen, Becherglas (400 ml), Gasbrenner, Dreifuß, Drahtnetz, Tiegelzange, Pinzette, Glasstab, Schmirgelpapier, Putztuch, Aceton, 3 Eisennägel (80 mm), Kupferdraht, Salz-Indikator-Lösung [V3], Agar-Agar oder Gelatine

Durchführung:
a) Vorbehandlung der Nägel wie in B3 beschrieben.
b) Legen Sie die Nägel in je eine Petrischale (Berührung mit den Fingern vermeiden).
c) Lösen Sie im Becherglas 1 g Agar-Agar *oder* 2 g Gelatine in 100 ml der Salz-Indikator-Lösung unter langsamem Erwärmen bis zum Sieden. Rühren Sie dabei ständig. (Zur besseren Langzeitbeobachtung wird die Lösung mit Agar-Agar oder Gelatine angedickt bzw. es wird ein Gel erhalten. Diese angedickte Salz-Indikator-Lösung wird auch für Kap. 5.36, V1 benötigt.)
d) Übergießen Sie die Nägel in den Petrischalen mit der abgekühlten, aber noch nicht erstarrten Lösung, bis sie vollständig bedeckt sind. Lassen Sie die Petrischalen einige Stunden oder einen Tag stehen.

Aufgaben:
1. Erklären Sie Ihre Beobachtungen.
2. Die in der Technik verwendeten Metalle enthalten meist edlere Metalle als Verunreinigungen. Beispielsweise enthält „technisches Zink" eine geringe Menge Kupfer. Bei der Reaktion von technischem Zink mit verdünnter Salzsäure kann man mit der Zeit eine zunehmend heftigere Wasserstoffentwicklung beobachten. Erläutern Sie diesen Sachverhalt.
3. Erklären Sie, welche Probleme auftreten können, wenn einem Zahn mit einer Füllung aus Silberamalgam ein Zahn mit einer Goldkrone gegenübersteht.

	Nagel 1	Nagel 2	Nagel 3
Vorbehandlung der Nägel:	– Beide Enden jeweils 2 cm blank schmirgeln – Mit Aceton reinigen	– Vollständig blank schmirgeln – Mit Aceton reinigen – Erhitzen in der leuchtenden Brennerflamme bis zur Bildung einer sichtbaren Oxidschicht	– Vollständig blank schmirgeln – Mit Aceton reinigen – In der Mitte fest mit einem blanken Kupferdraht umwickeln (ca. 3 cm breit)
Ergebnis: Lokalelemente durch …	… mechanische Bearbeitung	… Oxidbildung	… Kontakt unterschiedlicher Metalle
	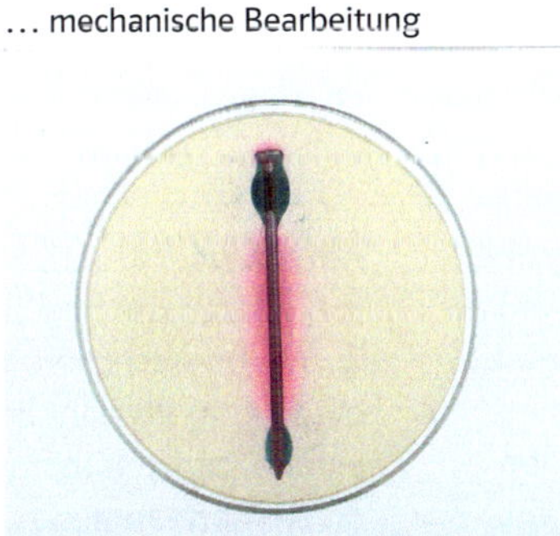	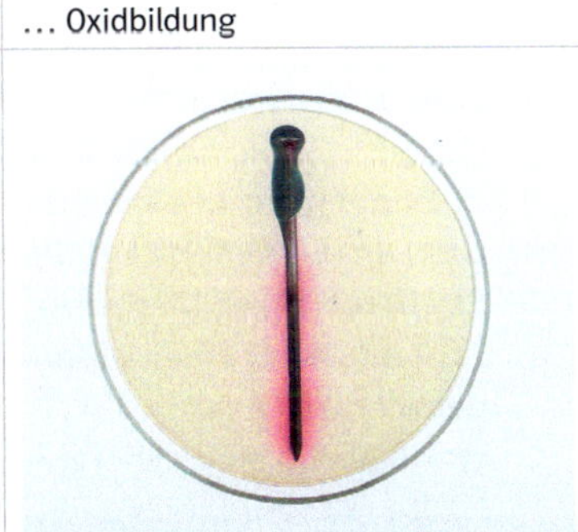	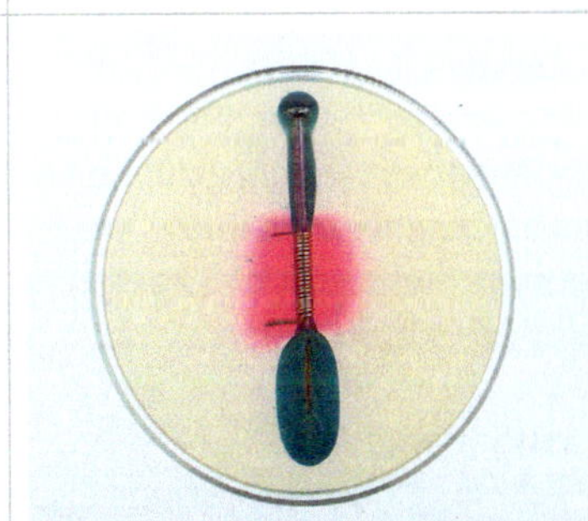

***B3** Vorbehandlung der Nägel und Ergebnis von V4*

Praktikum

5.36 Korrosionsschutz

V1 Korrosionsschutz durch Metallüberzüge

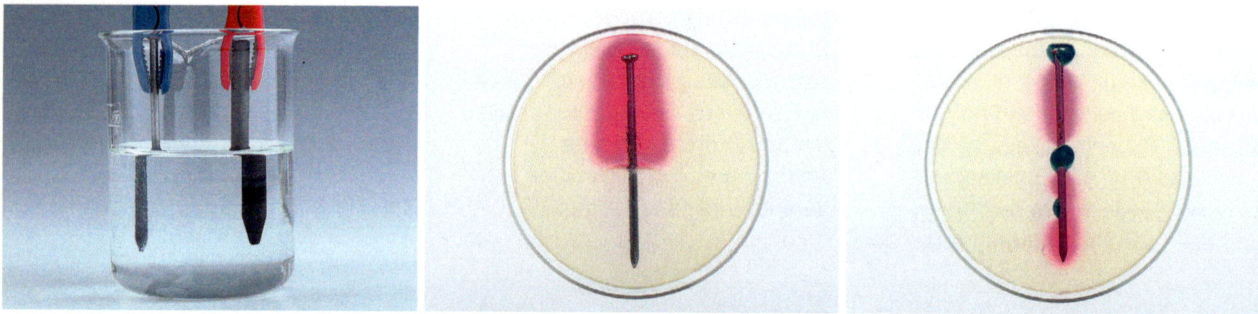

B1 *Galvanisches Verzinken eines Eisennagels (links); Korrosion des halb verzinkten Eisennagels (Mitte); Korrosion des verkupferten Eisennagels an beschädigten Stellen der Kupferschicht (rechts)*

Material:
2 Petrischalen, Becherglas (400 ml), 2 Bechergläser (100 ml), Reagenzglas, Glasstab, Spannungsmessgerät, 2 Verbindungsleitungen, 2 Krokodilklemmen, Putztuch, Aceton, 2 Eisennägel (80 mm), 2 Kohleelektroden, Salz-Indikator-Lösung (Kap. 5.35, V3), Zinkchlorid-Lösung ($c(ZnCl_2)$ = 1 mol/l) oder Zinkspray, Kupfer(II)-sulfat-Lösung ($c(CuSO_4)$ = 1 mol/l), Agar-Agar oder Gelatine

Durchführung:
a) Reinigen Sie zwei Eisennägel mit Aceton.
b) Tauchen Sie einen der Nägel als Kathode bis zur Hälfte in Zinkchlorid-Lösung ein (100-ml-Becherglas) und elektrolysieren Sie gegen die Kohleelektrode als Anode bei 3 V etwa 5 Minuten lang [B1, links]. (Alternativ können Sie den Eisennagel mit Zinkspray verzinken.)
c) Tauchen Sie den zweiten Eisennagel als Kathode vollständig in Kupfer(II)-sulfat-Lösung ein (100-ml-Becherglas, Krokodilklemme in der Mitte des Nagels anklemmen) und elektrolysieren Sie gegen die Kohleelektrode als Anode bei 3 V, bis der Nagel *vollständig* mit Kupfer überzogen ist. Ritzen Sie den verkupferten Eisennagel in der Mitte an, sodass das Eisen sichtbar wird.
d) Legen Sie die Nägel in je eine Petrischale. (Berührung mit den Fingern vermeiden.)
Übergießen Sie die Nägel mit der abgekühlten, aber noch nicht erstarrten angedickten Salz-Indikator-Lösung (Kap. 5.35, V4), bis sie vollständig bedeckt sind. Lassen Sie die Petrischalen einige Stunden oder einen Tag stehen.

Aufgaben:
1. Erklären Sie Ihre Beobachtungen.
2. Konservendosen, z. B. mit Sauerkraut, bestehen aus Weißblech (verzinntes Stahlblech). Erläutern Sie folgende Sachverhalte: Verzinktes Stahlblech wird nicht für Konservendosen verwendet. Sauerkraut aus eingedrückten Dosen soll man nicht essen.
3. Erklären Sie den Verlauf der Sauerstoffkorrosion bei verzinktem Eisen, wenn der Zinküberzug beschädigt wird.

V2 Kathodischer Korrosionsschutz

Material:
2 Bechergläser (400 ml), Schmirgelpapier, Putztuch, Aceton, 2 dünne Eisenbleche, Magnesiumband, Natriumchlorid-Lösung (3 g Natriumchlorid in 100 ml Wasser)

Durchführung:
a) Schmirgeln Sie zwei dünne Eisenbleche völlig blank. Formen Sie diese dann zu zwei kleinen Schiffchen und reinigen Sie die Schiffchen mit Aceton.
b) Bringen Sie an einem der Schiffchen an der Außenseite zwei große Streifen blankes Magnesiumband an. Achten Sie auf einen guten Kontakt der Metalle.
c) Füllen Sie die Bechergläser zur Hälfte mit Natriumchlorid-Lösung. Setzen Sie die Schiffchen in die Bechergläser und lassen Sie das Ganze einen Tag stehen.

Aufgaben:
1. Erklären Sie Ihre Beobachtungen.
2. Warmwasserbereiter aus Stahlblech enthalten im Innenraum häufig einen Magnesiumstab. Begründen Sie diese Maßnahme.

5.37 Zusammenfassung und Übung

Redoxreaktion
Reaktionen, bei denen eine Elektronenübertragung (ein Elektronenübergang) stattfindet, werden als Redoxreaktionen bezeichnet. Oxidation ist die Abgabe, Reduktion die Aufnahme von Elektronen. Oxidationsmittel sind Elektronenakzeptoren, sie werden selbst reduziert. Reduktionsmittel sind Elektronendonatoren, sie werden selbst oxidiert. An jeder Redoxreaktionen sind zwei konjugierte (korrespondierende) Redoxpaare beteiligt.

Redoxtitration
Redoxtitrationen werden zur quantitativen Analyse eingesetzt. Mit einer Redoxtitration ermittelt man die Konzentration eines Stoffes, der sich oxidieren oder reduzieren lässt.

Galvanische Zelle (galvanisches Element)
Eine galvanisches Zelle macht eine Redoxreaktion als Spannungsquelle nutzbar. In ihr laufen eine Oxidation und eine Reduktion räumlich getrennt ab. Die Oxidation findet an der Anode (Minuspol) statt, die Reduktion an der Kathode (Pluspol).

Standardpotential
Die Spannung (Potentialdifferenz) zwischen einer Halbzelle unter Standardbedingungen (und $\vartheta = 25\,°C$) und der Standardwasserstoffhalbzelle nennt man Standardpotential.

Elektrochemische Spannungsreihe
Redoxpaare können nach Ihrem Standardpotential in einer Tabelle angeordnet werden. Die oxidierte und die reduzierte Form, die Anzahl der übertragenen Elektronen und das Standardpotential der Redoxpaare werden darin aufgeführt. Daraus kann man die Spannung (Potentialdifferenz) zwischen zwei Halbzellen berechnen:

$$U = \Delta E^0 = E^0(\text{Kathode}) - E^0(\text{Anode})$$

Nernst-Gleichung
Für die Konzentrationsabhängigkeit des Elektrodenpotentials eines Redoxpaares gilt bei $\vartheta = 25\,°C$:

$$E(\text{Red/Ox}) = E^0(\text{Red/Ox}) + \frac{0{,}059\,V}{z} \cdot \lg\frac{\{c(\text{Ox})\}}{\{c(\text{Red})\}}$$

Galvanische Zellen in der Technik
Einwegbatterien sind Primärzellen. Sie können nicht wieder aufgeladen werden. Akkumulatoren sind Sekundärzellen, d.h. galvanische Zellen, deren Reaktion sich umkehren lässt. Bei Brennstoffzellen wird das Reduktionsmittel (z.B. Wasserstoff) und das Oxidationsmittel (z.B. Sauerstoff) von außen zugeführt.

Elektrolyse
Bei einer Elektrolyse ist die Anode der Pluspol und die Kathode der Minuspol. Um eine ständige Abscheidung von Elektrolyseprodukten zu erreichen, ist eine Mindestspannung nötig, die Zersetzungsspannung. Diese ist die Summe aus den Redoxpotentialen und den Überpotentialen der Elektrolysezelle.

Korrosion und Korrosionsschutz
Reagiert die Oberfläche eines Werkstoffs (z.B. eines Metalls) mit Stoffen aus ihrer Umgebung und wird dadurch zerstört, handelt es sich um Korrosion.
Bei der Korrosion an einem Kontaktelement stehen verschiedene Metalle direkt und über einen Elektrolyten in Verbindung. Sie bilden eine kurzgeschlossene galvanische Zelle.
Zum Schutz vor Korrosion kann man unedle Metalle mit einer Schutzschicht versehen (passiver Korrosionsschutz). Eine weitere Möglichkeit ist kathodischer Korrosionsschutz (aktiver Korrosionsschutz). Hier zersetzt sich statt des geschützen Metalls ein anderes Metall als „Opferanode".

Reaktionsenthalpie
Die Reaktionsenthalpie ist unabhängig vom Reaktionsweg (Satz von HESS). Folglich kann man die Standardreaktionsenthalpie $\Delta_r H^0$ aus den molaren Standardbildungsenthalpien der Edukte und Produkte berechnen:

$$\Delta_r H^0 = \sum_i n_i \cdot \Delta_f H^0_{m,i}(\text{Produkte}) - \sum_i n_i \cdot \Delta_f H^0_{m,i}(\text{Edukte})$$

Reaktionsentropie
Die Entropie ist ein Maß für die Unordnung. Die Standardreaktionsentropie $\Delta_r S^0$ kann man (analog zur Reaktionsenthalpie) aus den molaren Standardentropien der Edukte und Produkte berechnen.

Zweiter Hauptsatz der Thermodynamik
Die Gesamtentropie kann nur zunehmen oder gleich bleiben, sie nimmt niemals ab.

Freie Reaktionsenthalpie
Die freie Standardreaktionsenthalpie $\Delta_r G^0$ kann man (analog zur Reaktionsenthalpie) aus molaren freien Standardbildungssenthalpien berechnen. Bei einer beliebigen Temperatur berechnet man sie mit der Gibbs-Helmholtz-Gleichung:

$$\Delta_r G = \Delta_r H - T \cdot \Delta_r S$$

Exergonische Reaktionen ($\Delta_r G < 0$) laufen spontan ab. Endergonische Reaktionen ($\Delta_r G > 0$) können von außen erzwungen werden, indem man am System Arbeit verrichtet.

Die freie Standardreaktionsenthalpie einer Redoxreaktion kann man aus der Potentialdifferenz (Spannung) der entsprechenden galvanischen Zelle berechnen:

$$\Delta_r G^0 = -\Delta E^0 \cdot z\,\text{mol} \cdot F$$

B1 Beim „Anlaufen" von Silber bildet sich ein Überzug aus Silbersulfid (zu A1)

A1 ◒ Das „Anlaufen" von Silber beruht auf der Bildung von schwarzem Silbersulfid (Ag_2S). Ein angelaufener Silberlöffel [B1] lässt sich „reinigen", indem man ihn in Aluminiumfolie wickelt und in heiße Natriumcarbonat-Lösung legt. Erklären Sie diesen Vorgang anhand der entsprechenden Redoxgleichung.

A2 ◒ Kupfer eignet sich als Werkstoff für Niete, da es gut verformbar ist. Beurteilen Sie, ob es sinnvoll ist, Eisenbleche mit Kupfernieten zu verbinden.

A3 ◒ Der Ladezustand eines Bleiakkumulators kann durch Messung der Dichte der Batteriesäure bestimmt werden. Geben Sie hierfür eine Erklärung.

A4 ◒ Bei einer Silberoxid-Zink-Knopfzelle besteht die Kathode aus Silber(I)-oxid und die Anode aus Zinkpulver. Formulieren Sie die Elektrodenvorgänge beim Entladen der Knopfzelle und die gesamte Redoxgleichung.

A5 ◒ Rohkupfer wird durch elektrolytische Raffination gereinigt. Dazu legt man eine Gleichspannung an eine Anode aus Rohkupfer und eine Kathode aus Reinkupfer in einer schwefelsäurehaltigen Kupfer(II)-sulfat-Lösung. Formulieren Sie die Elektrodenvorgänge und stellen Sie die Gesamtgleichung auf.

A6 ● Die folgenden vier Versuche werden durchgeführt ($\vartheta = 25\,°C$ und $p = 1000\,hPa$):
V1: wie in B2
V2: Die rechte Halbzelle wird ersetzt durch eine Zinksulfat-Lösung ($c(Zn^{2+}) = 0{,}1\,mol/l$), in die eine Zinkelektrode eintaucht.
V3: Die rechte Halbzelle wird ersetzt durch Natronlauge (pH = 12), in die ein mit Sauerstoff umspültes Platinblech eintaucht.
V4: Die rechte Halbzelle wird ersetzt durch eine Lösung von Eisen(II)-chlorid und Eisen(III)-chlorid ($c(Fe^{2+}) = 0{,}1\,mol/l$; $c(Fe^{3+}) = 0{,}01\,mol/l$), in die eine Platinelektrode eintaucht.
a) Formulieren Sie für alle Versuche die Teilgleichungen (mit Atombilanzausgleich) der Reduktion bzw. Oxidation. Geben Sie an, wo sich der Plus- und der Minuspol befindet.
b) Stellen Sie für die fünf verwendeten Halbzellen die Nernst-Gleichung auf.
c) Berechnen Sie die Spannungen der vier galvanischen Zellen. (Standardpotentiale: s. Anhang)
d) Berechnen Sie aus den Spannungen jeweils die freie Standardreaktionsenthalpie.

A7 ● Distickstoffpentaoxid (N_2O_5) ist bei Zimmertemperatur ein instabiler Feststoff. Es zerfällt endotherm in Stickstoffdioxid und Sauerstoff.
a) Formulieren Sie die Reaktionsgleichung.
b) Diskutieren Sie, ob bei der Reaktion die Entropie zu- oder abnimmt und berechnen Sie die Standardeaktionsentropie. ($S^0_m(N_2O_5, s) = 178\,J/(K \cdot mol)$)
c) Zeigen Sie, dass die Reaktion exergonisch ist.
($\Delta_f H^0_m(N_2O_5, s) = -43\,kJ/mol$)

A8 ● In einer Direktmethanol-Brennstoffzelle (direct methanol fuel cell, DMFC) reagiert Methanol mit Sauerstoff zu gasförmigem Kohlenstoffdioxid und flüssigem Wasser.
a) Formulieren Sie die Reaktionsgleichung und berechnen Sie die Standardreaktionsenthalpie, die freie Standardreaktionsenthalpie und die Standardreaktionsentropie.
($\Delta_r H^0{}_m(CH_3OH) = -239\,kJ/mol$;
($\Delta_r G^0{}_m(CH_3OH) = -166\,kJ/mol$)
b) Wird die Spannung der DMFC mit steigender Temperatur größer oder kleiner? Begründen Sie Ihre Antwort.
c) Berechnen Sie die maximal mögliche Spannung der DMFC und den maximalen Energiewirkungsgrad.
d) Die Spannung einer realen DMFC beträgt 0,50 V. Berechnen Sie den Energiewirkungsgrad dieser DMFC.

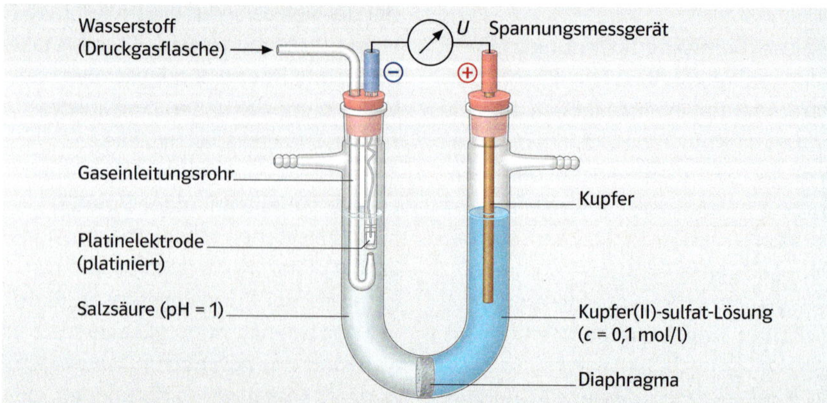

B2 Versuchsaufbau zu A10

6 Wege zu organischen Produkten

Produkte des Alltags und Produkte der chemischen Industrie werden in gezielten Schritten hergestellt. Neue Synthesen werden mithilfe von Molecular Modelling geplant.

Von Ausgangsstoffen zu Reaktionsprodukten

Darstellungsformen für Moleküle

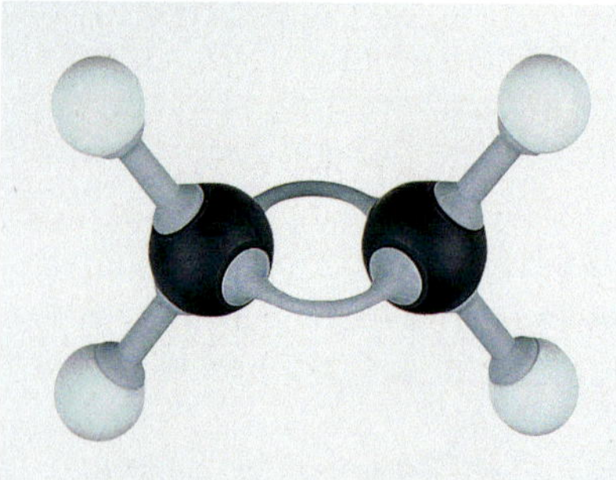

Kugel-Stab-Modell

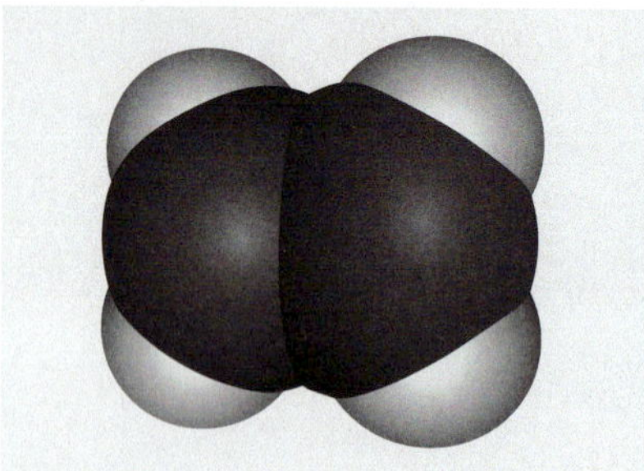

Kalottenmodell

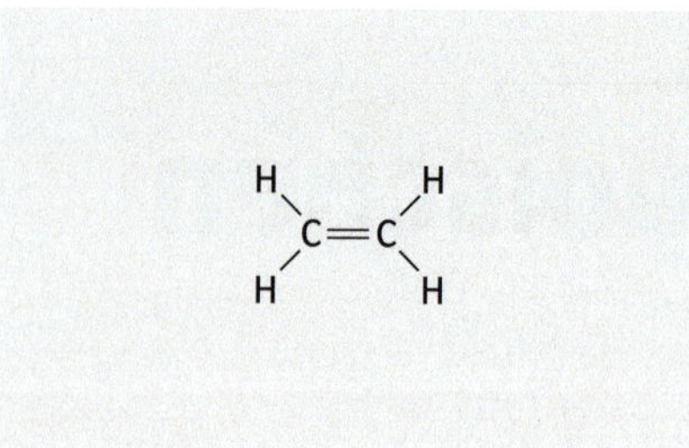

Strukturformel

***B1** Darstellungen des Ethen-Moleküls*

In der Chemie werden Moleküle häufig grafisch dargestellt. Dazu gibt es eine ganze Reihe unterschiedlicher Modelle, die verschiedene Merkmale von Molekülen hervorheben.

A1 **a)** Recherchieren Sie weitere Darstellungsformen für Moleküle.
b) Zeichnen Sie das Propan-Molekül in allen Ihnen bekannten Darstellungsformen.

Kettenreaktionen

Kettenreaktionen kennt man aus dem Alltag. Dominosteine stehen hintereinander. Nachdem der erste Stein angestoßen wurde, fallen auch alle anderen nacheinander [B2].

In der organischen Chemie spielen die einzelnen Schritte einer chemischen Reaktion und die dabei auftretenden Teilchen eine große Rolle. Dazu gehören auch Kettenreaktionen. Ein bestimmter Auslöser startet die Kettenreaktion. Daraufhin reagieren die Moleküle so lange miteinander, bis ein bestimmter Auslöser einen Kettenabbruch hervorruft.

A2 Auch beim Abgang einer Schneelawine handelt es sich um eine Kettenreaktion. Beschreiben Sie den Kettenstart, die Kettenreaktion und den Kettenabbruch bei einer Schneelawine.

***B2** Dominoeffekt*

Funktionelle Gruppen eröffnen Synthesewege

Funktionelle Gruppen [B3] sind typische Atomgruppen in Molekülen, die die Eigenschaften der jeweiligen Stoffe beeinflussen. Viele funktionelle Gruppen verursachen eine Polarität des Moleküls. Ein Beispiel dafür ist die Hydroxygruppe. Sie bewirkt eine Wasserlöslichkeit bei Alkanolen, die beim zugrunde liegenden Alkan nicht vorhanden ist.
Neben den Eigenschaften werden auch die Reaktionsweisen der organischen Verbindungen von den funktionellen Gruppen beeinflusst. Aus der Struktur und der Polarität einer funktionellen Gruppe kann man Rückschlüsse darauf ziehen, wie die Moleküle durch andere Teilchen angegriffen werden können.

A3 Stellen Sie Vermutungen über unterschiedliche Reaktionsmöglichkeiten an den in B3 dargestellten funktionellen Gruppen an.

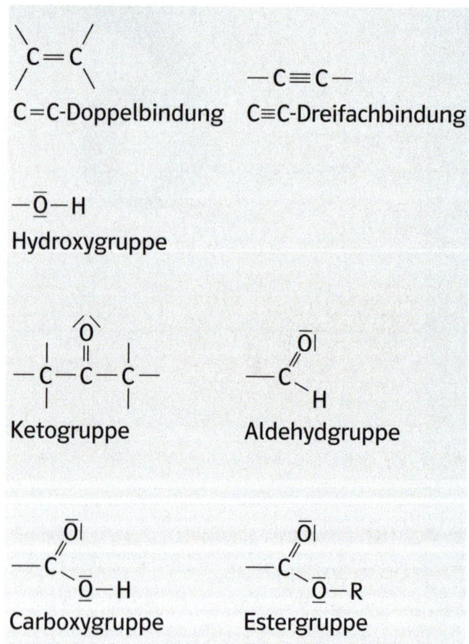

***B3** Verschiedene funktionelle Gruppen*

Aromastoffe können synthetisiert werden

B4 In natürlichen Aromen treten auch synthetisch herstellbare Ester auf

Viele Produkte aus der Natur haben für sie typische Aromen, die wir riechen können. Obwohl viele Aromen aus einer Vielzahl von Verbindungen bestehen, ruft in manchen Fällen ein einziger Stoff den für eine Frucht typischen Sinneseindruck hervor. Etliche dieser Aromen lassen sich synthetisch im Labor herstellen.

Für viele Aromen sind Ester verantwortlich, die aus der chemischen Reaktion von Carbonsäuren mit Alkoholen hervorgehen.

A4 MK Recherchieren Sie, mit welchen synthetisch hergestellten Estern die Aromen von Ananas, Äpfeln und Himbeeren nachgeahmt werden.

Ausgangsstoffe für organische Verbindungen

B5 Erdöl

B6 Erdgas

Erdöl und auch Erdgas werden zum größten Teil als Energieträger genutzt. Sie sind jedoch auch die Basis für die Herstellung organischer Verbindungen, aus denen in Folgereaktionen zahlreiche Produkte hergestellt werden. Methan, den Hauptbestandteil des Erdgases, kann man auch aus Kohlenstoffdioxid und Wasserstoff gewinnen.

A5 Begründen Sie, warum es viel zu schade ist, Erdgas und Erdölprodukte, z. B. Heizöl oder Benzin, zu verbrennen.

A6 Erläutern Sie, welche Vorteile die Nutzung von Methan aus Kohlenstoffdioxid und Wasserstoff gegenüber der Nutzung des Methans aus Erdgas hat.

Fette

B7 Pommes-Frites werden in heißem Fett erhitzt

Pflanzliche und tierische Fette sind als Energielieferanten nicht nur wichtige Nahrungsbestandteile, sie sind auch als nachwachsende Rohstoffe, z. B. für alternative Treibstoffe, von großer Bedeutung.

A7 Beschreiben Sie natürliche Quellen für die Gewinnung von Fetten.

A8 Palmöl ist weltweit das wichtigste Pflanzenöl. Erläutern Sie, welche Probleme mit dem Anbau der Ölpalmen verknüpft sein können.

6.1 Kohlenwasserstoffe aus Erdöl und Erdgas

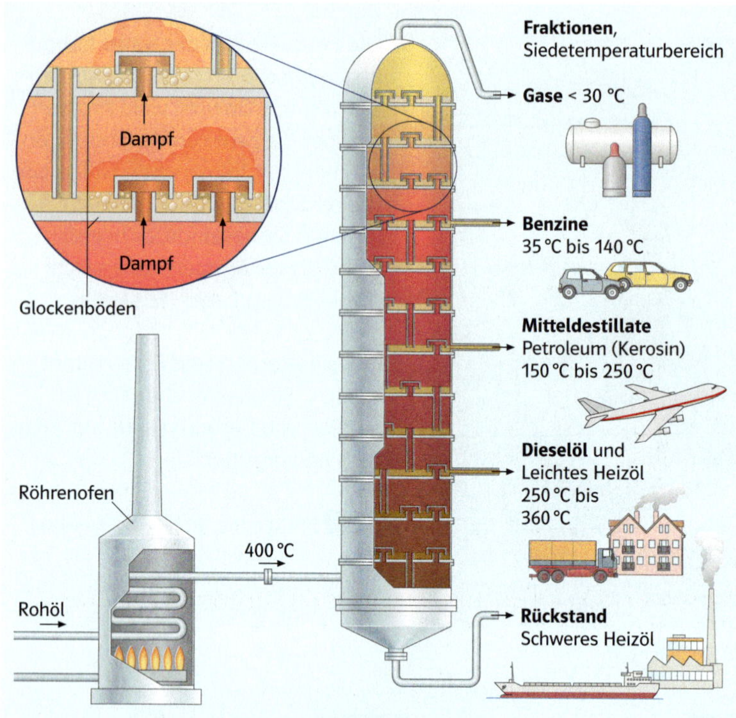

B1 *Fraktionierende Destillation bei Atmosphärendruck*

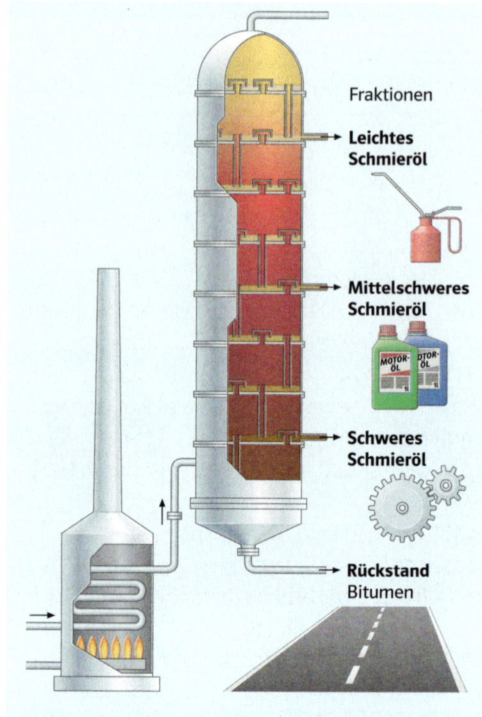

B2 *Destillation unter vermindertem Druck*

Fraktionierte Destillation
In der Technik wird die fraktionierende Destillation oft als „fraktionierte Destillation" bezeichnet.

Das je nach seiner Herkunft hellbraune bis pechschwarze, dünn- bis dickflüssige Rohöl ist ein Gemisch von weit mehr als tausend verschiedenen Kohlenwasserstoffen. Neben diesen enthält es noch geringe Anteile an organischen Sauerstoff-, Stickstoff- und Schwefel-Verbindungen. Erst durch die Destillation und Aufarbeitung des Rohöls erhält man Produkte wie z. B. Benzin und Heizöl.

Fraktionierende Destillation. In einer Erdölraffinerie wird das Rohöl schnell in einem Röhrenofen auf 360 °C bis 400 °C erhitzt, wobei es zum größten Teil verdampft. Das Dampf-Flüssigkeits-Gemisch wird seitlich in den unteren Teil des Destillationsturmes geleitet. Dieser ist in seinem Innern durch zahlreiche Zwischenböden („Glockenböden") stockwerkartig unterteilt [B1]. Entsprechend der von unten nach oben abnehmenden Temperatur sammeln sich die Bestandteile des Rohöls mit den höheren Siedetemperaturen auf den unteren, die niedriger siedenden auf den oberen Böden. Zur besseren Trennung werden die aufsteigenden Dämpfe durch die über die Durchlässe gestülpten Glocken so umgeleitet, dass sie durch die Flüssigkeitsschichten auf den Boden strömen.

In der Flüssigkeit gelöste noch niedriger siedende Bestandteile verdampfen, im Dampf enthaltene höher siedende Verbindungen kondensieren. Steigt das Niveau der Flüssigkeit über die Oberkante des Durchlassrohres (senkrechten Rohres), läuft sie in den nächsttieferen Boden zurück. So findet zwischen zwei Böden ständig eine Destillation statt. Durch diese Destillation erhält man nicht einzelne Reinstoffe, sondern Gemische von Stoffen mit ähnlichen Siedetemperaturen, die **Rohölfraktionen** [B4].
Die stufenweise Destillation des Rohöls in Fraktionen wird **fraktionierende Destillation** genannt. Die Rohölfraktionen werden dabei auf bestimmten Böden gesammelt und in Vorratstanks abgeleitet.

Bei der fraktionierenden Destillation werden die Bestandteile des Rohöls in Gemische von Stoffen mit ähnlichen Siedetemperaturen, die Rohölfraktionen, aufgetrennt.

Vakuumdestillation – Destillation unter vermindertem Druck. Am Boden des Destillationsturms sammelt sich ein Rückstand, der sich unter Normdruck nicht mehr verdampfen lässt, da sich seine Verbindungen bei Temperaturen über 400 °C zersetzen. Den Rückstand leitet man deshalb nach erneutem Aufheizen in einen zweiten Destillationsturm, in dem eine Destillation unter vermindertem Druck (etwa 50 hPa) stattfindet. Durch die Verminderung des Druckes werden die Siedetemperaturen der Verbindungen des Rückstandes um bis zu 150 °C gesenkt, sodass der Rückstand schon bei niedrigeren Temperaturen in weitere Fraktionen aufgetrennt werden kann [B2].

Rohölfraktionen. Die gasförmigen Kohlenwasserstoffe werden z.T. zu Heizzwecken in der Raffinerie verbrannt. Propan und Butane kommen auch als „Flüssiggase" in den Handel [B1]. Benzine und Mitteldestillate müssen vor ihrer Weiterverwendung noch aufbereitet werden. Wichtig ist die Entfernung der Schwefel-Verbindungen, da bei deren Verbrennung Schwefeldioxid entsteht. Aus den Mitteldestillaten werden Flugzeugtreibstoff (Kerosin), Dieselöl und leichtes Heizöl gewonnen. Ein Teil des bei 400 °C und 1013 hPa nicht mehr verdampfbaren Rückstandes wird als schweres Heizöl in Kraftwerken und Schiffsmotoren eingesetzt. Bei der Vakuumdestillation [B2] gewinnt man Schmieröle und feste Kohlenwasserstoffe, die z.B. zu Kerzen (Paraffinkerzen) weiterverarbeitet werden können. Das Bitumen, der Rückstand der Vakuumdestillation, wird z.B. für Straßenbeläge verwendet.

Erdgas besteht im Wesentlichen aus Methan. Methan ist ein farb- und geruchloses Gas, dessen Dichte kleiner als die der Luft ist. Das Gas wird in Deutschland heute noch überwiegend zum Heizen in Privathaushalten verbrannt, auch zur Gewinnung von elektrischer Energie wird es eingesetzt. Methan wie auch die Kohlenwasserstoffe der Benzine sind immer noch die wichtigsten Quellen für viele chemische Produkte, z.B. Kunststoffe. Die Zukunft wird zeigen, wie schnell Erdöl und Erdgas ersetzt werden können.

B3 *Stoffe aus verschiedenen Erdölfraktionen. Diese sind von links nach rechts nach abnehmenden Siedetemperaturen angeordnet: a) Bitumen, b) Schweres Heizöl, c, d, e) Schmieröle, f) Diesel, g) Kerosin, h) Benzin*

Fraktionen	Siedetemperaturbereich in °C	Flammtemperaturbereich in °C	Dichtebereich in g/cm³	Viskosität
Benzine:				nimmt zu
Leichtbenzin	40 bis 80	−55 bis −35	0,63 bis 0,68	
Mittelbenzin	80 bis 110	−35 bis −15	0,68 bis 0,73	
Schwerbenzin	100 bis 140	−15 bis 21	0,73 bis 0,78	
Mitteldestillate:				
Petroleum/Kerosin	150 bis 250	21 bis 55	0,77 bis 0,83	
Dieselöl/ leichtes Heizöl	250 bis 360	55 bis 100	0,81 bis 0,86	
Schweres Heizöl	nur im Vakuum unzersetzt destillierbar	100 bis 270	0,90 bis 0,98	
Schmieröle		>200	0,80 bis 0,95	

B4 *Eigenschaften einiger Rohölfraktionen im Vergleich*

Erdgas und Erdöl sind wichtige Quellen für Kohlenwasserstoffe, die als Ausgangsstoffe für die Reaktionen zu vielen organischen Reaktionsprodukten eingesetzt werden.

A1 MK Recherchieren Sie die Namen und Strukturformeln von jeweils drei Alkanen, die im Leichtbenzin bzw. im leichten Heizöl vorkommen.

A2 MK Recherchieren und bewerten Sie die Bezugsquellen für Erdgas in Deutschland für 2020 und darauf folgende Jahre.

6.2 Gaschromatografie

B1 *Papierchromatografie*

Chromatografie von griech. chroma, Farbe und graphein, schreiben. Die Bezeichnung kommt von der ursprünglichen Verwendung dieses Verfahrens zur Trennung von Blattfarbstoffen.
Andere Schreibweise: Chromatographie (engl. chromatography)

GC Abkürzung für Gaschromtaografie (auch engl. gas chromatography)

Adsorption von lat. adsorbere, ansaugen. Anlagerung von Molekülen an der Oberfläche eines Festkörpers

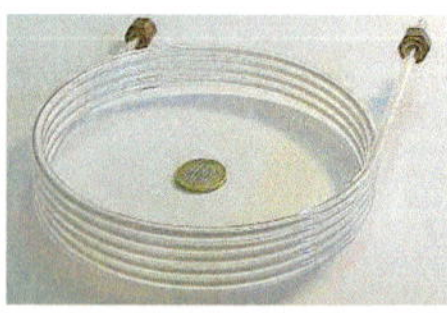

B3 *Trennsäule eines Gaschromatografen*

Verteilungsgleichgewicht Der Übergang eines Stoffes zwischen zwei Phasen ist umkehrbar. Deshalb kann man ihn als Verteilungsgleichgewicht beschreiben, analog zum chemischen Gleichgewicht bei umkehrbaren Reaktionen.
Bei der Chromatografie stellt sich das Verteilungsgleichgewicht allerdings nie ganz ein, da sich die mobile Pase bewegt.

Trägt man auf ein Filterpapier Farbstoffgemische auf (z. B. Punkte geeigneter Filzschreiber), und hängt das Papier in ein Lösungsmittel, so beobachtet man eine Trennung des Gemisches in die einzelnen Farbstoffe [B1]. Man bezeichnet dieses Trennverfahren als *Papierchromatografie*. Es gibt viele weitere chromatografische Methoden, u. a. die *Dünnschichtchromatografie* und die *Gaschromatografie*.

Grundlagen der Chromatografie. Alle chromatografischen Methoden beruhen auf unterschiedlichen Wechselwirkungen der einzelnen Komponenten eines Gemisches mit zwei nicht mischbaren Phasen. Die eine Phase ist unbeweglich (**stationäre Phase**), und die andere Phase strömt an ihr vorbei (**mobile Phase**).
Wenn die stationäre Phase ein Feststoff ist, der die Teilchen des Gemisches *adsorbieren* kann, spricht man von **Adsorptionschromatografie**. Die stationäre Phase kann aber auch aus einem Feststoff mit einer adsorbierten Flüssigkeit bestehen, in der sich die Teilchen des Gemisches *lösen* können. Man spricht dann von **Verteilungschromatografie**. Die mobile Phase kann eine Flüssigkeit (Fließmittel) oder ein Gas sein.
Bei der *Papierchromatografie* besteht die stationäre Phase aus den Cellulose-Fasern des Papiers mit adsorbiertem Lösungsmittel. Die mobile Phase ist das nicht adsorbierte Lösungsmittel.

Die Teilchen des Gemisches werden von der mobilen Phase transportiert. Wenn sie mit der stationären Phase in Berührung kommen, können sie von dieser adsorbiert bzw. gelöst werden. Dananach gehen sie aber auch wieder in die mobile Phase über. Der Übergang von einer Phase in die andere Phase ist also umkehrbar und wiederholt sich immer wieder. Die Teilchen der einzelnen Komponenten werden aufgrund ihrer unterschiedlichen Struktur verschieden stark von der stationären Phase gebunden und haben daher unterschiedliche Wanderungsgeschwindigkeiten.

Die Chromatografie beruht auf dem umkehrbaren Übergang von Teilchen zwischen einer stationären Phase und einer mobilen Phase.

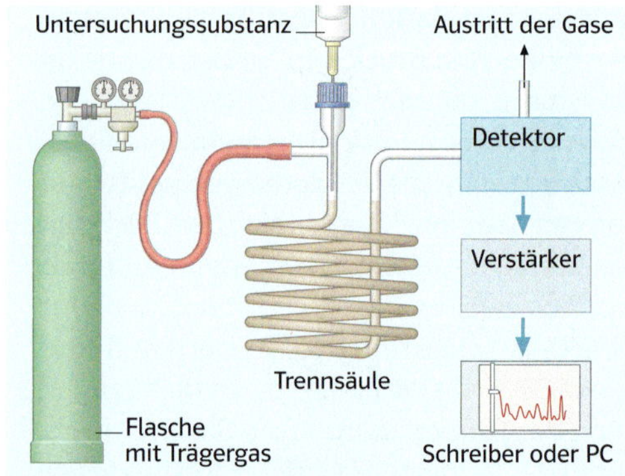

B2 *Gaschromatograf (schematisch)*

Die Gaschromatografie ist ein chromatografisches Verfahren für Gase und leicht verdampfbare Flüssigkeiten und Feststoffe (Siedebereich bis ca. 400 °C). Die besondere Bedeutung der Gaschromatografie liegt in der sehr großen *Trennleistung*, d. h., es können auch Gemische getrennt werden, die aus Komponenten mit sehr ähnlichen Eigenschaften bestehen. Die erforderlichen Probenmengen sind klein; meistens genügen einige Mikroliter. Anwendungen der Gaschromatografie sind z. B. Reinheitsprüfungen, Untersuchungen von Aromen in Parfüm und in Wein, Dopingtests und Messungen des Alkoholgehalts im Blut.

Die Gaschromatografie ist ein Trennverfahren für Gase und leicht verdampfbare Flüssigkeiten und Feststoffe.

Ein Gaschromatograf [B2] enthält als wichtigstes Bauteil eine **Trennsäule**. Sie besteht aus einem dünnen Rohr (z. B. Glas von 10 bis 200 m Länge), das aus Gründen der Platzersparnis meist aufgewickelt ist [B3]. Die Innenwand der Trennsäule ist mit der *stationären Phase* beschichtet; dies ist i. d. R. ein feinkörniges Pulver, dessen Oberfläche mit einem dünnen Film einer schwer flüchtigen Flüssigkeit bedeckt ist (Verteilungschromatografie) oder ein Feststoff mit großer Oberfläche (Adsorptionschromatografie). Die Trennsäule kann beheizt werden, sodass sich auch flüssige und feste Gemische trennen und identifizieren lassen, sofern ihre Komponenten unzersetzt verdampfbar sind.
Als *mobile Phase* wird ein Gas eingesetzt, das mit den zu trennenden Stoffen nicht reagiert,

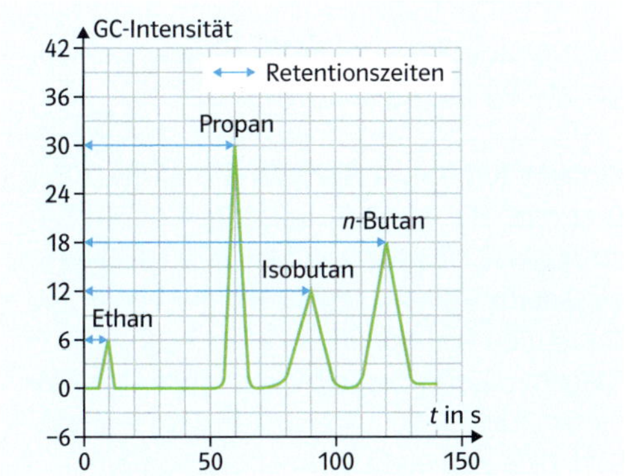

B4 *Gaschromatogramm eines Feuerzeuggases*

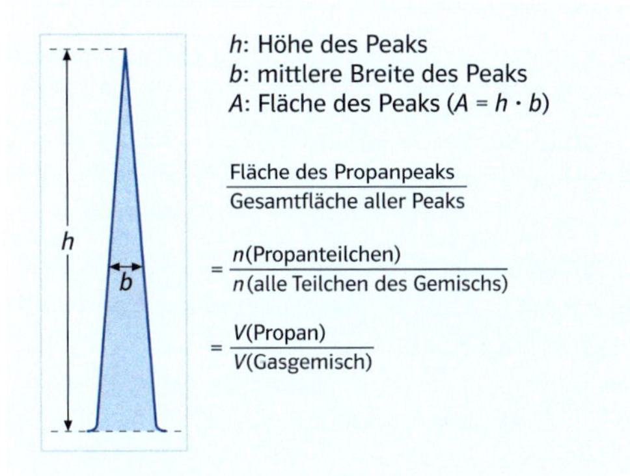

B5 *Berechnung des Volumenanteils einer Komponente aus den Peakflächen (Ausschnitt aus B4, Peak 2)*

meistens Helium oder Stickstoff (Inertgas). Dieses **Trägergas** transportiert das Gemisch. Am Ende der Säule strömt das Gas durch einen **Detektor**, z. B. einen *Wärmeleitfähigkeitsdetektor*. Dieser misst die unterschiedliche Wärmeleitfähigkeit des reinen Trägergases bzw. des mit einer Komponente vermischten Trägergases.
Eine Änderung der Wärmeleitfähigkeit wird als Peak aufgezeichnet und zeigt den Austritt einer Komponente aus der Trennsäule an. Die **Retentionszeit** t_r, d. h. die Zeit von der Injektion bis zur Detektion, ist eine charakteristische Größe der Komponente und kann zu ihrer Identifizierung verwendet werden.

B4 zeigt das Gaschromatogramm eines Feuerzeuggases mit den einzelnen zugeordneten Peaks. Für Isobutan kann man eine Retentionszeit von 90 Sekunden ablesen.

Gaschromatogramme liefern auch Informationen über die *quantitative* Zusammensetzung eines Gemisches, da die Fläche unter einem Peak proportional zur Stoffmenge der zugehörigen Komponente ist [B5]. Diese Tatsache nutzt man auch zur Identifizierung einer Komponente: Man gibt zu dem zu trennenden Gemisch einen Reinstoff, von dem man vermutet, dass er im Gemisch enthalten ist. Im Chromatogramm erscheint dann die Peakfläche dieser Komponente vergrößert.
Zur Identifizierung und Strukturaufklärung der verschiedenen Komponenten kann man ein weiteres Gerät nachschalten, z. B. ein Massenspektrometer (GC/MS).

Ein Gaschromatograf enthält u. a. eine Trennsäule und einen Detektor. Man misst die Retentionszeiten und die Peakflächen der Komponenten des Gemisches.

Retentionszeit von lat. retentio, das Zurückhalten

Inertgas von lat. iners, untätig, träge. Gas, das unter normalen Bedingungen nicht oder nur in sehr geringem Maße mit anderen Stoffen reagiert.

V1 a) Man drückt eine kleine Gasportion aus einer Feuerzeuggaspatrone in die Trennsäule eines Gaschromatografen und erstellt ein Chromatogramm.
b) Man wiederholt den Versuch (a) und gibt zu dem Feuerzeuggas Butan.

V2 a) Schneiden Sie einen Apfel in zwei Hälften. Geben sie ihn zum Reifen in ein Glasgefäß, welches über einen PVC-Schlauch mit Hahn und Kolbenprober verbunden und dicht verschlossen ist. Wenn sich nach einiger Zeit der Kolbenprober mit Gas gefüllt hat, entnehmen Sie mit einer Spritze eine Probe und untersuchen diese im Gaschromatografen. Wiederholen Sie die Entnahme und Untersuchung zu verschiedenen Zeitpunkten.
b) Recherchieren Sie, welche Gase beim Reifen von Früchten entstehen. Versuchen Sie, Reifegase mithilfe von Vergleichsgasen zu identifizieren.

A1 ○ Beim Arbeiten mit dem Gaschromatografen kann man z. B. unterschiedliche Detektoren einsetzen. Nennen Sie zwei weitere experimentelle Bedingungen, die man variieren kann.

A2 ◒ In die Trennsäule eines Gaschromatografen werden 4 ml Feuerzeuggas gedrückt. Die Gesamtfläche der Peaks beträgt 2 cm², die Fläche des Propan-Peaks 0,8 cm². Berechnen Sie den Volumenanteil des Propans in diesem Feuerzeuggas.

6.3 Kleine Moleküle durch Cracken

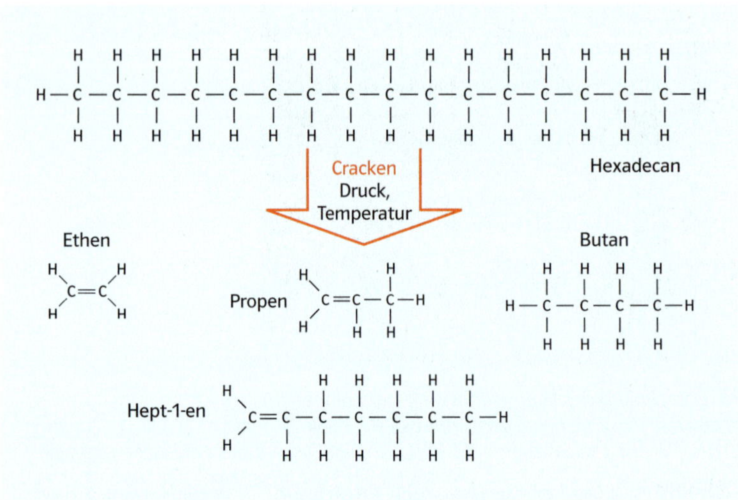

***B1** Cracken schematisch. Lange Moleküle werden unter dem Einfluss von Druck und Temperatur in kleinere Moleküle gespalten*

Ruß
Ruß ist ein Nebenprodukt bei Verbrennungs- und Crackprozessen, welches im Wesentlichen aus Kohlenstoff besteht.

V1 ⚠ (Schutzbrille! Schutzscheibe!) Man erhitzt in einer Apparatur nach B2 zunächst den Katalysator und bringt dann das Paraffinöl zum Sieden.
a) Die entweichenden Dämpfe werden durch eine Kühlfalle geleitet und nach Durchführung der Knallgasprobe über einer Glasrohrspitze entzündet.
b) In der gekühlten Vorlage sammelt sich eine Flüssigkeit. Prüfen Sie Entflammbarkeit, Viskosität und Geruch.
Vergleichen Sie mit Benzin und Paraffinöl.

A1 Stellen Sie für das Cracken von Dodecan eine Reaktionsgleichung entsprechend B1 auf. Ein Crackprodukt soll But-1-en sein. Beachten Sie, dass das Gesetz von der Erhaltung der Masse gilt.

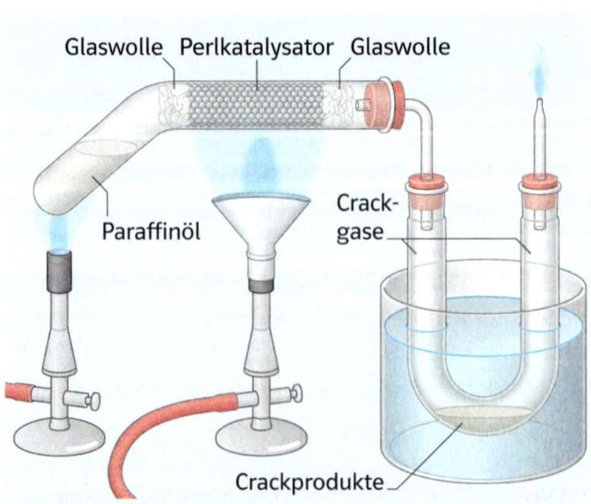

***B2** Cracken von Paraffinöl unter Verwendung eines Katalysators*

Der Anteil an Benzin, z. B. Dieseltreibstoff und leichtem Heizöl ist im Erdöl wesentlich niedriger als der tatsächliche Bedarf.

Kürzere Kohlenwasserstoff-Moleküle durch Cracken. Die Verbindungen des Benzins bestehen aus kleineren und kürzeren Kohlenwasserstoff-Molekülen als die der höher siedenden Fraktionen. Zur Herstellung von Benzin müssen deshalb die langen Moleküle dieser Fraktionen in kürzere zerlegt werden [B1]. Dies geschieht in einer *Crackanlage* durch starkes Erhitzen und geeignete Katalysatoren [B3].
Beim Cracken entstehen neben Benzin vermehrt gasförmige Kohlenwasserstoffe.
Die Trennung dieses Kohlenwasserstoff-Gemisches erfolgt durch Destillation. Außerdem entsteht Ruß, der sich auf dem Katalysator niederschlägt.

Der Katalysator wird heute meist in Form eines feinen Pulvers eingesetzt. Dieses Pulver kann wie eine Flüssigkeit fließen und transportiert werden. Der nach der Crackreaktion mit Kohlenstoff beladene Katalysator wird kontinuierlich regeneriert, indem der Ruß abgebrannt wird [B3].

Die kleinen Moleküle eignen sich als Ausgangsstoffe für viele organische Synthesen.

Beim Cracken werden langkettige Moleküle von Kohlenwasserstoffen in kleinere Moleküle zerlegt.

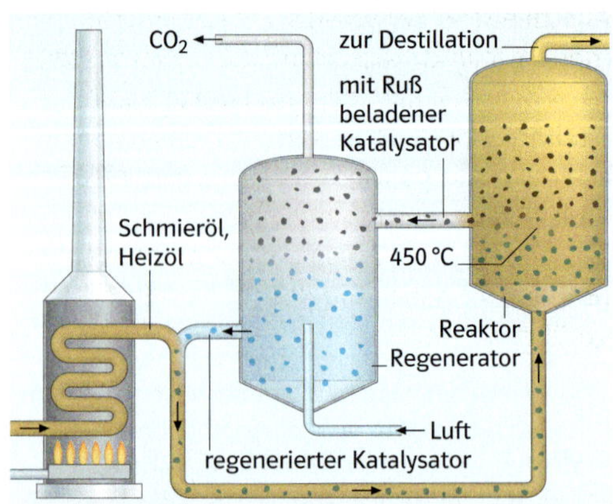

***B3** Crackanlage in der Technik*

Exkurs

6.4 E-Fuels – alternative Kraftstoffe?

Die Gewinnung elektrischer Energie aus Solar- und Windenergieanlagen nimmt deutlich zu. Allerdings können allein mit elektrischer Energie nicht alle Prozesse ersetzt werden, bei denen heute Kohlenstoffdioxid entsteht.
Es muss nach alternativen Möglichkeiten der Energiegewinnung und Energienutzung gesucht werden. Auch die Gewinnung alternativer Kraftstoffe und Grundstoffe für chemische Synthesen wird in naher Zukunft immer wichtiger.

Synthetische Kraftstoffe. Es sind seit sehr langem technische und industrielle Prozesse bekannt, mit denen synthetische Kohlenwasserstoffe hergestellt werden können.
Als **E-Fuels** (Abkürzung von engl. electrofuel, Elektro-Kraftstoff) werden **synthetische Kraftstoffe** bezeichnet, die mithilfe von elektrischem Strom aus Wasser und Kohlenstoffdioxid hergestellt werden. Sie sind auch **Grundstoffe** für die chemische Industrie und können zur **Speicherung** von elektrischer Energie aus erneuerbaren Energiequellen („grüner Strom") dienen.

Einen großen Schritt im Hinblick auf die Gewinnung flüssiger Energieträger (Power-to-Liquids) hat die gemeinsame Elektrolyse von Kohlenstoffdioxid und Wasser (Co-Elektrolyse) gebracht. Bei dieser Elektrolyse werden Kohlenstoffmonooxid, Wasserstoff und Sauerstoff mit „grünem Strom" gebildet:

$$H_2O + CO_2 \longrightarrow O_2 + CO + H_2$$

Anschließend lassen sich aus Kohlenstoffmonooxid und Wasserstoff, dem *Synthesegas*, nach dem seit ca. 100 Jahren bekannten Fischer-Tropsch-Verfahren sehr viele unterschiedliche organische Stoffe gewinnen [B2]. Welche Stoffe gebildet werden, hängt von der Temperatur, dem Druck und dem Katalysator [B4] ab, mit denen die Reaktionen durchgeführt werden.

E-Fuels aus Kohlenstoffdioxid, Kohlenstoffmonooxid und Wasserstoff können wichtige Kraftstoffe und Grundstoffe für die chemische Industrie sein.

B1 *E-Fuel aus Kohlenstoffdioxid, Wasser und „grünem" Strom*

Alkane:
$$n\,CO + (2n+1)\,H_2 \longrightarrow C_nH_{2n+2} + n\,H_2O$$

Alkene:
$$n\,CO + 2n\,H_2 \longrightarrow C_nH_{2n} + n\,H_2O$$

Alkanole:
$$n\,CO + 2n\,H_2 \longrightarrow C_nH_{2n+1}OH + (n-1)\,H_2O$$

B2 *Vielfältige Stoffe aus Kohlenstoffmonooxid und Wasserstoff*

B3 *Methanol wird in der Schifffahrt als Treibstoff eingesetzt*

A1 Stellen Sie für die Bildung von Hexan, Propen und Methanol aus Synthesegas die Reaktionsgleichungen auf.

A2 Begründen Sie, warum Methanol als E-Fuel Vorteile gegenüber der Speicherung von Antriebsenergie in Akkumulatoren hat, z. B. in der Seeschifffahrt und im Schwerlastverkehr mit dem Lkw.

A3 MK Recherchieren und begründen Sie, ob es in Deutschland möglich ist, die elektrische Energie für die beschriebenen Verfahren zur Gewinnung von E-Fuels klimaneutral zu erzeugen.

Synthesegas
Ein Gemisch aus Kohlenstoffmonooxid und Wasserstoff bezeichnet man als Synthesegas.

B4 *Nickelkatalysator zur Synthese von Methan*

6.5 Kohlenwasserstoffe und Reaktionstypen

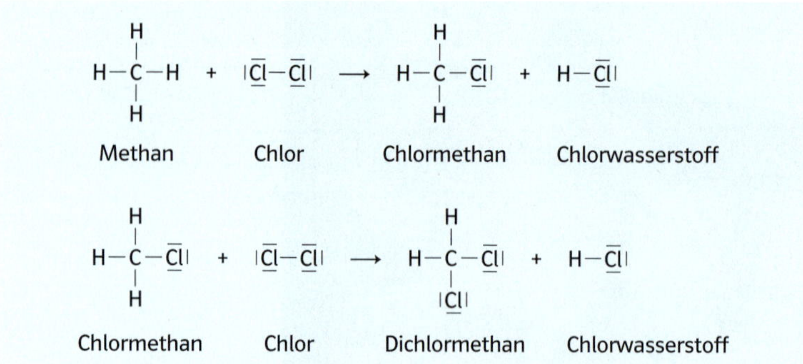

***B1** Reaktion von Methan mit Chlor – eine Substitutionsreaktion*

Die Moleküle der Kohlenwasserstoffe bestehen nur aus Kohlenstoff- und Wasserstoff-Atomen.

Alkane. Die Alkane bilden eine homologe Reihe mit der Molekülformel C_nH_{2n+2}. Alkane sind reaktionsträge. Es handelt sich bei ihnen um **gesättigte Kohlenwasserstoffe**. Unter bestimmten Bedingungen reagieren Alkane aber mit den reaktiven Halogenen Fluor, Chlor und Brom. Dabei werden die entsprechenden Halogenalkane gebildet. Bei der Reaktion von Methan mit Chlor können im Methan-Molekül ein oder mehrere Wasserstoff-Atome durch Chlor-Atome ersetzt (substituiert) werden [B1].

Funktionelle Gruppen Atomgruppen, die die Eigenschaften und das Reaktionsverhalten von organischen Molekülen und Stoffen beeinflussen

Substitution von lat. substituere, ersetzen

Addition von lat. addere, dazugeben

Chemische Reaktionen, bei denen Atome (oder Atomgruppen) durch andere Atome (oder Atomgruppen) ersetzt werden, nennt man Substitutionsreaktionen.

Halogenalkane. Ähnlich wie Methan reagieren auch andere Alkane, dabei können zudem mehrere Wasserstoff-Atome durch Halogen-Atome ersetzt werden. Dadurch ergibt sich eine große Anzahl möglicher Halogenalkane. Der Name des Halogen-Atoms, das ein Wasserstoff-Atom ersetzt hat, bildet als Vorsilbe mit dem Namen des Alkans den Namen des Halogenalkans (z. B. Fluormethan, Brommethan). Durch die Halogenierung werden die reaktionsträgen Alkane in reaktionsfähige Ausgangsstoffe für weitere Reaktionen überführt. Halogenalkane sind wichtige Zwischenprodukte chemischer Synthesen.

Halogenalkane sind bei chemischen Synthesen wichtige Zwischenprodukte.

Alkene. Das Ethen-Molekül, C_2H_4, weist zwei Wasserstoff-Atome weniger als das Ethan-Molekül auf. Damit stehen zwei weitere Elektronen für die Bindung zwischen den Kohlenstoff-Atomen zur Verfügung. Das führt zu einer C=C-Doppelbindung, die nicht frei drehbar ist. Neben dem Ethen gibt es weitere Kohlenwasserstoffe, deren Moleküle eine C=C-Doppelbindung aufweisen und deren allgemeine Molekülformel C_nH_{2n} ist. Sie bilden die homologe Reihe der Alkene. Ihre Namen enden mit der Nachsilbe „-en". Bei Alken-Molekülen mit längeren Kohlenstoff-Ketten muss man bei der Benennung die Lage der Doppelbindung im Molekül berücksichtigen [B6]. Dazu wird die Nummerierung der Kohlenstoff-Atome so gewählt, dass die Nummer, die die Position der Doppelbindung ausdrückt, möglichst klein ist [B6]. Da die Moleküle der Alkene C=C-Doppelbindungen besitzen, gehören die Alkene zu den **ungesättigten Kohlenwasserstoffen**.
Die besonderen Eigenschaften und Reaktionen der Alkene lassen sich auf die C=C-Doppelbindung zurückführen. Daher bezeichnet man die C=C-Doppelbindung auch als **funktionelle Gruppe** der Alken-Moleküle.

Alken-Moleküle weisen C=C-Doppelbindungen auf, daher gehören Alkene zu den ungesättigten Kohlenwasserstoffen.

Additionsreaktionen. Alken-Moleküle können aufgrund der Doppelbindung im Molekül viele verschiedene Atome oder Atomgruppen binden. Solche Reaktionen nennt man Additionsreaktionen. Damit kann eine große Vielfalt organischer Verbindungen gezielt hergestellt werden. Grundsätzlich sind Additionsreaktionen nicht nur bei Alkenen möglich. Additionsreaktionen können viele Stoffe eingehen, deren Moleküle Doppelbindungen aufweisen.

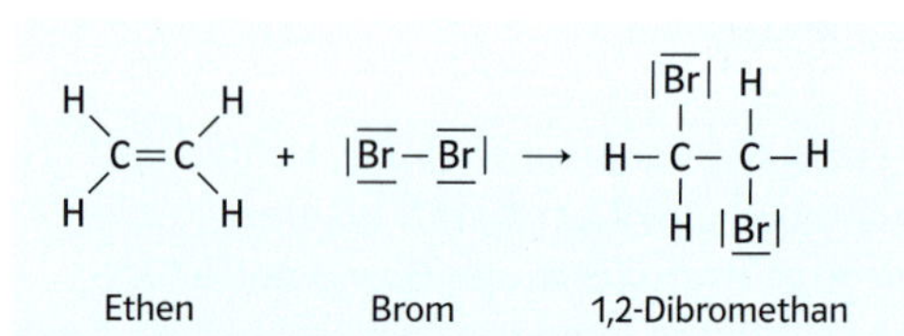

***B2** Additionsreaktion von Brom an Ethen*

Ein Sonderfall der Addition ist die *Hydrierung*. Dabei reagiert das Molekül, das eine Doppelbindung enthält, mit einem Wasserstoff-Molekül. Das einfachste Beispiel für eine Hydrierung ist die Reaktion von Ethen mit Wasserstoff zu Ethan [B5, oben]: Aus einem Alken entsteht durch Hydrierung somit ein Alkan, ein gesättiger Kohlenwasserstoff.

Chemische Reaktionen, bei denen ein Molekül unter Öffnung einer Doppelbindung andere Atome oder Atomgruppen bindet, nennt man Additionsreaktionen.

Elmiminierungsreaktion. Auch die Umkehrreaktion einer Addition ist möglich. Dabei wird aus einem Molekül ein kleineres Molekül abgespalten. Solche chemischen Reaktionen nennt man Eliminierungsreaktionen. Ein Beispiel dafür ist die Dehydrierung von Ethan [B5, unten].

Nachweis ungesättigter Kohlenwasserstoffe. Die Addition von Brom an Mehrfachbindungen wird auch als Nachweisreaktion für ungesättigte Kohlenwasserstoffe genutzt. Dabei werden gasförmige Kohlenwasserstoffe durch eine stark verdünnte wässrige Brom-Lösung geleitet [B3]. Eine Entfärbung deutet generell auf das Vorhandensein ungesättigter Verbindungen hin. Diese Nachweisreaktion ist auch für Flüssigkeitsgemische geeignet, diese werden mit Bromwasser vermischt.

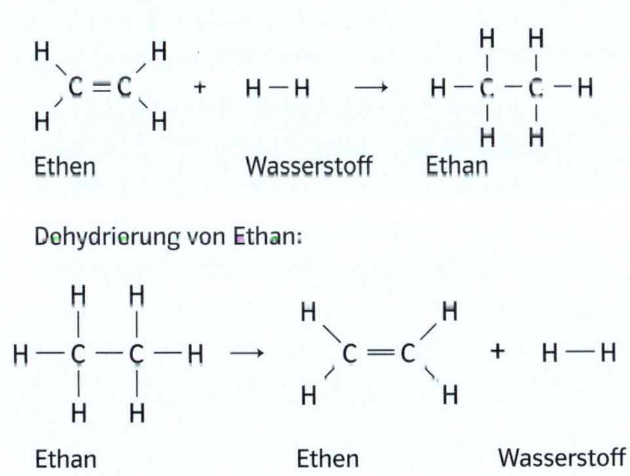

B5 *Hydrierung (oben) und Dehydrierung (unten)*

B3 *Nachweis ungesättigter Kohlenwasserstoffe*

Alkine sind Kohlenwasserstoffe, deren Moleküle eine Dreifachbindung zwischen zwei Kohlenstoff-Atomen enthalten und deren allgemeine Formel C_nH_{2n-2} ist. Der einfachste Vertreter der Alkine ist Ethin (C_2H_2) [B4]. Ethin ist ein farbloses, brennbares Gas, das auch unter dem Namen *Acetylen* bekannt ist. Ethin wird in wesentlich geringerem Umfang als Ethen in der chemischen Industrie verwendet. Auch die C≡C-Dreifachbindung kann als funktionelle Gruppe angesehen werden.

Substitutionsreaktionen, Additionsreaktionen und Eliminierungsreaktionen sind wichtige Reaktionstypen der organischen Chemie.

A1 ◒ Erläutern Sie mithilfe von Oxidationszahlen, dass es sich bei der Chlorierung von Methan, der Bromierung von Ethen und der Hydrierung von Ethen auch um Redoxreaktionen handelt.

Organische Reaktionstypen Reaktionen, die ähnlich verlaufen, fasst man zu einem Reaktionstyp zusammen.

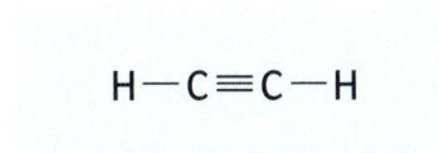

B4 *Strukturformel des Ethin-Moleküls*

Halbstrukturformel	Systematischer Name	Schmelztemperatur ϑ_{sm} in °C	Siedetemperatur ϑ_{sd} in °C
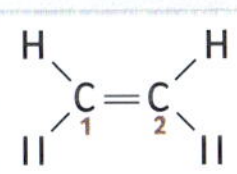	Ethen	−169	−104
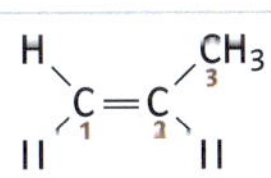	Propen	−185	48
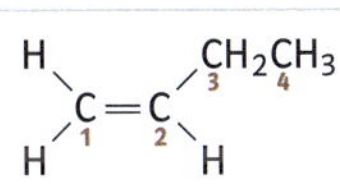	But-1-en	−185	−6

B6 *Homologe Reihe der Alkene*

6.6 Geometrie und Isomerie organischer Moleküle

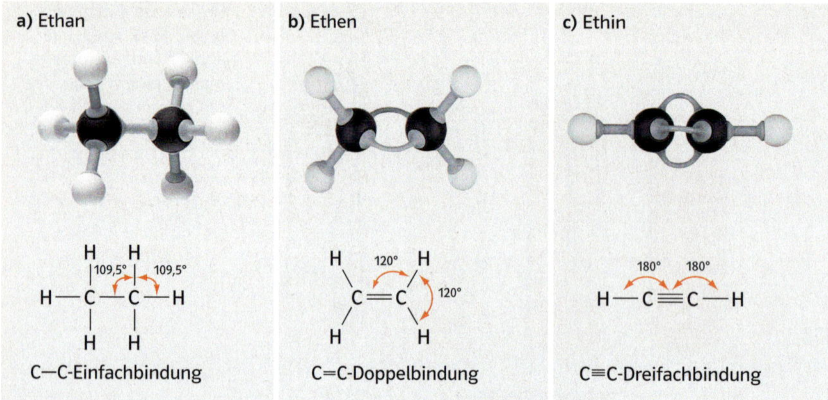

B1 *Kohlenwasserstoff-Moleküle unterschiedlicher Molekülgeometrie*

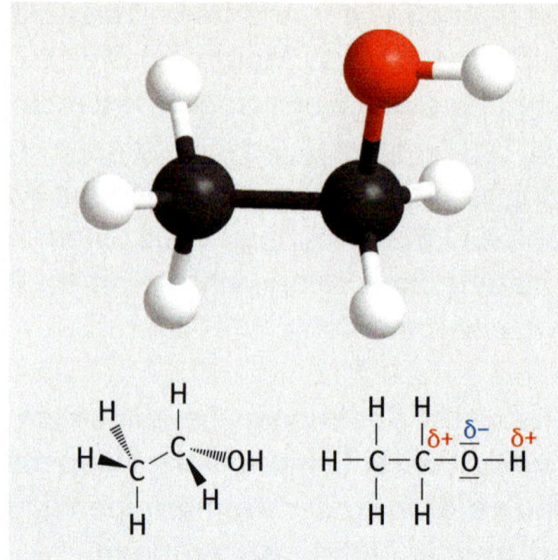

B2 *Das Ethanol-Molekül in unterschiedlicher Darstellung*

Molekülgeometrie

Die Atome weisen in den Molekülen der Kohlenwasserstoffe eine unterschiedliche räumliche Anordnung auf. Man nennt diese räumliche Anordnung auch die Geometrie der Moleküle. Mit dem Elektronenpaar-Abstoßungs-Modell (EPA-Modell, S. 14) lässt sich die **Molekülgeometrie** angemessen beschreiben. Die Geometrie der Moleküle beeinflusst sowohl die Eigenschaften als auch das Reaktionsverhalten der Stoffe.

Im **Ethan-Molekül** ist jedes Kohlenstoff-Atom *tetraedrisch* von den mit ihm verbundenen Atomen umgeben (koordiniert). Jedes Kohlenstoff-Atom befindet sind in der Mitte eines Tetraeders. Die Bindungswinkel betragen 109,5°.
Um die C–C-Verbindungsachse liegt freie Drehbarkeit vor.

Zwischen den beiden C-Atomen des **Ethen-Moleküls** besteht eine *Doppelbindung*. Im Ethen-Molekül liegen alle Atome in einer Ebene. Das Ethen-Molekül ist ein *planares* Molekül. Die Bindungswinkel zwischen einem Kohlenstoff-Atom und den drei Bindungspartnern betragen jeweils 120°. Dies entspricht der Aussage des EPA-Modells, dass sich eine Doppelbindung auf andere Elektronenpaare fast wie eine Einfachbindung auswirkt.

Aufgrund der hohen Elektronendichte zwischen den Kohlenstoff-Atomen des Ethen-Molekü̈s ist Ethen deutlich reaktionsfreudiger (reaktiver) als Ethan.

Das **Ethin-Molekül** ist linear aufgebaut. Die C-Atome sind durch eine Dreifachbindung miteinander verknüpft. Alle Bindungswinkel betragen 180°.
Durch die Abgabe von Protonen können aus Ethin-Molekülen Anionen gebildet werden. Mit den Ionen von Schwermetallen bilden diese Anionen Salze, die Acetylide. Schwermetallacetylide sind explosive Stoffe.

A1 Zeichnen Sie die Strukturformeln von Propen und Propin. Erläutern Sie die Geometrie der beiden Moleküle.

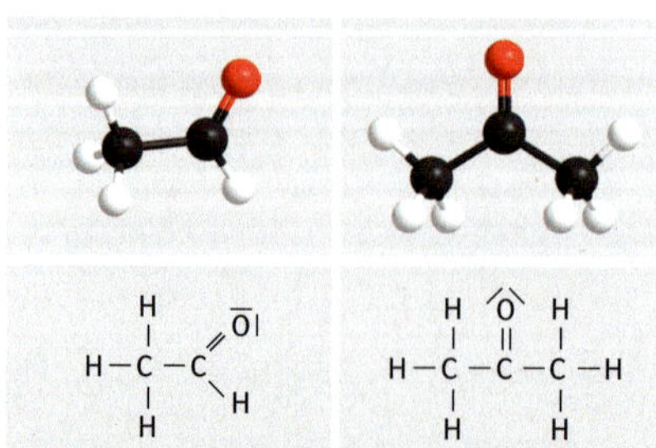

B3 *Kugel-Stab-Modelle und Strukturformeln eines Alkanal- (links) und eines Alkanon-Moleküls (rechts)*

Moleküle mit funktionellen Gruppen

Bei den Alkanol-Molekülen liegt um die C-Atome eine tetraedrische Anordnung der Bindungspartner vor [B2]. Die Alkylgruppen und insbesondere die **Hydroxygruppe**, die funktionelle Gruppe der Alkanole, bestimmen die Eigenschaften und das Reaktionsverhalten der Alkanole. Aufgrund der unterschiedlichen Elektronegativitäten weisen die Atome der funktionellen Gruppe und des mit ihr verbundenen C-Atoms Teilladungen (Partialladungen) auf. Die positive Teilladung dieses C-Atoms erleichtert z. B. den Angriff eines Moleküls mit einem negativ geladenen oder teilweise negativ geladenen Atom.

Bei den Alkanalen und Alkanonen ist das C-Atom der funktionellen Gruppe, der **Carbonylgruppe**, über eine Doppelbindung mit dem O-Atom verknüpft [B3]. Daher liegen alle Atome der Carbonylgruppe in einer Ebene. Die positive Teilladung der

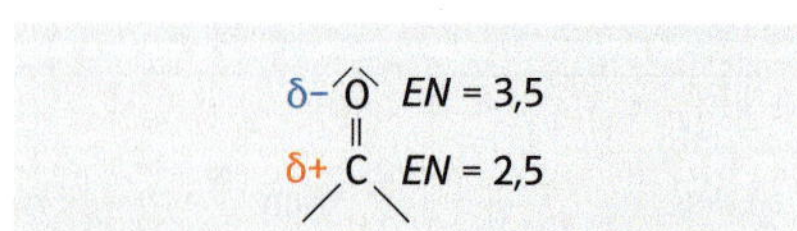

B4 *Die Carbonylgruppe: Ein C-Atom (mit positiver Teilladung), trägt ein doppelt gebundenes O-Atom (mit negativer Teilladung)*

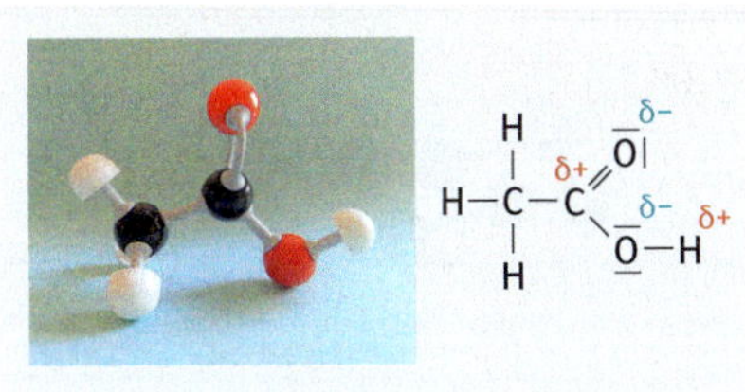

B5 *Kugel-Stab-Modell (links) und Strukturformel des Ethansäure-Moleküls (rechts)*

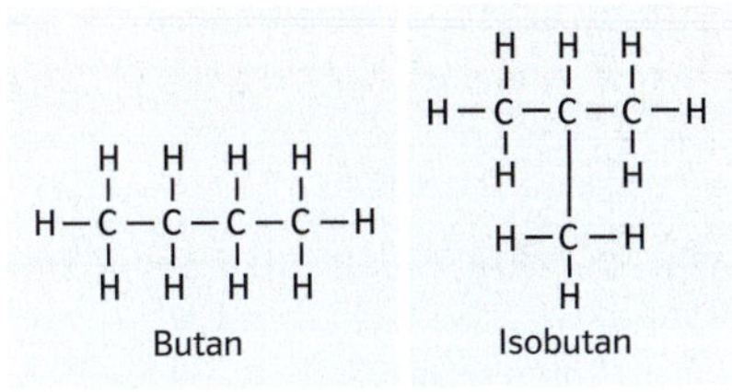

B6 *Gerüstisomere der Butan-Moleküle*

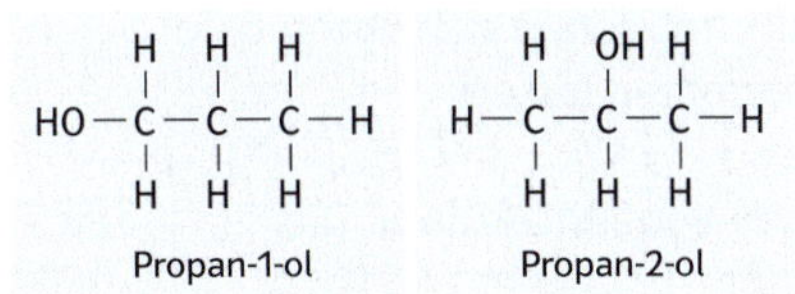

B7 *Positionsisomere*

Carbonylgruppe [B4] erleichtert den Angriff eines Teilchens, das ein Atom mit negativer Ladung oder Teilladung aufweist. Um die C-Atome der Alkylgruppen liegt eine tetraedrische Anordnung der Bindungspartner vor.

Bei den Alkansäuren liegt die **Carboxygruppe**, die funktionelle Gruppe, planar vor [B5]. Die C-Atome der Alkylgruppen weisen wieder eine tetraedrische Anordnung der Bindungspartner auf.
Durch die unterschiedlichen Elektronegativitäten der Atome der Carboxygruppe liegen polare Bindungen vor. Von der Carboxygruppe kann leicht ein Proton abgespalten werden. Das partial positiv geladene C-Atom der Carboxygruppe erleichtert den Angriff eines Teilchens, das ein Atom mit negativer Ladung oder Teilladung aufweist.

A2 ○ Beschreiben Sie, wodurch sich die Carbonylgruppe in Alkanalen von der in Alkanonen unterscheidet.

A3 ○ Beschreiben Sie Gemeinsamkeiten der Hydroxy-, der Carbonyl- und der Carboxygruppe.

Isomerie

Unter Isomerie versteht man ganz allgemein die Erscheinung, dass Moleküle bei gleicher Molekülformel unterschiedliche Strukturformeln haben. Isomere sind daher verschiedene Stoffe mit unterschiedlichen chemischen und physikalischen Eigenschaften.

Alkan-Moleküle mit vier und mehr C-Atomen können bei gleicher Molekülformel (Summenformel) unverzweigt und verzweigt vorkommen. Es liegt die **Gerüstisomerie** vor [B6].

Bei Alkanol-Molekülen mit drei und mehr C-Atomen kann die OH-Gruppe mit unterschiedlichen C-Atomen verknüpft sein. Sie steht an unterschiedlichen Positionen, deshalb spricht man von einer **Positionsisomerie**.

Die Gerüstisomerie und die Positionsisomerie sind zwei Isomerien der **Strukturisomerie (Koordinationsisomerie)**.

Es gibt zwei unterschiedliche But-2-en Moleküle, weil um die C=C-Doppelbindung keine freie Drehbarkeit besteht [B8]. Beim (*Z*)-But-2-en liegen die beiden Methylgruppen auf der gleichen Seite der C=C-Bindungsachse (*Z*: zusammen). Beim (*E*)-But-2-en liegen die Methylgruppen auf verschiedenen Seiten (*E*: entgegen). Es liegt ***E-Z*-Isomerie** vor. Neben der *E-Z*-Nomenklatur wird häufig auch die ***cis-trans***-Nomenklatur verwendet. Liegen die Substituenten auf der gleichen Seite der C=C-Doppelbindung, so handelt es sich um das *cis*-Isomer. Beim *trans*-Isomer liegen die Substituenten auf verschiedenen Seiten der C=C-Doppelbindung.

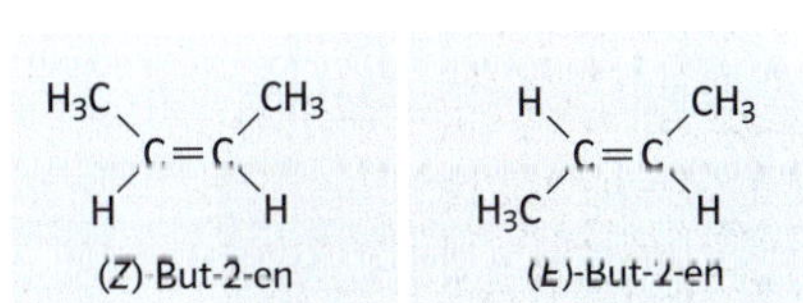

B8 *Bei der E-Z-Isomerie spielen die Ordnungszahlen der Atome, welche an die C=C-Doppelbindung gebunden sind, eine Rolle: Die beiden Atome mit den höchsten Ordnungszahlen haben die höchste Priorität und sind ausschlaggeben für die Zuordnung als (E)- bzw. (Z)-Isomer.*

Ist in einem Molekül ein Kohlenstoff-Atom mit vier verschiedenen Atomen oder Atomgruppen verknüpft, gibt es zwei unterschiedliche Moleküle, die sich wie Bild und Spiegelbild verhalten. Es liegt **Spiegelbildisomerie** vor. Spiegelbildisomerie und *E-Z*-Isomerie gehören zur **Stereoisomerie** (Raumisomerie).

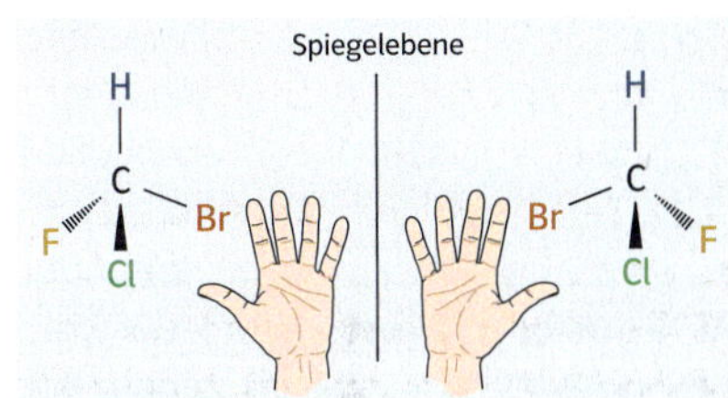

B9 *Bild und Spiegelbild bei Molekülen und einem Händepaar*

A4 ◒ **a)** Zeichnen Sie die Strukturformeln von vier Positionsisomeren des Pentanols.
b) Benennen Sie die Positionsisomere aus (a) und beschreiben Sie, wodurch sich die von Ihnen dargestellen Pentanole unterscheiden.

A5 ◒ Zeichnen Sie die Halbstrukturformeln der Stereoisomere des 1-Chlorpropen-Molekuls und benennen Sie die Verbindungen.

A6 ◒ Entscheiden Sie, ob bei 1-Chlor-1-fluorpropan oder bei 2-Chlor-2-fluorpopan jeweils Spiegelbildisomerie vorliegen kann.

6.7 Moleküldarstellungen mit Tablet und PC

Molekulare Modellierung, engl. molecular modelling, ist ein computergestütztes Modellieren von Molekülen.

Kostenlose Computersoftware zur Darstellung von Molekülmodellen:
- C-Design
- ChemSketch
- Symyx Draw
- Accelrys Draw
- Chemograph Plus
- Avogadro
- molview.org
- kingdraw
- marvinsketch

Kostenlose Apps zur Darstellung von Molekülmodellen:
- MolPrime+
- WebMO
- MolecularConstructor

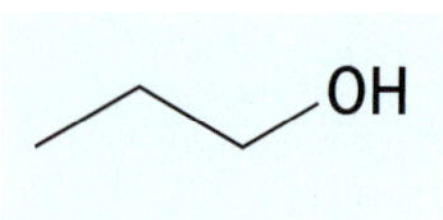

B3 *Skelettformel eines Ethanol-Moleküls*

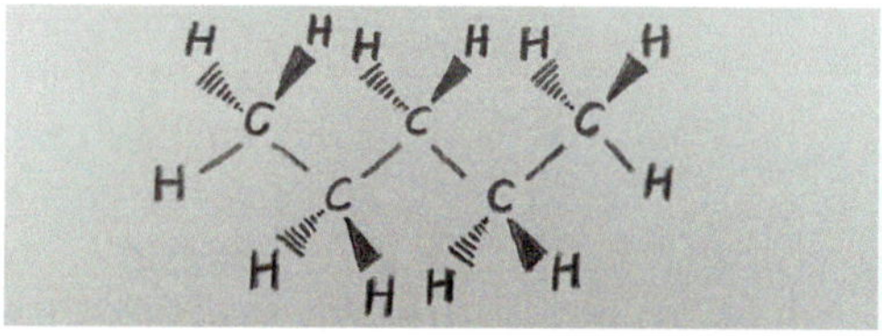

B1 *Keilstrichformel eines Pentan-Moleküls*

Für Moleküle gibt es verschiedene Darstellungsmöglichkeiten, mit denen sich unterschiedliche Ziele verfolgen lassen.

Darstellungsformen von Molekülen. Die folgenden Moleküldarstellungen können leicht mit Stift und Papier erstellt werden.
- Die *Strukturformel* zeigt alle Atome als Elementsymbol mit allen bindenden und freien Elektronenpaaren.
- Die *Halbstrukturformel* fasst Atomgruppen zusammen.
- Die *Keilstrichformel* vermittelt einen räumlichen Eindruck vom Molekül. Die als Keile gezeichneten Bindungen liegen hinter der Papierebene (gestrichelt) bzw. vor der Papierebene (durchgehend) [B1].
- Bei einer *Skelettformel* wird das Elementsymbol C für Kohlenstoff-Atome und H für Wasserstoff-Atome, die mit den C-Atomen verbunden sind, nicht mehr gezeichnet. Jeder Knick und jedes Strichende entspricht einem Kohlenstoff-Atom, das mit Wasserstoff-Atomen „abgesättigt" ist. Alle anderen Atome werden mit ihren Elementsymbolen gezeichnet. Auch die Wasserstoff-Atome von funktionellen Gruppen werden in der Skelettformel eingezeichnet [B3].

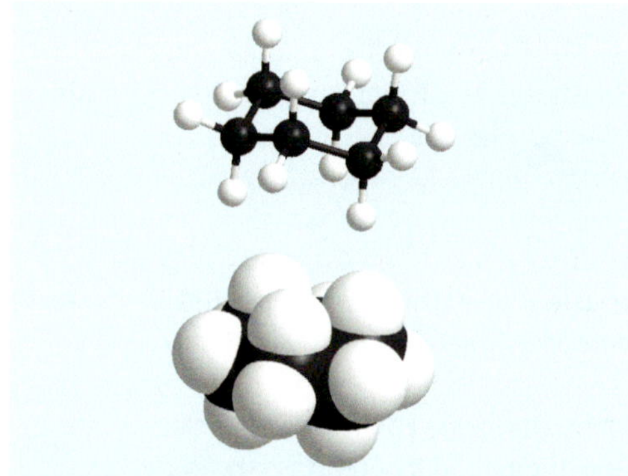

B2 *Kugel-Stab-Modell (oben) und Kalottenmodell (unten) des Cyclohexan-Moleküls*

Dreidimensionale Darstellungen von Molekülen. Mit *Moleküleditoren*, das sind Computerprogramme zum Bearbeiten von Molekülstrukturen, kann man schnell die im vorigen Abschnitt beschriebenen Darstellungen erstellen, sie können aber meist mehr. Einige Moleküleditoren verfügen über einen integrierten 3D-Viewer [B4]. Dieser ermöglicht eine Umwandlung der mit einem Molekülleditior erzeugten Strukturformel in ein dreidimensionales Molekülmodell. Dabei kann man z. B. zwischen dem Kugel-Stab-Modell, das einen guten Überblick über die Anordnung der Atome im Molekül ermöglicht, und dem Kalottenmodell wählen [B2]. Das Kalottenmodell veranschaulicht den Raum, den das Molekül einnimmt. Ein Molekül kann im 3D-Viewer beliebig bewegt und gedreht werden; dadurch kann man es von allen Seiten betrachten [B5].
Bei einigen Moleküleditoren ist eine Funktion zum Drehen der dargestellten Moleküle bereits in das Programm bzw. in die App integriert.

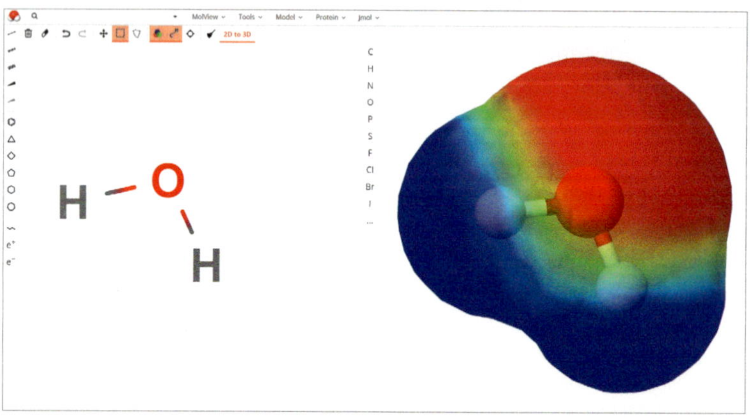

B4 *Darstellung des Wasser-Moleküls mit einem Moleküleditor*

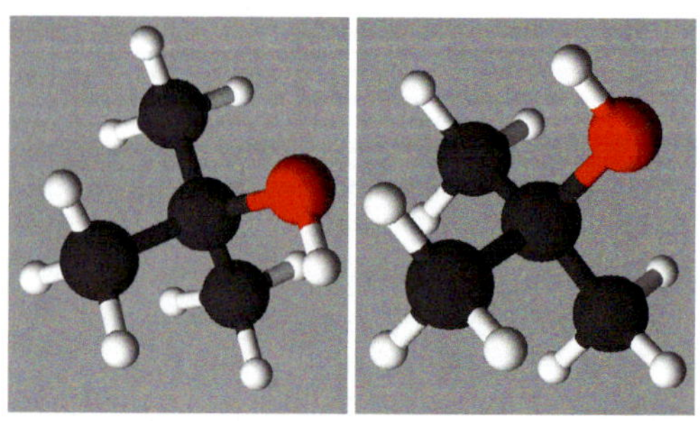

B5 *Das 2-Methylpropan-2-ol von unterschiedlichen Seiten betrachtet*

Viele Moleküleditoren haben weitere nützliche Funktionen, z. B. die Benennung nach der systematischen IUPAC-Nomenklatur und die Berechnung der Molekülformel (Summenformel) und der Molekülmasse.

Ermittlung von Molekül- und Stoffeigenschaften. Die Atomkerne in Molekülen weisen bestimmte Abstände voneinander auf. Diese werden als *Bindungslängen* bezeichnet. Die Bindungen liegen in bestimmten Winkeln zueinander, den Bindungswinkeln. Beide Größen können experimentell bestimmt werden. Moleküleditoren mit **Molecular-Modelling-Funktionen** verwenden die experimentellen Daten bekannter Moleküle, um die Bindungslängen und Bindungswinkel neuer Moleküle zu ermitteln [B6].
Durch das Molecular Modelling können diese Moleküleditoren Stoffeigenschaften, z. B. die Dichte oder die Oberflächenspannung, aus einer Datenbank entnehmen. Häufig schätzen sie diese durch Vergleich mit den Eigenschaften ähnlicher Verbindungen ab.

Molecular Modelling in Forschung und Industrie. Leistungsfähigere Molecular-Modelling-Programme berechnen nicht nur die Strukturen chemischer Verbindungen. Sie können auch aus einer berechneten Struktur einer Verbindung deren physikalische und vor allem chemische Eigenschaften voraussagen. Bei der Entwicklung neuer Medikamente kann man zunächst berechnen, wie die Moleküle eines neuen Wirkstoffs mit Rezeptoren im Organismus in Wechselwirkung treten. Nur eine Auswahl geeigneter Wirkstoffe wird dann gezielt hergestellt, sodass später weniger Tierversuche notwendig sind.

Ein weiteres Beispiel für die Anwendung des Molecular Modelling ist die Entwicklung von Geruchsabsorbern. Am PC wird eine Verbindung daraufhin optimiert, dass sie übel riechende Stoffe, z. B. Thioalkohole und Amine, anlagern kann und so aus der Luft entfernt. Sind die Strukturen von Molekülen sehr genau erfasst worden, können auch mögliche Synthesen und Reaktionsabläufe am Computer untersucht und dargestellt werden.

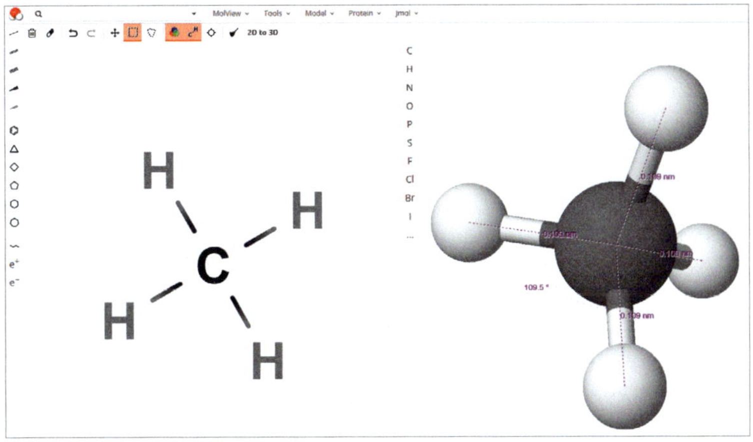

***B6** Berechnung der C—H-Bindungslänge und des H—C—H-Bindungswinkels im Methan-Molekül*

Molecular Modelling in der Schule und zu Hause. Einige Programme zur Darstellung und zum Modellieren von Molekülen werden im Internet kostenlos angeboten; in der linken Randspalte ist eine Liste zusammengestellt. Durch Probieren lassen sich die Möglichkeiten eines dieser Programme spielerisch erlernen. Es gibt auch häufig zu den Programmen Filmsequenzen im Internet, die den Einstieg in das Programm erleichtern.

A1 ○ **a)** Zeichnen Sie von Hand die Strukturformel, Halbstrukturformel, Skelettformel und Keilstrichformel von Methanol.
b) Nennen Sie zu jeder Darstellungsform allgemeine Vor- und Nachteile und begründen Sie, dass es meist nicht sinnvoll ist, Methanol als Skelettformel darzustellen.

A2 ○ Zeichnen Sie mit einem Moleküleditor die Isomere von Heptan in einer Darstellungsform Ihrer Wahl. Geben Sie mithilfe des Programms die Namen der Isomere an.

A3 ◒ Erläutern Sie Vor- und Nachteile der Darstellungen des Cyclohexan-Moleküls in B2 und B7.

Pikometer 1 pm = 10^{-12} m

Ångström In manchen Computerprogrammen begegnet man der veralteten Längeneinheit Ångström (Einheitenzeichen: Å). 1 Å = 10^{-10} m

Thioalkohole R–SH
Thioalkohole werden bei Fäulnisprozessen freigesetzt. Sie kommen u. a. auch in Knoblauch und Käse vor.

Amine $R{-}NH_2$
Amine werden beim Verderben von Fleisch und Fisch freigesetzt.

***B7** Stäbchenmodell des Cyclohexan-Moleküls*

6.8 Halogenierung von Alkanen – radikalische Substitution

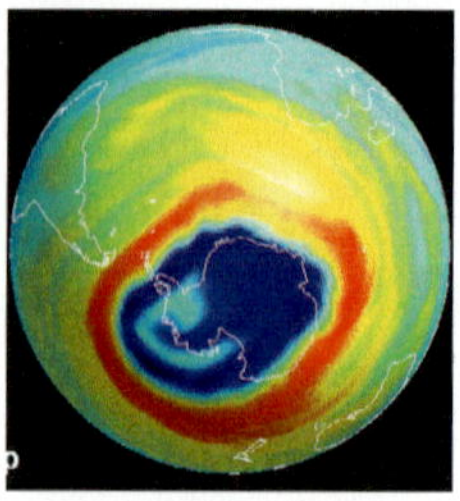

B1 *Ozonloch über der Antarktis*

Ersetzt man in den Molekülen eines Alkans ein oder mehrere Wasserstoff-Atome durch Fluor-, Chlor-, Brom- oder Iod-Atome, so erhält man ein **Halogenalkan**. Halogenalkane wurden früher u.a. als Treibgas in Spraydosen und als Kältemittel in Kühlschränken verwendet. Durch ihre Freisetzung wurde die lebenswichtige Ozonschicht der Atmosphäre geschädigt [B1]. Deshalb ist die Verwendung von Halogenalkanen heute stark eingeschränkt, aber man darf sie z.B. noch als Lösungsmittel und als Feuerlöschmittel einsetzen.

Substitution von lat. substituere, ersetzen. Reaktion, bei der einzelne Atome bzw. Atomgruppen durch andere Atome bzw. Atomgruppen ersetzt werden

Radikal von lat. radix, Wurzel. Durch den in der Biologie verwendeten Begriff „freies Radikal" soll die Reaktionsfähigkeit dieses Teilchens betont werden. „Frei" bedeutet „noch bindungsfähig".

Inhibitor von lat. inhibere, hemmen

Radikalische Substitution (S_R). Alkane sind so reaktionsträge, dass sie sogar mit Halogenen nur bei Belichtung oder hoher Temperatur reagieren. Im Folgenden wird die Halogenierung am Beispiel der Chlorierung von Methan gezeigt. Die Reaktion verläuft in mehreren Schritten [B3]:

1. Durch Zufuhr von Energie (thermische Energie oder Licht) werden in der **Startreaktion** Chlor-Moleküle **homolytisch** in Chlor-Atome gespalten. Teilchen, die wie die Chlor-Atome ungepaarte Elektronen aufweisen, bezeichnet man als **Radikale**. Wegen der ungepaarten Elektronen sind Radikale sehr reaktionsfreudig.
2. In der auf die Startreaktion folgenden **Reaktionskette** bilden sich abwechselnd ein Chlorwasserstoff-Molekül und ein Methyl-Radikal bzw. ein Chlormethan-Molekül und ein Chlor-Radikal.
3. Es finden auch **Abbruchreaktionen** statt, bei denen die für die Reaktionskette notwendigen Radikale miteinander reagieren.

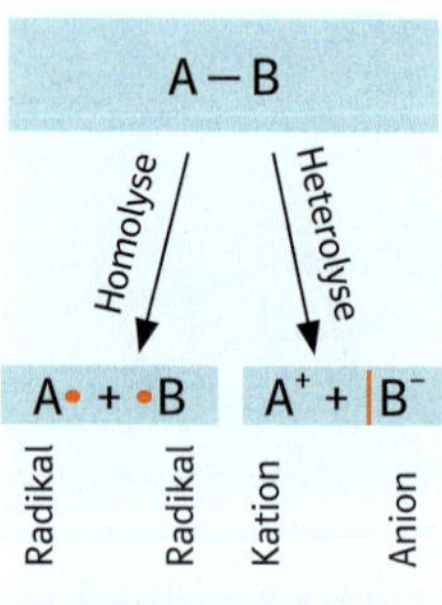

B2 *Möglichkeiten der Bindungstrennung bei einem Molekül AB*

Homolyse von griech. homos, gleich und griech. lysis, Spaltung, Zersetzung

Heterolyse von griech. heteros, verschieden und griech. lysis, Spaltung, Zersetzung

Die gesamte Reaktion bezeichnet man wegen der daran beteiligten Radikale als **radikalische Substitution (S_R)**. Je nach Reaktionsbedingungen (Dauer, Konzentration der verschiedenen Bestandteile, Temperatur, Katalysator) werden unterschiedlich viele Wasserstoff-Atome eines Alkan-Moleküls ersetzt.
Die modellhafte Beschreibung des Reaktionsablaufs mit den einzelnen Reaktionsschritten bezeichnet man als **Reaktionsmechanismus**.

Alkane können mit Halogenen in einer radikalischen Substitution zu Halogenalkanen reagieren.

Inhibitoren. Reaktionen mit Radikalen sind häufig unerwünschte Nebenreaktionen. Um sie zu unterdrücken, setzt man Inhibitoren (Radikalfänger) ein, die mit Radikalen zu weniger reaktiven Teilchen reagieren.

Radikale in Organismen. Jedes Lebewesen produziert bei der Zellatmung Radikale. Diese sind nützlich, da sie Mikroorganismen abwehren und körperfremde Stoffe abbauen. Bei einem ungestörten Stoffwechsel kann der Körper die meisten überschüssigen Radikale abfangen. Viele Menschen in Industriestaaten haben jedoch zu viele Radikale in ihrem Körper. Dies kann zur Zerstörung von Zellbausteinen führen. Die Vitamine C und E schützen Körperzellen vor dem Angriff durch Radikale. Beim lipophilen Vitamin E kann allerdings eine Überdosierung durch die Einnahme von Nahrungsergänzungsmitteln zu gesundheitlichen Problemen führen.

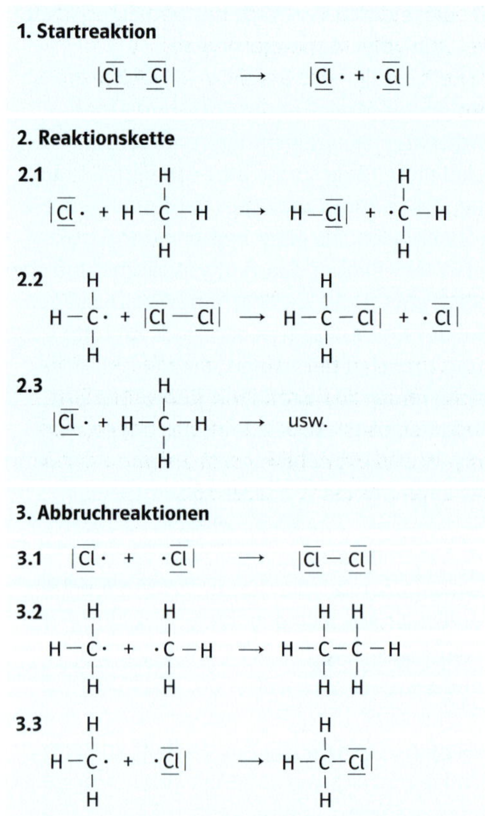

B3 *Reaktionsmechanismus der radikalischen Substitution am Beispiel der Reaktion von Methan mit Chlor zu Chlormethan*

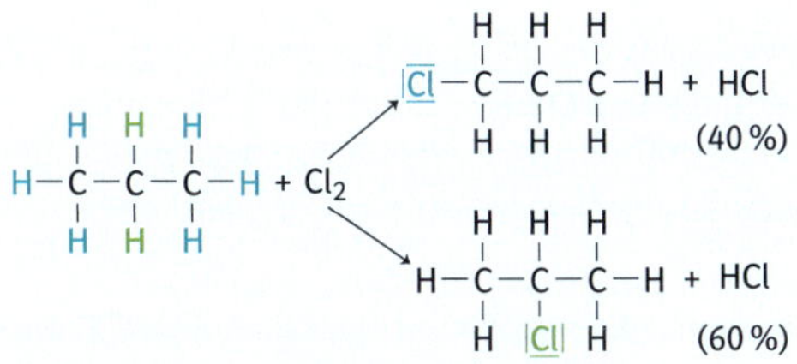

***B4** Produkte der Chlorierung von Propan*

Die braune Lösung von Brom in Heptan (links) entfärbt sich bei Belichtung rasch.

Bromwasserstoff (eines der Reaktionsprodukte) entweicht aus dem Kolben und verursacht die Farbänderung des feuchten Universalindikator-Papiers (rechts).

***B5** Bromierung von Heptan im Makromaßstab*

Halogenierung von Alkan-Molekülen mit mehreren C-Atomen. Wird bei der Chlorierung von Propan ein Wasserstoff-Atom ersetzt, entstehen zwei isomere Monosubstitutionsprodukte [B4]. Nach den Anzahlen der Wasserstoff-Atome wäre ein Mengenverhältnis zwischen den beiden Produkten von 6 : 2 zu erwarten, also 75 % 1-Chlorpropan und 25 % 2-Chlorpropan. Es entsteht jedoch etwas mehr 2-Chlorpropan als 1-Chlorpropan. Die Aktivierungsenergie zur Bildung des entsprechenden Radikals ist scheinbar geringer. Dieses Radikal ist auch stabiler und wird bevorzugt gebildet. Weitere Untersuchungen ergaben die folgende Reihenfolge der Stabilität von Alkylradikalen:

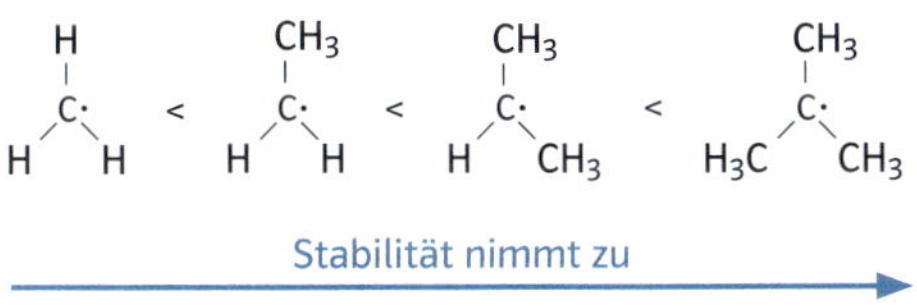

Dies wirkt sich beim weniger reaktiven Brom noch stärker aus. Bromierungen verlaufen wesentlich selektiver als Chlorierungen. Aus Propan und Brom bildet sich 2-Brompropan mit einem Anteil von über 90 %.

Ein Alkylradikal ist umso stabiler, je mehr Alkylgruppen an das C-Atom mit dem einzelnen Elektron gebunden sind.

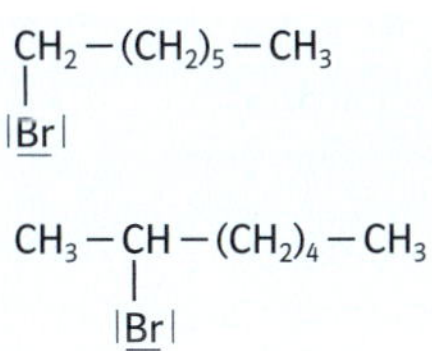

***B7** Halogenalkane werden analog zu den verzweigten Kohlenwasserstoffen benannt. Anstatt dem Alkylrest steht das Halogen-Atom im Verbindungsnamen*

V1 ⚠ (Schutzbrille! Schutzhandschuhe! Abzug!) Bromierung im Makromaßstab [B5]: Man gibt zu Heptan einige Tropfen Brom und stellt den Kolben mit einem Aktivkohlestopfen auf einen Tageslichtprojektor. Dann hält man ein feuchtes Universalindikator-Papier über die Öffnung des Kolbens. Von dem Gasvolumen oberhalb der Flüssigkeit werden mit einer Spritze 10 ml abgezogen und in eine Silbernitrat-Lösung gedrückt.

V2 ⚠ (Schutzbrille! Schutzhandschuhe! Abzug!) Bromierung im Halbmikromaßstab [B6]: In eine Kunststoff-Kapillarpipette zieht man ca. 1 ml Bromwasser und dreht die Pipette um, sodass der Auslauf nach oben gerichtet ist. Dann drückt man den Ansaugball über der Flüssigkeit zusammen und zieht ca. 1 ml Heptan in die Pipette. Nun dreht man die Pipette wieder mit dem Auslauf nach oben und schüttelt sie, bis sich das Brom zum Großteil im Heptan gelöst hat. Mit einer LED-Taschenlampe bestrahlt man die Lösung von Brom in Heptan 1 bis 2 Minuten; die Pipette wird dabei ein wenig geschüttelt. Danach drückt man das Gas aus der Pipette nach oben auf ein angefeuchtetes Universalindikator-Papier.

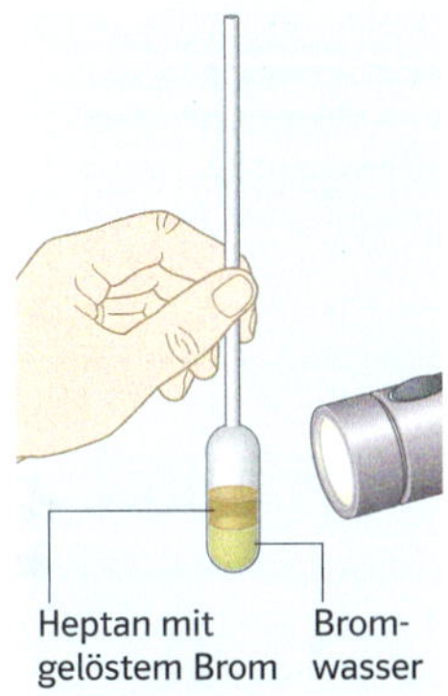

***B6** Bromierung von Heptan im Halbmikromaßstab*

A1 ○ Formulieren und erläutern Sie die Reaktionsschritte zur Bildung von Dibrommethan aus Methan und Brom.

A2 ◒ Formulieren Sie den Reaktionsmechanismus der Bromierung von Ethan.

A3 ● Auch 2-Methylbutan reagiert in einer radikalischen Substitution mit Chlor.
a) Stellen Sie die Strukturformeln aller möglichen Monosubstitutionsprodukte auf.
b) Erläutern Sie die unterschiedlichen Anteile der möglichen Monosubstitutionsprodukte bei dieser Reaktion.

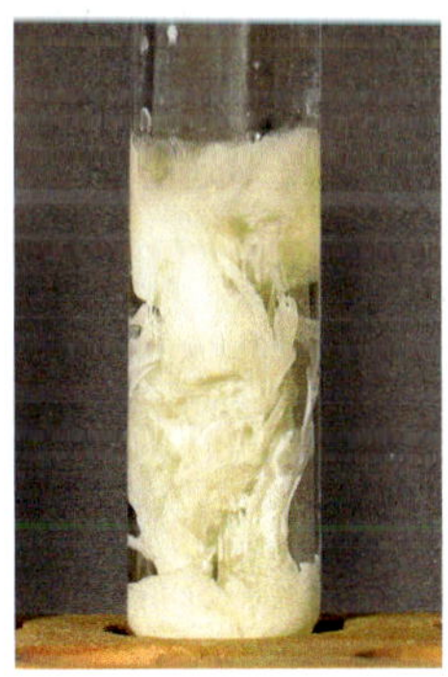

***B8** Nachweis von Bromid-Ionen mit einer Silbernitrat-Lösung*

Reaktion	Q_r in kJ (für den Umsatz von 1 mol)			
	X = F	X = Cl	X = Br	X = I
homolytische Spaltung der C–H-Bindung	+440	+440	+440	+440
Bildung der H–X-Bindung	−567	−432	−366	−298
homolytische Spaltung der X–X-Bindung	+155	+242	+193	+151
Bildung der C–X-Bindung	−461	−356	−298	−239
Gesamtbilanz	**−433**	**−105**	**−31**	**+54**

***B9** Reaktionswärmen bei der Halogenierung von Methan*

Vorzeichen der Reaktionswärme Q_r Bei einer *endothermen* Reaktion ist das Vorzeichen *positiv*, bei einer *exothermen* Reaktion ist das Vorzeichen *negativ*.

Energiebetrachtungen zur Chlorierung von Methan. Aus Tabellenwerten [B9] kann man die Reaktionswärmen der Reaktionsschritte 2.1 und 2.2 in B3 berechnen, da man die aufgetrennten und neuen Bindungen kennt:

Q_r(Schritt 2.1) = +440 kJ − 432 kJ = +8 kJ

Q_r(Schritt 2.2) = +242 kJ − 356 kJ = −114 kJ

Aktivierungsenergie und Übergangszustand siehe Kap. 2.5

Der Energieverlauf [B10] zeigt, dass Schritt 2.1 in B3 endotherm ist. Die Aktivierungsenergie E_A(2.1) ist hoch, da ein energiereicher Übergangszustand überwunden werden muss, in dem eine bindende Wechselwirkung zwischen dem Cl- und dem H-Atom und eine gelockerte C–H-Bindung vorliegt. Schritt 2.2 hat eine niedrige Aktivierungsenergie E_A(2.2) und ist stark exotherm. Er liefert so viel Energie, dass die Reaktionskette weiterlaufen kann.

Die Chlorierung von Methan ist eine exotherme Reaktion.

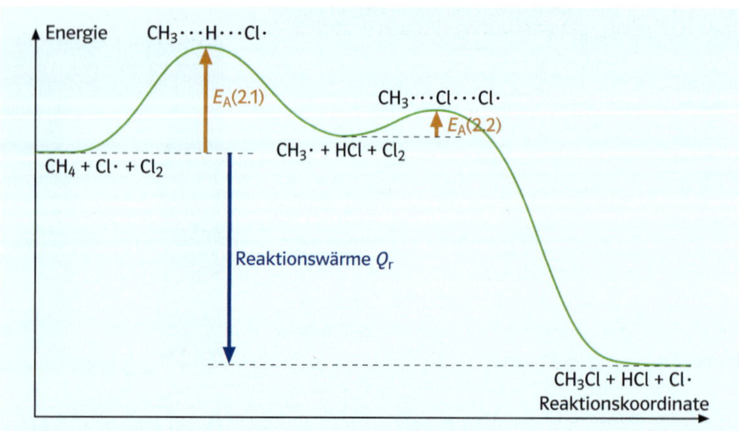

***B10** Energiediagramm der Chlorierung von Methan*

Exkurs

Der induktive Effekt

Bei der radikalischen Substitution werden unpolare oder nur wenig polare Bindungen homolytisch gespalten. Ist ein C-Atom mit Atomen oder Atomgruppen verbunden, die die Elektronendichte an diesem Reaktionszentrum verringern oder erhöhen, so weist das C-Atom eine positive oder negative Teilladung auf. Es erfolgt dann im Reaktionsverlauf eine heterolytische Bindungsspaltung an diesem Reaktionszentrum. Außerdem führt die Erhöhung oder Verringerung der Elektronendichte zu einer Beeinflussung der Reaktivität (Reaktionsfreudigkeit) der Moleküle.
Diesen Einfluss, den ein Atom oder eine Atomgruppe auf die Elektronendichte des Reaktionszentrums ausübt, bezeichnet man als **induktiven Effekt (I-Effekt).**

Nicht nur ein einzelnes C-Atom, sondern z. B. auch eine C=C-Doppelbindung stellt ein Reaktionszentrum dar.

−I-Effekt. Atome, die im Vergleich zum Wasserstoff-Atom eine höhere Elektronegativität aufweisen, verringern die Elektronendicht am Reaktionszentrum, sie üben einen −I-Effekt aus. Beispiele hierfür sind Halogen-Substituenten oder Hydroxygruppen. Ist ein C-Atom mit einem C-Atom verbunden, so hängt der induktive Effekt von dessen Bindungspartnern ab. So üben Carboxygruppen ebenfalls einen −I-Effekt aus.

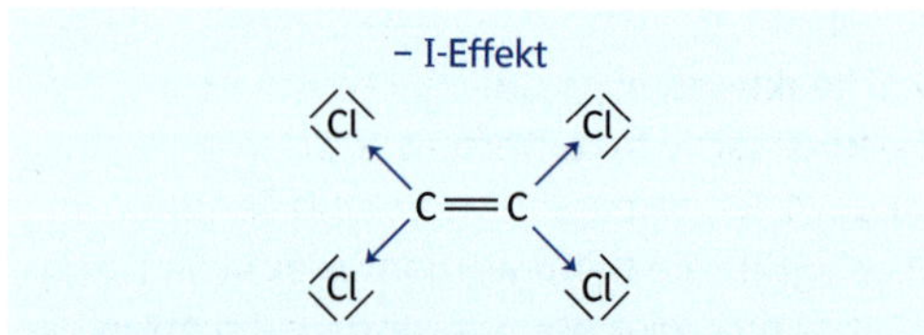

***B11** −I-Effekt beim Tetrachlorethen*

+I-Effekt. Eine Methyl- oder Ethylgruppe oder allgemein eine Alkylgruppe übt im Vergleich zum Wasserstoff-Atom einen +I-Effekt aus. Diese Gruppen erhöhen also die Elektronendichte am Reaktionszentrum.

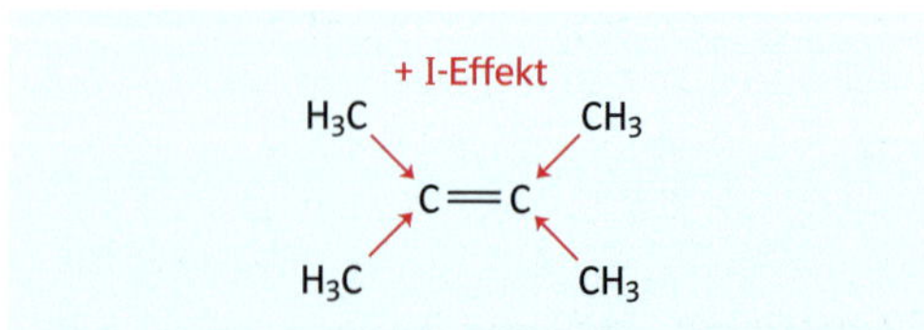

***B12** +I-Effekt beim 2,3-Dimethylbut-2-en*

6.9 Produktvielfalt durch nucleophile Substitutionen

Die Bindungen zwischen Kohlenstoff- und Halogen-Atomen sind polar und können daher von polaren oder elektrisch geladenen Teilchen angegriffen werden.

Nucleophile Substitution. 2-Brom-2-methylpropan reagiert mit Natronlauge [V1]. Die alkalische Lösung wird dabei neutralisiert und man kann dann Bromid-Ionen nachweisen. Daraus schließt man, dass das Brom-Atom durch eine OH-Gruppe ersetzt wird [B1a]. Man bezeichnet dies als **Substitution** (Kap. 6.5). Teilchen, die wie das Hydroxid-Ion ein freies (nicht bindendes) Elektronenpaar zur Ausbildung einer neuen Bindung zur Verfügung stellen, nennt man **nucleophile Teilchen**. Wegen des nucleophilen Angriffs der Hydroxid-Ionen spricht man von einer **nucleophilen Substitution (S_N)**. Das Teilchen, das abgespalten und ersetzt wird, bezeichnet man als **Abgangsgruppe**. Durch eine Substitution erhält man so aus einem Halogenalkan einen Alkohol. Diese Reaktion hat eine große Bedeutung in der organischen Chemie, da man aus Alkoholen viele weitere Stoffe herstellen kann.

Halogenalkan-Moleküle reagieren in einer nucleophilen Substitution mit Hydroxid-Ionen zu Alkohol-Molekülen.

Der Reaktionsmechanismus kann in zwei Reaktionsschritte unterteilt werden [B1]. Da am 1. Reaktionsschritt nur ein Teilchen beteiligt ist, bezeichnet man diese Reaktion als **monomolekulare nucleophile Substitution (S_N1)**.

Stabilität von Carbo-Kationen. B2 zeigt die Reihenfolge der Stabilität von Carbo-Kationen. Je mehr Alkylgruppen ein Carbo-Kation trägt, desto stabiler ist es. Die Elektronendichte am positiv geladenen C-Atom wird durch den +I-Effekt der Alkylgruppen erhöht, sodass seine positive Ladung verringert wird. Dadurch wird das Carbo-Kation stabiler (energieärmer). Eine Reaktion läuft nur dann nach dem S_N1-Mechanismus ab, wenn das Carbo-Kation durch +I-Effekte und durch ein polares Lösungsmittel stabilisiert wird.

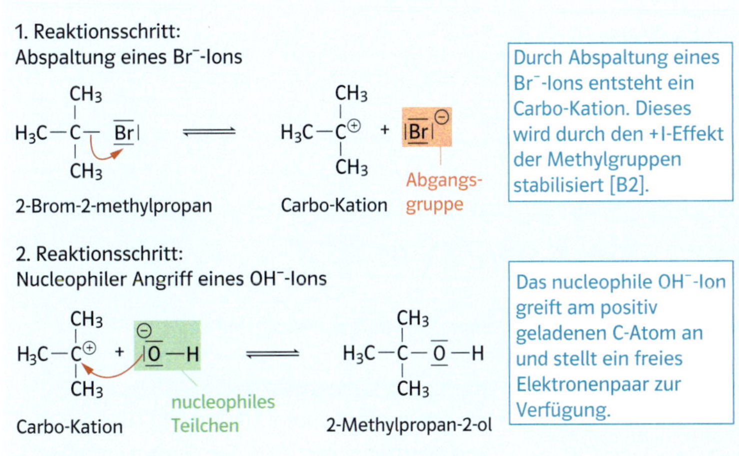

***B1** Reaktionsmechanismus der monomolekularen nucleophilen Substitution (S_N1) an einem Beispiel*

V1 Versetzen Sie in einem 50 ml-Erlenmeyerkolben ca. 10 ml Wasser mit einigen Tropfen verdünnter Natronlauge ($c \approx 0{,}1\,mol/l$) und zwei Tropfen Phenolphthalein-Lösung. Geben Sie dann einige Tropfen 2-Brom-2-methylpropan zu und schütteln Sie. Setzen Sie anschließend einige Tropfen Silbernitrat-Lösung zu.

V2 In ein großes Reagenzglas gibt man zuerst 5 ml 2-Methylpropan-2-ol und dann 15 ml konz. Salzsäure, verschließt es mit einem Stopfen und beobachtet.

A1 ○ Erläutern Sie am Beispiel der Reaktion von 2-Brom-2-methylpropan mit OH⁻-Ionen, ob es sich bei dieser Art der Bindungsspaltung um eine Homolyse oder eine Heterolyse handelt.

A2 ◒ Erläutern Sie den Unterschied zwischen einer radikalischen Substitution und einer nucleophilen Substitution.

Substitution von lat. substituere, ersetzen

nucleophil von lat. nucleus, Kern und griech. philos, Freund.

Carbenium-Ion Das Carbo-Kation wird auch als Carbenium-Ion bezeichnet.

Induktiver Effekt
+I-Effekt: *elektronenschiebende* Wirkung von Atomen mit geringer Elektronegativität erhöhen die Elektronendichte am Reaktionszentrum
–I-Effekt: *elektronenziehende* Wirkung von Atomen mit hoher Elektronegativität erniedrigen die Elektronendichte am Reaktionszentrum

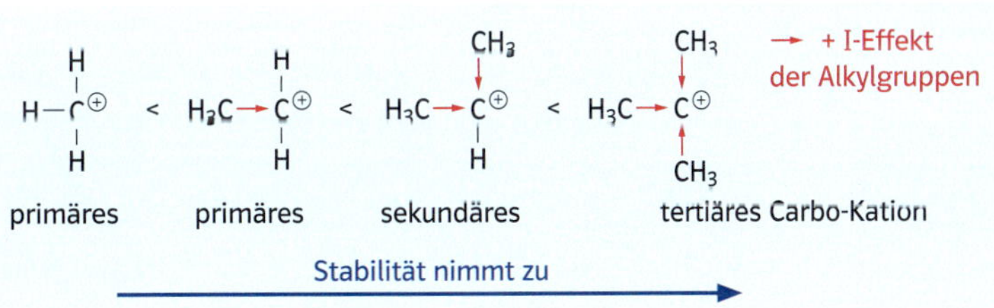

***B2** Stabilität von Carbo-Kationen*

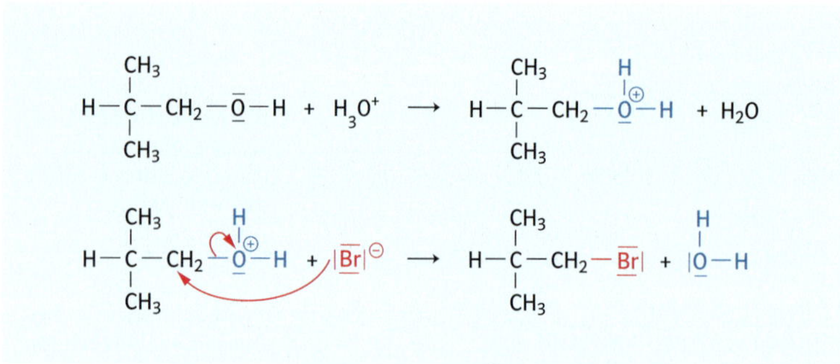

B3 *Reaktion von 2-Methylpropan-1-ol mit Bromwasserstoffsäure*

primäres C-Atom An das C-Atom, an dem die Substitution stattfindet, ist keine oder eine Alkylgruppe gebunden.

sekundäres C-Atom An das C-Atom, an dem die Substitution stattfindet, sind zwei Alkylgruppen gebunden.

tertiäres C-Atom An das C-Atom, an dem die Substitution stattfindet, sind drei Alkylgruppen gebunden.

Halogenalkane aus Alkoholen. Umgekehrt kann man aus einem Alkohol ein Halogenalkan synthetisieren [V2]. Die Hydroxygruppe kann allerdings nur substituiert werden, wenn sie protoniert ist, sodass ein Wasser-Molekül abgespalten wird. Die Reaktion läuft daher nur in saurer Lösung ab [B3].

Alkohole reagieren in einer nucleophilen Substitution mit Halogenid-Ionen in saurer Lösung zu Halogenalkanen.

S_N2-Reaktion (bimolekulare nucleophile Substitution). Bei dieser Reaktion lockert sich die Bindung zwischen dem Kohlenstoff-Atom und der Abgangsgruppe gleichzeitig mit der Ausbildung einer neuen Bindung zum nucleophilen Teilchen [B5b].

Im Übergangszustand liegen die nicht reagierenden Substituenten des Kohlenstoff-Atoms in einer Ebene. Das angreifende und das austretende Teilchen liegen dann auf gegenüberliegenden Seiten dieser Ebene. Da am ersten Schritt der Reaktion zwei Teilchen beteiligt sind, bezeichnet man diese Reaktion als bimolekular.
Vor allem primäre Halogenalkan-Moleküle und primäre Alkohol-Moleküle reagieren nach dem S_N2-Mechanismus.

S_N-Reaktionen an primären C-Atomen verlaufen meist nach dem S_N2-Mechanismus, Reaktionen an tertiären C-Atomen meist nach dem S_N1-Mechanismus.
Reaktionen an sekundären C-Atomen können nach dem S_N1-Mechanismus oder S_N2-Mechanismus ablaufen.

V3 **a)** Geben Sie in ein Reagenzglas ca. 5 ml 2-Chlor-2-methylpropan (tert. Butylchlorid). Fügen Sie anschließend einige Tropfen einer ethanolischen Silbernitrat-Lösung ($c(AgNO_3)$ = 0,01 mol/l) zu.
b) Führen Sie den Versuch mit 2-Chlorbutan anstelle von 2-Chlor-2-methylpropan durch. Schütteln Sie das Reagenzglas einige Male und beobachten Sie ca. 5 Minuten.
Beschreiben und deuten Sie Ihre Beobachtungen der Versuche **a)** und **b)**.

B4 *Nachweis von Chlorid-Ionen mit einer Silbernitrat-Lösung*

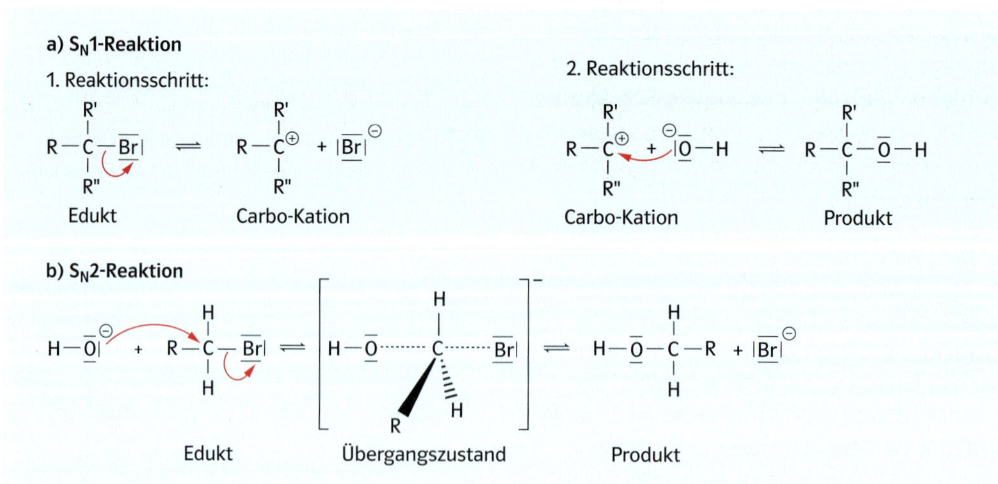

B5 *Reaktionsmechanismus der S_N1- und der S_N2-Reaktion*

Ether durch nucleophile Substitution. Durch die Reaktion von Alkoholen mit Schwefelsäure kann man symmetrische Ether, also Ether mit zwei gleichen Alkylgruppen am O-Atom, herstellen [B6]. Hier wirken Alkohol-Moleküle als nucleophile Teilchen. Zur Synthese unsymmetrischer Ether könnte man zwei unterschiedliche Alkohole mit Schwefelsäure reagieren lassen, würde dann aber ein Produktgemisch mehrerer Ether erhalten.

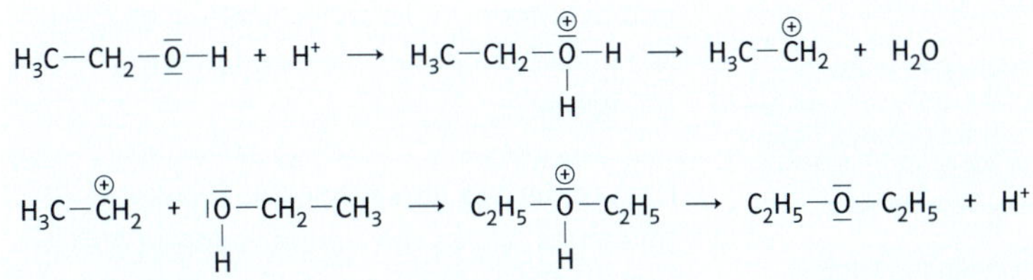

B6 Bildung des Ethansäureethylethers in saurer Lösung. Ethansäureethylether zählt zu den symmetrischen Ethern

Bessere Ergebnisse liefert die *Williamson-Ethersynthese*, die in zwei Stufen abläuft. B7 zeigt dies am Beispiel der Synthese von Ethylpropylether (1-Ethoxypropan). Zunächst wird ein Alkohol mit Natrium zu einem *Alkoholat* umgesetzt [B6a]. In einem zweiten Schritt reagiert das Alkoholat-Ion als nucleophiles Teilchen mit einem Halogenalkan-Molekül in einer nucleophilen Substitution [B7b]. Durch den Einsatz verschiedener Alkohole und Halogenalkane kann man somit zahlreiche unsymmetrische Ether gezielt herstellen.

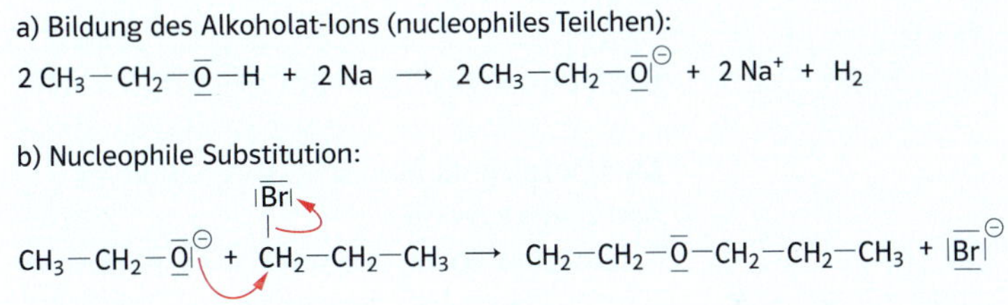

B7 Williamson-Ethersynthese von Ethylpropylether, einem unsymmetrischen Ether

Ether lassen sich mit Säuren als Katalysatoren oder durch die Williamson-Ethersynthese herstellen.

Eliminierung als Konkurrenzreaktion zur nucleophilen Substitution. Bei einer S_N1-Reaktion entsteht ein Carbo-Kation als Zwischenprodukt. Dieses kann (statt mit einem nucleophilen Teilchen zu reagieren) auch ein Proton abspalten [B8]. Dadurch entsteht ein Alken-Molekül als Nebenprodukt. Da hierbei vom Edukt-Molekül etwas abgespalten wird, bezeichnet man diesen Reaktionstyp als *Eliminierung*.

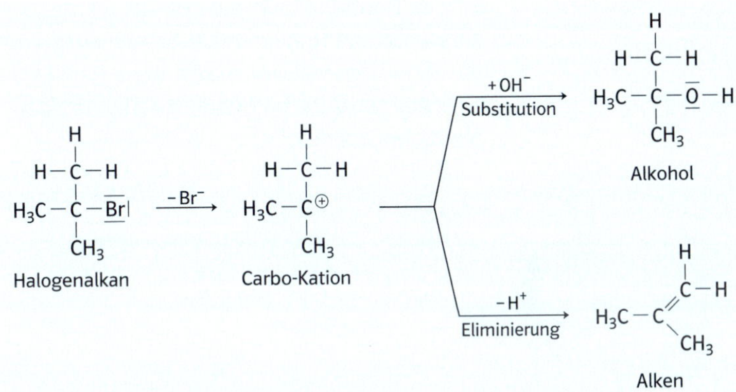

B8 Konkurrenz von Substitution und Eliminierung bei der Reaktion von 2-Brom-2-methylpropan mit Natronlauge

V4 ⚠ (Schutzbrille, Schutzscheibe!) Ein 50 ml-Becherglas füllt man ca. 20 ml Ethanol. Mit einer Pinzette gibt man zweimal hintereinander jeweils ein linsengroßes, frisch entrindetes Stück Natrium zum Ethanol. Nach Beendigung der Gasbildung gibt man wenig Wasser zum Glasinhalt und tropft Phenolphthalein-Lösung (w = 0,5 %) dazu.

A3 Beim Erhitzen von Ethanol mit Natriumbromid ist keine Reaktion zu beobachten. Erst nach Zusatz von Schwefelsäure kann man ein Reaktionsprodukt abdestillieren. Erklären Sie dies.

A4 Chlorethan reagiert nur langsam und unter Erwärmen mit Wasser zu Ethanol. Ein alternativer Weg zur Bildung von Ethanol aus Chlorethan verläuft über zwei Schritte.
Im ersten Schritt werden die Chlor-Atome durch die Zugabe von Iodid-Ionen substituiert. Im zweiten Schritt reagiert Iodethan leicht mit Wasser zu Ethanol.

a) Formulieren Sie die Reaktionsgleichungen mit Struktur- oder Halbstrukturformeln.

b) Begründen Sie, dass in der Reaktionsfolge Iodid-Ionen wie ein Katalysator wirken.

Hinweis. H^+ in B6 steht vereinfachend für ein H_3O^+-Molekül oder ein anderes Säure-Molekül.

Alkoholat Deprotonierte Alkohol-Moleküle bezeichnet man als Alkoholat-Anionen.

$R-\overline{\underline{O}}|^{\ominus}$

Bei Alkoholaten handelt es sich um Salze aus Metall-Kationen und Alkoholat-Anionen.

6.10 Reaktionen der Alkene – elektrophile Addition

Bromwasser Lösung von Brom in Wasser

Bromwasserprobe Die Entfärbung von Bromwasser [V1] dient als qualitativer Nachweis für ungesättigte Verbindungen.

elektrophiles Teilchen Kation oder Molekül mit positiv polarisiertem Bereich mit einem hohen Bestreben, Elektronen aufzunehmen

Die Alkene zählen aufgrund ihrer C=C-Doppelbindungen zu den eher reaktiven organischen Verbindungen. Sie reagieren z. B. mit Halogenen.

Halogenierung von Alkenen. Bei der Reaktion eines Alkens mit einem Halogen öffnet sich die Doppelbindung und zwei Halogen-Atome werden gebunden, sodass zwei Einfachbindungen neu gebildet werden. Beispielsweise reagiert Ethen mit Brom folgendermaßen:

$$CH_2{=}CH_2 + Br_2 \longrightarrow BrCH_2{-}CH_2Br$$

Man bezeichnet eine solche Reaktion als **Additionsreaktion**.
In ähnlicher Weise reagieren auch Alkine:

$$CH{\equiv}CH + Br_2 \longrightarrow BrHC{=}CHBr$$

An den Doppelbindungen der aus Alkinen entstandenen Halogenalkene kann eine weitere Additionsreaktion stattfinden. Dabei werden mehrfach halogenierte Alkane oder Alkohole gebildet.

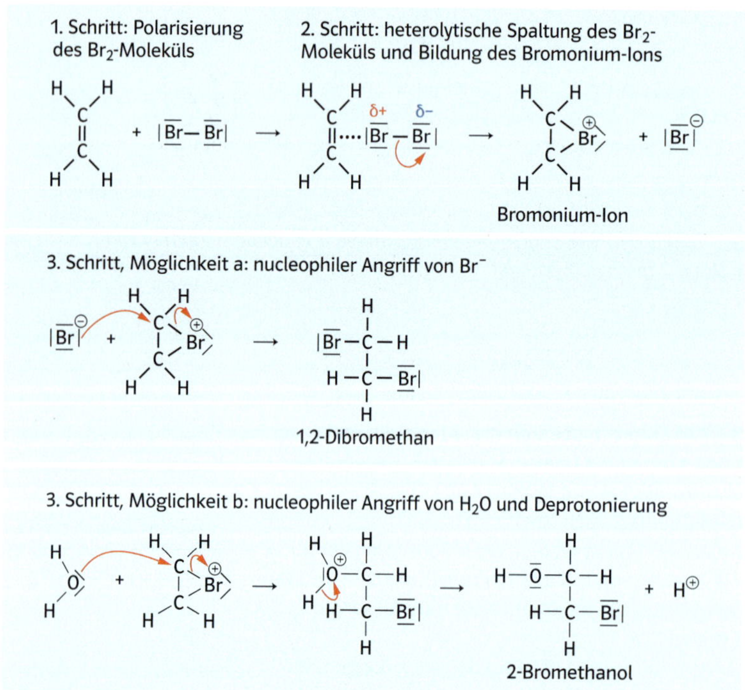

***B1** Reaktionsmechanismus der Reaktion von Bromwasser mit Ethen. Es entstehen zwei Produkte: 1,2-Dibromethan und 2-Bromethanol*

Reaktionsschritte der Addition von Brom. Der Reaktionsmechanismus wird im Folgenden anhand der Reaktion von Ethen mit Bromwasser dargestellt [B1]:

1. Trifft ein Br_2-Molekül auf die Elektronen der Doppelbindung des Ethen-Moleküls, werden seine bindenden Elektronen verschoben, d. h., das Br_2-Molekül wird polarisiert.
2. Das polarisierte Br_2-Molekül tritt in Wechselwirkung mit dem Ethen-Molekül. Dies führt zur heterolytischen Bindungsspaltung des Br_2-Moleküls. Das Brom-Atom mit der positiven Teilladung bildet mit dem Ethen-Molekül ein cyclisches Kation (Bromonium-Ion). Aus dem Brom-Atom mit der negativen Teilladung wird ein Br^--Ion.
3. Im Reaktionsgemisch liegen Br^--Ionen und H_2O-Moleküle vor. Beide sind nucleophile Teilchen und können mit dem Bromonium-Ion reagieren. Es entstehen 1,2-Dibromethan (a) und 2-Bromethanol (b).

Die Entstehung von 2-Bromethanol ist auch ein Beleg für den zweistufigen Ablauf der Reaktion. Wenn man Brom ohne Wasser zusetzt, entsteht nur 1,2-Dibromethan.
Da die erste Wechselwirkung der Reaktion über ein elektrophiles Teilchen verläuft, wird von einem elektrophilen Angriff gesprochen. Der Reaktionsmechanismus wird als elektrophile Addition (A_E) bezeichnet.

Alkene reagieren mit Halogenen in einer elektrophilen Addition zu Halogenalkanen.

Stereoisomere durch Halogenierung. Bei der Addition von Halogenen an C≡C-Dreifachbindungen spielt es eine Rolle, an welcher Seite des Moleküls das zweite Halogen-Atom gebunden wird. Befinden sich beide Halogen-Atome auf der gleichen Molekülseite, handelt es sich um ein (*Z*)-Isomer. Befinden sie sich auf den gegenüberliegenden Seiten, handelt es sich um ein (*E*)-Isomer [B2], (Kap. 6.6).

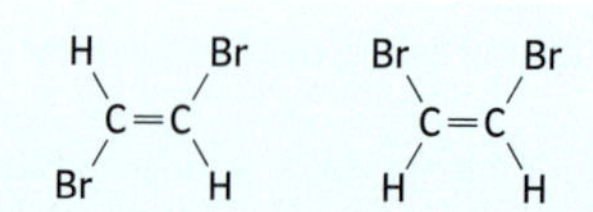

***B2** (E)-Dibromethen und (Z)-Dibromethen*

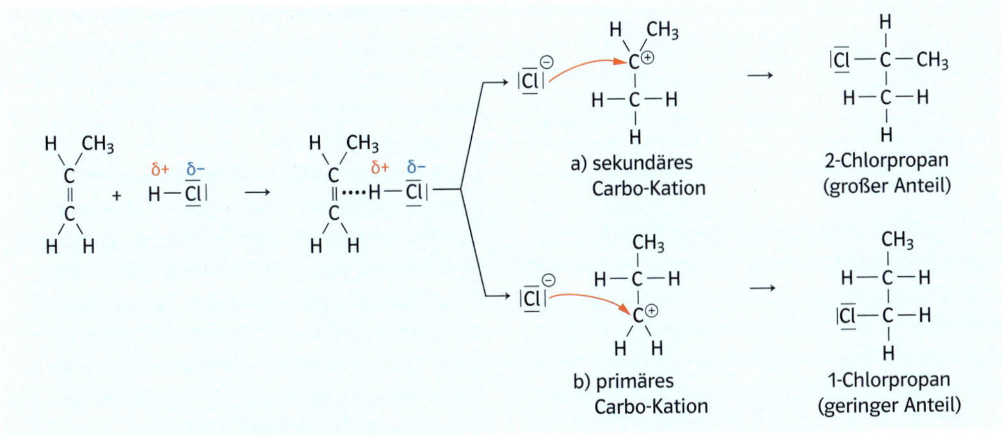

B3 Reaktionsmechanismus der Reaktion von Chlorwasserstoff (Hydrogenchlorid) mit Propen

Addition von Chlorwasserstoff. Alkene können auch mit Halogenwasserstoffen in einer elektrophilen Addition (A_E) reagieren. Reagiert Chlorwasserstoff mit Propen, so entsteht überwiegend 2-Chlorpropan und nur wenig 1-Chlorpropan. Betrachtet man den Reaktionsmechanismus [B3], wird die Ursache klar:

1. Das HCl-Molekül ist polar. Das H-Atom mit der positiven Teilladung tritt mit der Doppelbindung des Propen-Moleküls in Wechselwirkung.
2. Das HCl-Molekül wird heterolytisch gespalten, wobei ein Cl^--Ion entsteht und das Proton an das Propen-Molekül gebunden wird. Dabei können zwei unterschiedliche Carbo-Kationen entstehen: ein sekundäres (a) oder ein primäres (b). Aufgrund des +I-Effekts der Alkylgruppen ist das sekundäre Carbo-Kation stabiler (Kap. 6.9, B2). Daher entsteht als Zwischenstufe bevorzugt das sekundäre Carbo-Kation.
3. Ein Cl^--Ion greift ein Carbo-Kation nucleophil an. Da wesentlich mehr sekundäre Carbo-Kationen vorhanden sind, entsteht überwiegend 2-Chlorpropan.

Für den bevorzugten Verlauf einer Additionsreaktion stellte WLADIMIR MARKOWNIKOW 1869 die folgende Regel auf: Bei der Addition einer Verbindung HX an nicht symmetrische Alkene wird das Proton an das C-Atom der Doppelbindung gebunden, welches die meisten H-Atome trägt. Heute beschreibt man den Sachverhalt meist mit Bezug zu den auftretenden Carbo-Kationen.

Weitere Additionsreaktionen. Alkene können auch mit Wasser und mit Wasserstoff Additionsreaktionen eingehen. Bei der **Hydratisierung** in saurer Lösung greift ein Oxonium-Ion elektrophil an (elektrophile Addition):

$$CH_2{=}CH_2 + H_2O \xrightarrow{H_3O^+} CH_3{-}CH_2OH$$

Die **Hydrierung** erfolgt an einem Katalysator (z. B. Nickel) nach einem anderen Reaktionsmechanismus:

$$CH_2{=}CH_2 + H_2 \xrightarrow{\text{Katalysator}} CH_3{-}CH_3$$

Bei der Addition einer Verbindung HX an ein nicht symmetrisches Alken-Molekül bildet sich bevorzugt ein Produkt-Molekül, dessen Bildung über das stabilste Carbo-Kation verläuft.

Alkene können auch Wasserstoff oder Wasser addieren.

V1 ⚠ (Abzug, Schutzbrille! Schutzhandschuhe!) In einen Erlenmeyerkolben (100 ml) gibt man 20 ml Wasser und vier Tropfen Brom. Die Luft über der Flüssigkeit wird durch Propen ersetzt. Man verschließt dicht und schüttelt kräftig.

A1 ○ Erstellen Sie eine Tabelle, in der die Unterschiede der Bromierung von Ethan und Ethen deutlich werden.

A2 ◒ Formulieren Sie den Reaktionsmechanismus der Addition von Wasser an But-1-en. Oxonium-Ionen dienen als Katalysator.

Carbenium-Ion Carbo-Kationen werden auch Carbenium-Ionen genannt.

nucleophil von lat. nucleus, Kern und griech. philos, Freund

Die Hydrierung ist eine Additionsreaktion, bei der Wasserstoff addiert wird.

Die Hydratisierung ist eine Additionsreaktion, bei der Wasser addiert wird.

Dehydrierung, Dehydratisierung Die Vorsilbe „De-" bedeutet, dass die Hydrierung bzw. Hydratisierung wieder rückgängig gemacht, also Wasserstoff bzw. Wasser abgespalten wird. Es handelt sich dabei um Eliminierungsreaktionen.

WLADIMIR MARKOWNIKOW (1837–1904) russischer Chemiker

6.11 Reaktionsschritte der Esterbildung und Esterspaltung

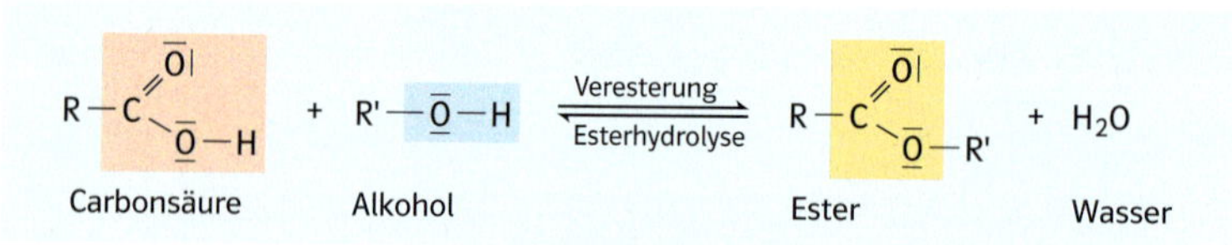

***B1** Die Veresterung bzw. Esterhydrolyse ist eine Gleichgewichtsreaktion*

Carbonsäureester (Kap. 1.30 und Kap. 2.10) kommen in der Natur vor, u.a. im Bienenwachs und als Aromastoffe in vielen Obstsorten. Auch Fette sind Carbonsäureester (im Folgenden kurz als Ester bezeichnet). Ester werden zudem künstlich hergestellt und z.B. Süßigkeiten und Parfüms zugesetzt. Manche Ester werden als Lösungsmittel verwendet, z.B. in Nagellackentfernern. In vielen weiteren industriellen Produkten kommen Ester vor: Einige Kunststoffe sind Ester (z.B. PET); Biodiesel besteht aus Estern.
Weil Ester so vielfältig genutzt werden, ist es wichtig, den Verlauf ihrer Synthese möglichst genau zu verstehen.

Veresterung und Esterhydrolyse – eine Gleichgewichtsreaktion. Alkohole und Carbonsäuren reagieren zu Estern und Wasser (Veresterung) [B1]. Da sich zwei Moleküle unter Abspaltung eines kleineren Moleküls vereinigen, spricht man auch von einer *Kondensationsreaktion*. Andererseits können Ester durch die Reaktion mit Wasser wieder in Carbonsäuren und Alkohole gespalten werden (Esterhydrolyse).
Die Veresterung und die Esterhydrolyse sind umkehrbare Reaktionen; sie führen zu einem chemischen Gleichgewicht (Kap. 2.10). Beide Reaktionen laufen in mehreren Reaktionsschritten ab, die auch einzeln betrachtet Gleichgewichtsreaktionen sind.

elektrophil „Elektronen liebend", von griech. elektron, Bernstein und philos, Freund.

Hinweis: Die statische Aufladung von Bernstein war bereits in der Antike bekannt. Deshalb wurde das griechische Wort für Bernstein später für das neu entdeckte Elementarteilchen verwendet.

nucleophil „Atomkerne liebend", von lat. nucleus, Kern und griech. philos, Freund

Esterbildung und Estersynthese andere Begriffe für Veresterung

Esterspaltung anderer Begriff für Esterhydrolyse

Funktionelle Gruppen sind Atomgruppen in organischen Molekülen, die die Eigenschaften einer Stoffklasse bestimmen, z.B. die Hydroxygruppe der Alkohole.

Um den Reaktionsmechanismus der Veresterung und der Esterhydrolyse zu verstehen, ist es notwendig, die Ladungsverteilung in den beteiligten Molekülen zu betrachten.

Ladungsverteilung in Carbonsäure- und Ester-Molekülen. Carbonsäure- und Ester-Moleküle haben in ihrer funktionellen Gruppe eine sehr stark polare C=O-Doppelbindung. Das C-Atom trägt die positive Teilladung; es kann deshalb ein Teilchen mit negativer Ladung oder Teilladung anziehen. Man bezeichnet das C-Atom mit der positiven Teilladung als **elektrophiles Zentrum**.

Wenn die Carboxygruppe bzw. die Estergruppe protoniert wird, erhält das C-Atom eine ganze positive Ladung [B2, links]. Durch Protonierung wird das elektrophile Zentrum folglich verstärkt.

Carbonsäure- und Ester-Moleküle enthalten ein elektrophiles Zentrum, das durch Protonierung verstärkt wird.

Ladungsverteilung in Alkohol- und Wasser-Molekülen. Das O-Atom einer Hydroxygruppe hat freie (nicht bindende) Elektronenpaare und trägt eine negative Teilladung. Ein Alkohol- oder ein Wasser-Molekül wird daher von einem elektrophilen Zentrum angezogen; es ist also zu einem **nucleophilen Angriff** fähig [B2, rechts]. Man bezeichnet ein solches Teilchen als **nucleophiles Teilchen**.

Alkohol- und Wasser-Moleküle sind nucleophile Teilchen.

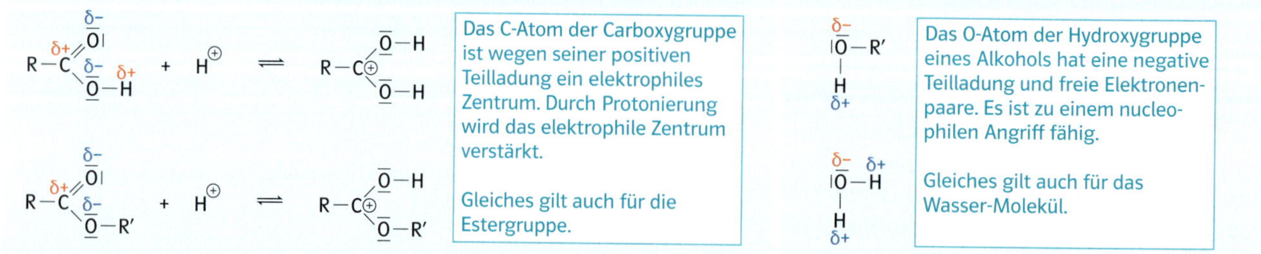

***B2** Links: Carbonsäure- und Ester-Moleküle weisen ein elektrophiles Zentrum auf. Rechts: Alkohol- und Wasser-Moleküle können als nucleophile Teilchen reagieren*

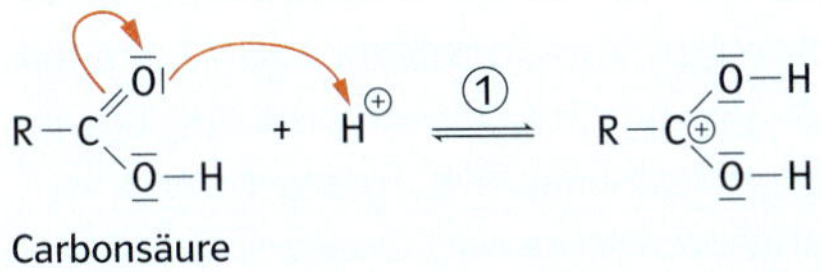

Reaktionsschritt 1 (Protonierung):
Das Carbonsäure-Molekül wird von der als Katalysator zugegebenen Säure protoniert. (H^+ steht vereinfachend für ein H_3O^+-Ion oder ein anderes Säure-Molekül.)
Das protonierte Carbonsäure-Molekül hat eine positive Ladung am C-Atom.

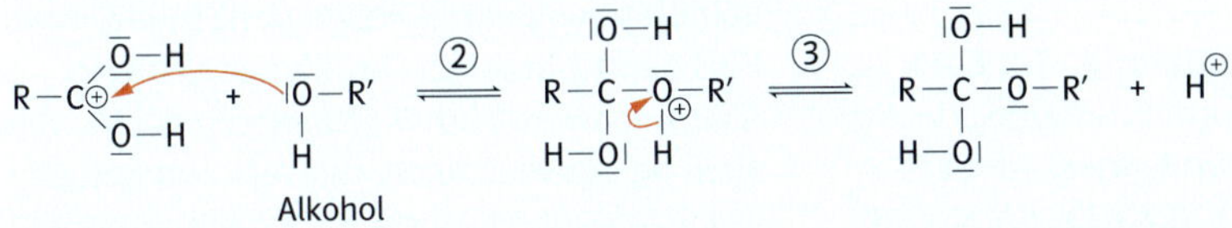

Reaktionsschritt 2 (Addition):
Das O-Atom eines Alkohol-Moleküls hat eine negative Teilladung. Dies ermöglicht einen nucleophilen Angriff am protonierten Carbonsäure-Molekül.

Reaktionsschritt 3 (Deprotonierung):
Das im Reaktionsschritt 2 entstandene Kation gibt ein Proton ab. Das so gebildete Molekül ist instabil, da es zwei OH-Gruppen an einem C-Atom hat.

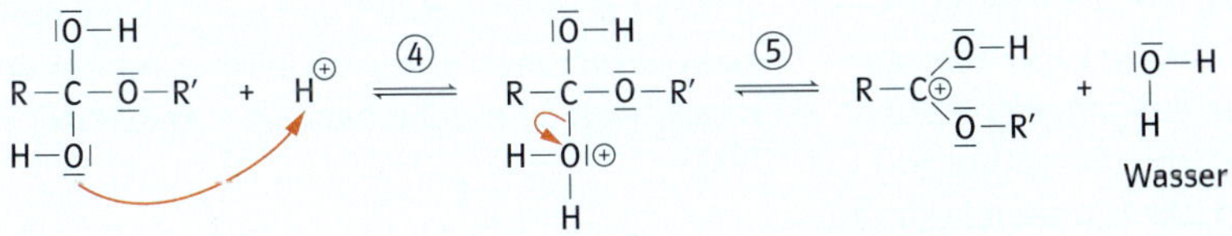

Reaktionsschritt 4 (Protonierung):
Eine der beiden OH-Gruppen wird protoniert.

Reaktionsschritt 5 (Eliminierung):
Das im Reaktionsschritt 4 entstandene Kation spaltet ein H_2O Molekül ab.
Es entsteht ein protoniertes Ester-Molekül mit der positiven Ladung am C-Atom.

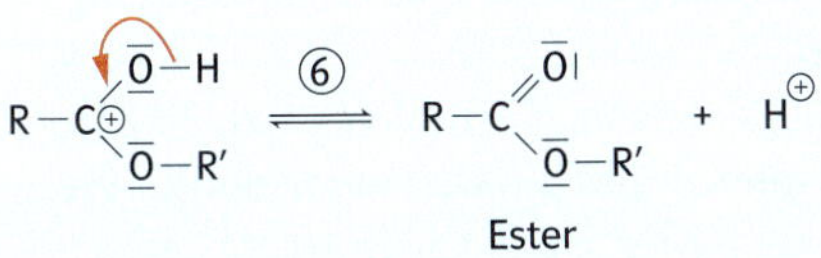

Reaktionsschritt 6 (Deprotonierung):
Das protonierte Ester-Molekül gibt ein Proton ab und wird dadurch zum Ester-Molekül.

Die Reaktion ist nun abgeschlossen. Das Säure-Molekül ist wieder entstanden und kann weiterhin als Katalysator wirken.
Da alle Reaktionsschritte Gleichgewichtsreaktionen sind, kann die Reaktion auch rückwärts ablaufen.

B3 *Reaktionsmechanismus der säurekatalysierten Veresterung*

Säurekatalysierte Veresterung. B3 zeigt den *Reaktionsmechanismus* der Veresterung. Das Produkt eines Reaktionschritts ist jeweils das Edukt des darauffolgenden Reaktionschritts. Die wichtigsten Reaktionsschritte sind:
- Schritt 2 (*Addition* des Alkohol-Moleküls an das Carbonsäure-Molekül),
- Schritt 5 (*Eliminierung* des Wasser-Moleküls).

Man spricht deshalb von einer **Additions-Eliminierungsreaktion**.

Bei der Veresterung wird meistens eine Säure als Katalysator eingesetzt, häufig Schwefelsäure. Die Protonierung des Carbonsäure-Moleküls verstärkt das elektrophile Zentrum, wodurch die Reaktion schneller abläuft.

Die Esterhydrolyse verläuft umgekehrt über die gleichen Reaktionsschritte. Sie wird ebenfalls durch den Katalysator beschleunigt. Der Katalysator beschleunigt also die Hin- und Rückreaktion, dadurch stellt sich das Gleichgewicht schneller ein. Die Zusammensetzung des Gleichgewichtsgemisches wird durch den Katalysator *nicht* beeinflusst.

Die Veresterung und die Esterhydrolyse sind Additions-Eliminierungsreaktionen. Sie werden von Säuren katalysiert.

A1 Erklären Sie, wieso man bei der Reaktion von Essigsäure mit Ethanol ein wenig Schwefelsäure zugibt.

A2 Formulieren Sie in Anlehnung an B3 den Reaktionsmechanismus der säurekatalysierten Esterhydrolyse von Essigsäuremethylester.

Katalysatoren sind an einer Reaktion beteiligt, werden aber nicht verbraucht. Sie beschleunigen die Reaktion, verändern aber nicht die Zusammensetzung des Gleichgewichtsgemisches.

Addition von lat. addere, hinzufügen

Eliminierung von lat. eliminare, entfernen

6.12 Esterbildung und -spaltung – Gleichgewichtsbetrachtung

B1 Apfelaroma

Esterbildung und Estersynthese andere Begriffe für Veresterung

Esterspaltung anderer Begriff für Esterhydrolyse

Hydrolyse
Die Spaltung einer Verbindung durch Reaktion mit Wasser nennt man Hydrolyse.

Allgemein:

X–Y + H–OH
⟶ X–H + Y–OH

Die **alkalische Hydrolyse** ist also streng genommen gar keine Hydrolyse, da die Spaltung allein durch das Hydroxid-Ion geschieht. Im Gegensatz zur sauren Hydrolyse (Kap. 6.11) ist die alkalische Hydrolyse nicht umkehrbar.

Stoff	ϑ_{Sd}
Butan-1-ol	117 °C
Ethansäure	118 °C
Ethansäure-n-butylester	126 °C
Wasser	100 °C

B2 Siedetemperaturen der Reaktionsteilnehmer einer Veresterung bzw. Esterhydrolyse

Ethansäure-n-butylester ist ein Ester, welcher sowohl im Alltag vorkommt als auch in der chemischen Industrie verwendet wird. Ethansäure-n-butylester wird z. B. als Bestandteil von Aromastoffen [B1] oder als Lösungsmittel in Nagellackentfernern verwendet und industriell, vor allem als Lösungsmittel, z. B. für Lacke, eingesetzt.

Säurekatalysierte Veresterung. Ein Ester kann durch eine säurekatalysierte Reaktion aus einer Carbonsäure und einem Alkohol hergestellt werden (Kap. 6.11). Als Katalysator wird häufig Schwefelsäure verwendet. Bei dieser Reaktion liegen die Ausgangsstoffe und der Katalysator im gleichen Aggregatzustand vor. Man spricht deshalb von einer **homogenen Katalyse** im Gegensatz zu einer *heterogenen Katalyse*, bei der die Ausgangsstoffe und der Katalysator in unterschiedlichen Aggregatzuständen vorliegen. Die säurekatalysierte Veresterung (Esterbildung) ist eine Gleichgewichtsreaktion, auch die Esterhydrolyse (Esterspaltung) wird durch die Säure katalysiert.

Beeinflussung des Estergleichgewichts. Bei einer chemischen Reaktion geht es in der Regel darum, dass die Ausgangsstoffe möglichst vollständig zu den erwünschten Reaktionsprodukten reagieren.
Eine Gleichgewichtsreaktion kann durch eine Änderung der Temperatur, des Druckes oder der Konzentration der Reaktionspartner beeinflusst werden (**Prinzip von Le Chatelier und Braun**) (Kap. 2.13).

Die vollständige Bildung von z. B. Ethansäure-n-butylester und Wasser [B3] ist nur schwach exotherm. Eine Temperaturabsenkung verschiebt deshalb das Gleichgewicht nur sehr wenig in Richtung des gewünschten Esters. Durch eine Druckänderung lässt sich die Esterbildung auch nicht beeinflussen, da es keine gasförmigen Ausgangsstoffe und Reaktionsprodukte gibt. Das Zugeben eines Ausgangsstoffes, also der Ethansäure oder des Butan-1-ols, verschiebt das Gleichgewicht zwar in Richtung des Esters und Wassers, besonders effektiv ist diese Methode aber nicht.
Die effektivste Methode besteht darin, ein Reaktionsprodukt während des Reaktionsablaufes aus dem Gleichgewicht zu entfernen. Dies kann z. B. durch Destillation erfolgen. Allerdings weist Ethansäure-n-butylester von allen an der Gleichgewichtsreaktion beteiligten Stoffen die höchste Siedetemperatur auf. Mit einer geeigneten Apparatur gelingt es aber, das Wasser zu entfernen [B5]. Bei der Reaktion von 0,5 mol Ethansäure und 0,5 mol Butan-1-ol in Gegenwart von wenig Schwefelsäure erhält man 9 ml, also 0,5 mol Wasser und damit auch 0,5 mol Ethansäure-n-butylester [V1].

Die Veresterung kann nach dem Prinzip von Le Chatelier und Braun durch das Entfernen eines Reaktionsproduktes vollständig ablaufen.

Esterspaltung in alkalischer Lösung. Die säurekatalysierte Esterhydrolyse ist eine Gleichgewichtsreaktion, der Ester wird also nicht vollständig aufgespalten. Will man aus einem Ester die Säure vollständig abspalten, so wählt man als Reaktionspartner nicht Wasser, sondern Natronlauge.
Bei der Reaktion von Ethansäure-n-butylester mit Natronlauge erhält man dann Natriumacetat und Butan-1-ol [B4]. Das Acetat-Anion reagiert nicht mit dem Alkohol zurück zum Ester. Trennt man das Salz von dem Alkohol ab und säuert es an, so erhält man die gewünschte Säure.

Die Esterspaltung in alkalischer Lösung ist keine Gleichgewichtsreaktion.

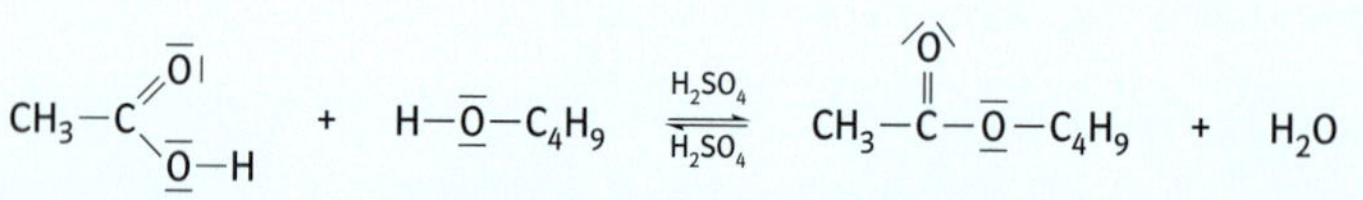

B3 Säurekatalysierte Bildung und Spaltung von Ethansäure-n-butylester

$$H_3CCOOC_4H_9 + NaOH \longrightarrow H_3CCOO^{\ominus}Na^{\oplus} + HOC_4H_9$$

B4 Esterhydrolyse von Ethansäure-n-butylester in alkalischer Lösung

Esterspaltung und Esternachweis. Die alkalische Esterspaltung kann man auch zum Esternachweis einsetzen. Versetzt man die Lösung eines Esters in Ethanol mit einigen Tropfen Indikator-Lösung und anschließend tropfenweise mit Natronlauge, so zeigt die Indikatorfarbe zunächst eine alkalische Lösung an [V2]. Nach kurzer Zeit ändert sich die Indikatorfarbe, sie zeigt eine neutrale Lösung an. Die Hydroxid-Ionen haben mit dem Ester zum Alkohol und dem Anion der Carbonsäure reagiert.

V1 **a)** Geben Sie 10 ml Butan-1-ol in den Bürettenteil des Wasserauskreisers und anschließend 27 ml Butan-1-ol in den Rundkolben. Insgesamt befindet sich dann 0,5 mol Butan-1-ol in der Versuchsapparatur. Füllen Sie anschließend 29 ml Ethansäure (0,5 mol) zu dem Butan-1-ol im Rundkolben. Tropfen Sie 0,5 ml bis 1 ml Schwefelsäure unter Umschwenken zum Gemisch aus Butan-1-ol und Ethansäure. Geben Sie noch ca. 5 Siedesteinchen zu. Erhitzen Sie das Reaktionsgemisch zum schwachen Sieden. Die Dampftemperatur darf nicht höher als ca. 120 °C sein. Die Reaktion ist beendet, wenn sich im Bürettenteil kein weiteres Wasser mehr ansammelt.
b) Geben Sie nach dem Abkühlen in den Kolben mit dem Ester nach und nach Natriumcarbonat-Lösung (w = 10 %), um die Schwefelsäure zu entfernen. Bildet sich nach der Zugabe der Natriumcarbonat-Lösung kein Gas mehr, stoppen Sie deren Zugabe.
c) Trocknen Sie den Ester mit Calciumchlorid und bestimmen Sie nach dem Abfiltrieren die Masse des Esters.

V2 Geben Sie zu 1 ml Ethanol und 1 ml Ethansäureethylester 3 Tropfen Thymolphthalein-Lösung. Dann tropfen Sie unter ständigem Schütteln Natronlauge (c = 2 mol/l) zu, bis eine bleibende Blaufärbung eintritt, die auch nach kräftigem Schütteln erhalten bleibt. Wichtig ist, dass Sie nur soviel Natronlauge zutropfen, bis der Indikator gerade umschlägt. Stellen Sie das Reagenzglas mit der Lösung nun in ein 40 °C warmes Wasserbad. Nehmen Sie das Reagenzglas nach jeder Minute kurz aus dem Wasserbad und schütteln Sie. Tritt Entfärbung ein, so wird der Versuch abgebrochen, ansonsten wird max. 10 Minuten lang beobachtet.

A1 ◒ Erläutern Sie, warum die Esterhydrolyse in alkalischer Lösung im Gegensatz zur säurekatalysierten Esterspaltung keine Gleichgewichtsreaktion ist.

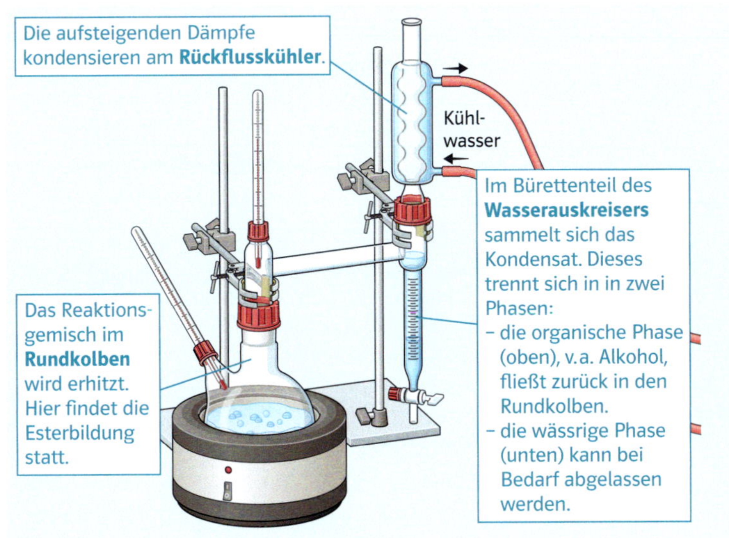

B5 *Veresterung mit einem Wasserauskreiser*

Exkurs

Esterspaltung in alkalischer Lösung

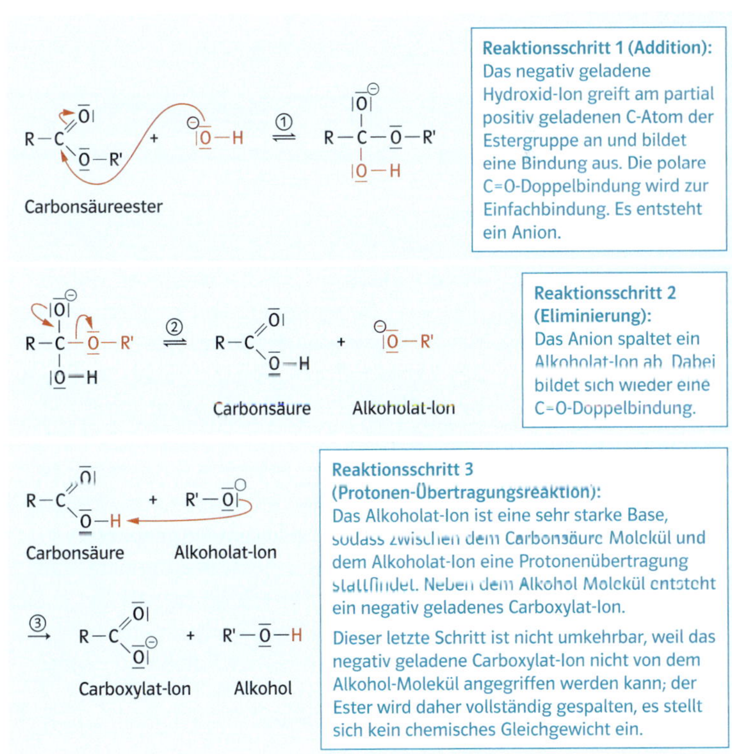

B6 *Reaktionsschritte der Esterspaltung in alkalischer Lösung*

6.13 Vom C4-Schnitt zu organisch-chemischen Synthesen

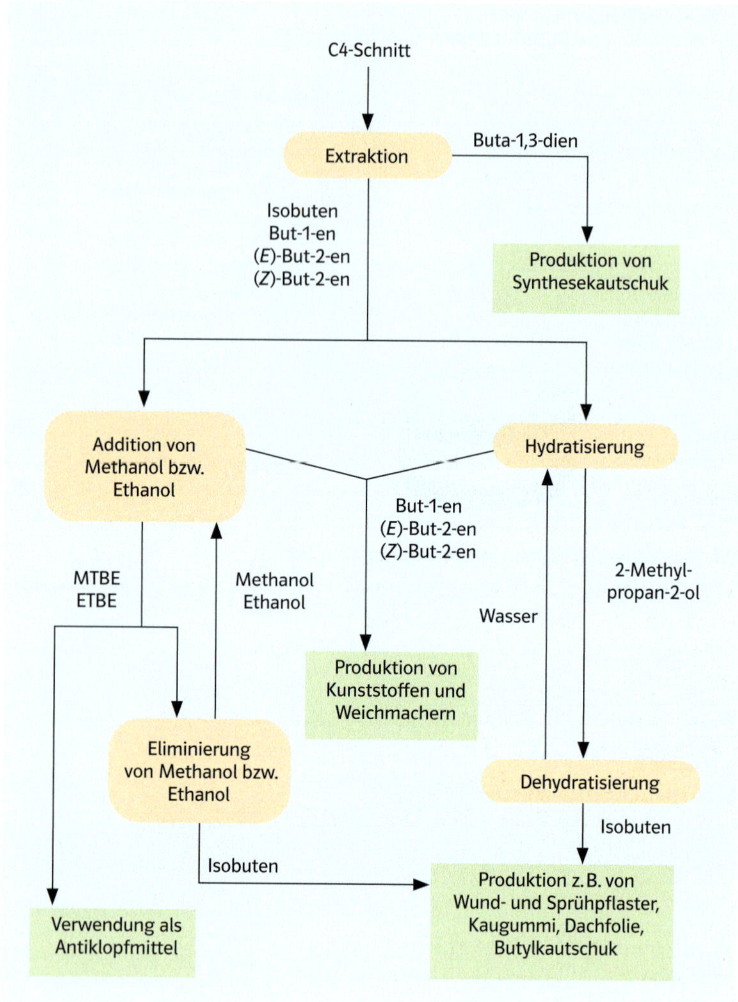

B1 *Verarbeitung des C4-Schnitts*

MTBE
Methyl-tertiär-butylether

ETBE
Ethyl-tertiär-butylether

Für organisch-chemische Synthesen, die oft viele Schritte umfassen, sind kurzkettige Alkene wichtige Ausgangsstoffe. Diese erhält man aus den Erdölfraktionen mit hohen Siedetemperaturbereichen durch Crackverfahren (Kap. 6.3).
Das beim Cracken gebildete Gasgemisch besteht neben Ethen und Propen aus größtenteils ungesättigten Verbindungen, deren Moleküle aus vier C-Atomen aufgebaut sind; man bezeichnet dieses Gemisch als **C4-Schnitt**. Der C4-Schnitt wiederum besteht hauptsächlich aus Buta-1,3-dien und den Isomeren des Butens. B1 zeigt einen Überblick über die Trennverfahren und die Verwertung des C4-Schnitts.

Buta-1,3-dien und Isobuten. Durch Extraktion mit organischen Lösungsmitteln gelingt es, *Buta-1,3-dien* aus dem C4-Schnitt zu isolieren. Es ist eines der Ausgangsstoffe für Synthesekautschuk, z.B. für Autoreifen. Nach der Abtrennung von Buta-1,3-dien besteht das Gemisch noch aus den verschiedenen Isomeren des Butens. Davon ist *Isobuten* (2-Methylpropen) die wichtigste Komponente. Es ist ist eine Grundchemikalie für die Synthese einer Vielzahl von Stoffen.

Wird reines Isobuten benötigt, muss es zunächst aus dem Isomerengemisch abgetrennt werden. In der Technik nutzt man hierfür die durch Säuren katalysierte Addition von Wasser (Hydratisierung) (Kap. 6.10). Durch geeignete Reaktionsbedingungen erreicht man, dass nur das Isobuten reagiert; es wird zu flüssigem 2-Methylpropan-2-ol. Die anderen (gasförmigen) Buten-Isomere werden aus dem Reaktionsgemisch entnommen. Sie können für die Produktion von Kunststoffen und Weichmachern eingesetzt werden.
Das 2-Methylpropan-2-ol wird anschließend bei höheren Temperaturen dehydratisiert. Es handelt sich um die Rückreaktion der Hydratisierung, d.h., es entsteht wieder Isobuten. Dieses hat einen sehr hohen Reinheitsgrad. Das Wasser mit dem sauren Katalysator wird in einem Stoffkreislauf erneut zur Hydratisierung verwendet.

Die wichtigsten Komponenten des C4-Schnittes sind Buta-1,3-dien und Isobuten.

A1 Stellen Sie die Struktur- oder Halbstrukturformeln der Moleküle der Hauptbestandteile des C4-Schnitts auf.

A2 **a)** Eine weitere Möglichkeit zur Abtrennung von Isobuten aus dem C4-Schnitt ist die Reaktion zu MTBE bzw. ETBE. Formulieren Sie die Reaktionsgleichungen mit Struktur- oder Halbstrukturformeln [B1].
b) Erläutern Sie, wie sich aus den beiden Ethern Isobuten gewinnen lässt [B1].

6.14 Chemische Reaktion und Chiralität

Leitet man Propen in Bromdampf, so beobachtet man eine rasche Entfärbung des Bromdampfs [B1]. Außerdem entsteht eine farblose Flüssigkeit, die sich als Tröpfchen absetzt. Propen reagiert mit Brom in einer Additionsreaktion (Kap. 6.5) zu 1,2-Dibrompropan.

1,2-Dibrompropan und Chiralität. Betrachtet man das 1,2-Dibrompropan-Molekül, so erkennt man, dass das 2. C-Atom mit vier unterschiedlichen Substituenten verbunden ist [B2]. Kohlenstoff-Atome mit vier verschiedenen Substituenten heißen asymmetrisch substituierte oder kurz **asymmetrische Kohlenstoff-Atome**.

C-Atome mit vier unterschiedlichen Substituenten sind asymmetrisch. Diese C-Atome werden häufig mit einem Stern gekennzeichnet.

Bei Verbindungen mit asymmetrischen Kohlenstoff Atomen können zwei unterschiedliche Molekülsorten vorliegen, die sich wie Bild und Spiegelbild verhalten.
Diese Isomerieart gehört zur Stereoisomerie (räumliche Isomerie, Kap. 6.6).

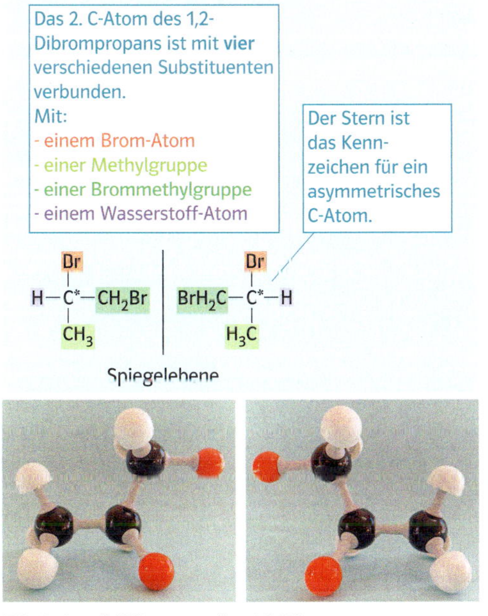

***B2** Spiegelbildisomere des 1,2-Dibrompropans: Strukturformeln (oben) und Kugel-Stab-Modelle (unten)*

Tatsächlich bilden sich bei der Bromierung von Propen zwei 1,2-Dibrompropane [B2].

Objekte, die mit ihrem Spiegelbild nicht zur Deckung gebracht werden können, sind **chiral**. Chirale Moleküle nennt man **Spiegelbildisomere** oder **Enantiomere**.

Enthält eine Verbindung ein asymmetrisches C-Atom, so gibt es von dieser Verbindung chirale Moleküle. Diese bezeichnet man als Spiegelbildisomere oder Enantiomere.

Aufgrund der identischen strukturellen Verknüpfung haben Enantiomere auch fast identische chemische und physikalische Eigenschaften (wie z. B. Siedetemperaturen). Allerdings reagieren sie unterschiedlich mit anderen chiralen Molekülen, was Unterschiede in ihren physiologischen, pharmakologischen und toxikologischen Wirkungen sowie ihren sensorischen Eigenschaften (Pheromon-Wirkung, Geruch) zur Folge hat. Der Duftstoff in Orangen, z. B. ein Enantiomer des Limonens, riecht nach Orangen, sein Spiegelbild nach Zitronen, manche meinen sogar nach Terpentin [B3].

Vor dem Hintergrund möglicher unterschiedlicher Wirkungen der Enantiomere verlangen Zulassungsbehörden heute die Untersuchung der einzelnen Stereoisomeren eines Wirkstoffs.

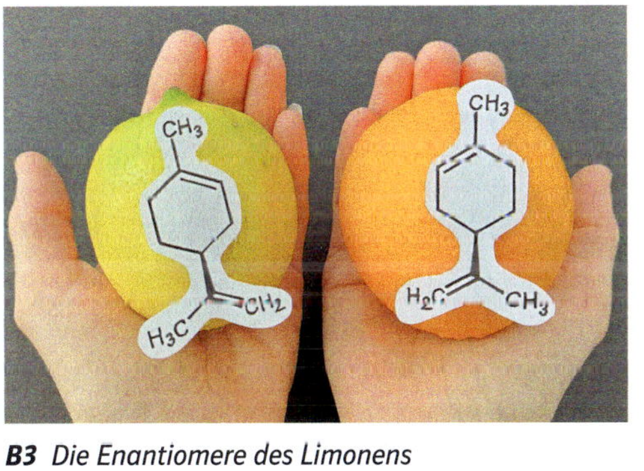

***B3** Die Enantiomere des Limonens*

A1 Erklären Sie, bei welchen der folgenden Verbindungen Spiegelbildisomerie auftreten kann: 1-Brom-1-chlorethan, 1-Brom-2-chlorethan, 2-Brombutan.

***B1** Ethen reagiert mit Bromdampf*

6.15 Nachweise von funktionellen Gruppen

Stoffklasse	Allgemeine Strukturformel	Funktionelle Gruppe
Alkohole (z. B. Alkanole)	R—O—H	Hydroxygruppe
Aldehyde (z. B. Alkanale)	R—C(=O)—H	Aldehydgruppe
Ketone (z. B. Alkanone)	R—C(=O)—R'	Carbonylgruppe
	—C—C(=O)—C—	Ketogruppe
Carbonsäuren (z. B. Alkansäuren)	R—C(=O)—O—H	Carboxygruppe
Ester	R—C(=O)—O—R'	Estergruppe

***B1** Stoffklassen organischer Verbindungen und deren funktionelle Gruppen*

Über funktionelle Gruppen können Stoffklassen nachgewiesen werden. Es wird also nicht eine ganz bestimmte Verbindung nachgewiesen. Es handelt sich jeweils um einen *Gruppentest* auf eine Stoffklasse.

Nachweis von Alkenen und Alkinen

Die C=C-Doppelbindungen der Alkene und die C≡C-Dreifachbindungen der Alkine werden auch als funktionelle Gruppen dieser ungesättigten Kohlenwasserstoffe angesehen.

Die Addition von Brom an C-C-Mehrfachbindungen wird als Nachweisreaktion für ungesättigte Kohlenwasserstoffe genutzt.

Dabei wird die ungesättigte Verbindung zu einer stark verdünnten wässrigen Brom-Lösung gegeben. Eine Entfärbung der gelbbraunen Lösung deutet auf das Vorhandensein ungesättigter Verbindungen hin [B2].

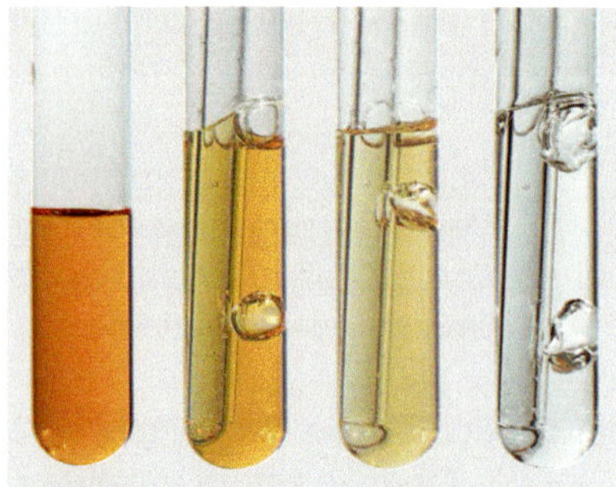

***B2** Nachweis ungesättigter Kohlenwasserstoffe (Bromwasserprobe)*

Nachweis von Alkoholen

Mit einer salpetersauren Lösung von Cer(IV)-ammoniumnitrat bilden Alkohole einen roten Farbkomplex [B3]. Dies dient als Nachweis für Alkohole (Kap. 1.10, V1).

Die Farbreaktion beruht auf einem Austausch von Nitrat-Ionen durch Alkohol-Moleküle:

$$\underset{\text{gelboranger Komplex}}{[Ce(NO_3)_6]^{2-}} + \underset{\text{Alkohol-Molekül}}{R{-}OH} \rightleftharpoons \underset{\text{dunkelroter Komplex}}{[Ce(NO_3)_5(R{-}OH)]^-} + \underset{\text{Nitrat-Ion}}{NO_3^-}$$

Es können auch weitere Nitrat-Ionen durch Alkohol-Moleküle ausgetauscht werden. Die Oxidationsstufe des Cer-Ions (+IV) wird durch die Austauschreaktion nicht verändert.

***B3** Cer(IV)-ammoniumnitrat-Lösung mit Wasser (links) und Ethanol (rechts)*

Nachweis von Carbonylverbidungen

Mit 2,4-Dinitrophenylhydrazin in saurer Lösung, dem DNPH-Reagenz, lassen sich sowohl Aldehyde als auch Ketone nachweisen. Beim positiven Ausfall des Nachweises bildet sich ein schwer löslicher gelber Niederschlag eines Farbstoffes (Kap. 1.32, V3). Mit diesem Nachweis kann allerdings nicht zwischen Ketonen und Aldehyden unterschieden werden.

Nachweis von Aldehyden

Die **Tollens-Probe** (Silberspiegelprobe, Kap. 1.17, V1) beruht auf einer Redoxreaktion, in der Silber-Ionen reduziert und Aldehydgruppen oxidiert werden. Diese Redoxreaktion läuft nur in einer alkalischen Lösung ab. Die Aldehyd-Moleküle werden zu Carbonsäure-Anionen oxidiert [B5]. Da Ketone keine Reduktionswirkung zeigen, fällt die Silberspiegelprobe bei diesen negativ aus.

***B4** Silberbeschlag bei der Tollens-Probe*

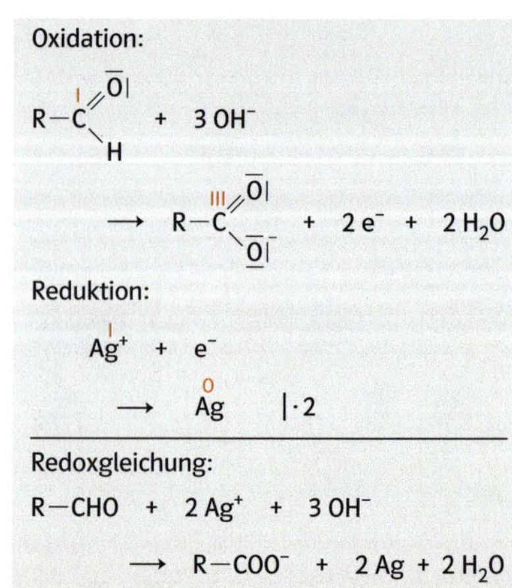

***B5** Redoxreaktion bei der Tollens-Probe*

Statt mit der Tollens-Probe kann man die reduzierende Wirkung eines Aldehyds auch mit der **Fehling-Probe** (Kap. 1.17, V2) oder mit der **Benedict-Probe** (Kap. 1.17, V3) nachweisen. Beides sind Redoxreaktionen, bei denen das Kupfer(II)-Ion (Cu^{2+}) zum Kupfer(I)-Ion (Cu^{+}) reduziert wird, das dann als rotes Kupfer(I)-oxid (Cu_2O) ausfällt. Das Aldehyd wird in alkalischer Lösung zum Carbonsäure-Anion oxidiert.

$$R{-}CHO + 5\,OH^- + 2\,Cu^{2+} \longrightarrow R{-}COO^- + Cu_2O + 3\,H_2O$$

Nachweis von Carbonsäuren
Bromthymolblau wirkt als Säure-Base-Indikator. Er zeigt im sauren Bereich die Farbe Gelb, im alkalischen Bereich die Farbe Blau [B7]. Im Bereich von pH ≈ 7 ist Grün als Mischfarbe von Blau und Gelb zu beobachten. Der Carbonsäure-Nachweis mit einer Bromthymolblau-Lösung, **dem BTB-Reagenz**, gilt als positiv, wenn bei Zugabe des blauen alkalischen BTB-Reagenzes ein Farbumschlag nach Grün und Gelb, also zu einer neutralen oder sauren Lösung zu beobachten ist; dann werden Hydroxid-Ionen verbraucht:

$$R{-}COOH + OH^- \longrightarrow R{-}COO^- + H_2O$$

Allerdings kann man bei einem positiven Nachweis nur dann auf eine Carbonsäure schließen, wenn keine anorganischen Säuren vorhanden sind.

***B7** Bromthymolblau in saurer, neutraler und alkalischer Lösung*

Indikator	sauer	neutral	schwach alkalisch	stark alkalisch
Bromthymolblau	gelb	grün	blau	blau
Thymolphthalein	farblos	farblos	blau	farblos
Phenolphthalein	farblos	farblos	rotviolett	farblos

***B6** Wichtige Indikatoren für Nachweisreaktionen*

Nachweis von Aminen
Als Amine werden organische Verbindungen bezeichnet, die als Derivate des Ammoniaks (NH_3) angesehen werden können, bei denen ein, zwei oder alle drei Wasserstoff-Atome des Ammoniaks durch Alkylgruppen ersetzt sind. Amine sind Basen, sie können durch eine Protonierung in Ammonium-Verbindungen überführt werden.

Zu ihrem Nachweis säuert man das BTB-Reagenz leicht an, sodass es die Farbe Gelb für eine saure Lösung anzeigt. Dann fügt man einige Tropfen einer alkoholischen oder wässrigen Lösung eines Amins zu. Der positive Nachweis zeigt sich dann im Farbwechsel nach Grün oder Blau. Da Oxonium-Ionen verbraucht werden, erfolgt eine Gleichgewichtsverschiebung nach links:

$$R{-}NH_2 + H_3O^+ \rightleftharpoons R{-}NH_3^+ + H_2O$$

Nachweis von Estern
Auch der Esternachweis beruht auf dem Farbwechsel eines Indikators. Zu einer Lösung eines Esters in Ethanol tropft man eine Indikator-Lösung und verdünnte Natronlauge, bis eine schwach alkalische Lösung entstanden ist. Als Indikator-Lösungen sind eine Phenolphthalein- oder eine Thymolphthalein-Lösung gut geeignet [B6]. Die schwach alkalische Lösung mit dem Ester wird geschüttelt und in ein warmes Wasserbad (40 °C) gestellt. Die Lösung wird im Abstand von etwa 1 Minute immer wieder geschüttelt (Kap. 6.12, V2).

Tritt ein Farbwechsel ein, der eine neutrale Lösung anzeigt, ist der Ester-Nachweis positiv.
In der alkalischen Lösung werden die Ester-Moleküle in Carboxylat-Anionen und Alkohol-Moleküle zerlegt:

$$R{-}COO{-}R' + OH^- \longrightarrow R{-}COO^- + R'{-}OH$$

Infolge dieser Esterspaltung verringert sich die Hydroxid-Ionen-Konzentration, sodass eine neutrale oder nahezu neutrale Lösung entsteht. Dieser Nachweis auf Ester wird auch als *Rojahn-Test* bezeichnet.

A1 ○ Erläutern Sie, worauf der Nachweis von C=C-Doppelbindungen mit Bromwasser (Brom in Wasser gelöst) beruht.

A2 ◒ Erläutern Sie, wie Sie experimentell einen Sekt von einem alkoholfreien Sekt unterscheiden können.

A3 ◒ Formulieren Sie für Butanal die Reaktionsgleichungen für die Tollens-Probe, Fehling-Probe und Benedict-Probe mit Struktur- oder Halbstrukturformeln für die organischen Verbindungen. Notieren Sie auch die wichtigsten Oxidationszahlen.

A4 ● In einem Versuch zur Esterbildung sind Ethansäure und n-Butanol mit wenig Schwefelsäure über einen längeren Zeitraum und bei hoherer Temperatur (80 °C) zur Reaktion gebracht worden. Erläutern Sie, wie man im Anschluss an den Versuch die Bildung des Esters nachweisen könnte.

Exkurs

6.16 Technische Herstellung von Essigsäure

***B1** Produktionsanlage für Essigsäure*

Essig wird durch enzymatische Oxidation von Ethanol mithilfe von Essigsäurebakterien gewonnen. Reine Essigsäure für die chemische Industrie wird jedoch aus organischen Grundstoffen synthetisiert [B3]. Essigsäure wird zur Herstellung von Lösungsmitteln, Kunstseide, Kunststoffen, Klebstoffen sowie Medikamenten benötigt. Die weltweite Produktionskapazität beträgt ca. 7 Mio. Tonnen.

Oxidation von Ethanal. Die katalytische Oxidation von Ethanal mit Sauerstoff war lange Zeit die wichtigste Synthesemethode für Essigsäure [B2a]. Das benötigte Ethanal wurde meistens aus Ethen und Sauerstoff hergestellt.

Carbonylierung von Methanol. Heute werden mehr als zwei Drittel der Weltproduktion an Essigsäure aus Methanol und Kohlenstoffmonooxid hergestellt [B2b]. Die Reaktion läuft unter der katalytischen Wirkung von Rhodium- oder Iridium-Verbindungen (Kap. 6.17, B1) ab, die man als **Katalysatorkomplexe** bezeichnet. Rhodium (Rh) und Iridium (Ir) zählen zu den Platinmetallen. Sie können zahlreiche unterschiedliche Oxidationsstufen einnehmen, deshalb sind ihre Verbindungen als Katalysatoren für Redoxreaktionen geeignet.

Acetyliodid

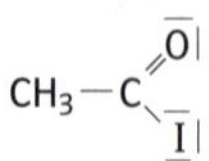

Acetyliodid ist ein **Carbonsäurehalogenid**. Diese leiten sich von den Carbonsäuren ab, indem die OH-Gruppe der Carboxygruppe durch ein Halogen-Atom ersetzt wird.

a) Älteres Verfahren

Synthese von Ethanal aus Ethen:

$$2\ CH_2{=}CH_2 + O_2 \xrightarrow{CuCl_2/PdCl_2} 2\ CH_3{-}CHO$$

Oxidation von Ethanal:

$$2\ CH_3{-}CHO + O_2 \xrightarrow{Mn^{2+}} 2\ CH_3{-}COOH$$

b) Heutiges Verfahren

Synthese von Methanol aus Synthesegas:

$$CO + 2\ H_2 \xrightarrow{CuO/ZnO} CH_3{-}O{-}H$$

Carbonylierung von Methanol:

$$CH_3{-}O{-}H + CO \xrightarrow{\text{Rh- oder Ir-Kat.}} CH_3{-}COOH$$

***B2** Synthesereaktionen für Essigsäure*

Seit einigen Jahren werden Iridium-Verbindungen bevorzugt, da sie weniger kosten und das Verfahren insgesamt etwas einfacher ist. Das benötigte Methanol gewinnt man aus Synthesegas, das aus Kohlenstoffmonooxid und Wasserstoff besteht [B2b].

B3 zeigt die wichtigsten Reaktionsschritte; man bezeichnet ein solches Schema als **katalytischen Kreislauf**. Die Ausgangsstoffe Methanol und Kohlenstoffmonooxid werden zugeführt. Iodmethan und Acetyliodid treten als Zwischenprodukte auf. Das Acetyliodid wird mit Wasser zu Essigsäure hydrolysiert; diese wird in Destillationstürmen abgetrennt und getrocknet.

Der wichtigste Schritt des katalytischen Kreislaufs ist eine Umlagerung am Iridium-Katalysatorkomplex. Dabei wird die Methylgruppe ($-CH_3$) mit der Carbonylgruppe ($-CO$) zu einer Acetylgruppe ($-CH_3CO$) verbunden.

Essigsäure für die chemische Industrie wird heute durch die Carbonylierung von Methanol in einem katalytischen Kreislauf hergestellt.

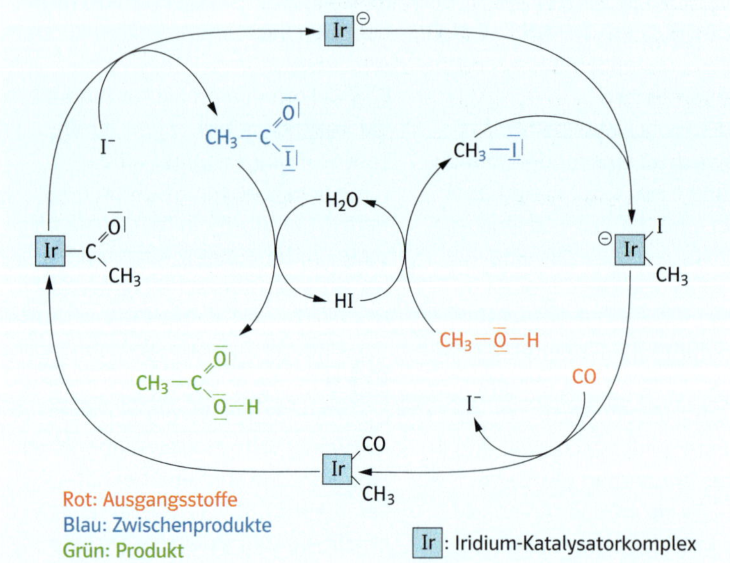

***B3** Katalytischer Kreislauf der Carbonylierung von Methanol (Cativa-Prozess)*

A1 Das Synthesegas aus Kohlenstoffmonooxid und Wasserstoff kann durch eine partielle Oxidation von Methan (Erdgas) mit Sauerstoff gewonnen werden. Stellen Sie die Reaktionsgleichung für diese Reaktion auf.

6.17 Synthesen und Katalysatoren

Bei industriellen Prozessen werden Katalysatoren für effiziente und ressourcenschonende Synthesen eingesetzt. Katalysatoren gehen dabei mit Ausgangsstoffen oder Zwischenprodukten Verbindungen ein, die zu einer Verringerung der Aktivierungsenergie von Reaktionsschritten führen.

Komplexe als Katalysatoren. Neu entwickelte Katalysatoren sollen nur eine ganz bestimmte Reaktion unter milden Reaktionsbedingungen katalysieren und dadurch nur zu dem einen gewünschten Produkt führen. Hier spielen **Komplexe** der Metalle der Nebengruppen des Periodensystems eine wichtige Rolle. Als *Komplex* oder *Komplexteilchen* bezeichnet man eine Einheit aus einem *Metall-Kation* oder *Metall-Atom* als **Zentralteilchen** und den daran gebundenen *Ionen* oder *Molekülen*, den **Liganden** [B1]. Bei den Zentralteilchen handelt es sich in der Regel um Übergangsmetalle. Im Gegensatz zu **heterogen katalysierten** Reaktionen an den Oberflächen von Metallen oder Verbindungen liegen die Komplexe im Reaktionsgemisch meist gelöst vor, weshalb von **homogener Katalyse** gesprochen wird.

Die Bindung in Komplexen. Eine Erklärung zur Bindung in Komplexen geht davon aus, dass die Liganden freie Elektronenpaare für die Bindung zum Zentralteilchen zur Verfügung stellen. Das Zentralteilchen hat unvollständig besetzte Schalen (Energiestufen). Diese werden durch die *freien Elektronenpaare* aufgefüllt. Man spricht auch von einer **koordinativen Bindung.**
Ein alternatives Bindungsmodell geht von einem rein ionischen Charakter der Wechselwirkungen zwischen Liganden und Zentralteilchen aus. Diese werden demnach im Wesentlichen durch elektrostatische Anziehungskräfte (Coulomb-Kräfte) zusammengehalten.

Bindungen und Wechselwirkungen zwischen Zentralteilchen und Liganden halten Komplexe zusammen.

A1 ◒ Formulieren Sie für die in B2 dargestellten Reaktionen Reaktionsgleichungen mit Strukturformeln. Benennen Sie die organischen Verbindungen.

B1 *Beispiel eines Komplexes, der aus einem positiv geladenen Iridium-Kation als Zentralteilchen und zwei Iodid-Anionen sowie zwei Kohlenstoffmonooxid-Molekülen als Liganden besteht. Er wird als Katalysator bei der Herstellung von Essigsäure eingesetzt*

Kohlenstoffdioxid-Reduktion mithilfe von Katalysatoren. Eines der dringendsten Probleme jetzt und in der Zukunft besteht in der Verminderung und Nutzung von Kohlenstoffdioxid. Im Power-to-Gas-Prozess wird in einer heterogenen Katalyse bei Temperaturen zwischen 300 °C und 700 °C Methan aus Kohlenstoffdioxid und Wasserstoff gewonnen (Methanisierung, Kap. 5.31). Hierzu werden Katalysatoren aus Nickel oder Ruthenium eingesetzt, die z. B. noch Aluminiumoxid und Zirconiumoxid enthalten. Gezielter können durch die **Elektrokatalyse** aus Kohlenstoffdioxid unterschiedliche organische Verbindungen gewonnen werden [B2]. Als Katalysatoren werden verschiedene Komplexe eingesetzt. Sie liegen in der Elektrolytlösung vor und sorgen für die Protonenübertragung und die Elektronenübertragung aus der Kathode.

Die Elektrokatalyse ist eine heterogene Katalyse, durch die die Aktivierungsenergie einer elektrochemischen Reaktion an einer Elektrodenoberfläche gesenkt wird.

Homogene Katalyse
Katalysator und Ausgangsstoffe bilden ein homogenes Gemisch (z. B. eine Lösung).

Heterogene Katalyse
Katalysator und Ausgangsstoffe sind kein homogenes Gemisch (z. B. Feststoff und Gas).

Komplexe und Komplexverbindungen werden in Kap. 12 ausführlich behandelt.

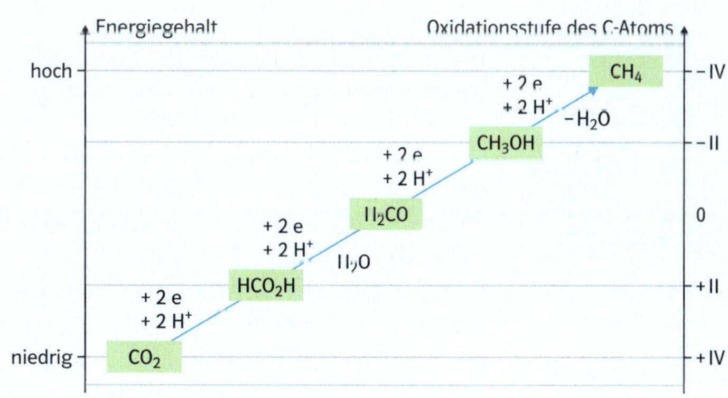

B2 *Organische Stoffe durch Reduktion von Kohlenstoffdioxid: Schematische Korrelation zwischen Energiegehalt und Oxidationsstufe des C-Atoms*

6.18 Aufbau und Eigenschaften der Fette

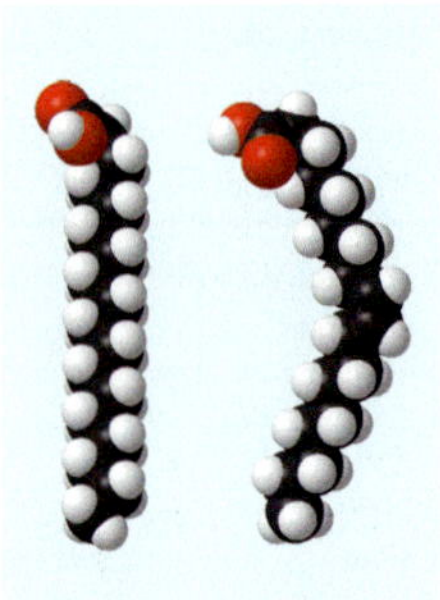

B1 *Molekülmodelle der Fettsäuren Stearinsäure (links) und Ölsäure (rechts)*

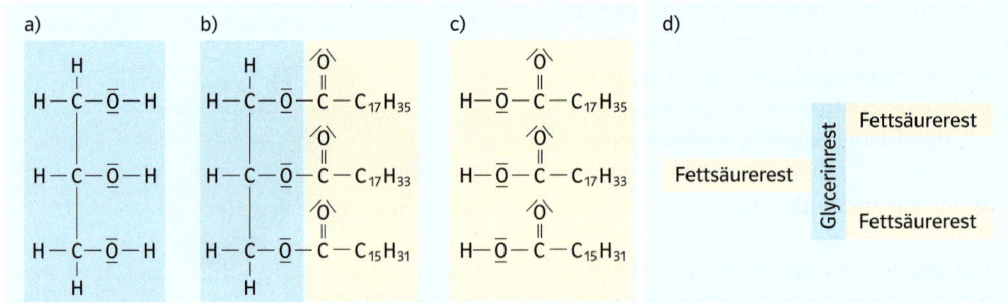

B2 *Bestandteile (a, c), Aufbau (b) und Aufbauschema (d) eines Fett-Moleküls*

1783 erhitzte der schwedische Chemiker Carl Wilhelm Scheele [B4] Olivenöl zusammen mit Bleioxid. Er erhielt dabei eine süß schmeckende, viskose Flüssigkeit, der er den Namen „Ölsüß" gab und die wir heute unter der Bezeichnung *Glycerin* kennen.

Aufbau der Fette. 40 Jahre später erkannte Michel Chevreul, dass Fette *Ester aus Glycerin und Fettsäuren* sind. Bei 97% der natürlich vorkommenden Fette sind alle drei Hydroxygruppen des Glycerin-Moleküls mit meist langkettigen Carbonsäure-Molekülen verestert . Dabei können gleiche oder verschiedene Fettsäurereste im Fett-Molekül enthalten sein [B2, B3]. Solche Fette werden als **Triacylglycerine** oder **Triglyceride** bezeichnet.

Fettsäuren. Die Kettenlänge der in natürlichen Fetten veresterten Carbonsäure-Moleküle variiert von C_4 bis C_{24}. Die Anzahl der Kohlenstoff-Atome ist aber fast immer geradzahlig, da die Fettsäure-Moleküle in den Körperzellen aus C_2-Bausteinen zusammengesetzt werden.
Die Moleküle **ungesättigter** Fettsäuren enthalten eine oder mehrere C=C-Doppelbindungen. Für den menschlichen Verzehr gelten *Omega-3-Fettsäuren* (z. B. α-Linolensäure) als besonders wertvoll. Bei Omega-3-Fettsäuren ist die drittletzte C-C-Bindung eine Doppelbindung.
Fettsäuren, die der Organismus nicht selbst aufbauen kann, werden als **essenziell** bezeichnet. Dies sind bei Menschen und Säugetieren die beiden ungesättigten Fettsäuren Linolsäure und α-Linolensäure. B8 gibt einen Überblick über verschiedene Fettsäuren.

Triacyl- von griech. tris, dreimal und lat. acidus, sauer

Omega-3-Fettsäuren
Omega (ω) ist der letzte Buchstabe des griech. Alphabets und bezeichnet das von der Carboxygruppe am weitesten entfernte Ende der Kohlenstoff-Atomkette.

B4 *Carl Wilhelm Scheele. Geboren 1742 in Stralsund (damals zu Schweden gehörig), gestorben 1786 in Köping (Schweden)*

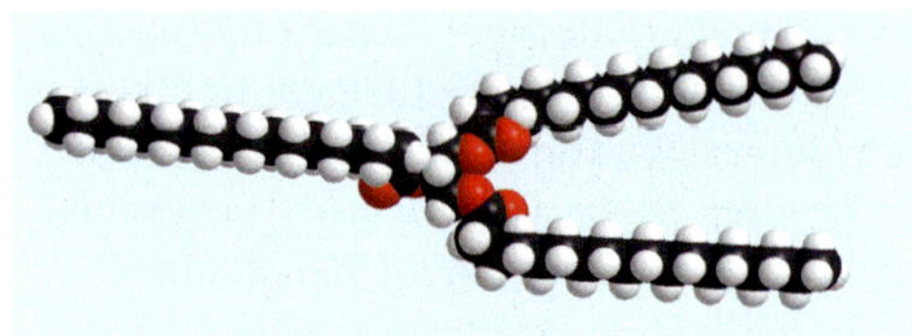

B3 *Fett-Molekül, Kalottenmodell*

Schmelztemperaturbereich. Fette werden nach ihrem Aggregatzustand bei Zimmertemperatur eingeteilt. Man unterscheidet feste, halbfeste und flüssige Fette, letztere werden auch *fette Öle* genannt. Natürliche Fette [B5] sind keine Reinstoffe, sondern je nach Herkunft ganz verschieden zusammengesetzte Gemische aus unterschiedlichen Triglyceriden. Dies zeigt sich auch bei der Bestimmung der Schmelztemperatur: Ein Fett hat keine scharfe Schmelztemperatur, sondern einen *Schmelztemperaturbereich* [B7]. Die Höhe des Schmelztemperaturbereichs hängt mit der Struktur der enthaltenen Moleküle zusammen.

Je langkettiger die Fettsäurereste in den Fett-Molekülen sind, desto höher liegt der Schmelztemperaturbereich des Fettes.

B5 *Einige Speisefette und Speiseöle*

Der Einfluss der Kettenlänge lässt sich leicht durch die mit der Zunahme der Moleküloberfläche wachsenden London-Kräfte erklären. Der Einfluss von Doppelbindungen auf das Schmelzverhalten ist nicht so offensichtlich.

Einfluss der Doppelbindungen. Betrachtet man Kalottenmodelle des Stearinsäure- und des Ölsäure-Moleküls [B1], dann fällt auf, dass das Ölsäure-Molekül an der Doppelbindung einen „Knick" aufweist. Um die Doppelbindung herrscht keine freie Drehbarkeit, dadurch ist die Kohlenstoff-Atomkette hier in *Z*-Stellung fixiert. Fett-Moleküle mit vielen ungesättigten Fettsäureresten können sich daher nicht so eng aneinanderlagern wie Fett-Moleküle mit gesättigten, linear gebauten Fettsäureresten. Im festen Aggregatzustand ist die Packung der Moleküle im Molekülgitter bei ungesättigten Fetten also weniger dicht und die zwischenmolekularen Kräfte sind geringer. Es erfordert somit weniger thermische Energie, diese geringeren Anziehungskräfte zu überwinden. Daher weisen ungesättigte Fette niedrigere Schmelztemperaturbereiche auf.

Je mehr C=C-Doppelbindungen in den Fett-Molekülen vorkommen, desto niedriger ist der Schmelztemperaturbereich des entsprechenden Fettes.

Fett	Schmelztemperaturbereich in °C
Kokosfett	23 bis 28
Olivenöl	−3 bis 0
Sonnenblumenöl	−18 bis −11
Leinöl	−20 bis −16

***B7** Schmelztemperaturbereiche einiger Fette*

Stoffebene	Teilchenebene
hydrophil / lipophob	Dipol / polar
hydrophob / lipophil	unpolar

***B6** Begriffe der Stoff- und Teilchenebene*

Löslichkeit. Fette sind Ester, deren Moleküle einen großen unpolaren und einen kleinen polaren Bereich aufweisen. Sie sind deshalb in hydrophilen Lösungsmitteln wenig bis fast gar nicht löslich, aber gut in lipophilen Lösungsmitteln [V1]. Lösungsmittel mit unpolaren oder wenig polaren Molekülen, z.B. Heptan oder Trichlormethan, werden zur Extraktion von Fetten aus fetthaltigen Proben verwendet.

Je weniger polar die Moleküle eines Lösungsmittels sind, desto besser lösen sich Fette darin.

cis-trans-Nomenklatur bzw. _E-Z_-Nomenklatur
Zur Benennung der räumlichen Isomere der Fettsäuren wird häufig noch die *cis-trans*-Nomenklatur verwendet. Da sie nicht immer eindeutig war, wurde sie durch die *E-Z*-Nomenklatur ersetzt.
Die meisten in der Natur vorkommenden Fettsäuren sind *cis*-Fettsäuren bzw. (*Z*)-Fettsäuren.

	Name (Trivialname)	Halbstrukturformel Molekülformel
gesättigte	Butansäure (Buttersäure)	$CH_3-CH_2-CH_2-COOH$ C_3H_7COOH
	Dodecansäure (Laurinsäure)	$CH_3-(CH_2)_{10}-COOH$ $C_{11}H_{23}COOH$
	Tetradecansäure (Myristinsäure)	$CH_3-(CH_2)_{12}-COOH$ $C_{13}H_{27}COOH$
	Hexadecansäure (Palmitinsäure)	$CH_3-(CH_2)_{14}-COOH$ $C_{15}H_{31}COOH$
	Octadecansäure (Stearinsäure)	$CH_3-(CH_2)_{16}-COOH$ $C_{17}H_{35}COOH$
ungesättigte	(9*Z*,12*Z*)-Octadeca-9,12-diensäure (Linolsäure)	$CH_3-(CH_2)_4-\overset{13}{C}H=\overset{12}{C}H-CH_2-\overset{10}{C}H=\overset{9}{C}H-(CH_2)_7-COOH$ $C_{17}H_{31}COOH$
	(9*Z*,12*Z*,15*Z*)-Octadeca-9,12,15-triensäure (α-Linolensäure)	$CH_3-CH_2-\overset{16}{C}H=\overset{15}{C}H-CH_2-\overset{13}{C}H=\overset{12}{C}H-CH_2-\overset{10}{C}H=\overset{9}{C}H-(CH_2)_7-COOH$ $C_{17}H_{29}COOH$

***B8** Ausgewählte Fettsäuren*

V1 Um die Löslichkeit von Speiseöl zu untersuchen, füllen Sie je ein Reagenzglas ca. 3 cm hoch mit Wasser, Ethanol bzw. Heptan und geben anschließend in jedes der Reagenzgläser ca. 1 cm hoch Speiseöl. Verschließen Sie die Reagenzgläser dann mit einem Stopfen und schütteln sie kräftig.

V2 Tupfen Sie mithilfe von Wattestäbchen verschiedene Öle und Fette auf ein Stück Filterpapier bzw. drücken Sie ein Stück fetthaltiges Lebensmittel darauf und halten Sie das Papier sofort und nach dem Trocknen gegen das Licht.

A1 ○ Zeichnen Sie die Halbstrukturformel eines Fett-Moleküls, das zwei Buttersäurereste und in der Mitte einen Ölsäurerest enthält.

A2 ◒ Zum Entfernen von Fettflecken aus Kleidungsstücken verwendet man „Waschbenzin". Chemische Reinigungen benutzen z. B. Tetrachlorethen als Reinigungsflüssigkeit. Erklären Sie, warum kein Wasser zur Fleckenentfernung verwendet wird. Achten Sie bei Ihrer Antwort auf die korrekte Verwendung der Fachbegriffe [B6].

6.19 Fette und Fetthärtung

B1 *Margarine*

trans-Fettsäuren und *cis*-Fettsäuren sind veraltete, aber noch häufig im Alltag verwendete Bezeichnungen für (*E*)-Fettsäuren und (*Z*)-Fettsäuren

Fett	Iodzahl
Kokosfett	4–10
Butter	30–40
Palmöl	40–60
Schmalz	50–60
Olivenöl	80–100
Rapsöl	120–140
Sonnenblumenöl	130–150
Leinöl	170–190

B2 *Beispiele für Iodzahlen von Fetten*

Butter war Mitte des 19. Jahrhunderts für weite Bevölkerungsteile in Europa unerschwinglich. Der französiche Kaiser Napoleon III. rief 1864 einen Wettbewerb aus, einen schmackhaften, aber gleichzeitig billigen und haltbaren Ersatz für die Mangelware Butter zu finden.

Margarine. 1869 gelang es dem französischen Wissenschaftler HIPPOLYTE MÈGE-MOURIÉS, durch Vermengen von Rinderfett, Magermilch und etwas gehäckseltem Kuheuter ein streichbares Speisefett herzustellen. Wegen seines perlartigen Glanzes nannte der Erfinder sein Produkt *Margarine*, angelehnt an das griechische Wort für Perle, *margaron*.

Fetthärtung. Wichtige Rohstoffe für die Margarineherstellung sind heute Pflanzenöle, sie sind aber flüssig und müssen gehärtet werden. Dazu werden Pflanzenöle unter Druck bei einer Temperatur von etwa 180 °C in Gegenwart von fein verteiltem Nickel als Katalysator mit Wasserstoff zur Reaktion gebracht. Dabei werden Wasserstoff-Atome an die Doppelbindungen der ungesättigten Fettsäurereste addiert [V1, B2]. Dadurch steigt der Schmelztemperaturbereich des Fettes. Mit dieser als Fetthärtung bezeichneten Methode, die der Deutsche Chemiker WILHELM NORMANN 1902 entwickelte, gewinnt man heute die für die Margarineherstellung benötigten festen Fette.

Bei der Fetthärtung werden ungesättigte Fettsäurereste in gesättigte Fettsäurereste überführt. Dies geschieht durch Addition von Wasserstoff.

Unerwünschte (*E*)-Fettsäuren. Manche ungesättigte Fettsäuren sind für die Ernährung besonders wertvoll. Deshalb werden die Reaktionsbedingungen so gewählt, dass nur ein Teil der C=C-Doppelbindungen hydriert wird. Auch können bei der Fetthärtung unerwünschte (*E*)*-Fettsäuren* entstehen, die als Mitverursacher von Arteriosklerose und damit verbunden einem erhöhten Herzinfarkt- und Schlaganfallrisiko gelten. Man erkennt sie auf der Teilchenebene daran, dass im Gegensatz zu (*Z*)*-Fettsäuren* mindestens eine C=C-Doppelbindung enthalten ist, bei der die Kohlenstoff-Atom-Kette des Fettsäure-Moleküls vorher und hinterher auf entgegengesetzten Seiten der Doppelbindung fortgesetzt wird [B1].

Um (*E*)-Fettsäuren zu vermeiden, werden Margarinesorten angeboten, bei denen auf gehärtete Fette ganz verzichtet wird. Die feste Konsistenz wird hier durch die Verwendung von natürlichen Fetten mit höheren Schmelztemperaturbereichen erreicht.

Iodzahl. Eine in der Lebensmittelindustrie gebäuchliche Kennzahl zur Unterscheidung von Fetten ist die Iodzahl [B2]. Sie gibt die Masse der Iodportion in Gramm an, die von den Doppelbindungen in 100 g Fett addiert werden kann. Die Iodzahl ist also ein Maß für den Gehalt eines Fettes an ungesättigten Fettsäureresten. Die Iodzahl gibt auch einen Hinweis darauf, inwieweit ein Fett durch den Einfluss von Licht, Luft und Feuchtigkeit schon ranzig und damit ungenießbar geworden ist.

Neben einer Spaltung der Esterbindungen kommt es dabei zu einer Reaktion von Sauerstoff aus der Luft mit den Fettsäureresten, einer **Autoxidation** [B4]. Die Anzahl der Doppelbindungen nimmt beim Altern ab, die Iodzahl des Fettes wird kleiner.

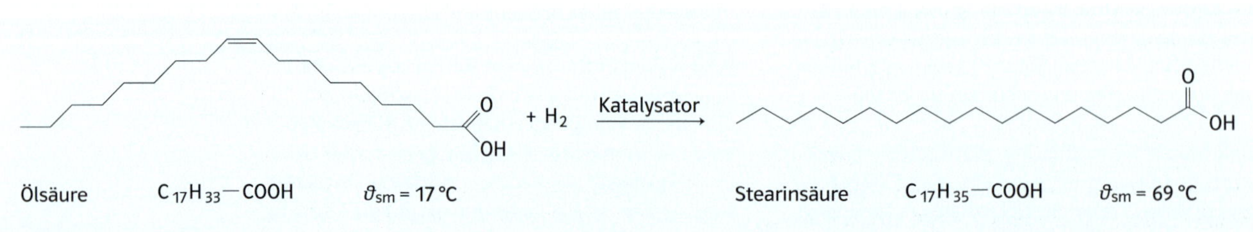

B3 *Hydrierung von Ölsäure*

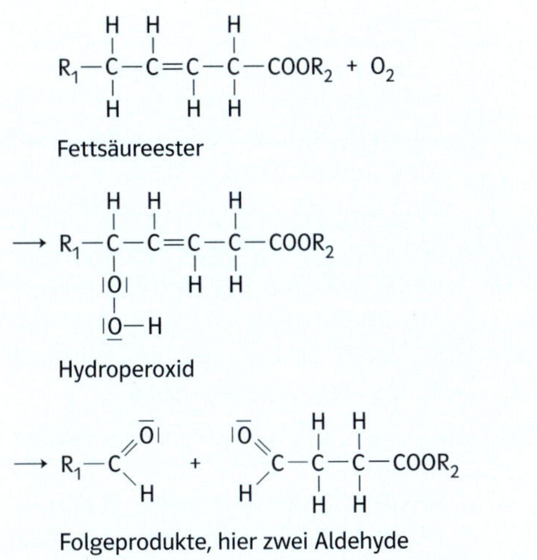

***B4** Beispiel für eine Autoxidation der ungesättigten Fettsäure eines Fettsäureesters*

Praktikum

V3 Nachweis ungesättigter Fettsäurereste mit PVP-Iod-Lösung

Material: Öl (Leinöl oder Olivenöl), Kokosfett, PVP-Iod-Lösung, Essigsäure ($c(CH_3COOH)$ = 0,5 mol/l), 2 große Reagenzgläser (200 mm · 30 mm) mit Stopfen, Löffelspatel, Reagenzglasgestell, filtrierte Stärke-Lösung

Durchführung: (Schutzbrille! Schutzhandschuhe!)
a) Geben Sie 10 ml Öl bzw. zwei Löffelspatel Kokosfett in ein Reagenzglas. Setzen Sie dann 40 ml Essigsäure und ein bis zwei Tropfen PVP-Iod-Lösung zu.
b) Schütteln Sie Sie die verschlossenen Reagenzgläser 20 Sekunden und warten Sie einige Minuten ab.
c) Setzen Sie einige Tropfen Stärke-Lösung hinzu, verschließen Sie das Reagenzglas wieder, und schütteln Sie erneut.

Aufgabe: Iod und Stärke bilden eine blaue Komplexverbindung (Kap. 10.8). Begründen Sie die unterschiedliche Versuchsbeobachtung bei Leinöl bzw. Olivenöl und Kokosfett.

Auch durch Erhitzen eines Fettes wird die Iodzahl kleiner. Während des Erhitzens von Ölen und Fetten werden bevorzugt die Fettsäuren mit mehreren Doppelbindungen oxidativ zu Verbindungen mit kurzkettigen Molekülen gespalten. Diese Moleküle führen zum Teil zum gewünschten Aroma.

Experimentell kann die Iodzahl nach verschiedenen Methoden ermittelt werden. Diese sind alle verhältnismäßig aufwendig, weil sich reines Iod nicht an die Doppelbindungen anlagert. Daher müssen stattdessen spezielle iodhaltige Lösungen eingesetzt werden.

Eine weitere Methode zur Bestimmung der Iodzahl beruht auf der Addition von Brom-Atomen an die C=C-Doppelbindungen [V2, A2]. Die addierte Menge an Brom wird dabei experimentell durch Titration bestimmt. Sie erlaubt Rückschlüsse, welche Masse an Iod addiert werden könnte.

Die Iodzahl ist ein Maß für den Gehalt eines Fettes an ungesättigten Fettsäureresten. Sie wird oft bestimmt, indem man experimentell ermittelt, welche Menge an Brom addiert wird.

PVP-Iod-Lösung
Polyvinylpyrrolidon-Iod-Lösung, kurz: Povidon-Iod-Lösung

Autoxidation
Eine Oxidation durch den Luftsauerstoff nennt man Autoxidation.

Hydroperoxide weisen die allgemeine Formel

R—O—O—H

auf. Sie sind instabil und zerfallen leicht.

V1 ⚠ (Schutzbrille! Schutzhandschuhe! Abzug!)
In ein hohes Reagenzglas gibt man etwa 0,5 ml dest. Wasser, das man langsam mit 1,5 ml konzentrierter Schwefelsäure versetzt. Die noch heiße Säurelösung wird mit etwa dem gleichen Volumen Pflanzenöl (z. B. Olivenöl) überschichtet. Nun gibt man vorsichtig eine Spatelspitze Zinkpulver ins Reagenzglas. Nach dem Ende der Wasserstoffentwicklung kühlt man das Glas mit kaltem Wasser und beobachtet dabei die obere Flüssigkeitsschicht.

V2 ⚠ (Schutzbrille! Schutzhandschuhe! Abzug!)
Füllen Sie in ein Reagenzglas ca. 3 cm hoch Sonnenblumenöl. Setzen Sie nun tropfenweise Bromwasser (geringe Bromkonzentration, auf keinen Fall reines Brom zugeben) zu.

A1 Formulieren Sie die vollständige Hydrierung eines Fettes, das einen Ölsäure- und zwei Linolsäurereste enthält, mit Halbstrukturformeln. Benennen Sie die Fettsäurereste, die bei dieser Fetthärtung entstehen.

A2 1000 mg Pflanzenöl werden in 10 ml Propan-1-ol gelöst. Im Anschluss titriert man solange mit einer Lösung von Brom in Propan-1-ol ($\beta(Br_2)$ = 60,0 mg/ml), bis diese gerade nicht mehr entfärbt wird. Dazu müssen 20,0 ml zugesetzt werden.
a) Berechnen Sie die Masse des addierten Broms.
b) Ermitteln Sie anhand dieses Ergebnisses rechnerisch die Iodzahl des untersuchten Fettes: Welche Masse an Iod könnte an 100 g des Fettes addiert werden?

6.20 Fette

Die Zusammensetzung eines Lebensmittels kann man durch quantitative Analysen ermitteln.
In diesem Praktikum sollen Kokosraspel exemplarisch auf ihren Fett- und Wassergehalt sowie auf den Anteil freier Fettsäuren untersucht werden.

B1 *Kokosraspel*

V1 Bestimmung des Fett- und Wasser-Anteils in Kokosraspeln

Material:
Soxhlet-Extraktor, Rückflusskühler, 2 Rundkolben (250 ml), Extraktionshülse, Heizhaube, Trockenschrank, Becherglas (100 ml), Laborwaage, Pinzette, Gummischläuche, Glastrichter, Liebigkühler, Glaswolle, Heptan, Kokosraspel

Durchführung:
a) Legen Sie einige Stunden vor Beginn des Versuchs die Extraktionshülse in den Trockenschrank (95 °C).
b) Wiegen Sie die leere Extraktionshülse. Füllen Sie diese anschließend zu zwei Dritteln mit Kokosraspeln und wiegen Sie die Hülse mit Kokosraspeln. Verschließen Sie die Hülse mit einem Bausch Glaswolle. Stellen Sie die Hülse in das Becherglas und stellen Sie sie 24 Stunden in den Trockenschrank (95 °C). Um den Massenverlust durch Trocknung festzustellen, wiegen Sie die Hülse erneut (ohne Glaswolle). Stellen Sie die Hülse dann in den Soxhlet-Extraktor. Bestimmen Sie die Masse des zum Extraktor gehörenden Rundkolbens und füllen Sie ihn etwa zur Hälfte mit Heptan. Falls beim Trocknen Fett in das Becherglas gelangt ist, spülen Sie dieses mit dem Heptan in den Rundkolben. Extrahieren Sie unter Rückfluss mindestens eine Stunde lang [B2].
c) Lassen Sie die Flüssigkeit (Heptan und extrahiertes Fett) etwas abkühlen und setzen Sie dann anstelle des Soxhlet-Extraktors den Liebigkühler auf den Rundkolben. Destillieren Sie das Heptan unter möglichst geringer Wärmezufuhr in den zweiten Rundkolben. Senken Sie die Temperatur der Heizhaube ab, sobald der Flüssigkeitspegel sinkt. Beenden Sie die Destillation, wenn kein Destillat mehr übergeht.
d) Stellen Sie den Rundkolben mit dem Fett und die Extraktionshülse 24 Stunden in den Trockenschrank (70 °C), um Reste des Lösungsmittels zu entfernen. Wiegen Sie den Rundkolben mit dem Fett und die Extraktionshülse mit dem Rückstand.

Aufgaben:
1. Berechnen Sie die Masse des verdampften Wassers und des extrahierten Fettes. Berechnen Sie zur Kontrolle auch die Masse des getrockneten Rückstands in der Extraktionshülse.
2. Berechnen Sie den Massenanteil des Wassers und des Fettes.

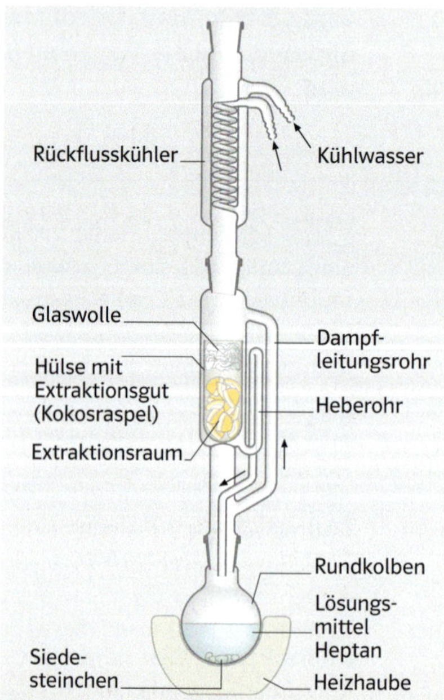

B2 *Soxhlet-Extraktor*

V2 Bestimmung der Säurezahl von Fetten

Beim Verderben von Fetten entstehen durch Hydrolyse freie Fettsäuren. Ein Maß für den Verderb eines Fettes ist die Säurezahl (*SZ*). Sie bezeichnet die Masse von Kaliumhydroxid in Milligramm, die zur Neutralisation der in 1 g Fett enthaltenen Säuren erforderlich ist. Mit zunehmendem Alter eines Fettes steigt die Säurezahl.

Material:
Weithals-Erlenmeyerkolben (100 ml), Bürette (10 ml oder 25 ml), Messzylinder (25 ml), Gemisch von 25 ml Ethanol mit 25 ml Diethylether, ethanolische Kaliumhydroxid-Lösung (c(KOH) = 0,1 mol / l), Phenolphthalein-Lösung (w = 0,5 %), Fettproben (altes und frisches Speiseöl)

Durchführung:
⚠ (Abzug! Beim Arbeiten mit Diethylether dürfen keine Flammen, elektrische Heizgeräte oder andere mögliche Zündquellen in der Nähe sein!)
a) Wiegen Sie 2 bis 4 g Fettprobe genau in den Erlenmeyerkolben ein. Geben Sie dann das gesamte Lösungsmittelgemisch zu und lösen Sie das Fett durch Umschwenken oder Rühren.
b) Geben Sie wenige Tropfen Phenolphthalein-Lösung zu der Lösung und titrieren Sie mit der ethanolischen Kaliumhydroxid-Lösung bis zum Farbumschlag.

Aufgaben:
1. Berechnen Sie die Säurezahl mit der folgenden Gleichung:

$$SZ = \frac{V(\text{Kaliumhydroxid-Lösung}) \cdot c(\text{KOH}) \cdot M(\text{KOH})}{m(\text{Fett})}$$

(mit M(KOH) in der Einheit mg/mol)
2. Recherchieren Sie die Vorgänge beim Verderben von Fetten und Ölen, und erklären Sie, dass beim Verderben die Säurezahl steigt.

6.21 Fette als Nährstoffe

Der menschliche Organismus gewinnt die zur Aufrechterhaltung des Stoffwechsels notwendige Energie aus der Oxidation von Biomolekülen. Als „Brennstoff" kommen Fette, Proteine und Kohlenhydrate infrage. Am raschesten kann der Körper bestimmte Kohlenhydrate, allen voran Glucose, verwerten. Der energiereichste Brennstoff ist hingegen Fett [B2]. Das macht Fett zum idealen Speicherstoff für Zeiten des Nahrungsmangels.

Fett als Speicherstoff und Stoffwechselbaustein. Fettgewebe wird bei kalorisch ausreichender Ernährung in der Unterhaut und an den inneren Organen angelegt. Dadurch ist die rasche Verfügbarkeit gewährleistet und außerdem wirkt das Fett als Wärmeisolator und „Stoßdämpfer". Fett wird im Körper nicht nur abgebaut, sondern es ist auch Ausgangsstoff zahlreicher Synthesen. So werden etwa die Prostaglandine, eine Gruppe von Hormonen, aus essenziellen Fettsäuren synthetisiert. Viele Hormone werden in Drüsen gebildet, Prostaglandine allerdings in bestimmten Geweben. Man spricht daher von Gewebshormonen. Mittlerweile sind mehr als ein Dutzend solcher Gewebshormone bekannt. Ihre Wirkung ist sehr vielfältig. Sie reicht von der Regulation der Salzausscheidung über die Nieren bis zur Auslösung von Wehen.

Die Fettverdauung erfolgt größtenteils im Dünndarm. Fettspaltende Enzyme, die Lipasen, katalysieren im leicht alkalischen Dünndarmmilieu die hydrolytische Spaltung der Esterbindungen der Fett-Moleküle [B3]. Für eine rasche und vollständige Hydrolyse der Fett-Moleküle ist es notwendig, dass das Fett möglichst innig mit dem wässrigen Verdauungssaft vermengt wird.

Fettverzehr. Fettmenge und Fettqualität sind ernährungsphysiologisch von entscheidender Bedeutung. Die Deutsche Gesellschaft für Ernährung (DGE) empfiehlt Erwachsenen, dass Fette maximal 30 % der täglichen Gesamtenergiezufuhr ausmachen sollen.

Die Energiemenge, die über Fette aufgenommen wird, liegt allerdings häufig deutlich über dem empfohlenen Wert.

Als Energielieferant kann Fett prinzipiell ganz durch Kohlenhydrate ersetzt werden. 2,27 g Kohlenhydrate entsprechen im Brennwert einem Gramm Fett [B2]. Eine völlig fettfreie Kost würde allerdings zu einem Mangel an essenziellen Fettsäuren und fettlöslichen Vitaminen führen. Letztere können nur zusammen mit Fett resorbiert werden.

Studien belegen außerdem, dass der Verzicht auf Fett von manchen Menschen mit einer „Kohlenhydratmast" kompensiert wird. Diese führt aber ebenfalls zu Übergewicht, da der Organismus überschüssige Kohlenhydrate in Fette umwandelt, und begünstigt außerdem die Entstehung von Diabetes.

Fette sind etwa doppelt so energiereich wie Kohlenhydrate und Proteine.

Als vom menschlichen Körper besonders gut verwertbar gelten mehrfach ungesättigte (*Z*)-Fettsäuren. Ungesättige Fettsäuren kommen z. B. in Olivenöl, Rapsöl, Leinöl und in fettreichen Seefischen wie Lachs, Makrele und Hering vor. Gesättigte Fettsäuren findet man überwiegend in tierischen Lebensmitteln wie Butter, Sahne, Schweineschmalz, Fleisch und Wurstwaren.

***B1** Raps – eine wichtige Ölpflanze*

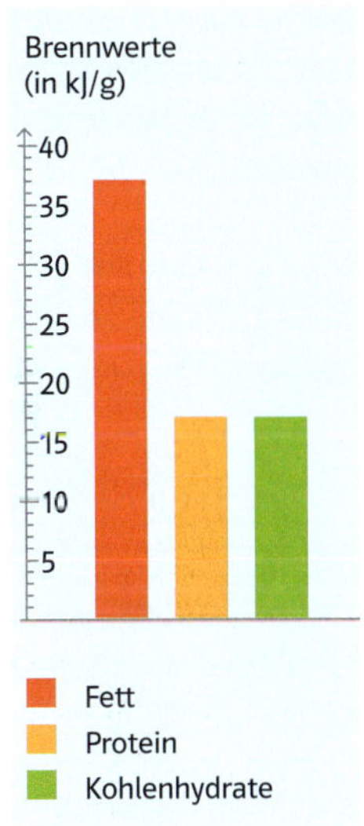

***B2** Brennwerte der Nährstoffe (kJ/g)*

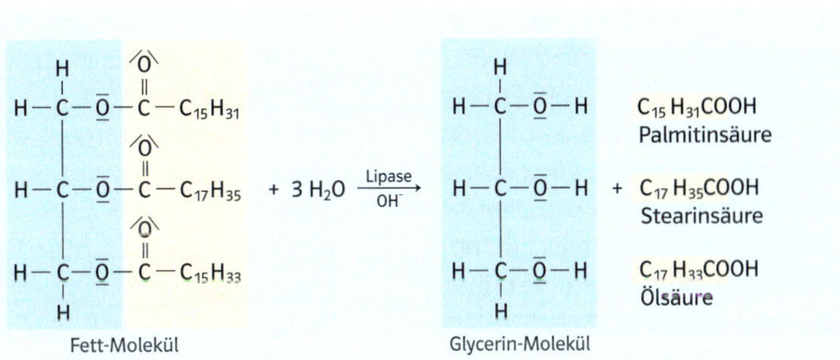

***B3** Ein Beispiel für den Fettabbau im Dünndarm*

A1 Beschreiben Sie den Unterschied im Aufbau der Moleküle der Stearinsäure und der Linolsäure (Kap. 6.18).

A2 Beschreiben Sie in eigenen Worten den Ablauf der Fettverdauung (Ort, Reaktionsbedingungen, Reaktionstyp).

6.22 Zusammenfassung und Übung

Kohlenwasserstoffe aus Erdöl
Erdöl besteht im Wesentlichen aus Kohlenwasserstoffen. Durch fraktionierende Destillation wird das Rohöl nach Siedetemperaturbereichen getrennt. Durch Crackverfahren werden langkettige Kohlenwasserstoff-Moleküle in kurzkettige gespalten. Dadurch gewinnt man aus den hoch siedenden Erdölfraktionen niedrig siedende Kohlenwasserstoffe. Die beim Cracken entstehenden Alkene werden entweder zu Alkanen hydriert oder für organische Synthesen verwendet.

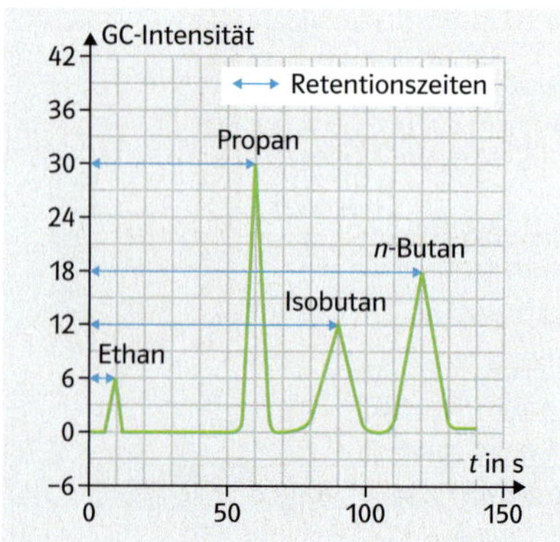

***B1** Chromatogramm eines Feuerzeuggases*

Gaschromatografie
Die Gaschromatografie ist ein Verfahren, mit dem sich Gemische von Gasen, leicht verdampfbaren Flüssigkeiten und Feststoffen in die Reinstoffe trennen und die Reinstoffe identifizieren lassen [B1]. Die Gaschromatogramme liefern auch Informationen über die quantitative Zusammensetzung eines Stoffgemisches.

Isomerie
Moleküle, die bei gleicher Molekülformel (Summenformel) verschiedene Strukturformeln haben, sind Isomere. Bei *Konstitutionsisomeren* sind die Atome unterschiedlich verknüpft. Man spricht hier auch von *Strukturisomeren*. Dabei kann man noch mehrere Fälle unterscheiden, z. B. die

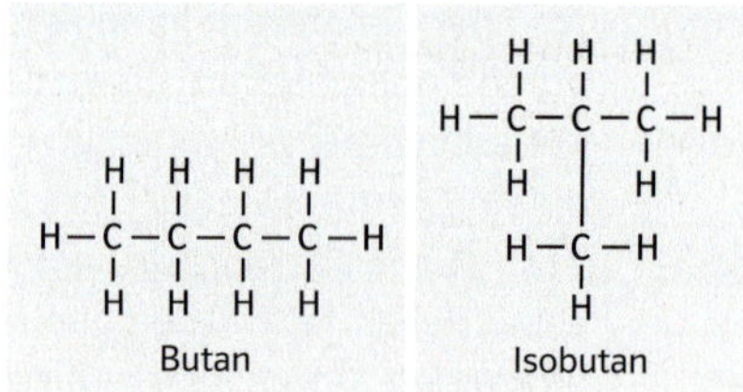

***B2** Skelettisomerie (Gerüstisomerie)*

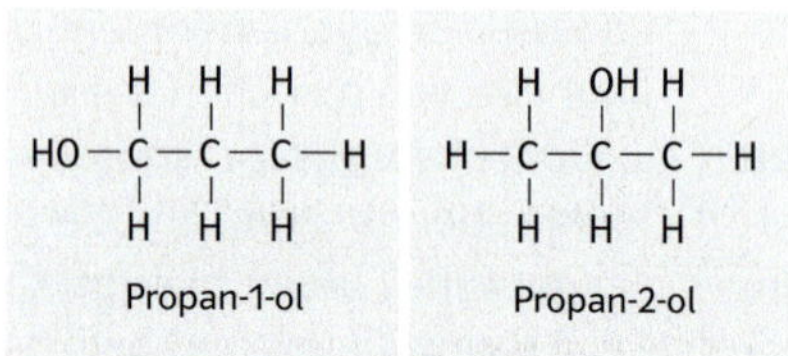

***B3** Stellungsisomerie (Positionsisomerie)*

Skelettisomerie (Gerüstisomerie) [B2] und die *Stellungsisomerie (Positionsisomerie)* [B3].

***E-Z*-Isomerie**
Die *E-Z*-Isomerie gehört zur Stereoisomerie (Raumisomerie).
Z: Die beiden Atome mit den höchsten Ordnungszahlen liegen auf der gleichen Seite der C=C-Doppelbindung.
E: Die Atome mit den höchsten Ordnungszahlen liegen auf verschiedenen Seiten der C=C-Doppelbindung.
Neben der *E-Z*-Nomenklatur wird häufig auch die *cis-trans*-Nomenklatur verwendet.
cis: Die Substituenten liegen auf der gleichen Seite der C=C-Doppelbindung.
trans: Die Substituenten liegen auf verschiedenen Seiten der Doppelbindung.

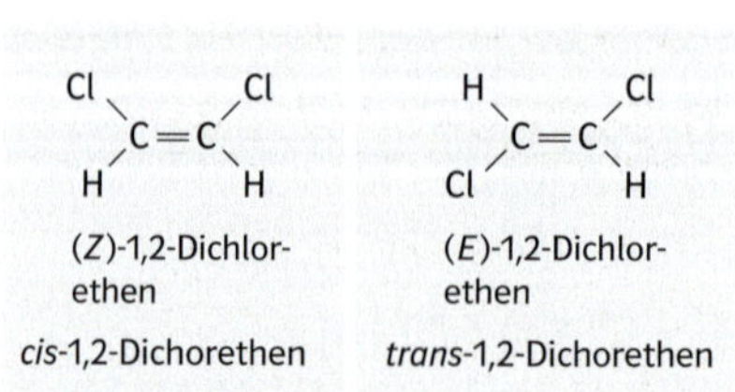

***B4** E-Z-Isomerie*

Asymmetrisches Kohlenstoff-Atom
Trägt ein Kohlenstoff-Atom vier verschiedene Substituenten, so bezeichnet man es als asymmetrisch und kennzeichnet es mit einem Stern C*. Man spricht von einem Chiralitätszentrum. Moleküle mit nur einem C*-Atom sind immer chiral.

Chiralität und Enantiomere
Moleküle oder andere Objekte, die mit ihrem Spiegelbild nicht zur Deckung gebracht werden können, sind chiral. Enantiomere (Spiegelbildisomere) sind die beiden Formen chiraler Moleküle.

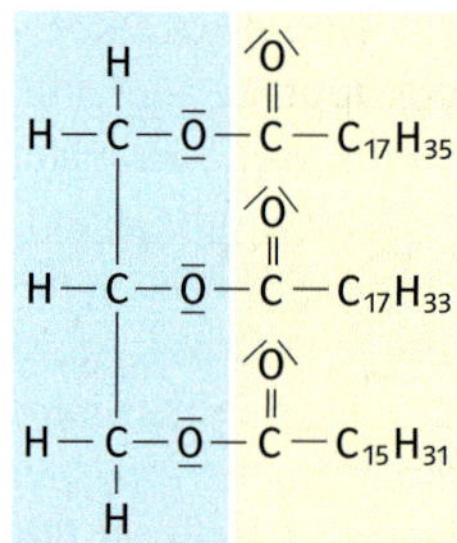

***B5** Aufbau eines Fett-Moleküls*

Fette
Fette sind Glycerinester (Triacylglycerine oder Triglyceride) der Fettsäuren. Sie stellen wichtige Energielieferanten für den Organismus dar und enthalten essenzielle Fettsäuren.

Öle (fette Öle)
Bei Zimmertemperatur flüssige Fette nennt man Öle. Die Moleküle dieser Fette besitzen einen höheren Anteil an ungesättigten Fettsäureresten als feste Fette. Ihre Doppelbindungen liegen fast immer in (*Z*)-Konfiguration (*cis*-Konfiguration) vor, was zu einem „Knick" im Molekül führt. Daher lagern sich diese Moleküle nicht so eng aneinander wie bei gesättigten Resten. Da die zwischenmolekularen Kräfte schwächer sind, liegen die Schmelztemperaturbereiche niedriger.

Reaktionsmechanismus
Die modellhafte Beschreibung aller Reaktionsschritte einer chemischen Reaktion bezeichnet man als Reaktionsmechanismus.

Induktiver Effekt
+I-Effekt: elektronenschiebende Wirkung von Atomen mit geringer Elektronegativität.
−I-Effekt: elektronenziehende Wirkung von Atomen mit hoher Elektronegativität

Stabilität von Carbo-Kationen
Die Stabilität nimmt von primären zu tertiären Carbo-Kationen zu. Ursache ist der positive induktive Effekt (+I-Effekt) der Alkylgruppen:

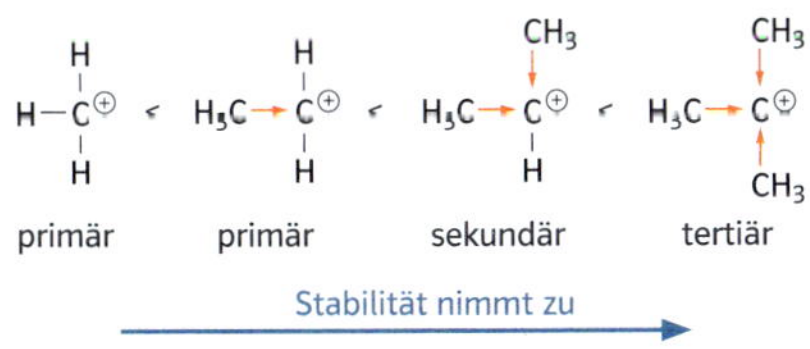

Stabilität von Alkylradikalen
Ein Alkylradikal ist umso stabiler, je mehr Alkylgruppen am C-Atom mit der Radikalstelle gebunden sind.

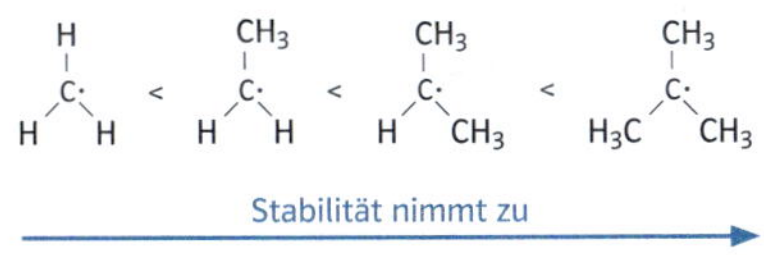

Katalysatoren und Katalyse
Ein Katalysator ist ein Stoff, der durch Herabsetzung der Aktivierungsenergie eine chemische Reaktion beschleunigt oder bei niedrigerer Temperatur ermöglicht. Katalysatoren gehen in Reaktionen mit Ausgangsstoffen oder Zwischenprodukten Verbindungen ein, die zu einer Verringerung der Aktivierungsenergie von Reaktionsschritten führen. Bei einer *homogenen* Katalyse liegen der Katalysator und die Ausgangsstoffe im selben Aggregatzustand vor, bei einer *heterogenen* Katalyse in unterschiedlichen Aggregatzuständen.

a) Substitutionsreaktionen
Reaktionen, bei denen Atome (oder Atomgruppen) durch andere Atome (oder Atomgruppen) ersetzt werden.

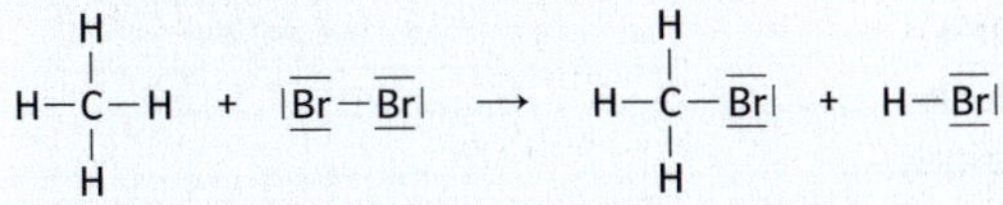

In diesem Fall wird in einer radikalischen Substitution (S_R) ein H-Atom durch ein Br-Atom ersetzt.

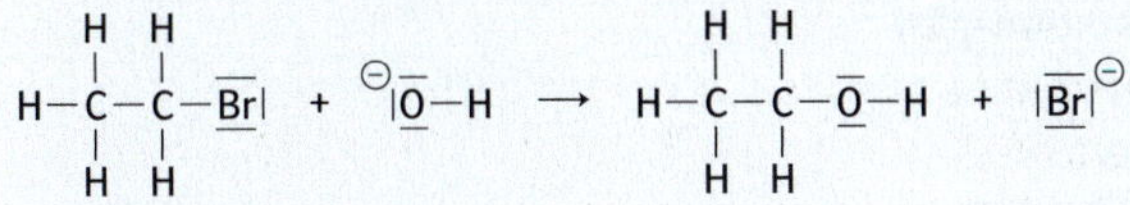

In diesem Beispiel wird ein Brom-Atom als Bromid-Ion abgespalten und durch ein Hydroxid-Ion ersetzt. Es liegt eine nucleophile Substitution (S_N) vor.

b) Additionsreaktionen
Reaktionen, bei denen Moleküle aufgrund ihrer Doppel- oder Dreifachbindung unter Spaltung derselben zusätzlich weitere Atome oder Atomgruppen binden.

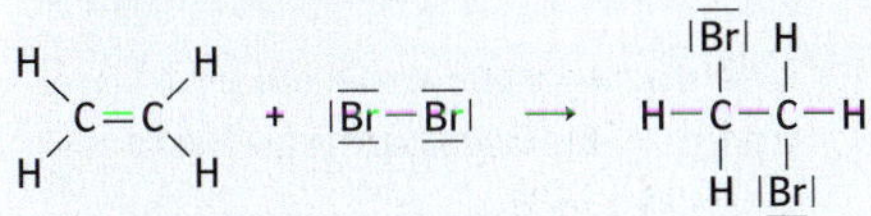

Bei der Addition von einem Brom-Molekül an ein Ethen-Molekül bildet sich ein Dibromethan-Molekül.

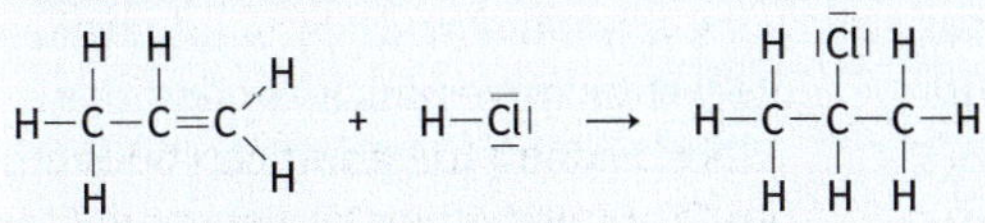

Bei der Addition von einem Chlorwasserstoff-Molekül an ein Propen-Molekül bildet sich bevorzugt 2-Chlorpropan. Bei beiden Beispielen liegt eine elektrophile Addition (A_E) vor.

c) Eliminierungsreaktionen
Reaktionen, bei denen aus Molekülen kleine Moleküle abgespalten werden.

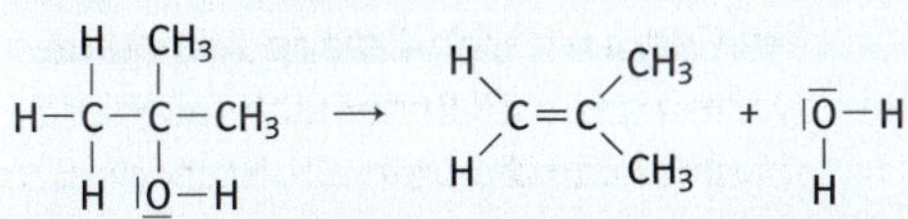

Bei diesem Beispiel wird ein Wasser-Molekül abgespalten und ein Alken-Molekül gebildet. Eliminierungsreaktionenen laufen meist in mehreren Schritten und häufig katalysiert durch eine Säure über ein Carbo-Kation ab.

d) Esterbildung und Esterspaltung

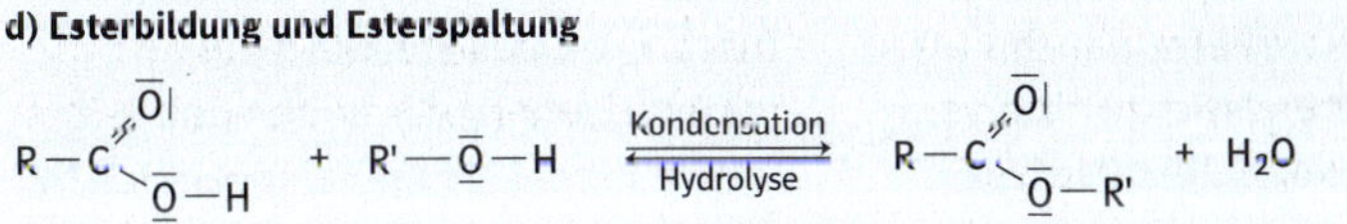

Carbonsäure + Alkohol ⇌ Ester + Wasser

Die Esterbildung, eine Kondensationsreaktion, und die Esterspaltung, eine Hydrolyse sind Additions-Eliminierungs-Reaktionen. In saurer Lösung liegt eine Gleichgewichtsreaktion vor.

e) Esterspaltung in alkalischer Lösung

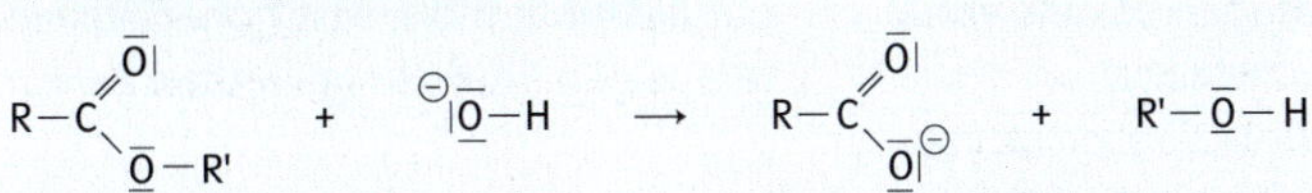

Die Esterspaltung in alkalischer Lösung ist keine Gleichgewichtsreaktion, sie läuft vollständig ab.

B6 *Reaktionstypen*

A1 ◒ **a)** Stellen Sie die Strukturformel von Milchsäure (2-Hydroxypropansäure) auf.
b) Benennen Sie die funktionellen Gruppen.
c) Milchsäure ist in jedem Verhältnis in Wasser löslich und in Heptan unlöslich. Erklären Sie diesen Sachverhalt.
d) Formulieren Sie die Reaktionsgleichung für die Bildung eines Esters aus zwei Milchsäure-Molekülen.
e) Erläutern Sie die Chiralität des Milchsäure-Moleküls.

A2 ○ Formulieren Sie die Definitionen für Substitutions-, Additions- und Eliminierungsreaktionen.

A3 ◒ 2-Iod-2-methylpropan reagiert in alkalischer Lösung zu 2-Methylpropan-2-ol. Formulieren Sie den Reaktionsmechanismus mit Begründungen.

A4 ● Isobuten lässt sich zu MTBE und ETBE umsetzen. Diese Stoffe verbessern aufgrund ihrer hohen Octanzahl die Qualität des Kraftfahrzeugbenzins. Wenn das Isobuten in besonders reiner Form vorliegen muss, wird es zunächst zu 2-Methylpropan-2-ol umgesetzt.
a) Geben Sie für die in B7 dargestellte Reaktionsfolge für alle Schritte die Reaktionsmechanismen an und benennen Sie sie.
b) Erläutern Sie, wie sich ETBE (Ethyl-tertiär-butylether) herstellen lässt.
c) In den USA wird anstelle von MTBE 1,1-Dimethylpropyl-methylether zum Benzin gegegeben. Zeichnen Sie die Strukturformel dieses Ethers.

A5 ◒ Ethen reagiert
a) mit einer wässrigen Lösung von Brom und Kaliumbromid,
b) mit einer wässrigen Lösung von Brom und Natriumchlorid.
Nennen Sie die Reaktionsprodukte und formulieren Sie die Reaktionsgleichungen.

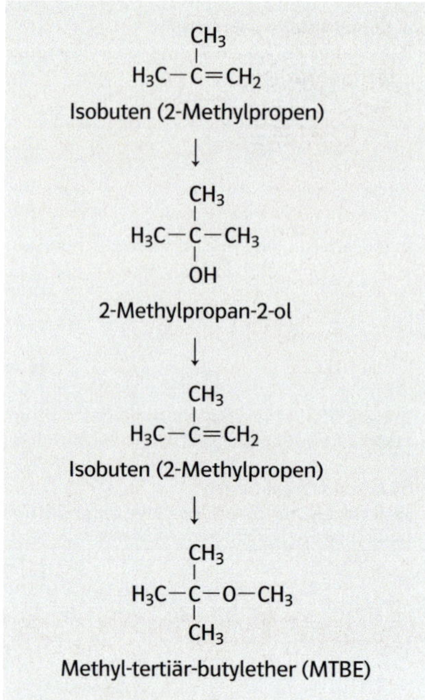

B7 *Vom Isobuten zum MTBE*

A6 ● **a)** Im Vergleich zur Addition an Ethen verläuft die Addition von Brom an 2,3-Dimethylbut-2-en etwa um den Faktor 15 schneller, die Addition an 1,2-Dichlorethen etwa um den Faktor 50 langsamer. Erklären Sie diesen Sachverhalt.
b) Erläutern Sie, weshalb Alkene bevorzugt von elektrophilen Teilchen angegriffen werden und nicht von nucleophilen Teilchen.

A7 ◒ Essigsäurebutylester wird sowohl als Aromastoff als auch als Lösungsmittel verwendet.
a) Beschreiben Sie, wie man Essigsäurebutylester im Schulversuch herstellen kann.
b) Formulieren und erläutern Sie die Reaktionsschritte der säurekatalysierten Bildung von Essigsäurebutylester.
c) Erläutern Sie, wie man Essigsäurebutylester in möglichst hoher Ausbeute aus den Edukten gewinnen kann.

A8 ● 2-Chlorbuta-1,3-dien (Chloropren) ist ein Ausgangsstoff für die Herstellung von Chloropren-Kautschuk, der unter anderem für wärmedämmende Sportbekleidung, z. B. für Taucheranzüge, eingesetzt wird.
Bis in die 1960er Jahre wurde 2-Chlorbuta-1,3-dien in einer zweistufigen Reaktion aus Ethin (Acetylen) und Chlorwasserstoff über Butenin (But-1-en-3-in, Vinylacetylen) als Zwischenstufe hergestellt.
Heute wird 2-Chlorbuta-1,3-dien in einer zweistufigen Reaktion aus Buta-1,3-dien und Chlor zu 3,4-Dichlorbut-1-en und der anschließenden Abspaltung von Chlorwasserstoff gewonnen.
a) Stellen Sie die beiden Reaktionswege übersichtlich mit Halbstrukturformeln dar.
b) Formulieren Sie für die Reaktion von Butenin mit Chlorwasserstoff die Reaktionsschritte als elektrophile Addition.

A9 ○ Tungöl (chinesisches Holzöl) wird zur Herstellung von Lacken verwendet. Seine Glycerin-Moleküle sind zu über 75 % mit Octadeca-(*Z, E, E*)-9,11,13-triensäure (Elaeostearinsäure) verestert. Zeichnen Sie die Formel dieser ungesättigten Fettsäure.

A10 ◒ Begründen Sie, warum Türschlösser nicht mit Speiseöl geölt werden sollen.

A11 ● Begründen Sie, aus welcher organischen Säure die cyclische Verbindung in B8 gebildet wird.

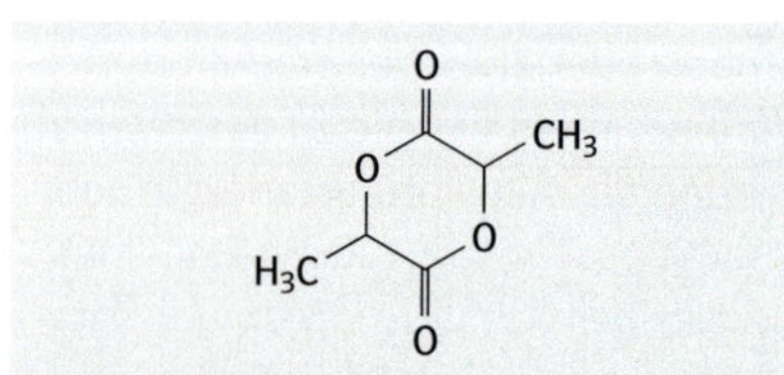

B8 *Cyclische Verbindung*

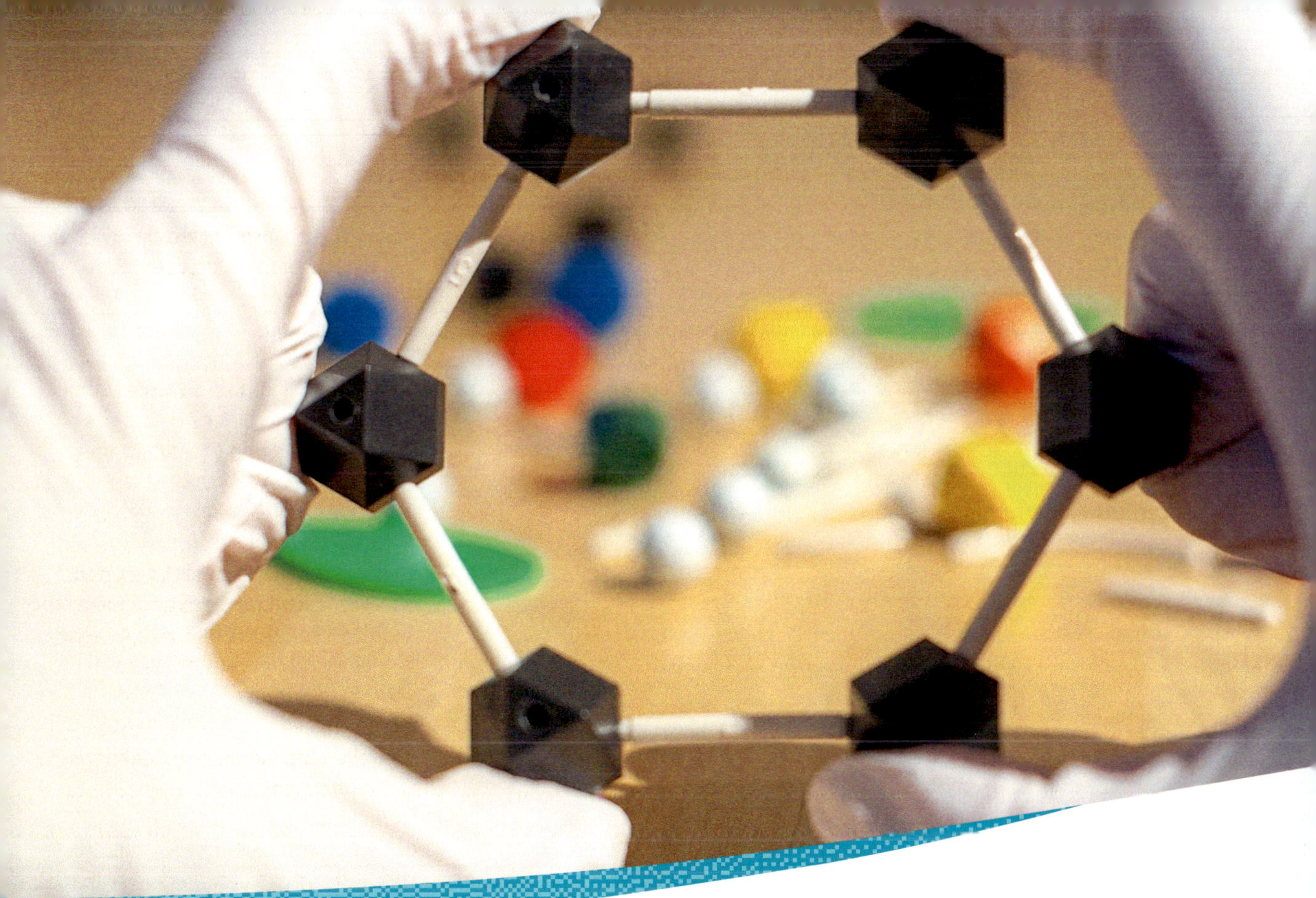

7 Aromaten

Aromaten sind Stoffe mit besonderen Bindungsverhältnissen im Molekül. Der bekannteste Vertreter, das Benzol, wurde bereits 1825 entdeckt. Heute sind Aromaten in vielen Lebensbereichen von Bedeutung.

Aromaten und Arzneimittel

Benzol im Benzin

An Zapfsäulen in Tankstellen sind Schilder mit Gefahren- und Sicherheitshinweisen angebracht. Beim Ottkokraftstoff wird zusätzlich darauf hingewiesen, dass er Benzol enthält.

B1 *Gefahren- und Sicherheitshinweise zu Ottokraftstoff*

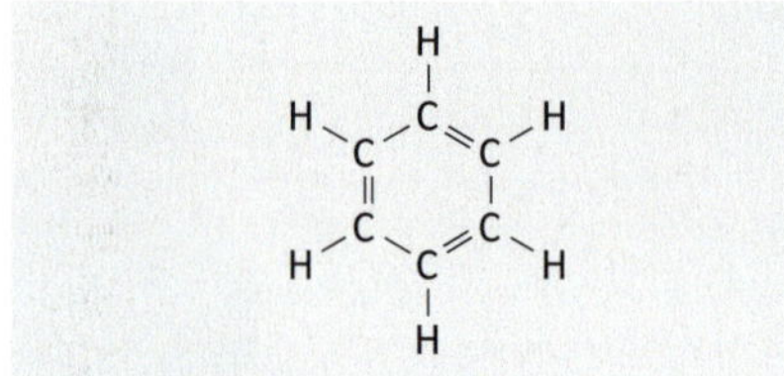

B2 *Strukturformel von Benzol*

A1 MK **a)** Recherchieren Sie, welche Stoffe in Ottokraftstoff enthalten sind.
b) Recherchieren Sie, welche besonderen Gefahren vom Benzol ausgehen.
c) Zapfsäulen für Ottokraftstoff sind mit Gasrückführungssystemen ausgestattet. Erläutern Sie die Gründe dafür.

A2 Beschreiben Sie die Struktur des Benzol-Moleküls in B2.

Steinkohlenteer und Phenol

Zur Herstellung von Roheisen im Hochofen benötigt man Koks; diesen erzeugt man in Kokereien [B3] durch Erhitzen von Steinkohle unter Luftabschluss. Bei dieser trockenen Destillation entsteht u.a. auch eine braunschwarze Flüssigkeit, der Steinkohlenteer. Er enthält mehrere tausend Verbindungen, unter anderem Benzol und viele andere Aromaten. Unter Aromaten versteht man Verbindungen, die sich vom Benzol ableiten lassen. Aus Steinkohlenteer wurden bis zur Mitte des 20. Jahrhunderts viele Grundstoffe für die Herstellung von Arzneimitteln und Farbstoffen gewonnen. Einer der wichtigsten dieser Grundstoffe ist Phenol [B5].

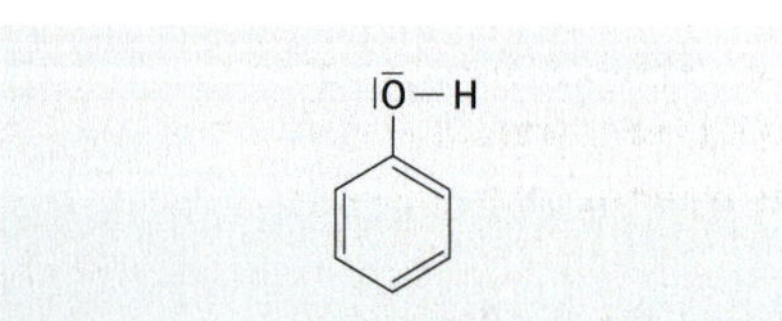

B5 *Phenol*

B3 *Ausdrücken von glühendem Koks aus dem Ofen einer Kokerei*

Früher gewann man Phenol hauptsächlich aus Steinkohlenteer. Dazu wurde der Steinkohlenteer zunächst destilliert. Zu der bei 150 bis 200 °C abdestillierten Fraktion gab man Natronlauge. Dieses Gemisch ließ sich leicht von den hydrophoben Bestandteilen abtrennen. Anschließend wurde zu der wässrigen Lösung eine Säure gegeben. Aus der Lösung schied sich ein öliges Produkt ab, das durch Destillation gereinigt wurde.

B4 *Schritte der früheren Phenol-Gewinnung*

A3 Eine Lösung von Phenol in Wasser wurde im 19. Jahrhundert als eines der ersten Desinfektionsmittel in Krankenhäusern eingesetzt. Formulieren Sie zur damaligen Phenol-Gewinnung [B4] die Reaktionsschritte. *Hinweis:* Aus Phenol und Natronlauge bilden sich Natriumphenolat und Wasser.

A4 Phenol (ϑ_{sm} = 41 °C; ϑ_{sd} = 182 °C) ist bei Zimmertemperatur fest. Es hat eine wesentlich höhere Schmelz- und Siedetemperatur als Benzol (ϑ_{sm} = 6 °C; ϑ_{sd} = 80 °C). Erklären Sie diesen Unterschied.

A5 MK Substituierte Phenole sind u.a. auch Aromastoffe. Ein Beispiel ist 4-Ethylphenol, welches in Whisky vorkommt.
a) Notieren Sie die Formel von 4-Ethylphenol.
b) Recherchieren Sie weitere substituierte Phenole, die Aromastoffe sind, und notieren Sie deren Formeln und deren Vorkommen.

Salicylsäure und ASS

Schon in der Antike wurde Weidenrinde gegen Fieber und Schmerzen verwendet. 1828 wurde das Salicin, einer der wirksamen Inhaltsstoffe, aus Weidenrinde isoliert. Zehn Jahre später stellten Chemiker daraus das Schmerzmittel Salicylsäure her.
Ende des 19. Jahrhunderts wurde daraus Acetylsalicylsäure (ASS) entwickelt, bis heute eines der bekanntesten Arzneimittel.

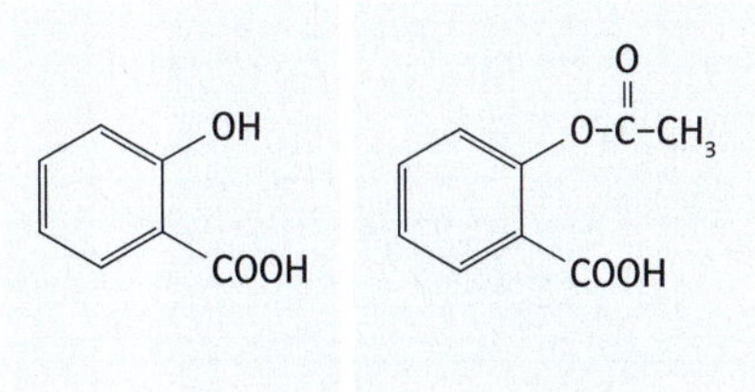

B6 *Aus Salicylsäure (links) kann Acetylsalicylsäure (rechts) hergestelllt werden*

A6 **a)** Beschreiben Sie die Strukturen des Salicylsäure-Moleküls und des Acetylsalicylsäure-Moleküls [B6]. Benennen Sie auch die funktionellen Gruppen.
b) Recherchieren Sie, ob ARTHUR EICHENGRÜN oder FELIX HOFFMANN die Acetylsalicylsäure entwickelt hat.

Weitere Schmerzmittel

Gelenk- oder Rückenschmerzen sind weit verbreitet. Statistisch klagt gut ein Viertel aller Deutschen darüber, in den letzten 24 Stunden unter Gelenkschmerzen gelitten zu haben. Mehr als ein Drittel aller Jugendlichen in Deutschland ist von Rückenschmerzen betroffen. Diese Schmerzen können z.B. durch falsche Körperhaltung, Fehlbelastungen oder durch Überlastungen beim Sport ausgelöst werden. Im Akutfall können Salben helfen, um den Schmerz zu lindern und eine etwaige Entzündung abklingen zu lassen. Hierfür und für andere Schmerzformen steht eine Vielzahl von Arzneistoffen zur Verfügung. Diese sollten aber stets mit Bedacht eingesetzt werden.

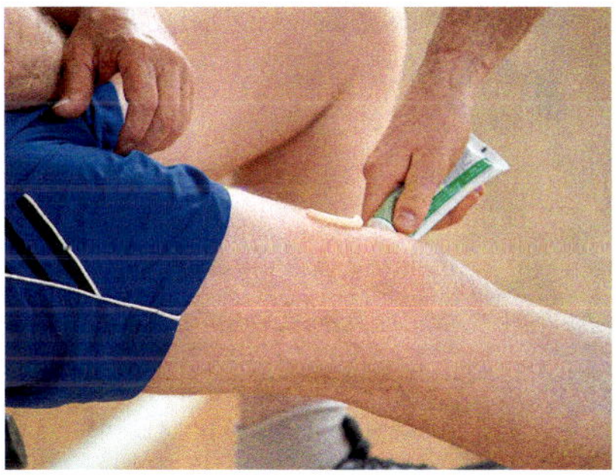

B7 *Schmerzsalben wirken auch entzündungshemmend*

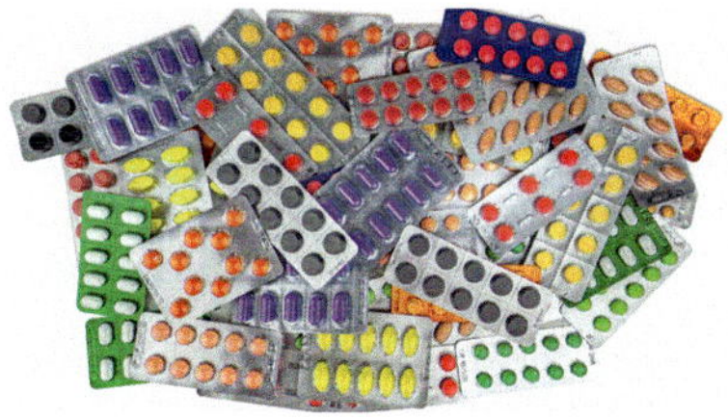

B8 *Pillen im Übermaß sind zu vermeiden*

A7 MK Paracetamol (Acetaminophen), Ibuprofen und Diclofenac sind Wirkstoffe von Schmerzmitteln. Recherchieren Sie
a) die zugehörigen Formeln,
b) Handelsnamen von Medikamenten, die diese Wirkstoffe enthalten.
c) Benennen Sie auch die in den Molekülen der Wirkstoffe vorkommenden funktionellen Gruppen.

A8 MK Recherchieren Sie, welche der Wirkstoffe aus A7 neben ihrer schmerzstillenden Wirkung auch entzündungshemmend wirken.

A9 MK Allgemein sollten Medikamente nicht in Kombination mit Alkohol eingenommen werden. Recherchieren Sie als Beispiel mögliche Gefahren der Kombination von Alkohol und Acetaminophen.

A10 MK Nicht immer ist es notwendig oder sinnvoll, bei Schmerzen auf Medikamente zurückzugreifen. Recherchieren Sie, was man bei leichten Kopfschmerzen alternativ versuchen kann.

Aromastoffe

Der besondere Geruch oder Geschmack von Lebensmitteln wird durch bestimmte chemische Verbindungen hervorgerufen. Viele dieser Verbindungen sind Aromaten, z.B. das in der Gewürzvanille [B9] enthaltene Vanillin [B10].

B9 *Die Kapselfrüchte der Gewürzvanille enthalten Vanillin*

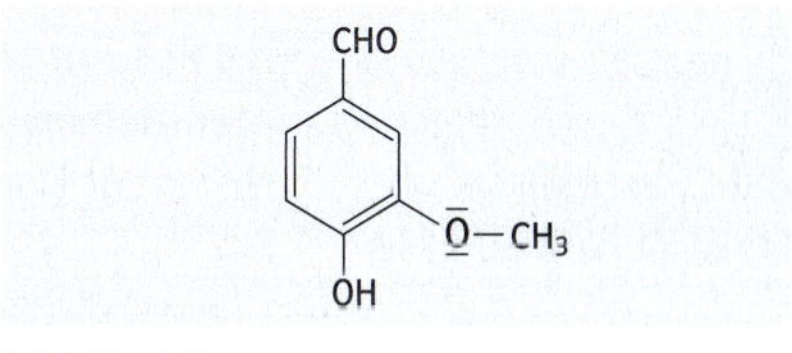

B10 *Vanillin*

A11 Vanillin ist einer der wichtigsten Aromastoffe in Getränken, Speiseeis, Schokolade und Parfümen.
a) Benennen und beschreiben Sie die funktionellen Gruppen des Vanillins.
b) Erläutern Sie den Unterschied zwischen einem natürlichen und einem naturidentischen Aromastoff.

7.1 Benzol – ein Aromat

B1 *Lichtbrechung von Benzol (oben) im Vergleich zu Wasser (unten)*

B2 *Nachtwächter entzündet Gaslaterne aus dem 19. Jahrhundert*

B3 *Moderne Gaslaterne*

B4 *Brennendes Benzol*

AGW (EU) für Benzol
$\beta = 3{,}25\,mg/m^3$
$\sigma = 1\,ml/m^3$
Dem Schutz der Gesundheit am Arbeitsplatz dienen Arbeitsplatzgrenzwerte (AGW). Sie geben die höchstzulässige Konzentration eines Arbeitsstoffes als Gas, Dampf oder Schwebstoff in der Luft am Arbeitsplatz an.

Bereits zu Beginn des 19. Jahrhunderts gab es in Großstädten eine Straßenbeleuchtung mit Gaslaternen [B2]. Bei der Herstellung des damaligen Brennstoffes, Stadtgas oder Leuchtgas genannt, blieb eine ölige Flüssigkeit zurück, mit der man zunächst wenig anzufangen wusste.

Isolierung und Benennung. Im Jahr 1825 isolierte der englische Physiker und Chemiker MICHAEL FARADAY daraus eine farblose Flüssigkeit von aromatischem Geruch. FARADAY fand heraus, dass die von ihm isolierte Verbindung aus den Elementen Kohlenstoff und Wasserstoff im Verhältnis 1:1 aufgebaut ist, und bezeichnete sie daher als „carburierten Wasserstoff".

Später einigte man sich auf den 1834 von JUSTUS VON LIEBIG erstmals verwendeten Namen **Benzol**. Der international gebräuchliche Name für Benzol lautet **Benzen**.

Eigenschaften. Benzol ist eine wasserklare, leicht bewegliche, stark lichtbrechende Flüssigkeit [B1], die bei 80 °C siedet und bei 6 °C fest wird. Die Dichte von Benzol beträgt $0{,}88\,g/cm^3$. In Wasser ist Benzol nur wenig löslich, dagegen ist es in hydrophoben Lösungsmitteln in jedem Verhältnis löslich. Viele lipophile Stoffe, wie z. B. Fette, lösen sich gut in Benzol. Daraus kann man folgern, dass es aus unpolaren Molekülen besteht. Zwischen diesen Molekülen wirken im festen und flüssigen Zustand London-Kräfte. Benzol brennt mit leuchtender, stark rußender Flamme [B4], was sich mit dem hohen Anteil an Kohlenstoff-Atomen am Molekül erklären lässt.

Verwendung, Umwelt- und Gesundheitsaspekte. Benzol erhöht die Klopffestigkeit von Benzin. Deswegen hat man es lange Zeit Treibstoffen zugesetzt. Heute darf der Volumenanteil im Benzin in der EU höchstens 1 % betragen, da Benzol giftig und krebserregend ist. Längeres Einatmen von Benzoldämpfen schädigt schon bei geringen Konzentrationen die Leber und das Knochenmark und kann Leukämie auslösen. Die Zapfsäulen der Tankstellen sind deshalb mit „Saugrüsseln" ausgestattet, um das Freiwerden von benzolhaltigen Benzindämpfen zu verhindern. Trotz seiner Giftigkeit ist Benzol ein wichtiger Ausgangsstoff für Kunststoffe und Waschmittel.

Gewinnung. Auch heute noch wird Benzol beim Verkoken von Steinkohle gewonnen. Allerdings ist es nur ein willkommenes Nebenprodukt, denn das Hauptaugenmerk gilt bei der Verkokung dem *Koks*, der für die Hochöfen benötigt wird. Bis etwa 1950 reichte die bei der Kohleverkokung anfallende Benzolmenge aus, um den Bedarf der Industrie zu decken. Heute kommen über 90 % des Benzols aus den Ölraffinerien, in denen es beim *Cracken* von Erdöl in großen Mengen entsteht. Jährlich werden weltweit etwa 50 Mio. Tonnen Benzol produziert.

Molekülbau und Reaktivität. Die Molekülformel C_6H_6 lässt eine Vielzahl von Strukturformeln zu. Fast alle stellen Moleküle mit Mehrfachbindungen dar. Daher sollte man erwarten, dass Benzol die für ungesättigte Kohlenwasserstoffe typischen Reaktionen zeigt, wie etwa die rasche Addition von Brom. Benzol reagiert zwar mit Brom, jedoch nur unter Mitwirkung eines Katalysators. Es findet keine Addition, sondern eine *Substitution* statt, die eigentlich für gesättigte Kohlenwasserstoffe typisch ist. Es entstehen Brombenzol und Bromwasserstoff:

$$C_6H_6 + Br_2 \xrightarrow{FeBr_3} C_6H_5Br + HBr$$

Vom Produkt Brombenzol fand man keine weiteren Isomere, woraus man schloss, dass alle sechs Kohlenstoff-Atome des Benzol-Moleküls gleichwertig sind, also gleiche Bindungspartner haben. Damit fallen automatisch alle Strukturvorschläge weg, die offenkettige Moleküle darstellen. Es bleiben nur noch Ring-Moleküle übrig, z. B. die in B5 dargestellten.

Die Bromierung von Benzol lässt sich zum Dibrombenzol ($C_6H_4Br_2$) weiterführen. Dabei entstehen drei verschiedene Dibrombenzol-Isomere [B6]. Dieser Befund scheint auf den ersten Blick gut mit dem Strukturvorschlag [B5, links] von AUGUST KEKULÉ vereinbar zu sein. Bei näherem Hinsehen wird aber deutlich, dass es eigentlich zwei 1,2-Dibrombenzol-Isomere geben müsste [B7], was die Gesamtzahl der möglichen Dibrombenzol-Isomere auf vier erhöht. KEKULÉ begegnete diesem Einwand gegen seinen Vorschlag durch die Annahme, dass die Doppel- und die Einfachbindungen zwischen den Kohlenstoff-Atomen sehr rasch ihre Plätze wechseln können. Gemäß dieser *Oszillationstheorie* wären alle C–C-Bindungen gleichwertig, sodass es nur ein ortho-Dibrombenzol geben kann. Diese Theorie ist zwar heute überholt, die Bindungen zwischen den Kohlenstoff-Atomen sind aber tatsächlich alle von gleicher Art.

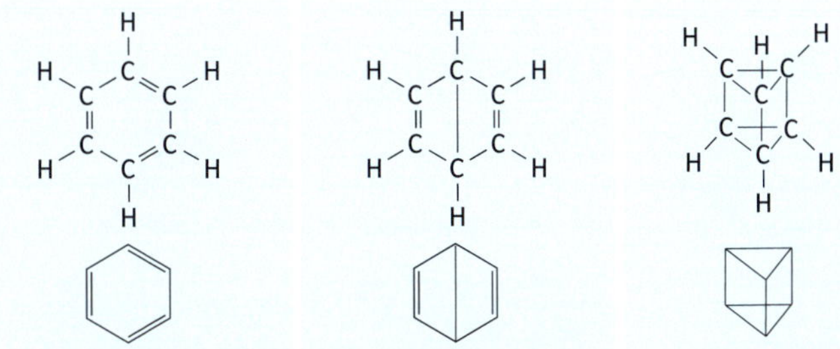

B5 *Einige Vorschläge für die Struktur des Benzol-Moleküls (oben Strukturformeln, darunter Skelettformeln)*

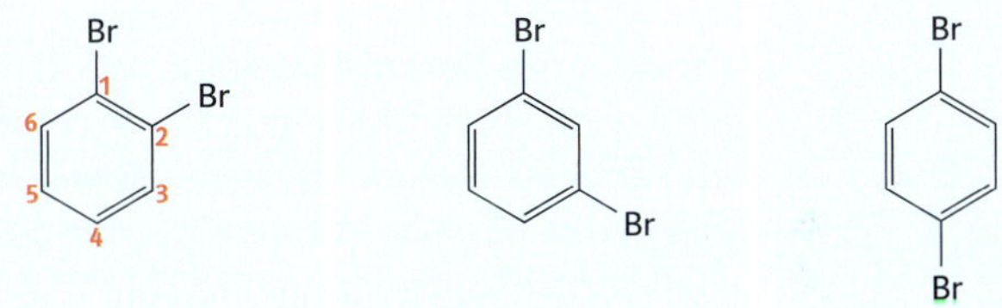

B6 *Dibrombenzol-Isomere und ihre Benennung*

B7 *Hypothetische Darstellung zweier ortho-Dibrombenzol-Isomere*

Oszillationstheorie von lat. oscillum, Schaukel

Skelettformel Ein Strich in einer Skelettformel [B5] entspricht einer C–C-Einfachbindung. Die Atomsymbole C und H werden in dieser Schreibweise nicht dargestellt, sondern nur Hetero-Atome wie z. B. S, O und N.

Das Benzol-Molekül hat die Molekülformel C_6H_6. Es bildet nur ein Monosubstitutionsprodukt und drei Disubstitutionsprodukte.

A1 Zeichnen Sie zwei verschiedene offenkettige Strukturformeln, die der Molekülformel C_6H_6 genügen.

b) Wie viele Monosubstitutionsprodukte würde es bei den von Ihnen zu A1 gezeichneten Verbindungen geben? Zeichnen Sie die entsprechenden Strukturformeln.

A2 a) Bei der Reaktion von Brom mit Benzol entsteht nur ein Brombenzol-Isomer. Erklären Sie, welche der in B5 dargestellten Verbindungen mit diesem Befund nicht in Einklang steht.

A3 Erläutern Sie, mit welchen experimentellen Befunden das „Ladenburg-Benzol" [B5, rechts] in Einklang steht.

7.2 Bindungsverhältnisse im Benzol-Molekül

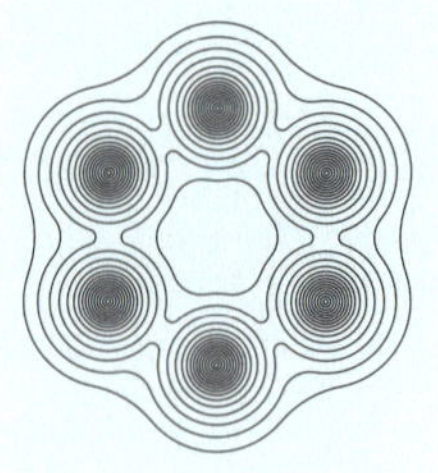

B1 *Elektronendichtediagramm der C-Atome im Benzol-Molekül*

Bindungstyp	Bindungslänge
Alkane C–C	154 pm
Alkene C=C	134 pm
Alkine C≡C	121 pm
Benzol C⋯C	139 pm

B3 *C-C-Bindungslängen (1 pm = 10^{-12} m)*

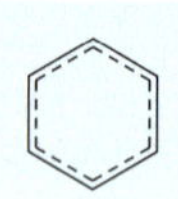

B4 *Benzol-Molekül mit „Eineinhalbfachbindungen"*

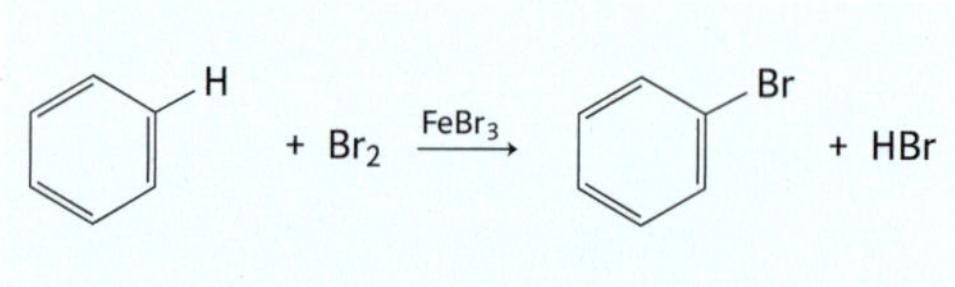

B2 *Substitution eines Wasserstoff-Atoms*

Am Benzol-Molekül findet bei der Reaktion mit Brom keine elektrophile Addition statt, sondern unter dem Einfluss eines Katalysators eine Substitutionsreaktion. Neue Messmethoden haben die Vorstellung vom Benzol-Molekül beträchtlich verfeinert und machen seine Eigenschaften verständlich.

Struktur des Benzol-Moleküls. Die Röntgenstrukturanalyse etwa zeigt, dass der Grundkörper des Moleküls ein regelmäßiges Sechseck ist. Die Bindungswinkel zwischen drei Kohlenstoff-Atomen betragen 120°.
Die Längen der C–C-Bindungen sind alle gleich, sie liegen zwischen der Länge einer Einfachbindung und der einer Doppelbindung [B3], so als ob sechs „Eineinhalbfachbindungen" vorliegen [B4].
Die Ermittlung der Elektronendichte bestätigt, dass alle C–C-Bindungen gleichwertig sind [B1]. Mithilfe des Raster-Tunnel-Mikroskops gelang es 1988 erstmals, Benzol-Moleküle sichtbar zu machen. Das erhaltene Bild ähnelt verblüffend dem Kalottenmodell des Benzol-Moleküls [B9, oben].

Die Bindungen im Benzol-Molekül. Jedes Kohlenstoff-Atom besitzt vier Valenzelektronen. Mit diesen Elektronen bilden die Ring-Atome im Benzol-Molekül je vier Elektronenpaarbindungen aus und erreichen dadurch die Edelgaskonfiguration (das Oktett).

Die vier Bindungen entstehen wie folgt [B5]:
- Ein Valenzelektron jedes Kohlenstoff-Atoms bildet ein gemeinsames Elektronenpaar mit dem Elektron eines Wasserstoff-Atoms. Das Elektronenpaar bildet die C–H-Bindung.
- Zwei Valenzelektronen eines jeden Kohlenstoff-Atoms bilden mit jeweils einem Valenzelektron der beiden benachbarten Kohlenstoff-Atome jeweils ein gemeinsames Elektronenpaar, die C–C-Bindung.
- Jedes der sechs Kohlenstoff-Atome hat nun noch ein Valenzelektron. Diese sechs Elektronen sind *nicht* zwischen bestimmten Kohlenstoff-Atomen fixiert, sondern über den ganzen Ring aus den sechs Kohlenstoff-Atomen verteilt, man sagt **delokalisiert**. Diese Delokalisierung der Elektronen ist energetisch besonders günstig. Sie ist der Grund für die besondere Stabilität des Benzol-Moleküls und damit auch die Ursache für das Reaktionsverhalten des Benzol-Moleküls.

Im Benzol-Molekül befindet sich zwischen je zwei C-Atomen ein bindendes Elektronenpaar, weitere sechs Elektronen sind delokalisiert. Alle C-C-Bindungen sind von gleicher Länge, es entsteht ein regelmäßiges, ebenes Sechseck.

Mesomerie. Das Benzol-Molekül wird oft mit einer KEKULÉ-Strukturformel dargestellt (Kap. 7.1, B5). Diese Formel lässt sich in Reaktionsgleichungen bequem handhaben. Allerdings ist sie eigentlich nicht korrekt, da ja im realen Molekül keine lokalisierten Einfach- und Doppelbindungen zwischen den Kohlenstoff-Atomen vorliegen. Wenn die realen Bindungsverhältnisse veranschaulicht werden

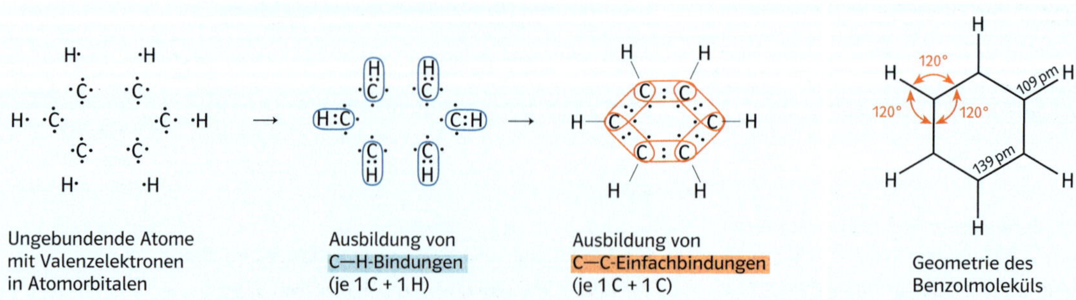

B5 *Aufbau eines Benzol-Moleküls aus ungebundenen Atomen (formal)*

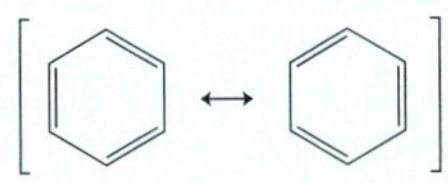

***B6** Mesomere Grenzformeln des Benzol-Moleküls*

sollen, dann bedient man sich einer besonderen Symbolik, der **Mesomerie**. Die beiden KEKULÉ-Formeln stellen keine realen Moleküle dar, sondern **mesomere Grenzformeln**. Sie sind rein *formal*.

Der *reale* Zustand liegt zwischen diesen Formeln, was der **Mesomeriepfeil** (⟷) veranschaulichen soll [B6]. Die Grenzformeln und der Mesomeriepfeil dürfen nicht dazu verleiten, die Delokalisierung der Bindungselektronen als ein rasches Hin-und-her der Doppelbindungen zu betrachten. *Die Delokalisierung ist ein konstanter Dauerzustand.* Diese besonderen Bindungsverhältnisse im Benzol-Molekül werden vielleicht noch besser durch das Symbol dargestellt, das der Chemiker ROBERT ROBINSON im Jahr 1925 vorschlug [B9, unten]. Den Energiebetrag, um den sich das reale Benzol-Molekül gegenüber einem fiktiven Molekül gemäß einer Grenzformel als stabiler erweist, bezeichnet man als **Mesomerieenergie**.

Abschätzung der Mesomerieenergie. Cyclohexen lässt sich katalytisch zu Cyclohexan hydrieren, die Reaktion verläuft exotherm [B7, oben]. Wenn Benzol nichts anderes als ein Cyclohexa-1,3,5-trien wäre, dann sollte rein rechnerisch bei seiner Hydrierung die dreifache Energiemenge abgegeben werden wie bei der Hydrierung von Cyclohexen (bei gleichen Stoffmengen) [B7, Mitte]. Tatsächlich liefert die Hydrierung von Benzol 151 kJ/mol weniger an Energie als berechnet [B6, rechts]. Das Benzol-Molekül ist um diesen Energiebetrag stabiler als ein hypothetisches Cyclohexa-1,3,5-trien mit lokalisierten Bindungen.

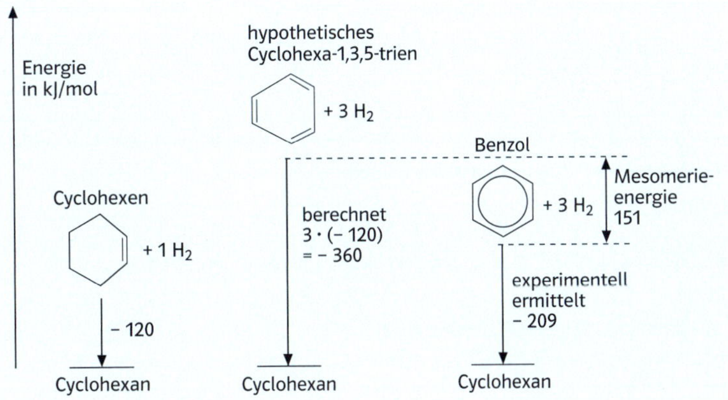

***B7** Berechnung der Mesomerieenergie aus Hydrierungsenergien*

Die besonderen Bindungsverhältnisse im Benzol-Molekül werden oft mit mesomeren Grenzformeln dargestellt. Diese sind rein formal. Der realeBindungszustand liegt zwischen diesen Grenzformeln.

Aromaten wurden früher alle Verbindungen genannt, die einen aromatischen Geruch besitzen. Später fand man heraus, dass sich viele dieser Verbindungen vom Benzol ableiten lassen.

Mesomerie von griech. mesos, der mittlere und griech. meros, der Teil

Aromatische Verbindungen. Ähnlich wie das Benzol besitzt eine ganze Reihe weiterer Ringverbindungen eine Stabilisierung des Moleküls durch delokalisierte Elektronen. Aus historischen Gründen bezeichnet man alle diese Verbindungen als **Aromaten**.

Die Moleküle von Aromaten sind mesomeriestabilisierte, ebene, cyclische Moleküle.

1. Aromaten sind ebene, cyclische Moleküle.
2. Das Ring-Molekül weist ein durchgehendes System aus Einfach- und Doppelbindungen mit delokalisierten Elektronen auf.
3. Die Anzahl der delokalisierten Elektronen*paare* ist *ungerade*. Dies folgt aus der Hückel-Regel: Die Anzahl der delokalisierten Elektronen beträgt $4\,n + 2$ ($n = 0, 1, 2 \ldots$).
4. Das Molekül zeigt eine besonders hohe Mesomerieenergie.

***B8** Kennzeichen aromatischer Moleküle*

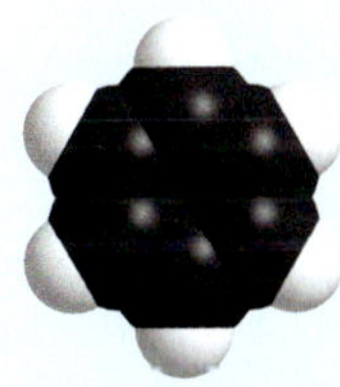

***B9** Kalottenmodell des Benzol-Moleküls (oben), alternatives Symbol für das Benzol-Molekül (unten)*

A1 ○ Stellen Sie die Bindungswinkel für Ethan, Ethen, Ethin und Benzol zusammen.

A2 ◒ Beschreiben Sie, worauf die besondere Stabilität des Benzol-Moleküls zurückzuführen ist.

A3 ◒ a) **MK** Recherchieren Sie die Molekülformeln von Toluol und Xylol.
b) Zeichnen Sie alle möglichen mesomeren Grenzformeln von Toluol und von den drei isomeren Xylol-Isomeren.

7.3 Mesomerie und Aromatizität

Carboxylat-Ion (Anion einer Carbonsäure):

Carbonat-Ion (CO_3^{2-}, Anion der Kohlensäure):

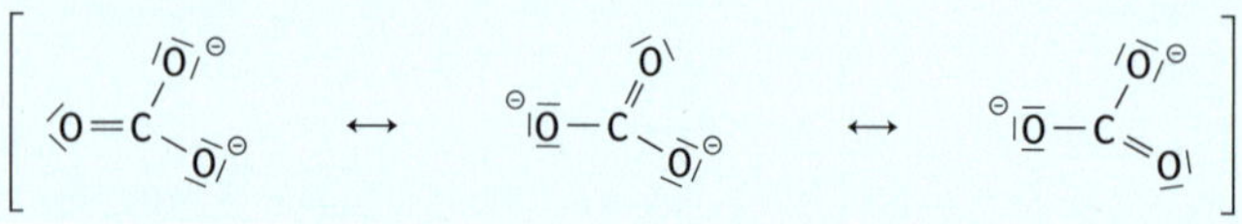

Nitrat-Ion (NO_3^-, Anion der Salpetersäure):

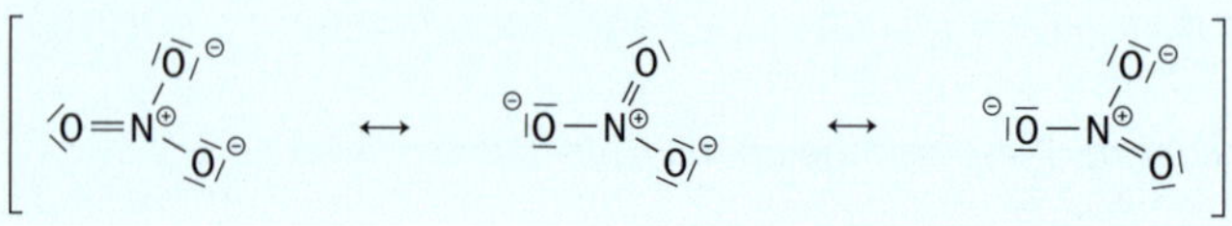

Buta-1,3-dien (C_4H_6, Butadien):

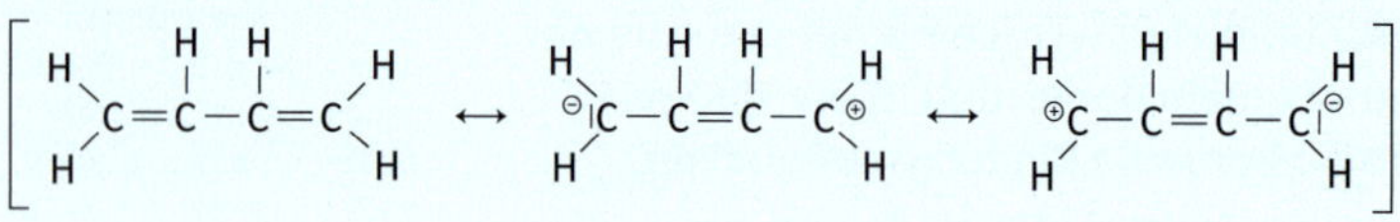

B1 *Mesomere Grenzformeln einiger Verbindungen*

1. Alle Grenzformeln müssen in der Anordnung der Atomrümpfe und in der Summe der Valenzelektronen übereinstimmen. In der Anordnung der Valenzelektronen (und damit der Bindungen) unterscheiden sie sich.
2. Für Grenzformeln mit Formalladungen gilt: Bei Molekülen ist die Summe der Formalladungen gleich Null. Bei Ionen ergibt die Summe der Formalladungen die Ionenladung.
3. Grenzformeln ohne Ladungstrennung sind energetisch günstiger als Grenzformeln mit Ladungstrennung.
4. Grenzformeln, in denen alle Atome ein Elektronenoktett haben, sind günstiger als Grenzformeln, in denen dies nicht gegeben ist (Ausnahme: Wasserstoff-Atome).

B2 *Regeln zum Aufstellen von Grenzformeln*

Konjugierte Doppelbindungen von lat. coniungere, vereinigen

ERICH HÜCKEL (1896–1980), deutscher Physiker

Mesomerie tritt nicht nur bei Aromaten auf. Von vielen Verbindungen lassen sich nach bestimmten Regeln [B2] mesomere Grenzformeln aufstellen.

Säure-Anionen. Die Anionen der Carbonsäuren sind mesomeriestabilisiert [B1]. Die beiden C–O-Bindungen sind gleich lang, und die drei mit dem C-Atom der Carboxygruppe verbundenen Atome liegen alle in einer Ebene. Auch für die Anionen vieler anorganischer Säuren lassen sich mesomere Grenzformeln formulieren, z. B. für das Nitrat-Ion.

Buta-1,3-dien ist ein Alken, dessen Moleküle **konjugierte Doppelbindungen** aufweisen. Das bedeutet, dass sich Doppelbindungen und Einfachbindungen im Molekül abwechseln. Messungen der C–C-Bindungslängen beim Buta-1,3-dien haben ergeben, dass die Bindung zwischen den Atomen C2 und C3 mit 143 pm deutlich kürzer ist als eine C–C-Einfachbindung (154 pm). Die beiden „randständigen" C=C-Doppelbindungen mit 136 pm sind dafür etwas länger, als von normalen Doppelbindungen (134 pm) zu erwarten wäre. Dies lässt sich mit einer Delokalisierung der Elektronen erklären, die man durch Grenzformeln beschreiben kann [B1, unten].

Anders als beim Benzol sind die Doppelbindungen beim Buta-1,3-dien noch weitgehend lokalisiert. Von den drei angegebenen Grenzformeln kommt die erste Fomel der tatsächlichen Elektronenverteilung am nächsten. Die beiden anderen Grenzformeln sind wegen der Ladungstrennung energetisch ungünstiger und tragen daher weniger zur Mesomerie bei.

Teilchen mit delokalisierten Elektronen sind mesomeriestabilisiert.

Hückel-Regel. Der Physiker ERICH HÜCKEL klassifizierte 1931 aromatische Verbindungen als solche, deren Moleküle ebene oder nahezu ebene Ringe mit einer ringförmig geschlossenen Elektronenwolke sind und insgesamt $4n + 2$ Ringelektronen haben ($n = 0, 1, 2, \ldots$). Im Benzol-Molekül liegen sechs Ringelektronen vor. Diese Anzahl ergibt sich aus der Hückel-Regel, wenn man $n = 1$ einsetzt.

Aromatische Moleküle haben ein ringförmiges System delokalisierter Elektronen. Sie sind mesomeriestabilisiert.

A1 ◒ Im Buta-1,3-dien-Molekül liegen alle zehn Atome in einer Ebene. Erklären Sie diesen Befund.

A2 ◒ Wenden Sie die Hückel-Regel auf das Naphthalin- und das Anthracen-Molekül (Kap. 7.4, B2) an.

7.4 Beispiele für Aromaten

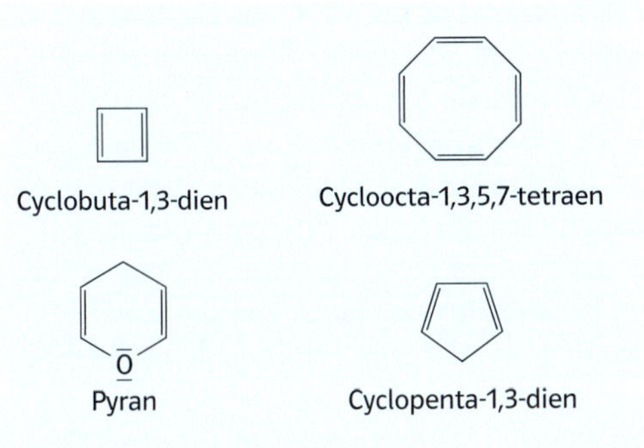

***B1** Nicht aromatische Ringsysteme*

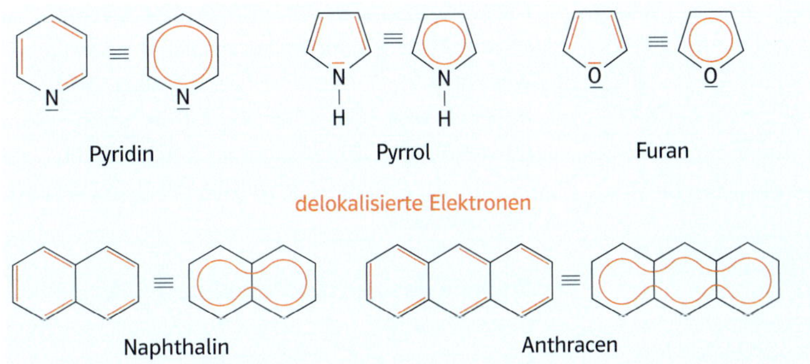

***B2** Aromatische Ringsysteme: ungerade Anzahl von Elektronenpaaren im Ring*

Zu den Aromaten gehören auch Ringsysteme, die aus mehr oder weniger als sechs Kohlenstoff-Atomen bestehen. Außerdem sind polycyclische Ringsysteme möglich, die aus mehreren Ringen bestehen. Daneben gibt es allerdings auch Ringsysteme, die nach den Regeln in Kapitel 7.2 keine Aromaten sind.

Heterocyclische Aromaten. Außer dem Benzol und seinen Substitutionsprodukten (z. B. Brombenzol) werden auch bestimmte Ringverbindungen, die neben Kohlenstoff-Atomen noch andere Atome (Hetero-Atome) im Ring haben, zu den Aromaten gerechnet. Beispiele für solche heterocyclischen Aromaten sind das *Pyridin*, das *Pyrrol* und das *Furan* [B2]. In der belebten Natur kommen hetercyclische Aromaten vor, z. B. in Form der Stoffe Coffein und Nikotin. Im Pyridin-Molekül handelt es sich beim freien Elektronenpaar am Stickstoff-Atom nicht um Ringelektronen. Daher ist die Hückel-Regel erfüllt. Gleiches gilt für das bindende Elektronenpaar zwischen Stickstoff-Atom und Wasserstoff-Atom im Pyrrol-Molekül sowie eines der freien Elektronenpaare des Sauerstoff-Atoms im Furan-Molekül.

Polycyclische Aromaten sind Stoffe, deren Moleküle aus mehrgliedrigen Ringsystemen bestehen, deren einzelne Ringe gemeinsame Kohlenstoff-Atome aufweisen [B2]. Der einfachste polycyclische Aromat ist das 1819 im Steinkohleteer entdeckte *Naphthalin*. Aus ihm wurden früher Mottenkugeln hergestellt. Der Steinkohleteer enthält eine Vielzahl weiterer Aromaten, wie das aus drei Ringen aufgebaute *Anthracen*. Derivate (Abkömmlinge) von Naphthalin und Anthracen sind wichtige Ausgangsstoffe zur Synthese bestimmter Farbstoffe (Azofarbstoffe) (Kap. 8.5).

Nicht aromatische Ringsysteme. So unterschiedlich die Aromaten sind, in einigen Moleküleigenschaften stimmen sie überein (Kap. 7.2, B8). Ist eine dieser Eigenschaften nicht gegeben, so liegt kein aromatisches Molekül vor [B1]. *Cyclobuta-1-3-dien* und *Cycloocta-1,3,5,7-tetraen* sind keine Aromaten, da die Anzahl der Ringelektronen nicht der Hückel-Regel entspricht. *Pyran* und *Cyclopenta-1,3-dien* sind keine Aromaten, da ihre Doppelbindungen nicht konjugiert sind. Nicht aromatische Ringsysteme sind meist auch nicht eben.

Neben den heterocyclischen und polycyclischen Aromaten gibt es auch Ringsysteme, die die Kriterien für Aromaten nicht erfüllen.

A1 Zeichnen Sie die folgenden cyclischen Strukturformeln und entscheiden Sie, ob es sich um Aromaten handelt:
a) Cyclohepta-1,3,5-trien
b) 1-Methyl-Cyclohexa-1,3,5-trien
c) 1,2,3,4-tetramethyl-Cyclobut-1-en

A2 Gehört Pyrimidin [B3] zu den Aromaten? Begründen Sie Ihre Entscheidung.

A3 Zeichnen Sie die Strukturen (a) und (b) ab und tragen Sie ein durchgehendes System konjugierter Doppelbindungen ein. Erklären Sie, warum nur eines der Moleküle ein Hückel-Aromat ist.

a) 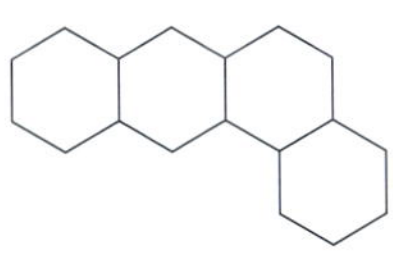

b) 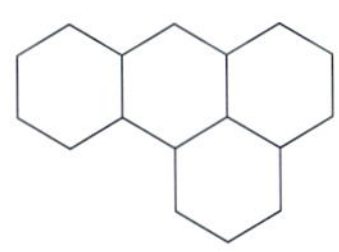

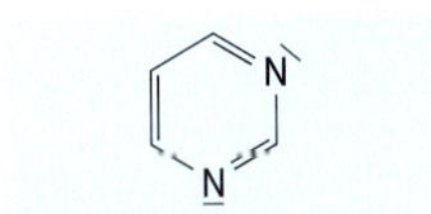

***B3** Pyrimidin*

Naphthalin von griech. naphtha, Erdöl

Anthracen von griech. anthrax, Kohle

7.5 Das Benzol-Molekül im Orbitalmodell

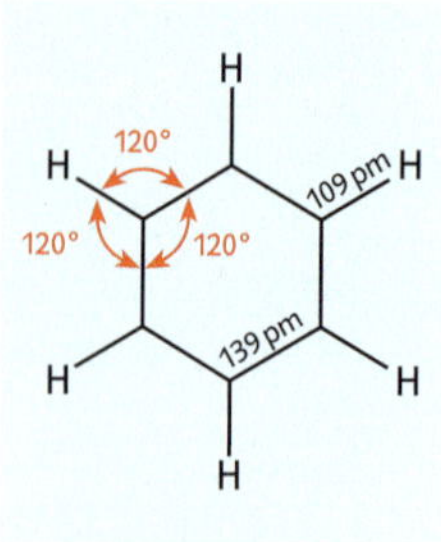

B1 Geometrie des Benzol-Moleküls (1 pm = 10^{-12} m)

Die C-Atome im Benzol-Molekül bilden ein regelmäßiges, ebenes Sechseck [B1]. Mit Lewis-Formeln (Striche für Elektronenpaare) ergeben sich abwechselnde Einfach- und Doppelbindungen im Ring; dies steht im Widerspruch zu den sechs gleichen Bindungslängen und -winkeln.

Modelle des Benzol-Moleküls. Ein Modell muss erweitert oder sogar verworfen werden, wenn es den experimentellen Ergebnissen nicht genügt. Das Modell der Lewis-Formeln lässt sich durch mesomere Grenzformeln erweitern; diese stellen jedoch keine realen Strukturen dar (Kap. 7.2).

Eine fundierte Beschreibung des Benzol-Moleküls ist mit dem Orbitalmodell möglich, in dem das Elektron nicht als Teilchen, sondern als Welle betrachtet wird. Die hier folgende Darstellung des Orbitalmodells verzichtet auf die genaue Beschreibung des physikalischen Hintergrundes.

Orbitale. Aus der Betrachtung des Elektrons als Welle folgen *Aufenthaltsräume* von Elektronen in der Atomhülle, die man als *Orbitale* bezeichnet. Der Aufenthaltsort eines Elektrons kann nicht exakt angegeben werden, sondern nur mit seiner Aufenthaltswahrscheinlichkeit. Da sich der Aufenthaltsraum eines Elektrons bis ins Unendliche erstreckt, wählt man zur grafischen Darstellung eines Orbitals den Aufenthaltsraum, in dem sich das Elektron mit einer bestimmten Wahrscheinlichkeit (z. B. 90 %) befindet.

Der Spin kann als Drehimpuls eines Teilchens interpretiert werden.

LINUS PAULING (1901 – 1994) amerikanischer Chemiker

FRIEDRICH HUND (1896 – 1997) deutscher Physiker

Elektronenkonfiguration des Kohlenstoff-Atoms. Die Elektronenkonfiguration eines Atoms gibt die Zuordnung seiner Elektronen zu den Energiestufen bzw. zu den Orbitalen an. Das Kohlenstoff-Atom hat insgesamt sechs Elektronen. Nach dem Energiestufenmodell besetzen zwei Elektronen die 1. Energiestufe und vier Elektronen die 2. Energiestufe [B2, links].

Genauere Untersuchungen zeigen, dass die 2. Energiestufe zwei Niveaus aufweist, die sich in der Energie etwas unterscheiden. Den Energiestufen kann man Orbitale zuordnen:
Zur 1. Energiestufe gehört ein s-Orbital.
Zur 2. Energiestufe gehören ein s-Orbital mit etwas niedrigerer Energie und drei p-Orbitale (p_x, p_y, p_z) mit etwas höherer Energie [B2, rechts].

Die Elektronenkonfiguration kann man mit der **Kästchenschreibweise** nach LINUS PAULING darstellen [B2, rechts]. Jedes Kästchen entspricht einem Orbital. Ein Elektron wird durch einen Pfeil symbolisiert. Nach der **Hund'schen Regel** werden Orbitale mit gleicher Energie zunächst einfach besetzt.

Besetzen zwei Elektronen dasselbe Orbital, so unterscheiden sie sich durch die Richtung ihres **Spins**. Dies wird durch die entgegengesetzte Richtung der Pfeile dargestellt.

Den Orbitalen werden Formen zugeordnet, die sich aus Rechnungen ergeben. Ein s-Orbital ist kugelförmig; ein p-Orbital hat eine hantelähnliche Form [B3].

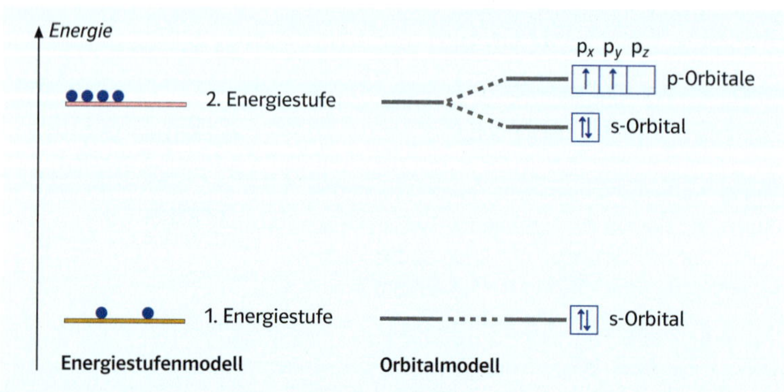

B2 Elektronenkonfiguration des Kohlenstoff-Atoms

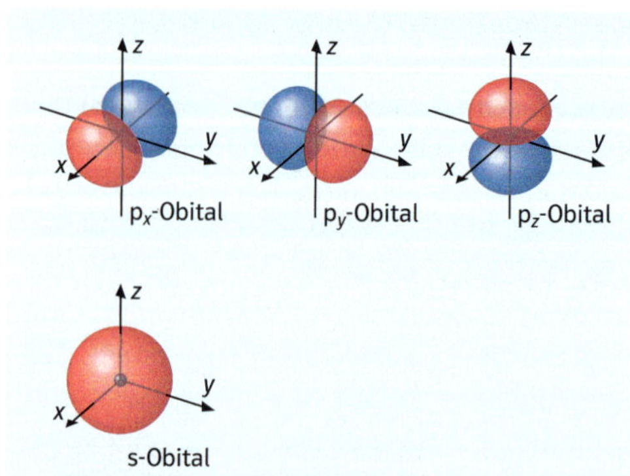

B3 Formen der s- und p-Orbitale

Orbitale und chemische Bindung. Die Bindung zwischen zwei Atomen kann man als „Durchdringen" oder „Überlappen" von Orbitalen beschreiben. In diesem Modell beruht z.B. die Bindung im Wasserstoff-Molekül auf der Überlappung zweier einfach besetzter s-Orbitale [B4].

sp^3-Hybridisierung. Das Kohlenstoff-Atom weist zwei einfach besetzte p-Orbitale auf [B2]. Diese könnten z.B. mit den s-Orbitalen zweier Wasserstoff-Atome eine Bindung eingehen. Man erhielte ein CH_2-Molekül. Tatsächlich gibt es jedoch keine stabilen CH_2-Moleküle, sondern CH_4-Moleküle. Dies kann mit der Hybridisierung beschrieben werden. Durch rechnerisches Mischen eines s-Orbitals und dreier p-Orbitale des Kohlenstoff-Atoms erhält man vier gleichartige Hybridorbitale. Da ein s- und drei p-Orbitale gemischt werden, bezeichnet man diese Hybridorbitale als sp^3-Hybridorbitale und den Vorgang als sp^3-Hybridisierung [B5, oben].

Die vier sp^3-Hybridorbitale haben die gleiche räumliche Orientierung wie die vier C – H-Bindungen im Methan-Molekül. Die Bindungen im Methan-Molekül lassen sich durch Überlappung je eines sp^3-Hybridorbitals mit dem s-Orbital eines Wasserstoff-Atoms darstellen [B5, unten].

sp^2-Hybridisierung. Das Ethen-Molekül ist planar gebaut, d.h., alle Atomkerne liegen in einer Ebene.
Die Bindungswinkel betragen ca. 120°. Die Bindungsverhältnisse im Ethen-Molekül lassen sich mit der sp^2-Hybridisierung beschreiben [B6, oben]. Hier wird ein s-Orbital mit nur zwei p-Orbitalen kombiniert. Man erhält dann drei gleichartige sp^2-Hybridorbitale. Diese liegen in einer Ebene und bilden Winkel von 120°. Das verbleibende p-Orbital steht senkrecht zur Ebene, die von den drei sp^2-Hybridorbitalen aufgespannt wird.

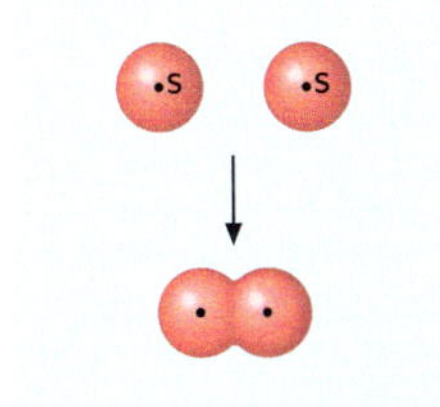

B4 Orbitalmodell des Wasserstoff-Moleküls

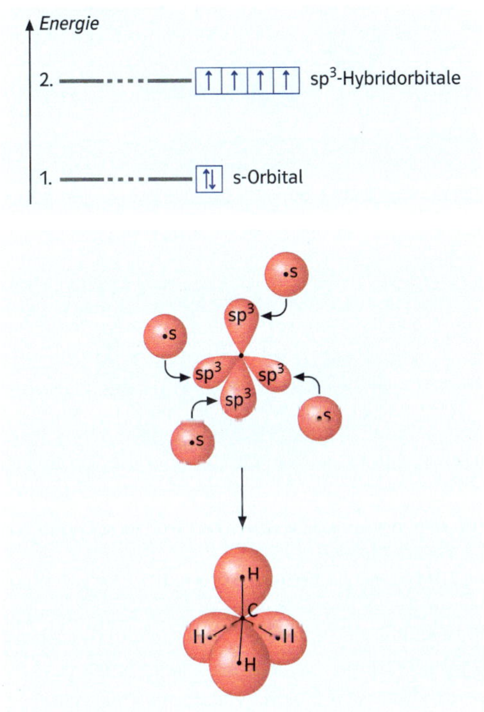

B5 Elektronenkonfiguration des Kohlenstoff-Atoms bei der sp^3-Hybridisierung (oben), Orbilalmodell des Methan-Moleküls (unten)

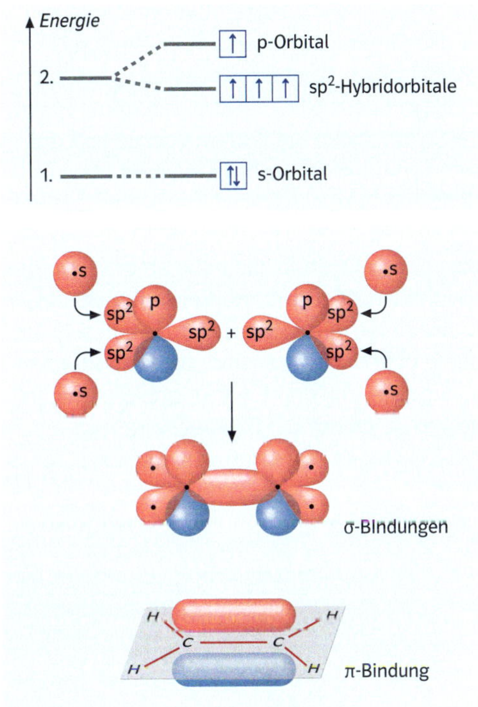

B6 Elektronenkonfiguration des Kohlenstoff-Atoms bei der sp^2-Hybridisierung (oben), Orbitalmodell des Ethen-Moleküls (unten)

Die σ-Bindung ist rotationssymmetrisch zur Bindungsachse.
(σ: griech. Buchstabe sigma)

Die π-Bindung ist spiegelsymmetrisch zur Bindungsachse.
(π: griech. Buchstabe pi)

Die C — H-Bindungen im Ethen-Molekül bildet man durch Überlappung der s-Orbitale der H-Atome mit sp^2-Hybridorbitalen der C-Atome. Man bezeichnet solche Bindungen als **σ-Bindungen** [B6, unten]. Die C = C-Doppelbindung besteht aus zwei Teilen: Zum einen konstruiert man durch Überlappung zweier sp^2-Hybridorbitale eine σ-Bindung. In jedem C-Atom bleibt ein Elektron übrig, das ein senkrecht zur Molekülebene stehendes p-Orbital besetzt. Durch Überlappung der beiden p-Orbitale entsteht der zweite Teil der Doppelbindung, die **π-Bindung**. Damit diese Überlappung möglich ist, müssen alle Atomkerne in einer Ebene liegen; daher besteht keine freie Drehbarkeit um die C = C-Bindungsachse.

Beschreibung des Benzol-Moleküls mit dem Orbitalmodell. Für die sechs C-Atome des Moleküls wird die sp^2-Hybridisierung angenommen. Die drei sp^2-Hybridorbitale liegen in einer Ebene und bilden einen Winkel von 120°. Zwei Hybridorbitale eines C-Atoms bilden durch Überlappung mit den Hybridorbitalen der beiden benachbarten C-Atome jeweils eine σ-Bindung. Eine weitere σ-Bindung kommt durch Kombination eines sp^2-Hybridorbitals mit dem s-Orbital eines H-Atoms zustande. Damit bilden die sechs C-Atome und die sechs H-Atome das σ-Bindungsgerüst des Benzol-Moleküls [B7].

Die sechs p-Orbitale, die nicht an der Hybridisierung beteiligt sind, stehen senkrecht zur Molekülebene [B8, oben]. Würden diese p-Orbitale paarweise zu π-Bindungen überlappen, so ergäben sich drei C = C-Doppelbindungen, abwechselnd mit C — C-Einfachbindungen.

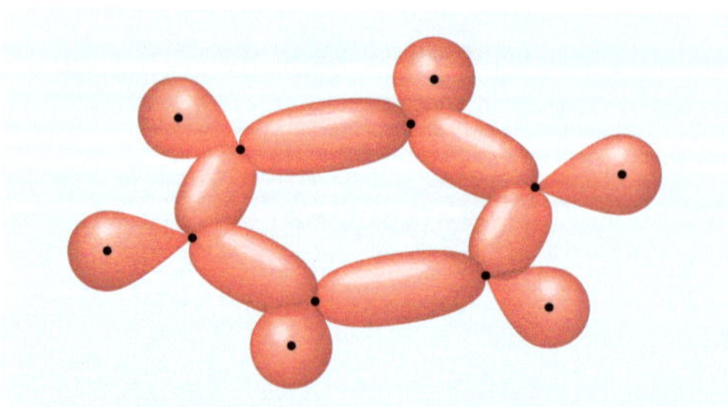

B7 σ-Bindungsgerüst des Benzol-Moleküls

Da jedoch alle C-C-Bindungen im Benzol-Molekül die gleiche Bindungslänge haben [B1], muss man die π-Bindungen so beschreiben, dass sich alle sechs p-Orbitale zu einem geschlossenen ringförmigen π-Elektronensystem überlappen [B8, unten].

Alle C-C-Bindungen haben den gleichen π-Bindungsanteil und sind damit weder Einfachbindungen noch Doppelbindungen. Da sich die Elektronen nicht jeweils einer Bindung zuordnen lassen, sondern über den ganzen Ring verteilt sind, spricht man in diesem Fall von einem **delokalisierten π-Elektronensystem.**

Im Benzol-Molekül liegt oberhalb und unterhalb der Molekülebene ein delokalisiertes π-Elektronensystem vor.

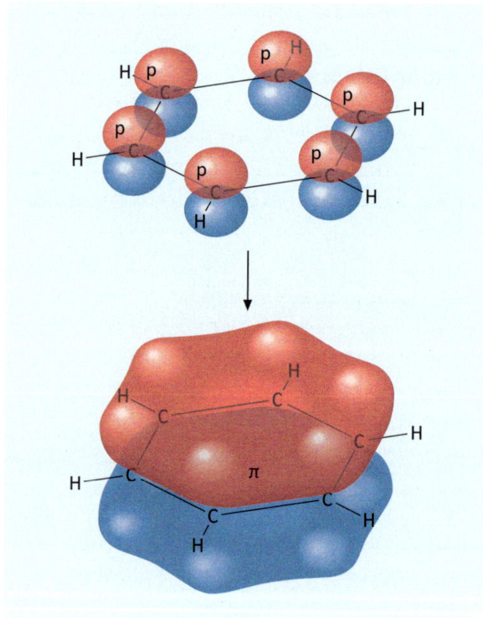

B8 *Bildung des delokalisierten π-Elektronensystems im Benzol-Molekül*

A1 Erläutern Sie das Zustandekommen des delokalisierten π-Elektronensystems im Benzol-Molekül.

A2 Erläutern Sie den Unterschied zwischen der sp^2-Hybridisierung und der sp^3-Hypbridisierung.

7.6 Halogenierung von Benzol

Das Benzol-Molekül hat ein delokalisiertes Elektronensystem, darauf beruht seine besondere Stabilität (Kap. 7.2). Bei vielen Reaktionen des Benzols wird ein H-Atom durch ein anderes Atom oder eine Atomgruppe ersetzt. Bei einer solchen *Substitution* bleibt das delokalisierte Elektronensystem erhalten.

Bromierung von Benzol. Gibt man Brom zu Benzol, so bildet sich eine braune Lösung. Nach Zugabe von Eisen(III)-bromid als Katalysator entfärbt sich die Lösung, und Bromwasserstoff (Hydrogenbromid) lässt sich nachweisen. Die Reaktion ist exotherm. Bei dieser **Substitution** wird ein H-Atom durch ein Br-Atom ersetzt:

$$C_6H_6 + Br_2 \xrightarrow{FeBr_3} C_6H_5Br + HBr \quad | \text{exotherm}$$

Elektrophile Substitution. Die Reaktion von Benzol mit Brom verläuft in zwei Schritten [B1]:

1. Das Eisen(III)-bromid ($FeBr_3$) polarisiert ein Brom-Molekül. Das positivierte Brom-Atom reagiert dann als **elektrophiles Teilchen**; es tritt mit den delokalisierten Elektronen eines Benzol-Moleküls in Wechselwirkung. Dabei wird das Brom-Molekül *heterolytisch* gespalten. Das bei dieser Spaltung formal entstehende Br^+-Ion wird an ein C-Atom des Benzol-Moleküls gebunden. Das formal entstehende Br^--Ion wird an ein Fe^{3+}-Ion des Katalysators $FeBr_3$ gebunden, dadurch entsteht ein $FeBr_4^-$-Ion.
   Durch die neue Bindung zwischen dem C-Atom und dem Br^+-Ion verliert das Benzol-Molekül seine Aromatizität. Es liegt ein positiv geladenes **Arenium-Ion** (Carbo-Kation) vor. Die positive Ladung ist auf mehrere C-Atome verteilt (delokalisiert), wodurch das Arenium-Ion etwas stabilisiert wird. Trotzdem ist das Arenium-Ion nur ein instabiles Zwischenprodukt.
2. Das Arenium-Ion gibt ein Proton ab. Dadurch entsteht ein Brombenzol-Molekül, und der aromatische Zustand ist wiederhergestellt. Die Substitution ist damit abgeschlossen. Das Proton reagiert mit dem $FeBr_4^-$-Ion. Es entsteht Bromwasserstoff (HBr, Hydrogenbromid), und der Katalysator ($FeBr_3$) wird zurückgebildet.

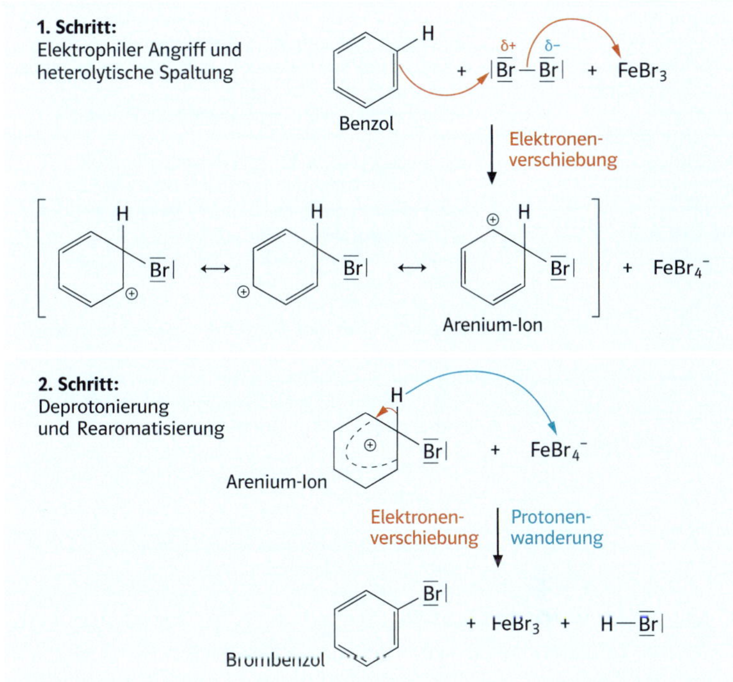

B1 Reaktionsmechanismus der elektrophilen aromatischen Substitution

Eine solche Beschreibung des gesamten Reaktionsablaufs mit Reaktionsgleichungen wie in B1 bezeichnet man als **Reaktionsmechanismus.**

Zu Beginn der Bromierung greift ein *elektrophiles* Teilchen (das positivierte Brom-Atom) am Benzol-Molekül an, und letztendlich wird ein Wasserstoff-Atom *substituiert* (ersetzt). Deshalb nennt man den hier beschriebenen Reaktionsmechanismus **elektrophile Substitution (S_E).** Viele Reaktionen des Benzols laufen nach diesem Reaktionsmechanismus ab, z. B. die Bromierung, die Chlorierung und die Nitrierung (Kap. 7.7).

Die elektrophile Substitution (S_E) ist die charakteristische Reaktion des Benzols.

A1 Erläutern Sie, welche Einflüsse die heterolytische Spaltung des Brom-Moleküls begünstigen [B1].

A2 Begründen Sie, warum das Brombenzol-Molekül stabiler ist als das als Zwischenprodukt gebildete Arenium-Ion.

Skelettformel eines Benzol-Moleküls, bei der zur Hervorhebung nur ein Wasserstoff-Atom ausgeschrieben ist [B1]:

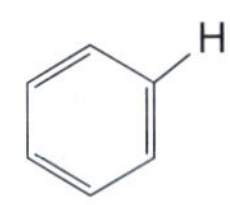

Substitution von lat. substituere, ersetzen

elektrophil „Elektronen liebend", von griech. elektron, Bernstein und philos, Freund.
Hinweis: Die statische Aufladung von Bernstein war bereits in der Antike bekannt. Deshalb wurde das griechische Wort für Bernstein später für das neu entdeckte Elementarteilchen verwendet.

heterolytisch von griech. heteros, verschieden und griech. lysis, Spaltung, Auflösung

7.7 Benzol-Derivate

Rangfolge (abnehmend):

—COOH
... -benzoesäure
—SO_3H
... -benzolsulfonsäure
—CHO
... -benzaldehyd
—OH
... -phenol
—NH_2
... -anilin
—CH_3
... -toluol

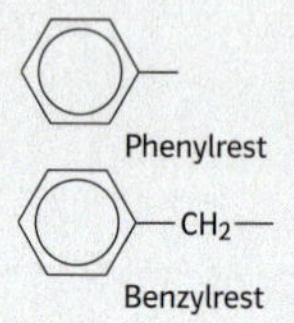

Monosubstituierte Benzol-Derivate werden systematisch benannt, indem man den Namen des Substituenten vor das Wort „Benzol" stellt, oder sie behalten ihren Trivialnamen. Beispiele:
Aminobenzol (Anilin); Hydroxybenzol (Phenol)

Bei *disubstituierten* Benzol-Derivaten wird die Stellung der Substituenten durch eine Vorsilbe oder durch die Nummern der C-Atome gekennzeichnet:
„ortho-" oder „o-" oder „1,2-"
„meta-" oder „m-" oder „1,3-"
„para-" oder „p-" oder „1,4-"

Bei *unterschiedlichen Substituenten* kann man einen Trivialnamen als Stammnamen verwenden. Diesen bestimmt der Substituent mit dem höchsten Rang (siehe Rangfolge links). Es heißt also z. B. 4-Methylphenol und nicht 4-Hydroxytoluol.

Bei *mehr als zwei Substituenten* erfolgt die Aufzählung alphabetisch.

Die beiden aromatischen Reste *Benzylrest* und *Phenylrest* zeigt die Abbildung links.

B1 *Nomenklatur von Benzol-Derivaten*

Derivat von lat. derivare, ableiten

Trivialname Historisch eingeführter, sehr geläufiger Name, der aber nicht der IUPAC-Nomenklatur entspricht

Durch Substitution der Wasserstoff-Atome im Benzol-Molekül gegen andere Atome oder Atomgruppen lassen sich wichtige Benzol-Derivate (vom Benzol abgeleitete Verbindungen) herstellen.

Phenol (Hydroxybenzol). Reines Phenol ist ein weißer Feststoff, der bei 41 °C schmilzt. Phenol ist giftig und wirkt ätzend auf die Haut und die Schleimhäute.
Der britische Arzt JOSEPH LISTER verwendete 1867 erstmals verdünnte Phenol-Lösungen zur Desinfektion von Wunden und Verbänden. Er gilt als Begründer der modernen Chirurgie. Heute ist Phenol ein wichtiges Ausgangsprodukt für die Herstellung von Kunststoffen („Phenolharze") und Farbstoffen.

Phenol als Säure. Phenol wurde früher als Karbolsäure bezeichnet. Tatsächlich ist eine Lösung von Phenol in Wasser schwach sauer [V1].
Phenol-Moleküle können an Wasser-Moleküle Protonen abgeben. Dass Phenol eine Säure ist, lässt sich mit der Stabilität des Phenolat-Ions, der korrespondierenden Base, erklären. Die negative Ladung ist nicht am Sauerstoff-Atom lokalisiert, sondern über das ganze Phenolat-Ion delokalisiert [B2]. Man kann Grenzformeln erstellen, bei denen neben dem Phenylrest

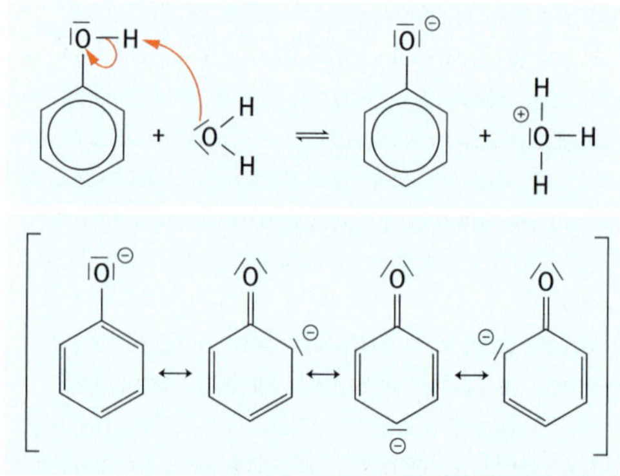

B2 *Protolyse von Phenol in Wasser. Das Phenolat-Ion ist mesomeriestabilisiert*

($-C_6H_5$) auch ein freies Elektronenpaar des Sauerstoff-Atoms an der Mesomerie beteiligt ist. Eine solche Stabilisierung des Anions tritt nur bei *aromatischen* Hydroxyverbindungen auf.
Phenol löst sich nur wenig in Wasser, aber das Salz Natriumphenolat ist gut wasserlöslich [V1]. Da Phenol aber eine relativ schwache Säure ist (pK_S = 9,95), genügt bereits Essigsäure, um das Phenolat-Ion zu protonieren, sodass schwer lösliches Phenol entsteht.

Nitrobenzol. Das sehr giftige und nach Bittermandelöl riechende Nitrobenzol wird aus Benzol und einem Gemisch von konzentrierter Salpetersäure und Schwefelsäure gewonnen [B3]. Bei dieser Reaktion bildet sich aus einem protonierten Salpetersäure-Molekül durch Abspalten eines Wasser-Moleküls ein *Nitryl-Kation* (NO_2^+). Mit diesem reagiert ein Benzol-Molekül in einer elektrophilen Substitution.

Anilin (Aminobenzol). Aus Nitrobenzol kann man durch Reduktion Anilin herstellen [B3]. Reines Anilin ist eine ölige, farblose Flüssigkeit, die sich an der Luft durch Oxidationsprodukte rasch dunkel färbt. Obwohl Anilin ein gefährliches Gift ist, ist es eines der wichtigsten Zwischenprodukte der organischen Chemie. Es wird für die Herstellung von Kunststoffen (z. B. Polyurethane, Kap. 9.4) und Farben („Anilinfarben", Kap. 8.5) benötigt.

Toluol (Phenylmethan) ist eine farblose Flüssigkeit. Es wird u. a. als Lösungsmittel eingesetzt, da es weniger giftig ist als das früher verwendete Benzol. Toluol ist im Benzin enthalten. Durch Nitrierung von Toluol lässt sich der Sprengstoff 2,4,6-Trinitrotoluol (TNT) [B5] gewinnen.

Benzylalkohol, Benzaldehyd, Benzoesäure. Toluol lässt sich zu einem Gemisch aus *Benzylalkohol* (Phenylmethanol), *Benzaldehyd* (Phenylmethanal) und *Benzoesäure* (Phenylmethansäure) oxidieren [B4].

Benzylalkohol ist in Jasminblüten und im Nelkenöl enthalten und wird für die Herstellung von Aromen und Kosmetika verwendet. An der Luft wird Benzylalkohol langsam zu Benzaldehyd oxidiert. Benzaldehyd entsteht auch beim Abbau des Amygdalins, des Aromastoffs der bitteren Mandeln. Er ist in einigen Pflanzenölen enthalten.

Benzaldehyd ist der einfachste aromatische Aldehyd. Die ölige Flüssigkeit ist Hauptbestandteil des Bittermandelöls, das als Aromastoff in Backwaren und in Marzipan [B4] verwendet wird. In der Natur kommt es außer in bitteren Mandeln auch in Kernen verschiedener Früchte vor.

Wird Benzaldehyd an der Luft oxidiert, so kristallisiert Benzoesäure in glänzenden Nadeln aus (ϑ_{sm} = 122 °C). Die Säure wirkt auf Mikroorganismen stark giftig, für Menschen ist sie aber in kleinen Mengen unbedenklich. Benzoesäure und Salze der Benzoesäure, die Benzoate, sind deshalb als Konservierungsstoffe in Lebensmitteln zugelassen.

Die Substituenten am aromatischen Ring beeinflussen die Eigenschaften und Reaktionen der Benzol-Derivate.

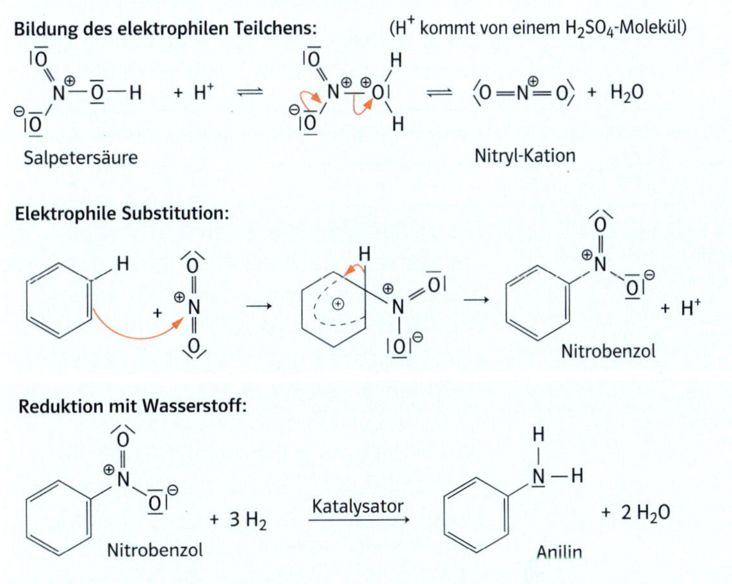

B3 *Nitrierung von Benzol zu Nitrobenzol und Reduktion zu Anilin*

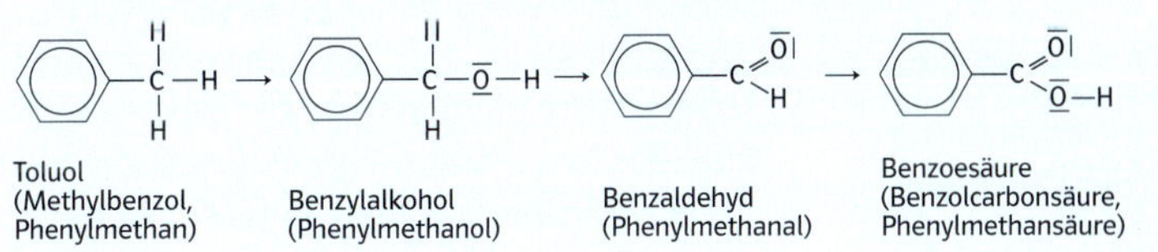

B4 *Oxidationen der Seitenkette des Toluol-Moleküls*

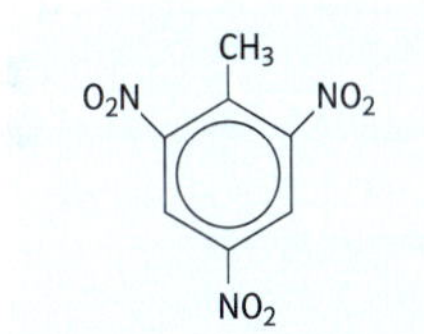

B5 *TNT ist ein wichtiger Sprengstoff*

V1 ⚠ (Abzug! Schutzhandschuhe!) 2 g Phenol werden mit 5 ml Wasser versetzt und geschüttelt.
a) Die Hälfte der entstandenen Emulsion wird in ein zweites Reagenzglas gegossen und so lange mit Wasser verdünnt, bis alles Phenol gelöst ist. Den pH-Wert der Lösung prüft man mit Indikatorpapier.
b) Zur zweiten Hälfte der Emulsion gibt man unter Schütteln tropfenweise verd. Natronlauge, bis eine klare Lösung entstanden ist. Tropft man nun verd. Salzsäure ($c \approx$ 2 mol/l) zu dieser Lösung, so trübt sie sich wieder.

A1 ◒ Erläutern Sie, warum Phenol mit Wasser in einer Säure-Base-Reaktion reagiert, Ethanol aber nicht.

A2 ○ Anilin bildet mit Wasser eine schwach alkalische Lösung. Formulieren Sie die Säure-Base-Reaktion mit Strukturformeln.

A3 ◒ MK Recherchieren Sie, in welchen Lebensmitteln Benzoesäure und ihre Salze eingesetzt werden.

A4 ◒ Zeigen Sie mithilfe von Oxidationszahlen, dass es sich bei der Reaktion von Toluol zu Benzoesäure um eine Redoxreaktion handelt.

A5 ◒ MK Recherchieren Sie im Internet nach den Sicherheitsdatenblättern von Benzol und Anilin. Beurteilen Sie anhand der Daten die Toxizität der beiden Stoffe.

7.8 Zweitsubstitution an Aromaten

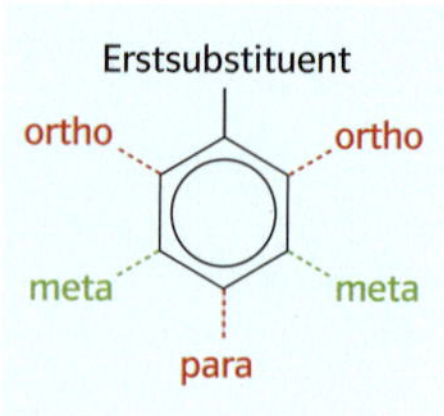

***B1** Positionen am substituierten Benzol-Molekül*

Phenol und Nitrobenzol sind Benzol-Derivate. Durch weitere Substitutionsreaktionen können aus diesen Stoffen neue Verbindungen gewonnen werden. Dabei hat der Erstsubstituent (–OH bzw. –NO_2) Einfluss auf die Zweitsubstitution.

Geschwindigkeit der Zweitsubstitution. Phenol reagiert schneller als Benzol mit Brom. Ursache dafür kann nur die bereits an den aromatischen Ring gebundene OH-Gruppe sein. Die Reaktionsgeschwindigkeit einer elektrophilen Substitution ist umso höher, je größer die Elektronendichte im Ring ist. Wegen der großen Elektronegativität des Sauerstoff-Atoms müsste die OH-Gruppe die Elektronendichte im Ring eigentlich verringern. Trotzdem erfolgt die Zweitsubstitution schneller. Dies erklärt man damit, dass ein freies Elektronenpaar des O-Atoms mit dem delokalisierten Ringelektronensystem in Wechselwirkung tritt. Dadurch wird die Elektronendichte im Ring trotz der Elektronegativität des Sauerstoff-Atoms insgesamt größer; das Ringsystem wird aktiviert [B2, oben].

Ändert sich die Elektronendichte im Ring als Folge einer Elektronegativitätsdifferenz zum C-Atom, bezeichnet man dies als **induktiven Effekt** (I-Effekt, Kap. 4.4, Kap. 6.8). Die Einbeziehung eines freien Elektronenpaares in die Mesomerie des Ringes bezeichnet man als **mesomeren Effekt** (M-Effekt).

Vorzeichen des I- und M-Effekts:
+: Der Substituent wirkt elektronenschiebend.
–: Der Substituent wirkt elektronenziehend.

Grenzformeln Beim Aufstellen mesomerer Grenzformeln werden die Elektronenpaare schrittweise und in gleicher Richtung zwischen benachbarten Atomen verschoben (orange Pfeile).

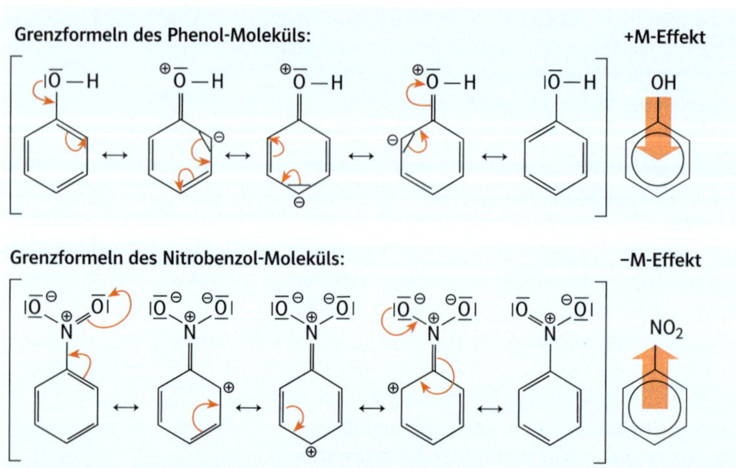

***B2** M-Effekt am Beispiel von Phenol und Nitrobenzol*

Die OH-Gruppe übt einen –I-Effekt und einen +M-Effekt aus. Da Phenol schneller bromiert wird als Benzol, muss der +M-Effekt den –I-Effekt überwiegen.
Nitrobenzol reagiert langsamer als Benzol mit Brom. Die NO_2-Gruppe desaktiviert das Ringsystem sowohl durch ihren –I-Effekt als auch durch ihren –M-Effekt [B2, unten].

Der mesomere Effekt und der induktive Effekt des Erstsubstituenten beeinflussen die Geschwindigkeit der elektrophilen Zweitsubstitution.

Ort der Zweitsubstitution. Bei der Bromierung von Phenol bzw. Nitrobenzol ist die Bildung von drei isomeren Verbindungen möglich. *Aktivierende* Erstsubstituenten dirigieren den Zweitsubstitutenten in die *ortho*- und *para*-Stellung (2- und 4-Stellung). Es entsteht hauptsächlich 2-Bromphenol und 4-Bromphenol, aber nur wenig 3-Bromphenol.

Desaktivierende Erstsubstituenten dirigieren den Zweitsubstitutenten meistens in die *meta*-Stellung (3-Stellung). Es entsteht hauptsächlich 3-Bromnitrobenzol. Eine Ausnahme sind die desaktivierenden Halogen-Atome, die den Zweitsubstitutenten in die ortho- und para-Stellung dirigieren.

Atome oder Atomgruppen, die ein elektrophiles Teilchen in die ortho- und para-Stellung dirigieren, nennt man **Substituenten 1. Ordnung**. Atome oder Atomgruppen, die ein elektrophiles Teilchen in die meta-Stellung dirigieren, nennt man **Substituenten 2. Ordnung**. Substituenten 1. Ordnung üben meistens einen +M-Effekt aus; Substituenten 2. Ordnung üben einen –M-Effekt aus. Um zu verstehen, warum der M-Effekt und nicht der I-Effekt entscheidend für den Ort der Zweitsubstitution ist, betrachtet man die Stabilität des *Zwischenproduktes*, des Carbo-Kations.

Das Carbo-Kation bei der Zweitsubstitution. Um die Stabilität eines Carbo-Kations zu untersuchen, stellt man in einem ersten Schritt seine mesomeren Grenzformeln auf [B3] und schließt daraus auf mögliche Ladungsverteilungen.

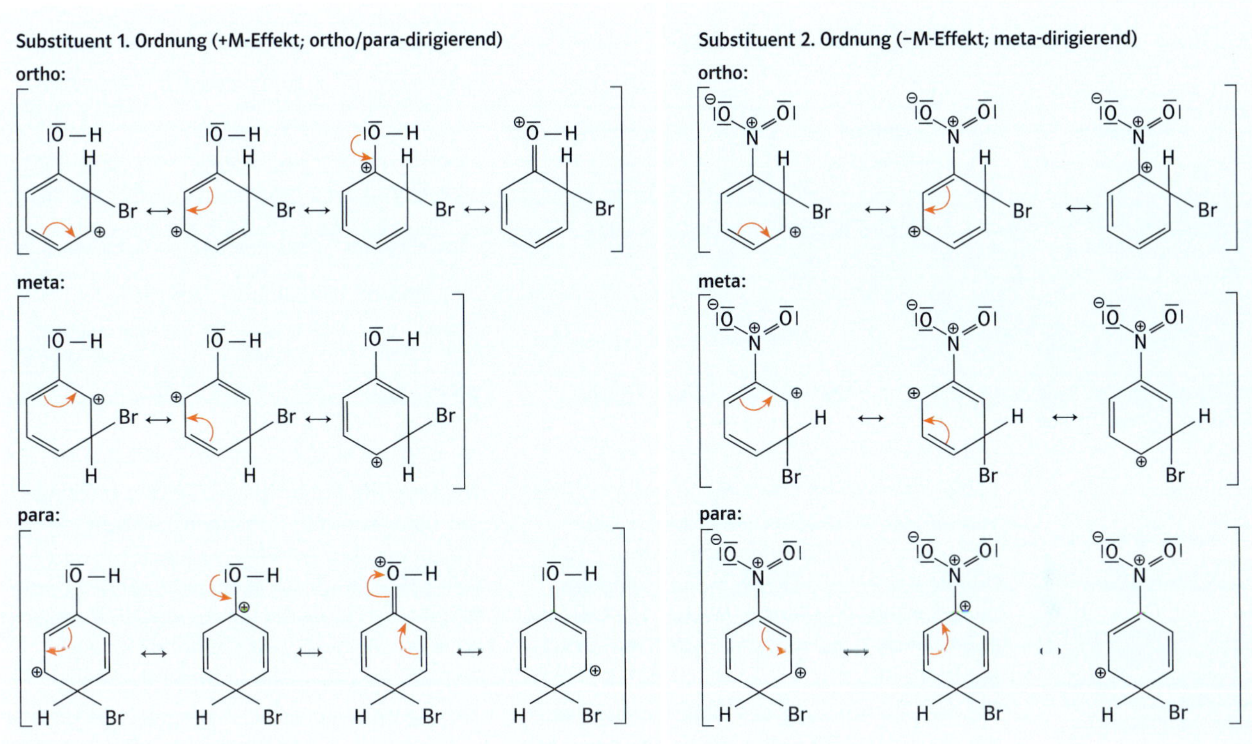

B3 *Grenzformeln der Carbo-Kationen am Beispiel der Bromierung von Phenol bzw. Nitrobenzol*

Bei einem *Erstsubstituenten 1. Ordnung* und Zweitsubstitution in ortho- oder para-Stellung erhält man eine Grenzformel, in welcher der Erstsubstituent die positive Ladung „übernimmt". Dies bedeutet, dass die positive Ladung über den Ring hinaus in einem größeren Raum delokalisiert ist; die Carbo-Kationen werden dadurch stabilisiert. Bei der Zweitsubstitution in meta-Stellung ist die Ladung nur im Ring delokalisiert; das Carbo-Kation ist weniger stabil.

Bei einem *Erstsubstituenten 2. Ordnung* haben alle Grenzformeln eine positive Ladung im Ring. Trotzdem unterscheiden sich die Carbo-Kationen in der Stabilität. Untersucht man dies am Beispiel der Nitrogruppe, so erhält man bei der Zweitsubstitution in ortho- oder para-Stellung eine Grenzformel, bei der das Stickstoff-Atom und das benachbarte Kohlenstoff-Atom je eine positive Ladung tragen. Durch die Häufung gleicher Ladungen sind diese Carbo-Kationen besonders instabil. Bei der Zweitsubstitution in meta-Stellung sind die positiven Ladungen weiter voneinander entfernt; das Carbo-Kation ist etwas stabiler.

Erstsubstituenten mit +M-Effekt dirigieren in ortho- und para-Stellung.
Erstsubstituenten mit −M-Effekt dirigieren in meta-Stellung.

Substituenten 1. Ordnung üben einen +M- oder +I-Effekt aus und sind ortho-/para-dirigierend.
Aktivierend sind (+M/+I-Effekt überwiegt):
−OH, $-O^-$, −OR, $-NH_2$, $-NR_2$, $-CH_3$, $-C_6H_5$, $-CH{=}CH_2$
Desaktivierend sind (−I-Effekt überwiegt):
−F, −Cl, −Br, −I

Substituenten 2. Ordnung üben einen −M-Effekt aus und sind meta-dirigierend. Sie sind außerdem alle desaktivierend:
$-NO_2$, −CHO, −COOH, −COOR, $-SO_3H$, −CN

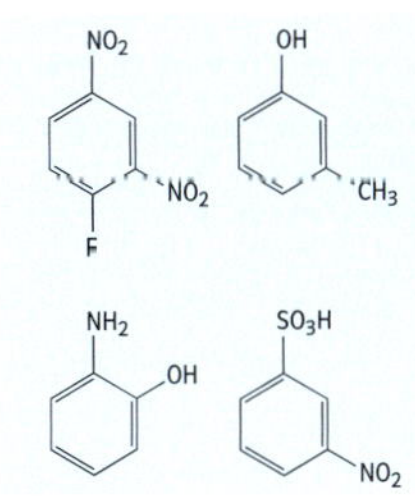

B4 *Mehrfach substituierte Benzol-Derivate*

A1 ○ Nennen Sie einige funktionelle Gruppen, die einen −M-Effekt ausüben, und einige funktionelle Gruppen, die einen +M-Effekt ausüben.

A2 ◒ Erklären Sie, warum Brombenzol bei weiterer Bromierung hauptsächlich in ortho- und para-Stellung reagiert.

A3 ● Bei Substituenten 1. Ordnung ist die Ausbeute an para-Produken meistens größer als die an ortho-Produkten. Erklären Sie dies.

A4 ● Beurteilen Sie, ob das Ringsystem in den Verbindungen in B4 aktiviert oder desaktiviert ist.

7.9 Reaktionsmechanismen im Vergleich

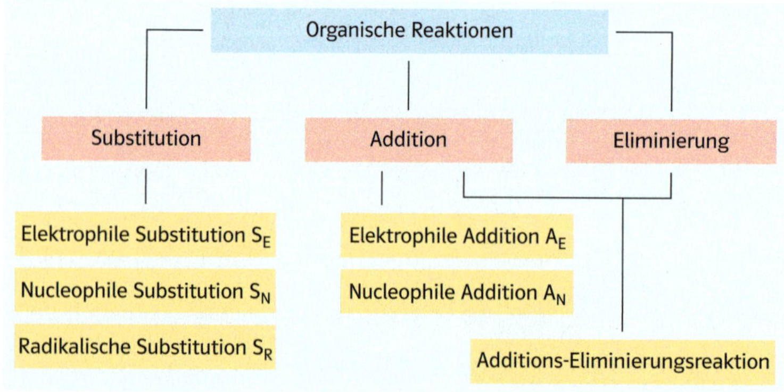

***B1** Einige wichtige Reaktionstypen (rot) und Reaktionsmechanismen (gelb) der organischen Chemie*

Angegriffenes Teilchen	Angreifendes Teilchen	Reaktions-mechanismus
Aromat z. B. Benzol	Elektrophiles Teilchen z. B. $Br_2/FeBr_3$	Elektrophile Substitution S_E
Alken z. B. Ethen	Elektrophiles Teilchen z. B. Br_2	Elektrophile Addition A_E
Substituiertes Alkan z. B. Ethanol	Nucleophiles Teilchen z. B. Br^-	Nucleophile Substitution S_N
Alkan z. B. Ethan	Radikal z. B. Cl·	Radikalische Substitution S_R

***B2** Die Bezeichnung des Reaktionsmechanismus hängt von den Edukten ab*

elektrophil „Elektronen liebend", von griech. elektron, Bernstein und philos, Freund.
Hinweis: Die statische Aufladung von Bernstein war bereits in der Antike bekannt. Deshalb wurde das griechische Wort für Bernstein später für das neu entdeckte Elementarteilchen verwendet.

nucleophil „Atomkerne liebend", von lat. nucleus, Kern und griech. philos, Freund

Substitution von lat. substituere, ersetzen

Addition von lat. addere, hinzufügen

In der organischen Chemie gibt es eine große Vielfalt von chemischen Reaktionen. Man kann diese nach *Reaktionstypen* ordnen [B1]. Den Reaktionstypen kann man bestimmte *Reaktionsmechanismen* zuordnen, die von den Eigenschaften der beteiligten Teilchen abhängig sind.
Bei der Beschreibung des Reaktionsmechanismus wird das Edukt-Molekül als das *angegriffene Teilchen* betrachtet, an dessen Kohlenstoff-Atomen Bindungen gelöst und neu gebildet werden. Das andere Edukt-Molekül (bzw. -Ion) ist dann das *angreifende Teilchen*.

Eigenschaften der Teilchen und Reaktionsmechanismen. Nach den Eigenschaften des angreifenden Teilchens unterscheidet man *radikalische, elektrophile* und *nucleophile* Reaktionsmechanismen [B2].
- **Elektrophile Teilchen** sind Kationen oder Dipole. Sie greifen Moleküle mit C-C-Mehrfachbindungen und Aromaten an.
- **Nucleophile Teilchen** sind Anionen oder Dipole. Sie verfügen über mindestens ein freies Elektronenpaar, mit dem sie an einem Kohlenstoff-Atom angreifen, das eine positive Ladung oder Teilladung aufweist.
- **Radikale** sind Teilchen, in denen ein oder mehrere ungepaarte Elektronen vorhanden sind. Sie greifen u. a. Alkan-Moleküle oder Alkylgruppen an, indem sie ein H-Atom abspalten.

Es gibt radikalische, elektrophile und nucleophile Reaktionsmechanismen, je nach den Eigenschaften des angreifenden Teilchens.

Nucleophile Substitution. In den Molekülen der halogenierten Kohlenwasserstoffe sind die Bindungen zwischen Kohlenstoff- und Halogen-Atomen polar, wobei das C-Atom die positive Teilladung trägt. An diesem C-Atom ist deshalb ein nucleophiler Angriff möglich. Halogenalkane reagieren mit alkalischen Lösungen, beispielsweise reagiert das Bromalkan 2-Brom-2-methylpropan mit Natronlauge. Nach der Reaktion ist die anfänglich alkalische Lösung neutralisiert, und man kann Bromid-Ionen nachweisen. Daraus schließt man, dass das Brom-Atom durch eine Hydroxidgruppe ersetzt wurde:

$$C_4H_9Br + OH^- \longrightarrow C_4H_9OH + Br^-$$

Durch eine Substitution erhält man so aus einem Halogenalkan einen Alkohol. Diese Reaktion hat eine große Bedeutung in der organischen Chemie, da man aus Alkoholen viele weitere Stoffe herstellen kann. Da bei dieser Reaktion ein **nucleophiles Teilchen** (das OH^--Ion) angreift, bezeichnet man sie als **nucleophile Substitution (S_N)** (Kap. 6.9).

Eine elektrophile Addition findet immer an Doppel- oder Dreifachbindungen statt. Auf diese Weise lassen sich Alkohole und Halogenalkane synthetisieren. Es handelt sich um einen mehrschrittigen Mechanismus. Zunächst lagert sich das zu addierende Molekül an die Doppelbindung an, wodurch es polarisiert wird. Das negativ polarisierte Atom spaltet sich als Anion ab und das positive Kation greift die Doppelbindung **elektrophil** an.
Das Anion bindet sich in einem weiteren Re-

aktionschritt an das Kation. Die Doppelbindung öffnet sich, ein neues Molekül entsteht. Da diese Addition mit einem **elektrophilen Angriff** beginnt, bezeichnet man sie als **elektrophile Addition (A_E)** (Kap. 6.10).
Ein Beispiel für eine elektrophile Addition ist die Reaktion von Cyclohexen mit Brom. Zunächst stößt ein Brom-Molekül auf die negative Ladungswolke der Doppelbindung eines Cyclohexen-Moleküls und wird polarisiert [B3, oben].
Durch die anschließende heterolytische Spaltung der Br-Br-Bindung entsteht ein Bromid-Ion und ein Bromonium-Ion. Das Bromid-Ion greift das Bromonium-Ion nucleophil an und es entsteht ein 1,2-Dibromcyclohexan-Molekül [B3, Mitte].

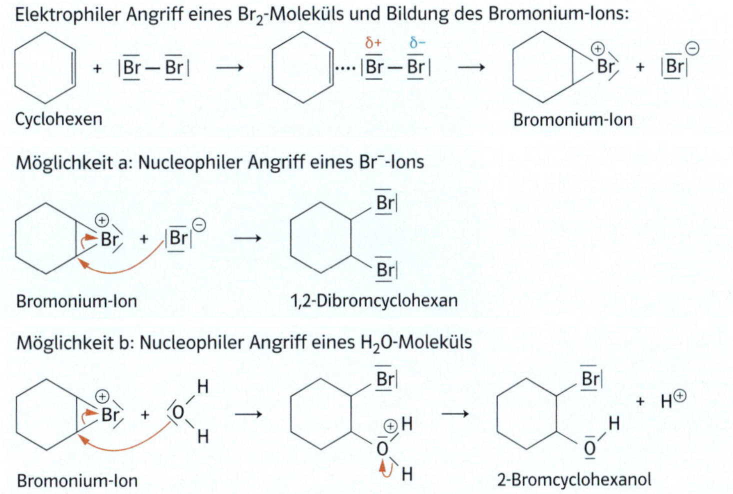

***B3** Reaktionsmechanismus der Reaktion von Cyclohexen mit Brom bzw. Bromwasser (elektrophile Addition)*

Elektrophile oder radikalische Substitution an Aromaten mit Seitenkette? Ist das Benzol-Molekül mit einer Alkylgruppe substituiert, so kann eine Substitutionsreaktion am aromatischen Ring („Kern") oder an der Alkylgruppe („Seitenkette") stattfinden [B4]. Welche Reaktion abläuft, hängt von den Bedingungen ab.

Toluol (Methylbenzol) reagiert mit Brom in Gegenwart eines Katalysators wie z. B. Eisenbromid oder Aluminiumbromid zu Bromtoluol und Bromwasserstoff. Dabei läuft eine **elektrophile Substitution (S_E)** ab.

Unter dem Einfluss von Licht oder bei höherer Temperatur läuft eine **radikalische Substitution (S_R)** ab (Kap. 6.8): Durch die zugeführte Energie wird als Startreaktion ein kleiner Teil der Brom-Moleküle homolytisch in Brom-Radikale gespalten. Auf die Startreaktion folgen die Reaktionskette und die Abbruchreaktionen. So werden ein oder mehrere Wasserstoff-Atome der Methylgruppe durch Brom-Atome ersetzt.

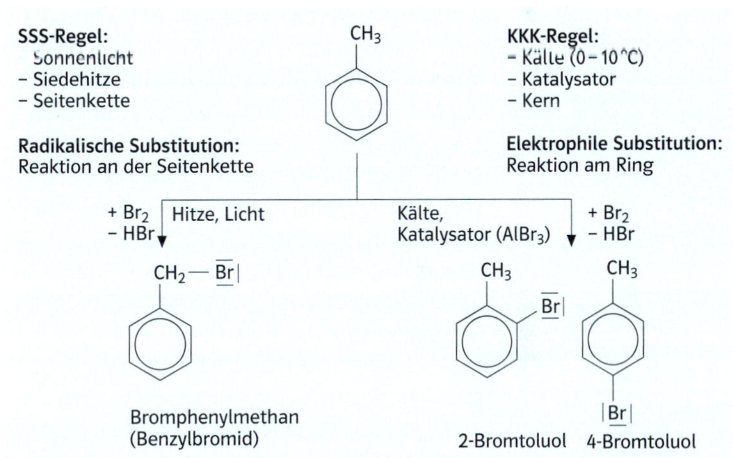

***B4** Abhängig von den Reaktionsbedingungen werden Alkylbenzol-Moleküle an der Seitenkette oder am Ring (Kern) substituiert*

KKK-Regel [B4]: Kälte und ein Katalysator begünstigen die elektrophile Substitution am Ring („Kern").

SSS-Regel [B4]: Sonnenlicht oder Siedehitze begünstigen die radikalische Substitution an der Seitenkette.

A1 Erklären Sie die Bildung von 2-Bromcyclohexanol bei der Reaktion von Cyclohexen mit Bromwasser [B3].

A2 Vergleichen Sie die elektrophile Substitution an Aromaten, die radikalische Substitution und die elektrophile Addition miteinander. Erläutern Sie Gemeinsamkeiten und Unterschiede.

A3 Benzol und Cyclohexen lassen sich unterscheiden, indem man Bromwasser zugibt. Erklären Sie dies.

homolytisch von griech. homos, gleich und griech. lysis, Spaltung, Zersetzung

heterolytisch von griech. heteros, verschieden und griech. lysis, Spaltung, Auflösung

Radikal von lat. radix, Wurzel. Teilchen, das ein oder mehrere ungepaarte Elektronen (Einzelelektronen) hat

Exkurs

7.10 ASS – ein Jahrhundertarzneimittel

B1 *Silberweide – Salix alba*

Salicylsäure, Salicin von lat. salix, Weide

Chinin wird auch heute noch aus der Rinde des Chinabaumes gewonnen. Es war lange Zeit das einzige Mittel gegen Malaria.

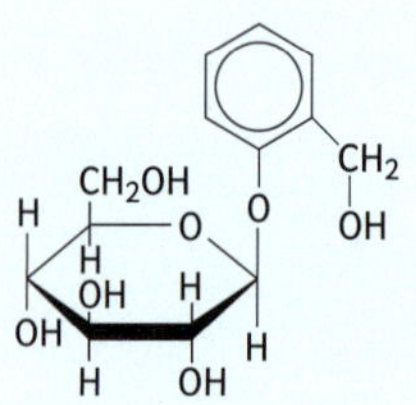

Salicin

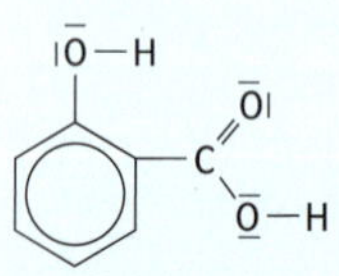

Salicylsäure

B2 *Durch Oxidation von Salicin (oben) konnte man Salicylsäure (unten) herstellen*

Suggestion und Hypnose waren lange Zeit die einzigen Methoden zur Bekämpfung von Schmerzen. Im antiken Griechenland entwickelte sich dann eine naturwissenschaftliche Krankheitslehre. Hier wurde erstmals der Saft der Weidenrinde gegen Fieber und Schmerzen eingesetzt (HIPPOKRATES, 460 – 377 v. Chr.).

Von der Weidenrinde zur Salicylsäure. Auch die Kelten und Germanen stellten durch Kochen von Weidenrinde einen schmerzstillenden Sud her. Im Mittelalter lebte dieses Wissen in der Volksheilkunde weiter. Als die Weiden aber zur Korbherstellung benötigt wurden, stellte man das Sammeln ihrer Rinde unter Strafe. Das Naturheilmittel geriet in Vergessenheit.
Neues Interesse an der Weidenrinde entstand, als NAPOLEON 1806 die Kontinentalsperre verfügte. Chinin, das bekannteste fiebersenkende Mittel jener Zeit, durfte nicht mehr aus Peru nach Mitteleuropa eingeführt werden. 1829 wurde in Frankreich aus Extrakten der Weidenrinde Salicin gewonnen und als Medikament verwendet. Knapp zehn Jahre später gelang es, durch Oxidation von Salicin die reine, in farblosen Nadeln kristallisierende Salicylsäure herzustellen [B2]. 1859 synthetisierte HERMANN KOLBE erstmals Salicylsäure aus Phenol. 15 Jahre später begann die industrielle Produktion nach einem ebenfalls von KOLBE entwickelten Verfahren. Die Salicylsäure ist heute z. B. Bestandteil von Mitteln zur Bekämpfung von Akne und Schuppenflechte sowie zur Entfernung von Hornhaut.

Acetylsalicylsäure (ASS). Der bittere und saure Geschmack der Salicylsäure und die von ihr verursachten Magenschleimhautreizungen erschweren eine längere therapeutische Anwendung. Im August 1897 gelang die Synthese und Isolierung von reiner Acetylsalicylsäure [B3]. Am 1. Februar 1899 wurde das Präparat unter dem Namen Aspirin® in Berlin patentiert. Durch die Veresterung der Hydroxygruppe der Salicylsäure wird die Magenverträglichkeit verbessert und die schmerzlindernde Wirkung verstärkt.
Eine Nebenwirkung von Acetylsalicylsäure ist, dass sie die Blutgerinnung hemmt, indem sie das Zusammenklumpen der Thrombozyten verhindert. Diese Nebenwirkung hat dem Medikament ein zweites, wichtiges Einsatzgebiet eröffnet: Nach einem Herzinfarkt oder einem Schlaganfall kann der Patient mit Acetylsalicylsäure behandelt werden. Durch die gerinnungshemmende Wirkung von ASS steigen seine Überlebenschancen, da die Thrombosen (Blutgerinnsel) aufgelöst werden. Niedrig dosiert wird ASS auch vorbeugend gegen Herzinfarkt oder Schlaganfall eingesetzt.

Acetylsalicylsäure ist ein synthetisch hergestelltes Arzneimittel, das schmerzlindernd wirkt und die Blutgerinnung hemmt.

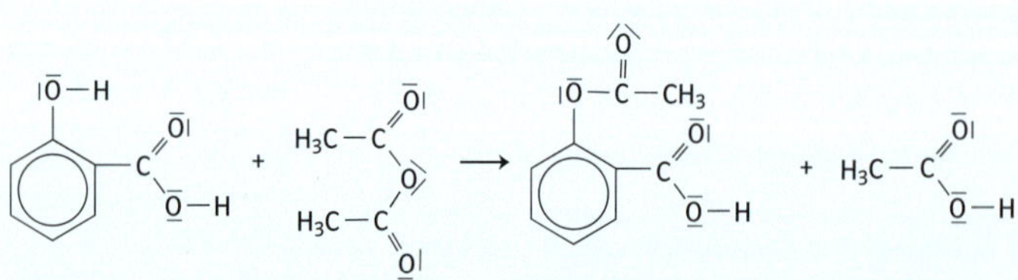

Salicylsäure | Essigsäureanhydrid | Acetylsalicylsäure | Essigsäure

B3 *Veresterung von Salicylsäure zu ASS*

A1 ● Bei der Herstellung von Salicylsäure aus Salicin [B2] erhält man in einem ersten Reaktionsschritt durch Spaltung der Bindung vom Zucker-Baustein zum aromatischen Ring und Oxidation einen Zucker und Salicylaldehyd. Das Aldehyd kann zu Salicylsäure weiteroxidiert werden.
Zeichnen Sie die Formeln der Produkte des ersten Reaktionsschritts und benennen Sie den entstehenden Zucker.

A2 ◒ MK Recherchieren Sie die unerwünschten Nebenwirkungen von ASS.

7.11 Acetylsalicylsäure

V1 Synthese von ASS

Material:
Waage, Rundkolben (100 ml), Wasserbad (großes Becherglas oder Kristallisierschale und Magnetrührer mit Heizung), Rückflusskühler mit Schläuchen, 3 Bechergläser (50, 100, 250 ml), Büchnertrichter mit Filterpapier und Saugflasche, Wasserstrahlpumpe, Tropfpipette, Porzellanschale, Spatel, Messpipette, Pipettierhilfe, Eiswasser, Salicylsäure, Essigsäureanhydrid, konz. Schwefelsäure, Ethanol

Durchführung:
⚠ (Abzug! Schutzbrille! Schutzhandschuhe!)
a) Diesen Teil führt die Lehrkraft durch. Sie gibt 10 g gut getrocknete Salicylsäure in den Rundkolben, 15 ml Essigsäureanhydrid und einige Tropfen konz. Schwefelsäure (als Katalysator) in das 50-ml-Becherglas. Das Gemisch gibt man vorsichtig zur Salicylsäure in den Rundkolben (es kann spritzen!) und setzt den Rückflusskühler auf. Nach Abklingen der Reaktion erhitzt man das Reaktionsgemisch mindestens eine Stunde im siedenden Wasserbad unter Rühren und Rückflusskühlung. Danach gießt man das Reaktionsgemisch in ca. 30 ml Eiswasser.
b) Saugen Sie den weißen Niederschlag ab (Büchnertrichter) und waschen Sie ihn mehrmals mit Eiswasser.
c) Lösen Sie den Niederschlag in Ethanol. Gießen Sie die Lösung in die Porzellanschale und lassen Sie das Ethanol unter dem Abzug verdunsten.

Aufgabe:
Erklären Sie das jeweilige Ziel der Versuchsschritte (a), (b) und (c).

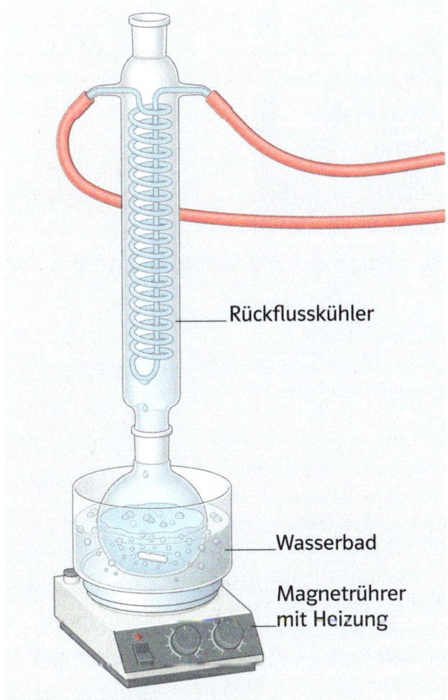

***B1** Versuchsaufbau zu V1*

V2 Versuche mit dem Produkt aus V1

Material:
3 Bechergläser (50 ml), Messzylinder (25 ml), Tüpfelplatte, pH-Meter, Salicylsäure, Acetylsalicylsäure, Produkt aus V1, Eisen(III)-chlorid-Lösung (w = 0,1%), Ethanol-Wasser-Gemisch (Volumenverhältnis 1:1)

Durchführung:
a) Lösen Sie 0,5 g Salicylsäure, Acetylsalicylsäure (ASS) und Produkt aus V1 in je 20 ml Ethanol-Wasser-Gemisch.
b) Bestimmen Sie die pH-Werte der drei Lösungen.
c) Versetzen Sie auf der Tüpfelplatte jeweils einige Tropfen der drei Lösungen mit der Eisen(III)-chlorid-Lösung.

Aufgabe:
Deuten Sie Ihre Beobachtungen und beurteilen Sie die Reinheit Ihres Syntheseprodukts aus V1. (*Hinweis*: Eisen(III)-chlorid bildet mit Phenol und Derivaten eine violette Verbindung.)

V3 Nachweis eines weiteren Bestandteils einer ASS-Tablette

Material:
Becherglas (50 ml), Messzylinder (25 ml), Trichter, Filterpapier, Reagenzglas, Reagenzglashalter, Tropfpipette, Gasbrenner, ASS-Tablette (500 mg), Iod-Kaliumiodid-Lösung (Lugol'sche Lösung), Ethanol-Wasser-Gemisch (Volumenverhältnis 1:1)

Durchführung:
Lösen Sie im Becherglas die ASS-Tablette in etwa 20 ml Ethanol-Wasser-Gemisch. Filtrieren Sie die Lösung und spülen Sie den Rückstand mit etwas Wasser in das Reagenzglas. Erhitzen Sie den Reagenzglasinhalt kurz zum Sieden. Lassen Sie das Reagenzglas abkühlen und versetzen Sie die kalte Lösung mit einigen Tropfen Iod-Kaliumiodid-Lösung.

Aufgabe:
Deuten Sie Ihre Beobachtungen.

V4 Hydrolyse von ASS

Material:
Mörser mit Pistill, Spatel, Messzylinder (10 ml), Tüpfelplatte, Reagenzglas, Reagenzglashalter, Becherglas (500 ml), Heizplatte, Tropfpipette, Eisen(III)-chlorid-Lösung (w = 0,1%), ASS-Tablette, Ethanol-Wasser-Gemisch (Volumenverhältnis 1:1)

Durchführung:
a) Lösen Sie im Reagenzglas eine Spatelspitze der pulverisierten Tablette in 5 ml Ethanol-Wasser-Gemisch.
b) Tropfen Sie eine kleine Probe der Lösung auf die Tüpfelplatte.
c) Erhitzen Sie die Lösung im Reagenzglas 5 Minuten lang im Wasserbad. Entnehmen Sie nach je einer Minute Proben für die Tüpfelplatte.
d) Versetzen Sie alle Proben dort mit Eisen(III)-chlorid-Lösung.

Aufgabe:
Deuten Sie Ihre Beobachtungen.

7.12 Dünnschichtchromatografie

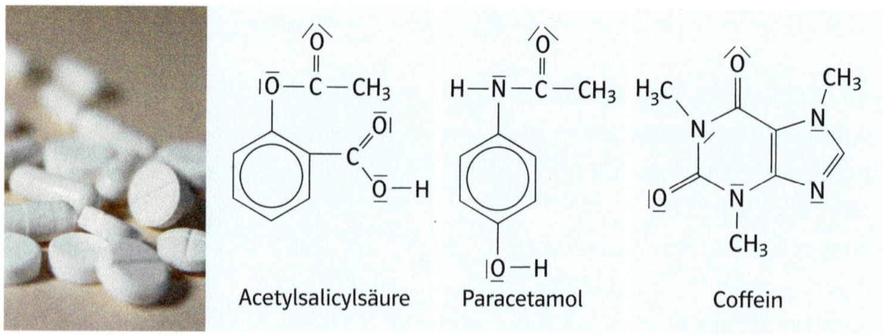

B1 *In manchen Medikamenten werden Wirkstoffe kombiniert*

Chromatografie von griech. chroma, Farbe und graphein, schreiben

DC Abkürzung für Dünnschichtchromatografie. Die englische Abkürzung ist **TLC** (**t**hin **l**ayer **c**hromatography).

Phase von griech. phasis, Erscheinung. Homogener Bereich in einem Reinstoff oder Gemisch. Innerhalb einer Phase ändern sich die Stoffeigenschaften (z. B. die Dichte) und die chemische Zusammensetzung nicht sprunghaft.

Retentionsfaktor von lat. retentio, das Zurückhalten

Gegen Schmerzen gibt es viele unterschiedliche Wirkstoffe, z. B. Acetylsalicylsäure und Paracetamol. In manchen Medikamenten werden diese Wirkstoffe kombiniert, zum Teil auch mit Coffein [B1]. Mithilfe der Chromatografie (s. auch Kap. 6.2) kann man die Wirkstoffe eines Kombinationspräparats trennen und identifizieren.

Prinzip der Dünnschichtchromatografie. Die Dünnschichtchromatografie (DC) beruht, wie alle chromatografischen Verfahren, auf dem folgenden Prinzip:
Ein Gemisch, das in einer **mobilen Phase** gelöst ist, wird an einer **stationären Phase** vorbeigeführt. Die einzelnen Bestandteile des Gemisches werden unterschiedlich stark von der stationären Phase zurückgehalten. Dadurch wandern sie unterschiedlich schnell und werden getrennt [B2].

Bei der Dünnschichtchromatografie bildet eine DC-Platte die *stationäre Phase*. Die DC-Platte besteht aus einem Trägermaterial (z. B. Kunststoff) und einer Beschichtung (z. B. Cellulose). Die Proben werden mit Kapillaren auf eine Startlinie aufgebracht. Anschließend wird die DC-Platte in ein Gefäß gestellt, auf dessen Boden sich eine Flüssigkeit (Fließmittel) befindet. Das Fließmittel wandert nach oben und nimmt als *mobile Phase* die aufgebrachten Proben mit. Der Versuch wird beendet, kurz bevor das Fließmittel den oberen Rand der DC-Platte erreicht hat.

Auswertung von DC-Platten. Die Unterscheidung und Identifikation der Stoffe erfolgt über das Mitlaufenlassen von Vergleichsproben von Reinstoffen [B3]. Zwei gleich weit gewanderte Substanzflecken sind wahrscheinlich vom gleichen Stoff verursacht.
Zur genaueren Auswertung des Chromatogramms bestimmt man die **Retentionsfaktoren (R_f-Werte)**. Der R_f-Wert eines Stoffes ist der Quotient aus der zurückgelegten Strecke des Stoffes und der zurückgelegten Strecke des Fließmittels [B4]:

Exkurs

Beschreibung des Trennvorgangs
Verteilungschromatografie. Der Trennvorgang auf einer mit Cellulose beschichteten DC-Platte beruht auf der Verteilungschromatografie. Auf der Cellulose-Oberfläche bildet sich ein Flüssigkeitsfilm (stationäre Phase). An ihm bewegt sich das Fließmittel vorbei (mobile Phase). Sowohl die stationäre als auch die mobile Phase sind also Flüssigkeiten. Da die einzelnen Komponenten des Gemisches eine unterschiedliche Löslichkeit in der stationären Phase und der mobilen Phase aufweisen, verteilen sie sich unterschiedlich zwischen den Phasen. Dies kann mithilfe der Lage der Verteilungsgleichgewichte der Stoffe beschrieben werden. Da die mobile Phase immer weiter wandert, werden die Gleichgewichtszustände allerdings nie erreicht.

Adsorption von lat. adsorbere, ansaugen. Anlagerung von Molekülen an der Oberfläche eines Festkörpers

Adsorptionschromatografie. An mit Kieselgel beschichteten DC-Platten ist die stationäre Phase ein Feststoff (Siliciumdioxid), an dem die Komponenten des Gemisches adsorbiert werden.

V1 Modellversuch zur Verteilungschromatografie
Material: 1 Münze, 20 DIN-A4-Blätter (10 grüne und 10 gelbe) und 40 Kunststoffbausteine (20 rote und 20 blaue). Andere Farben sind natürlich möglich.

Durchführung: Legen Sie auf einem langen Tisch 10 grüne Blätter hintereinander aus („stationäre Phase"). Legen Sie alle 40 Bausteine auf das erste Blatt („Startfleck"). Legen Sie ein gelbes Blatt („mobile Phase") neben das erste grüne Blatt. Verteilen Sie die roten Bausteine im Verhältnis 1 : 3 und die blauen Bausteine im Verhältnis 3 : 1 auf die beiden Blätter. Schieben Sie das gelbe Blatt neben das zweite grüne Blatt, legen Sie ein neues gelbes Blatt neben das erste grüne Blatt und verteilen Sie die Bausteine neu (1 : 3 bzw. 3 : 1, ggf. runden, im Zweifelsfall Münze werfen). Verfahren Sie in gleicher Weise, bis neben jedem grünen Blatt ein gelbes Blatt liegt.

Aufgabe: Diskutieren Sie die Analogie des Modellversuchs zur Verteilungschromatografie.

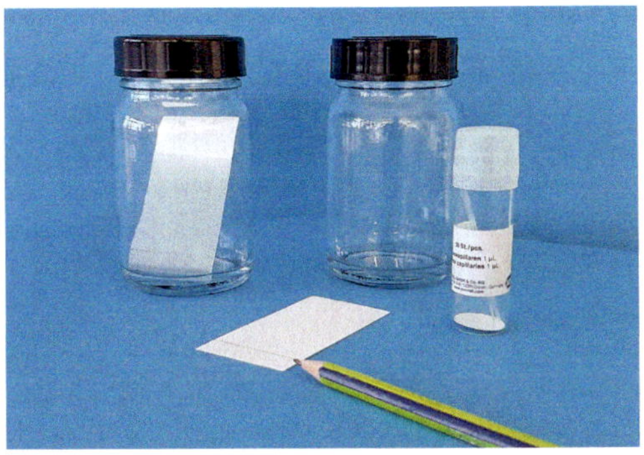

B2 *Materialien für die Dünnschichtchromatografie (Schraubgläser als Trennkammern)*

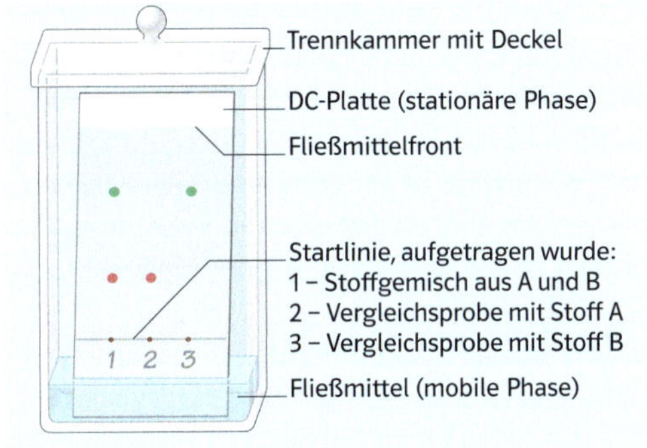

B3 *Herstellung eines Dünnschichtchromatogramms*

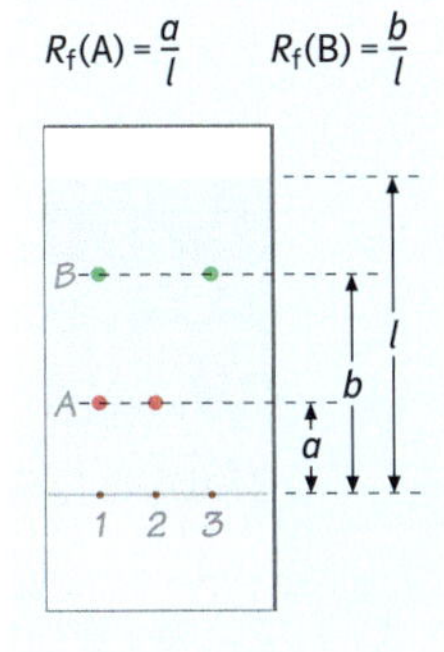

B4 *Auswertung einer DC-Platte*

$$R_f\text{-Wert} = \frac{\text{Strecke (Startlinie – Substanzfleck)}}{\text{Strecke (Startlinie – Fließmittelfront)}}$$

Der R_f-Wert eines Stoffes ist unabhängig von der Höhe der DC-Platte und bei sonst gleichen Versuchsbedingungen immer gleich.

Bei der Dünnschichtchromatografie trennt man Gemische organischer Stoffe aufgrund ihrer unterschiedlichen Adsorptionsfähigkeit oder Löslichkeit. Die Stoffe werden durch Vergleichsproben oder R_f-Werte identifiziert.

A1 Erklären Sie, wieso man auf Folgendes achten muss:

a) Die Startlinie darf nicht mit einem Filzstift gezogen werden.

b) Die Startlinie der DC-Platte darf auf keinen Fall in das Fließmittel eintauchen.

c) Das Fließmittel darf den oberen Rand der DC-Platte nicht erreichen.

d) Die Trennkammer wird mit einem Deckel verschlossen.

Praktikum

V2 Untersuchung von Schmerzmitteln

Material:
Trennkammer mit Deckel, Erlenmeyerkolben (250 ml) mit Glasstopfen oder anderes verschließbares Gefäß, mehrere Bechergläser je nach Anzahl der zu untersuchenden Tabletten (50 ml), Messzylinder (100 ml), Messpipetten (10 ml), Pipettierhilfen, weicher Bleistift, Pinzette, Mörser, Pistill, Glaskapillaren (1 µl), Schmerzmittel-Tabletten mit den Wirkstoffen Acetylsalicylsäure, Paracetamol und/oder Coffein, Acetylsalicylsäure, Paracetamol, Coffein, Ethanol, Essigsäureethylester, Methanol, DC-Fertigplatte Kieselgel 60 F_{254}

Durchführung:

a) Mischen Sie als Fließmittel 105 ml Essigsäureethylester mit 5 ml Methanol und bewahren Sie dieses in einem verschließbaren Gefäß auf.

b) Zerstoßen Sie die Tabletten im Mörser und lösen Sie jeweils 100 mg davon in 10 ml Ethanol. Stellen Sie Vergleichslösungen von reiner Acetylsalicylsäure (100 mg), reinem Paracetamol (100 mg) und Coffein (50 mg) in 10 ml Ethanol her.

c) Zeichnen Sie ca. 1 cm vom unteren Rand entfernt vorsichtig eine dünne Bleistiftlinie auf die DC-Platte, ohne die Beschichtung zu beschädigen.

d) Tragen Sie nun mit Kapillaren jeweils 1 bis 2 µl der Lösungen in kleinen Portionen auf die DC-Platte auf. Verwenden Sie für jede Probe eine neue Kapillare.

e) Nachdem die aufgetragenen Proben getrocknet sind, stellen Sie die DC-Platte mithilfe der Pinzette in eine Trennkammer, die nur so viel Fließmittel enthält, dass die Bleistiftlinie nicht berührt wird. Kurz bevor das Fließmittel den oberen Rand der DC-Platte erreicht, nehmen Sie diese aus der Trennkammer und markieren die Fließmittelfront mit dem Bleistift. Danach lassen Sie die DC-Platte an der Luft trocknen.

f) Legen Sie die trockene DC-Platte unter eine UV-Lampe und zeichnen Sie mit Bleistift die Umrisse der Substanzflecken.

Aufgaben:

1. Identifizieren Sie die getrennten Stoffe und ermitteln Sie deren R_f-Werte.

2. Ermitteln Sie aus dem Chromatogramm, welche Wirkstoffe in den Schmerzmitteln enthalten sind.

7.13 Wirkungsweise von Schmerzmitteln

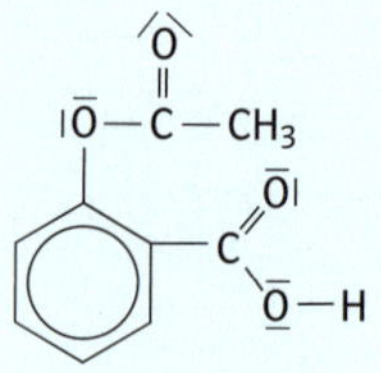
Acetylsalicylsäure

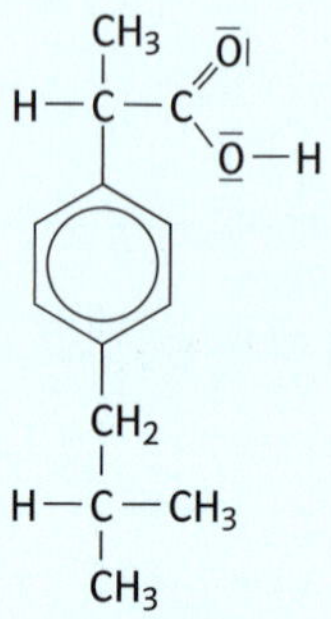
Ibuprofen

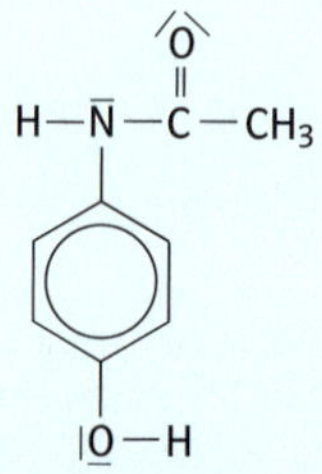
Paracetamol

***B1** Wirkstoffe von Schmerzmitteln*

Schmerzmittel gehören zu den meistverkauften Medikamenten in Deutschland. Auf dem Markt sind verschiedene Wirkstoffe wie z. B. Acetylsalicylsäure, Ibuprofen und Paracetamol [B1], die jeweils unter verschiedenen Markennamen angeboten werden. Die Substanzen unterscheiden sich in ihrer Wirkungsweise.

Entstehung von Schmerzen. Verbrennt man sich an einem heißen Gegenstand, so spürt man zunächst einen kurzen, akuten Schmerz. Durch die Verletzung des Gewebes werden die Schmerzrezeptoren (**Nozizeptoren**) gereizt [B2].

Die verbrannte Stelle schmerzt aber danach noch länger. Dies wird durch Stoffe stimuliert, die bei der Verletzung des Gewebes gebildet werden. Zunächst löst sich von Zellmembranen **Arachidonsäure**. Diese reagiert mithilfe von Enzymen, den **Cyclooxygenasen**, zu **Prostaglandinen**. Die Prostaglandine verursachen eine verstärkte Sensibilisierung der Nozizeptoren und damit länger anhaltende Schmerzen.

Prostaglandine sind Hormone, die auch an Entzündungsreaktionen (z. B. Schwellung und Rötung) beteiligt sind. Für die Wirkung von Schmerzmitteln sind die Prostaglandine von besonderer Bedeutung.

Wirkung von Schmerzmitteln. Schmerzmittel vermindern die Synthese von Prostaglandinen, indem sie die Cyclooxygenasen hemmen. Der Grund für die unterschiedlichen Wirkungen und Nebenwirkungen der Schmerzmittel ist in den unterschiedlichen Wirkmechanismen zu finden.

Bei der Untersuchung der Wirkmechanismen muss man berücksichtigen, dass es zwei unterschiedliche Cyclooxygenasen (COX) gibt: Die **COX-1** ist stets in allen Geweben vorhanden und hat auch Einfluss auf die Magenschleimhaut und die Blutgerinnung. Die **COX-2** wird vermehrt bei Zellschädigung und Entzündungsprozessen produziert. Beide Cyclooxygenasen katalysieren die Reaktion von Arachidonsäure zu Prostaglandinen und sind damit an der Schmerzentstehung beteiligt.

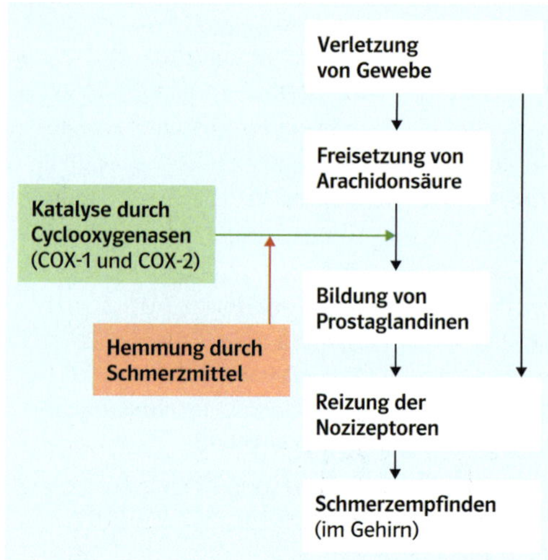

***B2** Entstehung und Hemmung von Schmerzen*

Acetylsalicylsäure (ASS) Acetylsalicylsäure hemmt hauptsächlich die Cyclooxygenase COX-1, COX-2 nur in geringem Maße. Das ASS-Molekül gibt seine Acetylgruppe an eine Serin-Restgruppe im aktiven Zentrum des COX-1-Moleküs ab. Das veränderte COX-1-Molekül ist nicht mehr fähig, ein Arachidonsäure-Molekül zu binden. Die Hemmung ist irreversibel, d.h., der Körper muss für das Erreichen der Wirkung COX-1 neu bilden.

Der Nachteil der irreversiblen Hemmung ist, dass die COX-1 auch andere wichtige Funktionen im Körper hat, z. B. beim Schutz der Magenschleimhaut und bei der Blutgerinnung. ASS kann daher zu Sodbrennen und Übelkeit führen. Wegen der verminderten Blutgerinnung soll ASS vor operativen Eingriffen nicht genommen werden.

Ibuprofen. Diese Substanz hemmt die Cyclooxygenasen COX-1 und COX-2 reversibel. Das Ibuprofen-Molekül konkurriert mit dem Arachidonsäure-Molekül um die Besetzung des aktiven Zentrums der Enzym-Moleküle (kompetitive Hemmung).

Da auch hier COX-1 gehemmt wird, treten ähnliche Nebenwirkungen wie bei ASS auf. Jedoch ist die blutgerinnungshemmende Wirkung nur gering, da die COX-1 aufgrund der reversiblen Hemmung nicht neu gebildet werden muss.

Nozizeptoren von lat. nocere, schaden und recipere, aufnehmen. Schmerzrezeptoren im Körper

Enzym Biokatalysator (Kap. 2.9)

Serin-Restgruppe die CH_2OH-Gruppe der Aminosäure Serin (Kap. 10.12)

Paracetamol hemmt die Cyclooxygenasen nur schwach, kann aber leichter ins zentrale Nervensystem gelangen. Dort könnte schon eine geringe Hemmung Einfluss haben. Die Wirkungsweise des Paracetamols ist allerdings nicht genau bekannt. Paracetamol hemmt die COX-1 sehr schwach. Daher ist es besser magenverträglich als ASS und Ibuprofen, und es hemmt nicht die Blutgerinnung. Jedoch entstehen beim Abbau des Wirkstoffs leberschädigende Stoffe.

Vorgänge im Organismus. Um den Einfluss eines Medikaments auf den Körper zu erfassen, unterscheidet man zwei wesentliche Aspekte: die Pharmakokinetik und die Pharmakodynamik. Die **Pharmakokinetik** beschreibt, ob und wie schnell ein Wirkstoff an den Wirkort gelangt. Die Vorgänge, die dabei beachtet werden müssen, sind in B3 dargestellt. Sie werden mit dem Kunstwort **LADME** beschrieben [Randspalte].

Die **Pharmakodynamik** befasst sich mit den erwünschten und unerwünschten Wirkungen. Durch Versuche mit Probanden ermittelt man zu einem Wirkstoff die Dosis-Wirkungs-Kurve [B4]. Ein wichtiger Wert in dieser Kurve ist die **mittlere effektive Dosis** (ED_{50}): Bei dieser Dosis zeigen 50 % der Probanden die erwünschte Wirkung. In Tierversuchen ermittelt man außerdem die Dosis-Letalitäts-Kurve. Bei der mittleren letalen Dosis (LD_{50}) sterben 50 % der Versuchstiere. Aus den beiden Kurven ergeben sich wichtige Informationen für die richtige Dosierung. Manche Wirkstoffe zeigen auch bei einer mäßigen Überdosierung kaum negative Nebenwirkungen. Andere Wirkstoffe können schon bei einer leichten Überdosierung schwerwiegende Folgen verursachen. Ein Maß für die Sicherheit eines Wirkstoffs ist der therapeutische Quotient:

$$\textit{Therapeutischer Quotient} = \frac{LD_{50}}{ED_{50}}$$

Verschiedene Schmerzmittel haben unterschiedliche Wirkmechanismen, Wirkungen und Nebenwirkungen.
Viele Schmerzmittel wirken durch die Hemmung der Cyclooxygenasen.

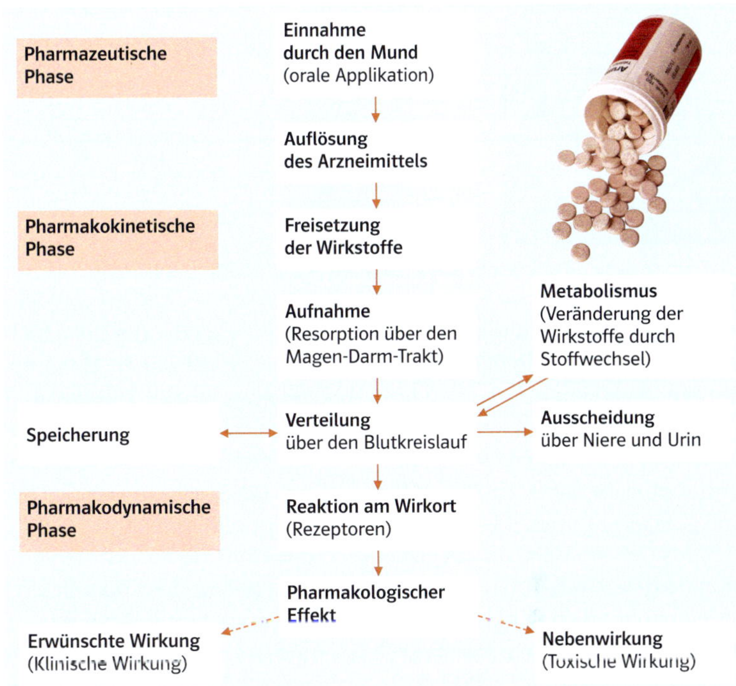

B3 *Vorgänge im Organismus nach oraler Gabe eines Medikaments*

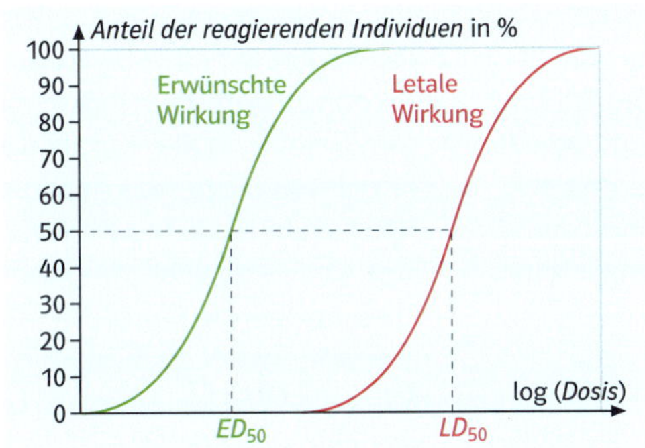

B4 *Dosis-Wirkungs- und Dosis-Letalitäts-Kurve*

LADME Zusammenfassung der Vorgänge in B3:
Liberation (Freisetzung)
Absorption (Aufnahme)
Distribution (Verteilung)
Metabolism (Metabolismus)
Excretion (Ausscheidung)

letal von lat. letalis, tödlich

A1 ● MK Recherchieren Sie, welche Ursachen ein Herzinfarkt haben kann. Erklären Sie, wieso die Einnahme von ASS nach einem Herzinfarkt sinnvoll sein kann.

A2 ◒ MK Beschreiben Sie anhand von B3 die Wirkung von ASS in eigenen Worten. Recherchieren Sie, welcher Vorgang durch Aspirin® protect beeinflusst werden soll.

A3 ◒ MK Viele Schmerzmittel werden mit dem sogenannten Wirkungsbeschleuniger Lysin angeboten. Recherchieren Sie seine Wirkung und mögliche Nebenwirkungen.

7.14 Aromaten im Alltag

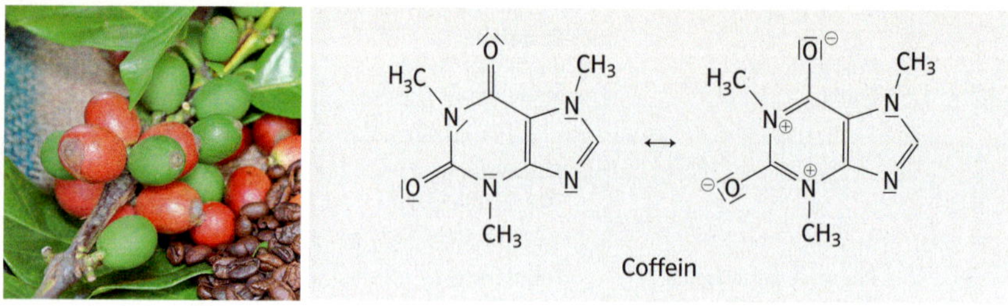

B1 *Früchte des Kaffeestrauchs und mesomere Grenzformeln des Coffeins*

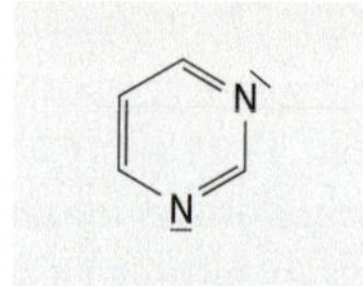

B2 *Pyrimidin*

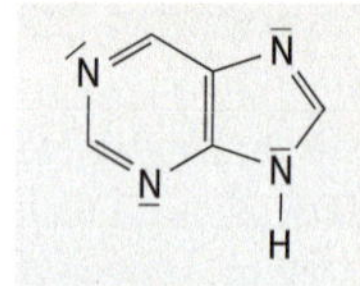

B3 *Purin*

Aromatische Verbindungen haben eine große Bedeutung in Produkten des täglichen Lebens.

Coffein ist der anregend wirkende Bestandteil im Kaffee, im Tee, in Cola und in Energy-Drinks. Das Grundgerüst des Coffein-Moleküls [B1] ist ein aromatisches System, bei dem ein fünfgliedriger Ring mit zwei Stickstoff-Atomen mit einem *Pyrimidin-Ring* [B2] verknüpft ist, das Purin-Gerüst [B3]. Coffein kann durch Extraktion aus Teeblättern oder Kaffeebohnen gewonnen werden. In größeren Mengen fällt es bei der Entkoffeinierung von Kaffee an. Reines Coffein ist ein weißes, geruchloses Pulver mit bitterem Geschmack. In geringer Dosis wirkt Coffein anregend, höhere Dosen führen zu Nervosität und Schlafstörungen.

Getränk	*m*(Coffein)
Tasse Kaffee, 150 ml	40 bis 120 mg
Espresso Italiano, 25 ml	50 bis 60 mg
Cola-Getränk, 200 ml	20 bis 50 mg
Energy-Drink, 200 ml	60 bis 100 mg

B4 *Coffein in weit verbreiteten Getränken*

Nikotin (Nicotin) [B6] ist eine farblose, ölige Flüssigkeit, die an der Luft rasch braun wird. Nikotin kommt in den Blättern der Tabakpflanze vor und dient dort der Abwehr von Schadinsekten. Eine Zigarette enthält etwa 12 mg Nikotin, also deutlich mehr als auf der Verpackung angegeben wird, denn die dortigen Angaben beziehen sich auf die Menge Nikotin im Rauch einer Zigarette. Die tödliche Dosis für einen erwachsenen Menschen liegt bei etwa einem Milligramm pro Kilogramm Körpermasse. Nikotin ist damit giftiger als Arsen oder Kaliumcyanid. Die Suchtwirkung des Nikotins hängt sehr stark von der Art der Nikotinaufnahme ab. Aus Tierversuchen geht hervor, dass Nikotin ein hohes Suchtpotenzial hat, wenn es schnell und in kurzen Stößen ins Gehirn gelangt, z. B. durch Inhalieren. Bei relativ langsamer und kontinuierlicher Zufuhr ist das Suchtpotenzial gering. Nikotinersatzpräparate sollen helfen, das Verlangen nach Zigaretten und Nikotin zu dämpfen, indem sie langsam Nikotin an den Körper abgeben. Anders als Zigaretten geben sie nur Nikotin ab und keine weiteren Giftstoffe wie Kohlenstoffmonooxid oder krebserregende Stoffe. Nikotinersatzpräparate gibt es z. B. in Form von Pflastern [B5], Kaugummis, Lutschpastillen und Sprays.

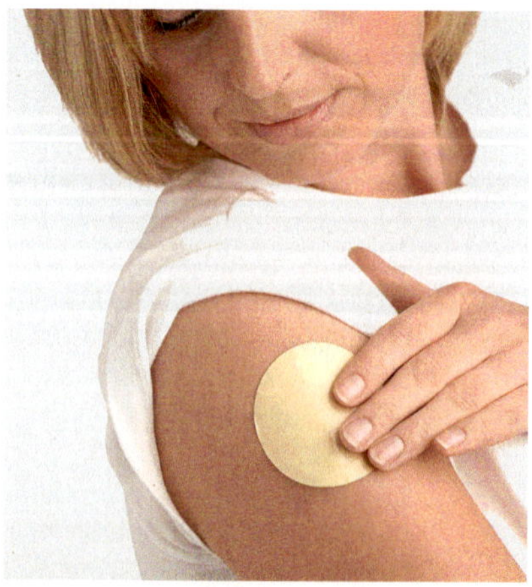

B5 *Nikotinpflaster*

Benzpyren ist ein polycyclischer aromatischer Kohlenwasserstoff, der nicht die Hückel-Regel erfüllt [B7]. Benzpyren kommt im Steinkohlenteer vor, entsteht aber auch bei der unvollständigen Verbrennung von organischen Stoffen und ist deshalb weit verbreitet. Man findet es z. B. in Auto- und Industrieabgasen. Beim Rauchen einer Zigarette wird es bei ungefähr 300 °C in der Tabakbrennzone gebildet. Auch in Grillprodukten, die über Holzkohle zubereitet wurden, lässt es sich nachweisen. Benzpyren ist einer der am längsten bekannten und untersuchten krebserregenden Stoffe. Das Risiko, dass Zigarettenrauch Lungenkrebs hervorruft, wird zu einem großen Teil auf Benzpyren zurückgeführt.

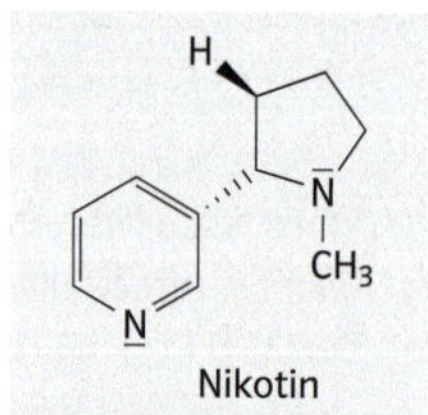

B6 *Nikotin kommt in Tabakpflanzen vor*

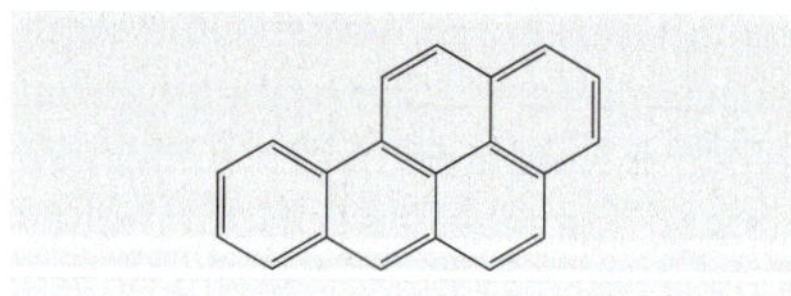

B7 *Benzpyren*

A1 a) Beschreiben Sie Motive, die Jugendliche zu Rauchern machen.
b) Erläutern Sie Maßnahmen, die Jugendlichen den „Rauchgenuss" abgewöhnen könnten.

A2 MK Recherchieren Sie, ob von Energy-Drinks Gesundheitsgefahren ausgehen können.

7.15 Zusammenfassung und Übung

Aromatische Kohlenwasserstoffe (Aromaten)
Die Moleküle aromatischer Kohlenwasserstoffe sind Ringe mit konjugierten Doppelbindungen. Das System delokalisierter Elektronen verleiht den Molekülen besondere Stabilität.

Mesomerie
Die besonderen Bindungsverhältnisse in aromatischen Molekülen lassen sich mit mesomeren Grenzformeln darstellen.
Grenzformeln von Benzol:

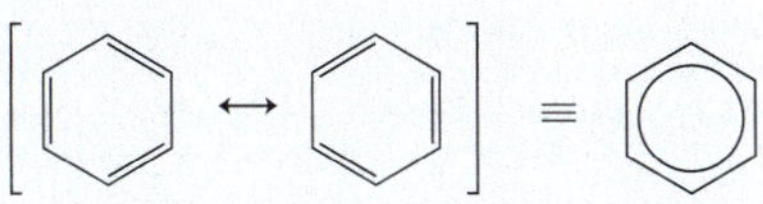

Experimentelle Befunde für die Delokalisierung der Elektronen im Benzol
- Die Hydrierungsenergie von Benzol ist kleiner als die für das hypothetische „Cyclohexatrien" berechnete.
- Benzol reagiert mit Brom, es findet eine Substitution statt. Bei „Cyclohexatrien" würde eine Addition von Brom erwartet.
- Es gibt nur ein Isomer von 1,2-Dibrombenzol. „1,2-Dibromcyclohexatrien" hätte zwei Isomere.

Phenol

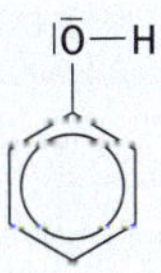

Phenol ist ein kristalliner Feststoff mit charakteristischem Geruch. Phenol ist eine schwache Säure.

Heterocyclische Aromaten

Furan

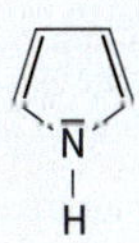
Pyrrol

Thiophen

Enthalten Ringverbindungen neben C-Atomen noch andere Atome, so werden sie zu den Aromaten gerechnet.

Polycyclische aromatische Kohlenwasserstoffe

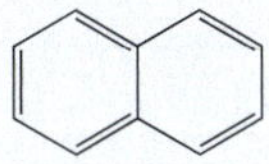
Naphthalin

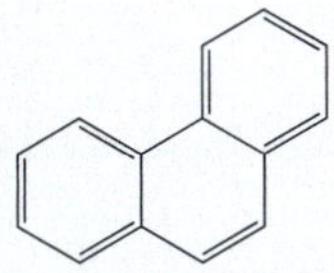
Phenanthren

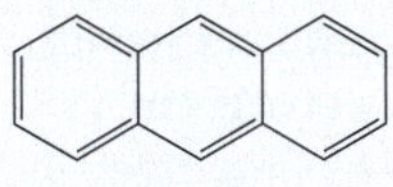
Anthracen

Polycyclische Aromaten sind Stoffe, deren Moleküle aus mehrgliedrigen Ringsystemen bestehen, deren einzelne Ringe gemeinsame Kohlenstoff-Atome aufweisen

Substitution an Aromaten
Die charakteristische Reaktion von Aromaten ist die elektrophile Substitution. Beispiel:

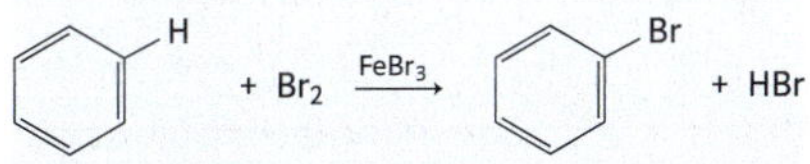

KKK-Regel: Kälte und ein Katalysator begünstigen die elektrophile Substitution am Ring („Kern").
SSS-Regel: Sonnenlicht oder Siedehitze begünstigt die radikalische Substitution an der Seitenkette.

Benzaldehyd

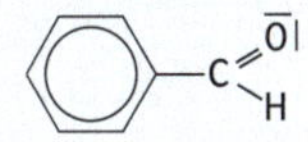

Benzaldehyd ist der einfachste aromatische Aldehyd. Die farblose Flüssigkeit riecht angenehm nach Bittermandelöl bzw. nach Marzipan.

Benzoesäure

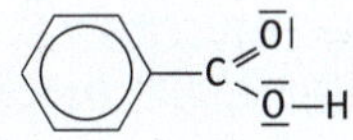

Benzoesäure und ihre Salze, die Benzoate, werden aufgrund ihrer wachstumshemmenden Wirkung auf Bakterien und Pilze zur Konservierung von sauer eingelegten Lebensmitteln verwendet. Manche Ester der Benzoesäure nutzt man als Duftstoffe.

Zweitsubstitution an Aromaten
Der mesomere und der induktive Effekt des Erstsubstituenten beeinflussen die Geschwindigkeit und den Ort der elektrophilen Zweitsubstitution.
Erstsubstituenten mit +M-Effekt dirigieren in ortho- und para-Stellung.
Erstsubstituenten mit −M-Effekt dirigieren in meta-Stellung.

Hauptprodukte der Bromierung von Phenol:

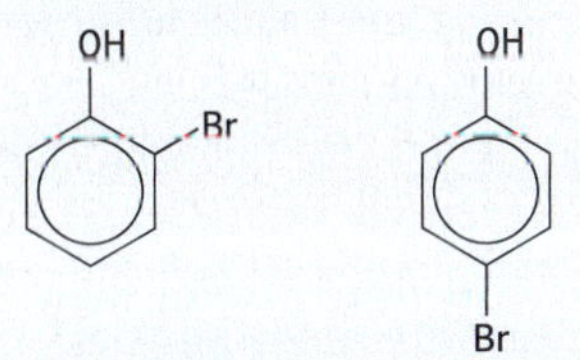

ortho Bromphenol — para Bromphenol

Erstsubstituenten mit einem +M-Effekt (z. B. die OH-Gruppe) sind ortho/para-dirigierend.

Hauptprodukt der Bromierung von Nitrobenzol:

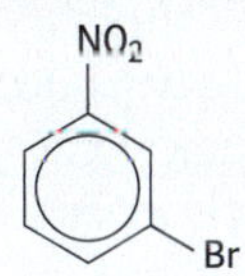

meta Bromnitrobenzol

Erstsubstituenten mit einem −M-Effekt (z. B. die NO_2-Gruppe) sind meta-dirigierend.

Friedel-Crafts-Alkylierung:

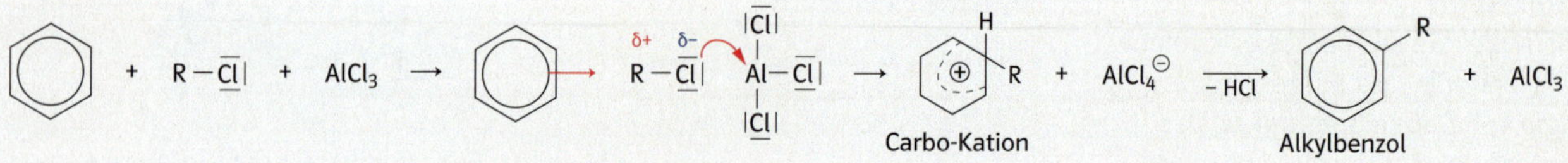

B1 *Reaktionsmechanismus der Friedel-Crafts-Alkylierung (zu A3)*

A1 ○ Nennen Sie vier Kriterien für die Zuordnung eines Teilchens zu den Aromaten.

A2 ● **a)** B3 zeigt die möglichen mesomeren Grenzformeln des Pyrrol-Moleküls. Nennen Sie die Grenzformel, der bei der mesomeren Darstellung die größte Gewichtung zukommt. Begründen Sie Ihre Auswahl.
b) Erläutern Sie, warum Pyrrol eine sehr schwache Base ist.

A3 ◒ Mithilfe von Aluminiumchlorid als Katalysator reagiert Benzol mit Alkylhalogeniden (Friedel-Crafts-Alkylierung) [B1]. So können Toluol (Methylbenzol), Ethylbenzol und Cumol (2-Phenylpropan) gewonnen werden, die als wichtige Zwischenprodukte für großtechnische Synthesen dienen. Beschreiben und erläutern Sie die Reaktionsschritte der Bildung von Toluol aus Benzol und Chlormethan.

A4 ◒ Stellen Sie eine Reaktionsfolge dar, die vom Benzol ausgeht und zur Benzoesäure führt.

A5 ◒ Benzol reagiert mit Iodchlorid in Gegenwart von Aluminiumchlorid zu einem Halogenbenzol und einem Halogenwasserstoff (Hydrogenhalogenid). Beschreiben und erläutern Sie den Reaktionsmechanismus.

A6 ● Erläutern Sie anhand von B2, warum bei der Bromierung von Benzol keine Addition stattfindet, sondern eine Substitution.

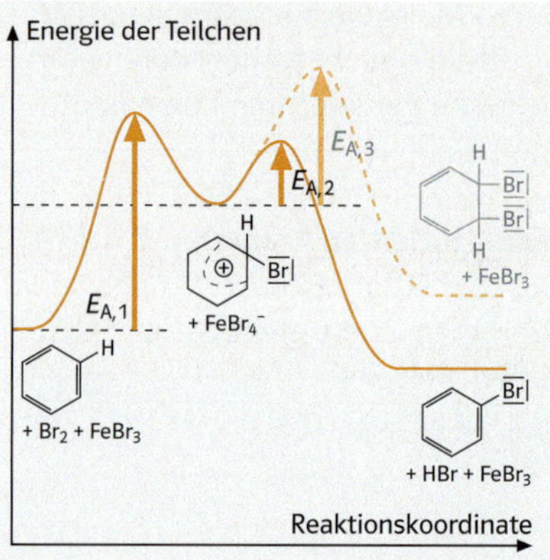

B2 *Energiediagramm der Bromierung von Benzol*

A7 ◒ Salicylsäuremethylester wird auch „künstliches Wintergrünöl“ genannt. Es handelt sich um eine ölige, gelbliche, süßliche Flüssigkeit, die z. B. als Duft- und Geschmacksstoff verwendet wird.
a) Erläutern Sie die Vorgehensweise zur Gewinnung von Salicylsäuremethylester mithilfe von B4.
b) Stellen Sie die Reaktionsgleichung auf.
c) Formulieren und erläutern Sie die Reaktionsschritte zu Bildung des Esters (Kap. 6.11).

Methanol
M = 32 g/mol
ϱ = 0,79 g/cm^3
ϑ_{sm} = −98 °C
ϑ_{sd} = 65 °C
Löslichkeit: in jedem Verhältnis löslich in Wasser oder Ethanol

Salicylsäure
M = 138 g/mol
ϱ = 1,44 g/cm^3
ϑ_{sm} = 158 °C
ϑ_{sd} = 211 °C (bei 27 hPa)
Löslichkeit: gut löslich in Ethanol, wenig in kaltem Wasser

Salicylsäuremethylester
M = 152 g/mol
ϱ = 1,18 g/cm^3
ϑ_{sm} = −8 °C
ϑ_{sd} = 223 °C
Löslichkeit: gut löslich in Ethanol, sehr wenig in kaltem Wasser

Gewinnung von Salicylsäuremethylester
In einem 100-ml-Rundkolben werden 5 g (0,036 mol) Salicylsäure und 1 ml konz. Schwefelsäure in 20 g (0,625 mol) Methanol gelöst. Auf den Kolben wird ein Rückflusskühler gesetzt.

Das Kühlwasser wird aufgedreht. Die Lösung wird mit einer Pilzheizhaube zum Sieden erhitzt und 2 Stunden bei schwachem Sieden gehalten.

Nach dem Abkühlen wird der Kolbeninhalt in einen Scheidetrichter zu 50 ml kaltem Wasser gegeben. Im Scheidetrichter sammelt sich unter der Wasserschicht eine ölige Flüssigkeit. Die eigentümlich riechende Flüssigkeit wird abgetrennt und in einen kleinen Erlenmeyerkolben überführt.

Zu der Flüssigkeit werden einige Körner Calciumchlorid gegeben. Nach einigen Tagen wird die Flüssigkeit von den Calciumchloridkörnern abfiltriert. Die Bestimmung der Siedetemperatur der Flüssigkeit ergibt ϑ_{sd} = 223 °C.

B4 *Gewinnung von Salicylsäuremethylester aus Salicylsäure und Methanol (zu A7)*

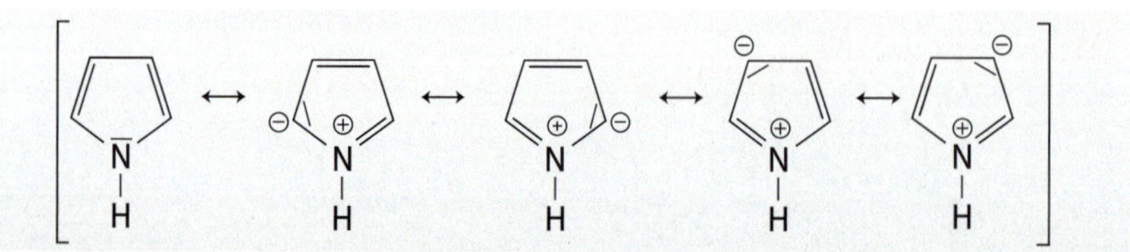

B3 *Grenzformeln des Pyrrol-Moleküls (zu A2)*

8 Organische Farbstoffe

Organische Farbstoffe spielen nicht nur in der Textil- und Kunststoffindustrie eine wichtige Rolle, sondern auch im Lebensmittelbereich. Für Süßigkeiten werden sogar „unnatürlich“ aussehende Farben verwendet.

Farbstoffe und Farbigkeit

Das Spektrum des sichtbaren Lichts

Wenn der Regen allmählich aufhört und die Sonne wieder scheint, kann man einen Regenbogen beobachten. Er zeigt das Spektrum des sichtbaren Lichts von Violett bis Rot.

***B1** Der Regenbogen zeigt das Spektrum des sichtbaren Lichts*

A1 Schreiben Sie alle Regenbogenfarben in der beobachteten Reihenfolge auf. Vergleichen Sie Ihr Ergebnis mit dem Spektrum in Kap. 8.1.

A2 MK Beschreiben Sie, wie ein Regenbogen zustande kommt.

Additive Farbmischung und Komplementärfarben

Elektromagnetische Wellen des Wellenlängenbereichs zwischen ca. 380 nm und 750 nm können wir mit den Augen wahrnehmen; wir bezeichnen sie als Licht. Weißes Licht ist eine Mischung vieler Wellenlängen, wie sie z. B. von der Sonne erzeugt wird.
Absorbiert ein Gegenstand aus dem weißen Licht den blauen Bereich, so wird das restliche Licht, das in unsere Augen gelangt, vom Gehirn als Gelb wahrgenommen (additive Farbmischung). Blau und Gelb sind Komplementärfarben; sie liegen im Farbkreis gegenüber. Licht aller Komplementärfarben zusammen (außer Magenta) sehen wir als Weiß.

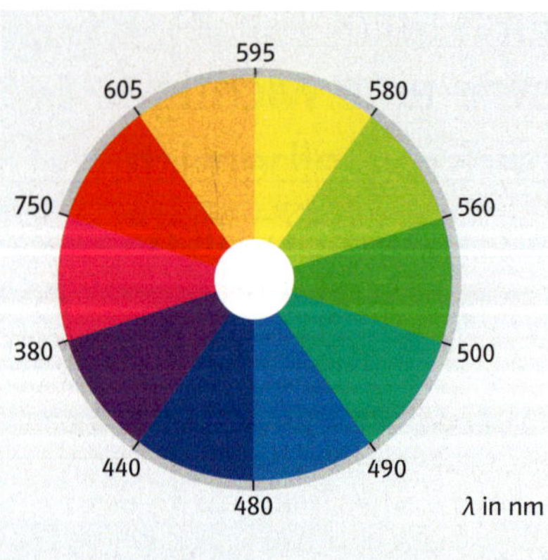

***B2** Der Farbkreis enthält zusätzlich zu den Spektralfarben die Farbe Magenta (Pupur)*

A3 Nennen Sie die Komplementärfarbe zu Rot.

A4 Ein Pullover absorbiert grünes Licht im Bereich 500 – 560 nm. Nennen Sie die Farbe des Pullovers bei weißem Licht (Tageslicht).

A5 Erläutern Sie im Zusammenhang mit dem Farbkreis den Begriff „komplementär".

A6 Beschreiben Sie den Zusammenhang zwischen der Wellenlänge und der Energie des Lichts.

Subtraktive Farbmischung

Die Farben eines Malkastens lassen sich zu vielen weiteren Farben mischen. Beispielsweise ergibt Gelb mit Blau Grün. Je mehr Farben man kombiniert, desto dunkler wird die Mischfarbe. Man bezeichnet dies als subtraktive Farbmischung.
Beim Farbdruck erzeugt man alle Farben durch subtraktive Mischung der Grundfarben Cyan, Magenta und Gelb.

***B3** Subtraktive Farbmischung mit dem Malkasten*

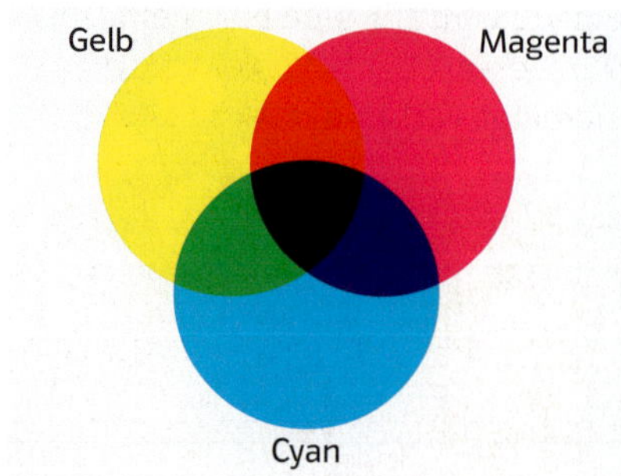

***B4** Subtraktive Farbmischung beim Farbdruck*

A7 Beschreiben Sie, welche Farbe man durch subtraktive Farbmischung von Magenta und Cyan erhält.

A8 Erläutern Sie den Unterschied zwischen einer additiven Farbmischung und einer subtraktiven Farbmischung.

Molekülstruktur und Farbe

Die Moleküle organischer Farbstoffe weisen eine Gemeinsamkeit auf:
Konjugierte Doppelbindungen bilden ein delokalisiertes Elektronensystem; dieses fungiert als Absorptionssystem.

α-Carotin:

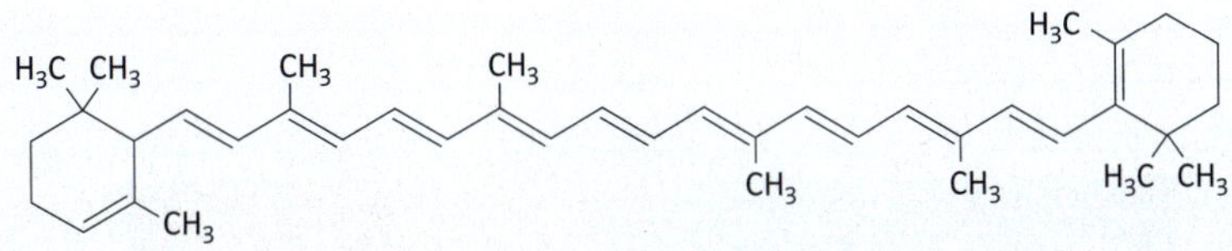

β-Carotin:

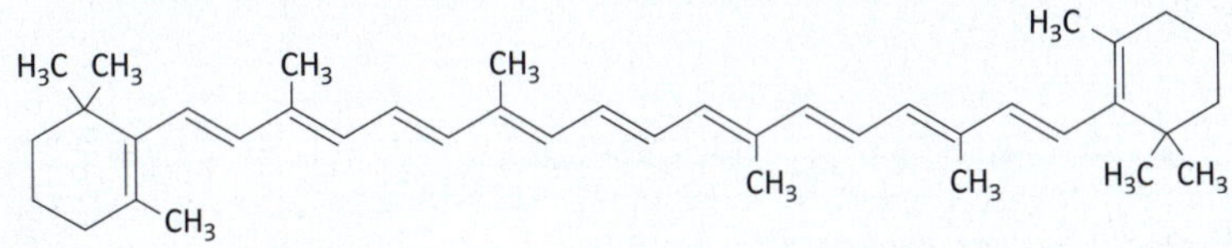

B5 *Die orange Farbe der Möhre (Karotte) wird durch α-Carotin und β-Carotin verursacht*

A9 Erläutern Sie, was man unter konjugierten Doppelbindungen und einem delokalisierten Elektronensystem versteht.

A10 Entscheiden Sie, ob α-Carotin oder β-Carotin das ausgedehntere Absorptionssystem aufweist.

A11 MK Recherchieren Sie den Zusammenhang zwischen der Ausdehnung des Absorptionssystems und der Wellenlänge des absorbierten Lichts.

Lebensmittelfarbstoffe

Beim Essen bevorzugen wir Farben, die es auch in der Natur gibt. Kaum jemand wird z. B. eine blau gefärbte Wurst essen. Bei Süßigkeiten sind allerdings Farben aller Art beliebt.

B6 *Verwendung von Lebensmittelfarbstoffen*

A12 MK Carotinoide, Anthocyane und Chlorophyll sind natürliche Farbstoffe, die in der Lebensmittelindustrie verwendet werden.
Recherchieren Sie, **a)** aus welchen Pflanzen diese Farbstoffe gewonnen werden können, **b)** in welchen Lebensmitteln diese Farbstoffe Verwendung finden.

Der Farbstoff der Blue Jeans

Mit Indigo werden seit Jahrtausenden Textilien gefärbt. Früher wurde Indigo aus Pflanzen gewonnen. Seit über 100 Jahren wird jedoch der meiste Indigo industriell synthetisiert.

B7 *Mit Indigo gefärbte Blue Jeans*

A13 MK Recherchieren Sie das Verfahren der Küpenfärbung mit Indigo.

A14 MK Erklären Sie, warum die Farbe der Blue Jeans nach und nach verblasst.

A15 MK Erläutern Sie, was stone washed Jeans sind.

Analytik durch Fotometrie

Bei der Fotometrie nutzt man die Lichtabsorption einer Farbstoff-Lösung zur quantitativen Analyse. Die Extinktion ist proportional zur Konzentration des Farbstoffs.

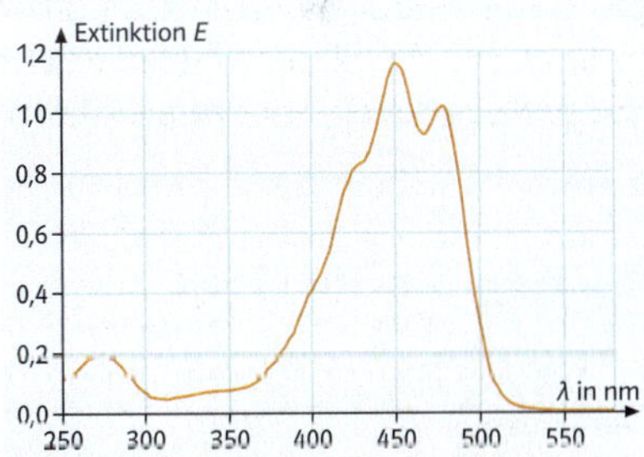

B8 *Absorptionsspektrum einer β-Carotin-Lösung*

A16 Nennen Sie zwei möglichst unterschiedliche Wellenlängen von Licht bzw. UV-Strahlung, die zur Konzentrationsbestimmung von ß-Carotin geeignet sind.

A17 Erläutern Sie den Zusammenhang zwischen dem Absorptionsbereich und der Farbe des ß-Carotins.

8.1 Licht und Farbe

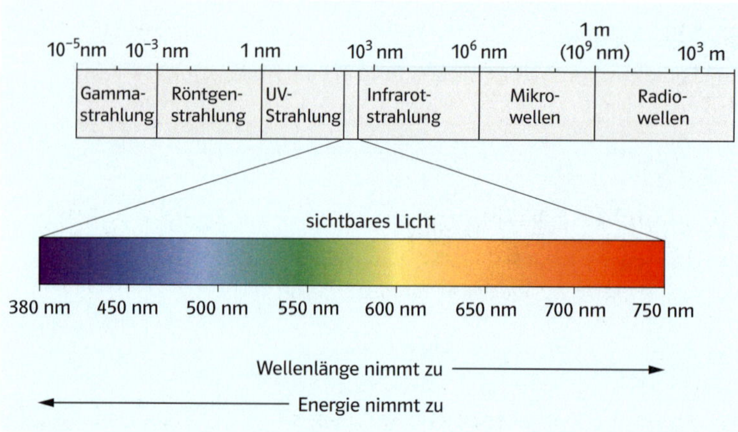

B1 *Spektrum der elektromagnetischen Wellen*

ν (oder auch f) ist die Frequenz einer Welle, die Anzahl Wellen pro Zeiteinheit.
Übliche Einheit: Hertz (Hz)

λ ist die Wellenlänge, die Strecke von Wellenberg zu Wellenberg.
Übliche Einheit bei Licht: Nanometer (nm)

c ist die Lichtgeschwindigkeit. Im Vakuum gilt:
$c = 299\,792\,458\,\text{m/s}$
$\approx 300\,000\,\text{km/s}$

h ist die Planck-Konstante.
$h = 6{,}626\,070\,15 \cdot 10^{-34}\,\text{J} \cdot \text{s}$

Licht gehört zu den elektromagnetischen Wellen, wie z. B. auch Radiowellen, Mikrowellen, Infrarotstrahlung, Ultraviolettstrahlung, Röntgenstrahlung und Gammastrahlung [B1].

Licht und Energie. Elektromagnetische Wellen sind *gequantelt*, also auch Licht. Dies bedeutet, dass Licht aus kleinen „Energieportionen" besteht. Diese Lichtquanten bezeichnet man als **Photonen**. Bei der Wechselwirkung von Licht mit Farbstoffen trifft zu einem bestimmten Zeitpunkt fast immer nur *ein* Photon auf *ein* Molekül. Daher ist die Energie der einzelnen Photonen entscheidend. Die Energie eines Photons kann man aus der Frequenz oder aus der Wellenlänge der elektromagnetischen Welle berechnen:

$$E = h \cdot \nu = h \cdot \frac{c}{\lambda}$$

Die Gleichung zeigt, dass Photonen des Lichts kleinerer Wellenlänge eine größere Energie haben.

Entstehung von Farbe. Gelangt Licht aller Wellenlängen des sichtbaren Bereichs (ca. 380 – 750 nm) in unser Auge, so entsteht bei geeigneter Zusammensetzung des Lichts im Gehirn der Farbeindruck „Weiß". Ein weißer Stoff reflektiert also Licht aller Wellenlängen.
Trifft Licht auf einen Farbstoff, wird es zum Teil *absorbiert* [B2]. Der Farbstoff wandelt dabei die Energie des Lichts in andere Energieformen um (Kap. 8.2). Ein Farbstoff absorbiert jedoch nur Licht bestimmter Wellenlängenbereiche, das restliche Licht wird durchgelassen oder reflektiert. Gelangt dieses Licht in unser Auge, löst es eine Farbwahrnehmung aus.

Komplementärfarben. Unser Gehirn erkennt die Farbe Gelb, wenn Licht des Wellenlängenbereichs 580 – 595 nm ins Auge gelangt. Der gleiche Farbeindruck entsteht aber auch, wenn Licht aller Wellenlängen außer dem blauen Bereich (440 – 480 nm) in unser Auge gelangt. Auch den Farbeindruck „Blau" kann man auf zwei Arten erzeugen: durch Licht des blauen Bereichs oder durch Licht aller Wellenlängen außer dem gelben Bereich. Blau ist die *Komplementärfarbe* zu Gelb und umgekehrt.
Im **Farbkreis** sind Komplementärfarben paarweise gegenüber angeordnet [B3]. Eine Besonderheit ist Magenta (Purpur), die Komplementärfarbe zu Grün. Magenta kann nicht durch einen Wellenlängenbereich erzeugt

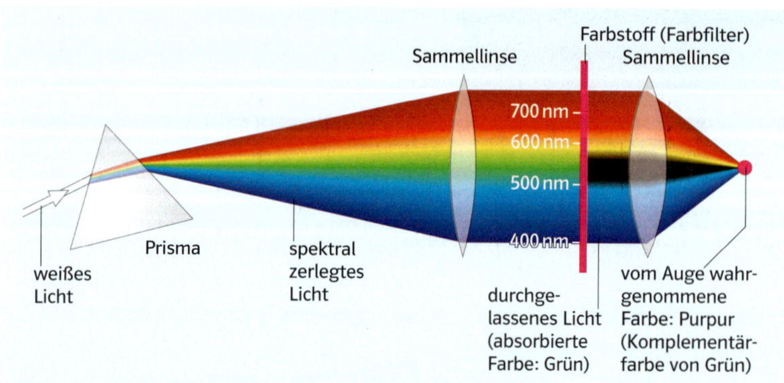

B2 *Absorption und resultierende Farbe eines purpurfarbenen Farbstoffs. Das Licht im grünen Bereich des Spektrums wird absorbiert*

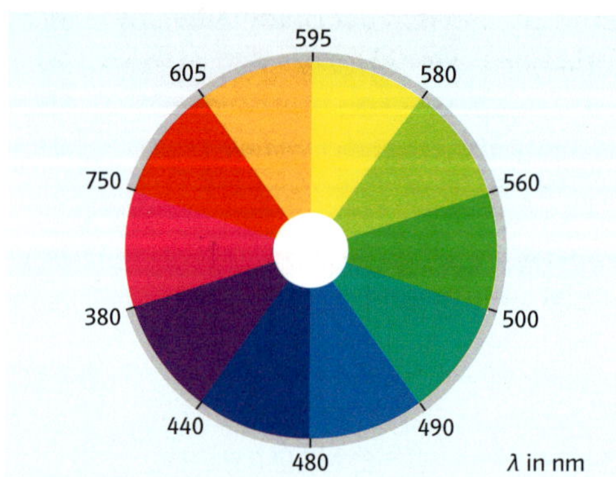

B3 *Komplementärfarben im Farbkreis. Er enthält zusätzlich zu den Spektralfarben die Farbe Magenta*

werden, sondern nur als Licht aller Wellenlängen außer dem grünen Bereich.
Einen *Farbstoff*, der Licht eines kleinen Wellenlängenbereichs absorbiert, sehen wir in der Komplementärfarbe des absorbierten Bereichs. Absorbiert ein Farbstoff im gelben Bereich, sieht er blau aus, ein purpurfarbener Farbstoff absorbiert im grünen Bereich [B2].

Additive Farbmischung. Wird eine weiße Fläche mit Licht unterschiedlicher Farben bestrahlt, *reflektiert* sie das gesamte Licht. Bei dieser *additiven Farbmischung* werden also mehrere Bereiche des Spektrums zusammengefügt. In unserem Auge regt das reflektierte Licht je nach Zusammensetzung rot-, grün- und blauempfindliche Sinneszellen an (Kap. 8.4). Rotes und grünes Licht führt z. B. im Gehirn zum Farbeindruck „Gelb" [B4, links]. Wird die Fläche von rotem, grünem und blauem Licht gleichzeitig bestrahlt, erscheint sie *weiß*. Alle Farben eines Computermonitors oder Fernsehbildschirms werden durch additive Farbmischung der drei Grundfarben **R**ot, **G**rün und **B**lau erzeugt. Man spricht vom **RGB-Farbraum**.

Subtraktive Farbmischung. Eine andere Erfahrung macht man beim Mischen im Malkasten. Eine Malfarbe *absorbiert* einen Bereich des Spektrums, eine zweite Malfarbe absorbiert einen weiteren Bereich. Das restliche Licht wird reflektiert und ergibt den Sinneseindruck der Mischfarbe. Blau und Gelb mischen sich z. B. zu Grün [B4, rechts]. Bei dieser *subtraktiven Farbmischung* werden also mehrere Bereiche aus dem Spektrum entfernt. Ein Gemisch der Grundfarben des **CMY-Farbraums** **C**yan, **M**agenta und Gelb (**y**ellow)

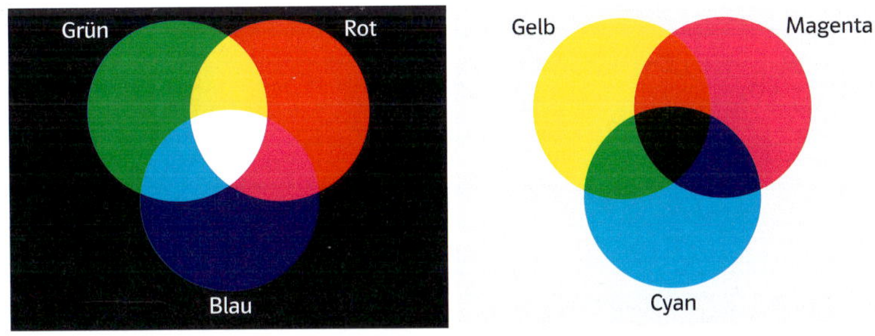

B4 *Farbmischung: additiv (links), subtraktiv (rechts)*

absorbiert das gesamte Spektrum des sichtbaren Lichts, es ergibt daher *Schwarz*. B4 zeigt den Zusammenhang der beiden Farbräume: Die Mischfarben des einen Farbraums sind die Grundfarben des anderen.

Durch additive oder subtraktive Farbmischung können unterschiedliche Farben erzeugt werden.

Absorptionsspektren. Jeder hat seine eigene Vorstellung von Farben. Er weiß aber nicht, ob andere Menschen dieselbe Farbe sehen. Mit einem Spektralfotometer (Kap. 8.3) lässt sich die objektive Entsprechung einer Farbe bestimmen: Eine Farbstofflösung wird von *monochromatischem Licht* durchstrahlt; die Wellenlänge wird in kleinen Schritten verstellt. Eine Fotozelle vergleicht die Intensität des Lichts, das die Lösung verlässt, mit der Intensität von Licht, welches das reine Lösungsmittel durchstrahlt hat. Aus den Messwerten wird die *Extinktion* berechnet; diese wird im *Absorptionsspektrum* gegen die Wellenlänge aufgetragen.

In einem Absorptionsspektrum wird die Extinktion gegen die Wellenlänge aufgetragen.

CMY und CMYK Im Vierfarbdruck verwendet man den CMYK-Farbraum mit Schwarz (**k**ey) als vierter „Farbe". Der wichtigste Grund dafür ist, dass es in der Realität keine Farbstoffe mit optimalen Absorptionsbereichen gibt. Die Mischung der verwendeten Farbstoffe für Cyan, Magenta und Gelb ergibt nur ein dunkles Braun.

Monochromatisches Licht Licht einer einzigen Wellenlänge oder eines sehr kleinen Wellenlängenbereichs

Die Extinktion (Kap. 8.3) ist eine logarithmische Größe, die aus Lichtintensitäten berechnet wird. Je größer die Extinktion ist, desto größer ist der Anteil des absorbierten Lichts.

V1 Beleuchten Sie eine weiße Fläche mit einer roten, blauen und grünen LED-Lampe. Sie können auch drei weiße Lampen einsetzen, vor die Sie eine rote, blaue bzw. grüne Filterfolie halten.

V2 Stellen Sie in drei Bechergläsern wässrige Lösungen der Lebensmittelfarbstoffe Blau (Indigotin, E 132), Rot (Cochenillrot A, E 124) und Grün (Gemisch aus Indigotin, E 132 und Chinolingelb, E 104) her.
a) Erzeugen Sie z. B. mithilfe eines Prismas oder eines Gitters ein Spektrum und halten Sie ein Becherglas mit der jeweiligen Farbstofflösung in den Strahlengang.
b) Stellen Sie die drei Bechergläser mit den Farbstofflösungen hintereinander auf und blicken Sie durch alle hindurch.

A1 ○ Eine Lösung absorbiert Licht im Wellenlängenbereich zwischen $\lambda = 480\,nm$ und $\lambda = 490\,nm$. Geben Sie die Farbe der Lösung an.
Hinweis: Nehmen Sie den Farbkreis [B3] zuhilfe.

8.2 Struktur und Farbe

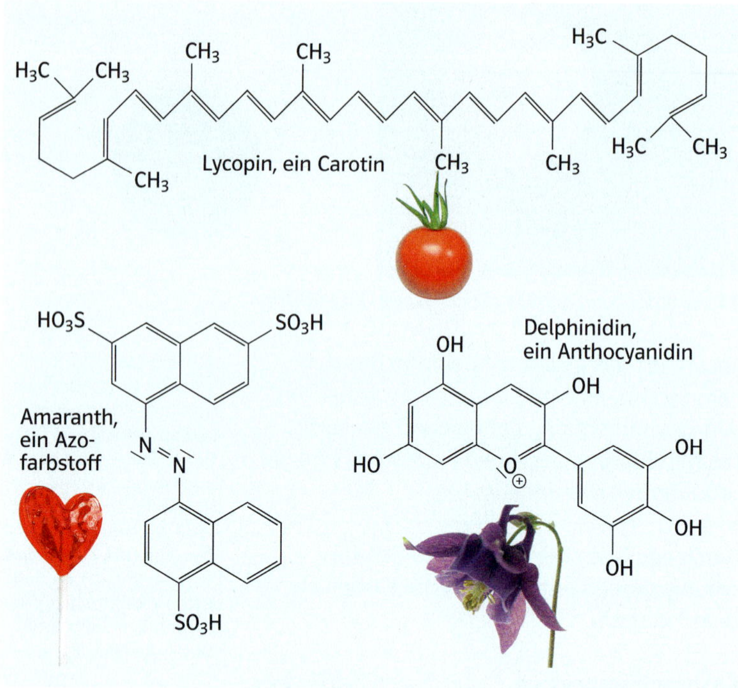

B1 *Lycopin, Amaranth und Delphinidin*

Diphenyl-Polyene 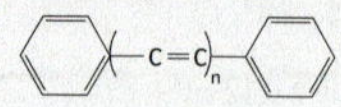	Absorptions-maximum λ_{max} in nm	Farbeindruck
$n = 2$	245	farblos
$n = 3$	360	
$n = 4$	385	gelbgrün
$n = 5$	400	
$n = 6$	420	

B3 *Zahl der konjugierten Doppelbindungen und Absorption am Beispiel von Diphenyl-Polyenen*

Konjugierte Doppelbindungen Doppel- und Einfachbindungen wechseln einander ab (Kap. 7.3).

Untersucht man farbige organische Verbindungen, so zeigt sich ein Zusammenhang zwischen der Farbe und der Molekülstruktur.

Farbe und Molekülstruktur. In farbigen organischen Verbindungen findet man Struktureinheiten, in denen Kohlenstoff-Atome über *konjugierte Doppelbindungen* verbunden sind. Die Elektronen der Doppelbindungen sind über die ganze Struktureinheit delokalisiert, sie bilden ein *delokalisiertes Elektronensystem* (Kap. 7.2).

Moleküle, die ein großes delokalisiertes Elektronensystem enthalten, können Licht absorbieren. Die Energie *eines Photons* aus dem Bereich des sichtbaren Lichts reicht aus, um das delokalisierte Elektronensystem *eines Moleküls* in einen Zustand mit höherer Energie zu versetzen. Das Molekül gelangt durch *Anregung* aus dem **Grundzustand** in den **angeregten Zustand** [B2]. Das Photon wird dabei „verbraucht", d.h. in Energie des Moleküls umgewandelt. Das Absorptionsspektrum eines Stoffes (z.B. Kap. 8.3, B3) zeigt, in welchem Wellenlängenbereich dieser Stoff Licht absorbiert. Je geringer die Energiedifferenz zwischen dem Grundzustand und dem angeregten Zustand ist, desto weniger Energie muss das Photon besitzen, d.h., desto größer ist die Wellenlänge des entsprechenden Lichts (Kap. 8.1). Nach der Anregung gibt das Molekül i.d.R. die aufgenommene Energie in Form von Wärme an die Umgebung ab und kehrt in den Grundzustand zurück.

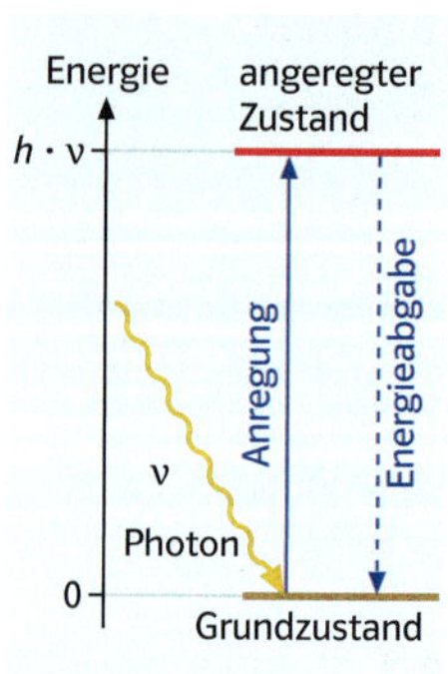

B2 *Anregung eines Moleküls durch ein Photon und anschließende Energieabgabe*

Absorptionssysteme. Die Energiedifferenz zwischen dem Grundzustand und dem angeregten Zustand ist abhängig von der Größe des delokalisierten Elektronensystems, des *Absorptionssystems*.

Ein Beispiel zeigt B3: Die kürzeren Diphenyl-Polyen-Moleküle ($n = 2$ und $n = 3$) absorbieren Ultraviolettstrahlung (kleinere Wellenlängen), die längeren Moleküle absorbieren sichtbares Licht (größere Wellenlängen).

Je ausgedehnter das delokalisierte Elektronensystem ist, desto kleiner ist die Energie der absorbierten Photonen und desto größer folglich die Wellenlänge der absorbierten Strahlung.

Weitere Gruppen am Absorptionssystem. Gruppen, die an das delokalisierte Elektronensystem gebunden sind und einen *mesomeren Effekt* ausüben (Kap. 7.8), haben ebenfalls Einfluss auf die Lage des Absorptionsmaximums der Verbindung.

Stellt ein Substituent ein freies Elektronenpaar einem mesomeren System zur Verfügung, so bezeichnet man dies als **+M-Effekt**. Beispiele für Substituenten, die den +M-Effekt bewirken, sind die Hydroxygruppe und die Aminogruppe [B4, oben]. Substituenten mit Doppelbindung oder Dreifachbindung können dem mesomeren System ein Elektronenpaar ent-

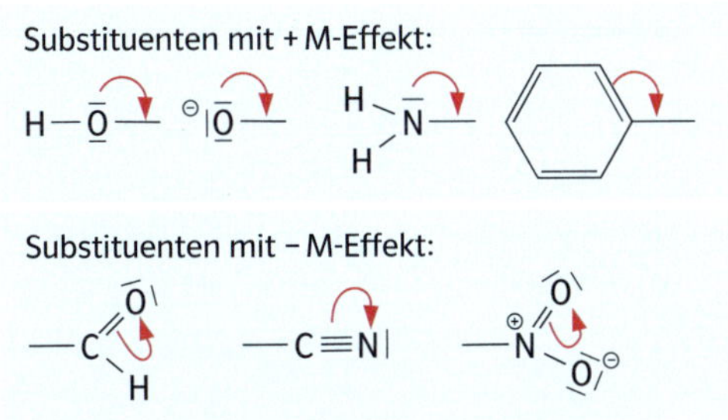

B4 *Mesomere Effekte einiger Substituenten*

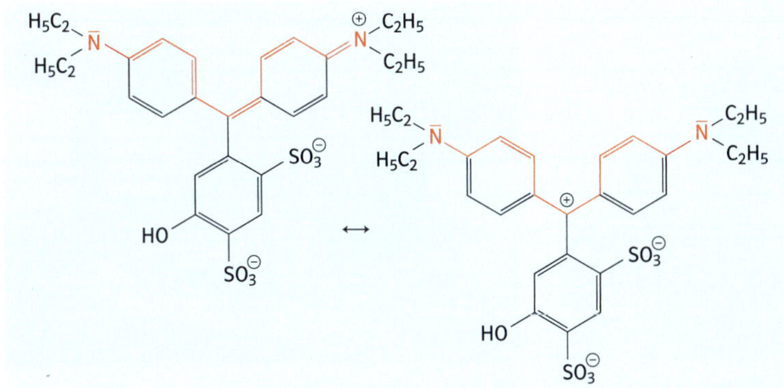

B5 *Zwei mesomere Grenzformeln von Patentblau V*

ziehen. Solche Substituenten, wie z. B. die Carbonyl- oder Cyanogruppe, verursachen den **–M-Effekt** [B4, unten]. Die genannten Substituenten verschieben die Lage der Hauptabsorption in den Bereich größerer Wellenlängen. Man nennt sie **auxochrome Gruppen**. Das gesamte, für die Farbe der Verbindung verantwortliche System heißt auch chromophores System oder **Chromophor** („Farbträger").

Die Verschiebung der Lichtabsorption in den längerwelligen Bereich bezeichnet man als **bathochromen Effekt** („Farbvertiefung"); das Gegenteil ist der **hypsochrome Effekt**. Ein Beispiel ist der Lebensmittelfarbstoff Patentblau V (E 131), der z. B. blauem Likör die Farbe gibt [B5, B7]. Sein Absorptionsmaximum liegt bei λ_{max} = 638 nm, also im Bereich des gelben Lichts. Eine Lösung des *unsubstituierten* Triphenylmethyl-Kations [B8] ist gelborange. Sein Absorptionsmaximum liegt bei λ_{max} = 638 nm, also im Bereich des blauen Lichts.

Einfluss des pH-Wertes. Auxochrome Gruppen wie z. B. $-NH_2$ oder –OH können mit H_3O^+- oder OH^--Ionen reagieren, indem sie Protonen aufnehmen oder abgeben. Das hat Einfluss auf das delokalisierte Elektronensystem. Farbstoffe mit solchen auxochromen Gruppen kann man als Säure-Base-Indikatoren verwenden.

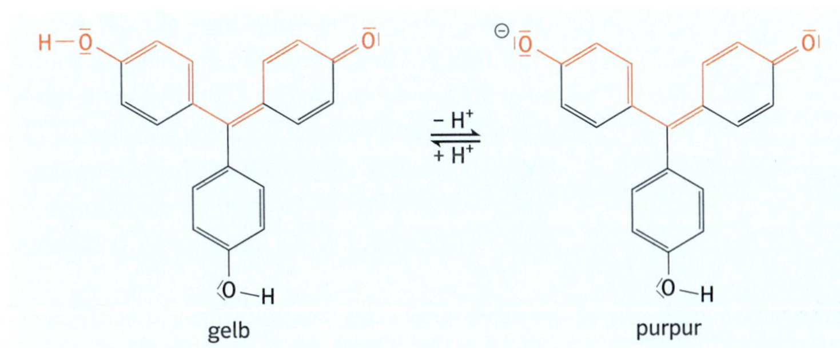

B6 *Aurin in saurer Lösung (links) und in alkalischer Lösung (rechts)*

Beim Indikatorfarbstoff Aurin [B6] liegt das Hauptabsorptionssystem des Moleküls zwischen den beiden Sauerstoff-Atomen. Die Abgabe eines Protons aus der OH-Gruppe fördert den +M-Effekt des Sauerstoff-Atoms; die Farbstofflösung wird purpurfarben (pink, bathochromer Effekt). In saurer Lösung wird ein Proton addiert, dadurch wird die Lösung gelb (hypsochromer Effekt).

Der bathochrome Effekt ist eine Verschiebung der Absorption in den längerwelligen Bereich, z. B. durch Substituenten, die einen mesomeren Effekt ausüben. Das Gegenteil des bathochromen Effekts ist der hypsochrome Effekt.

B7 *Blauer Likör ist oft mit Patentblau V gefärbt*

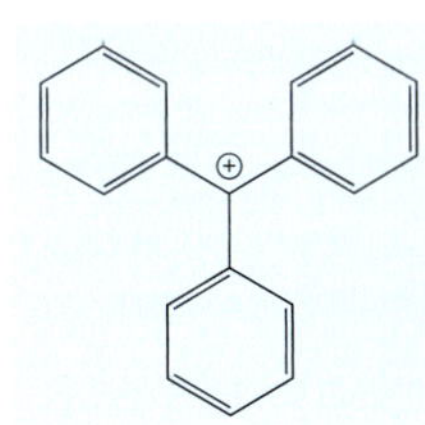

B8 *Triphenylmethyl-Kation*

V1 Stellen Sie 8 ml einer verdünnten Lösung von Brillantblau FCF oder Patentblau V her und verteilen Sie diese auf zwei Reagenzgläser. Geben Sie zu einer der Lösungen eine Spatelspitze Zinkpulver und 2 ml verd. Schwefelsäure und schütteln Sie. Zum Erkennen der Farbveränderung gießen Sie die Lösung nach ca. 10 min in ein anderes Reagenzglas ab. Erklären Sie das Versuchsergebnis. *Hinweis:* Der entstehende atomare Wasserstoff wirkt als Reduktionsmittel.

V2 Nehmen Sie das Absorptionsspektrum einer Lösung des Indikators Aurin (p-Rosolsäure) in saurer und alkalischer Lösung auf. Bestimmen Sie die Absorptionsmaxima. Diskutieren Sie das Ergebnis.

A1 ◒ Lycopin [B1], der Farbstoff der roten Tomate, besitzt konjugierte Doppelbindungen. Bei Zugabe von Brom zu Tomatensaft verändert sich die Farbe. Erklären Sie diese Beobachtung.

8.3 Kolorimetrie und Fotometrie

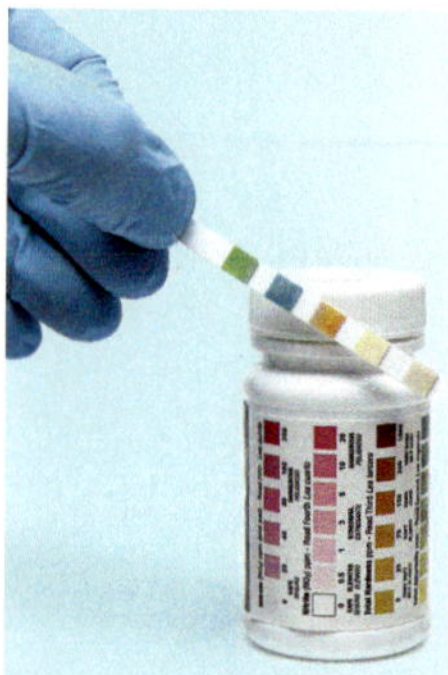

B1 *Kolorimetrische Wasser-Untersuchung mit Teststäbchen*

B2 *Kolorimetrische Wasser-Untersuchung mit gelösten Reagenzien*

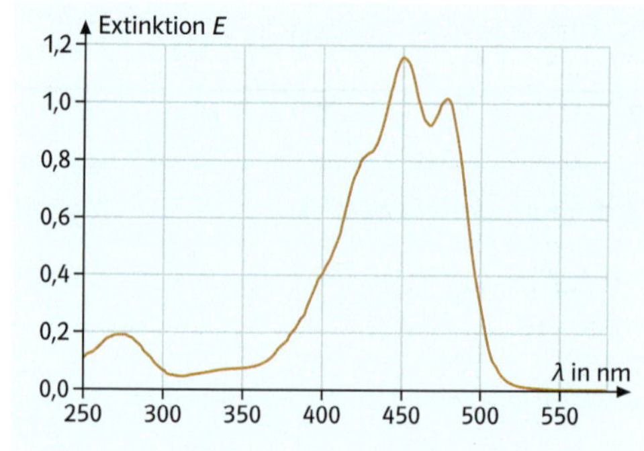

B3 *Absorptionsspektrum von β-Carotin (in Hexan), das man z. B. aus einer Möhre extrahieren kann*

Für viele analytische Aufgaben, wie z. B. die Prüfung der Wasserqualität eines Aquariums oder die Bestimmung der Konzentration eines gelösten Farbstoffs [V2], eignen sich die Kolorimetrie und die Fotometrie. Bei diesen Analysemethoden nutzt man die Farbigkeit eines Stoffes oder eines Reaktionsproduktes.

Kolorimetrie von lat. color, Farbe und griech. metron, Maß

Fotometrie von griech. phos, Licht und metron, Maß. Auch die Schreibweise mit ph (Photometrie) ist üblich, v. a. im Englischen (photometry).

Photonen sind Lichtquanten (Kap. 8.1).

Wellenlänge λ Strecke von Wellenberg zu Wellenberg. Übliche Einheit bei Licht: Nanometer ($1\,nm = 10^{-9}\,m$) (λ: griech. Buchst. lambda)

monochromatisch von griech. monos, einzig und chroma, Farbe. Licht einer bestimmten Wellenlänge oder eines kleinen Wellenlängenbereichs bezeichnet man als monochromatisch.

Bilirubin Abbauprodukt des Hämoglobins. Erhöhte Bilirubin-Werte im Blut weisen darauf hin, dass eine Gelbsucht vorliegt.

Kolorimetrie. Bei der Kolorimetrie arbeitet man mit Teststäbchen, die man in die Probelösung taucht [B1] oder mit Probelösungen in kleinen Gläsern, in die man ein Nachweisreagenz gibt [B2]. Dabei reagiert der zu untersuchende Stoff in einer spezifischen Reaktion zu einem farbigen Produkt. Je intensiver die Farbe, desto höher ist die Konzentration des Stoffes. Die Farbe, die das Teststäbchen bzw. die Probelösung angenommen hat, wird mit den Farben auf einer Farbkarte verglichen.

Die Kolorimetrie ist eine halbquantitative Analysemethode zur Konzentrationsbestimmung. Sie beruht auf dem visuellen Vergleich der Farbintensität eines Teststäbchens oder einer Lösung mit einer Farbskala.

Fotometrie. Das menschliche Farbempfinden ist subjektiv. Genauere Analysen als mit der Kolorimetrie sind durch fotometrische Messungen möglich. Die Fotometrie ist eine wichtige quantitative Analysemethode, z. B. in der Umweltanalytik (Bestimmung von Schadstoffen) und in der Kinetik (Messung der Reaktionsgeschwindigkeit, Kap. 2.3). Auch in der Medizin wird sie angewandt, z. B. zur Bestimmung des Bilirubin-Gehalts im Blut [A3].

Bei der Fotometrie wird die Intensität des Lichts einer bestimmten Wellenlänge gemessen, das durch eine Farbstoff-Lösung hindurchgeht. Dazu ermittelt man zunächst den Wellenlängenbereich, der von den Farbstoff-Molekülen oder -Ionen absorbiert wird, indem man ein *Absorptionsspektrum* aufnimmt.

Absorptionsspektrum. Zum Aufnehmen eines Absorptionsspektrums benötigt man ein **Spektralfotometer** [B4]. In ihm wird Licht einer Strahlungsquelle (Lampe) in die Spektralfarben zerlegt. Der dazu verwendete *Monochromator* enthält ein optisches Gitter; er lässt immer nur Licht einer bestimmten, einstellbaren Wellenlänge durch.
Die Farbstoff-Lösung wird in eine *Küvette* [B6] gefüllt und nacheinander von Licht unterschiedlicher Wellenlängen durchstrahlt. Die Intensität des Lichts, das durch die Lösung hindurchgegangen ist, wird mit einem *Detektor* (z. B. einer Fotozelle) gemessen. Man erhält ein Absorptionsspektrum [B3, V1, V3].

Absorption von Licht und Messprinzip. Einen Lichtstrahl einer bestimmten Wellenlänge **(monochromatisches Licht)** kann man sich als einen Strom von Photonen gleicher Energie vorstellen. Tritt ein Lichtstrahl in die Lösung ein, so können die Photonen absorbiert werden, wenn sie auf die gelösten Farbstoff-Moleküle treffen. Die Moleküle eines gelben Farbstoffs wie z. B. β-Carotin absorbieren vorwiegend Licht aus dem Teil des Spektrums, der dem blauen Licht entspricht [B3]. Ein Farbstoff absorbiert also das Licht, das seiner Komplementärfarbe entspricht (Kap. 8.1).

Der Photonenstrom wird umso mehr abgeschwächt, je höher die Konzentration des Farbstoffs ist und je größer der Weg ist, den die Photonen durch die Lösung zurücklegen, da in beiden Fällen die Wahrscheinlichkeit für ein Zusammentreffen mit einem Farbstoff-Molekül größer ist. Der Weg durch die Lösung entspricht der Schichtdicke, d.h. der Küvettenlänge (i.d.R. 1cm) [B4, B6].

Die Absorption hängt also von den folgenden drei Faktoren ab: Von der *Art* der in der Lösung vorliegenden Teilchen, von ihrer *Konzentration* und von der *Schichtdicke*. Ist die Schichtdicke konstant, kann somit für eine bestimmte Teilchenart die Konzentration fotometrisch bestimmt werden. Aus dem Absorptionsspektrum wählt man eine geeignete Wellenlänge aus (häufig das Maximum, in B3 z.B. $\lambda \approx 450\,nm$), bei der dann Lösungen bekannter und unbekannter Konzentrationen verglichen werden.

Die Fotometrie ist ein Analyseverfahren, bei dem die Konzentration einer farbigen Lösung mithilfe von Absorptionsmessungen bestimmt wird.

Extinktion. Als Messgröße könnte man z.B. den Transmissionsgrad verwenden; das ist der Anteil der Strahlung, der *nicht* absorbiert wird. Allerdings ist der Transmissionsgrad nicht proportional zur Konzentration des Farbstoffs [B5, links]. Deshalb verwendet man als Maß für die Absorption i.d.R. die *Extinktion E* [Exkurs]. Diese logarithmische Größe ist proportional zur Konzentration und zur Schichtdicke [B5, rechts]. Der Proportionalitätsfaktor heißt Extinktionskoeffizient ε. Er hängt von der Wellenlänge des Lichts und vom absorbierenden Stoff ab.
Es gilt das **Lambert-Beer Gesetz**:

$E \sim c \cdot d$ oder $E = \varepsilon \cdot c \cdot d$

E: Extinktion
ε: molarer dekadischer Extinktionskoeffizient
c: Konzentration
d: Schichtdicke

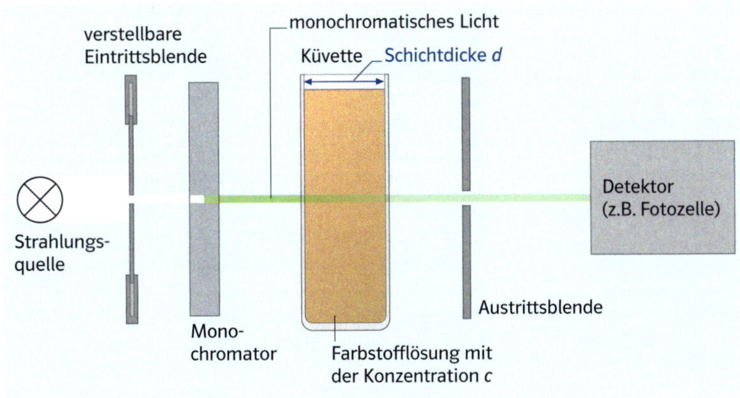

B4 *Schematischer Aufbau eines Spektralfotometers*

Aus der Extinktion *E* kann also die Konzentration eines Farbstoffs in einer Probelösung bestimmt werden, wenn der Extinktionskoeffizent ε bekannt ist. Dazu misst man zunächst die Extinktionen von mehreren Lösungen bekannter Konzentration und trägt sie in einem Diagramm auf. Man erhält eine **Kalibriergerade**. Die Steigung der Kalibriergeraden ist der Extinktionskoeffizient ε des Farbstoffs [B5, rechts]. Dann misst man die Extinktion der Probelösung und bestimmt grafisch oder rechnerisch die Konzentration des Farbstoffs [V2].

Die Extinktion ist ein Maß für die Absorption. Sie ist proportional zur Konzentration der absorbierenden Teilchen in einer Lösung. Es gilt das Lambert-Beer-Gesetz: $E = \varepsilon \cdot c \cdot d$

Zur fotometrischen Bestimmung eines Farbstoffs vergleicht man die Extinktion der Farbstofflösung mit einer Kalibriergeraden.

Extinktion von lat. extinctio, Auslöschung. Hinweis: Die Extinktion wird im Englischen als absorbance bezeichnet (Symbol: *A*). Sie ist nicht zu verwechseln mit dem Absorptionsgrad α.

Der molare dekadische Extinktionskoeffizient ε wird in der Einheit $1/(cm \cdot (mol/l)) = l/(mol \cdot cm)$ angegeben.
(ε: griech. Buchst. epsilon)

Methylenblau ist ein häufig verwendeter Farbstoff, der z.B. zum Anfärben mikroskopischer Präparate verwendet wird. Absorptionsspektrum und Struktur: siehe B9

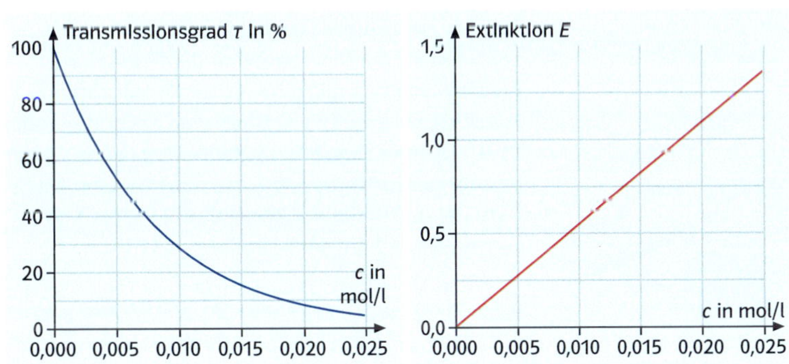

B5 *Abhängigkeit des Transmissionsgrads und der Extinktion von der Konzentration am Beispiel des Farbstoffs Methylenblau (d = 1cm; λ = 660 nm)*

UV/VIS bedeutet, dass das Spektralfotometer im Bereich der ultravioletten Strahlung (UV) und des sichtbaren Lichts (VIS) messen kann, dazu oft noch in einem Teil des nahen Infrarot-Bereichs. Ein typisches UV/VIS-Spektralfotometer deckt den Wellenlängen-Bereich zwischen 190 nm und 1100 nm ab.

***B6** Küvetten sind Probenbehälter, die bei der Fotometrie verwendet werden*

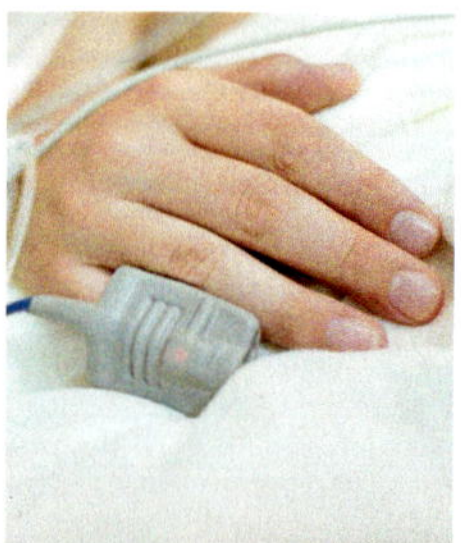

***B7** Pulsoxymeter (zu A3)*

Exkurs

Fotometer-Typen

UV/VIS-Spektralfotometer enthalten einen Monochromator [B4]. Sie werden durch Computer gesteuert, die auch die Messdaten erfassen und verarbeiten.
Bei den einfacheren *Einstrahlmessgeräten* sind zwei Messvorgänge nötig: Bei der Referenzmessung (Vergleichsmessung) wird das Licht durch eine Küvette [B6] geschickt, die nur das Lösungsmittel oder eine Vergleichsprobe enthält, und der Messwert der Extinktion wird auf null eingestellt. Die „eigentliche" Messung erfolgt bei gleichen Bedingungen wie die Referenzmessung, jedoch mit der zu untersuchenden Lösung.
Zweistrahlmessgeräte haben zwei Halterungen, eine für die Probenküvette und eine für die Referenzküvette. Der Lichtstrahl wird geteilt, und die Intensitäten des Probe- und Vergleichsstrahls werden gleichzeitig gemessen und miteinander verglichen.

Eine konstante Schichtdicke erreicht man, indem man in einer Messreihe immer dieselbe Küvette verwendet. Lichtverluste durch Reflexion oder durch das Lösungsmittel spielen keine Rolle, weil diese bei der Referenzmessung genauso auftreten. Die Proportionalität zwischen der Extinktion E und der Konzentration c gilt streng genommen nur in stark verdünnten Lösungen. Für die Praxis ist die Genauigkeit bei $c < 0{,}01\,\text{mol/l}$ hoch genug.

Filterfotometer sind preiswerte und häufig transportable Geräte zur Konzentrationsbestimmung. Die Wellenlängenselektion erfolgt nicht durch ein optisches Gitter, sondern durch wechselbare Interferenzfilter; das sind Filter, die Licht einer ganz bestimmten Wellenlänge durchlassen.

Kompaktfotometer sind Filterfotometer mit Leuchtdioden als Lichtquelle. Bei ihnen ist die Auswahl an Wellenlängen stärker beschränkt (z. B. drei Leuchtdioden, drei Wellenlängen).

V1 Aufnahme eines Absorptionsspektums:
a) Stellen Sie eine Lösung von 8 mg des Farbstoffs Methylenblau in 1 l Wasser her ($c = 0{,}025\,\text{mmol/l}$).
b) Bestimmen Sie mit einem Spektralfotometer die Extinktion E der Lösung bei verschiedenen Wellenlängen in Schritten von 10 Nanometern. **c)** Erstellen Sie eine Tabelle mit den Werten von λ und E.
d) Werten Sie die Tabelle grafisch aus, indem Sie die Extinktion E in Abhängigkeit von der Wellenlänge λ auftragen.

V2 Konzentrationsmessung mit einem Fotometer:
a) Lösen Sie 32 mg Methylenblau in 1 l Wasser. Sie erhalten so eine Lösung der Konzentration $c = 0{,}1\,\text{mmol/l}$. Stellen Sie daraus die folgenden Verdünnungen her: $c = 0{,}05\,\text{mmol/l}$; $0{,}025\,\text{mmol/l}$; $0{,}01\,\text{mmol/l}$; $0{,}005\,\text{mmol/l}$. Messen Sie die Extinktion E dieser Lösungen bei einer Wellenlänge im Bereich zwischen 560 und 680 nm (gelbes Licht). Zeichnen Sie ein Diagramm mit der Extinktion E (y-Achse) in Abhängigkeit von der Konzentration c (x-Achse). Sie erhalten dadurch eine Kalibriergerade.
b) Bestimmen Sie die (unbekannte) Konzentration einer anderen Methylenblau-Lösung. Messen Sie dazu deren Extinktion und ermitteln Sie die Konzentration mithilfe der Kalibriergeraden.

V3 ⚠ (Abzug!) Zerkleinern Sie eine Möhre (Reibe oder Mixer). Geben Sie ca. 1 g davon in einen Erlenmeyerkolben (50 ml), dazu 20 ml Heptan, und extrahieren Sie den Farbstoff durch Schütteln. Messen Sie die Extinktion bei $\lambda = 450\,\text{nm}$. Falls $E > 1{,}3$ ist, verdünnen Sie die Lösung mit Heptan. Nehmen Sie nun ein Absorptionsspektrum der Lösung auf und vergleichen Sie es mit B3.

A1 ○ Skizzieren Sie den Aufbau eines Spektralfotometers und erklären Sie in wenigen Sätzen seine Funktionsweise.

A2 ◒ Begründen Sie, warum die Probelösung für eine fotometrische Messung keine Trübung aufweisen darf, und warum die Küvetten auch auf der Außenseite sauber sein müssen.

A3 ◒ **a)** MK Recherchieren Sie, welche Anwendungen der Fotometrie es in der Medizin gibt.
b) Informieren Sie sich über die fotometrische Bestimmung des Bilirubin-Gehalts im Blut von Neugeborenen und beschreiben Sie das Verfahren.
c) Informieren Sie sich über die Funktionsweise eines Pulsoxymeters [B7] und erläutern Sie diese.

A4 ● Die Extinktion einer Kaliumpermanganat-Lösung der Konzentration $c(KMnO_4) = 2{,}0 \cdot 10^{-3}\,\text{mol/l}$ beträgt $E = 0{,}64$, die einer Kaliumpermanganat-Lösung unbekannter Konzentration $E = 0{,}44$. Die Messungen erfolgten unter gleichen Bedingungen. Berechnen Sie die unbekannte Konzentration.

A5 ● MK Recherchieren Sie im Internet nach Smartphone-Fotometern zum Selbstbauen und bauen Sie ein solches „Low-Cost-Fotometer".

Exkurs

Messgrößen in der Fotometrie
Mit einem Spektralfotometer bestimmt man die Intensität I_{tr} des Lichts, die am Detektor ankommt [B8]. Diese vergleicht man mit der Intensität I_0 des Lichts, das nur durch die Referenzküvette gegangen ist.

Der Transmissionsgrad τ ist der Anteil der Strahlung, der *nicht* absorbiert wird. Anteile werden als Quotienten beschrieben – im Zähler steht der Teil, im Nenner das Ganze. Der Transmissionsgrad ist daher folgendermaßen definiert:

$$\tau = \frac{I_{tr}}{I_0}$$

τ: Transmissionsgrad
I_{tr}: Intensität des durchgelassenen Lichts
I_0: Intensität des eingestrahlten Lichts

Der Zahlenwert von τ liegt zwischen 0 und 1 bzw. zwischen 0 und 100 %. Der Wert $\tau = 0{,}4$ bedeutet beispielsweise, dass 40 % des eingestrahlten Lichts von der Lösung durchgelassen werden.

Der Absorptionsgrad α ist der Anteil der Strahlung, der absorbiert wird:

$$\alpha = \frac{I_{abs}}{I_0}$$

α: Absorptionsgrad
I_{abs}: Intensitätverlust durch Absorption
I_0: Intensität des eingestrahlten Lichts

Der Anteil α an absorbierter Strahlung und der Anteil τ an durchgelassener Strahlung müssen zusammen 100 % ergeben:

$$\alpha + \tau = 100\,\% = 1$$

Aus dem Transmissionsgrad τ kann folglich der Absorptionsgrad α berechnet werden und umgekehrt:

$$\alpha = 1 - \tau \quad \text{und} \quad \tau = 1 - \alpha$$

Ein Absorptionsspektrum mit Auftragung des Absorptionsgrads ist das Spiegelbild eines Spektrums mit aufgetragenem Transmissionsgrad [B9].

Die Extinktion und das Lambert-Beer-Gesetz.
B5 zeigt, dass der Transmissionsgrad exponentiell mit der Konzentration abnimmt. Auch für die Abhängigkeit von der Schichtdicke ergibt sich ein exponentieller Zusammenhang. In der Praxis ist jedoch eine Größe sinnvoll, die linear mit der Konzentration und mit der Schichtdicke zusammenhängt. Man verwendet deshalb anstelle des Transmissionsgrads τ den mit −1 multiplizierten dekadischen Logarithmus von τ, die Extinktion E:

$$E = -\lg \tau = -\lg \frac{I_{tr}}{I_0} = \lg \frac{I_0}{I_{tr}}$$

Die Extinktion E ist proportional zur Konzentration c und zur Schichtdicke d:

$$E \sim c \quad \text{und} \quad E \sim d$$

Zusammengefasst ergibt sich das **Lambert-Beer-Gesetz**:

$$E \sim c \cdot d \quad \text{oder} \quad E = \varepsilon \cdot c \cdot d$$

E: Extinktion
ε: molarer dekadischer Extinktionskoeffizient
c: Konzentration
d: Schichtdicke

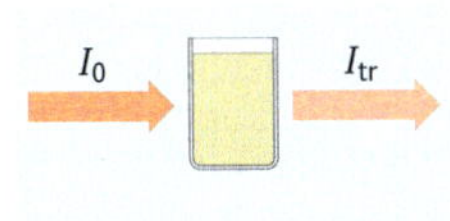

***B8** I_0 und I_{tr}*

Transmissionsgrad τ Anteil der Strahlung, der durchgelassen wird
(τ: griech. Buchstabe tau)

Absorptionsgrad α Anteil der Strahlung, der absorbiert wird
(α: griech. Buchst. alpha)

Der molare dekadische Extinktionskoeffizient ε wird in der Einheit 1/(cm·(mol/l)) = l/(mol·cm) angegeben.
Im Unterschied zu anderen molaren Größen steht nicht die Einheit der Stoffmenge, sondern die Einheit der Stoffmengenkonzentration im Nenner.
(ε: griech. Buchst. epsilon)

Johann Heinrich Lambert (1728–1777) Mathematiker, Logiker, Physiker und Philosoph der Aufklärung

August Beer (1825–1863) Mathematiker, Chemiker und Physiker

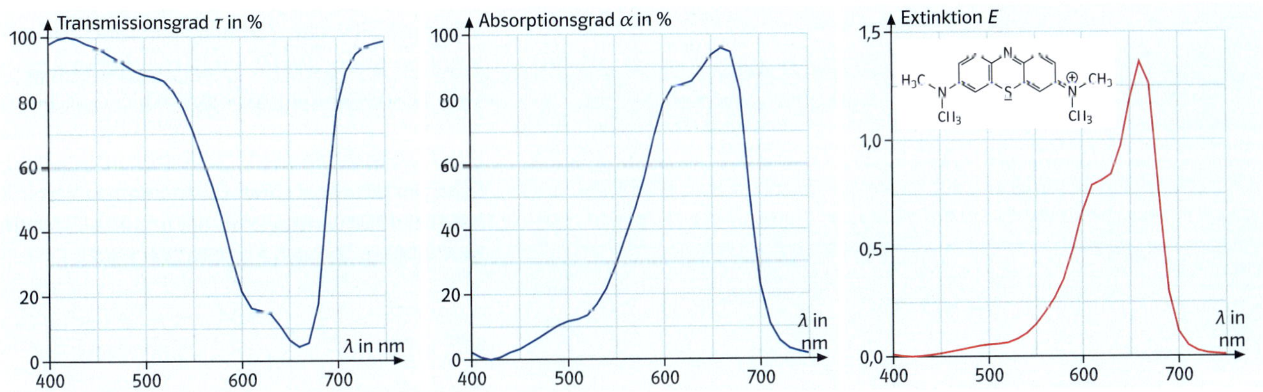

***B9** Absorptionsspektrum des Farbstoffs Methylenblau ($c = 0{,}025$ mmol/l; $d = 1$ cm), mit Auftragung des Transmissionsgrads, des Absorptionsgrads bzw. der Extinktion. Üblich ist die Auftragung der Extinktion, da dann die Form der Kurve annähernd unabhängig von der Konzentration der Probelösung ist, sodass man verschiedene Absorptionsspektren gut vergleichen kann*

8.4 Farbe entsteht im Kopf

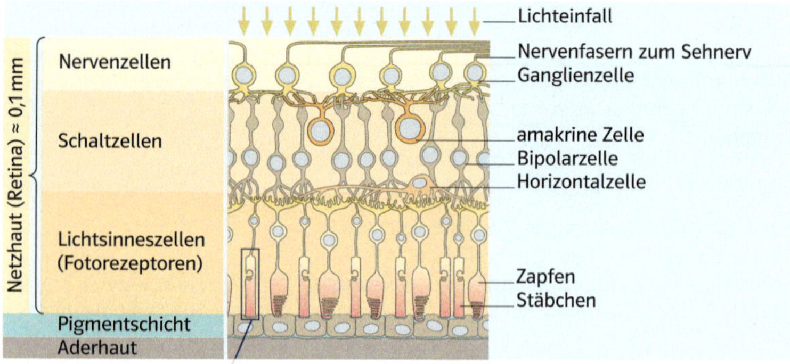

***B1** Schnitt durch die Netzhaut, Pigmentschicht und Aderhaut (oben); Lokalisation der Membranscheibchen und des Rhodopsins in Stäbchen (links)*

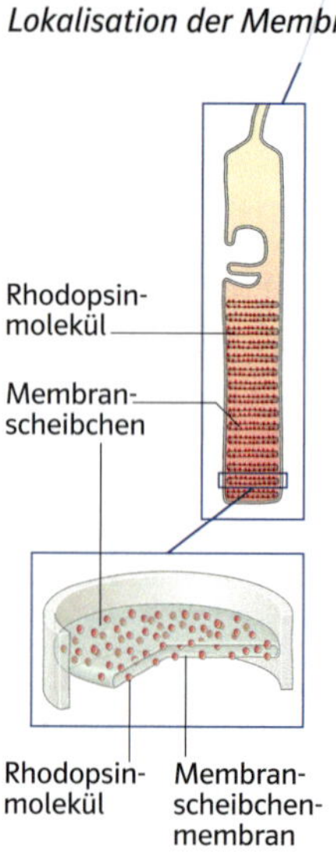

Die Lichtsinneszellen der Netzhaut des menschlichen Auges ermöglichen es, Hell und Dunkel zu unterscheiden sowie eine große Vielfalt von Farben zu erkennen.

Die Netzhaut besteht aus verschiedenen Zellschichten [B1]. Von den Lichtsinneszellen gibt es zwei Arten: Die **Stäbchen**, die bereits durch schwaches Licht gereizt werden, sind für das Hell-Dunkel-Sehen verantwortlich. Mithilfe der **Zapfen** ist das Farbensehen möglich. Sie benötigen mehr Licht als die Stäbchen, um gereizt zu werden. Man findet sie vorwiegend im **Gelben Fleck**, dem Zentrum der Netzhaut. Das Anzahlverhältnis von Stäbchen zu Zapfen ist ca. 21 : 1.

Das Sehen. Fällt Licht ins Auge, werden die Lichtsinneszellen gereizt und senden Signale an die *Schaltzellen*. Diese übertragen die Signale an die *Nervenzellen*, deren Fortsätze sich zum *Sehnerv* vereinigen. Der Sehnerv leitet die Signale zum *Gehirn*.

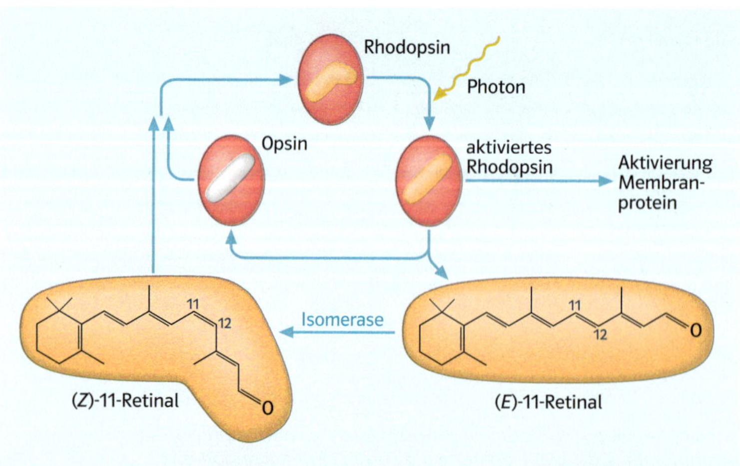

***B2** Veränderung von Rhodopsin unter Einfluss von Licht und Regeneration*

Alle Lichtsinneszellen enthalten Farbstoffe, die durch Licht verändert werden. In den Stäbchen ist dies **Rhodopsin**, welches aus dem *Chromophor* **(*Z*)-11-Retina**l und einem *Proteinträger* (**Opsin**) besteht. (*Z*)-11-Retinal ist ein Stereoisomer des (*E*)-11-Retinals [B2]. Trifft *Licht* in den Stäbchen auf das Rhodopsin, bewirkt es eine Umlagerung der (*Z*)-11- in die (*E*)-11-Konfiguration. Dadurch entsteht aktiviertes Rhodopsin, welches Moleküle eines Membranproteins in der Membranscheibchenmembran [B1, links] aktiviert. Eine Signalkaskade wird in Gang gesetzt, welche einen Nervenimpuls zur Folge hat. Danach zerfällt aktiviertes Rhodopsin in **(*E*)-11-Retinal** und Opsin. *Im Dunkeln* wird (*E*)-11-Retinal wieder durch ein Enzym (Isomerase) in (*Z*)-11-Retinal umgewandelt. Dieses bildet mit Opsin wieder Rhodopsin [B2].

Das Farbensehen. In der menschlichen Netzhaut gibt es drei Zapfensorten: Eine ist für *blaues Licht*, eine zweite für *rotes Licht* und eine dritte für *grünes Licht* empfindlich. Die drei Zapfensorten enthalten unterschiedliche Farbstoffe, welche alle aus Retinal, aber verschiedenen Proteinträgern aufgebaut sind. Unterschiedlich starke Erregung der verschiedenen Zapfentypen führt zu unterschiedlichen Farbeindrücken. Werden z. B. die rot- und grünempfindlichen Zapfen gleichzeitig gereizt, so entsteht die Farbwahrnehmung „Gelb“. Erregung aller drei Zapfensorten führt zur Wahrnehmung „Weiß“. Im Gehirn findet also eine *additive Farbmischung* statt.

Das Farbensehen wird durch drei unterschiedliche Sorten von Zapfen (Lichtsinneszellen in der Netzhaut) ermöglicht, die im roten, grünen bzw. blauen Bereich empfindlich sind.

A1 ● MK β-Carotin, welches z. B. in Möhren vorkommt, wird auch als Provitamin A bezeichnet. Recherchieren Sie, wie es zu dieser Bezeichnung kommt, und weshalb Vitamin A für den Sehvorgang wichtig ist.

8.5 Farbstoffklassen

Farbstoffe kann man nach strukturellen Merkmalen in Farbstoffklassen einteilen. Beispiele sind die Polyene, die Azofarbstoffe, die Triphenylmethan-Farbstoffe und die Carbonylfarbstoffe.

Polyene sind Farbstoffe, deren Absorptionssystem aus konjugierten C=C-Doppelbindungen besteht. Beispiele sind die Carotinoide (Kap. 8.1, 8.7) und das Retinal (Kap. 8.4).

Azofarbstoffe kommen nicht in der Natur vor. Sie lassen sich leicht synthetisieren und decken ein weites Spektrum verschiedener Farben ab. Alle Moleküle dieser Farbstoffklasse enthalten als Strukturelement die **Azogruppe**, die zwei aromatische Systeme verknüpft. Ein einfaches Beispiel ist das Anilingelb [B1].

Absorptionssystem der Azofarbstoffe. Für die Farbe der Azofarbstoffe ist ein delokalisiertes Elektronensystem verantwortlich, das sich über die aromatischen Ringe und die Azogruppe erstreckt. Um es zu beschreiben, verwendet man *mesomere Grenzformeln* (Kap. 7.3).

Anhand der mesomeren Grenzformeln kann man verdeutlichen, dass sich das Absorptionssystem von Anilingelb vom Stickstoff-Atom der Aminogruppe über die Azogruppe bis zum anderen aromatischen Ring erstreckt [B1].
In diesem Absorptionssystem ist die Aminogruppe der elektronenschiebende Teil, die Azogruppe der elektronenziehende. Sind noch mehr auxochrome Gruppen vorhanden, so erweitern sie das Absorptionssystem.

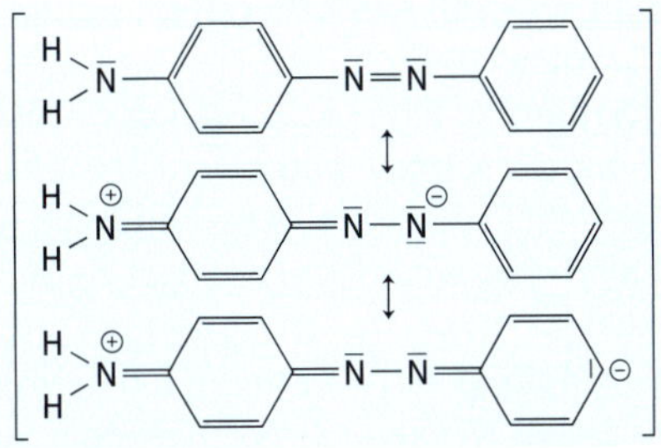

B1 *Delokalisierung beim Anilingelb-Molekül*

pH-Abhängigkeit von Azofarbstoffen. Die Moleküle vieler Azofarbstoffe können an der Azogruppe (die eine negative Teilladung trägt) ein Proton addieren; sie wirken in saurer Lösung also als Base. Man nutzt diese Eigenschaft z. B. bei Methylorange, das als Säure-Base-Indikator dient [B3, B5].
Bei der unprotonierten Form trägt eine der Grenzformeln weniger zur Mesomerie bei, da in ihr Ladungen getrennt sind (Kap. 7.3, B2). Durch die Protonierung wird der −M-Effekt der Azogruppe verstärkt, und man erhält zwei Grenzformeln ohne Ladungstrennung. Ähnlich wie bei der Verstärkung des +M-Effekts einer auxochromen Gruppe (z. B. bei Aurin, Kap. 8.2) führt hier der verstärkte −M-Effekt zur Lichtabsorption bei größerer Wellenlänge (bathochromer Effekt). Im Absorptionsspektrum lässt sich die Verschiebung des Absorptionsmaximums beobachten [B2].

Das Absorptionssystem der Azofarbstoffe besteht aus aromatischen Ringen und Azogruppen. Die Protonierung einer Azogruppe verursacht einen bathochromen Effekt.

Anilingelb war der erste synthetische Azofarbstoff. Es wurde 1861 zum ersten Mal hergestellt. Seine Molekülstruktur wurde erst Jahre später aufgeklärt.

Azogruppe —N̄=N̄—

Sulfonsäuregruppen bzw. Sulfonatgruppen ($-SO_3H$ bzw. $-SO_3^-$) im Molekül tragen zur Löslichkeit des Farbstoffs in Wasser bei. Auf die Farbe haben sie kaum Einfluss, sie sind daher nicht in chromophore Systeme einzubeziehen.

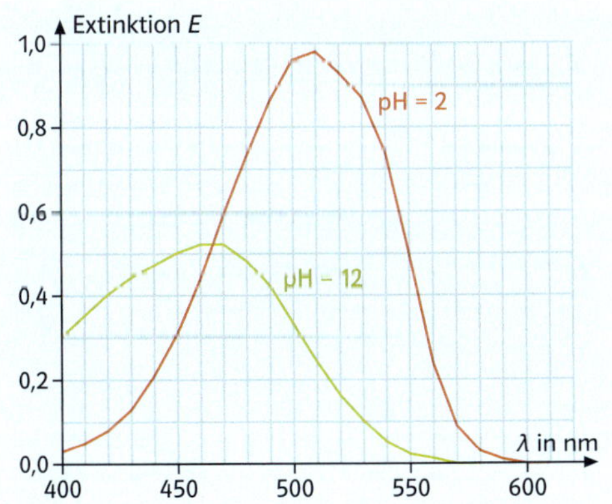

B2 *Absorptionsspektren von Methylorange*

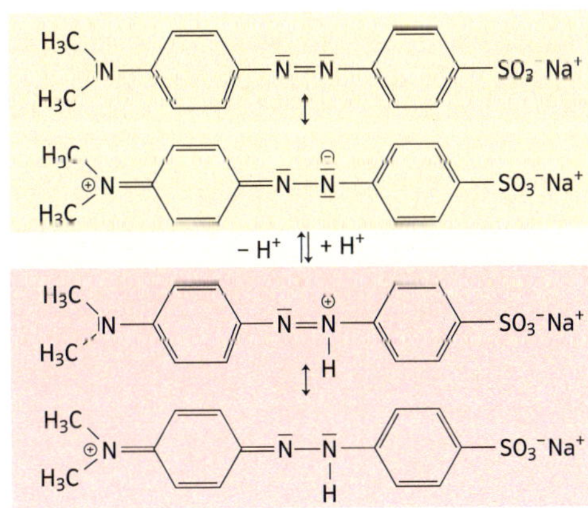

pH > 4,4
λ ≈ 470 nm
Farbe: Gelborange

pH < 3,1
λ ≈ 510 nm
Farbe: Rot

B3 *Mesomere Grenzformeln von Methylorange bei verschiedenen pH-Werten*

Die Synthese von Azofarbstoffen erfolgt in zwei Schritten [B4]:

1. Diazotierung: Eine saure Lösung von Nitrit-Ionen enthält Nitrosyl-Kationen (NO^+). Diese reagieren mit einem aromatischen Amin wie z. B. Anilin oder einem Anilinderivat zu Diazonium-Ionen.

2. Azokupplung: Ein Diazonium-Ion greift ein aromatisches Molekül (Kupplungskomponente) elektrophil an. An diesem wird ein H^+-Ion substituiert. Die Azokupplung verläuft nach dem Mechanismus der *elektrophilen Substitution* (Kap. 7.6).

Als **Kupplungskomponenten** sind Moleküle geeignet, an deren aromatischen Ring eine Gruppe mit +M-Effekt gebunden ist, z. B eine Hydroxygruppe (–OH) oder eine Aminogruppe (–NH_2). Durch diese wird die Ladungsdichte im Ring erhöht. Solche Moleküle, z. B. das Phenol- und das Anilin-Molekül, sind besonders reaktionsfähig (Kap. 7.8).

Die Synthese eines Azofarbstoffs erfolgt in zwei Schritten: Diazotierung und Azokupplung. Die Azokupplung ist eine elektrophile Substitution.

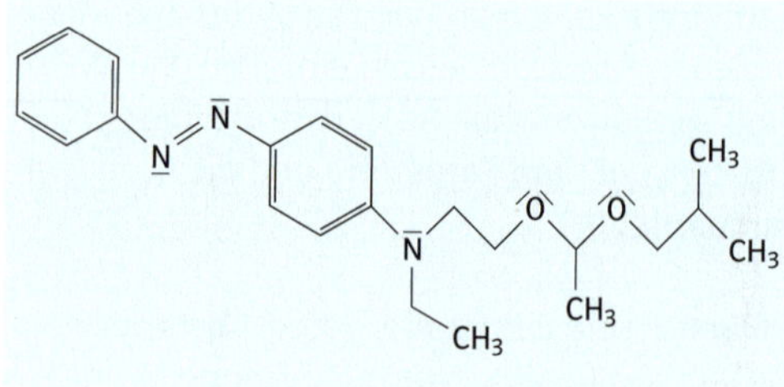

***B5** Solvent Yellow 124 – der „Euro-Marker" für Heizöl*

Verwendung von Azofarbstoffen. Die recht einfache Möglichkeit, Farbstoffe nach dem „Baukastenprinzip" zu synthetisieren, hat eine Vielzahl von Azofarbstoffen hervorgebracht. Die Vertreter dieser Farbstoffklasse sind vielseitig einsetzbar.

Wegen der aromatischen Ringe im Molekül sind viele Azofarbstoffe lipophil. Als wasserunlösliche Farbstoffe dienen sie z. B. zum Anfärben von Schuhcremes. Der lipophile Azofarbstoff Solvent Yellow 124 [B5] wird in der Europäischen Union dem Heizöl zugesetzt, damit man es vom höher besteuerten Dieselkraftstoff unterscheiden kann.

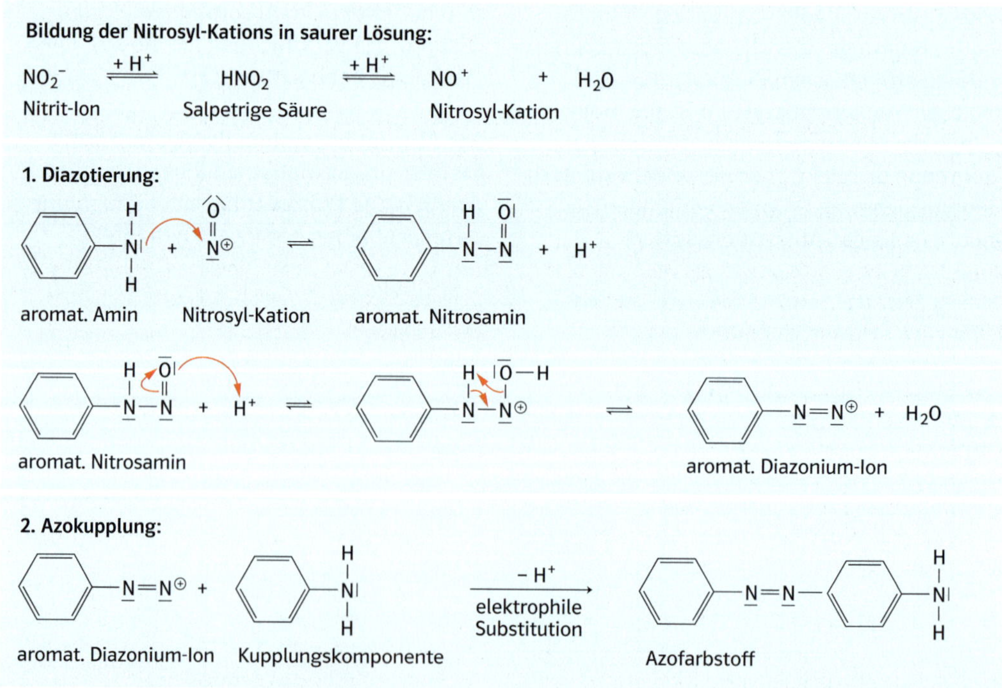

***B4** Synthese des Azofarbstoffs Anilingelb*

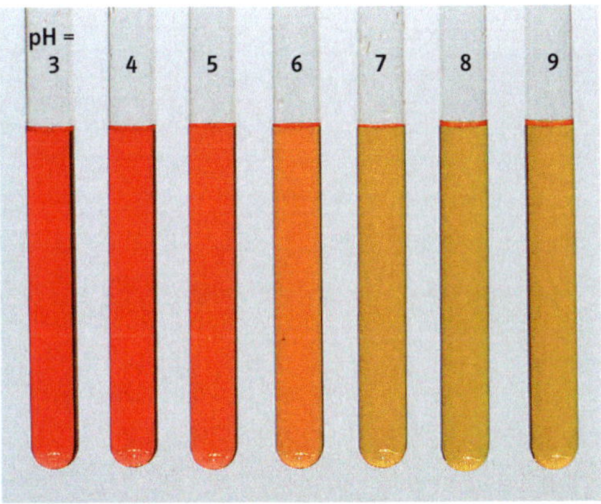

B6 Methylorange – ein Azofarbstoff als Indikator

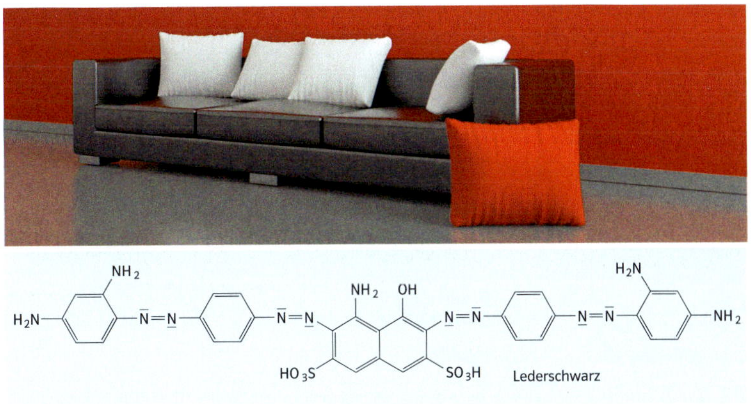

B7 Lederschwarz – ein Azofarbstoff zum Färben von Leder

Sulfonatgruppen ($-SO_3^-$) an den aromatischen Ringen machen Azofarbstoffe wasserlöslich. Dies eröffnet nahezu unbegrenzte Verwendungsmöglichkeiten. Wasserlösliche Azofarbstoffe werden als Säure-Base-Indikatoren [B6], als Färbemittel für Wolle und Leder [B7] und als Lebensmittelfarbstoffe (Kap. 8.6) eingesetzt.

Einige Azofarbstoffe sind als karzinogen eingestuft. Darmbakterien und Enzyme in der Leber können Azofarbstoffe in die Ausgangsstoffe spalten. Gehören dazu karzinogene Amine, sind diese Azofarbstoffe in Deutschland für die Verwendung in Textilien, Schmuck und Kosmetikartikeln verboten. Für Lebensmittel sind nur bestimmte Azofarbstoffe zugelassen (Kap. 8.6). Sie stehen aber im Verdacht, bei Kindern Konzentrationsstörungen hervorzurufen, und dürfen daher zum Färben von Süßigkeiten nur eingeschränkt verwendet werden.

karzinogen (cancerogen) krebserzeugend

Azofarbstoffe ohne Sulfonatgruppen sind lipophil. Sie werden z. B. zum Färben von Schuhcreme und Heizöl verwendet. Azofarbstoffe mit Sulfonatgruppen sind hydrophil. Sie werden z.B. als Säure-Base-Indikatoren und als Lebensmittelfarbstoffe verwendet.

V1 Eine Spatelspitze Sulfanilsäure wird mit der gleichen Portion Natriumnitrit gemischt und in ca. 2 ml Wasser gelöst. Nach Zugabe von 1 ml verdünnter Salzsäure gibt man einen Tropfen des Gemisches auf einer Tüpfelplatte zu einer Lösung von etwas Phenol in Wasser sowie von wenig Naphth-2-ol in Ethanol. Die Zugabe von Natronlauge zeigt die Indikatorwirkung der gebildeten Farbstoffe.

V2 Stickstoffdioxid bildet in Wasser in geringem Umfang auch Nitrosyl-Kationen (NO^+). Sein Nachweis gelingt durch Bildung eines Azofarbstoffs. Ziehen Sie ein Gasgemisch, das sehr wenig Stickstoffdioxid enthält (z. B. Luft, in der ein Piezozünder betätigt wurde oder die Verbrennungsgase einer Kerze) in eine Infusorspritze oder in einen Kolbenprober, der ca. 10 ml *Saltzman-Reagenz* enthält. Schließen Sie den Hahn und schütteln Sie ca. 1 min lang.

A1 Aus Anilin und Phenol soll ein Azofarbstoff hergestellt werden. Nennen Sie weitere Edukte, die für die Herstellung dieses Azofarbstoffs notwendig sind, und formulieren Sie die Reaktionsgleichungen.

A2 Versetzt man eine gelbe Lösung von 4-Hydroxyazobenzol [B8] mit Natronlauge, wird diese rot. Formulieren Sie die Reaktionsgleichung der Reaktion des Farbstoffs mit Hydroxid-Ionen. Erklären Sie den Farbwechsel.

A3 MK Der Azofarbstoff Solvent Yellow 124 [B5] kann auch noch in sehr geringen Konzentrationen nachgewiesen werden, da er mit Wasser zu einem intensiv roten Produkt reagiert. Informieren Sie sich im Internet über diese Reaktion und vergleichen Sie diese mit der Indikatorwirkung von Methylorange.

A4 **a)** Beschreiben Sie an dem in B4 gezeigten Beispiel die Reaktionsschritte der Azokupplung.
b) Erläutern Sie anhand von Kap. 7.8, warum das Diazonium-Ion bevorzugt in ortho- oder para-Stellung zur Aminogruppe angreift.

Saltzman-Reagenz N-(1-Naphtyl)-ethylendiaminhydrochlorid und Sulfanilsäure gelöst in Essigsäure

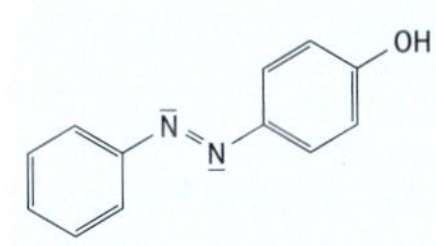

B8 4-Hydroxyazobenzol

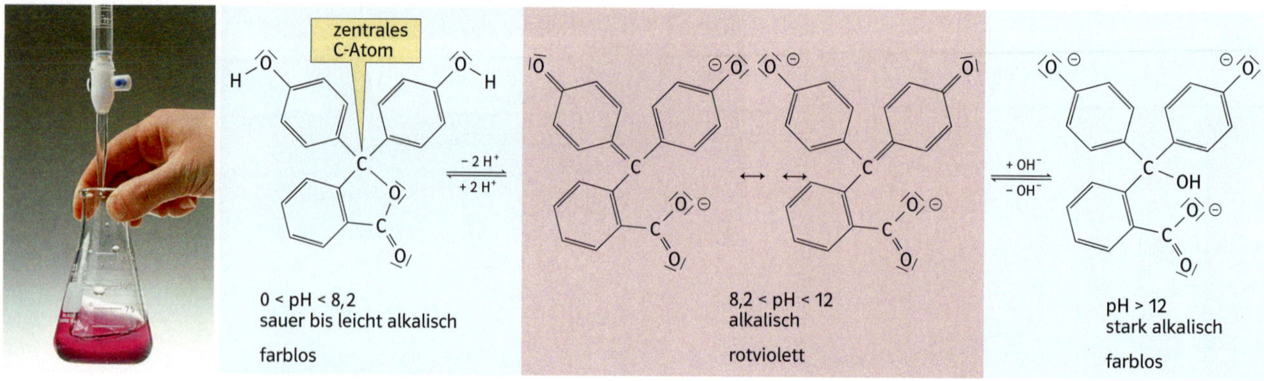

B9 *Der Triphenylmethan-Farbstoff Phenolphthalein als Säure-Base-Indikator*

Triphenylmethan-Farbstoffe. In Kap. 8.2 wurden die Farbstoffe Patentblau V und Aurin gezeigt. Sie gehören zur Farbstoffklasse der *Triphenylmethan-Farbstoffe*. Ihre Chromophore enthalten als Strukturelement drei aromatische Ringe, die über ein zentrales C-Atom verbunden sind. An mindestens zwei der aromatischen Ringe sind in para-Stellung *auxochrome Gruppen* gebunden. Wenn an beide Ringe die gleiche auxochrome Gruppe gebunden ist und diese sowohl Elektronen aufnehmen als auch abgeben kann, liegt die Absorption bei besonders großen Wellenlängen, z.B. bei Phenolphthalein [B9] und Bromthymolblau [B11] in alkalischer Lösung.
Wenn an das zentrale C-Atom ein vierter Substituent gebunden ist, dann ist das Absorptionssystem unterbrochen, und der Stoff ist farblos. So ist z.B. im *Phenolphthalein-Molekül* in schwach saurer und neutraler Lösung die Bindung zwischen dem zentralen C-Atom und einem O-Atom stabil; die Lösung ist farblos [B9]. Ab einem pH-Wert von 8,2 wird die Bindung gelöst; der Stoff ist farbig. In stark alkalischer Lösung wird ein Hydroxid-Ion an das zentrale C-Atom addiert; der Stoff wird wieder farblos. Deshalb ist Phenolphthalein als Säure-Base-Indikator geeignet.
Die Indikatorwirkung von *Bromthymolblau* [B11] beruht auf einer ähnlichen Reaktion. In saurer Lösung wird ein O-Atom der Sulfonatgruppe an das zentrale C-Atom gebunden.

Manche Triphenylmethan-Farbstoffe *fluoreszieren* [Exkurs]. B11 zeigt die Strukturen zweier Fluoreszenzfarbstoffe: Das rot fluoreszierende *Eosin Y* wird zum Anfärben mikroskopischer Präparate eingesetzt. Es lagert sich an basische Proteine an, z.B. in Granulozyten [B10]. *Uranin*, das Natrium-Salz des *Fluoresceins*, fluoresziert gelbgrün. Es wird in der Forschung eingesetzt, um Grundwasserströme sichtbar zu machen [B12]. Bei der Rettung Schiffbrüchiger verteilt es sich um Rettungsinseln, sodass sie von Flugzeugen aus erkannt werden. Uranin wird auch Badesalzen und Reinigern zugesetzt.

Triphenylmethan-Farbstoffe werden u.a. als Säure-Base-Indikatoren und als Fluoreszenzfarbstoffe verwendet.

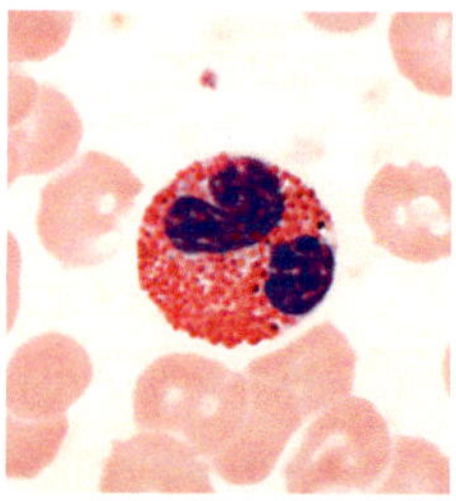

B10 *Gefärbte Blutzellen: eosinophiler Granulozyt zwischen Erythrozyten*

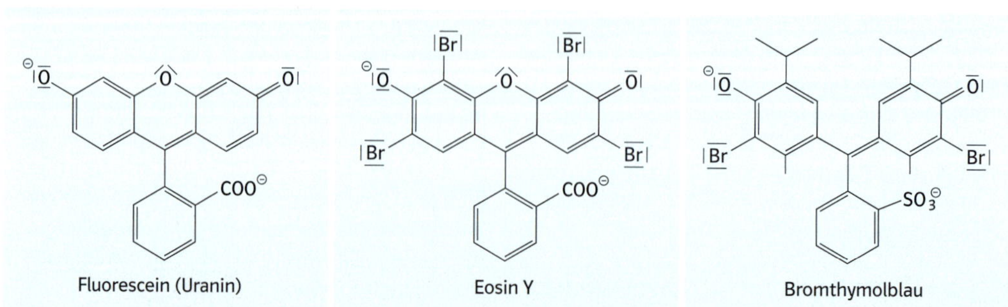

B11 *Strukturen einiger Triphenylmethan-Farbstoffe in alkalischer Lösung*

***B12** Leuchtend grünes Fluorescein zeigt an, wo versickertes Wasser wieder an die Oberfläche kommt*

***B13** Das Gewand von Kardinal RICHELIEU war mit Alizarin gefärbt (Ölgemälde aus dem 17. Jahrhundert)*

Carbonylfarbstoffe. Das allgemeine Strukturmerkmal der Carbonylfarbstoffe sind die Carbonylgruppen. Zu dieser Farbstoffklasse gehören viele natürlich vorkommende Stoffe. Auch Indigo (Kap. 8.8), der Farbstoff der Blue Jeans, ist ein Carbonylfarbstoff.

Auch die Anthrachinon-Farbstoffe [B14] sind Carbonylfarbstoffe. Sie werden vor allem zum Färben von Textilien eingesetzt. Schon seit langem wird Krapprot (Alizarin) verwendet, der rote Farbstoff der Kardinalsgewänder der Renaissance und des Barock [B13]. Es wurde aus der Wurzel des Färberkrapp gewonnen (Kap. 8.9). Seit 1868 wird Alizarin synthetisch hergestellt. Vom Anthrachinon leiten sich auch die Indanthrenfarbstoffe ab [B14]. Diese Farbstoffe mit einem großen Farbspektrum zeichnen sich durch eine hervorragende Wasch- und Lichtechtheit bei Baumwollfärbungen aus.

Carbonylfarbstoffe werden hauptsächlich zum Färben von Textilien verwendet.

V3 ⚠ (Abzug! Schutzhandschuhe! Schutzbrille!) Herstellung von Fluorescein: Geben Sie in ein Reagenzglas eine Spatelspitze Phthalsäureanhydrid und gleich viel Resorcin. Fügen Sie die doppelte Menge Zinkchlorid hinzu und erhitzen Sie vorsichtig über kleiner Flamme, bis eine blutrote Schmelze entstanden ist. Lassen Sie etwas abkühlen, geben Sie etwa 3 ml verdünnte Natronlauge auf die inzwischen erstarrte Masse und schütteln Sie einige Zeit. Gießen Sie die erhaltene Lösung langsam in ein zu etwa vier Fünfteln mit Wasser gefülltes Becherglas.

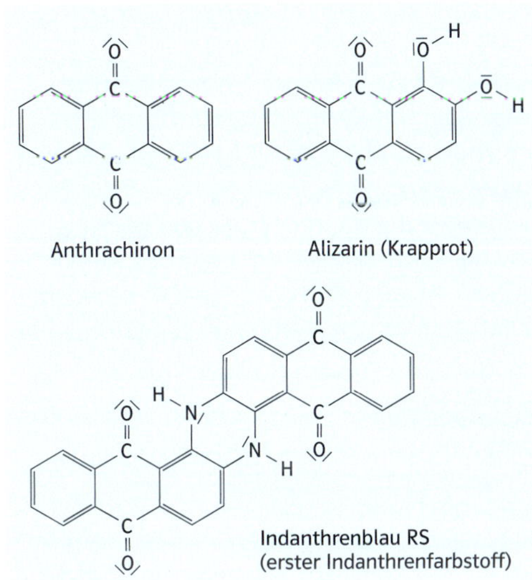

***B14** Anthrachinon und davon abgeleitete Carbonylfarbstoffe*

Färberkrapp Färberröte, (Krapp, Rubia tinctorum, Kap. 8.9). Die getrocknete Wurzel der Pflanze enthält Alizarin. Sie wird seit Jahrtausenden im Mittelmeerraum angebaut.

Indanthren-Farbstoffe von **Ind**igo-**Anthr**achinon

Exkurs

Fluoreszenz. Wenn ein Farbstoff-Molekül ein Photon absorbiert, nimmt es Energie auf (Kap. 8.2). Die meisten Farbstoff-Moleküle wandeln diese Energie in Schwingungsenergie um und geben sie in Form von Wärme an andere Moleküle ab.
Im Molekül eines Fluoreszenzfarbstoffs können nur wenige Schwingungen angeregt werden. Deshalb kann es einen Teil der Energie in Form eines Photons abgeben. Da das Molekül i.d.R. auch Energie in Form von Wärme abgibt, ist das Fluoreszenzlicht energieärmer als das Anregungslicht. Es hat folglich eine kleinere Frequenz bzw. eine größere Wellenlänge.

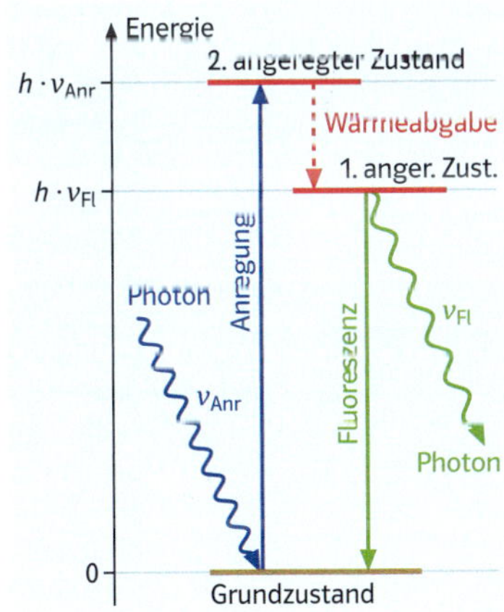

***B15** Energieschema der Fluoreszenz*

8.6 Lebensmittelfarbstoffe

B1 *Karmin, ein Farbstoff der Cochenille-Schildlaus, gibt manchen Lippenstiften die Farbe*

B2 *Schokolinsen enthalten z. B. die organischen Farbstoffe E 100, E 120, E 133, E 160a und E 162, dazu als Weißpigment E 170 (Calciumcarbonat)*

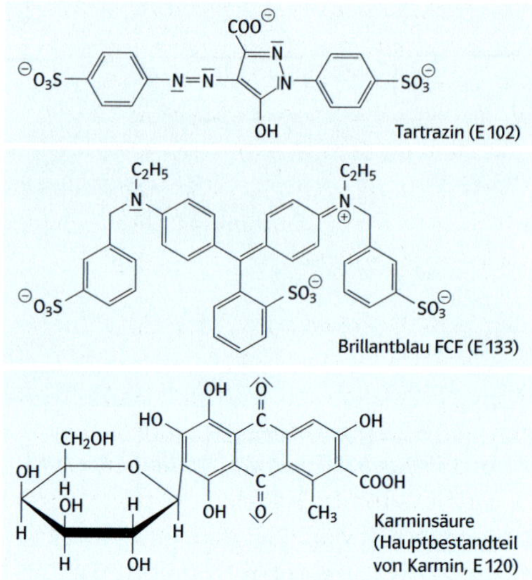

B3 *Strukturen dreier Lebensmittelfarbstoffe*

Viele industriell hergestellte Lebensmittel und Kosmetika enthalten extra zugesetzte Farbstoffe. Da man auch „mit den Augen isst", machen Farbstoffe Lebensmittel attraktiver.

Farbstoffe als Lebensmittelzusatzstoffe. Nach dem Lebensmittelgesetz dürfen Farbstoffe als Zusatzstoffe für bestimmte Lebensmittel verwendet werden. Diese Farbstoffe wurden bezüglich ihrer toxischen Wirkung und der Höchstmenge der täglichen Aufnahme (ADI-Wert) geprüft [Exkurs]. Jedem Lebensmittelfarbstoff ist eine **E-Nummer** zugeordnet [B4], die auf den Lebensmittelverpackungen angegeben wird. Man unterscheidet zwischen *natürlichen* und *synthetischen* Farbstoffen.

Lebensmittelfarbstoffe werden auf Lebensmittelverpackungen als E-Nummern angegeben.

Praktikum

V1 Lebensmittelfarbstoffe aus Schokolinsen

Material:
Bechergläser, Heizplatte oder Gasbrenner mit Dreifuß und Keramik-Drahtnetz, Pinzette, weiße Wollfäden, Essigessenz bzw. Essigsäure ($w = 25\,\%$), Aceton, ethanolische Ammoniak-Lösung (Ammoniak-Lösung ($w = 5\,\%$) mit Ethanol im Volumenverhältnis 1 : 4), DC-Platte, DC-Kammer oder passendes Becherglas mit Aluminiumfolie zum Verschließen, Fließmittel (Propan-1-ol, Essigsäureethylester und Wasser im Volumenverhältnis 6 : 3 : 1), farbige Schokolinsen

Durchführung:
a) Lösen Sie den farbigen Überzug von einigen gleichfarbigen Linsen mit wenig warmem Wasser ab.
b) Entfetten Sie einen Wollfaden durch Schwenken in Aceton. Versetzen Sie 10 ml Farbstofflösung mit 10 Tropfen Essigessenz. Geben Sie den entfetteten Wollfaden dazu und erhitzen Sie die Lösung zum Sieden. Nach dem Abkühlen entnehmen Sie den Faden, spülen ihn (zur Entfernung des Zuckers) mit dest. Wasser und lassen ihn trocknen.
c) ⚠ (Abzug!) Lösen Sie den Farbstoff durch Erhitzen in wenig ethanolischer Ammoniak-Lösung vom Wollfaden ab. Engen Sie die Lösung durch weiteres Erhitzen auf etwa ein Viertel ein.
d) Überprüfen Sie mithilfe der Dünnschichtchromatografie (Kap. 7.12), ob es sich um ein Farbstoffgemisch handelt.
Hinweis: Wenn ein Reinstoff vorliegt, können Sie ein Absorptionsspektrum aufnehmen (Kap. 8.3).

Aufgabe:
Beschreiben Sie Ihre Beobachtungen.

V2 Redoxeigenschaften von Indigotin I

Material:
Becherglas (100 ml), Pipette, Lösung von Indigotin I, Lösung von Natriumdithionit

Durchführung:
Geben Sie zu ca. 10 ml der Indigotin-I-Lösung tropfenweise so viel Natriumdithionit-Lösung, bis diese gerade entfärbt ist. Blasen Sie anschließend Sauerstoff oder Luft durch die Lösung.

Aufgaben:
1. Recherchieren Sie die Struktur von Indigotin I und vergleichen Sie diese mit der Struktur von Indigo (Kap. 8.8).
2. Beschreiben und erklären Sie Ihre Beobachtungen.
Hinweis: Natriumdithionit ($Na_2S_2O_4$) wirkt als Reduktionsmittel (Kap. 8.8).

Natürliche Lebensmittelfarbstoffe werden u.a. aus Pflanzen und Tieren gewonnen. Viele von ihnen sind *Polyene*. Manche dieser Farbstoffe werden auch synthetisch hergestellt und dann als „naturidentisch" bezeichnet. Mit Carotinen (z.B. aus Möhren oder Algen) wird Butter gefärbt; mit Betanin (aus roten Beten) färbt man Marmelade und Fruchtjogurt.

Synthetische Lebensmittelfarbstoffe gehören zu den Farbstoffklassen der *Azofarbstoffe*, der *Triphenylmethan-Farbstoffe* und der *Carbonylfarbstoffe* (Kap. 8.5). Ihre gesundheitliche Unbedenklichkeit wird immer wieder durch Studien überprüft. Deshalb sind einige früher verwendete Farbstoffe heute nicht mehr für Lebensmittel zugelassen, z.B. ein Azofarbstoff, der als „Buttergelb" bezeichnet wurde [Randspalte]. B4 zeigt eine Auswahl der zugelassenen Lebensmittelfarbstoffe.

Organische Lebensmittelfarbstoffe werden aus Pflanzen und Tieren gewonnen oder synthetisch hergestellt.

A1 ○ Ordnen Sie die in B3 gezeigten Farbstoff-Moleküle ihren Farbstoffklassen zu.

A2 ◒ 1kg Schokolinsen ist mit 116mg Chinolingelb gefärbt. Dessen ADI-Wert beträgt 0,5mg/kg. Berechnen Sie die Portion Schokolinsen, die ein 60kg schwerer Mensch verzehren müsste, um den ADI-Wert zu erreichen.

E-Nr.	Name	Farbe	Verwendungsbeispiele	Farbstoffklasse
E 100	Curcumin	gelb	Currypulver, Desserts	Polyen (natürlich)
E 102	Tartrazin	gelb	Kekse, Pudding, Likör	Azofarbstoff
E 104	Chinolingelb	gelb	Süßwaren, Limonade	Carbonylfarbstoff
E 110	Gelborange S	orange	Süßwaren, rote Grütze	Azofarbstoff
E 120	Karmin (Cochenille)	rot	Lippenstift	Carbonylfarbstoff (natürlich)
E 122	Azorubin	rot	Süßwaren, Cremespeisen	Azofarbstoff
E 124	Cochenillerot A	rot	Süßwaren, Seelachs	Azofarbstoff
E 127	Erythrosin	rot	Cocktailkirschen, Lippenstift	Triphenylmethan-Farbstoff
E 129	Allurarot AC	rot	Süßwaren, Limonade	Azofarbstoff
E 131	Patentblau V	blau	Süßwaren, Likör	Triphenylmethan-Farbstoff
E 132	Indigotin I (Indigokarmin)	blau	Ostereier, Süßwaren	Carbonylfarbstoff
E 133	Brillantblau FCF	blau	Erfrischungsgetränke, Likör	Triphenylmethan-Farbstoff
E 151	Brillantschwarz BN	schwarz	Süßwaren, Kaviar	Azofarbstoff
E 160a	gemischte Carotine oder β-Carotin	orange bis rot	Butter, Margarine, Käse	Polyene (natürlich)
E 161b	Lutein (ein Xanthophyll)	gelb	Eier (über Tierfutter), Senf, Soßen	Polyen (natürlich)
E 162	Betanin (Betenrot)	rot-violett	Süßwaren, Marmelade	β-Cyanfarbstoff (natürlich)

***B4** Auswahl der in der EU zugelassenen Lebensmittelfarbstoffe (Stand 2022)*

Exkurs

Der ADI-Wert

Lebensmittelzusatzstoffe können zu gesundheitlichen Problemen führen, wenn sie in zu großer Menge aufgenommen werden. Die Menschen nehmen immer mehr industriell bearbeitete Produkte zu sich und damit auch immer mehr Lebensmittelzusatzstoffe. Deshalb wurde der ADI-Wert (**a**cceptable **d**aily **i**ntake, höchste duldbare Tagesdosis) eingeführt, der Aussagen darüber macht, welche Menge eines Stoffes jemand aufnehmen kann, ohne Schaden zu erleiden.

Der ADI-Wert ist die Dosis eines bestimmten Stoffes in Milligramm pro Kilogramm Körpergewicht, die bei lebenslanger täglicher Einnahme als unbedenklich betrachtet wird. Er wird u.a. von der efsa (**E**uropean **F**ood **S**afety **A**uthority) und vom BfR (Bundesinstitut für Risikobewertung) bestimmt.

Die Festlegung eines ADI-Werts erfolgt nach Fütterungsversuchen mit Ratten und Mäusen. Man ermittelt die höchste Dosis, die keine Auswirkungen auf die Lebensäußerungen einer Ratte bzw. Maus mehr hat. Diese Dosis wird mit einem Sicherheitsfaktor (i.d.R. 0,01) multipliziert; das Ergebnis ist der ADI-Wert. In manchen Fällen wird der ADI-Wert aufgrund weiterer Erkenntnisse verändert. So vermutet man, dass Chinolingelb (E 104) bei Kindern die Aktivität und Aufmerksamkeit beeinträchtigen kann. Deshalb wurde im Jahr 2013 der ADI-Wert für Chinolingelb von 10mg/kg auf 0,5mg/kg verringert.

Aus dem ADI-Wert folgen Grenzwerte für Lebensmittel. Diese werden (abhängig von der Art des Lebensmittels) so festgelegt, dass der ADI-Wert bei normalen Essgewohnheiten nicht überschritten wird.

„Buttergelb" (4-(Dimethylamino)azobenzol) ist ein gelber Azofarbstoff. Seine Struktur kann man vom Anilingelb (Kap. 8.5, B1) ableiten, indem man die H-Atome am N-Atom durch CH_3-Gruppen ersetzt. Da der der Farbstoff karzinogen ist, wurde seine Verwendung in Lebensmitteln im Jahr 1949 verboten.

8.7 Farbstoffe in Lebensmitteln

Carotinoide [B1] sind natürlich vorkommende oder mikrobiologisch bzw. synthetisch herstellbare Farbstoffe. Die Moleküle der *Carotine* bestehen nur aus Kohlenstoff- und Wasserstoff-Atomen, die Moleküle der *Xanthophylle* enthalten außerdem Sauerstoff-Atome. Die Farben der Carotinoide reichen von Gelb über Orange bis Rot. Das Grundgerüst ihres Chromophors hat i. d. R. 11 konjugierte Doppelbindungen.

Carotinoide kommen u. a. als Provitamin A (β-Carotin) und als Lebensmittelfarbstoffe in den Handel. Man verwendet sie z. B. zum Färben von Margarine. Astaxanthin und Canthaxanthin werden dem Futter von Regenbogenforellen zugesetzt, damit sie rotes Fleisch bekommen („Lachsforellen"). Füttert man Hähnchen mit Mais, so werden Haut und Fett der Hähnchen durch das im Mais enthaltene Zeaxanthin gelb („Maishähnchen").

Die gelbe Färbung der Maishähnchen lässt sich aber auch durch Beimischen von synthetischen Carotinoiden (z. B. Canthaxanthin) zum Futter erzeugen. Durch Extraktion und Chromatografie der gelben Farbstoffe kann man nachweisen, ob ein Hähnchen wirklich mit Mais gefüttert wurde.

Informieren Sie sich in Kap. 7.12 über die Grundlagen der Dünnschichtchromatografie.

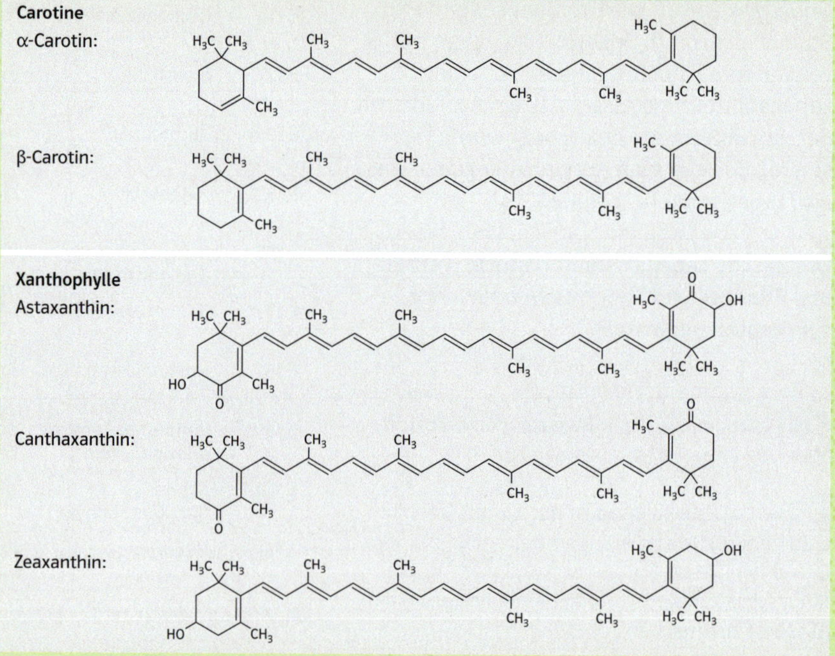

***B1** Strukturformeln einiger Carotinoide*

V1 Extraktion von Carotinoiden

Material:
Schere, Mixer oder Mörser mit Pistill und Seesand, Spatel, Glasstab, Becherglas (100 ml), Reagenzgläser mit Stopfen, carotinoidhaltige Lebensmittel (Möhren, Lachsfleisch, frischer Mais, fettarme Haut eines Maishähnchens), Aceton, Benzin (Petrolether, Siedetemperaturbereich 60 – 80 °C)

Durchführung:
a) Zerkleinern Sie kleine Stücke des jeweiligen Lebensmittels im Mixer oder zerreiben Sie diese mithilfe von Seesand im Mörser zu einem Brei.
b) Verrühren Sie einen Teil des Breies im Becherglas mit etwa der doppelten Menge Aceton.
c) Dekantieren Sie nach nach 5 Minuten ca. 5 ml der Lösung in ein Reagenzglas.
d) Geben Sie zu der Lösung maximal 1 ml Benzin und schütteln Sie kräftig. Tropfen Sie dann so lange Wasser hinzu, bis der Farbstoff aus dem Aceton in das Benzin überführt ist, und sich oben im Reagenzglas eine klare gelbe Phase gebildet hat.

Untersuchen Sie die klare gelbe Phase mithilfe der Dünnschichtchromatografie [V2].

V2 Chromatografische Untersuchung von Carotinoid-Gemischen

Material:
DC-Fertigplatten Kieselgel 60 F_{254} (ca. 5 cm · 10 cm), kleine DC-Kammer oder passendes Becherglas mit Aluminiumfolie zum Verschließen, feiner Pinsel, Haartrockner (Föhn), Farbstoffextrakte aus V1, Fließmittel: Mischung aus Benzin (Siedetemperaturbereich 100 – 140 °C) und Propan-2-ol im Volumenverhältnis 10 : 1

Durchführung:
a) Füllen Sie die DC-Kammer ca. 0,5 cm hoch mit dem Fließmittel.
b) Tragen Sie mit dem Pinsel einen Farbstoffextrakt mehrmals entlang der Startlinie (1,5 cm vom unteren Rand) auf. Trocknen Sie nach jedem Auftragen mit dem Haartrockner.
c) Stellen Sie die DC-Platte in die DC-Kammer und verschließen Sie diese. Bevor die Fließmittelfront den oberen Rand erreicht, nehmen Sie die DC-Platte heraus.

Die Lichtabsorption einer Farbstoff-Lösung hängt von ihrer Konzentration ab. Informieren Sie sich in Kap. 8.3 über die Grundlagen der Fotometrie. Eine fotometrische Bestimmung umfasst drei Schritte:
1) Aufnehmen eines Absorptionsspektrums,
2) Erstellen einer Kalibriergeraden mit Lösungen bekannter Konzentration,
3) Ermitteln der unbekannten Konzentration der Farbstofflösung aus der Kalibriergeraden.

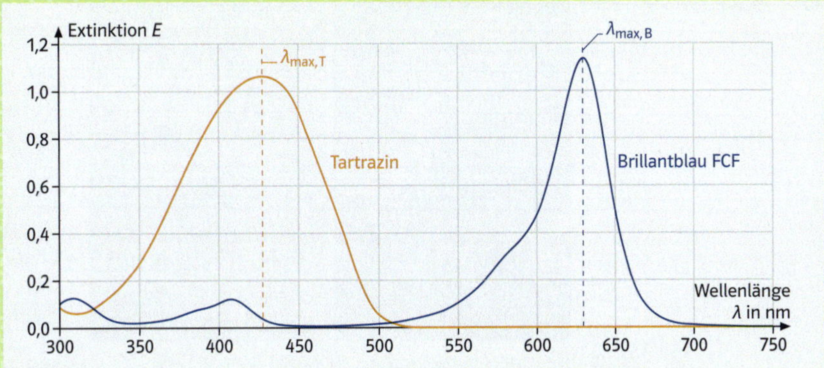

***B2** Absorptionsspektrum von Tartrazin (E102) und Brillantblau FCF (E133)*

V3 Fotometrische Bestimmung von Lebensmittelfarbstoffen

a) Brillantblau FCF in Blue Curaçao
Die leuchtend blaue Farbe des Likörs „Blue Curaçao" (Kap. 8.2, B7) ist auf den Farbstoff Patentblau V (E131) oder den Farbstoff Brillantblau FCF (E133) zurückzuführen.

Material:
Waage, 6 Messkolben (100 ml), Vollpipetten (2 ml, 5 ml, 10 ml) mit Pipettierhilfe, 5 Kunststoffküvetten, 5 Kunststoffpipetten, Spektralfotometer, Brillantblau FCF (E133), Blue Curaçao (mit E133 gefärbt)

Durchführung:
Geben Sie in einen Messkolben ca. 100 mg Brillantblau FCF (genaue Masse notieren) und füllen Sie den Messkolben mit dest. Wasser auf genau 100 ml auf ($\beta \approx 1000$ mg/l). Verdünnen Sie die Lösung mit der 10-ml-Vollpipette und einem Messkolben auf $\beta \approx 100$ mg/l. Verdünnen Sie diese Lösung weiter auf $\beta \approx 10$ mg/l bzw. 5 mg/l bzw. 2 mg/l. Nehmen Sie ein Absorptionsspektrum der Lösung mit $\beta \approx 10$ mg/l auf.
Bestimmen Sie das Maximum des Absorptionsspektrums, d.h. die Wellenlänge $\lambda_{max,B}$ und die Extinktion $E(\lambda_{max,B})$. Messen Sie bei der Wellenlänge $\lambda_{max,B}$ auch die Extinktion der Lösungen mit $\beta \approx 5$ mg/l und 2 mg/l.
Verdünnen Sie Blue Curaçao auf ein Zehntel und messen Sie die Extinktion bei der Wellenlänge $\lambda_{max,B}$.

Aufgaben:
1. Zeichnen oder drucken Sie das Absorptionsspektrum von Brillantblau FCF auf Papier und vergleichen Sie es mit B2.
2. Erstellen Sie eine Kalibriergerade, indem Sie die Extinktion E gegen die Massenkonzentration β auftragen.
3. Ermitteln Sie anhand der Kalibriergeraden die Massenkonzentration von Brillantblau FCF in Blue Curaçao.

b) Tartrazin und Brillantblau FCF
Viele grün gefärbte Getränke (z.B. Waldmeisterbrause) enthalten einen blauen und einen gelben Farbstoff, z.B. Brillantblau FCF (E133) und Tartrazin (E102). B2 zeigt die Absorptionsspektren. Tartrazin absorbiert im Absorptionsmaximum von Brillantblau FCF kein Licht.

Material:
Waage, 6 Messkolben (100 ml), Vollpipetten (2 ml, 5 ml, 10 ml), Pipettierhilfe, 5 Kunststoffküvetten, 5 Kunststoffpipetten, Spektralfotometer, Tartrazin (E102), unbekannte Lösung (grüne wässrige Lösung mit unbekannten Konzentrationen von E133 und E102)

Durchführung:
Stellen Sie wie in Teil (a) eine Lösung von Tartrazin mit $\beta \approx 1000$ mg/l her. Verdünnen Sie diese auf $\beta \approx 100$ mg/l bzw. 50 mg/l bzw. 20 mg/l. Verdünnen Sie die Lösung mit $\beta \approx 100$ mg/l weiter auf $\beta \approx 10$ mg/l.
Nehmen Sie ein Absorptionsspektrum der Lösung mit $\beta \approx 50$ mg/l auf und bestimmen Sie $\lambda_{max,T}$ und $E(\lambda_{max,T})$. Messen Sie bei der Wellenlänge $\lambda_{max,T}$ auch die Extinktion der Lösungen mit $\beta \approx 20$ mg/l und 10 mg/l. Messen Sie die Extinktionen $E(\lambda_{max,B})$ und $E(\lambda_{max,T})$ der unbekannten Lösung.

Aufgaben:
4. Erstellen Sie das Absorptionsspektrum von Tartrazin und die Kalibriergerade wie in Teil (a).
5. Ermitteln Sie aus $E(\lambda_{max,B})$ der unbekannten Lösung die Massenkonzentration von Brillantblau FCF.
6. Ermitteln Sie aus dem Absorptionsspektrum von Brillantblau FCF das Verhältnis $E(\lambda_{max,T}) : E(\lambda_{max,B})$. Berechnen Sie daraus die Extinktion von Brillantblau FCF in der unbekannten Lösung bei $\lambda_{max,T}$ und subtrahieren Sie diese von der gemessenen Extinktion $E(\lambda_{max,T})$. Sie erhalten die korrigierte Extinktion $E(\lambda_{max,T})_{korr}$ von Tartrazin. Ermitteln Sie daraus die Massenkonzentration von Tartrazin in der unbekannten Lösung.

8.8 Färbeverfahren

B1 Links: Indigopflanze (Indigofera tinctoria); rechts: Färberwaid (Isatis tinctoria)

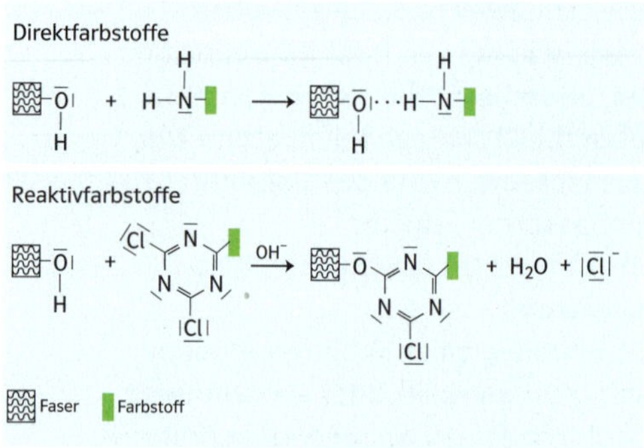

B2 Bindungen zwischen Faser und Farbstoff bei verschiedenen Färbeverfahren

Im Mittelalter arbeiteten die Färber für die textilverarbeitende Handwerkerzunft. Erst später entwickelte sich eine eigene Färberzunft, wobei verschiedene Färber unterschieden wurden. Eine dieser Gruppen waren die Blaufärber, die den einheimischen Färberwaid [B1, rechts], später dann auch den viel teureren Indigo aus der Indigopflanze verarbeiteten. Beide Pflanzen enthalten die farblose Verbindung *Indican*, die durch Fermentation und Oxidation an der Luft zu *Indigo* reagiert.
In der heutigen Textilindustrie ordnet man die Farbstoffe aufgrund ihres Verhaltens gegenüber der Faser verschiedenen Färbeverfahren zu.

Direktfärbung. Die in Wasser (kolloidal) löslichen Direktarbstoffe werden direkt aus einer Färbeflotte (Farbstofflösung) auf die Faser gebracht. Sie werden dort durch London-Kräfte oder Wasserstoffbrücken in den Zwischenräumen der Fasern gebunden [B2, oben]. Direktfarbstoffe sind nicht sehr waschecht.

Reaktivfärbung. Vor allem für Cellulose-Fasern ist die Reaktivfärbung geeignet. Das Molekül eines Reaktivfarbstoffs besteht aus einem *Chromophor*, an den löslich machende Gruppen (z. B. Sulfonatgruppen) gebunden sind, und einem oder mehreren *Reaktivankern* (z. B. Dichlortriazin-Gruppen, $-C_3N_3Cl_2$) [B2, unten]. Ein Reaktivanker reagiert in alkalischer Lösung mit den OH-Gruppen der Cellulose unter Ausbildung von Elektronenpaarbindungen. Dabei werden Halogenid-Ionen abgespalten.

Dispersionsfärbung. Bei rein synthetischen Fasern, wie z. B. Polyestern, wird die Dispersionsfärbung angewandt. Die wasserunlöslichen Dispersionsfarbstoffe, i. d. R. Azofarbstoffe, werden sehr fein zermahlen und mit Dispergiermitteln in ein Färbebad gegeben. Die hydrophoben Farbstoffpartikel gelangen durch Diffusion in die hydrophobe Faser hinein und bleiben dort „gefangen".

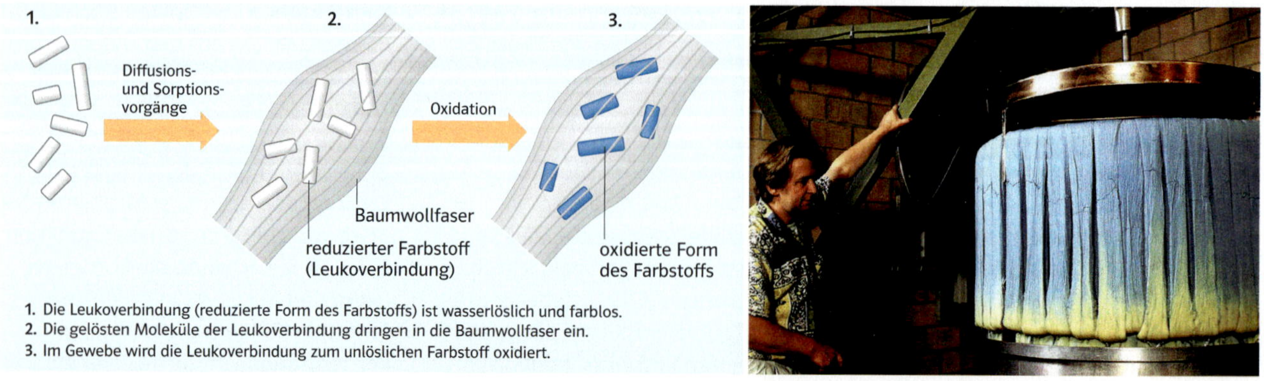

B3 Küpenfärbung mit Indigo: Die helle Leukoverbindung wird durch den Sauerstoff der Luft zu blauem Indigo oxidiert

B4 *Indigo als Pulver und in großen Kristallen*

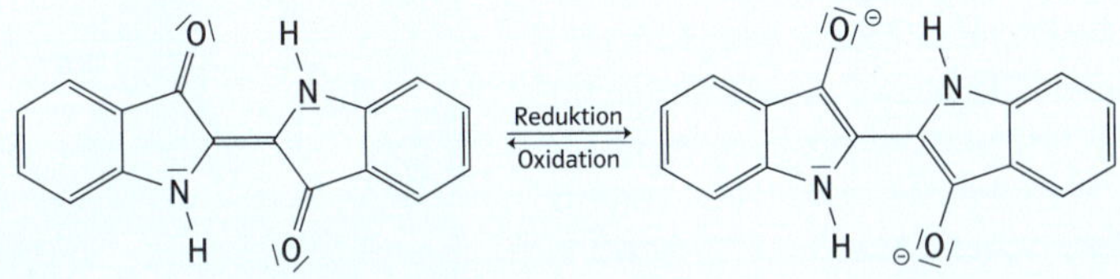

B5 *Reaktionen bei der Küpenfärbung mit Indigo*

Entwicklungsfärbung. Wenn die Synthese der Farbstoff-Moleküle direkt auf der Faser erfolgt, spricht man von Entwicklungsfärbung. Dieses Verfahren wird beispielsweise bei Cellulosefasern angewandt, die mit Azofarbstoffen (Kap. 8.5) gefärbt werden. Die Fasern werden zunächst mit der Kupplungskomponente getränkt. Nach dem Trocknen werden die Fasern mit einer Lösung behandelt, die Diazonium-Ionen enthält. Die Azokupplung findet also direkt auf der Faser statt.

Küpenfärbung. Bei der Küpenfärbung wird der wasserunlösliche Farbstoff durch ein Reduktionsmittel (z. B. Natriumdithionit, $Na_2S_2O_4$) in die wasserlösliche *Leukoverbindung* überführt, die i. d. R. farblos oder weniger intensiv gefärbt ist. Mit der gelösten Leukoverbindung als Färbeflotte (hier als Küpe bezeichnet) wird die textile Faser getränkt.
Danach wird die Leukoverbindung durch ein Oxidationsmittel (z. B. Sauerstoff oder Wasserstoffperoxid, H_2O_2) wieder zur unlöslichen (farbigen) Form oxidiert. Die Farbstoff-Moleküle sind an der Oberfläche der Faser adsorbiert. Der bekannteste Farbstoff, der nach dem Verfahren der Küpenfärbung auf Fasern aufgebracht wird, ist Indigo.

Beim Färben von Textilien unterscheidet man mehrere Verfahren, die von der Art der Faser und vom verwendeten Farbstoff abhängen: Direktfärbung, Reaktivfärbung, Dispersionsfärbung, Entwicklungsfärbung und Küpenfärbung.

Indigo. Der Farbstoff, der die Grundlage für den bekanntesten Blauton bildet [B6], wurde früher aus Pflanzen gewonnen [B1]. Im Jahr 1800 setzte NAPOLÉON I. eine Million Francs für die Herstellung von synthetischem Indigo aus. Frankreich sollte von dem durch England beherrschten Markt mit indischem Indigo unabhängig werden. Aber erst ein Jahrhundert später gelang bei der BASF die erste großtechnische Synthese von Indigo. Die Bedeutung dieser Synthese stieg rasch, als LEVI STRAUSS 1873 die Jeans erfand. Der für Jeans verwendete Baumwollstoff Denim konnte sehr gut mit Indigo gefärbt werden.
Bei der *Küpenfärbung* wird der wasserunlösliche Indigo zum wasserlöslichen **Leukoindigo** reduziert. Als Reduktionsmittel eignet sich z. B. Natriumdithionit ($Na_2S_2O_4$). Das Gewebe wird mit Leukoindigo getränkt, danach wird der Leukoindigo wieder zu Indigo oxidiert, z.B. durch den Sauerstoff der Luft [B3, B5]. Indigo ist nicht abriebfest, da die Farbstoff-Moleküle nur an die Faser adsorbiert sind, also *nicht* durch Elektronenpaarbindungen mit der Faser verbunden sind. An beanspruchten Stellen des Gewebes verblasst daher die Farbe [B6].

Indigo wurde früher aus Pflanzen gewonnen. Heute wird der Farbstoff synthetisch her gestellt. Indigo wird durch Küpenfärbung auf die Faser gebracht.

A1 Erklären Sie, weshalb es keinen „Universalfarbstoff" für die verschiedenen Fasern geben kann (z. B. für Baumwolle, Wolle, Polyester und Polyamid).

A2 Begründen Sie, weshalb Direktfarbstoffe nicht sehr waschecht sind.

BASF von „Badische Anilin- & Soda-Fabrik", weltweit größter Chemiekonzern mit Hauptsitz in Ludwigshafen

Leukoverbindung von griech. leukos, weiß

Küpe Farbflotte bei der Küpenfärbung. Der Begriff kommt von der alten Bezeichnung für das beim Färben verwendete Gefäß.

B6 *Indigo ist nicht abriebfest und verblasst an beanspruchten Stellen*

8.9 Färben von Textilien

Alizarin (Krapprot, Kap. 8.5), der Hauptbestandteil der beim Trocknen rot werdenden Krapp- oder Färberwurzel [B1], bildet mit Metall-Ionen licht- und waschechte Färbungen. Die Metall-Ionen wirken als „Vermittler" zwischen Faser- und Farbstoff-Molekülen; es bilden sich Komplexverbindungen (Kap. 12).

Die Faser wird durch *Beizen* mit einer Metall-Verbindung vorbereitet; dabei binden sich die Metall-Ionen an die Faser-Moleküle. Danach wird Alizarin zugegeben. Auf der Faser bildet sich eine Komplexverbindung („Krapplack"). Diese haftet sehr gut auf dem Gewebe, da sowohl Molekülgruppen der Faser als auch Alizarin-Moleküle an dasselbe Metall-Ion gebunden sind. Mit Aluminium-Ionen entstehen leuchtend rote Farbtöne [B2].

B1 *Färberkrapp (Färberröte, Rubia tinctorum). Wurzelstücke (links), Pflanze mit Früchten (rechts)*

B2 *Türkischrot, eine Aluminium-Alizarin-Verbindung*

V1 Bildung einer Aluminium-Alizarin-Verbindung (Krapplack)

Material:
2 Reagenzgläser, Messzylinder (10 ml), Pipette, Natronlauge (c = 1 mol/l), Aluminiumsulfat-Lösung (w = 10 %), Alizarin

Durchführung:
Geben Sie zu einer Spatelspitze Alizarin im Reagenzglas 10 ml Wasser und schütteln Sie. Fügen Sie nun 1 ml Natronlauge hinzu und schütteln Sie wieder. Teilen Sie die Lösung in zwei Reagenzgläser auf. Geben Sie in eines der Reagenzgläser 3 ml Aluminiumsulfat-Lösung.

Aufgabe:
Erklären Sie Ihre Beobachtungen mit der Verstärkung des +M-Effekts durch Deprotonierung bzw. der Abschwächung des +M-Effekts durch Bindung der O-Atome an Al^{3+}-Ionen.

V2 Beizenfärbung von Baumwolle mit Alizarin

Material:
3 Bechergläser (250 ml), Glasstäbe, Pinzette, Heizplatte, 2 Stück gewaschenes Baumwollgewebe (Baumwollnessel) je ca. 10 cm · 10 cm, Alizarin, Aluminiumsulfat, Natriumacetat

Durchführung:
a) *Beizen:* Lösen Sie 1,5 g Aluminiumsulfat in 150 ml Wasser. Erhitzen Sie die Lösung zum Sieden. Legen Sie eines der Baumwollstücke hinein und halten Sie die Siedetemperatur etwa 5 min. Entnehmen Sie die Baumwollprobe mit der Pinzette und lassen Sie diese über einem Glasstab, den Sie auf den Rand des Becherglases legen, abtropfen.

b) *Färben:* Stellen Sie in zwei Bechergläsern jeweils eine Suspension von 0,2 g Alizarin und 1 g Natriumacetat in 150 ml Wasser her. Erhitzen Sie diese bis zum Sieden. Legen Sie in das eine Becherglas eine unbehandelte Probe und in das andere die gebeizte Probe des Baumwollgewebes. Halten Sie die Temperatur etwa 5 min und nehmen dann den Brenner weg. Entnehmen Sie das Gewebe nach weiteren 10 min jeweils mit der Pinzette und spülen Sie es gründlich in heißem Wasser aus. Lassen Sie die gefärbten Baumwollstücke trocknen.

Aufgabe:
Vergleichen Sie die Färbungen und erklären Sie den Unterschied.

Indigo ist ein wasserunlöslicher Farbstoff. Bei der *Küpenfärbung* wird Indigo zu wasserlöslichem Leukoindigo reduziert, dann auf die Faser gebracht und anschließend wieder zu Indigo oxidiert (Kap. 8.8).

Anionische und kationische Farbstoffe sind wasserlöslich. Sie können zur *Direktfärbung* verwendet werden. Orange II ist ein anionischer Azofarbstoff; Kristallviolett ist ein kationischer Triphenylmethan-Farbstoff (Kap. 8.5).

***B3** Mit Leukoindigo gefärbte Wolle wird vom Sauerstoff der Luft oxidiert und trocknet*

V3 Indigo – Synthese und Färben

Material:
Waage, 2 Bechergläser (50 ml), 2 Tropfpipetten, Thermometer, Saugflasche mit Büchnertrichter, Rundfilter, Wasserstrahlpumpe, Kristallisierschale, Pinzette, Baumwollgewebe (10 cm · 10 cm), 2-Nitrobenzaldehyd, Aceton, Natronlauge (c = 1 mol/l), Ethanol, Natriumdithionit-Lösung (w = 10 %)

Durchführung: ⚠ (Schutzhandschuhe!)
a) Lösen Sie 0,5 g 2-Nitrobenzaldehyd im Becherglas in ca. 4 ml Aceton. Tropfen Sie zu dieser Lösung langsam unter Schwenken des Becherglases ca. 2 ml Natronlauge. Kühlen Sie das Becherglas in kaltem Wasser in der Kristallisierschale auf Zimmertemperatur ab. Wiederholen Sie den Vorgang mit ca. 2 ml Natronlauge. Filtrieren Sie den ausgefallenen Farbstoff ab. Waschen Sie ihn einmal mit Wasser, dann dreimal mit je 3 – 4 ml Ethanol.
b) Versetzen Sie das trockene Indigo-Pulver mit 10 ml Natriumdithionit-Lösung und 10 ml Natronlauge, gießen Sie ggf. vom Ungelösten ab und füllen Sie mit Wasser auf 50 ml auf. In diese Lösung geben Sie ein Stück Baumwollgewebe und erhitzen bis zum Sieden. Nach dem Abkühlen nehmen Sie das Gewebe mit der Pinzette heraus und waschen es. Trocknen an der Luft vervollständigt die Färbung.

V4 Färben mit Indigo

Material:
Mörser mit Pistill, Heizplatte, Becherglas (250 ml), Thermometer, Messzylinder (10 ml), Glasstab, Tiegelzange, Baumwollgewebe oder Wolle, Indigo, Natriumdithionit, Ethanol, Natronlauge (w = 10 %)

Durchführung: ⚠ (Schutzhandschuhe!)
a) *Herstellung der Küpe:* Verreiben Sie im Mörser etwa 0,2 g Indigo mit 2 ml Ethanol und 10 ml Natronlauge. Geben Sie diese Suspension zu 100 ml Wasser von etwa 70 °C und fügen Sie ca. 1 g Natriumdithionit hinzu. Rühren Sie vorsichtig um, bis Sie eine klare (gelbe) Lösung erhalten haben.
b) *Färben:* Legen Sie die gewaschene Woll- oder Baumwollprobe in die Lösung. Nehmen Sie sie frühestens nach 10 min mit der Tiegelzange heraus, waschen sie unter fließendem Wasser und lassen sie an der Luft trocknen.
c) Prüfen Sie die gefärbte Probe auf Abriebfestigkeit durch Reiben auf weißem Papier.

Aufgabe:
Beschreiben Sie die Küpenfärbung anhand von Reaktionsgleichungen.

V5 Direktfärbung mit anionischen und kationischen Farbstoffen

Material:
2 Glasstäbe, 2 Bechergläser (250 ml), Pinzette, Brenner mit Drahtnetz, 2 Stück gewaschenes Baumwollgewebe (Baumwollnessel) je ca. 10 cm · 10 cm, Orange II, Schwefelsäure (w = 1%), Natriumsulfat, Kristallviolett, Natriumacetat, Essigsäure (w = 25 %)

Durchführung: ⚠ (Schutzhandschuhe!)
a) *Anionischer Farbstoff:* Lösen Sie im Becherglas 5 g Natriumsulfat in 100 ml Schwefelsäure. Geben Sie dazu eine Lösung von 0,2 g Orange II in 10 ml Wasser. Legen Sie die Baumwollprobe in diese Färbeflotte. Erhitzen Sie die Färbeflotte bis zum Sieden und lassen Sie sie langsam abkühlen. Entnehmen Sie die Probe nach etwa 10 min mit der Pinzette, waschen und trocknen Sie das gefärbte Gewebe.
b) *Kationischer Farbstoff:* (Sorgfältig arbeiten!) Lösen Sie 0,01 g Kristallviolett in 125 ml Wasser. Fügen Sie 10 ml Essigsäure und 2 g Natriumacetat hinzu. Legen Sie die Baumwollprobe in diese Färbeflotte. Erhitzen Sie die Färbeflotte bis zum Sieden und lassen Sie sie langsam abkühlen. Entnehmen Sie die Probe nach etwa 10 min mit der Pinzette, waschen und trocknen Sie das gefärbte Gewebe.

Exkurs

8.10 Die Farbstoff-Solarzelle

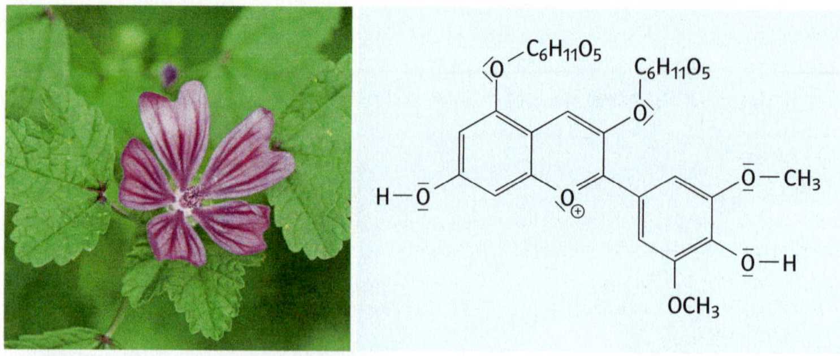

B1 *Malvenblüte und Struktur des Anthocyans Malvin.*
$O{-}C_6H_{11}O_5$: Glucosylrest (gebundenes Glucose-Molekül, Kap. 10.5)

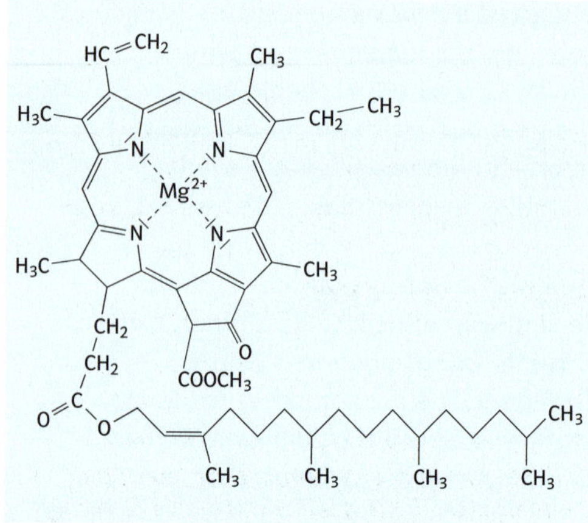

B3 *Struktur von Chlorophyll a (genauer: Kap. 12.6)*

TCO (**t**ransparent **c**onducting **o**xide) transparentes leitfähiges Oxid, z. B. mit Fluor dotiertes Zinnoxid. Dotierung mit Fluor bedeutet, dass das Zinnoxid mit einer sehr kleinen Menge von Fluorid-Ionen absichtlich „verunreinigt" ist.

Solarzellen wandeln Lichtenergie in elektrische Energie um. Meistens enthalten sie anorganische Halbleitermaterialen wie z. B. Silicium. Allerdings ist ihre Herstellung sehr aufwändig. Eine Solarzelle muss mehrere Jahre in Betrieb sein, ehe sie die Energie geliefert hat, die zu ihrer Herstellung aufgewendet werden musste.

Pflanzen nutzen Farbstoffe wie z. B. Anthocyane [B1] und Chlorophylle [B3], um Licht zu absorbieren und die Lichtenergie in andere Energieformen umzuwandeln. Seit langem ist es ein Ziel der Bionik-Forschung, dies auf die Technik zu übertragen.
Zu Beginn der 1990er-Jahre fanden Wissenschaftler um den Schweizer Professor Michael Grätzel eine Möglichkeit, organische Farbstoffe zur Gewinnung von elektrischer Energie zu nutzen. Die **Farbstoff-Solarzelle**, die das Ergebnis dieser Forschungen darstellt, nennt man daher auch **Grätzel-Zelle**.

Aufbau der Grätzel-Zelle. Die Solarzelle nach Michael Grätzel ist aus zwei Platten aus Glas oder Kunststofffolie aufgebaut [B4]. Die Platten sind mit einem lichtdurchlässigen und elektrisch leitenden Oxid (TCO) beschichtet, z. B. Zinnoxid, das mit Fluor dotiert ist. Diese beschichteten Platten sind die Elektroden der Solarzelle.
Auf einer Elektrode befindet sich eine Schicht aus Titandioxid (TiO_2), das mit einem lichtempfindlichen Farbstoff belegt ist. Die andere Elektrode ist mit Graphit oder Platin beschichtet. Zwischen den Elektroden befindet sich ein Redoxelektrolyt, d. h. ein Elektrolyt, in dem eine Redoxreaktion möglich ist (z. B. eine Lösung von Iod und Kaliumiodid).

Die Grätzel-Zelle enthält einen lichtempfindlichen organischen Farbstoff anstelle eines anorganischen Halbleitermaterials.

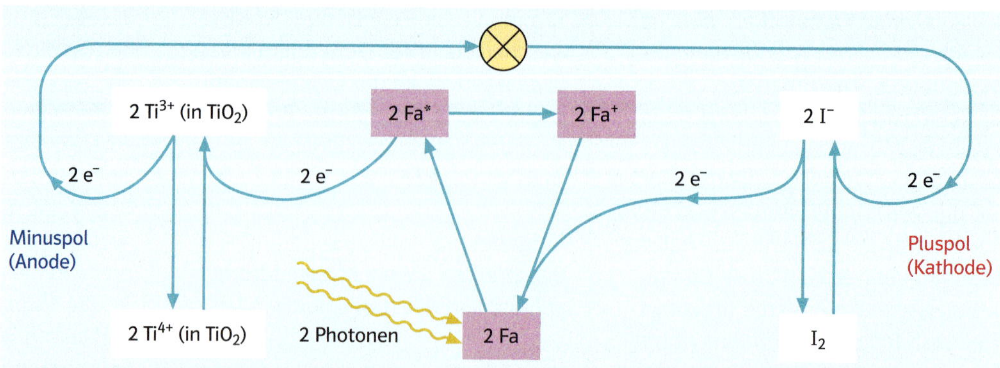

B2 *Elektrochemische Vorgänge in der Grätzel-Zelle*
(Fa: Farbstoff-Molekül, Fa: angeregtes Farbstoff-Molekül, Fa⁺: positiv geladenes Farbstoff-Molekül)*

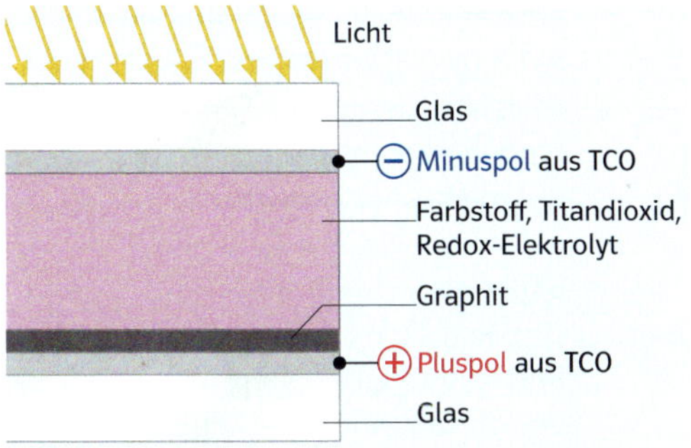

*B4 Schematischer Aufbau der Grätzel-Zelle (TCO: **t**ransparent **c**onducting **o**xide, transparentes leitfähiges Oxid, z. B. mit Fluor dotiertes Zinnoxid)*

Prinzip der Grätzel-Zelle. B2 zeigt schematisch die elektrochemischen Vorgänge in der Grätzel-Zelle. Im Gegensatz zur Silicium-Solarzelle finden in der Grätzel-Zelle auch chemische Reaktionen statt. Sie ähnelt daher einer galvanischen Zelle.
Die Farbstoff-Moleküle werden durch Licht in einen angeregten Zustand versetzt (Kap. 8.2). Sie verlieren die aufgenommene Energie wieder, indem sie Elektronen an das Titandioxid (TiO_2) abgeben. Das Titandioxid gibt die Elektronen an die Anode weiter.
Die Elektronen fließen über ein elektrisches Gerät zur Kathode und reduzieren dort Iod-Moleküle (I_2) zu Iodid-Ionen (I^-). Die Iodid-Ionen geben Elektronen an die Farbstoff-Moleküle ab und werden dabei wieder oxidiert. Der Stromkreis ist geschlossen.

An den Redoxreaktionen in der Grätzel-Zelle sind Farbstoff-Moleküle, Iod-Moleküle und Iodid-Ionen beteiligt.

A1 ◌ Beschreiben Sie die Vorgänge in der Grätzel-Zelle anhand von B2.

A2 ● MK Informieren Sie sich über die Herstellung von Titandioxid und Silicium. Stellen Sie die Vorgänge anschaulich dar. Gehen Sie auch auf Umweltaspekte ein.

A3 ● MK Informieren Sie sich über Silicium- und Farbstoff-Solarzellen. Vergleichen Sie die Eigenschaften, Wirkungsgrade und Einsatzmöglichkeiten. Diskutieren Sie die Vor- und Nachteile von Farbstoff-Solarzellen im Vergleich zu Silicium-Solarzellen.

Praktikum

V1 Herstellung einer Farbstoff-Solarzelle

Material:
Spatel, Pipette mit Hütchen, durchsichtiger Klebestreifen (Rolle), Brenner mit Stativ, Plattenhalter und Ceran-Platte, 2 Glasschalen, Haartrockner, 2 kleine Bechergläser, Tiegelzange, Vielfachmessgerät, weicher Bleistift, Lampe mit Stativ, 2 Verbindungsleitungen mit Krokodilklemmen, Wasserkocher, getrocknete Hibiskus- oder Malvenblüten, 2 TCO-beschichtete Glasplättchen, TiO_2-Pastemix, Elektrolytlösung

Durchführung:
a) Prüfen Sie mithilfe einer Widerstandsmessung, auf welcher Seite der beiden Glasplättchen die elektrisch leitende Schicht aufgebracht ist. Kleben Sie wie in B5 gezeigt drei Klebestreifen auf die leitende Seite eines Glasplättchens. Tragen Sie etwa 2 bis 3 Tropfen Pastemix auf und streichen Sie es mit einem Glasplättchen glatt. Trocknen Sie die aufgetragene Schicht mit dem Haartrockner ca. 3 min lang und ziehen Sie dann die Klebestreifen ab.

b) Legen Sie das beschichtete Glasplättchen auf eine Ceranplatte und erhitzen Sie es mit dem Brenner bei voller Leistung ca. 5 min lang, bis die Schicht weiß ist. Lassen Sie das Glasplättchen ca. 10 min abkühlen.

c) Bereiten Sie einen Tee aus ca. 20 Blüten mit 100 ml kochendem Wasser. Lassen Sie den Tee 5 min lang ziehen und gießen Sie ihn dann in eine Glasschale ab. Legen Sie das beschichtete Glasplättchen mit der Schicht nach oben in den Tee. Spülen Sie es nach ca. 2 min durch Schwenken in einer Glasschale mit Wasser und trocknen Sie es mit dem Haartrockner.

d) Bestreichen Sie das zweite Glasplättchen mit dem Bleistift auf der leitenden Fläche, sodass eine gleichmäßig dunkelgraue Schicht entsteht.

e) Legen Sie die Glasplättchen wie in B5 gezeigt aufeinander. Umwickeln Sie sie in der Mitte mit Klebstreifen. Verbinden Sie die Plättchen mit dem Vielfachmessgerät (Messbereich ca. 500 mV), die Graphit-Seite mit dem Pluspol, die Titandioxid-Seite mit dem Minuspol, und schalten Sie die Lampe ein. Geben Sie einen Tropfen Elektrolytlösung zu und beobachten Sie das Messgerät.

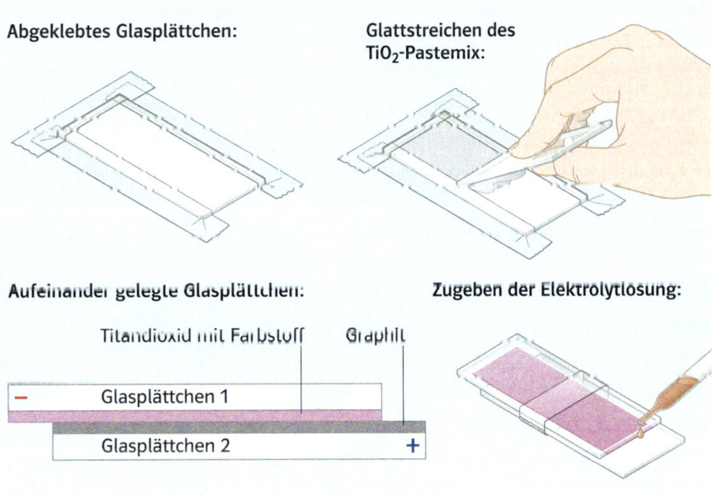

B5 Herstellung einer Farbstoff-Solarzelle

8.11 Zusammenfassung und Übung

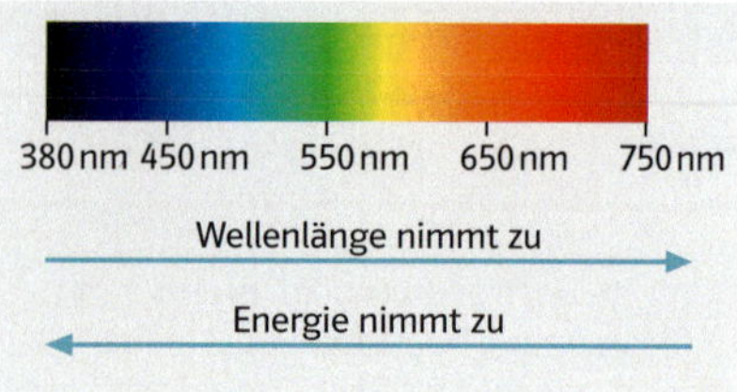

B1 *Spektrum des sichtbaren Lichts*

B2 *Additive und subtraktive Farbmischung*

Licht
ist ein Teil des elektromagnetischen Spektrums [B1]. Es überträgt Energie in Lichtquanten, die man als *Photonen* bezeichnet. Die Energie *E* eines Photons kann aus der Frequenz ν oder der Wellenlänge λ berechnet werden:

$$E = h \cdot \nu = h \cdot \frac{c}{\lambda}$$

Farbe und Komplementärfarbe
Der Farbeindruck „Weiß" entsteht durch Licht aller Wellenlängen des sichtbaren Bereichs. Wenn ein Teil des weißen Lichts von einem Farbstoff absorbiert wird und der Rest des Lichts ins Auge gelangt, entsteht im Gehirn der Eindruck einer „richtigen" Farbe. Komplementärfarben (z. B. Blau und Gelb) sind Farbenpaare, die sich zu weißem Licht ergänzen. Ein Farbstoff absorbiert das Licht, das seiner Komplementärfarbe entspricht.

Additive Farbmischung
Durch Mischen von rotem, grünem und blauem Licht kann man beliebige Farben und auch den Farbeindruck „Weiß" erzeugen (RGB-Farbraum) [B2]. Die Farben eines Computermonitors entstehen durch additive Farbmischung des Lichts mehrerer Lichtquellen.

Subtraktive Farbmischung
Wenn Anteile des weißen Lichts absorbiert werden, entsteht ebenfalls ein Farbeindruck. Die gleichzeitige Absorption der Farben Cyan (Blaugrün), Magenta (Purpur) und Yellow (Gelb) erzeugt Schwarz [B2]. Im Vierfarbdruck verwendet man den CMYK-Farbraum mit Schwarz als vierter „Farbe".

Absorptionsspektrum
Mit einem Spektralfotometer wird das Absorptionsspektrum eines Farbstoffs ermittelt. Ein Absorptionsspektrum ist ein Diagramm, in dem die Extinktion (ein Maß für die Lichtabsorption) gegen die Wellenlänge des Lichts aufgetragen ist. Das Maximum der Kurve bezeichnet man als Absorptionsmaximum.

Absorptionssysteme, auxochrome Gruppen und Chromophore
Die Moleküle der organischen Farbstoffe enthalten ein *Absorptionssystem*, das i. d. R. aus konjugierten Doppelbindungen besteht. Je ausgedehnter das Absorptionssystem ist, desto größer ist die Wellenlänge des absorbierten Lichts.
Weitere Gruppen, die mesomere Effekte auf das Absorptionssystem ausüben, können eine Verschiebung des Absorptionsmaximums zu größeren Wellenlängen bewirken. Man nennt sie *auxochrome Gruppen*. Auch kleine Absorptionssysteme, die an einem Ende eine elektronenschiebende und am anderen Ende eine elektronenziehende Gruppe aufweisen, absorbieren bei relativ großen Wellenlängen. Den gesamten Teil eines Moleküls, der für die Farbe der Verbindung verantwortlich ist, bezeichnet man als *Chromophor*.

Säure-Base-Indikatoren
sind Farbstoffe, bei denen sich durch Protonierung bzw. Deprotonierung des Chromophors die Lage des Absorptionsmaximums ändert.

Polyene
sind Farbstoffe, deren Absorptionssystem aus konjugierten C=C-Doppelbindungen besteht. Die Carotinoide sind wichtige Polyene.

Azofarbstoffe
haben als gemeinsames Strukturmerkmal die Azogruppe, zwei durch eine Doppelbindung verbundene Stickstoff-Atome [B3]. Das Absorptionssystem eines Azofarbstoffs besteht aus aromatischen Ringen, die über eine bzw. mehrere Azogruppen verbunden sind. Azofarbstoffe werden in zwei Schritten synthetisiert:
1. Diazotierung: Aus einer sauren Nitrit-Lösung und einem aromatischen Amin werden Diazonium-Ionen erzeugt.
2. Azokupplung (elektrophile Substitution): Ein Diazonium-Ion greift (als elektrophiles Teilchen) ein reaktives aromatisches Molekül (z. B. Phenol oder Anilin) an. Nach den Regeln für die Zweitsubstitution (Kap. 7.8) findet die Azokupplung bevorzugt in para- oder ortho-Stellung statt.

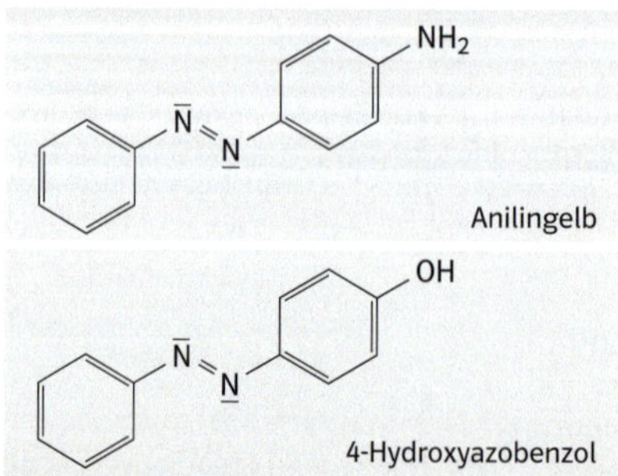

B3 *Zwei Azofarbstoffe*

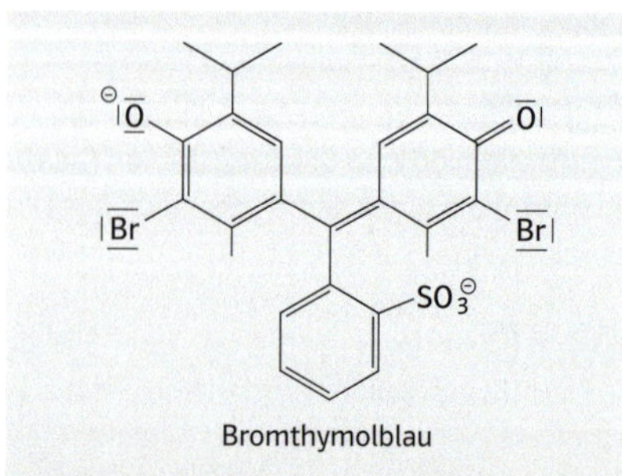

B4 *Ein Triphenylmethan-Farbstoff*

Triphenylmethan-Farbstoffe

haben als gemeinsames Strukturmerkmal ein C-Atom, das mit drei Phenylringen (aromatischen C_6-Ringen) verbunden ist [B4]. Das Absorptionssystem eines Triphenylmethan-Farbstoffs erstreckt sich über mindestens zwei Phenylringe, das zentrale C-Atom und die auxochromen Gruppen in para-Stellung zum zentralen C-Atom.

Carbonylfarbstoffe

haben als gemeinsames Strukturmerkmal mindestens zwei Carbonylgruppen [B6]. Das Absorptionssystem eines Carbonylfarbstoffs besteht aus konjugierten C=C- und C=O-Doppelbindungen. Zu den Carbonylfarbstoffen zählen u.a. Indigo und die Anthrachinon-Farbstoffe.

Fluoreszenz

Bei der Absorption von Licht nimmt ein Farbstoff-Molekül ein Photon auf und gelangt in einen energetisch angeregten Zustand. Bei den meisten Farbstoffen wandeln die Moleküle die aufgenommene Energie in Schwingungsenergie um und geben sie durch Stöße mit anderen Molekülen wieder ab.
Farbstoff-Moleküle, in denen aufgrund ihrer Struktur nur wenige Schwingungen angeregt werden können, geben einen Teil der Energie wieder in Form eines Photons ab. Die Wellenlänge des Fluoreszenzlichts ist i.d.R. größer als die Wellenlänge des Anregungslichts.

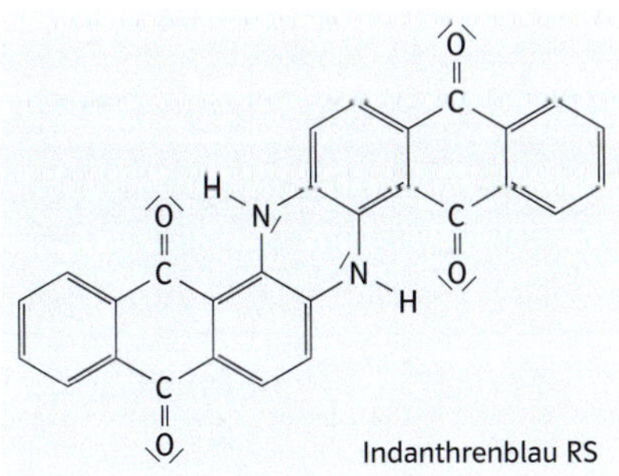

B6 *Ein Carbonylfarbstoff*

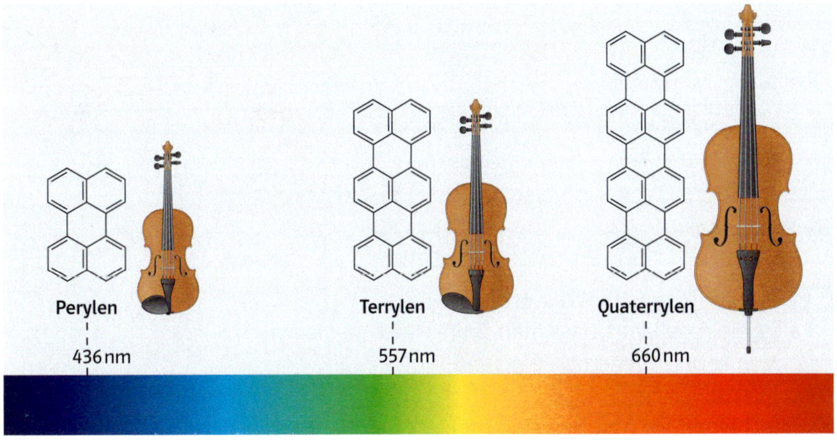

B5 *Rylen-Farbstoffe und ihre Absorptionsmaxima (zu A1)*

Färbeverfahren

Beim Färben von Textilien unterscheidet man mehrere Verfahren, die von der Art der Faser und vom verwendeten Farbstoff abhängen: Direktfärbung, Reaktivfärbung, Dispersionsfärbung, Entwicklungsfärbung und Küpenfärbung.

Lebensmittelfarbstoffe

Viele industriell hergestellte Lebensmittel sind mit Farbstoffen gefärbt. Auf Verpackungen werden sie meistens als E-Nummern angegeben. Es gibt natürliche und synthetische Lebensmittelfarbstoffe. Sie müssen nach dem Lebensmittelgesetz zugelassen sein. Für viele Lebensmittelfarbstoffe ist ein ADI-Wert (acceptable dayly intake) in Milligramm pro Kilogramm Körpergewicht festgelegt.

B7 *Wäscheblau (zu A2)*

A1 ◒ Rylen-Farbstoffe [B5] sind Farbstoffe, die das gesamte sichtbare Spektrum abdecken.
a) Beschreiben Sie die Strukturen der Rylen-Farbstoff-Moleküle.
b) Erklären Sie die unterschiedlichen Absorptionsmaxima der Rylen-Farbstoffe.
c) Deuten Sie die in B5 dargestellte Beziehung zwischen den Musikinstrumenten und den Absorptionsmaxima.

A2 ● Optische Aufheller sind Farbstoffe, die UV-Licht absorbieren und die absorbierte Energie als blauviolettes Licht wieder abgeben (Fluoreszenz). Man setzt sie ein, um z.B. Papier oder Baumwolltextilien, die eine gelbliche Grundfarbe haben, weißer erscheinen zu lassen. Optische Aufheller in Waschmitteln ziehen beim Waschen auf die Faser direkt auf.
Früher wurde Wäsche „gebläut", d.h., sie wurde nach dem Waschen mit einem blauen Farbstoff, dem Wäscheblau, behandelt [B7]. Allerdings wurde die Wäsche nur grauweiß. Erklären Sie, warum beim Einsatz optischer Aufheller kein Grauton entsteht.

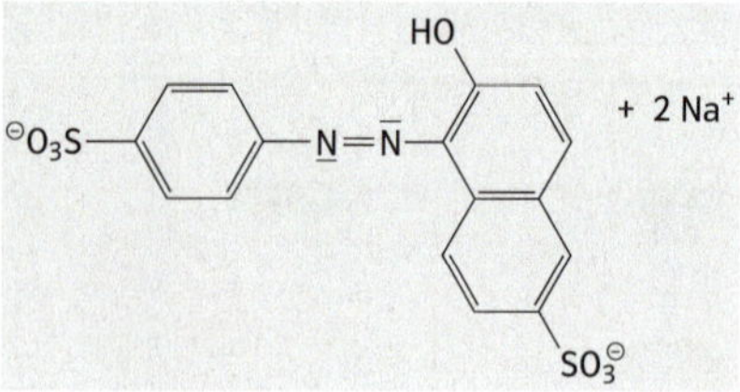

B8 *Gelborange S (zu A4)*

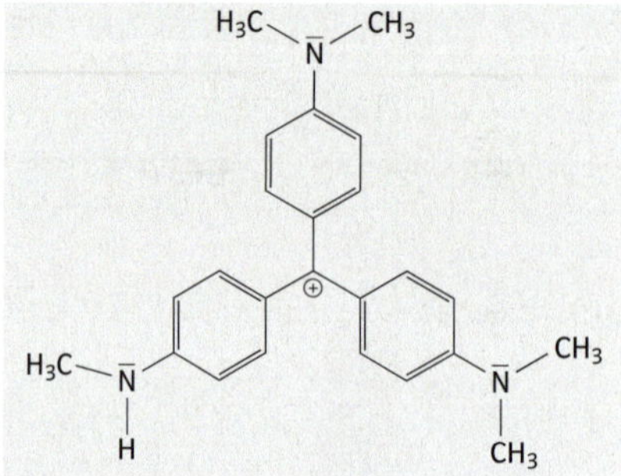

B9 *Methylviolett (zu A6)*

A3 Beim Malen mit Wasserfarben ist allgemein bekannt, dass man Grün erzeugen kann, indem man Blau und Gelb mischt.

a) Entscheiden Sie (mit Begründung), ob es sich hier um eine additive oder subtraktive Farbmischung handelt.

b) Erklären Sie, wie durch Mischen von Blau und Gelb der grüne Farbeindruck entsteht.

A4 Gelborange S (Sunsetgelb FCF) [B8] ist ein wasserlöslicher Azofarbstoff. Gelborange S wird als Lebensmittelfarbstoff sowie zur Färbung von Arzneimitteln verwendet.

a) Geben Sie die Ausgangsstoffe an, aus denen Gelborange S hergestellt werden kann.

b) Stellen Sie den Reaktionsweg zur Herstellung von Gelborange S begründet dar.

c) Kennzeichnen Sie in der Strukturformel des Moleküls das Absorptionssystem.

A5 Bei der Synthese von Azofarbstoffen setzt man Aromaten ein, die Gruppen mit +M-Effekt am Phenylring gebunden haben. Wird Phenol als Kupplungskomponente eingesetzt, begünstigt ein alkalisches Milieu die Reaktion. Erläutern Sie diese Sachverhalte.

A6 Eine neutrale Lösung von Methylviolett [B9] ist blauviolett, eine schwach saure Lösung ist grün, eine stark saure Lösung ist gelb. Gibt man Natronlauge zu neutraler Methylviolett-Lösung, wird sie entfärbt.

a) Geben Sie die Farbstoffklasse an, zu der Methylviolett gehört, und erklären Sie, warum der Stoff farbig ist.

b) Geben Sie die Wellenlängenbereiche an, in denen der Farbstoff in neutraler bzw. in saurer Lösung absorbiert.

c) Erklären Sie die Vorgänge auf der Molekülebene beim Ansäuern der Farbstofflösung. *Hinweis:* In der grünen Lösung ist der Ring mit dem protonierten Stickstoff-Atom aus der Molekülebene herausgedreht und bildet ein separates Absorptionssystem.

d) Formulieren Sie die Reaktionsgleichung der Reaktion, die zur Entfärbung des Farbstoffs führt.

A7 Fluoreszenz kann man beobachten, wenn ein Farbstoff-Molekül von einem Photon angeregt wird und einen Teil der Energie wieder in Form eines Photons abgibt. Erläutern Sie, warum es unmöglich ist, einen Farbstoff mit rotem Licht anzuregen und blaues Fluoreszenzlicht zu erhalten.

A8 In einem Labor steht ein Fläschchen mit einer Farbstofflösung im Schrank. Man möchte die genaue Konzentration des Farbstoffs mithilfe der Fotometrie ermitteln. In diesem Zusammenhang möchte man auch den Extinktionskoeffizienten bestimmen, um ihn mit Tabellenwerten zu vergleichen. Dazu werden die zwei Versuchsreihen A und B durchgeführt:

A: Zunächst wird die Extinktion *E* des Farbstoffs bei verschiedenen Wellenlängen λ gemessen. Man erhält die in B10 gezeigten Werte.

B: Eine Reihe verschieden konzentrierter Farbstofflösungen wird hergestellt und deren Extinktion beim Absorptionsmaximum λ_{max} bestimmt. Die Schichtdicke der Küvette beträgt $d = 1\,cm$. Man erhält die in B10 gezeigten Messwerte.

a) Zeichnen Sie das Absorptionsspektrum des Farbstoffs (E-λ-Diagramm).

b) Bestimmen Sie das Absorptionsmaximum des Farbstoffs und ermitteln Sie daraus die Farbe des Farbstoffs. Begründen Sie Ihre Aussagen.

c) Tragen Sie in einem Diagramm die Extinktion *E* gegen die Konzentration *c* auf und erstellen Sie grafisch oder rechnerisch eine Ausgleichsgerade. Ermitteln Sie daraus die Konzentration der Farbstofflösung.

d) Bestimmen Sie den molaren dekadischen Extinktionskoeffizienten ε beim Absorptionsmaximum. *Hinweis:* ε ist die Steigung der Ausgleichsgeraden aus (c).

e) Erläutern Sie das hier angewandte Verfahren der Fotometrie.

λ in nm	450	475	500	510	520	530	540	545	550	555	560	570	580	590	600
E	0,03	0,09	0,19	0,25	0,32	0,39	0,51	0,59	0,66	0,68	0,60	0,37	0,22	0,10	0,01

c in mol/l	$0{,}50 \cdot 10^{-5}$	$0{,}75 \cdot 10^{-5}$	$1{,}00 \cdot 10^{-5}$	$1{,}50 \cdot 10^{-5}$	$2{,}00 \cdot 10^{-5}$	Probelösung
E	0,20	0,25	0,30	0,49	0,67	0,37

B10 *Messwerte zu A8*

9 Moderne Werkstoffe

Moderne Werkstoffe müssen vielen Ansprüchen genügen. Die Elastizität und Reißfestigkeit von Polymergewebe kann durch die Struktur der Makromoleküle bestimmt werden. Extrem kleine Nanostrukturen auf der Oberfläche können selbstreinigende Oberflächen erzeugen.

Werkstoffe nach Maß

Sportbekleidung

B1 *Sportschuhe bestehen aus unterschiedlichen polymeren Werkstoffen*

Sportbekleidung kommt heute ohne polymere Werkstoffe nicht mehr aus. Polyesterfasern nehmen keine Feuchtigkeit auf, trocknen schnell und sind schmutzabweisend. In Kombination mit Elastanfasern, die eine hohe Dehnfähigkeit aufweisen, werden sie z. B. für Trikotbekleidung verwendet. Sportschuhe bestehen aus vielen unterschiedlichen Kunststoffen. Verarbeitet werden z. B. Polyamide, Polyvinylchlorid (PVC), Ethylen-Vinyl-Acetat (EVA) und Polyurethan (PU) .

A1 MK Ermitteln Sie die Eigenschaften der in Trikots verwendeten Kunstfaser PolyTHF (PTHF, **P**oly**t**etra**h**ydro**f**uran). Vergleichen Sie diese mit den früher für Trikots verwendeten Baumwollfasern.

A2 MK Informieren Sie sich über den Aufbau eines modernen Laufschuhs. Ordnen Sie Obermaterial, Fersenschale, Zwischensohle und Außensohle die verwendeten Kunststoffe zu. Erklären Sie, wie man im Laufschuh die notwendige Dämpfung erreicht.

Unzerbrechliche Bierflaschen

Bei Großveranstaltungen besteht häufig die Gefahr, dass zerbrochene Glasflaschen zu Verletzungen führen. Man möchte daher die für Mineralwasser bewährten PET-Flaschen auch für Bier verwenden. Hier besteht allerdings das Problem, dass der Werkstoff PET in sehr geringem Maß Sauerstoff durchlässt. Für die Haltbarkeit von Bier ist das bereits zu viel. Eine Lösung des Problems besteht darin, dass man zwischen zwei Schichten PET eine weitere Schicht einbaut, z. B. aus Nylon. Dies wird als Multilayer-Technik bezeichnet.

A3 MK Recherchieren Sie, wie man durch die Multilayer-Technik und die Verwendung von Stoffen, die Sauerstoff reduzieren (Radikalfänger, sog. Scavenger), für Bier geeignete Flaschen herstellt.

A4 MK Das Multilayer-Verfahren kann ebenfalls für die Verwendung von recycelten PET-Flaschen eingesetzt werden. Recherchieren Sie.

Bausteine aus Copolymeren

Um bei Spielzeug die geforderte Formstabilität und Farbbeständigkeit zu erreichen, werden Kunststoffe eingesetzt, die durch Polymerisation unterschiedlicher Monomere entstehen. Man nennt sie Copolymere. B2 zeigt Spielzeug, das aus einem Copolymer aus Acrylnitril, Buta-1,3-dien und Styrol besteht. Dieser als ABS bezeichnete Kunststoff ist eher hart und fast unzerbrechlich. Er wird z. B. auch für Staubsaugergehäuse verwendet.

A5 Zeichnen Sie eine Molekülkette aus den Monomeren Buta-1,3-dien und Styrol (Phenylethen).

A6 Skizzieren Sie die Struktur von Blockcopolymeren und alternierenden Copolymeren.

B2 *Spielzeug aus ABS*

Drucken in 3D

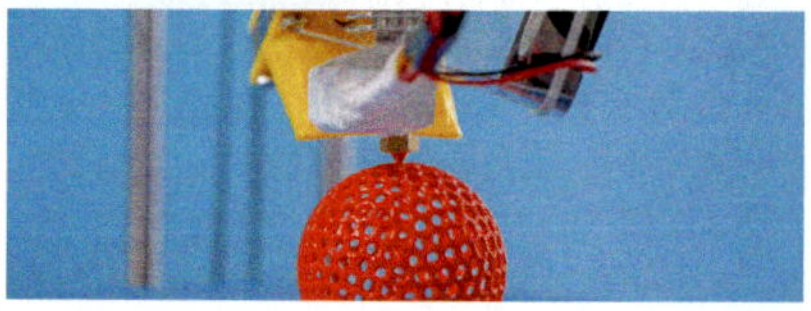

B3 *Objekt im 3D-Drucker*

Der 3D-Druck wird zur schnellen und günstigen Herstellung von Modellen, Mustern u. a. eingesetzt. Eine Stärke dieser Technik ist die Möglichkeit, komplexe Formen aufzubauen. Kunststoffe sind die gängigsten 3D-Druckmaterialien. Geschmolzene Kunststoffe werden Schicht für Schicht aufgetragen, um so den dreidimensionalen Gegenstand aufzubauen.

A7 Beschreiben Sie grundlegende Eigenschaften, die Kunststoffe als 3D-Druckmaterialien bei der Schmelzschichttechnologie aufweisen müssen.

Windenergieanlagen

An die Rotorblätter von Windenergieanlagen [B4] werden besondere Ansprüche gestellt. Sie sind im Betrieb einem hohen Winddruck ausgesetzt und müssen daher biegesteif und unzerbrechlich sein. Außerdem müssen sie eine möglichst geringe Masse haben, um nicht abzureißen.
Man erreicht dies durch den Einsatz von glasfaserverstärkten Kunststoffen (GFK). Als Kunststoffe werden Polyester- oder Epoxidharze eingesetzt. Diese sind durch Vliese oder Bündel (Rovings) aus Glasfasern stabilisiert.

B4 Rotorblätter von Windenergieanlagen sind starken Belastungen ausgesetzt und sollen trotzdem leicht gebaut sein

A8 MK Informieren Sie sich, wie man glasfaserverstärkte Kunststoffe herstellt. Erstellen Sie ein Plakat oder eine Präsentation.

A9 Glasfaserverstärkte Kunststoffe werden in vielen Bereichen eingesetzt. Nennen Sie mindestens vier davon.

A10 MK NE Das Recycling von Rotorblättern kann zum Problem werden. Man geht davon aus, dass ab 2020 jährlich mehr als 15 000 Tonnen Flügelmaterial entsorgt werden müssen. Recherchieren Sie Möglichkeiten des Recyclings, die angewendet bzw. diskutiert werden. Stellen Sie Vor- und Nachteile der Verfahren einander gegenüber.

Kunststoffe in der Medizin

Mikroskopisch kleine, resorbierbare Kügelchen, die einen Wirkstoff langsam abgeben, werden als Depotarzneimittel verwendet.

A11 Ein resorbierbarer Kunststoff besteht aus Polymilchsäure. Zeichnen Sie einen Ausschnitt aus dem Makromolekül.

A12 MK Recherchieren Sie die Anforderungen an Kunststoffe für Kontaktlinsen.

Oberfläche-zu-Volumen-Verhältnis von Nanopartikeln

***B5** Vervielfachung der Würfeloberfläche durch wiederholte Zerkleinerung*

Im Vergleich zu Gegenständen aus unserer makroskopischen Umwelt haben Nanopartikel eine bedeutend größere Oberfläche bei gleichem Volumen. Aufgrund ihrer enorm großen Oberfläche werden Nanopartikel häufig in der Katalyse oder zur Adsorption von Gasen verwendet.

A13 MK Ein Würfel mit einer Kantenlänge von 4 cm wird in acht gleiche Würfel zerteilt. Dieser Zerteilungsvorgang wird mehrfach wiederholt.

a) Berechnen Sie für die ersten drei Zerteilungsschritte [B5] die Oberfläche aller Würfel.
b) Stellen Sie die Zunahme der gesamten Oberfläche in Abhängigkeit von der Kantenlänge mithilfe einer Tabellenkalkulation grafisch dar.

Nanopartikel in Lebensmitteln

Lebensmittelzusatzstoffe werden verwendet, um Eigenschaften wie Aussehen, Geschmack oder Haltbarkeit gezielt zu verändern. Auch in Lebensmitteln können Nanopartikel gefunden werden, wenn sie bei der Herstellung von Lebensmittelzusatzstoffen als Nebenprodukt entstehen oder auf natürliche Weise im Lebensmittel vorkommen.

A14 Bei der Produktion der Lebensmittelzusatzstoffe E 172 und E 551 kann ein gewisser Anteil von Nanopartikeln nicht ausgeschlossen werden. Beschreiben Sie, wozu diese Zusatzstoffe eingesetzt werden.

A15 MK Der Lebensmittelzusatzstoff Titandioxid (E 171) ist seit dem Sommer 2022 in der EU verboten. Recherchieren Sie die Hintergründe hierzu.

A16 Nehmen Sie Stellung zum Einsatz von Nanomaterialien in Lebensmitteln.

9.1 Eigenschaften und Strukturen der Kunststoffe

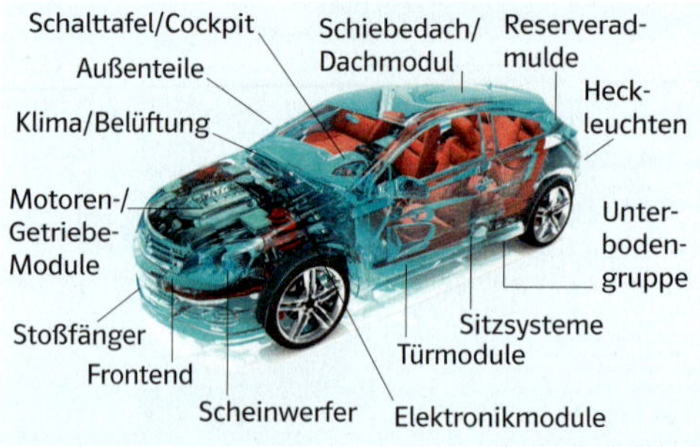

B1 *Kunststoffe im Auto*

Plastik umgangssprachl. für Kunststoff

Plastics engl. für Kunststoffe

Duroplast Anstattt „Duromer" wird auch der Begriff „Duroplast" verwendet.

Täglich kommen wir mit vielen verschiedenen Kunststoffen in Berührung. Die Fahrzeug-, Verpackungs- oder Textilindustrie sind nur drei Bereiche, die speziell entwickelte Werkstoffe mit sehr verschiedenen Anforderungsprofilen einsetzen [B1].
Die unterschiedlichen Eigenschaften dieser Kunststoffe können mithilfe der molekularen Strukturen sowie mit unterschiedlichen Anordnungen und den zwischenmolekularen Kräften der Kunststoff-Moleküle erklärt werden.

Makromoleküle. Kunststoffe bestehen aus riesigen Molekülen, den **Makromolekülen**. Diese sind aus kleinen, sich immer wiederholenden Einheiten, den **Monomer-Molekülen** aufgebaut. Die aus den Makromolekülen aufgebauten Stoffe werden häufig auch als **Polymere** bezeichnet.
Kohlenhydrate, wie Stärke und Cellulose, und auch Proteine bestehen ebenfalls aus Makromolekülen. Da sie natürlichen Ursprungs sind, zählen sie jedoch nicht zu den Kunststoffen.

Monomer von griech. monos, ein und meros, Teilchen

Polymer von griech. poly, viel und meros, Teilchen

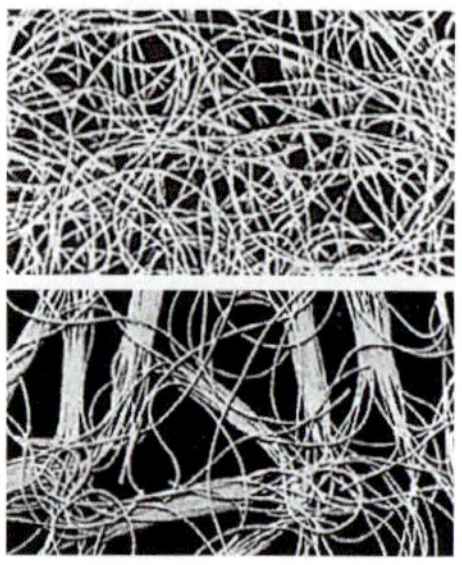

B2 *Modell eines Thermoplasten: die Molekülketten können verknäult (oben) oder teilkristallin (unten) vorliegen*

Kunststoffe bestehen aus künstlich synthetisierten Makromolekülen. Dies sind riesige Moleküle (Polymer-Moleküle), die aus vielen kleinen Monomer-Molekülen gebildet werden.

Einteilung der Kunststoffe. Entscheidend für die Einsatzmöglichkeiten von Kunststoffen sind vor allem *Temperaturbeständigkeit*, *Verformbarkeit* und *Elastizität* (Rückstellfähigkeit). Aufgrund dieser Merkmale kann man die Kunststoffe in drei Klassen einteilen: **Thermoplaste**, **Duromere** und **Elastomere**.

Thermoplaste. Beim Erwärmen werden einige Kunststoffe weich und verformbar. Diese sogenannten **Thermoplaste** behalten beim Abkühlen ihre neue Form bei.
Thermoplaste bestehen aus langen linearen oder wenig verzweigten Makromolekülen, die durch zwischenmolekulare Kräfte, z. B. London-Kräfte, Dipol-Dipol-Kräfte und Wasserstoffbrücken zusammengehalten werden. Diese können besonders gut wirksam werden, wenn die Moleküle parallel ausgerichtet sind. Solche Bereiche nennt man *geordnet* oder **kristallin**. Liegen die Moleküle verknäult vor, können die zwischenmolekularen Kräfte weniger gut wirksam werden. Dieser Zustand wird *ungeordnet* oder **amorph** genannt [B2, B3].

Beim Erwärmen kommt es durch die stärker werdenden Molekülbewegungen zur Überwindung der zwischenmolekularen Kräfte. Die Makromoleküle können daher aneinander vorbeigleiten, weshalb der Kunststoff schließlich erweicht. Da die Molekülketten unterschiedlich lang sind, kann jedoch keine bestimmte Schmelztemperatur für einen Thermoplasten angegeben werden, sondern nur ein Schmelztemperaturbereich.

Thermoplaste sind Kunststoffe, die beim Erwärmen verformbar werden.

Duromere sind bei Zimmertemperatur hart und spröde. Die engmaschig vernetzten Moleküle entstehen durch Verknüpfung der Molekülketten über Elektronenpaarbindungen. Die Segmente dieses engmaschigen Molekülnetzes sind nur wenig beweglich. Daher erweichen sie beim Erwärmen nicht. Bei hohen Temperaturen werden die Elektronenpaarbindungen ihrer Makromoleküle gespalten, sodass sich Duromere zersetzen. Gegenstände aus Duromeren müssen daher schon bei ihrer Herstellung in ihre endgültige Form gebracht werden.

Duromere sind Kunststoffe, die sich nicht verformen lassen. Bei Temperaturerhöhung zersetzen sie sich, ohne zu erweichen.

Kunststofftyp	Thermoplast	Duromer	Elastomer
Strukturausschnitt	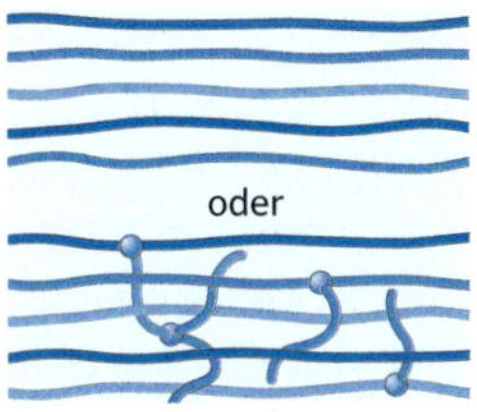	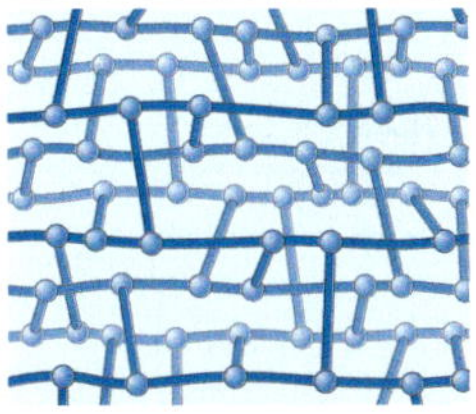	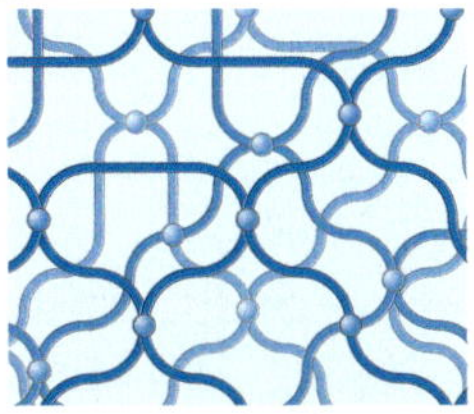
Struktureigenschaften	- lineare oder wenig verzweigte Moleküle - teilweise kristallin oder amorph	- dreidimensional vernetzte Moleküle	- weitmaschig dreidimensional vernetzte Moleküle
Stoffeigenschaften	Thermoplaste schmelzen beim Erwärmen	Duromere sind spröde, aber relativ hart	Elastomere sind gummielastisch (rückstellend)

***B3** Einteilung von Thermoplasten, Duromeren und Elastomeren nach ihrem Gebrauchsbereich*

Elastomere sind bei Zimmertemperatur elastisch, d.h., sie verändern ihre Form bei mechanischer Einwirkung, nehmen ihre ursprüngliche Form aber anschließend wieder ein. Elastomere bestehen aus weitmaschig vernetzten Makromolekülen, die verknäult vorliegen. Unter Zugbelastung können die Molekülsegmente aneinander vorbeigleiten und sich strecken. Nach Beendigung der Krafteinwirkung kehren die Moleküle dann in den verknäulten Zustand zurück. Beim Erwärmen erweichen Elastomere zwar, schmelzen aber nicht, stattdessen tritt ab etwa 300 °C Zersetzung auf.

Bei tiefen Temperaturen verlieren Elastomere ihre Elastizität und werden hart und spröde. Die Kettensegmente werden dabei quasi „eingefroren". Dies nennt man auch *Glasübergang*. Ein Beispiel ist das Zerbrechen der Gummilippen von Scheibenwischern bei Frost.

Elastomere sind Kunststoffe, die bei geringer mechanischer Belastung ihre Form verändern. Anschließend kehren sie aber wieder in den ursprünglichen Zustand zurück („Elastizität").

V1 Entwickeln Sie einen Versuch, mit dem Sie verschiedene Verpackungs-Kunststoffe auf thermoplastische Eigenschaften hin testen können.
(Der Kunststofftyp kann mithilfe der aufgeprägten Recyclingcodes ermittelt werden.)

A1 ◒ Formulieren Sie Definitonen für die folgenden Fachbegriffe „Monomer-Moleküle, Makromoleküle, Polymer-Moleküle, Thermoplaste, Duromere, Elastomere, kristalliner Bereich eines Thermoplasts, amorpher Bereiche eines Thermoplasts".

A2 ◒ Bilden Sie mithilfe von Wollfäden den Aufbau von Thermoplasten, Duromeren und Elastomeren nach.

A3 ○ Erklären Sie, warum sich Duromere bei stärkerem Erhitzen zersetzen.

A4 ● Frischhaltefolie (PE) ist dehnbar, zieht sich aber anschließend – im Gegegsatz zu Gummi – nur noch wenig zusammen. Erklären Sie dieses Verhalten mithilfe der Struktur.

9.2 Radikalische Polymerisation

B1 *Zeltdachkonstruktion aus Polymethylmethacrylat im Olympiastadion München*

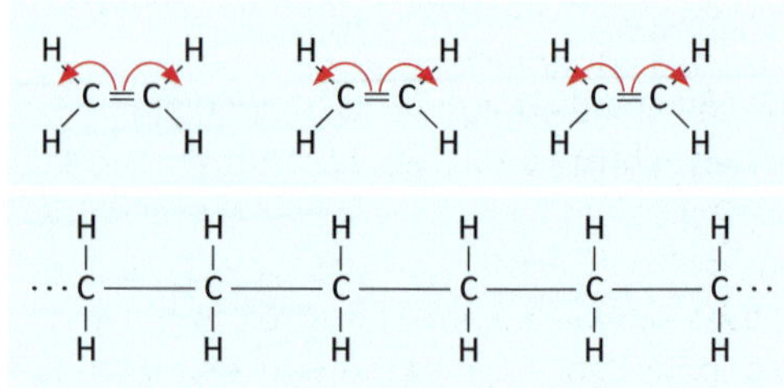

B2 *Bildung eines Polymer-Moleküls. Oben: 3 Ethen-Moleküle, unten: Polyethen-Formelausschnitt*

Atomeffizienz Effizienz einer chemischen Reaktion in Bezug auf den Anteil der Atome, die vom Edukt in das Produkt überführt werden

Derivat Einen abgeleiteten Stoff, dessen Moleküle eine ähnliche Struktur haben wie die Moleküle eines Grundstoffs, z. B. durch Ersatz eines H-Atoms durch eine andere Gruppe, nennt man Derivat.

Die Makromoleküle, aus denen Kunststoffe bestehen, lassen sich durch Kettenreaktionen aus Monomeren herstellen. Dabei wird ein Molekül durch die wiederholte Anbindung weiterer Monomer-Moleküle zunehmend verlängert.

Struktur von Monomer-Molekülen. Enthalten die Monomer-Moleküle mindestens eine C=C-Doppelbindung, so kann ein Polymer durch radikalische Polymerisation synthetisiert werden. Beispielsweise können Ethen-Moleküle unter Aufspaltung einer Doppelbindung miteinander zu Polyethen-Molekülen reagieren [B2]. Die entstehenden Molekülketten enthalten somit nur Kohlenstoff-Atome, die durch Einfachbindungen verknüpft sind. Bei der radikalischen Polymeristation entstehen keine Nebenprodukte. Man spricht von einer hohen **Atomeffizienz**, da die Atome der Edukte vollständig in das Produkt überführt werden.

Werden Ethen-**Derivate** (deren Moleküle unterschiedliche funktionelle Gruppen haben) als Monomere eingesetzt, so erhält man viele verschiedene **Polymerisate** mit unterschiedlichen Eigenschaften [B6]. Da sich immer lineare C-Ketten ausbilden, handelt es sich bei diesen Polymeren um Thermoplaste (Kap. 9.1).

Die Formeln von Polymer-Molekülen kann man, wie in B2, an den Enden mit Punkten oder gestrichelten Linien schreiben. Damit deutet man an, dass die Kette in beide Richtungen identisch weitergeht. Eine weitere Möglichkeit ist die Verwendung von sogenannten **Repetiereinheiten**, wie in B5, wobei das „*n*" für die n-fache Wiederholung der Einheit in der eckigen Klammer steht.

Radikalische Polymerisation. Der Reaktionsmechanismus der Polymerisation verläuft über *Radikale* und ist eine *Kettenreaktion*. Darunter versteht man eine sich vielfach wiederholende gleichschrittige Reaktionsfolge. Der Ablauf der radikalischen Polymerisation erfolgt nach dem Schema in B3.

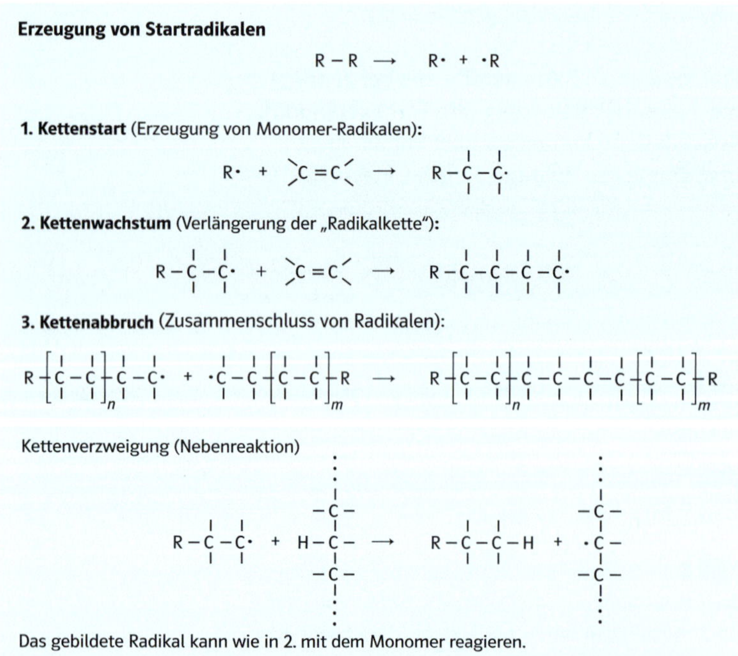

B3 *Reaktionsmechanismus der radikalischen Polymerisation am Beispiel von Polyethen (PE). Zur besseren Übersichtlichkeit wurden die H-Atome weggelassen*

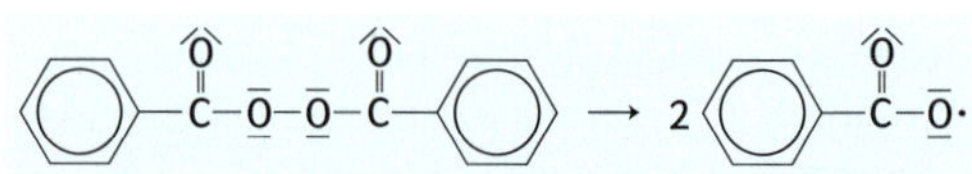

B4 *Dibenzoylperoxid-Moleküle zerfallen in Benzoyloxy-Radikale*

Die Reaktion wird durch Start-Radikale, wie z. B. Benzoyloxy-Radikale [B4], in Gang gesetzt. Anschließend erfolgt die Kettenreaktion: Im ersten Schritt *(Kettenstart)* spaltet ein Radikal die Doppelbindung eines Monomer-Moleküls auf, wobei ein verlängertes Radikal entsteht. Dieses Radikal reagiert mit einem weiteren Monomer-Molekül unter Kettenverlängerung *(Kettenwachstum)*. Die Reaktion setzt sich so lange fort, bis zwei Radikale aufeinandertreffen und aus ihren beiden ungepaarten Elektronen eine Elektronenpaarbindung bilden. Dabei entsteht ein Teilchen, das kein Radikal und somit nicht mehr reaktiv ist, d. h., es kommt zum *Kettenabbruch*.
Durch die Zufälligkeit der Abbruchreaktionen entstehen Ketten unterschiedlicher Länge. Daher kann nur eine mittlere Molekülmasse des Polymerisats angegeben werden. Diese ist von der Häufigkeit der Abbruchreaktion abhängig. Über die Menge an Startradikalen, die Temperatur und durch Zusatzstoffe kann die Molekülmasse bzw. der **Polymerisationsgrad** gesteuert werden.

Bei einer radikalischen Polymerisation werden Monomer-Moleküle, die Doppelbindungen enthalten, zu Polymer-Molekülen verknüpft. Diese Kettenreaktion verläuft in drei Schritten: Kettenstart, Kettenwachstum und Kettenabbruch.

Polyethen (PE). Der mit Abstand am häufigsten verwendete Kunststoff ist Polyethen (Polyethylen). Da das zugrundeliegende Monomer Ethen gasförmig ist, und die Abstände zwischen den Molekülen somit groß sind, findet die Polymerisation unter hohen Drücken und auch hohen Temperaturen statt.

Das entstehende Produkt nennt man **Hochdruck-Polyethen.** Unter diesen Reaktionsbedingungen kommt es häufig vor, dass ein Radikal einer Nachbarkette ein Wasserstoff-Atom entreißt [B3, unten]. Da an dieser Stelle ein ungepaartes Elektron zurückbleibt, bildet sich hier eine Seitenkette *(Kettenverzweigung)*. Die vielen Seitenketten der Moleküle des Hochdruck-Polyethens führen dazu, dass die verzweigten Moleküle verknäult (ungeordnet bzw. amorph) vorliegen (Kap. 9.1).

Mit speziellen Katalysatoren kann Ethen auch schon bei niedrigen Drücken und Temperaturen zu **Niederdruck-Polyethen** reagieren. Es bilden sich dann langkettige, unverzweigte Makromoleküle mit höherem Polymerisationsgrad [B7]. Die unverzweigten Polymerketten können sich in einigen Bereichen parallel anordnen, sodass sich geordnete bzw. kristalline Bereiche bilden und die Dichte des Niederdruck-Polyethens daher etwas größer ist als die des Hochdruck-Polyethens.
In den amorphen Bereichen sind die Anziehungskräfte zwischen den Molekülketten kleiner als in den kristallinen Bereichen. Hochdruck-Polyethen erweicht deshalb schon unter 105 °C. Aus ihm werden vor allem preiswerte Artikel wie Verpackungsfolien, Getränkeflaschen oder Tragetaschen hergestellt.

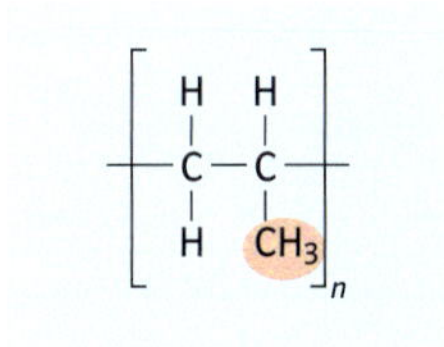

***B5** Repetiereinheit von Polypropen*

Polymerisationsgrad
Anzahl der Monomer-Einheiten in einem Polymer-Molekül

Polyethylen Ethen wurde früher Ethylen genannt. In der Praxis wird für das Polymer häufig der alte Name Polyethylen (statt Polyethen) verwendet.

Name	Polyethen (PE)	Polypropen (PP)	Polyvinylchlorid (PVC)	Polystyrol (PS)	Polyacrylnitril (PAN)	Polymethylmethacrylat (PMMA)	Polytetrafluorethen (PTFE)
Monomer-Moleküle	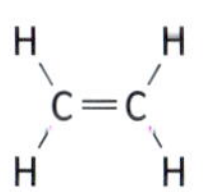 Ethen	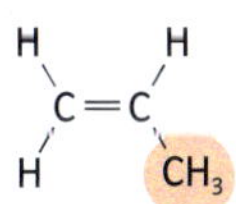 Propen	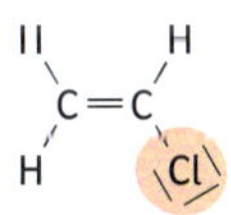 Vinylchlorid	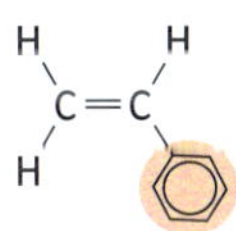 Styrol	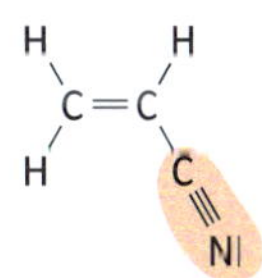 Acrylnitril	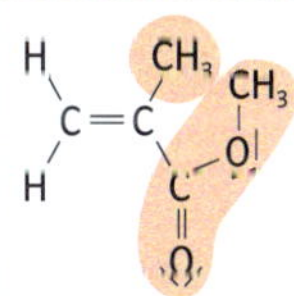 Methacrylsäuremethylester	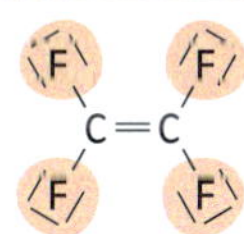 Tetrafluorethen
Verwendungsbeispiele	Tragetaschen, Eimer, Mülltonnen	Dichtungen, Batteriekästen, Schalen	Bodenbeläge, Rohre, medizinische Schläuche	Verpackungen, Vorratsdosen, Isoliermaterial, CD-Hüllen	Synthesefasern	Sonnenbrillen, Lichtkuppeln, Uhrgläser, Rückleuchten	Rohre, Dichtungen, Pfannenbeschichtungen

***B6** Einige wichtige Thermoplaste und ihre Verwendung. Die jeweiligen Monomer-Moleküle leiten sich von einem Ethen-Molekül ab, wobei die Wasserstoff-Atome des Ethen-Moleküls ganz oder teilweise ersetzt sind*

	Hochdruck-Polyethen	Niederdruck-Polyethen
Struktur	amorph 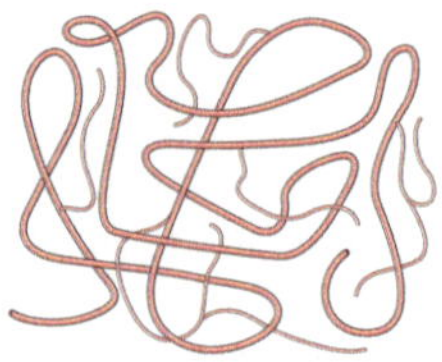	kristallin 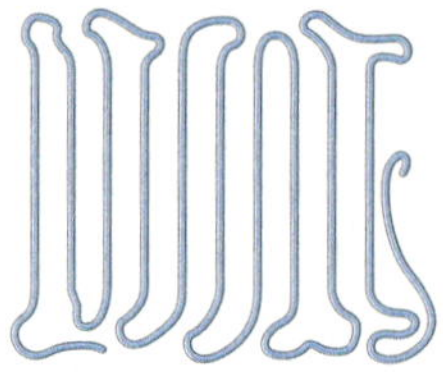
Reaktionsbedingungen bei der Herstellung	Temperatur: 150 bis 300 °C Druck: 1400 bis 3500 hPa	Temperatur: 50 bis 150 °C Druck: 1 bis 50 hPa
Polymerisationsgrad	200 bis 2000 Monomere	7000 bis 180 000 Monomere
Dichte	0,92 – 0,94 g/cm^3	0,94 – 0,96 g/cm^3
Schmelztemperatur	105 – 118 °C	126 – 135 °C
Recyclingsymbol und -code	04 PE-LD **PE:** Polyethen **LD:** Low density Low-density-Polyethen (LDPE) Hochdruckpolyethen	02 PE-HD **PE:** Polyethen **HD:** High density High-density-Polyethen (HDPE) Niederdruckpolyethen
Anwendungsbeispiel		

B7 *Hoch- und Niederdruck-Polyethen im Vergleich*

Niederdruck-Polyethen hat aufgrund seiner teilkristallinen Struktur eine hohe Festigkeit und eine Wärmestabilität bis etwa 120 °C. Aus Niederdruck-Polyethen werden deshalb hoch belastbare Gegenstände wie Schutzhelme oder Sitzschalen hergestellt.

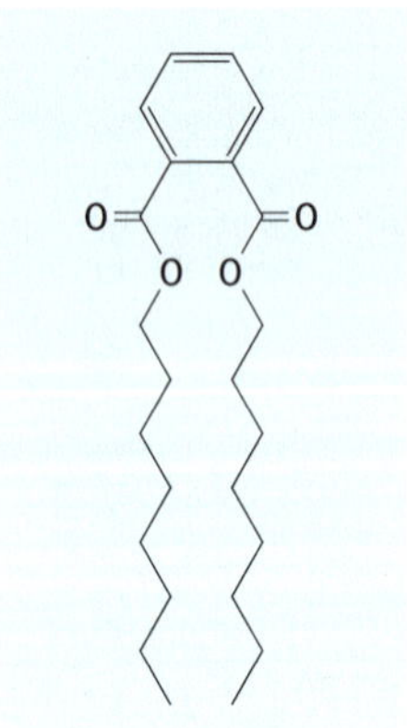

B8 *Di-n-octylphthalat (DNOP) – Beispiel für ein Weichmacher-Molekül*

Polypropen (PP) ist ein teilkristalliner Kunststoff mit sehr geringer Dichte. Es ist etwas hitzebeständiger als PE. Die Einsatzbereiche ähneln denen des Polyethens: Verpackungsmaterialien im Haushalt, Gehäuse und Bauteile elektrischer Haushaltsgeräte, Joghurtbecher, Flaschen, Folien u.v.m.

Polystyrol (PS) ist ein harter, transparenter und glänzender Kunststoff. Viele Gebrauchsartikel und Verpackungen bestehen aus PS, unter anderem Joghurtbecher und CD-Hüllen. Durch Zusatz von leicht flüchtigem Pentan beim Polymerisationsvorgang ist es möglich, PS herzustellen, das beim Erwärmen aufschäumt.

Beim Abkühlen entweicht das Pentan weitgehend und Luft dringt in die PS-Kügelchen ein. Das Produkt (z. B. Styropor®) hat eine geringe Wärmeleitfähigkeit und Dichte und wird daher zur Wärmedämmung, als Auftriebsmittel z. B. zur Hebung von Schiffswracks und auch als Verpackungsmaterial eingesetzt.

Polyvinylchlorid (PVC). Die Molekülketten des Polyvinylchlorids besitzen an jedem zweiten Kohlenstoff-Atom ein Chlor-Atom. Da Cl-Atome elektronegativer als C-Atome sind, ist die C-Cl-Bindung polar [B9]. Dies bewirkt eine größere Anziehung zwischen den einzelnen Ketten. Außerdem ist ein Chlor-Atom sehr groß. Die langen Polymerketten sind damit sperriger und gleiten nicht so leicht aneinander vorbei. Dies bewirkt insgesamt eine hohe Festigkeit des Kunststoffs. Das entstehende Hart-PVC eignet sich gut als Material für Rohre und Fensterprofile.

Durch Zusatz von Weichmachern wird PVC weicher und elastischer. Die großen, sperrigen Moleküle des Weichmachers liegen zwischen den Polymerketten und vergrößern den Abstand zwischen den Molekülketten, wodurch die Anziehungskräfte zwischen den Ketten kleiner werden. Typische Produkte aus Weich-PVC sind Schläuche, Planschbecken, Vinylschallplatten und Fußbodenbeläge.

In PVC werden u.a. Phthalate [B8] als Weichmacher verwendet. Diese sind jedoch in Verruf geraten, da sie ausdünsten können. Phthalate gelten als fortpflanzungsgefährdend und gesundheitsschädlich. Bei der Herstellung von Babyartikeln und Kinderspielzeug dürfen Phthalate mittlerweile nicht mehr verwendet werden. Dieses Verbot gilt in allen Mitgliedstaaten der Europäischen Union (EU). Allerdings wird aus Nicht-EU-Ländern nach Deutschland Spielzeug importiert, das diese Weichmacher enthalten kann.

Polymethylmethacrylat (PMMA). Es wird auch als Polymethacrylsäuremethylester bezeichnet. An jedem zweiten C-Atom des Makromoleküls befindet sich eine Seitenkette mit einer Estergruppe. PMMA ist auch unter dem Namen Acrylglas bzw. dem Handelsnamen Plexiglas® bekannt. Aufgrund der sperrigen Seitenketten können kaum kristalline Bereiche ausgebildet werden. Es hat ähnliche Eigenschaften wie Glas, ist dabei wesentlich leichter und weniger spröde, aber weniger kratzfest. Aus PMMA werden u.a. Verglasungen, Brillengläser und Modeschmuck hergestellt.

Polytetrafluorethen (PTFE). Dieser Kunststoff ist auch unter dem Handelsnamen Teflon® bekannt. Er ist extrem reaktionsträge und hat eine außerordentlich hohe Beständigkeit gegenüber Chemikalien. Diese Eigenschaften sind u.a. auf die polaren und sehr starken C-F-Bindungen zurückzuführen [B9], die nur durch sehr starke Oxidations- und Reduktionsmittel aufgebrochen werden können. Zudem schirmt die Oberfläche aus Fluor-Atomen die innen liegenden, partiell positiv geladenen C-Atome ab, sodass die zwischenmolekularen Kräfte eher schwach sind und es somit nahezu keine Materialien gibt, die an PTFE haften bleiben. PTFE ist daher auch sehr schwierig zu benetzen. Im Alltag findet man PTFE nicht nur als Beschichtung in der Bratpfanne, sondern auch in Dichtungsmaterialien, Rohren und als Membran in atmungsaktiven Gore-Tex®-Textilien.

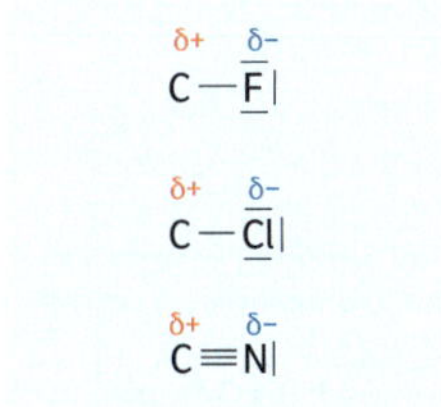

B9 *Polare Bindungen*

V1 ⚠ (Abzug! Schutzbrille! Keine Flamme!) 10 ml Methacrylsäuremethylester werden in einem großen Reagenzglas mit 0,5 g Dibenzoylperoxid gut verrührt. (Der in Methacrylsäuremethylester enthaltene Stabilisator wird zuvor durch Ausschütteln mit Natronlauge entfernt.) Das Reagenzglas wird in einem Wasserbad oder in einem Thermoblock bei ca. 80 °C längere Zeit (etwa 30 min) erwärmt. Den erhaltenen Kunststoff lässt man aushärten.

V2 ⚠ (Abzug! Schutzbrille!) PMMA, z.B. aus alten (roten) Autorücklichtern, kann auch depolymerisiert, d.h. recycelt werden. Die Zerlegung in seine Monomer-Moleküle erfolgt durch Erhitzen (rohstoffliche Verwertung, Kap. 9.8). Entwickeln Sie dazu einen Versuch mit einfachen Materialien (Reagenzgläser, Glasrohre, Brenner etc.) und finden Sie eine Möglichkeit zur Überprüfung Ihres Verfahrens. *Hinweis:* Bevor Sie beginnen, muss die Lehrkraft Ihren Versuchsaufbau prüfen.

A1 ○ Zeichnen Sie für die Polymer-Moleküle in B6
a) die Repetiereinheiten,
b) die Formelausschnitte (im Stil von B2, unten).

A2 ◒ Nennen Sie für das Polymer-Molekül in B10 die Repetiereinheit und den Namen des Monomers.

A3 ◒ Formulieren Sie den Reaktionsmechanismus für die radikalische Polymerisation von Styrol.

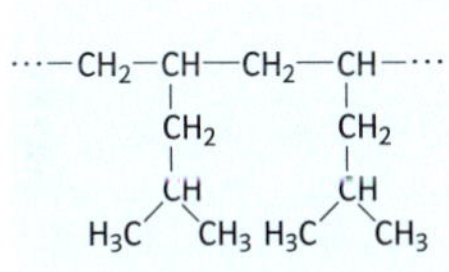

B10 *Zu A2: Formelausschnitt des gesuchten Polymer-Moleküls*

Exkurs

Copolymere
Um „Kunststoffe nach Maß“ zu schneidern, kann man unterschiedliche Monomere miteinander reagieren lassen. Es entstehen Copolymere. Ein bekanntes Copolymer ist der Werkstoff für Lego®-Steine, der aus den Monomeren Acrylnitril, 1,3-Butadien und Styrol aufgebaut ist. Dieser als **ABS** bezeichnete Thermoplast ist extrem formstabil und lässt sich dauerhaft einfärben. Da er zudem sehr hart und fest ist, wird er z.B. auch für Karosserieteile im Auto verwendet.

B12 *Copolymer-Produkt*

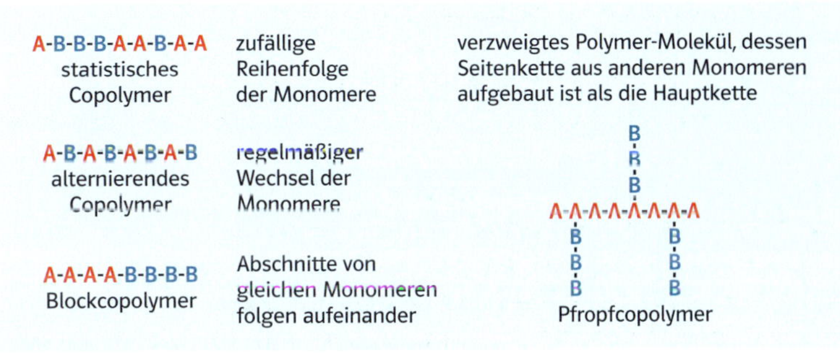

B11 *Verschiedene Copolymere*

A4 ◒ Ein im Lebensmittelbereich zugelassener, transparenter Kunststoff ist **SAN** (**STYROL-ACRYLNITRIL**-Copolymer). **a)** Recherchieren Sie Eigenschaften von SAN. **b)** Zeichnen Sie mithilfe von B6 einen Strukturformelausschnitt für ein alternierendes SAN-Copolymer-Molekül.

9.3 Polykondensation

Alternative Zahlenpräfixe
Für große identische Gruppen, die mehrfach in einem Molekül vorkommen, werden die *alternativen* Zahlenpräfixe verwendet: bis, tris, tetrakis, ... (statt di, tri, tetra, ...).
Beispiel: **Bis**phenol A enthält **zwei** Phenol-Einheiten pro Repetiereinheit.

B1 *Bunte Flugdrachen aus Polyamid*

Die wichtigsten durch Polykondensation hergestellten Polymere sind **Polyester** und **Polyamide**. Zur Bildung der sogenannten **Polykondensate** müssen die Monomer-Moleküle difunktionell sein, d.h., sie müssen mindestens zwei funktionelle Gruppen im Molekül besitzen. Liegt eine weitere Gruppe vor (trifunktionelle Monomer-Moleküle), können auch verzweigte oder vernetzte Polymere entstehen.

Polyester. Ester entstehen durch Reaktion von Säuren mit Alkoholen unter Abspaltung von Wasser (Kap. 6.11). Um lineare Polyester-Moleküle herzustellen, benötigt man folglich eine Dicarbonsäure und ein Diol (zweiwertiger Alkohol).

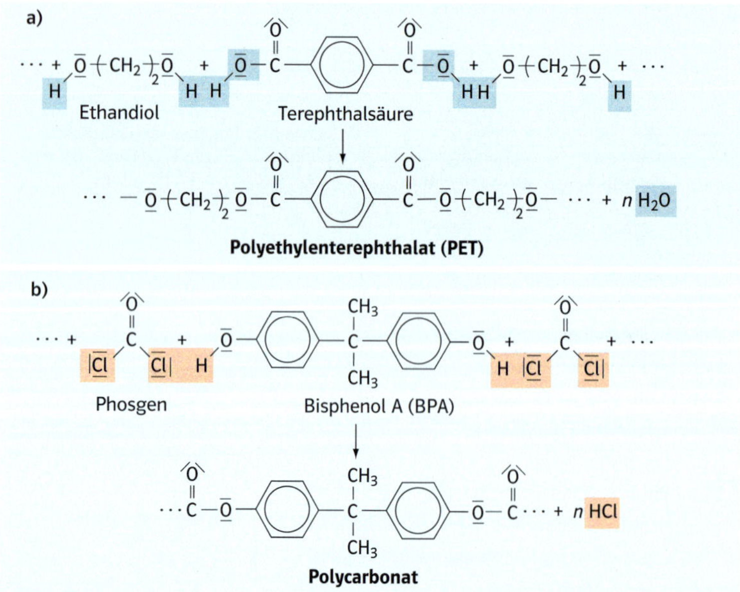

B2 *Bildung von Poylethylenterephthalat (a) und Polycarbonat (b) durch Polykondensation*

Ein viel verwendeter Polyesterkunststoff ist Polyterephthalsäureethylester (**Polyethylenterephthalat, PET**). Er wird aus Benzol-1,4-dicarbonsäure (Terephthalsäure) und Ethandiol gebildet [B2a] und findet vor allem bei der Herstellung von Kunststoffflaschen Verwendung. Auch Kunstfasern können aus PET hergestellt werden. Da die Makromoleküle eher unpolar sind, nehmen PET-Fasern nur wenig Wasser auf. Sie werden deshalb für die Herstellung von Outdoor-Bekleidung verwendet.

Polycarbonate (PC). Diese Polymere sind formal Ester der Kohlensäure (H_2CO_3). Bei der Herstellung geht man von einem Diol (z.B. Bisphenol A, BPA) und einem Derivat der Kohlensäure, dem sehr giftigen Phosgen, aus [B2b]. Polycarbonate zeichnen sich durch eine hohe Bruchfestigkeit, Transparenz und gute Formbeständigkeit, auch bei Wärme, aus. Aus diesem Kunststoff werden CDs und DVDs, Medizintechikprodukte, optische Linsen, Autoscheinwerfer, Solarmodule und aufwendige Bedachungen gefertigt. Früher wurde Polycarbonat auch zur Herstellung von Babyflaschen verwendet. BPA ist ein Stoff mit hormonähnlicher Wirkung. Da Polycarbonat noch geringe Mengen an BPA enthält, darf es für Babyflaschen nicht mehr verwendet werden.

PET und PC gehören aufgrund ihres linearen Molekülbaus zu den Thermoplasten.

Polyesterharze. Diese Kunststoffe eignen sich z.B., um leicht zerbrechliche Objekte in Gießharz einzubetten [B4]. Dazu stellt man zunächst einen linearen, *ungesättigten* Polyester durch *Polykondensation* her und löst ihn in Styrol. Da sowohl die Polyester-Moleküle als auch die Styrol-Moleküle C=C-Doppelbindungen aufweisen, kann durch Zugabe eines „Härters" (Radikalstarter) zum Gießharz anschließend eine *Polymerisation* stattfinden (Kap. 9.2). In einer Kettenreaktion werden die ungesättigten Polyester-Moleküle über die Styrol-Moleküle vernetzt [B3]. Das Gießharz härtet so aus, es entsteht ein Duromer. Polyesterharze können auch durch Glasfasern verstärkt werden. Diese sehr festen und steifen Verbundwerkstoffe (GFK) dienen zum Bau

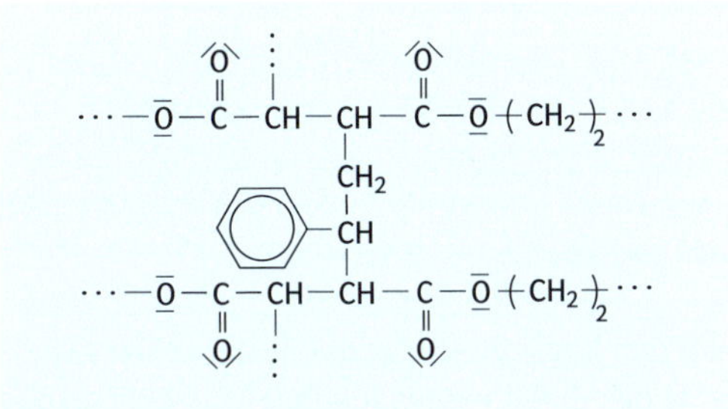

B3 Projektion der Struktur eines dreidimensional vernetzten Polyesterharzes

von Bootsrümpfen, Welldächern oder Rotorblättern für Windkraftanlagen.
Alternativ können verzweigte oder dreidimensional vernetzte Polyester auch durch den Einsatz von dreiwertigen Alkoholen, wie Propan-1,2,3-triol (Glycerin), erhalten werden [V1].

Polyamide. Lässt man statt eines Diols ein Diamin mit einer Dicarbonsäure reagieren, so entstehen unter Wasserabspaltung *Polyamide*. Die Monomer-Moleküle sind in diesem Fall über eine **Amidbindung** verknüpft [B6].

Das erste synthetisch hergestellte Polyamid war **Nylon**. Es entsteht aus 1,6-Diaminohexan (Hexamethylendiamin) und Hexan-1,6-disäure (Adipinsäure) [B6]. Man bezeichnet es auch als Nylon 6.6, dabei geben die Ziffern die Anzahl der C-Atome der jeweils eingesetzten Monomer-Moleküle an. Häufig wird statt der Dicarbonsäure das reaktionsfreudigere Säurechlorid Hexandisäuredichlorid verwendet [V2]. In diesem Fall wird bei der Kondensation HCl statt H_2O abgespalten.

Polyamide können auch durch Kondensation von Aminocarbonsäuren entstehen. In diesem Fall befinden sich die beiden unterschiedlichen funktionellen Gruppen in einem Molekül. In ähnlicher Weise werden Polypeptide aus Aminosäuren gebildet (Kap. 10.12), wobei die gebildete Amidgruppe dann als Peptidgruppe bezeichnet wird.

Aus 6-Aminocarbonsäure erhält man die Kunstfaser Perlon® [B7, unten]. Während des Zweiten Weltkriegs fertigte man daraus Fallschirme. Erst später fand die Faser für Strümpfe Verwendung. Als Monomer-Molekül wird jedoch meist ein ringförmiges Amid, das ε-Caprolactam [B7, oben], verwendet.

Bei einer Polykondensation werden Monomer-Moleküle, die mindestens zwei funktionelle Gruppen besitzen, unter Abspaltung von kleineren Molekülen (H_2O, HCl) zu Polymer-Molekülen verknüpft.

B4 Objekt in Gießharz

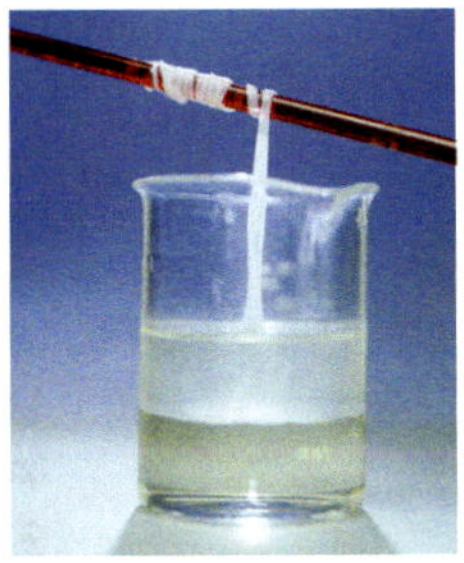

B5 Der „Nylonseiltrick"

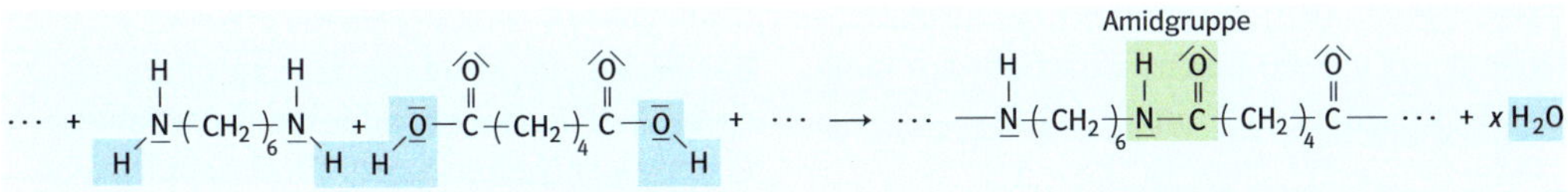

B6 Ein Polyamid – hier Nylon – entsteht durch Polykondensation aus einem Diamin und einer Dicarbonsäure

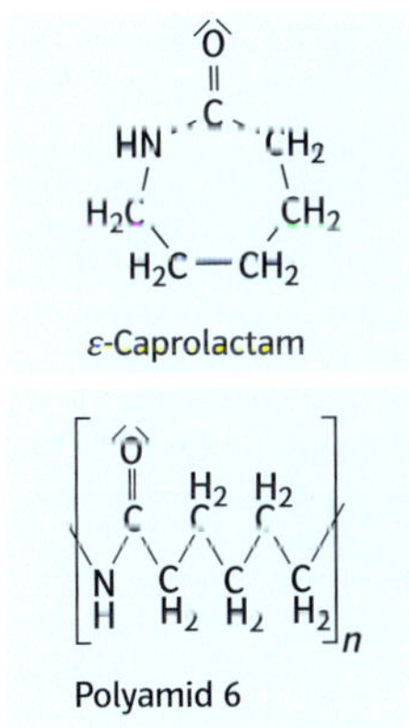

B7 Polyamid 6 (Perlon®) und sein Monomer

V1 ⚠ (Abzug!) Geben Sie in ein Reagenzglas zu 1 ml Glycerin 3,5 g Butandisäure (Bernsteinsäure) und erhitzen Sie vorsichtig unter leichtem Schütteln etwa 30 s lang. Halten Sie zwischendurch ein Wassertestpapier an die Mündung des Reagenzglases. Erhitzen Sie vorsichtig weiter, bis Sie eine deutliche Farbveränderung beobachten. Gießen Sie die viskose Masse auf ein Uhrglas und ziehen Sie mit einem Holzstab Fäden daraus.

V2 ⚠ (Abzug!) Der „Nylonseiltrick" [B5]: 1 g 1,6-Diaminohexan werden in 10 ml verd. Natronlauge gelöst und in einem Becherglas (50 ml) vorsichtig mit einer Lösung von 1 ml Adipinsäuredichlorid oder Sebacinsäuredichlorid in 10 ml Heptan überschichtet. Aus der Grenzfläche wird das Produkt mit einer Pinzette herausgezogen und auf einen Glasstab oder ein Becherglas aufgewickelt.

A1 MK Recherchieren Sie, welche aktuellen Kenntnisse über die Wirkung von BPA auf die Entwicklung und Gesundheit des Menschen vorliegen.

A2 Formulieren Sie für die Bildung von Nylon aus 1,6-Diaminohexan und Sebacinsäuredichlorid (Decandisäuredichlorid) eine Reaktionsgleichung.

9.4 Polyaddition

B1 Links: Fensterabdichtung mit Bauschaum aus PU, rechts: Sportschuh mit besonders dehnfähiger TPU-Sohle

Die wichtigsten Polyaddukte, d.h. Polymere, die durch **Polyaddition** hergestellt werden, sind **Polyurethane** und **Epoxidharze**, zwei Kunststofftypen mit häufig speziellen Verwendungsmöglichkeiten [B1].

Bei einer Polyaddition reagieren zwei unterschiedliche Monomere miteinander. Eine Abspaltung von kleineren Molekülen findet dabei nicht statt. Auch hier müssen die Monomer-Moleküle für die Ausbildung von Polymerketten mindestens difunktionell sein. Eins der Monomer-Moleküle besitzt meist eine polare Doppelbindung, an die das andere Monomer-Molekül addiert wird. Dabei wird ein Proton übertragen.

Polyurethane (PU). Als Monomere für die Herstellung von PU-Kunststoffen werden Diole und Diisocyanate [B2] eingesetzt.

Es entstehen thermoplastische Polyurethane, die häufig auch als TPU [B1, rechts] bezeichnet werden.

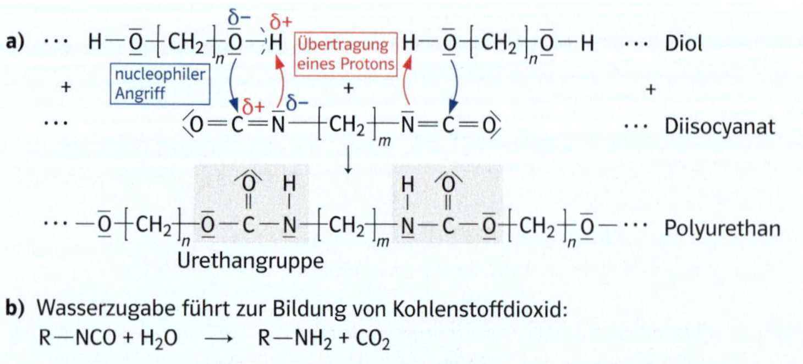

B3 Bildung eines Polyurethans durch Polyaddition

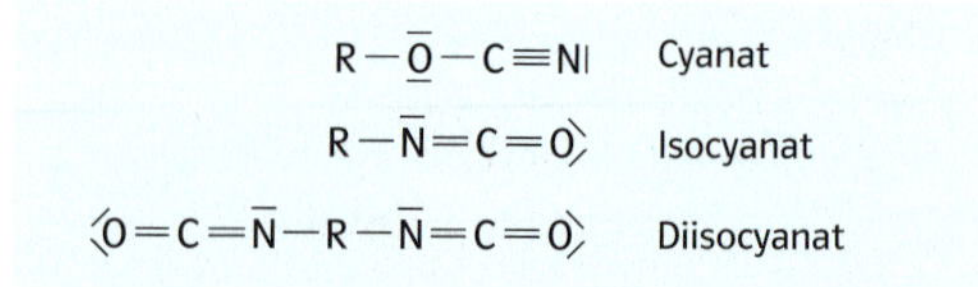

B2 Zur Bezeichnung „Diisocyanat"

Bei der Addtion erfolgt ein nucleophiler Angriff des O-Atoms des Alkohol-Moleküls an das C-Atom der Isocyanatgruppe. Gleichzeitig wird ein Proton der Hydroxygruppe an das N-Atom der Isocyanatgruppe übertragen [B3a], sodass die Carbonylgruppe (C=O) erhalten bleibt. Die Addition erfolgt also an die N=C-Doppelbindung.

Enthalten die bei der Polyaddition eingesetzten Diole auch Wasser, so reagiert dieses mit dem Diisocyanat zu Aminen und gasförmigem Kohlenstoffdioxid, wodurch das Polymer zum *Schaumstoff* aufgetrieben wird [B1, links; B3, unten; V1].

Setzt man trifunktionelle Alkohole und/oder Triisocyanate ein, so können auch vernetzte Polyurethane entstehen, welche Eigenschaften von Duromeren aufweisen. Durch Variation der einzelnen Komponenten lassen sich weiche, harte und elastische Polymere mit sehr vielseitigen Einsatzmöglichkeiten herstellen. Diese reichen von Beschichtungen, Autositzen und Matratzen bis zu Fußbällen und Schuhsohlen.

Bei der Polyaddition reagieren Monomere, deren Moleküle zwei oder drei funktionelle Gruppen enthalten, unter Protonenumlagerung zu Polymeren.

Epoxidharze werden durch Polyaddition erzeugt. Epoxidharze sind beispielsweise als Zweikomponentenklebstoffe weit verbreitet [B4], (Kap. 9.10), wobei die Aushärtung, die eigentliche Polyaddition, erst beim Zusammenfügen beider Komponenten stattfindet. In einer Vorreaktion werden zunächst Bis-Epoxide gebildet, z.B. aus Bisphenol A (Kap. 9.3) und dem Epoxid Epichlorhydrin [B5a].

Die Aushärtung durch Polyaddition erfolgt z.B. mit einem difunktionellen Amin [B5b], das an die Epoxidgruppe unter Protonenwanderung addiert wird. Die Epoxidgruppe reagiert also

B4 *Epoxidharze als Zweikomponentenkleber zum Reparieren, Füllen und Verkleben*

wie eine Doppelbindung. Je nach Anzahl der funktionellen Gruppen können dabei lineare oder vernetzte Polymere entstehen.

Epoxidharze finden u.a. Verwendung in Lacken, als Gießharze, als Isolatoren in der Elektroindustrie, als Innenbeschichtungen von Getränkedosen sowie zur Herstellung glasfaserverstärkter Kunststoffe (GFK).

Elastanfaser. Diese Faser ist besser unter dem Handelsnamen Lycra® bekannt. Sie verfügt über eine außergewöhnliche Elastizität (Rückstellfähigkeit). Verglichen mit anderen Elastomeren (wie z.B. Gummi) ist Elastan sowohl reißfester als auch haltbarer, bei deutlich geringerer Masse.

Elastan ist ein Blockcopolymer (Kap. 9.2) aus Polyurethan und Polyethandiol. Die Blöcke aus Polyethandiol bilden steife, gestreckte Abschnitte, die sich längs zueinander durch starke zwischenmolekulare Kräfte anlagern und den Zusammenhalt der Faser ermöglichen (Hartsegment). Die Blöcke aus Polyurethan-Molekülen sind dagegen stark zusammengeknäult (Weichsegment) [B6]. Unter Zug werden sie gestreckt und die Faser dehnt sich. Beim Loslassen geht die Faser in ihren Ausgangszustand zurück. Durch die Kombination aus steifen und elastischen Blöcken wird zugleich eine äußerst hohe Festigkeit und Dehnbarkeit von mehr als 700% erreicht. Elastanfasern werden überall da eingesetzt, wo ein hohes Maß an dauerhafter Elastizität verlangt wird, also z.B. bei funktioneller Bekleidung, die eng am Körper anliegen soll, wie z.B. bei Strümpfen und Sportbekleidung.

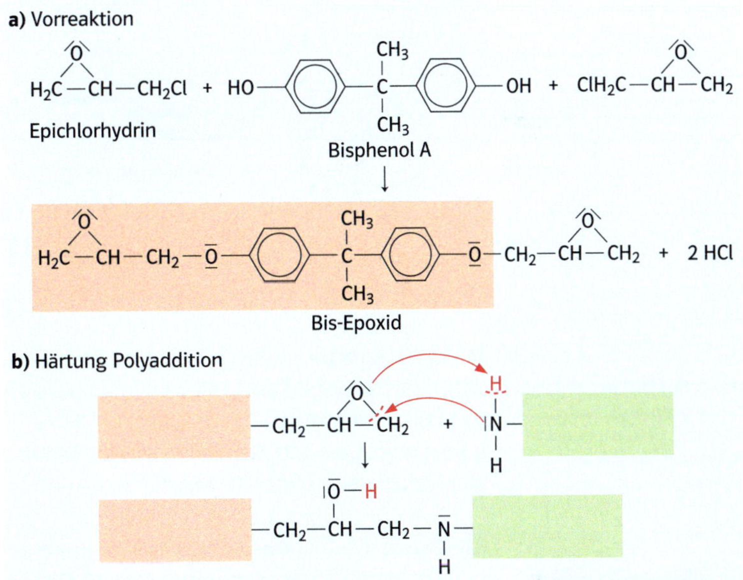

B5 *Bildungsreaktion eines Epoxidharzes*

Epoxide dreigliedrige cyclische Ether, aufgrund der hohen Ringspannung der Moleküle sehr reaktiv

V1 ⚠ Zur Herstellung von PU-Schaumstoffen verwendet man häufig eine *Polyolzubereitung* (enthält ein Polyol und Aktivatoren) und eine *Isocyanat-Komponente* (enthält Diisocyanate). Im folgenden Versuch soll Diphenylmethandiisocyanat (MDI) verwendet werden. (Sicherheitshinweise auf der Verpackung beachten! Giftige Isocyanate dürfen nicht verwendet werden!)
In einen großen Joghurtbecher gibt man eine Polyolzubereitung (ca. 1cm hoch), dann etwa die gleiche Menge einer Isocyanat-Komponente. Die Mischung wird mit einem Holzstab gerührt, bis die Reaktion einsetzt.

A1 ○ Erklären Sie, warum man für die Herstellung eines festen PU-Kunststoffes absolut wasserfreie Diole einsetzen muss.

A2 ◒ **a)** Für Lacke und Textilbeschichtungen werden z.B. Polyurethane aus Hexan-1,6-diisocyanat und Propan-1,2-diol eingesetzt. Formulieren Sie den Mechanismus der „Additionsreaktion" zum Polyurethan mit diesen Ausgangsstoffen.
b) Erläutern Sie die Änderung der Eigenschaften des Polyurethans, wenn Propantriol anstelle des Propan-1,2-diols eingesetzt wird.

A3 ◒ Epoxidharze werden in 2 Reaktionsschritten gebildet [B5]. Begründen Sie, welche Polyreaktionen den Schritten in **5 a)** und **5 b)** zugrunde liegen.

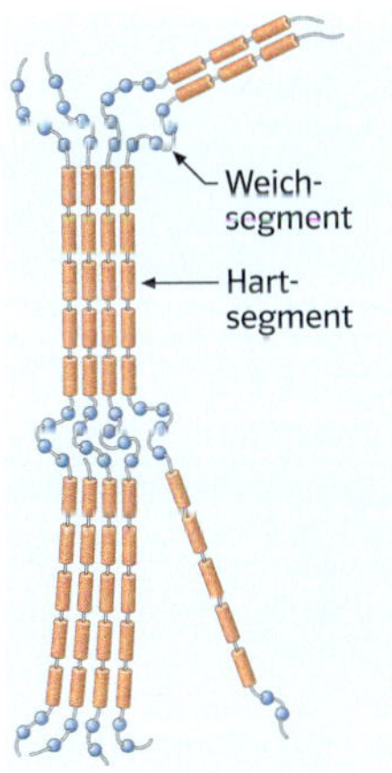

B6 *Hart- und Weichsegmente des Elastans*

9.5 Verarbeitung von Kunststoffen

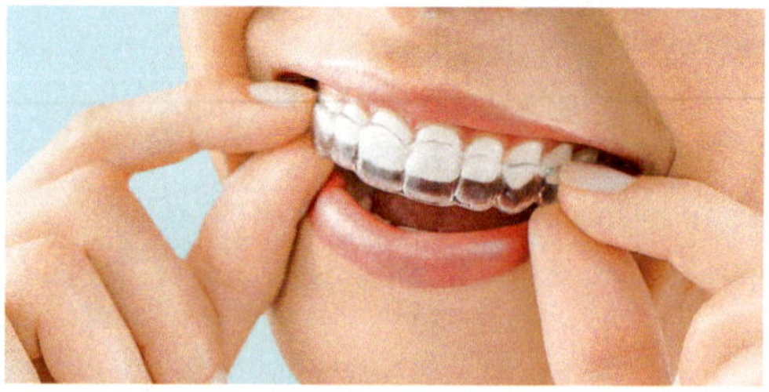

B1 *Zahnschienen können mit 3D-Druckern hergestellt werden*

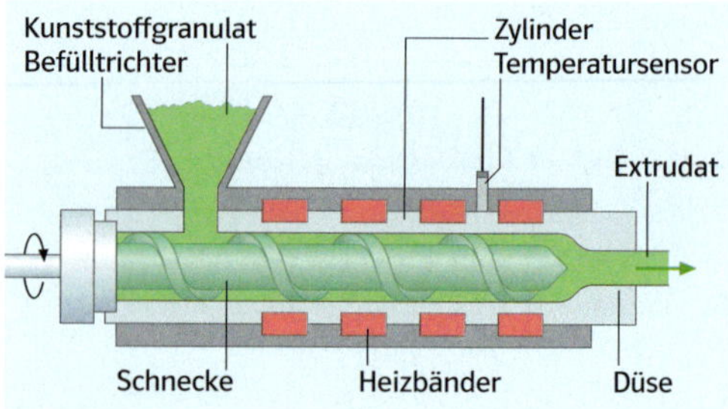

B2 *Extruder*

CAD computer-aided design – rechnerunterstütztes Konstruieren

Das Urformen Herstellung fester geometrischer Körper (z. B. Becher oder Tanks) aus formlosen Stoffen, wie z. B. Granulat

B3 *Kunststoffgranulat*

In der Kieferorthopädie gibt es eine Methode, Zahnfehlstellungen anstelle von Zahnspangen mit fast unsichtbaren Zahnschienen [B1] zu korrigieren. Eine Möglichkeit, diese Schienen zu produzieren, ist der 3D-Druck.

3D-Druck. Dreidimensionale Gegenstände oder Werkstücke können mit einem 3D-Drucker hergestellt werden, indem die flüssige Kunststoffmasse CAD-gesteuert Schicht für Schicht aufgetragen wird. Typische Werkstoffe für den 3D-Druck sind thermoplastische Kunststoffe. 3D-Drucker werden hauptsächlich in der Konstruktionsplanung zur Herstellung von Modellen und für Objekte, von denen nur geringe Stückzahlen benötigt werden (z. B. individuelle Zahnspangen), eingesetzt.

Die Verarbeitungsverfahren von Kunststoffen werden je nach Herstellungsart in **Urform-, Füge- und Umformverfahren** eingeteilt.

Urformverfahren. Kunststoffteile werden aus formlosen Stoffen, i. d. R. Granulat [B3], in der jeweiligen Urform geschaffen.

Die meisten Verarbeitungsverfahren von Thermoplasten beginnen im **Extruder** [B2]. In einem beheizten Zylinder dreht sich eine Schnecke, welche die geschmolzene Kunststoffmasse bis zum plastischen Fließen erhitzt, nach vorne befördert und verdichtet. In diesem plastischem Zustand wird das Extrudat anschließend in das formgebende Gerät gespritzt und härtet dort durch Kühlen aus.

Durch **Spritzgießen** [B4] werden Formteile von hoher Qualität und Maßgenauigkeit hergestellt. Die geschmolzene Kunststoffmasse wird in die gekühlte Form gespritzt. Später öffnet sich die Form und das fertige Teil fällt heraus. So werden Massenartikel wie Schüsseln, aber auch komplizierte Formteile, wie z. B. Staubsaugergehäuse, hergestellt.

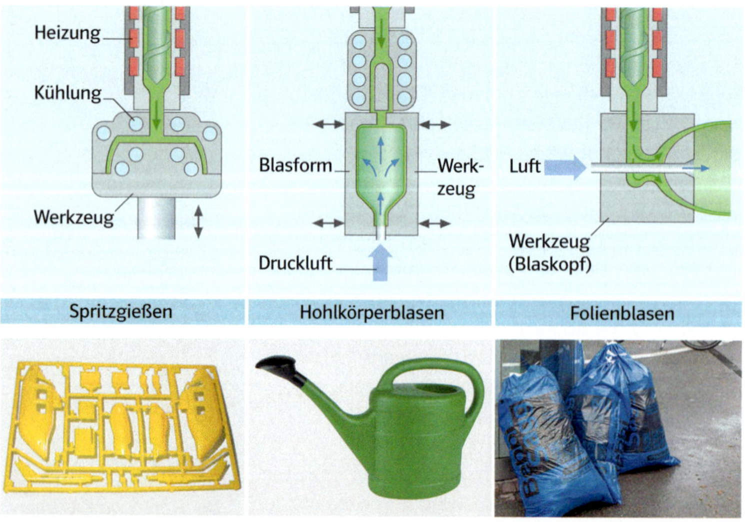

B4 *Urformverfahren für Thermoplaste*

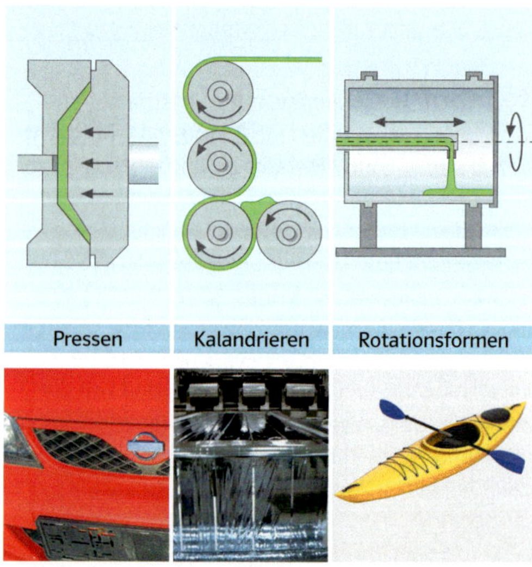

B5 *Weitere Urformverfahren*

Durch **Hohlkörperblasen** [B4] werden z. B. Flaschen hergestellt. Dabei drückt der Extruder einen fast plastischen Schlauch in ein zweiteiliges Hohlwerkzeug. Durch Schließen des Werkzeugs wird der Schlauch luftdicht abgequetscht und durch Einblasen von Luft an die Wände der Form gedrückt.

Beim **Folienblasen** [B4] wird das Extrudat durch eine Ringdüse zu einem dünnwandigen Schlauch geformt. Dieser kann mithilfe von Druckluft, die durch das Werkzeug strömt, aufgeblasen werden. Diese „Blasfolien" verarbeitet man zu Beuteln oder schneidet sie zu Folien auf.

Beim **Pressen** [B4] wird das Extrudat in ein offenes Werkzeug gespritzt, das sich daraufhin schließt. Unter hohem Druck wird das Werkstück geformt. Die produzierten Teile können mit Matten oder Vliesen verstärkt werden.

Die Herstellung von Folien aus PVC kann durch **Kalandrieren** [B5] erfolgen.

Beim **Rotationsformen** [B5] dient eine rotierende Form, an deren Innenfläche die geschmolzene Kunststoffmasse erstarrt, zur Formgebung. Da der thermoplastische Kunststoff durch diaxiale Rotation und Erwärmung Schicht für Schicht abgelagert wird, kann die Wandstärke des synthetisierten Kunststoffs variiert werden. Auf diese Weise werden z. B. Gehäuse und Kinderspielzeug hergestellt.

Beim **Schäumen** werden Schaumstoffe, z. B. aus Polyurethan (Kap. 9.4), hergestellt. Dabei führt das in einer Nebenreaktion entstehende Kohlenstoffdioxid zur Schaumbildung. Von der Anzahl der Hydroxygruppen des verwendeten Polyalkohols und von der Kettenlänge der Monomer-Moleküle hängt es ab, ob man *Weichschäume* oder *Hartschäume* erhält.

Auch Duromere und Elastomere werden in der Urform hergestellt. Da Duromere aber weder wärmeverformbar noch schweißbar sind, werden ihre Edukte oder unvernetzten Vorprodukte in einer Form durch Wärme oder Zusatz eines Katalysators zur Reaktion gebracht. Wie die Duromere sind auch die Elastomere im Fließbereich sehr dünnflüssig. Um ein vorzeitiges Vernetzen zu verhindern, muss Überhitzung vermieden werden.

Fügeverfahren. Eine immer größere Bedeutung haben Verfahren, bei denen Kunststoffteile miteinander verbunden werden, so z. B. beim **Schweißen**. Dabei muss das Rohmaterial geschmolzen werden, weshalb es nur für Thermoplasten geeignet ist. Das **Kleben** dagegen findet auch bei Duromeren und Elastomeren Anwendung. Beim physikalischen Kleben geschieht die Verbindung der Kunststoffteile durch Verdampfen des Lösungsmittels des Klebstoffs, beim chemischen Kleben reagieren die eingesetzten Edukte zu einem Werkstoff.

Umformverfahren. Da Thermoplaste beim Erwärmen zunächst plastisch und dann flüssig werden, können sie in Thermoverfahren umgeformt werden.

Beim **Tiefziehen** (Umformverfahren) wird eine extrudierte Platte oder Folie erwärmt, dadurch erweicht und abschließend durch Unterdruck in ein Werkzeug tiefgezogen [V1, B6, B7].

Kalandrieren von franz. calandre, Wäschemangel

Vernetzen Quervernetzung langkettiger Moleküle

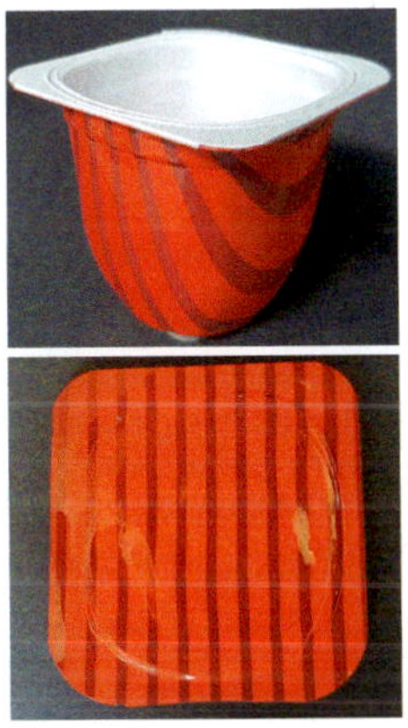

B6 *Zu V1, a): Aus einem Polystyrolbecher (oben) entsteht eine flache Scheibe*

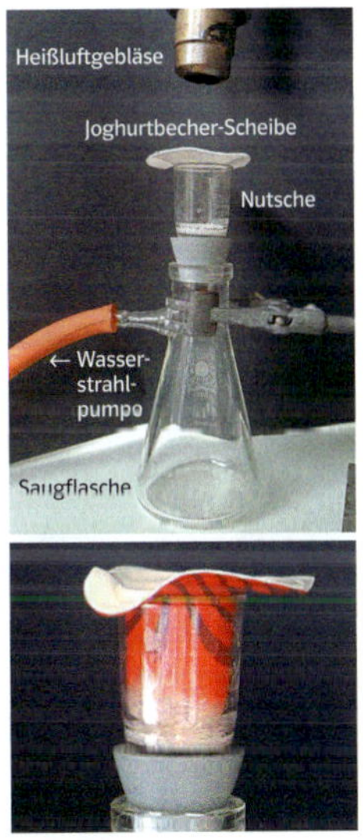

B7 *Zu V1, b): „Tiefziehen" eines Joghurtbechers*

V1 a) Stellen Sie einen Joghurtbecher aus Polystyrol mit viereckigem Rand mit der Öffnung nach unten auf eine feuerfeste Unterlage. Erwärmen Sie diesen dann gleichmäßig (kreisend) von oben mit einem Heißluftgebläse. Beschweren Sie anschließend die entstandene flache Scheibe kurz mit einer Metalldose, damit sie plan bleibt [B6]. **b)** Bauen Sie eine Apparatur wie in B7 auf. Nehmen Sie eine gut ziehende Wasserstrahlpumpe in Betrieb. Legen Sie die noch sehr heiße, weiche Scheibe auf die Nutsche und erhitzen die Scheibe vorsichtig und gleichmäßig von oben.

A1 ◒ Erläutern Sie, wie folgende Kunststoffprodukte hergestellt werden können: **a)** eine Schüssel, **b)** ein Schraubverschluss, **c)** ein Fallrohr und **d)** ein Kanister.

A2 ○ Vergleichen Sie tabellarisch die Möglichkeiten des Einsatzes von Urform-, Füge- und Umformverfahren bei Thermoplasten, Duromeren und Elastomeren.

9.6 Polypropen – ein technischer Weg zum Massenprodukt

Ziegler-Natta-Katalysatoren Mischkatalysatoren, die Halogenide von Nebengruppenmetallen (z. B. Titantetrachlorid) und metallorganische Verbindungen (z. B. Aluminiumtriethyl) enthalten

KARL ZIEGLER und GIULIO NATTA erhielten für ihre Entdeckungen auf dem Gebiet der Chemie und Technologie von Hochpolymeren 1963 den Nobelpreis für Chemie.

Stereoselektive Reaktion Wird bei einer chemischen Reaktion vorzugsweise oder alleinig *ein* Stereoisomer gebildet, so handelt es sich um eine stereoselektive Reaktion.

B1 *Verpackungsmaterial aus Polypropen*

Polypropen wird nach Polyethen als zweitwichtigster Kunststoff genutzt. Im Jahr 2020 wurden weltweit ca. 80 Mio. Tonnen des Kunststoffs produziert, welcher im Alltag meist Polypropylen (PP) genannt wird. Polypropen besitzt bessere mechanische Eigenschaften und größere thermische und chemische Beständigkeit als Polyethen. Der Einsatz von Polypropen reicht von der Produktion leichter Textilfasern über Verpackungsmaterialien in der Lebensmittelindustrie bis hin zur Innenausstattung von PKWs, wobei etwa die Hälfte auf Verpackungsmaterialien [B1] entfällt.

Herstellung des Monomers. Die Herstellung von Polypropen startet mit dem bei der Erdöldestillation (Kap. 6.1) anfallenden Rohbenzin, das man durch eine spezielle Crackanlage (Kap. 6.3), einem sog. Steamcracker, führt. Das Rohbenzin wird hierbei mit Wasserdampf (engl. steam, Dampf) vermischt und kurzzeitig auf über 800 °C erhitzt, wobei die langen Molekülketten in kurzkettige Produkte gespalten werden. Hauptsächlich entsteht ein Gemisch der Stoffe Ethen, Propen, Butadien, Pyrolysebenzin und Wasserstoff, die destillativ getrennt werden.

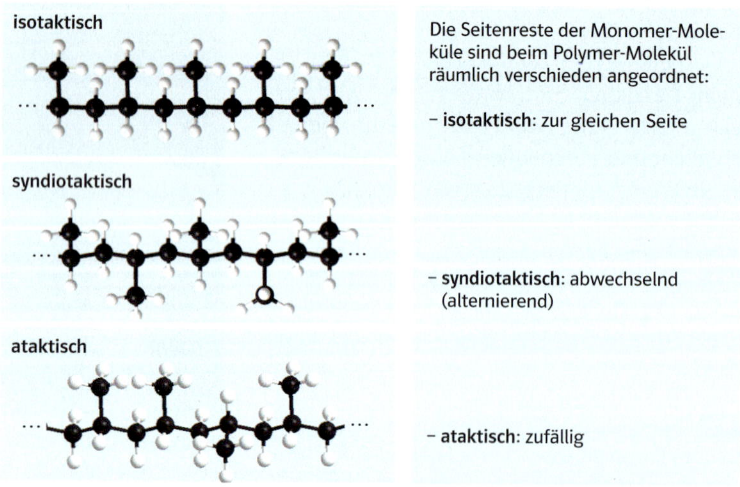

B2 *Taktizität kann bei Polymer-Molekülen auftreten, wenn sie aus asymmetrischen Monomer-Molekülen gebildet werden, so z. B. aus denen des Propens oder Styrols*

Vom Propen zum Polypropen. Das gasförmige Propen wird zu einem Reaktor weitergeleitet, in dem es mithilfe von Ziegler-Natta-Katalysatoren bevorzugt zum meistverwendeten *isotaktischen* Polypropen [B2] polymerisiert wird. Da die Methylgruppen auf der Polymerkette räumlich stets auf die gleiche Seite gerichtet sind, ist diese Polymerisation ***stereoselektiv***. Durch die fast vollständig regelmäßige Kettenstruktur kann das Polymer teilkristalline Strukturen mit einem Anteil von über 50 % ausbilden, die u. a. zur höheren Thermostabilität und Festigkeit des Materials beitragen.

Man kann bei der Polymerisation von Propen mithilfe von Katalysatoren eine gleichmäßige räumliche Anordnung der Methylreste erreichen. Dadurch wird die Bildung teilkristalliner Bereiche gefördert, welche die Stabilität des Materials steigern.

Die wesentlichen Reaktionsschritte der Polymerisation von Propen, welche zu isotaktischem Polypropen führen, sind am Beispiel des Ziegler-Natta-Katalysators Titantetrachlorid/Aluminiumtriethyl in B3 dargestellt. Untersucht man das Kettenende des so gebildeten isotaktischen Polypropens, lässt sich daran der Ethylrest, der zur Aktivierung an das Titan gebunden war, nachweisen.

Die Schritte Kettenstart, Kettenwachstum und Kettenabbruch entsprechen denen bei der radikalischen Polymerisation (Kap. 9.2). Die Polymerisation von Propen, welche zu isotaktischem Polypropen führt, erfolgt jedoch mithilfe eines Katalysators. Dabei handelt es sich um eine heterogene Katalyse (Kap. 6.17). Im Gegensatz zu den klassischen Katalysatoren geht der Ziegler-Natta-Katalysator nach der erfolgten Polymerisation nicht unverändert aus der Reaktion hervor, sondern verbleibt im Polymer und muss durch Wasserdampf deaktiviert werden.

Effizienz. Bei einem in Deutschland praktizierten Verfahren wird Propen in einem kontinuierlichen Prozess in flüssigem Zustand bei ca. 4 MPa (40 bar) und einer vergleichsweise geringen Temperatur von 70 °C in einem Reaktor mit einem Ziegler-Natta-Katalysator zur Reaktion gebracht. Dieses Gemisch ist so effizient, dass man für ca. 50 000 g Polymer nur noch 1 g Katalysator benötigt. Die Kettenlänge der gewünschten Polymer-Moleküle wird durch die Menge von zugefügtem Wasserstoff gesteuert, der zum Kettenabbruch führt. Im weiteren Verlauf wird durch Druckminderung nicht umgesetztes Propen verdampft und dem Reaktor wieder zugeführt.

Optimierung der Eigenschaften. Dem Polymer werden, je nach den benötigten Eigenschaften des geplanten Endprodukts, Additive wie Antioxidantien, Stoffe zur Erhöhung von Transparenz, UV-Beständigkeit, Steifigkeit usw. hinzugefügt [B4]. Danach wird das Polymer geschmolzen, durch einen Extruder gepresst und granuliert. Im letzten Schritt erfolgt die Endformgebung zum Gebrauchsgegenstand durch z. B. Extrusion, Spritzgießen, Hohlkörperblasen, Pressen oder 3D-Druck (Kap. 9.5).

Durch die Steuerung der Kettenlänge bei der Polymerisation und der räumlichen Ausrichtung der Seitenreste sowie das Hinzufügen von Additiven zur Optimierung von Eigenschaften lässt sich ein Werkstoff nach Maß herstellen.

Entsorgung und Recycling. Beim Gebrauch eines jeden Produkts muss auch seine Entsorgung berücksichtigt werden. Das Recyceln der Polypropen-Abfälle erfolgt analog dem anderer Kunststoffabfälle und hängt von der Reinheit des jeweiligen Polymers ab (Kap. 9.8). In immer größerem Umfang werden in Pyrolyseprozessen Pyrolyseöle erzeugt, aus welchen in einem Cracker u. a. wieder Propen entsteht.

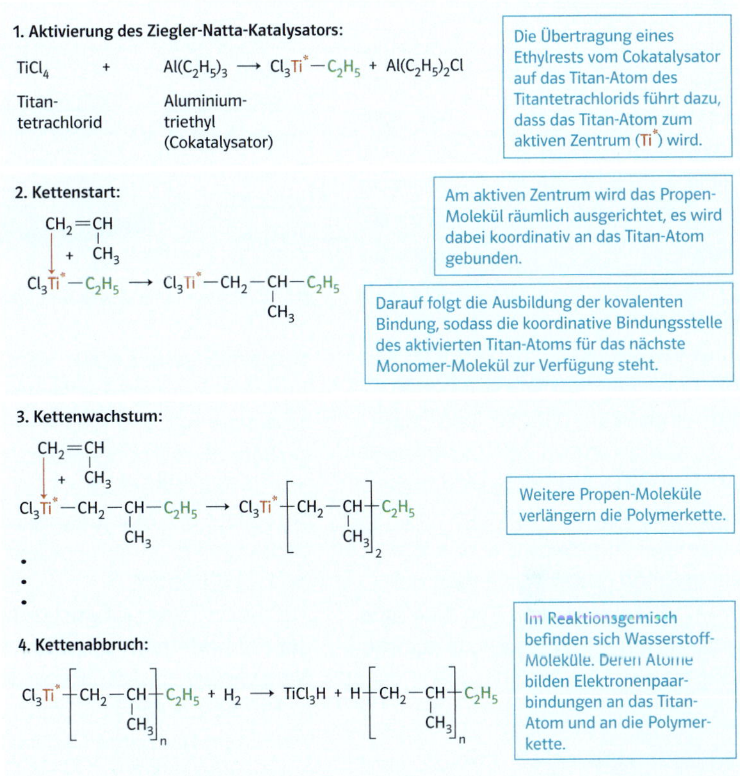

***B3** Isotaktisches Polypropen: Reaktionsschritte der Polymerisation mit einem Ziegler-Natta-Katalysator*

A1 Nennen Sie Eigenschaften, die für die Funktion eines Getränkeverschlusses [B4] wichtig sind. Begründen Sie, welchen speziellen Anforderungen dieser Getränkeverschluss
a) während der Lagerung,
b) während und nach dem Öffnen
der Getränkeflasche gerecht werden muss.

A2 Recherchieren Sie, wie man zu syndiotaktischem Polypropen gelangt und wie sich dessen Eigenschaften von isotaktischem unterscheiden.

A3 Beurteilen Sie die Energieeffizienz, Atomeffizienz und Abfallvermeidung bei der dargelegten Herstellung von Polypropen.

***B4** Getränkeverschluss, banal oder hightech?*

Atomeffizienz Effizienz einer chemischen Reaktion in Bezug auf den Anteil der Atome, die vom Edukt in das Produkt überführt werden

9.7 Kunststoffe im Alltag

Jahr	Produktion in Tonnen/Jahr
1950	1700000
1965	15000000
1975	40000000
2005	230000000
2010	265000000
2015	322000000
2020	367000000

B1 *Weltproduktion von Kunststoffen von 1950–2020*

Die Kunststoffproduktion nimmt immer mehr zu [B1]. Das liegt daran, dass Kunststoffe zu den wichtigsten Werkstoffen zählen. Ihre vielfältigen Eigenschaften, ihre einfache und kostengünstige Synthese und ihre weitgehend problemlose Verarbeitung führen dazu, dass Kunststoffe in vielen Branchen zum Einsatz kommen [B2].

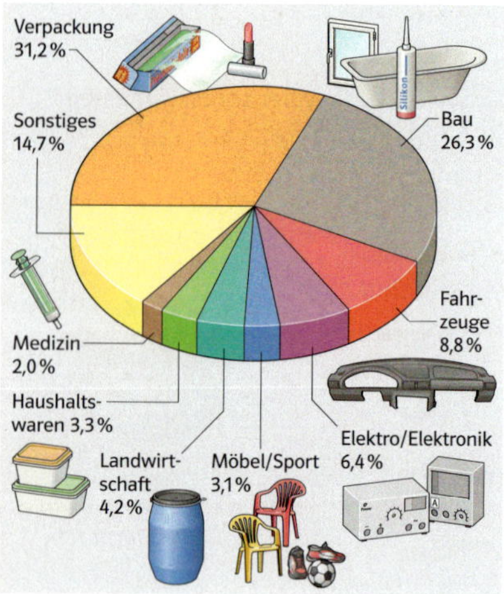

B2 *Anteile für ausgewählte Branchen an der Gesamtverbrauchsmenge an Kunststoff in Deutschland (2021)*

A1 ○ MK **a)** Stellen Sie B1 in Form eines Liniendiagramms dar.
b) Interpretieren Sie die unterschiedlichen Werte.

A2 ○ Geben Sie die vier wichtigsten Bereiche an, in denen Kunststoffe zum Einsatz kommen und belegen Sie diese mit konkreten Beispielen.

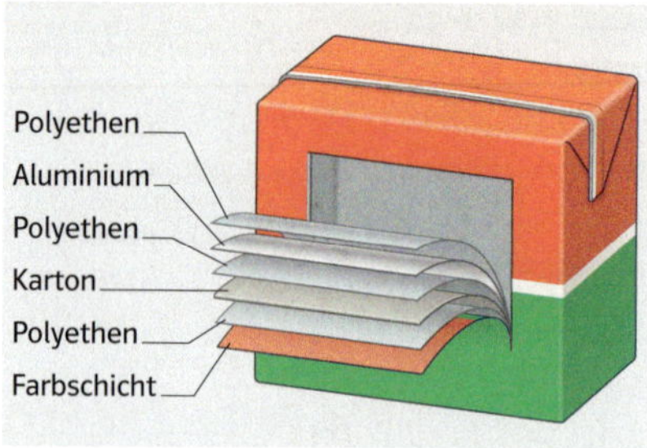

B3 *Schichten einer Getränkepackung*

Verpackungsindustrie. Kunststoffe sind Verpackungskünstler. Ihr Vorteil ist die geringe Dichte und damit die geringe Masse bei großem Volumen bzw. großer Oberfläche. Dies führt dazu, dass der Massenanteil der Verpackungen an einem Produkt nur ca. 1–5 % beträgt.
Außerdem können Kunststoffe sehr gut mit anderen Materialien kombiniert werden. Es resultieren *Verbundstoffe*, die z. B. für die Verpackungen von länger haltbaren Getränken genutzt werden [B3].

A3 ○ Bestimmen Sie die Eigenmasse unterschiedlicher Produkte und deren Verpackung und vergleichen Sie diese mit den Packungsangaben.

A4 ◒ Untersuchen Sie eine leere Getränkepackung und identifizieren Sie mithilfe von B3 die einzelnen Schichten.

A5 ◒ MK Informieren Sie sich, welche Funktionen die einzelnen Schichten übernehmen.

A6 ○ Erklären Sie, was die Symbole in B4 bedeuten.

B4 *Symbole auf Kunststoffverpackungen*

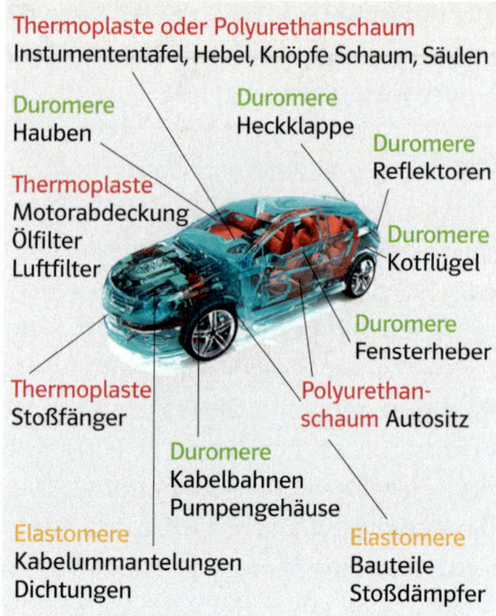

B5 *Kunststoffe im Kraftfahrzeug*

Fahrzeugindustrie. Bei der Produktion von Verkehrsmitteln nimmt der Einsatz von Kunststoffen aufgrund ihrer besonderen Eigenschaften stetig zu. Kunststoffteile wiegen nur etwa halb so viel wie entsprechende Komponenten aus anderen Materialien. Sie tragen daher wesentlich zur Reduzierung des Kraftstoffverbrauchs bei. Pkws enthalten inzwischen etwa 15 % Massenanteile Kunststoffe. Man rechnet damit, dass jedes eingesparte Kilogramm Masse eines Pkws mit Verbrennungsmotor im Laufe seiner Nutzungsdauer den Ausstoß von ca. 20 kg Kohlenstoffdioxid vermeidet. Besonders stark hat sich der Einsatz von Kunststoffen und Kunststoffverbundstoffen beim Flugzeugbau entwickelt. Seit den 1970er Jahren konnte er von 4 % auf aktuell etwa 50 % gesteigert werden.

A7 ◒ MK Informieren Sie sich, wofür Polyethen (PE), Polypropen (PP), Polyurethane (PU), Polyamide (PA) und das Copolymer Acrylnitril-Butadien-Styrol (ABS) im Kraftfahrzeug eingesetzt werden.

A8 ◒ Erläutern Sie die Vorteile durch Verwendung von Kunststoffen im Pkw.

B6 OLED-Display

OLED-Technologie. OLED bedeutet **O**rganic **L**ight **E**mitting **D**iode. Es handelt sich also um eine Technik, die auf organischen Leuchtdioden beruht [B6]. Die OLED-Technologie ist nach der LCD-Technologie (**L**iquid **C**rystal **D**isplay, also eine Flüssigkristallanzeige) ein weiterer Quantensprung in der Welt der Displays.

Eine OLED ist folgendermaßen aufgebaut: Auf einer transparenten Anode, die aus Indium-Zinn-Oxid besteht, wird jeweils ein dünner Film zwei unterschiedlicher organischer Polymere aufgetragen. Auf diese Schicht dampft man die Kathode, die z. B. aus Aluminium oder Magnesium besteht, auf [B7]. Beim Anlegen einer Spannung gibt das elektrisch angeregte lichtemittierende Polymer elektromagnetische Strahlung ab und leuchtet. Erste Produkte mit OLEDs zum Beleuchten kamen ab dem Jahr 2000 in Autoradios und Handys auf den Markt.

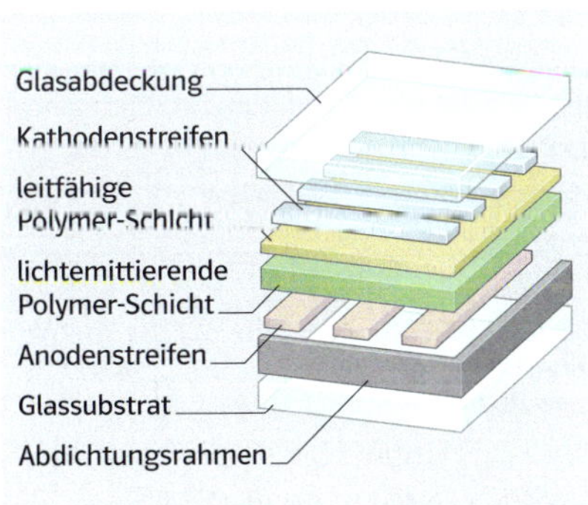

B7 OLED-Struktur

A9 ◒ MK **a)** Recherchieren Sie und vergleichen Sie die LCD- mit der OLED Technologie. **b)** Nennen Sie Vor- und Nachteile der jeweiligen Technologie.

Klebstoffe. Ein Klebstoff verbindet Körper durch *Adhäsion* (Flächenhaftung) und *Kohäsion* (innere Festigkeit) miteinander. Während für die Adhäsion ein besonders guter Oberflächenkontakt des Klebstoffs notwendig ist, wird seine „innere Festigkeit" durch zwischenmolekulare Wechselwirkungen hervorgerufen. Erst bei molaren Massen ab $2 \cdot 10^4$ g/mol sind diese so groß, dass die für den Klebstoff erforderliche Zugfestigkeit erreicht wird. Solche hohen molaren Massen erreicht man nur mit Polymeren.

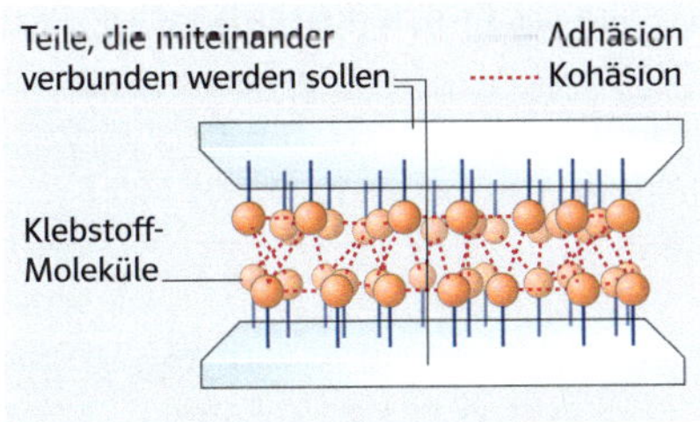

B8 Adhäsion und Kohäsion beim Kleben

A10 ◒ MK Recherchieren Sie, worauf Adhäsion und Kohäsion beim Kleben beruhen.

A11 ◒ MK Es gibt lösungsmittelhaltige und sog. lösungsmittelfreie Klebstoffe. **a)** Informieren Sie sich und nennen Sie jeweils Beispiele. **b)** Beschreiben Sie, wie die genannten Klebstoffe funktionieren.

Superabsorber können große Mengen an Wasser binden, wobei sie stark quellen. Diese Fähigkeit ist typisch für Polymere, die ionische Gruppen enthalten. Superabsorber für Hygieneartikel (z. B. Windeln) werden durch Polymerisation von Acrylsäure und Natriumacrylat hergestellt. Die Polymerketten werden durch Vernetzer-Moleküle weitmaschig verknüpft [B9]. Durch diese Brücken wird das Polymer wasserunlöslich. Kommt das Polyacrylat mit Wasser in Berührung, dringen die H_2O-Moleküle in das Polymernetz ein und umhüllen Carboxylat-Gruppen und die Natrium-Ionen der Polymer-Moleküle. Die H_2O-Moleküle sind in dem Netz „gefangen".

A12 ◒ MK Das Aufquellen des Superabsorbers beruht auf dem Phänomen der Osmose. Recherchieren Sie, was beim Aufquellen auf Teilchenebene passiert und erklären Sie, warum der Vorgang bei höheren Temperaturen schneller verläuft.

A13 ○ MK Suchen Sie nach Beispielen aus Alltag und Technik, wo Superabsorber eingesetzt werden.

V1 Wie kann man z. B. Gebäude bei Hochwasser vor plötzlich aufkommenden Wassermassen schützen? Führen Sie dazu folgendes Experiment durch: Geben Sie warmes Wasser in ein Becherglas, das Superabsorber enthält. Drehen Sie das Glas nach einer Weile um. Beschreiben Sie ihre Beobachtungen.

V2 Planen Sie eine Versuchsreihe zum Flüssigkeitshaltevermögen eines Superabsorbers. Setzen Sie als Flüssigkeiten dest. Wasser, Ethanol und verdünnte Kochsalz-Lösung ein.

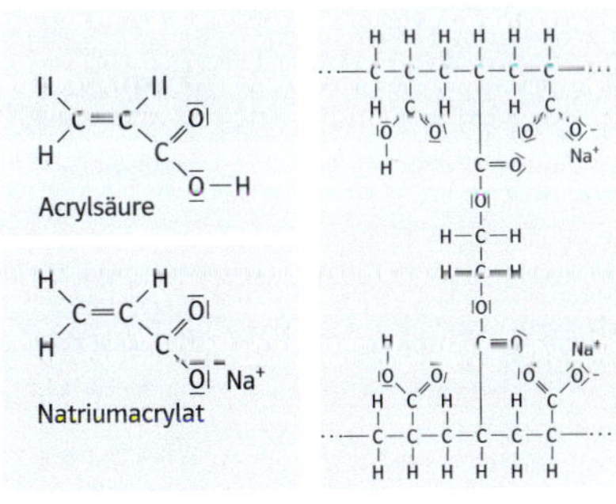

B9 Links: Ausgangsstoffe von Superabsorbern, rechts: Ausschnitt eines Polymer-Moleküls eines Superabsorbers

9.8 Verwertung von Kunststoffabfall

B1 *Recycling-Arbeiterinnen in Dhaka*

Volumenanteil φ

$$\varphi(\text{Kunststoffabfall}) = \frac{V(\text{Kunststoffabfall})}{V(\text{Abfall gesamt})}$$

Massenanteil w

$$w(\text{Kunststoffabfall}) = \frac{m(\text{Kunststoffabfall})}{m(\text{Abfall gesamt})}$$

Die Langlebigkeit und Widerstandsfähigkeit von Kunststoffen führen dazu, dass der Kunststoffabfall, den wir produzieren, uns noch Hunderte bis Tausende von Jahren erhalten bleibt. Zwar nehmen Kunststoffe aufgrund ihrer geringen Dichte im Abfallaufkommen von der Masse her nur einen geringen Teil ein (φ = 20 %, w = 8 %,), aber es fehlen ausreichende Deponiemöglichkeiten.
Somit muss neben einer Verwertung als erstes über die Vermeidung von Kunststoffabfall nachgedacht werden.

Vermeidung. Um Kunststoffabfälle zu vermeiden, sollte man überall dort, wo es praktikabel ist, Verpackungen, Taschen etc. so oft wie möglich wiederverwenden. Beispielsweise ist es besser, Pfandflaschen anstatt Einwegflaschen zu benutzen.

Stoffliche Verwertung. Man unterscheidet die **werkstoffliche** und die **rohstoffliche** Verwertung [B2].
Bei der werkstofflichen Verwertung werden sortenreine, nicht oder nur gering verschmutzte Abfälle von Thermoplasten zerkleinert und wiederaufgeschmolzen. Durch diese Regranulierung, der auch Neuware beigemischt werden kann, entstehen neue Kunststoffe. Allerdings sind bei gebrauchten Kunststoffen die Makromoleküle meist so geschädigt, dass das Produkt nicht mehr die gleichen Eigenschaften hat wie ein Produkt, das aus reiner Neuware hergestellt wurde. Ein weiterer Nachteil liegt in dem hohen Sammelaufwand, dem Sortieren, Reinigen und Vorbereiten für die Weiterverarbeitung der Altkunststoffe. Im Endergebnis sind die Produkte so oft teurer als neue Kunststoffe und zudem qualitativ minderwertiger. Duromere lassen sich nur im „Partikelrecycling" werkstofflich wiederverwerten. Sie werden dazu zerkleinert oder gemahlen und Neuprodukten als Füllstoff zugesetzt.

Vermischte Altkunststoffe lassen sich nur schlecht werkstofflich verwerten. Sie können besser rohstofflich verwertet werden. Darunter wird die Umwandlung der makromolekularen Stoffe in niedermolekulare, d. h. in ihre Monomere oder in Stoffgemische aus Alkanen, Alkenen oder Aromaten, verstanden.
Diese Verwertungsprodukte können entweder

	Werkstoffliche Verwertung	**Rohstoffliche Verwertung** $\cdots CH_2-CH_2-CH_2\cdots + H_2 \longrightarrow \cdots CH_3 + H-CH_2-CH_2\cdots$	**Energetische Verwertung**
Anteil in Deutschland 2019	**46,4 % (2920 Tsd. t)**	**0,2 % (10 Tsd. t)**	**52,8 % (3310 Tsd. t)**
Verfahren	mechanische und thermische Verwertung: Zerkleinerung, Schmelzen	chemische Verwertung: Pyrolyse, Hydrierung (Reaktionsgleichung oben); Solvolyse	thermische Verwertung: Verbrennung
Geeignete Kunststoffe	sortenreine, nicht oder nur gering verschmutzte	auch vermischte und verschmutzte	alle
Polymer-Moleküle	bleiben erhalten	werden selektiv zerlegt	werden oxidiert
„Nutzbares Produkt"	Kunststoffe	Gase und Kohlenwasserstoffe; Monomere, welche der Kunststoffindustrie zugeführt werden; als Reduktionsmittel im Hochofen	thermische Energie

B2 *Von den im Jahr 2019 in Deutschland gesammelten Kunststoffabfällen (6,28 Mio. t) wurden 99,4 % (6,24 Mio. t), wie in der Tabelle dargestellt, verwertet (Quelle: Umweltbundesamt 2020)*

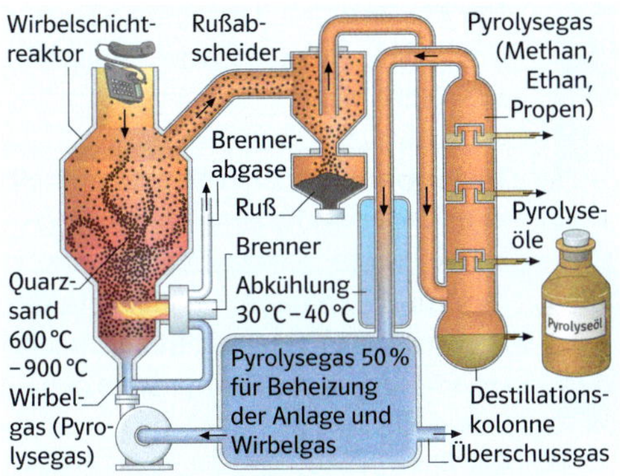

***B3** Schema einer Pyrolyseanlage zur rohstofflichen Verwertung von Kunststoffen*

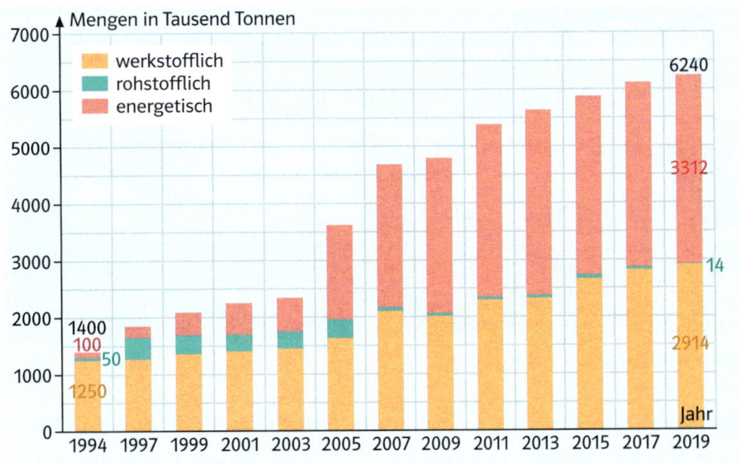

***B4** Verwertung von Kunststoffabfällen in Deutschland (Umweltbundesamt 2020)*

wieder zur Erzeugung von Monomeren dienen (Kap. 9.2, V2) oder in anderen Syntheseprozessen eingesetzt werden. Dabei werden im Wesentlichen drei Verfahrenswege unterschieden: die **petrochemischen Verfahren** wie Pyrolyse [B3] oder die Hydrierung, die zu erdölartigen Produkten führen, jedoch sehr energieintensiv sind, die **solvolytischen Verfahren**, in denen vorwiegend Polykondensate und Polyaddukte in ihre Monomere gespalten werden, und die Nutzung der Altkunststoffe als *Reduktionsmittel* im Hochofen, um den Verbrauch von Koks und Schweröl zu vermindern.

Energetische Verwertung. Kunststoffabfall kann auch zur Energiegewinnung eingesetzt werden [B2]. Da die meisten Kunststoffe einen ähnlich hohen Heizwert wie Heizöl oder Kohle haben, kann die bei der Verbrennung abgegebene Energie zum Betrieb von Heizkraftwerken eingesetzt oder zur Stromerzeugung genutzt werden. In Hausmüllverbrennungsanlagen (MVA) erhöht die Zugabe von Kunststoffabfall den Heizwert des Brennmaterials. Da bei der Verbrennung von Kunststoffen auch Schadstoffe freigesetzt werden, muss bei der energetischen Nutzung die Absorption der Schadstoffe aus den Verbrennungsgasen sichergestellt werden. Dies geschieht durch moderne Filteranlagen, die z. B. den bei der Verbrennung aus PVC entstehenden Chlorwasserstoff absorbieren. Bei der Verbrennung von PVC entstehen auch hochgiftige und cancerogene Dioxine, z. B. TCDD [B5]. Die Massenkonzentration der Dioxine im Abgas kann auf 0,3 ng/m^3 begrenzt werden.

Es gibt drei Arten Kunststoffabfall zu verwerten: Die werkstoffliche, rohstoffliche und energetische Verwertung.

Pyrolyse von griech. pyr, Feuer und lysis, Auflösung. Chemische Reaktion, die bei hohen Temperaturen und unter Sauerstoffausschluss geführt wird (500 – 900 °C). Durch die hohe Temperatur kommt es in großen Molekülen zu Bindungsbrüchen.

Solvolyse Reaktion mit einem Lösungsmittel unter Bindungsspaltung

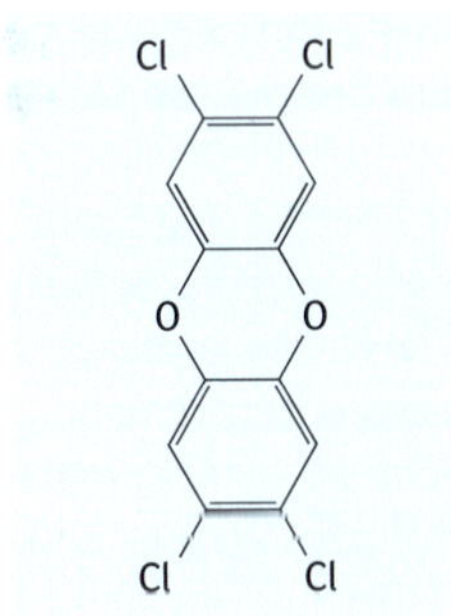

***B5** 2,3,7,8-Tetrachlordibenzodioxin (TCDD)*

V1 Legen Sie saubere Verpackungen von Joghurt, Quark usw. etwa 10 min lang in den auf 120 °C vorgeheizten Ofen (Trockenschrank, Alufolie unterlegen). Entscheiden Sie aufgrund der folgenden Angaben, um welchen Kunststoff es sich jeweils handelt und bestätigen Sie dies durch einen Blick auf den Kunststoffcode auf der Verpackung.
Hinweis: Verpackungen aus PS verlieren bei 100 °C ihre Form, während solche aus PP auch bei kurzzeitigem Erhitzen auf 140 °C formstabil bleiben.

A1 ● NE Eine Möglichkeit, Kunststoffabfälle sortenrein zu trennen, ist das Schwimm-Sink-Verfahren. Entwickeln Sie einen Ablaufplan zur Trennung der Kunststoffe PE (ϱ = 0,91 – 0,96 g/cm^3), PS (ϱ = 1,05 g/cm^3) und PVC (ϱ = 1,38 – 1,40 g/cm^3).

A2 ◒ **a)** Berechnen Sie jeweils den Massenanteil an Kunststoffen, der in den Jahren 1994 und 2019 energetisch verwertet wurde [B4].
b) Recherchieren Sie die Heizwerte oder Brennwerte von Steinkohle, Heizöl, Erdgas und Polyethen oder weiteren Kunststoffen. Begründen Sie, ob es sinnvoll sein kann, verschmutzte Kunststoffabfälle zu verbrennen.
c) Beschreiben Sie, welche Probleme mit der Verbrennung von PVC verknüpft sind.

NE 9.9 Kunststoffmüll – Endstation Meer?

***B1** Kunststoffmüll am Strand*

„Das kann kein Meer mehr schlucken" oder „Ozeane versinken im Plastikmüll", solche Schlagzeilen rütteln uns wach und fordern Konsequenzen. Der inzwischen zum Alltag gewordene Kunststoffmüll an den Küstenstränden ist ein globales Problem geworden [B1]. In den Touristenorten wird jeden Morgen der Strand gesäubert, aber auf unbewohnten Inseln türmen sich PET-Flaschen, Kunststoff-Taschen, Kanister, Styropor etc.

Müllstrudel. Meeresströmungen sorgen dafür, dass sich der Kunststoffmüll, vor allem in Äquatornähe, in bestimmten Bereichen ansammelt. Ein Beispiel ist der Pazifische Müllstrudel: 80 000 Tonnen Kunststoffmüll treiben nach Angabe eines internationalen Forscherteams auf einer Fläche, die mehr als viermal so groß ist wie Deutschland. Dabei schwimmen manche Kunststoffgegenstände auf dem Wasser, andere schweben darin.

Gefahren. Seevögel und Meerestiere verwechseln die Kunststoffteile mit Nahrung, Schildkröten Plastiktüten mit Quallen [B2] und Fische Mikroplastik mit Plankton. Die Meerestiere verhungern und verenden jämmerlich, weil ihre Mägen zwar gefüllt sind, aber die Kunststoffe nicht abgebaut und in Energie umgewandelt werden können [B3]. Über die Nahrungskette gelangen diese Mikroplastikpartikel in unseren Organismus und schädigen auch uns, z. B. durch anhaftende cancerogene und giftige Stoffe, wie z. B. PCB (polychlorierte Biphenyle).

Ursachen. Die Verpackungsindustrie boomt, nach wie vor nimmt in Deutschland die Menge der produzierten Verpackungen zu (Kap. 9.7). Gründe dafür sind u. a. Verpackungen für sofort verzehrbare Lebensmittel, z. B. Coffee-to-go-Becher, der Trend zu kleineren Verpackungseinheiten, z. B. bei Süßigkeiten, und der zunehmende Onlinehandel.

***B2** Schildkröte, die eine Plastiktüte frisst*

***B3** Verendeter Wasservogel und dessen Mageninhalt*

Der Kunststoffmüll gelangt fast ausschließlich über die Flüsse vom Land aus in die Meere.

Lösungsansätze. Der Kunststoffmüll in den Meeren ist ein globales Problem. In Deutschland gibt es ein System zur Rücknahme von Kunststoffen und Verpackungen, Mülltrennung und ein Pfandsystem für Mehrwegflaschen.
Die Politik muss einen gesetzlichen Rahmen vorgeben, Industrie, Wirtschaft und Bürger müssen handeln. Über internationale Vereinbarungen und Gesetze muss die Vermeidung bzw. Reduktion, Wiederverwertung und die richtige Entsorgung von Kunststoffmüll global ausgeweitet werden. Allerdings beginnt der erste Schritt bei jedem Einzelnen.

A1 ○ Überlegen Sie, wie man im Alltag Kunststoffabfall vermeiden kann. Notieren Sie Ihre Ergebnisse.

A2 ◒ Überlegen Sie sich Möglichkeiten, wie man Kunststoffabfall an Ihrer Schule nachhaltig vermeiden kann.

A3 ◒ MK Recherchieren Sie, was man unter einem „Geisternetz" versteht und welche Probleme damit verbunden sind.

A4 ● MK **a)** Informieren Sie sich, wie Mikroplastik entsteht.
b) Recherchieren Sie, auf welche Weise Mikroplastik ins Meer gelangt.
c) Informieren Sie sich über technische Möglichkeiten des Abfischens von Mikroplastik. **d)** Entwickeln Sie Lösungsstrategien, um die Entstehung von Mikroplastik zu minimieren.

A5 ◒ Führen Sie ein Rollenspiel durch, in dem Politiker, Umweltschützer, Bürger, Reedereibesitzer und Strandbewohner diskutieren, wie man das globale Kunststoffmüll-Problem in den Griff bekommen kann.

Praktikum

9.10 Klebstoffe

Makromoleküle sind auch die Grundlage für Klebstoffe (Kap. 9.4). Nach DIN EN 923 ist ein Klebstoff ein nichtmetallischer Werkstoff, der Körper durch Oberflächenhaftung (Adhäsion) und innere Festigkeit (Kohäsion) verbindet.

V1 Aushärten eines Epoxidharzklebers

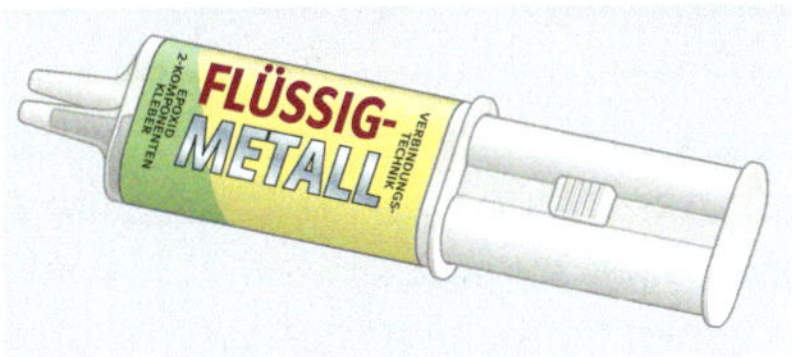

B1 *Zweikomponentenklebstoff aus Epoxidharz*

In Zweikomponentenklebstoffen liegen Harz und Härter getrennt vor, sie härten erst aus, wenn beide Komponenten vermischt werden. Ab diesem Zeitpunkt beginnt die sogenannte **Topfzeit**, in der der Klebstoff verarbeitet werden kann. Anschließend kann der Klebstoff den Werkstoff nicht mehr benetzen und es tritt keine Klebwirkung mehr ein.

Material:
Aluminiumdose eines Teelichts, Holzstab zum Mischen, einige Zahnstocher, Zweikomponentenklebstoff auf Epoxidharzbasis

Durchführung:
(Abzug! Schutzhandschuhe! Schutzbrille!)
Mischen Sie in der Aluminiumdose die Komponenten des Klebstoffes nach Gebrauchsanleitung. Stecken Sie dann einen Zahnstocher in die Mischung und ziehen Sie ihn anschließend wieder heraus. Wiederholen sie dieses Prozedere in gleichen Zeitabständen bis sich der Zahnstocher nicht mehr entfernen lässt. Die Topfzeiten sind auf den jeweiligen Datenblättern des Klebstoffes angegeben. Wählen Sie mit dieser Angabe ein passendes Zeitintervall und vergleichen Sie die von Ihnen bestimmte Topfzeiten mit den Herstellerangaben.

Aufgabe:
Recherchieren Sie den Begriff der Zugfestigkeit. Begründen Sie, wie sich die Zugfestigkeit eines Zweikomponententenklebers mit der Länge der Aushärtezeit verändern wird. Recherchieren Sie entsprechende Werte in Datenblättern der Hersteller.

V2 Sekundenkleber – nicht nur zum Kleben

Bei diesem Experiment wird die **anionische Polymerisation** eines Sekundenklebers durchgeführt.

Material:
Sekundenkleber (auf Cyanacrylat-Basis), Natronlauge (c = 1 mol/l), Streifen aus Filterpapier, zwei Uhrgläser, Pinzette, fabrikneue Petrischale aus Polystyrol, Bechergläser, Heizplatte, Schutzhandschuhe

Durchführung:
Gefahr! Cyanacrylat klebt innerhalb von Sekunden Haut und Augenlider zusammen. (Abzug!)

a) Geben Sie je 2 Tropfen Sekundenkleber auf einen trockenen (A) und auf einen gut durchfeuchteten Filterpapierstreifen (B) und legen sie jeweils sofort einen trockenen Filterpapierstreifen auf. Überprüfen Sie nach ca. 20 s die Klebwirkung.

b) Geben Sie je 2 Tropfen Sekundenkleber in je ein Becherglas mit (A) Wasser und (B) verdünnter Natronlauge und beobachten Sie. Entnehmen Sie nach 2 min die Tropfen mit der Pinzette und überprüften Sie die Festigkeit.

c) Geben Sie in eine Petrischale mittig einen Tropfen Sekundenkleber und drei Tropfen Wasser im Abstand von ca. 2 cm. Machen Sie auf der Innenseite des Petrischalen-Deckels einen Fingerabdruck. Legen Sie den Deckel auf und stellen Sie die Schale auf eine lauwarme Heizplatte.

Aufgaben:

1. Die Monomere von Sekundenklebern sind 2 Cyanacrylsäureester (meist Methyl-, Ethyl- oder Butylester). Die Polymerisation der Monomer-Moleküle startet durch einen nucleophilen Angriff von OH^--Ionen an die C=C-Doppelbindung (anionische Polymerisation). Entwickeln Sie den Reaktionsmechanismus am Beispiel von 2-Cyanacrylsäuremethylester [B2].

2. Die Polymerisation von Methacrylsäuremethylester führt zu einem ähnlichen Produkt (PMMA, Kap. 9.2). Begründen Sie, warum diese Reaktion wesentlich langsamer abläuft.

3. Beimischungen von Säuren zum Cyanacrylat oder sauer reagierende Oberflächen verzögern die Aushärtung von Sekundenklebern. Erklären Sie diesen Befund.

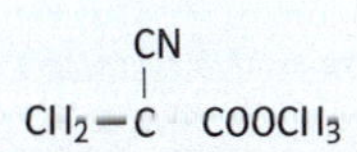

B2 *Methylcyanacrylat (Cyanacrylsäuremethylester)*

NE 9.11 Biologisch abbaubare Kunststoffe

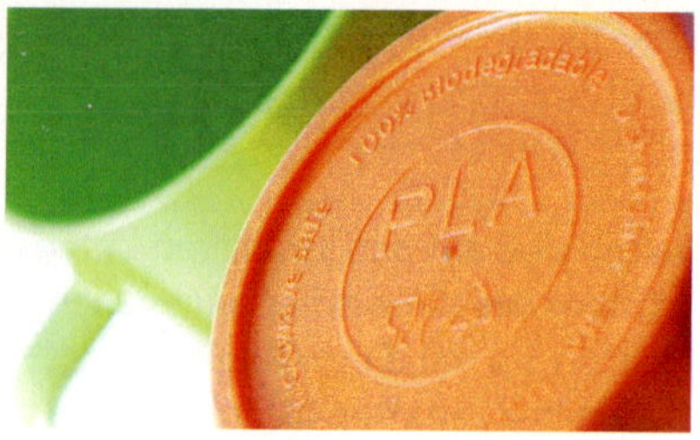

***B1** Becher aus PLA*

Die Kunststoffmüll-Problematik (Kap. 9.9) fordert Lösungsstrategien. Daher wurden biologisch abbaubare Kunststoffe entwickelt. Das Siegel mit dem Keimling [B4] auf einem Produkt kennzeichnet einen solchen Kunststoff. Polymilchsäure (kurz PLA – polylactic acid) ist ein Beispiel für einen biologisch abbaubaren Kunststoff.

Verwendung von PLA. PLA kann vielfältig eingesetzt werden: In der Lebensmittelindustrie als Verpackungsmaterial, in der Landwirtschaft z. B. für Mulchfolien, die nach dem Unterpflügen verrotten, oder in der Medizintechnik als bioresorbierbares Nahtmaterial.

A1 ○ MK Informieren Sie sich über weitere Verwendungsmöglichkeiten von PLA.

Synthese von PLA. Das Momomer von PLA ist Milchsäure. Diese wird aus Stärke bzw. Glucose oder Lactose gewonnen.
Zwei Herstellungsverfahren zur Synthese von PLA sind möglich: Durch *Polykondensation* – zum einen – von Milchsäure-Monomeren, zum anderen von cyclischen Milchsäure-Dimeren, sog. **Lactid-Molekülen.** Diese enthalten zwei Estergruppen [B2], aus denen durch Ringöffnungspolymerisation die Polymilchsäure gebildet wird.

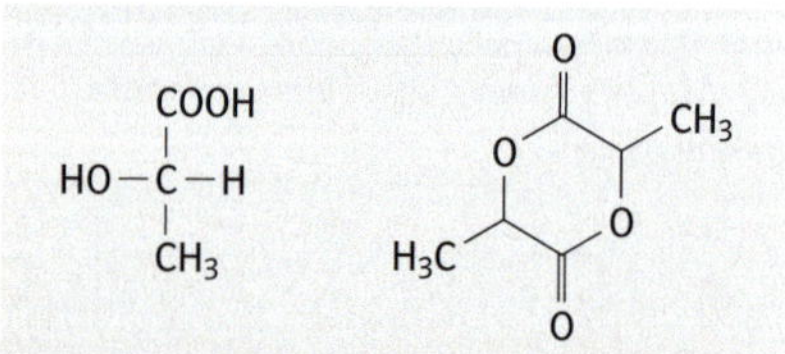

***B2** Milchsäure-Molekül (links), Lactid-Molekül (rechts)*

A2 ◒ Formulieren Sie die Reaktionsgleichungen für die beiden genannten Herstellungsverfahren zur Synthese von PLA.

A3 ◒ Auch bei Verwendung von 3-Hydroxybuttersäure als Monomer kann ein Polymer hergestellt werden. Zeichnen Sie das Monomer-Molekül und einen Ausschnitt aus dem Polymer-Molekül. Begründen Sie, welcher Reaktionstyp der Synthese zugrunde liegt.

Abbau von PLA. Das Polymer-Molekül kann durch Hydrolyse der Esterbindungen in seine Monomer-Moleküle gespalten werden. Die Monomer-Moleküle bauen Mikroorganismen zu Kohlenstoffdioxid und Wasser ab.

A4 ◒ Stellen Sie Reaktionsgleichungen für den Abbau von PLA auf. Verwenden Sie dafür Halbstrukturformeln.

Biokunststoffe. Unter den Begriff der Biokunststoffe fallen nicht nur biologisch abbaubare Kunststoffe, sondern auch Kunststoffe aus **nachwachsenden Rohstoffen.** Diese bieten Zukunftsperspektiven vor dem Hintergrund knapper werdender Erdölressourcen. Beispielsweise kann Bio-Polyethen (Bio-PE) aus Bioethanol (hergestellt aus Zuckerrohr) produziert werden. Im Gegensatz zu PLA ist Bio-PE nicht biologisch abbaubar.

***B4** Biomüll-Folienbeutel*

A5 ○ MK Recherchieren Sie Beispiele, die in B3 in den grauen Kästen stehen könnten.

A6 ◒ Vergleichen Sie Biokunststoffe [B3], indem Sie diese bezüglich der Rohstoffart und der Möglichkeit des biologischen Abbaus einteilen.

A7 ● Recherchieren Sie ökologische, ökonomische und soziale Aspekte der Herstellung von Bio-PE aus Zuckerrohr in Brasilien. Bewerten Sie anschließend die Verwendung von Bio-PE.

A8 ◒ MK Recherchieren Sie, weshalb in manchen Orten kompostierbare Tüten im Biomüll verboten sind.

V1 Vergleichen Sie je eine Biomüll-Tüte aus Papier und Folie, indem Sie diese mit Lugol'scher Lösung versetzen. Erklären Sie Ihre Beobachtungen.

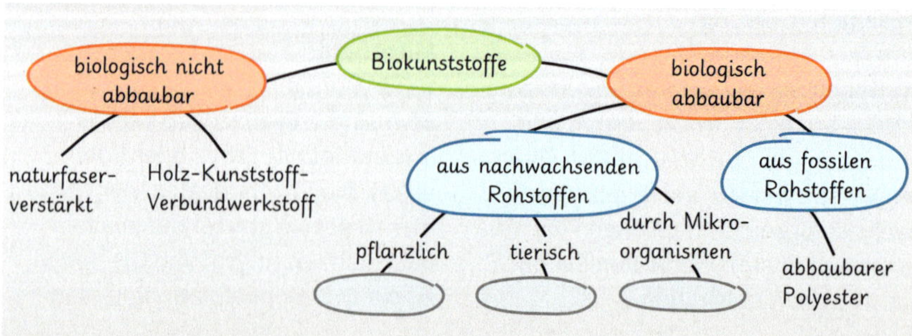

***B3** Übersicht über Biokunststoffe*

9.12 Carbonfasern

B1 *Eishockeyschläger aus Carbon*

B2 *Carbonfasern bei Sportgeräten*

Carbon steht sowohl für das Element Kohlenstoff als auch für Carbonfasern und CFK.

Carbonfasern werden auch als Kohlenstofffasern oder Kohlefasern bezeichnet.

CFK **C**arbon**f**aserverstärkte **K**unststoffe.
Engl.: CFRP (**c**arbon-**f**iber-**r**einforced **p**lastic)

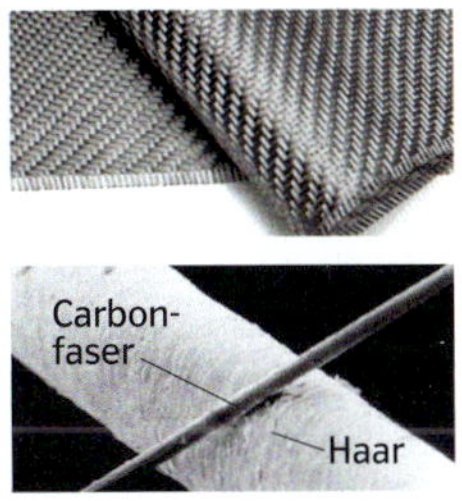

B3 *Oben: Carbonfasergewebe, unten: Carbonfaser (dünner) und Menschenhaar (dicker)*

Ein Eishockeyschläger aus Carbon [B1], in diesem Fall einem carbonfaserverstärkten Kunststoff (CFK), zeichnet sich durch seine vergleichbar geringe Masse bei gleichzeitig hoher Steifigkeit aus. Im Vergleich zu einem herkömmlichen Schläger aus Holz wird die Masse um ca. 20 % reduziert. CFK kommen überall dort zum Einsatz, wo eine geringe Dichte gefragt ist.

Herstellung von Carbonfasern. Carbonfasern werden aus organischen Fasern, z. B. aus Polyacrylnitril (Kap. 9.2, B6), unter enormem Energieaufwand hergestellt. Zunächst erfolgt bei hoher Temperatur eine Abspaltung aller Atome – bis auf Kohlenstoff, die Faser wird carbonisiert. Durch anschließende Verstreckung wird eine graphitartige Anordnung erreicht.

Bei der *kontrollierten Verkohlung* entstehen bei bis zu 2500 °C feinste Fasern, die anschließend zu Bändern aneinandergelegt und mit Kunstharz fixiert werden. Anschließend erhitzt man die Bänder im Hochtemperaturofen. Die meist auf Spulen gewickelten Fasern können schließlich zu Textilien verwoben werden [B3, oben].

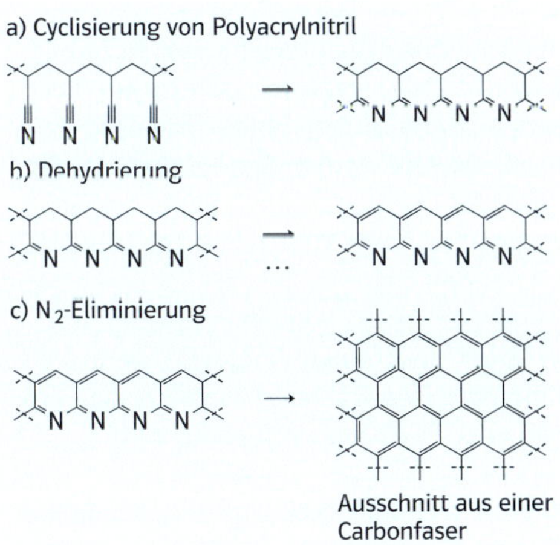

B4 *Herstellung von Carbonfasern aus Polyacrylnitril*

Eigenschaften. Carbonfasern (d = 6 µm) sind nur etwa 1/10-mal so dick wie ein menschliches Haar (d = 50 µm) [B3, unten]. Sie sind fünfmal so zugfest wie Stahl und wesentlich korrosionsbeständiger. Daneben sind Carbonfasern sehr flexibel. Sie sind lange haltbar, korrosionsbeständig und bruchsicher. Außerdem sind Carbonfasern elektrisch leitfähig. Die Dichte von CFK ist gut um ein Drittel geringer als die von Aluminium.

Verwendung. Bereits seit langer Zeit werden CFK in der Luft- und Raumfahrt verwendet. Durch die geringere Masse der Flugzeuge kann der Energiebedarf um bis zu 20 % gesenkt werden. Die Korrosionsbeständigkeit lässt größere Wartungsintervalle zu. Auch die Automobilindustrie nutzt die Vorteile der geringen Dichte dieses Materials, um den Kraftstoff-Verbrauch und damit auch den Kohlenstoffdioxid-Ausstoß zu vermindern. In Hightech-Produkten der Sportbranche wird das Material ebenfalls eingesetzt [B2].

Aufgrund geringer Dichte, hoher Festigkeit und großer Steifigkeit gewinnen die Carbonfasern als Werkstoffe in vielen Bereichen an Bedeutung.

A1 ○ MK Recherchieren Sie, welche Teile im Flugzeugbau aus carbonfaserverstärkten Kunststoffen hergestellt werden.

9.13 Herstellung und Eigenschaften von Nanomaterialien

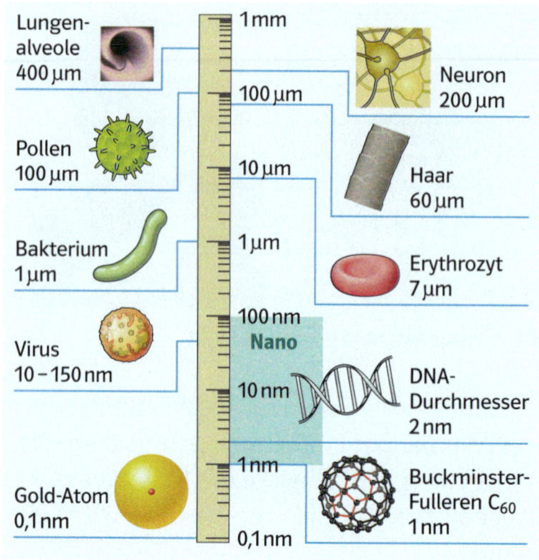

B1 *Größenordnung von natürlich vorkommenden Nanomaterialien*

Nanometer (nm) 1 nm
= 10^{-9} m
= 0,000 000 001 m
= 0,000 001 mm
= 0,001 µm

nanoskalig
Im Größenbereich zwischen 1 und 100 nm liegend

Nanopartikel werden auch als Nanoteilchen bezeichnet.
Engl.: nanoparticles

pyrophor von griech. pyr, Feuer und griech. phorein, tragen

Häufig wird die Vorsilbe „Nano-" mit besonders visionärer Technologie in Verbindung gebracht, obwohl Nanomaterialien bereits vielerorts in unserem Alltag zu finden sind: Nanopartikel in Kosmetika wie Sonnencremes, Deos und Zahnpasta, Verbesserung von Textilien durch Nano-Beschichtung oder antibakterielles Nano-Silber sowie technische Anwendungen wie Displays, Solarzellen und Akkus sind nur einige Beispiele dafür.

Doch was bedeutet „nano" eigentlich? Die Vorsilbe „Nano-" stammt von dem griechischen Wort „nanos" ab und bedeutet „Zwerg". Von Nanomaterialien spricht man entweder bei Partikeln mit einem Durchmesser von 1 nm bis 100 nm oder bei Beschichtungen und Strukturen von Oberflächen in diesem Größenbereich (nanostrukturierte Materialien). Diese geringe Größe ist schwer vorstellbar, da ein Partikel von 100 nm bereits etwa 500-fach kleiner als der Durchmesser eines menschlichen Haares ist [B1].

B2 *Pyrophores Eisen beim Kontakt mit Luft*

Besondere Eigenschaften. Die geringe Größe von Nanomaterialien führt zu einzigartigen Eigenschaften. Nanomaterialien haben eine besonders große Oberfläche im Vergleich zu ihrem Volumen. Das kann man an einem Würfel zeigen, der immer weiter in kleinere Würfel zerteilt wird (S. 377). Hat der Würfel eine Seitenlänge von 1 cm, so nimmt die Oberfläche von anfänglich 6 cm² bis hin zu einer Oberfläche in der Größenordnung eines Fußballfeldes (bei nanoskaligen Würfelchen) stark zu.

Wegen ihrer extrem großen Oberfläche werden Nanopartikel häufig zur Katalyse eingesetzt. Eine besonders große Katalysatoroberfläche ermöglicht eine effiziente Aktivierung der Edukte. Zudem werden nur geringe Mengen eines eventuell wertvollen Katalysators benötigt. Man spricht von einer besonders hohen chemischen Reaktivität der Nanopartikel. Pyrophores Eisen, welches aus Nanopartikeln besteht, entzündet sich beispielsweise aufgrund seiner hohen Reaktivität bereits bei Zimmertemperatur an der Luft [B2].

Weitere Eigenschaften der Nanomaterialien werden durch quantenmechanische Effekte hervorgerufen, sodass sich im Vergleich zu größeren Partikeln für Nanopartikel beispielsweise andere optische Eigenschaften oder ein verändertes magnetisches Verhalten ergeben können.

Nanomaterialien haben eine Größe oder eine Strukturierung im Größenbereich von 1 nm bis 100 nm. Ihre extrem große Oberfläche resultiert in besonderen Eigenschaften und Anwendungsmöglichkeiten.

Herstellung von Nanomaterialien. Die sehr geringe Größe macht die Herstellung von Nanomaterialien zu einer anspruchsvollen Aufgabe. Bei der Herstellung werden zwei mögliche Ansätze unterschieden: In **Top-down**-Herstellungsprozessen wird ein Ausgangsmaterial zunehmend zerkleinert. Beispielsweise werden Nanopartikel als Pigmente für Druckerfarben in Kugelmühlen hergestellt, indem Kugeln in einer schnell rotierenden Trommel die Partikel zunehmend kleiner zermahlen. Von einem **Bottom-up**-Verfahren spricht man hingegen, wenn ein Nanomaterial ausgehend von einzelnen Atomen oder Molekülen aufgebaut wird.

Polymer-Nanopartikel. Zur Herstellung von Polymer-Nanopartikeln wurden zahlreiche Methoden entwickelt. Eine einfache Möglichkeit bieten Blockcopolymere, deren Moleküle

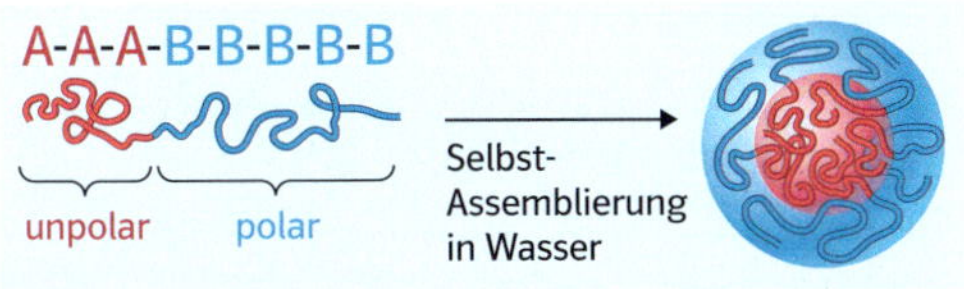

***B3** Selbst-Assemblierung von Copolymer-Molekülen zu Polymer-Nanopartikeln*

aus einem polaren und einem unpolaren Molekül-Polymerblock bestehen [B3]. In einer wässrigen Lösung lagern sich die unpolaren Abschnitte des Blockcopolymer-Moleküls zusammen, um den Kontakt mit dem wässrigen Medium zu vermeiden. Die unpolaren Polymer-Molekülteile bilden dadurch einen „Kern", die polaren Abschnitte der Moleküle bilden eine Art Hülle der Nanopartikel und vermitteln so die Löslichkeit in Wasser. Diese sogenannte **Selbst-Assemblierung** der Polymer-Moleküle zu Partikeln ist ein typisches Beispiel für ein Bottom-up-Verfahren.

Da derartige Nanopartikel hydrophobe Wirkstoffe in ihrem Inneren einlagern können und aufgrund ihrer geringen Größe unter Umständen auch in Zellen eindringen können, sind sie Gegenstand intensiver medizinischer Forschungen.

Nanomaterialien können durch Zerkleinerung eines Ausgangsmaterials (Top-down) oder durch Selbst-Assemblierung von Atomen oder Molekülen (Bottom-up) hergestellt werden.

Gold-Nanopartikel. Die besonderen Eigenschaften von Nanomaterialien werden am Beispiel von Gold-Nanopartikeln [V1] offensichtlich: Ein Goldbarren ist durch seinen typischen goldenen Glanz sofort erkennbar, Nanopartikel aus Gold sind jedoch in Abhängigkeit von ihrer Größe intensiv purpur oder lila gefärbt [B4]. Nanopartikel können aus nur einigen tausend Atomen aufgebaut sein. Je kleiner ein Goldpartikel wird, desto größer wird der Anteil der Atome an der Partikeloberfläche im Vergleich zu Atomen im Partikelinneren. Durch den großen Anteil der Oberflächenatome können die Elektronen im Nanopartikel, anders als im Goldbarren, mit Lichtwellen wechselwirken. Durch Absorption von Licht im sichtbaren Bereich entsteht ein roter Farbeindruck. Die intensive Farbe, gepaart mit ihrer großen Oberfläche, an welche gezielt organische Moleküle gebunden werden können, macht Gold-Nanopartikel interessant für die Anwendung in biomedizinischen Schnelltests. In Corona-Schnelltests (Kap. 10.22) wird die rote T-Linie nur dann sichtbar, wenn speziell beschichtete Goldpartikel in Wechselwirkung mit einem Proteinbestandteil von Coronaviren treten und dadurch an die Position der T-Linie gebunden werden [B5].

Analyse von Nanomaterialien. Zur Sichtbarmachung der winzigen Strukturen werden meist Elektronenmikroskope oder Rasterkraftmikroskope eingesetzt. Wird ein Lichtstrahl durch eine Partikellösung geleitet, so streuen die Partikel das Licht (Tyndall-Effekt) [B6]. Dies gibt einen ersten Hinweis auf Partikel, die jedoch auch größer als 100 nm sein können. Mit geeigneten Geräten kann die Größe von Nanopartikeln anhand des gestreuten Lichtes ermittelt werden.

Nanopartikel streuen das Licht. Manche Nanopartikel haben besondere optische Eigenschaften, die sich deutlich von denen der makroskopischen Stoffportionen unterscheiden.

V1 Lösen Sie 16 mg Tetrachlorogoldsäure ($HAuCl_4$) in 40 ml destilliertem Wasser. Geben Sie einen Rührmagnet hinzu und erhitzen Sie diese Lösung bis zum kräftigen Sieden auf einer Heizplatte mit Magnetrührer. Lösen Sie 60 mg Natriumcitrat in 4 ml destilliertem Wasser und geben Sie diese Lösung bei hoher Rührgeschwindigkeit zur siedenden Gold-Lösung. Erhitzen Sie weiter, bis eine intensive Farbe sichtbar wird. Messen Sie die Absorption der Partikellösung und erklären Sie die Farbigkeit.

A1 ○ Beschreiben Sie besondere Eigenschaften von Nanomaterialien.

A2 ◒ In einem Corona-Schnelltest sind etwa 0,26 mg Gold enthalten. Recherchieren Sie den derzeitigen Goldpreis und berechnen Sie den Wert des in einem Test enthaltenen Goldes.

A3 ● MK Recherchieren Sie, worauf besondere Eigenschaften von Polymer-Nanoverbundwerkstoffen beruhen.

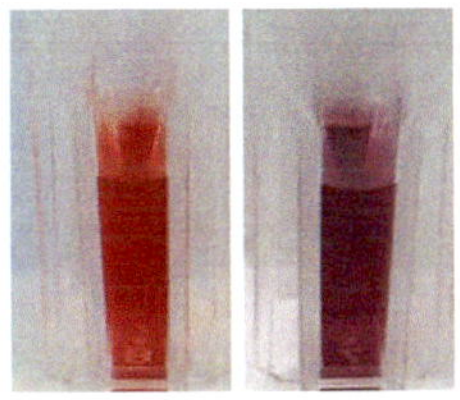

***B4** Charakteristische Farbe von Gold-Nanopartikellösungen in Abhängigkeit von der Größe der Nanopartikel. In der linken Küvette befinden sich kleinere Nanopartikel als in der rechten*

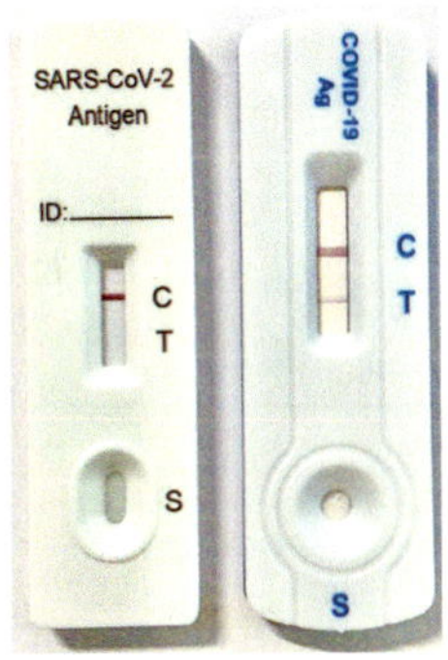

***B5** Die rote Farbe der Linien in Corona-Schnelltests wird von Gold-Nanopartikeln hervorgerufen*

***B6** Tyndall-Effekt bei einer Lösung von Druckertinte*

9.14 Nanomaterialien aus Kohlenstoff

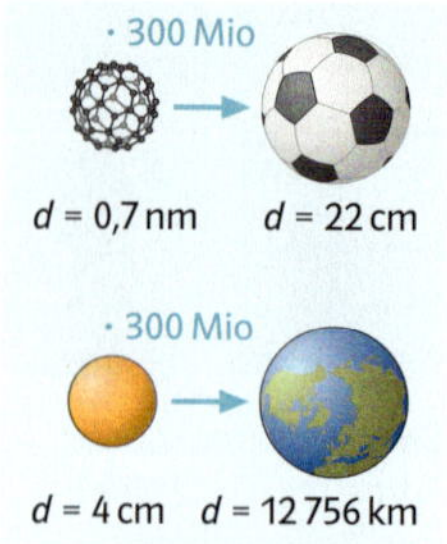

***B1** Ein C_{60}-Molekül ist ca. 300 Millionen mal kleiner als ein Fußball: ein Größenverhältnis wie zwischen Tischtennisball und Erde*

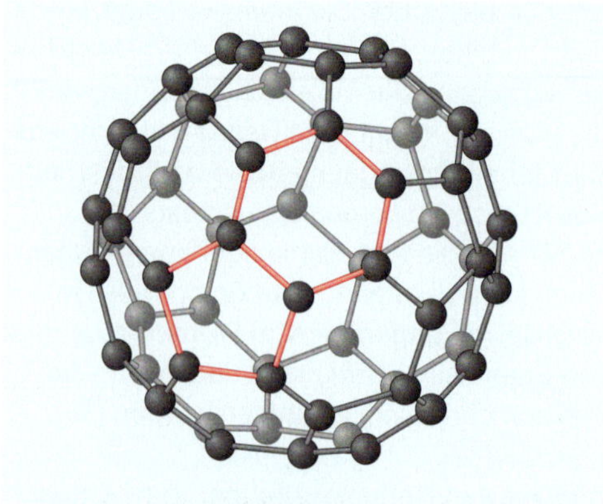

***B2** Buckminsterfulleren (C_{60})*

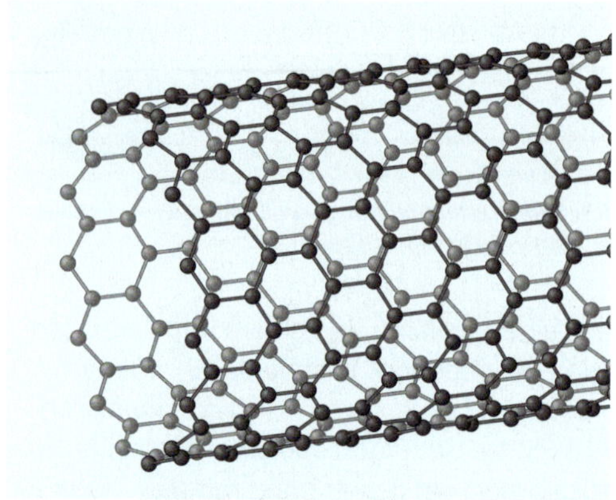

***B3** Kohlenstoff-Nanotube*

Etwa seit Mitte der 1970er Jahre beschäftigt sich die Forschung an Hochschulen und der Industrie mit Materialien aus Kohlenstoff-Atomen, für die sich ganz neue Anwendungsgebiete ergeben.

Modifikationen sind elementare Stoffe derselben Atomart. Die Anordnung der Atome ist in den verschiedenen Modifikationen unterschiedlich.

Nanotubes werden auch als Nanoröhren oder Nanoröhrchen bezeichnet.

Radikal Atom oder Molekül mit einem einzelnen Außenelektron, das keinem Elektronenpaar angehört. Radikale sind reaktionsfreudige Teilchen.

Fullerene. 1985 gelang es, durch Verdampfen von Graphit eine dritte Modifikation des Kohlenstoffs herzustellen (die ersten beiden sind Graphit und Diamant). Man nannte die käfigartigen Moleküle **Fullerene**, nach dem amerikanischen Architekten RICHARD BUCKMINSTER FULLER, der durch den Bau von Kuppeln bekannt geworden ist.
Die aus Fullerenen aufgebauten Stoffe heißen **Fullerite**. Sie sind bei Zimmertemperatur kristallin, weich und sehr elastisch.

Das bekannteste Fulleren ist das Buckminsterfulleren [B2], ein aus 60 C-Atomen bestehendes kugelförmiges Molekül mit einem Durchmesser von 0,7 nm. Es ist wie ein Fußball aus 20 Sechsringen und 12 Fünfringen aufgebaut, weshalb es oft „Fußballmolekül" oder auch „Buckyball" genannt wird.
Wie im Graphit hat auch hier jedes Atom drei Bindungspartner. Das vierte Außenelektron ist auf der Moleküloberfläche frei beweglich.
Das nächstgrößere Fulleren (C_{70}) hat die Struktur eines Rugbyballs. Es sind noch weitere Fullerene bekannt, z. B. C_{80} und C_{94}.

C_{60}-Moleküle sind in carbonfaserverstärkten Kunststoffen enthalten, aus denen man besonders leichte und trotzdem stabile Golf-, Tennis- und Badmintonschläger baut.

Fullerene sind **Radikalfänger** und werden deshalb Anti-Aging-Cremes zugesetzt. Da sie nicht biologisch abbaubar sind und man über ihre Langzeitwirkung wenig weiß, verzichten viele Firmen auf ihren Einsatz in Kosmetika.

Kohlenstoff-Nanotubes. Nachdem man das Bauprinzip der Fullerene verstanden hatte, entwickelten Forscherinnen und Forscher verlängerte Fullerene, die Kohlenstoff-Nanotubes (carbon nanotubes, CNT). Es handelt sich um röhrenförmige Moleküle mit Durchmessern zwischen etwa 1 nm und 50 nm, deren Wände aus wabenartig zusammengesetzten Kohlenstoff-Sechsringen bestehen [B3]. Die Länge der Moleküle reicht von einigen Millimetern bis zu 20 cm.
Es gibt auch mehrwandige Kohlenstoff-Nanotubes mit Durchmessern über 100 nm [B4]. In der Zugfestigkeit übertrifft dieses Material den Stahl, bei deutlich niedrigerer Dichte.

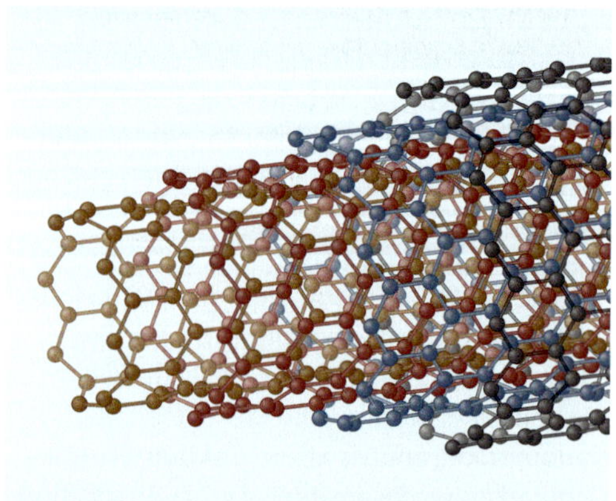

***B4** Mehrwandiges Kohlenstoff-Nanotube*

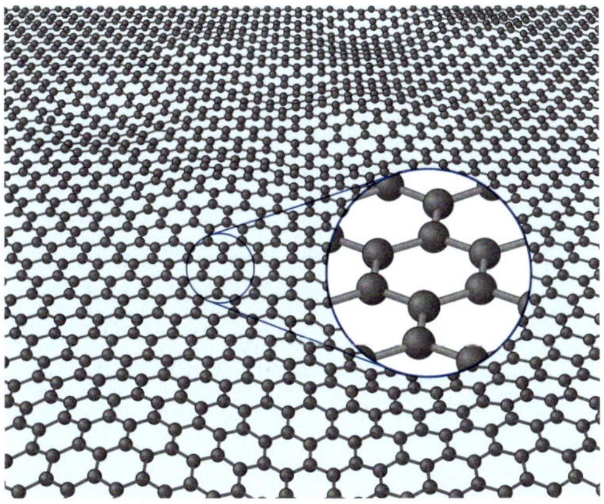

B5 Graphen

Graphen ist eine weitere Modifikation des Kohlenstoffs. In der zweidimensionalen wabenförmigen Struktur ist jedes Kohlenstoff-Atom mit drei weiteren verbunden [B5]. Die Dicke einer Graphenschicht entspricht dem Durchmesser eines Kohlenstoff-Atoms: 0,08 nm. Damit ist eine Graphenschicht etwa eine Million mal dünner als ein Blatt Papier.

Da im Graphen jedes Kohlenstoff-Atom nur drei Bindungspartner hat, sind frei bewegliche Außenelektronen vorhanden. Diese können Ladung und Energie transportieren. Graphen ist daher elektrisch leitfähig und ein guter Wärmeleiter. Aufgrund dieser Eigenschaften beschäftigt sich die Forschung mit möglichen Anwendungen des Graphens:
- elektrisch leitfähige Kunststoffe,
- Kondensatoren mit sehr hoher Kapazität,
- Ersatz des Siliciums in Mikrochips und Solarzellen,
- Kühlkörper für elektronische Geräte.

Außer Graphit und Diamant kennt man weitere Modifikationen des Kohlenstoffs: Fullerite, Graphen und Kohlenstoff-Nanotubes.

A1 Erklären Sie, warum Graphen elektrisch leitfähig ist.

Exkurs

Diamant und Graphit

Diamant	Graphit
farblos, durchsichtig, stark lichtbrechend	schwarz, glänzend
sehr hart	sehr weich
schwer spaltbar	leicht spaltbar
keine elektrische Leitfähigkeit	gute elektrische Leitfähigkeit
Dichte 3,5 g/cm^3	Dichte 2,3 g/cm^3
schmilzt nicht, sondern wandelt sich in Graphit um	Sublimationstemperatur ca. 3 650 °C

B6 Eigenschaften von Diamant und Graphit

A2 Graphit, Diamant, Graphen, Fullerite und Kohlenstoff-Nanotubes sind Modifikationen des Kohlenstoffs.
Vergleichen Sie die Strukturen von Graphit und Diamant mit den Strukturen der Nanomaterialien aus Kohlenstoff.

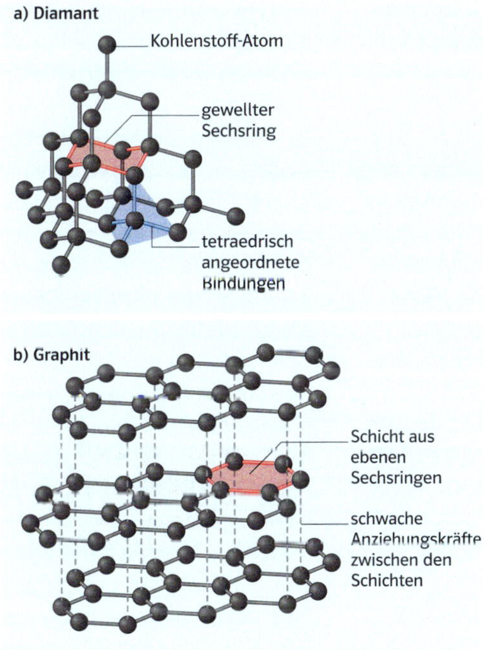

B7 a) Struktur des Diamants (Diamant-Gitter), b) Struktur des Graphits (Graphit-Gitter)

B8 Geschliffener Diamant

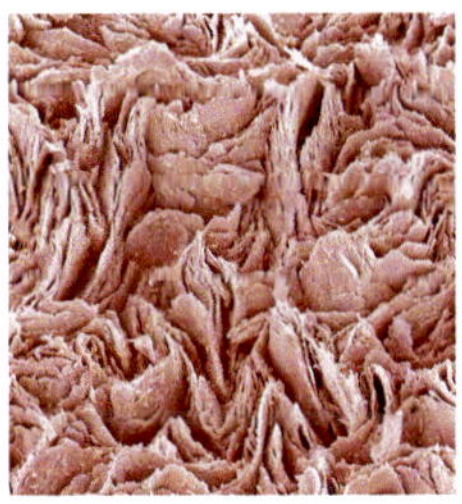

B9 Graphitplättchen in einer REM-Aufnahme

9.15 Nanochemie

V1 Natürlicher und künstlicher Lotuseffekt

Material:
Blatt einer der folgenden Pflanzen: Lotus, Kapuzinerkresse, Kohlrabi oder Rotkohl; fein gemahlene Tonerde oder Asche, Teesieb, Objektträger aus Glas, Teelicht, Tiegelzange, alte CD, Aceton, Tropfpipette, Becherglas (250 ml), Papierhandtücher

Durchführung:
a) Streuen Sie mit dem Teesieb die Tonerde bzw. Asche auf das Pflanzenblatt. Geben Sie anschließend mit der Tropfpipette einzelne Wassertropfen auf das schmutzige Pflanzenblatt und beobachten Sie. Reinigen Sie das Blatt anschließend unter fließendem Wasser, lassen Sie es trocknen und wiederholen Sie den Versuch.

b) Halten Sie den Objektträger mit der Tiegelzange über das brennende Teelicht, bis die dem Teelicht zugewandte Fläche vollständig mit Ruß bedeckt ist.
Geben Sie mit der Tropfpipette einzelne Wassertropfen auf die saubere und auf die verrußte Fläche des Objektträgers.
Vergleichen Sie die Formen der Tropfen miteinander.

c) ⚠ (Abzug!) Bedecken Sie etwa ein Drittel der CD mit Aceton. Lassen Sie das Aceton verdunsten. Wiederholen Sie diese beiden Schritte zweimal. Bedecken Sie die mit Aceton behandelte Fläche mit dest. Wasser und lassen Sie das Wasser verdunsten.
Streuen Sie mit dem Teesieb die Tonerde bzw. Asche an jeweils eine Stelle der behandelten und der unbehandelten CD-Fläche. Geben Sie Wassertropfen auf eine Stelle der behandelten und der unbehandelten CD-Fläche. Bewegen Sie anschließend die CD, damit die Wassertropfen über die Tonerde bzw. Asche rollen.

Aufgabe:
Vergleichen Sie die Formen der Tropfen miteinander und beschreiben Sie, was passiert, wenn die Tropfen über die Tonerde bzw. Asche rollen.

V2 Nachweis von Titan in Sonnencreme

Titandioxid-Nanopartikel kommen in vielen Produkten des Alltags vor. In Sonnencremes haben sie den Vorteil, dass sie transparent sind und trotzdem gefährliche UV-Strahlung von der Haut fernhalten.

Material:
Sonnencreme mit rein mineralischen Filtern, möglichst hohem Lichtschutzfaktor und Titandioxid auf der Inhaltsstoffliste, 2 Porzellantiegel, Tondreieck, Dreifuß, Trockenschrank, Gasbrenner, Filterpapier, Glastrichter, Erlenmeyerkolben, 2 Reagenzgläser, Reagenzglasgestell, Salzsäure ($c = 1\,mol/l$), Schwefelsäure ($c = 1\,mol/l$), Wasserstoffperoxid-Lösung ($w = 3\,\%$), Kaliumhydrogensulfat

Durchführung: ⚠ (Schutzbrille! Abzug!)
a) Geben Sie ca. 6 g Sonnencreme in den Porzellantiegel und stellen Sie diesen über Nacht in den Trockenschrank bei 120 °C. Anschließend veraschen Sie den Tiegelinhalt mit der Flamme des Gasbrenners. Waschen Sie den zurückbleibenden Stoff mit Salzsäure, filtrieren Sie ihn ab und trocknen Sie ihn im Trockenschrank.

b) Mischen Sie in einem Porzellantiegel eine Spatelspitze des Stoffs aus (a) mit fünf Spatelspitzen Kaliumhydrogensulfat. Erhitzen Sie den Tiegel, bis eine klare Schmelze entstanden ist und Schwefeltrioxid-Rauch aufsteigt. Lassen Sie den Tiegelinhalt auf Zimmertemperatur abkühlen. Geben Sie dann verdünnte Schwefelsäure zu und erhitzen Sie den Tiegel, bis sich der Feststoff in der Schwefelsäure gelöst hat. Filtrieren Sie die Lösung in ein Reagenzglas.
Geben Sie anschließend Wasserstoffperoxid-Lösung in das Reagenzglas. Eine gelb-orange Färbung zeigt das Vorhandensein einer Titan-Verbindung an.

Aufgabe:
Titandioxid wird auch als Weißpigment eingesetzt, z. B. in Zahncremes und Wandfarben. Erläutern Sie, warum das Weißpigment für eine Sonnencreme weniger geeignet ist als das Titandioxid in Form von Nanopartikeln.

B1 Sonnencreme mit Titandioxid-Nanopartikeln

V3 Gold-Nanopartikel und Gold aus dem Tropfenreaktor

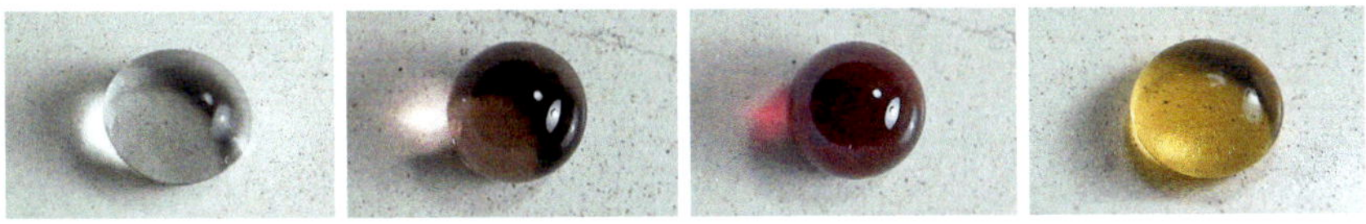

B2 Reaktionsstadien der Gold-Nanopartikel und des Goldes im Leidenfrost-Tropfen (von links nach rechts: Foto 1 bis 3: Ansatz 1; Foto 4: Ansatz 3

Ansatz	dest. Wasser	Citrat-Lösung	Gold-Lösung
1	10 ml	10 ml	0,2 ml
2	10 ml	4,5 ml	0,3 ml
3	10 ml	1,5 ml	0,4 ml

B3 Die drei Ansätze

Material:
Metall- oder Keramik-Heizplatte, ringförmige Begrenzung aus Aluminium (z. B. Dichtring ca. 50 mm aus Kfz-Bedarf), Tetrachloridogold(III)-säure-Trihydrat-Lösung (c = 0,02 mol/l), Tri-Natriumcitrat-Dihydrat-Lösung (w = 0,4 g/l), dest. Wasser

Durchführung:
Legen Sie den Begrenzungsring auf die Heizplatte. Schalten Sie die Heizplatte ein und warten Sie, bis eine Temperatur von 300 °C erreicht ist.

Überprüfen Sie das Erreichen der **Leidenfrost-Temperatur** mit einigen Tropfen dest. Wasser: Sobald sich der Tropfen auf der Oberfläche ohne ein Zischen schwebend bewegt, ist die Platte einsatzbereit. Geben Sie nun in drei Ansätzen [B3] tropfenweise die Flüssigkeiten in der Reihenfolge dest. Wasser, Citrat-Lösung und Tetrachloridogold(III)-säure-Lösung zu.

Aufgabe:
Beschreiben Sie die beobachteten Farbänderungen.

Exkurs

Das Leidenfrost-Phänomen ist ein physikalischer Effekt, bei dem der Übergang eines Stoffes vom flüssigen in den gasförmigen Zustand deutlich verzögert erfolgt. Wird z. B. ein Wassertropfen auf eine Herdplatte getropft, deren Temperatur viel höher ist als die Siedetemperatur des Wassers, so verdampft das Wasser nicht sofort, sondern „schwebt" auf der heißen Platte (ähnlich wie ein Luftkissenfahrzeug), da der gebildete Wasserdampf zwischen der Herdplatte und dem flüssigen Wasser isolierend wirkt.

V4 Nanostrukturierte Kupferoberfläche mit Lotuseffekt

Material:
2 Bechergläser (50 ml), Kupferplättchen (ca. 2 cm · 2 cm), Schleifpapier (1000er), 2 Bechergläser (400 ml), Einmalpipetten, Pinzette, Isopropanol, 50 ml wässrige Lösung aus 4 g Natriumhydroxid und 1,35 g Kaliumperoxodisulfat, dest. Wasser, ethanolische Laurinsäure-Lösung (0,05 g in 50 ml Ethanol), Aceton

Durchführung:

a) Reinigung der Kupferoberfläche
Schmirgeln Sie das Kupferplättchen mit dem Schmirgelpapier sorgfältig ab, bis die Oberfläche kupferfarben glänzt. Geben Sie in eines der 50-ml-Bechergläser etwas Isopropanol und nehmen dieses mit einer Einmalpipette auf. Halten Sie das Kupferplättchen mit einer Pinzette und spülen Sie die Oberfläche des Plättchens mit dem Isopropanol ab.

b) Mikro- und Nanostrukturierung der Oberfläche
Legen Sie das gereinigte Kupferplättchen ca. 10 bis 20 Minuten in die Lösung aus Natriumhydroxid und Kaliumperoxodisulfat. Verwenden Sie dafür eines der 400-ml-Bechergläser. Achten Sie darauf, dass die Oberfläche des Plättchens nicht zerstört wird. Der Schritt ist abgeschlossen, wenn sich eine lückenlose tiefschwarze Oberfläche gebildet hat. Nehmen Sie das Plättchen mit einer Pinzette aus der Lösung, spülen Sie es dann mit destilliertem Wasser ab, und lassen Sie es an der Luft trocknen.

c) Hydrophobierung
Legen Sie das nanostrukturierte Kupferplättchen mindestens 10 Minuten in die Laurinsäure-Lösung. Verwenden Sie dafür das zweite 400-ml-Becherglas. Nehmen Sie das Plättchen anschließend vorsichtig mit der Pinzette aus der Lösung, ohne die Oberfläche zu beschädigen. Geben Sie in das zweite 50-ml-Becherglas Aceton. Spülen Sie das Plättchen am Ende mit Aceton ab (vgl. Schritt (a)) und lassen Sie es an der Luft trocknen.

Aufgabe:
Überprüfen Sie nach jedem Teilschritt das Benetzungsverhalten des Kupferplättchens gegenüber Wasser und schätzen Sie die Selbstreinigungsfähigkeit der Oberfläche jeweils ab. Vergleichen Sie die Ergebnisse miteinander.

B4 Die superhydrophobe Oberfläche wird vom Wassertropfen nahezu nicht benetzt

9.16 Nanomaterialien in der Anwendung

B1 *Quantenpunkte in Displays ermöglichen eine hohe Bildqualität*

B2 *Lotuspflanze*

Neben den in Kapitel 9.14 genannten Nanomaterialien aus Kohlenstoff haben zahlreiche weitere Nanomaterialien zu einer Verbesserung von Alltagsprodukten geführt.

Halbleiter
Stoffe, deren elektrische Leitfähigkeit zwischen der von Leitern und Nichtleitern liegt

LCD von engl. liquid crystal display, Flüssigkristallbildschirm

Nanopartikel in Displays. Die stetige Verbesserung von Displays spielt eine wesentliche Rolle in unserem Alltag. In Displays können Quantenpunkte integriert werden [B1]. Quantenpunkte sind Nanopartikel aus Halbleitermaterialen, welche durch ihre geringe Größe besondere optische Eigenschaften aufweisen. In Displays werden diese Nanopartikel durch blaues Licht von LEDs angeregt und strahlen hochreines rotes oder grünes Licht ab. Auf diese Weise können hellere Bilder, sattere Farben, höhere Kontraste und größere Farbumfänge als in herkömmlichen LCD-Displays erzeugt werden. Eine Herausforderung liegt in der Reduktion des toxischen Cadmiums in den Nanopartikeln. Der Einsatz von Cadmium in Massenprodukten ist umstritten, auch wenn durch die geringe Größe und hohe Effizienz der Nanopartikel die Cadmiummenge auf wenige Milligramm pro Display reduziert werden kann. Gleichzeitig kann durch den Einsatz hocheffizienter Nanopartikel in Displays Energie eingespart und so die Umwelt geschont werden.

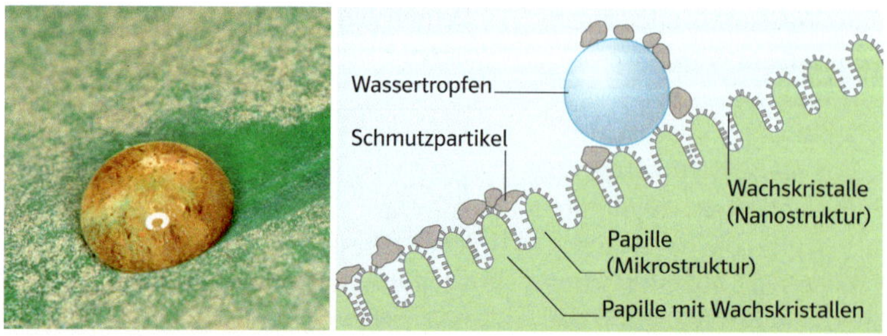

B3 *Lotuseffekt an einer Blattoberfläche*

Nanopartikel in der Sonnencreme. Titandioxid (TiO_2) ist ein Weißpigment, das häufig verwendet wird, z. B. in Wandfarben. Da Titandioxid auch UV-Strahlung reflektiert, enthalten fast alle Sonnencremes mit hohem Lichtschutzfaktor dieses Pigment. Titandioxid mit normaler Partikelgröße hat den Nachteil, dass man es auf der Haut als weißen Belag sieht. Verwendet man Nanopartikel aus Titandioxid, so ist die Sonnencreme transparent.

Durch die Verwendung von Nanomaterialien können Produkte mit verbesserten Eigenschaften entwickelt werden.

Sind Nanopartikel gefährlich? Über die Wirkung von Nanopartikeln auf die Menschen und die Umwelt ist bisher wenig bekannt. Ob giftige Stoffe an Nanopartikeln anhaften und über die Haut in den Körper gelangen können, weiß man noch nicht. Die größten Risiken gehen vermutlich von Produkten aus, die freie Nanopartikel enthalten, z. B. Sprays. Sie können über die Atemwege tief in die Lunge und von dort auch ins Blut gelangen, sich in Organen anreichern und sogar die Blut-Hirn-Schranke überwinden. Auch aus Lebensmitteln können Nanopartikel vom Magen-Darm-Trakt ins Blut- und Lymphsystem übergehen. Welche gesundheitlichen Gefahren sich daraus ergeben, ist noch unklar.
Mit der Untersuchung der Gefährlichkeit der Nanopartikel beschäftigt sich die Nanotoxikologie. Möglicherweise gilt auch hier der Ansatz von PARACELSUS: „Nur die Dosis macht das Gift."

Freie Nanopartikel bergen eine besondere Gefahr wegen einer mögliche Aufnahme über die Lunge.

Nanostrukturierte Oberflächen. Auf den Blättern von Lotus [B2], Kohl, Kapuzinerkresse und vielen anderen Pflanzen perlt Wasser in Tropfen ab. Dabei nimmt es auch die Schmutzpartikel mit. Dies funktioniert, da die Adhäsionskräfte zwischen dem Wassertropfen und dem Schmutzpartikel größer sind als zwischen den Schmutzpartikeln und der hydrophoben Blattoberfläche. Folglich werden die Schmutzpartikel von dem abrollenden Wassertropfen entfernt [B3]. Dieser **Lotuseffekt** ist auf röhrchenförmige Wachskristalle mit einem Durchmesser von ca. 100 nm zurückzuführen; die Oberfläche ist nanostrukturiert.

Selbstreinigende Oberflächen. Heute gibt es viele Alltagsprodukte, die das Prinzip des Lotuseffekts nachahmen: Fassadenfarben, Imprägnierungen für Kleidungsstücke, Beschichtungen für Autoscheiben und Duschabtrennungen. Ziel ist dabei, die Oberflächen gut vor Nässe und Verschmutzung zu schützen. Die Herstellung von selbstreinigenden Oberflächen ist ein Bereich der **Bionik**. In der Bionik versuchen Forschende aus der Natur zu lernen, um Produkte zu optimieren oder neue Produkte herzustellen.
Künstlich hergestellte Oberflächen besitzen dann selbstreinigende Eigenschaften, wenn diese, wie das natürliche Vorbild, eine hydrophobe, mikrostrukturierte und gleichzeitig nanostrukturierte Oberfläche besitzen. Die zweiskalige Rauigkeit macht diese Oberflächen robust gegen mechanische Einflüsse, da die Nanostruktur zwischen den Makrostrukturen geschützt bleibt. Dabei ist der Abstand zwischen den mikro- und nanoskaligen Strukturen wichtig [B4].
In Kap. 9.3, V4 wird eine solche Oberfläche künstlich hergestellt. Das behandelte Kupferplättchen weist am Ende einen ausgeprägten Lotuseffekt auf und ist **superhydrophob** [B4].

Nanostrukturierte Oberflächen sind superhydrophob. Dieser Effekt ist abhängig vom Abstand der mikro- und nanoskaligen Strukturen.

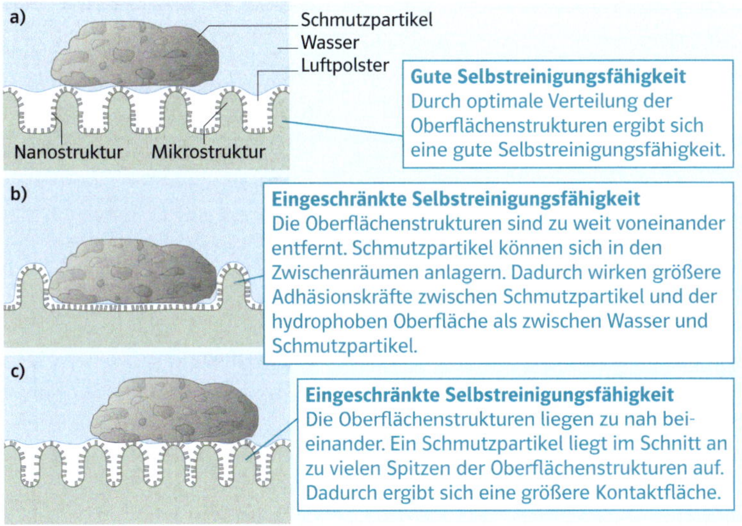

B4 *Zusammenspiel von mikro- und nanostrukturierter Oberfläche*

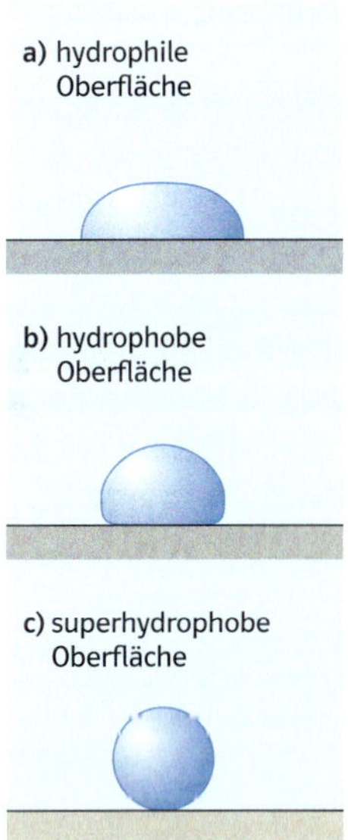

B5 *a) Der Wassertropfen „zerfließt", c) der Tropfen weist eine Kugelform auf*

A1 ● MK Viele Sonnencremes mit hohem Lichtschutzfaktor enthalten Nanopartikel. Geben Sie die Vor- und Nachteile des Einsatzes von Nanopartikeln bei Sonnencreme an und recherchieren Sie ein etwaiges Risiko durch die Anwendung von Nanopartikeln in Sonnencreme.

A2 ○ MK Recherchieren Sie weitere Pflanzen (außer Lotus, Kohl und Kapuzinerkresse), die einen Lotuseffekt zeigen.

A3 ○ Beschreiben Sie die Voraussetzungen, die nötig sind, um eine selbstreinigende Oberfläche zu erhalten.

A4 ● Zur Beschichtung von Brillengläsern werden besondere Lösungen angeboten, die einen selbstreinigenden Effekt aufgrund von Nanotechnologie versprechen. Beurteilen Sie die Wirksamkeit dieser Produkte.

A5 ◒ MK Die Nanotechnologie ist eine Plattformtechnologie. Das bedeutet, dass es eine große Bandbreite von Anwendungsmöglichkeiten gibt. Recherchieren Sie, in welchen Branchen die Nanotechnologie eine Rolle spielt und nennen Sie jeweils ein Beispiel.

A6 ◒ MK Auch in der Umwelt findet man synthetische Nanopartikel. Recherchieren Sie, auf welchem Weg Nanomaterialien in die Umwelt gelangen können.

Durchblick

9.17 Zusammenfassung und Übung

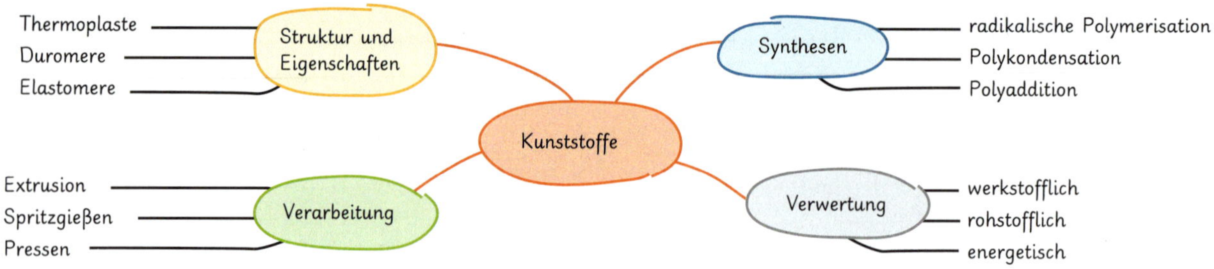

B1 *Kunststoffe – ein Überblick*

Monomer und Polymer
Kunststoffe sind Polymere. Diese bestehen aus Makromolekülen, welche wiederum aus kleinen Molekülen, den Monomer-Molekülen, gebildet werden.

Einteilung der Kunststoffe
Nach ihren *Eigenschaften* bzw. Strukturen können die Kunststoffe in **Thermoplaste**, **Duromere** und **Elastomere** eingeteilt werden [B1].

Polymerisationsgrad
Der Polymerisationsgrad gibt die Anzahl der Monomer-Moleküle in einem Polymer-Molekül an. Der Polymerisationsgrad kann durch die Reaktionsbedingungen beeinflusst werden. Es kann immer nur eine mittlere Molekülmasse in einem Polymerisat bestimmt werden.

Copolymere
Verwendet man bei der Polymerisation zwei oder mehrere unterschiedliche Monomere, so entstehen Copolymere.

Repetiereinheit
Dies ist die kleinste sich wiederholende Einheit innerhalb eines Polymer-Moleküls.

Verwertung von Kunststoffabfällen (Recycling)
Bei der **werkstofflichen** Verwertung werden sortenreine Abfälle von **thermoplastischen** Kunststoffen zerkleinert und wieder eingeschmolzen. Bei der **rohstofflichen** Verwertung werden gemischte Kunststoffabfälle in niedermolekulare Stoffe umgewandelt. Bei der **energetischen** Verwertung können Kunststoffabfälle zur Energiegewinnung verbrannt werden.

Verarbeitung von Kunststoffen
Kunststoffe werden durch **Urform-**, **Umform-** und **Fügeverfahren** in ihre gewünschte Form gebracht. Thermoplaste können nach dem Aufschmelzen von Kunststoffgranulat weiterverarbeitet werden. Duromere und Elastomere sind nicht wärmeverformbar und müssen daher aus unvernetzten Vorprodukten hergestellt werden.

Biokunststoffe
Um auf den Einsatz von Erdöl zu verzichten, können Kunststoffe auch aus nachwachsenden Rohstoffen hergestellt werden. Unter den Begriff Biokunststoff fallen auch biologisch abbaubare Makromoleküle, die z. B. Esterbindungen aufweisen. Diese Moleküle können von Mikroorganismen in kleinere wasserlösliche Moleküle abgebaut werden.

	Thermoplaste	**Duromere**	**Elastomere**
Beschreibung	Kunststoffe, die beim Erwärmen weich und plastisch verformbar werden	Kunststoffe, die sich durch Erwärmen nicht plastisch verformen lassen	Kunststoffe, die bei mechanischer Belastung ihre Form verändern, anschließend aber wieder in die Ausgangsform zurückkehren
Räumliche Verknüpfung	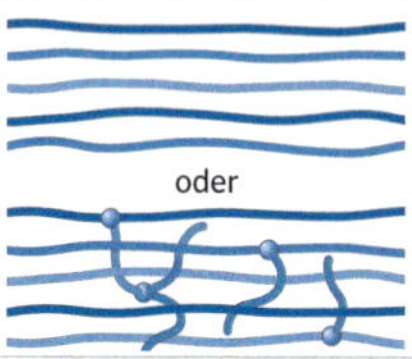 lineare oder wenig verzweigte Moleküle	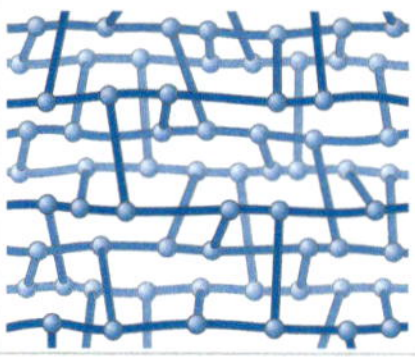 dreidimensional, engmaschig vernetzte Moleküle	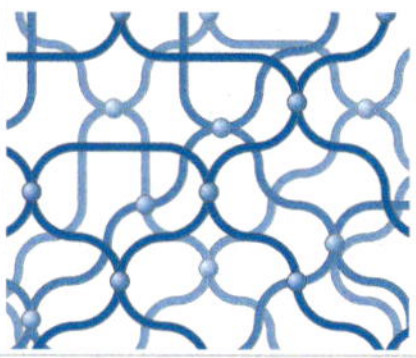 weitmaschig dreidimensional vernetzte Moleküle
Beispiele	Polyvinylchlorid (PVC), Polyethen (PE), Polytetrafluorethen (PTFE), Polypropen (PP), Acrynitril-Butadien-Styrol (ABS), Polyethylenterephthalat (PET), Polycarbonate, Polyamide	Epoxidharze, Polyesterharze	Kautschuke

B2 *Strukturen und Eigenschaften der Kunststoffe*

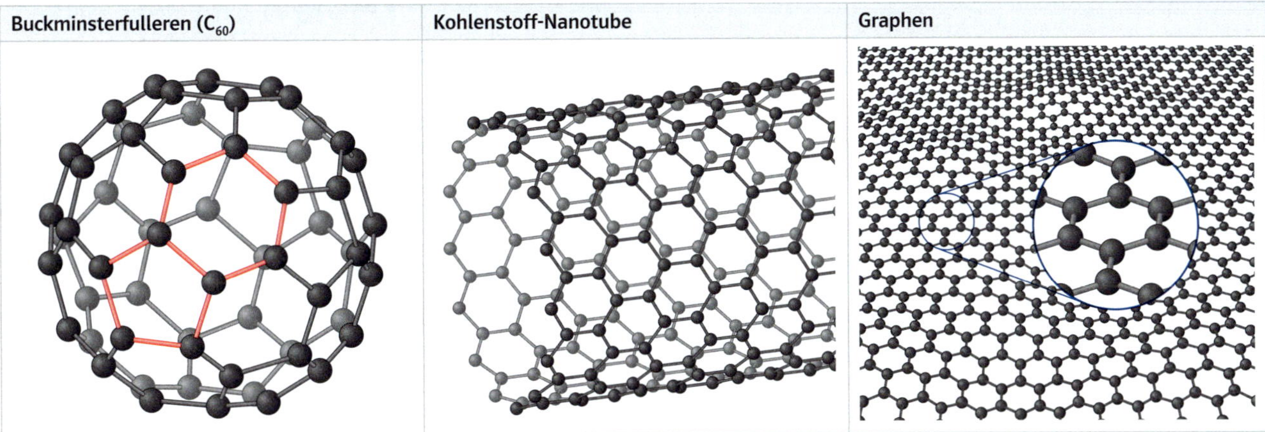

B3 Strukturen von kohlenstoffhaltigen Nanomaterialien

Nanomaterialien
Unter Nanomaterialien versteht man Partikel mit einem Durchmesser zwischen 1 nm und 100 nm oder Oberflächen mit einer Beschichtung oder Strukturierung in diesem Größenbereich. Nanomaterialien haben besondere Eigenschaften und oft eine hohe chemische Reaktivität. Diese beruhen auf der extrem großen Oberfläche.

Modifikationen des Kohlenstoffs
Graphit, Diamant, Fullerite, Kohlenstoff-Nanotubes und Graphen sind Modifikationen des Kohlenstoffs [B3]. In diesen elementaren Stoffen sind die Atome unterschiedlich angeordnet. Fullerite, Kohlenstoffnanotubes und Graphen finden Anwendung in Nanomaterialien zur Verbesserung der Produkteigenschaften.

Superhydrophobe Oberflächen
können von Wasser nicht benetzt werden. Abperlende Wassertropfen nehmen Schmutzpartikel der Oberfläche auf und reinigen diese. Man spricht daher auch von selbstreinigenden Oberflächen. Diese besitzen makro- und mikroskalige Strukturen, deren Abstand bei der Ausbildung der Eigenschaft „superhydrophob" eine wichtige Rolle spielt.

A1 ◒ Forscher entwickelten einen Kunststoff, der u.a. eine höhere Wärmeleitfähigkeit als Stahl zeigt. Folgende Schritte führten zum Kunststoff: Polyethen-Pulver wurde mit einem speziellen Lösungsmittel vermischt, die entstandene Masse wurde auf eine sehr kalte Platte gespritzt. Der Film der sich bildete, wurde ausgewalzt und gestreckt.
a) Zeichnen Sie einen Formelausschnitt von Polyethen.
b) Nennen Sie den Reaktionsmechanismus, mit dem man vom Monomer zum Polyethen gelangen kann.
c) Schlagen Sie begründet geeignete Lösungsmittel für Polyethen-Pulver vor.
d) Beschreiben Sie eine Möglichkeit, wie man die Platte auf −196 °C herunterkühlen kann.
e) Dieser Kunststoff hat gegenüber Metallen Vorteile. Erläutern Sie diese.

A2 ● Aus Vinylchlorid (Chlorethen) wird durch radikalische Polymerisation PVC hergestellt.
a) Formulieren Sie den Reaktionsmechanismus.
b) Der Polymerisationsgrad und damit die Molekülmasse einer PVC-Probe schwanken um einen Mittelwert. Erläutern Sie, welche Schritte im Reaktionsmechanismus die Ursache dafür sind und warum eine höhere Starterkonzentration und eine höhere Temperatur zu niedrigeren mittleren Molekülmassen führen.
c) Für PVC-Baustoffe existieren Rücknahmesysteme der Industrie. Erläutern Sie, warum für PVC-Abfälle eine energetische Verwertung nicht gut geeignet ist.
d) Geben sie eine Synthesemöglichkeit für das Monomer Vinylchlorid an. Gehen Sie dabei von Ethen aus.

A3 ◒ B4 zeigt einen Ausschnitt von 1,4-Polyisopren, in dem drei Monomer-Moleküle des Isoprens (2-Methylbuta-1,3-dien) 1,4-verknüpft sind. Zeichnen Sie die Halbstrukturformel von Isopren und erklären Sie das Entstehen einer 1,4-Verknüpfung neben einer 1,2-Verknüpfung anhand des Radikals von Isopren.

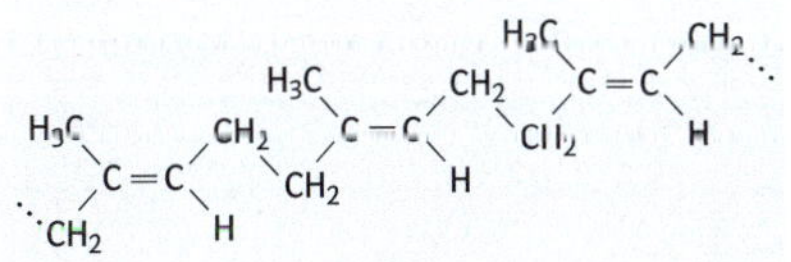

B4 Formelausschnitt von trans-1,4-Polyisopren

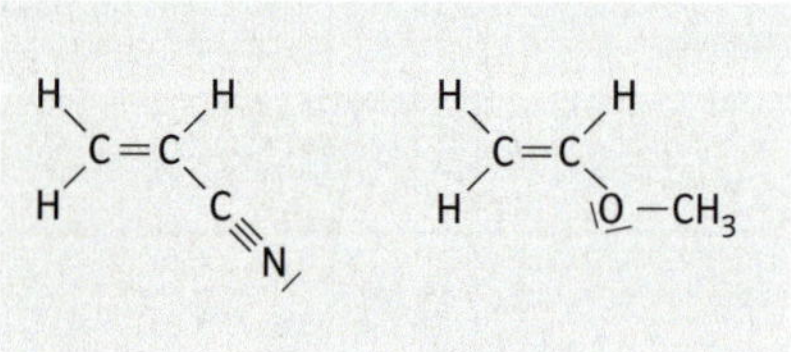

***B5** Strukturformeln von Acrylnitril (links) und Methylvinylether (rechts)*

A4 ◒ Bei der radikalische Polymerisation von Acrylnitril und Methylvinylether [B5] bildet sich ein alternierendes Copolymer, d. h., beide Monomere wechseln sich im Polymer ab.
a) Zeichnen Sie einen Formelausschnitt von diesem Copolymer.
b) Formulieren Sie die Reaktionsschritte des Kettenstarts und Kettenwachstums der Synthese dieses Copolymers.

A5 ◒ Schrumpffolien werden im Alltag häufig für Transport und Lagerung von z. B. Getränkeflaschen, Gemüse oder Baumaterial verwendet. Das Umverpackungsmaterial ist leicht, transparent und kann extrem reißfest sein.
a) Recherchieren Sie, welche Polymere für Schrumpffolien eingesetzt werden und wie Schrumpffolien hergestellt werden.
b) Beschreiben Sie, welche Vorgänge bei der Herstellung und Anwendung der Schrumpffolie auf molekularer Ebene der Polymere ablaufen [B6].

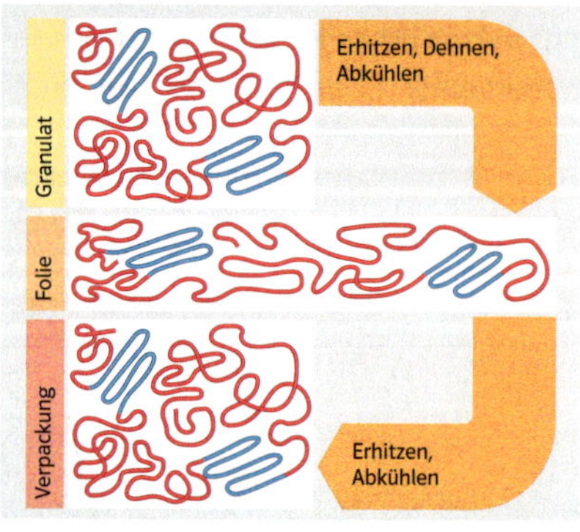

***B6** Veränderung der Struktur der Polymerketten bei der Herstellung und Verwendung von Schrumpffolie*

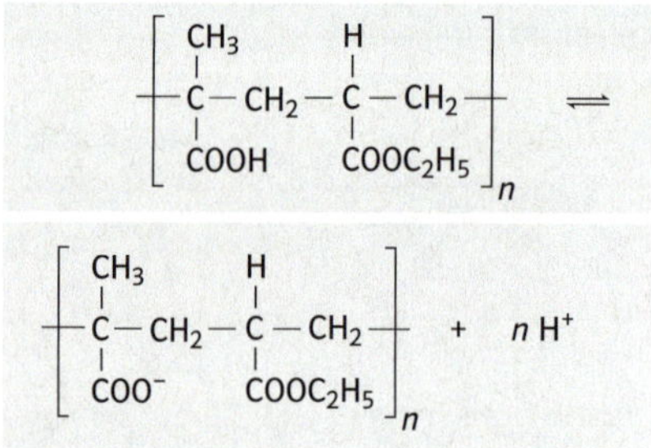

***B7** Zu A8: Protolysegleichgewicht des Copolymerisats*

A6 ◒ Acetylsalicylsäure (ASS) wird niedrig dosiert zur Herzinfarktvorbeugung verwendet. Für die dauerhafte Einnahme ist die Magenverträglichkeit von besonderer Bedeutung. Diese wird z. B. in Aspirin® protect durch einen Kunststoffüberzug gewährleistet. Dabei handelt es sich um ein Copolymerisat aus Methacrylsäure und Acrylsäureethylester. Das Copolymerisat-Molekül ist aufgrund der zahlreichen Alkylgruppen eher unpolar. Im sauren Milieu des Magens (pH ≈ 1,5) liegen die Moleküle vollständig protoniert vor [B7, oben]. Gelangt die Tablette jedoch in das neutrale bis leicht alkalische Milieu des Darms, löst sich der Kunststoff auf, der Wirkstoff wird freigesetzt.
a) Begründen Sie, ob der Kunststoff ein Thermoplast, Duromer oder ein Elastomer ist. **b)** Nennen Sie den Reaktionstyp für die Herstellung des Copolymerisats sowie die Strukturmerkmale, die die Monomer-Moleküle für diese Reaktion aufweisen müssen. Formulieren Sie den Reaktionsmechanismus. **c)** Erklären Sie die Unlöslichkeit der Tablette im Milieu des Magens und die Löslichkeit der Tablette im Darm.

A7 ○ Die Nano-Hafthärchen (Spatulae), die es Geckos ermöglichen, an glatten Oberflächen zu haften, haben eine Breite von ca. 250 nm. Um welchen Faktor sind menschliche Haare (Durchmesser ca. 0,08 mm) dicker? Berechnen Sie.

A8 ◒ MK Nanomaterialien werden auch als „zweischneidiges Schwert" bezeichnet. Erläutern Sie mithilfe von B8 und B9 diese Aussage.

Durch Ihre geringe Größe können in Nanomaterialien enthaltene Nanopartikel vom menschlichen Körper aufgenommen werden. Eingeatmete Nanopartikel können nur zum Teil durch den Reinigungsmechanismus der Lunge wieder entfernt werden. Beim Verschlucken wird nur ein Teil wieder mit dem Stuhl ausgeschieden. Die Aufnahme über die Haut ist nach aktuellem Forschungsstand gering, insbesondere bei geschädigter Haut (z. B. bei einem Sonnenbrand) jedoch nicht auszuschließen. Über den Blutkreislauf können aufgenommene Nanopartikel in den gesamten Organismus gelangen und dabei auch die Blut-Hirn-Schranke passieren.
Toxikologische Studien zu den Folgen der Aufnahme sind schwierig. Bisher existieren kaum gesicherte Erkenntnisse.

***B8** Risiken von Nanopartikeln*

Die antimikrobielle Wirkung von Silber ist schon lange bekannt. Neu ist, dass Silber in Form von Nanopartikeln aus jeweils bis zu 15 000 Silber-Atomen sehr fein verteilt in verschiedene Materialien eingearbeitet werden kann. Dies ermöglicht zum Beispiel die Entwicklung spezieller Funktionsunterwäsche aus Textilfasern mit eingebetteten Nanopartikeln. Dies beugt Schweißgeruch vor, da die Bildung daran beteiligter Bakterien vermindert wird. Auch können Oberflächen beschichtet werden, sodass das Wachstum von Bakterien gehemmt wird oder diese sogar abgetötet werden bzw. ein Inaktivieren von Viren erfolgt. Typische Einsatzbereiche finden sich bei der Verarbeitung und Lagerung von Lebensmitteln und in der Medizin. Auch im Alltag ist ein Beschichten von Oberflächen, z. B. Türklinken, die von vielen Menschen angefasst werden, denkbar.

***B9** Einsatz von Nanosilber*

Erweiterung

10 Kohlenhydrate und Proteine

Kohlenhydrate, Proteine und Fette sind Nährstoffe. Zudem erfüllen die Moleküle dieser Verbindungen weitere biologisch wichtige Funktionen. Man nennt sie daher auch Biomoleküle.

10.1 Spiegelbildisomerie und optische Aktivität

B1 Joghurt mit rechtsdrehender Milchsäure

Milchsäuregärung Joghurt wird durch Milchsäuregärung hergestellt. Dabei wird der Milchzucker (Lactose) der Milch durch die Lactobazillen der Joghurtkulturen in Milchsäure umgewandelt.

Chiralität griechisches Kunstwort, abgeleitet von griech. cheir, die Hand

Maximale Anzahl an Stereoisomeren Besitzt ein Molekül *n* Chiralitätszentren, so können maximal 2^n Stereoisomere vorkommen.

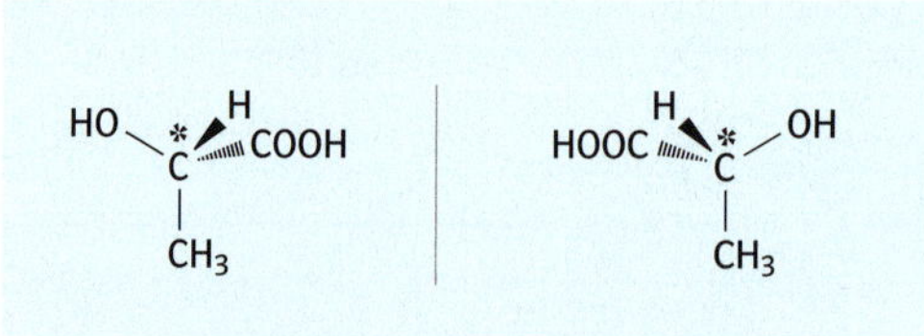

***B2** Zwei unterschiedliche Milchsäure-Moleküle verhalten sich wie Bild und Spiegelbild*

Auf Joghurtbechern [B1] findet man häufig den Hinweis, dass nur Joghurtkulturen verwendet werden, die L(+) *rechtsdrehende Milchsäure* erzeugen. Was ist das eigentlich? Gibt es auch linksdrehende Milchsäure und was dreht sich da?

Chiralität. Bei der Milchsäuregärung entsteht aus Milchzucker (Lactose) 2-Hydroxypropansäure, die Milchsäure. Baut man mehrere Modelle dieses Moleküls [B2] und vergleicht sie miteinander, so stellt man fest, dass sich nicht alle Modelle durch Drehen und Wenden zur Deckung bringen lassen und daher nicht identisch sein können. Beim genaueren Hinsehen erkennt man, dass sich zwei Formen wie *Bild* und *Spiegelbild* verhalten. Man sagt, sie sind **chiral**. Dieses Phänomen ist uns auch aus dem Alltag bekannt [B3]: Hände, Füße, Schuhe etc. sind ebenfalls chiral.

Beide Milchsäure-Molekülmodelle repräsentieren zwei isomere Milchsäure-Verbindungen. Es handelt sich um **Spiegelbildisomere** oder **Enantiomere** (Kap. 6.14). Diese Isomerieart gehört zur **Stereoisomerie** (räumliche Isomerie)

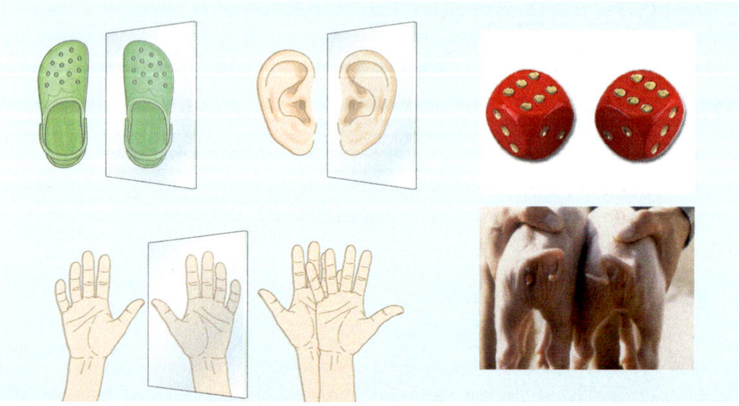

***B3** Chirale Objekte des Alltags*

Objekte, die mit ihrem Spiegelbild nicht zur Deckung gebracht werden können, sind chiral. Chirale Moleküle nennt man Spiegelbildisomere oder Enantiomere.

Im einfachsten Fall liegt Chiralität dann vor, wenn in einem Molekül ein Kohlenstoff-Atom vier verschiedene Substituenten trägt, wie z. B. das Milchsäure-Molekül (ein H-Atom und jeweils eine CH_3-, OH- und COOH-Gruppe) [B2].

Kohlenstoff-Atome mit vier verschiedenen Substituenten heißen asymmetrisch substituierte oder kurz asymmetrische Kohlenstoff-Atome (Chiralitätszentren). Diese werden häufig mit einem Stern gekennzeichnet.

Für Moleküle mit zwei Chiralitätszentren, wie z. B. im 2,3-Dibrompentan, gibt es vier Stereoisomere [B4]. Je zwei verhalten sich zueinander wie Bild und Spiegelbild und sind daher Enantiomere. Die Moleküle der beiden Enantiomere unterscheiden sich in allen Chiralitätszentren. Zwei Isomere, die sich nicht wie Bild und Spiegelbild verhalten, nennt man **Diastereomere**. Die beiden Moleküle eines Diastereomeren-Paars unterscheiden sich nicht in allen Chiralitätszentren.

Stereoisomere, die keine Enantiomere sind, heißen Diastereomere.

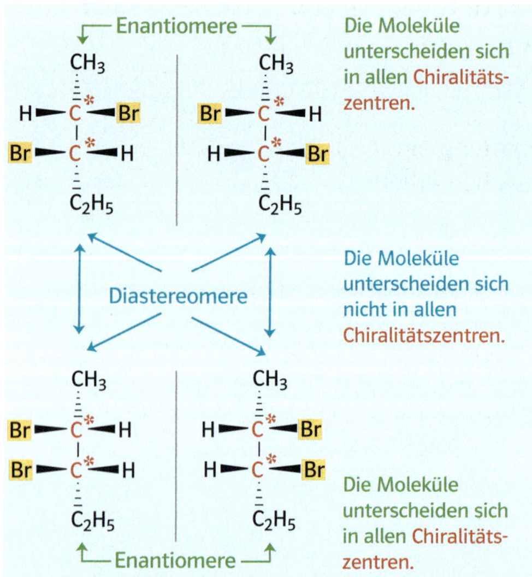

***B4** Stereoisomere von 2,3-Dibrompentan: Es gibt zwei Paar Enantiomere und vier Paar Diastereomere*

Optische Aktivität. Aufgrund der identischen strukturellen Verknüpfung haben Enantiomere auch fast identische chemische und physikalische Eigenschaften (wie z. B. Siedetemperaturen). Es gibt jedoch zwei Ausnahmen. Die erste betrifft die unterschiedliche Wechselwirkung mit anderen chiralen Molekülen und Objekten, was Unterschiede in ihren physiologischen (pharmakologischen und toxikologischen) Wirkungen und ihren sensorischen Eigenschaften (Geruch, Pheromon-Wirkung) zur Folge hat. Der Duftstoff in Orangen z. B., ein Enantiomer des Limonens, riecht nach Orangen, sein Spiegelbild dagegen nach Terpentin. Die andere Ausnahme betrifft die Wechselwirkung mit **linear polarisiertem Licht**. Chirale Moleküle sind **optisch aktiv**, d. h., dass diese Stoffe die Schwingungsebene des Lichtes drehen. Man spricht daher auch von **optischen Isomeren**.

Polarimetrie. Mit einem Polarimeter kann die optische Aktivität einer Verbindung untersucht werden. Dazu misst man den **Drehwinkel** α, d. h. den Winkel, um den die Schwingungsebene des linear polarisierten Lichts beim Durchgang durch die optisch aktive Lösung gedreht wird. Dies geschieht mit einem zweiten, drehbaren Polarisator (*Analysator*) [B5]. Stehen beide Polarisatoren senkrecht zueinander, so kann kein Licht passieren (Dunkelheit). Bringt man eine optisch aktive Verbindung zwischen beide Filter, kommt es zu einer Aufhellung. Durch Drehen des Analysators bis zur erneuten Dunkelheit erhält man den Drehwinkel, der je nach Drehrichtung ein positives oder negatives Vorzeichen erhält.

Die Zeichen (+) und (−) geben die Änderung der Schwingungsrichtung des linear polarisierten Lichts an. (+) steht für (vom Beobachter aus) rechts, (−) für links herum.

Nun wird auch die Bezeichnung auf dem Joghurtbecher [B1] verständlich. Die rechtsdrehende (+)-Milchsäure ist ein Stoffwechselprodukt des menschlichen Körpers. Sie dient der Energiegewinnung und hat eine Schutzfunktion für die Darmschleimhaut. Im Gegensatz zur (−)-Milchsäure wird sie vom Körper gut aufgenommen und gilt als gesünder. Die spezifische Drehung α_{sp} ist eine charakteristische Größe für jede optisch aktive Verbindung. Da sie u. a. auch von der Zahl der Teilchen abhängt, die vom Licht passiert werden, dient ihre Messung auch zur Konzentrationsbestimmung.

Bei optisch aktiven Stoffen unterscheidet man je nach Drehrichtung links- und rechtsdrehende.

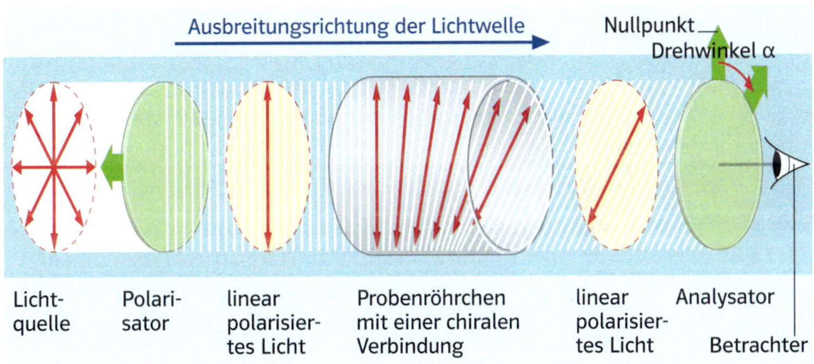

B5 Schematische Darstellung und Funktionsweise eines Polarimeters mit optisch aktivem Stoff in der Messzelle

Stereoisomerie (räumliche Isomerie). Stereoisomere sind Isomere, deren Atome zwar in der gleichen Reihenfolge miteinander verknüpft sind (gleiche Konstitution), sich aber in der räumlichen Anordnung (Konfiguration) voneinander unterscheiden.

Linear polarisiertes Licht
Licht kann als elektromagnetische Welle aufgefasst werden, die rechtwinklig zur Ausbreitungsrichtung schwingt. Dies passiert in vielen verschiedenen Ebenen. Schwingt das Licht nur in einer Ebene, was man durch *Polarisationsfilter* (*Polarisatoren*) erreichen kann, nennt man es linear polarisiert.

V1 Betrachten Sie die Spiegelung in einem Fenster durch ein Polarisationsfilter. Drehen Sie das Polarisationsfilter während der Beobachtung.

A1 Zeichnen Sie die Strukturformeln folgender Verbindungen und geben Sie an, welche davon chiral sind:
a) 2-Methylheptan b) 3-Methylheptan
c) 4-Methylheptan d) 1,1-Dibrompropan.

A2 ○ Geben Sie an, ob folgende Dinge aus dem täglichen Leben chiral oder achiral sind: Tasse, Propeller, Kühlschrank, Fußball, Messer.

A3 ● Zeichnen Sie die Halbstrukturformeln der Moleküle, die sich durch Oxidation des dreiwertigen Alkohols Propantriol am C-Atom 1 ableiten lassen, und kennzeichnen Sie die asymmetrischen Kohlenstoff-Atome. Beurteilen Sie, ob die Moleküle optisch aktiv sind.

A4 ● MK Recherchieren und zeichnen Sie die Formeln von Äpfelsäure (2-Hydroxybutandisäure), Citronensäure (2-Hydroxypropan-1,2,3-tricarbonsäure) und Glykolsäure (Hydroxyethansäure). Markieren Sie jeweils die Chiralitätszentren.

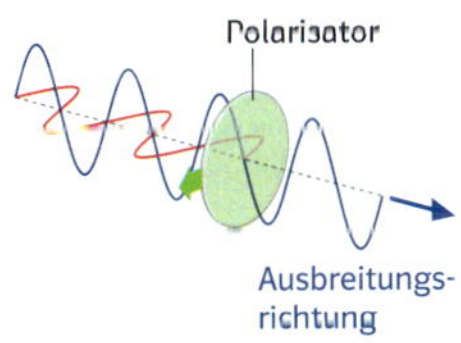

B6 Die Wirkungsweise eines Polarisators

10.2 Fischer-Projektionsformeln

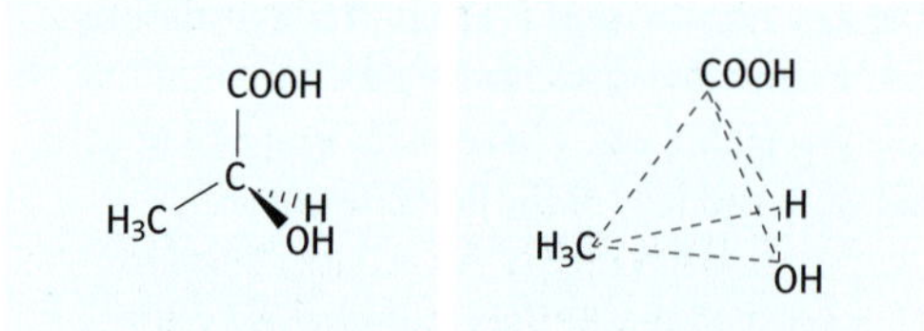

***B1** Milchsäure-Molekül mit räumlicher Orientierung der Substituenten (links), Verdeutlichung der tetraedrischen Struktur (rechts). In beiden Fällen handelt es sich um das gleiche Enantiomer*

Oftmals steht man bei der zeichnerischen Wiedergabe von Molekülen vor dem Problem, eine dreidimensional räumliche Darstellung in die zweidimensionale Papierebene projizieren zu müssen. Betrachtet man z. B. das Molekülmodell der Milchsäure, so erkennt man sofort, dass das „echte" Molekül nicht eben gebaut ist, sondern dass das asymmetrische Kohlenstoff-Atom tetraedrisch von vier Substituenten umgeben ist [B1].

***B3** Emil Fischer (1852–1919)*

Fischer-Projektionsformeln In Fischer-Projektionsformeln werden die C-Atome der C – C-Kette als Buchstaben eingetragen oder nur als Kreuzungspunkte dargestellt.

Erstellung von Fischer-Projektionsformeln. Um die räumliche Anordnung der Atome eines Moleküls mit einem oder mehreren asymmetrischen C-Atomen wiedergeben zu können, benutzt man häufig die von Emil Fischer [B3] vorgeschlagenen Projektionsformeln [B4]. Diese ermöglichen eine zeichnerische Darstellung des Moleküls in der Ebene.

Bei der Erstellung und Interpretation dieser Formeln müssen einige Regeln beachtet werden [B2]. Unter Berücksichtigung dieser Regeln kann so die Fischer-Projektionsformel z. B. für ein Milchsäure-Enantiomer erstellt werden [B4].

Es muss allerdings beachtet werden, dass die Fischer-Formeln – bei Befolgen der entsprechenden Regeln – Projektionen eines Tetraeders in die Papierebene darstellen, vergleichbar mit der Projektion eines Kugel-

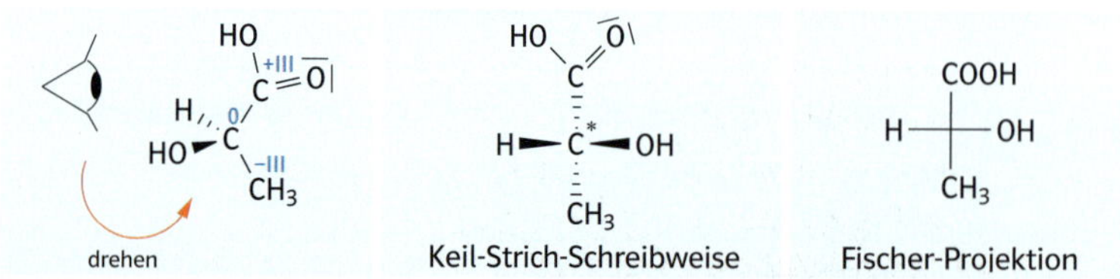

***B4** Erstellung der Fischer-Projektionsformel eines Milchsäure-Enantiomers*

1. Die längste C – C-Kette wird beim Zeichnen **von oben nach unten** angeordnet.
2. Das C-Atom mit der höchsten Oxidationszahl steht an der Spitze der längsten C – C-Kette.
3. Alle asymmetrischen C-Atome werden (ggf. nach und nach) in die Papierebene gebracht.
4. Die Atome, die beim Zeichnen **ober- und unterhalb** eines Chiralitätszentrums angeordnet sind, liegen **hinter** der Papierebene.
5. Die Atome, die beim Zeichnen **links und rechts** eines Chiralitätszentrums angeordnet sind, liegen **vor** der Papierebene, dem Betrachter zugewandt.

***B2** Regeln zum Erstellen von Fischer-Projektionsformeln*

Stab-Modells einer tetraedrischen Molekülstruktur mittels eines Tageslichtprojektors. Die Positionen der Substituenten um das Chiralitätszentrum sind dabei eindeutig festgelegt.

Der D- und L-Deskriptor. In den Molekülmodellen der Milchsäure [B6] und in der Fischer-Projektionsformel steht die OH-Gruppe am einzigen C*-Atom einmal rechts und einmal links. Dies hat zu der Unterscheidung der beiden Enantiomere durch die Buchstaben D (von lat. dexter, rechts) und L (von lat. laevus, links) geführt.

Sind weitere asymmetrische C-Atome im Molekül vorhanden, benötigt man eine zusätzliche Regel. Diese lässt sich anhand von 2,3-Dihydroxybutanal [B7] verdeutlichen: Sind mehrere asymmetrisch substituierte C-Atome in einem Molekül vorhanden, so bezieht sich der D/L-Deskriptor auf das asymmetrische C-Atom, das vom Kohlenstoff-Atom mit der höchsten Oxidationszahl *am weitesten entfernt* ist.

Diese Art der Benennung wird auch auf andere Moleküle, die ein Chiralitätszentrum besitzen, übertragen. Große Bedeutung haben die D- und L-Deskriptoren bei der Benennung von Kohlenhydraten [B5] und Aminosäuren. Ersetzt man beispielsweise im Milchsäure-Molekül (2-Hydroxypropansäure) die Hydroxygruppe durch eine Aminogruppe, so erhält man die Aminosäure Alanin (2-Aminopropansäure),

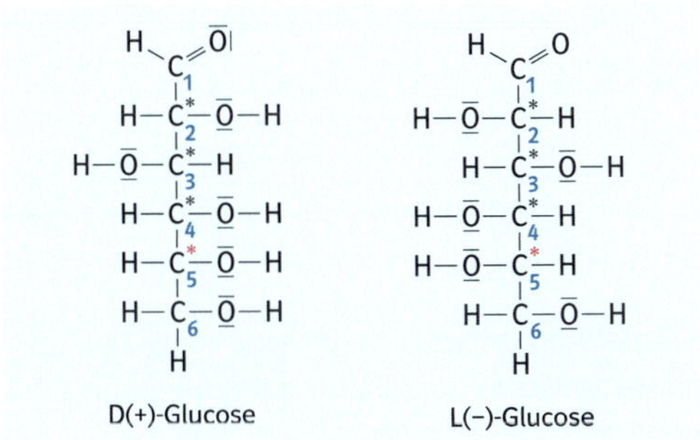

***B5** Offenkettige Form der Glucose-Enantiomere (Fischer-Projektionsformel)*

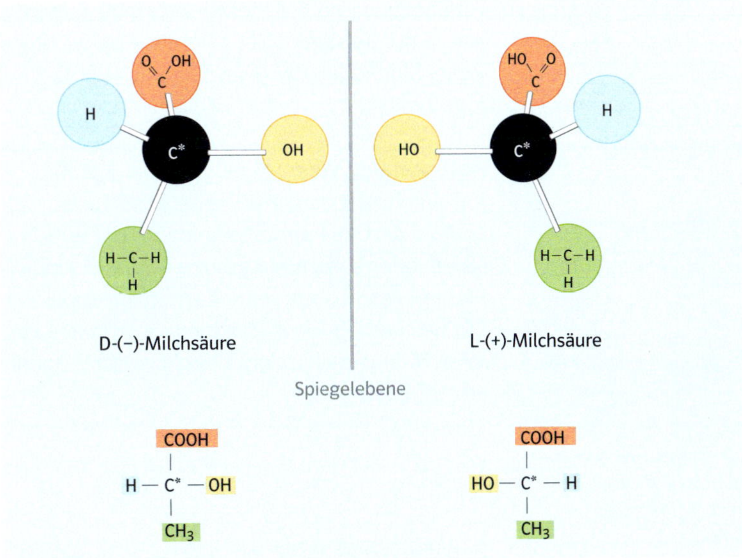

***B6** Tetraedermodelle und Fischer-Projektionsformeln der beiden Milchsäure-Enantiomere*

bei der analog zur Milchsäure zwei Enantiomere auftreten, die mit D- und L-Alanin bezeichnet werden (Kap. 10.12, B1).

In der Fischer-Projektionsformel der D-Konfiguration befindet sich die OH-Gruppe des untersten asymmetrischen C-Atoms rechts. In der L-Form befindet sich der Substituent (z. B. die OH-Gruppe) an dieser Stelle links.

Die Bezeichnungen D- und L-Form sind willkürlich festgelegt, während es sich bei der optischen Drehung des linear polarisierten Lichts um eine beobachtbare Eigenschaft handelt.

Von den Bezeichnungen „D" und „L" lässt sich *nicht* auf das Vorzeichen der Drehung des linear polarisierten Lichts schließen. D und L beziehen sich also nur auf die Anordnung der Substituenten in der jeweiligen Fischer-Projektion.

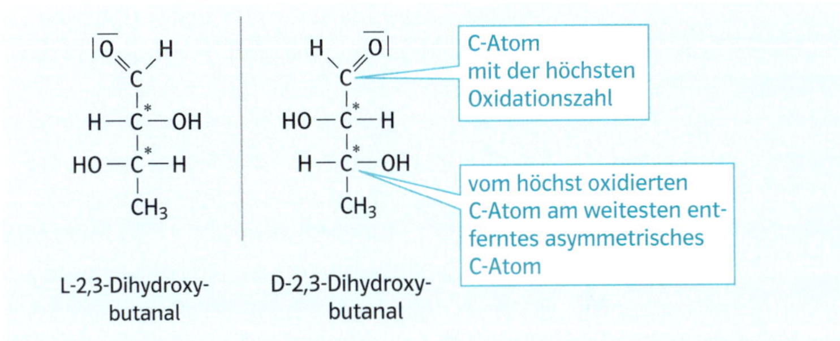

***B7** Ermittlung der Konfiguration bei Molekülen mit mehreren asymmetrisch substituierten Kohlenstoff-Atomen*

A1 ◒ Bauen Sie ein Molekülmodell des Glycerinaldehyd-Moleküls (2,3-Dihydroxypropanal) und zeichnen Sie nach dem Modell die Fischer-Projektion.

A2 ◒ Bestimmen Sie die Anzahl der Stereoisomere von 2,3,4,5,6-Pentahydroxyhexanal. Zeichnen Sie die Halbstrukturformeln in der Fischer-Projektion.

A3 ● Zeichnen Sie stereoisomere Moleküle von Butan-2,3-diol in der Fischer-Projektion. Markieren Sie asymmetrische C-Atome.

A4 ◒ Erklären Sie die Bezeichnung „rechtsdrehende Milchsäure".

A5 ○ Benennen Sie folgende Moleküle und zeichnen Sie jeweils das entsprechende Enantiomer dazu:

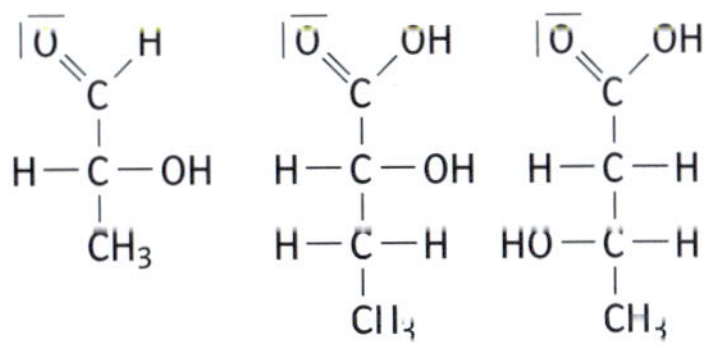

A6 ● Von 2,3,4-Trihydroxybutanal gibt es zwei Enantiomerenpaare: Die D- und L-Threose und die D- und L-Erythrose.
Zeichnen Sie die Fischer-Projektionsformeln der beiden Enantiomerenpaare.

10.3 Halbacetale und Vollacetale

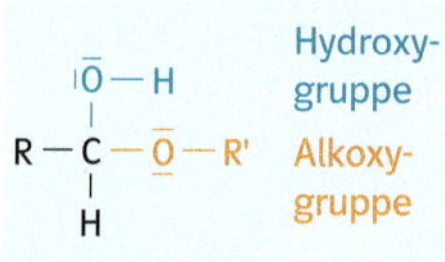

B1 *Halbacetal*

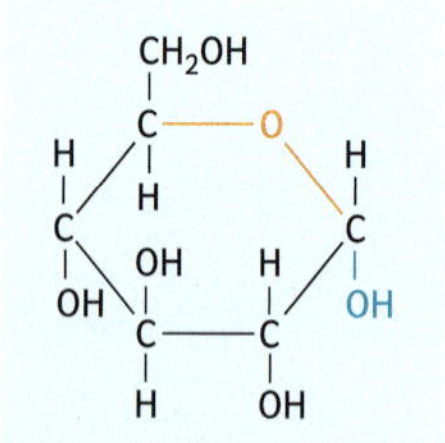

B2 *Dieses Glucose-Molekül ist ein cyclisches intramolekulares Halbacetal*

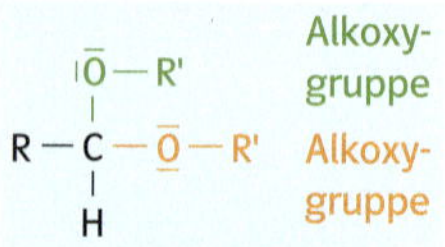

B3 *Vollacetal (Acetal)*

intermolekular zwischen Molekülen auftretend

intramolekular innerhalb eines Moleküs stattfindend

Eine Aryloxygruppe ist eine funktionelle Gruppe, bei der ein Arylrest (z. B. ein Phenylrest) über ein O-Atom an ein Molekül gebunden ist. Ein Beispiel ist die Phenoxygruppe.

Hinweis: H^+ in B4 und B5 steht vereinfachend für ein H_3O^+-Molekül oder ein anderes Säure-Molekül.

Halbacetale und Vollacetale (Acetale) spielen u. a. in der Kohlenhydrat-Chemie eine wichtige Rolle. Hier sollen die Grundlagen dafür dargelegt werden.

Halbacetale. Wenn Aldehyde oder Ketone mit Alkoholen reagieren, entstehen Halbacetale [B1]. Es handelt sich dabei um eine säure- oder basenkatalysierte Addition eines Alkohol-Moleküls an eine Carbonylgruppe.
Ein Beispiel für die Bildung eines *intermolekularen* Halbacetals ist die Reaktion von Ethanal mit Ethanol:

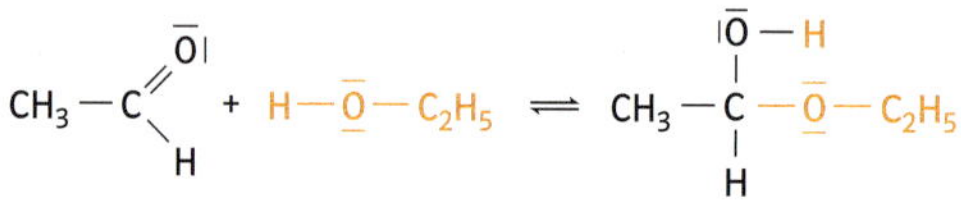

Der allgemeine Reaktionsmechanismus der säurekatalysierten Halbacetalbildung ist in B4 dargestellt.
Halbacetal-Moleküle sind dadurch gekennzeichnet, dass das vorige Carbonyl-C-Atom nach der Reaktion eine Hydroxygruppe und eine Alkoxy- bzw. Aryloxygruppe trägt.

Ein offenkettiges Glucose-Molekül kann eine *intramolekulare* Halbacetalbildung eingehen: Dabei greift eine Hydroxygruppe des Moleküls die Carbonylgruppe des Moleküls nucleophil an (Kap. 10.5). Dadurch kommt es zur Cyclisierung [B2].

Vollacetale. Reagieren Halbacetale mit Alkoholen, entstehen Vollacetale [B3], so z. B. bei Reaktion von Ethoxyethanol mit Methanol:

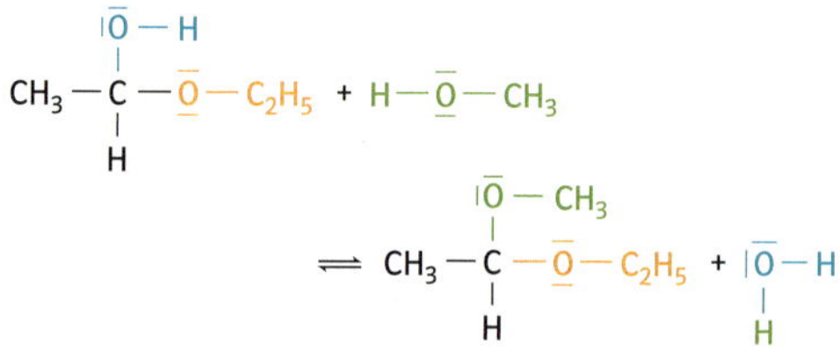

Hierbei handelt es sich um eine typische Kondensationsreaktion. Der allgemeine Reaktionsmechanismus ist in B5 zu sehen.
Ein Vollacetal-Molekül, ist dadurch gekennzeichnet, dass an ein C-Atom zwei Alkoxygruppen bzw. Aryloxygruppen gebunden sind.

Generell gilt: Acetale von Aldehyden gelingen leichter als die von Ketonen. Cyclische Acetale werden leichter gebildet als offenkettige.

A1 Formulieren Sie die Reaktionsgleichungen für die Bildung eines Halbacetals bzw. Vollacetals aus den Edukten Methanal und Propan-1-ol.

A2 Erklären Sie jeweils an einem geeigneten Beispiel, dass Säurekatalysatoren die Carbonylgruppe elektrophiler machen und Basenkatalysatoren das nucleophile Teilchen nucleophiler machen.

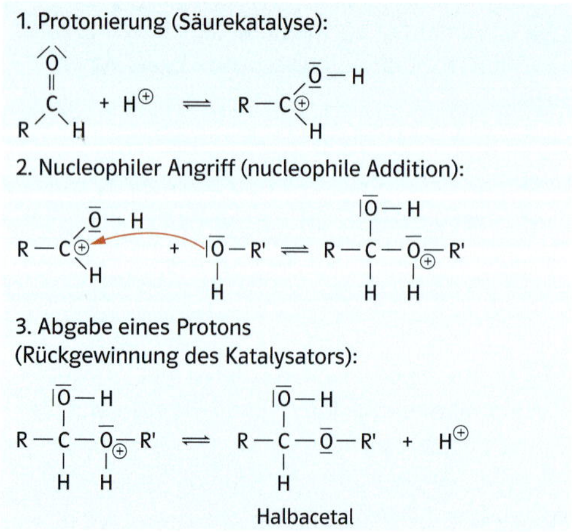

B4 *Säurekatalysierte Halbacetalbildung*

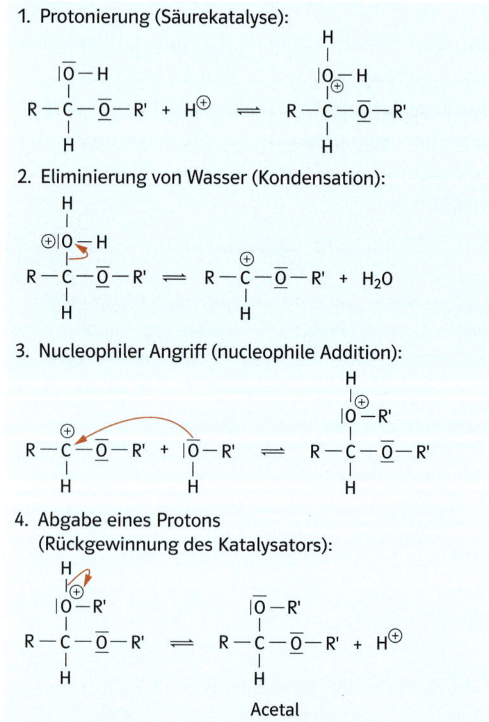

B5 *Säurekatalysierte Vollacetalbildung*

10.4 Klassifizierung der Kohlenhydrate

B1 *Vorkommen von Kohlenhydraten*

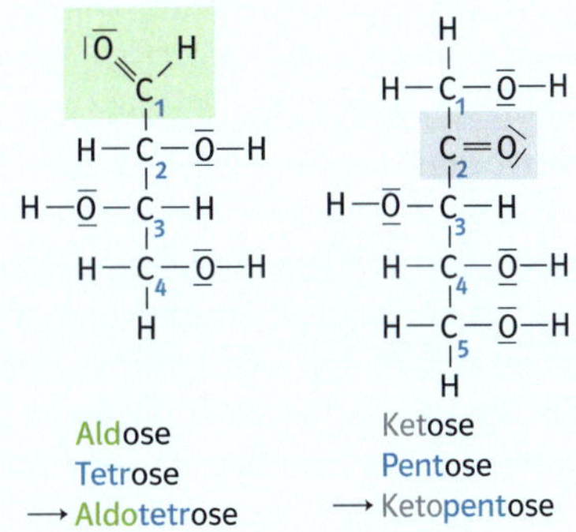

B2 *Aldose (links); Ketose (rechts)*

Anzahl der C-Atome	Bezeichnung
3	Triose
4	Tetrose
5	Pentose
6	Hexose
7	Heptose

B3 *Einteilung nach der Anzahl der Kohlenstoff-Atome*

Traubenzucker und Fruchtzucker in Früchten, Lignin und Cellulose in Zellwänden von Pflanzen, Stärke in Getreidekörnern etc.: **Kohlenhydrate** machen mehr als 50 % der Trockenbiomasse auf der Erde aus.
Die Bezeichnung Kohlenhydrate steht im Zusammenhang mit der allgemeinen Molekülformel $C_n(H_2O)_m$, nach der es sich formal um Hydrate des Kohlenstoffs handelt.

Funktionelle Gruppen. Betrachtet man die Kohlenhydrate auf der Teilchenebene, so stellt man fest, dass die Moleküle **Polyhydroxyaldehyde** oder **Polyhydroxyketone** sind. Ein Kohlenhydrat-Molekül besteht also immer aus einem Grundgerüst von Kohlenstoff-Atomen mit vielen Hydroxygruppen und einer Aldehyd- oder einer Ketogruppe. Polyhydroxyaldehyde werden auch als **Aldosen**, Polyhydroxyketone als **Ketosen** bezeichnet [B2].

Einfache Kohlenhydrate sind Polyhydroxyaldehyde oder Polyhydroxyketone.

Anzahl der Kohlenstoff-Atome. Eine weitere Einteilung der Kohlenhydrate erfolgt nach der Anzahl der Kohlenstoff-Atome, die in einem Monosaccharid-Molekül vorhanden sind [B2 und B3].

Einfache und komplexe Kohlenhydrate. Ist ein Kohlenhydrat-Molekül nur aus einem Zucker-Molekül aufgebaut wie in B2, so spricht man von **Einfachzuckern (Monosacchariden)**. Sind zwei Zuckereinheiten miteinander verbunden, so spricht man von **Zweifachzuckern (Disacchariden)**. Besteht ein Kohlenhydrat-Molekül aus etlichen miteinander verknüpften Zuckereinheiten, so handelt es sich um **Mehrfachzucker (Oligosaccharide)**, bei vielen Einheiten um **Vielfachzucker (Polysaccharide)**. Durch *Hydrolyse* können Disaccharide und Polysaccharide zu Monosacchariden reagieren [B4]. Die Einteilung der Vielzahl an Kohlenhydraten kann also nach der Anzahl verbundener Monomer-Moleküle erfolgen, aber auch nach anderen Kriterien, wie z. B. der Anzahl der C-Atome im Monomer-Molekül oder der Art oder der Position von funktionellen Gruppen.

Aufgrund der Anzahl verbundener Zuckereinheiten werden Kohlenhydrate in Mono-, Di-, Oligo- und Polysaccharide unterteilt.

$$M{-}M \xrightarrow{\text{Hydrolyse}} 2\ M$$
$$\ldots{-}M{-}M{-}M{-}M{-}M{-}M{-}\ldots \xrightarrow{\text{Hydrolyse}} x\ M$$

B4 *Hydrolyse eines Disaccharids (oben) und eines Polysaccharids (unten)*

Aldose von „ald-" für Aldehyd, „-ose" ist das allgemeine Suffix für Kohlenhydrate

Ketose von „ket-" für Keton

Mono von griech. monos, allein

Oligo von griech. oligos, wenig

Poly von griech. polys, viel

-saccharid von lat. saccharum, Zucker

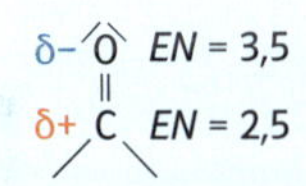

B5 *Die Carbonylgruppe ist sowohl Teil der Aldehydgruppe als auch Teil der Ketogruppe. Die Carbonylgruppe ist gekennzeichnet durch ein Kohlenstoff-Atom, das ein doppelt gebundenes Sauerstoff-Atom trägt.*

A1 a) Formulieren Sie die Strukturformeln der Triosen, die sich vom Glycerin ableiten lassen.
b) Belegen Sie an mindestens einem geeigneten Beispiel, dass innerhalb der Triosen Enantiomere auftreten.

A2 Erstellen Sie die Fischer-Projektionsformel einer beliebigen Aldopentose und einer Ketopentose. Bestimmen Sie die Zahl der asymmetrischen Kohlenstoff-Atome und ermitteln Sie, wie viele Enantiomere vorkommen.

10.5 Glucose und Fructose

***B1** Traubenzucker*

Glucose von griech. gleukos, Most, süßer Wein. Glucose wird auch als Traubenzucker oder Dextrose bezeichnet.

Halbacetal Reagiert ein Aldehyd mit einem Alkohol, so entsteht ein Halbacetal (Kap. 10.3).

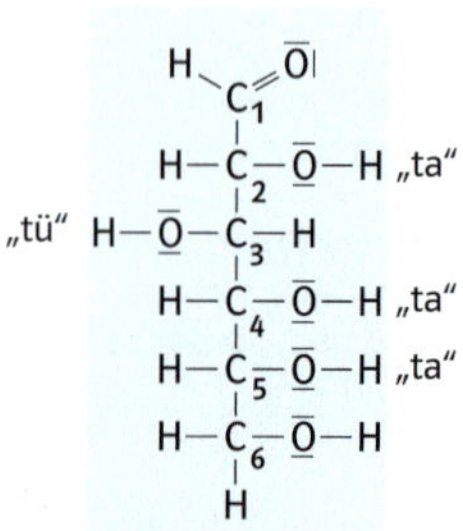

***B2** Offenkettige Aldehydform der D-(+)-Glucose*

Anordnung der OH-Gruppen bei Glucose Eine „Eselsbrücke", sich die Anordnung der OH-Gruppen besser merken zu können, ist, OH-Gruppen rechts mit „ta" und OH-Gruppen links mit „tü" gleichzusetzen, und sich dann „ta-tü-ta-ta" einzuprägen.

Traubenzucker (Glucose) ist ein Monosaccharid, das unser Körper schnell aufnehmen (resorbieren) und verwerten kann [B1]. Er ist jedoch nur einer von vielen Zuckern, die in der Natur vorkommen.

In Abhängigkeit von der Länge ihres Grundgerüstes aus Kohlenstoff-Atomen und der Position ihrer Carbonyl- und Hydroxygruppen ergeben sich bereits für die einfachsten Kohlenhydrate, die Monosaccharide, viele Struktur- und Konformationsvarianten (Isomere). Damit einhergehen z.T. deutlich voneinander abweichende physikalische und chemische Eigenschaften, die zu unterschiedlichen Reaktionsmöglichkeiten führen.

Glucose kommt vor allem in süßen Früchten und im Honig vor. Auch im menschlichen Blut ist Glucose enthalten („Blutzuckerspiegel"). Sie hat dort einen Massenanteil von ca. 0,1 % (Normalwert: 80 – 120 mg / dl Blut). Glucose dient der Energieversorgung des menschlichen Körpers und ist daher nicht nur das wichtigste, sondern auch das am häufigsten vorkommende Monosaccharid. Bei Zimmertemperatur ist Glucose ein kristalliner, sehr gut in Wasser löslicher Feststoff. Glucose-Lösung dreht die Schwingungsebene linear polarisierten Lichts nach rechts; daher die Schreibweise (+)-Glucose (Kap. 10.1).

Struktur des Glucose-Moleküls. Die Molekülformel des Glucose-Moleküls lautet $C_6H_{12}O_6$. Wie sieht aber die entsprechende Strukturformel aus? Die sehr gute Wasserlöslichkeit der Glucose gibt einen Hinweis, dass im Molekül funktionelle Gruppen vorhanden sein müssen, die Wasserstoffbrücken ausbilden können. Außerdem reagiert Glucose mit Essigsäure zu einem Ester und Wasser. Da Ester im Allgemeinen aus einer Säure und Alkohol gebildet werden, müssen im Glucose-Molekül OH-Gruppen zu finden sein. Bei vollständiger Veresterung von 1 Mol Glucose werden 5 Mol Essigsäure benötigt. Dies deutet auf fünf OH-Gruppen im Glucose-Molekül hin. Darüber hinaus kann mit der Benedict-Probe, der Fehling-Probe und der Silberspiegelprobe [V2a] nachgewiesen werden, dass eine Aldehydgruppe im Molekül vorhanden ist.

In den Jahren zwischen 1888 und 1891 gelang es EMIL FISCHER (Nobelpreis für Chemie 1902), die Struktur des Glucose-Moleküls aufzuklären. Das kettenförmige Molekül besitzt sechs C-Atome, somit ist die Glucose eine *Aldohexose*. Vier der sechs C-Atome sind asymmetrisch. In mühevoller Arbeit konnte EMIL FISCHER die Stellung der OH-Gruppen an diesen C*-Atomen ermitteln. B2 zeigt das Glucose-Molekül als Fischer-Projektionsformel (Kap. 10.2). Da die OH-Gruppe am untersten asymmetrischen Kohlenstoff-Atom, also am C-Atom 5, nach rechts zeigt, zählt man die Glucose zur Familie der D-Zucker (Kap. 10.2) und schreibt D-Glucose.

Ringform der Glucose. Mehrere experimentelle Ergebnisse sind mit der Kettenform der Glucose-Moleküle nicht erklärbar. So wird z. B. eine Lösung Fuchsinschwefliger Säure (*Schiff'sches Reagenz*) nicht rot gefärbt, obwohl ein solcher Farbwechsel typisch ist für Moleküle mit Aldehydgruppen. Der Grund dafür ist, dass die Glucose-Moleküle überwiegend als sechsgliedrige Ringe vorliegen, die durch eine intramolekulare **Halbacetalbildung** entstehen [B3], (Kap. 10.3). Dadurch liegen nicht genügend Moleküle in der offenkettigen Form vor, in der die Aldehydgruppe für die Nachweisreaktion [V2b] verfügbar ist.

Der Ringschluss erfolgt als Additionsreaktion zwischen dem C-Atom 1 und der OH-Gruppe des C-Atoms 5 [B3]. Vollzieht man den Ringschluss anhand eines Molekülmodells [A3 und Exkurs] nach, so stellt man fest, dass man zwei Isomere erhalten kann, die sich durch die Stellung der neu gebildeten Hydroxygruppe am C1-Atom unterscheiden. Durch den Ringschluss wird das Carbonyl-Kohlenstoff-Atom des kettenförmigen Glucose-Moleküls nämlich zu einem weiteren asymmetrischen C-Atom, da es nach der Ringbildung vier verschiedene Substituenten aufweist. Dieses C-Atom nennt man **anomeres Kohlenstoff-Atom**. Die beiden Isomere heißen **Anomere** und werden als α-D-Glucose und β-D-Glucose bezeichnet.

Glucose-Moleküle können in Kettenform (Aldehyd) oder als Ringform (Halbacetal) vorliegen.

Haworth-Projektion. Die beiden Glucose-Anomere sind nicht eben gebaut. Aus Gründen der Übersichtlichkeit verzichtet man jedoch häufig auf eine räumliche Darstellung und verwendet stattdessen Projektionsformeln, die von dem Chemiker WALTER NORMAN HAWORTH (Nobelpreis für Chemie 1937) für entsprechende ringförmige Moleküle entwickelt wurden:

- In der Haworth-Projektion zeichnet man das Glucose-Molekül perspektivisch von schräg oben als liegendes, ebenes Sechseck [B3, rechts].
- Die Bindungen zu OH-Gruppen und H-Atomen werden mithilfe senkrechter Linien durch die Ecken, die die C-Atome symbolisieren, gezeichnet.

Für die „Übersetzung" der offenkettigen Schreibweise in die Ringform [B3] wurden folgende Konventionen vereinbart:

- Das C-Atom 1 befindet sich rechts und das Sauerstoff-Atom des Rings hinten rechts.
- Die Hydroxygruppen, die in der Fischer-Projektion *rechts* stehen, müssen dann an den entsprechenden C-Atomen in der Haworth-Projektion nach *unten* gezeichnet werden, diejenigen, die *links* stehen, nach *oben* (FloH-Regel). Dies kann man sich auch anhand von entsprechenden Molekülmodellen verdeutlichen [Exkurs].

Für die Benennung der beiden D-Glucose-Anomere [B3] gilt Folgendes: Zeigt die Hydroxygruppe am anomeren Kohlenstoff-Atom in der Haworth-Projektion nach unten, so spricht man vom α-D-Glucose-Molekül; steht sie oben, so handelt es sich um ein β-D-Glucose-Molekül.

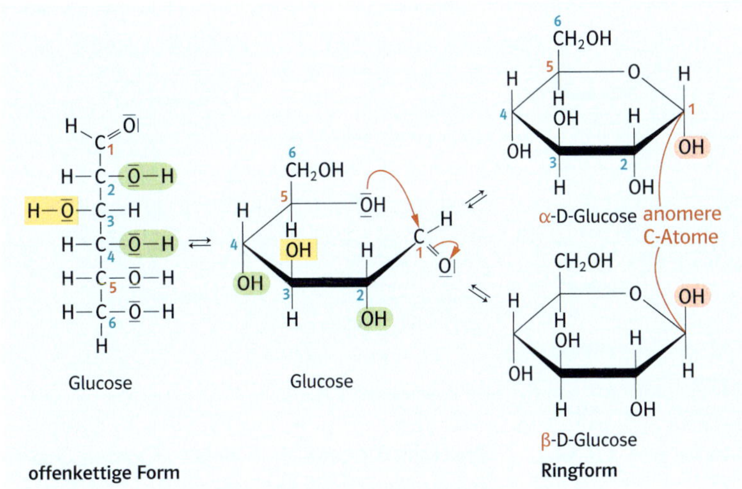

B3 *Bildung der cyclischen Halbacetalform beim Glucose-Molekül. Fischer-Projektion (links) und Haworth-Projektionen (rechts)*

Da das Grundgerüst dieser ringförmigen Moleküle dem eines *Pyran*-Moleküls (C_5H_6O) [B4] entspricht, bezeichnet man die beiden Anomere auch als α-D-Gluco*pyranose* bzw. β-D-Gluco*pyranose*.

α- und β-Anomere der Glucose werden in der Haworth-Projektion durch die Lage der OH-Gruppe am C-Atom 1 unterhalb bzw. oberhalb der Molekülebene dargestellt.

FloH-Regel „Eselsbrücke" zur „Übersetzung" der verschiedenen Projektionsformeln: **F**ischer-Projektion **l**inks entspricht **o**ben in der **H**aworth-Projektion.

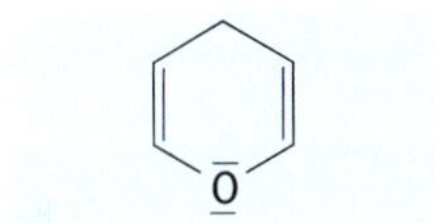

B4 *Pyran-Molekül*

V1 Überprüfen Sie, wie gut sich Glucose in 10 ml Wasser bzw. Heptan löst. Erwärmen Sie dazu vorsichtig im Wasserbad.

V2 Nachweis der Aldehydgruppe:
a) Führen Sie die Silberspiegelprobe, Benedict-Probe bzw. Fehling-Probe mit Glucose durch (Kap. 10.11).
b) Geben Sie zu einer Lösung von Fuchsinschwefliger Säure eine Spatelspitze Glucose und prüfen Sie, ob sich eine Farbänderung zeigt.

A1 Formulieren Sie die Reaktionsgleichung für die vollständige Veresterung von Glucose mit Essigsäure.

A2 Begründen Sie, ob die Anomere der Glucose Diastereomere oder Enantiomere sind.

A3 Bauen Sie Glucose als Ringmolekül. Gehen Sie dabei von der offenkettigen Form aus und überprüfen Sie mithilfe von B3, ob ein α-D-Glucose- oder β-D-Glucose-Molekül entstanden ist.

A4 MK Recherchieren und zeichnen Sie die Halbstrukturformel oder die Skelettformel des Furan-Moleküls und vergleichen Sie es mit der Darstellung des Pyran-Moleküls [B4].

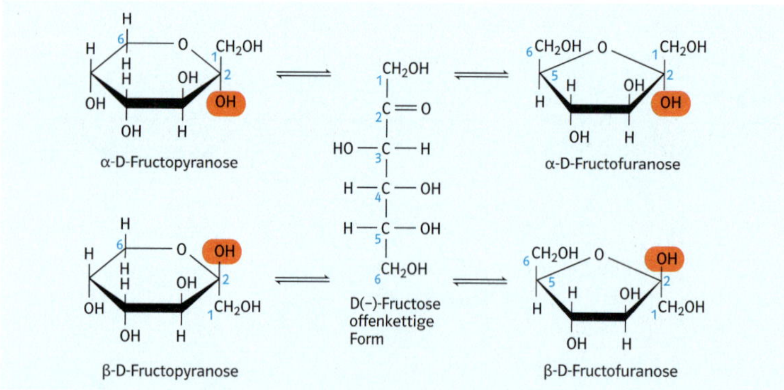

***B5** Gleichgewicht von Fructose in wässriger Lösung*

Fructose (von lat. fructus, Frucht), auch bekannt als Fruchtzucker

Fructose findet sich in vielen Früchten und im Honig. Sie schmeckt süßer als Glucose. Aus wässrigen Lösungen entsteht nach dem Verdunsten des Wassers eine sirupartige Flüssigkeit (Fructosesirup). Fructose nutzen Diabetiker als Süßungsmittel. Sie wird dafür jedoch vom Bundesinstitut für Risikobewertung (BfR) nicht mehr empfohlen. Fructose ist eine Ketohexose [B5] und besitzt wie die Glucose die Molekülformel $C_6H_{12}O_6$. In der Fischer-Projektionsformel steht bei der D-Fructose – ähnlich wie bei der D-Glucose – nur die OH-Gruppe am C-Atom 3 auf der linken Seite. Auch Fructose bildet in wässriger Lösung Anomere, die miteinander im Gleichgewicht stehen. Neben der Kettenform des Moleküls existieren allerdings zwei verschiedene Arten von ringförmigen Molekülen, die als *Pyranosen* bzw. *Furanosen* bezeichnet werden [B5]. Der Name Furanose leitet sich vom Furan (C_4H_4O) ab, dessen Molekül eine entsprechend gebaute Fünfringstruktur mit einem O-Atom besitzt. Als Feststoff konnte bisher nur β-D-Fructopyranose in reiner, kristalliner Form isoliert werden.

Im Gegensatz zur Glucose können bei der Fructose die Moleküle als Furanose (5-Ring) und als Pyranose (6-Ring) vorliegen.

Exkurs

Mit dem Molekülbaukasten von der offenkettigen Glucoseform zur Ringstruktur. Die Umwandlung der offenkettigen Glucoseform in die Ringform zu vollziehen, stellt hohe Anforderungen an das räumliche Vorstellungsvermögen. Während die Positionen der OH-Gruppen auch in der Papierebene noch relativ gut ersichtlich sind, ist die Stellung der CH_2OH-Gruppierung am C-Atom 5 nur schwer vorstellbar. Unterstützung hierbei leisten Molekülbaukästen. Die folgende Anleitung kann helfen.

Offenkettiges Glucose-Molekül

Zunächst steckt man die Kohlenstoff-Atome so zusammen, dass sie alle dieselbe Knickrichtung haben.

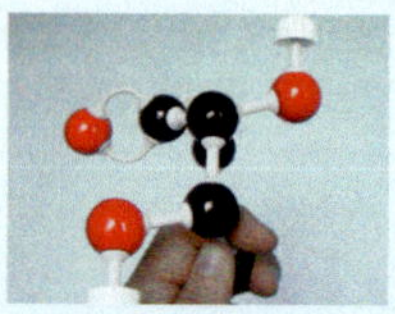

Man fährt fort, indem je zwei C-Atome eine Linie bilden. Dann müssen die anderen C-Atome hinten liegen (Kap. 10.2, Regel 4 zur Fischer-Projektion). Nun kann man die OH-Gruppen auf der jeweiligen linken oder rechten Seite anbringen, entsprechend der Fischer-Projektionsformel.

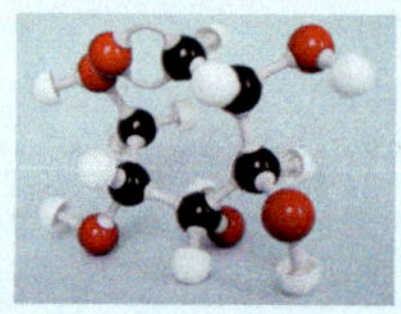

Auch mit den Wasserstoff-Atomen und der Aldehydgruppe verfährt man entsprechend, bis das Modell fertiggestellt ist.

Ringförmige Glucose-Moleküle (α- und β-Glucose)

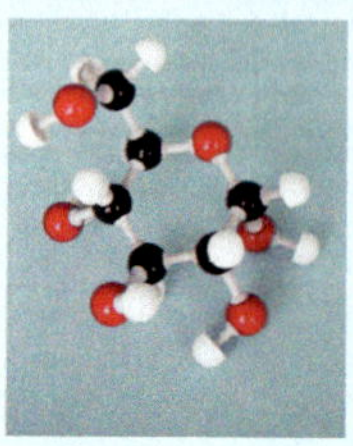

α-Glucose

Führt man mit dem offenkettigen Glucose-Molekülmodell einen Ringschluss durch, so erhält man zwei Isomere (die beiden Anomere). Positioniert man das Modell dabei in der Weise, dass die Hydroxygruppen, die im offenkettigen Molekülmodell nach *rechts* zeigten, nun nach *unten* ausgerichtet sind und, die nach *links* gezeigt haben, nun nach *oben* stehen (FloH-Regel), kann man beide Isomere unterscheiden. Dafür ist die Stellung der Hydroxygruppe am C-Atom 1 entscheidend, dem Kohlenstoff-Atom, an dem die Ringbildung erfolgte: Im α-Glucose-Molekül zeigt diese Hydroxygruppe nach *unten*, im β-Glucose-Molekül nach *oben*.

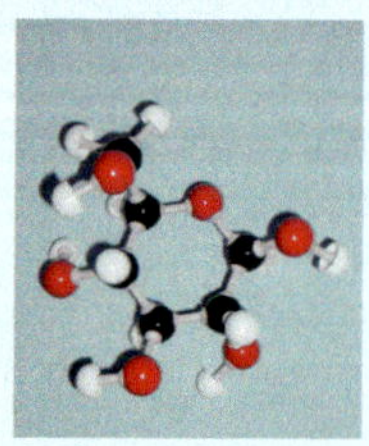

β-Glucose

Exkurs

10.6 Zuckerersatzstoffe

Viele Süßigkeiten, Softdrinks und Fertiggerichte enthalten hohe Zuckeranteile. In einigen Ländern werden zuckerhaltige Getränke inzwischen besteuert, in anderen wird über die Einführung der „Limo-Steuer" diskutiert. Zuckerkonsum fördert Übergewicht, schädigt die Zähne und wird zunehmend als Risikofaktor für Diabetes und Herz-Kreislauf-Erkrankungen diskutiert. *Zuckerersatzstoffe* dienen neben der Reduktion des Brennwertes (wie beispielsweise in „Light-Produkten") auch der Kariesprophylaxe sowie der besseren Regulierung des Blutzuckerspiegels. Sie werden in *Zuckeraustauschstoffe* und *Süßstoffe* unterteilt.

Zuckeraustauschstoffe sind süß schmeckende Kohlenhydrate, die so langsam abgebaut werden, dass sie kaum Einfluss auf den Blutzuckerspiegel haben, d.h., sie besitzen einen niedrigen Glykämischen Index (GI). Beispiele für Zuckeraustauschstoffe, die häufig zu den Zuckeralkoholen gehören, sind Sorbit, Xylit (Birkenzucker) [B2] und Erythrit [B3]. Karies verursachende Bakterien können diese Stoffe nicht verwerten und somit keine zahnschädigenden Säuren produzieren. Xylit hat sogar eine karieshemmende Wirkung und ist daher häufig in Zahnpflege-Kaugummis enthalten. Im Gegensatz zu Xylit und Sorbit, die einen ähnlichen Brennwert wie Glucose aufweisen, wird Erythrit vom menschlichen Körper nicht abgebaut. D.h., es ist nahezu „brennwertfrei". Zudem hat es keinen Einfluss auf den Blutzuckerspiegel. Viele Zuckeralkohole wirken jedoch abführend und sollten nicht in größeren Mengen verzehrt werden.

Süßstoffe sind Verbindungen mit sehr hoher Süßkraft, die das 30-fache bis 3000-fache von Saccharose erreichen. Sie werden entweder nicht im Körper abgebaut oder sind aufgrund der extremen Süße in so geringen Mengen in Nahrungsmitteln enthalten, dass sie „quasi brennwertfrei" sind. Wie die Zuckeraustauschstoffe fördern sie Karies nicht. Beispiele für *künstliche*, d.h. synthetisch hergestellte, Süßstoffe, sind Saccharin, Cyclamat und Aspartam. Zu den *natürlichen* Süßstoffen zählen Thaumatin und die aus der Stevia-Pflanze gewonnenen Steviоglycoside. Mit Stevia gesüßte Produkte sind in Europa seit 2011 zugelassen,

***B1** Zuckerersatzstoffe*

konnten sich bisher jedoch auf dem Markt nicht durchsetzen.

Der Nutzen von Süßstoffen wird kontrovers diskutiert. Langzeitstudien zu Risiken kommen teils zu widersprüchlichen Ergebnissen. Über die Wirkungen von Kombinationen der Süßstoffe ist relativ wenig bekannt. Auch gibt es Hinweise auf eine Schädigung der Darmflora und das Auftreten von „Heißhunger", sodass ein Verzehr in größeren Mengen eher nicht ratsam ist. Viele Süßstoffe verändern zudem den Geschmack anderer Aromen bzw. haben einen bittereren oder metallischen Nachgeschmack.

Zuckerersatzsstoffe ermöglichen die Herstellung von süßen, aber dennoch zuckerfreien Nahrungsmitteln. Sie können der Brennwertreduzierung sowie der Kariesprophylaxe dienen und sind für Diabetiker geeignet.

A1 ○ MK Erstellen Sie in Gruppen eine Übersichtstabelle verschiedener Zuckerersatzstoffe (z.B. Xylit, Erythrit, Isomaltulose, Stevia, Saccharin, Aspartam) mit Strukturformeln, Süßkraft im Vergleich zu Zucker, Geschmack, Brennwert, Kariogenität, Wirkung auf den Blutzuckerspiegel.

A2 ◒ MK Aspartam [B4] ist ein künstliches Dipeptid.
a) Zeichnen Sie die Formeln der zugehörigen Aminosäuren und benennen Sie diese mithilfe von Kap. 10.12. Eine der Aminosäuren liegt mit Methanol verestert vor. Formulieren Sie dazu eine Reaktionsgleichung. **b)** Informieren Sie sich über Aspartam und die Stoffwechselkrankheit PKU.

Der glykämische Index (GI) gibt an, wie schnell ein Stoff den Blutzuckerspiegel ansteigen lässt. Er wird auf den Anstieg bezogen, der durch Glucose ausgelöst wird.

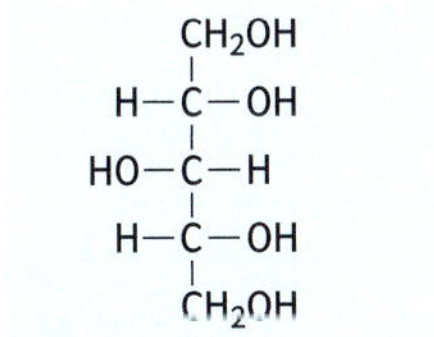

***B2** Xylit*

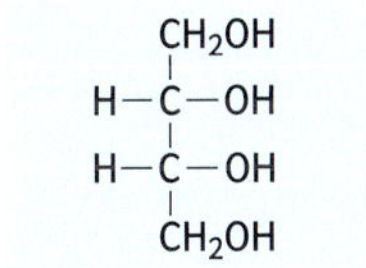

***B3** Erythrit*

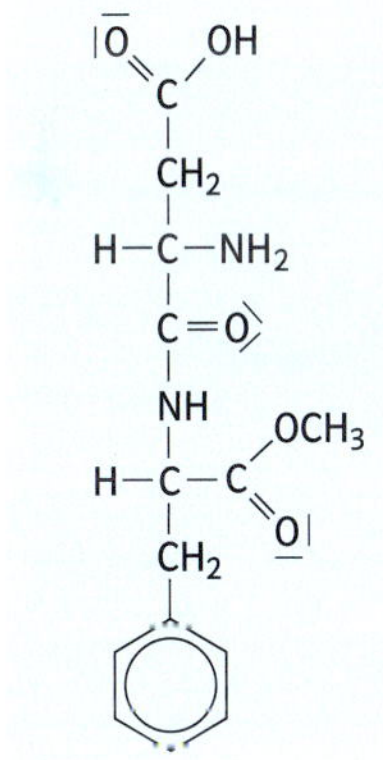

***B4** Aspartam*

10.7 Maltose, Saccharose, Lactose

Da Monosaccharide in Lösung vorwiegend als cyclische Halbacetale vorliegen (Kap. 10.5), können sie mit Alkoholen auch *Vollacetale* (*Acetale*) bilden (Kap. 10.3), die man als **Glycoside** bezeichnet. Diese Reaktion verläuft säurekatalysiert unter Abspaltung von Wasser [B1]. Je nach Kohlenhydratbaustein unterscheidet man Glucoside, Fructoside etc. α-D-Glucose reagiert beispielsweise mit Methanol zu einem Gemisch aus Methyl-α-D-glucosid und Methyl-β-D-glucosid [B2].

Disaccharide. Anstelle eines Alkohol-Moleküls können auch weitere Monosaccharid-Moleküle gebunden werden. Da das entstehende Vollacetal aus zwei Monosaccharid-Bausteinen besteht, bezeichnet man es als **Disaccharid.** Die Bindung heißt **glycosidische Bindung.**

Disaccharid-Moleküle bestehen aus zwei miteinander verknüpften Monosaccharid-Molekülen.

Maltose wird auch *Malzzucker* genannt und entsteht beim partiellen Abbau (Hydrolyse) von Stärke. So bildet sich Maltose z. B. beim Bierbrauen durch einen enzymatischen Prozess in keimender Gerste (Mälzen) [B5]. Die Maltose ist ein Disaccharid, dessen Moleküle aus zwei Molekülen α-D-Glucose entstehen. Die beiden α-D-Glucose-Moleküle sind **1,4-glycosidisch** verknüpft, d. h., die Wasser-Abspaltung erfolgt zwischen der halbacetalischen OH-Gruppe am C1-Atom des ersten Glucose-Moleküls und der alkoholischen OH-Gruppe am C4-Atom des zweiten [B2]. Am C1-Atom des zweiten Glucose-Moleküls verbleibt somit eine halbacetalische OH-Gruppe. Da die Halbacetalform in wässriger Lösung mit der offenkettigen Aldehydform im Gleichgewicht liegt, wird z. B. *Benedict-* oder *Fehling-Reagenz* von Maltose reduziert [V1]. Solche Zucker werden daher als **reduzierende Disaccharide** bezeichnet.

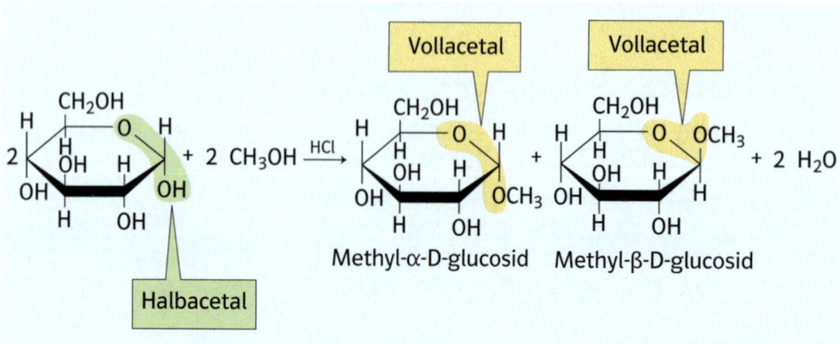

***B1** Reaktion von α-D-Glucose mit Methanol*

Saccharose, der „normale" Haushaltszucker [B6], ist das wichtigste und am häufigsten vorkommende Disaccharid. Es findet sich in fast allen Früchten und in vielen Pflanzensäften, vor allem im Zuckerrohr (14 % – 16 %) und in Zuckerrüben (16 – 20 %). Aus diesen Pflanzen wird Saccharose in großen Mengen gewonnen und gelangt als *Rohr- oder Rübenzucker* in den Handel.

Bei der Hydrolyse von Saccharose erhält man Glucose und Fructose [V1]. Durch Röntgenstrukturanalyse (s. Anhang) kann gezeigt werden, dass im Saccharose-Molekül der Glucoserest als 6-Ring (α-Pyranose, Kap. 10.5) und der Fructoserest ungewöhnlicherweise als 5-Ring (β-Furanose), vorliegt. Die Ringe sind über die OH-Gruppen der anomeren C-Atome (C-Atom 1 bei Glucose, C-Atom 2 bei Fructose) miteinander verbunden.

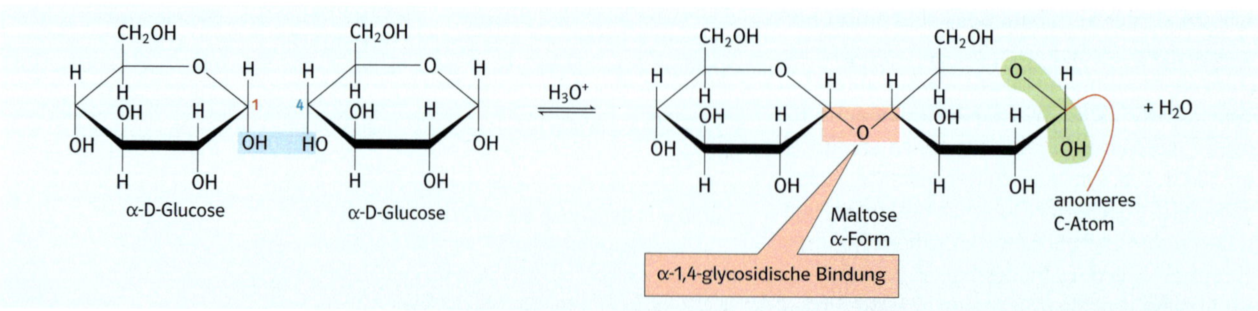

***B2** Maltose ist aus zwei Molekülen α-D-Glucose aufgebaut, welche über eine α-1,4-glycosidische Bindung miteinander verknüpft sind*

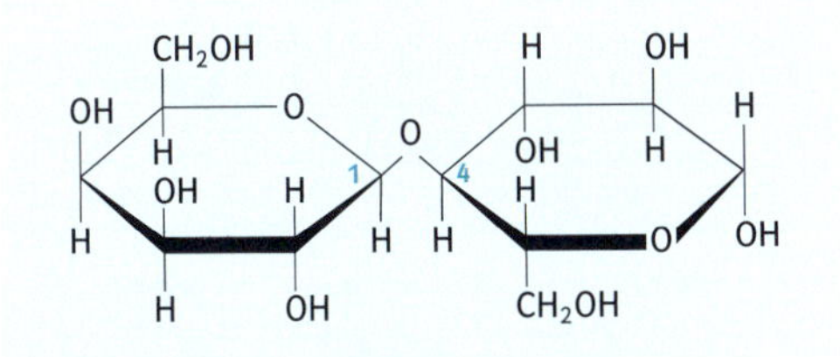

B3 *Lactose, β-1,4-glycosidisch verknüpft*

In einer Kondensationsreaktion entsteht also eine α, **β-1,2-glycosidische Bindung** [B4, unten]. Das so gebildete Saccharose-Molekül enthält keine halbacetalische OH-Gruppe mehr. Bei keinem der Bausteine ist daher eine Ringöffnung möglich und die reduzierenden Aldehydgruppen sind geschützt. Daher zeigt Saccharose *keine* Reaktion mit Benedict-Reagenz oder Tollens-Reagenz, und man spricht von einem **nichtreduzierenden Disaccharid**.
Um die Bildung der glycosidischen Bindung besser zu verstehen, zeichnet man die α-D-Glucose als Sechsring und die β-D-Fructose als Fünfring in der Haworth-Projektion nebeneinander [B4, links unten]. Bei der Glucose ist die OH-Gruppe am anomeren C1-Atom α-ständig, bei der Fructose ist sie in der β-Stellung. Zur Ausbildung der Bindung muss das Fructose-Molekül daher um 180° um die Achse gedreht werden, die durch das O-Atom und die Mitte der Bindung zwischen den C-Atomen 3 und 4 geht [B4, oben].

Lactose heißt auch *Milchzucker*. Sie ist in der Muttermilch von Säugetieren, also auch vom Menschen, enthalten. Sie ist daher Bestandteil vieler Milchprodukte. Lactose-Moleküle bestehen aus einem β-D-Galactoserest und einem α- oder β-D-Glucoserest. Wie bei der Maltose sind die Bausteine *1,4-glycosidisch* verknüpft. Lactose gehört daher zu den *reduzierenden* Disacchariden. Zur Verwertung von Lactose im Organismus muss sie durch das Verdauungsenzym **Lactase** in die beiden *Monosaccharide* gespalten werden. Kann Lactose aufgrund eines Mangels an Lactase im Dünndarm nicht verdaut werden und gelangt ungespalten in den Dickdarm, so wird sie von Darmbakterien vergoren, was u.a. zu Blähungen und Durchfall führt (**Lactoseintoleranz**). Deshalb werden zahlreiche lactosefreie Milchprodukte angeboten.

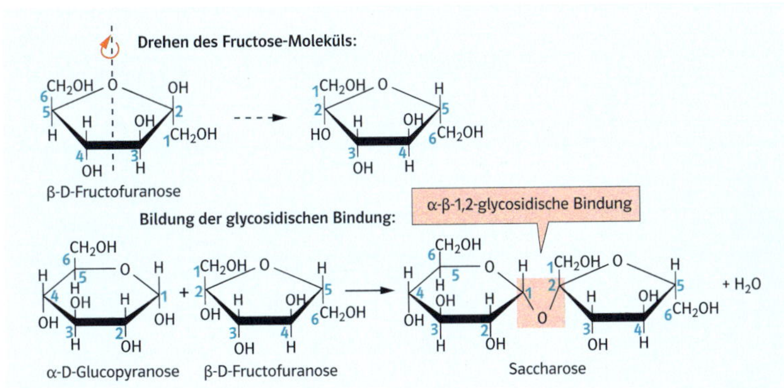

B4 *Saccharose ist α,β-1,2-glycosidisch verknüpft*

Liegt in einem Zucker-Molekül eine halbacetalische OH-Gruppe vor, ist die Ringöffnung möglich. Die entstehende Aldehydgruppe kann dann zur Carboxygruppe oxidiert werden. Die Benedict-Probe verläuft dementsprechend positiv; der Zucker ist reduzierend.

B5 *In keimender Braugerste bildet sich Maltose*

B6 *Handelsformen von Saccharose*

V1 Es werden Lösungen ($w = 5\,\%$) von Maltose und Saccharose bereitet.
a) Die Lösungen werden mit der Fehling- oder Benedict-Probe und Glucose-Teststreifen untersucht.
b) Je 10 ml der Lösungen werden mit je 1 ml Salzsäure ($c(HCl) = 1\,mol/l$) versetzt und etwa 5 min im siedenden Wasserbad erhitzt. Nach dem Abkühlen neutralisiert man durch Zugabe kleiner Portionen festen Natriumhydrogencarbonats, bis keine Kohlenstoffdioxid-Entwicklung mehr zu beobachten ist. Die beiden Lösungen werden dann erneut mit der Fehling- oder Benedict-Probe und mit Glucose-Teststreifen geprüft.

A1 ◒ Erklären Sie, weshalb Saccharose nicht in einer α- und β-Form vorkommt.

A2 ● In der Trehalose, einem Disaccharid in der Körperflüssigkeit vieler Insekten, sind zwei Moleküle α-D-Glucopyranose α,α-1,1-glycosidisch miteinander verknüpft. Entwickeln Sie die Haworth-Projektion der Trehalose und entscheiden Sie, ob es sich um ein reduzierendes Disaccharid handelt.

A3 ○ MK Recherchieren Sie, welche Völker besonders stark von Lactoseintoleranz betroffen sind, und den möglichen Grund dafür.

10.8 Stärke und Cellulose

B1 *Mehl besteht zum großen Teil aus Stärke, Holz aus Cellulose.*

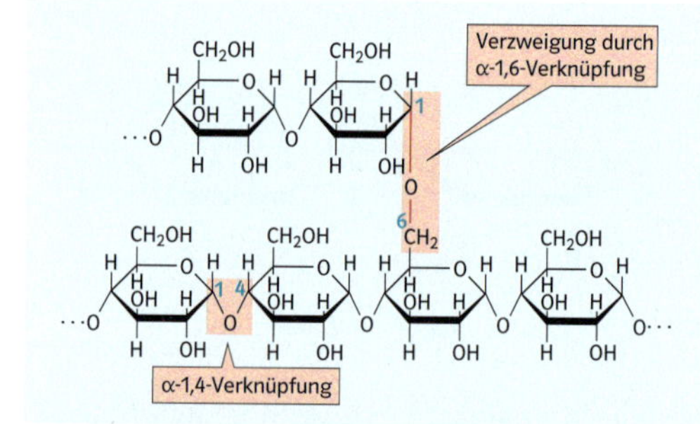

B2 *Amylopektin-Molekül: α-1,4-Verknüpfung der Glucose-Einheiten und Verzweigung durch α-1,6-Verknüpfung*

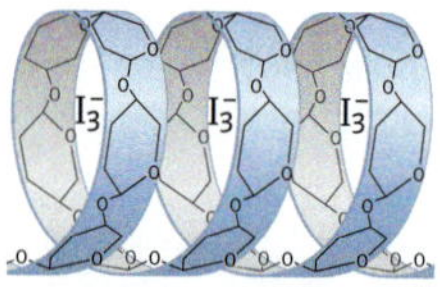

B3 *Die α-1,4-glycosidischen Bindungen im Amylose-Molekül führen dazu, dass eine Helix gebildet wird. Das Molekül kann Triiodid-Ionen einlagern*

Amylose, Amylopektin von griech. amylon, Stärkemehl; pektos, fest, geronnen

Helix von giech. helix, Spirale. Spiralförmige oder schraubenförmige Struktur, auch *helicale* Struktur

Lugol'sche Lösung (Iod-Kaliumiodid-Lösung) Man stellt sie her, indem man Iod in Kaliumiodid-Lösung löst. Die Lösung enthält Triiodid-Ionen (I_3^-).

Stärke und Cellulose gehören zu den Polysacchariden. Die Moleküle beider Stoffe bestehen aus miteinander verbundenen Glucose-Einheiten. Trotzdem sind die Stoffeigenschaften sehr verschieden. Dies lässt sich mithilfe der räumlichen Anordnung der glycosidischen Bindungen und der auftretenden Wasserstoffbrücken erklären.

Struktur und Eigenschaften von Stärke. Stärke ist der wichtigste pflanzliche Reservestoff. Sie wird in Samen (z. B. Getreidekörnern) oder unterirdischen Pflanzenteilen (z. B. Kartoffelknollen) gespeichert. Pflanzen bauen Stärke aus Glucose auf, die sie bei der Fotosynthese herstellen. Für den Menschen ist sie ein wichtiger Nährstoff.

Stärke besteht aus zwei Komponenten. 20 – 30 % sind **Amylose**, deren Ketten aus meist 300 – 1000 α-D-Glucose-Monomer-Molekülen gebildet wird. Diese sind α-1,4-glycosidisch miteinander verknüpft. Über Wasserstoffbrücken bilden die Ketten eine Helix (Schraubenstruktur), wobei eine Windung aus jeweils sechs Monomer-Molekülen entsteht [B3]. Der überwiegende Anteil der Stärke, ca. 70 – 80 %, besteht aus **Amylopektin**. Amylopektin-Moleküle sind meist aus erheblich mehr Monomer-Molekülen aufgebaut, bis zu einer Million kommen vor. Die Kettenbildung entspricht in etwa der bei Amylose, allerdings sind Amylopektin-Moleküle verzweigt, da etwa jede 25. Glucose-Einheit eine α-1,6-glycosidische Bindung zu einem anderen Glucose-Monomer ausbildet [B2]. Unter dem Einfluss von Säuren oder Verdauungsenzymen (Amylasen, z. B. im Speichel) werden die glycosidischen Bindungen in den Stärke-Molekülen gespalten. Dabei entstehen Spaltprodukte unterschiedlicher Kettenlänge, die *Dextrine*. Bei deren weiterem Abbau wird das Disaccharid *Maltose* gebildet und daraus schließlich das Monosaccharid α-D-Glucose. Im Verdauungstrakt können Glucose-Moleküle in das Blut aufgenommen werden und sind dadurch für den Stoffwechsel verfügbar. Dextrine bilden sich auch beim Backen in der Kruste. Sie geben dem Gebäck Farbe und Geschmack (Kap. 10.23).

Nachweis von Stärke. Als empfindliches Nachweisreagenz auf Stärke dient Lugol'sche Lösung (Iod-Kaliumiodid-Lösung). Die Reaktion beruht auf der Bildung einer Einschlussverbindung von Triiodid-Ionen in die Windungen der Stärke-Moleküle [B3]. Mit Amylose entsteht eine charakteristische Blaufärbung, die temperaturabhängig ist [V1]. Amylopektin zeigt eine rotviolette Färbung.

Struktur und Eigenschaften von Cellulose. Cellulose ist der Hauptbestandteil aller pflanzlichen Zellwände und damit das häufigste Polysaccharid der gesamten Biomasse. Sie ist als Gerüstsubstanz für die Stabilität der Pflanzenzellen verantwortlich. Fasern wie Baumwolle, Hanf, Jute, Sisal oder Flachs (Lein) bestehen fast ausschließlich aus Cellulose. Holz enthält nur etwa 50 % Cellulose, ist aber aufgrund der großen Verfügbarkeit dennoch ein wichtiger Rohstoff für die Papierherstellung. Cellulose-Moleküle bestehen aus Tausenden von D-Glucose-Einheiten. Im Gegensatz zur

Stärke liegen die Glucose-Ringe jedoch in der β-Form vor, die β-1,4-glycosidisch miteinander verknüpft sind [B4]. Dabei ist jede zweite Glucose-Einheit um 180° gegenüber der vorherigen nach vorne gedreht, erkennbar an der Position der Ring-O-Atome [B4b]. Diese Art der Verbindung führt nicht zu einer helicalen Struktur, sondern zu einem fast geradkettigen Makromolekül. Mehrere dieser Ketten können sich, stabilisiert durch regelmäßige Wasserstoffbrücken, parallel zusammenlagern und sogenannte Elementarfibrillen bilden [A5]. Diese fügen sich beim Aufbau der Zellwände zu Mikrofibrillen, zusammen, die netzartig miteinander verflochten sind [B5] und so eine besonders stabile Struktur bilden.

Wie Stärke-Moleküle können auch Cellulose-Moleküle durch konzentrierte Säuren hydrolytisch gespalten werden. Hierbei entsteht β-D-Glucose. Manche Pflanzenfresser, wie Rinder, können mithilfe von speziellen Darmbakterien, die das Enzym *Cellulase* produzieren, ebenfalls Cellulose abbauen und als Nährstoff nutzen. Der menschliche Organismus verfügt nur über Enzyme, die α-glycosidische Bindungen spalten können. Im Gegensatz zu Stärke ist Cellulose für den Menschen daher unverdaulich. Dennoch ist Cellulose ein positiv wirkender Nahrungsbestandteil, da sie als *Ballaststoff* die Darmtätigkeit anregt.

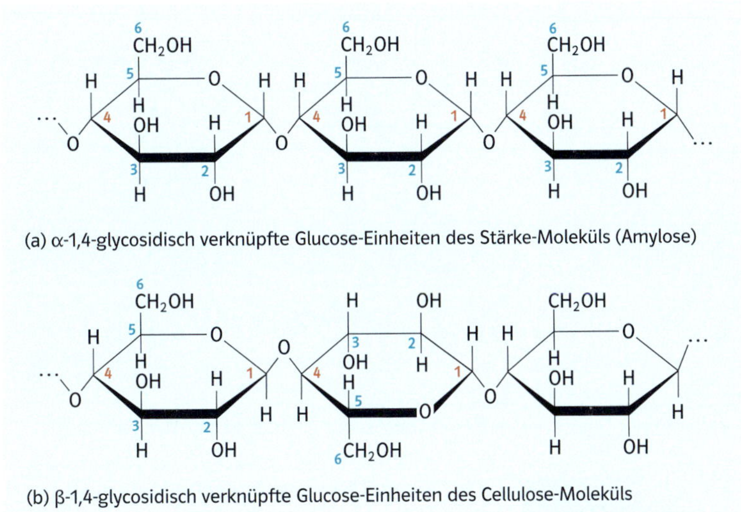

B4 *Ausschnitt eines Moleküls der löslichen Stärke (a) und der Cellulose (b)*

Auch spezielle Pilze können Cellulose abbauen und als Nährstoff nutzen. Durch diesen Prozess werden abgestorbene Bäume im Wald mit der Zeit zersetzt.

Stärke und Cellulose sind Polysaccharide. Die Moleküle der Stärke bestehen aus α-D-Glucose-Einheiten und bilden eine Helix und verzweigen sich teilweise. Cellulose-Moleküle bestehen aus β-D-Glucose-Einheiten und besitzen eine lineare Struktur.

B5 *Mikrofibrillen in der Zellwand (REM-Aufnahme)*

V1 Geben Sie zu einer Stärke-Lösung einige Tropfen Lugol'sche Lösung. Erwärmen Sie das Gemisch und kühlen Sie es anschließend wieder ab.

V2 Mischen Sie Kartoffel- oder Maisstarke mit Wasser im Verhältnis ca. 2:1 zu einem Stärke-Gel (nichtnewtonsche Flüssigkeit [B6]). Formen Sie eine Kugel und lassen Sie diese dann auf der Hand liegen. Bei einem größeren Ansatz können Sie das Gel auch mit einem Hammer bearbeiten. Sie können auch versuchen, das Gel mit einem leistungsstarken Lautsprecher zum Tanzen zu bringen (Folie unterlegen).

A1 ○ Erklären Sie das Verschwinden und Wiederauftreten der Blaufärbung einer Iod-Kaliumiodid-Amylose-Lösung beim Erhitzen und anschließenden Abkühlen [V1].

A2 ◒ Recherchieren Sie den Begriff „nichtnewtonsche Flüssigkeit" und erklären Sie die Beobachtungen in V2.

A3 ◒ Beim Mälzen, einem Teilschritt des Bierbrauens, wird durch Enzyme in keimenden Gerstenkörnern Stärke in das Disaccharid Maltose gespalten. Zeichnen Sie ein Maltose-Molekül und erklären Sie, welche glycosidische Verknüpfungsart vorliegt.

A4 ○ MK Erläutern und recherchieren Sie, zu welchem Zweck Amylasen in Geschirrreinigern und Cellulasen in Waschmitteln enthalten sind.

A5 ● Zeichnen Sie die Ausschnitte zweier übereinanderliegender Cellulose-Moleküle. Beschreiben Sie, welche Wechselwirkung zwischen den Molekülen auftritt und warum Cellulose wasserunlöslich ist.

B6 *Stärke bildet mit Wasser eine nichtnewtonsche Flüssigkeit*

10.9 Cyclodextrine

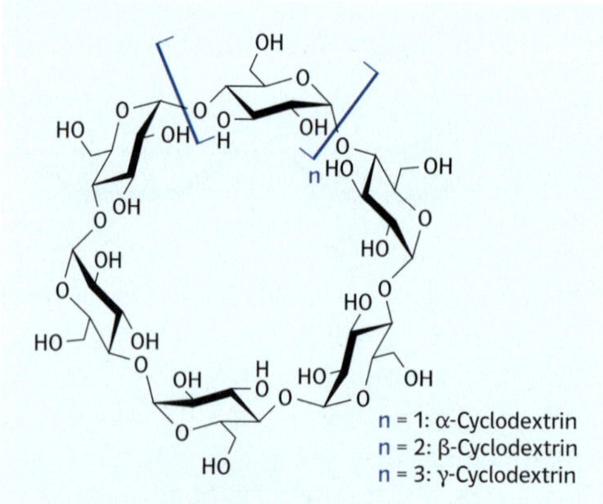

B1 *Struktur von α-, β- und γ-Cyclodextrin*

B2 *Anwendung eines Textilerfrischers*

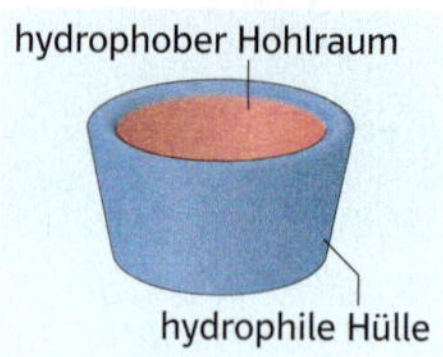

B3 *Einfaches Modell für ein Cyclodextrin-Molekül*

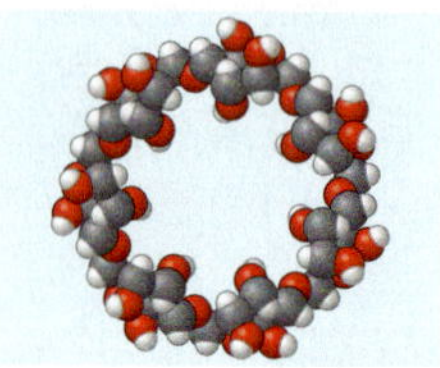

B4 *Molekül-Modell von β-Cyclodextrin*

Kurz einsprühen und trocknen lassen, schon ist der Geruch nach Schweiß in den Joggingschuhen verschwunden. So einfach klingt es in der Werbung von Textilerfrischern [B2]. Viele dieser Sprays enthalten Cyclodextrine, mit deren Hilfe Geruchs-Moleküle eingekapselt werden können [B1, B4]. Die Herstellung der Cyclodextrine erfolgt enzymatisch aus Stärke.

Struktur von Cyclodextrinen. Cyclodextrine sind Oligosaccharide, die aus α-D-Glucose-Bausteinen bestehen. Diese sind über α-1,4-glykosidische Bindungen ringförmig verknüpft [B1]. Nach der Anzahl der Glucose-Bausteine, damit auch nach der Ringgröße, unterscheidet man α-, β-und γ-Cyclodextrin. Die Struktur der Cyclodextrin-Moleküle ist konisch, ähnlich wie ein Blumentopf [B3]. An der Außenseite befinden sich Hydroxygruppen, die die Wasserlöslichkeit der Cyclodextrine bewirken. Im Innern der Moleküle befinden sich ausschließlich unpolare C—C und C—H-Bindungen, es bildet sich so ein starrer, hydrophober Hohlraum aus. Dieser kann andere unpolare Moleküle passender Größe aufnehmen. Die spezifischen Eigenschaften von Cyclodextrinen bzw. deren Komplexen (Kap. 12.1) eröffnen eine Vielzahl von Anwendungsmöglichkeiten.

Verwendung von Cyclodextrinen. In der *Textilbranche* werden Cyclodextrin-Moleküle an Fasern fixiert, um z. B. Schweißgeruch verursachende Duftstoffmoleküle einzukapseln. In *Kosmetika* nutzt man sie, um unangenehm riechende Stoffe zu maskieren. Auch angenehme Gerüche können bei Bedarf freigesetzt werden, wenn sie durch andere Stoffe im Komplex ersetzt werden. Der lipophile Anti-Aging Wirkstoff Retinol (Vitamin A) wird durch die Komplexierung vor Oxidation geschützt, bis er beim Auftragen der Salbe auf die Haut freigesetzt wird. In *Pharmazeutika* können schlecht wasserlösliche Wirkstoffe, wie das Schmerzmittel Ibuprofen, durch Einkapseln in Cyclodextrine besser im Körper verteilt werden. Weiterhin kann die Schutzwirkung genutzt werden, um Wirkstoffe vor Einflüssen der Umgebung (z. B. Sauerstoff) zu schützen oder sie verzögert langsam abzugeben.

Cyclodextrine sind nicht toxisch. Sie dürfen in der EU als Zusatzstoff in *Lebensmitteln* eingesetzt werden, wo sie z. B. zur Maskierung von Bitterstoffen dienen. Auch hitzeempfindliche Farb- oder Aromastoffe überstehen so hohe Temperaturen. Im *Umweltschutz* ergibt sich eine Anwendungsmöglichkeit durch das Einkapseln des ozonschädlichen Trichlorfluormethans aus der Luft.

Cycoldextrine sind cyclische Oligosaccharide, deren Moleküle einen hydrophoben Hohlraum und eine hydrophile Hülle aufweisen. Sie werden u. a. Lebensmitteln, Pharmazeutika und Kosmetikartikeln zugesetzt.

V1 Geben Sie in ein 100 ml-Becherglas 40 ml eines cyclodextrinhaltigen Textilerfrischers und dampfen Sie die Flüssigkeit unter Rühren ein, bis fast die gesamte Flüssigkeit verdampft ist. Versetzen Sie den Rückstand nach kurzem Abkühlen mit 20 ml Ethanol und dampfen Sie erneut ein, bis ein gelartiger Rückstand verbleibt. Stellen sie das Becherglas nach dem Abkühlen für einige Minuten in ein Eisbad. Bestreichen Sie mit dem Rückstand zwei Stücke Baumwollstoff.

a) Beträufeln Sie je ein behandeltes und ein unbehandeltes Stück Stoff mit einem Tropfen einer geruchsintensiven Substanz (z. B. Knoblauchöl).
b) Geben Sie je ein behandeltes und ein unbehandeltes Stück Stoff in ein Glas mit Zigarettenrauch. Prüfen Sie jeweils den Geruch.

A1 ◒ Ordnen Sie Cyclodextrine begründet den reduzierenden oder nichtreduzierenden Kohlenhydraten zu.

10.10 Stärke – nicht nur zum Essen

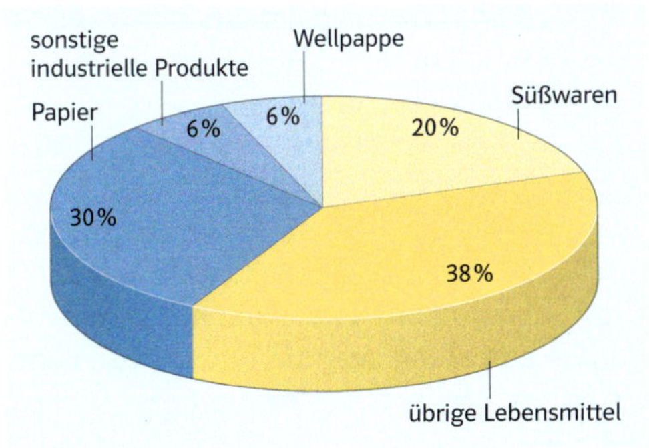

***B1** Stärke-Verwendung im Food- (gelb) und Nonfoodbereich (blau)*

Pflanzen speichern Stärke in Stärkekörnern, z. B. in Getreidesamen von Weizen und Mais sowie in der Kartoffelknolle, die ca. 18 % Stärke enthält. Die aus Pflanzenteilen gewonnene Stärke ist Hauptbestandteil vieler Nahrungsmittel.

Funktion der Stärke im Organismus. Stärke stellt als Kohlenhydrat Energie für den Stoffwechsel bereit. Dazu wird die Stärke zunächst im Verdauungstrakt in Glucose gespalten. Überschüssige Stärke wird in der Leber als Glycogen gespeichert und reguliert dadurch den Blutzuckerspiegel. Überschüssige Stärke kann auch in Fett umgewandelt werden.

Food-Bereich. Enzymatisch werden aus Stärke Glucosesirup und Glucose-Fructose-Sirup hergestellt, die z. B. als Süßungsmittel in Softdrinks und Süßwaren eingesetzt werden. Die gesundheitlichen Folgen des starken Konsums dieser Stoffe werden kontrovers diskutiert. Beim Kochen von Pudding oder Soßen sowie in Tomatenketchup dient Stärke als Verdickungsmittel [B2]. Industriell hergestellte Nahrungsmittel enthalten meist modifizierte Stärke [A2].

Non-Food-Bereich. Hier dient Stärke z. B. als Kleister für Wellpappe sowie zur Herstellung von Verpackungschips [B3], kompostierbaren Folien [B4] und Einweggeschirr. Der größte Anteil wird jedoch zum Imprägnieren *(Leimen)* von Papier verwendet [B1]. Papier besteht hauptsächlich aus Cellulose (Kap. 10.8) und ist daher hydrophil. In ungeleimtem Zustand würden Tinten auf Wasserbasis verlaufen. Stärke verschließt durch Polymerisation des enthaltenen Glutens (Kap. 10.23) die Papieroberfläche (Hydrophobierung), sodass es beschrieben oder bedruckt werden kann.

Aus Stärke hergestellte Folie ist im Unterschied zu Kunststofffolie (meist PE, Kap. 9.2) biologisch abbaubar. Das erschließt neue Einsatzbereiche [B4]. Beide Folienarten bestehen aus Makromolekülen. Sie müssen dehnbar, biegsam, reißfest und möglichst wenig permeabel für Sauerstoff oder Geruchsstoffe sein. Für eine höhere Festigkeit werden Stärkefolien häufig aus partiell oxidierter Stärke hergestellt. Unter Ringöffnung der Glucose-Reste und Oxidation der endständigen OH-Gruppen entsteht „Dialdehydstärke". Sie wird der normalen Stärke zugesetzt und bildet mit den OH-Gruppen der nativen Stärke Acetale (Kap. 10.3), die zu Quervernetzungen führen. Diese Folien sind jedoch nicht mehr so leicht biologisch abbaubar.

Stärke ist als Kohlenhydrat ein wichtiger Nährstoff und als nachwachsender Rohstoff ein Ausgangsstoff für viele chemisch-technische Prozesse.

***B2** Zutaten eines Tomaten-Ketchups*

***B3** Immer häufiger wird Stärke anstelle von Polystyrol als Verpackungsmaterial eingesetzt*

***B4** Zum Abdecken von Spargelfeldern werden oft Stärkefolien verwendet. Diese können später untergepflügt werden*

V1 Geben Sie 4,0 g ungetrocknete Stärke in ein Becherglas und mischen Sie diese mit 20 ml Wasser und 2 ml Glycerin (*w* = 85 %). Decken Sie das Becherglas mit dem Uhrglas ab und erhitzen Sie das Gemisch unter gelegentlichem Rühren 15 min im siedenden Wasserbad. Gießen Sie das Gel anschließend auf eine Plastikfolie und lassen Sie es trocknen. Am nächsten Tag können Sie die Folie von der Unterlage abziehen und sie auf Dehnbarkeit prüfen.

A1 ○ Erläutern Sie, warum ein Brotstück nach längerer Verweilzeit im Mund süß schmeckt.

A2 ◒ MK Recherchieren Sie zu **a)** modifizierter Stärke und **b)** gesundheitlichen Aspekten von Glucose-Fructose-Sirup (Maissirup, Isoglucose).

A3 ◒ In der EU ist Plastik-Einweggeschirr verboten. Diskutieren Sie Vor- und Nachteile von Geschirr auf Stärkebasis.

10.11 Kohlenhydrate

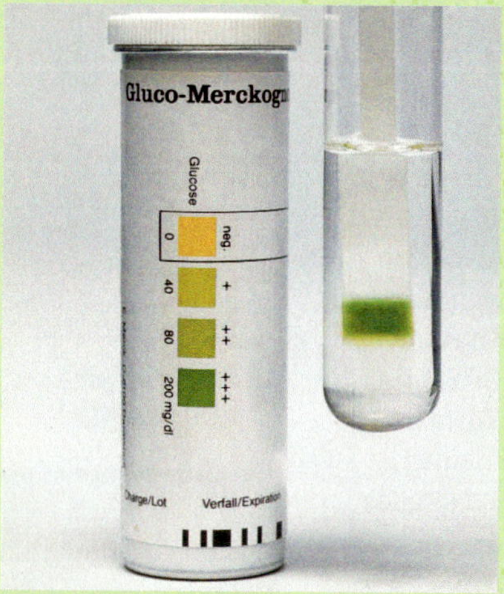

B1 *Glucose-Teststreifen*

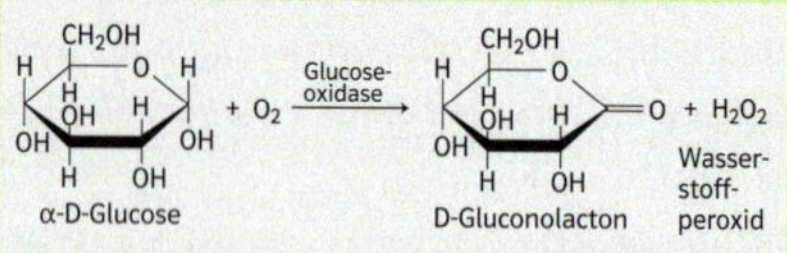

B2 *Reaktion von α-D-Glucose zu D-Gluconolacton, durch Glucoseoxidase katalysiert*

Glucotest – GOD-Test

Der Glucotest ist ein kolorimetrischer Test, der die Bestimmung von Glucose im Harn ermöglicht [B1]. Die Prüfung erfolgt mithilfe eines Teststreifens z.B. bei der Diagnose von Diabetes. Der Schnelltest beruht auf der Tätigkeit zweier Enzyme. Das eine Enzym, die *Glucoseoxidase* (GOD), katalysiert in sehr spezifischer Weise die Oxidation von α-D-Glucose zu D-Gluconolacton (ein intramolekularer Ester). Der dabei abgespaltene Wasserstoff wird auf Sauerstoff unter Bildung von Wasserstoffperoxid übertragen [B2]. Unter dem Einfluss eines weiteren Enzyms, der *Peroxidase*, wird nun ein Redoxindikator, der sich in reduzierter Form auf dem Teststreifen befindet (Leukofarbstoff), vom Wasserstoffperoxid zur blauen Form oxidiert.
Der blaue Farbstoff zeigt auf dem gelben Trägerpapier des Teststreifens eine grüne Mischfarbe. Durch die Intensität des gebildeten Farbstoffs auf den Teststreifen kann man deshalb auch halbquantitative Rückschlüsse auf den Massenanteil der im Urin vorhandenen Glucose ziehen. Man kennt keine andere im Harn vorkommende chemische Verbindung, die den Nachweis stören könnte. Der Test ist somit eindeutig.

Keto-Endiol-Tautomerie und Fehling-Probe

Aus Fructose-Molekülen können in alkalischer Lösung Glucose-Moleküle gebildet werden. Die Hydroxid-Ionen katalysieren eine intramolekulare Umlagerung unter Protonenwanderung und Elektronenverschiebung (Keto-Endiol-Tautomerie; Tautomerie von griech. to auton meros, der selbe Anteil). Die Keto-Endiol-Tautomerie wird meist verkürzt als Keto-Enol-Tautomerie bezeichnet. Es stellt sich ein Gleichgewicht ein, in dem die Glucose überwiegt [B3].
Führt man die Fehling-Probe mit Glucose und dann mit Fructose durch, erhält man jeweils ein positives Ergebnis. Dies wird dadurch erklärt, dass das in der alkalischen Lösung vorliegende Anion des Endiols zum D-Glucoson (2-Ketoglucose) reagiert [B4].

V1 Silberspiegelprobe (Tollens-Probe)

Material:
5 Reagenzgläser, Becherglas (250 ml) für ein Wasserbad, Gasbrenner, Dreifuß mit Drahtnetz, Spatel, Thermometer, Tollens-Reagenz (Silbernitrat-Lösung $w = 1\%$), verdünnte Ammoniak-Lösung ($w = 15\%$), Glucose, Fructose, Maltose, Saccharose

Durchführung:
Lösen Sie in vier Reagenzgläsern jeweils eine Spatelspitze der Zucker in je 2 ml Wasser. Geben Sie in einem weiteren Reagenzglas zu etwa 5 ml Silbernitrat-Lösung tropfenweise so viel Ammoniak-Lösung, bis sich der gebildete, grauweiße Niederschlag gerade wieder aufzulösen beginnt. Fügen Sie jetzt etwas von dieser frischen Lösung zu Ihren vier Zucker-Lösungen. Erwärmen Sie die Gemische einige Minuten im leicht siedenden Wasserbad (ca. 80 °C).

Aufgabe:
Erklären Sie die Ergebnisse ohne Reaktionsgleichungen zu verwenden.

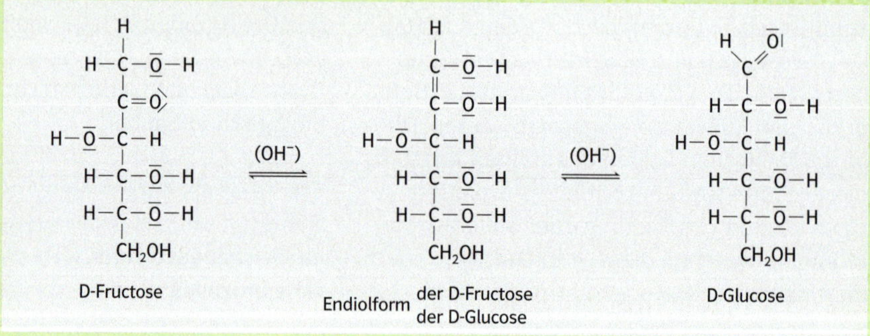

B3 *Keto-Endiol-Tautomerie*

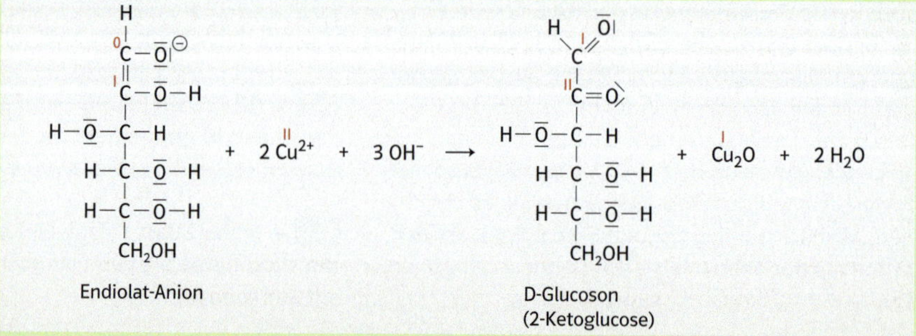

B4 *Fehling-Probe: Das Endiolat-Anion wird zum D-Glucoson oxidiert*

V2 Glucotest-Reaktion mit Fructose

Material:
Reagenzglas, Becherglas (250 ml), Reagenzglashalter, Pipette, Gasbrenner, Waage, Glucose-Teststreifen, Natronlauge (c = 0,1 mol/l), Fructose, Essigsäure (c = 0,1 mol/l), Universalindikatorpapier

Durchführung:
Lösen Sie 0,5 g Fructose in 5 ml Wasser. Prüfen Sie nun die Spezifität der Glucotest-Reaktion, indem Sie einen Teststreifen in die Lösung halten und nach der angegebenen Gebrauchsanweisung abwarten, ob eine Verfärbung eintritt. Fügen Sie nun 1 ml Natronlauge hinzu und erhitzen Sie die Lösung ca. 4 min unter ständiger Bewegung vorsichtig mit dem Gasbrenner (Hinweis: Die Lösung darf nicht sieden!).
Lassen Sie dann abkühlen und neutralisieren Sie anschließend durch tropfenweise Zugabe von Essigsäure. Prüfen Sie nach jeder Zugabe den pH-Wert der Flüssigkeit mit einem Stück Indikatorpapier. Wiederholen Sie mit der jetzt pH-neutralen Flüssigkeit den Glucotest.

Aufgabe:
Erklären Sie das Ergebnis der Glucotest-Reaktion.

V3 Unterscheidung von Glucose und Fructose

Material:
2 Reagenzgläser, Reagenzglashalter, Pipette, Gasbrenner, Seliwanow-Reagenz (10 mg Resorcin in 20 ml Salzsäure (w ≈ 10 %) lösen und mit 40 ml Wasser verdünnen), Glucose, Fructose, Glucose-Teststreifen

Durchführung:
Lösen Sie jeweils eine Spatelspitze Glucose und Fructose in je 3 ml Wasser und testen Sie die Lösungen mit dem GOD-Test. Geben Sie dann zu beiden Lösungen je 5 ml Seliwanow-Reagenz und erwärmen Sie vorsichtig einige Minuten lang mit dem Gasbrenner. (*Hinweis*: Die Lösung darf nicht sieden!)

Aufgabe:
Notieren Sie, mit welchem strukturellen Merkmal der Glucose bzw. Fructose das Versuchsergebnis in Zusammenhang stehen könnte.

Hinweis:
Fructofuranose-Moleküle spalten beim Erhitzen in saurer Lösung drei Wasser-Moleküle ab. Das Reaktionsprodukt heißt 5-Hydroxymethylfurfural. Es reagiert mit Resorcin und Sauerstoff aus der Luft zu einem roten Farbstoff.

V4 Benedict- oder Fehling-Probe

Material:
6 Reagenzgläser, Becherglas (250 ml) für ein Wasserbad, Gasbrenner, Dreifuß mit Drahtnetz, Spatel, Thermometer, Benedict-Reagenz, Glucose, Fructose, Maltose, Saccharose, Blüten der Goldnessel oder anderer ungiftiger, nicht geschützter Pflanzen, Benedict-Reagenz (bestehend aus einer Mischung von verdünnter Kupfer(II)-sulfat-Lösung und einer Lösung mit Natriumcitrat und Natriumcarbonat), Fehling-Lösungen I und II

Durchführung:
Lösen Sie in verschiedenen Reagenzgläsern jeweils eine Spatelspitze der Zucker in je 2 ml Wasser und stellen Sie sie beiseite. Geben Sie in ein Reagenzglas einige Blüten und etwas Wasser und schütteln Sie.
Benedict-Probe: Fügen Sie ca. 4 ml Benedict-Reagenz zu jeder Probe. Erwärmen Sie die Gemische jeweils einige Minuten im nahezu siedenden Wasserbad (ca. 80 °C).
Fehling-Probe: Mischen Sie gleiche Anteile der Fehling-Lösungen I und II. verfahren Sie dann damit wie bei der Benedict-Probe.

Aufgabe:
Erklären Sie die Ergebnisse der Experimente mithilfe von Reaktionsgleichungen (Formeln).

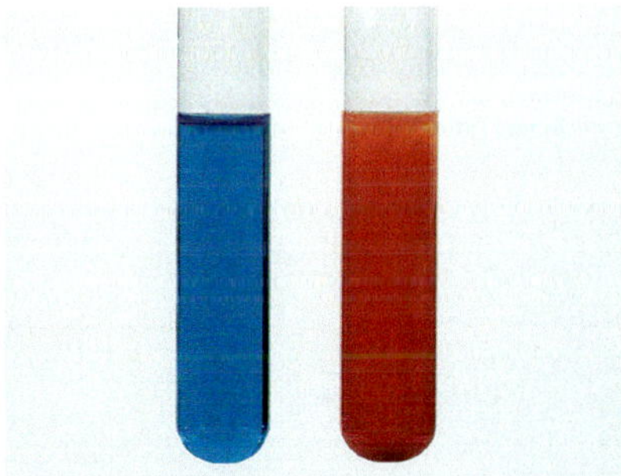

B5 Die Benedict-Probe bzw. die Fehling-Probe ist positiv, wenn nach dem Erhitzen ein ziegelroter Niederschlag auftritt

V5 Halbacetalstruktur der Glucose

Material:
Waage, 2 Reagenzgläser, Spatel, Stoppuhr, Pipette, Glucose, Propanal-Lösung (w = 1 %), Fuchsinschweflige Säure

Durchführung:
Lösen Sie 0,5 g Glucose in 50 ml Wasser. Geben Sie dann zu der frisch bereiteten Glucose-Lösung sowie zu der Propanal-Lösung je 5 Tropfen Fuchsinschweflige Säure. Messen Sie dann sofort die Zeit bis zum Beginn der Farbveränderung.

Aufgabe:
Begründen Sie anhand der Molekülstrukturen von Glucose und Propanal, weshalb die Reaktionen unterschiedlich schnell verlaufen.

10.12 Strukturen der Aminosäuren

IEP Isoelektrischer Punkt (Kap. 10.13)

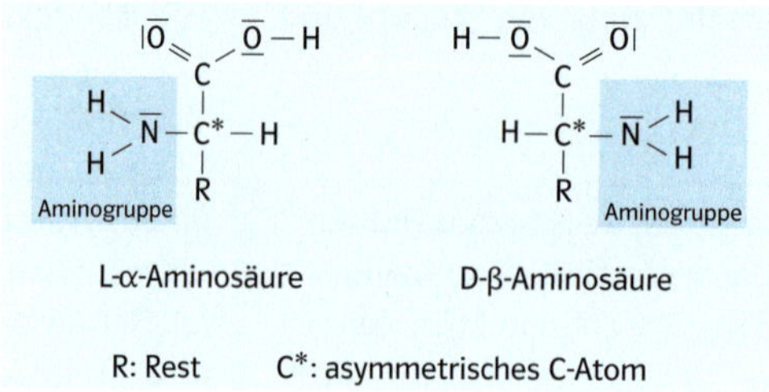

B1 *Fischer-Projektionsformeln stereoisomerer α-Aminosäuren*

Aromatische Aminosäuren Phenylalanin, Tyrosin und Tryptophan enthalten aromatische Ringe. Aromaten werden in Kapitel 5 behandelt.

Aminosäuren kommen vor allem als Bausteine von Proteinen in allen Zellen vor. Essenzielle Aminosäuren kann ein Organismus nicht selbst herstellen, sie müssen daher mit der Nahrung aufgenommen werden.

Allgemeiner Aufbau. Wie der Name andeutet, enthalten Aminosäure-Moleküle neben einer Carboxygruppe auch mindestens eine Aminogruppe. Dabei ist zumindest eine NH_2-Gruppe jeweils an das C-Atom gebunden, das der Carboxygruppe benachbart ist [B1, B2]. Dieses C-Atom wird auch α-C-Atom genannt, die entsprechend gebauten Aminosäuren heißen α-Aminosäuren bzw. mit systematischem Namen 2-Aminosäuren. Die biologisch relevanten Aminosäuren unterscheiden sich nur durch die Reste (R) in den Molekülen. Wie sehen nun diese Reste aus? Die Reste sind in B2 jeweils blau hinterlegt. Sie können eine oder auch mehrere verschiedene funktionelle Gruppen enthalten. Je nach Rest werden neutrale, saure und basische Aminosäuren unterschieden.

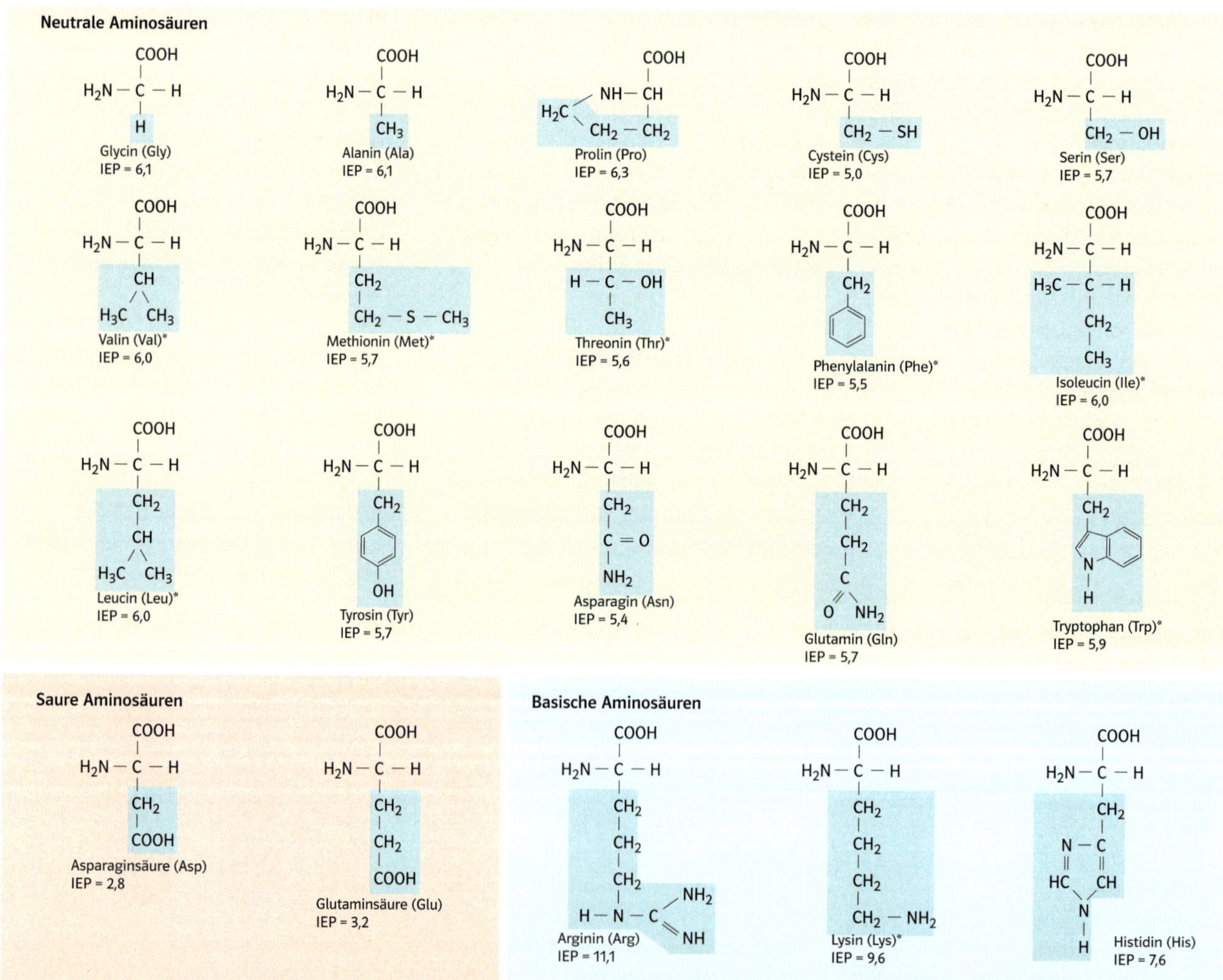

B2 *Die 20 häufig in Proteinen vorkommenden L-Aminosäuren (Acht sind essenziell und mit einem Stern gekennzeichnet.)*

Die einfachste Aminosäure ist das Glycin. In diesem Fall besteht der Rest nur aus einem Wasserstoff-Atom. In allen anderen Aminosäure-Molekülen sind die α-C-Atome durch die gebundenen Reste *asymmetrisch* substituiert. Daher sind diese Moleküle chiral und optisch aktiv. In der Natur kommt von den beiden möglichen D- und L-Enantiomeren fast nur die L-Form vor, bei der in der Fischer-Projektion die Aminogruppe am α-C-Atom nach links zeigt [B2].

Zwitterionen. Vergleicht man eine Stoffportion einer beliebigen Aminosäure mit Kochsalz, so stellt man optisch kaum Unterschiede fest. Beides sind kristalline Feststoffe [B4]. Beide können in wässriger Lösung den elektrischen Strom leiten. Diese Eigenschaften können auf der Teilchenebene erklärt werden. Kochsalz und Aminosäuren sind ionisch aufgebaut. In den Aminosäuren liegen jedoch keine einzelnen positiv bzw. negativ geladenen Ionen vor, sondern *Zwitterionen* [B3]. Aminosäure-Moleküle enthalten zwei verschiedene funktionelle Gruppen, die Amino- und die Carboxygruppe. Die saure Carboxygruppe wirkt als Protonendonator, die Aminogruppe als Protonenakzeptor. Es kommt zu einer *intramolekularen* Protonenübertragung [B3].

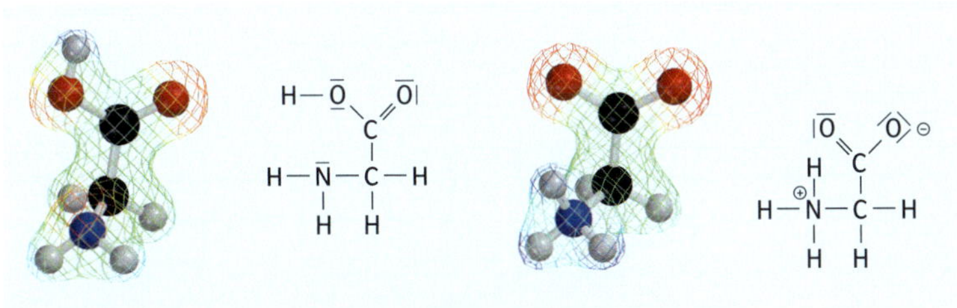

B3 *Teilchenebene: Glycin, nichtionische Form (links), zwitterionische (rechts) mit Gitternetz für die Ladungsverteilung auf der Oberfläche*

Die Zwitterionen des Glycins können gegenüber Teilchen anderer Stoffe in Abhängigkeit von den Reaktionsbedingungen als Protonendonator bzw. -akzeptor wirken. Sie sind somit **Ampholyte und können als Teilchen eines Puffersystems wirken**. Unter alkalischen Bedingungen wirkt das Zwitterion als Säure, es wird ein Glycin-Anion gebildet. In saurem Milieu wird das Zwitterion protoniert, es entsteht ein Glycin-Kation [B5]. Dieses Beispiel zeigt die Bedeutung des Struktur-Eigenschafts-Konzeptes: Die Struktur und die Anordnung der Atome in den Aminosäure-Molekülen (Teilchenebene) sind Ursache für die Eigenschaften der Aminosäuren (Stoffebene).

Aminosäure-Moleküle sind Zwitterionen. Sie können als Ampholyte reagieren.

B4 *Stoffebene: Aminosäure-Portion und Kochsalz-Portion*

Alkalische Bedingungen:

$$H_3N^+{-}CH_2(COO^-){-}H + OH^- \rightleftharpoons H_2N{-}CH_2(COO^-){-}H + H_2O$$

$$\begin{array}{c} COO^- \\ | \\ H_3N^+ - C - H \\ | \\ H \end{array} + OH^- \rightleftharpoons \begin{array}{c} COO^- \\ | \\ H_2N - C - H \\ | \\ H \end{array} + H_2O$$

Saure Bedingungen:

$$\begin{array}{c} COO^- \\ | \\ H_3N^+ - C - H \\ | \\ H \end{array} + H_3O^+ \rightleftharpoons \begin{array}{c} COOH \\ | \\ H_3N^+ - C - H \\ | \\ H \end{array} + H_2O$$

B5 *Intermolekulare Säure-Base-Reaktionen der Zwitterionen des Glycins*

A1 Erläutern Sie, warum Arginin, Lysin und Histidin zu den basischen Aminosäuren gezählt werden.

A2 Erklären Sie, in welchem Sinne es sich bei Methionin und Cystein um besondere Aminosäuren handelt.

A3 Im Zentralnervensystem spielen D-Asparaginsäure und D-Serin eine wichtige Rolle. Zeichnen Sie ihre Strukturformeln in der Fischer-Projektion.

A4 MK Recherchieren Sie die Bedeutung des Begriffs proteinogene Aminosäuren und bereiten Sie zu dem Thema eine kleine Präsentation vor.

Exkurs

10.13 Der isoelektrische Punkt

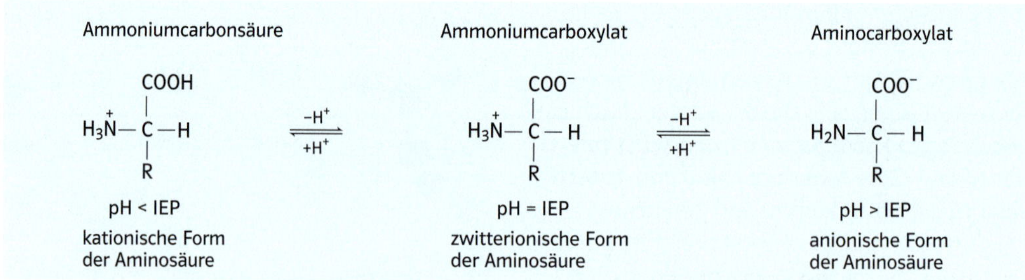

B1 *Ampholytisches Verhalten von Aminosäuren in Lösungen mit unterschiedlichen pH-Werten*

Aminosäuren sind aufgrund ihrer funktionellen Gruppen mindestens bifunktionell. Da die Carboxygruppe sauer und die Aminogruppe basisch reagieren können, sind Aminosäuren Ampholyte. Im festen Aggregatzustand führt dies dazu, dass die Aminosäuren in Form von zwitterionischen Ammoniumcarboxylaten vorliegen und somit stabile Kristallgitter ausbilden.

Aminosäuren in Lösungen mit verschiedenen pH-Werten. Werden Aminosäuren in eine wässrige Lösung gegeben, ist der pH-Wert dieser Lösung dafür ausschlaggebend, welche Protonierungen bzw. Deprotonierungen in den Aminosäure-Molekülen erfolgen [B1]. Ist die Lösung stark sauer, z. B. pH < 2, liegt die Carboxygruppe und nicht die Carboxylatgruppe vor. Auch die Aminogruppe ist unter diesen Bedingungen protoniert. Das bedeutet, es liegen *Ammoniumcarbonsäure-Moleküle* vor [B1]. In saurer Lösung überwiegt also die *kationische* Form der Aminosäure-Ionen. Sind neben der Aminogruppe am α-C-Atom weitere protonierbare Gruppen vorhanden, wie z. B. eine weitere Aminogruppe oder Hydroxygruppe (Kap. 10.12, B2), dann sind diese in saurer Lösung ebenfalls protoniert.

Bei einem hohen pH-Wert (pH > 12) sind die Carboxygruppen vollständig deprotoniert, es sind nur noch Carboxylatgruppen vorhanden. Die vorliegenden Ionen sind *Aminocarboxylate* [B1], d. h., in *alkalischer Lösung* überwiegt die anionische Form. Sind in den Resten R der Aminosäure-Moleküle weitere deprotonierbare Gruppen vorhanden, so liegen auch diese deprotoniert vor. Beispielsweise ist im Asparaginsäure-Molekül eine zweite Carboxygruppe vorhanden (Kap. 10.12, B2).
Es ist naheliegend, dass es auch einen pH-Wert geben muss, bei dem Aminosäuren in wässriger Lösung in Form von Zwitterionen vorliegen. Die Ladung der Moleküle ist nach außen hin 0 und somit tragen sie auch nicht zu einer elektrischen Leitfähigkeit bei. Diesen pH-Wert nennt man **isoelektrischen Punkt (IEP)**. Der IEP ist eine charakteristische Kenngröße für Aminosäuren, er variiert in Abhängigkeit von den Eigenschaften der Reste.

Der IEP ist der pH-Wert, bei dem die Aminosäuren in Form von Zwitterionen vorliegen. Bei einem pH-Wert < IEP liegen die Aminosäuren vorwiegend in der kationischen Form vor, bei einem pH-Wert > IEP liegen sie vorwiegend in anionischer Form vor.

A1 Begründen Sie, warum Glycin bei einem pH-Wert von 6,1 die geringste elektrische Leitfähigkeit hat.

A2 MK **a)** Recherchieren Sie die isoelektrischen Punkte folgender Aminosäuren: Asparaginsäure, Glutaminsäure, Arginin und Lysin.
b) Leiten Sie aus dem Vergleich der Werte eine allgemeingültige Regel über die Lage der isoelektrischen Punkte (IEP-Werte) ab.
c) Tyrosin hat außer der Carboxygruppe eine zweite funktionelle Gruppe, die ein Proton abgeben kann. Stellen Sie die Protolyse dieser zweiten Gruppe mit Strukturformeln dar und erklären Sie, dass Tyrosin dennoch als neutrale Aminosäure gilt (IEP = 5,7).

A3 Zeichnen Sie die Strukturformel der vorherrschenden Teilchenart von Asparaginsäure bei folgenden pH-Werten:
a) pH = 1, **b)** pH = 3, **c)** pH = 10.

Exkurs

10.14 Trennung von Aminosäuren

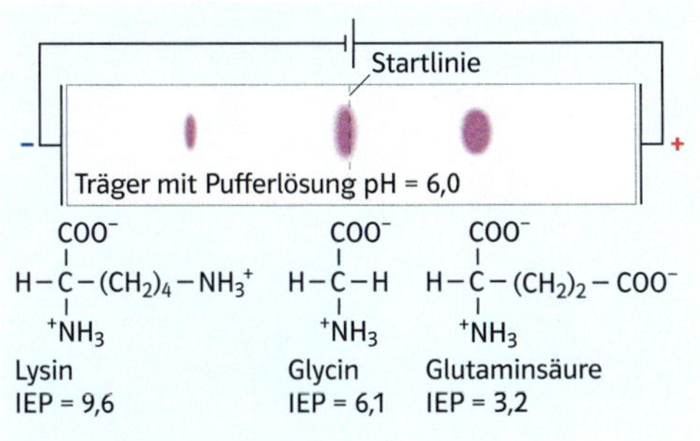

B1 *Auftrennung eines Lysin-Glycin-Glutaminsäure-Gemisches bei einem pH-Wert von 6*

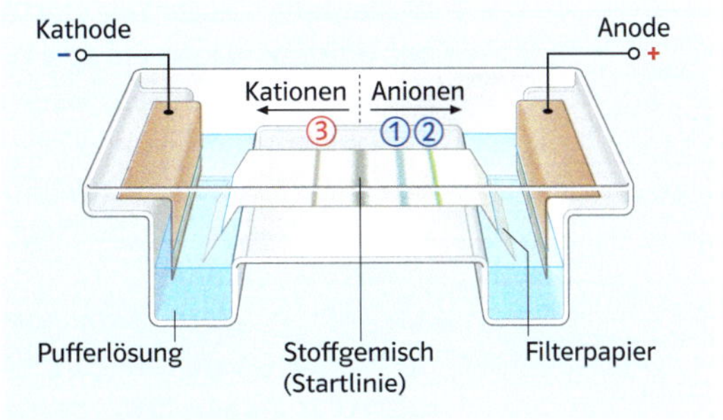

B2 *Papierelektrophorese – Schema*

Elektrophorese eines Aminosäuregemisches:

Während Aminosäure-Molekül 3 positiv geladen ist, tragen Aminosäure-Molekül 1 und 2 negative Überschussladungen. Aminosäure-Molekül 2 wandert schneller als Aminosäure-Molekül 1.

Elektrophorese. Legt man eine Gleichspannung an eine wässrige Lösung, die Ionen enthält, so bewegen sich die Ionen jeweils in die Richtung der Elektrode mit entgegengesetztem Vorzeichen. Die Geschwindigkeit dieser Ionenwanderung ist abhängig vom Betrag der Ladung und vom Radius der Ionen. So können die verschiedenen Ionen eines Stoffgemisches getrennt werden. Dieses Trennverfahren nennt man *Elektrophorese*.

Damit die getrennten Ionen fixiert und ggf. später isoliert werden können, arbeitet man nicht in wässriger Lösung, sondern mit einem Träger (saugfähiger Papierstreifen oder Gel). Dieser wird mit einer Lösung mit konstantem pH-Wert (Pufferlösung) versetzt.

Um beispielsweise ein Aminosäuren-Gemisch zu trennen, trägt man es auf die Mitte des Trägers auf und legt dann eine Gleichspannung an [B1, V1]. Wenn die Aminosäure-Moleküle als Zwitterionen vorliegen, findet keine Wanderung im elektrischen Feld statt. Daher wählt man meistens den pH-Wert so, dass er etwa gleich dem IEP einer Aminosäure ist, von der man weiß, dass sie in dem Gemisch enthalten ist. So kann man für die Trennung eines Lysin-Glycin-Glutaminsäure-Gemisches [B1, V1] den pH-Wert pH = 6 wählen, den IEP von Glycin. Glycin wandert dann also praktisch nicht im elektrischen Feld.

Lysin liegt als Kation vor und wandert daher zum Minuspol. Glutaminsäure liegt dagegen in der anionischen Form vor, wandert also zum Pluspol. Um die farblosen Aminosäuren nach Beendigung der Trennung sichtbar zu machen, werden sie mit dem Nachweisreagenz **Ninhydrin** besprüht, mit dem sie eine blauviolette Verbindung bilden.

Da auch Protein-Moleküle unterschiedliche elektrische Ladungen und charakteristische IEP-Werte besitzen, können sie ebenfalls elektrophoretisch getrennt werden. Die wichtigste Anwendung der Elektrophorese in der medizinischen Routinediagnostik ist die Untersuchung der Proteine des *Blutserums*.

Die Elektrophorese ist ein analytisches Verfahren, bei dem die unterschiedlichen Wanderungsgeschwindigkeiten und Wanderungsrichtungen von Ionen in einem elektrischen Feld zu deren Trennung genutzt werden.

V1 Man gibt eine Pufferlösung mit dem pH-Wert pH = 6 in die Elektrophoresekammer, schneidet einige Streifen saugfähigen Papiers zurecht und markiert mit einem Bleistift die Mitte. Die mit der Pufferlösung befeuchteten Streifen legt man in die Kammer ein. Auf die Markierungen gibt man jeweils etwas Lösung, die Glycin, Lysin und Glutaminsäure enthält (jeweils $w \approx 1\%$), und legt eine Gleichspannung von $U = 300\,V$ an. Nach ca. 30 min entnimmt man den ersten Streifen und weitere nach je 5 min. Nach dem Trocknen der Streifen an der Luft besprüht man diese mit Ninhydrin-Lösung (Abzug!) und legt sie dann bei einer Temperatur von $\vartheta = 100\,°C$ für 3 min in den Trockenschrank.

A1 ○ Ein Gemisch aus den Aminosäuren Glycin, Glutaminsäure und Lysin wird bei pH = 6 der Elektrophorese unterworfen [B1]. Geben Sie die Wanderungsrichtung der einzelnen Aminosäure-Moleküle an und begründen Sie sie.

Blutzellen u. a. Leukocyten und Erythrocyten
↑
Blut
↓
Blutplasma (flüssiger Teil) enthält u. a. Proteine, Vitamine, Nährstoffe und Elektrolyte
↓
Blutserum Blutplasma ohne Gerinnungsfaktoren (z. B. Calcium-Ionen und Fibrin)

10.15 Aminosäuren im Alltag

Himbeerlimonade

Nährwertangaben pro 100 ml	
Energiewert 19,8 kcal	(84,3 kJ)
Eiweiß	0 g
Kohlenhydrate	4,5 g
davon Zucker	4,5 g
Fett	0 g
davon gesättigte Fettsäuren	0 g
Balaststoffe	0 g
Natrium	< 0,003 g

Zutaten: Wasser, Zucker, Kohlensäure, Säuerungsmittel, Zitronensäure, Süßungsmittel (Cyclamat, Aspartam – enthält eine Phenylalaninquelle, Acesulfam und Saccharin), Himbeer-Aroma, Farbstoff E 124.

***B1** Lebensmittel mit Vermerk „Phenylalanin-Quelle"*

Phenylalanin. Diese Aminosäure zählt wegen ihres Restes zu den *aromatischen Aminosäuren.* Sie spielt in der Ernährung eine wichtige Rolle. Deshalb steht auf vielen Lebensmittel der Vermerk: „Enthält eine Phenylalaninquelle" [B1].

Dieser Hinweis ist wichtig für Menschen mit Phenylketonurie (PKU). Da die Betroffenen Phenylalanin nicht enzymatisch abbauen können, steigt die Konzentration der Aminosäure im Blut an. Unbehandelt führt dies zu schweren geistigen Entwicklungsstörungen. Die Phenylketonurie erhielt ihren Namen durch die Phenylketone, die mit dem Urin ausgeschieden werden. Der Guthrie-Test, bei dem die Abbauprodukte im Urin nachgewiesen werden, war die erste Screening-Untersuchung (Filteruntersuchung) bei Neugeborenen in Deutschland. Heute erfolgt die Diagnose über eine Tandem-Massenspektrometrie an einer Blutprobe aus der Ferse. Eine rechtzeitig begonnene eiweißarme Diät kann die Folgen der Phenylketonurie verhindern, muss aber lebenslang eingehalten werden.

A1 ○ Beschreiben Sie, wodurch sich ein Phenylalanin-Molekül von einem Alanin-Molekül unterscheidet.

A2 ◒ MK Recherchieren Sie, welchem Zweck der Guthrie-Test dient.

Glutamate. Glutamate sind die Salze der Glutaminsäure. Sie spielen im Nervensystem als Neurotransmitter eine wichtige Rolle und sind nach neueren Forschungen auch für die Lern- und Gedächtnisleistung von großer Bedeutung.
Am Anfang des 20. Jahrhunderts entdeckte der japanische Forscher Kikunae Ikeda (1864 – 1936), dass Natriumglutamat einen anderen Geschmack hat als die bis dahin bekannten Geschmacksrichtungen süß, sauer, bitter und salzig. Er nannte die neue Geschmacksrichtung *„umami"* (jap. für herzhaft, wohlschmeckend). Sie stellt die fünfte mithilfe der Zunge wahrgenommene Geschmacksrichtung dar. Diese Eigenschaft des Natriumglutamats führte dazu, dass es als E 621 als *Geschmacksverstärker* in vielen Fertigprodukten eingesetzt wird [B3]. Die Verwendung von Natriumglutamat in der Lebensmittelindustrie wird sehr kontrovers diskutiert.

Kritiker meinen, dass Natriumglutamat möglicherweise die natürliche Geschmacksempfindung stört oder durch eine den Appetit anregende Wirkung zu Übergewicht führen kann.

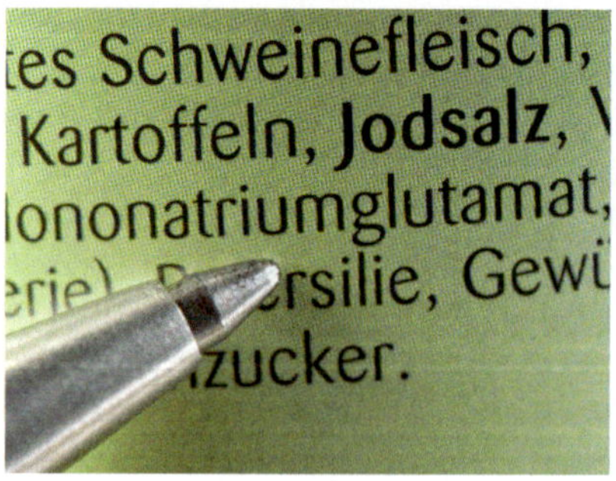

***B3** „Glutamat" in der Zutatenliste*

A3 ◒ MK In vielen Lebensmitteln findet man auf der Zutatenliste „Hefeextrakt".
Recherchieren Sie, aus welchen Gründen den verschiedenen Lebensmitteln Hefeextrakt zugesetzt wird.

***B2** Ein nicht übertriebener Muskelaufbau ist wichtig*

Lysin. Im Körper wird die essenzielle Aminosäure Lysin für den Muskelaufbau und den Aufbau anderer Aminosäuren benötigt [B2]. Manche Bodybuilder nehmen diese und weitere Aminosäuren zu sich mit dem Ziel, dass ihre Muskeln schneller wachsen. Sinnvoller ist es, Aminosäuren über eiweißreiche Lebensmittel aufzunehmen [B4].

Lysin ist auch am Knochenwachstum, an der Zellteilung und an der Wundheilung beteiligt. Gelegentlich wird Lysin gegen Herpes empfohlen, da es die Aminosäure Arginin verdrängt, die Viren zum Wachstum benötigen. Lysin gehört zu den wichtigsten Inhaltsstoffen in Nährstofflösungen für künstliche Ernährung und beschleunigt die Wirkung mancher Schmerzmittel.

***B4** Eiweißreiche Lebensmittel*

A4 ○ Nennen Sie Bereiche, in denen Lysin eingesetzt wird.

A5 ● Ist es sinnvoll, Lysin über Nahrungsergänzungsmittel zu sich zu nehmen? Begründen Sie Ihre Meinung.

10.16 Peptide und Peptidbindung

Proteine, auch Eiweiße genannt, sind polymere Verbindungen aus Aminosäuren (Kap. 10.12).

Peptidbindung (Peptidgruppe). Bei der Proteinsynthese werden die Aminosäure-Moleküle durch *Peptidbindungen* miteinander verknüpft. Die α-Aminogruppe des einen Aminosäure-Moleküls reagiert dabei jeweils mit der Carboxygruppe eines anderen Aminosäure-Moleküls [B1], wobei unter Abspaltung eines Wasser-Moleküls eine Peptidbindung entsteht. Es handelt sich um eine *Kondensationsreaktion*. Durch *Hydrolyse* (Rückblick), können Peptid-Moleküle wieder in Aminosäure-Moleküle gespalten werden. Die Peptidbindung ist identisch mit der Amidbindung (Kap. 9.3).

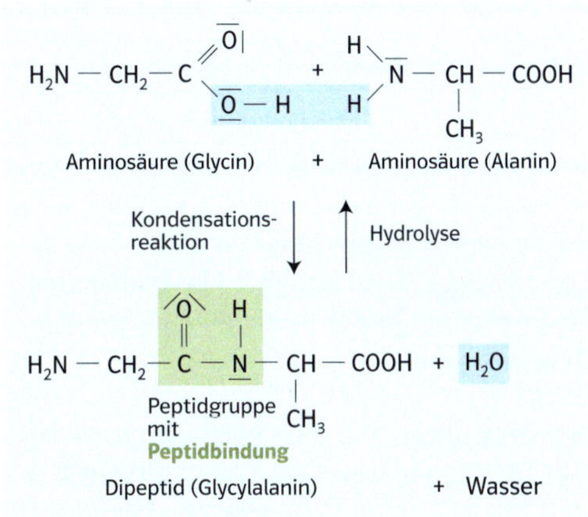

B1 Kondensationsreaktion zweier Aminosäuren und Hydrolyse eines Dipeptids

	C-N-Bindungsabstand
Peptidbindung	132 pm
Amin, z. B. Ethylamin	147 pm

B2 Die Peptidbindung ist im Vergleich zur C-N-Bindung in Aminen verkürzt

Räumlicher Bau. Röntgenstrukturanalysen zeigen, dass der C-N-Bindungsabstand in der Peptidbindung im Vergleich zu den Aminen verkürzt ist [B2]. Zudem befinden sich alle an der Peptidbindung beteiligten Atome in einer Ebene, und es herrscht keine freie Drehbarkeit um die C-N-Bindungsachse. Beide Befunde lassen sich nur damit erklären, dass die Bindung einen gewissen Doppelbindungscharakter besitzt, der durch das Konzept der Mesomerie (Kap. 7.2) gut beschrieben wird. Die Elektronen sind delokalisiert, und der Bindungszustand kann durch zwei mesomere Grenzformeln dargestellt werden [B3].

Peptide und Polypeptide. Aminosäure-Polymere werden auch Peptide genannt. Ein *Dipeptid* wird aus zwei, ein *Tripeptid* aus drei Aminosäure-Molekülen gebildet usw. Beträgt die Anzahl der Bausteine weniger als 10, wie z. B. in B4, so spricht man auch von *Oligopeptiden*, bei mehr als 10 von *Polypeptiden*. Polypeptide, die eine biologische Funktion im Organismus haben und deren Moleküle aus mehr als 100 Aminosäureeinheiten bestehen, werden meist *Proteine* genannt. Diese Einteilung wird allerdings nicht streng gehandhabt.

Reagieren zwei Aminosäure-Moleküle in einer Kondensationsreaktion miteinander, so entsteht eine Peptidbindung. Durch Hydrolyse kann das Peptid-Molekül wieder in die Aminosäure-Moleküle gespalten werden.

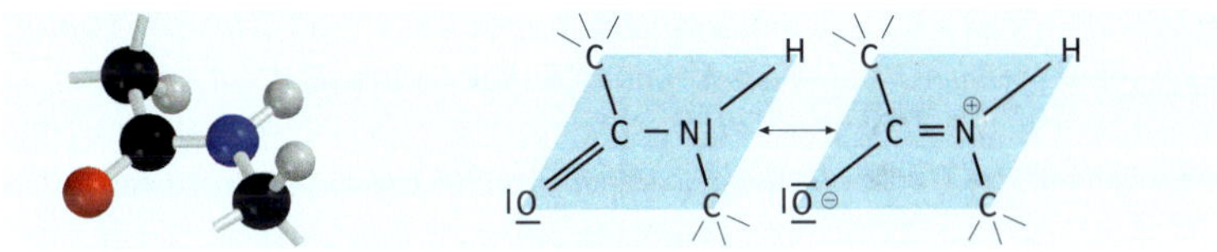

B3 Mesomere Grenzformeln der Peptidgruppe

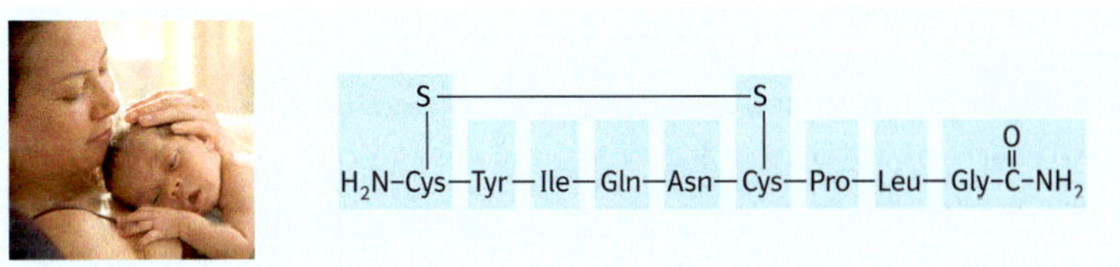

B4 Oxytocin, ein Wehen auslösendes Hormon. Das Molekül ist aus 9 Aminosäuren aufgebaut; die freie Carboxygruppe (rechts) ist verändert

A1 Vergleichen Sie die Kondensationsreaktion, die zu einer Peptidbindung führt [B2] mit der Bildung einer Esterbindung (Rückblick). Suchen Sie nach Gemeinsamkeiten und Unterschieden.

A2 Zeichnen Sie die Halbstrukturformel oder Skelettformel des Oligopeptids Oxytocin [B4]. Nutzen Sie dazu Kap. 10.12, B2.

A3 Zeichnen Sie die Halbstrukturformeln aller Dipeptide, die aus den Aminosäuren L-Alanin und L-Glycin gebildet werden können.

A4 Aus Hexandisäure (HOOC-$(CH_2)_4$-COOH) und 1,6-Diaminohexan (H_2N-$(CH_2)_6$-NH_2) kann ein Kunststoff entstehen. Die Verknüpfung erfolgt wie bei der Peptidbindung. Zeichnen Sie einen Ausschnitt.

10.17 Struktur von Peptiden und Proteinen

H_2N … Asp—Pro—Ala—Arg—Ser—Tyr—Val—His—Glu—Phe—Lys—Gly—Asn—Ile … COOH

B1 *Beispiel für eine Aminosäuresequenz, die mit Kürzeln dargestellt ist*

Bändermodelle (Ribbons) sind die am häufigsten benutzten Modelle für dreidimensionale Darstellungen von Proteinstrukturen. Sie stellen die Abfolge der Peptid-Gruppen (die Peptidkette) ohne die daran gebundenen Seitenketten dar. α-Helixstrukturen erscheinen dabei als gewendelte Bänder, β-Faltblattstrukturen als Pfeile und ungeordnete Teile als dünne Röhren [B2, B4].

Helix von giech. helix, Spirale. Spiralförmige oder schraubenförmige Struktur, auch *helicale* Struktur

Bei Proteinen unterscheidet man bis zu vier Ebenen der Molekülstruktur: Die **Primär-**, die **Sekundär-**, die **Tertiär-** und bei manchen die **Quartärstruktur**.

Primärstruktur. Proteine bestehen aus Polymer-Molekülen, deren Bausteine Aminosäuren sind. Die Reihenfolge der einzelnen durch Peptidbindung verknüpften Aminosäuren, die das Protein aufbauen, bezeichnet man als Primärstruktur. Die Primärstruktur ist somit identisch mit der **Aminosäuresequenz** des Proteins.

Um die Darstellung der Primärstruktur zu vereinfachen, verwendet man für die am Aufbau beteiligten Aminosäuren die aus drei Buchstaben bestehenden Kürzel (Kap. 10.12). Definitionsgemäß wird die Aminosäuresequenz so dargestellt, dass die freie Aminogruppe (N-terminales Ende) links steht und die Aminosäure mit der freien Carboxygruppe (C-terminales Ende) rechts [B1].

Unter der Primärstruktur eines Proteins versteht man seine Aminosäuresequenz.

Sekundärstruktur. Die Sekundärstruktur eines Proteins beschreibt räumliche Strukturelemente, die sich regelmäßig wiederholen. Die molekularen Ursachen für diese Regelmäßigkeit sind die Wasserstoffbrücken, die zwischen der C=O- und der N–H-Gruppe einer anderen Peptidgruppe auftreten. Da in Proteinen sehr viele Wasserstoffbrücken auftreten, führt dies zu einem sehr starken Zusammenhalt im Molekül.

Bei sehr großen Aminosäureresten ordnet sich die Polymerkette bevorzugt als **α-Helix** an. Dabei windet sich das Molekül schraubenförmig um seine Längsachse. Diese Wendel wird durch intramolekulare Wasserstoffbrücken zwischen den Peptidbindungen zusammengehalten. Die α-Helix ist rechtsgängig, d.h. die Windungen der Proteinkette sind wie bei einem Korkenzieher angeordnet, die Aminosäurereste weisen nach außen [B2].

Die **β-Faltblattstruktur** beruht auf intramolekularen Wasserstoffbrücken zwischen nebeneinanderliegenden Abschnitten einer Peptidkette. Die Aminosäurereste stehen dabei abwechselnd oberhalb und unterhalb der Peptidgruppenebene [B3]. Häufig treten in einem Protein-Molekül mehrere Bereiche mit α-Helices und β-Faltblattstrukturen nebeneinander auf [B4].

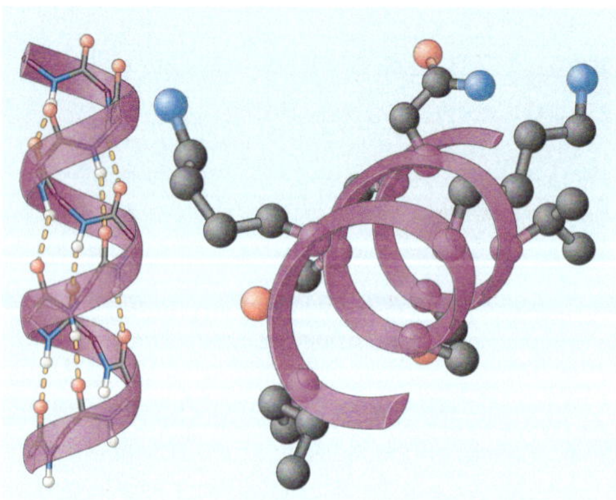

B2 *Die α-Helix wird durch Wasserstoffbrücken zwischen den Peptidbindungen stabilisiert (links), Schrägeinblick in Richtung der Längsachse der α-Helix (rechts); Kombination von Bänder- und Kugel-Stab-Modell*

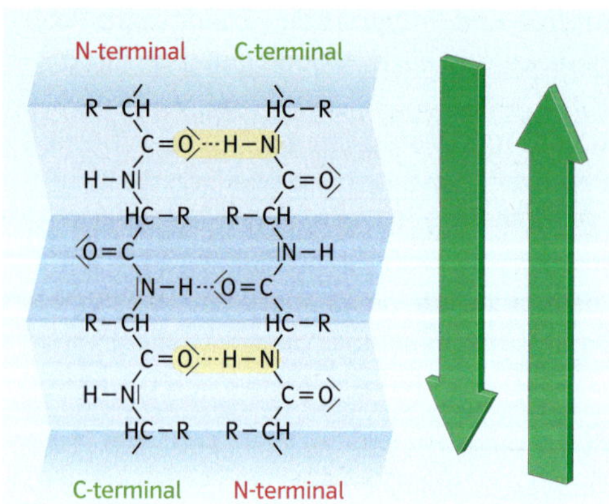

B3 *β-Faltblatt – unterschiedliche Darstellungsmöglichkeiten: Formeldarstellung (links), Bändermodell (rechts)*

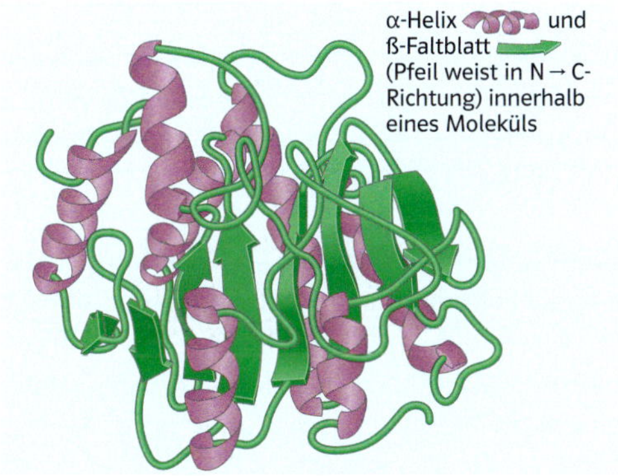

B4 Protein-Molekül mit α-Helices und β-Faltblattstrukturen

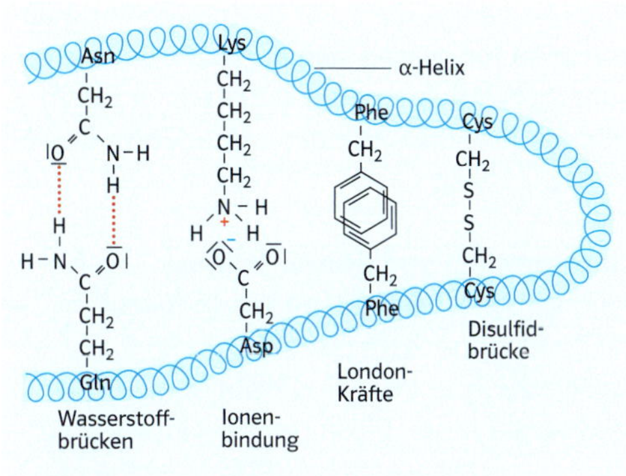

B5 Tertiärstruktur einer α-Helix. Verschiedene Wechselwirkungen können daran beteiligt sein

Der Rest des Protein-Moleküls bildet strukturell vielgestaltige Bereiche mit Schlaufen oder spiraligen Strukturen, die nicht durch eine einheitliche Bindungsart zwischen Abschnitten des Protein-Moleküls stabilisiert werden.

Die Sekundärstruktur eines Proteins beruht auf Wasserstoffbrücken zwischen Peptidgruppen. Die beiden Hauptformen sind α-Helix und ß-Faltblattstruktur.

Tertiärstruktur. Um die räumliche Anordnung aller Atome eines Proteins zu erklären, muss man die Wechselwirkungen zwischen den Aminosäureresten, d.h. den Seitenketten, berücksichtigen [B5]. Für die Ausbildung der Tertiärstruktur sind unterschiedliche Formen von Bindung bedeutsam:

Echte Bindungen
1. Disulfidbrücken: Sie entstehen, wenn zwei Cysteinreste miteinander reagieren.
2. Ionenbindung zwischen funktionellen Gruppen

Zwischenmolekulare Kräfte
3. Wasserstoffbrücken
4. London-Kräfte

Quartärstruktur. Bilden mehrere Protein-Moleküle eine gemeinsame Funktionseinheit, spricht man von einer Quartärstruktur. Dabei werden die einzelnen Proteinketten durch die gleichen Bindungskräfte zusammengehalten wie bei einer Tertiärstruktur. Das bekannteste Beispiel für ein Molekül mit Quartärstruktur ist das Hämoglobin [B6].

Die Tertiärstruktur eines Proteins gibt die räumliche Anordnung eines biologisch aktiven Proteins an. Sie beruht auf Wechselwirkungen zwischen Aminosäureresten. Bei einer Funktionseinheit aus mehreren Molekülen spricht man von einer Quartärstruktur.

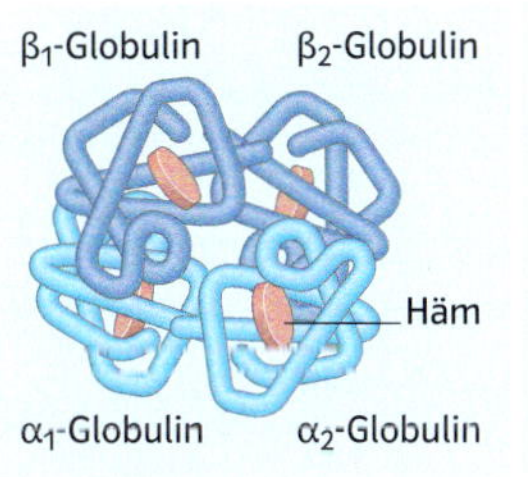

Das Hämoglobin besteht aus vier Protein-Untereinheiten, an die zusätzlich je eine Hämgruppe gebunden ist. In dessen Zentrum befindet sich ja ein Fe^{2+}-Ion. Nur diese Struktur kann Sauerstoff-Atome reversibel binden.

B6 Hämoglobin, Quartärstruktur

A1 ○ Zeichnen Sie die Strukturformel des Tetrapeptids mit folgender Primärstruktur: Ala – Ser – Arg – Trp.

A2 ● Ein Dipeptid ist aus den Aminosäuren Lysin und Valin (Lys – Val) aufgebaut. Begründen Sie, an welchem Stickstoff-Atom bevorzugt eine Protonierung stattfinden wird.

A3 ◒ MK Recherchieren Sie im Internet, welche Proteine einen besonders hohen α-Helix- bzw. β-Faltblattanteil haben.

A4 ◒ MK Informieren Sie sich über die Krankheit Kuru. Beschreiben Sie die Ursache und Symptome der Krankheit.

10.18 Proteinstrukturen im Alltag

B1 *Lockenwickler beim Umformen der Haare*

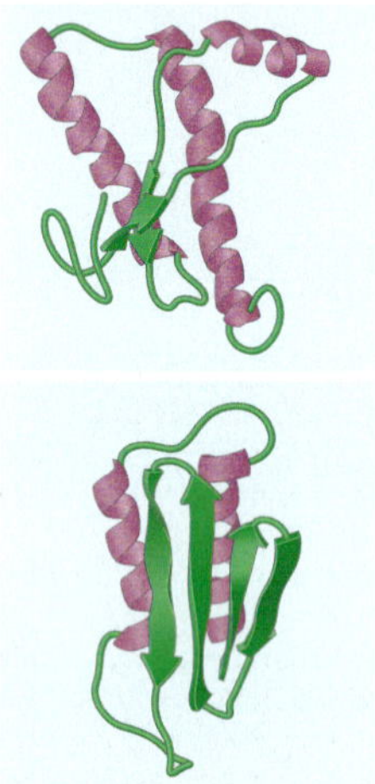

B2 *Protein normal (oben), krankheitsauslösend (unten)*

Viele Vorgänge, die beim Umformen von Haaren ablaufen, lassen sich durch die Veränderung der Proteinstruktur erklären. Im Gehirn können Proteine mit bestimmter Form Krankheiten auslösen.

Haarformung und Proteinstruktur. Haare sind sehr elastisch, besonders in feuchtem Zustand. Unter Zugbelastung wandelt sich die α-Helixstruktur des Keratins in eine β-Faltblattstruktur um. Diese Umwandlung erfolgt nur im feuchten Zustand, da in diesem Fall durch Anlagerung von Wasser-Molekülen Bindungen zwischen ionischen Gruppen (z.B. Ammonium- und Carboxylatgruppen) und Wasserstoffbrücken zwischen polaren Gruppen gelöst werden. Wird das Haar getrocknet, werden neue Bindungen und Wasserstoffbrücken zwischen benachbarten Proteinfäden ausgebildet. Die Veränderung bleibt bestehen, auch wenn die Zugbelastung nachlässt. Durch Einwirken von Feuchtigkeit wird sie jedoch wieder rückgängig gemacht, die ursprüngliche α-Helixstruktur entsteht wieder. Föhnfrisuren sind nicht wetterbeständig.

Die Verformung der Haare nach dem Dauerwellverfahren [B1] beruht darauf, dass Disulfidbrücken zwischen zwei Cystein-Bausteinen von demselben oder von zwei verschiedenen Peptidsträngen geöffnet und nach gewünschter Formgebung der Haare neu geschlossen werden. Davon sind etwa 20 % der im Haar vorhandenen Disulfidbrücken betroffen. *Im Gegensatz zur Föhnwelle werden Elektronenpaarbindungen verändert.* Die so erzielten Frisuren sind daher wetterfest und einige Monate haltbar.

Beim Dauerwellverfahren laufen Redoxprozesse ab. Als Reduktionsmittel wird in den meisten Fällen eine alkalische Lösung von Ammoniumthioglykolat ($HS-CH_2-COO^-NH_4^+$) mit einem pH-Wert zwischen 7,5 und 8,5 eingesetzt. Als Oxidationsmittel („Fixiermittel") wird Wasserstoffperoxid-Lösung (w = 1 bis 2 %) verwendet. Die Prozesse bei der Erzeugung einer Dauerwelle lassen sich in drei aufeinander folgende Abschnitte gliedern [B3].

a) Öffnen der Disulfidbrücken:

Disulfidbrücke; Haar

Reduktionsmittel („Wellmittel"): Ammoniumthioglykolat

$$\text{Cys}-S-S-\text{Cys} + HS-CH_2-COO^-\,NH_4^+ \longrightarrow \text{Cys}-SH + HS-\text{Cys} + NH_4^+\,{}^-OOC-CH_2-S-S-CH_2-COO^-\,NH_4^+$$

(mit $NH_4^+\,{}^-OOC-CH_2-SH$ +)

b) Legen der neuen Frisur und Ausspülen von überschüssigem Wellmittel.

c) Schließen der Disulfidbrücken unter Verknüpfung von Cystein-Einheiten, die durch das Legen der Frisur in die gewünschte Position gebracht werden:

Oxidationsmittel („Fixiermittel"): Wasserstoffperoxid

$$\text{Cys}-SH + HS-\text{Cys} + H_2O_2 \longrightarrow \text{Cys}-S-S-\text{Cys} + 2\,H_2O$$

B3 *Prozesse bei der Erzeugung einer Dauerwelle*

BSE. Ende des 20. Jahrhunderts beunruhigte eine rätselhafte Krankheit bei Rindern die Bevölkerung. Als Symptome traten u.a. Störungen des Bewegungsapparates und Schreckhaftigkeit auf. Es wurde gar von *Rinderwahnsinn* gesprochen. Der wissenschaftliche Name lautet BSE (Bovine Spongiforme Encephalopathie). Der Name beruht auf der Entdeckung, dass bei infizierten Rindern die Gehirnmasse schwammartig perforiert ist.

Untersuchungen ergaben, dass die Ursache für diese Krankheit, die auch auf den Menschen übertragbar zu sein scheint, Proteine sind. Daher fasste man BSE mit vergleichbaren Krankheiten wie Scrapie (Schaf) oder Creutzfeld-Jakob-Krankheit (Mensch) unter dem Begriff *Prionenerkrankungen* zusammen. Prion leitet sich aus dem Englischen ab (**pro**tein infect**ion** particle) und bedeutet soviel wie infektiöses Protein. Das Protein existiert in einer normalen, gesunden Konformation und in einer krankheitsauslösenden. Der Unterschied liegt lediglich in der Sekundärstruktur.

Während bei der Konformation in gesunden Tieren der α-Helix-Anteil überwiegt, ist bei der krankheitsauslösenden Variante des Proteins der β-Faltblattanteil im Molekül unnormal hoch [B2]. Die Prionentheorie ist immer noch umstritten, ebenso wie die Gefahr der Übertragung auf den Menschen durch den Verzehr von Fleisch infizierter Rinder.

10.19 Eigenschaften und Nachweis von Proteinen

Bezeichnung	Beispiele	Eigenschaften	Vorkommen
globuläre Proteine (kugelförmig)	Albumine	löslich in verdünnten Salzlösungen (Albumine auch in Wasser), daher eher reaktionsfreudig (Gerinnung bei relativ niedrigen Temperaturen, ca. 70 °C)	Eiklar, Blut, Fleischsaft, in Milch, Kartoffeln
	Globuline		Eiklar, Blutplasma (Fibrinogen, Immunglobuline), Muskeln, Milch Pflanzensamen
Skleroproteine (fibrillär, faserförmig)	Kollagene	unlöslich in Wasser und in Salzlösungen, daher schwer verdaulich	Haut (Bindegewebe, Immunglobuline), Knorpel, Knochen,
	Keratine		Federn, Haare, Nägel, Naturseide

B1 *Vorkommen und Eigenschaften einiger wichtiger Proteine*

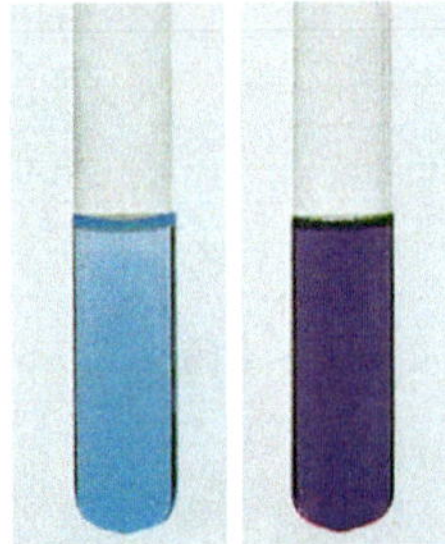

B2 *Biuret-Reaktion. Violettfärbung von Kupfer(II)-sulfat-Lösung weist Eiweiß nach*

Im Organismus erfüllen Proteine verschiedene *Funktionen. Dazu besitzen sie* verschiedene *Eigenschaften*. Auf Unterschieden in Löslichkeit und Molekülstruktur beruht die Einteilung in **globuläre** und **fibrilläre Proteine** [B1].

Der Tyndall-Effekt. Bestrahlt man eine klare Protein-Lösung im abgedunkelten Raum mit einem dünnen Lichtstrahl [V1], erkennt man in der Protein-Lösung einen deutlich abgegrenzten „Lichtstreifen". Der Tyndall-Effekt zeigt, dass Protein-Lösungen kolloidale Lösungen sind.

Farbreaktionen. Trotz der sehr unterschiedlichen Eigenschaften können all diese Proteine mit den gleichen Reaktionen nachgewiesen werden, da sie als Aminosäure-Polymere mit ihren Peptidgruppen grundsätzlich den gleichen Aufbau besitzen Proteine können durch bestimmte Farbreaktionen erkannt werden. Die bekannteste Reaktion ist die **Biuret-Reaktion** [B2]. Dabei erhält man im Alkalischen nach Zugabe von Kupfer(II)-sulfat-Lösung zu einer Eiweiß-Lösung eine violette Lösung [V3].

Bei der **Ninhydrin-Reaktion** wird eine wässrige Protein- oder Aminosäure-Probe mit einer Ninhydrin-Lösung versetzt und erwärmt. Nach kurzer Zeit tritt eine Violettfärbung als positiver Nachweis auf. Ninhydrin reagiert nur mit freien Aminogruppen. Diese sind bei langkettigen Polypeptiden kaum vorhanden. Daher ist der Nachweis für Proteine nur dann positiv, wenn kurze Oligopeptide vorliegen. Da im Schweiß Aminosäuren vorkommen, können diese mit Ninhydrin reagieren und Finger- bzw. Handabdrücke sichtbar machen [V3, B3].

Proteine zeigen spezifische Farbreaktionen.

Kolloid von griech. kolla, der Leim und griech. eidos, die Form, das Aussehen

Kolloidale Lösung Liegen in einer Lösung Teilchen oder Teilchenverbände mit einer Größe von 1 bis 1000 nm vor, spricht man von einer kolloidalen Lösung.

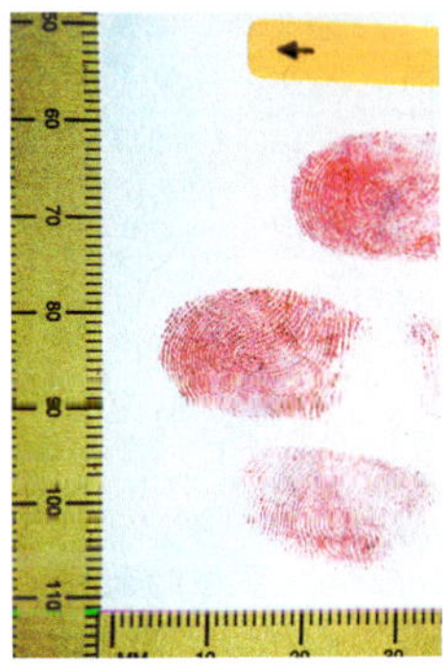

B3 *Ninhydrin macht Fingerabdrücke sichtbar*

V1 Stellen Sie durch Lösen von 0,5 g Gelatine in 200 ml warmem Wasser eine Protein-Lösung her. Kleben Sie auf eine Taschenlampe eine Lochmaske (Lochdurchmesser ca. 0,5 cm). Nach dem Verdunkeln des Raums bestrahlen Sie die Lösung von der Seite mit dem gebündelten Strahl der Lampe.

V2 Versetzen Sie 10 ml einer möglichst klaren Protein-Lösung mit 10 ml Natronlauge ($w = 3\,\%$). Anschließend geben Sie einige Tropfen einer verdünnten Kupfer(II)-sulfat-Lösung (Fehling-I-Lösung) dazu.

V3 Besprühen Sie einen Finger- oder Handabdruck auf Papier mit Ninhydrin-Lösung ($w = 0{,}5\,\%$) und trocknen Sie das Papier im Trockenschrank (ca. 80 °C) oder mit einem Fön.

10.20 Denaturierung von Proteinen

B1 *Käseherstellung*

Die Veränderung der räumlichen Struktur eines Proteins bezeichnet man als **Denaturierung**. Häufig geht dabei auch die biologische Funktion des Proteins verloren. Dabei sind die Sekundär-, Tertiär- und damit evtl. auch die Quartärstruktur betroffen. Die Primärstruktur ändert sich dabei meist nicht. Eine Proteindenaturierung ist meistens ein nicht umkehrbarer Vorgang. Verschiedene Bedingungen führen zur Denaturierung von Proteinen.

Hitze. Durch Hitze werden Disulfidbrücken, Ionenbindungen, Wasserstoffbrücken und London-Kräfte gespalten und es bilden sich Bindungen bzw. Anziehungskräfte zwischen anderen Bereichen der Moleküle aus. Dadurch ändert sich sowohl die räumliche Struktur innerhalb eines Protein-Moleküls als auch zwischen den Molekülen. Durch diese Prozesse kommt es beispielsweise zu den Veränderungen beim Braten von Eiern [B2].

Änderung des pH-Wertes. Durch die Protonierungen der Seitenketten bei Säurezugabe ändern sich schlagartig die elektrischen Ladungsverhältnisse, sodass viele Bindungen (insbesondere die Ionenbindungen) gespalten werden. Ein bekanntes Phänomen dafür ist das *Koagulieren* (Flockigwerden) des Milchproteins, wenn Milch sauer wird.

B2 *Braten von Spiegeleiern*

Salze und Ethanol. Durch Salzzugabe kommt es zwischen Protein-Molekülen und Ionen der Salze zur Konkurrenz um die hydratisierenden Wasser-Moleküle. Bei hoher Salzkonzentration stehen daher nicht mehr genügend Wasser-Moleküle für die Hydratisierung der Proteine zur Verfügung. Dadurch können sie nicht mehr in Lösung gehalten werden und fallen aus (*Aussalzen*). Da zudem die Strukturen aufgrund der Konkurrenz um Wasserstoffbrücken zerstört werden, kommt es dabei auch zur Denaturierung. In ähnlicher Weise bewirken Ethanol-Moleküle durch ihre polaren Hydroxygruppen eine Störung der Wasserstoffbrücken. Auf diesen Vorgängen beruht die Konservierung von proteinhaltigen Nahrungsmitteln und auch die desinfizierende Wirkung von Ethanol. Die Proteine der Mikroorganismen verlieren durch die geänderte Struktur ihre lebensnotwendige Funktion.

Reduktionsmittel. Auch die in Kap. 10.18 beschriebenen Vorgänge bei der Haarformung sind Denaturierungsprozesse. Beim Dauerwellverfahren werden Disulfidbrücken *durch die Wirkung eines Reduktionsmittels* gespalten. Dies ist durch Oxidation umkehrbar.

Schwermetall-Ionen bilden mit Aminosäure-Anionen Ionenbindungen und stören so die elektrostatischen Wechselwirkungen. Dadurch ändert sich die Tertiärstruktur von Proteinen. Darauf beruht u.a. die hohe Giftigkeit von Blei- und Quecksilber-Salzen. Auch *radioaktive Strahlung* kann zur Denaturierung von Proteinen führen.

Denaturierung von Nahrungsmitteln. Bei der Zubereitung von Nahrungsmitteln und bei ihrer lebensmitteltechnologischen Herstellung nutzt man Denaturierungsprozesse. Proteine, die mit der Nahrung aufgenommen werden, können nur dann von Enzymen abgebaut und verdaut werden, wenn sie zuvor durch Hitze (z. B. Kochen) oder Säure (Salzsäure des Magens) denaturiert wurden. Beim Braten von Fleisch z. B. entsteht aus den Kollagen-Molekülen des Bindegewebes durch Denaturierung Gelatine, die das Fleisch zart macht. Bei der Käseherstellung [B1] werden die Caseine der Milch entweder durch Säure oder Labenzym ausgefällt (*Dicklegen*). Weitere Beispiele sind das Aufschlagen von Eiklar und das Aufschäumen von Milch. Hier erfolgt eine *mechanische Denaturierung* unter Lufteinschluss.

Bei der Denaturierung kommt es zu einer meist nicht umkehrbaren Veränderung der räumlichen Struktur der Proteine.

V1 Verrühren Sie das Eiklar eines Hühnereies mit 200 ml Wasser und filtrieren Sie die Lösung. Geben Sie in Einzelversuchen zu je 5 ml des Filtrats:
a) 3 ml Salzsäure (c = 1 mol/l),
b) 10 ml Ethanol, **c)** 2 g Ammoniumsulfat,
d) 5 ml Kupfer(II)-sulfat-Lösung (w = 2 %).

A1 ● MK **a)** Recherchieren Sie, welche Schutzfunktion Fieber für den Menschen hat.
b) Begründen Sie, weshalb hohes Fieber über eine längere Zeitspanne lebensgefährlich sein kann.

10.21 Neue Proteine aus Bestandteilen der Nahrung

B1 Tofu enthält Bausteine, aus denen unser Körper Haare aufbaut

Lebensmittel	Proteingehalt	Biologische Wertigkeit
Eier (Vollei)	12%	100
Vollmilch	3,5%	86
Rindfleisch	21%	86
Fisch	19%	83
Sojabohnen	31%	72
Hülsenfrüchte	24%	30
Kartoffeln	2%	90

B2 Durchschnittliche „Biologische Wertigkeiten" verschiedener Lebensmittel

B3 Sojabohne

Unser Proteinstoffwechsel ist ein komplexer Baukasten mit vielen Möglichkeiten.

Herstellung körpereigener Proteine. Mit der Nahrung nehmen wir verschiedene pflanzliche und tierische Proteine auf, die aber keine besondere Funktion im menschlichen Körper übernehmen können, d.h., sie müssen zerlegt und zu neuen Proteinen zusammengesetzt werden.

Zunächst werden die Proteine durch die Verdauungsvorgänge wieder in ihre Bausteine, die Aminosäuren, zerlegt. Über das Blut können diese anschließend in die verschiedenen Zellen transportiert und dann an den *Ribosomen* zu körpereigenen Stoffen neu zusammengesetzt werden. Die Information, nach welchem Bauplan diese Verknüpfung zu einem neuen Protein-Molekül geschieht, d.h. die *Aminosäuresequenz*, ist im *genetischen Code* der jeweiligen DNA festgelegt. Den gesamten Vorgang bezeichnet man als **Proteinbiosynthese**.

Biologische Wertigkeit. Wie effektiv dieser Umbau nun ablaufen kann, wird mit der *biologischen Wertigkeit* [B2] beschrieben. Als Referenzwert dient Vollei, dessen biologische Wertigkeit willkürlich gleich 100 gesetzt wurde. Je höherwertiger ein Nahrungsprotein ist, d.h., je ähnlicher es dem Bedarf des Körpers in seiner Aminosäurezusammensetzung ist, desto weniger Nahrungsprotein pro Kilogramm Körpergewicht wird benötigt, um ein Gleichgewicht zwischen Proteinabbau und -aufbau zu erreichen. Besondere Bedeutung haben dabei die **essenziellen** Aminosäuren (Kap. 10.12), die mit der Nahrung aufgenommen werden müssen, da sie nicht vom Körper synthetisiert werden können. Für die Ernährung entscheidend ist also nicht alleine die *Proteinmenge*, sondern auch die *Proteinqualität*.

Eiweißbedarf. Die Deutsche Gesellschaft für Ernährung (DGE) empfiehlt eine tägliche Eiweißaufnahme von 0,8 g pro Kilogramm Körpergewicht. Sportler und Kinder haben einen etwas höheren Bedarf. Wer regelmäßig Fleisch bzw. Fisch verzehrt, ist meist mit Protein überversorgt. Beim Abbau überschüssiger Aminosäuren stellt der Körper Harnstoff her. Dieser wird über die Niere mit dem Urin ausgeschieden. Das kann die Bildung von Nierensteinen begünstigen. Auch Osteoporose wird mit einer Überversorgung an Proteinen in Verbindung gebracht. Wer sich vegetarisch ernährt, muss auf eine ausreichende Proteinzufuhr achten, da die meisten Pflanzen deutlich weniger Proteine enthalten. Eiweißträger wie Getreide, Milch und Milchprodukte, Hülsenfrüchte [B3, B4], andere Gemüse und Eier sollten abwechslungsreich kombiniert werden.

B4 Linsen sind Hülsenfrüchte

A1 ◐ MK Recherchieren Sie, wie sich die Kombination verschiedener proteinhaltiger Lebensmittel auf deren biologische Wertigkeit auswirken kann.

A2 ● Prinzipiell ist tierisches Eiweiß hochwertiger als pflanzliches. Trotzdem bringt eine einseitige Ernährung, bei der vor allem tierische Eiweiße verzehrt werden, Nachteile mit sich. Erläutern Sie diese.

A3 ◐ MK Im Vergleich zu Fleischessern haben Vegetarier häufiger einen Lysinmangel. Recherchieren Sie
a) weshalb es bei Vegetariern zum Lysinmangel kommen kann,
b) in welchen Lebensmitteln Lysin vor allem vorkommt,
c) welche Aufgabe Lysin im menschlichen Körper hat.

10.22 Bedeutung von Proteinen

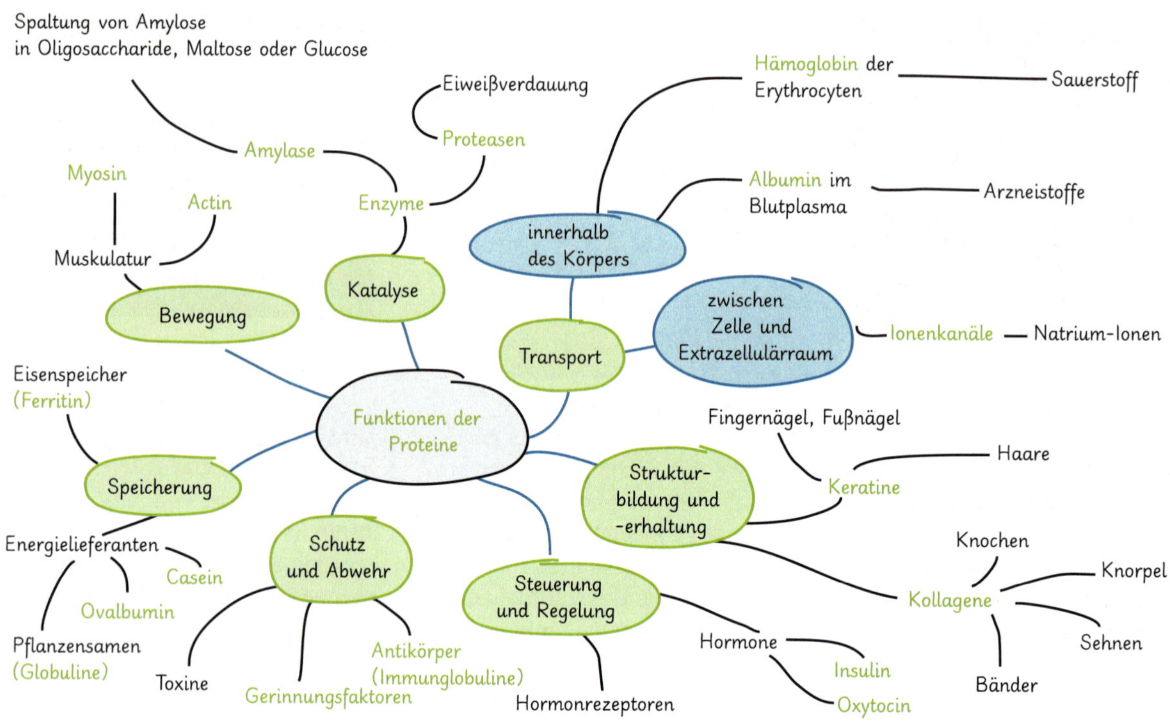

***B1** Funktionen der Proteine*

Proteine erfüllen eine Vielzahl von Funktionen in allen Lebewesen. Die wichtigsten sind in B1 genannt.
Die Konformation der Proteine – also die räumlichen Struktur – ist für die Funktionsfähigkeit sehr wichtig.

Bewirken Proteine die *Stabilität* und *Formgebung* von anatomischen Strukturen, so handelt es sich um **Strukturproteine.** Beispielsweise ist Kollagen ein wichtiger Bestandteil von Knochen und Knorpeln.

Proteine, die für die *Steuerung* und *Regelung* von Stoffwechselschritten zuständig sind, bezeichnet man als **regulatorische Proteine.** Hierzu gehören Hormone und Hormonrezeptoren. Insulin ist ein Hormon. Es sorgt für die Regulation des Blutzuckerspiegels. Insulin-Moleküle sind aus weniger als 100 Aminosäure-Molekülen aufgebaut und daher streng genommen keine Proteine, sondern Polypeptide.

Im menschlichen Körper gibt es zudem **Schutz- und Abwehrproteine**. Zu diesen zählen Gerinnungsfaktoren, die für den Wundverschluss sorgen, und Antikörper, die vor Bakterien und Viren schützen.

Die Samen vieler Pflanzenzellen enthalten **Speicherproteine**, die bei der späteren Nutzung anderer Speicherstoffe für das Wachstum des Keimlings lebensnotwendig sind.
Der wichtigste Bestandteil des Eiklars von Vogeleiern ist das Speicherprotein Ovalbumin (Massenanteil $w = 60\,\%$). Es dient den Küken kurz vor dem Schlupf als Nahrung.

Viele Stoffe werden zum Transport durch den Körper an **Transportproteine** gebunden. So bindet das Hämoglobin-Molekül Sauerstoff-Moleküle und transportiert sie von der Lunge in andere Körperteile, um die Sauerstoff-Moleküle dort wieder abzugeben.

Die Kontraktion von Muskelfasern wird durch Wechselwirkung **kontraktiler Proteine** verursacht. Auf diese Weise wird *Bewegung* möglich.

Enzyme sind Protein-Moleküle oder Moleküle mit Proteinanteil, die Stoffwechselvorgänge, z. B. Verdauungsprozesse, beschleunigen. Enzyme dienen also der *Katalyse* chemischer Reaktionen in Lebewesen. Sie werden daher oft als „Biokatalysatoren" bezeichnet.

Auch Keratine sind Strukturproteine
Keratine findet man in Federn, Haaren, Nägeln, Stacheln der Igel, Hufen, Hörnern und weiteren Naturstoffen.

A1 ● MK Recherchieren Sie die technische Verwendung von keratinhaltigen Naturstoffen.

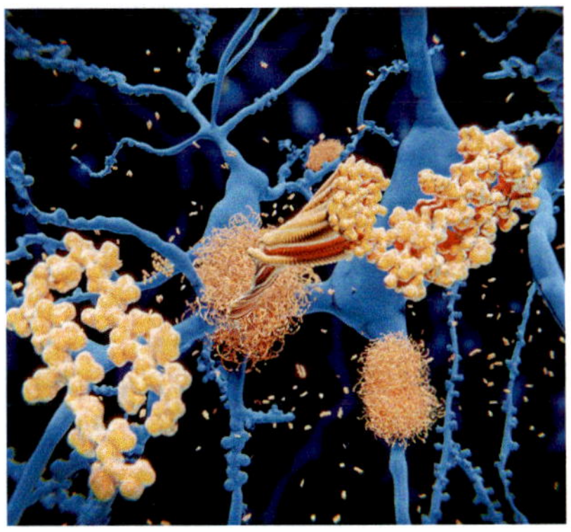

B2 *Struktur körpereigener Proteine*

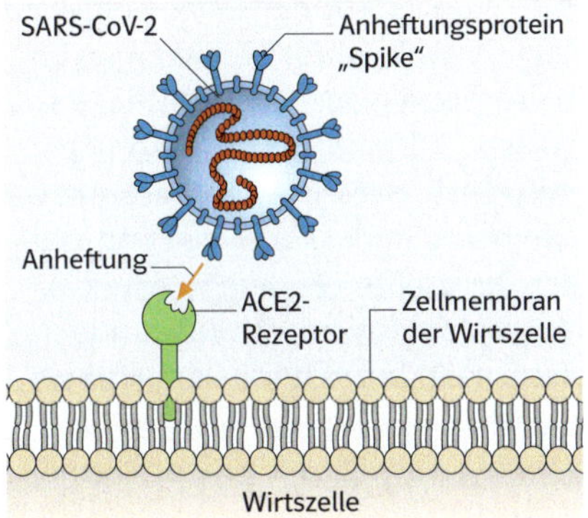

B3 *Infektion durch SARS-CoV-2*

Proteine und KI

Mithilfe von künstlicher Intelligenz (KI) kann die dreidimensionale Struktur von komplexen Proteinen [B2] exakt berechnet werden. Ausgehend von Datenbanken, in denen die Struktur bekannter Proteine abgelegt ist, ermittelt das Programm die Struktur des gewünschten Proteins und stellt sie grafisch dar. Eine erste Anwendung ist die Entwicklung pharmazeutischer Wirkstoffe.

A2 ● MK Informieren Sie sich über weitere Einsatzmöglichkeiten bzgl. Proteinen und künstlicher Intelligenz.

Proteine und Ernährung

Proteinreiche Lebensmittel sind die Basis für eine gesunde und ausgewogene Ernährung. Erwachsene sollen 0,8 g Proteine pro Kilogramm Körpergewicht zu sich nehmen, Leistungssportler sogar 2 g pro Kilogramm.

A3 ○ MK Recherchieren Sie, welche Lebensmittel besonders proteinreich sind.

A4 ◒ Begründen Sie, weshalb Leistungssportler wesentlich mehr Proteine zu sich nehmen müssen als Nicht-Leistungssportler.

Proteine und Infektionen

Das Virus SARS-CoV-2 (Severe Acute Respiratory Syndrom-Corona Virus-Type 2) löst die COVID-19-Erkrankung aus, die zu schweren Lungenentzündungen führen kann. SARS-CoV-2 gehört zur Gruppe der Corona-Viren, die sich über **Spike-Proteine** an Wirtszellen anheften. Viren benötigen zu ihrer Vermehrung tierische oder menschliche Wirtszellen. Spike-Proteine nutzen das Enzym ACE-2 auf der Zellmembran der Wirtszelle als Rezeptor [B3]. Eine hohe ACE-2-Dichte haben vor allem Zellen der Organe des Atemwegstrakts.

A5 ○ Erklären Sie, warum eine COVID-19-Infektion oft zu schweren Lungenentzündungen führt.

A6 ○ MK Informieren Sie sich über den Aufbau von Spike-Proteinen.

A7 ◒ Enzyme sind substrat- und wirkungsspezifisch. Erklären Sie die beiden Begriffe und entscheiden Sie, welche Spezifität beim Enzym ACE-2 vorliegt.

Antigene und Nachweis

Sowohl der Antigen-Schnelltest zum Nachweis von SARS-CoV-2 als auch Schwangerschafts-Schnelltests basieren auf der Immunochromatografie, nach dem Prinzip des Lateral-Flow-Tests. Dabei wird z. B. ein Antigen mit Antikörpern nachgewiesen. Durch die Kopplung der Antikörper mit Gold-Nanopartikeln entstehen farbige Banden. Im Fall des SARS-CoV-2 ist das Antigen ein Protein, welches sich im oder am Virus befindet. Für den Corona-Antigen-Schnelltest wird eine Probe im Nasen- bzw. Rachenbereich genommen. Durch Einbringen der Probe in eine Pufferlösung wird das Protein (Antigen), falls es in der Probe vorhanden ist, aus der Probe gelöst. Eine Pufferlösung wird deshalb verwendet, weil der Test nur bei einem bestimmten pH-Wert funktioniert. Die Patientenprobe-Lösung wird auf den Probenbereich getropft und wandert anschließend über das Testfeld, auf dem sich Antikörper befinden.

A8 ● MK Beschreiben Sie das Prinzip der Immunochromatografie anhand von B4.

A9 ◒ MK Stellen Sie das Ergebnis eines positiven bzw. negativen Schwangerschafts-Schnelltests mit einer beschrifteten Skizze dar.

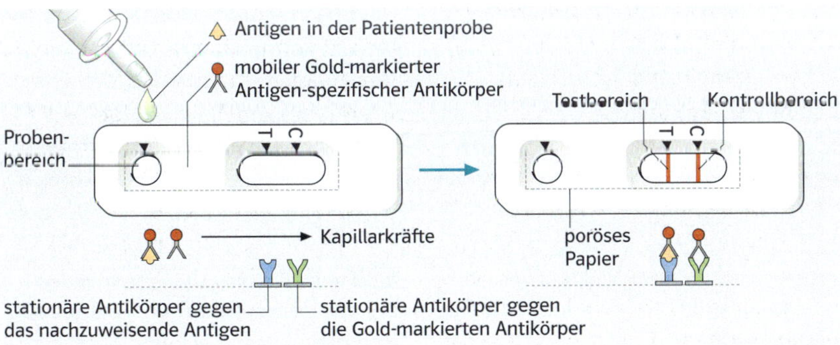

B4 *Prinzip der Immunochromatografie*

10.23 Kohlenhydrate und Proteine in der Küche

***B1** Brote werden aus dem Holzofen geholt*

Kohlenhydrate, Proteine und Fette sind die Nährstoffe in unserer Nahrung. Diese müssen meist vor dem Verzehr aufbereitet werden, um sie genießbar, das heißt verdaulich zu machen, manchmal aber auch, um einen bestimmten Geschmack hervorzurufen. Dies geschieht vor allem durch Wärmebehandlung (Garen), z. B. beim Kochen, Braten oder Backen. Bei diesen Vorgängen laufen chemische Reaktionen ab. Allgemein verändern sich aufgrund der einwirkenden Wärme die Strukturen der Makromoleküle: Proteine werden denaturiert, Inhaltsstoffe zersetzen sich und reagieren zu neuen Stoffen.

Die Teigherstellung. Einen einfachen Teig für Weizenbrot bereitet man im Wesentlichen aus Mehl, Milch oder Wasser, Salz und einem Lockerungsmittel, z. B. Hefe. Das Mehl besteht vor allem aus Stärke, Proteinen und Wasser. Der größte Teil der Proteine des Weizenmehls wird als **Gluten** (Klebereiweiß) bezeichnet. Daran haben die **Glutenine** und die **Gliadine** den größten Anteil. Die kleineren Gliadin-Moleküle liegen monomer vor, während die Untereinheiten der Glutenin-Moleküle über *Disulfidbrücken* zu größeren Einheiten verbunden sind. Die einzelnen Polypeptideinheiten sind an den Enden jeweils zu einer α-Helix geformt, während im mittleren Bereich eine weniger geordnete Struktur vorliegt [B3].

Bei der Teigherstellung nimmt Gluten unter Quellung Wasser auf, die ebenfalls enthaltene Stärke kaum. Es bildet sich ein klebriger, zäher Teig. Hierbei werden vor allem die mittleren Bereiche der Glutenin-Moleküle gedehnt. Durch ständiges Spalten und Neubilden von Disulfidbrücken entsteht ein dreidimensionales Glutenin-Netzwerk, in das die kugelförmigen Gliadin-Moleküle eingelagert sind. Sie wirken wie ein Kugellager und machen den Teig leicht verformbar. Er ist nun hochelastisch und nicht mehr klebrig. Das Netzwerk aus Protein-Molekülen im Teig umgibt die Stärkekörner. Kohlenstoffdioxid, gebildet durch das Lockerungsmittel (bei Hefezellen bis ca. 50 °C), treibt den Teig auf. Zusätzlich wird ein Teil der Stärke durch Amylase in Maltose und Glucose abgebaut.

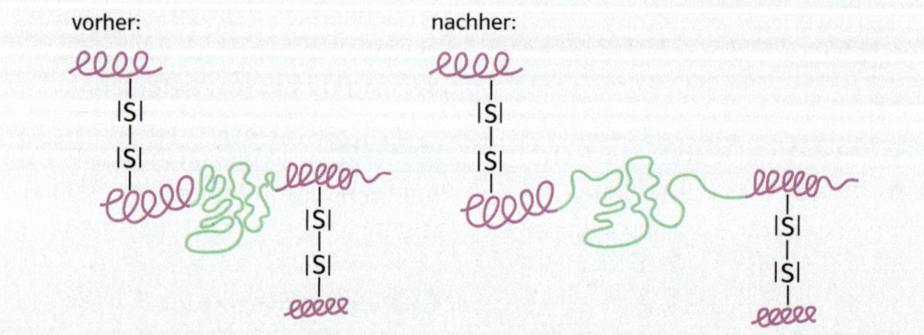

***B3** Dehnung der Glutenin-Moleküle durch den Knetvorgang*

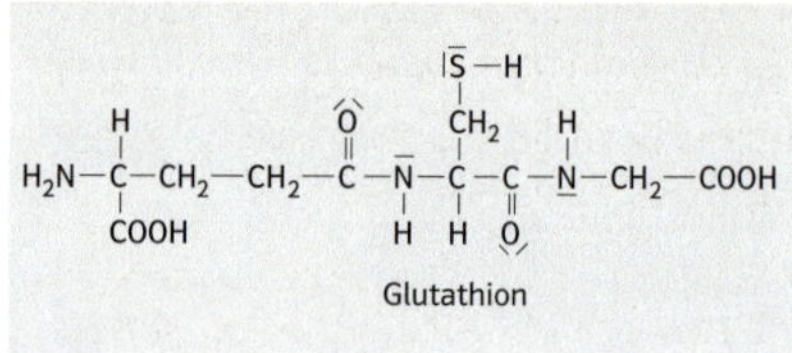

***B2** Strukturformel des Glutathion-Moleküls*

Der Backprozess. Beim Backen beginnt oberhalb von 70 °C eine Veränderung des Glutens. Die Eiweiß-Moleküle werden denaturiert, die Elastizität des Teigs sinkt. Das vorher bei der Quellung des Glutens aufgenommene Wasser wird wieder abgegeben und zum Teil durch die jetzt verkleisternde Stärke aufgenommen. Durch das Verdampfen des Wassers gewinnt der Teig an der Oberfläche zunehmend an Festigkeit, die Temperatur bleibt zunächst bei 100 °C. Um 130 °C setzt in der Kruste die Bräunung ein.

Wenn der Gehalt an **Glutathion** [B2] im Weizenmehl zu hoch ist, verhindert es ein Vernetzen der Glutenin-Untereinheiten, da es keine Netzwerke bilden kann. Dies unterbindet man durch Zugabe von Vitamin C (Ascorbinsäure). Es wird durch den im Teig eingeschlossenen Luftsauerstoff rasch oxidiert. Das entstehende Produkt (Dehydroascorbinsäure) wiederum oxidiert Glutathion, das so entfernt wird.

A1 ○ Stellen Sie die Phasen der Teigherstellung und des Backens in einem Fließschema dar.

A2 ◒ Geben Sie die Aminosäuren an, aus denen Glutathion aufgebaut ist. Formulieren Sie seine Primärstruktur in Kurzform.

Stärke wird unter Bildung von *Dextrinen* (Kap. 10.8) abgebaut und Gluten reagiert mit Kohlenhydraten in einer **Maillard-Reaktion**.

Die Maillard-Reaktion. Dies ist ein Sammelbegriff für Bräunungsreaktionen (benannt nach LOUIS MAILLARD, einem französischen Chemiker), die im Gegensatz zu den enzymatisch hervorgerufenen Bräunungsreaktionen, z. B. von angeschnittenen Äpfeln oder Bananen, bei Temperaturen oberhalb von 100 °C ohne Enzyme ablaufen.
Die Reaktion ist verantwortlich für die Aromabildung von Speisen, die gebraten, geröstet oder gekocht werden. So erhalten Kaffee, Brot oder Braten ihren Geschmack, ihre charakteristische Farbe und ihr Aroma über die Maillard-Reaktion.

Der Ablauf der Reaktion ist recht kompliziert und vielfach auch noch nicht endgültig geklärt. In einem ersten Schritt wird in einer Kondensationsreaktion ein Aminosäure-Molekül (frei oder in Proteinen) mit einem Zucker-Molekül verbunden [B6]. Aufgrund der Vielzahl der Reaktionspartner (sowohl Kohlenhydrate als auch Aminosäuren) und der zahlreichen weiteren Reaktionsschritte kommt es zur Bildung von cyclischen Verbindungen mit charakteristischem Geruch oder Geschmack [B4], sowie von braunen **Pigmenten**, den **Melanoiden**. Pigmente sind kleine unlösliche Körnchen von Farbstoffen. Das Aroma eines Lebensmittels besteht häufig aus vielen Komponenten. In gebratenem Fleisch wurden ca. 600 Aromastoffe gefunden, in Kaffee ca. 1000.

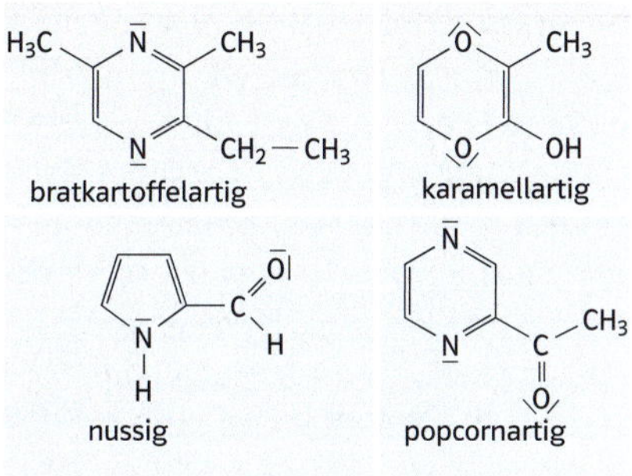

B4 *Formeln und Duftnoten einiger Aromastoffe, die bei der Maillard-Reaktion entstehen können*

B5 *Beim Braten bilden sich Röstaromen und das Fleisch wird zart*

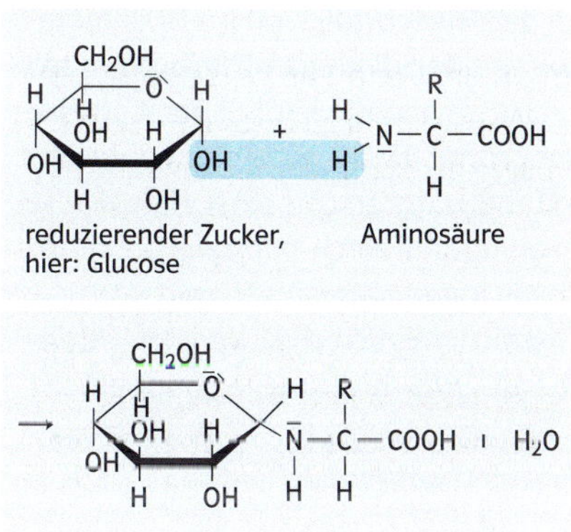

B6 *Erster Schritt der Maillard-Reaktion*

B7 *Bei der Krustenbildung reagieren Proteine mit Kohlenhydraten in einer Maillard-Reaktion*

Der Bratprozess. Vereinfacht kann man Fleisch als ein Bündel Proteinfasern betrachten. Vor dem Verzehr muss es abhängen, d.h. reifen. Dieser Prozess dauert beim Schwein ca. drei bis fünf Tage, beim Rind hingegen bis zu 14 Tagen. Dabei kommt es zur enzymatischen Umbildung der Proteinstrukturen, das Fleisch wird zarter.

Beim Braten [B5] erfolgt bei etwa 70 °C eine Hitzedenaturierung des Muskeleiweißes unter Abscheidung von Wasser. Das Fleisch verliert dabei bis zu 20 % seines Gewichts. Infolge der Denaturierung kommt es zu einer Erhöhung der Zähigkeit des Fleisches.

Bei ca. 90 °C entsteht aus den Kollagen-Molekülen des Bindegewebes Gelatine. Dadurch wird das Fleisch wieder zarter. Im Bereich von 150 °C bis 180 °C findet die Maillard-Reaktion statt. Die Produkte rufen die charakteristischen Färbungen hervor und bilden die flüchtigen und nicht flüchtigen Aromen von Gebratenem.

V1 Geben Sie in ein Reagenzglas je eine Spatelspitze der Aminosäuren Cystein, Methionin, Prolin oder Glycin und die gleiche Menge Glucose. Tropfen Sie 3 Tropfen Wasser hinzu, erwärmen sie mit dem Gasbrenner und prüfen Sie den Geruch.

A3 Bei der Oxidation von Glutathion durch Dehydroascorbinsäure entsteht ein Produkt, dessen Moleküle aus zwei Glutathion-Molekülen aufgebaut sind. Sie sind über eine Disulfidbrücke verbunden. Zeichnen Sie die Formel des Oxidationsprodukts.

A4 MK Informieren Sie sich über die Bildung des Krebs erregenden Acrylamids beim Frittieren, Braten oder Grillen und formulieren Sie eine vereinfachte Reaktionsgleichung.

10.24 Nucleinsäuren – vom Gen zum Protein

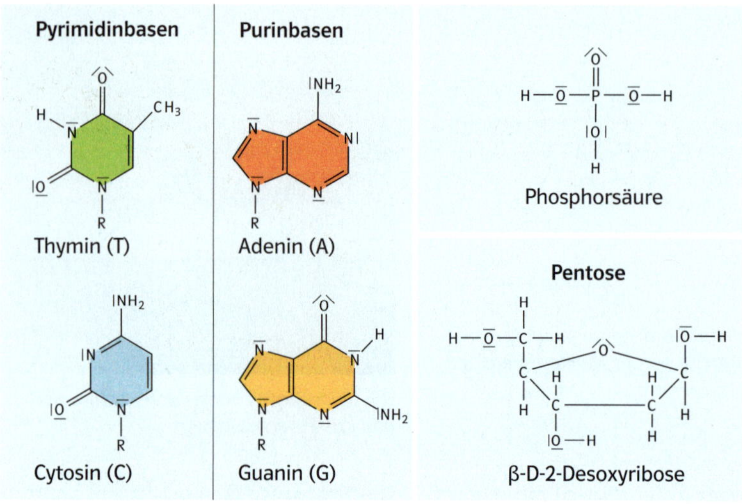

B1 *Die Bauelemente der DNA-Moleküle*

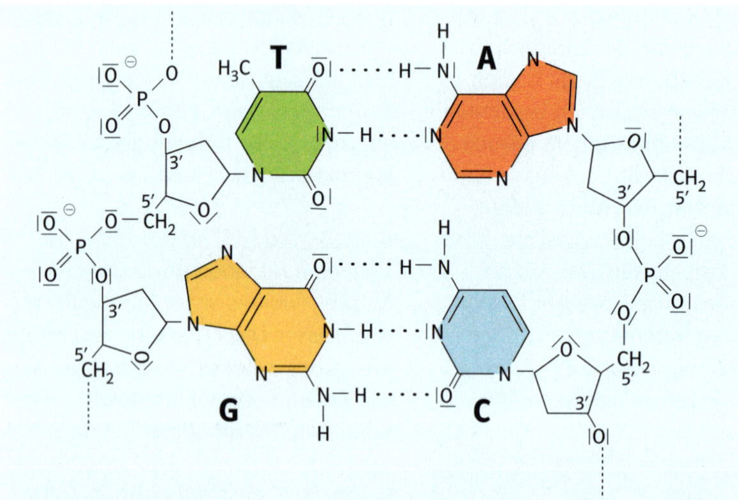

B2 *Basenpaarungen der DNA*

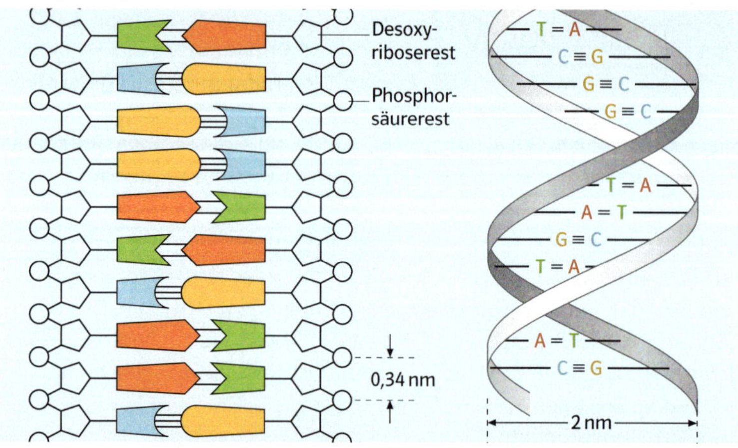

B3 *Gewundener Doppelstrang der DNA. Die beiden Stränge laufen antiparallel*

In den Zellen der Organismen liegen alle Erbinformationen gespeichert vor. Protein- und Nucleinsäure-Moleküle ermöglichen dies durch ihren Bau.

Desoxyribonucleinsäure. Die Zellkerne von Organismen enthalten *Desoxyribonucleinsäure* (DNS oder DNA). Es handelt sich um Makromoleküle, die ausgestreckt eine Länge von bis zu 1 m erreichen können. Sie sind neben den Histon-Molekülen Bestandteil der Chromosomen. Die DNA ist aus lediglich *sechs verschiedenen Bausteinen* aufgebaut: *Phosphorsäure, 2-Desoxyribose* (eine Pentose) und vier verschiedenen organischen Basen [B1], den *Pyrimidinbasen* **Thymin** und **Cytosin** und den *Purinbasen* **Adenin** und **Guanin**.

Die DNA-Stränge bestehen aus zwei gegenläufigen Molekülen. Jedes ist aus abwechselnd angeordneten Desoxyribose- und Phosphorsäure-Einheiten aufgebaut. Diese sind durch *Esterbindungen* miteinander verknüpft, woran das 3'- und das 5'-C-Atom des Pentose-Moleküls beteiligt sind. Es liegen Phosphorsäurediester vor. Jedes Pentose-Molekül ist außerdem mit einem der vier Nucleobasen-Moleküle verbunden.

Die Basen der **Nucleotide** sind im DNA-Molekül paarweise über *Wasserstoffbrücken* miteinander verbunden und wie die Sprossen einer Leiter angeordnet. Dabei entstehen aufgrund des Molekülbaus unterschiedlich viele Wasserstoffbrücken und dadurch nur ganz bestimmte Basenpaarungen (Cytosin-Guanin und Adenin-Thymin) möglich [B2]. Das DNA-Molekül ist schraubenförmig zu einer **Doppelhelix** verdreht. Es kann aus bis zu $3 \cdot 10^9$ Paaren von Nucleotiden aufgebaut sein [B3].

Die vollständige Strukturaufklärung der DNA und die Entwicklung des Doppelhelixmodells gelang 1953 James D. Watson und Francis Crick auf der Basis von Röntgenstrukturanalysen von Rosalind Franklin. Die Abfolge der Nucleobasen in DNA-Molekülen ist die stoffliche Grundlage der Erbinformationen.

Ribonucleinsäure (RNA). Neben der DNA kommt in den Zellen noch eine weitere Nucleinsäureart, die RNA, vor. Sie ähnelt im Bau der DNA, weist aber einige Unterschiede auf. Ihre Makromoleküle sind einsträngig, statt 2-Desoxyribose kommt **Ribose** vor und statt der Base Thymin ist **Uracil** [B4] enthalten. RNA-Moleküle sind wesentlich kürzer als die der DNA und können abschnittsweise unter Basenpaarung Schlaufen bilden.

Die Ein-Gen-ein-Polypeptid-Hypothese. Die erblichen Merkmale eines jeden Lebewesens sind in seinen Genen gespeichert. Diese Informationen können nur durch Stoffwechselreaktionen mithilfe von Enzymen realisiert werden. Gene enthalten häufig die Information zur Bildung von Enzymen. Die Aminosäuresequenz von Enzymen und anderen Peptiden ist in der Basensequenz der DNA codiert. An der Informationsübertragung ist die RNA beteiligt.

Mittlerweile ist allerdings bekannt, dass diese eindimensionale Hypothese nicht immer gilt. Beispielsweise gibt es bei Eukaryoten Gene, die in unterschiedlichen Geweben zur Bildung verschiedener Genprodukte führen. Diese wiederum erzeugen dort jeweils unterschiedliche Merkmale.

Der Abschnitt eines DNA-Moleküls, der für eine Informationseinheit steht, wird als Gen bezeichnet.

Transkription und Translation. In einem ersten Schritt, der zur Verwirklichung der genetischen Information führt, wird das DNA-Molekül unter Entspiralisierung in einem Teilbereich in die beiden Einzelstränge zerlegt. Einer von beiden, er heißt **codogener Strang**, dient als Vorlage zur Bildung eines RNA-Moleküls mit komplementärer Basenfolge (*Transkription*) durch das Enzym RNA-Polymerase. Dieses **m-RNA-Molekül** tritt aus dem *Kern* heraus ins *Cytoplasma*.

Der zweite Schritt (*Translation*) findet im Cytoplasma an speziellen Syntheseorten, den *Ribosomen*, statt. Er führt zur Bildung spezifischer Peptid-Moleküle. Hierzu treten weitere RNA-Moleküle, **t-RNA-Moleküle** in Funktion. Sie sind an einem Ende mit einem Aminosäure-Molekül verbunden und besitzen ein als **Anticodon** bezeichnetes **Basentriplett**, das sich mit einem komplementären Triplett der m-RNA, dem **Codon** verbindet. Dadurch, dass es für jede Sorte von Aminosäure-Molekülen mindestens eine Sorte t-RNA-Moleküle gibt, können die Aminosäure-Moleküle in einer durch die Basensequenz der DNA codierten Reihenfolge angeordnet werden [B5], in der sie enzymatisch verknüpft werden.

Von der DNA wird in der Transkription eine Abschrift, die m-RNA hergestellt, die bei der Translation mithilfe von t-RNA in eine Aminosäureabfolge im Protein übersetzt wird.

Nucleinsäure von lat. nucleus, Kern

DNA **d**esoxyribo**n**ucleic **a**cid, von engl. acid, Säure

3′ und 5′ Die Kennzeichnung der Ziffern mit einem Strich wird vorgenommen, um die C-Atome der Moleküle der Pentose von denen der Moleküle der Basen unterscheiden zu können.

Nucleosid Eine Baueinheit, zusammengesetzt aus Pentose und Nucleobase

Nucleotid Eine Baueinheit, zusammengesetzt aus Pentose, Phosphorsäure und Nucleobase

m-RNA messenger-RNA, Boten-RNA

t-RNA transfer-RNA

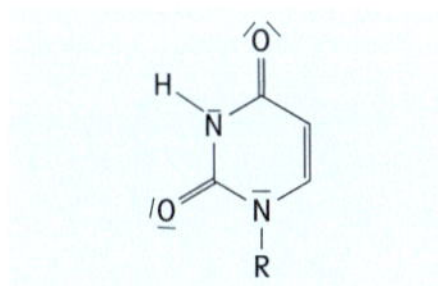

B4 *Die Nucleobase Uracil (U) kommt in der RNA anstatt Thymin vor*

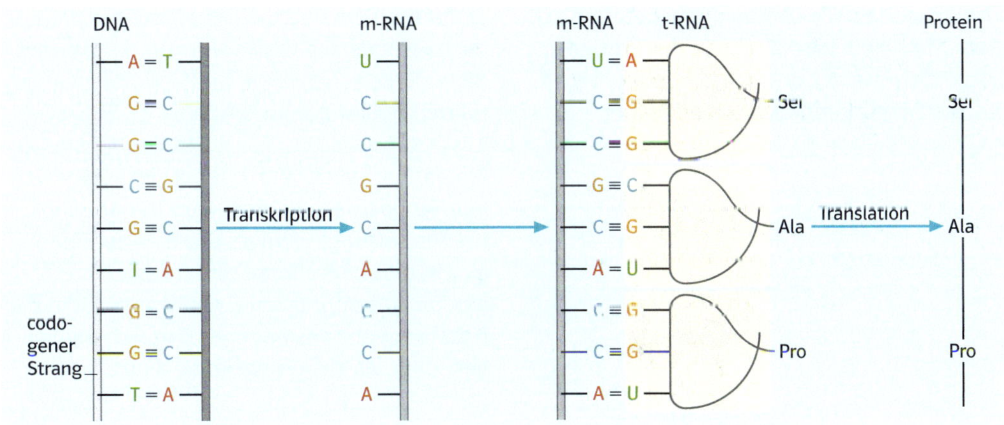

B5 *Biosynthese der Proteine. Die Reihenfolge der Aminosäuren ist durch die Basensequenz der DNA codiert (Leserichtung von oben nach unten)*

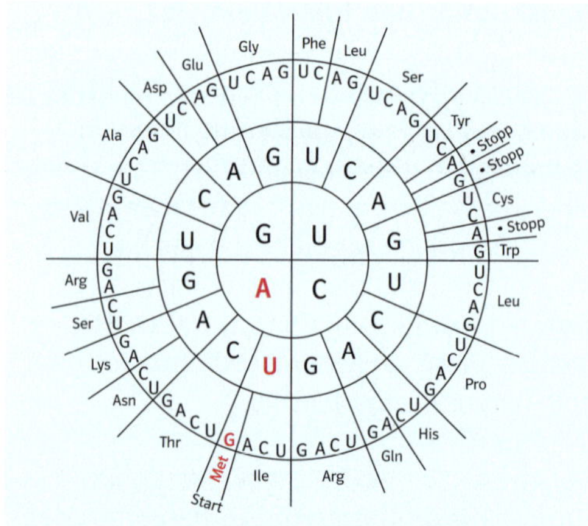

B6 *Aus der Codesonne lassen sich außen die Aminosäuren ablesen, die zu einem Basentriplett in der m-RNA gehören*

Wie wird die Aminosäuresequenz bei der Synthese eines Proteins bei der Translation realisiert? Die Übersetzung von m-RNA-Tripletts in Aminosäuren kann man mit der sog. Codesonne nachvollziehen [B6]. Die Codesonne wird von innen nach außen gelesen.

Die Abfolge von 3 Nukleotiden (Triplett) codiert jeweils eine bestimmte Aminosäure. Insgesamt stehen so 64 verschiedene Tripletts zur Codierung der 21 natürlich vorkommenden Aminosäuren zur Verfügung, d.h., die meisten Aminosäuren werden durch mehrere Tripletts codiert: der genetische Code ist *redundant*. Außerdem gibt es sogenannte *Startcodons*, z.B. AUG [B6], die für die Startstelle der Transkription stehen. Die dadurch gebildete Aminosäure Methionin wird am Ende der Proteinbiosynthese wieder aus dem Protein entfernt. Drei der möglichen Tripletts sind keiner

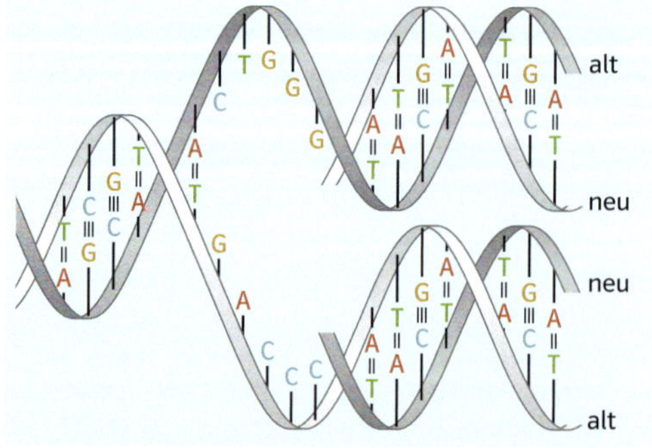

B7 *Prinzip der DNA-Replikation*

Aminosäure zugeordnet und bilden als *Stopcodons* das Ablesungsende. Der genetische Code gilt für alle Organismen, man bezeichnet ihn deshalb als *universell*.

Replikation der DNA. Bei jeder Zellteilung wird die komplette Erbinformation auf die Tochterzellen übertragen. Dazu ist eine *identische Verdopplung* der DNA notwendig. Sie wird *Replikation* genannt.
An diesem Vorgang sind verschiedene Enzyme beteiligt. Zunächst wird der DNA-Doppelstrang entspiralisiert. Durch die Spaltung der Wasserstoffbrücken entstehen DNA-Einzelstränge. Entsprechend den spezifischen Basenpaarungen werden nun komplementäre Nucleotide, die durch den Zellstoffwechsel bereitgestellt werden, angelagert und miteinander verknüpft [B7].

Jeder Einzelstrang liefert somit die Information zur Bildung eines neuen komplementären Stranges. So entstehen zwei identische DNA-Moleküle, die jeweils aus einem alten und einem neu synthetisierten Strang bestehen.

Mutationen. Durch den Einfluss von *energiereichen Strahlen* oder von mutagenen Stoffen, wie z.B. Nitrosamine oder polycyclische Kohlenwasserstoffe, können Veränderungen der Basen der DNA (Mutationen) hervorgerufen werden. Als Folge werden bei der nächsten Replikation andere als die komplimentären Basen eingebaut. Die dadurch bedingte *Variabilität* der DNA und die Erprobung der genetisch veränderten Organismen in der Umwelt, die natürliche *Selektion*, sind Voraussetzungen für den Ablauf der Evolution.

Ein großer Teil der durch Mutagene erworbenen Schäden kann durch *Reparaturenzyme* wieder beseitigt werden. Diese entfernen geschädigte Abschnitte und ersetzen sie durch neu synthetisierte. Als Vorlage dient die Basensequenz des anderen Einzelstranges, der somit als Sicherungskopie dient.

Durch Replikation kann DNA identisch vervielfacht werden. Stören mutagene Stoffe diesen Vorgang, so können Veränderungen der Basen oder der Basenabfolge auftreten (Mutationen).

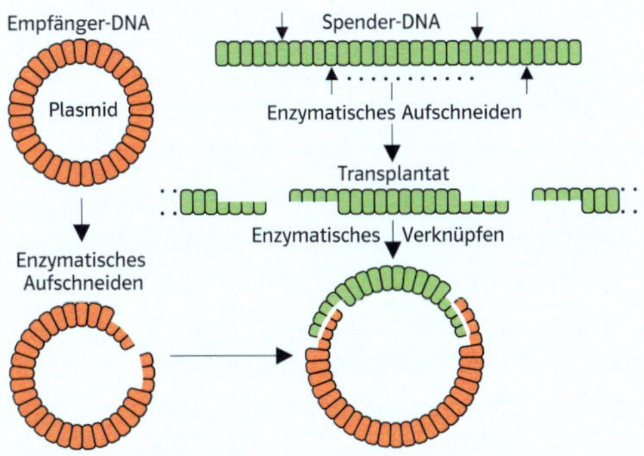

Werkzeuge der Gentechnik sind Enzyme, die DNA-Moleküle an besonderen Stellen zerschneiden. Dabei entstehen bei DNA-Molekülen verschiedener Organismen identisch gebaute Schnittstellen, die auf beiden Halbsträngen um einige Nucleotideinheiten versetzt sind. Die zerschnittenen DNA-Moleküle können enzymatisch zusammengefügt und anschließend in lebende Zellen eingeschleust werden. Vermischt man Bruchstücke aus DNA-Molekülen verschiedener Arten und verknüpft sie anschließend miteinander, können DNA-Moleküle entstehen, die aus Teilen unterschiedlicher Herkunft zusammengesetzt sind. Häufig werden Verbindungen mit kleinen DNA-Molekülen von Bakterien (Plasmide) ausgeführt. Sie dienen als Transportsystem und können die integrierten fremden DNA-Abschnitte („Passagier-DNA") durch die Membran in das Innere einer Bakterienzelle einschleusen.
Durch mehrfache Zellteilung entstehen erbgleiche Bakterien, die einen Klon bilden. Durch Klonierung entstehen zahlreiche identische DNA-Moleküle.
Die Empfängerzellen verwirklichen die fremde Erbinformation und führen z. B. Synthesen von Humaninsulin aus.

***B8** Mithilfe der Gentechnik ist es möglich, genetische Informationen verschiedener Organismen miteinander zu kombinieren*

DNA-Sequenzanalyse. Die vollständige Sequenz (d.h. die Abfolge der Basenpaare, Primärstruktur der DNA) enthält etwa 3 Milliarden Basenpaare. Die **Sequenzanalyse** erfolgt weitgehend automatisiert. Dabei wird von einem DNA-Abschnitt, der als Einzelstrang vorliegt, der komplementäre Strang nachgebaut. Jedes dabei eingebaute Nucleotid wird der Reihe nach identifiziert.
Die menschliche DNA weist etwa 20 000 bis 25 000 Gene auf. Die Größe und die Lage dieser Funktionseinheiten sind nicht direkt bei der Sequenzanalyse erkennbar.

Polymerase-Kettenreaktion (PCR) ist eine Methode, DNA-Bruchstücke außerhalb der Zelle (in vitro, lat. im Glas) mithilfe des Enzyms **DNA-Polymerase** zu vervielfältigen. Der Begriff „Kettenreaktion" weist darauf hin, dass die Produkte vorheriger Reaktionszyklen als Edukte folgender Zyklen dienen und so eine exponentielle Vervielfältigung erreicht wird. Die synthetisierte DNA kann dann mit einer bekannten DNA verglichen werden. Die PCR wird heute eingesetzt zur Identifizierung von Krankheitserregern, beim „genetischen Fingerabdruck" in der Gerichtsmedizin und z. B. bei Abstammungstests.

PCR **p**olymerase **c**hain **r**eaction

DNA-Sequenzanalyse und PCR sind Methoden der Gentechnik, mit denen DNA identifiziert, nachgewiesen und die Erforschung der Ursachen von Krankheiten ermöglicht wird.

A1 ◒ Vergleichen Sie die Ihnen bekannten, in lebenden Zellen vorkommenden, verschiedenen Arten von Makromolekülen hinsichtlich ihrer Eignung als Informationsträger.

A2 ○ Stellen Sie tabellarisch Gemeinsamkeiten und Unterschiede von DNA und RNA dar.

A3 ◒ Erläutern Sie das in B5 dargestellte Prinzip der Proteinbiosynthese.

A4 ○ Ermitteln Sie mit der Codesonne [B6], welches Peptid durch die folgende Basenfolge der m-RNA codiert wird: UUACGUGAAGAGUAA. Geben Sie auch die Basensequenz der DNA an, aus der dieser RNA-Abschnitt hervorgegangen ist.

A5 ● Die Weitergabe der genetischen Information muss einerseits exakt sein und Kontinuität gewährleisten, andererseits aber auch Variabilität ermöglichen. Nehmen Sie zu dieser Forderung Stellung.

A6 ◒ Erstellen Sie zu dem in B7 dargestellten Prozess der DNA-Replikation ein Fließschema.

A7 ◒ Vergleichen Sie die beiden gentechnologischen Methoden DNA-Sequenzanalyse und PCR miteinander. Stellen Sie dazu Unterschiede und Gemeinsamkeiten heraus.

A8 ● MK Recherchieren Sie die Bedeutung von Plasmiden für Bakterien.

10.25 Zusammenfassung und Übung

B1 *Die Ranke einer Pflanze ist ein chirales Objekt*

B2 *Links: Allgemeine Formel eines Halbacetals, rechts: Allgemeine Formel eines Vollacetals (Acetals)*

Chiralität und Enantiomere
Moleküle oder andere Objekte, die mit ihrem Spiegelbild nicht zur Deckung gebracht werden können, sind chiral. Enantiomere (Spiegelbildisomere) sind die beiden Formen chiraler Moleküle.

Asymmetrisches Kohlenstoff-Atom
Trägt ein Kohlenstoff-Atom vier verschiedene Substituenten, so bezeichnet man es als asymmetrisch und kennzeichnet es mit einem Stern C*. Man spricht von einem Chiralitätszentrum. Moleküle mit nur einem C*-Atom sind immer chiral.

Diastereomere
Diastereomere sind Stereoisomere, die sich, im Gegensatz zu Enantiomeren, nicht wie Bild und Spiegelbild zueinander verhalten. Diastereomere können bei Stoffen auftreten, deren Moleküle mehrere Chiralitätszentren aufweisen.

Kohlenhydrate
Kohlenhydrate besitzen die allgemeine Molekülformel $C_m(H_2O)_n$. Man kann sie in Monosaccharide (Einfachzucker), Disaccharide (Zweifachzucker), Oligosaccharide („Wenigzucker") und Polysaccharide (Vielfachzucker) unterteilen.

Fischer-Projektionsformeln
Um die räumliche Anordnung in einem Molekül mit Chiralitätszentren zweidimensional wiedergeben zu können, benutzt man Fischer-Projektionsformeln. In der D-Konfiguration der Fischer-Projektion befindet sich die OH-Gruppe des untersten asymmetrischen C-Atoms rechts, in der L-Form links.

Haworth-Formeln / -Projektionen
sind Darstellungsformen für ringförmige fünf- und sechsgliedrige Moleküle in ihrer cyclischen Form.

Optische Aktivität und Polarimetrie
Chirale Moleküle sind optisch aktiv, d.h., sie drehen die Schwingungsebene von linear polarisiertem Licht. Der Drehwinkel wird mit einem Polarimeter gemessen. Die Drehrichtung im Uhrzeigersinn wird mit (+), die entgegengesetzte mit (–) vor dem Stoffnamen angegeben.

Aldosen und Ketosen
Kohlenhydrate aus der Gruppe der Monosaccharide. Sie gehören zu den Stoffklassen der Polyhydroxyaldehyde (Aldosen, z. B. *Glucose*) oder der Polyhydroxyketone (Ketosen, z. B. *Fructose*).

Ringstrukturen / Anomere
Intramolekulare Halbacetalbildungen führen bei Monosacchariden zu Ringstrukturen, den Pyranosen (6-Ringe) und Furanosen (5-Ringe). Dabei entstehen Stereoisomere, die als Anomere bezeichnet werden. Je nach Stellung der OH-Gruppe am anomeren C-Atom (C1 bei Aldopyranosen, C2 bei Ketopyranosen) werden sie mit α und β bezeichnet.

Nachweisreaktionen
Typische Nachweisreaktionen für reduzierende Kohlenhydrate sind die Silberspiegelprobe, die Fehling-Probe und die Benedict-Probe.
Proteine können mithilfe von Farbreaktionen nachgewiesen werden, so z. B. mit der Biuretreaktion und dem Ninhydrin-Nachweis.

Monosaccharide
Einfachzucker sind aufgrund vieler Hydroxygruppen in ihren Molekülen kristalline Feststoffe, die in Wasser gut löslich sind. Bei Glucose und Fructose liegen in wässriger Lösung die Ringform und die offenkettige Form in einem Gleichgewicht vor.

Disaccharid	Monomere, aus denen das Disaccharid aufgebaut ist	Bindung
Maltose	zwei α-D-Glucose-Moleküle	α-1,4-glycosidische Bindung
Lactose	α- oder β-D-Glucose- und β-D-Galactose-Moleküle	β-1,4-glycosidische Bindung
Saccharose	α-D-Glucose- und β-D-Fructose-Molekül	α, β-1,2-glycosidische Bindung

B3 *Wichtige Disaccharide*

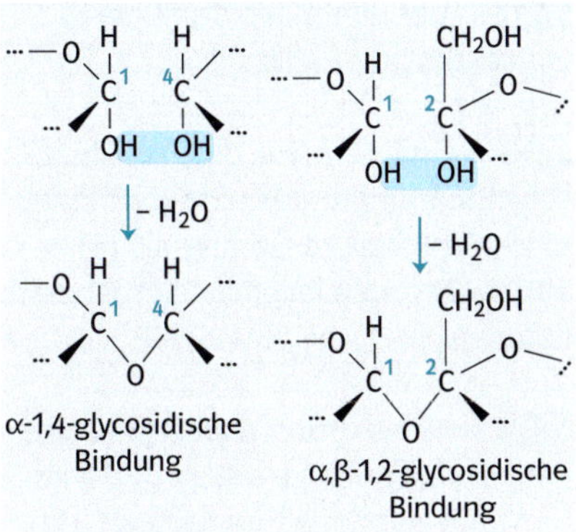

B4 *Glycosidische Bindungsarten*

Oligosaccharide

„Wenigzucker" sind zusammengesetzte Kohlenhydrate, deren wichtigste Vertreter aus zwei Monosaccharid-Molekülen entstehen können. Sie werden daher als **Disaccharide** [B3] bezeichnet. Die Verknüpfung der beiden Monosaccharid-Bausteine erfolgt stets über deren Ringform, die über eine Sauerstoffbrücke miteinander verbunden sind [B4].
Cyclodextrine sind cyclische Oligosaccharide, die aus α-D-Glucosebausteinen bestehen, welche α-1,4-glycosidisch miteinander verknüpft sind.

Polysaccharide

Vielfachzucker wie Stärke (Amylose und Amylopektin) sind wichtige Reservestoffe und Energiequellen. Cellulose erfüllt als Gerüststoff eine bedeutende Funktion.

Aminosäuren

Aminosäuren sind die Bausteine der Proteine. Sie enthalten neben einer Carboxygruppe auch mindestens eine Aminogruppe am α-C-Atom. Sie unterscheiden sich nur durch den jeweiligen Rest R [B5]. Je nach dem Rest R kann man Aminosäuren in sauer, basisch und neutral einteilen.

Zwitterionen

Zwitterionen sind Moleküle, die positiv und negativ geladene funktionelle

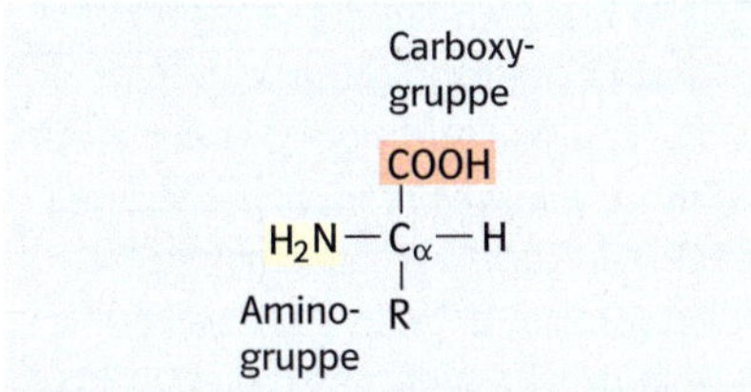

B5 *Allgemeine Strukturformel der Aminosäuren*

Gruppen aufweisen. In der Regel liegen Aminosäure-Moleküle als Zwitterionen vor und sind daher bei Zimmertemperatur kristalline Feststoffe. Entspricht der pH-Wert einer Aminosäure-Lösung dem isoelektrischen Punkt (IEP), so liegt auch in Lösung vorwiegend das Zwitterion vor. Da Zwitterionen insgesamt elektrisch neutral sind, findet keine Wanderung im elektrischen Feld statt.

Elektrophorese

Die Elektrophorese ist ein analytisches Verfahren, das auch zur Trennung von Aminosäure-Gemischen angewendet werden kann. Dabei nutzt man aus, dass verschiedene Aminosäure-Moleküle in Abhängigkeit vom pH-Wert einer Lösung als Anionen, Kationen oder Zwitterionen vorliegen. Die Moleküle haben daher im elektrischen Feld bei einem bestimmten pH-Wert unterschiedliche Wanderungsgeschwindigkeiten und Wanderungsrichtungen.

Peptide und Peptidbindung

Werden Aminosäure-Moleküle durch eine *Kondensationsreaktion* miteinander verknüpft, so entsteht eine mesomeriestabilisierte Peptidbindung [B6]. Dabei werden Peptid-Moleküle bzw. Polypeptid-Moleküle gebildet. Durch *Hydrolyse* können diese Moleküle

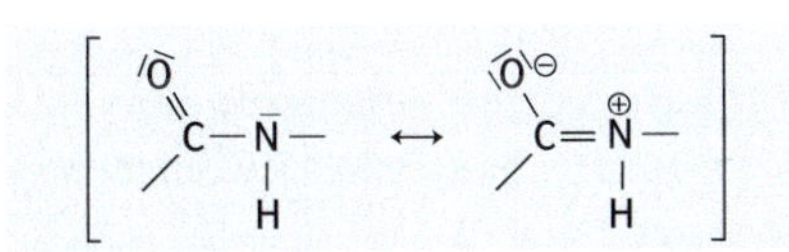

B6 *Peptidbindung*

wieder in ihre Aminosäure-Bausteine gespalten werden.

Proteinstrukturen

- *Primärstruktur:* Abfolge der Aminosäuren (Aminosäuresequenz)
- *Sekundärstruktur:* entsteht durch Wasserstoffbrücken zwischen den Atomen der Peptidbindungen (z. B. α-Helix, β-Faltblatt)
- *Tertiärstruktur:* stabilisiert durch Wechselwirkungen zwischen Aminosäureresten im Protein-Molekül
- *Quartärstruktur:* besteht aus mehreren Protein-Molekülen

Denaturierung

Die meist nicht umkehrbare Veränderung der räumlichen Struktur von Protein-Molekülen durch Hitze, Säuren, Salze, Schwermetall-Ionen, Ethanol, Reduktionsmittel, radioaktive Strahlung oder mechanische Einflüsse nennt man Denaturierung. Dabei kommt es meist zum Verlust der biologischen Funktion des Proteins.

Nucleinsäuren

Die Desoxyribonucleinsäure (DNA) speichert die Erbinformation. Sie besteht aus Nucleotiden, die selbst aus einem Phosphatrest, einem Desoxyriboserest und einer (Stickstoff)-Base bestehen. Die DNA-Moleküle sind aus zwei gegenläufigen Nucleotidsträngen aufgebaut. Deren Form ist eine Doppelhelix. Die Basen sind im DNA-Molekül paarweise über Wasserstoffbrücken miteinander verbunden.

Anzahl der Aminosäure-Einheiten	Bezeichnung
2	Dipeptid
3	Tripeptid
bis ca. 10	Oligopeptid
ab ca. 10	Polypeptid
ab ca. 100 (mit biologischer Funktion)	Protein

B7 *Peptid, Polypeptid, Protein*

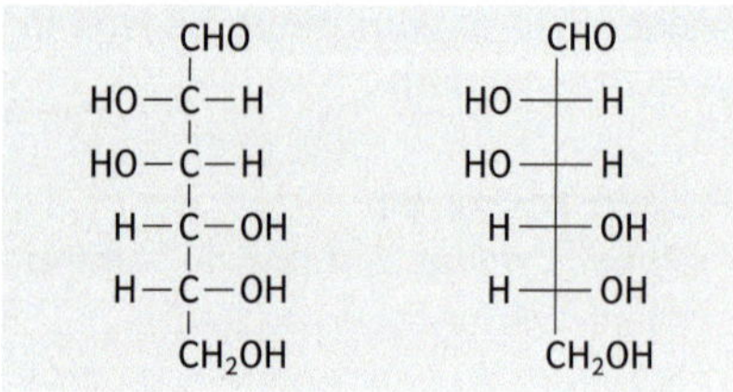

***B8** D-Mannose (zu A3)*

A1 ○ Erläutern Sie anhand von B9 die FloH-Regel.

A2 ◒ Ein D-Tagatose-Molekül unterscheidet sich von einem Fructose-Molekül nur durch die Stellung der OH-Gruppe am C-Atom 4. Zeichnen Sie die α- und β-D-Tagatose in der Harworth-Projektion. Recherchieren und erläutern Sie den Begriff Racemat an geeigneten Formeln der Tagatose.

A3 ○ Übernehmen Sie eine der in B8 dargestellten Formeln in ihr Heft. Überführen Sie das Molekül in eine Ringform und zeichnen Sie die Haworth-Projektion. Erläutern Sie anhand dieser den Begriff „Halbacetal" und markieren das anomere C-Atom.

A4 ● Untersucht man eine frisch hergestellte Lösung von α-D-Glucose mit einem Polarimeter, so beobachtet man, dass sich der Drehwinkel ändert, bis er nach einiger Zeit einen konstanten Wert erreicht. Erklären Sie diese Beobachtung, recherchieren Sie dazu auch zum Stichwort „Mutarotation".

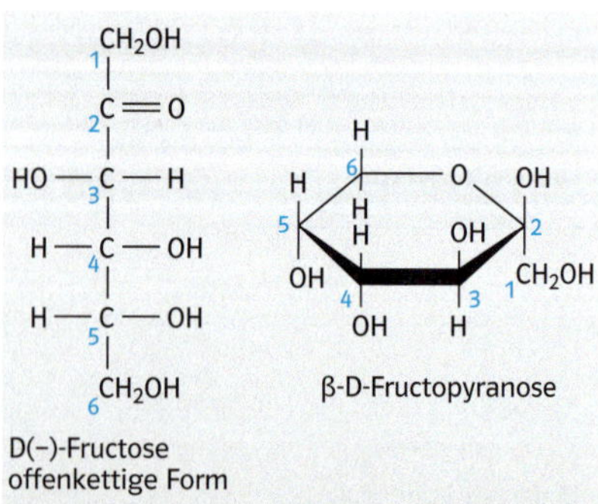

***B9** Zwei Formen des D-Fructose-Moleküls*

A5 ● Erklären Sie die folgenden experimentellen Befunde:
a) Saccharose wirkt gegenüber dem Fehling-Reagenz nicht reduzierend.
b) Eine Lösung von Saccharose ist rechtsdrehend. Nach Zugabe von Salzsäure verringert sich der Drehwinkel und geht in den negativen Bereich („Inversion"). Diese Lösung wirkt reduzierend.
Werte der spezifischen Drehung:
α_{sp}(Saccharose) = +66° · ml · g^{-1} · dm^{-1}
α_{sp}(Glucose) = +55° · ml · g^{-1} · dm^{-1}
α_{sp}(Fructose) = −92° · ml · g^{-1} · dm^{-1}

A6 ● Sorbit kann mit Cu^{2+}-Ionen in alkalischer Lösung zu Glucose und Kupfer(I)-oxid oxidiert werden. Erstellen Sie die Teilgleichungen für die Oxidation und Reduktion sowie die Redoxgleichung mit Halbstrukturformeln.

A7 ◒ Die Fructose-Moleküle liegen in wässriger Lösung als ringförmige Moleküle und in der Kettenform vor (Kap. 10.5). Führt man mit Fructose die die Fehling-Probe durch, so verläuft diese Probe überrraschenderweise positiv. Erläutern Sie, welche Reaktionen bei der Fehling-Probe ablaufen.

A8 ◒ Monosaccharide und Disaccharide sind in Wasser sehr gut löslich, Polysaccharide praktisch gar nicht. Erklären Sie diese Beobachtung unter Berücksichtigung der zwischenmolekularen Kräfte zwischen den Kohlenhydrat-Molekülen und den Wasser-Molekülen.

A9 ● Entwickeln Sie eine Versuchsstrategie, um Kochsalz und Serin (2-Amino-3-hydroxypropansäure) voneinander zu unterscheiden.

A10 ◒ Glycin ist eine besondere Aminosäure. Beurteilen Sie diese Aussage.

A11 ○ Definieren Sie den Begriff isoelektrischer Punkt.

A12 ◒ Erläutern Sie, dass die dünnschichtchromatografische Trennung eines Aminosäure-Gemisches pH-abhängig unterschiedliche Ergebnisse liefert.

A13 ◒ Eine Portion Asparaginsäure wird in Natronlauge gelöst und tropfenweise mit Salzsäure versetzt. Geben Sie an, in welcher Form das Asparaginsäure-Molekül in stark alkalischer Lösung vorliegt und formulieren Sie die Säure-Base-Reaktionen, die bei Zugabe der Salzsäure ablaufen.

A14 ◒ Haare bestehen zum größten Teil aus dem Skleroprotein α-Keratin, dessen Moleküle hauptsächlich in der α-Helix-Form vorliegen. Monomere des Keratins sind u.a. Serin, Leucin und Cystein. Die Thiolgruppe eines Cystein-Bausteins kann mit einer weiteren Thiolgruppe zu einer Disulfidgruppe reagieren. Diese sind hauptsächlich für die Form eines Haares verantwortlich. Bei einer Dauerwelle werden sie durch Reduktion zu Thiolen geöffnet. Nach dem Formen werden durch Oxidation neue Disulfidbrücken gebildet.
a) An einer Stelle des α-Keratin-Moleküls sind die Aminosäuren in der Reihenfolge –Ser–Cys–Leu– angeordnet. Zeichnen Sie diesen Molekülausschnitt und benennen Sie die Bindung zwischen den Aminosäuren.
b) Formulieren Sie am Beispiel der Reaktion zweier Cystein-Moleküle mit Wasserstoffperoxid (H_2O_2) eine Reaktionsgleichung für die Bildung einer Disulfidbrücke und zeigen Sie, dass es sich um eine Redoxreaktion handelt.

A15 ◒ Die DNA-Analyse einer Probe ergab, dass Adenin 21% der in der Probe enthaltenen Basen ausmacht (*X*(Adenin) = 21%). Geben Sie die Anteile der anderen Basen an und begründen Sie kurz Ihre Lösung.

11

Erweiterung

Seifen und Waschmittel

Pflanzliche und tierische Fette sind nicht nur wichtige Nahrungsbestandteile. Sie sind auch als nachwachsende Rohstoffe von großer Bedeutung, besonders für die Herstellung waschaktiver Stoffe.

Praktikum

11.1 Seife selbst herstellen

B1 Seifensieden ist ein altes Handwerk

Die Herstellung von Seife auf der Basis von Fetten hat eine lange Tradition. [B1]. Die entsprechenden Handwerker wurden als Seifensieder bezeichnet.

V1 Seife aus Pflanzenöl

Material:
Becherglas (250 ml), Messzylinder (50 ml), Heizplatte, Spatel, Waage, Rührstab, Pflanzenöl, Natriumhydroxid, Ethanol, dest. Wasser

Durchführung: ⚠ (Schutzbrille! Handschuhe!) Messen Sie mit dem Messzylinder 20 ml Pflanzenöl ab und geben Sie es mit 7,5 g Natriumhydroxid, 30 ml destilliertem Wasser und 10 ml Ethanol in ein 250-ml-Becherglas. Erhitzen Sie dann das Gemisch im Becherglas auf der Heizplatte ca. eine halbe Stunde lang, sodass es leicht siedet, ohne überzuschäumen. Gleichen Sie von Zeit zu Zeit den Flüssigkeitsverlust durch Nachfüllen mit destilliertem Wasser aus.

V2 Extrahieren von Duftstoffen

Material:
Mörser mit Pistill, Reagenzglasgestell, Reagenzglas, Filterhalter, Faltenfilter, duftstoffhaltiges Pflanzenmaterial (z. B. Zitronen- oder Orangenschale), Alkohol (Ethanol unvergällt), Seesand

Durchführung:
Füllen Sie einen Mörser zur Hälfte mit einem Gemisch aus Pflanzenmaterial und Seesand. Zerreiben Sie dann das Pflanzenmaterial gründlich. Anschließend geben Sie so viel Alkohol hinzu, bis das Gemisch vollständig bedeckt ist und reiben weiter einige Minuten. Abschließend filtrieren Sie den Inhalt des Mörsers und prüfen den Geruch der alkoholischen Lösung [B2].

B2 Zitronenschale als Duftstoffquelle

V3 Parfümieren von Seife

Material:
Becherglas (400 ml), Spatellöffel, Rührstab, Küchenpapier, Kochsalz, dest. Wasser, Reaktionsprodukt von V1, Filtrat von V2

Durchführung:
Stellen Sie in dem Becherglas 200 ml gesättigte Kochsalz-Lösung her und fügen Sie dann das Filtrat von V2 hinzu. Geben Sie dann schrittweise unter kräftigem Rühren den Inhalt des Becherglases mit dem Reaktionsprodukt aus V1 hinzu. Schließlich schöpfen Sie mit dem Spatellöffel Seifenflocken ab und legen sie zum Trocknen auf das Küchenpapier.

V4 Die Schaumprobe

Material:
2 Reagenzgläser mit passenden Stopfen, Reagenzglasgestell, Spatel, Seife (Stück fester Seife), Seifenflocken von V3, dest. Wasser

Durchführung:
a) Geben Sie einen Finger breit destilliertes Wasser und einige der Seifenflocken von V3 in ein Reagenzglas und verschließen Sie es mit einem Stopfen. Schütteln Sie kräftig.

b) Führen Sie dann den gleichen Versuch mit Abrieb gekaufter Seife durch und vergleichen Sie die Schaumbildung.

B3 Schäumende Seife

11.2 Verseifung von Fetten

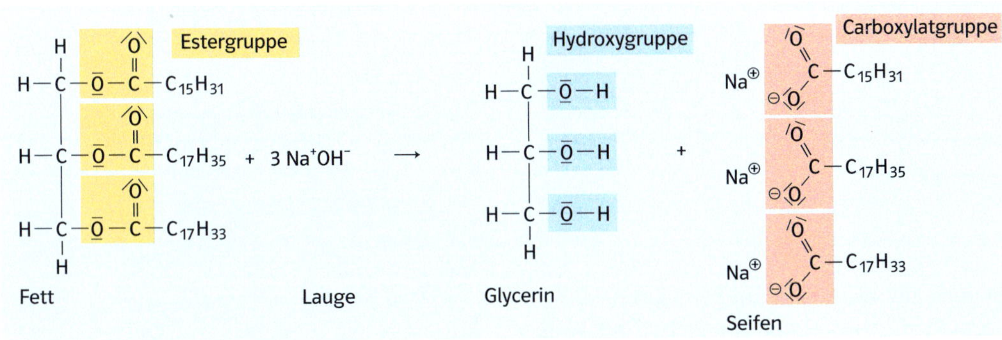

B1 *Die Estergruppe ist die funktionelle Gruppe der Fette – Beispiel für eine Verseifung*

B2 *Seife*

„Die Seife ist ein Massstab für den Wohlstand und die Cultur der Staaten." So lautet ein Zitat von JUSTUS VON LIEBIG (1803 – 1873). Seife ist eine der ältesten Gebrauchschemikalien des Menschen.

Geschichte der Seife. Schon die Sumerer benutzten eine Mischung aus Holzasche und Fetten, wohl vorwiegend zum Wäschewaschen. Ab dem 6. Jahrhundert entwickelte sich im Mittelmeerraum das Seifensiederhandwerk, das ebenfalls noch mit Holzasche arbeitete. Aber auch andere alkalisch reagierende Salze wurden dem Fett zugesetzt, etwa Natriumcarbonat (Soda) oder Kaliumcarbonat. Eine industrielle Seifenherstellung war jedoch erst möglich, als man Soda in größerem Maßstab herstellen konnte. 1798 gelang es NICOLAS LEBLANC, Soda aus Glaubersalz (Natriumsulfat) zu gewinnen. Erst das Solvay-Verfahren (1861) ermöglichte es, Soda in großen Mengen herzustellen. Mit der Industrialisierung im 19. Jahrhundert und dem wachsenden Bewusstsein für die gesundheitliche Bedeutung von Hygiene entwickelte sich die Seifenproduktion zu einem wichtigen Industriezweig. Noch heute zeugt der Name eines der weltgrößten Chemiekonzerne „Badische Anilin- & Soda-Fabrik" (BASF) von der Bedeutung dieses Chemiebereichs. Die klassische Seife (aus Fetten hergestellt) wird zunehmend von anderen **Tensiden** (Kap. 11.5) abgelöst.

Alkalische Hydrolyse. Fette sind Verbindungen, die mit Alkalilaugen in den *dreiwertigen* Alkohol Glycerin und die Alkalisalze von langkettigen Alkansäuren (Fettsäuren, Kap. 6.18) zerlegt werden können. Bei dieser alkalischen Hydrolyse wird die funktionelle Gruppe der Fette, die *Estergruppe* [B1, links], gespalten. Es bildet sich eine *Hydroxygruppe* am Glycerin und eine *Carboxylatgruppe* (deprotonierte Carboxygruppe) an der Fettsäure [B1, rechts].

Das allgemeine Schema dieser auch als alkalische **Verseifung** bezeichneten Reaktion lautet:

Fett + Lauge ⟶ Glycerin + Seifen

Da Fette immer verschiedene Fettsäurereste enthalten, erhält man bei der Verseifung stets ein unterschiedlich zusammengesetztes Gemisch aus Alkalisalzen. Meist wird das glycerinhaltige Laugenwasser abgetrennt. Vielen Seifen werden Duftstoffe und Farbstoffe zugesetzt.

Das Verkochen von Fett mit Natronlauge führt zu festen *Kernseifen* (Natronseifen). Verwendet man Kalilauge zum Seifensieden, so erhält man weiche *Schmierseifen* (Kaliseifen).
Jedes Jahr werden weltweit etwa 10 Mio. Tonnen Seife produziert.

Die alkalische Hydrolyse eines Fettes bezeichnet man als Verseifung. Die dabei gebildeten Alkalisalze der Fettsäuren nennt man Seifen.

V1 Führen Sie erst mit Kernseife und dann mit Schmierseife eine Flammenfärbung durch. Betrachten Sie die Flammen beim zweiten Versuch durch ein blaues Cobalt- oder Neophanglas.

A1 MK Recherchieren Sie die Vor- und Nachteile der Verwendung von Seife.

Tenside
Tenside sind Emulgatoren, die für Reinigungszwecke verwendet werden.

Mehrwertige Alkohole
Die Moleküle mehrwertiger Alkohole weisen mehr als eine Hydroxygruppe auf. Beispielsweise ist Glycol ein zweiwertiger Alkohol, Glycerin ein dreiwertiger.

Hydrolyse
Die Spaltung einer Verbindung durch Reaktion mit Wasser nennt man Hydrolyse.

Allgemein:
X–Y + H–OH
⟶ X–H + Y–OH

Die **alkalische Hydrolyse** ist also streng genommen gar keine Hydrolyse, da die Spaltung allein durch das Hydroxid-Ion geschieht. Im Gegensatz zur sauren Hydrolyse (Kap. 6.11) ist die alkalische Hydrolyse nicht umkehrbar.

Der Begriff Verseifung
bezeichnete ursprünglich nur die bei der Seifenherstellung durchgeführte alkalische Hydrolyse von Fetten.
Mittlerweile wird in vielen Veröffentlichungen dieses Fachwort aber für hydrolytische Spaltungen aller Art verwendet.

11.3 Seifen als waschaktive Stoffe

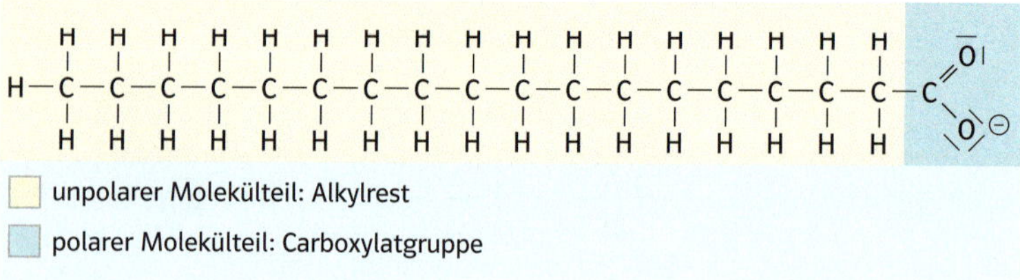

***B1** Seifen-Anion (Stearat-Ion)*

Seifen sind Alkalisalze von Fettsäuren. Man kann sie durch Reaktion von Fetten mit alkalischen Lösungen herstellen (Verseifung, Kap. 11.2). Ihre waschaktive Wirkung folgt aus der Struktur der *Seifen-Anionen*.

Struktur der Seifen-Anionen. Wenn man den Aufbau von Fettsäure-Anionen, z. B. des Stearat-Ions [B1], betrachtet, dann erkennt man, dass diese gewissermaßen aus einem polaren „Kopf", nämlich der Carboxylatgruppe, und einem unpolaren „Schwanz", dem Alkylrest, bestehen. Diese Strukturmerkmale des Seifen-Anions führen auf der Stoffebene dazu, dass Seife sowohl hydrophil als auch lipophil ist. Man sagt auch: Seifen sind **amphiphil**.

amphiphil von griech. amphi, beides und griech. philos, der Freund

Seifen-Anionen weisen ein polares und ein unpolares Ende auf. Daher sind Seifen amphiphil.

Micelle Verkleinerungsform von lat. mica, das Körnchen

Wasser und Seife. Wenn man Natriumstearat in Wasser löst, erfolgt eine Hydratation der Natrium-Ionen. Auch die polaren Carboxylatgruppen der Stearat-Ionen erhalten Hydrathüllen, während die unpolaren Alkylreste sich so anordnen, dass sie möglichst wenig Kontakt zu den polaren Wasser-Molekülen haben. Dies führt dazu, dass an der Wasseroberfläche eine einlagige Schicht aus Stearat-Ionen entsteht, deren polare „Köpfe" ins Wasser tauchen, während die unpolaren „Schwänze" in die Luft ragen [B2].

Die „Haut" des Wassers wird somit durchbrochen, d. h., die *Oberflächenspannung* des Wassers wird dadurch vermindert [V2, V3]. Innerhalb der Lösung lagern sich die Seifen-Anionen zu größeren Verbänden, den **Micellen**, zusammen, deren zum Wasser gekehrte Oberflächen von den polaren Carboxylatgruppen gebildet werden [B2].

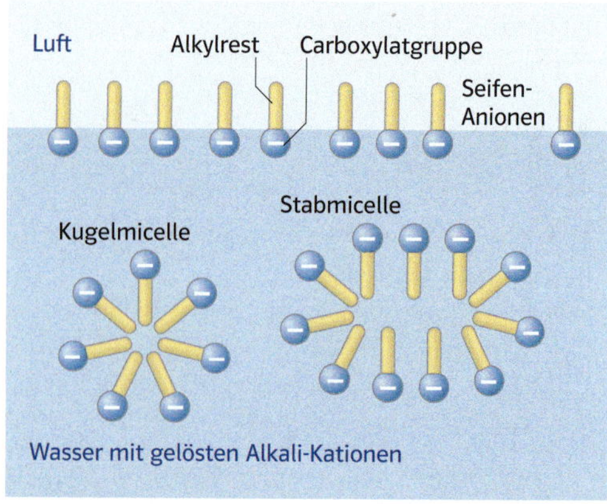

***B2** Seifenlösung mit Seifen-Anionen (Modell)*

Tyndall-Effekt. Das Vorliegen größerer Gebilde in der Lösung kann durch den *Tyndall-Effekt* nachgewiesen werden: Schickt man einen Lichtstrahl durch eine Seifenlösung, so wird das Licht an den Micellen gestreut [B3]. Der Tyndall-Effekt ist nach seinem Entdecker JOHN TYNDALL benannt, der im 19. Jahrhundert die Lichtstreuung in trüben Medien untersuchte und zur Messung der Londoner Luftverschmutzung nutzte. Der Tyndall-Effekt tritt auf, wenn in einer Lösung Teilchen oder Teilchenverbände mit einer Größe von 1 bis 1000 nm vorliegen. Solche Lösungen nennt man **kolloidale Lösungen** oder **Kolloide**.

Ursache der Oberflächenspannung. Im Inneren einer Flüssigkeit ist jedes Teilchen auf allen Seiten von Nachbarteilchen der gleichen Art umgeben. Anziehungskräfte der Nachbarteilchen wirken aus allen Richtungen und heben sich daher gegenseitig auf. Bei den Teilchen an der Oberfläche fehlen jedoch nach außen die Nachbarteilchen.

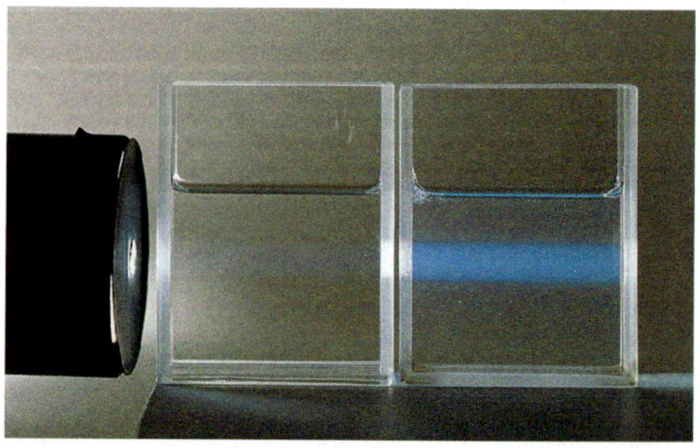

***B3** Tyndall-Effekt bei einer Seifenlösung (rechts)*

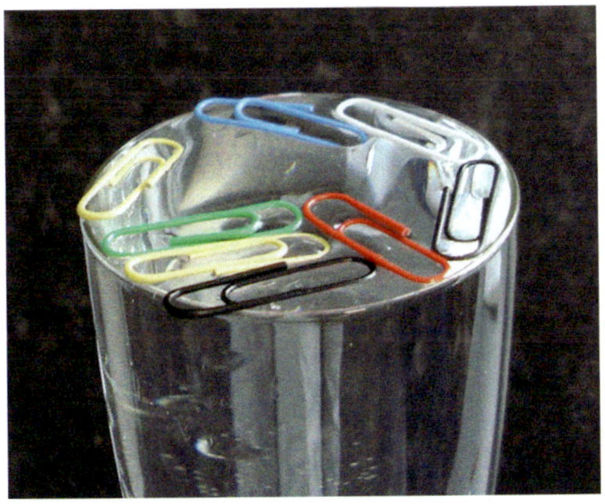

B4 *Büroklammern „schwimmen" auf Wasser*

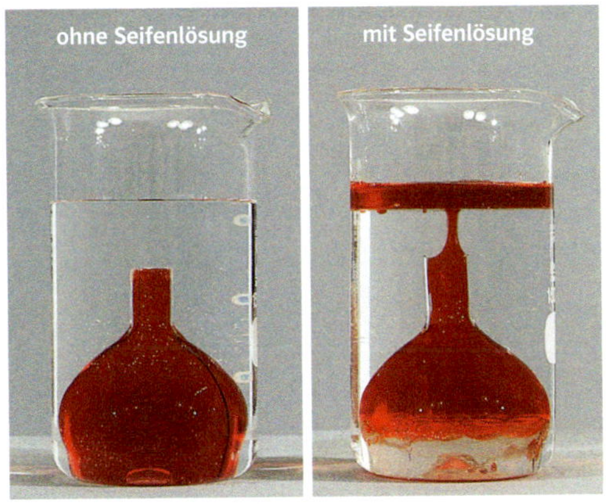

B5 *Oberflächenspannung einmal anders, zu V4*

Deshalb wirkt auf diese Teilchen eine resultierende Kraft, die senkrecht zur Oberfläche ins Innere der Flüssigkeit gerichtet ist [B6]. Diese Kraft wirkt einer Oberflächenvergrößerung entgegen. Flüssigkeitströpfchen nähern sich der Kugelform an, da eine Kugel der geometrische Körper ist, der bei gegebenem Volumen die kleinste Oberfläche hat.

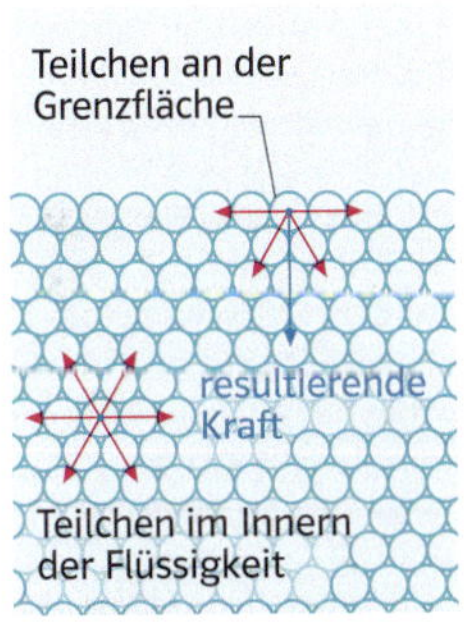

B6 *Ursache der Oberflächenspanung*

V1 Füllen Sie einen Teller mit Wasser und streuen dann Pfeffer auf die Wasseroberfläche. Fügen Sie anschließend einige Tropfen Seifenlösung hinzu.

V2 Füllen Sie ein Glas randvoll mit Wasser. Nun tropfen Sie mit einer Pipette weiteres Wasser dazu, sodass sich ein Wasserberg bildet [B7]. Stechen Sie mit einer Nadel in den Wasserberg. Tauchen Sie die Nadel nun in etwas Flüssigseife und stechen Sie mit ihr nochmals in den Wasserberg.

V3 Füllen Sie ein kleines Gefäß randvoll mit Wasser. Schieben Sie vom Rand her vorsichtig eine Rasierklinge oder eine Büroklammer auf die Wasseroberfläche [B4]. Tropfen Sie nun etwas Seifenlösung hinzu.

V4 Füllen Sie ein enghalsiges Glasgefäß (z. B. einen kleinen Messkolben oder ein kleines Reagenzglas) bis zum Rand mit angefärbtem Öl. (Zum Anfärben werden 100 ml Speiseöl mit 5 g Paprikapulver im Becherglas 30 Minuten lang auf dem Magnetrührer verrührt und anschließend dekantiert.) Stellen Sie dieses Gefäß nun vorsichtig in ein Becherglas mit etwas Wasser. Im Becherglas sollte sich nur so viel Wasser befinden, dass die Öffnung des enghalsigen Glases gut bedeckt wird [B5]. Nun tropfen Sie etwas konzentrierte Seifenlösung direkt über der Öffnung des mit Öl gefüllten Gefäßes ins Wasser.

V5 Füllen Sie zwei Reagenzgläser zur Hälfte mit Wasser und geben sie jeweils 10 Tropfen eines Speiseöls dazu. Geben Sie in beide Gläser noch etwas konzentrierte Seifenlösung. Verschließen Sie eines der Gläser und schütteln Sie es kräftig. Stellen Sie die beiden Reagenzgläser in ein Reagenzglasgestell und beobachten Sie sie.

V6 a) Füllen Sie zwei Reagenzgläser halb mit konzentrierter Seifenlösung. Geben Sie in das eine Glas etwas Butter oder Margarine und in das andere etwas Kerzenwachs (Paraffin).
b) Geben Sie in zwei weitere Reagenzgläser jeweils drei Zentimeter hoch Waschbenzin oder Heptan. Nun versetzen Sie wieder je eines der Gläser mit einem kleinen Stückchen Butter bzw. Wachs. Verschließen Sie die vier Reagenzgläser mit einem Stopfen. Versuchen Sie, durch kräftiges Schütteln die Feststoffe zu suspendieren bzw. in Lösung zu bringen.

A1 ◒ Leitet Seifenlösung den elektrischen Strom? Äußern Sie eine begründete Vermutung und überprüfen Sie diese dann experimentell.

A2 ◒ Formulieren Sie Merksätze zu den folgenden Fachbegriffen: Kolloide, Emulgatoren, Tenside, Dispersion, Emulsion, Suspension, Tyndall-Effekt.

A3 ○ MK Recherchieren Sie, welche Tiere sich die Oberflächenspannung des Wassers zunutze machen.

B7 *Wasserberg, zu V2*

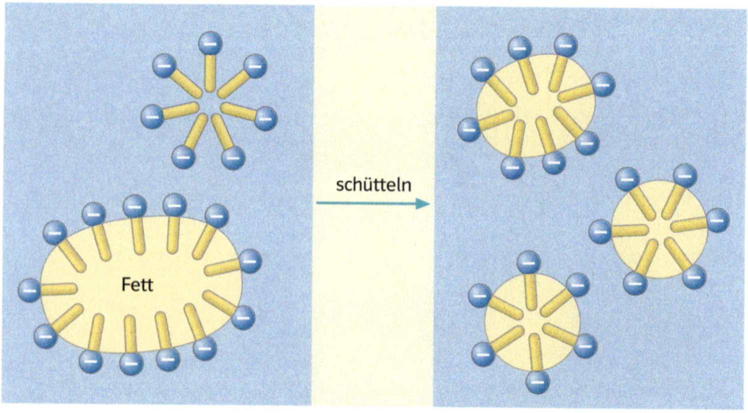

***B8** Dispersion von Fett (Seifen-Anionen als Teilchen dargestellt)*

***B9** Wassertropfen auf hydrophobem Gewebe*

Emulgatoren und Tenside
Die Tenside bei den Reinigungsmitteln entsprechen den Emulgatoren bei den Cremes und im Eis. Sie bewirken, dass aus zwei Stoffen, die nicht ineinander löslich sind, eine Emulsion gebildet wird. Sowohl Emulgatoren als auch Tenside sind amphiphil. Bei Lebensmitteln und Kosmetika verwendet man für solche Stoffe eher die Bezeichnung „Emulgatoren", bei Reinigungsmitteln spricht man eher von „Tensiden".

Dispersion von lat. dispersio, die Zerstreuung. Mischung zweier (oder mehrerer) ineinander unlöslicher Stoffe, wobei der eine Stoff im anderen fein verteilt ist. Z. B. Emulsion (Flüssigkeit in Flüssigkeit), Suspension (Feststoff in Flüssigkeit). Auch Kolloide gehören zu den Dispersionen.

Grenzflächenaktivität von Tensiden. Die Wasserstoffbrücken zwischen den Wasser-Molekülen sind der Grund dafür, dass Wasser an der Grenzfläche zu Luft eine Oberflächenspannung aufbaut. Auch an der Grenzfläche zu anderen Stoffen, z. B. Öl, entsteht eine Oberflächenspannung, man verwendet für sie aber gewöhnlich den Begriff **Grenzflächenspannung**. Seifen und andere amphiphile Stoffe (Kap. 11.5) setzen diese Grenzflächenspannung herab, man sagt, sie sind **grenzflächenaktiv**. Solche Stoffe nennt man **Tenside** (oder *Detergenzien*).

Tenside sind Stoffe, die die Grenzflächenspannung herabsetzen.

Dispergiervermögen. Große Bedeutung haben Tenside als waschaktive Stoffe. Mithilfe von Seife kann Fett in Wasser dispergiert werden [V5]. Dabei lagern sich Seifen-Anionen so um ein Fetttröpfchen, dass die unpolaren Alkylreste zum Fett zeigen und die polaren Carboxylatgruppen zum Wasser. Beim Schütteln zerfallen große Fettmicellen in kleinere, wobei weitere Seifen-Anionen angelagert werden [B8]. Die kleinen Micellen können besser im Wasser schweben. Fett und andere hydrophobe Stoffe werden so in dem hydrophilen Lösungsmittel Wasser fein verteilt, wodurch sie sich leichter ausspülen lassen. Die Waschwirkung von Tensiden hat natürlich auch ihre Grenzen [V6].

Netzwirkung. Ein Wassertropfen nähert sich auf hydrophobem Untergrund möglichst der Kugelform an [B9], die Kontaktfläche zwischen Wasser und Untergrund ist klein. Beim Wäschewaschen ist es aber von Vorteil, wenn das Kleidungsstück ganz von Wasser benetzt wird. Durch Tenside wird die Grenzflächenspannung des Waschwassers erniedrigt und seine *Benetzungsfähigkeit* damit erhöht. Es kann besser zwischen die Textilfasern dringen [V7], Schmutz wird leichter ausgewaschen.

V7 Geben Sie mit einer Pasteurpipette Wassertropfen auf eine eingefettete Glasplatte oder einen Nylonstrumpf. Wiederholen Sie den Versuch mit einer Seifenlösung.

A4 ◒ MK Mayonnaise enthält Lecithin aus dem Eigelb. Recherchieren und erklären Sie die Wirkungsweise dieses Emulgators.

A5 ◒ Tetrachlormethan ist eine süßlich riechende, giftige, wasserklare Flüssigkeit mit einer Dichte von $\rho = 1{,}59\,g/cm^3$. In ein Becherglas gießt man 50 ml Tetrachlormethan und 50 ml Wasser. Nun gibt man noch etwas Seife in das Becherglas. Erläutern Sie, wie sich die Seifen-Anionen an der Grenzfläche zwischen den beiden Flüssigkeiten anordnen.

A6 ○ Heptan hat eine kleinere Oberflächenspannung als Wasser. Erläutern Sie diesen Befund.

A7 ○ Beschreiben Sie die Vorgänge, die auf der Teilchenebene ablaufen, wenn man einen Fettfleck mit Seifenlösung bzw. mit Fleckbenzin aus einem Kleidungsstück entfernt.

11.4 Der Waschvorgang

Bei der Schmutzablösung spielen die *Grenzflächenaktivität, das Dispergiervermögen* sowie die *Netzwirkung* eine wichtige Rolle (Kap. 11.3). Diese drei Phänomene können sowohl bei Seifen als auch bei anderen Tensiden (Kap. 11.5) beobachtet werden. Heutige Waschmittel enthalten anstatt Seife andere Tenside. Trotzdem soll im Folgenden der Waschvorgang anhand der Seifen dargestellt werden.

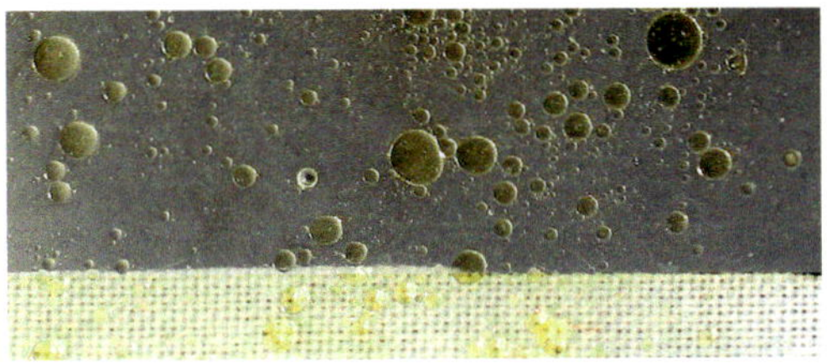

B1 *Schmutzablösung und Emulsionsbildung*

Phasen des Waschvorgangs mit Seifen. Der Waschvorgang vollzieht sich in folgenden Schritten [B2]:

1) Seifen-Anionen setzen die Grenzflächenspannung des Wassers herab, sodass dieses leicht ins Gewebe eindringen und die Fasern gut benetzen kann.
2) Die Seifen-Anionen dringen mit ihrem unpolaren Ende in die unpolaren Schmutzpartikel ein und umhüllen diese. Auch an unpolaren Fasermolekülen (rechts) lagern sich die Seifen-Anionen an. Bei Fasern mit polaren Gruppen (links) ist es wichtig, dass die „Waschlauge" schwach alkalisch ist, d.h. Hydroxid-Ionen enthält. Diese werden über Wasserstoffbrücken an die polaren Fasermoleküle gebunden, die sich dadurch negativ aufladen. Dadurch wird das Ablösen der durch die Seifen-Anionen ebenfalls negativ geladenen Schmutzteilchen erleichtert.
3) Die mechanische und auch die thermische Bewegung bei höherer Waschtemperatur begünstigen sowohl das Ablösen als auch die Zerteilung der Schmutzpartikel, die anschließend von der Waschlauge emulgiert (Fett) bzw. suspendiert (fester Schmutz) werden.

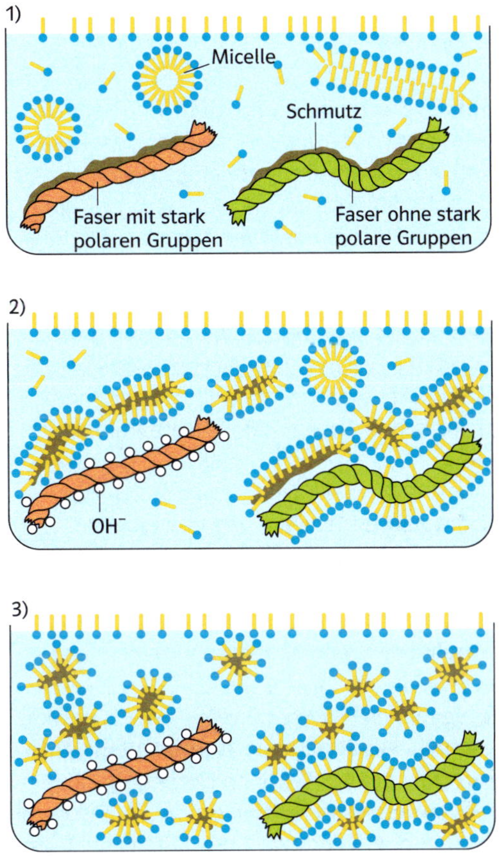

B2 *Phasen des Waschvorgangs im Modell*

V1 a) Geben Sie jeweils ca. 0,5 ml Olivenöl in zwei Reagenzgläser und setzen Sie ca. 3 ml Seifenlösung bzw. ca. 3 ml Wasser zu und schütteln Sie kräftig. Bestimmen Sie die ungefähre Zeitspanne bis zur Entmischung.
b) Bewegen Sie einen mit Holzkohlepulver eingeriebenen Wollfaden oder ein entsprechend behandeltes Stück Baumwolltuch in einer Seifenlösung bzw. nur in Wasser.
c) Schütteln Sie etwas Seifenlösung bzw. Wasser mit Holzkohlepulver oder Eisen(III)-oxid-Pulver kräftig und filtrieren Sie anschließend.

A1 Erläutern Sie die Bedeutung mechanischer Bewegung von Wäsche und Waschlauge beim Waschvorgang.

A2 MK Hartes Wasser enthält große Mengen an Calcium- und Magnesium-Ionen. Seifen-Anionen reagieren mit Calcium-Ionen zu schwer löslicher Kalkseife [B3].
a) Stellen Sie die Reaktionsgleichung zur Bildung von Kalkseife auf.
b) Recherchieren Sie weitere Nachteile von Seifen.

B3 *Seife in destilliertem Wasser (links) und in hartem Wasser (rechts), zu A2*

11.5 Tenside als waschaktive Stoffe

B1 *Im Shampoo können anionische oder amphotere Tenside enthalten sein*

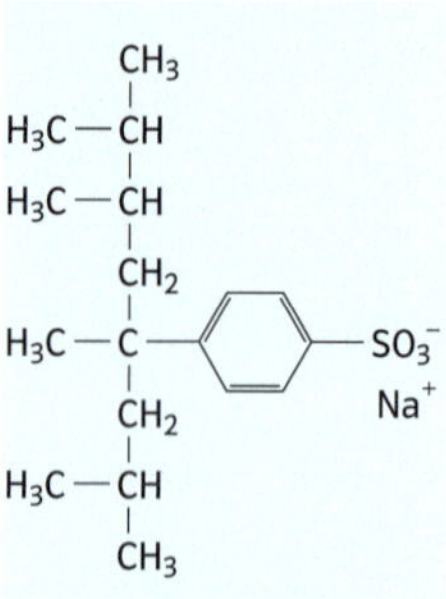

B2 *Das erste Alkylbenzolsulfonat, das in den Handel kam – Tetrapropylenbenzolsulfonat (TPS)*

LAS Bei den LAS handelt es sich trotz der Bezeichnung „lineare Alkylbenzolsulfonate" oft um sekundäre Alkylbenzolsulfonate.

Tensidklasse	Modell
anionische Tenside	
nichtionische Tenside	
kationische Tenside	
amphotere Tenside	

B3 *Schematische Darstellung der Tensidklassen*

Wie die Seifen-Anionen (Kap. 11.3) lassen sich auch andere Tensid-Moleküle als Kopf-Schwanz-Modell darstellen. Sie bestehen aus einer *polaren* Kopfgruppe und einer *unpolaren* Schwanzgruppe. Der unpolare Teil ist bei unterschiedlichen Tensiden meist ähnlich aufgebaut. Er besteht aus einer längeren verzweigten oder unverzweigten Kohlenwasserstoffkette, manchmal unter Einschluss cyclischer Anteile. Der polare Teil bestimmt die Zuordnung zu einer der folgenden Tensidklassen [B4].

Anionische Tenside enthalten eine negativ geladene Kopfgruppe und stellen den größten Anteil der in Wasch- und Reinigungsmitteln enthaltenen Tenside. Wichtige Vertreter sind heute *LAS* (*lineare Alkylbenzolsulfonate*) [B4], welche relativ einfach und kostengünstig herzustellen sind, sowie FAS (*Fettalkoholsulfate*) und auch Seife. Die früher verwendeten stärker verzweigten *Alkylbenzolsulfonate* (*ABS*) [B2] spielen aufgrund ihrer geringen biologischen Abbaubarkeit heute keine Rolle mehr.

Nichtionische Tenside. Bei den nichtionischen Tensiden trägt der polare Molekülteil keine Ladung [B3]. Er enthält meist alkoholische Hydroxygruppen oder Ethergruppen, einzeln oder in Kombination miteinander. Da eine polare chemische Bindung eine wesentlich geringere Hydrophilie des Tensids bewirkt als eine ionische Gruppe, ist immer eine größere Zahl polarer Gruppen notwendig, um ein ausgewogenes Verhältnis von hydrophiler und hydrophober Wirkung zu gewährleisten. Diese Tenside haben vor allem zwischen 30 und 60 °C eine gute Waschkraft. Sie ist deutlich besser als die der Standardtenside LAS und unabhängig vom pH-Wert und der Wasserhärte. Auch neigen sie weit weniger zur Schaumbildung. Deshalb werden sie in Wasch- und Spülmaschinen eingesetzt, meist in Kombination mit anionischen Tensiden, da die Waschkraft der nichtionischen Tenside mit steigender Temperatur abnimmt.

Kationische Tenside bestehen aus Teilchen, die eine positiv geladene Gruppe enthalten. Es handelt sich dabei um eine *quartäre Ammoniumgruppe*, die man erhält, wenn man im NH_4^+-Ion die vier H-Atome durch organische Substituenten ersetzt. Als Waschmittel haben kationische Tenside keine Bedeutung, da die Ablösung der von Tensid-Kationen umhüllten Schmutzpartikel von der meist negativ geladenen Faser erschwert ist. Wenn sich jedoch solche Tensid-Kationen an der Faser anlagern, ragt der hydrophobe Rest nach außen. Dadurch „verkleben" die Textilfasern nicht, die Wäsche bleibt weich. Solche *Weichspüler* besitzen jedoch auch Nachteile: Die mit einem kationischen Tensid behandelte Wäsche benötigt beim nächsten Waschgang mehr anionische Tenside, da diese mit den Kation-Tensiden der „Faserbeschichtung" schwer lösliche Salze bilden. Der Waschmittelverbrauch wird also erhöht. Auch die Saugfähigkeit von Geweben wird durch Weichspüler um etwa 20 % verringert. Ferner verstärkt sich der Verdacht, dass sie Allergien und Hautreizungen auslösen.

Amphotere Tenside bestehen aus **Zwitterionen.** Sie besitzen sehr gute waschtechnische Eigenschaften und lassen sich gut mit anderen Tensiden kombinieren, sind aber sehr teuer. Daher kommen sie nur in wenigen Spezialreinigungsmitteln und in Kosmetika vor.

V1 ⚠ (Schutzbrille!) In einem Reagenzglas wird ca. 1 g Cetylalkohol (Hexadecanol) bis zum Schmelzen erwärmt. Zur Schmelze gibt man tropfenweise konz. Schwefelsäure. Bei jeder Zugabe wird gut geschüttelt, um eine örtliche Überhitzung zu vermeiden. Sobald eine Gelbfärbung auftritt, wird gekühlt und mit verd. Natronlauge neutralisiert (Überprüfung mit Universalindikator-Papier).

V2 Versetzen Sie je eine Probe eines Feinwaschmittels bzw. des Alkylsulfats aus V1 **a)** mit Phenolphthalein-Lösung, **b)** mit Kalkwasser und **c)** mit verd. Salzsäure. Schütteln Sie die Lösungen kräftig. Führen Sie entsprechende Versuche auch mit einer wässrigen Seifenlösung durch.

A1 ◒ Formulieren Sie die Reaktionsgleichung zur Herstellung von Hexadecylsulfat in V1.

Tensidklasse	Beispiele	Verwendung	Vor- und Nachteile
Anionische Tenside (Anion-Tenside)			
Seifen $10 \leq n \leq 20$	$H_3C(-CH_2)_n-COO^-Na^+$	Toilettenseifen, Flüssigwaschmittel, Schauminhibitoren für Waschmittel	biologisch gut abbaubar, preiswerte Herstellung, aber in Wasser stark alkalisch, härteempfindlich, ungeeignet in saurem Milieu
„Lineare" Alkylbenzolsulfonate (LAS) $n = 4; 5$ $7 \leq m \leq 9$	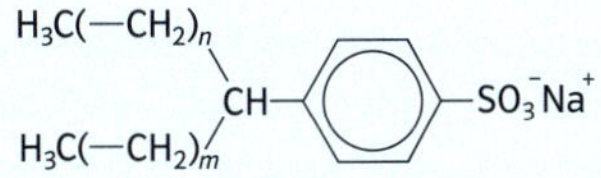	Waschmittel, Geschirrspülmittel, Haushaltsreiniger	geringer Preis, gute Waschwirkung, daher wichtigstes Waschmitteltensid, aber härteempfindlich
Sekundäre Alkansulfonate (SAS) $4 \leq n \leq 7$ $5 \leq m \leq 10$	$H_3C(-CH_2)_n$ und $H_3C(-CH_2)_m$ an $CH-SO_3^-Na^+$	Waschmittel, Geschirrspülmittel, Haushaltsreiniger	ähnliche Eigenschaften wie LAS
Fettalkoholsulfate (FAS, auch Fettalkoholpolyglykolsulfate genannt) $11 \leq n \leq 15$	$H_3C(-CH_2)_n-O-SO_3^-Na^+$	Waschmittel, Feinwaschmittel, Schaumbäder, Shampoos	gut wasserlöslich, beständig in alkalischem Medium bis 95 °C, aber hydrolyse-, härte- und säureempfindlich
Fettalkoholethersulfate (FES) $11 \leq n \leq 17$ $3 \leq m \leq 15$	$H_3C(-CH_2)_n-O(-CH_2-CH_2-O)_m-SO_3^-Na^+$	Feinwaschmittel, Schaumbäder, Shampoos, Geschirrspülmittel	bessere Löslichkeit und Hautverträglichkeit als FAS, aber starkes Schäumen bei höheren Temperaturen, teuer in der Herstellung
Sekundäre Estersulfonate (SES) $13 \leq n \leq 15$	$H_3C(-CH_2)_n-CH(SO_3^-Na^+)-COOCH_3$	Waschmittel (alle Temperaturen), Reinigungsmittel	gut biologisch abbaubar, gute Hautverträglichkeit, unempfindlich gegen hartes Wasser
Nichtionische Tenside (Niotenside)			
Fettalkoholethoxylate (FAEO, auch Fettalkoholpolyglykolether genannt) $11 \leq n \leq 17$ $3 \leq m \leq 15$	$H_3C(-CH_2)_n-O(-CH_2-CH_2-O)_m-H$	Wasch- und Reinigungsmittel, Emulgatoren	völlig unempfindlich gegen hartes Wasser, sehr gute Waschwirkung bei niedrigen Temperaturen, schaumarm, aber abnehmende Löslichkeit bei steigender Temperatur
Alkylpolyglucoside (APG) $11 \leq n \leq 13$ $0 \leq m \leq 6$	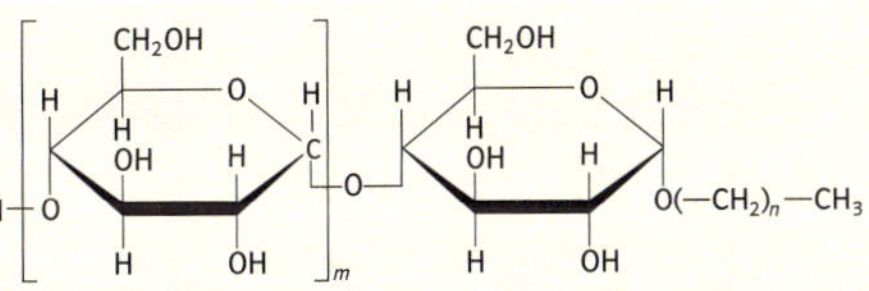	Waschmittel, Geschirrspülmittel, Reinigungsmittel	hydrolysebeständig, gutes Schmutzlöse- und Schmutztragevermögen, preiswert in der Herstellung aus nachwachsenden Rohstoffen
Kationische Tenside (Kation-Tenside)			
Quartäre Dialkylammoniumester (Esterquats)	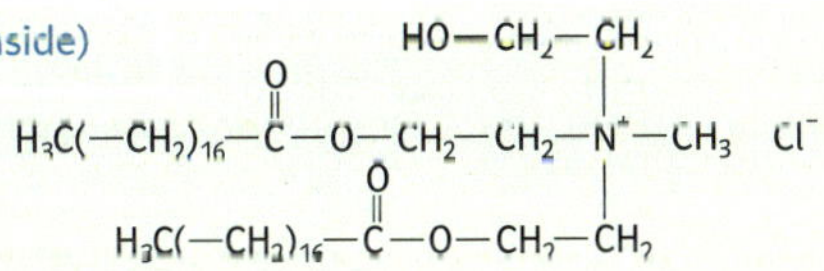	Weichspüler	biologisch abbaubar, daher als Ersatz für andere quartäre Ammoniumsalze (Quats)
Amphotere Tenside (Amphotenside)			
Alkylbetaine (Betaine) $11 \leq n \leq 17$	$H_3C(-CH_2)_n-N^+(CH_3)_2-CH_2\ COO^-$	Shampoos, Badepräparate, Spezialreinigungsmittel, Körperpflegemittel	sehr gute Waschwirkung, wenig toxisch, gute Hautverträglichkeit, aber sehr teuer in der Herstellung

B4 *Tenside in Waschmitteln: Klassifizierung, Verwendung und Eigenschaften*

11.6 Inhaltsstoffe von Waschmitteln

***B1** Kalkablagerungen auf einem Heizstab*

Der Wäscheschmutz besteht auch aus Komponenten, die von Tensiden nicht entfernt werden können [B3]. Ein Waschmittel ist eine Komposition aus vielerlei Inhaltsstoffen [B2], die beim Waschvorgang jeweils verschiedene Aufgaben erfüllen.

Gerüststoffe (Builder) sind nach den Tensiden die wichtigsten Waschmittelbestandteile. Sie haben mehrere Aufgaben. Erstens binden sie die im Leitungswasser enthaltenen Calcium- und Magnesium-Ionen und enthärten so das Wasser. Da in Deutschland in etwa 50 % aller Haushalte hartes Wasser verwendet wird, muss das Wasser für optimale Waschergebnisse enthärtet werden. Die im harten Wasser vorliegenden Hydrogencarbonat-Ionen reagieren bei erhöhter Temperatur zu entweichenden Kohlenstoffdioxid-Molekülen, Wasser-Molekülen und Carbonat-Ionen:

Phosphonate haben die allgemeine Formel

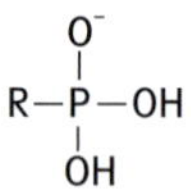

(R ist ein organischer Rest)

$$2\ HCO_3^- \longrightarrow H_2O + CO_2 + CO_3^{2-}$$

Inhaltsstoff	Massenanteil in %		
	Vollwaschmittel	Colorwaschmittel	Feinwaschmittel
Anionische Tenside	5 bis 10	5 bis 30	15 bis 30
Nichtionische Tenside	4 bis 10	5 bis 15	<5
Bleichmittel	10 bis 20	–	–
Bleichaktivatoren	3 bis 8	–	–
Phosphonate	0,2 bis 1 ,0	0,2 bis 1,0	0,2 bis 1,0
Polycarboxylate	1,0 bis 8,0	1,0 bis 8,0	1,0 bis 8,0
Seife	0,4 bis 2,0	0,4 bis 2,0	5,0 bis 15,0
Enzyme	0,5 bis 2,0	0,5 bis 2,0	0,5 bis 2,0
Citrat	—	5 bis 6	—
Zeolith A (Sasil®)	15 bis 35	15 bis 35	15 bis 35
Optische Aufheller	0,2 bis 0,5	—	—
Parfümöle	0,2 bis 0,5	0,2 bis 0,5	0,2 bis 0,5
Silicate	3 bis 5	—	—
Soda oder Hydrogencarbonat	6 bis 15	—	—
Farbübertragungsinhibitoren	—	0,5 bis 2,0	—
Vergrauungsinhibitoren	0,5 bis 2,0	0,5 bis 2,0	0,5 bis 2,0
Stellmittel (Natriumsulfat)	Ergänzung bis 100		

***B2** Zusammensetzung von pulverförmigen Waschmitteln*

Die Carbonat-Ionen bilden mit Calcium- und Magnesium-Ionen, aber auch mit vorhandenen Eisen- und Mangan-Ionen schwer lösliche Metallcarbonate (Kesselstein), die sich auf den Heizstäben der Waschmaschine ablagern und die Wärmeübertragung hemmen [B1]. Durch Builder werden die Härte bildenden Ionen während des Waschvorgangs aufgenommen und in Lösung gehalten. Zweitens unterstützen die Builder die Schmutzablösung durch die Tenside, indem sie den pH-Wert der Waschlauge erhöhen und drittens sorgen sie dafür, dass der Schmutz sich nicht wieder auf der Faser absetzt.

Jahrzehntelang wurden als Wasserenthärter **Phosphate** wie z. B. *Pentanatriumtriphosphat* verwendet. Diese führten jedoch über das Abwasser zu einer Phosphat-Anreicherung. Dadurch kam es zu einem übermäßigen Algenwachstum in Flüssen und Seen und damit zu einem akuten Sauerstoffmangel. In den 1970er Jahren wurde der Phosphat-Anteil in Waschmitteln gesetzlich reglementiert, später kamen dann die sog. phosphatfreien Waschmittel auf den Markt. Heute dienen in den Industrieländern vor allem Zeolithe als Builder [V1].
Zeolithe sind Natriumaluminiumsilicate (z. B. Sasil® [B2]), ihre Kristalle sind von kanalartigen Hohlräumen durchzogen [B4]. Zeolithe sind wasserunlöslich und wirken als Ionenaustauscher (sie binden Ca^{2+}-Ionen und setzen Na^+-Ionen frei, V2). Um die Zeolithe wieder auswaschen zu können, müssen sie sehr fein pulverisiert sein.

Damit eine optimale Enthärtung erfolgen kann, muss dem Waschmittel ein Stoff zugesetzt werden, der die Calcium-Ionen zum Zeolith transportiert. Dazu werden **Polycarboxylate** verwendet [B5]. Außerdem wird zum Erreichen eines alkalischen Milieus Soda (Natriumcarbonat) zugesetzt, da die pH-Wert-Erhöhung durch die Zeolithe nicht ausreicht.

Alternativ wird auch eine Kombination von **Schichtsilicaten** und **Citraten** als Builder verwendet.

Bleichmittel. Eine Reihe farbiger Verschmutzungen, z. B. Obst-, Gemüse-, Kakao- oder Rotweinflecken, lassen sich durch Waschen mit Tensiden allein nicht entfernen [B3]. Sie müssen durch „Bleichen", d. h. durch oxidative Zerstörung, in farblose Stoffe überführt werden. Aber auch Mikroorganismen werden dabei abgetötet, was der Wäschehygiene zugutekommt.
Früher benutzte man dafür die „Rasenbleiche". Die Weißwäsche wurde auf dem Rasen ausgelegt, mit Wasser besprengt und der Sonne ausgesetzt.

Art	Anteil in %	Beispiele	Entfernbarkeit
Fett	5–10	Hauttalg, Speisefett, Wachse, Kosmetika	wasserunlöslich, daher schwer entfernbar
Pigmentschmutz	25–30	Straßenstaub, Ruß, Asche, Pflanzenreste	
farbstoffhaltige Flecken	<1	Obst, Gemüse, Tee, Rotwein, Gras	
eiweißhaltige Flecken	20–25	Hühnereiweiß, Kakao, Bratensoße, Kondensmilch, Blut, Hautschuppen, Bakterien	
Kohlenhydrate	ca. 20	Zucker, Stärke, Faserreste	leicht entfernbar
wasserlöslicher Schmutz	15–20 5–7	Schweißrückstände, Harnstoff	

B3 *Wichtige Bestandteile von Wäscheschmutz*

Heute wird Vollwaschmitteln **Natriumpercarbonat** zugesetzt (genauer Natriumcarbonat-Peroxohydrat), eine Wasserstoffperoxid-Verbindung mit der Zusammensetzung $Na_2CO_3 \cdot 3\,H_2O_2$. Es hat das ehemals verwendete ökologisch bedenkliche Natriumperborat als Bleichmittel weitgehend ersetzt. Natriumpercarbonat zerfällt in wässriger Lösung in Natriumcarbonat und Wasserstoffperoxid, das als Oxidationsmittel wirkt. Eine erkennbare Bleichwirkung setzt bei ca. 60 °C ein und nimmt mit steigender Temperatur zu.
Spuren von Schwermetall-Ionen setzen die Zerfallstemperatur deutlich herab, sodass durch zu starke Bleichwirkung Faserschädigungen auftreten können. Um das zu verhindern, werden einem Vollwaschmittel **Silicate** oder **Phosphonate** zugesetzt. Diese binden die Schwermetall-Ionen und wirken als *Bleichmittelstabilisatoren*. Soll umgekehrt eine Bleichwirkung bei einer Wassertemperatur unter 60 °C eintreten (Energieersparnis), müssen Bleichmittelaktivatoren zugesetzt werden (z. B. TAED).

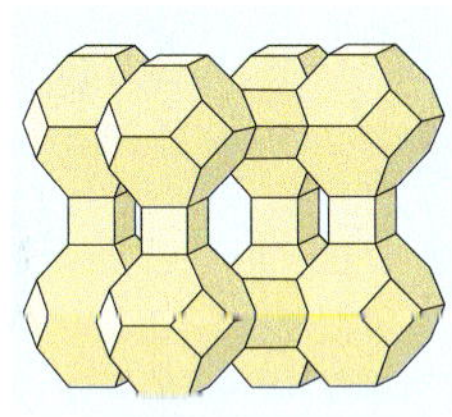

B4 *Zeolith A*

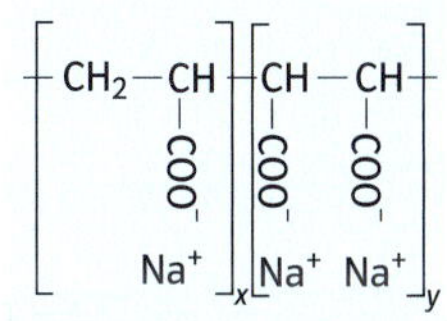

B5 *Formel eines Polycarboxylats*

V1 Gewinnung von Zeolith A aus pulverförmigen Vollwaschmitteln: Rühren Sie etwa 10 g eines Vollwaschmittels in ca. 250 ml warmes dest. Wasser ein. Filtrieren Sie diese Suspension durch eine Nutsche, die über eine Saugflasche an eine Wasserstrahlpumpe angeschlossen ist. Waschen Sie den Filterrückstand so lange mit warmem Wasser, bis das Filtrat in der Saugflasche klar ist.

V2 Stellen Sie sich „hartes Wasser" durch Lösen von etwas Calciumchlorid in Wasser her. Geben Sie in drei Reagenzgläser jeweils 3 ml dest. Wasser, hartes Wasser und hartes Wasser mit etwas Zeolith A [V1]. Fügen Sie zu jeder Flüssigkeit 3 ml einer Seifenlösung zu. Verschließen Sie die Gläser und schütteln Sie diese gemeinsam.

V3 Geben Sie kleine Stoffreste mit Tinten-, Obst- oder Grasflecken
a) in eine Wasserstoffperoxid-Lösung ($w \approx 3\,\%$),
b) in eine Natriumpercarbonat-Lösung,
c) in die Lösung von etwa 20 g eines Vollwaschmittels in 100 ml Wasser.
Erhitzen Sie unter Rühren zum Sieden.

V4 Lösen Sie unter leichtem Erwärmen (nicht Kochen!) in drei Reagenzgläsern jeweils etwa 0,5 g Natriumpercarbonat, Vollwaschmittel bzw. Feinwaschmittel in etwa 2 ml verd. Schwefelsäure ($w \approx 10\,\%$). Versetzen Sie mit einer Kaliumiodid-Stärke-Lösung. Vergleichen Sie mit einer Wasserstoffperoxid-Lösung ($w \approx 3\,\%$), die mit einer Kaliumiodid-Stärke-Lösung versetzt wurde.

A1 ○ Nennen Sie die Funktion von Silicat-Zusätzen in einem Vollwaschmittel.

A2 ● Begründen Sie, warum Bleichmittel nur in Vollwaschmitteln enthalten sind.

A3 ◒ Beschreiben Sie die allgemeine Struktur von Tensid-Molekülen bzw. Tensid-Ionen.

A4 ● NE Vollwaschmittel werden als Universalwaschmittel angepriesen. Ist es tatsächlich sinnvoll nur ein Waschmittel für Weiß- und Buntwäsche, 30°C- bis Kochwäsche zu verwenden? Begründen Sie.

Sasil® Handelsname von Zeolith A (von engl., sodium aluminium silicate, Natriumaluminiumsilicat)

„Polycarboxylat" Natriumsalz eines Copolymers aus Acrylsäure (Propensäure) und Maleinsäure (Butendisäure)

TAED Tetraacetylethylendiamin

B6 *Verkapselte Enzyme (Enzymprills) für Waschmittel*

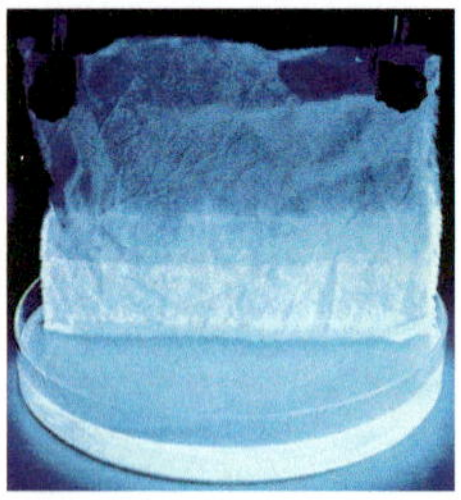

B7 *Gewebe mit optischen Aufhellern im UV-Licht*

Enzyme. Eiweiß- und stärkehaltige Verschmutzungen wie Blut, Milch, Kakao und Eigelb lassen sich nur schwer auswaschen. Waschmittel werden daher mit Enzymen versetzt: Eiweiß abbauende *Proteasen*, Stärke abbauende *Amylasen* und Fett abbauende *Lipasen*, die die Hydrolyse der Makromoleküle zu kleinen, wasserlöslichen Bausteinen katalysieren [B8]. Enzyme sind nur unterhalb von 60 °C wirksam [V5], da sie bei hohen Temperaturen denaturiert werden. Industriell werden die Enzyme aus Bakterienkulturen gewonnen und dem Waschmittel in verkapselter Form als *Enzymprills* beigemischt [B6].

Optische Aufheller (Weißtöner). Weiße Wäsche zeigt nach häufigem Waschen einen Gelbstich („Gilb"), der u.a. durch freie Fettsäuren verursacht wird, die an der Faser haften. Durch Ablagerungen auf der Faser wird das einfallende Tageslicht von der Wäsche nicht vollständig reflektiert, ein Teil des blauen Lichtes wird vom Wäschestück absorbiert. Das reflektierte Restlicht erscheint dem menschlichen Auge in der Komplementärfarbe Gelb.

Um den fehlenden Blauanteil des Lichtes zu ersetzen, fügt man dem Waschmittel heute optische Aufheller zu, die die Fähigkeit besitzen, UV-Licht zu absorbieren und dafür blaues Licht auszusenden [V6, B7]. Der Gelbstich der Wäsche wird dadurch kompensiert, meist sogar überkompensiert. Die Wäsche bekommt ein bläulich-weißes Aussehen, welches vom Auge weißer als andere Weißnuancen empfunden wird („weißer als Weiß"). Optische Aufheller sind nur in Vollwaschmitteln enthalten [B2]. Früher benutzte man in einem getrennten Behandlungsgang „Wäscheblau". Bei empfindlichen Menschen können Weißtöner zu Hautirritationen führen. Der Einsatz von Weißtönern bei der Herstellung oder Reinigung von Verbandsmaterial ist verboten, da die Weißtöner die Wundheilung verzögern.

Farbübertragungsinhibitoren verhindern weitgehend, dass sich von farbigen Textilien abgelöste Farbstoffe an anderen Stellen, z.B. auf mitgewaschener weißer Wäsche, absetzen und zu Verfärbungen führen.
Farbübertragungsinhibitoren sind ein wesentlicher Inhaltsstoff der Colorwaschmittel. Es handelt sich um Polyvinylpyrrolidon-Moleküle (PVP), die abgelöste Farbstoff-Moleküle binden und so ein Aufziehen auf Fasern verhindern können [B9].

Vergrauungsinhibitoren. Durch Zusätze von Cellulosederivaten, z.B. Carboxymethylcellulose, wird das Schmutztragevermögen verbessert. Der abgelöste Schmutz wird längere Zeit schwebend in der freien Waschflotte gehalten und somit daran gehindert, sich wieder auf dem Gewebe abzulagern.

Schaumregulatoren. Um eine übermäßige Schaumbildung in der Waschmaschine zu verhindern, ist es notwendig, schaumgesteuerte Waschmittel herzustellen. Gute Schaumregulatoren sind *Seifen*, deren Anionen mehr als 20 Kohlenstoff-Atome enthalten [V7]. Es hat sich gezeigt, dass es deren Kalkseifen sind, die die Bildung von Schaum verhindern. Daher dürfen in Waschmitteln nur solche Enthärter bzw. Builder eingesetzt werden, die zumindest Spuren von Calcium-Ionen in der

Exkurs

Die Waschmitteldosierung wird im Wesentlichen von der Wasserhärte bestimmt. Deutschland gehört zu den Gebieten mit relativ hoher durchschnittlicher Wasserhärte. Je nachdem, bei welcher Temperatur gewaschen wird, welche Textilien gewaschen werden und welches Wasser verwendet wird, benötigt man Waschmittel unterschiedlicher Zusammensetzung. Um Überdosierungen zu vermeiden, sind die Dosierempfehlungen auf den Waschmittelverpackungen zu beachten. Eine Alternative ist Waschen im Baukastensystem. Dabei werden verschiedene Einzelkomponenten – entsprechend den jeweiligen Erfordernissen – miteinander gemischt und können genau dosiert werden. Der Einsatz solcher Baukastensysteme ist jedoch aufwändiger als die Verwendung eines Vollwaschmittels. Umweltfreundlicheres Waschen gelingt auch, wenn nur nach der geringsten Härte und nach dem Verschmutzungsgrad dosiert wird. Durch Zugabe eines Enthärtungsmittels entsprechend dem Wasserhärtebereich kann für weicheres Wasser gesorgt werden, ohne dass alle anderen Inhaltsstoffe überdosiert werden.

Waschlösung belassen. Heute wird eine Schaumregulierung auch mithilfe von *Silikonölen* erreicht.

Weitere Waschhilfsmittel. Hierzu zählen Duft- und Farbstoffe, Korrosionsinhibitoren sowie Stellmittel. Diese Stoffe beeinflussen die Waschwirkung nicht. **Duftstoffe** haben mehrere Aufgaben zu erfüllen. Sie sollen dem Waschmittel einen angenehmen Geruch verleihen und darüber hinaus den charakteristischen Waschlaugengeruch überdecken. Die in vielen pulverförmigen Waschmitteln zu erkennenden farbigen Kügelchen haben ebenfalls keinen Einfluss auf den Waschprozess. Die zugesetzten **Farbstoffe** haben überwiegend dekorative Bedeutung. In den stets farbig angebotenen Flüssigwaschmitteln sollen sie die Eigenfarbe der Waschrohstoffe überdecken.

Korrosionsinhibitoren wie Natriumsilicate, z.B. *Wasserglas*, schützen diejenigen Maschinenteile vor Korrosion, die mit der Waschlauge in Berührung kommen und nicht aus Edelstahl gefertigt sind. Das in kolloidaler Form in der Waschlauge vorliegende Silicat lagert sich auf Metalloberflächen in einer feinen und festen Schicht ab und schützt das Metall, z.B. Aluminium, vor dem weiteren Angriff der Hydroxid-

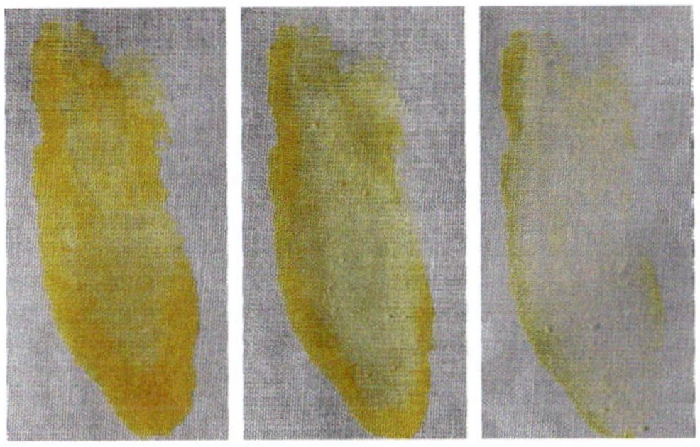

***B8** Entfernung von Eigelb durch enzymhaltige Waschmittellösung*

Ionen. Der Massenanteil an Wasserglas beträgt in den meisten Waschmitteln etwa 3 bis 5%.

Stellmittel (von einstellen) sollen die Rieselfähigkeit und damit die Lagerstabilität von pulverförmigen Waschmitteln erhöhen. *Natriumsulfat* ist ein solches Stell- oder Füllmittel. Es kommt in Vollwaschmitteln bis zu einem Massenanteil von 20% vor [B2, V8]. Der Einsatz ist rückläufig, in Kompakt- und Flüssigwaschmitteln sind keine Stellmittel mehr enthalten.

Es wird ständig daran gearbeitet, die Umweltverträglichkeit von Waschmitteln zu verbessern. Das Waschen kann jedoch nie voll und ganz „umweltfreundlich" sein.

Waschflotte Flüssigkeit („Waschwasser"), die beim Waschvorgang vorhanden ist. Man unterscheidet *gebundene* und *freie* Waschflotte. Bei der gebundenen Waschflotte handelt es sich um die von Wäschestücken aufgenommene Flüssigkeit. Die Wäschestücke umgebende Flüssigkeit ist die freie Waschflotte.

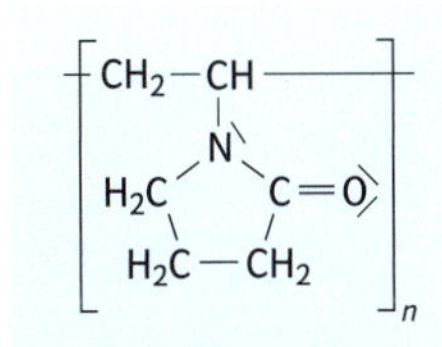

***B9** Polyvinylpyrrolidon, ein Farbübertragungsinhibitor*

V5 Schneiden Sie aus einem gekochten Ei ein dünnes Scheibchen Eiweiß. Geben Sie das Eiweiß in ca. 50 °C und ca. 70 °C heißes Wasser, das ein Vollwaschmittel enthält. Prüfen Sie die Reagenzglasinhalte nach einer Stunde und nach einigen Tagen.

V6 **a)** Lösen Sie verschiedene Waschmitteltypen (ein Voll- und ein Colorwaschmittel) in heißem Wasser. Betrachten Sie die Lösungen im abgedunkelten Raum unter einer UV-Lampe.
b) Betrachten Sie ebenso unbehandelte bzw. mit Vollwaschmittellösung getränkte Streifen eines Papiertaschentuchs und einer Mullbinde.

V7 Schaumregulierung durch Seife: Geben Sie in einen Kolben etwas Wasser und Schaumbademittel. Schütteln Sie die Lösung. Fügen Sie etwas Seifenlösung hinzu und schütteln Sie erneut.

V8 Nachweis von Natriumsulfat: Kochen Sie ca. 5 g eines Waschmittels (kein Kompaktwaschmittel) mit etwa 10 ml dest. Wasser auf und filtrieren Sie. Verdünnen Sie das Filtrat stark, säuern Sie mit verd. Salzsäure an und versetzen Sie mit Bariumchlorid-Lösung.

V9 Füllen Sie drei Bechergläser zur Hälfte mit Leitungswasser und fügen Sie je 2 ml einer Farbstofflösung (Siriuslichtblau BBR w = 0,25%) zu. Geben Sie in das erste und zweite Becherglas ca. 5 mg Vollwaschmittel, in das dritte ca. 5 mg Colorwaschmittel. Beim zweiten Becherglas fügen Sie eine Spatelspitze (ca. 50 – 100 mg) PVP hinzu. Rühren Sie alle Mischungen um. Geben Sie in jedes Becherglas eine Stoffprobe, welche mit einem Glasstab bewegt wird. Entnehmen Sie die Stoffproben und spülen diese sofort mit Wasser aus.

11.7 Seifenblasen

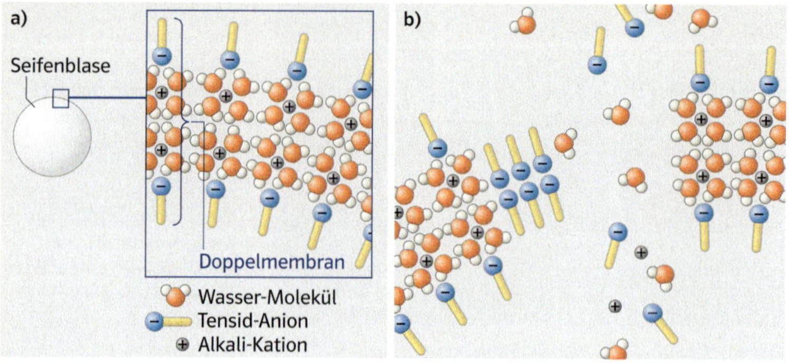

***B1** Teilchenmodelle: Seifenblasen-Doppelmembran (links), Platzen der Seifenblase (rechts)*

***B2** Seifenblasen haben schillernde Farben*

Die Entdeckung der Seifenblasen geht einher mit der Erfindung der Seife durch die Sumerer vor mehr als 5000 Jahren. Seitdem sind nicht nur Kinder von den bunt schillernden Seifenblasen fasziniert [B2].
In den 1950er Jahren wurde aus den Seifenblasen eher zufällig ein kommerzielles Spielzeug. Der Chemiker ROLF HAIN produzierte in der Nachkriegszeit Waschmittel, beim Experimentieren entstanden neben den kleinen Bläschen des Schaums wohl auch größere, farbige Seifenblasen. HEIN brachte daraufhin ein „zum **Pusten fix** und fertiges“ Spielzeug auf den Markt.

Wie kommt es nun zur Bildung von Seifenblasen , wie entsteht ihr ausgeprägtes Farbenspiel, und warum zerplatzen sie wieder?

***B3** Seifenblasen-Röhrchen*

Bildung. Seifenblasen entstehen, wenn durch mechanische Bewegung oder durch Pusten Luft in die Seifenlauge gerät. Die Luftblasen werden dabei von den unpolaren langen Enden der Seifen- oder Tensid-Anionen umhüllt, während die polaren Köpfe in die wässrige Lösung ragen, wie bei der Bildung von Micellen (Kap. 11.3). Die umhüllten Luftblasen steigen nun auf und verlassen die Lösung, wobei sie zusätzlich von einem dünnen Wasserfilm umhüllt werden, der sich an den äußeren polaren Köpfen der Seifen-Anionen bildet. An diesem Wasserfilm sind weitere Seifen-Anionen mit ihrem polaren Köpfen geheftet, sodass insgesamt eine wassergefüllte *Doppelmembran* entsteht.

Zwischen den beiden Seifenschichten befinden sich neben den Wasser-Molekülen auch hydratisierte Alkali-Kationen, die den Ladungsausgleich zu den Anionen herstellen [B1, links].

Platzen. Sinkt das Wasser in der Doppelmembran aufgrund der Gravitation langsam nach unten, so wird die Haut der Seifenblase oben immer dünner. Irgendwann ist so viel des als „Kitt“ wirkenden Wassers abgeflossen, dass sich die „Köpfe“ der Seifen-Anionen gegenseitig abstoßen und die Seifenblase platzt [B1, rechts].

Farben. Trifft Licht auf die Doppelmembran, so wird ein Strahl an der äußeren Seifenschicht der Seifenblase und einer an der inneren Schicht reflektiert. Da beide Strahlen unterschiedlich lange Wege zurücklegen, sind sie phasenverschoben. Bei ganz bestimmten Wellenlängen führt die Überlagerung beider Wellen (*Interferenz*) daher auch zu Auslöschungen. Der verbleibende Teil des Lichts (Komplementärfarbe) wird farbig wahrgenommen, da nur das komplette Farbspektrum weißes Licht ergibt. Die Schichtdicke ist jedoch aufgrund von Luftströmungen und wegen der Gravitation weder räumlich noch zeitlich homogen. Daher findet eine Auslöschung bei unterschiedlichen und sich ändernden Wellenlängen statt, sodass es zu einem ständigen Wechsel der Farben kommt.

A1 Stellen Sie Hypothesen auf, weshalb eine Seifenblase kurz vor dem Zerplatzen nicht mehr farbig ist.

A2 Zeichnen Sie ein Teilchenmodell, das den ersten Schritt der Bildung der Seifenblase darstellt (dieser ist in B1 nicht zu sehen).

A3 MK Recherchieren Sie nach Seifenblasenrezepten und probieren Sie im Rahmen eines Wettbewerbs aus, mit welcher Mischung die größten Seifenblasen erzeugt werden können.

A4 MK Vergleichen Sie die Entstehung der Farben bei Seifenblasen mit der Bragg-Reflexion.

11.8 Zusammenfassung und Übung

Verseifung
So nennt man im engeren Sinne die alkalische Hydrolyse eines Fettes. Dabei entstehen Glycerin und die Alkalisalze der Fettsäuren [B1].

Seifen
sind die Natrium- oder Kaliumsalze höherer Fettsäuren. Die Seifen-Anionen besitzen einen langen unpolaren Alkylrest und eine polare Carboxylatgruppe, sie zählen zu den anionischen Tensiden. Eine wässrige Seifenlösung reagiert alkalisch. Seifen-Anionen bilden schwer lösliche Kalkseifen und mit sauren Lösungen schwer lösliche Fettsäuren. Für eine Waschwirkung müssen jedoch hydratisierte Seifen-Anionen in Lösung vorhanden sein.

Tenside
sind grenzflächenaktive Stoffe. Alle Tenside sind amphiphil, da sie aus Teilchen bestehen, die polare und unpolare Bereiche aufweisen [B3]. Tenside können hydrophobe Stoffe (z. B. Fett) in Wasser dispergieren, deshalb werden sie als waschaktive Stoffe verwendet.
Je nach Ladung der polaren Gruppe unterscheidet man anionische, kationische, nichtionische Tenside und amphotere Tenside.

Waschmittel
sind Gemische von Stoffen, deren Bestandteile optimal aufeinander abgestimmt sind, um die Tenside beim Waschvorgang zu unterstützen. Weitere Bestandteile sind: Gerüststoffe (Builder), Bleichmittel, Enzyme, optische Aufheller (Weißtöner), Schaumregulatoren, Vergrauungs- und Farbübertragungsinhibitoren

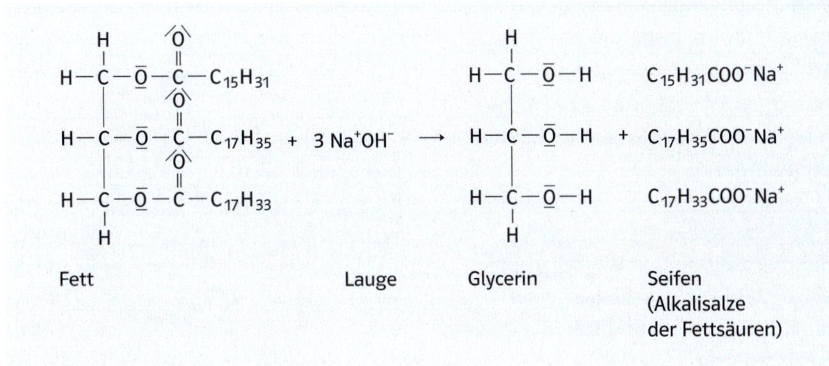

B1 Beispiel für eine Verseifung

Der Waschvorgang
gliedert sich in drei Phasen:
a) Tensid-Teilchen reichern sich an der Grenzfläche Faser-Waschlösung an, die Grenzflächenspannung wird verringert, die Faser benetzt.
b) Tensid-Teilchen dringen in die Schmutzpartikel ein und umhüllen sie. Sie lagern sich auch auf der Faser ab und laden diese negativ auf.
c) Fette werden emulgiert, fester Schmutz dispergiert. Die entstehenden Micellen [B2] werden in der Waschflotte gehalten und abtransportiert.

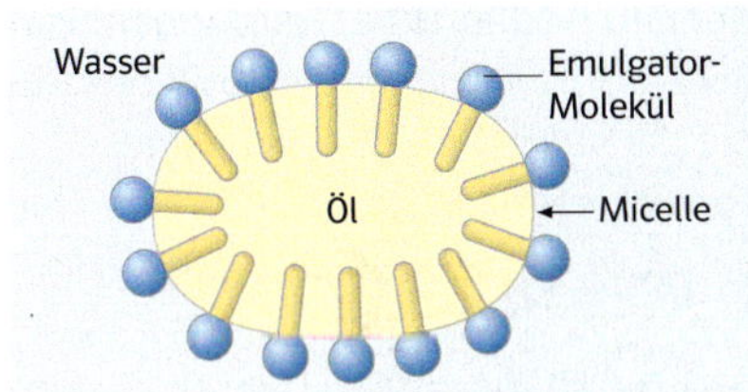

B2 Micelle in einer Öl-Wasser-Emulsion

	Seife	Alkylbenzolsulfonat
Allgemeine Formel (unpolarer Rest / polare Gruppe)	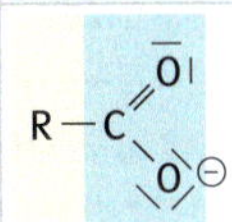	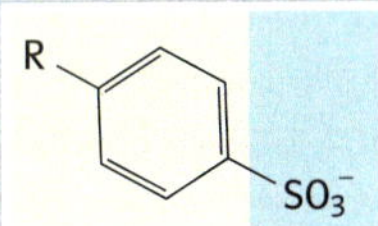
pH-Bereich der wässrigen Lösung	alkalisch	annähernd neutral
Säureempfindlichkeit	groß	keine
Härteempfindlichkeit	groß	mittel
Biologische Abbaubarkeit	sehr gut	bei linearem ABS gut
Ausgangsstoff	Fette	Erdöl (und Erdgas)

B3 Vergleich von Seife und Alkylbenzolsulfonat

A1 ○ Ein Streichholz kann als Modell für ein Seifen-Anion dienen. Legen Sie aus Streichhölzern das zweidimensionale Bild einer Kugelmicelle in Wasser und einer kleinen Seifenblase.

A2 ◒ In der Schwerelosigkeit nehmen sowohl ein Wassertropfen als auch ein Quecksilbertropfen die Kugelform an. Erklären Sie diese Beobachtung.

A3 ◒ Welche der folgenden Verbindungen sind Tenside? Begründen Sie jeweils ihre Entscheidung und ordnen Sie die gefundenen Tenside einer Tensidklasse zu.

a) $CH_3(-CH_2)_{16}-COOCH_3$

b) $CH_3(-CH_2)_3-OSO_3^-Na^+$

c) $CH_3(-CH_2)_{16}-C_6H_4-OH$

d) $CH_3(-CH_2)_{44}-COO^-K^+$

e) $CH_3(-CH_2)_{12}$
$-O(-CH_2-CH_2-O)_6-H$

A4 ● MK Zur Anreicherung des Erzes beim Ausbeuten erzarmer Lagerstätten mit uneinheitlichem Gestein wird das Verfahren der **Flotation** (von franz. flot, Flut) angewendet. Dabei wird das pulverisierte, erzhaltige Gestein mit tensidhaltigem Wasser und Luft verwirbelt. Die Erzteilchen bleiben an den Schaumblasen haften und können mit diesen abgeschöpft werden [B4]. Erklären Sie, warum das Erz trotz größerer Dichte auf dem Wasser schwimmt.

A5 ◒ Zum Löschen von Bränden wird anstelle von reinem Wasser bzw. Kohlenstoffdioxid häufig ein Schaum aus tensidhaltigem Wasser und Kohlenstoffdioxid eingesetzt. Nennen Sie Vorteile dieser Löschmethode und begründen Sie Ihre Aussagen.

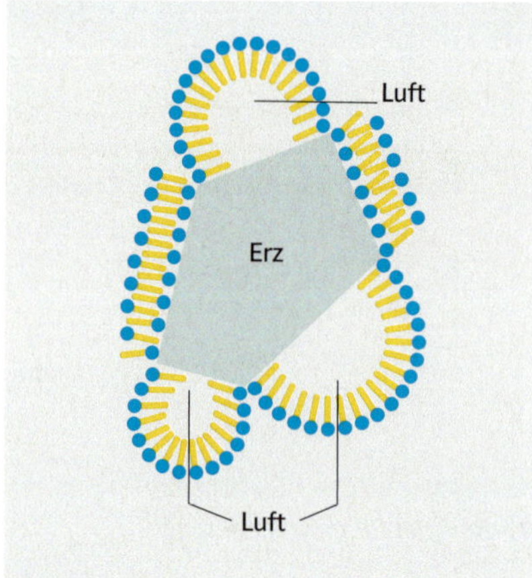

B4 *Flotation*

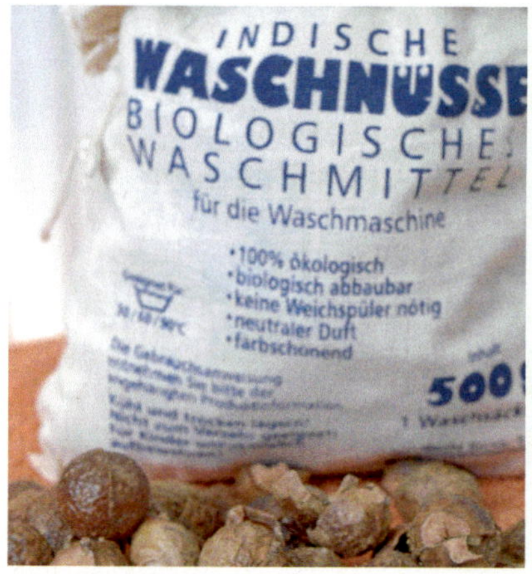

B5 *Waschnüsse*

A6 ◒ Dampft man hartes Leitungswasser vollständig ein, so bildet sich ein weißer Rand auf dem Glas, der mit Essigsäure entfernt werden kann. Erklären Sie diese Tatsache und formulieren Sie dazu zwei Reaktionsgleichungen.

A7 ◒ Gießt man geschmolzene Stearinsäure auf warmes Wasser und lässt diese erkalten, so entsteht eine Stearinsäureplatte, die auf der Unterseite durch Wasser benetzbar ist, auf der Oberseite aber nicht. Erklären Sie.

A8 ○ MK Informieren Sie sich über das Waschen mit Waschnüssen. Geben Sie einige Vorteile und Nachteile an sowie die waschwirksame Substanz [B5].

A9 ◒ Man gibt Seifenflocken in die folgenden Flüssigkeiten und schüttelt: **a)** destilliertes Wasser, **b)** saures Wasser, **c)** hartes Wasser. Schildern Sie die zu erwartenden Beobachtungen und deuten sie diese.

A10 ○ NE 1980 wurde die Phosphathöchstmengenverordnung erlassen, die eine stufenweise Reduzierung der Phosphate in Wasch- und Reinigungsmitteln vorschrieb. Erläutern Sie, **a)** welche Funktion diese Waschmittelinhaltsstoffe hatten. **b)** warum die Reduzierung der Phosphate nötig wurde. **c)** welche Stoffe heute die Phosphate fast vollständig ersetzen und deren Wirkungsweise.

A11 ● Auf drei verschiedenen Waschmittelpackungen findet man folgende Inhaltsangaben:
A: anionische und nichtionische Tenside, Zeolithe, Enzyme, Farbübertragungsinhibitoren, Duftstoffe.
B: anionische und nichtionische Tenside, Zeolithe, Duftstoffe.
C: anionische und nichtionische Tenside, Zeolithe, Natriumperborat, Bleichmittelaktivator TAED, Enzyme, Vergrauungsinhibitoren, optische Aufheller, Duftstoffe
a) Beschreiben Sie die Funktionen der einzelnen Waschmittelkomponenten beim Waschprozess (tabellarisch in Stichworten).
b) Nennen Sie die Waschmitteltypen und begründen Sie kurz.
c) Ein weißes Baumwollhemd (nach Herstellerangabe waschbar bis 95 °C) hat einen Tintenfleck, einen Blutfleck und einen Fettfleck. Welches Reinigungsergebnis erwarten Sie jeweils, wenn Sie dieses Textilstück mit dem Waschmittel A, B bzw. C waschen? Begründen Sie.

12

Erweiterung

Komplexverbindungen

Das Chlorophyll (Blattgrün) ist ein Beispiel für eine Komplexverbindung. Verbindungen dieses Typs spielen auch als Katalysatoren für technische Prozesse und bei Nachweisreaktionen eine wichtige Rolle.

12.1 Das Phänomen der Komplexverbindungen

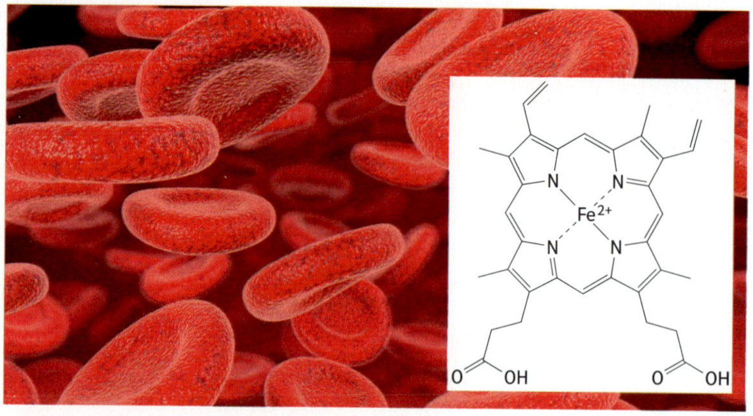

B1 *Der Farbstoff Hämoglobin in den roten Blutkörperchen enthält Eisen-Ionen*

Ligand von lat. ligare, binden

Komplex von lat. complexus, Umarmung

Koordinationsverbindungen von lat. coordinare, beiordnen. Komplexverbindungen bezeichnet man auch als Koordinationsverbindungen.

Vor allem die Nebengruppenelemente sind wesentlicher Bestandteil einer Vielzahl von Verbindungen mit spannenden Anwendungen. So enthalten die Moleküle des roten Blutfarbstoffs *Hämoglobin* Eisen-Ionen [B1]. Auch im Farbstoff *Berliner Blau*, der z. B. in Kunstwerken verwendet wird, sind Eisen-Ionen vorhanden. Ein wichtiges Antikrebsmittel enthält Platin-Ionen.
An den Eigenschaften dieser Verbindungen erkennt man, dass sie keine „normale" Salze sind. Versetzt man etwa eine hellblaue Kupfer(II)-sulfat-Lösung mit Ammoniak [V1], dann lassen sich in der entstehenden klaren, tiefblauen Lösung überraschenderweise keine freien Kupfer-Ionen nachweisen [V2]. Anders als bei einer typischen Ionenverbindung muss eine Verbindung aus Kupfer-Ionen und Ammoniak-Molekülen entstanden sein, die auch in wässriger Lösung erhalten bleibt.

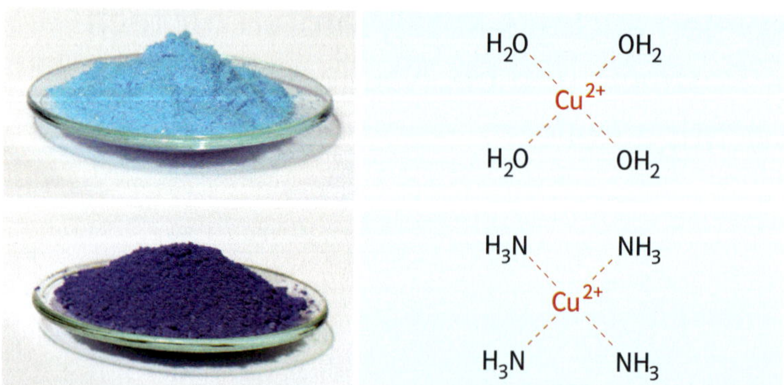

B2 *Die Komplexverbindungen $[Cu(H_2O)_4]SO_4 \cdot H_2O$ (oben) und $[Cu(NH_3)_4]SO_4 \cdot H_2O$ (unten) und Halbstrukturformeln der enthaltenen Kupferkomplexe*

Komplexverbindungen. Ein ähnliches Verhalten findet man bei einer Vielzahl von Metall-Ionen oder Metall-Atomen, besonders bei den Nebengruppenelementen wie Eisen, Silber, Nickel, Cobalt, Chrom oder Mangan. Viele ihrer Ionen reagieren mit Molekülen oder Anionen zu Komplexverbindungen, die häufig an ihren jeweils charakteristischen Farben zu erkennen sind.

Die Einheit aus aus einem Metall-Kation als **Zentralteilchen** und den daran gebundenen Molekülen oder Anionen, den **Liganden**, nennt man **Komplex** oder **Komplexteilchen**. Das Zentralteilchen ist meistens ein Metall-Kation, es kann aber auch ein ungeladenes Metall-Atom sein. Die Liganden-Teilchen können Anionen (z. B. Halogenid-Ionen oder Hydroxid-Ionen) sein, aber auch Moleküle mit freien Elektronenpaaren (z. B. die Moleküle von Ammoniak, Wasser, Kohlenstoffmonooxid oder Stickstoffmonooxid).

Auch das hellblaue Kupfer(II)-sulfat-Pentahydrat ist eine Komplexverbindung. Man kann zeigen, dass um jedes Kupfer(II)-Ion vier Wasser-Moleküle gruppiert (koordiniert) sind; das fünfte Wasser-Molekül ist als Kristallwasser in die Gitterstruktur des Salzes eingebaut. Der Name der Verbindung, der dies berücksichtigt, lautet Tetraaquakupfer(II)-sulfat-Monohydrat, die zugehörige Formel ist $[Cu(H_2O)_4]SO_4 \cdot H_2O$ [B2, oben].

Der Komplex wird durch eckige Klammern von den nicht komplex gebundenen Teilchen, den Sulfat-Ionen und Wasser-Molekülen, unterschieden. Der Komplex $[Cu(H_2O)_4]^{2+}$ bleibt in wässriger Lösung erhalten.

Bei der Reaktion von Kupfer(II)-sulfat mit Ammoniak entsteht der Komplex $[Cu(NH_3)_4]^{2+}$ [B2, unten]. Der tiefblaue, kristalline Stoff ist $[Cu(NH_3)_4]SO_4 \cdot H_2O$, die Komplexverbindung hat den Namen Tetraamminkupfer(II)-sulfat-Monohydrat.

Ein Komplex besteht aus einem Metall-Ion oder Metall-Atom als Zentralteilchen und Molekülen oder Anionen als Liganden.

Die **Benennung von Komplexverbindungen** folgt einigen einfachen Regeln.

1. In den Formeln von *Komplexen* schreibt man zunächst das Zentralteilchen.
2. Dann notiert man die Liganden in alphabetischer Reihenfolge.
3. Der Komplex steht in eckigen Klammern. Seine Ladung ist die Summe der Ladungen des Zentralteilchens und der Liganden.
4. In den Formeln nennt man zuerst das Kation, dann das Anion, unabhängig davon, welches das Komplexteilchen ist.
5. Bei der Benennung werden die Namen der Liganden vorangestellt, ggf. mit einem Präfix für die Zahl der Liganden.

Beispiele zur Benennung:

$[Cr(H_2O)_6]SO_4$	Hexaaquachrom(II)-sulfat
$[Co(NH_3)_6]Cl_2$	Hexaammincobalt(II)-chlorid
$[CuCl_2(H_2O)_2]$	Diaquadichloridokupfer(II)
$K_2[HgI_4]$	Kalium-tetraiodidomercurat(II)

Komplexverbindung mit kationischem Komplex:

$[Co(H_2O)_6]Cl_2$

Anzahl	Name des Liganden	Name des Zentralteilchens (Oxidationszahl)	Name des Anions
Hexa	aqua	cobalt(II)-	chlorid

Komplexverbindung mit anionischem Komplex:

$K_3[Fe(CN)_6]$

Name des Kations	Anzahl (griech.)	Name des Liganden	Lateinischer Name des Zentralteilchens (Oxidationszahl) (Wortstamm + Endung -at)
Kalium-	hexa	cyanido	ferrat(III)

Komplexverbindung mit ungeladenem Komplex:

$[Fe(SCN)_3]$

Anzahl	Name des Liganden	Deutscher Name des Zentralteilchens (Oxidationszahl)
Tri	thiocyanato	eisen(III)

Beispiele von Ligandennamen:

ungeladene Liganden		negativ geladene Liganden			
H_2O	aqua	F^-	fluorido	OH^-	hydroxido
NH_3	ammin	Cl^-	chlorido	CN^-	cyanido
CO	carbonyl	Br^-	bromido	SCN^-	thiocyanato

***B3** Formeln und Regeln zur Benennung von Komplexverbindungen*

V1 ⚠ (Abzug! Schutzhandschuhe!) 20 ml Kupfer(II)-sulfat-Lösung (c = 0,1 mol/l) werden in einem Becherglas so lange mit konzentrierter Ammoniak-Lösung versetzt, bis sich eine klare, tiefblaue Lösung gebildet hat.

V2 Die folgenden Versuche werden mit jeweils einem Teil der tiefblauen Lösung aus V1 und zum Vergleich mit Kupfer(II)-sulfat-Lösung (c = 0,1 mol/l) durchgeführt.
a) Die beiden Lösungen werden in Reagenzgläser gegeben; in jedes Reagenzglas wird ein abgeschmirgelter Eisennagel gestellt. Interpretieren Sie Ihre Beobachtungen im Hinblick auf das Vorliegen von freien Cu^{2+}-Ionen in den beiden Lösungen.
b) Zu den beiden Lösungen wird verdünnte Natronlauge gegeben. Vergleichen Sie die Ergebnisse dieses Versuchsteils mit denen von V2a.
c) Zu den beiden Lösungen wird verdünnte Bariumchlorid-Lösung gegeben. Interpretieren Sie Ihre Beobachtungen.
Hinweis: Sulfat-Ionen kann man durch Fällung mit Ba^{2+}-Ionen als schwer löslichen, weißen Niederschlag von Bariumsulfat ($BaSO_4$) nachweisen.

V3 Wiegen Sie ca. 1 g Kupfer(II)-sulfat-Pentahydrat in einen Porzellantiegel ein (Masse möglichst genau bestimmen!). Erhitzen Sie den abgedeckten Tiegel in einem Porzellandreieck ca. 5 min lang mit der nicht leuchtenden Brennerflamme (*nicht* mit der rauschenden Flamme!). Wiegen Sie den abgekühlten Tiegel und bestimmen Sie die Masse des Produkts. Berechnen Sie die Stoffmenge des Wassers in 1 mol Kupfer(II)-sulfat-Pentahydrat.

A1 ◒ MK Markieren Sie in den folgenden Formeln entsprechend dem oben stehenden Farbschema das Zentralteilchen in blau, die Liganden in grün und ggf. das Gegenion in rot.
Benennen Sie die Komplexverbindungen mit ihrem systematischen Namen.
$Na[Al(OH)_4]$, $K_2[HgI_4]$, $(NH_4)_2[PbCl_6]$, $[Cu(H_2O)_4]SO_4$

A2 ◒ Schreiben Sie die Formel von Natriumhexafluoridoaluminat(III) auf.

A3 ● Geben Sie den systematischen Namen von $K_4[Fe(CN)_6]$ an. Erläutern Sie, worin sich das sogenannte „Gelbe Blutlaugensalz" vom „Roten Blutlaugensalz" $K_3[Fe(CN)_6]$ unterscheidet.

12.2 Komplexe – Struktur und Bindung

Koordinationszahl	Koordinationspolyeder	Anordnung der Liganden	Beispiele
4	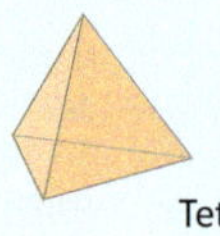 Tetraeder	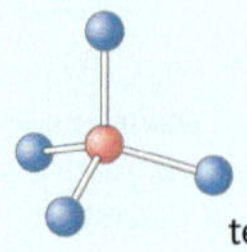 tetraedrisch	$[CoCl_4]^{2-}$ $[Al(OH)_4]^-$
4	 Quadrat	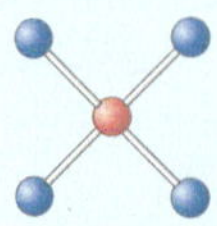 quadratisch planar	$[CuCl_4]^{2-}$ $[Cu(H_2O)_4]^{2+}$ $[Cu(NH_3)_4]^{2+}$ $[Pt(NH_3)_4]^{2+}$
6	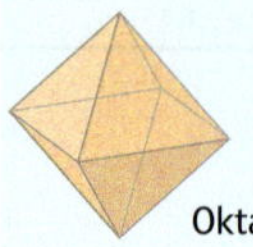 Oktaeder	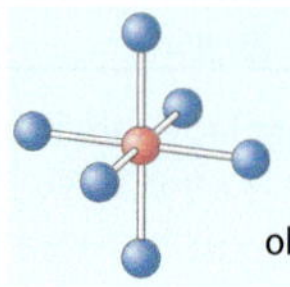 oktaedrisch	$[Co(H_2O)_6]^{2+}$ $[Cr(NH_3)_6]^{2+}$ $[Fe(CN)_6]^{4-}$

B1 *Strukturen von Komplexen*

Betrachtet man die Formeln von Komplexen, fällt auf, dass häufig *vier* oder *sechs* Liganden an ein Zentralteilchen gebunden sind. Dabei sind die Liganden jeweils in einer ganz bestimmten räumlichen Anordnung um das Zentralteilchen orientiert.

Koordinationspolyeder von lat. coordinare, beiordnen; griech. polys, viel; griech. hedra, Sitz

planar von lat. planus, eben

Räumlicher Bau von Komplexen. Die Anzahl der an ein Zentralteilchen gebundenen Liganden bezeichnet man als **Koordinationszahl.** Zu jeder Koordinationszahl gehören bestimmte geometrische Figuren, die man bei Komplexen als **Koordinationspolyeder** bezeichnet [B1]. Welche Struktur bei der Bildung eines Komplexteilchens aufgebaut wird, hängt im Wesentlichen vom Durchmesser und von der Elektronenkonfiguration des Zentralteilchens sowie vom Raumbedarf der Liganden ab. Komplexe mit dem gleichen Zentralteilchen können je nach Art und Größe des Liganden unterschiedliche Koordinationszahlen und Koordinationspolyeder haben, z. B. $[Co(H_2O)_6]^{2+}$ und $[CoCl_4]^{2-}$.

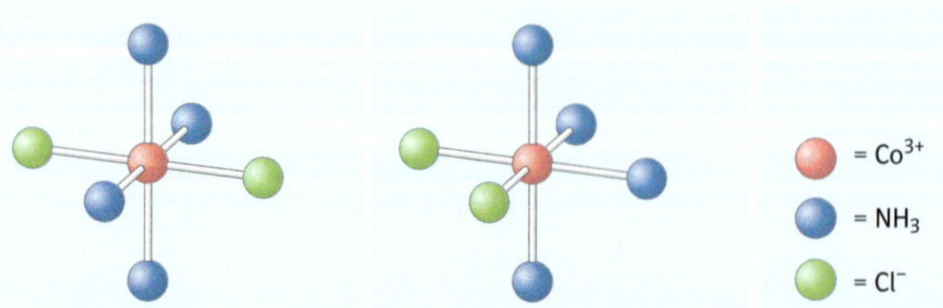

B2 *E-Z-Isomerie eines oktaedrischen Komplexes*

Komplexe mit der Koordinationszahl 4. Bei der Anordnung von vier Liganden um ein Zentralteilchen gibt es zwei Möglichkeiten mit hoher Symmetrie [B1]: In der **tetraedrischen** Anordnung (wie beim Methan-Molekül) sind alle Liganden gleich weit voneinander entfernt. In anderen Komplexen findet man eine **quadratisch planare** Anordnung. Hierbei befinden sich die Liganden in einer Ebene.

Komplexe mit der Koordinationszahl 6. Die sehr häufigen Komplexe mit der Koordinationszahl 6 sind meistens **oktaedrisch** aufgebaut. So befinden sich im Hexaaquacobalt(II)-Komplex die Wasser-Moleküle an den Ecken eines Oktaeders um das Cobalt(II)-Ion.

Häufige Strukturen von Komplexen sind: tetraedrisch, quadratisch planar und oktaedrisch.

Isomerie. Enthält ein Komplex unterschiedliche Liganden, so sind in manchen Fällen verschiedene Strukturen denkbar. So gibt es von der Verbindung $[CoCl_2(NH_3)_4]Cl$ zwei Isomere; es liegt eine *E-Z*-Isomerie (*cis-trans*-Isomerie) vor (Kap. 6.22). Die beiden Chlorid-Ionen können sich an benachbarten Ecken eines von vier Liganden gebildeten Quadrats befinden [B2 rechts], dann liegt ein *Z*-Isomer (*cis*-Isomer) vor. Befinden sich die gleichen Liganden an gegenüberliegenden Ecken [B2 links], so spricht man von einem *E*-Isomer (*trans*-Isomer). Auch der quadratisch planare Komplex $[PtCl_2(NH_3)_2]$ zeigt *E-Z*-Isomerie, wobei nur das Z-Isomer medizinische Wirksamkeit als Antikrebsmittel besitzt (Kap. 12.5).

Bei tetraedrischen und oktaedrischen Komplexen ist auch **Spiegelbildisomerie** möglich (Kap. 10.1). Besonders häufig treten Spiegelbildisomere bei oktaedrischen Komplexen mit *zweizähnigen Liganden* auf, z. B. bei $[Ni(en)_3]^{2+}$ (Kap. 12.5).

Bei Komplexen beobachtet man verschiedene Formen von Isomerie.

Die Bindung in Komplexen. Die Wechselwirkungen zwischen Zentralteilchen und Liganden, die den Komplex zusammenhalten, bezeichnet man als **koordinative Bindung**. Diese weist sowohl Eigenschaften einer *Elektronenpaarbindung* als auch *ionischen Charakter* auf. Die räumliche Struktur vieler (allerdings nicht aller) Komplexe kann man mit dem Elektronenpaar-Abstoßungs-Modell herleiten.

Modell der Elektronenpaarbindung. Dieses Bindungsmodell geht davon aus, dass die Liganden *freie (nicht bindende) Elektronenpaare* für die Bindung zum Zentralteilchen zur Verfügung stellen. Das Zentralteilchen hat unvollständig besetzte Schalen (Energiestufen). Diese werden durch die freien Elektronenpaare der Liganden in einer Art Elektronenpaarbindung bis zur Edelgaskonfiguration aufgefüllt („18-Elektronen-Regel"). Mit diesem Bindungsmodell lassen sich zwar auch Komplexe mit ungeladenen Zentralteilchen beschreiben, z. B. Pentacarbonyleisen $[Fe(CO)_5]$, allerdings versagt das Modell bei vielen anderen Komplexen.

Modell der Ionenbindung. Ein alternatives Bindungsmodell, die **Kristallfeldtheorie**, geht von einem rein ionischen Charakter der Wechselwirkungen aus. Das Zentralteilchen und die Liganden werden demnach im Wesentlichen durch *elektrostatische Anziehungskräfte* (Coulomb-Kräfte) zusammengehalten. Dies können Ion-Ion-Wechselwirkungen zwischen dem positiv geladenen Zentralteilchen und den negativ geladenen Liganden sein oder Ion-Dipol-Wechselwirkungen. Das Zentralteilchen und die Liganden erzeugen ein gemeinsames elektrostatisches Feld. Die Liganden ordnen sich symmetrisch um das Zentralteilchen an, sodass aus Anziehung und Abstoßung der energieärmste Zustand resultiert.

Ligandenfeldtheorie. Die Kristallfeldtheorie schließt eine Überlappung von Elektronenwolken ganz aus. Sie wurde jedoch später zur *Ligandenfeldtheorie* erweitert, indem Betrachtungsweisen mit Elektronenpaarbindungen in die ursprüngliche Kristallfeldtheorie eingebaut wurden. Damit konnte man dem „Mischcharakter" der Komplexbindung zwischen Elektronenpaarbindung und Ionenbindung deutlich besser gerecht werden.

Molekülorbitalmodell. In den letzten Jahrzehnten ist es aufgrund der Weiterentwicklung analytischer Methoden und leistungsfähiger Computer möglich geworden, *Molekülorbitale* für Komplexe zu berechnen. Dabei berechnet man mit quantenmechanischen Verfahren die Energieniveaus aller Elektronen im Einzugsbereich der Atomkerne eines Komplexs. Allerdings ist das Molekülorbitalmodell (MO-Modell, Kap. 7.5) bei Komplexverbindungen immer noch auf experimentelle Ergebnisse angewiesen, z. B. aus der Spektroskopie.

Orbital Zustand, den ein Elektron einnehmen kann (Kap. 7.5)

Ein tiefer gehendes Verständnis der koordinativen Bindung gelingt also nur durch die Kombination theoretischer und experimenteller Methoden. Mit einer Kombination verschiedener Theorien lassen sich wichtige Eigenschaften von Komplexen beschreiben und vorhersagen, z. B. die Koordinationszahl, die räumliche Struktur, die Farbigkeit, die magnetischen Eigenschaften und die Stabilität.

Die koordinative Bindung zwischen Zentralteilchen und Liganden lässt sich u. a. durch die Modelle der Elektronenpaarbindung und der Ionenbindung beschreiben.

A1 Von einem Komplex $[MX_2Y_2]$ existieren keine unterschiedlichen Isomere. Skizzieren und benennen Sie die Struktur des Komplexes.

A2 MK Zeichnen Sie Ligandenanordnungen des oktaedrischen Komplexes $[MX_2Y_4]$. Ermitteln Sie die Anzahl möglicher Isomere.

A3 MK Zeichnen Sie zwei möglichst symmetrische, nicht planare Koordinationspolyeder für die Koordinationszahl 5.

A4 Ermitteln Sie die Anzahl der Elektronen, die ein Eisen-Atom zum Auffüllen der unvollständig besetzten Schalen bis zur Edelgaskonfiguration benötigt und die Anzahl möglicher Liganden.

12.3 Gleichgewichtsreaktionen bei Komplexverbindungen

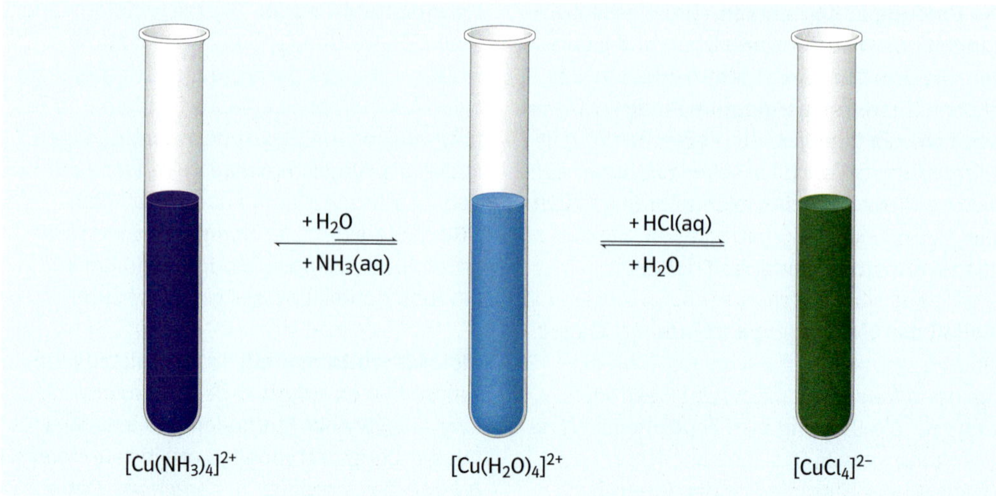

B1 *Ligandenaustausch am Tetraaquakupfer(II)-Komplex*

Gibt man zu einer hellblauen Kupfer(II)-sulfat-Lösung Salzsäure, so bildet sich eine grüne Lösung. Durch Verdünnen mit Wasser lässt sich daraus wieder eine hellblaue Lösung gewinnen. Die dunkelblaue Lösung, die entsteht, wenn man zur hellblauen Kupfer(II)-sulfat-Lösung Ammoniak hinzugibt, lässt sich dagegen durch Wasserzugabe nicht wieder rückgängig machen [V1].

Ligandenaustausch-Reaktionen. Bei diesen Reaktionen werden die Liganden des *Aqua-Komplexes* einmal durch Chlorid-Ionen und zum anderen durch Ammoniak-Moleküle ausgetauscht. Die Chlorid-Ionen bzw. die Ammoniak-Moleküle haben also die Wasser-Moleküle als Liganden ersetzt.

Dieser *Ligandenaustausch* findet *schrittweise* statt, die Lösungen der entstehenden Chlorido-Komplexe bis hin zum $[CuCl_4]^{2-}$-Komplex weisen eine grünliche Farbe auf. Durch die Zugabe von Wasser werden die Chlorid-Liganden wieder durch Wasser-Moleküle ersetzt, der Austausch wird rückgängig gemacht [B1, rechte Hälfte].

In Komplexen können die Liganden durch andere Liganden ausgetauscht werden. Wenn beide Liganden vorhanden sind, stellt sich ein chemisches Gleichgewicht ein.

Stabilität von Komplexen. Beim Versetzen einer hellblauen Kupfer(II)-sulfat-Lösung mit konzentrierter Ammoniak-Lösung entsteht aus dem *Aqua-Komplex* durch Ligandenaustausch der *Ammin-Komplex*. Diese Reaktion lässt sich durch Wasserzugabe nicht wieder in Richtung zum Aqua-Komplex verschieben. Der *Ammin-Komplex* muss also deutlich stabiler sein als der Aqua-Komplex. Er ist auch stabiler als der Chlorido-Komplex.

Diese Stabilitätsunterschiede lassen sich quantitativ mit dem *Massenwirkungsgesetz* beschreiben. Für den Zerfall eines Komplexes aus einem Metall-Kation M und *n* Liganden L in wässriger Lösung formuliert man die folgende Reaktionsgleichung, in der man der Einfachheit halber die H_2O-Liganden weglässt:

$$[ML_n] \rightleftharpoons M + n\,L$$

Daraus ergibt sich der folgende Ausdruck für das Massenwirkungsgesetz:

$$K_D = \frac{c(M) \cdot c^n(L)}{c(ML_n)}$$

Aus experimentell ermittelten Gleichgewichtskonzentrationen kann man die **Dissoziationskonstante** K_D berechnen. Sie gibt an, wie stark der Komplex in wässriger Lösung dissoziiert, und ist damit ein Maß für die Stabilität des Komplexes. Kleine K_D-Werte kennzeichnen stabile Komplexe, die ihre Liganden nur wenig gegen Wasser-Moleküle austauschen [B2].

Gleichgewichtsverschiebungen durch Konzentrationsänderungen. Die Umkehrbarkeit der Ligandenaustausch-Reaktionen an den Kupfer(II)-Komplexen ist mit dem Prinzip von LE CHATELIER und BRAUN (Prinzip von der Minimierung des Zwangs) erklärbar. Durch die Konzentrationserhöhung des Produkts Wasser verschiebt sich das Gleichgewicht zur linken Seite, also in Richtung der Edukte, da so der Zwang der Konzentrationserhöhung minimiert wird. Es entsteht also wieder der Aqua-Komplex.

$$\underset{\text{hellblaue Lösung}}{[Cu(H_2O)_4]^{2+}} + 4\,Cl^- \rightleftharpoons \underset{\text{grüne Lösung}}{[CuCl_4]^{2-}} + 4\,H_2O$$

Beim Ammin-Komplex ist die Stabilität so groß, dass die Wasserzugabe nicht ausreicht, um das Gleichgewicht nennenswert in Richtung des Aqua-Komplexes zu verschieben.

Auch bei Eisen(III)-Komplexen lässt sich die Konzentrationsabhängigkeit der Ligandenaustausch-Gleichgewichte durch einfache Experimente zeigen [V2].

Komplex	K_D	Komplex	K_D
$[Cu(NH_3)_4]^{2+}$	$4{,}7 \cdot 10^{-14}\,mol^4/l^4$	$[FeCl(H_2O)_5]^{2+}$	$3 \cdot 10^{-2}\,mol/l$
$[CuCl_4]^{2-}$	$3{,}4 \cdot 10^{-2}\,mol^4/l^4$	$[Fe(SCN)(H_2O)_5]^{2+}$	$5 \cdot 10^{-3}\,mol/l$
$[Fe(CN)_6]^{3-}$	$1 \cdot 10^{-44}\,mol^6/l^6$	$[FeF(H_2O)_5]^{2+}$	$5 \cdot 10^{-6}\,mol/l$

B2 *Dissoziationskonstanten einiger Komplexe bei 25 °C*

Gleichgewichtsverschiebungen durch Temperaturänderungen. Gibt man zu einer hellblauen Kupfer(II)-sulfat-Lösung nur so wenig Salzsäure hinzu, dass die Lösung einen ganz leicht grünlichen Farbton aufweist und erhitzt diese Lösung, so beobachtet man eine deutliche Grünfärbung, die beim Abkühlen wieder verschwindet [V3]. Der Zwang der Temperaturerhöhung verschiebt das Gleichgewicht nach rechts in Richtung der endothermen Reaktion, es wird mehr vom Chlorido-Komplex gebildet. Beim Abkühlen wird die exotherme Reaktionsrichtung begünstigt, es entsteht wieder der Aqua-Komplex.

Prinzip von LE CHATELIER und BRAUN
(Prinzip von der Minimierung des Zwangs): Übt man auf ein sich im Gleichgewichtszustand befindliches System einen Zwang (Konzentrationsänderung, Temperaturänderung, Druckänderung bei Gasen) aus, so verschiebt sich das Gleichgewicht in die Richtung, bei der der Zwang minimiert wird.

Konzentrations- und Temperaturänderungen verändern in Gleichgewichtsreaktionen den Ligandenaustausch in Komplexverbindungen nach dem Prinzip von LE CHATELIER und BRAUN.

V1 **a)** Geben Sie zu einem Fingerbreit Kupfer(II)-sulfat-Lösung (c= 0,1 mol/l) im Reagenzglas tropfenweise konzentrierte Salzsäure, bis eine Farbänderung eintritt. Verdünnen Sie anschließend mit Wasser und geben Sie danach wieder Salzsäure bis zur Farbänderung dazu.
b) Wiederholen Sie den Versuch mit konzentrierter Ammoniak-Lösung anstelle der Salzsäure. Vergleichen Sie die Resultate der beiden Experimente.

V2 **a)** Geben Sie zu Eisen(III)-nitrat-Lösung (c= 0,1 mol/l) so viel verd. Salpetersäure, bis die Lösung gerade entfärbt ist. Geben Sie einige Tropfen gesättigte Natriumchlorid-Lösung hinzu. Versetzen Sie die Probe dann tropfenweise mit sehr stark verdünnter Kaliumthiocyanat-Lösung, bis gerade ein Farbumschlag erscheint. Geben Sie anschließend konzentrierte Salzsäure hinzu.
b) Lösen Sie eine Spatelspitze rotes Blutlaugensalz Kalium-hexacyanidoferrat(III) in ca. 4 ml dest. Wasser und geben Sie anschließend tropfenweise Kaliumthiocyanat-Lösung zu.

V3 Geben Sie zu 10 ml Kupfer(II)-sulfat-Lösung (c = 0,5 mol/l) ca. 2 ml halbkonzentrierte Salzsäure (die Lösung muss noch blaugrün sein). Teilen Sie die Lösung auf zwei Reagenzgläser auf. Eine Probe dient zum Farbvergleich. Erhitzen Sie die andere Probe. Kühlen Sie anschließend gut ab.

A1 ○ Formulieren Sie die Reaktionsgleichungen für den schrittweisen Austausch der Wasser-Liganden im Tetraaquakupfer(II)-Komplex durch Chlorid-Ionen.

A2 ◒ Formulieren Sie für die Ligandenaustausch-Gleichgewichte in V2 die Reaktionsgleichungen und erklären Sie die Versuchsbeobachtungen mithilfe des Prinzips von LE CHATELIER und BRAUN. Die dabei vorkommenden Komplexe sind in B2 aufgeführt.

A3 ● **a)** Erklären Sie die Stabilität der in V1 und V2 vorkommenden Komplexe mithilfe der Tabelle der Dissoziationskonstanten [B2].
b) Begründen Sie, dass Eisen(III)-Ionen, die andere Nachweisreaktionen stören könnten, mithilfe von Fluorid-Ionen „maskiert" werden können, sodass eine Störung ausbleibt.

Praktikum

12.4 Komplexreaktionen

Komplexbildungsreaktionen werden in der Analytik zum qualitativen Nachweis und zur quantitativen Bestimmung von Metall-Ionen verwendet.

So lässt sich mit einer sehr einfachen Nachweisreaktion überprüfen, ob in Modeschmuck Nickel enthalten ist, welches Allergien auslösen kann [B1]. Mithilfe einer komplexometrischen Titration kann der Calcium- und Magnesium-Ionengehalt im Leitungswasser bestimmt werden, der dafür verantwortlich ist, wie „hart" das Wasser ist [B2].

Bei vielen Nachweisreaktionen und Titrationen lässt man *mehrzähnige Liganden* mit Metall-Ionen zu *Chelatkomplexen* reagieren (Kap. 12.5).
In diesem Praktikum arbeiten Sie u.a. mit zwei Komplexbildnern, die Chelatkomplexe bilden: Dimethylglyoxim und Ethylendiamintetraacetat.

Das Prinzip der komplexometrischen Titration von Kationen ist einfach: Die zu bestimmenden Kationen bilden mit einem Indikator einen farbigen Komplex. Eine Titration mit der Maßlösung eines „stärkeren" Liganden zerstört diesen Komplex durch eine Ligandenaustausch-Reaktion. Am Äquivalenzpunkt sind alle Kationen vom „stärkeren" Liganden komplexiert (maskiert); dies ist am Farbumschlag erkennbar.

Die *Maßlösung* enthält häufig Ethylendiamintetraacetat (EDTA, $edta^{4-}$). Dieser sechszähnige Ligand bildet mit zahlreichen Metall-Kationen sehr stabile, meist farblose Komplexe im Stoffmengenverhältnis 1:1. *Indikator-Puffer-Tabletten* enthalten als farbgebenden Komplexbildner Eriochromschwarz T sowie Methylorange zum besseren Farbkontrast am Umschlagspunkt. Da die Farbe auch vom pH-Wert abhängt, enthalten sie zusätzlich Ammoniumchlorid zur Pufferung.

Bei der Bestimmung mancher Ionen, z.B. Ca^{2+}-Ionen, ergibt sich ein Problem: Der Calcium-Komplex von Eriochromschwarz T ist nicht so stabil, dass auf einen eindeutigen Farbwechsel titriert werden kann. Deshalb enthält die Maßlösung den farblosen Komplex $[Zn(edta)]^{2+}$.
Am Äquivalenzpunkt verdrängen die Ca^{2+}-Ionen die Zn^{2+}-Ionen aus dem EDTA-Komplex. Die Zn^{2+}-Ionen bilden daraufhin mit Eriochromschwarz T einen Komplex, der eine andere Farbe hat als der Calcium-Komplex.

B1 *Billiger Modeschmuck kann Allergien hervorrufen. Ein einfacher Test zeigt, ob im Schmuck Nickel enthalten ist*

B2 *„Hartes" Wasser verursacht hässliche Kalkflecken im Bad und kann sogar ganze Rohre zusetzen*

V1 Nachweis von Nickel

Dimethylglyoxim (Diacetyldioxim, H_2dmg) bildet mit vielen Schwermetall-Ionen farbige Komplexe. Nickel(II)-Ionen bilden mit Dimethylglyoxim einen himbeerroten, schwer löslichen Komplex [B3].

Material:
5 Wattestäbchen; Schnappdeckelglas mit ca. 2 ml gesättigter Dimethylglyoxim-Lösung in Ethanol (w = 96 %), Nickelblech, 1- oder 2-Euro-Münze, Modeschmuck

Durchführung:
(Schutzhandschuhe! Bei vielen Menschen treten Kontaktallergien gegen Nickel auf!)
Tauchen Sie den Kopf eines Wattestäbchens in die Dimethylglyoxim-Lösung. Reiben Sie dann das Wattestäbchen am Nickelblech. Wiederholen Sie den Versuch mit einer 1- oder 2-Euro-Münze (Kern und Ring testen) und Modeschmuck.

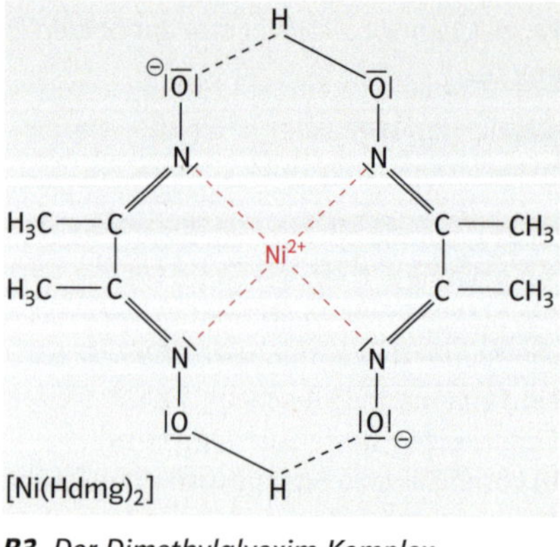

B3 *Der Dimethylglyoxim-Komplex*

V2 Komplexometrische Bestimmung von Metall-Ionen

Material:
Erlenmeyerkolben (250 ml), Bürette, Vollpipette (10 ml), Pipette (1 ml), kleines Becherglas; EDTA-Maßlösung ($c(Na_2[H_2edta])$ = 0,1 mol/l, z. B. Titriplex III®, Idranal III®, Komplexon III®), Indikator-Puffer-Tabletten, verd. Natronlauge, Ammoniak-Lösung (w = 20 %), Ascorbinsäure, dest. Wasser, Universalindikator-Papier, Probelösungen mit Zn^{2+}-, Ca^{2+}- bzw. Mn^{2+}-Ionen (c ≈ 0,1 mol/l)

Durchführung:
a) *Zink(II)-Ionen und Calcium-Ionen*:
Verdünnen Sie 10 ml der Probelösung im Erlenmeyerkolben mit dest. Wasser auf etwa 100 ml. Neutralisieren Sie die Lösung (falls nötig) mit Natronlauge. Lösen Sie dann eine Indikator-Puffer-Tablette und setzen Sie 1 ml Ammoniak-Lösung (w = 20 %) zu. Titrieren Sie nun mit der EDTA-Maßlösung bis zum Farbumschlag nach Grün. *Hinweis*: Bei der Bestimmung von Calcium-Ionen hat das Grün einen schwach grauen Unterton. Eine Vergleichslösung aus äquivalenten Mengen EDTA-Maßlösung und z. B. Calciumchlorid-Lösung ist nützlich.
b) *Mangan(II)-Ionen*:
Verdünnen Sie 5 ml der Probelösung im Erlenmeyerkolben mit dest. Wasser auf etwa 100 ml. Geben Sie zu dieser Lösung 5 ml Kaliumnatriumtartrat-Lösung, 2 ml Ammoniak-Lösung sowie 1 Spatelspitze Ascorbinsäure. Erwärmen Sie die Lösung auf 70 bis 80 °C. Nach dem Auflösen einer Indikator-Puffer-Tablette soll der pH-Wert der Lösung zwischen 10 und 11 liegen. Titrieren Sie mit der EDTA-Maßlösung bis zum Farbumschlag nach Grün.

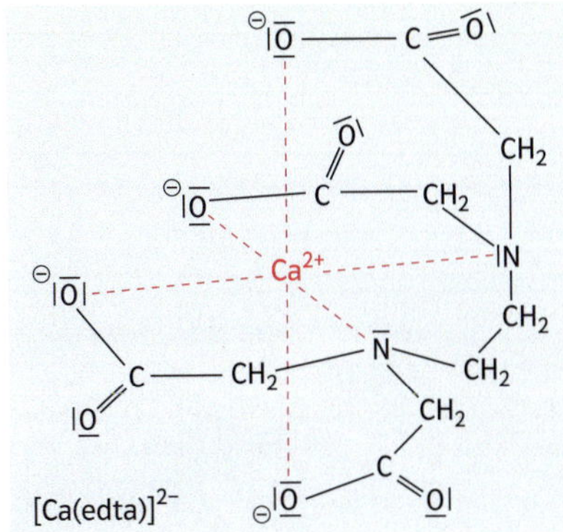

B4 EDTA-Komplex

Aufgabe:
Berechnen Sie die Konzentrationen der Ionen in den Probelösungen.

V3 Komplexometrische Bestimmung der Gesamthärte von Leitungswasser

Jedes Leitungswasser enthält Calcium- und Magnesium-Ionen. Je nach Konzentration dieser Ionen spricht man von „hartem" bzw. „weichem" Wasser. Beim Erhitzen des Leitungswassers bilden sich Carbonat-Ionen und gasförmiges Kohlenstoffdioxid aus Hydrogencarbonat-Ionen:

$$2\ HCO_3^-(aq) \longrightarrow CO_3^{2-}(aq) + CO_2(g) + H_2O(g)$$

Die Carbonat-Ionen bilden mit Calcium- und Magnesium-Ionen ein schwer lösliches Gemisch aus festem Calciumcarbonat und Magnesiumcarbonat (Kesselstein). Dadurch verschwindet ein Teil der Härte, die vorübergehende oder **temporäre Härte**. Die zurückbleibende, **permanente Härte** entspricht dem Gehalt der übrigen Calcium- und Magnesium-Ionen. Die Gesamtkonzentration der Calcium- und Magnesium-Ionen bezeichnet man als **Gesamthärte**. Sie wird in mmol/l angegeben, manchmal auch in der alten Einheit °dH (1 Grad deutscher Härte entspricht 0,1783 mmol/l oder 1 mg CaO in 100 ml Wasser). Anhand der Gesamthärte teilt man das Leitungswasser in drei Härtebereiche ein. Die Wasserversorgungsunternehmen sind verpflichtet, ihre Kunden regelmäßig über den Härtebereich zu informieren.

Härtebereich	weich	mittel	hart
Gesamthärte in mmol/l	weniger als 1,5	1,5 bis 2,5	mehr als 2,5
Gesamthärte in °dH	weniger als 8,4	8,4 bis 14	mehr als 14

B5 Härtebereiche

Material:
Erlenmeyerkolben (weit, 250 ml), Bürette, Vollpipette (100 ml), Pipette (2 ml), kleines Becherglas, EDTA-Maßlösung (Titriplex A®), Indikator-Puffer-Tabletten, Ammoniak-Lösung (w = 20 %)

Durchführung:
Lösen Sie in genau 100 ml Leitungswasser eine Indikator-Puffer-Tablette und geben Sie 2 ml Ammoniak-Lösung hinzu. Titrieren Sie nun mit der EDTA-Maßlösung von Rot über Grau bis zur beginnenden Grünfärbung. Titrieren Sie ab „Grau" in kleinen Schritten. Das Herstellen einer Vergleichslösung ist hier empfehlenswert [Hinweis in V2a].

Aufgabe:
Titriplex A® wird speziell für die Härtebestimmung von Wasser hergestellt. Ein Verbrauch von 1 ml Titriplex A® bei 100 ml Probelösung entspricht 1 mmol/l Erdalkalimetall-Ionen oder 5,6 °dH (Grad deutscher Härte). Bestimmen Sie die Gesamthärte und den Härtebereich Ihres Leitungswassers [B5].

12.5 Komplexverbindungen in Labor und Technik

B1 *Nach einem Dammbruch bei einer Goldmine verenden Fische in der Theiss*

B2 *Galvanisierungsanlage*

Im Januar 2000 kam es im rumänischen Baia Mare zu einer Umweltkatastrophe unglaublichen Ausmaßes: Aus dem Staubecken einer Goldaufbereitungsanlage flossen zehntausende Tonnen Abwasser, die hochgradig mit Cyanid und Schwermetallen belastet waren, in den Fluss Theiss und anschließend in die Donau. Es kam zu einem massenhaften Fischsterben. In Rumänien, Ungarn und Serbien wurde Trinkwasser knapp. Das hochgiftige Natriumcyanid wurde genutzt, um aus fein gemahlenem Erz Gold zu gewinnen.

Komplexe in der Metallgewinnung. Das Verfahren der **Cyanidlaugerei** zur Gewinnung von *Gold und Silber* beruht auf der Bildung von Cyanido-Komplexen. Das gepulverte Erz wird unter Luftzutritt mit Natriumcyanid-Lösung ausgelaugt. Unter diesen Bedingungen gehen sowohl die Gold- und Silbersalze als auch elementar vorliegendes Gold und Silber als Cyanido-Komplexe in Lösung. Durch Reduktion mit Zinkstaub gewinnt man daraus die Edelmetalle. Beispiel:

$$4\,Au + O_2 + 8\,CN^- + 2\,H_2O \longrightarrow 4\,[Au(CN)_2]^- + 4\,OH^-$$

$$2\,[Au(CN)_2]^- + Zn \longrightarrow [Zn(CN)_4]^{2-} + 2\,Au$$

Bei der Gewinnung von *Aluminium* spielen zwei Komplexe eine wichtige Rolle. Natronlauge löst die Aluminium-Ionen aus dem Erz Bauxit als Tetrahydroxidoaluminat, $[Al(OH)_4]^-$, heraus. Durch Erhitzen entsteht daraus Aluminiumoxid. Bei der Schmelzflusselektrolyse löst man Aluminiumoxid zur Herabsetzung der Schmelztemperatur in Natrium-hexafluoridoaluminat(III) (Kryolith, $Na_3[AlF_6]$).

B3 *Galvanisch erzeugte Metallüberzüge auf einem Steckverbinder*

Komplexe in der Galvanotechnik. Auch bei der elektrolytischen Erzeugung von Edelmetallüberzügen (Kap. 5.34) setzt man dem galvanischen Bad [B2] Komplexbildner zu, häufig Cyanid-Ionen. Diese binden in einer Gleichgewichtsreaktion einen Teil der Metall-Ionen und halten so die Konzentration der nicht komplexierten Metall-Ionen klein und annähernd konstant. Dadurch erreicht man eine geringe Abscheidungsgeschwindigkeit, die zu festen und gleichmäßigen Metallüberzügen führt [B3].

Komplexe als Wasserenthärter. Hartes Wasser (Kap. 12.4, V3) führt beim Waschen zu Problemen: Die Calcium- und Magnesium-Ionen bilden mit anionischen Tensiden schwer lösliche Verbindungen (Kalkseifen). Beim Erhitzen von hartem Wasser entsteht Calciumcarbonat (Kalk, Kesselstein), das sich z. B. an den Heizstäben in Waschmaschinen festsetzt. Waschmittel enthalten daher Komplexbildner, die diese unerwünschten Reaktionen verhindern. Ein für diesen Zweck guter Komplexbildner ist Pentanatriumtriphosphat, $Na_5P_3O_{10}$. Die Triphosphat-Ionen [B4] bilden mit Calcium- und Magnesium-Ionen stabile, wasserlösliche Chelatkomplexe.
Die Triphosphate haben allerdings Nachteile: In der Kläranlage werden sie in Phosphate gespalten. Da diese gute Düngemittel sind, führte ihre Verwendung in Vollwaschmitteln

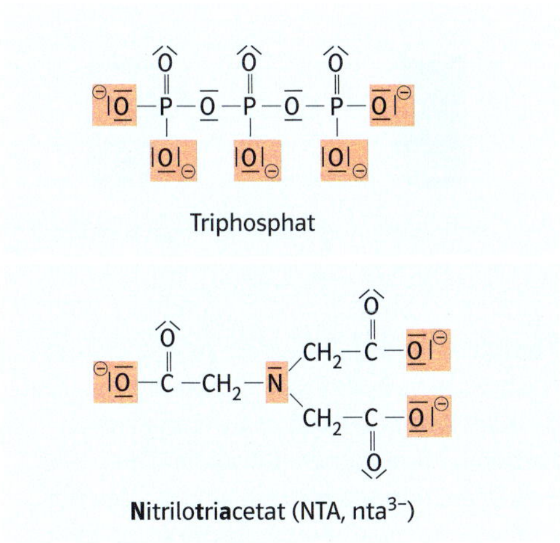

B4 Strukturformeln zweier Chelatbildner

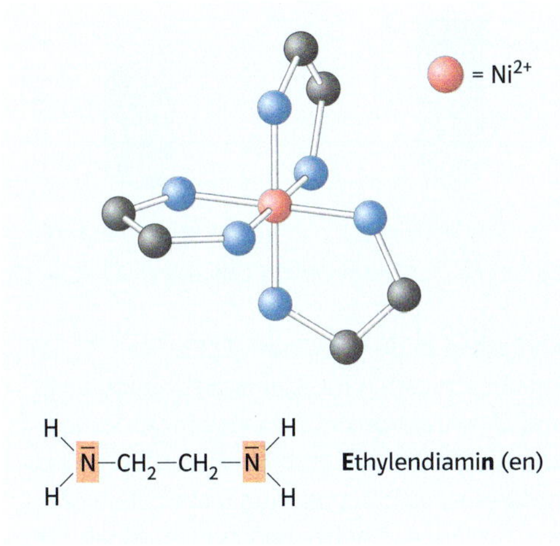

B5 Der Chelatkomplex $[Ni(en)_3]^{2+}$

zur Eutrophierung und teilweise zum Umkippen der Oberflächengewässer. Als Ersatz für Triphosphate kommen im Prinzip starke Komplexbildner wie Ethylendiamintetraacetat (EDTA, Kap. 12.4, V2) oder Nitrilotriacetat (NTA) in Frage [B4]. Sie komplexieren jedoch nicht nur Calcium- und Magnesium-Ionen, sondern auch Ionen giftiger Schwermetalle aus dem Sediment der Flüsse und Seen. In den Waschmitteln haben sich Natriumaluminiumsilicate (Zeolithe) als Wasserenthärter durchgesetzt. Sie haben Poren, in denen Calcium- und Magnesium-Ionen gebunden werden.

In vielen Reinigungsmitteln werden Citrate, die Salze der Citronensäure, als Wasserenthärter eingesetzt [B4, V1]. Da die Citrat-Komplexe der Erdalkalimetall-Ionen bei höherer Temperatur zerstört werden, sind Citrate als Enthärter nicht universell verwendbar.
In Kalklösern wirkt Citronensäure doppelt: Als Säure reagiert sie zunächst mit dem unlöslichen Calciumcarbonat zu löslichem Calciumhydrogencarbonat. Die nun in der Lösung vorliegenden Calcium-Ionen werden dann durch Citrat-Ionen komplexiert und können weggespült werden.

Chelatkomplexe. Die bisher genannten Liganden sind jeweils nur über ein Atom an das Zentralteilchen gebunden. Es gibt jedoch größere Liganden, in denen mehrere Atome ein freies Elektronenpaar besitzen und damit zur Koordination in der Lage sind. Komplexe mit solchen **mehrzähnigen Liganden** bezeichnet man als *Chelatkomplexe* oder *Chelate*.
Alle Chelatkomplexe enthalten aufgrund der Besetzung mehrerer Koordinationsstellen ringförmige Strukturen [B5]. Sie sind stabiler als ähnliche Komplexe, die keine ringförmigen Strukturen aufweisen. Man bezeichnet diese besondere Stabilität als **Chelateffekt** [Randspalte].

Chelatkomplexe sind Komplexe, die mehrzähnige Liganden enthalten.

Komplexe als Katalysatoren. Bei einer Vielzahl von industriellen Prozessen werden Komplexverbindungen als Katalysatoren zur Erhöhung der Effektivität genutzt. So sorgt ein Rhodium-Komplex dafür, dass im sogenannten Monsanto-Prozess aus Methanol und Kohlenstoffmonooxid Essigsäure gewonnen werden kann. Auch für die Hydrierung von Alkenen mit Wasserstoff wird ein Rhodium(I)-Komplex genutzt, der sogenannte Wilkinson-Katalysator.
Im Jahr 2005 erhielten Yves Chauvin, Richard R. Schrock und Robert H. Grubbs den Chemie Nobelpreis für die Entwicklung von Katalysatorsystemen zur Alkenmetathese. Dabei nutzt man Molybdän- oder Ruthenium-Komplexe, um zwischen zwei Alkenen die Substituenten an der C=C-Doppelbindung austauschen zu können. Dadurch ist eine Vielzahl von Synthesereaktionen möglich, die beispielsweise in der Petrochemie eingesetzt werden.

Chelat, Chelatkomplex von griech. chele, Kralle, Krebsschere

Der **Chelateffekt** lässt sich teilweise durch den positiven Wert der Reaktionsentropie erklären. Beispiel: Bei der Bildung von $[Ni(en)_3]^{2+}$ aus $[Ni(H_2O)_6]^{2+}$ werden drei en-Liganden gebunden und sechs H_2O-Liganden freigesetzt. Dadurch erhöht sich die Anzahl der Teilchen und folglich auch die Entropie.

Alkenmetathese von griech. meta, Wechsel und thesis, Position. Chemische Reaktionen, bei denen Reste zwischen Alken-Molekülen ausgetauscht werden

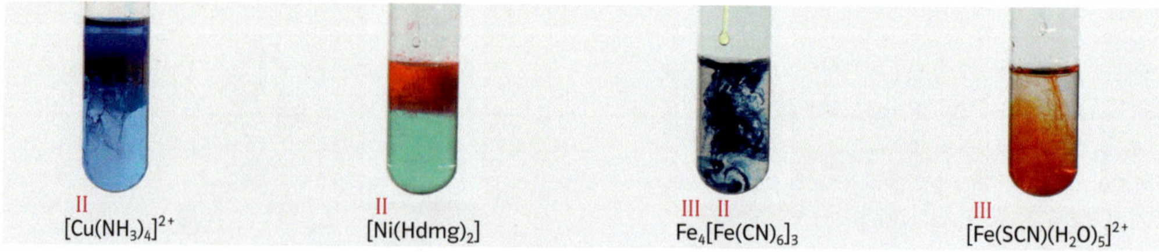

***B6** Nachweis von Metall-Kationen durch Komplexbildung*

Komplexe in der Medizin. *EDTA* (Kap. 12.4) ist ein Zusatzstoff in medizinischen Reinigungs- und Desinfektionsmitteln. Es bindet Metall-Ionen (z.B. Ca^{2+}) in stabilen Komplexen und verhindert so z.B. unerwünschte Fällungsreaktionen. Aus dem gleichen Grund wird es auch verschiedenen Kosmetika wie Duschgelen und Hautlotionen zugesetzt.

EDTA steht für Ethylendiamintetraacetat

EDTA wird aber auch selbst als Arzneimittel eingesetzt. Bei Schwermetallvergiftungen injiziert man eine Lösung des Calcium-EDTA-Komplexes. Die Schwermetall-EDTA-Komplexe sind stabiler als der Calcium-Komplex; sie werden über den Urin ausgeschieden. Reine EDTA-Lösung würde die Calcium-Ionen im Blut maskieren und auf diese Weise zu Muskelkrämpfen führen.

Calcium-Ionen sind eine notwendige Voraussetzung, damit es zur Blutgerinnung kommt. Daher kann man die Gerinnung von Blutproben verhindern, indem man die darin enthaltenen Calcium-Ionen mit EDTA, Citrat-Ionen oder anderen Liganden zu Komplexen reagieren lässt.

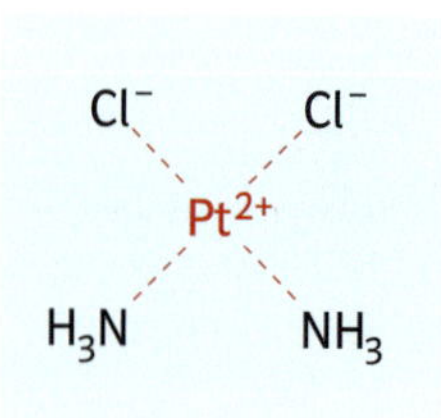

***B7** Cisplatin ist ein Cytostatikum zum Einsatz gegen Krebserkrankungen*

Der *Z*-Diammindichloridoplatin(II)-Komplex mit dem Handelsnamen *Cisplatin* [B7] wird in der Chemotherapie gegen Krebserkrankungen eingesetzt. Als Cytostatikum hemmt diese Verbindung die Teilung von Tumorzellen. Allerdings besitzt Cisplatin eine Reihe von Nebenwirkungen und es kann auch zur Ausbildung von Resistenzen kommen. Deshalb wurden die „Platin-Komplexe der zweiten Generation" entwickelt, indem andere Liganden verwendet werden. Für spezielle Krebsarten werden aber auch andere metallorganische Komplexe mit Metallen wie Arsen, Titan, Mangan, Eisen, Nickel, Osmium, Gold oder Ruthenium in den Blick genommen.

Cytostatikum von griech. kytos, Höhlung, Gefäß und statikos, zum Stillstand bringend. Ein Cytostatikum hemmt allgemein die Zellteilung. Es wirkt jedoch besonders stark auf Tumorzellen, da deren Zellteilungsrate sehr hoch ist.

Komplexe in der Analytik. Viele spezifische Nachweise von Metall-Ionen beruhen darauf, dass sie Komplexe mit charakteristischen Farben bilden können. Beispiele [B6]:
- Kupfer(II)-Ionen können anhand des tiefblauen Tetraamminkupfer(II)-Komplexes identifiziert werden (Kap. 12.1, V1).
- Nickel(II)-Ionen bilden mit Dimethylglyoxim einen himbeerroten, schwer löslichen Komplex (Kap. 12.4, V1).
- Eisen(II)-Ionen reagieren mit Kaliumhexacyanidoferrat(III) zu Berliner Blau, ebenso Eisen(III)-Ionen mit Kaliumhexacyanidoferrat(II) [V3].
- Eisen(III)-Ionen bilden mit Thiocyanat-Ionen einen tiefroten Komplex [V3].

Die Lichtabsorption einer Komplex-Lösung ist von ihrer Konzentration abhängig. Daher kann man den Gehalt vieler Metall-Ionen fotometrisch bestimmen (Kap. 8.3).

Komplexometrische Titrationen (Kap. 12.4) sind eine weitere Möglichkeit der quantitativen Bestimmung von Metall-Ionen. Als Maßlösung dient meist eine EDTA-Lösung. EDTA bildet mit vielen Metall-Ionen Chelatkomplexe im Stoffmengenverhältnis 1:1.
Zur Erkennung des Äquivalenzpunktes verwendet man einen farbigen Metallindikator, d.h. einen Komplexbildner, der mit dem zu titrierenden Metall-Ion reagiert und einen Komplex mit charakteristischer Farbe bildet. Der Indikator-Komplex ist nicht so stabil wie der EDTA-Komplex des Metall-Ions. Am Äquivalenzpunkt sind alle Metall-Ionen an EDTA gebunden (maskiert). Dies zeigt sich an einem Farbumschlag zur Farbe des freien Indikators.

Im Bereich der *Gewässeruntersuchungen* [B8] beruhen viele Bestimmungsverfahren auf Komplexreaktionen. So werden die meisten Schwermetalle mit geeigneten Liganden komplexiert, sodass farbige Komplexverbindungen entstehen. Mithilfe der Kolorimetrie oder Fotometrie (Kap. 8.3) kann man den Gehalt der Komplexverbindung in der Lösung quantitativ bestimmen. So lässt sich etwa der Bleigehalt im Trinkwasser als roter Dithizon-Blei-Komplex fotometrisch ermitteln.

Für Komplexverbindungen gibt es wichtige Anwendungsgebiete in der Metallverarbeitung, der Wasserenthärtung, der Medizin und der chemischen Analytik.

B8 *Untersuchung einer Wasserprobe*

V1 Atmen Sie über einen Strohhalm in eine Calciumhydroxid-Lösung (Kalkwasser) aus. Dadurch wird Calciumcarbonat ausgefällt. Geben Sie zu dieser Suspension ca. 1 ml vorher neutralisierte Natriumcitrat-Lösung.

V2 Teilen Sie eine ammoniakalische Calciumhydroxid-Lösung in zwei Hälften. Geben Sie zur einen Hälfte Ammoniumoxalat-Lösung, zur anderen Hälfte zuerst EDTA-Lösung und dann Ammoniumoxalat-Lösung.

V3 **a)** Nachweis von Eisen(III)-Ionen: Lösen Sie wenig Eisen(III)-chlorid in ca. 8 ml Wasser. Teilen Sie die Lösung in zwei gleichgroße Portionen. Geben Sie zur einen Hälfte einige Tropfen einer Lösung von Kaliumthiocyanat. Geben Sie zur anderen Hälfte 1 ml einer Lösung von Kaliumhexacyanidoferrat(II) (gelbes Blutlaugensalz).
b) Nachweis von Eisen(II)-Ionen: Lösen Sie wenig Eisen(II)-sulfat in etwa 4 ml Wasser. Geben Sie zu dieser Lösung etwa 1 ml einer Lösung von Kaliumhexacyanidoferrat(III) (rotes Blutlaugensalz).
Hinweis: Sowohl in (a) als auch in (b) entsteht Berliner Blau (löslich: $KFe^{III}[Fe^{II}(CN)_6]$,
fest: $Fe^{III}_4[Fe^{II}(CN)_6]_3$).

V4 Stellen Sie aus Eisen(III)-chlorid- und Kaliumhexacyanidoferrat(II)-Lösung den Tintenfarbstoff Berliner Blau her [V3].
Geben Sie eine kleine Spatelspitze Natriumdithionit (Reduktionsmittel) hinzu und schütteln Sie.

A1 ◒ Erklären Sie, warum in V1 nicht Citronensäure verwendet wird, sondern eine neutralisierte Natriumcitrat-Lösung.

A2 ○ MK Stellen Sie die im Text genannten Wasserenthärter mit ihren Vor- und Nachteilen in einer Tabelle zusammen.

A3 ● Die früher häufig verwendete Eisengallustinte enthält ein Eisen(II)-Salz und Gallussäure. Auf dem Papier werden die Eisen(II)-Ionen durch den Luftsauerstoff zu Eisen(III)-Ionen oxidiert. Mit diesen bildet Gallussäure schwarze, weitgehend licht- und luftbeständige Komplexe, die fest auf dem Papier haften. Falls die Schrift im Laufe der Jahre doch ausbleicht, kann man sie mit einer Lösung von Kalium-hexacyanidoferrat(II) wieder sichtbar machen. Erklären Sie dies anhand einer Reaktionsgleichung (*Hinweis in V3*).

A4 ◒ Eine Tinte, die Berliner Blau als Farbstoff enthält, wird sowohl durch Oxidationsmittel (z. B. Tintenkiller) als auch durch Reduktionsmittel entfärbt [V4]. Erklären Sie diesen Sachverhalt.

A5 ◒ Cobalt(II)-Ionen lassen sich mit Thiocyanat-Ionen durch Bildung des blauen Thiocyanato-Komplexes $[Co(H_2O)_5SCN]^+$ nachweisen. Der Nachweis gelingt nicht, wenn in der Lösung auch Eisen(III)-Ionen vorliegen. Die Störung durch Eisen(III)-Ionen kann durch Zugabe von Natriumfluorid beseitigt werden. Erklären Sie dies anhand von Reaktionsgleichungen.

A6 ◒ Manche Komplexverbindungen des Quecksilbers ändern bei ganz bestimmten Umwandlungstemperaturen ihre Farbe (z. B. $Ag_2[HgI_4]$ bei 40 °C von Gelb nach Rot, $Hg[HgI_4]$ bei 126 °C von Rot nach Gelb). Man bezeichnet dies als *Thermochromie*. Nennen Sie eine technische Anwendungsmöglichkeit der Thermochromie.

A7 ● MK Betrachten Sie die Struktur des Chelatkomplexes $[Ni(en)_3]^{2+}$ genauer [B5] und erläutern Sie Folgendes anhand einer Zeichnung oder eines Modells: **a)** Obwohl der Komplex nur drei Liganden hat, kann er als „oktaedrisch" bezeichnet werden.
b) Der Komplex ist chiral (Kap. 10.1).

12.6 Komplexverbindungen in der Natur

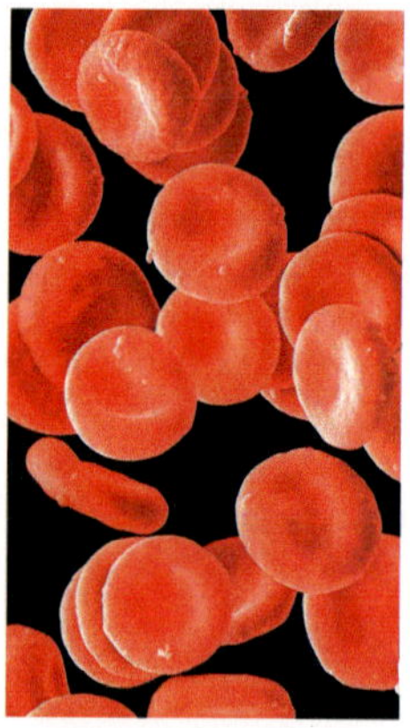

B1 *Erythrocyten (aufgenommen mit dem Rasterelektronenmikroskop)*

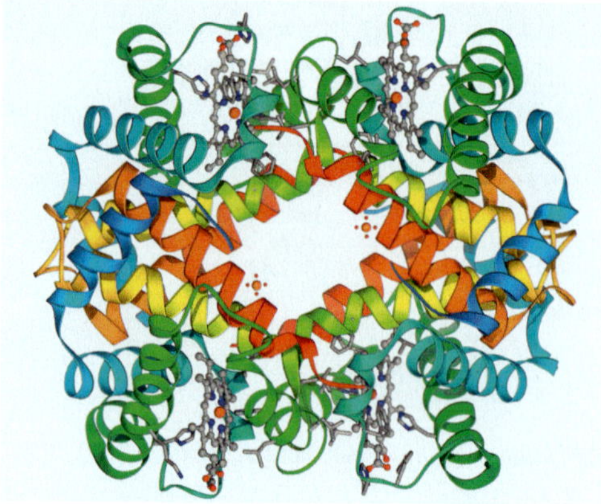

B2 *Hämoglobin-Molekül mit vier Häm-Molekülen*

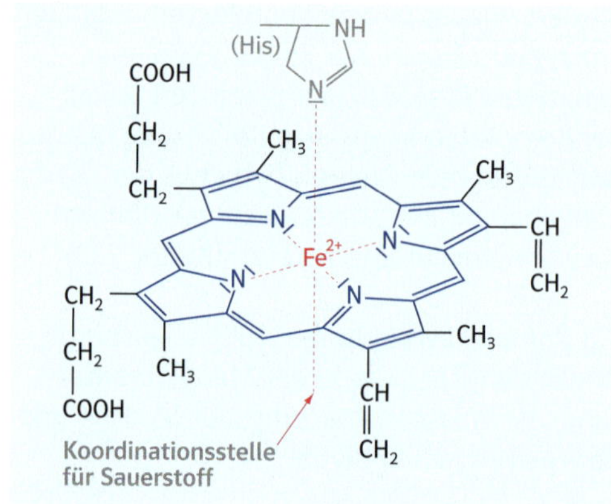

B3 *Strukturformel von Häm (blau: Porphyrinring)*

Zwei der wichtigsten Biomoleküle sind Komplexverbindungen. Der rote Blutfarbstoff Hämoglobin ist für den Sauerstoff-Transport im Blut zuständig. Er enthält komplex gebundene Eisen-Ionen. Auch der grüne Blattfarbstoff Chlorophyll ist eine Komplexverbindung. Hier findet man Magnesium-Ionen als Zentralteilchen.

Hämoglobin. Der Transport und die Speicherung von Sauerstoff im Organismus sind lebenswichtig. In Wirbeltieren übernehmen Erythrocyten (rote Blutkörperchen) diese Aufgabe [B1]. Sie enthalten das Protein Hämoglobin mit dem Sauerstoff speichernden Bestandteil **Häm** [B2]. Das Häm-Molekül ist ein Chelatkomplex aus einem *Porphyrin*, das als vierzähniger Ligand ein Fe^{2+}-Ion quadratisch planar bindet. Am Fe^{2+}-Ion sind damit noch zwei Koordinationsstellen frei.

Im Hämoglobin ist eine dieser Koordinationsstellen mit dem Stickstoff-Atom einer Histidin-Aminosäure aus dem Protein (Globulin) besetzt. Die andere freie Koordinationsstelle kann mit einem Sauerstoff-Molekül besetzt werden. Heute geht man davon aus, dass dabei ein Elektron vom Fe^{2+}-Ion auf das Sauerstoff-Molekül übertragen wird. Das Oxyhämoglobin enthält also ein Fe^{3+}-Ion und ein Superoxid-Ion (O_2^-).

Die Reaktion des Sauerstoff-Moleküls mit dem Häm-Molekül ist eine Gleichgewichtsreaktion:

$$\text{Häm} + O_2 \rightleftharpoons \text{HämO}_2$$

Porphyrine von griech. porphyra, Purpurfarbstoff. Porphyrine sind cyclische, aromatische Verbindungen mit 18 delokalisierten Elektronen (Kap. 7.2). Das einfachste Porphyrin (alle Substituenten sind H-Atome) heißt Porphin.

Da die Reaktion exotherm ist, verschiebt eine Temperaturerhöhung das Gleichgewicht nach links. Dies begünstigt z. B. die Sauerstoff-Abgabe an einen erwärmten Muskel.

Anstelle von Sauerstoff kann auch Kohlenstoffmonooxid (CO) an das Häm gebunden werden. Dieser Komplex ist etwa 200-mal so stabil wie Oxyhämoglobin. Atmet man eine Stunde lang Luft mit einem CO-Volumenanteil von 0,1% ein, ist etwa die Hälfte der Sauerstoff-Bindungsstellen im Blut von CO-Molekülen besetzt. Bereits die Besetzung eines der vier Häm-Komplexe in einem Hämoglobin-Molekül mit einem CO-Molekül stört die Abgabe von Sauerstoff von den anderen drei Häm-Komplexen an das Gewebe. Längeres Einatmen von Kohlenstoffmonooxid führt deshalb zum Ersticken. Eine Kohlenstoffmonooxid-Vergiftung behandelt man durch Beatmen mit reinem Sauerstoff. Dadurch wird das gebundene Kohlenstoffmonooxid durch Sauerstoff ausgetauscht.

Chlorophyll. Der grüne Blattfarbstoff Chlorophyll spielt eine wichtige Rolle bei der Fotosynthese. Er befindet sich in den Chloroplasten [B5]. Es gibt mehrere Arten von Chlorophyllen, die sich geringfügig im Aufbau des Liganden unterscheiden [B4]. Das Grundgerüst des Liganden ist (wie bei Häm) ein Porphyrinring. Das Zentralteilchen ist ein Magnesium-Ion. Die Chlorophylle absorbieren Licht und wandeln Lichtenergie in chemische Energie um. Dies ermöglicht die Fotosynthese, obwohl sie eine endergonische Reaktion ist.

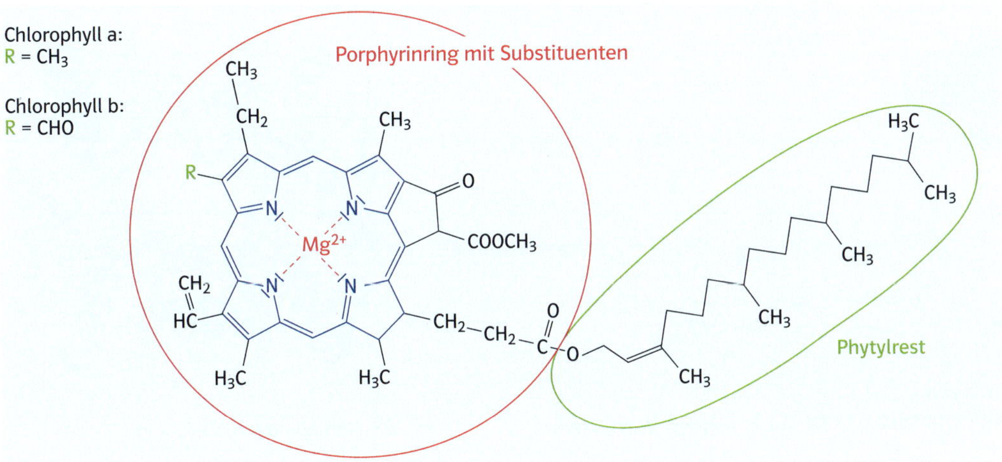

***B4** Strukturformel der Chlorophylle a und b (blau: Porphyrinring)*

***B5** Pflanzenzellen mit Chloroplasten*

Durch Säurezugabe wird das Magnesium-Ion aus dem Komplex herausgelöst. Es entstehen Phäophytine [V2]. Stoffe dieser Gruppe sind Teil des Fotosystems II, das als Elektronenüberträger notwendig ist für die Fotosynthese der Pflanzen. Im Energiestoffwechsel von Purpurbakterien übernehmen Phäophytine die gleiche Rolle.

Der rote Blutfarbstoff Hämoglobin und der grüne Blattfarbstoff Chlorophyll sind ähnlich gebaute Komplexverbindungen.

Exkurs

Kronenether sind cyclische Ether, die vor allem als Liganden interessant sind.
Ein Beispiel ist [18]Krone-6. In den 18-gliedrigen Ring passt besonders gut ein Kalium-Ion als Zentralteilchen [B6]. Im Komplex orientieren sich alle Sauerstoff-Atome nach innen zum Kalium-Ion. Das Molekül nimmt dadurch seine typische Kronenform an. Alle CH_2-Gruppen weisen folglich nach außen, sodass der Komplex lipophil ist und durch unpolare Membranen gelangen kann.
In der biochemischen Forschung werden Kronenether daher u.a. zur Entwicklung von Modellen für den Transport von Alkalimetall-Ionen durch die Zellmembran verwendet. [18]Krone-6 verhält sich z.B. sehr ähnlich wie das Antibiotikum Valinomycin, das den Transport von Alkalimetall-Ionen durch biologische Membranen beschleunigt.

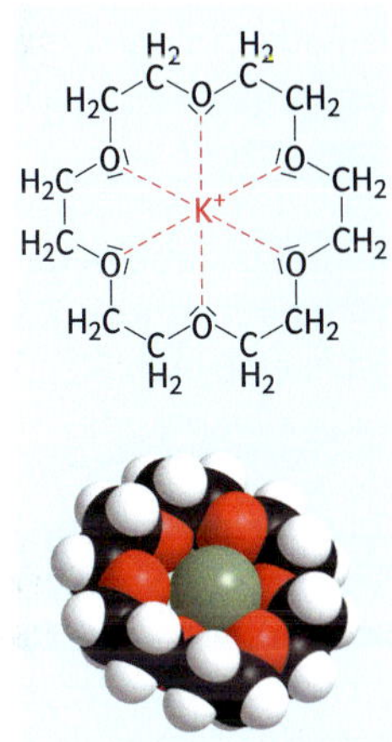

***B6** Komplexiertes Kalium-Ion in einem [18]Krone-6-Molekül*

V1 Herstellung einer Rohchlorophyll-Lösung:
Zerreiben Sie in einer Reibschale einige fein zerschnittene oder zerrupfte Spinatblätter mit 20 ml Aceton und etwas Seesand. Filtrieren Sie die überstehende Lösung ab. Bewahren Sie die Lösung lichtgeschützt auf, z.B. in einem mit Aluminiumfolie umwickelten Erlenmeyerkolben.

V2 Gewinnung von Phäophytin:
Geben Sie 5 ml der Lösung aus V1 in ein Reagenzglas und versetzen Sie die Lösung mit 1 ml Salzsäure (c = 0,1 mol/l). Erhitzen Sie das Gemisch 15 min in einem Wasserbad. Verteilen Sie das Reaktionsprodukt auf zwei Reagenzgläser.
Tropfen Sie in eines der Reagenzgläser verdünnte Kupfer(II)-sulfat-Lösung und beobachten Sie die Farbänderung.

V3 Untersuchen Sie die Lösungen aus V1 und V2 (ohne Kupfer(II)-sulfat) dünnschichtchromatografisch (Kap. 7.12). Als Fließmittel dient ein Gemisch von Petrolether (Volumenanteil 70 %) und Aceton (Volumenanteil 30 %).
Tipps zur Dünnschichtchromatografie:
Tragen Sie je einen Tropfen der Lösungen mit einer Kapillare oder Pipette auf eine DC-Karte auf (ca. 1 cm vom unteren Rand entfernt, ca. 1 cm Abstand zwischen den Auftragungsstellen) und lassen Sie die Flecken trocknen. Wiederholen Sie den Vorgang zweimal. Geben Sie das Fließmittel in eine DC-Kammer und lassen Sie diese einige Minuten verschlossen stehen.
Stellen Sie die DC-Karte in die DC-Kammer und lassen Sie das Fließmittel bis ca. 2/3 der Höhe der DC-Karte steigen.

12.7 Zusammenfassung und Übung

B1 *Tetraamminkupfer(II)-sulfat-Hydrat und die Halbstrukturformel des Komplexes*

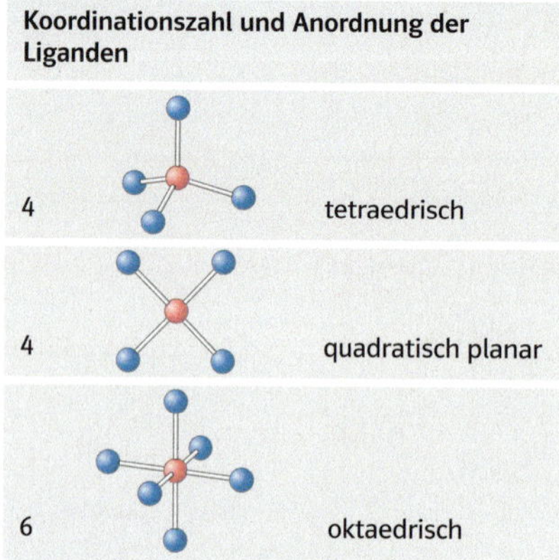

B2 *Strukturen von Komplexen*

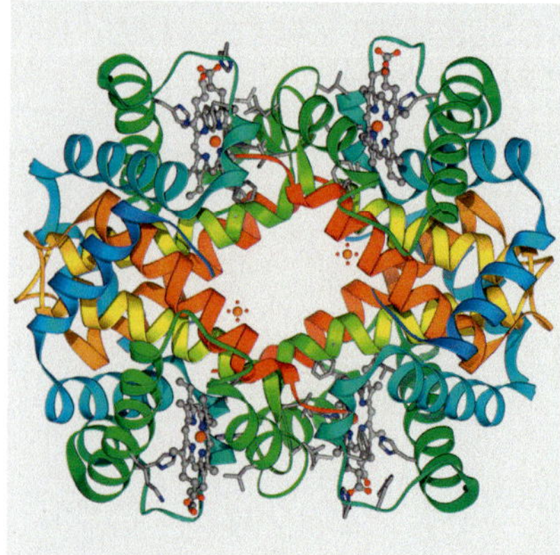

B3 *Hämoglobin-Molekül*

Komplex
Eine Einheit aus einem Metall-Ion oder Metall-Atom als *Zentralteilchen* und den daran gebundenen Molekülen oder Anionen, den *Liganden*, nennt man *Komplex* oder *Komplexteilchen* [B1].

Komplexverbindung
Verbindungen, die Komplexe als Bausteine enthalten, sind *Komplexverbindungen*.

Räumlicher Bau von Komplexen
Drei häufige Strukturen von Komplexen sind: *tetraedrisch*, *quadratisch planar* und *oktaedrisch*. Die Liganden befinden sich an den Ecken der entsprechenden *Koordinationspolyeder* [B2].

Isomerie bei Komplexen
E-Z-Isomerie ist bei quadratisch planaren und oktaedrischen Komplexen mit unterschiedlichen Liganden möglich. Beispiele: $[PtCl_2(NH_3)_2]$, $[CoCl_2(NH_3)_4]^+$. *Spiegelbildisomerie* gibt es bei tetraedrischen und oktaedrischen Komplexen. Beispiel: $[Ni(en)_3]^{2+}$.

Bindung in Komplexen
Die Bindungen in Komplexen werden mit unterschiedlichen Theorien beschrieben: Die *Ligandenfeld-Theorie* hebt den ionischen Charakter der Bindungen hervor.

Nach den Modell der *Elektronenpaarbindung* stellen die Liganden ihre freien Elektronenpaare für Atombindungen zur Verfügung.

Ligandenaustausch-Reaktionen
Die Liganden eines Komplexes können substituiert werden. Dabei stellt sich ein *chemisches Gleichgewicht* ein.

Chelatkomplexe
Mehrzähnige Liganden [B4] bilden Chelatkomplexe. Diese spielen in der Technik, in der Medizin, in der chemischen Analytik und in der Biologie eine wichtige Rolle. Beispiele:
- Maskierung von Kationen, z. B. zur Wasserenthärtung und in der Analytik
- Nachweis und quantitative Bestimmung von Metall-Ionen

Biomoleküle
Der rote Blutfarbstoff Hämoglobin [B3] und der grüne Blattfarbstoff Chlorophyll sind Komplexverbindungen.

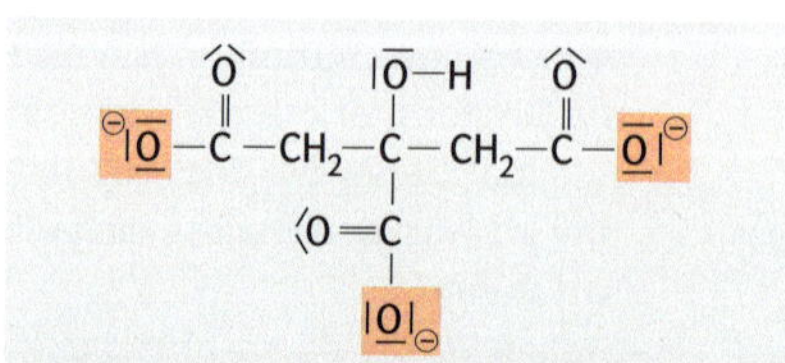

B4 *Das Citrat-Ion ist ein dreizähniger Ligand*

A1 ◒ Erläutern Sie am Beispiel der Komplexverbindung $Na_3[AlF_6]$ die Begriffe Komplex, Ligand, Zentralteilchen und Koordinationszahl.

A2 ◒ Bei Chelatkomplexen ist die Koordinationszahl nicht gleich der Anzahl der Liganden. Erläutern Sie dies anhand eines Beispiels.

A3 ◒ Benennen Sie die folgenden Komplexverbindungen: $[Ag(NH_3)_2]Cl$; $[CuCl_2(H_2O)_2]$; $[Fe(H_2O)_6]SO_4 \cdot H_2O$; $Na_3[AlF_6]$; $[CrCl_2(H_2O)_4]Cl$.

A4 ○ Beschreiben Sie zwei Nachweisreaktionen für Eisen(III)-Ionen sowie eine Nachweisreaktion für Kupfer(II)-Ionen in wässriger Lösung. Formulieren Sie dazu auch die Reaktionsgleichungen.

A5 ● Erklären Sie, dass die beiden Isomere von $[Pt(OH)_2(NH_3)_2]$ unterschiedliche Eigenschaften haben.

A6 ◒ Bei einer alkalischen Lösung soll das Ausfällen von Cu^{2+}-Ionen als Kupfer(II)-hydroxid verhindert werden. Beschreiben Sie eine Möglichkeit, wie man dies erreichen kann.

A7 ○ Kohlenstoffmonooxid ist ein gefährliches Atemgift. Erläutern Sie die Giftwirkung und die Therapie bei einer Vergiftung.

Basiskonzepte

Häufig sucht man in der Chemie wie in einem Irrgarten oder Labyrinth nach dem richtigen Weg. Die Basiskonzepte helfen, Wege durch die Vielfalt der Stoffe, ihrer Reaktionen und den damit verbundenen Energieumsätzen zu finden.

Stoffe, Teilchen, Eigenschaften (Teil 1)

Die Stoffe bestehen aus Atomen, Molekülen oder Ionen. Diese Teilchen unterscheiden sich in ihren Eigenschaften. Die Eigenschaften der Atome, Moleküle und Ionen haben wiederum Einfluss auf die Eigenschaften der Stoffe, aus denen diese bestehen.

Kohlenstoff nimmt eine Sonderrolle ein. Nicht nur, dass der Stoff in mehreren Modifikationen, Diamant Graphit, Fullerit und Graphen, vorkommt. Auch beinhalten die meisten Molekülverbindungen (neben wenigen weiteren Elementen wie Wasserstoff, Sauerstoff und Stickstoff) Kohlenstoff-Atome.
Die Kohlenstoff-Atome gehen aufgrund ihrer vier Außenelektronen (Valenzelektronen) vier Elektronenpaarbindungen ein. Der weitaus größte Teil der Molekülverbindungen sind organische Verbindungen.

Der räumliche Bau von Molekülen

Mit dem Elektronenpaar-Abstoßungs-Modell (EPA-Modell) lässt sich der räumliche Bau von Molekülen darstellen. Ein Kohlenstoff-Atom im Methan-Molekül CH_4 ist von vier Einfachbindungen umgeben. Bei maximaler Abstoßung ergibt sich die Form eines Tetraeders.

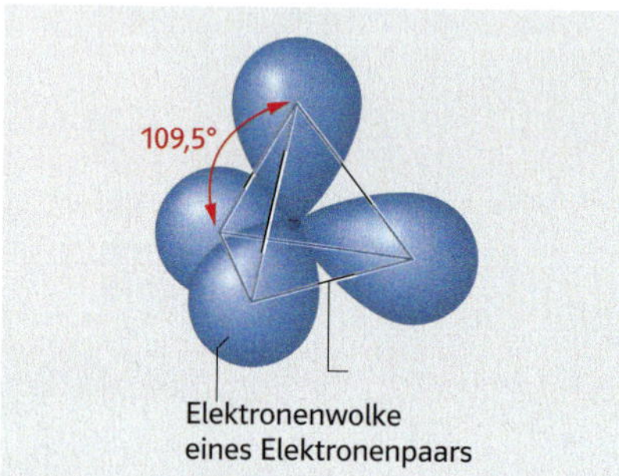

B1 *Vier Elektronenwolken ordnen sich durch Abstoßung an*

Isomerie

Moleküle können bei gleicher Molekülformel unterschiedliche Strukturen aufweisen. Wenn sich die organischen Verbindungen in der Reihenfolge der Atome und Bindungen unterscheiden, so spricht man von Konstitutions- oder Strukturisomerie.

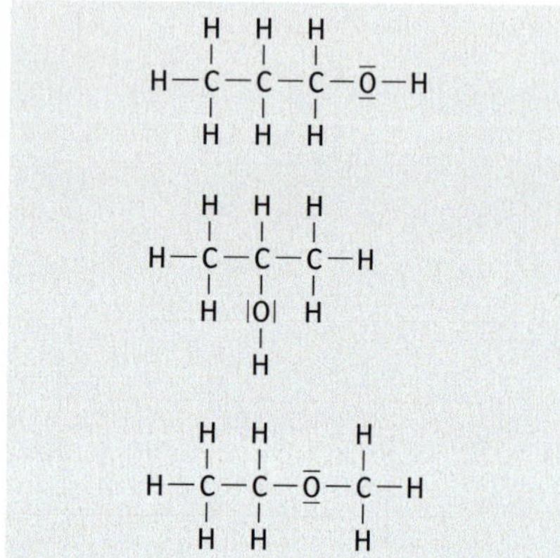

B2 *Strukturformeln zur Molekülformel* C_3H_8O

Stoffklassen und Bindungsarten

Stoffklasse	Salze	Metalle	Molekülverbindungen
Aufbau	Ionengitter aus Kationen und Anionen	Metallgitter aus Metall-Atomrümpfen und Elektronengas	Moleküle aus Nichtmetall-Atomen
Modell auf der Teilchenebene	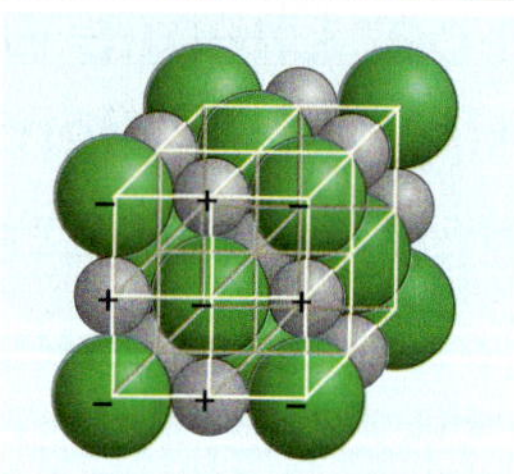 Ionengitter von Kochsalz NaCl	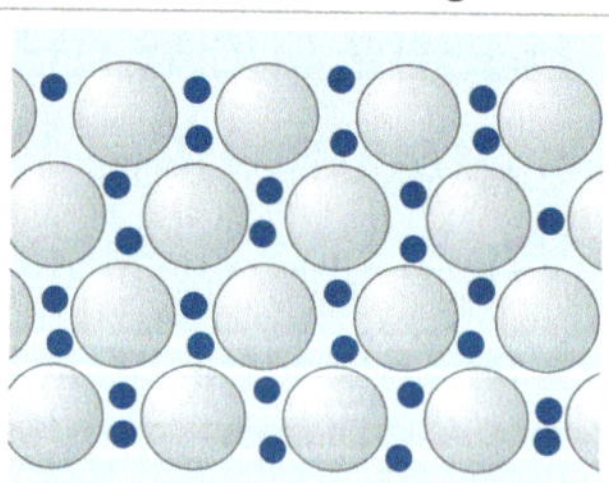 Draufsicht auf ein Metallgitter	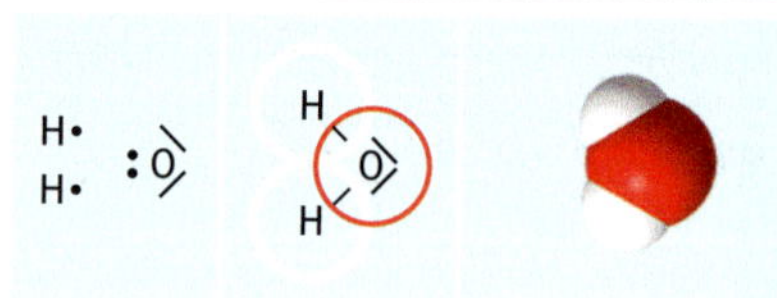 Wasser-Molekül
Bindungsart	Ionenbindung: Anziehung der entgegengesetzt geladenen Ionen	Metallbindung: Anziehung zwischen positiv geladenen Atomrümpfen und negativ geladenem Elektronengas	Elektronenpaarbindung: Außenelektronen (Valenzelektronen) bilden ein gemeinsames, bindendes Elektronenpaar

B3 *Stoffklassen und Bindungsarten*

Das C-C-Verknüpfungsprinzip

Ein Kohlenstoff-Atom kann bis zu vier Elektronenpaarbindungen mit anderen Kohlenstoff-Atomen bilden. So können sehr große Moleküle entstehen, in denen verbundene Kohlenstoff-Atome lange Ketten bilden, die auch verzweigt sein können. Vielfältige Verknüpfungen sind möglich. Neben Einfachbindungen gibt es auch Doppel- und Dreifachbindungen zwischen Kohlenstoff-Atomen [B4].

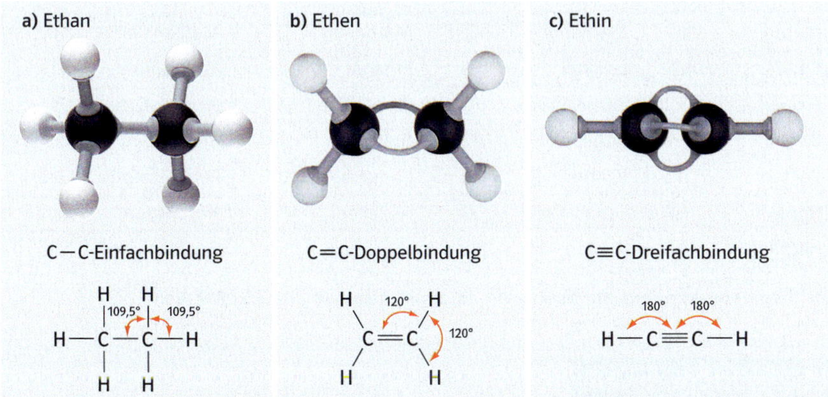

B4 *Kohlenwasserstoff-Moleküle mit Einfach- und Mehrfachbindungen*

Farbstoffe – Moleküle mit delokalisierten Elektronensystemen

In farbigen organischen Verbindungen findet man Struktureinheiten, in denen Kohlenstoff-Atome über konjugierte Doppelbindungen verbunden sind. Die Elektronen der Doppelbindungen sind über die ganze Struktureinheit delokalisiert, sie bilden ein delokalisiertes Elektronensystem. Moleküle, die ein großes delokalisiertes Elektronensystem enthalten, können Licht absorbieren.

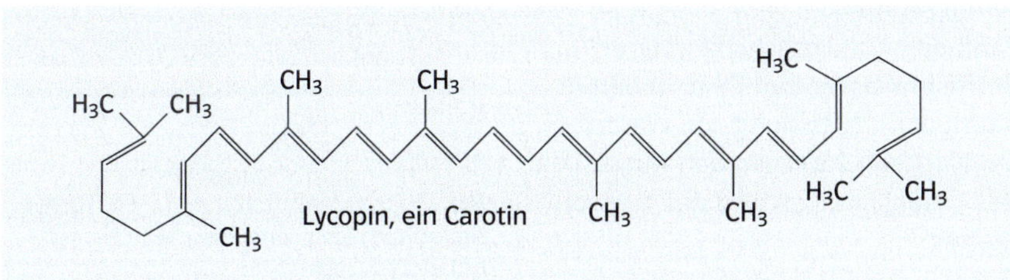

B6 *Das Lycopin-Molekül weist ein großes delokalisiertes Elektronensystem auf*

A1 ○ Geben Sie jeweils zwei Beispiele für Stoffe der anorganischen Chemie an, die aus Atomen, Molekülen oder Ionen bestehen.

A2 ○ Benennen Sie die folgenden Verbindungen und die jeweils zugehörige homologe Reihe:
a) CH_3CHO, **b)** $HCOOH$, **c)** C_3H_7OH

A3 ● Bereiten Sie einen Kurzvortrag zum Basiskonzept „Stoff-Teilchen-Eigenschaften" vor, begrenzt auf organische Stoffe und ihre Teilchen. Stellen Sie Ihren Vortrag Mitschülerinnen und Mitschülern vor. Gehen Sie dabei auch schon auf einige ausgewählte physikalische Eigenschaften ein.

Funktionelle Gruppen

Viele Kohlenstoff-Verbindungen weisen funktionelle Gruppen auf. Diese beeinflussen die Eigenschaften der Moleküle und damit auch die Eigenschaften der Stoffe, wie z. B. Siedetemperatur, Viskosität und Löslichkeit.

Stoffklasse	Allgemeine Strukturformel	Funktionelle Gruppe
Alkohole (z. B. Alkanole)	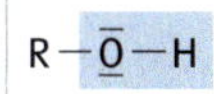	Hydroxygruppe
Aldehyde (z. B. Alkanale)	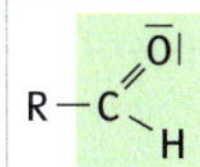	Aldehydgruppe
Ketone (z. B. Alkanone)	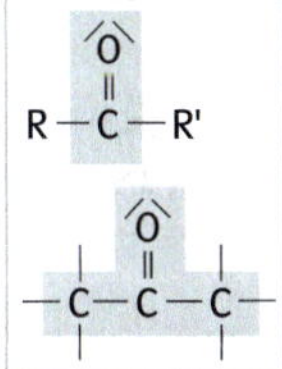	Carbonylgruppe Ketogruppe
Carbonsäuren (z. B. Alkansäuren)	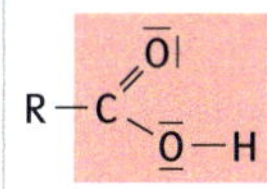	Carboxygruppe
Ester	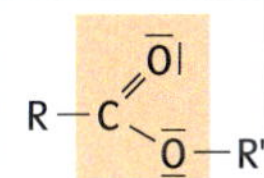	Estergruppe

B5 *Stoffklassen und funktionelle Gruppen*

Aromaten

Die Moleküle aromatischer Kohlenwasserstoffe sind Ringe mit konjugierten Doppelbindungen. Der einfachste Vertreter ist Benzol C_6H_6. Das System delokalisierter Elektronen verleiht den Molekülen besondere Stabilität.

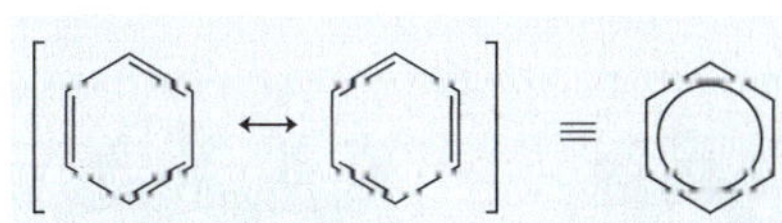

B7 *Mesomere Grenzformeln von Benzol*

Stoffe, Teilchen, Eigenschaften (Teil 2)

Zahlreiche Stoffe kann man aufgrund ihrer Eigenschaften zu Stoffklassen zusammenfassen. Diese Eigenschaften werden durch die Art und den Aufbau der Teilchen, also die Struktur der Teilchen, und die zwischen den Teilchen wirkenden Kräfte bestimmt.

Anziehungskräfte zwischen temporären Dipolen

In einem Atom oder Molekül kann eine temporäre (vorübergehende) Verschiebung der Ladung auftreten. Es tritt ein spontaner Dipol auf. Benachbarte Atome oder Moleküle werden dadurch so beeinflusst, dass in diesen ebenfalls eine unsymmetrische Ladungsverteilung zustande kommt. In den benachbarten Atomen bzw. Molekülen entstehen dadurch ebenfalls positive und negative Partialladungen. Diese temporären Dipole ziehen sich elektrostatisch an. Die als London-Kräfte bezeichnete Wechselwirkungen treten z. B. zwischen Alkan-Molekülen auf.

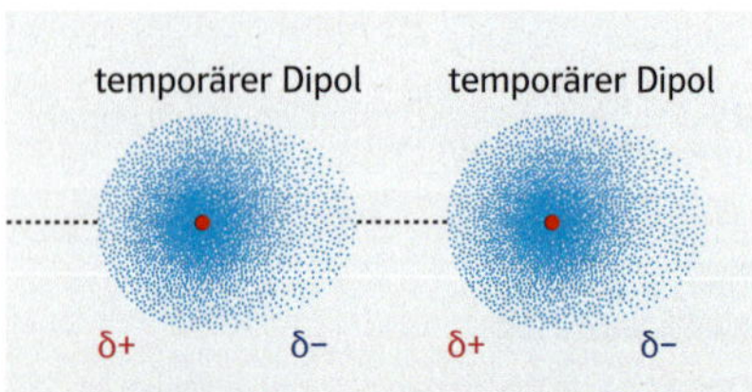

***B9** Anziehungskräfte zwischen temporären Dipolen*

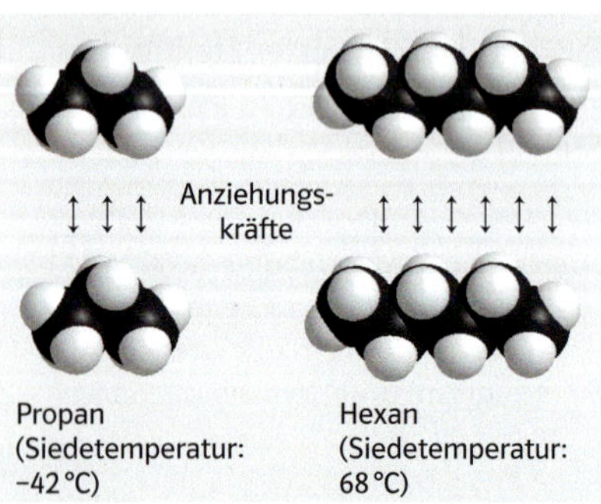

***B10** Anziehungskräfte zwischen Alkan-Molekülen*

Siedetemperaturen und organische Stoffklassen

Der Einfluss der Struktur organischer Moleküle und die daraus hervorgehenden zwischenmolekularen Kräfte zeigt sich besonders deutlich bei den Siedetemperaturen ϑ_{sd}.

Alkan	ϑ_{sd} in °C	Alkanol	ϑ_{sd} in °C	Alkanal	ϑ_{sd} in °C	Alkansäure	ϑ_{sd} in °C
Methan	−161	Methanol	65	Methanal	−21	Methansäure	100
Ethan	−88	Ethanol	78	Ethanal	21	Ethansäure	118
Propan	−42	Propan-1-ol	97	Propanal	49	Propansäure	141
Butan	−1	Butan-1-ol	117	Butanal	77	Butansäure	164
Pentan	36	Pentan-1-ol	138	Pentanal	102	Pentansäure	186
Hexan	68	Hexan-1-ol	157	Hexanal	130	Hexansäure	202
Heptan	98	Heptan-1-ol	176	Heptanal	153	Heptansäure	223

***B8** Siedetemperaturen einiger Alkane, Alkanole, Alkanale und Alkansäuren*

Wasserstoffbrücken

Polar gebundene Wasserstoff-Atome in Dipolen, deren weitere Atome freie (nicht bindende) Elektronenpaare aufweisen, bilden Wasserstoffbrücken aus. Sie treten z. B. bei Wasser, Alkoholen, Carbonsäuren und vielen Proteinen, Kohlenhydraten sowie Kunststoffen auf. Wasserstoffbrücken führen zu hohen Schmelz- und Siedetemperaturen.
Auch die gute Löslichkeit polarer Stoffe in Wasser und Ethanol beruht häufig auf der Bildung von Wasserstoffbrücken zwischen den Molekülen des Lösungsmittels und des gelösten Stoffes.

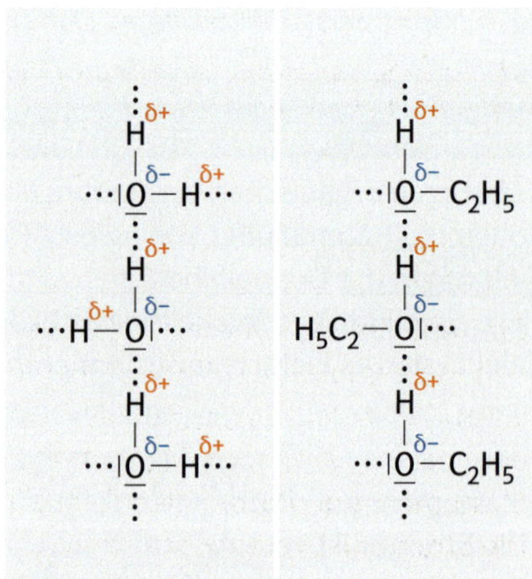

***B11** Wasserstoffbrücken zwischen Wasser-Molekülen (links) und zwischen Ethanol-Molekülen (rechts)*

Dipol-Dipol-Kräfte

Permanente Dipole ziehen sich elektrostatisch an. Diese Dipol-Dipol-Kräfte sind stärker als die Anziehungskräfte zwischen temporären Dipolen bei vergleichbarer Größe der Moleküle. Der Überbegriff für London-Kräfte und Dipol-Dipol-Kräfte ist „Van-der-Waals-Kräfte".

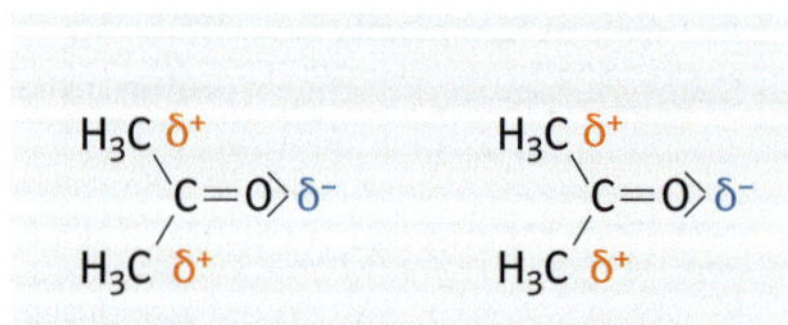

***B12** Dipol-Dipol-Kräfte zwischen zwei Propanon-Molekülen*

Lipophil und hydrophil

Organische Stoffe können hydrophil oder lipophil sein. Hydrophile Stoffe lösen sich z. B. in Wasser, lipophile z. B. in Benzin. Alkane bestehen aus unpolaren Molekülen und sind lipophil. Die Moleküle der Alkohole sind aufgrund der Hydroxygruppe polar, sie haben aber auch einen unpolaren Teil. Daher lösen sich viele Alkohole sowohl in Wasser als auch in Benzin bzw. Hexan.

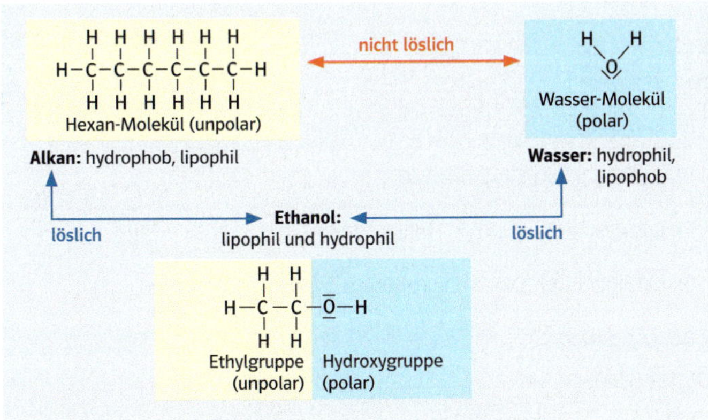

B13 Struktur und Löslichkeit. Ethanol löst sich aufgrund des Baus seiner Moleküle in Wasser und Benzin

B14 Ethanol – vielseitig verwendbar

Kunststoffe

Die Verknüpfung von sehr vielen kleinen Molekülen führt zu großen Molekülen, den Makromolekülen. So wird der Kunststoff Polyethen (Polyethylen) aus sehr vielen Ethen-Molekülen gebildet. Kunststoffe können nach ihrer Herstellung oder nach ihrer Verwendung unterteilt werden. Die Einteilung in Thermoplaste, Elastomere und Duromere erfolgt aufgrund der Struktur ihrer Moleküle [B17]. Die Struktur ist verantwortlich für die Eigenschaften und damit für die Verwendungszwecke der jeweiligen Kunststoffe.

Thermoplaste	Elastomere	Duromere
lineare oder wenig verzweigte Moleküle	weitmaschig, zweidimensional vernetzte Moleküle	dreidimensional vernetzte Moleküle
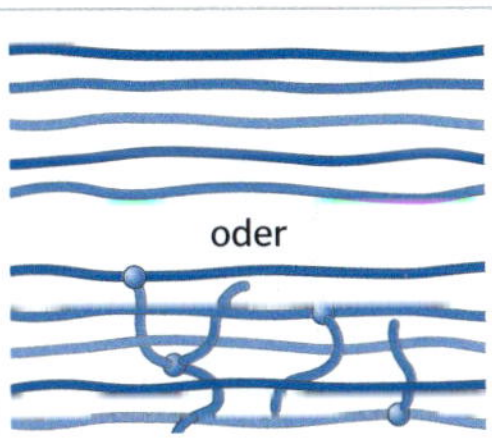	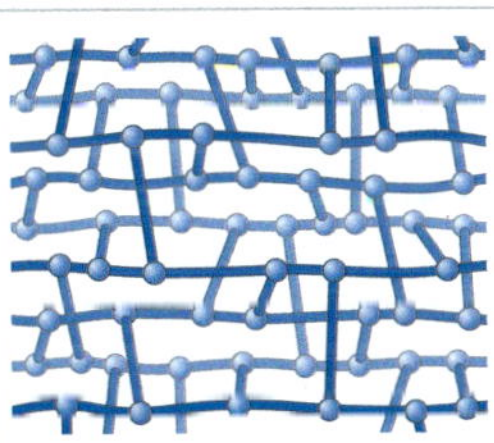	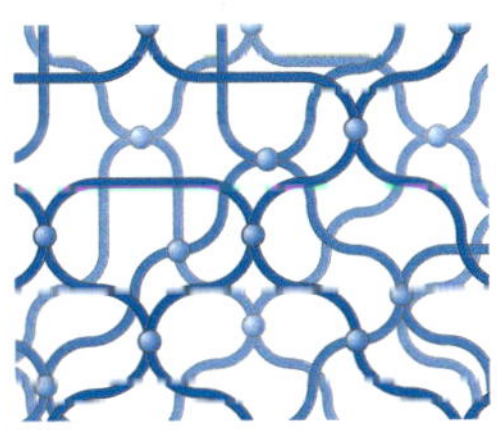

B17 Räumliche Verknüpfung von Molekülen

Stereoisomerie

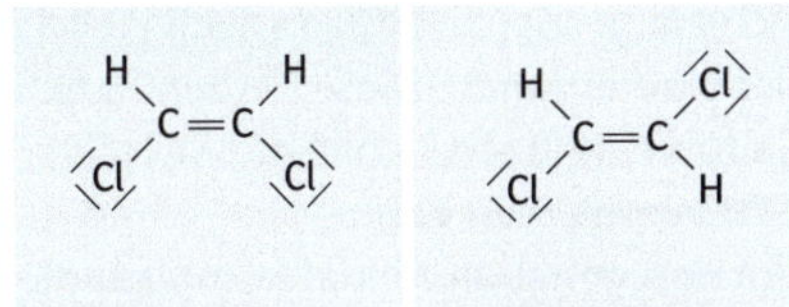

(Z)-1,2-Dichlorethen ϑ_{sd} = 60 °C

(E)-1,2-Dichlorethen ϑ_{sd} = 48 °C

B15 Geometrische Isomerie (E-Z-Isomerie)

Bei Stereoisomeren sind die Atome gleich verknüpft, aber unterschiedlich im Raum angeordnet [B15]. Auch Stereoisomere haben unterschiedliche Stoffeigenschaften.

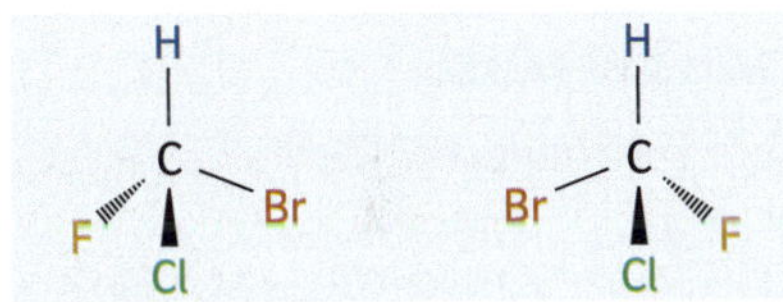

B16 Spiegelbildisomerie

Aufgrund der identischen strukturellen Verknüpfung haben Spiegelbildisomere (Enantiomere) [B16] weitgehend identische chemische und physikalische Eigenschaften (wie z. B. Siedetemperaturen). Allerdings reagieren sie unterschiedlich mit anderen chiralen Molekülen.

A4 Beschreiben und erläutern Sie Tendenzen, die sich aus B8 ablesen lassen.

A5 Erklären Sie, warum Propan-1-ol sowohl in Wasser als auch in Benzin löslich ist, Glycerin (Propantriol) aber nur in Wasser.

A6 Propanon (Aceton) ist in einigen Nagellackentfernern enthalten. Es ist sowohl hydrophil als auch lipophil. Erklären Sie diese Eigenschaften.

A7 Erläutern Sie, welche Kräfte zwischen den Makromolekülen der Kunststoffe wirken können.

Chemische Reaktion (Teil 1)

Es gibt eine große Vielfalt von chemischen Reaktionen. Betrachtet man sie auf der Teilchenebene, so erkennt man, dass sich ein großer Teil davon zwei verschiedenen Reaktionstypen zuordnen lässt: den Säure-Base-Reaktionen und den Redoxreaktionen. Diese beiden Reaktionstypen können durch das Donator-Akzeptor-Prinzip beschrieben werden. Redoxreaktionen haben die Besonderheit, dass man die dabei übertragenen Elektronen in Form von elektrischem Strom nutzbar machen kann.
Um den genauen Ablauf komplexer Reaktionen besser zu verstehen, betrachtet man die Einzelschritte des Reaktionsmechanismus.

Säure-Base-Reaktionen und Redoxreaktionen im Vergleich

Säure-Base-System	**Redoxsystem**
Übertragung von Protonen (H^+)	Übertragung von Elektronen (e^-)
Säure (HA) = Protonendonator	Reduktionsmittel (Red) = Elektronendonator
Base (A^-) = Protonenakzeptor	Oxidationsmittel (Ox) = Elektronenakzeptor
Säure-Base-Reaktion	**Redoxreaktion**

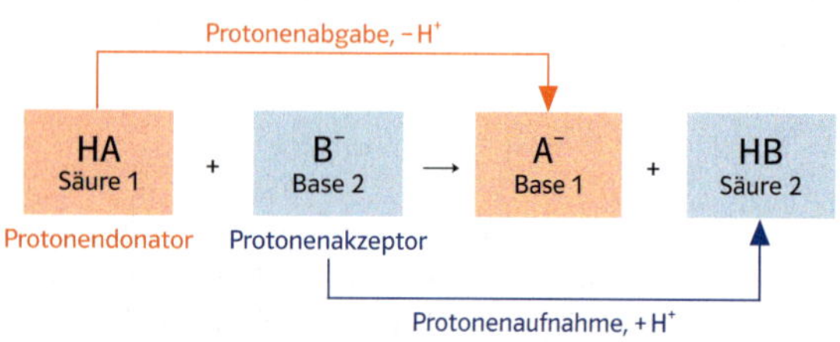

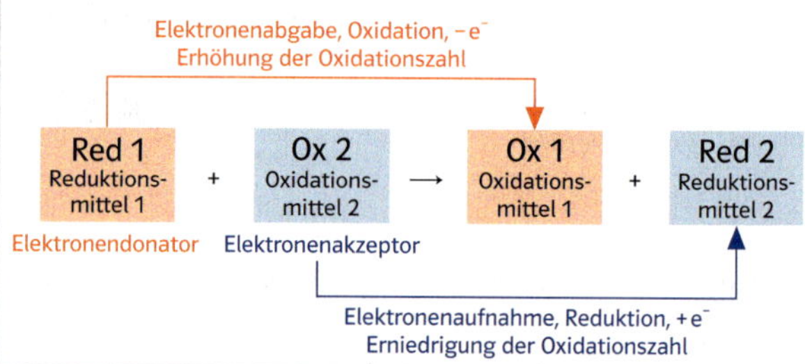

Konjugierte Säure-Base-Paare HA/A^- und HB/B^-	Konjugierte Redoxpaare Red 1/Ox 1 und Red 2/Ox 2
Henderson-Hasselbalch-Gleichung (pH-Wert) $pH = pK_S + \lg \frac{\{c(A^-)\}}{\{c(HA)\}}$	Nernst-Gleichung (Redoxpotential E) $E(\text{Red/Ox}) = E^0(\text{Red/Ox}) + \frac{0{,}059\,V}{z} \cdot \lg \frac{\{c(\text{Ox})\}}{\{c(\text{Red})\}}$

***B1** Säure-Base-Reaktionen und Redoxreaktionen im Donator-Akzeptor-Prinzip*

Bei den Säure-Base-Reaktionen kommt es zu einer Protonenübertragung (einem Protonenübergang). Die Säure ist der Protonendonator, die Base der Protonenakzeptor [B1]. Der pK_S-Wert ist ein Maß für die Säurestärke.

Die Stellung des konjugierten (korrespondierenden) Säure-Base-Paares HA/A^- in der pK_S-Reihe entspricht der Tendenz von HA bzw. A^-, als Protonendonator bzw. als Protonenakzeptor zu wirken, und ermöglicht das Vorhersagen von Säure-Base-Reaktionen.

Je kleiner der pK_S-Wert ist, desto stärker ist die Säure. Je stärker eine Säure ist, desto schwächer ist ihre konjugierte Base.

Redoxreaktionen sind dadurch gekennzeichnet, dass eine Elektronenübertragung (ein Elektronenübergang) stattfindet. Der Elektronendonator wird dabei oxidiert und ist Reduktionsmittel (Red). Der Elektronenakzeptor wird reduziert und ist Oxidationsmittel (Ox) [B1].

Die Stellung des konjuierten (korrespondierenden) Redoxpaares Red/Ox in der elektrochemischen Spannungsreihe (E^0-Reihe) entspricht der Tendenz von Red bzw. Ox, als Elektronendonator bzw. als Elektronenakzeptor zu wirken, und ermöglicht das Vorhersagen von Redoxreaktionen.

Je negativer das Standardpotential E^0 ist, umso stärker ist das Reduktionsmittel, d.h., umso größer ist der „Elektronendruck".

Elektrochemische Stromerzeugung

Bei der elektrochemischen Stromerzeugung lässt man eine Oxidation und eine Reduktion räumlich getrennt ablaufen. So kann man den Elektronenübergang in Form von elektrischem Strom nutzbar machen.
Beim Daniell-Element $Zn/Zn^{2+}//Cu^{2+}/Cu$ [B2, B3] wird unter Standardbedingungen eine Spannung von 1,1V gemessen. Zink-Atome werden zu Zink-Ionen oxidiert und Kupfer(II)-Ionen zu Kupfer-Atomen reduziert, weil das Standardpotential von Zn/Zn^{2+} negativer ist als das von Cu/Cu^{2+}. Damit ist Zn ein stärkeres Reduktionsmittel als Cu und Cu^{2+} im Vergleich zu Zn^{2+} das stärkere Oxidationsmittel. Je weiter die beiden Redoxpaare in der elektrochemischen Spannungsreihe auseinander stehen, desto größer ist die Differenz der Standardpotentiale. Entsprechend ist die erzeugte Spannung höher.

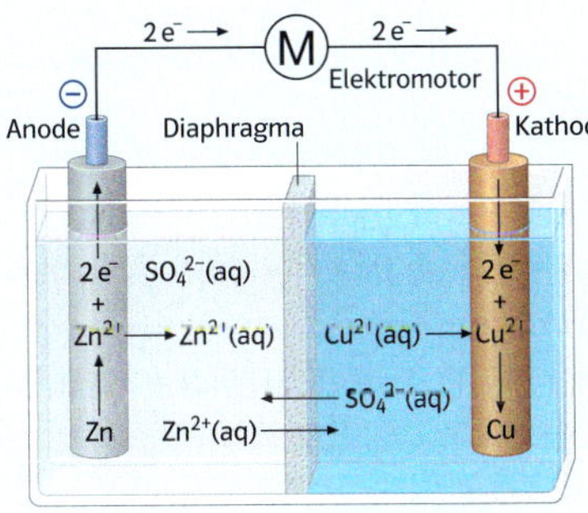

B2 *Reaktionen im Daniell-Element*

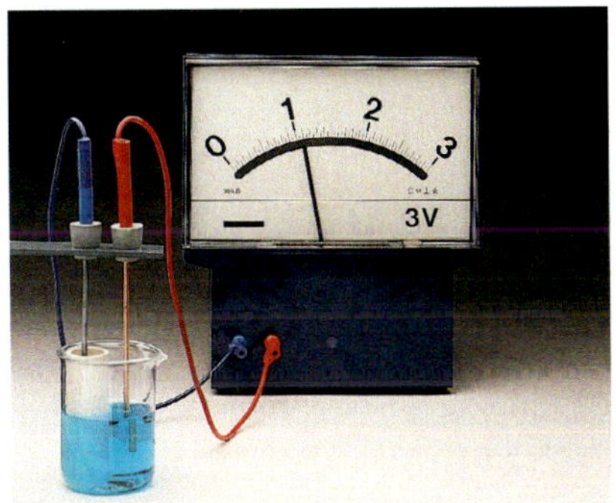

B3 *Daniell-Element im Becherglas*

Reaktionsmechanismen: Radikalische Substitution

Der Ablauf einer Reaktion ist häufig komplexer als die reine Reaktionsgleichung vermuten lässt. Die Einzelschritte, mit denen man den Ablauf modellhaft beschreiben kann, nennt man Reaktionsmechanismus.
Bei der Chlorierung von Methan entsteht Chlormethan:
$CH_4 + Cl_2 \longrightarrow + CH_3Cl + HCl$
Anhand der Reaktionsgleichung ist nicht ersichtlich, wie es zur Bildung des Nebenprodukts Ethan C_2H_6 kommen kann. Dies ist nur mithilfe des Reaktionsmechanismus [B5] zu verstehen. Als Abbruchreaktion können auch zwei in der Reaktionskette gebildete Methylradikale miteinander reagieren.

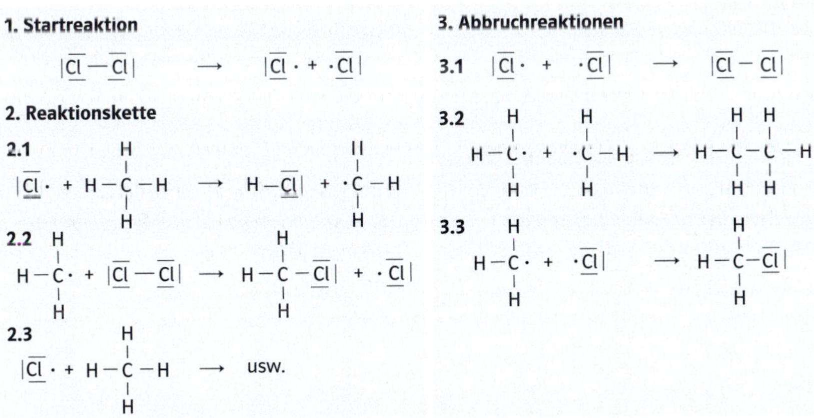

B5 *Ablauf der radikalischen Substitution bei der Reaktion von Methan mit Chlor*

Nachweisreaktionen

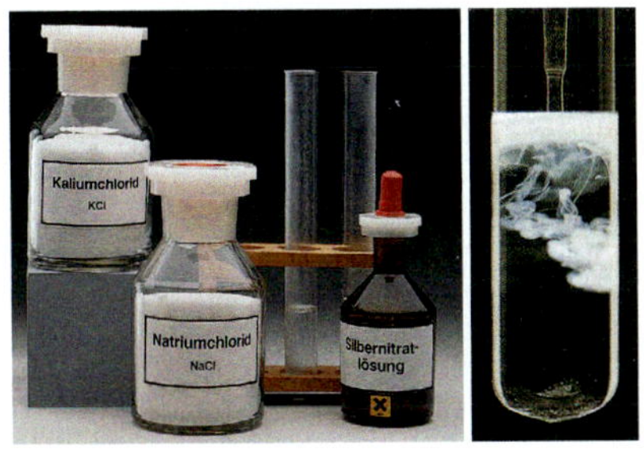

B4 *Nachweisreaktionen mit Silbernitrat*

Für die Ermittlung der Zusammensetzung von Verbindungen ist es nötig, die einzelnen Bestandteile zuverlässig zu identifizieren. Einige Nachweise beruhen auf Fällungsreaktionen [B4], andere wie z. B. der Nachweis von Säuren mit Bromthymolblau-Lösung (BTB-Reagenz) nutzen Farbänderungen.

A1 Formulieren Sie zu den folgenden Reaktionen die Reaktionsgleichungen und ordnen Sie die Begriffe Protonendonator, Protonenakzeptor, Protonenabgabe, Protonenaufnahme, Elektronendonator, Elektronenakzeptor, Elektronenabgabe, Elektronenaufnahme den entsprechenden Teilchen bzw. Vorgängen zu.
a) Methansäure-Moleküle reagieren mit Hydroxid-Ionen zu Methanoat-Ionen (Formiat-Ionen) und Wasser-Molekülen.
b) Methansäure-Moleküle reagieren mit Permanganat-Ionen in saurer Lösung zu Kohlenstoffdioxid-Molekülen und Mangan(II)-Ionen.

A2 Erläutern Sie, durch welche Nachweis Reaktion(en) sich
a) ein Alken leicht von einem Alkan unterscheiden lässt.
b) Propanon (Aceton) leicht von Propanal (Propionaldehyd) unterscheiden lässt.

A3 Benennen Sie einige Stoffe, die bei der Chlorierung von Methan gebildet werden können.
Erläutern Sie auch, wie es zur Bildung dieser Stoffe kommt.

Chemische Reaktion (Teil 2)

Chemische Reaktionen können mit sehr unterschiedlicher Geschwindigkeit ablaufen. Diese hängt z. B. von der Temperatur, der Konzentration der Reaktionspartner oder dem Einsatz eines Katalysators ab. Die Kinetik beschäftigt sich mit dem zeitlichen Ablauf chemischer Reaktionen.

Das Lösen von Kohlenstoffdioxid in Wasser, die Bildung von Stalaktiten und Stalagmiten in Tropfsteinhöhlen, die Bildung von Ammoniak, die Reaktion von Essigsäure und Ethanol haben auf den ersten Blick nichts Gemeinsames. Schaut man genauer hin, so handelt es sich bei diesen Reaktionen um Gleichgewichtsreaktionen. Gleichgewichtsreaktionen kann man beeinflussen.

Reaktionsgeschwindigkeit

Zur Messung der Reaktionsgeschwindigkeit wählt man eine Größe aus, die sich möglichst einfach und schnell quantitativ bestimmen lässt. Verfolgt man die Konzentration eines Eduktes oder eines sich bildenden Produktes, so kann man die mittlere Reaktionsgeschwindigkeit $\overline{v}$ angeben durch:

$$\overline{v} = \frac{|\Delta c|}{\Delta t}$$

Δc: Konzentrationsänderung
Δt: Zeitintervall

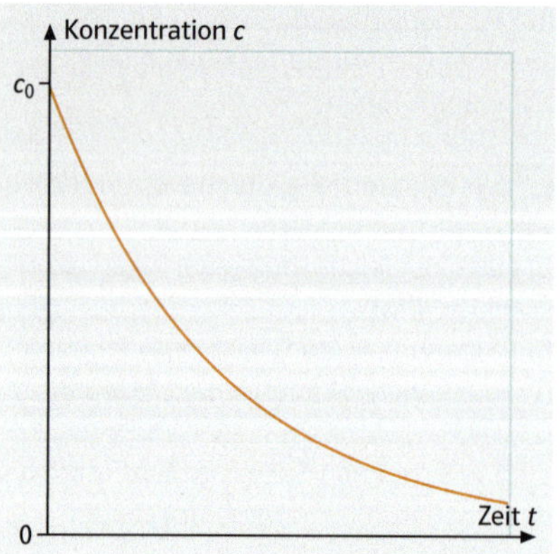

B9 *Verlauf einer Konzentrationsänderung einer chemischen Reaktion*

Reaktionsgeschwindigkeit und Kollisionsmodell

Nach dem Kollisionsmodell müssen sich Teilchen treffen oder zusammenstoßen, um miteinander reagieren zu können. Die Wahrscheinlichkeit eines Zusammenstoßes der Reaktionspartner nimmt mit steigender Konzentration zu. Eine Erhöhung der Temperatur führt zu einer höheren kinetischen Energie der Teilchen und damit zu einer größeren Anzahl von Zusammenstößen, die zu einer Reaktion führen. Je größer der Zerteilungsgrad der Stoffe ist, desto häufiger stoßen die Reaktionspartner zusammen.

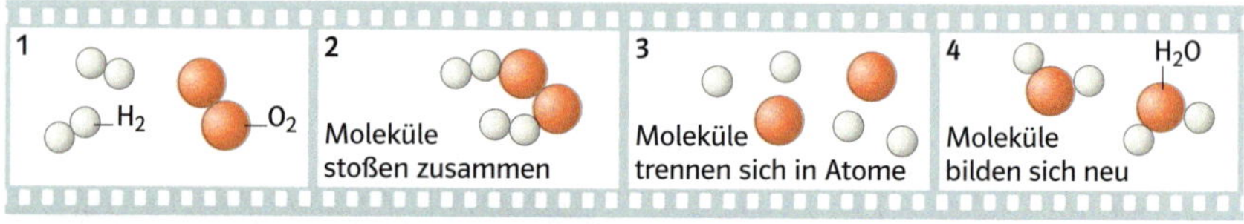

B6 *Zusammenstöße mit großer kinetischer Energie führen zu chemischen Reaktionen*

Katalyse

Die Geschwindigkeit von Reaktionen kann außer durch Erhöhung von Konzentrationen oder der Temperatur auch durch Zusatz von Katalysatoren vergrößert werden. Die Wirkung eines Katalysators beruht meist darauf, dass er mit einem der Edukte ein oder mehrere Zwischenprodukte bildet, sodass damit ein neuer Reaktionsweg mit einer niedrigeren Aktivierungsenergie ermöglicht wird [B7]. Aufgrund der herabgesetzten Aktivierungsenergie überschreiten bei gegebener Temperatur mehr Teilchen die Mindestenergie für einen erfolgreichen Zusammenstoß, und die Reaktionsgeschwindigkeit steigt.

Katalysatoren von enormer Effektivität sind die Enzyme. Fast alle Stoffwechselprozesse lebender Zellen beruhen auf der Aktivität und Zusammenarbeit von verschiedenen Enzymen. Als „Biokatalysatoren" haben sie die Funktion, die Aktivierungsenergie der Reaktionen in einer Zelle so abzusenken, dass die chemischen Vorgänge in einem engen, relativ niedrigen Temperaturbereich in angemessener Zeit ablaufen können.

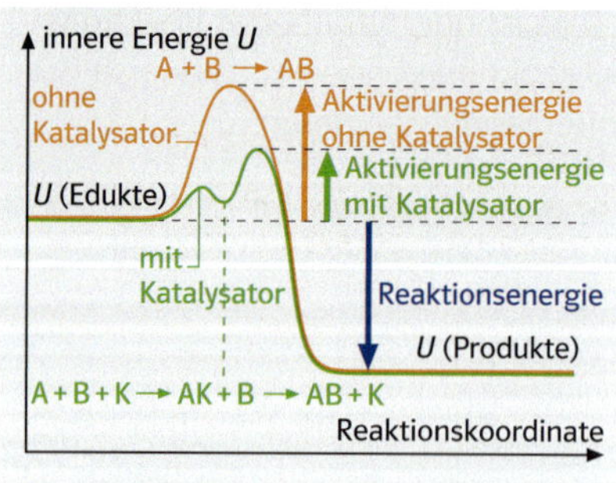

B7 *Energiediagramm einer Reaktion ohne und mit Katalysator*

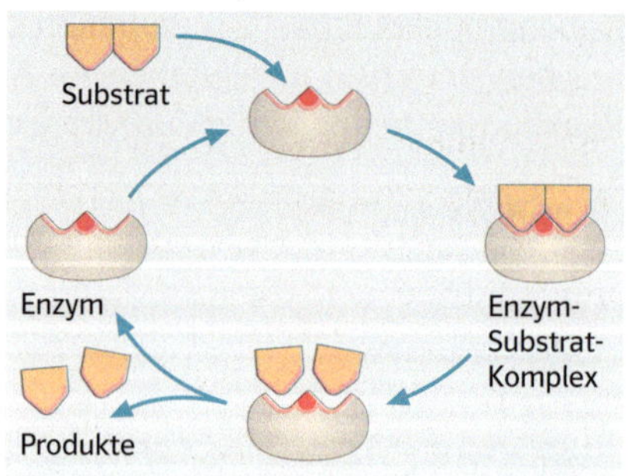

B8 *Schematischer Ablauf einer enzymatischen Reaktion*

Von der umkehrbaren Reaktion zur Gleichgewichtsreaktion

Die Esterbildung und die Esterspaltung sind umkehrbare Reaktionen. Unabhängig davon, ob die Carbonsäure und der Alkohol oder der Ester und das Wasser zusammengegeben werden, laufen beide Reaktion nicht vollständig ab. Nach einiger Zeit stellt sich ein chemisches Gleichgewicht ein. Gleichgewichtsreaktionen zeichen sich dadurch aus, dass sowohl die Edukte (Ausgangsstoffe) als auch die Reaktionsprodukte nebeneinander vorliegen.
Im Gleichgewichtszustand laufen die Hinreaktion und die Rückreaktion mit gleicher Geschwindigkeit ab. Es liegt ein dynamisches Gleichgewicht vor. Die Stoffmengen bzw. Stoffmengenkonzentrationen ändern sich nicht, wenn keine Veränderung von außen vorgenommen wird.

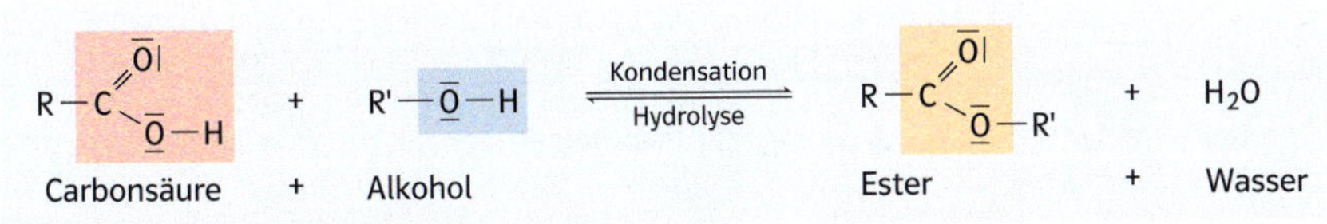

B10 *Die Veresterung (Kondensation) und die Esterspaltung (Hydrolyse) sind umkehrbare Reaktionen, die zu einem Gleichgewicht führen*

Das Massenwirkungsgesetz

Für jedes chemische Gleichgewicht ist bei einer bestimmten Temperatur das Produkt aus den Konzentrationen der Produkte dividiert durch das Produkt aus den Konzentrationen der Edukte konstant. Dies wird mit dem Massenwirkungsgesetz (MWG) beschrieben.

Für eine allgemeine Reaktion

$$a\,A + b\,B \rightleftharpoons c\,C + d\,D$$

in einem homogenen System gilt:

$$K_c = \frac{c^c(C) \cdot c^d(D)}{c^a(A) \cdot c^b(B)}$$

Die Koeffizienten der Reaktionsgleichung treten als Exponenten der Konzentrationen auf.

Beeinflussung des chemischen Gleichgewichts

Die Zusammensetzung eines Gleichgewichtsgemisches kann durch äußere Einflüsse verändert werden, insbesondere durch eine Änderung der Temperatur, des Drucks oder der Konzentration eines Edukts oder Produkts. Man bezeichnet diese Änderungen als „Zwang", den man auf das chemische System ausübt. Das Gleichgewicht verschiebt sich in die Richtung, in welcher der Zwang verringert wird. Mit diesem Prinzip von LE CHATELIER und BRAUN bzw. dem „Prinzip vom kleinsten Zwang" lässt sich also qualitativ angeben, wie sich die Zusammensetzung des Gleichgewichtsgemisches verschiebt. Mit dem Massenwirkungsgesetz lassen sich Gleichgewichte und Gleichgewichtsverschiebungen quantitativ erfassen. Ein Katalysator beeinflusst die Gleichgewichtszusammensetzung nicht.

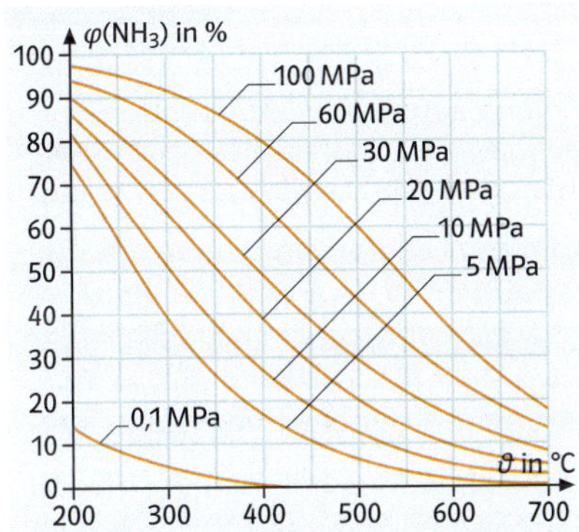

B11 *Ammoniak-Ausbeute in Abhängigkeit von Druck und Temperatur*

Gleichgewichtskonstanten

Ein wichtiger Anwendungsbereich des Gleichgewichtskonzepts sind die Säure-Base-Reaktionen.

$$HA + H_2O \rightleftharpoons H_3O^+ + A^-$$

$$B + H_2O \rightleftharpoons HB^+ + OH^-$$

Die Stärke einer Säure bzw. einer Base lässt sich durch Anwendung des Massenwirkungsgesetzes definieren und ermitteln:

$$K_S = \frac{c(A^-) \cdot c(H_3O^+)}{c(HA)} \qquad K_B = \frac{c(OH^-) \cdot c(HB^+)}{c(B)}$$

Statt der Konstanten K_S und K_B gibt man häufig auch die pK_S- und pK_B-Werte an.

A4 Erläutern Sie Möglichkeiten zur Beeinflussung der Reaktionsgeschwindigkeit der folgenden beiden Reaktionen:

a) $Zn(s) + 2\,H_3O^+(aq) + 2\,Cl^-(aq) \longrightarrow Zn^{2+}(aq) + 2\,Cl^-(aq) + 2\,H_2O(l) + H_2(g)$

b) $2\,H_2(g) + O_2(g) \longrightarrow 2\,H_2O(l)$

A5 Erläutern Sie die Auswirkungen einer Temperaturerhöhung oder Druckerhöhung auf die Gleichgewichtslage der folgenden Reaktionen:

a) $2\,CH_4(g) + O_2(g) \rightleftharpoons 2\,CO(g) + 4\,H_2(g)$ | exotherm

b) $CO_2(g) + C(s) \rightleftharpoons 2\,CO(g)$ | endotherm

A6 Bei 50 °C beträgt im chemischen Gleichgewicht der Volumenanteil des Stickstoffdioxids $\varphi(NO_2) = 40\,\%$ und der Volumenanteil des Distickstofftetraoxids $\varphi(N_2O_4) = 60\,\%$. Berechnen Sie (mit $V_m(50\,°C, 1013\,hPa) = 26{,}5\,l/mol$) K_c für die folgende Reaktion:

$2\,NO_2 \rightleftharpoons N_2O_4$ | exotherm

Basiskonzept

Energie

Mit chemischen Reaktionen sind nicht nur stoffliche Veränderungen verbunden, sondern auch Energieumsätze. Die Energie kann z. B. in Form von elektrischer Arbeit, Licht oder Wärme genutzt werden.

Früher dachte man, die Abgabe von Energie sei die „treibende Kraft" einer chemischen Reaktion. Dies hat sich jedoch als falsch herausgestellt. Eine chemische Reaktionen läuft ab, solange die Entropie zunimmt. Im chemischen Gleichgewicht ist das Maximum der Entropie erreicht.

System und Umgebung

Einen festgelegten räumlichen Bereich, in dem sich z. B. Stoffe befinden oder eine chemische Reaktion ablaufen kann, nennt man System. Den Rest nennt man Umgebung.

Ein *isoliertes* System kann weder Stoffe noch Energie mit der Umgebung austauschen. Ein *geschlossenes* System kann nur Energie austauschen. Ein *offenes* System kann Stoffe und Energie austauschen.

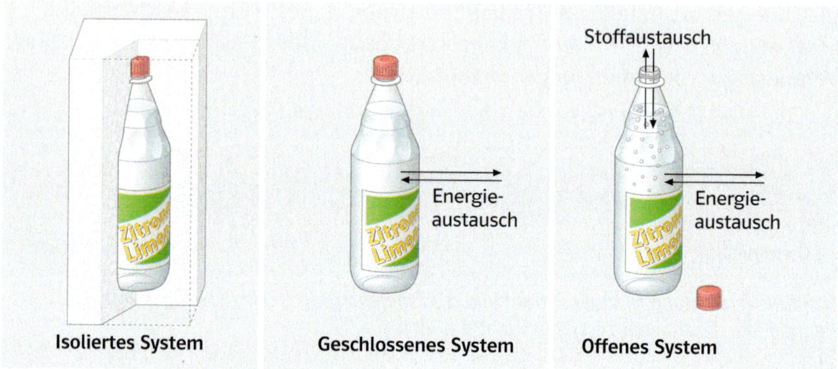

***B1** Systeme der chemischen Energetik*

Innere Energie und Enthalpie

Bei exothermen Reaktionen gibt das reagierende System Wärme an die Umgebung ab, d. h., die innere Energie *U* des Systems nimmt ab. Bei endothermen Reaktionen ist es umgekehrt.
Lässt man eine exotherme Reaktion in einem Akkumulator ablaufen, wird ein Teil der Energie nicht als Wärme, sondern in Form von elektrischer Arbeit abgegeben. Beim Laden des Akkumulators läuft die umgekehrte, endotherme Reaktion ab.

Viele Reaktionen laufen in offenen Systemen bei konstantem Druck ab. Wenn dabei ein Gas entsteht, verrichtet dieses an der Umgebung die Volumenarbeit $W = -p \cdot \Delta V$. Um energetische Berechnungen bei konstantem Druck zu vereinfachen, hat man die Enthalpie *H* definiert. Die Reaktionsenthalpie $\Delta_r H$ unterscheidet sich von der Reaktionsenergie $\Delta_r U$ durch die Volumenarbeit. Es gilt:

$$\Delta_r H = \Delta_r U + p \cdot \Delta V$$

Die Reaktionsenthalpie $\Delta_r H$ ist gleich der Reaktionswärme $Q_{r,p}$ bei konstantem Druck.
Analog zu Reaktionsenthalpien kann man z. B. Schmelzenthalpien, Verdampfungsenthalpien, Lösungsenthalpien und Verbrennungsenthalpien bestimmen. Die Bildungsenthalpie eines Stoffes ist die Reaktionsenthalpie seiner Bildung aus elementaren Stoffen. Die Bindungsenthalpie ist ein Maß für die Bindungsfestigkeit von Atomen in Molekülen.

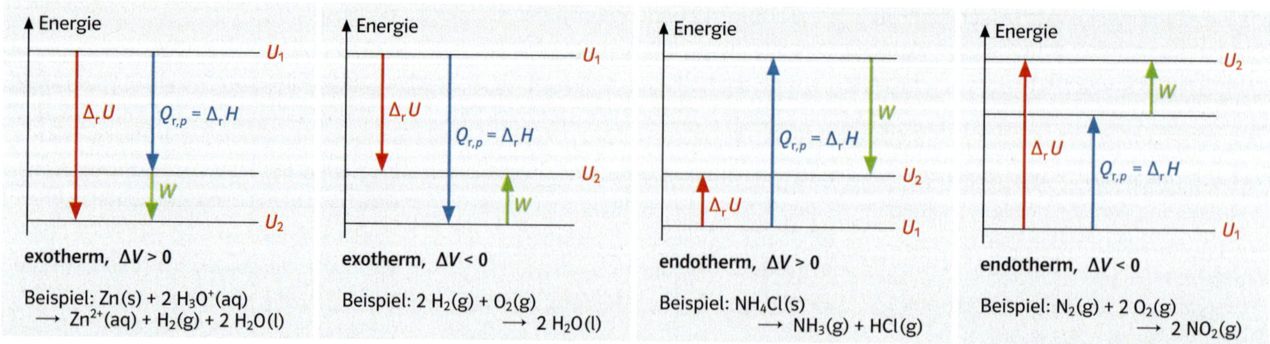

***B2** Zusammenhang zwischen Reaktionsenergie und Reaktionsenthalpie (U_1: innere Energie der Edukte; U_2: innere Energie der Produkte)*

Der Satz von HESS

Eine Formulierung des Ersten Hauptsatzes der Thermodynamik (des Energieerhaltungssatzes) lautet: Energie kann weder neu geschaffen noch vernichtet werden. Aus dem Energieerhaltungssatz folgt z. B. der Satz von HESS: Die Reaktionsenthalpie ist unabhängig vom Reaktionsweg.

Mithilfe des Satzes von HESS kann man Enthalpien berechnen. Beispielsweise lässt man die Reaktion von Kupferoxid mit Zink „in Gedanken" über die elementaren Stoffe laufen. Aus den Reaktionsenthalpien der Teilreaktionen berechnet man die Reaktionsenthalpie der Gesamtreaktion.

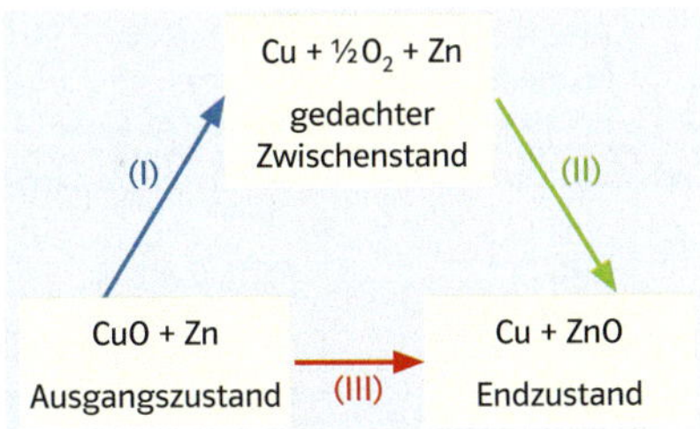

***B3** Zwei verschiedene Reaktionswege der Reaktion von Kupferoxid mit Zink*

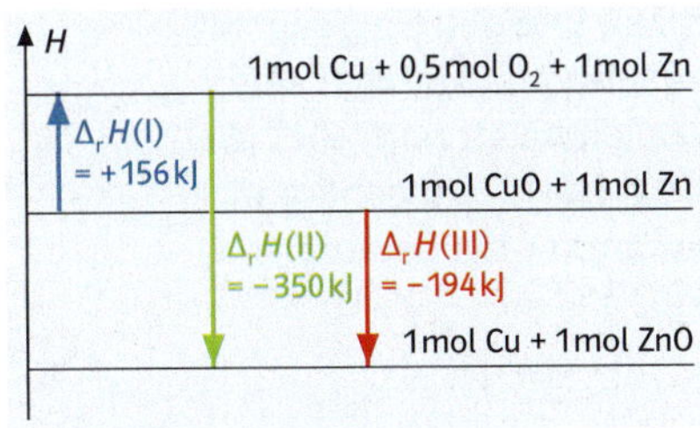

***B4** Reaktionsenthalpien der Teilreaktionen und der Gesamtreaktion*

Anwendungen der freien Enthalpie

Während einer chemischen Reaktion vermischen sich Edukte und Produkte, dadurch nimmt die Entropie zu. Eine Reaktion läuft ab, bis der Maximalwert der Entropie erreicht ist. Die Gleichgewichtslage hängt von der freien Reaktionsenthalpie ab:

$\Delta_r G < 0$ (exergonisch): Das chemische Gleichgewicht liegt auf der Seite der Produkte.

$\Delta_r G > 0$ (endergonisch): Das chemische Gleichgewicht liegt auf der Seite der Edukte.

$\Delta_r G \approx 0$: Edukte und Produkte liegen in ähnlichen Konzentrationen vor.

Eine galvanische Zelle kann nicht die gesamte chemische Energie in elektrische Arbeit umwandeln. Die maximal mögliche Arbeit einer galvanischen Zelle entspricht der freien Enthalpie der Reaktion, die in ihr abläuft.

Entropie und freie Enthalpie

Die Entropie S kann man als Maß für die Unordnung interpretieren. Eine Formulierung des Zweiten Hauptsatzes der Thermodynamik lautet: Die Gesamtentropie eines Systems und seiner Umgebung kann nur zunehmen oder gleich bleiben, sie nimmt niemals ab.

Alle spontanen Vorgänge sind also mit einer Zunahme der Gesamtentropie S_{Gesamt} verbunden. Um die zugehörigen Berechnungen zu vereinfachen, hat man hat man die freie Enthalpie G definiert.

Für die freie Reaktionsenthalpie $\Delta_r G$ gilt:

$$\Delta_r G = \Delta_r H - T \cdot \Delta_r S$$

Die freie Reaktionsenthalpie hängt mit der Änderung der Gesamtentropie folgendermaßen zusammen:

$$\Delta_r G = -T \cdot \Delta S_{Gesamt}$$

Für exergonische Reaktionen gilt:

$$\Delta_r G < 0 \quad \text{und} \quad \Delta S_{Gesamt} > 0$$

Für endergonische Reaktionen gilt:

$$\Delta_r G > 0 \quad \text{und} \quad \Delta S_{Gesamt} < 0$$

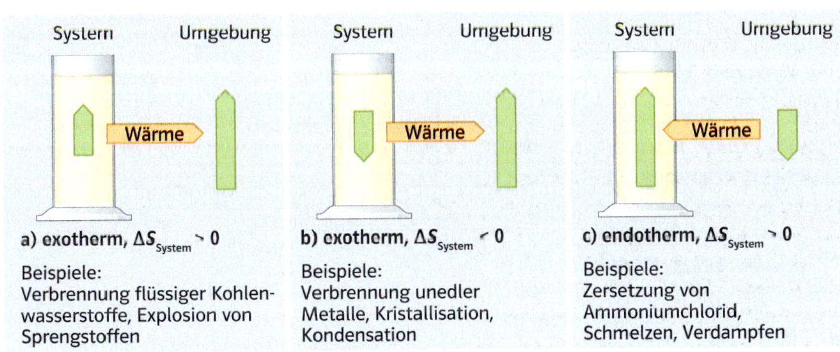

***B5** Die Gesamtentropie nimmt bei spontanen Vorgängen immer zu. (Richtung und Länge der grünen Pfeile stehen für Vorzeichen und Betrag der Entropieänderungen)*

A1 Erläutern Sie, ob Lebewesen offene oder geschlossene Systeme sind.

A2 Erläutern Sie die Aussage, dass in Stoffen Energie gespeichert ist.

A3 Die Verbrennung von Propan zu Wasser und Kohlenstoffdioxid verläuft exotherm. Begründen Sie, wie sich die Enthalpiebilanzen der dabei gespaltenen und der dabei gebildeten Bindungen verhalten müssen.

A4 Der Heizwert von Bioethanol (ca. 27 MJ/kg) ist niedriger als der Heizwert von Benzin (ca. 41 MJ/kg). Bei der Verwendung als Treibstoff für Autos führt dies zu einem höheren Verbrauch und damit zu einem höheren CO_2-Ausstoß. Trotzdem könnte durch die Verwendung von Bioethanol der CO_2-Ausstoß verringert werden. Nehmen Sie hierzu Stellung.

A5 Die Betrachtung der Reaktionsentropie genügt nicht, um zu beurteilen, ob eine chemische Reaktion spontan abläuft. Begründen Sie dies.

Anhang Die Kennzeichnung von Chemikalien

GHS
Globally Harmonized System

H-Sätze
H von Hazard Statements

P-Sätze
P von Precautionary Statements

Die Etiketten von Chemikaliengefäßen, die Gefahrstoffe enthalten, richten sich nach einem weltweit gültigen System, dem GHS. In der Europäischen Union müssen alle neuen Etiketten nach GHS erstellt werden; dies gilt seit dem 1.12.2010 für Reinstoffe und seit dem 1.6.2015 für Gemische.

Kennzeichnung nach GHS. Damit schon auf den ersten Blick die wichtigsten Informationen über die Gefährlichkeit und den Umgang mit dem jeweiligen Gefahrstoff erkennbar sind, verfügt ein Chemikalienetikett nach GHS [B5] über zahlreiche Hinweise. Hierzu gehören: die **Gefahrenpiktogramme**, die **Gefahrenhinweise (H-Sätze)**, die **Sicherheitshinweise (P-Sätze)** und die **Signalwörter**.

Gefahrenpiktogramme. Die neun Gefahrenpiktogramme (GHS01 bis GHS09) ermöglichen eine schnelle Information über die Hauptgefahren eines Stoffes [B2]. Auf manchen älteren Chemikaliengefäßen findet man noch die früheren Gefahrensymbole mit Kennbuchstaben [B1].

Gefahrenklassen. Je nach seiner Gefährlichkeit gehört ein Gefahrstoff zu mindestens einer Gefahrenklasse.

Ein Gefahrenpiktogramm umfasst häufig mehrere Gefahrenklassen [B2]. So kann z. B. das Gefahrenpiktogramm GHS05 (Ätzwirkung) bedeuten, dass der Stoff zu der Gefahrenklasse „Metallkorrosiv", „Hautreizend", „Hautätzend", „Schwere Augenschädigung" oder „Augenreizung" gehört.

Symbol	Kennbuchstabe, Gefahrenbezeichnung	Symbol	Kennbuchstabe, Gefahrenbezeichnung
	T+ Sehr giftig		E Explosionsgefährlich
	T Giftig		O Brandfördernd
	Xn Gesundheitsschädlich		F+ Hochentzündlich
	Xi Reizend		F Leichtentzündlich
	C Ätzend		N Umweltgefährlich

***B1** Frühere Gefahrensymbole und ihre Bedeutung*

Gefahrenpiktogramm	Bezeichnung	Gefahrenklassen
	GHS01 (Explodierende Bombe)	- Explosive Stoffe, - Selbstzersetzliche Stoffe, u. a.
	GHS02 (Flamme)	- Entzündbare Flüssigkeiten, - Entzündbare Gase, u. a.
	GHS03 (Flamme über einem Kreis)	- Entzündend wirkende Flüssigkeiten und Feststoffe, - Entzündend wirkende Gase
	GHS04 (Gasflasche)	- Unter Druck stehende Gase
	GHS05 (Ätzwirkung)	- Metallkorrosiv, - Hautätzend, - Hautreizend, u. a.
	GHS06 (Totenkopf mit gekreuzten Knochen)	- Akute Toxizität
	GHS07 (Ausrufezeichen)	- Hautreizend, - Augenreizend, - Sensibilisierung der Haut, u. a.
	GHS08 (Gesundheitsgefahr)	- Krebserzeugend, - Erbgutverändernd, u. a.
	GHS09 (Umwelt)	- Gewässergefährdend

***B2** Gefahrenpiktogramme und ihre Bedeutung (vereinfacht) nach GHS*

Gefahrenkategorien. Eine Gefahrenklasse wird zur genaueren Kennzeichnung in Gefahrenkategorien untergliedert. So ist z. B. die Gefahrenklasse „Entzündbare Flüssigkeiten" in die Gefahrenkategorie 1 („Flüssigkeit und Dampf extrem entzündbar"), in die Gefahrenkategorie 2 („Flüssigkeit und Dampf leicht entzündbar") und in die Gefahrenkategorie 3 („Flüssigkeit und Dampf entzündbar") unterteilt.

Signalwörter. Signalwörter sind Kennzeichnungselemente, die Auskunft über den relativen Gefährdungsgrad eines Stoffes oder eines Gemisches geben. Es gibt zwei verschiedene Signalwörter:

Gefahr	für schwerwiegende Gefahrenkategorien
Achtung	für weniger schwerwiegende Gefahrenkategorien

Für den Fall, dass ein Stoff zu unterschiedlichen Gefahrenklassen gehört, die beide Signalwörter nach sich ziehen, wird nur das Signalwort „Gefahr" verwendet.

Gefahrenhinweise (H-Sätze). Eine genaue Kennzeichnung der Gefährdung wird durch die Angabe eines H-Satzes erreicht. H-Sätze sind Gefahrenhinweise und mit den früheren R-Sätzen vergleichbar. H-Sätze sind so aufgebaut, dass die erste Ziffer angibt, ob von dem Gefahrstoff hauptsächlich physikalische Gefahren, Gesundheitsgefahren oder Umweltgefahren ausgehen [B3].
Die beiden folgenden Ziffern bilden dann einen standardisierten Textbaustein, der die von dem Stoff ausgehenden Gefahren näher beschreibt.

Sicherheitshinweise (P-Sätze). P-Sätze sind Sicherheitshinweise und mit den früheren S-Sätzen vergleichbar. P-Sätze sind wie die H-Sätze so aufgebaut, dass die erste Ziffer angibt, auf welchen Bereich sich der Sicherheitshinweis bezieht, z. B. auf eine Vorsorgemaßnahme oder auf die Entsorgung [B4]. Die beiden folgenden Ziffern bilden dann einen standardisierten Textbaustein, der die Sicherheitshinweise näher beschreibt.

H 224	Flüssigkeit und Dampf extrem entzündbar
H 290	Kann gegenüber Metallen korrosiv sein
H 300	Lebensgefahr beim Verschlucken
H 314	Verursacht schwere Verätzungen der Haut und schwere Augenschäden
H 412	Sehr giftig für Wasserorganismen

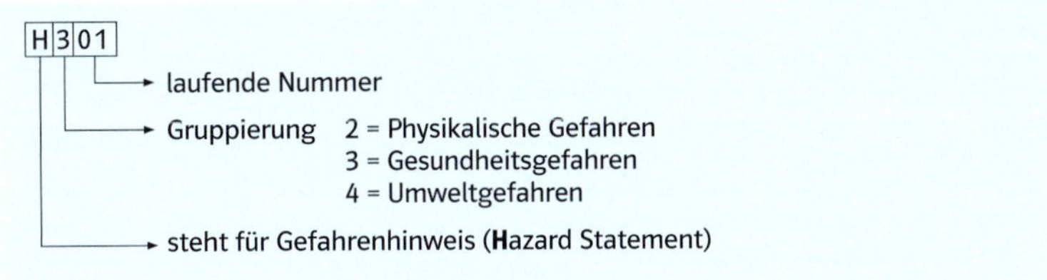

***B3** Aufbau eines H-Satzes mit Beispielen*

P 101	Ist ärztlicher Rat erforderlich, Verpackung oder Etikett bereithalten
P 102	Darf nicht in die Hände von Kindern gelangen
P 201	Vor Gebrauch besondere Anweisungen einholen
P 315	Bei Unwohlsein ärztlichen Rat/ärztliche Hilfe hinzuziehen
P 402	An einem trockenen Ort aufbewahren

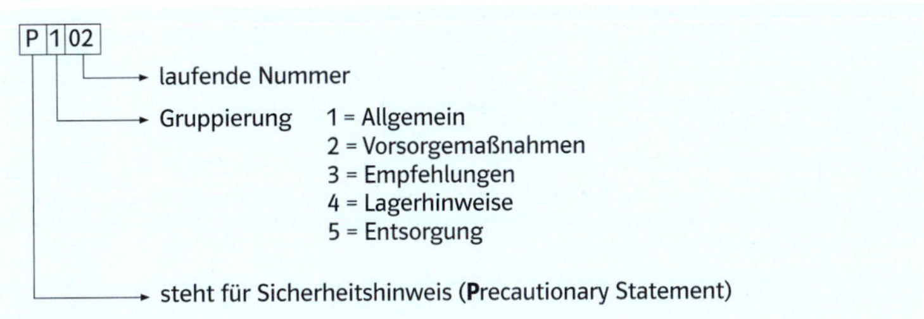

***B4** Aufbau eines P-Satzes mit Beispielen*

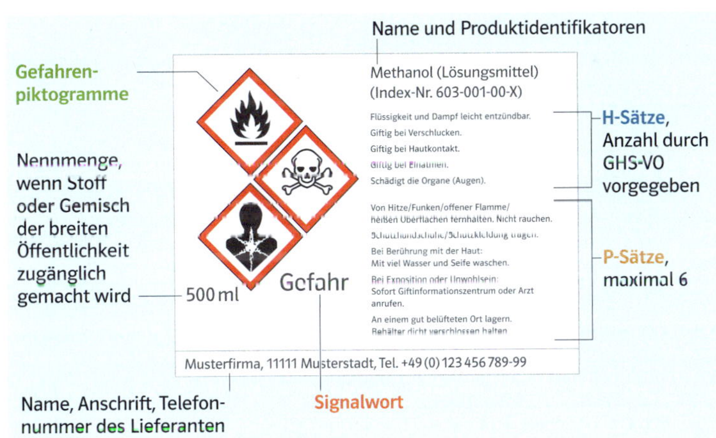

***B5** Gefahrstoff-Etikett nach GHS*

Anhang Gefahren- und Sicherheitshinweise: H- und P-Sätze

Gefahrenhinweise für physikalische Gefahren

H 200 Instabil, explosiv.
H 201 Explosiv, Gefahr der Massenexplosion.
H 202 Explosiv; große Gefahr durch Splitter, Spreng- und Wurfstücke.
H 203 Explosiv; Gefahr durch Feuer, Luftdruck oder Splitter, Spreng- und Wurfstücke.
H 204 Gefahr durch Feuer oder Splitter, Spreng- und Wurfstücke.
H 205 Gefahr der Massenexplosion bei Feuer.
H 220 Extrem entzündbares Gas.
H 221 Entzündbares Gas.
H 222 Extrem entzündbares Aerosol.
H 223 Entzündbares Aerosol.
H 224 Flüssigkeit und Dampf extrem entzündbar.
H 225 Flüssigkeit und Dampf leicht entzündbar.
H 226 Flüssigkeit und Dampf entzündbar.
H 228 Entzündbarer Feststoff.
H 229 Behälter steht unter Druck: kann bei Erwärmung bersten.
H 230 Kann auch in Abwesenheit von Luft explosionsartig reagieren.
H 231 Kann auch in Abwesenheit von Luft bei erhöhtem Druck und/oder erhöhter Temperatur explosionsartig reagieren.
H 240 Erwärmung kann Explosion verursachen.
H 241 Erwärmung kann Brand oder Explosion verursachen.
H 242 Erwärmung kann Brand verursachen.
H 250 Entzündet sich in Berührung mit Luft von selbst.
H 251 Selbsterhitzungsfähig, kann in Brand geraten.
H 252 In großen Mengen selbsterhitzungsfähig, kann in Brand geraten.
H 260 In Berührung mit Wasser entstehen entzündbare Gase, die sich spontan entzünden können.
H 261 In Berührung mit Wasser entstehen entzündbare Gase.
H 270 Kann Brand verursachen oder verstärken; Oxidationsmittel.
H 271 Kann Brand oder Explosion verursachen; starkes Oxidationsmittel.
H 272 Kann Brand verstärken, Oxidationsmittel.
H 280 Enthält Gas unter Druck; kann bei Erwärmung explodieren.
H 281 Enthält tiefgekühltes Gas; kann Kälteverbrennungen oder -verletzungen verursachen.
H 290 Kann gegenüber Metallen korrosiv sein.

Gefahrenhinweise für Gesundheitsgefahren

H 300 Lebensgefahr bei Verschlucken.
H 301 Giftig bei Verschlucken.
H 302 Gesundheitsschädlich bei Verschlucken.
H 304 Kann bei Verschlucken und Eindringen in die Atemwege tödlich sein.
H 310 Lebensgefahr bei Hautkontakt.
H 311 Giftig bei Hautkontakt.
H 312 Gesundheitsschädlich bei Hautkontakt.
H 314 Verursacht schwere Verätzungen der Haut und schwere Augenschäden.
H 315 Verursacht Hautreizungen.
H 317 Kann allergische Hautreaktionen verursachen.
H 318 Verursacht schwere Augenschäden.
H 319 Verursacht schwere Augenreizung.
H 330 Lebensgefahr bei Einatmen.
H 331 Giftig bei Einatmen.
H 332 Gesundheitsschädlich bei Einatmen.
H 334 Kann bei Einatmen Allergie, asthmaartige Symptome oder Atembeschwerden verursachen.
H 335 Kann die Atemwege reizen.
H 336 Kann Schläfrigkeit und Benommenheit verursachen.
H 340 Kann genetische Defekte verursachen[1]
H 341 Kann vermutlich genetische Defekte verursachen[1].
H 350 Kann Krebs erzeugen[1].
H 350i Kann bei Einatmen Krebs erzeugen.
H 351 Kann vermutlich Krebs erzeugen[1].
H 360 Kann die Fruchtbarkeit beeinträchtigen oder das Kind im Mutterleib schädigen[2,1].
H 360F Kann die Fruchtbarkeit beeinträchtigen.
H 360D Kann das Kind im Mutterleib schädigen.
H 360FD Kann die Fruchtbarkeit beeinträchtigen. Kann das Kind im Mutterleib schädigen.
H 360Fd Kann die Fruchtbarkeit beeinträchtigen. Kann vermutlich das Kind im Mutterleib schädigen.
H 360Df Kann das Kind im Mutterleib schädigen. Kann vermutlich die Fruchtbarkeit beeinträchtigen.
H 361 Kann vermutlich die Fruchtbarkeit beeinträchtigen oder das Kind im Mutterleib schädigen[2,1].
H 361f Kann vermutlich die Fruchtbarkeit beeinträchtigen.
H 361d Kann vermutlich das Kind im Mutterleib schädigen.
H 361fd Kann vermutlich die Fruchtbarkeit beeinträchtigen. Kann vermutlich das Kind im Mutterleib schädigen.
H 362 Kann Säuglinge über die Muttermilch schädigen.
H 370 Schädigt die Organe[3,1].
H 371 Kann die Organe schädigen[3,1].
H 372 Schädigt die Organe[4] bei längerer oder wiederholter Exposition[1].
H 373 Kann die Organe schädigen[4] bei längerer oder wiederholter Exposition.

[1] Expositionsweg angeben, sofern schlüssig belegt ist, dass diese Gefahr bei keinem anderen Expositionsweg besteht
[2] Konkrete Wirkung angeben, sofern bekannt
[3] Oder alle betroffenen Organe nennen, sofern bekannt
[4] Alle betroffenen Organe nennen, sofern bekannt

Gefahrenhinweise für Umweltgefahren

H 400 Sehr giftig für Wasserorganismen.
H 410 Sehr giftig für Wasserorganismen mit langfristiger Wirkung.
H 411 Giftig für Wasserorganismen, mit langfristiger Wirkung.
H 412 Schädlich für Wasserorganismen, mit langfristiger Wirkung.
H 413 Kann für Wasserorganismen schädlich sein, mit langfristiger Wirkung.
H 420 Schädigt die öffentliche Gesundheit und die Umwelt durch Ozonabbau in der äußeren Atmosphäre.

Sicherheitshinweise – Allgemeines

P 101 Ist ärztlicher Rat erforderlich, Verpackung oder Kennzeichnungsetikett bereithalten.
P 102 Darf nicht in die Hände von Kindern gelangen.
P 103 Vor Gebrauch Kennzeichnungsetikett lesen.

Sicherheitshinweise – Prävention

P 201 Vor Gebrauch besondere Anweisungen einholen.
P 202 Vor Gebrauch alle Sicherheitshinweise lesen und verstehen.
P 210 Von Hitze, heißen Oberflächen, Funken, offenen Flammen und anderen Zündquellen fernhalten. Nicht rauchen.
P 211 Nicht gegen offene Flamme oder andere Zündquelle sprühen.
P 220 Von Kleidung und anderen brennbaren Materialien fernhalten.
P 222 Keinen Kontakt mit Luft zulassen.
P 223 Keinen Kontakt mit Wasser zulassen.
P 230 Feucht halten mit …

P 231 Inhalt unter inertem Gas/... handhaben und aufbewahren.
P 232 Vor Feuchtigkeit schützen.
P 233 Behälter dicht verschlossen halten.
P 234 Nur im Originalbehälter aufbewahren.
P 235 Kühl halten.
P 240 Behälter und zu befüllende Anlage erden.
P 241 Explosionsgeschützte [elektrische / Lüftungs- / Beleuchtungs- /...] Geräte verwenden.
P 242 Funkenarmes Werkzeug verwenden.
P 243 Maßnahmen gegen elektrostatische Entladungen treffen.
P 244 Ventile und Ausrüstungsteile öl- und fettfrei halten.
P 250 Nicht schleifen/stoßen/.../reiben.
P 251 Nicht durchstechen oder verbrennen, auch nicht nach Gebrauch.
P 260 Staub/Rauch/Gas/Nebel/Dampf/Aerosol nicht einatmen.
P 261 Einatmen von Staub / Rauch / Gas / Nebel / Dampf / Aerosol vermeiden.
P 262 Nicht in die Augen, auf die Haut oder auf die Kleidung gelangen lassen.
P 263 Berührung während der Schwangerschaft und der Stillzeit vermeiden.
P 264 Nach Gebrauch ... gründlich waschen.
P 270 Bei Gebrauch nicht essen, trinken oder rauchen.
P 271 Nur im Freien oder in gut belüfteten Räumen verwenden.
P 272 Kontaminierte Arbeitskleidung nicht außerhalb des Arbeitsplatzes tragen.
P 273 Freisetzung in die Umwelt vermeiden.
P 280 Schutzhandschuhe / Schutzkleidung / Augenschutz / Gesichtsschutz tragen.
P 282 Schutzhandschuhe mit Kälteisolierung und zusätzlich Gesichtsschild oder Augenschutz tragen.
P 283 Schwer entflammbare oder flammhemmende Kleidung tragen.
P 284 [Bei unzureichender Belüftung] Atemschutz tragen.

Sicherheitshinweise – Reaktion

P 301 Bei Verschlucken:
P 302 Bei Berührung mit der Haut:
P 303 Bei Berührung mit der Haut (oder dem Haar):
P 304 Bei Einatmen:
P 305 Bei Kontakt mit den Augen:
P 306 Bei kontaminierter Kleidung:
P 308 Bei Exposition oder falls betroffen:
P 310 Sofort GIFTINFORMATIONSZENTRUM / Arzt ... anrufen.
P 311 GIFTINFORMATIONSZENTRUM / Arzt ... anrufen.
P 312 Bei Unwohlsein GIFTINFORMATIONSZENTRUM / Arzt ... anrufen.
P 313 Ärztlichen Rat einholen / ärztliche Hilfe hinzuziehen.
P 314 Bei Unwohlsein ärztlichen Rat einholen/ärztliche Hilfe hinzuziehen.
P 315 Sofort ärztlichen Rat einholen / ärztliche Hilfe hinzuziehen.
P 320 Besondere Behandlung dringend erforderlich. (siehe ... auf diesem Kennzeichnungsetikett).
P 321 Besondere Behandlung (siehe ... auf diesem Kennzeichnungsetikett).
P 330 Mund ausspülen.
P 331 KEIN Erbrechen herbeiführen.
P 332 Bei Hautreizung:
P 333 Bei Hautreizung oder -ausschlag:
P 334 In kaltes Wasser tauchen [oder nassen Verband anlegen].
P 335 Lose Partikel von der Haut abbürsten.
P 336 Vereiste Bereiche mit lauwarmem Wasser auftauen. Betroffene Bereiche nicht reiben.
P 337 Bei anhaltender Augenreizung:
P 338 Eventuell vorhandene Kontaktlinsen nach Möglichkeit entfernen. Weiter ausspülen.
P 340 Die Person an die frische Luft bringen und für ungehinderte Atmung sorgen.
P 342 Bei Symptomen der Atemwege:
P 351 Einige Minuten lang behutsam mit Wasser ausspülen.
P 352 Mit viel Wasser / ... waschen.
P 353 Haut mit Wasser abwaschen [oder duschen].
P 360 Kontaminierte Kleidung und Haut sofort mit viel Wasser abwaschen und danach Kleidung ausziehen.
P 361 Alle kontaminierten Kleidungsstücke sofort ausziehen.
P 362 Kontaminierte Kleidung ausziehen.
P 363 Kontaminierte Kleidung vor erneutem Tragen waschen.
P 364 Und vor erneutem Tragen waschen.
P 370 Bei Brand:
P 371 Bei Großbrand und großen Mengen:
P 372 Explosionsgefahr.
P 373 KEINE Brandbekämpfung, wenn das Feuer explosive Stoffe / Gemische / Erzeugnisse erreicht.
P 374 Brandbekämpfung mit üblichen Vorsichtsmaßnahmen aus angemessener Entfernung
P 375 Wegen Explosionsgefahr Brand aus der Entfernung bekämpfen.
P 376 Undichtigkeit beseitigen, wenn gefahrlos möglich.
P 377 Brand von ausströmendem Gas: Nicht löschen, bis Undichtigkeit gefahrlos beseitigt werden kann.
P 378 ... zum Löschen verwenden.
P 380 Umgebung räumen.
P 381 Bei Undichtigkeit alle Zündquellen entfernen.
P 390 Verschüttete Mengen aufnehmen, um Materialschäden zu vermeiden.
P 391 Verschüttete Mengen aufnehmen.

Sicherheitshinweise – Aufbewahrung

P 401 Aufbewahrung gemäß ... .
P 402 An einem trockenen Ort aufbewahren.
P 403 An einem gut belüfteten Ort aufbewahren.
P 404 In einem geschlossenen Behälter aufbewahren.
P 405 Unter Verschluss aufbewahren.
P 406 In korrosionsbeständigem /... Behälter mit korrosionsbeständiger Innenauskleidung aufbewahren.
P 407 Luftspalt zwischen Stapeln / Paletten lassen.
P 410 Vor Sonnenbestrahlung schützen.
P 411 Bei Temperaturen nicht über ... °C /... °F aufbewahren.
P 412 Nicht Temperaturen über 50 °C / 122 °F aussetzen.
P 413 Schüttgut in Mengen von mehr als ... kg / ... lbs bei Temperaturen nicht über ... °C / ... °F aufbewahren.
P 420 Getrennt aufbewahren.
P 422 Inhalt in / unter ... aufbewahren.

Sicherheitshinweise – Entsorgung

P 501 Inhalt / Behälter ... zuführen.
P 502 Informationen zur Wiederverwendung oder Wiederverwertung bei Hersteller oder Lieferant erfragen.

Anhang Entsorgung von Chemikalienabfällen

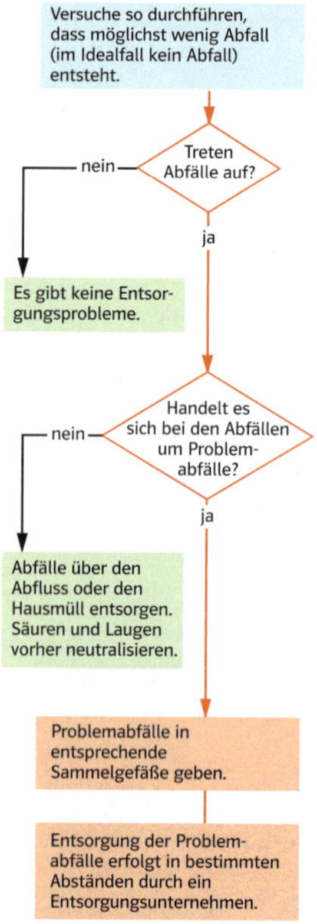

***B1** Abfälle beim Experimentieren*

Nach der Durchführung von Experimenten bleiben oft Abfälle (z. B. Chemikalienreste oder Reaktionsprodukte) zurück. Diese Abfälle können gesundheits-, luft- oder wassergefährdend, explosionsgefährlich oder brennbar sein. Nach dem Abfallgesetz werden solche Abfälle als **Problemabfälle** bezeichnet. Zur Entsorgung der Problemabfälle stehen im Chemieraum geeignete Sammelgefäße zur Verfügung.
Bleiben z. B. nach einem Experiment Benzinreste zurück, so dürfen diese nicht einfach in den Ausguss gegeben werden, da sie auf diese Weise über das Abwasser in die Umwelt gelangen würden. Die Benzinreste müssen deshalb in ein Sammelgefäß für organische Lösungsmittel gegeben werden. Die gesammelten Abfälle werden in bestimmten Abständen von einem Entsorgungsunternehmen abgeholt und wiederaufbereitet oder als Sondermüll beseitigt (Müllverbrennung oder Sondermüll-Deponierung [B2]).

Möglichst wenig Abfälle. Besonders im Chemieunterricht gilt der Grundsatz, Abfälle möglichst zu vermeiden [B1]. Gerade die Entsorgung von Problemabfällen ist oft schwierig und mit Umweltgefährdungen verbunden. Bei der Versuchsdurchführung sind deshalb nur möglichst kleine Stoffportionen zu verwenden. In der Regel wird ein Versuchsergebnis durch die Verwendung größerer Stoffportionen nicht verbessert. Entscheidend ist die sorgfältige und genaue Durchführung der Versuche.

***B2** Lagerung von Sondermüll in einer Untertage-Deponie*

Wassergefährdungsklassen. Viele Problemabfälle aus dem Chemieunterricht sind flüssig. Werden sie über den Ausguss beseitigt, können sie unterschiedlich stark die Umwelt belasten. Zur Unterscheidung der Wassergefährdung teilt man die Chemikalien in **Wassergefährdungsklassen (WGK)** ein. Chemikalien, die ungiftig und biologisch abbaubar sind, werden als „nwg" (nicht wassergefährdend) eingestuft. Alle anderen werden je nach ihrem Gefährdungsgrad in die Klassen 1 bis 3 eingestuft.

nwg:	im Allgemeinen nicht wassergefährdend, z. B. Glucose oder Kieselsäure
WGK 1:	schwach wassergefährdend, z. B. Salzsäure oder Ethanol
WGK 2:	wassergefährdend, z. B. Hexan oder Kupfersulfat
WGK 3:	stark wassergefährdend, z. B. Quecksilber oder Quecksilber-Verbindungen

Nur die Stoffe, die als „nwg" eingestuft sind, dürfen in kleinen Mengen in den Ausguss gegeben werden. Alle anderen Abfälle müssen zunächst gesammelt und dann entsorgt werden.

Kennzeichnung der Sammelgefäße. Da viele Chemikalienabfälle Gefahrstoffe sind, müssen die Sammelgefäße mit den international gebräuchlichen Gefahrenpiktogrammen gekennzeichnet werden. Bestehen die Abfälle aus einem Gemisch unterschiedlicher Gefahrstoffe, wird das Sammelgefäß mit den Gefahrenpiktogrammen des gefährlichsten Stoffes gekennzeichnet.

Entsorgungsplan. Bei der Sammlung der Abfälle ist ein Entsorgungsplan nützlich, der in übersichtlicher Form zeigt, in welcher Weise die Chemikalienreste gesammelt und entsorgt werden. Der abgebildete Entsorgungsplan [B3] zeigt beispielhaft, wie Chemikalienabfälle gesammelt und weitergeleitet werden können. Fallen im Unterricht noch weitere Abfälle an, muss der Plan ergänzt oder abgeändert werden.

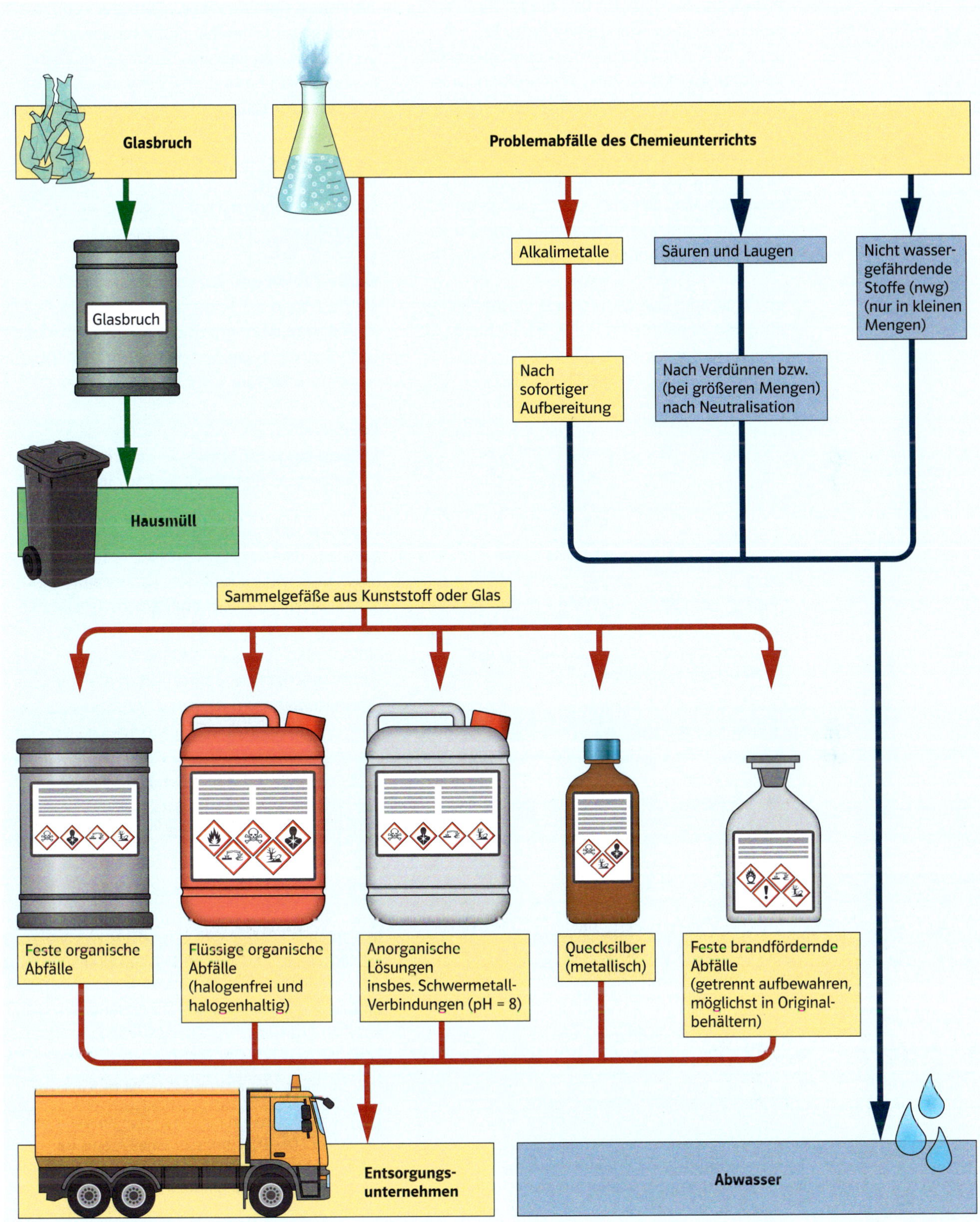

B3 *Entsorgungsplan*

Anhang **Potenzen und Logarithmen**

b^n — Exponent (Hochzahl)

Basis (Grundzahl)

B1 *Potenzschreibweise allgemein*

Potenzen. Sehr häufig tritt die Multiplikation gleicher Größen oder Zahlen auf, z. B.: $3 \cdot 3 \cdot 3 \cdot 3$. Für dieses Produkt von gleichen Faktoren kann man auch 3^4 schreiben. Dies ist also eine abkürzende Schreibweise für die mehrfache Multiplikation von 3 mit sich selbst, wobei 3 viermal auftritt.
Eine besondere Bedeutung haben die Zehnerpotenzen. Man benutzt sie z. B., um sehr große oder betragsmäßig sehr kleine Zahlen kompakt zu schreiben.

Im Display des Taschenrechners erscheint statt der Basis 10 häufig ein E, z. B. 5E17 für $5 \cdot 10^{17}$.

Zahl	Zehnerpotenz	man merkt sich	lg
100 000 000	10^8	eine Eins mit 8 Nullen	8
10	10^1	eine Eins mit 1 Null	1
1	10^0	eine Eins (mit 0 Nullen)	0
0,1	10^{-1}	eine Eins an der 1. Nachkommastelle	−1
0,000 000 01	10^{-8}	eine Eins an der 8. Nachkommastelle	−8

B3 *Darstellung von Zehnerpotenzen und ihre deka-dischen Logarithmen*

Coulomb, C Einheit der elektrischen Ladung

$\sqrt{a} = a^{1/2}$

$\sqrt[3]{a} = a^{1/3}$

Allgemein:

$\sqrt[z]{a} = a^{1/z}$

B2 *Umformung einer Wurzel in eine Potenz*

Problem	Rechenregel	Beispiel
Zehnerpotenzen multiplizieren	$10^a \cdot 10^b = 10^{a+b}$ Die Exponenten werden addiert.	$10^3 \cdot 10^6 = 10^9$
(Durch) Zehnerpotenzen dividieren	$\frac{10^a}{10^b} = 10^{a-b}$ $\frac{1}{10^a} = 10^{-a}$ Die Exponenten werden subtrahiert.	$\frac{10^3}{10^6} = 10^{-3}$ $\frac{1}{10^3} = 10^{-3}$
Potenz einer Potenz	$(10^a)^b = 10^{a \cdot b}$ Die Exponenten werden multipliziert.	$(10^3)^6 = 10^{18}$

B4 *Rechenregeln für Zehnerpotenzen*

Einheiten und Vorsätze. Statt der Zehnerpotenzen gibt man bei Einheiten einen Vorsatz an (s. Seite 480, Tabelle „Dezimale Vielfache und Teile von Einheiten“). Die Vorsatzzeichen werden zusammen mit dem Einheitenzeichen verwendet.

Beispiele:
1000 m = 10^3 m = 1 km
0,000 001 m = 10^{-6} m = 1 µm

Große Zahlen und Zahlen nahe bei null werden oft in der Form $3{,}5 \cdot 10^8$ oder $5{,}7 \cdot 10^{-3}$ angegeben. Man nennt dies die wissenschaftliche Schreibweise. Vor dem Komma steht nur eine Ziffer, die von null verschieden ist.

Beispiele:
Ladung eines Protons: $+1{,}60218 \cdot 10^{-19}$ C
Ladung eines Elektrons: $-1{,}60218 \cdot 10^{-19}$ C

Exponentialfunktionen. Eine Funktion f mit der Gleichung $f(x) = c \cdot a^x$, $a > 0$, $a \neq 1$, heißt Exponentialfunktion. Exponentialfunktionen spielen vor allem bei Wachstums- oder Zerfallsprozessen (Bakterienpopulation, Halbwertszeit, …) eine Rolle. Die betrachtete Größe wächst oder schrumpft in gleichen Zeitintervallen um den gleichen Faktor.

A1 ○ Schreiben Sie mithilfe einer Zehnerpotenz:
a) 10 000 000
b) 602 200 000 000 000 000 000 000
c) 0,01

A2 ◒ Schreiben Sie ohne Zehnerpotenz:
a) $5 \cdot 10^5$
b) $3{,}35 \cdot 10^{-3}$
c) $\sqrt{10^{-4}}$

A3 ◒ Berechnen Sie ohne Taschenrechner:
a) $1013 \cdot 10^{-24}$
b) $8 \cdot 10^9 : (2 \cdot 10^6)$
c) $2{,}50 \cdot 10^4 + 5{,}6 \cdot 10^3$

A4 ◒ Ein Atomkern hat einen Durchmesser von ca. 10^{-3} pm. Der Durchmesser eines Atoms ist ca. 10^5-mal so groß wie der Durchmesser des Kerns. Drücken Sie den Durchmesser des Atoms in nm (µm, mm) aus.

Logarithmus. Mithilfe des Logarithmus kann die Exponentialgleichung

$b^n = a$

gelöst werden:

$n = \log_b a$

Man nennt n den Logarithmus von a zur Basis b (a heißt auch Numerus).
Das Formelzeichen für den Logarithmus ist log. Die Basis wird als Index angehängt.

Beispiele:
$2^n = 64;\ n = \log_2 64 = 6$
6 ist der Logarithmus von 64 zur Basis 2.
$10^n = 10\,000;\ n = \log_{10} 10\,000 = 4$
4 ist der Logarithmus von 10 000 zur Basis 10.

Viele Taschenrechner haben eine log-Taste oder eine lg-Taste. Hiermit kann man Logarithmen zur Basis 10 (Zehnerlogarithmen, dekadische Logarithmen) bestimmen.
Beispiel: $\lg 3 = 0{,}477$

Logarithmen eignen sich gut zur Darstellung sehr großer Zahlen oder Zahlen nahe null. Vor allem der dekadische Logarithmus ist von Bedeutung.

Umrechnung eines beliebigen Logarithmus in den dekadischen Logarithmus oder in den natürlichen Logarithmus:

$$\log_z a = \frac{\lg a}{\lg z} = \frac{\ln a}{\ln z}$$

Umrechnung des dekadischen in den natürlichen Logarithmus und umgekehrt:

$$\lg a = \log_{10} a = \frac{\ln a}{\ln 10} \quad \Leftrightarrow \quad \ln a = \ln 10 \cdot \lg a \approx 2{,}3 \cdot \lg a$$

***B5** Umrechnung von Logarithmen*

$$a = b^n$$

$$b = a^{1/n} \Leftrightarrow n = \log_b a$$

Für die Chemie (Elektrochemie, Säure-Base-Reaktionen) am wichtigsten:

$$\lg a = n \Leftrightarrow a = 10^n$$

***B6** Umformen von Gleichungen*

Problem	Rechenregel	Beispiel
Der Logarithmus eines Produkts soll bestimmt werden.	$\lg (a \cdot b) = \lg a + \lg b$	$\lg (1000 \cdot 100) = \lg 1000 + \lg 100 = 3 + 2 = 5$
Der Logarithmus eines Quotienten soll bestimmt werden.	$\lg \left(\frac{a}{b}\right) = \lg a - \lg b$ $\lg \left(\frac{1}{a}\right) = \lg 1 - \lg a = 0 - \lg a = -\lg a$	$\lg \left(\frac{100\,000}{100}\right) = \lg 100\,000 - \lg 100 = 5 - 2 = 3$ $\lg \left(\frac{1}{100}\right) = -\lg 100 = -2$
Der Logarithmus einer Potenz soll bestimmt werden.	$\lg a^z = z \lg a$	$\lg 10^5 = 5 \cdot \lg 10 = 5$

***B7** Rechenregeln für Logarithmen*

Logarithmen spielen in vielen Bereichen der der Chemie eine Rolle. Beispiele:
- pH-Wert-Berechnungen
- Elektrochemie (Nernst-Gleichung)
- chemische Energetik (Zusammenhang zwischen $\Delta_r G$ und K_c)

In den Wissenschaften und in der Technik ist neben dem *dekadischen* Logarithmus (lg) der *natürliche* Logarithmus (ln) sehr weit verbreitet.

Dekadischer Logarithmus
$\log_{10} x = \lg x$

Natürlicher Logarithmus
$\log_e x = \ln x$
ln steht für logarithmus naturalis, der Logarithmus zur Basis e, der Euler'schen Zahl (2,718 281 828 459 0 …).

A5 ○ Berechnen Sie:
a) $\lg (4 \cdot 5)$
b) $\lg (1{,}5 : 7{,}2)$
c) $\lg 10^5$
d) $\lg 10^{-5}$
e) $\lg \sqrt{0{,}25}$
f) $\lg \sqrt[3]{100}$

A6 ◒ Berechnen Sie jeweils x.
a) $\lg x = 3$
b) $\lg x = -3$
c) $\lg x = 1$

Anhang Formeln, Reaktionsgleichungen, funktionelle Gruppen

Verbindung	Molekülformel	Strukturformel	Halbstrukturformel	Skelettformel
Ethanol	C_2H_6O	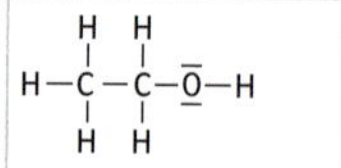	CH_3-CH_2-OH	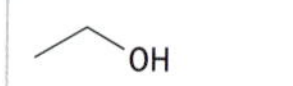
Dimethylether	C_2H_6O	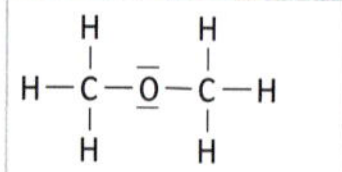	$CH_3-\overline{O}-CH_3$	
Ethansäure	$C_2H_4O_2$	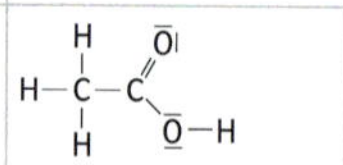	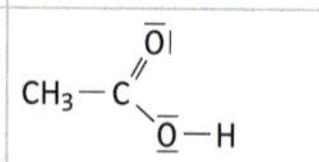	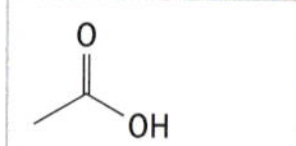

B1 *Unterschiedliche Darstellungsmöglichkeiten organischer Verbindungen*

Molekülformel	Strukturformel
NH_3	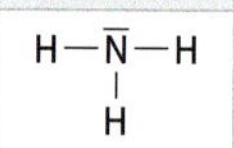
H_2O	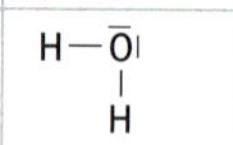

B2 *Formeln anorganischer Verbindungen*

Verhältnisformel	Molekülformeln
CH_2 (Alkene)	C_2H_4 (Ethen) C_3H_6 (Propen)
CH_2O (Kohlenhydrate)	$C_5H_{10}O_5$ (Pentosen) $C_6H_{12}O_6$ (Hexosen)

B3 *Verhältnisformeln und Molekülformeln*

Heteroatome Atome, die keine Kohlenstoff- oder Wasserstoff-Atome sind und in organischen Verbindungen vorkommen. Beispiele: Schwefel-, Stickstoff-, Halogen-Atome

Formeln molekularer Verbindungen. Die **Molekülformel** [B1, B2] gibt die Art und die Anzahl der miteinander verbundenen Atome wieder. Sie ist gleichzeitig die **Summenformel** des Moleküls. Die **Strukturformel** gibt Auskunft über Verknüpfungen (Bindungen) der Atome. Freie (nicht bindende) Elektronenpaare können dargestellt werden. Sie dürfen nur an Atomen stehen, bei denen auch die bindenden Elektronenpaare dargestellt sind. In einer **Halbstrukturformel** werden Formelteile zusammengefasst.

Die **Skelettformel (Gerüstformel)** ist eine übersichtliche Strukturformel. Für jedes Kohlenstoff-Atom wird eine Ecke gezeichnet. Die Wasserstoff-Atome der Kohlenwasserstoff-Atomkette werden nicht dargestellt. Die Anzahl der H-Atome an einem C-Atom ergibt sich, indem von den vier möglichen Bindungen die dargestellten Bindungen subtrahiert werden. Die H-Atome der *funktionellen Gruppen* werden dargestellt, ebenso die *Heteroatome* [B4].

In seltenen Fällen, z. B. als Ergebnis der Elementaranalyse eines molekularen Stoffes, verwendet man die **Verhältnisformel** [B3]. Sie gibt das Anzahl*verhältnis* die Atomarten an.

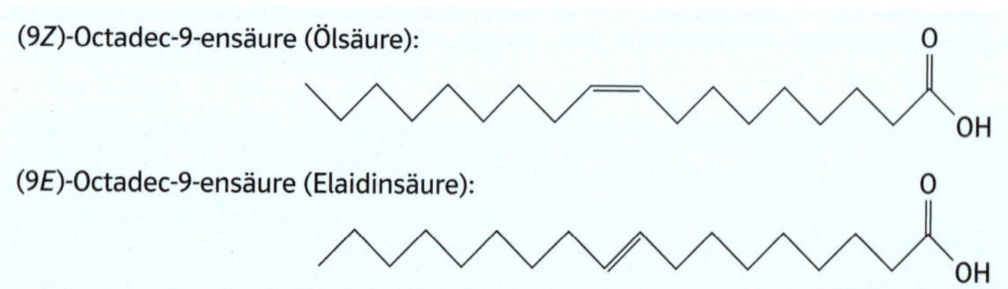

B4 *Skelettformeln zweier isomerer Fettsäuren*

Kennt man die Verhältnisformel eines Moleküls, kann man seine Summenformel ermitteln, indem man die Molekülmasse bestimmt.

Formeln von Ionenverbindungen. Salze bestehen aus einem Ionenverband. Die **Summenformel** eines Salzes gibt die Zusammensetzung der **Ionengruppe** (Elementargruppe) wieder, also einer *gedachten* Einheit: z. B. NaCl oder $CaCl_2$.
Die **Verhältnisformel** eines Salzes ist meistens gleich wie die Summenformel. Bei Bedarf (zur Verdeutlichung) kann man auch die Einsen in die Verhältnisformel schreiben: z. B. Na_1Cl_1 oder Ca_1Cl_2. Da die Verhältnisformel eines Salzes nur das Anzahl*verhältnis* der Atomarten wiedergibt, unterscheidet sie sich in seltenen Fällen von der Summenformel, z. B. bei Natriumoxalat: $NaCO_2$ (Verhältnisformel) bzw. $Na_2C_2O_4$ (Summenformel).

Reaktionsgleichungen. Chemische Reaktionen lassen sich durch unterschiedliche Typen von Reaktionsgleichungen darstellen. Die Darstellung richtet sich dabei nach dem Inhalt oder der Absicht, die verfolgt wird. Beispiel:

$$Na^+ + OH^- + H_3O^+ + Cl^- \longrightarrow Na^+ + Cl^- + 2\,H_2O$$

Diese Reaktionsgleichung verdeutlicht, dass in der Natronlauge und in der Salzsäure Ionen vorliegen, nur die H_3O^+- und die OH^--Ionen miteinander reagieren und die Na^+- und Cl^--Ionen nicht an der Reaktion beteiligt sind.

Möchte man eine Rechnung zur Neutralisation durchführen, so ist es sinnvoll, die Summenformeln der Moleküle und der Ionengruppen zu formulieren, da es bei der Rechnung nur auf das Anzahl- oder Stoffmengenverhältnis ankommt:

$$NaOH + HCl \longrightarrow NaCl + H_2O$$

Betrachtet man eine Reaktionsgleichung als *Stoffgleichung*, ist die folgende Darstellung sinnvoll. Beispiel: Festes Magnesium reagiert mit Salzsäure zu in Wasser gelöst vorliegendem Magnesiumchlorid und Wasserstoff:

$$Mg(s) + 2\,HCl(aq) \longrightarrow MgCl_2(aq) + H_2(g)$$

Nomenklatur organischer Verbindungen. Die Eigenschaften und das Reaktionsverhalten organischer Verbindungen werden durch die funktionellen Gruppen entscheidend beeinflusst; deshalb werden auch Verbindungen mit gleichen funktionellen Gruppen zu Stoffklassen zusammengefasst. Die funktionelle Gruppe ist entweder als Vorsilbe oder als Endung im Namen der Verbindung enthalten [B5].

Stoffklasse	Halbstrukturformel mit funktioneller Gruppe	Name der funktionellen Gruppe	Vorsilbe	Endung des Verbindungsnamens	Beispiele
Alkohole	R'—$\overline{O}$—H	Hydroxygruppe	Hydroxy-	-ol	Methanol, Phenol
Aldehyde	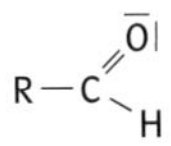	Aldehydgruppe (enthält Carbonylgruppe)	Formyl-	-aldehyd -al	Acetaldehyd bzw. Ethanal
Ketone	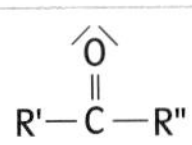	Ketogruppe (enthält Carbonylgruppe)	Oxo-	-on	Propanon
Carbonsäuren	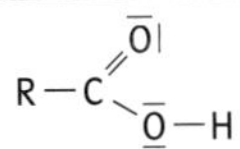	Carboxygruppe	Carboxy-	-carbonsäure -säure	Ethansäure
Ether	R'—$\overline{O}$—R"	Ethergruppe		-ether	Ethylmethylether
Carbonsäurehalogenide	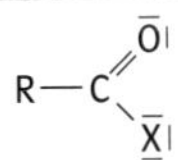	Halogencarbonylgruppe	Halogencarbonyl-	-oylhalogenid -säurehalogenid	Benzoylchlorid, Ethansäurechlorid
Nitrile	R'—C≡N|	Cyanogruppe	Cyano-	-nitril	Acetonitril
Sulfonsäuren	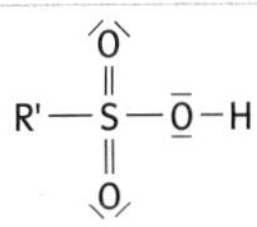	Sulfonatgruppe	Sulfonato-	-sulfonsäure	Benzolsulfonsäure
Amine	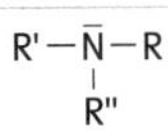	Aminogruppe	Amino-	-amin	Dimethylamin
Nitroverbindungen	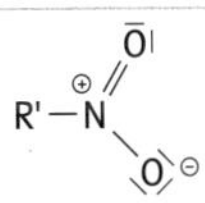	Nitrogruppe	Nitro-		Nitrobenzol
Cyanate	R'—$\overline{O}$—C≡N|	Cyanatogruppe	Cyanato-	-cyanat	Methylcyanat
Isocyanate	R'—$\overline{N}$=C=O	Isocyanatogruppe	Isocyanato-	-isocyanat	Diphenylmethandiisocyanat
Azoverbindungen	R'—$\overline{N}$=$\overline{N}$—R"	Azogruppe	Azo-		Azobenzol

R: organischer Rest oder H
R', R": organischer Rest (z.B. Methyl-, Ethyl-, Propyl-, Phenyl-), nicht H

B5 *Übersicht zu Stoffklassen*

Verbindung	Abspaltung eines H-Atoms führt zu
Alkan	Alkylgruppe/ Alkylrest C_nH_{2n+1}—
Benzol	Phenylgruppe/ Phenylrest C_6H_5—
Toluol (Phenylmethan)	Benzylgruppe/ Benzylrest C_6H_5=CH_2—
Ethen	Vinylgruppe/ Vinylrest CH_2=CH—

B6 *Namen für bestimmte Verbindungsteile*

Stoffklasse	funktionelle Gruppe
Polyamide	Amidgruppe 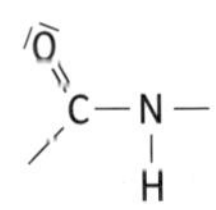
Polypeptide (Proteine)	Peptidgruppe 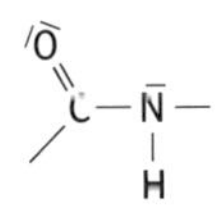

B7 *Stoffklassen, die funktionelle Gruppen aufweisen, deren Namen nicht im Verbindungsnamen auftauchen, wohl aber im Namen der Stoffklasse*

Anhang Isomeriearten – eine Übersicht

Konstitutionsisomerie
(Strukturisomerie)

Funktionelle Isomerie

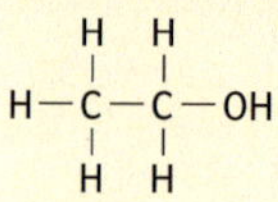

Ethanol

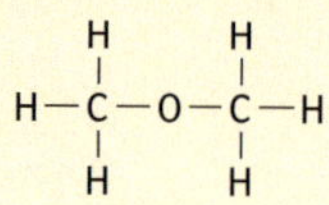

Dimethylether

Skelettisomerie
(Gerüstisomerie)

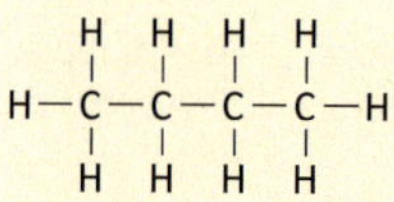

Butan

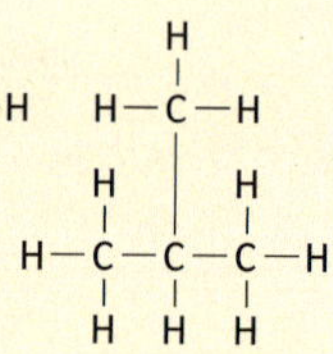

Isobutan

Stellungsisomerie
(Positionsisomerie)

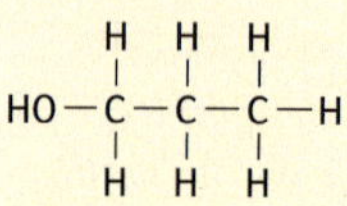

Propan-1-ol

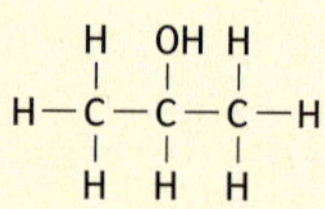

Propan-2-ol

Tautomerie
(Protonenisomerie)

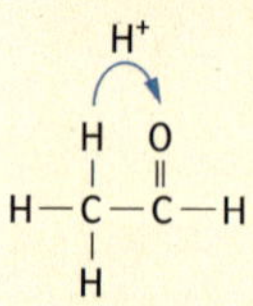

Ethanal

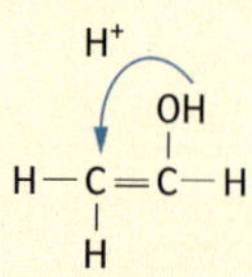

Ethenol

Valenzisomerie
(Bindungsisomerie)

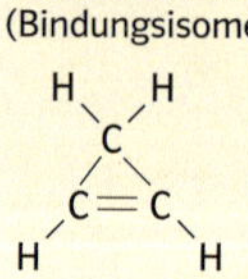

Cyclopropen

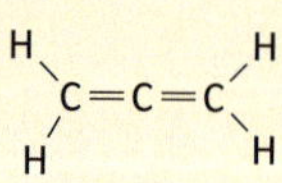

Propadien

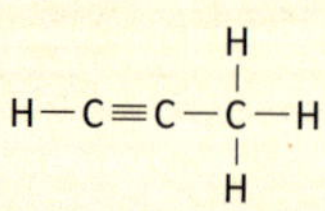

Propin

Stereoisomerie
(Raumisomerie)

Geometrische Isomerie
(*E*-*Z*-Isomerie)

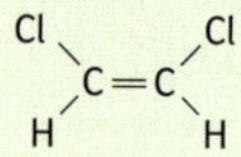

(*Z*)-1,2-Dichlorethen

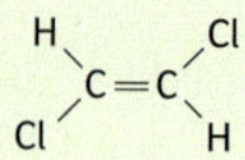

(*E*)-1,2-Dichlorethen

Spiegelbildisomerie
(Konfigurationsisomerie)

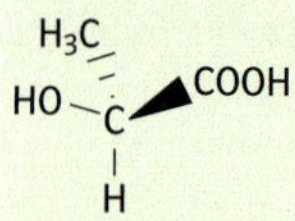

L-Milchsäure

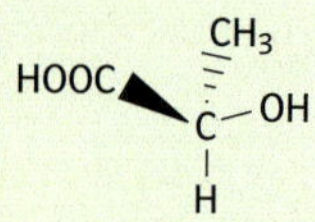

D-Milchsäure

Konformationsisomerie
(Rotationsisomerie)

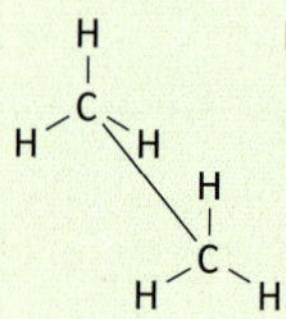

verdeckt (eclipsed)

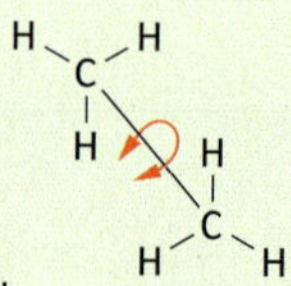

gestaffelt (staggered)

Ethan in Sägebockprojektion

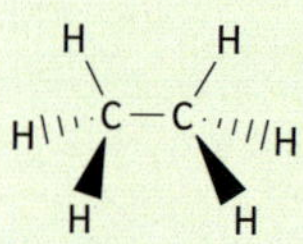

verdeckt (eclipsed)

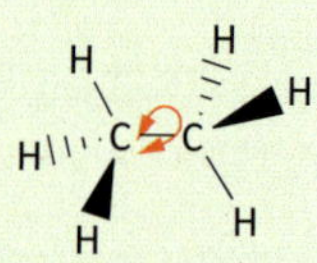

gestaffelt (staggered)

Ethan in Keilstrichformeln

Unter Isomerie versteht man ganz allgemein die Erscheinung, dass Moleküle bei gleicher Summenformel unterschiedliche Strukturformeln haben. Isomere sind daher verschiedene Stoffe mit unterschiedlichen chemischen und physikalischen Eigenschaften (Ausnahme: Konformationsisomere).

Konstitutionsisomerie. Moleküle, die bei gleicher Summenformel *unterschiedliche Atomverknüpfungen* haben, werden *Konstitutionsisomere* genannt.

- *Funktionelle Isomere* besitzen unterschiedliche funktionelle Gruppen.
- *Skelettisomere* haben ein unterschiedlich verknüpftes Grundgerüst bei gleichen funktionellen Gruppen.
- Bei *Stellungsisomeren* liegen die gleichen funktionellen Gruppen an unterschiedlichen Positionen.
- *Tautomerie* liegt vor, wenn sich zwei Konstitutionsisomere in einer Gleichgewichtsreaktion ineinander umwandeln, indem Molekülteile, meistens Protonen, ihren Platz wechseln.
- *Valenzisomere* unterscheiden sich in der Anzahl und / oder Position von Einfach- und Mehrfachbindungen.

Stereoisomerie. Moleküle, die bei gleicher Summenformel und gleicher Verknüpfung der Atome (Konstitution) dennoch *Unterschiede in der räumlichen Anordnung* der Atome (Konfiguration) zeigen, werden *Stereoisomere* genannt.

- *Geometrische Isomere* (*E*-*Z*-Isomere) zeigen eine unterschiedliche Lage von Atomen oder Atomgruppen an Doppelbindungen und Ringen.
- *Spiegelbildisomere* treten bei Molekülen mit mindestens einem Chiralitätszentrum auf. Die Isomere verhalten sich dann wie Bild und Spiegelbild zueinander.
- *Konformationsisomere* liegen vor, wenn durch Drehung um eine oder mehrere Einfachbindungen – ohne dabei Bindungen zu lösen – Atome oder Atomgruppen unterschiedliche räumliche Positionen einnehmen können.

Anhang **Qualitative Analysemethoden – eine Übersicht**

Diese Seite fasst einige qualitative Analysemethoden zusammen, die entweder in diesem Buch vorkommen, oder die Sie im Chemieunterricht der Mittelstufe kennengelernt haben.

Qualitative Analyse bedeutet, dass man wissen möchte, *was* in einem Stoff oder in einem Gemisch enthalten ist. Dabei kann die Frage sein, welche Stoffe bzw. Ionen in einem Gemisch vorhanden sind [B1, B2]. Die Frage kann auch sein, welche Elemente bzw. funktionellen Gruppen in einer Verbindung enthalten sind [B3, B4]. Die Dünnschichtchromatografie ist eine weitere qualitative Analysemethode.

Quantitative Analyse bedeutet, dass man wissen möchte, *wie viel* von einem bestimmten Stoff (oder einer Ionen- bzw. Atomart) vorhanden ist. Beispiele für quantitative Analysemethoden sind: Redox-Titrationen, Säure-Base-Titrationen, Gaschromatografie, Kolorimetrie und Fotometrie.

Die qualitative Analyse untersucht, *was* vorhanden ist. Die quantitative Analyse untersucht, *wie viel* vorhanden ist.

Nachweis von	Nachweisreagenz	Produkt
Chlorid, Bromid, Iodid, Cl^-, Br^-, I^-	Silbernitrat, $AgNO_3$	Silberhalogenid, z.B. Silberchlorid, AgCl (weiß)
Sulfat, SO_4^{2-}	Bariumchlorid, $BaCl_2$	Bariumsulfat, $BaSO_4$ (weiß)
Carbonat, CO_3^{2-}	Kalkwasser, $Ca(OH)_2$	Calciumcarbonat, $CaCO_3$ (weiß)
Ammonium, NH_4^+	Natronlauge, NaOH	Ammoniak, NH_3 (färbt Indikatorpapier)
Eisen(II), Fe^{2+}	Kalium-hexacyanidoferrat(III), $K_3\overset{III}{Fe}(CN)_6$	Berliner Blau, $\overset{III}{Fe}_4[\overset{II}{Fe}(CN)_6]_3$
Eisen(III), Fe^{3+}	Kalium-hexacyanidoferrat(II), $K_4\overset{II}{Fe}(CN)_6$	Berliner Blau, $\overset{III}{Fe}_4[\overset{II}{Fe}(CN)_6]_3$
	Thiocyanat, SCN^-	tiefroter Komplex, $[Fe(SCN)(H_2O)_5]^{2+}$
Kupfer(II), Cu^{2+}	Ammoniak, NH_3	tiefblauer Komplex, $[Cu(NH_3)_4]^{2+}$

B1 *Nachweis von Ionen durch Fällungs- und Farbreaktionen*

Nachweis von	Nachweisreaktion
Sauerstoff, O_2	Glimmspanprobe
Wasserstoff, H_2	Knallgasprobe
Kohlenstoffdioxid, CO_2	Kalkwasserprobe
Iod, I_2 oder Stärke	Iod-Stärke-Reaktion
Wasser, H_2O	mit weißem Kupfersulfat
	mit Wassertestpapier

B2 *Nachweis molekularer Stoffe*

Element	Flammenfärbung
Lithium, Li	karminrot
Natrium, Na	gelb
Kalium, K	violett
Rubidium, Rb	dunkelrot
Caesium, Cs	blau
Calcium, Ca	ziegelrot
Strontium, Sr	zinnoberrot
Barium, Ba	hellgrün

B3 *Nachweis von Elementen (z.B. in Salzen) durch Flammenfärbung*

Nachweis von	Nachweisreaktion
Kohlenstoff	Verbrennung und CO_2-Nachweis (Kalkwasserprobe) $\langle C\rangle \dashrightarrow CO_2 \xrightarrow{+\,Ca(OH)_2} CaCO_3 + H_2O$ (weißer Niederschlag)
Wasserstoff	Verbrennung und H_2O-Nachweis $\langle H\rangle \dashrightarrow H_2O \xrightarrow{+\,CuSO_4(\text{weiß})} CuSO_4 \cdot 5\,H_2O$ (blaues Salz)
Sauerstoff	Reaktion von Magnesium (Mg) zu Magnesiumoxid (MgO) $\langle O\rangle \xrightarrow{+\,Mg} MgO$ (Magnesiumoxid ist weiß)
Halogenen	Beilsteinprobe mit Kupfer(II)-oxid $\langle \text{Halogen}\rangle \xrightarrow{+\,CuO}$ Kupferhalogenid (grüne Brennerflamme)
Stickstoff	Zersetzung mit Natriumhydroxid (NaOH), dann Ammoniak-Nachweis (NH_3) mit pH-Papier (Universalindikator-Papier) $\langle N\rangle \xrightarrow{+\,NaOH} NH_3 \xrightarrow{+\,H_2O} NH_4^+ + OH^-$ (pH-Papier wird blau)
Schwefel (in Proteinen)	Erhitzen mit Natronlauge, dann Nachweis von Sulfid-Ionen (S^{2-}) mit Bleiacetat-Papier oder Bleiacetat-Lösung $\langle S\rangle \xrightarrow{+\,OH^-} S^{2-} \xrightarrow{+\,Pb^{2+}} PbS$ (Bleisulfid ist schwarz)
C=C-Doppelbindungen, C≡C-Dreifachbindungen	Bromwasserprobe $H_2C{=}CH_2 + Br_2 \longrightarrow BrH_2C{-}CH_2Br$
	Baeyer-Probe $2\,H_2C{=}CH_2 + 2\,MnO_4^- + 2\,H_2O \longrightarrow 2\,HOH_2C{-}CH_2OH + MnO_2 + MnO_4^{2-}$
Aldehydgruppen	Fehling-Probe bzw. Benedict-Probe $R{-}CHO + 2\,Cu^{2+} + 5\,OH^- \longrightarrow R{-}COO^- + Cu_2O + 3\,H_2O$
	Tollens-Probe (Silberspiegelprobe) $R{-}CHO + 2\,Ag^+ + 3\,OH^- \longrightarrow R{-}COO^- + 2\,Ag + 2\,H_2O$
	Schiff'sche Probe Aldehyd + Fuchsinschweflige Säure $\dashrightarrow$ violetter Farbstoff

B4 *Nachweis von Elementen und funktionellen Gruppen in organischen Verbindungen. Ein Elementsymbol in spitzen Klammern bedeutet, dass das Element in einer Verbindung vorliegt. Ein gepunkteter Reaktionspfeil bedeutet, dass die Reaktion nicht vollständig dargestellt ist*

Chemische Elemente und Eigenschaften der elementaren Stoffe

Name	Zeichen	Ordnungszahl	Atommasse in u [4]	Dichte [1] in g/cm³ (Gase: g/l)	Schmelztemperatur in °C	Siedetemperatur in °C
Actinium	Ac	89	227,0278*	10,1	1050	3200
Aluminium	Al	13	26,981538	2,70	660	2467
Antimon	Sb	51	121,760	6,68	630	1750
Argon	Ar	18	39,948	1,66	−189	−186
Arsen	As	33	74,92160	5,72	613 s	—
Astat	At	85	209,9862*	—	302	337
Barium	Ba	56	137,327	3,51	725	1640
Beryllium	Be	4	9,012182	1,85	1278	2970
Bismut	Bi	83	208,98038	9,8	271	1560
Blei	Pb	82	207,2	11,4	327	1740
Bor	B	5	10,811	2,34	2300	2550
Brom	Br	35	79,904	3,12	−7	59
Cadmium	Cd	48	112,411	8,65	321	765
Caesium	Cs	55	132,90545	1,88	28	669
Calcium	Ca	20	40,078	1,54	839	1484
Cer	Ce	58	140,116	6,65	799	3426
Chlor	Cl	17	35,453	2,99	−101	−35
Chrom	Cr	24	51,9961	7,20	1857	2672
Cobalt	Co	27	58,933200	8,9	1495	2870
Eisen	Fe	26	55,845	7,87	1535	2750
Fluor	F	9	18,9984032	1,58	−219	−188
Francium	Fr	87	223,0197*	—	27	677
Gallium	Ga	31	69,723	5,90	30	2403
Germanium	Ge	32	72,64	5,32	937	2830
Gold	Au	79	196,96655	19,32	1064	3080
Hafnium	Hf	72	178,49	13,3	2227	4602
Helium	He	2	4,002602	0,17	−272 p	−269
Indium	In	49	114,818	7,30	156	2080
Iod	I	53	126,90447	4,93	113	184
Iridium	Ir	77	192,217	22,41	2410	4130
Kalium	K	19	39,0983	0,86	63	760
Kohlenstoff	C	6	12,0107	2,25 [2]	3650 s [2]	—
Krypton	Kr	36	83,798	3,48	−157	−152
Kupfer	Cu	29	63,546	8,92	1083	2567
Lanthan	La	57	138,9055	6,17	921	3457
Lithium	Li	3	6,941	0,53	180	1342
Magnesium	Mg	12	24,3050	1,74	649	1107
Mangan	Mn	25	54,938049	7,20	1244	1962
Molybdän	Mo	42	95,94	10,2	2610	5560
Natrium	Na	11	22,989770	0,97	98	883
Neon	Ne	10	20,1797	0,84	−249	−246
Nickel	Ni	28	58,6934	8,90	1455	2730
Niob	Nb	41	92,90638	8,57	2468	4742
Osmium	Os	76	190,23	22,5	2700	5300
Palladium	Pd	46	106,42	12,0	1554	2970
Phosphor	P	15	30,973761	1,82 [3]	44 [3]	280
Platin	Pt	78	195,078	21,4	1772	3827
Polonium	Po	84	208,9824*	9,4	254	962
Praseodym	Pr	59	140,90765	6,77	931	3512
Protactinium	Pa	91	231,03588	15,4	1840	4030
Quecksilber	Hg	80	200,59	13,55	−39	356
Radium	Ra	88	226,0254*	5,0	700	1140
Radon	Rn	86	222,0176*	9,23	−71	−62
Rhenium	Re	75	186,207	20,5	3180	5627
Rhodium	Rh	45	102,90550	12,4	1966	3727
Rubidium	Rb	37	85,4678	1,53	39	686
Ruthenium	Ru	44	101,07	12,3	2310	3900
Sauerstoff	O	8	15,9994	1,33	−219	−183
Scandium	Sc	21	44,955910	3,0	1541	2831
Schwefel	S	16	32,065	2,07 (rh)	119 (mo)	444
Selen	Se	34	78,96	4,81	217	685
Silber	Ag	47	107,8682	10,5	962	2212
Silicium	Si	14	28,0855	2,32	1410	2355
Stickstoff	N	7	14,0067	1,17	−210	−196
Strontium	Sr	38	87,62	2,60	769	1384
Tantal	Ta	73	180,9479	16,6	2996	5425
Technetium	Tc*	43	97,9072*	11,5	2172	4877
Tellur	Te	52	127,60	6,0	449	990
Thallium	Tl	81	204,3833	11,8	303	1457
Thorium	Th	90	232,0381	11,7	1750	4790
Titan	Ti	22	47,867	4,51	1660	3287
Uran	U	92	238,02891	19,0	1132	3818
Vanadium	V	23	50,9415	5,96	1890	3380
Wasserstoff	H	1	1,00794	0,083	−259	−253
Wolfram	W	74	183,84	19,3	3410	5660
Xenon	Xe	54	131,293	5,49	−112	−107
Yttrium	Y	39	88,90585	4,47	1522	3338
Zink	Zn	30	65,409	7,14	419	907
Zinn	Sn	50	118,710	7,30	232	2270
Zirconium	Zr	40	91,224	6,49	1852	4377

Die Elemente mit den Ordnungszahlen 60 bis 71 und ab 93 sind nicht aufgeführt.

1) Dichteangaben für 20 °C und 1013 hPa
2) Angaben gelten für Graphit; Diamant: Schmelztemperatur 3550 °C, Dichte 3,51 g/cm³
3) Angaben gelten für weißen Phosphor; roter Phosphor: Schmelztemperatur 590 °C (p), Dichte 2,34 g/cm³
4) Atommasseneinheit u: 1 u = 0,000 000 000 000 000 000 000 001 660 54 g (*Atommasse des langlebigsten Isotops)

s = sublimiert
p = unter Druck
— = Werte nicht bekannt

Naturkonstanten

Planck-Konstante	$h = 6{,}626\,070\,15 \cdot 10^{-34}$ J · s
Lichtgeschwindigkeit im Vakuum	$c = 299\,792\,458$ m · s^{-1}
Avogadro-Konstante	$N_A = 6{,}022\,140\,76 \cdot 10^{23}$ mol^{-1}
Elementarladung	$e = 1{,}602\,176\,634 \cdot 10^{-19}$ A · s
Faraday-Konstante	$F = N_A \cdot e = 96\,485{,}33$ A · s · mol^{-1}
Boltzmann-Konstante	$k = 1{,}380\,649 \cdot 10^{-23}$ J · K^{-1}
Universelle Gaskonstante	$R = N_A \cdot k = 8{,}314\,463$ J · mol^{-1} · K^{-1}

Vielfache und Teile von Einheiten

Vorsatz		Faktor	Vorsatz		Faktor
y	Yocto	10^{-24}	da	Deka	10
z	Zepto	10^{-21}	h	Hekto	10^{2}
a	Atto	10^{-18}	k	Kilo	10^{3}
f	Femto	10^{-15}	M	Mega	10^{6}
p	Piko	10^{-12}	G	Giga	10^{9}
n	Nano	10^{-9}	T	Tera	10^{12}
m	Mikro	10^{-6}	P	Peta	10^{15}
m	Milli	10^{-3}	E	Exa	10^{18}
c	Zenti	10^{-2}	Z	Zetta	10^{21}
d	Dezi	10^{-1}	Y	Yotta	10^{24}

Griechische Zahlwörter (nach chemischer Nomenklatur)

½	hemi	11	undeca
1	mono	12	dodeca
2	di	13	trideca
3	tri	14	tetradeca
4	tetra	15	pentadeca
5	penta	16	hexadeca
6	hexa	17	heptadeca
7	hepta	18	octadeca
8	octa	19	enneadeca
9	nona	20	icosa (eicosa)
10	deca		

Größen und Einheiten

Name	Zeichen	Größe, Beziehung	Erläuterungen	Einheitenname	Einheitenzeichen
Masse	m			[Kilo]gramm Atomare Masseneinheit	1 kg = 1000 g 1 u = $1{,}661 \cdot 10^{-24}$ g
Volumen	V		Produkt aus drei Längen	Kubik[zenti]meter Liter Milliliter	1 m^3 = 10^6 cm^3 1 l = 1000 cm^3 1 ml = 1 cm^3
Anzahl	N			Eins	1
Stoffmenge	n	$n = \frac{N}{N_A}$	$N_A = 6{,}022\,140\,76 \cdot 10^{23}$ mol^{-1} (AVOGADRO-Konstante)	Mol	mol
Dichte	ϱ	$\varrho = \frac{m}{V}$	m: Masse der Stoffportion V: Volumen der Stoffportion		g/cm^3 1 g/l = 0,001 g/cm^3
molare Masse	M	$M = \frac{m}{n}$	m: Masse der Reinstoffportion n: Stoffmenge der Reinstoffportion		g/mol
molares Volumen	V_m	$V_m = \frac{V}{n}$	V: Volumen der Reinstoffportion n: Stoffmenge der Reinstoffportion		l/mol
Stoffmengenkonzentration	c	$c = \frac{n}{V}$	n: Stoffmenge einer Teilchenart V: Volumen der Mischung		mol/l
Massenanteil	w	$w_1 = \frac{m_1}{m_S}$	m_1: Masse des Bestandteils 1 m_S: Summe aller Massen (Gesamtmasse)	Prozent	1 1 % = $\frac{1}{100}$
Volumenanteil	φ	$\varphi_1 = \frac{V_1}{V_S}$	V_1: Volumen des Bestandteils 1 V_S: Summe aller Volumina vor dem Mischen	Prozent	1 1 % = $\frac{1}{100}$
Kraft	F	$F = m \cdot a$	a: Beschleunigung	Newton	1 N = $\frac{1\,\text{kg} \cdot \text{m}}{\text{s}^2}$
Druck	p	$p = \frac{F}{A}$	A: Flächeninhalt	Pascal Bar Millibar	1 Pa = $1\frac{\text{N}}{\text{m}^2}$ 1 bar = 10^5 Pa 1 mbar = 1 hPa
Energie	E	$W = F \cdot s$	Energie ist die Fähigkeit zur Arbeit W s: Weglänge	Joule Kilojoule	1 J = 1 N · m kJ
Celsiustemperatur	t, ϑ			Grad Celsius	°C
thermodynamische Temperatur	T	$\frac{T}{\text{K}} = \frac{t}{°\text{C}} + 273{,}15$		Kelvin	K
elektrische Ladung	Q			Coulomb	C
elektrische Stromstärke	I	$I = \frac{Q}{t}$	Q: Ladung t: Zeit	Ampere	1 A = $1\frac{\text{C}}{\text{s}}$

Griechisches Alphabet

Α	α	Alpha
Β	β	Beta
Γ	γ	Gamma
Δ	δ	Delta
Ε	ε	Epsilon
Ζ	ζ	Zeta
Η	η	Eta
Θ	ϑ (θ)	Theta
Ι	ι	Jota
Κ	κ	Kappa
Λ	λ	Lambda
Μ	μ	My
Ν	ν	Ny
Ξ	ξ	Xi
Ο	ο	Omikron
Π	π	Pi
Ρ	ϱ	Rho
Σ	σ (ς)	Sigma
Τ	τ	Tau
Υ	υ	Ypsilon
Φ	φ	Phi
Χ	χ	Chi
Ψ	ψ	Psi
Ω	ω	Omega

Wichtige elektrische Größen und Einheiten

Größe	Definition	Einheit
Stromstärke *I*	*I* (Basisgröße)	1A (Ampere) (Basiseinheit)
Ladung *Q*: Stromstärke · Zeit	$Q = I \cdot t$	1C (Coulomb) 1C = 1A·s
Spannung *U*: $\frac{\text{Arbeit}}{\text{Ladung}}$	$U = \frac{W}{Q}$	1V (Volt) 1V = 1J/C = 1W/A
Widerstand *R*: $\frac{\text{Spannung}}{\text{Stromstärke}}$	$R = \frac{U}{I}$	1Ω (Ohm) 1Ω = 1V/A
Leitwert *G*: $\frac{\text{Stromstärke}}{\text{Spannung}}$	$G = \frac{I}{U}$ $= \frac{1}{R}$	1S (Siemens) 1S = $1\Omega^{-1}$ = 1A/V
Arbeit *W*: Spannung · Ladung	$W = U \cdot Q$ $= U \cdot I \cdot t$ $= P \cdot t$	1J (Joule) 1J = 1V·C = 1W·s 1kWh = $3{,}6 \cdot 10^6$ J
Leistung *P*: $\frac{\text{Arbeit}}{\text{Zeit}}$	$P = \frac{W}{t}$ $= U \cdot I$	1W (Watt) 1W = 1J/s = 1V·A 1kW = 1000W

Elektrochemische Spannungsreihe

Zunahme der Stärke des Reduktionsmittels (↑)

Zunahme der Stärke des Oxidationsmittels (↓)

Red	⇌	Ox + z · e⁻	Standardpotential E^0 (in Volt)
Li	⇌	$Li^+ + e^-$	−3,02
K	⇌	$K^+ + e^-$	−2,92
Ba	⇌	$Ba^{2+} + 2\,e^-$	−2,90
Ca	⇌	$Ca^{2+} + 2\,e^-$	−2,76
Na	⇌	$Na^+ + e^-$	−2,71
Mg	⇌	$Mg^{2+} + 2\,e^-$	−2,38
Al	⇌	$Al^{3+} + 3\,e^-$	−1,66
$N_2H_4 + 4\,OH^-$	⇌	$N_2 + 4\,H_2O + 4\,e^-$	−1,16
$SO_3^{2-} + 2\,OH^-$	⇌	$SO_4^{2-} + H_2O + 2\,e^-$	−0,92
$H_2 + 2\,OH^-$	⇌	$2\,H_2O + 2\,e^-$	−0,83
Zn	⇌	$Zn^{2+} + 2\,e^-$	−0,76
Fe	⇌	$Fe^{2+} + 2\,e^-$	−0,41
Cd	⇌	$Cd^{2+} + 2\,e^-$	−0,40
$Pb + SO_4^{2-}$	⇌	$PbSO_4 + 2\,e^-$	−0,36
Ni	⇌	$Ni^{2+} + 2\,e^-$	−0,23
$Ag + I^-$	⇌	$AgI + e^-$	−0,15
$H_2O_2 + 2\,OH^-$	⇌	$O_2 + 2\,H_2O + 2\,e^-$	−0,15
Sn	⇌	$Sn^{2+} + 2\,e^-$	−0,14
Pb	⇌	$Pb^{2+} + 2\,e^-$	−0,13
Fe	⇌	$Fe^{3+} + 3\,e^-$	−0,04
$H_2 + 2\,H_2O$	⇌	$2\,H_3O^+ + 2\,e^-$	0
$Ag + Br^-$	⇌	$AgBr + e^-$	+0,07
$H_2S + 2\,H_2O$	⇌	$S + 2\,H_3O^+ + 2\,e^-$	+0,14
Cu^+	⇌	$Cu^{2+} + e^-$	+0,16
$H_2SO_3 + 5\,H_2O$	⇌	$SO_4^{2-} + 4\,H_3O^+ + 2\,e^-$	+0,20
$Ag + Cl^-$	⇌	$AgCl + e^-$	+0,22
$2\,Hg + 2\,Cl^-$	⇌	$Hg_2Cl_2 + 2\,e^-$	+0,27
Cu	⇌	$Cu^{2+} + 2\,e^-$	+0,34
$2\,Ag + 2\,OH^-$	⇌	$Ag_2O + H_2O + 2\,e^-$	+0,34
$4\,OH^-$	⇌	$O_2 + 2\,H_2O + 4\,e^-$	+0,40
Cu	⇌	$Cu^+ + e^-$	+0,52
$2\,I^-$	⇌	$I_2 + 2\,e^-$	+0,54
$MnO_2 + 4\,OH^-$	⇌	$MnO_4^- + 2\,H_2O + 3\,e^-$	+0,59
$H_2O_2 + 2\,H_2O$	⇌	$O_2 + 2\,H_3O^+ + 2\,e^-$	+0,68
Fe^{2+}	⇌	$Fe^{3+} + e^-$	+0,77
2 Hg	⇌	$Hg_2^{2+} + 2\,e^-$	+0,80
Ag	⇌	$Ag^+ + e^-$	+0,80
Hg	⇌	$Hg^{2+} + 2\,e^-$	+0,85
$NO + 6\,H_2O$	⇌	$NO_3^- + 4\,H_3O^+ + 3\,e^-$	+0,96
$2\,Br^-$	⇌	$Br_2 + 2\,e^-$	+1,07
$I_2 + 18\,H_2O$	⇌	$2\,IO_3^- + 12\,H_3O^+ + 10\,e^-$	+1,20
Pt	⇌	$Pt^{2+} + 2\,e^-$	+1,20
$Mn^{2+} + 6\,H_2O$	⇌	$MnO_2 + 4\,H_3O^+ + 2\,e^-$	+1,21
$6\,H_2O$	⇌	$O_2 + 4\,H_3O^+ + 4\,e^-$	+1,23
$2\,Cr^{3+} + 21\,H_2O$	⇌	$Cr_2O_7^{2-} + 14\,H_3O^+ + 6\,e^-$	+1,33
$2\,Cl^-$	⇌	$Cl_2 + 2\,e^-$	+1,36
Au	⇌	$Au^{3+} + 3\,e^-$	+1,42
$Pb^{2+} + 6\,H_2O$	⇌	$PbO_2 + 4\,H_3O^+ + 2\,e^-$	+1,46
$Mn^{2+} + 12\,H_2O$	⇌	$MnO_4^- + 8\,H_3O^+ + 5\,e^-$	+1,49
$MnO_2 + 6\,H_2O$	⇌	$MnO_4^- + 4\,H_3O^+ + 3\,e^-$	+1,68
$PbSO_4 + 5\,H_2O$	⇌	$PbO_2 + HSO_4^- + 3\,H_3O^+ + 2\,e^-$	+1,69
$4\,H_2O$	⇌	$H_2O_2 + 2\,H_3O^+ + 2\,e^-$	+1,78
$2\,SO_4^{2-}$	⇌	$S_2O_8^{2-} + 2\,e^-$	+2,00
$2\,F^-$	⇌	$F_2 + 2\,e^-$	+2,87

Stichwortverzeichnis

A
Abflussreiniger 160, 193
ABS 376, 383
Abscheidungspotential 245, 246
Absorptionsgrad 355
Absorptionsspektrum 349, 352, 372
- Brillantblau FCF 365
- β-Carotin 347, 352
- Methylenblau 355
- Methylorange 357
- Tartrazin 365
Absorptionssystem 347, 350, 351, 372
ACE-2 443
Acetaldehyd 58, 60
- LD_{50} 65
Acetale 416
Acetate 67, 70
Acetat-Ion 67, 163, 171
- mesomere Grenzformeln 170
Aceton 61
Acetylen 26, 285
Acetyliodid 306
Acetylsalicylsäure 79, 319, 336, 338, 340
- Dünnschichtchromatografie 339
- Hydrolyse 337
- Nachweis 337
- Synthese 337
Achtung (Signalwort) 497
Acidose 181
Acrylglas 383
Acrylnitril 381, 410
Addition
- elektrophile 296, 297, 334, 335
Additions-Eliminierungsreaktion 299
Additionsreaktion 284, 285, 315, 334
Adenin 446
Adenosindiphosphat 152
Adenosintriphosphat 152
ADH 64, 108
Adhäsion
- beim Kleben 393
ADI-Wert 363
ADP 152
Adsorption 263, 280, 338
Adsorptionschromatografie 280, 338
A_E-Reaktion 334
Aggregatzustände
- chemisches Gleichgewicht 116
AGW 320
Airbag 86
Akkumulatoren 208, 252, 255
- im Auto 257
- Bleiakkumulator 255
- Energiedichte 257
- Kapazität 255
- Lithium-Ionen-Akkumulator 256
- Lithium-Polymer-Akkumulator 257
- Nickel-Metallhydrid-Akkumulator 256
- spezifische Energie 257
Aktivierungsenergie 5, 93, 94, 492
- bei Katalyse 96
Alanin 430
Albedo 137
Albumine 439
Alcopops 38
Aldehyd-Dehydrogenase 64, 108
Aldehyde 58, 60, 83, 487, 505
- Eigenschaften 60
- Halbacetalbildung 416
- Nachweis 59, 60, 304, 305, 507
- Oxidation 61
- Struktur-Eigenschafts-Beziehungen 60
- Vollacetalbildung 416
Aldehydgruppe 60, 61, 487
- im Glucose-Molekül 418
- Nachweis 507
ALDH 64, 108
Aldosen 417, 450
Algenblüte 120
Alizarin 361, 368
Alkalichlorid-Elektrolyse 247
Alkali-Mangan-Batterie 252, 253
alkalische Hydrolyse
- von Estern 300
- von Fetten 455
alkalische Lösungen 19
- pH-Werte 177
- Salzlösungen 179
Alkalose 181
Alkane 26, 284
- Bromierung 291
- Chlorierung 290, 291
- Entflammbarkeit 24
- Gefahrenkategorien 24
- Halbstrukturformel 21
- Halogenierung 290, 291
- homologe Reihe 20
- Isomerie 20
- London-Kräfte 22, 23
- Löslichkeit 22, 23
- Nomenklatur 21
- Struktur-Eigenschafts-Beziehungen 22
- Strukturformel 21
- Viskosität 23
- zwischenmolekulare Kräfte 17
Alkanole 46, 82
- Eigenschaften 48, 49, 82
- homologe Reihe 46, 48
- Isomerie 47
- Löslichkeit 48
- Nomenklatur 47
- primäre 47, 82
- sekundäre 47, 82
- Siedetemperaturen 48
- tertiäre 47, 82
- Verwendung 48, 49
- Viskosität 48
Alkanone 58
Alkansäuren 71, 83
- homologe Reihe 70
- Schmelztemperaturen 70
- Siedetemperaturen 70
- Tabelle 70
Alkansulfonate (SAS) 461
Alkene 26, 284
- Eigenschaften 25
- elektrophile Addition 296, 297
- homologe Reihe 25
- Summenformel 25
Alkenmetathese 479
Alkine 285
- homologe Reihe 26
- Summenformel 26
Alkoholate 295
Alkoholat-Ionen 295
Alkohol-Dehydrogenase 64, 108
Alkohole 46, 82, 487, 505
- Eigenschaften 54
- Emulgatoren 51
- Löslichkeit 54
- mehrwertige 52, 82, 455
- Nachweis 50, 304
- Oxidation 58, 83
- Verwendung 54
- Viskosität 54
Alkohol (Ethanol)
- alkoholische Gärung 34, 36, 37
- im Blut (Berechnung) 39
- Destillation 37
- in Getränken 38
- Herstellung 36, 37
- Konsum 38
- Organschäden 38
- Rausch 38
- im Straßenverkehr 39
- Sucht 38
alkoholische Gärung 34, 37
Alkylbenzolsulfonate (LAS) 460, 461, 467
Alkylbetaine 461
Alkylgruppe 21, 46
Alkylpolyglucoside (APG) 461
Alkylradikale
- Stabilität 291, 315
Alkylrest 21, 46
allgemeine Gasgleichung 31
Allurarot AC 363
Aluminium
- Gewinnung 249
Amalgamverfahren 247
Amaranth 350
Ameise 34, 71
Ameisensäure 70, 71, 163
- LD_{50} 65
- Säurestärke 171
Amidbindung 385
Amidosulfonsäure 191
Amine 289, 505
- Nachweis 305
Aminobenzol 171, 330
2-Aminoethanol 177
Aminogruppe 430
Aminosäuren 430, 431, 433, 450, 451
- im Alltag 434
- Ampholyte 432
- Codierung 448
Aminosäuresequenz 436
Ammoniak
- Basenstärke 171
- Eigenschaften 109
- EPA-Modell 15
- als Kältemittel 111
- Nachweis 172
- Synthese 109
- Verwendung 109
Ammoniak-Ammonium-Puffer 180
Ammoniak-Synthese
- Ausbeute 109, 111, 493
- chemisches Gleichgewicht 109, 117
- großtechnische 110
- Haber-Bosch-Verfahren 110
- Katalysator 111
- Prinzip von LE CHATELIER und BRAUN 109
- Reaktionsbedingungen 109
- Reaktionsgeschwindigkeit 111
- Reaktor 111
- Synthesegemisch 110
Ammoniumchlorid
- Bildung und Zersetzung 102
- chemisches Gleichgewicht 102
Ammoniumhydrogencarbonat 125
Ammonium-Ion 171
- Nachweis 172, 173, 507
amorphe Kunststoffe 378
amperometrische Titration 188
amphiphil 456
Ampholyte 163, 204, 431
Amphotenside 461
amphotere Tenside 460, 461
Amylasen 464
Amylopektin 424
Amylose 424, 425
Analyse 4
Analysemethoden
- qualitative 507
- quantitative 507
Anethol 63
Ångström (Å) 289
Anilin 171, 330
Anilingelb 357, 358, 372
Anionen 10
- als Basen 178, 179
- als Säuren 178, 179
anionische Tenside 460, 461
Anion-Tenside 461
Anis 63
Anisöl 63
Anispflanze 55
Anode 221, 244
Anomere 418, 450
anomeres Kohlenstoff-Atom 418, 419
Antarktis 145
Anthocyane 370
Anthracen 325
Anthrachinon 361
Anthrachinon-Farbstoffe 361
Anticodon 447
Antigene 443
Antigen-Schnelltest 443
Antikörper 443
Antioxidantien 73
Apatit 151
Apfelaroma 300
Äpfelsäure 72
APG 461
Äquivalentleitfähigkeit 188
Äquivalenzpunkt 184, 205
Arachidonsäure 340
Aräometer 36
Arbeit 195, 197
- elektrische 265
- Volumenarbeit 198, 199
Arbeitsauftrag 32
Arbeitsplatzgrenzwert (AGW) 320
Arenium-Ion 329
Arginin 430
Aromastoffe 35, 78, 81, 277, 319, 445
- Synthese 80
Aromaten 26, 27, 318, 323, 343, 487
- im Alltag 342
- Anthracen 325
- Cyclobuta-1,3-dien 325
- Cycloocta-1,3,5,7-tetraen 325
- Cyclopenta-1,3-dien 325
- Furan 325
- heterocyclische 325, 343
- Naphthalin 325
- polycyclische 325, 343
- Pyran 325
- Pyridin 325
- Pyrimidin 325
- Pyrrol 325
- Zweitsubstitution 332, 333
aromatische Aminosäuren 430
aromatische Verbindungen 323
Aromatizität
- und Mesomerie 324
Aromen 277
Arzneimittel 318, 319

Ascorbinsäure
- als Oxidationshemmer 73
Asparagin 430
Asparaginsäure 430
Aspartam 421
Aspirin® 336
- protect 410
ASS 79, 319, 336, 337, 340, 341
Astaxanthin 364
asymmetrisches Kohlenstoff-Atom 303, 412, 450
ataktisches Polypropen 390
Atmosphäre 121, 136, 156
- Aufbau 121, 136
- Homogenhöhe 121
- Spurengase 137
- Treibhauseffekt 136
Atombau 8
Atombindung 14
Atomeffizienz 391
Atomhülle 8
Atomkern 8
Atommodelle
- Energiestufenmodell 9
- Schalenmodell 9
Atomrumpf 9
ATP 152
Aurin 351
Ausgangskonzentration 167
Außenelektronen 9, 14
Autoprotolyse 164
- des Wassers 164
Autoxidation 311
auxochrome Gruppe 351, 372
Avogadro-Konstante 28, 250
Azofarbstoffe 357, 372
- Lebensmittelfarbstoffe 363
- mesomere Grenzformeln 357
- Synthese 358
- Verwendung 358, 359
Azogruppe 357
Azokupplung 358
Azorubin 363
Azoverbindungen 505

B
Babyzelle 253
Backofenreiniger 177
Backprozess 444
Backpulver 125, 160
Baeyer-Probe 507
Ballaststoffe 425
Bananen
- Reifungsprozess 25
Barium
- Nachweis 174, 175, 507
Bariumsulfat 148
Basen 19
- schwache 169
- sehr schwache 169
- sehr starke 169
- starke 169
Basenkonstante 167, 204
Basenlösungen
- pH-Werte 177
Basenstärke 167
- induktiver Effekt 171
- Molekülstruktur 170, 171
Basentriplett 447
Basiskonzepte
- chemische Reaktion 490, 491, 492, 493
- Energiekonzept 494, 495
- Stoffe, Teilchen, Eigenschaften 486, 487, 488, 489
bathochromer Effekt 351, 357
Batterien 252
- Tabelle 253
Batteriesäure 255
Bauxit 249
Beer, August 355
Beizenfärbung 368
Benedict-Probe 59, 60, 305, 429, 507
Benetzung 405
Benzaldehyd 60, 81, 331, 343
Benzen 320
Benzin 318
- Brennwert 261
- durch Cracken 282
- Heizwert 261
Benzine 24, 278, 279
Benzoesäure 331, 343
- als Konservierungsstoff 73
Benzol 26, 27, 318, 321, 487
- Bromierung 329
- Derivate 330
- Eigenschaften 320
- Gesundheitsaspekte 320
- Gewinnung 320
- Halogenierung 329
- Molekülbau 321
- Nitrierung 331
- Reaktivität 321
- Verwendung 320
Benzol-Molekül
- Bindungen 322
- Dewar-Strukturformel 321
- Hydrierungsenergie 323
- Kekulé-Strukturformel 321
- Ladenburg-Strukturformel 321
- mesomere Grenzformeln 323
- Mesomerie 322
- Mesomerieenergie 323
- im Orbitalmodell 326, 328
- Struktur 321, 322
- Strukturformeln 27
Benzpyren 342
Benzylacetat 81
Benzylalkohol 331
Bergab-Regel 226, 244
Betaine 461
Betanin 363
Betenrot 363
Bezugshalbzelle 230
Bienenwachs 78
Bildungsenthalpie 216
- Berechnung 218
- molare 216
- Standard- 216
- Tabelle 216
Bilirubin 352
π-Bindung 328
σ-Bindung 328
Bindungsarten 486
Bindungsenthalpie 219, 494
- Berechnung 219
- molare 219
- Standard- 219
- Tabelle 219
Bindungsisomerie 506
Bindungslänge 289
- und Bindungstyp 322
Bindungstyp
- und Bindungslänge 322
Bindungswinkel 289
Binominalkoeffizient 238
Bioethanol 45
- als Treibstoffzusatz 44
Biokatalysatoren 442
Biokunststoffe 398, 408
biologisch abbaubare Kunststoffe 398, 408
Biomoleküle 484
Bionik 407
Bioreaktor 75
Biosphäre 136
Biosprit 44
biotechnologische Gewinnung
- Citronensäure 75
Bisphenol A (BPA) 384
Bittersalz 148
Bitumen 279
Biuret-Reaktion 439
Blätteraldehyd 81
Blätteralkohol 46
Bleiakkumulator 255
Bleichmittel 463
Bleichmittelaktivatoren 463
Bleichmittelstabilisatoren 463
9-V-Blockbatterie 253
Blockheizkraftwerk 45
Blut 433
- pH-Wert 180
- Puffer 181
Blutplasma 433
Blutserum 433
Blutzellen 433
Boden
- Ionenaustauscher 157
- pH-Wert 157
Bodenstein, Max 113
Boltzmann-Konstante 238
Boltzmann, Ludwig 95, 238
Boraxprobe 49
Bosch, Carl 110
Boten-RNA 447
Boudouard-Gleichgewicht 118
BPA 384
Branntkalk 127
Branntwein 37
Bratprozess 445
Braugerste 423
Braun, Ferdinand 107
Braunstein 252
Brausepulver 125, 160
Brennen (Branntwein) 37
Brennnessel 34, 71
Brennspiritus 37, 43
Brennstoffzellen 264, 266, 273
- Brennstoffzellen-Stack 264
- Energiewirkungsgrad 265
- Knallgaszelle 264
- PEM-Brennstoffzelle 264, 265
- PEMFC 264, 265
- Wasserstoff-Sauerstoff-Brennstoffzelle 264
Brennwert
- Eiweiß 313
- Fett 313
- Kohlenhydrate 313
- Nährstoffe 313
Brennwerttechnik 209
Brillantblau FCF 362, 363
Brillantschwarz BN 363
Bromheptane
- Nomenklatur 291
Bromid-Ion 163
- Nachweis 507
Bromkresolgrün 187
Bromonium-Ion 334, 335
Bromthymolblau 187, 360, 372
Bromwasser 296
Bromwasserprobe 296, 507
Bromwasserstoff 163
Brønsted, Johannes Nicolaus 162
BSE 438
Buckminsterfulleren 402, 409
Buckminster Fuller, Richard 402
Buckyball 402
Builder 462
Butan 279
- Isomere 20
Butan-1-ol 46, 47
Butan-2-ol 47
Butandion 35
Butanoate 70
Butansäure 70, 71
Buttergelb 363
Buttersäure 70, 71
Butyrate 70

C
C4-Schnitt 302
- 2-Methylpropen 302
- Buta-1,3-dien 302
- ETBE 302
- Ethyl-tertiär-butylether 302
- Isobuten 302
- Methyl-tertiär-butylether 302
- MTBE 302
CAD 388
Caesium
- Nachweis 507
Calcit 124
Calcium
- Nachweis 507
Calciumcarbonat 124, 126, 127, 156
Calcium-magnesium-carbonat 124, 130
Calciumoxalat 72
Calciumphosphat 151
Calciumsulfat 148
Calciumtartrat 72
Campher 61
Canthaxanthin 364
ε-Caprolactam 385
Carbenium-Ion 294, 297, 329
Carbo-Kation 293, 294, 297, 329
- Stabilität 293, 294, 295, 315, 332, 333
Carbonate 124
- Nachweis 125
Carbonat-Ion 123, 124, 163
- Nachweis 172, 173
Carbonfasern 399, 403
carbonfaserverstärkte Kunststoffe (CFK) 399, 403
Carbonsäureester 76, 77, 78, 79, 298
Carbonsäureestergruppe 76
Carbonsäurehalogenide 306, 505
Carbonsäuren 70, 71, 83, 487, 505
- als Konservierungsstoffe 73
- als Lebensmittelzusatzstoffe 73
- Nachweis 305
- in der Natur 72
Carbonylfarbstoffe 361, 373
- Lebensmittelfarbstoffe 363
- Verwendung 361
Carbonylgruppe 60, 286, 487
- Nachweis 80, 304
Carboxygruppe 66, 487
- Nachweis 172, 173
Carboxylgruppe 66
α-Carotin 347, 364
β-Carotin 347, 352, 363, 364
Carotine 363, 364
Carotinoide 364
Cativa-Prozess 306

C=C-Doppelbindung 25, 284, 487
- Nachweis 296, 304, 507
C≡C-Dreifachbindung 285, 487
- Nachweis 296, 304, 507
C–C-Einfachbindung 487
CCS 144
C-C-Verknüpfungsprinzip 487
Cellulase 425
Cellulose 424, 425
- Eigenschaften 424, 425
- Hydrolyse 428
- Struktur 424, 425
Celsius-Skala 31
Cetylalkohol 49
CFK 399, 403
CHAUVIN, YVES 479
Chelateffekt 479
Chelatkomplexe 476, 479, 484
Chemikalien
- Chemikalienabfälle 500, 501
- Entsorgung 500, 501
- Kennzeichnung 496, 497
- Wassergefährdungsklassen 500
chemische Bindung
- Orbitalmodell 327
chemische Reaktion 4
- Aktivierungsenergie 93, 94, 96
- Basiskonzept 490, 491, 492, 493
- Energie 5
- Energiediagramm 93, 94, 96
- enzymatische 99
- Gleichgewichtseinstellung 100
- Katalyse 96
- in Kreisläufen 5
- Reaktionskoordinate 93, 94, 96
- Übergangszustand 93, 94, 96
- umkehrbare 100, 101, 102
- zeitlicher Verlauf 88
chemisches Gleichgewicht 100, 117
- Aggregatzustände 116
- Ammoniumchlorid 100, 102
- und Ausbeute 241
- Beeinflussung 104, 105, 106
- und Druckänderung 106
- beim Eislaufen 116
- Esterhydrolyse 100, 101, 102
- und freie Reaktionsenthalpie 241
- heterogenes 174
- und Katalyse 115, 299
- und Konzentrationsänderung 104, 105
- Kugelspiel 103
- Löslichkeitsgleichgewicht 174, 175
- Modellversuche 87, 103, 107
- Stechheberversuch 103
- und Temperaturänderung 105
- Veresterung 100, 101, 102
CHEVREUL, MICHEL 308
Chilesalpeter 149, 150
Chinin 336
Chinolingelb 363
chiral 412
Chiralität 303, 314, 412, 450
Chiralitätszentrum 412
Chlor
- Gewinnung 247
- als Giftgas 112
Chloralkali-Elektrolyse 247
Chloressigsäure 170
- Säurestärke 170
Chlorid-Ion 163
- Nachweis 175, 294, 507
Chlorierung
- Energiebetrachtungen 292
- Energiediagramm 292
- von Methan 292
Chlorophyll 370, 482, 483
Chloroplasten 483
Chlorwasserstoff 163
Chromatografie 280, 338
- Modellversuch 338
Chromophor 351, 372
Cirruswolken 136
cis-Fettsäuren 310
Cisplatin 480
cis-trans-Isomerie 287, 314
cis-trans-Nomenklatur 309
Citral 59
Citrate
- als Builder 462
Citrat-Ion 484
Citronensäure 72, 74, 160
- Gewinnung 75
CMY-Farbraum 349
Cochenille 362, 363
Cochenillerot A 363
Codesonne 448
codogener Strang 447
Codon 447
Coffein 338, 342
- Dünnschichtchromatografie 339
Cola Getränk 192
Copolymere 376, 383, 408
- alternierende 383
- Blockcopolymere 383
- Pfropfcopoymere 383
- statistische 383
Corona-Viren 443
- Schnelltest 401
COVID-19 443
COX 340
Cracken 282
- Crackanlage 282
Creme 51
Creutzfeld-Jakob-Krankheit 438
CRICK, FRANCIS 446
Curcumin 363
Cyanacrylsäuremethylester 397
Cyanate 386, 505
Cyclamat 421
Cycloalkane 26, 27
Cycloalkene 26, 27
Cyclobuta-1,3-dien 325
Cyclodextrine 426, 451
Cyclohexan 27
Cyclohexen 27
Cycloocta-1,3,5,7-tetraen 325
Cyclooxygenasen 340
Cyclopenta-1,3-dien 325
Cystein 430
Cytosin 446
Cytostatikum 480

D
Dampfdruck 116
- Dampfdruckkurve von Wasser 116
- und Destillation 116
Dampfreformierung 260
Daniell-Element 221, 222, 242, 243, 491
DANIELL, JOHN FREDERIC 221
Dauerwelle 438
DC 338
3D-Druck 376, 388
Decan-1-ol 46
Dehydratisierung 297
Dehydrierung 285, 297
- und Oxidation 58
delokalisiertes Elektronensystem 347, 350, 351, 357, 487
delokalisiertes π-Elektronensystem 328
Delokalisierung 322, 323, 324, 343, 357
Delphinidin 350
Denaturierung
- Proteine 440, 451
Denitrifizierung 150
Derivate 380
Desorption 263
Desoxyribonucleinsäure 446, 451
Desoxyribose 446
Destillation
- bei Atmosphärendruck 278
- und Dampfdruck 116
- fraktionierende 278
- unter vermindertem Druck 278, 279
- von Alkohol 37
Destillationsturm 278, 279
Detektor 281
Detergenzien 458
Dewar-Gefäß 194
DEWAR, JAMES 194
Dextrine 424, 425, 445
Dextrose 418
Diamant 403
Diamant-Gitter 403
Diaphragma 221
Diaphragmaverfahren 247
Diastereomere 412, 450
- 2,3-Dibrompentan 412
Diazotierung 358
Dibenzoylperoxid 380
Dibrombenzol
- Isomere 321
2,3-Dibrompentan
- Diastereomere 412
Dicarbonsäuren 72
Dichte 28
Dieselöl 278, 279
Diethylether 55
Diffusion
- und Entropie 234
Dihydrogenphosphate 151
Dihydrogenphosphat-Ion 163
Diisocyanate 386
Dimethylglyoxim 476
- Komplexe 476
2,2-Dimethylpropansäure 171
Diole 52
Dioxine 395
Dipeptide 451
Diphenyl-Polyene 350
Dipol 15
- permanenter 16
- temporärer 16
Dipol-Dipol-Kräfte 16, 17, 488
Dipol-Ionen-Kräfte 17
- Natriumchlorid-Lösung 17
Direktfärbung 366, 369
Direktreduktionsanlage 261
Disaccharide 417, 450, 451
- nichtreduzierende 423
- reduzierende 422
Dispergiervermögen
- von Tensiden 458
Dispersion
- von Fetten 458
Dispersionsfärbung 366
Dissoziationsenthalpie 219
Dissoziationskonstante 474, 475
Distickstoffmonooxid 141
- als Treibhausgas 137
Distickstoffoxid 141
D/L-Deskriptor 414
D-Mannose 452
DNA 446, 451
- Basenpaarung 446
- Basensequenz 447
- codogener Strang 447
- Doppelhelix 446
- Doppelstrang 446
- Mutation 448
- Polymerase 449
- Replikation 448
- Sequenzanalyse 449
- Transkription 447
- Verdopplung 448
DNPH-Test 80
DNS 446
Döbereiner-Feuerzeug 86
DÖBEREINER, JOHANN WOLFGANG 86
Dodecanoate 70
Dodecansäure 70, 71, 309
Dolomit 124
Dominoeffekt 276
Dominostein-Modell 93
Donator-Akzeptor-Prinzip 490
Donator-Akzeptor-Reaktion 6, 18, 19, 212
Doppelbindung 14
Doppelhelix 446
Dreifachbindung 14
Dreiwegekatalysator 97
dreiwertige Alkohole 52
Dritter Hauptsatz der Thermodynamik 236
Duftstoffe 81
Duktilität 13
Düngung 153, 157
Dünnschichtchromatografie 338, 339, 364
- Auswertung 338, 339
- Retentionsfaktor 339
- Universalindikatoren 187
Duromere 378, 379, 408, 489
Duroplaste 378
dynamisches Gleichgewicht 101

E
E5 44
E10 44
E85 44
Edelgaskonfiguration 10, 14, 473
Edelgasregel 10, 14
Edelmetalle 6
EDTA 476, 477
Edukte 88, 217
effektive Dosis 341
E-Fuels 283
EICHENGRÜN, ARTHUR 319
Einfachzucker 417
Einheiten
- Tabelle 508, 510
Einstabmesskette 230, 231
Eisberge 121
Eisbohrkern 145
Eisen
- Gewinnung 261
- Nachweis 480, 507
- pyrophores 92
- Rosten 268, 270
Eisencarbonat 124

Eisenkies 7
Eisen-Sauerstoff-Zelle 270
Eisenspat 124
Eisessig 67
Eislaufen 116
Eiweißbedarf 441
Elastanfaser 387
Elastomere 378, 379, 408, 489
elektrische Arbeit 265
elektrische Leistung 265
elektrische Leitfähigkeit 188
Elektroauto 208, 257
elektrochemische Doppelschicht 222
elektrochemische Korrosion 267
elektrochemische Spannungsreihe 225, 273, 510
- Bergab-Regel 226
elektrochemische Stromerzeugung 491
Elektrokatalyse 307
Elektrolyse 18, 244, 273
- Abscheidungspotential 245, 246
- Alkalichlorid-Elektrolyse 247
- Aluminiumgewinnung 249
- Bergab-Regel 244
- quantitativ 250, 251
- Schmelzflusselektrolyse 249
- Überpotential 246
- Überspannung 245
- Wasserstoffgewinnung 260
- Zersetzungsspannung 245
- Zinkgewinnung 248
Elektrolyseure 260
Elektrolytlösung 221
elektromagnetische Wellen 346, 348
Elektron 8
Elektronegativität 15
Elektronenakzeptor 18, 210, 211
Elektronendonator 18, 210, 211
Elektronengasmodell 12
Elektronenkonfiguration 8
Elektronenpaar-Abstoßungs-Modell 14, 286
Elektronenpaarbindung 14, 486
- Edelgasregel 14
- polare 15
Elektronenpaare
- bindende 14
- freie 14
- nicht bindende 14
Elektronenübergang 210, 490
Elektronenübertragung 210, 490
Elektronen-Übertragungsreaktion 18, 210
elektrophil 298
elektrophile Addition 296, 334
- an Cyclohexen 335
- und elektrophile Substitution 334
- an nicht symmetrische Alkene 297
- Reaktionsmechanismus 296
elektrophiler Angriff 334
elektrophiles Teilchen 296, 334
elektrophile Substitution 329, 343
- an Benzol 329
- und elektrophile Addition 334
- Energiediagramm 344
- und radikalische Substitution 335
- an Toluol 335
elektrophiles Zentrum 298
elektrophile Teilchen 334
Elektrophorese 433, 451
elementare Stoffe 4
Elementarladung 8, 250
Elemente 4
- essenzielle 147
- Symbole 4
- Tabelle 509
Elementgruppen 8
Elementsymbole 4
Eliminierungsreaktion 285, 295, 315
Emission 137
Emulgatoren 51, 458
Emulsion 51, 467
Enantiomere 303, 314, 412, 450
endergonisch 239, 240, 273
endotherm 5, 195
energetische Verwertung 394, 395
Energie
- Basiskonzept 494, 495
- chemische 262
- elektrische 262
- Energiediagramm einer Reaktion 93, 94, 96, 292, 492
- Energieformen 262
- Energiespeicherung 262
- Energieumwandlung 262
- Gitterenergie 202
- innere 195, 198, 205, 494
- kinetische 262
- und Licht 348
- beim Lösungsvorgang 202
- magnetische 262
- mechanische 262
- Neutralisationsenergie 197
- potentielle 262
- Reaktionsenergie 196, 198
- thermische 262
- thermochemische 262
Energiebilanz
- der Erde 137
Energiedichte
- von Akkumulatoren 257
Energieerhaltungssatz 195, 205, 217, 495
Energiequellen
- erneuerbare 142, 143, 260, 262
Energiespeicher 262, 263
Energiestufenmodell 8, 9
Energiewandler 264
Energiewirkungsgrad 265, 266
Enteisung (Flugzeug) 52
Enthalpie 199, 205, 494
- Bildungsenthalpie 216, 218
- Bindungsenthalpie 219
- Dissoziationsenthalpie 219
- freie 239, 240
- Gitterenthalpie 202, 203
- homolytische Spaltung 219
- Hydratationsenthalpie 202, 203
- Kristallisationsenthalpie 235
- Lösungsenthalpie 201, 202, 203, 205
- Neutralisationsenthalpie 197, 201, 205
- Reaktionsenthalpie 196, 199, 216, 217, 218, 242, 243, 273
- und Temperatur 218
Entkoffeinierung 122
Entropie 203, 205, 209, 234, 238, 495
- Änderung 203, 235, 236
- Berechnung 238
- Gesamtentropie 203, 235, 239
- isoliertes System 236
- beim Lösungsvorgang 203
- molare 237
- Reaktionsentropie 237, 242, 243, 273, 495
- Standard- 237
- des Systems 235
- und Temperatur 236
- der Umgebung 235
- und Wahrscheinlichkeit 238
- Wärmezufuhr 236
Entwicklungsfärbung 367
E-Nummern
- Lebensmittelzusatzstoffe 73
Enzyme 98, 99, 117, 442, 492
- Enzymprills 464
- Substratspezifität 99
- in Waschmitteln 464
- Wirkungsspezifität 99
Enzym-Substrat-Komplex 99
Eosin Y 360
EPA-Modell 14, 286, 486
Epoxide 387
Epoxidharze 386, 387
Epoxidharzkleber 397
Erdbeeraroma 78
Erdgas 277, 279
- Brennwert 261
- Heizwert 261
- zur Wasserstoffgewinnung 260
Erdöl 277
- Destillation 278, 279
- Fraktionen 278, 279
Erlenmeyer-Regel 52, 82
erneuerbare Energiequellen 142, 143, 260, 262
Erster Hauptsatz der Thermodynamik 195, 197, 205
Erythrit 421
Erythrocyten 482
Erythrosin 363
essenzielle Elemente 147
Essig 67
- Entkalker 68
- Essigessenz 68
- Herstellung 66
- Rostentferner 68
- Verwendung 34, 66
Essigessenz 192
Essigmutter 69
Essigsäure 66, 70, 163
- Bestimmung 68
- Dimer 67
- Eigenschaften 67
- Herstellung 66, 69, 306
- LD_{50} 65
- Salze 67
- Säurestärke 170, 171
- Titration 192
Essigsäure-Acetat-Puffer 180
Essigsäureanhydrid 336
Essigsäurebenzylester 81
Ester 76, 83, 100, 102, 487
- Aromastoffe 35, 78
- Bildung 298, 300, 315
- Eigenschaften 76, 77, 78, 79
- Fette 78
- Hydrolyse 298, 300, 315
- Konservierungsmittel 79
- Lösungsmittel 78
- Medikamente 79
- Nachweis 301, 305
- Nomenklatur 76
- Polyester 79
- Siedetemperaturen 84
- Spaltung 80, 298, 300, 301, 315
- Synthese 80, 298, 300, 315
- Vorkommen 78
- Wachse 78
Esterbildung 76, 80, 298, 315
- chemisches Gleichgewicht 100, 101, 102, 300
- Reaktionsmechanismus 299
- Reaktionsschritte 299
Estergruppe 76, 487
Esterhydrolyse 77, 298
- chemisches Gleichgewicht 100, 101, 102
- Reaktionsmechanismus 299
- Reaktionsschritte 299
Esterquats 461
Esterspaltung 77, 80, 298, 315
- in alkalischer Lösung 300, 301
- chemisches Gleichgewicht 100, 101, 102, 300
- Reaktionsmechanismus 301
Estersulfonate 461
Estragol 55
Estragon 55
ETBE 55, 302
Ethan 286
Ethanal 60
Ethandiol 52
Ethanoate 67, 70
Ethanoat-Ion 67
Ethanol 46, 82
- Abbau im Körper 64
- alkoholische Gärung 34, 37
- Ausscheidung 64
- Bestimmung der Molekülmasse 40
- Bioethanol 44, 45
- im Blut (Berechnung) 39
- Boraxprobe 49
- Destillation 37
- Eigenschaften 42, 43
- in Getränken 38
- Herstellung 37, 45
- Konsum 38
- LD_{50} 65
- Löslichkeit 43
- als Lösungsmittel 42
- Nachweis 50
- Nachweise der Elemente 40
- Organschäden 38
- Oxidation 58
- Rausch 38
- Reaktion mit Natrium 40, 41
- im Straßenverkehr 39
- Sucht 38
- im Thermometer 43
- als Treibstoff 54
- Verwendung 42, 43
- Wasserstoffbrücken 42
Ethanol-Molekül
- elementare Zusammensetzung 41
- Struktur 41
- Strukturformel 41
Ethansäure 70
Ethen 286, 381
- Eigenschaften 25
- Verwendung 25
Ether 55, 295, 505
- symmetrische 295
- unsymmetrische 295
Ethin 26, 285, 286
Ethylendiamintetraacetat 476
Ethyloxonium-Ion 293
Ethyl-tertiär-butylether 55, 302
Eugenol 55, 81
Eutrophierung 155, 157
exergonisch 239, 240, 273
Exosphäre 121
exotherm 5, 195
Explosion 95

Exponentialfunktion 502
Extinktion 91, 347, 349, 353, 355
- Methylenblau 353
Extinktionskoeffizient 353, 355
Extraktion 62
Extruder 388
E-Z-Isomerie 287, 314, 489, 506
E-Z-Nomenklatur 309

F

FAEO 461
β-Faltblattstruktur 436, 437
Faraday-Gesetz 250, 251
Faraday-Konstante 250
Faraday, Michael 250, 320
Faraday-Wirkungsgrad 266
Farbe 372
- Entstehung 346, 348
- Farbensehen 356
- und Molekülstruktur 347, 350, 487
Färberkrapp 361, 368
Färberröte 368
Färberwaid 366
Färbeverfahren 366, 367, 368, 369, 373
Farbkreis 346, 348
Farbmischung
- additive 346, 349, 372
- subtraktive 346, 349, 372
Farbstoffklassen 357
- Anthrachinon-Farbstoffe 361
- Azofarbstoffe 357
- Carbonylfarbstoffe 361
- Polyene 357
- Triphenylmethan-Farbstoffe 360
Farbstoff-Solarzelle 370, 371
Farbübertragungsinhibitoren 464, 465
FAS 460, 461
Fassmodell (Düngung) 153
Fehling-Probe 59, 305, 428, 429, 507
Fermenter 45
FES 461
Fettalkohole 49
Fettalkoholethersulfate (FES) 461
Fettalkoholethoxylate (FAEO) 461
Fettalkoholpolyglykolether 461
Fettalkoholsulfate (FAS) 460, 461
Fette 78, 277, 308, 314
- Additionsreaktionen 310
- alkalische Hydrolyse 455
- Anteil in Kokosraspeln 312
- Aufbau 308, 455
- Autoxidation 311
- Eigenschaften 308
- fette Öle 314
- Härtung 310
- Iodzahl 310, 311
- Löslichkeit 309
- Nährstoffe 313
- Säurezahl 312
- Schmelztemperaturbereich 308, 309
- Speicherstoffe 313
- Struktur 308, 455
- Verdauung 313
- Verseifung 455, 467
- Verzehr 313
Fetthärtung 310
Fettsäuren 71, 83
- *cis*-Fettsäuren 310
- (*E*)-Fettsäuren 310
- essenzielle 308
- gesättigte 309
- Hydrierung 71, 310
- Omega-3-Fettsäuren 308
- *trans*-Fettsäuren 310
- ungesättigte 71, 308, 309
- (*Z*)-Fettsäuren 310
Feuerverzinken 269
fibrilläre Proteine 439
Filterfotometer 354
Fischer, Emil 414, 418
Fischer-Projektionsformel 414, 415, 450
Fischer-Tropsch-Verfahren 283
Flachbatterie 253
Flächenkorrosion 267
Flammenfärbung 507
Flammpunkt 24
Flammtemperatur 24
Fließgleichgewicht 87, 108
- Abbau von Alkohol 108
- in Höhlen 108
- offenes System 108
Fließmittel 280, 338
FloH-Regel 419
Flotation 468
Fluorescein 360
Fluoreszenz 361, 373
Fluoreszenzfarbstoffe 360
Fluorwasserstoff
- EPA-Modell 15
Flüssiggase 279
Folienblasen 388, 389
Formaldehyd 60
- LD_{50} 65
Formalin 60
Formeln
- Halbstrukturformel 288, 504
- Keilstrichformel 288
- Molekülformel 504
- Skelettformel 288, 504
- Strukturformel 276, 288, 504
- Summenformel 504
- Verhältnisformel 504
Formiate 70
Formiat-Ion 163, 171
Fotometer
- Filterfotometer 354
- Kompaktfotometer 354
- UV/VIS-Spektralfotometer 354
Fotometrie 347, 352, 365, 374
- Absorptionsgrad 355
- Absorptionsspektrum 347, 352
- Extinktion 353, 355
- Fotometer-Typen 354
- Küvette 354
- Lambert-Beer-Gesetz 353, 355
- Messprinzip 352, 353
- Spektralfotometer 352
- Transmissionsgrad 353, 355
Fotooxidantien 157
Fotosynthese 5, 132
Fotovoltaik 142
fraktionierende Destillation 278
- unter vermindertem Druck 279
Franklin, Rosalind 446
freie Enthalpie 239, 240, 495
- und chemisches Gleichgewicht 241, 495
- freie Reaktionsenthalpie 239, 240, 242, 243, 273, 495
- galvanische Zelle 495
- Gibbs-Helmholtz-Gleichung 239, 240
- und Gleichgewichtskonstante 241
freie Reaktionsenthalpie 239, 240, 242, 273, 495
- Berechnung 239, 240, 241
- und elektrische Arbeit 242
- und Gesamtentropie 239
- und Potentialdifferenz 242, 243, 273
freie Standardbildungsenthalpie
- Tabelle 239
freie Standardreaktionsenthalpie
- Berechnung 239, 240
Frequenz 348
Friedel-Crafts-Alkylierung 344
Frostschutzmittel 52
Fruchtsäuren 72
Fructofuranose
- α-D-Fructofuranose 420
- β-D-Fructofuranose 420
Fructopyranose
- α-D-Fructopyranose 420
- β-D-Fructopyranose 420
Fructose 418, 452
- Nachweis 429
- offenkettige Form 420
- Ringform 420
Fügeverfahren 389
Fullerene 402
Fullerite 402
funktionelle Gruppen 46, 284, 487
- Aldehydgruppe 60, 61, 83, 276
- Alkylgruppe 46
- Carbonylgruppe 60, 83, 286
- Carboxygruppe 276, 287
- C=C-Doppelbindung 276, 284
- C≡C-Dreifachbindung 276, 285
- Definition 298
- Estergruppe 83, 276
- Aminogruppe 430
- Hydroxygruppe 46, 83, 276, 286
- Ketogruppe 83, 276
- Nachweis 304
- und Stoffklassen 505
- Tabelle 505
funktionelle Isomerie 506
Furan 325, 343
Furanose 420

G

Gallseife 313
galvanisches Element 221, 273
galvanische Zelle 221, 242, 273
- Ionenkonzentration 229, 230
- Spannung 222, 226, 228, 229, 230
Galvanisieren 268
Gärröhrchen 34
Gaschromatograf 280
Gaschromatografie 280, 314
Gaschromatogramm 280, 281
- von Feuerzeuggas 281, 314
Gasgleichung 31
Gaskonstante 31
GC 280
Gefahrenhinweise 496, 497
- Tabelle 498
Gefahrenkategorien 497
- entzündbare Flüssigkeiten 24
Gefahrenklassen 496
Gefahrenpiktogramme 496
Gefahrensymbole 496
Gefahr (Signalwort) 497
Gelborange S 363, 374
Gentechnik 449
geometrische Isomerie 489, 506
Geothermie-Kraftwerk 143
Geraniol 81
Gerüstisomerie 287, 314, 506
Gerüststoffe 462
Gesamthärte
- Bestimmung 477
- Leitungswasser 477
gesättigte Fettsäuren 309
gesättigte Lösung 174
geschlossenes System 109, 194
Geschmacksverstärker 434
Geschwindigkeit
- mittlere 86, 88
- momentane 88
Geschwindigkeitsgesetz 91
Geschwindigkeitskonstante 91
Geschwindigkeitsverteilung 95
Gesetz
- von der Erhaltung der Masse 4
- von den konstanten Massenverhältnissen 4
Getränkeverschluss 391
Geysir 131
GHS 496
Gibbs-Energie 239
Gibbs-Helmholtz-Gleichung 239, 240, 243, 273
Gibbs, Josiah W. 239
Giftgas 112
Gips 148
Gitterenergie 202
Gitterenthalpie 202, 203
- molare 202, 203
- Salze 202
- Standard- 202, 203
- Tabelle 202
Glaselektrode 230, 231
Glaubersalz 148
Gleichgewicht (chemisches) 100, 117
- Aggregatzustände 116
- Ammoniumchlorid 100, 102
- und Ausbeute 241
- Beeinflussung 104, 105, 106
- und Druckänderung 106
- beim Eislaufen 116
- Esterhydrolyse 100, 101, 102
- und freie Reaktionsenthalpie 241
- heterogenes 174
- und Katalyse 115
- und Konzentrationsänderung 104, 105
- Kugelspiel 103
- Löslichkeitsgleichgewicht 174, 175
- Modellversuche 87, 103, 107
- Stechheberversuch 103
- und Temperaturänderung 105
- Veresterung 100, 101, 102
Gleichgewichtskonstante 113, 493
- Berechnung 114, 115, 241
- Temperaturabhängigkeit 114
Gleichgewichtskonzentration 113
Gleichgewichtsreaktionen 101
- Edukte und Produkte 101
- freie Reaktionsenthalpie 241
- Komplexverbindungen 474
Gleichgewichtsverschiebung 104, 105, 106, 107
Gletscher 121
Gliadine 444
Glimmspanprobe 507
globale Mitteltemperatur 138, 139
globuläre Proteine 439
Globuline 439
Glockenböden 278

Glucose 34, 418
- Aldehydform 418
- Enatiomere 415
- Fischer-Projektion 415
- D(+)-Glucose 415
- L(−)-Glucose 415
- α-D-Glucose 418
- β-D-Glucose 418
- Halbacetalbildung 416
- Halbacetalform 419
- Löslichkeit 428
- Nachweis 428, 429
- offenkettige Form 419
- Ringform 419
Glucose-Fructose-Sirup 427
Glucosesirup 427
Glucotest 428
Glutamate 434
Glutamin 430
Glutaminsäure 430
Glutathion 444
Gluten 427, 444
Glutenine 444
Glycerin 52, 53
Glycin 430, 431
glycosidische Bindung 422, 423, 451
glykämischer Index (GI) 421
Glykogen 427
Glykol 52
GOD-Test 428
Gore-Tex® 383
Graphen 403, 409
Graphit 403
Graphit-Gitter 403
GRÄTZEL, MICHAEL 370
Grätzel-Zelle 370, 371
Grenzflächenaktivität
- von Tensiden 458
griechisches Alphabet 510
griechische Zahlwörter 508
Größen
- Tabelle 508, 510
Grotthuß-Mechanismus 188
GRUBBS, ROBERT H. 479
Grünspan 67
Guanin 446
GULDBERG, CATO MAXIMILIAN 113

H

HABER, FRITZ 110, 112
Halbacetalbildung
- intramolekulare 418
- Reaktionsmechanismus 416
Halbacetale 416, 418, 429
Halbäquivalenzpunkt 186
Halbelement 221
Halbleiter 406
Halbstrukturformel 288, 504
Halbtitration 186, 205
Halbwertszeit 91
Halbzelle 221
Halogenalkane 284, 290
- Benennung 291
- Nomenklatur 291
- Verwendung 290
Halogen-Atome
- Nachweis 507
Halogenierung von Methan
- Reaktionswärmen 292
Häm 482
Hämatit 6
Hämoglobin 437, 470, 482, 484
Harnstoff
- SCR 97
Hauptgruppen 8
Hauptsätze der Thermodynamik
- Dritter 236
- Erster 195, 197, 205
- Zweiter 235, 273
Hautcreme 51
Haworth-Formel 450
Haworth-Projektion 419, 450
HAWORTH, WALTER NORMAN 419
Hefe 34, 36, 37
Heizöl
- leichtes 278, 279
- schweres 278, 279
Heizwert
- Bestimmung 44, 45
Helix 424
α-Helix 436, 437
HELMHOLTZ, HERMANN VON 217
Henderson-Hasselbalch-Gleichung 181, 186
Heptan
- Bromierung 291
HESS, GERMAIN HENRI 217
Heteroatome 504
heterogenes Gleichgewicht 174
Heterolyse 290
heterolytisch 329
Hexadecanoate 70
Hexadecansäure 70, 71, 309
Hexanal 60
Hexanhexol 52, 53
Himbeerketon 61
Hinreaktion 101
HIPPOKRATES 336
Hirschhornsalz 125
Histidin 430
HOFFMANN, FELIX 319
Hofmann-Zersetzungsapparat 250
Hohlkörperblasen 388, 389
Holzkohle 7
homogenes System 113
Homogenhöhe 121
homologe Reihe
- Alkane 20
- Alkanole 46, 48
- Alkansäuren 70
- Alkene 25
- Alkine 26
Homolyse 290
homolytische Spaltung 219
Homöostase 182
H-Sätze 496, 497
- Tabelle 498
HÜCKEL, ERICH 324
Hückel-Regel 324, 343
Humus 132, 157
HUND, FRIEDRICH 326
Hybridisierung 327
Hydratation 202
Hydratationsenthalpie 202, 203
- molare 202, 203
- Salze 202
- Standard- 202, 203
- Tabelle 202
Hydrathülle 17
Hydratisierung 297
Hydrierung 285, 297
- von Alkenen 285
- katalytische 310
- ungesättigte Fettsäuren 71, 310
Hydrogencarbonate 124
Hydrogencarbonat-Ion 123, 124, 163
Hydrogenchlorid 163
Hydrogenphosphate 151
Hydrogenphosphat-Ion 163
Hydrogensulfate 148
Hydrogensulfat-Ion 163
Hydrogensulfid-Ion 163
Hydrogensulfit-Ion 163
Hydrogentartrate 72
Hydrolipidfilm 51
Hydrolyse
- alkalische 455
- von Cellulose 428
- von Estern 77, 299
- von Fetten 455
- saure 299
Hydroperoxide 311
hydrophil 23, 43, 407, 489
hydrophob 23, 43, 406, 407
Hydrophobierung 405
- von Papier 427
Hydrosphäre 136
Hydroxid-Ion 19, 162
- Nachweis 172
4-Hydroxyazobenzol 359, 372
Hydroxybenzol 330
Hydroxycarbonsäuren 72
Hydroxygruppe 41, 46, 286, 487
2-Hydroxypropansäure 412
Hypertrophierung 155
hypsochromer Effekt 351

I

Ibuprofen 338, 340, 341
+I-Effekt 171, 292, 293, 294, 333
−I-Effekt 170, 171, 292, 293, 294, 332, 333
IEP 432
IGCC 144
IMMERWAHR, CLARA 112
Immunchromatografie 443
Indanthrenblau RS 361, 373
Indanthren-Farbstoffe 361
Indigo 347, 366, 367, 369
Indigokarmin 363
Indigopflanze 366
Indigotin I 362, 363
Indikatoren
- Säure-Base-Indikatoren 172, 187, 205, 357, 359, 372
Induced-Fit-Theorie 99
induktiver Effekt 170, 171, 292, 293, 294, 315, 332, 333
- Basenstärke 171
- Säurestärke 170, 171
Industriealkohol 43
Inertgas 281
Inhibitoren 290
innere Energie 195, 198, 205, 494
- Arbeit 198
- Reaktionsenergie 198
- Wärme 198
intramolekulare Halbacetalbildung 418
Iod
- Molekülgitter 16
- Nachweis 507
Iodid-Ion
- Nachweis 507
Iod-Kaliumiodid-Lösung 214, 424
Iodometrie 214, 215
Iod-Stärke-Reaktion 507
Iodzahl 310, 311
Ionen 10
Ionenäquivalentleitfähigkeit 188
Ionenaustauscher 157
Ionenbildung 10
- Edelgaskonfiguration 10
- Schalenmodell 10
Ionenbindung 11, 486
Ionengitter 11, 202, 486
Ionenprodukt
- des Wassers 164, 165, 204
Ionenverbindungen 10
Ionisierung 8
Ionisierungsenergie 8
irreversible Vorgänge 235
Isobuten 302, 316
- Dehydratisierung 302
- Hydratisierung 302
Isocyanate 386, 505
isoelektrischer Punkt 432
Isoleucin 430
isoliertes System 194
- Entropie 237
Isomaltulose 421
Isomerie 20, 47, 486, 489, 506
- Alkane 21
- Bindungsisomerie 506
- *cis-trans*-Isomerie 287, 314
- *E-Z*-Isomerie 287, 314, 489, 506
- funktionelle Isomerie 506
- geometrische Isomerie 489, 506
- Gerüstisomerie 287, 314, 506
- Hexan 21
- Komplexverbindungen 472
- Konformationsisomerie 506
- Konstitutionsisomerie 20, 314, 506
- Koordinationsisomerie 287
- optische 413
- Positionsisomerie 287, 314, 506
- Protonenisomerie 506
- Raumisomerie 287, 506
- Rotationsisomerie 506
- Skelettisomerie 314, 506
- Spiegelbildisomerie 287, 303, 314, 413, 489, 506
- Stellungsisomerie 314, 506
- Stereoisomerie 287, 303, 413, 489, 506
- Strukturisomerie 20, 287, 314, 506
- Tabelle 506
- Tautomerie 506
- Valenzisomerie 506
Isopropanol 49
isotaktisches Polypropen 390, 391
Isotope 8
IUPAC 76
- Nomenklatur 21

J

α-Jonon 81

K

Kalandrieren 389
Kalisalpeter 149
Kalium
- Nachweis 507
Kaliumcarbonat 124, 125
Kaliumhydrogenoxalat 72
Kaliumhydrogentartrat 72
Kaliumnitrat 149
Kalk 124
- Bestimmung 128
- Brennen 127
- Kesselstein 127
- Löschen 127
- Nachweis 125
- in Tropfsteinhöhlen 126
- Wasserhärte 127, 128

Kalkalgen 135
Kalkmörtel 127
Kalksinterterrasse 126
Kalkspat 124
Kalkstein 124, 126, 127
Kalktuff 131
Kalkwasserprobe 7, 172, 173, 507
Kalorimeter
- Bombenkalorimeter 200
Kalorimetrie 200, 205
- Lösungsenthalpie 201
- Neutralisationsenthalpie 201
Kalottenmodell 276, 288
Kältemittel 111
Kapazität
- von Akkumulatoren 255
Karmin 362, 363
Karminsäure 362
Katalyatoren
- Komplexverbindungen 479
Katalysatoren 86, 96, 98, 99, 315
- Ammoniak-Synthese 111
- Elektrokatalyse 307
- Essigsäure-Synthese 306, 307
- Fischer-Tropsch-Verfahren 283
- Komplexe 306, 307
- in Kraftfahrzeugen 97
- Methanisierung 307
- Polypropen-Synthese 390, 391
- Power-to-Gas 307
Katalyse 5, 96, 117, 315, 492
- Aktivierungsenergie 96
- und chemisches Gleichgewicht 115, 299
- Energiediagramm 96
- heterogene 265, 300, 307
- homogene 300, 307
- katalytischer Kreislauf 306
Kater (Alkohol) 64
Kathode 221, 244
kathodischer Korrosionsschutz 268, 269
Kationen 10
- als Säuren 178, 179
kationische Tenside 460, 461
Kation-Tenside 461
Katzengold 7
Kaugummi 79
K_B-Wert 167, 168, 204
- Tabelle 168
Keesom-Kräfte 16, 17
Keilstrichformel 288
Kekulé, August 321
Kelvin-Temperaturskala 31, 236
Keratine 439, 442
Kernladungszahl 8
Kerogen 130, 138
Kerosin 279
Kesselstein 127, 462
Keto-Endiol-Tautomerie 428
Ketogruppe 487
Ketone 58, 61, 83, 487, 505
- Halbacetalbildung 416
- Struktur-Eigenschafts-Beziehungen 61
- Vollacetalbildung 416
Ketosen 417, 450
Kettenreaktion 276
Kikunae, Ikeda 434
Kilowattstunde (kWh) 261
Kinetik 88
KKK-Regel 335, 343
Kleben
- Adhäsion 393
- Kohäsion 393
Klebereiweiß 444
Klebstoffe 393, 397
Klima 156
- Entwicklung 121
Klimaforschung 139, 145
Knallgasprobe 507
Knallgaszelle 264
Kohäsion
- beim Kleben 393
Kohlenhydrate 428, 450
- Aldose 417
- Ketose 417
- Klassifizierung 417
- in der Küche 444
- Nachweis 428, 450
- Vorkommen 417
Kohlenhydratmast 313
Kohlensäure 123, 156, 163, 172
- Nachweis 172
- Salze 124
Kohlensäure-Bicarbonat-Puffer 182
Kohlensäure-Hydrogencarbonat-Puffersystem 182
Kohlenstoff 7
- in der Atmosphäre 120
- Kreislauf 120, 132
- und Landwirtschaft 141
- in der Lithosphäre 120
- Modifikationen 402, 403, 409
- Nanotubes 402, 409
- Speicher 120, 130, 135, 140, 141
- Verbindungen 130
Kohlenstoff-Atome
- Nachweis 507
Kohlenstoff-Atom-Kreislauf 120, 130, 131, 132, 156, 158
Kohlenstoffdioxid 122
- in der Atmosphäre 134, 146
- Eigenschaften 122
- im Eisbohrkern 145
- Emission 30, 260, 261
- Entkoffeinierung 122
- in Getränken 87, 106
- globale Emission 144
- im Ozean 146
- und Kohlensäure 156
- Konzentration 120, 146
- Löslichkeit 123, 133
- Nachweis 172, 507
- im Ozean 134
- Säurewirkung 133
- Speicherkurve 146
- Speicherung 144
- als Treibhausgas 137, 138
- Verwendung 122
- Vorkommen 122, 123
Kohlenstoffmonooxid 122
- Eigenschaften 122
Kohlenwasserstoffe 20, 27
- aromatische 343
- C-C-Verknüpfungsprinzip 487
- aus Erdöl 314
- gesättigte 284
- Halogenierung 290
- Reaktionen 290
- ungesättigte 284
- Vielfalt 26
Kokosraspeln
- Fettanteil 312
Koks 318
Kolbe, Hermann 336
Kollagene 439
Kollisionsmodell 91, 117, 492
Kolloid 439, 456
kolloidale Lösung 439, 456
Kolorimetrie 352
Kompaktfotometer 354
kompetitive Hemmung 65
Komplementärfarbe 346, 348, 349, 372
Komplexe 470
- Bindung 307, 484
- Chelatkomplexe 476, 484
- Isomerie 484
- Struktur 484
- als Wasserenthärter 478
komplexometrische Titration 476, 477
Komplexreaktionen 476
Komplexverbindungen 470
- in der Analytik 480
- Benennung 471
- Chelatkomplexe 479
- Dissoziationskonstanten 474, 475
- Edelgaskonfiguration 473
- Elektronenpaarbindung 473
- in der Galvanotechnik 478
- in der Gewässeruntersuchung 480, 481
- Gleichgewichtsreaktionen 474
- Gleichgewichtsverschiebungen 475
- Isomerie 472
- als Katalysatoren 479
- Komplexe 479
- Koordinationszahl 472
- koordinative Bindung 178, 473
- Kristallfeldtheorie 473
- im Labor 478
- Liganden 470
- Ligandenaustausch 474, 484
- Ligandenfeldtheorie 473
- Ligandennamen 471
- in der Medizin 480
- in der Metallgewinnung 478
- Molekülorbitalmodell 473
- in der Natur 482, 483
- Stabilität 474
- Struktur 472
- in der Technik 478
- Zentralteilchen 470
Kondensationsreaktion 76, 298
Konduktometrie 188
konduktometrische Titration 188, 190
- Äquivalenzpunkt 189
- Titrationskurve 189
Konformation 99
Konformationsisomerie 506
Königsblau-Nachweis 59
konjugierte Doppelbindungen 324, 347, 350, 487
konjugierte Redoxpaare 211
konjugierte Säure-Base-Paare 162, 163, 168, 204
Konservierungsstoffe 73
Konstitutionsisomerie 20, 314, 486, 506
Kontaktelement 267, 273
kontraktile Proteine 442
Konzentration 29
Konzentrationsberechnung
- Titration 191
Konzentrationszelle
- und Entropie 234, 235
- Potentialdifferenz 228
- Spannung 227, 228
Koordinationsisomerie 287
Koordinationspolyeder 472
Koordinationsverbindungen 470
Koordinationszahl 472
koordinative Bindung 178, 307, 473
Kopplung
- negative 146
- positive 146
Koralle 135
korrespondierende Redoxpaare 211
korrespondierende Säure-Base-Paare 162
Korrosion 267, 268, 269, 270, 273
Korrosionsinhibitoren 465
Korrosionsschutz 273
- Feuerverzinken 269
- Galvanisieren 268
- kathodischer 268, 269, 272
- Metallüberzüge 272
- Passivieren 269
- Schmelztauchen 268
kovalente Bindung 14
Kraftstoffe
- synthetische 283
Kraft-Wärme-Kopplungsanlage 263
Krapprot 361, 368
Kristallfeldtheorie 473
kristalline Kunststoffe 378
Kristallisationsenthalpie 235
Kronenether 483
Kryolith 249
K_S-Wert 167, 168, 204
- Tabelle 168
Kugel-Stab-Modell 276, 288, 487
Kühlschrank 111
Kunststoffabfall
- energetische Verwertung 394, 395
- im Meer 396
- petrochemische Verfahren 395
- Pyrolyse 395
- rohstoffliche Verwertung 394, 395
- solvolytische Verfahren 395
- Verwertung 394, 395, 408
- werkstoffliche Verwertung 394, 395
Kunststoffe 378, 489
- ABS 376
- amorphe 378
- im Auto 378
- Bierflaschen 376
- biologisch abbaubare 398, 408
- carbonfaserverstärkte 399, 403
- Duromere 378, 379
- Elastomere 378, 379
- Glasübergang 379
- in Kraftfahrzeugen 392
- kristalline 378
- Kunststoffabfall 394, 396, 408
- Kunststoffmüll 396
- in der Medizin 377
- Sportschuhe 376
- Symbole 392
- Thermoplaste 378, 379
- Verarbeitung 388, 408
- Verpackungen 392
- Weltproduktion (Tabelle) 392
- Windenergieanlage 377
Kunststoffmüll
- im Meer 396

Kunststoffverarbeitung 408
- 3D-Druck 388
- Extrudieren 388
- Folienblasen 389
- Fügen 389
- Hohlkörperblasen 388, 389
- Kalandrieren 389
- Kleben 389
- Pressen 389
- Rotationsformen 389
- Schweißen 389
- Spritzgießen 388
- Tiefziehen 389
- Umformen 388, 389
- Urformverfahren 388
- Zahnschiene 388
Küpe 367
Küpenfärbung 366, 367
Kupfer
- Nachweis 480, 507
Kupferacetat 67
Kupfer(II)-sulfat 148
Kupferkies 6
Kupferkomplexe 470
Küvette 354
KWK-Anlage 263

L
Lachgas 141
- als Treibhausgas 141
Lackmus 187
Lactase 423
Lactid 398
Lactose 422, 423, 450
Lactoseintoleranz 423
LADME 341
Lambert-Beer-Gesetz 353, 355
LAMBERT, JOHANN HEINRICH 355
LAS 460, 461
Latentwärmespeicher 263
Laurate 70
Laurinsäure 70, 71, 309
Lavendelblüten 62
Lavendelöl 62
LCD-Display 406
LD 341
Lebensmittelfarbstoffe 347, 362, 373
- Dünnschichtchromatografie 364
- Extraktion 364
- fotometrische Bestimmung 365
- Tabelle 363
Lebensmittelzusatzstoffe
- E-Nummern 73
Leberzirrhose 38
LEBLANC, NICOLAS 455
LE CHATELIER, HENRY 107
Leclanché-Element 252, 254
LECLANCHÉ, GEORGES 252
Lederschwarz 359
Leerlaufspannung 222
Legierung 6, 13
Lego® 383
Leichtbenzin 279
leichtes Heizöl 278, 279
Leichtmetalle 6
Leidenfrost-Phänomen 405
Leistung
- elektrische 265
Leitfähigkeit (elektrische) 188
Leitfähigkeitstitration 188, 190
- Äquivalenzpunkt 189
- Titrationskurve 189
letal 341
letale Dosis (LD) 65, 341
Leuchtdioden
- organische 393
Leucin 430
Leukoindigo 367, 369
Lewis-Schreibweise 9
Licht 372
- Energie 348
- linear polarisiertes 413
- monochromatisches 349, 352
- Spektrum 348
Lichtgeschwindigkeit 348
LIEBIG, JUSTUS VON 58, 150, 153, 320, 455
Liganden 307, 470, 471
Ligandenaustausch-Reaktion 474, 484
Ligandenfeldtheorie 473
Limonen 81
LINDE, CARL VON 111
linear polarisiertes Licht 413
α-Linolensäure 309
Linolsäure 309
Lipasen 464
lipophil 23, 43, 489
lipophob 23, 43
Lippenstift 362
LISTER, JOSEPH 330
Lithium
- Nachweis 507
Lithium-Ionen-Akkumulator 256
Lithium-Mangan-Batterie 253
Lithium-Polymer-Akkumulator 257
Lithosphäre 120
Lochfraß 267
Lochkorrosion 267
Logarithmus 502
- dekadischer 503
- natürlicher 503
Lokalelement 267, 268, 271
London-Kräfte 16, 17, 22, 488
Löschkalk 127
Löslichkeitsgleichgewicht 174
- Prinzip von LE CHATELIER und BRAUN 174, 175
- und Temperatur 175
Löslichkeitsprodukt 117, 174
- Bestimmung 175, 232
- Nernst-Gleichung 232
- Tabelle 174
Lösung
- gesättigte 174
Lösungsenthalpie 202, 203, 205
- Bestimmung 201
- molare 202, 203
- Standard- 202, 203
Lösungstension 222
Lösungsvorgang
- und Energie 202
- und Entropie 203
Lotuseffekt 404, 405, 406, 407
Lugol'sche Lösung 424
Lycopin 350, 487
Lycra® 387
Lysin 430
- im Körper 434

M
Magnesiumsulfat 148
Magneteisenerz 6
Magnetit 6
MAILLARD, LOUIS 445
Maillard-Reaktion 445
Makromoleküle 378, 489
Makrozustand 238
Malachitgrün 91
Malate 72
Maltose 422, 450
Malvin 370
Malzzucker 422
Mangancarbonat 124
Manganspat 124
Margarine 310
MARKOWNIKOW, WLADIMIR 297
Marmor 124
Maßanalyse 30
Masse 30
Massenanteil 29
Massenerhaltung 4
Massenkonzentration 29, 164
Massenwirkungsgesetz 113, 114, 117, 493
- kinetische Herleitung 115
Massenzahl 8
Maxwell-Boltzmann-Verteilung 95
MAXWELL, JAMES CLERK 95
+M-Effekt 332, 333, 350
–M-Effekt 332, 333, 351
Mehrfachbindungen 14
Mehrfachzucker 417
mehrwertige Alkohole 52
MEIDINGER, HEINRICH 223
Melanoide 445
Membranverfahren 247
mesomere Grenzformeln 357
- Acetat-Ion 170
- Anilingelb 357
- Azofarbstoffe 357
- Benzol 323, 343
- Buta-1,3-dien 324
- Carbonat-Ion 324
- Carboxylat-Ion 324
- Methylorange 357
- Nitrat-Ion 324
- Nitrobenzol 332
- Patentblau V 351
- Phenol 332
- Phenolat-Ion 330
- Pyrrol 344
mesomerer Effekt 332, 333, 350
Mesomerie 170, 322, 323, 343
- und Aromatizität 324
Mesomerieenergie 323
Mesosphäre 121
messenger-RNA 447
meta 321, 332
Metabolismus 341
Metallbindung 12, 13, 486
Metalle 6, 486
- Duktilität 13
- edle 6
- elektrische Leitfähigkeit 12, 13
- Elektronengasmodell 12
- Legierungen 13
- Leichtmetalle 6
- Metallbindung 12
- Schwermetalle 6
- unedle 6
- Wärmeleitfähigkeit 12
Metallgewinnung
- aus Metalloxiden 7
- aus sulfidischen Erzen 7
Metallgitter 12
metastabil 96, 241
metastabile Systeme 241
Methacrylsäuremethylester 381
Methan
- Chlorierung 290, 292
- Halogenierung 292
- als Treibhausgas 137
Methanal 60
Methanisierung 262, 307
Methan-Molekül
- EPA-Modell 15
Methanoate 70
Methanol 46, 49
- Boraxprobe 49
- Carbonylierung 306
- Eigenschaften 344
- LD_{50} 65
- Vergiftung 65
Methansäure 70, 71
Methionin 430
Methylamin 171
- Basenstärke 171
Methylammonium-Ion 171
Methylcyanacrylat 397
Methylenblau 353, 355
Methylorange 187, 357, 359
2-Methylpropan-1-ol 47
2-Methylpropan-2-ol 47
Methylrot 187
Methyl-tertiär-butylether 55, 302, 316
Methylvinylether 410
Methylviolett 374
Micelle 467
- Kugelmicelle 456
- Stabmicelle 456
Microzelle 253
Mignonzelle 253
Mikrofibrillen 425
Mikrostrukturierung 405, 406, 407
Mikrozustand 238
Milch 74
Milchprodukte 74
Milchsäure 35, 72, 412, 413
- Bestimmung 74
- Enantiomere 415
- Fischer-Projektion 414, 415
- linksdrehende 412, 413
- rechtsdrehende 412, 413
Milchsäurebakterien 35
Milchsäuregärung 412
Milchzucker 423
Mineraldünger 112, 152, 153
- Untersuchung 154
Mineralsalze 147, 157
Mineralstoffe 147
Mineralwasser 123
Mittelbenzin 279
Mitteldestillate 278, 279
mittlere Reaktionsgeschwindigkeit 89, 117
mobile Phase (Chromatografie) 280, 338
Modifikationen 402
modifizierte Stärke 427
molare Masse 28
molares Volumen 28
Molecular Modelling 288, 289
Moleküle 14
Moleküleditor 288
Molekülformel 20, 504
Molekülgeometrie 286
Molekülgitter 16, 22
Molekülorbitalmodell 473

Molekülstrukturen
- am Computer 288
- Darstellungen 276, 288
- Halbstrukturformel 288
- Kalottenmodell 276, 288
- Keilstrichformel 288
- Kugel-Stab-Modell 276, 288
- Skelettformel 288
- Stäbchenmodell 289
- Strukturformel 276, 288
Molekülverbindungen 14, 486
momentane Reaktionsgeschwindigkeit 89, 117
monochromatisch 349, 352
Monomer 378, 408
monomolekulare nucleophile Substitution 293
Monosaccharide 417, 450
Monozelle 253
Mostgewicht 36
m-RNA 447
MTBE 55, 302, 316
Müllstrudel 396
Multilayer-Technik 376
Muschelkalk 124
Mutation 448
MWG 114, 117, 493
Myricylalkohol 78
Myristinsäure 309

N

Nachweise 491, 507
- Aldehyde 59, 60, 304, 305, 507
- Aldehydgruppe 507
- Alkohole 50, 304
- Amine 305
- Ammoniak 172
- Ammonium 172, 173, 507
- Barium 174, 175, 507
- Benedict-Probe 59, 305, 429, 507
- Biuret-Reaktion 439
- Bromid 507
- Bromwasserprobe 296, 304, 507
- Caesium 507
- Calcium 507
- Carbonat 125, 172, 173
- Carbonsäuren 305
- Carbonylgruppe 80, 304
- Carboxygruppe 172, 173
- C=C-Doppelbindung 296, 304, 507
- C≡C-Dreifachbindung 296, 304, 507
- Chlorid 175, 294, 507
- DNPH-Test 80
- Eisen 480, 507
- Ester 301, 305
- Ethanol 50
- Fehling-Probe 59, 305, 429, 507
- Flammenfärbung 507
- Fructose 429
- funktionelle Gruppen 304
- Glimmspanprobe 507
- Glucose 428, 429
- Glucotest 428, 429
- GOD-Test 428
- Halogen-Atome 507
- Hydroxid-Ion 172
- Iod 507
- Iodid 507
- Iod-Stärke-Reaktion 507
- Kalium 507
- Kalkwasserprobe 172, 173, 507
- Knallgasprobe 507
- Kohlenhydrate 428, 429, 450
- Kohlensäure 172
- Kohlenstoff-Atome 507
- Kohlenstoffdioxid 172, 507
- Königsblau-Nachweis 59
- Kupfer 480, 507
- Lithium 507
- und Löslichkeitsprodukt 175
- Natrium 507
- Nickel 476, 480
- Ninhydrin-Reaktion 439
- Nitrosyl-Kation 359
- Oxonium-Ion 172, 173
- Proteine 439, 450
- Rojahn-Test 305
- Rubidium 507
- Sauerstoff 507
- Sauerstoff-Atome 507
- Schiff'sche Probe 59, 507
- Schwefel-Atome 507
- Silber 175, 507
- Silberspiegelprobe 59, 304, 428
- Stärke 424, 507
- Stickstoff-Verbindungen 507
- Strontium 507
- Sulfat 148, 174, 175, 507
- Tabelle 507
- Tollens-Probe 59, 304, 428
- ungesättigte Verbindungen 285, 296, 304, 507
- Wasser 507
Wasserstoff 507
- Wasserstoff-Atome 507
- Zucker 429
NAD$^+$ 64
Nagellackentferner 61, 86
Nährstoffe
- Fette 313
- Stärke 427
Nanochemie 404
Nanofasern 406
Nanomaterialien 409
- Analyse 401
- Anwendung 401, 406, 407
- Bottom-up-Verfahren 400, 401
- Eigenschaften 400, 401, 406, 407
- Herstellung 400, 401
- Top-down-Verfahren 400, 401
Nanometer (nm) 400
Nanoobjekte 406
Nanopartikel 406
- Gold 401, 405
- Halbleiter 406
- LCD-Display 406
- in Lebensmitteln 377
- Gold 443
- Oberfläche-Volumen-Verhältnis 377, 400
- Polymere 400, 401
- Risiken 406, 410
- Ruß 404
- Silber 401, 410
- in Sonnencreme 404, 406
- Titandioxid 404
- Tyndall-Effekt 401
Nanoplättchen 406
nanoskalig 400
Nanostrukturierung 405, 406, 407
Nanotubes 402
Naphthalin 325, 343
Narkose
- mit Ether 55
Natrium
- Nachweis 507
Natriumaluminiumsilicate 462
Natriumamalgam 247
Natriumcarbonat 124
Natriumchlorid
- Struktur 11
Natriumhydrogencarbonat 124, 125
Natriumhydrogensulfat 148
Natriumnitrat 149
Natriumpercarbonat 463
Natriumsulfat 148
Natron 124, 125
Natronlauge
- in der Lebensmittelindustrie 161
Natronsalpeter 149, 150
NATTA, GIULIO 390
Naturkonstanten
- Tabelle 508
Nebengruppen 8
Nennspannung 252, 253
Nernst-Gleichung 229, 230, 233, 273
NERNST, WALTER 229
Netzhaut 356
neutrale Lösungen
- Salzlösungen 179
Neutralisation 161
- und Energie 196, 197
Neutralisationsanlage 161
Neutralisationsenergie 197
Neutralisationsenthalpie 197, 205
- Bestimmung 201
Neutralisationswärme 196
Neutralpunkt 184
Neutron 8
nichtionische Tenside 460, 461
nichtreduzierende Disaccharide 423
Nickel
- Nachweis 476, 480
Nickel-Metallhydrid-Akkumulator 256
Nicotinamid-Adenin-Dinucleotid 64
Nikotin 342
- Pflaster 342
Ninhydrin 433, 439
Ninhydrin-Reaktion 439
Niotenside 461
Nitrate 149
- Mineraldünger 155
- Umweltbelastung 155
Nitrat-Ion 163
Nitrierung
- von Benzol 331
Nitrifizierung 150
Nitrile 505
Nitrit-Ion 358
Nitrobenzol 330
- Bromierung 333
- M-Effekt der NO2-Gruppe 332
- mesomere Grenzformeln 332
Nitrosamine 155, 358
Nitrosyl-Kation 358
Nitroverbindungen 505
Nomenklatur
- Alkane 21
- Komplexverbindungen 471
- organische Verbindungen 505
Nonan-1-ol 46
Normann, Wilhelm 310
Nozizeptoren 340
Nucleinsäuren 446, 447, 451
nucleophil 293, 297, 298
nucleophiler Angriff 298, 334, 335
nucleophiles Teilchen 298, 334
nucleophile Substitution 293, 294, 295, 334
- an Alkoholen 295
- und Eliminierung 295
- an Halogenalkanen 334
nucleophile Teilchen 334
Nucleosid 447
Nucleotid 447
Nukleonen 8
Nukleonenzahl 8
Nylon 376, 385
Nylonseiltrick 385

O

Oberfläche
- hydrophile 407
- hydrophobe 406, 407
- mikrostrukturierte 406, 407
- nanostrukturierte 405, 406, 407
- selbstreinigende 405, 406, 407
- superhydrophobe 405, 407, 409
Oberflächenspannung
- Ursache 457
- Verminderung 456
(9*Z*,12*Z*)-Octadeca-9,12-diensäure 309
Octadecanoate 70
Octadecansäure 70, 71, 309
(9*Z*,12*Z*,15*Z*)-Octadeca-9,12,15-triensäure 309
Octanzahl 55
Oechslegrad 36
offenes System 108, 194
Ohm'sches Gesetz 244, 245
Oktettregel 10
Öle 314
OLED 393
Oligopeptide 451
Oligosaccharide 417, 450, 451
Ölschiefer 130
Operatoren 32
Opferanode 269
Opsin 356
optische Aktivität 413, 450
optische Aufheller 464
optische Isomerie 413
Orbitalmodell
- Benzol-Molekül 326, 328
- chemische Bindung 327
Ordnungszahl 8
organische Leuchtdioden 393
organische Reaktionstypen 284, 285, 315
organische Stoffklassen
- funktionelle Gruppen 505
- Tabelle 505
organische Verbindungen
- qualitative Analyse 507
ortho 321, 332
Oszillationstheorie 321
Ottokraftstoff 318
Oxalate 72
Oxalsäure 72, 74, 215
Oxidation 6, 7, 18, 210, 491
- von Alkoholen 58, 83
- Elektronenabgabe 210
Oxidationshemmer 73
Oxidationsmittel 18, 211, 490, 491
Oxidationszahl 56, 58, 212
- Ermittlung 56, 57, 212
- organische Moleküle 56, 57
- in Redoxgleichungen 213
- Redoxreaktionen 212
Oxonium-Ion 19, 162
- Nachweis 172, 173

Ozean
- biologische Vorgänge 135
- Kohlenstoffdioxid 134, 135
- pH-Wert 134, 135
- Strömungssystem 134
- Versauerung 135
Ozon
- als Treibhausgas 137
Ozonloch 290
Ozonschicht 121, 136, 156

P
Palmitate 70
Palmitinsäure 70, 71, 309
Palmitinsäuremyricylester 78
PAN 381
- Carbonfasern 399
Papier
- aus Cellulose 427
Papierchromatografie 280
para 321, 332
Parabene 79
PARACELSUS 406
Paracetamol 340, 341
- Dünnschichtchromatografie 339
Paraffine 22
Paraffinöle 24
Parfüm 35
Partialladung 15, 170
Patentblau V 351, 363
PAULING, LINUS 326
PC 384
PCR 449
PE 25, 381
Pedelec 208
Pedosphäre 136
PEM-Brennstoffzelle 264, 265, 266
PEM-Elektrolyseur 260
PEMFC 264, 265
Pentanatriumtriphosphat 462
Pentanpentol 53
Peptidbindung 451
Peptide 437, 451
- Struktur 436
Perchlorat-Ion 163
Perchlorsäure 163
Perioden (im PSE) 8
Periodensystem 8, 9
Perlon® 385
Permafrostböden 140
permanenter Dipol 16
Permanganometrie 214, 215
PET 376, 384
Petroleum 279
Pflanzenwachstum
- Mineralstoffe 147
Pharmakodynamik 341
Pharmakokinetik 341
Phase 92
Phasengrenze 221
Phasengrenzfläche 92
PHB-Ester 79
Phenanthren 343
Phenol 318, 330, 343
- Bromierung 333
- Gewinnung 318
- M-Effekt der OH-Gruppe 332
- mesomere Grenzformeln 332
- Protolyse 171
- als Säure 171, 330
Phenolat-Ion
- mesomere Grenzformeln 171, 330
Phenolphthalein 187, 360
Phenylalanin 430, 434
Phenylketonurie 434
Phenylmethan 330
Phenylmethanal 331
Phenylmethanol 331
Phenylmethansäure 331
pH-metrische Titration 184, 185, 190
Phosphate 151, 462
- Mineraldünger 152
- Umweltbelastung 155
Phosphat-Ion 163
Phosphonate 462
- als Bleichmittelstabilisatoren 463
Phosphor-Atom-Kreislauf 152
Phosphorit 151
Phosphorsäure 151, 163
Photon 346, 348, 352
Phthalate 382
Phthalsäure 84
pH-Wert 160, 164, 165, 166, 204
- alkalische Lösungen 165
- Basenlösungen 177
- Blut 180
- Boden 157
- Meerwasser 134, 135
- neutrale Lösungen 165
- Pufferlösungen 181
- Salzlösungen 179
- saure Lösungen 165
- Säurelösungen 176
- schwache Basen 177
- schwache Säuren 176
- sehr starke Basen 177
- sehr starke Säuren 176
- Stoffmengenkonzentration 166
Phytoplankton 135
Pikometer (pm) 289
pK_B-Wert 167, 168, 169, 204
- Tabelle 168
pK_S-Wert 167, 168, 169, 204
- Tabelle 168
PLA 398
Planck-Konstante 348
Plankton 135
Plastics 378
Plastik 378
Plexiglas® 383
PMMA 381, 382, 383
pOH-Wert 166, 204
polare Elektronenpaarbindung 15
Polarforschung 145
Polarimetrie 413, 450
Polarisationsspannung 244, 245
Polyacrylnitril (PAN) 381
- Carbonfasern 399
Polyaddition 380, 386, 387, 408
Polyaddukte 408
Polyamide 385
Polycarbonate (PC) 384
Polycarboxylate 462, 463
Polyene 350, 357, 372
- Lebensmittelfarbstoffe 363
Polyester 79, 384
Polyesterharze 384, 385
Polyethen (PE) 25
- amorphes 382
- Hochdruck-Polyethen 381, 382
- kristallines 382
- Niederdruck-Polyethen 381, 382
Polyethylen (PE) 25, 381
Polyethylenterephthalat (PET) 384
Polyhydroxyaldehyde 417
Polyhydroxyketone 417
1,4-Polyisopren 409
Polykondensate 408
Polykondensation 380, 384, 408
Polymerase 449
Polymerase-Kettenreaktion 449
Polymere 378, 408
- Nanopartikel 400, 401
Polymerisate 380, 408
Polymerisation 380, 408
- katalytische 390, 391
- radikalische 380, 381
- Repetiereinheit 380
Polymerisationsgrad 408
Polymethacrylsäuremethylester (PMMA) 382, 383
Polymethylmethacrylat (PMMA) 381, 382, 383
- Olympiastadion München 380
Polymilchsäure (PLA) 398
Polyole 52
Polypeptide 451
Polypropen (PP) 381, 382
- ataktisches 390
- Herstellung 390
- isotaktisches 390, 391
- synditaktisches 390
- Verwendung 390
Polysaccharide 417, 450, 451
Polystyrol (PS) 381, 382
Polytetrafluorethen (PTFE) 381, 383
Polyurethane (PU) 386
Polyvinylchlorid (PVC) 381
- Hart-PVC 382
- Verbrennung 395
- Weichmacher 382
- Weich-PVC 382
Polyvinylpyrrolidon 464, 465
p-Orbital 326
Porphyrine 482
Porphyrinring 482, 483
Positionsisomerie 287, 314, 506
Poteine
- Nachweis 450
Potential 222
- und Spannung 224
Potentialdifferenz 222
- Berechnung 233
- und freie Reaktionsenthalpie 242, 243
- galvanische Zelle 228
- Konzentrationszelle 228
Potenz 502
Pottasche 124, 125
Povidon-Iod-Lösung 311
Power-to-Gas 262, 307
Power-to-Liquid 262, 283
PP 381, 382
ppm 138
primäre Alkanole 47, 82
primäres C-Atom 294
Primärstruktur
- Proteine 436
Primärzellen 252, 254, 273
Prinzip vom kleinsten Zwang 107
Prinzip von LE CHATELIER und BRAUN 107, 117, 300, 493
- Komplexverbindungen 475
Prionenerkrankungen 438
Produkte 88, 217
Progesteron 61
Prolin 430
Promille 39
Propan 279
- Chlorierung 291
Propanal 60
Propanoate 70
Propan-1-ol 46, 47
Propan-2-ol 47, 49
Propanon 61
Propansäure 70, 71
- als Konservierungsstoff 73
Propantriol 52, 53
Propen 381
Propionaldehyd 60
Propionate 70, 71
Propionsäure 70, 71
- als Konservierungsstoff 73
Prostaglandine 340
Proteasen 464
Proteine 436
- Albumine 439
- Antikörper 443
- Bändermodell 436
- Bedeutung 442
- Biokatalysatoren 442
- biologische Wertigkeit 441
- Biosynthese 447
- Denaturierung 440, 451
- Eigenschaften 439
- und Ernährung 441, 443
- β-Faltblattstruktur 436, 437
- fibrilläre 439
- Funktionen 442
- globuläre 439
- Globuline 439
- α-Helix 436, 437
- Keratine 439
- Kollagene 439
- kontraktile 442
- körpereigene 441
- in der Küche 444
- Nachweis 439
- Primärstruktur 436, 451
- Quartärstruktur 436, 437, 451
- regulatorische 442
- Ribbons 436
- Schutzproteine 442
- Sekundärstruktur 436, 437, 451
- Skleroproteine 439
- Speicherproteine 442
- Spike-Proteine 443
- Struktur 436, 438, 451
- Strukturberechnung 443
- Strukturproteine 442
- Synthese 441
- Tertiärstruktur 436, 437, 451
- Transportproteine 442
- Verteidigungsproteine 442
Proteinstruktur
- BSE 438
- Creutzfeld-Jakob-Krankheit 438
- Dauerwelle 438
- Haarformung 438
- Handwerk 438
- Medizin 438
- Rinderwahnsinn 438
- Scrapie 438
Protolyse 162, 204
- Salzlösungen 178, 204
Protolysegleichgewicht 167
Proton 8
Protonenakzeptor 19, 162
Protonendonator 19, 162
Protonenisomerie 506
Protonenübergang 162, 490
Protonenübertragung 162, 490
- bei der Esterspaltung 301
Protonen-Übertragungsreaktion 19, 161, 162
Prozessgrößen 195
PS 381, 382
P-Sätze 496, 497
- Tabelle 499

PSE 8
PTFE 381, 383
PU 386
Pufferbereich 181
Pufferkapazität 181
Pufferlösungen 180, 182
- pH-Werte 181
Puffersysteme 180, 181, 204
- im Blut 181, 182
- in Böden 182
- in der Industrie 182
Pump-Speicherwerk 142
Purin 342
Purinbasen 446
PVC 381, 382
- Verbrennung 395
PVP-Iod-Lösung 311
Pyran 325, 419
Pyranose 420
Pyridin 325
Pyrimidin 325, 342
Pyrimidinbasen 446
Pyrolyse 194
- Kohlenwasserstoffen 260
- von Kunststoffen 395
- von Methan 260
pyrophores Eisen 92, 400
Pyrrol 325, 343
- mesomere Grenzformeln 344

Q
qualitative Analyse 507
quantitative Analyse 507
quartäre Dialkylammoniumester 461
Quartärstruktur
- Proteine 436

R
Radikale 290, 334, 402
- Alkylradikale 291
- in Organismen 290
- Stabilität 291
Radikalfänger 402
radikalische Polymerisation 380
- Polymerisationsgrad 381
radikalische Substitution 290, 491
- und elektrophile Substitution 335
- an Toluol 335
Raps 313
Raumisomerie 287, 506
Reaktionsenergie 5, 196, 198, 494
- Reaktionswärme 199
- Volumenarbeit 199
Reaktionsenthalpie 196, 199, 216, 242, 243, 273, 494
- Berechnung 217, 218
- molare 216
- Standard- 216, 217
- Temperaturabhängigkeit 218
Reaktionsentropie 242, 243, 273, 495
- Berechnung 237
- Standard- 237
Reaktionsgeschwindigkeit 88, 89, 492
- Diagramm 89, 91
- Explosion 95
- Geschwindigkeitsgesetz 91
- Geschwindigkeitskonstante 91
- Geschwindigkeitsverteilung 95
- Halbwertszeit 91
- und Katalyse 98
- Kollisionsmodell 91, 492
- und Konzentration 90, 91
- und Massenwirkungsgesetz 115
- Maxwell-Boltzmann-Verteilung 95
- mittlere 89, 117
- momentane 89, 117
- und Oberfläche 92
- und Temperatur 94, 98
- und Zerteilungsgrad 90, 92
Reaktionsgeschwindigkeits-Temperatur-Regel 95
Reaktionsgleichung 4, 504
Reaktionskoordinate 93
Reaktionsmechanismen 491
- Additions-Eliminierungs-reaktion 299
- Definition 290
- und Edukte 334
- elektrophile Addition 296, 297, 334, 335
- elektrophile Substitution 329, 335
- Esterhydrolyse 299
- Friedel-Crafts-Alkylierung 344
- Halbacetalbildung 416
- nucleophile Substitution 293, 294, 295, 334
- Polymerisation (radikalisch) 380
- Polymerisation (Ziegler-Natta-Katalysator) 391
- radikalische Substitution 290, 292, 335, 491
- Überblick 334
- Veresterung 299
- Vollacetalbildung 416
Reaktionstypen 284, 285, 315
Reaktionswärme 196, 198, 200
- endotherme Reaktionen 195
- exotherme Reaktionen 195, 196
Reaktivfärbung 366
Realisierungszahl 238
Rechnen
- chemisches 30, 31
rechtsdrehende Milchsäure 412, 413
Recycling 258, 259
- Code 258
Redox-Flow-Systeme 263
Redoxgleichung 213
- Aufstellen 213
Redoxpaare 211, 491
Redoxpotential 222, 223
- pH-Abhängigkeit 230, 231
Redoxreaktion 6, 7, 18, 210, 273, 490
Redoxreihe 220
- Halogene 220
- Metalle 220
Redoxtitration 214, 273
- Iodometrie 214
- Permanganometrie 214
- Winkler-Methode 214
Reduktion 6, 7, 18, 210, 491
- Elektronenaufnahme 210
Reduktionsmittel 18, 211, 490, 491
reduzierende Disaccharide 422
Regelkreis 146
Regelung 146
Regenbogen 346
regulatorische Proteine 442
Reifungsprozess 25
Repetiereinheit 380, 381, 408
Replikation 448
Ressourcen 258
Retentionsfaktor 339
Retentionszeit (Gaschromatografie) 281
Retinal 356
Retinol 426
reversible Vorgänge 235
RGB-Farbraum 349
RGT-Regel 95, 117
Rhabarber 74
Rhodopsin 356
Ribonucleinsäure 447
Ribose 447
Rinderwahnsinn 438
Risskorrosion 267
RNA 447
ROBINSON, ROBERT 323
Rohöl
- Fraktionen 278, 279
Rohrreiniger 193
Rohrzucker 422
Rohstoffe 258, 259
- nachwachsende 143, 427
rohstoffliche Verwertung 394, 395
Rojahn-Test 305
Rostbatterie 270
Rosten 268, 270
- Lokalelement 271
- Salzwasser 271
Rotationsisomerie 506
Roteisenerz 6
ROZ 55
Rübenzucker 422
Rubidium
- Nachweis 507
Rubinblende 248
Rückkopplung 146
Rückreaktion 101
Rundpumpverfahren 66
Ruß 282
Rylen-Farbstoffe 373

S
Sabatier-Prozess 262
Saccharin 421
Saccharose 422, 423, 450
Salicin 336
Salicylsäure 79, 319, 336
- Eigenschaften 344
- Veresterung 336
Salicylsäuremethylester
- Eigenschaften 344
Salpeter 149
Salpetersäure 149, 163
- in der Lebensmittelindustrie 161
Saltzman-Reagenz 359
Salze 486
- Aufbau 11
- Benennung 10
- Bildung 10
- Eigenschaften 11
- Säure-Base-Reaktionen 179
Salzlösungen
- Protolysen 178
SARS-CoV-2 443
SAS 461
Sasil® 463
Sättigungskonzentration 174
- Berechnung 175
Satz von HESS 217, 495
Sauerstoff
- Bestimmung in Gewässerprobe 215
- Nachweis 507
Sauerstoff-Atome
- Nachweis 507
Sauerstoffkorrosion 268
Säuerungsmittel 73
Säure 19
Säure-Base-Begriff nach BRØNSTED 162, 204
Säure-Base-Indikatoren 187, 357, 359, 372
- Bromkresolgrün 187
- Bromthymolblau 187
- Lackmus 187
- Methylorange 187
- Methylrot 187
- Phenolphthalein 187
- Thymolblau 187
- Thymolphthalein 187
- Umschlagsbereich 187
Säure-Base-Paare 162, 163, 204
Säure-Base-Reaktion 162, 163, 490
Säurekonstante 167, 204
Säurekorrosion 268
saure Lösungen 19
- pH-Werte 176
- Salzlösungen 179
Säurelösungen
- pH-Werte 176
Säuren
- dreiprotonige 163
- einprotonige 163
- mehrprotonige 163
- Reaktion mit Metallen 168
- schwache 169
- sehr schwache 169
- sehr starke 169
- starke 169
- unbeständige 123
- zweiprotonige 163
Säurestärke 167
- induktiver Effekt 170, 171
- Molekülstruktur 170, 171
- und Reaktion mit Metallen 168
Säurezahl (von Fetten) 312
Schalenmodell 8, 9
Scharbock 72
Schaumprobe 454
Schaumregulatoren 464
Schaumstoffe 386
SCHEELE, CARL WILHELM 308
Schichtsilicate
- als Builder 462
Schiff'sche Probe 59, 507
Schlüssel-Schloss-Modell 99
Schmelzflusselektrolyse 249
Schmelztauchen 268
Schmerzmittel 319
- Acetylsalicylsäure 338, 340
- Dünnschichtchromatografie 339
- Ibuprofen 340
- Paracetamol 338, 340, 341
- Wirkungsweise 340, 341
Schmieröle 279
Schneidbrenner 26
Schokolinsen 362
SCHÖNBEIN, CHRISTIAN FRIEDRICH 264
SCHROCK, RICHARD R. 479
Schrumpffolien 410
Schutzproteine 442
Schwangerschaftstest 443
Schwefel-Atome
- Nachweis 507
Schwefeldioxid
- chemisches Gleichgewicht 118
Schwefelsäure 148, 163
- Salze 148
Schwefeltrioxid
- chemisches Gleichgewicht 118
Schwefelwasserstoff 163
Schweflige Säure 163
Schweiß 35
Schweißbrenner 26

Schweißen 26
Schwerbenzin 279
schweres Heizöl 278, 279
Schwermetalle 6
SCR 97
Scrapie 438
Seifen 461, 467
- Geschichte 455
- Herstellung 454
- Kaliseifen 455
- Kernseifen 455
- Natronseifen 455
- Schmierseifen 455
- als waschaktive Stoffe 456
Seifen-Anion 456, 459
Seifenblasen 466
- Doppelmembran 466
- Farben 466
Seifensieden 454
sekundäre Alkanole 47, 82
sekundäre Estersulfonate (SES) 461
sekundäres C-Atom 294
Sekundärstruktur
- Proteine 436
Sekundärzellen 252, 255, 273
Sekundenkleber 397
selbstreinigend 405, 406, 407
selektive katalytische Reduktion 97
Seliwanow-Reagenz 429
Senkwaage 36
sensible Wärmespeicher 263
S_E-Reaktion 329, 334, 335
Serin 430
SES 461
Shampoo 460
Sicherheitshinweise 496, 497
- Tabelle 499
Siedetemperatur
- von Alkanalen 488
- von Alkanen 488
- von Alkanolen 488
- von Alkansäuren 70, 488
- von Estern 84
- von Alkanolen 48
- zwischenmolekulare Kräfte 17
Signalwörter 496, 497
Silber
- Anlaufen 274
- Nachweis 175, 507
Silbernitrat 149
Silberoxid-Zink-Knopfzelle 253
Silberspiegelprobe 59, 60, 304, 428, 507
Silicate
- als Bleichmittelstabilisatoren 463
Skelettformel 46, 288, 321, 504
Skelettisomerie 314, 506
Skorbut 72
Smartphone 259
Smithsonit 248
S_N1-Reaktion 293, 294, 295
S_N2-Reaktion 294
Soda 124
Sojabohne 441
Solaranlage 142
Solvatation 202
Solvay-Verfahren 455
Solvent Yellow 124 358
Sommersmog 156
Sonnencreme 404, 406
Sonnenkollektor 142
Sorbinsäure
- als Konservierungsstoff 73
Sorbit 52, 53, 421
s-Orbital 326
Soxhlet-Extraktor 63, 312
Soxhlet, Franz von 62
sp^2-Hybridisierung 327
sp^3-Hybridisierung 327
Spannung
- galvanische Zelle 222, 226, 228, 229, 230
- Konzentrationszelle 227, 228
Spannungsreihe (elektrochemische) 225, 273, 510
- Bergab-Regel 226
Speicherproteine 442
Spektralfotometer 349, 352, 353, 354, 365
Spektrum 346, 348
spezifische Energie
- von Akkumulatoren 257
Spiegelbildisomerie 287, 303, 314, 412, 413, 489, 506
Spike-Proteine 443
Spin 326
Spiritus 37
spontane Reaktionen 234, 237, 239
spontane Vorgänge 203, 209, 234, 236
SPRENGEL, CARL 153
Spritzgießen 388
Spurengase
- in der Atmosphäre 137
S_R-Reaktion 290, 335
SSS-Regel 335, 343
Stäbchen 356
Stäbchenmodell 289
Stack 265
Stahl
- Gewinnung 261
Stalagmit 108, 126
Stalaktit 108, 126
Standardbildungsenthalpie
- Tabelle 216
Standardbindungsenthalpie
- Tabelle 219
Standardentropie
- Tabelle 237
Standardgitterenthalpie 202
- Salze 202
- Tabelle 202
Standardhydratationsenthalpie
- Salze 202
- Tabelle 202
Standardpotential 224, 228, 273
- Messung 225
Standardreaktionsenthalpie 216, 217
Standardreaktionsentropie 237
Standardredoxpotential 224
Standardwasserstoffelektrode 224
Standardwasserstoffhalbzelle 224, 230
Stärke
- Eigenschaften 424
- Folien 427
- Food-Bereich 427
- modifizierte 427
- Nachweis 424, 507
- Non-Food-Bereich 427
- im Organismus 427
- in Pflanzenteilen 427
- Struktur 424, 425
- Verdickungsmittel 427
- Verpackungschips 427
Stärkefolien 427
Starterbatterie 255
stationäre Phase (Chromatografie) 280, 338
Stearate 70
Stearat-Ion 456
Stearinsäure 70, 71, 309
Stechheberversuch 103
Steinkohlenteer 318
Steinkorallen 131
Stellmittel 465
Stellungsisomerie 314, 506
Stereoisomerie 303, 412, 413, 489, 506
stereoselektive Synthesen 390
Steuerung 146
Steviolglycoside 421
Stickstoff-Atom-Kreislauf 150
Stickstoffdünger 112
Stickstoff-Verbindungen
- im Boden 150, 158
- Nachweis 507
Stoffe, Teilchen, Eigenschaften
- Basiskonzept 486, 487, 488, 489
Stoffgleichung 504
Stoffklassen 486
Stoffmenge 28, 30
Stoffmengenkonzentration 29
Strahlungsbilanz
- der Erde 137
Stratosphäre 121, 136, 156
Stromerzeugung
- elektrochemische 491
Strontium
- Nachweis 507
Struktur-Eigenschafts-Beziehungen
- Alkane 22
Strukturformel 14, 276, 288, 486, 504
Strukturisomerie 314, 486, 506
- Alkane 20
Strukturproteine 442
Styrol 381
Subduktion 131
Substituenten
- 1. Ordnung 332, 333
- 2. Ordnung 332, 333
Substitution 290, 293
- elektrophile 329, 343
- nucleophile 293, 294, 295, 334
- radikalische 290, 335, 491
Substitutionsreaktion 284, 315, 334
Sulfate 148
Sulfat-Ion 163
- Nachweis 148, 174, 175, 507
Sulfid-Ion 163
Sulfit-Ion 163
Sulfonatgruppe 357, 359
Sulfonsäuregruppe 357
Sulfonsäuren 505
Summenformel 20, 504
Superabsorber 393
Super E5 44
Super E10 44
superhydrophob 405, 407
Süßstoffe 421
synditaktisches Polypropen 390
Synthese 4
Synthesegas 283
System
- geschlossenes 109, 194, 494
- homogenes 113
- isoliertes 194, 494
- offenes 108, 194, 494
- und Umgebung 194, 494

T

TAED 463
Tartrate 72
Tartrazin 362, 363
Tautomerie 506
TCDD 395
Teilchenanzahl 28
Teilchenmasse (in u) 28
Teilladung 15
temporärer Dipol 16
Tenside 455, 458, 467
- amphotere 460, 461
- anionische 460, 461
- kationische 460, 461
- nichtionische 460, 461
- Tensidklassen 460, 461
- als waschaktive Stoffe 460
tertiäre Alkanole 47, 82
tertiäres C-Atom 294
Tertiärstruktur
- Proteine 436
Testosteron 61
Tetrachlordibenzodioxin 395
Tetradecansäure 309
Tetrafluorethen 381
Tetraphosphordecaoxid 151
Tetrapropylenbenzolsulfonat (TPS) 460
Thaumatin 421
therapeutischer Quotient 341
thermochemische Wärmespeicher 263
Thermoplaste 378, 379, 408, 489
Thermosphäre 121
Thermostat 146
Thioalkohole 289
Threonin 430
Thymin 446
Thymolblau 187
Thymolphthalein 187
Tiefziehen 389
Titandioxid
- in Sonnencreme 404, 406
Titration 30, 184, 185, 187, 190
- amperometrische Titration 188
- Äquivalenzpunkt 184, 185, 189, 204
- Basen 184, 185
- Calcium-Ionen 477
- Carbonat-Ionen im Rohrreiniger 193
- mit EDTA-Maßlösung 477
- mit Endpunktbestimmung 183, 190
- Essigsäure in Essig 183
- Essigsäure in Essigessenz 183, 192
- Halbtitration 186, 205
- Hydroxid-Ionen im Rohrreiniger 193
- Indikatoren 185, 187, 205
- komplexometrische Titration 476, 477
- konduktometrische Titration 188, 189, 190
- Konzentrationsberechnung 191
- Leitfähigkeitstitration 188, 189, 190
- Mangan(II)-Ionen 477
- Maßlösung 184
- mehrprotonige Säuren 185
- Neutralpunkt 184
- pH-metrische Titration 184, 185, 190
- Phosphorsäure in Cola-Getränk 192
- Probelösung 184
- Säure-Base-Titration 204

- Säuren in Weißwein 193
- schwache Säuren 184
- starke Säuren 184
- Titrationskurve 184, 185, 189, 190, 204, 206
- Vergleich 190
- Wendepunkt 184
- Zink(II)-Ionen 477
TLC 338
TNT 331
Tofu 441
Tollens-Probe 59, 304, 428, 507
Toluol 330, 331
- Bromierung 335
- Oxidation 331
TPS 460
TPU 386
Trägergas 280
transfer-RNA 447
trans-Fettsäuren 310
Transmissionsgrad 353, 355
- Methylenblau 353
Transportproteine 442
Traubenzucker 34, 418
Travertin 124
Treibhauseffekt 156
- anthropogener 137
- Kohlenstoffdioxid 138
- natürlicher 136
- Spurengase 137
Treibhausgase 137, 141, 156
Trennsäule
- Gaschromatografie 280
Triacylglycerine 308
Tricarbonsäuren 72
Triglyceride 308
2,4,6-Trinitrotoluol 331
Trinkwassersprudler 87
Triole 52
Tripeptide 451
Triphenylmethan-Farbstoffe 360, 372, 373
- Lebensmittelfarbstoffe 363
- Verwendung 360
Triphenylmethyl-Kation 351
t-RNA 447
Tropfenreaktor 405
Tropfstein 124
Tropfsteinhöhle 108, 126
Troposphäre 136, 156
Tryptophan 430
Türkischrot 368
Tyndall-Effekt 401, 439, 456
TYNDALL, JOHN 456
Tyrosin 430

U
Übergangszustand 93
Überpotential 246
Überspannung 245
Umformverfahren 389
Umgebung 194
umkehrbare Reaktion 100, 101, 102
ungesättigte Fettsäuren 71, 309
ungesättigte Verbindungen
- Nachweis 285, 507
Universalindikatoren
- Dünnschichtchromatografie 187
Universalindikator-Papier 160
universelle Gaskonstante 31
Uracil 447
Uranin 360
Urformverfahren 388
UV/VIS-Spektralfotometer 354

V
Vakuumdestillation 62, 279
Valenzelektronen 9, 14
Valenzisomerie 506
Valin 430
VAN DER WAALS, JOHANNES D. 16
Van-der-Waals-Kräfte 16
Vanillin 81, 319
Verbindung 4
Veresterung 76, 298
- chemisches Gleichgewicht 100, 101, 102, 300
- Reaktionsmechanismus 299
- Reaktionsschritte 299
Vergrauungsinhibitoren 464
Verhältnisformel 4, 10, 11, 504
Verpackungsindustrie 392
Verseifung
- von Fetten 455, 467
Verteidigungsproteine 442
Verteilungschromatografie 280, 338
- Modellversuch 338
Verteilungsgleichgewicht 280, 338
Verzinken 269
Vielfachzucker 417
Vinylchlorid 381
Viskosimeter 23
Viskosität
- Alkane 23
- Alkanole 48
Vitamin A 426
Vitamin C 72
- Bestimmung 74
- als Oxidationshemmer 73
Vollacetal 422
Vollacetalbildung
- Reaktionsmechanismus 416
Vollacetale 416
VOLTA, ALESSANDRO 208, 223
Volta-Element 223, 254
Volta-Säule 208, 223
Volumenarbeit 198, 494
- Berechnung 199
- bei Gasreaktionen 199
Volumenkonzentration 29
- Ethanol in Getränken 38
VSEPR-Modell 15
Vulkanausbruch 120

W
WAAGE, PETER 113
Wachse 78
Wärme 195
- Neutralisationswärme 196
- Reaktionswärme 196, 198, 199, 200
- Übertragung 195
Wärmekapazität
- Bestimmung 200
- spezifische 200
Wärme-Kraft-Maschine 263
Wärmeleitfähigkeitsdetektor 280
Wärmespeicher
- Latentwärmespeicher 263
- sensible 263
- thermochemische 263
Wärmestrahlung 137
Wärmetod 209
waschaktive Stoffe
- Seifen 456
- Tenside 460
Wäscheblau 373
Wäscheschmutz
- Bestandteile 463
Waschflotte 465
Waschhilfsmittel 465
Waschmittel 467
- Colorwaschmittel 464
- Dosierung 464
- Inhaltsstoffe 462
Waschnüsse 468
Waschvorgang 459, 467
Wasser
- EPA-Modell 15
- hartes 127
- Nachweis 507
- Wasserstoffbrücken 17
- weiches 127
Wasserauskreiser 301
Wasserdampf
- als Treibhausgas 137
Wasserdampfdestillation 62, 63
Wasserhärte 127, 128
- Bestimmung 129, 477
- Härtebereiche 129, 477
Wasserkraftwerk 143
- Laufwasserkraftwerk 87
Wasserstoff
- Brennwert 261
- als Energieträger 261, 264
- Gewinnung 260
- grüner 260
- Heizwert 261
- Nachweis 507
- als Reduktionsmittel 261
Wasserstoff-Atome
- Nachweis 507
Wasserstoffbrücken 15, 488
- Ethandiol (Glykol) 52
- Fluorwasserstoff 17
- Propantriol (Glycerin) 53
- Wasser 17
Wasserstoffhalbzelle 224, 230
Wasserstoff-Sauerstoff-Brennstoffzelle 264, 266
WATSON, JAMES D. 446
Wechselwirkungen 16, 22
Weichmacher 382
Weichspüler 460
Weinsäure 72, 74
Weißtöner 464
Wellenlänge 348, 352
werkstoffliche Verwertung 394, 395
Wertstoffkreislauf 258, 259
WGK 500
Widmark-Formel 39
Wiederverwendung 259
Wiederverwertung 259
Williamson-Ethersynthese 295
Windenergieanlage 377
Windpark 142
Winkler-Methode 214, 215
Wintergrünöl 79
Wirbelschichtfeuerung 92
Wirbelschichtverfahren 92
Wirkungsgrad
- Brennstoffzelle 265, 266
Wundbenzin 27

X
Xanthophylle 364
Xylit 53, 421

Z
Zapfen 356
Zeaxanthin 364
Zellatmung 5
Zentralteilchen 307, 470
Zeolith A 463
Zeolithe 462
Zersetzungsspannung 244, 245, 273
ZIEGLER, KARL 390
Ziegler-Natta-Katalysatoren 390, 391
Zimtaldehyd 60, 81
Zink
- Gewinnung 248
- Recycling 248
Zinkblende 248
Zinkcarbonat 124
Zink-Kohle-Batterie 252
Zink-Luft-Knopfzelle 253
Zinkspat 124
Zitronenöl 59, 63
Zooplankton 135
Zuckeraustauschstoffe 421
Zuckerersatzstoffe 421
Zustandsgrößen 195
Zweifachzucker 417
Zweikomponentenkleber 387, 397
Zweiter Hauptsatz der Thermodynamik 235, 273
Zweitsubstitution
- an Aromaten 332, 333, 343
zweiwertige Alkohole 52
zwischenmolekulare Kräfte 16, 22
Zwischenprodukt 93
Zwitterion 431, 451

Quellenverzeichnis

Illustrationen

Büro für Gestaltung B2, Andreas Staiger, Stuttgart, **146.1**; Ernst Klett Verlag GmbH, Stuttgart, **8.5; 14.2; 14.3; 14.4; 15.2; 17.1; 17.5; 17.6; 18.2; 19.2; 19.3; 19.4; 19.5; 20.3; 20.4; 20.5; 20.6; 20.7; 20.8; 20.10; 21.1; 21.5; 26.2; 27.1; 27.3; 41.1; 41.2; 41.3; 42.2; 46.3; 46.4; 47.1; 47.2; 47.3; 47.4; 47.5; 47.6; 55.2; 55.3; 55.6; 56.1; 56.2; 57.1; 57.2; 58.1; 58.5; 59.2; 60.4; 60.5; 60.6; 61.2; 61.3; 61.4; 61.7; 64.2; 66.3; 67.1; 69.1; 69.3; 69.4; 70.1; 70.2; 70.3; 70.6; 71.4; 76.4; 76.5; 76.5; 76.5; 77.1; 78.7; 79.1; 79.5; 80.2; 80.3; 81.3; 81.5; 81.6; 81.7; 81.8; 81.9; 81.10; 81.11; 82.2; 83.1; 84.1; 92.1; 106.2; 148.2; 148.3; 160.3; 160.3; 161.3; 162.2; 162.3; 162.6; 170.1; 171.7; 171.8; 176.3; 176.3; 178.2; 188.2; 193.1; 210.3; 215.1; 276.4; 276.5; 282.1; 282.2; 282.3; 282.4; 282.5; 284.2; 285.2; 285.3; 285.4; 285.5; 286.4; 286.8; 286.9; 286.10; 286.11; 287.5; 287.6; 287.8; 288.2; 288.3; 288.4; 289.2; 290.2; 291.5; 292.1; 292.3; 293.2; 294.1; 294.3; 295.2; 296.1; 296.4; 297.1; 298.1; 304.5; 306.2; 306.3; 306.4; 308.1; 308.2; 308.3; 310.2; 313.2; 315.1; 315.2; 315.3; 315.4; 315.7; 315.8; 315.9; 316.1; 318.1; 318.6; 319.1; 319.1; 319.2; 319.2; 319.6; 319.6; 321.1; 321.2; 321.3; 322.2; 322.3; 322.4; 323.1; 323.2; 323.3; 323.4; 324.1; 324.2; 324.3; 324.4; 325.1; 325.2; 325.3; 325.4; 325.5; 326.1; 329.1; 329.2; 330.1; 330.2; 330.3; 331.1; 331.2; 331.3; 332.1; 332.2; 333.1; 333.3; 335.2; 336.2; 336.3; 338.2; 340.1; 342.2; 342.4; 342.5; 342.7; 343.1; 343.3; 343.5; 343.6; 343.8; 343.9; 343.11; 344.1; 344.3; 346.3; 347.2; 350.1; 350.2; 351.1; 351.2; 351.3; 351.5; 357.1; 357.2; 357.4; 358.1; 358.2; 359.3; 359.4; 360.2; 360.4; 360.5; 360.6; 361.3; 362.3; 364.1; 366.3; 367.2; 368.4; 370.2; 370.3; 372.3; 372.4; 373.2; 380.2; 380.3; 380.5; 381.1; 381.2; 383.1; 383.2; 384.2; 385.1; 385.4; 385.5; 385.6; 386.3; 386.4; 386.5; 386.6; 387.3; 390.2; 390.3; 390.4; 393.4; 393.5; 394.3; 394.4; 395.3; 397.2; 398.3; 399.7; 409.4; 410.3; 412.2; 412.4; 414.1; 414.4; 415.1; 415.2; 415.3; 415.4; 415.5; 417.3; 417.6; 417.6; 418.2; 419.2; 420.1; 421.2; 421.3; 421.4; 428.2; 430.1; 430.2; 430.3; 430.4; 431.1; 431.2; 431.3; 431.4; 431.6; 432.1; 435.2; 435.3; 436.1; 437.2; 444.2; 444.3; 445.1; 445.3; 446.1; 446.2; 447.1; 448.1; 449.1; 451.2; 451.3; 452.1; 452.2; 456.1; 459.2; 460.2; 461.1; 461.2; 461.3; 461.4; 461.5; 461.6; 462.1; 463.2; 465.2; 467.1; 467.3; 468.1; 468.3; 470.2; 470.4; 470.6; 476.3; 477.1; 479.1; 480.5; 482.3; 483.1; 483.3; 483.4; 486.1; 486.5; 488.4; 489.1; 489.3; 491.5; 493.1; 496.7; 496.8; 496.10; 496.12; 496.13; 496.17; 496.18; 502.1; 504.1; 504.2; 504.4; 504.7; 504.10; 504.12; 505.1; 505.2; 505.5; 505.6; 505.7; 505.8; 505.9; 505.10; 505.11; 505.12; 505.14; 506.1**; Lumina Datamatics GmbH, c/o Arnecke Sibeth Dabelstein, Rechtsanwälte Steuerberater Partnergesellschaft mbH, München, **55.4; 67; 72.1; 82.4; 276.3; 284.1; 286.7; 287.4; 293.1; 295.1; 295.3; 300.2; 300.3; 301.2; 303.3; 304.10; 307.1; 307.2; 311.1; 311.2; 315.5; 334.1; 335.1; 382.9; 391.1; 410.1; 410.2; 416.1; 416.2; 416.3; 416.4; 416.5; 416.6; 416.7; 428.3; 428.4; 488.1; 488.6**; Mall, **9.6; 13.3; 149.2; 248.3; 255.1; 255.3**; Mall, Karin, Berlin, **8.1; 8.2; 8.3; 8.4; 9.1; 9.3; 12.3; 13.1; 13.2; 132.3; 156.1; 256.3; 348.1; 486.4**; Marzell, **36.1; 86.4; 157.2; 209.1; 278.1**; Marzell, Alfred, Schwäbisch Gmünd, **4.2; 5.1; 5.2; 10.2; 10.6; 11.1; 14.1; 15.1; 16.2; 16.4; 17.4; 23.1; 26.5; 36.2; 38.1; 38.5; 40.2; 44.2; 45.1; 45.2; 48.1; 51.2; 62.2; 63.2; 63.3; 64.1; 65.1; 66.4; 76.6; 82.5; 82.6; 88.4; 89.1; 89.2; 89.3; 90.1; 91.1; 91.4; 91.5; 91.6; 92.2; 93.1; 94.2; 95.3; 96.1; 96; 97.1; 98.1; 99.1; 100.1; 101.1; 102.1; 102.2; 103.1; 104.2; 104.3; 106.1; 107.1; 107.2; 107.3; 107.4; 108.1; 108.2; 109.1; 110.1; 113.1; 115.1; 116.1; 116.2; 118.1; 118.2; 120.1; 120.4; 121.3; 121.4; 122.1; 123.2; 126.3; 127.1; 130.1; 131.1; 132.2; 134.2; 134.3; 136.1; 137.3; 138.1; 138.2; 142.2; 143.1; 143.6; 144.1; 147.1; 147.2; 150.1; 152.1; 153.1; 153.3; 154.2; 155.1; 156.2; 156.3; 157.1; 157.3; 158.2; 161.1; 164.1; 165.1; 173.1; 174.2; 176.1; 177.1; 181.1; 184.2; 185.1; 186.1; 189.1; 190.2; 190.3; 192.3; 194.2; 194.3; 195.1; 195.2; 197.1; 198.2; 199.1; 200.1; 200.2; 202.1; 203.1; 204.1; 205.1; 206.1; 218.1; 221.2; 221.4; 222.1; 223.1; 223.2; 224.1; 225.1; 227.1; 228.1; 231.1; 231.2; 232.1; 234.4; 235.1; 241.1; 242.1; 242.2; 243.1; 243.2; 244.2; 245.1; 245.2; 246.1; 246.2; 247.1; 247.2; 249.2; 251.1; 252.2; 253.1; 253.2; 254.1; 256.2; 257.1; 258.4; 259.1; 260.1; 260.2; 261.1; 263.1; 263.2; 264.3; 265.1; 266.1; 266.3; 267.5; 268.1; 269.2; 270.1; 270.2; 274.2; 278.2; 280.2; 281.1; 281.2; 282.6; 282.7; 287.7; 291.4; 292.2; 301.1; 307.3; 310.1; 312.2; 314.6; 322.1; 326.2; 326.3; 327.1; 327.2; 327.3; 327.4; 327.5; 328.1; 328.2; 337.1; 339.2; 339.3; 341.2; 344.2; 346.4; 347.5; 348.2; 350.6; 353.1; 353.2; 355.1; 355.2; 356.1; 356.3; 357.3; 361.5; 365.1; 366.4; 370.4; 371.1; 371.2; 372.1; 372.2; 373.1; 379.1; 379.2; 379.3; 382.1; 382.2; 382.3; 387.1; 387.2; 387.4; 388.2; 388.4; 388.5; 392.1; 392.3; 392.4; 393.2; 393.3; 395.1; 395.2; 397.1; 400.1; 401.1; 402.1; 402.2; 402.3; 402.4; 403.1; 403.2; 406.4; 407.1; 407.2; 410.5; 412.5; 412.6; 412.8; 413.1; 413.2; 424.3; 426.1; 426.3; 426.4; 427.1; 433.1; 433.2; 436.2; 436.3; 437.1; 437.3; 438.2; 438.4; 443.2; 443.3; 446.3; 447.2; 448.2; 454.2; 456.2; 457.4; 458.1; 460.3; 466.1; 467.2; 467.2; 472.1; 472.2; 474.1; 479.2; 484.2; 486.2; 486.3; 488.3; 489.5; 492.1; 492.2; 492.3; 492.4; 493.2; 496.1; 496.2; 496.3; 496.4; 496.5; 496.6; 496.11; 496.14; 496.19**; medienwerkstatt adrion - Jörg Adrion, Bietigheim-Bissingen, **170.2; 170.3; 170.4; 170.5; 170.6; 170.7; 171.3; 171.4; 171.5; 171.6; 291.1; 298.2; 299.1; 340.2; 419.1; 422.1; 422.2; 423.1; 423.2; 424.2; 425.1; 435.1; 451.1; 455.1**; Nehren, Otto, Achern, **236.1; 238.1; 238.2; 463.1; 494.2; 495.1; 495.2; 495.3; 500.1**; Wildermuth, Werner, Würzburg, **501.1**; Wirth, Jürgen, Dreieich, **152.2; 152.3**;

Bilder

4.1 Image Professionals, München (Science Photo Library/Andrew Lambert Photography); **6.1** Ernst Klett Verlag GmbH, Stuttgart; **6.2** Kaiser, Harald, Alfdorf-Vordersteinenberg; **6.2** Thinkstock, München (iStock/hurricanehank); **6.3** Ernst Klett Verlag GmbH, Stuttgart; **6.4** Image Professionals, München (Science Photo Library/Dorling Kindersley/UIG); **6.6** Kaiser, Harald, Alfdorf-Vordersteinenberg; **7.1** Ernst Klett Verlag GmbH, Stuttgart; **7.2** IMAGO, Berlin (McPHOTO/MKDesign); **7.3** ShutterStock.com RF, New York (Farknot Architect); **10.1** Zuckerfabrik Fotodesign, Stuttgart; **10.3** Ernst Klett Verlag GmbH, Stuttgart; **10.4** Zuckerfabrik Fotodesign, Stuttgart; **10.5** Zuckerfabrik Fotodesign, Stuttgart; **12.1** Seilnacht, Thomas, Gwatt (Thun); **12.2** Seilnacht, Thomas, Gwatt (Thun); **16.1** stock.adobe.com, Dublin (MAK); **16.3** Image Professionals, München (Science Photo Library/DENNIS KUNKEL MICROSCOPY); **18.1** Zuckerfabrik Fotodesign, Stuttgart; **18.3** Ernst Klett Verlag GmbH, Stuttgart; **18.4** Zuckerfabrik Fotodesign, Stuttgart; **19.1** Zuckerfabrik Fotodesign, Stuttgart; **22.1** Ernst Klett Verlag GmbH, Stuttgart; **23.4** Zuckerfabrik Fotodesign, Stuttgart; **23.5** Ulrich Bee, Rottweil; **24.1** Ernst Klett Verlag GmbH, Stuttgart; **24.2** Ernst Klett Verlag GmbH, Stuttgart; **25.1** Ernst Klett Verlag GmbH, Stuttgart; **25.6** Mauritius Images, Mittenwald (Grafica); **25.7** Mauritius Images, Mittenwald (Cash); **26.1** Bettina Sommer, Köngen; **26.4** MEV Verlag GmbH, Augsburg (Mueller Bernd); **26.4** Mauritius Images, Mittenwald (ROSENFELD); **27.6** Ernst Klett Verlag GmbH, Stuttgart; **28.1** Mauritius Images, Mittenwald (Rawi); **33.1** Getty Images Plus, München (iStock/kramarek); **34.1** ShutterStock.com RF, New York (nenetus); **34.2** Blickwinkel, Witten (I. Weber); **34.3** ShutterStock.com RF, New York (photolinc); **34.4** Image Professionals, München (Science Photo Library/SciMAT); **34.5** Mauritius Images, Mittenwald (Haag + Kropp); **34.6** stock.adobe.com, Dublin (goopholidon); **35.1** Alamy stock photo, Abingdon (Kathy Wright); **35.2** Okapia, Frankfurt (Science Source/Scimat); **35.3** Getty Images, München (fStop/Larry Washburn); **37.1** LADE-OKAPIA, Frankfurt (Dr. Lorenz); **37.2** Image Professionals, München (Science Photo Library/SciMAT); **38.3** Picture-Alliance, Frankfurt/M. (dpa/Peter Endig); **39.1** Mauritius Images, Mittenwald (imageBROKER/Jochen Tack); **40.1** Penz, Dr. Carsten, Münster; **42.1** Bettina Sommer, Köngen; **43.2** ShutterStock.com RF, New York (Szasz-Fabian Ilka Erika); **43.3** Getty Images, München (Stockbyte/Jean-Christophe Riou); **44.1** stock.adobe.com, Dublin (ferkelraggae); **46.1** ShutterStock.com RF, New York (Marcel Jancovic); **49.1** Thinkstock, München (iStock/belchonock); **49.2** Picture-Alliance, Frankfurt/M. (dpa/Franziska Kraufmann); **49.3** Ernst Klett Verlag GmbH, Stuttgart; **49.4** Ernst Klett Verlag GmbH, Stuttgart; **50.1** Seilnacht, Thomas, Gwatt (Thun); **50.2** Picture-Alliance, Frankfurt/M. (dpa/Franziska Kraufmann); **50.3** Penz, Dr. Carsten, Münster; **51.1** Dr. Jutta Töhl-Borsdorf, Marburg; **52.1** Blickwinkel, Witten (G. Stahlbauer); **52.2** Picture-Alliance, Frankfurt/M. (dpa/Kay Nietfeld); **53.1** Getty Images, München (Stone/Jose Luis Pelaez); **53.2** stock.adobe.com, Dublin (maxandrew); **53.3** Getty Images RF, München (PhotoDisc/Ryan McVay); **53.4** stock.adobe.com, Dublin (shustrilka); **55.1** Alamy stock photo, Abingdon (Artmedia); **55.4**

ShutterStock.com RF, New York (Svetlana Klaise); **58.5** Ernst Klett Verlag GmbH, Stuttgart; **59.1** stock.adobe.com, Dublin (Gundolf Renze); **60.1** iStockphoto, Calgary, Alberta (kadmy); **60.2** ShutterStock.com RF, New York (Steve Allen); **61.1** ShutterStock.com RF, New York (Shulevskyy Volodymyr); **61.5** Elfriede König, Fellbach; **61.6** Ernst Klett Verlag GmbH, Stuttgart; **62.1** stock.adobe.com, Dublin (Friedberg); **63.1** stock.adobe.com, Dublin (Oliver Rüttimann); **63.4** ShutterStock.com RF, New York (Elena Schweitzer); **66.1** stock.adobe.com, Dublin (PhotoSG); **67.3** Seilnacht, Thomas, Gwatt (Thun); **67.4** Seilnacht, Thomas, Gwatt (Thun); **68.1** Bettina Sommer, Köngen; **69.2** https://creativecommons.org/licenses/by-sa/4.0/deed.de, Mountain View (Alorin); CC-BY-SA-4.0 Lizenzbestimmungen: https://creativecommons.org/licenses/by-sa/4.0/legalcode; Von Alorin - Eigenes Werk, CC-BY-SA 4.0, https://commons.wikimedia.org/w/index.php?curid=39844152, siehe *3; **71.1** Mathias Spengler, Stuttgart; **71.2** Avenue Images GmbH, Hamburg (Fancy); **72.1** Getty Images, München (Dorling Kindersley); **72.3** Avenue Images GmbH, Hamburg (Image Source/Jenny Cundy); **72.5** iStockphoto, Calgary, Alberta (Roberto A Sanchez); **72.7** Getty Images / Potodisc / S. Pearce/Photolink; **72.9** Getty Images, München (Iconica / Johner Images); **73.1** Bettina Sommer, Köngen; **73.2** Zuckerfabrik Fotodesign, Stuttgart; **74.1** Zuckerfabrik Fotodesign, Stuttgart; **74.2** stock.adobe.com, Dublin (Tom Bayer); **75.1** Mauritius Images, Mittenwald (Rosenfeld); **75.2** Okapia, Frankfurt (Lond.Sc.films); **75.3** Ernst Klett Verlag GmbH, Stuttgart (Rolf Strecker); **75.4** Zuckerfabrik Fotodesign, Stuttgart; **76.2** Seilnacht, Thomas, Gwatt (Thun); **76.3** Seilnacht, Thomas, Gwatt (Thun); **77.2** Zuckerfabrik Fotodesign, Stuttgart; **78.1** Thinkstock, München (Hemera/Olga Lupol); **78.2** Zuckerfabrik Fotodesign, Stuttgart; **78.3** Thinkstock, München (iStock/Eivaisla); **78.4** Zuckerfabrik Fotodesign, Stuttgart; **78.5** Zuckerfabrik Fotodesign, Stuttgart; **78.6** Image Professionals, München (Science Photo Library/Parker, David); **79.2** stock.adobe.com, Dublin (Margaret M Stewart); **79.6** Getty Images Plus, München (iStock/NoDerog); **80.1** Thomas Weccard Fotodesign BFF, Ludwigsburg; **81.1** stock.adobe.com, Dublin (darknightsky); **81.2** Getty Images, München (EyeEm); **84.2** Jannis Borsdorf; **85.1** Image Professionals, München (Science Photo Library/Dotta, Alexandre); **86.1** Getty Images Plus, München (iStock/Gudella); **86.2** Picture-Alliance, Frankfurt/M. (dpa / volkswagen); **86.3** akg-images, Berlin; **86.5** ShutterStock.com RF, New York (Olha Kozachenko); **87.1** Bettina Sommer, Köngen; **87.2** Alamy stock photo, Abingdon (imageBROKER/Barbara Boensch); **87.3** stock.adobe.com, Dublin (sp4764); **88.1** F1online digitale Bildagentur, Frankfurt (R.B.M.PhotoArt); **88.2** Image Professionals, München (Science Photo Library/Winters, Charles D.); **88.3** Image Professionals, München (Science Photo Library/Winters, Charles D.); **93.1** Getty Images, München (The Image Bank/Matthias Kulka); **94.1** Okapia, Frankfurt (Enrico Radloff); **95.1** Getty Images, München (Ressmeyer); **95.2** Fruhmann GmbH, NTL Manufacturer & Wholesaler, Karl; **96.3** Heike Maier, Köngen; **98.2** Seilnacht, Thomas, Gwatt (Thun); **98.3** Seilnacht, Thomas, Gwatt (Thun); **98.4** Seilnacht, Thomas, Gwatt (Thun); **104.1** Seilnacht, Thomas, Gwatt (Thun); **105.1** Seilnacht, Thomas, Gwatt (Thun); **105.2** Seilnacht, Thomas, Gwatt (Thun); **105.3** Seilnacht, Thomas, Gwatt (Thun); **110.2** Alamy stock photo, Abingdon (FLHC 56); **110.3** akg-images, Berlin; **111.1** SKW Stickstoffwerke Piesteritz GmbH, Lutherstadt Wittenberg; **111.2** Picture-Alliance, Frankfurt/M. (dpa/epa Nasa TV); **112.1** Alamy stock photo, Abingdon (The History Collection); **112.2** Alamy stock photo, Abingdon (H.S. Photos); **112.3** Picture-Alliance, Frankfurt/M. (ZB/Peter Förster); **112.4** Interfoto, München (Friedrich); **112.5** Alamy stock photo, Abingdon (The History Collection); **116.3** stock.adobe.com, Dublin (Martina Berg); **119.1** NASA, Washington , D.C. (Goddard/Arizona State University); **120.2** Getty Images, München (AFP/ESA); **120.3** Getty Images, München (Corbis Historical / Gary Braasch); **121.1** Picture Press, Hamburg (Detlev van Ravenswaay); **121.2** Mauritius Images, Mittenwald (age fotostock/Juan Carlos Muñoz); **123.1** Avenue Images GmbH, Hamburg (Stockbyte); **123.3** Ernst Klett Verlag GmbH, Stuttgart; **124.1** IMAGO, Berlin (Jens Koehler); **125** ShutterStock.com RF, New York (JordiStock); **126.1** Getty Images, München (peter zelei); **126.2** iStockphoto, Calgary, Alberta (mit4711); **126.4** ShutterStock.com RF, New York (THANAN); **127.2** Ernst Klett Verlag GmbH, Stuttgart; **127.3** Ernst Klett Verlag GmbH, Stuttgart; **127.5** Mauritius Images, Mittenwald (Jeff O'Brien); **127.5** stock.adobe.com, Dublin (Alterfalter); **128.1** Ernst Klett Verlag GmbH, Stuttgart; **130.2** stock.adobe.com, Dublin (SusaZoom); **131.2** iStockphoto, Calgary, Alberta (mychadre77); **131.3** https://creativecommons.org/licenses/by-sa/4.0/deed.de, Mountain View (Holger Weinandt); CC-BY-SA-4.0 Lizenzbestimmungen: https://creativecommons.org/licenses/by-sa/4.0/legalcode; Von Holger Weinandt - Eigenes Werk, CC BY-SA 3.0 de, https://commons.wikimedia.org/w/index.php?curid=7178765, siehe *3; **132.1** Thinkstock, München (iStock/Péter Gudella); **133.1** Bettina Sommer, Köngen; **134.1** ShutterStock.com RF, New York (irin-k); **135.1** Getty Images, München (Brand X Pictures/Science Photo Library - STEVE GSCHMEISSNER); **135.2** Okapia, Frankfurt (Reinhard Dirscherl); **136.2** NASA Goddard Space Flight Center, Greenbelt, Maryland (Tom Bridgman and the Ceres Science Team); **136.4** Thinkstock, München (Jupiterimages); **137.1** NASA Goddard Space Flight Center, Greenbelt, Maryland (Tom Bridgman and the Ceres Science Team); **139.1** Deutsches Klimarechenzentrum GmbH (DKRZ), Hamburg; **139.3** Picture-Alliance, Frankfurt/M. (Ingo Wagner); **140.1** NASA, Washington , D.C. (Goddard Space Flight Center Scientific Visualization Studio); **140.2** NASA, Washington , D.C. (Goddard Space Flight Center Scientific Visualization Studio); **140.3** Mauritius Images, Mittenwald (Alaska Stock/Jim D. Barr); **141.1** Avenue Images GmbH, Hamburg (image 100); **141.2** stock.adobe.com, Dublin (Stockr); **142.1** VISUM Foto GmbH, München (Gebhard krewitt); **142.3** Getty Images, München (Gamma-Rapho/Raphael GAILLARDE); **142.4** Getty Images, München (Photofusion / Kontributor); **142.5** stock.adobe.com, Dublin (by-studio); **143.2** stock.adobe.com, Dublin (Goodpics); **143.3** Alamy stock photo, Abingdon (Nigel Cattlin); **143.4** IMAGO, Berlin (blickwinkel/M. Kuehn); **143.5** MEV Verlag GmbH, Augsburg; **145.1** creativ collection Verlag GmbH, Freiburg; **145.2** Getty Images Plus, München (iStock/leonello); **145.3** https://creativecommons.org/licenses/by-sa/4.0/deed.de, Mountain View (Felix Riess); CC-BY-SA-4.0 Lizenzbestimmungen: https://creativecommons.org/licenses/by-sa/4.0/legalcode; By Felix Riess - Own work, CC BY-SA 3.0 de, https://commons.wikimedia.org/w/index.php?curid=25468298, siehe *3; **145.4** Alamy stock photo, Abingdon (ARCTIC IMAGES/Ragnar Th Sigurdsson); **145.5** stock.adobe.com, Dublin (Jan Will); **146.2** ShutterStock.com RF, New York (Sashkin); **148.1** Ernst Klett Verlag GmbH, Stuttgart; **149.1** Ernst Klett Verlag GmbH, Stuttgart; **149.3** ShutterStock.com RF, New York (Tatevosian Yana); **151.1** Getty Images, München (StockFood Creative / Joy Skipper FoodStyling); **151.2** Ernst Klett Verlag GmbH, Stuttgart; **153.2** Interfoto, München (Austrian National Library / Bankel, Johann); **154.1** Tompert, Alfred, Stuttgart; **155.2** Ernst Klett Verlag GmbH, Stuttgart; **159.1** Image Professionals, München (Science Photo Library); **160.1** Seilnacht, Thomas, Gwatt (Thun); **160.2** Tompert, Alfred, Stuttgart; **160.4** Getty Images Plus, München (iStock / ThamKC); **160.5** Tompert, Alfred, Stuttgart; **161.2** Picture-Alliance, Frankfurt/M. (Marius Bulling/Ostalb Network); **162.1** Ernst Klett Verlag GmbH, Stuttgart; **163.1** Zuckerfabrik Fotodesign, Stuttgart; **167.1** Zuckerfabrik Fotodesign, Stuttgart; **172.1** Tompert, Alfred, Stuttgart; **172.2** Image Professionals, München (Turtle Rock Scientific/Science Source); **172.3** Image Professionals, München (Science Photo Library); **174.1** Seilnacht, Thomas, Gwatt (Thun); **174.3** Ernst Klett Verlag GmbH, Stuttgart; **176.2** Getty Images Plus, München (iStock / Stitchik); **177.2** Tompert, Alfred, Stuttgart; **178.1** Tompert, Alfred, Stuttgart; **180.1** stock.adobe.com, Dublin (ag visuell); **180.2** PHYWE Systeme GmbH & Co. KG, Göttingen; **183.1** Ernst Klett Verlag GmbH, Stuttgart; **184.1** Nelle, Peter, Münster; **187.1** Ernst Klett Verlag GmbH, Stuttgart (Ralph Grimmel); **188.1** Wolfgang Zeiller; **190.1** Mauritius Images, Mittenwald (Johner); **192.1** iStockphoto, Calgary, Alberta (monica-photo); **192.2** Getty Images Plus, München (E+ / EHStock); **194.1** ShutterStock.com RF, New York (Shironina); **196.1** Nelle, Peter, Münster; **198.1** Stefan Kruse, Schwäbisch Gmünd; **198.3** Dr. Jutta Töhl-Borsdorf, Marburg (Jannis Borsdorf); **207.1** ShutterStock.com RF, New York (moreimages); **208.1** www.panthermedia.net, München (Karel Noppe); **208.2** stock.adobe.com, Dublin (Michael Rieperdinger); **208.3** https://creativecommons.org/licenses/by-sa/4.0/deed.de, Mountain View ; CC-BY-SA-4.0 Lizenzbestimmungen: https://creativecommons.org/licenses/

by-sa/4.0/legalcode; Von Luigi Chiesa - Eigenes Werk, CC BY-SA 3.0, https://commons.wikimedia.org/w/index.php?curid=5081899, siehe *3; **208.4** iStockphoto, Calgary, Alberta (code6d); **209.2** Alamy stock photo, Abingdon (imageBROKER/STELLA); **209.3** Image Professionals, München (Science Photo Library/Andrew Lambert Photography); **210.1** Zuckerfabrik Fotodesign, Stuttgart; **210.2** Ernst Klett Verlag GmbH, Stuttgart; **211.1** Zuckerfabrik Fotodesign, Stuttgart; **211.2** Ernst Klett Verlag GmbH, Stuttgart; **211.3** Zuckerfabrik Fotodesign, Stuttgart; **213.1** Edgar Brückl, Griesbach im Rottal; **215.2** Zuckerfabrik Fotodesign, Stuttgart; **215.3** Zuckerfabrik Fotodesign, Stuttgart; **215.4** Zuckerfabrik Fotodesign, Stuttgart; **216.1** dreamstime.com, Brentwood, TN (Oleksiy Mark); **217.1** Alamy stock photo, Abingdon (The History Collection); **220.1** Ernst Klett Verlag GmbH, Stuttgart; **220.2** Ernst Klett Verlag GmbH, Stuttgart; **221.1** Zuckerfabrik Fotodesign, Stuttgart; **221.3** Ernst Klett Verlag GmbH, Stuttgart; **223.3** akg-images, Berlin; **224.2** PHYWE Systeme GmbH & Co. KG, Göttingen; **229.1** Bridgemanimages.com, Berlin; **234.1** Alamy stock photo, Abingdon (Sequence Progression Change / Mark Sykes); **234.5** Seilnacht, Thomas, Gwatt (Thun); **244.1** Ernst Klett Verlag GmbH, Stuttgart; **248.1** Mauritius Images, Mittenwald (Blickwinkel/Alamy); **248.2** ShutterStock.com RF, New York (Cora Mueller); **249.1** stock.adobe.com, Dublin (rishnadasekm); **249.3** LADE-OKAPIA, Frankfurt (H.R. Bramaz); **250.1** Bridgemanimages.com, Berlin; **250.2** Ernst Klett Verlag GmbH, Stuttgart (Steffen Rieger); **252.1** Image Professionals, München (Science Photo Library/Vernon, Tim/LTH NHS Trust); **252.3** Normaldesign Gbr, Maria Becker/Jens-Peter Becker, Schwäbisch Gmünd; **253.4** Bettina Sommer, Köngen; **254.2** Zuckerfabrik Fotodesign, Stuttgart; **255.2** Ernst Klett Verlag GmbH, Stuttgart; **256.1** Bettina Sommer, Köngen; **256.4** stock.adobe.com, Dublin (Coprid); **257.2** www.panthermedia.net, München (Tobias Eble); **258.1** Picture-Alliance, Frankfurt/M. (dpa-Zentralbild/Jens Kalaene); **258.2** ShutterStock.com RF, New York (Marina Dekhnik); **258.2** ShutterStock.com RF, New York (TotemArt); **262.1** © LEYBOLD / LD DIDACTIC GmbH/www.ld-didactic.de, Hürth; **264.1** Picture-Alliance, Frankfurt/M. (Rupert Oberhäuser); **264.2** Andreas Marek; **266.2** Tompert, Alfred, Stuttgart; **267.1** creativ collection Verlag GmbH, Freiburg; **267.2** LADE-OKAPIA, Frankfurt (D. Rose); **267.3** Zuckerfabrik Fotodesign, Stuttgart; **267.4** Zuckerfabrik Fotodesign, Stuttgart; **269.1** Mercedes-Benz Classic, Stuttgart; **271.1** Zuckerfabrik Fotodesign, Stuttgart; **271.2** Zuckerfabrik Fotodesign, Stuttgart; **271.3** Zuckerfabrik Fotodesign, Stuttgart; **272.1** Zuckerfabrik Fotodesign, Stuttgart; **272.2** Zuckerfabrik Fotodesign, Stuttgart; **272.3** Zuckerfabrik Fotodesign, Stuttgart; **274.1** Elfriede König, Fellbach; **275.1** Getty Images Plus, München (iStock/Garsya); **276.1** Zuckerfabrik Fotodesign, Stuttgart; **276.2** stock.adobe.com, Dublin (BillionPhotos.com); **277.1** Getty Images Plus, München (iStock/AlexRaths); **277.2** Ernst Klett Verlag GmbH, Stuttgart (Ralph Grimmel); **277.3** ShutterStock.com RF, New York (arhendrix); **277.4** Getty Images Plus, München (Stockbyte/Ross Durant Photography); **279.1** Image Professionals, München (Science Photo Library/Paul Rapson); **280.1** Image Professionals, München (Stockfood/ANDREW LAMBERT PHOTOGRAPHY); **280.3** Naturwissenschaftliches Technikum Dr. Künkele, Landau; **283.1** Picture-Alliance, Frankfurt/M. (Marijan Murat); **283.2** Mauritius Images, Mittenwald (Alamy/Martin Witte); **283.4** stock.adobe.com, Dublin (yarm_sasha); **285.1** Seilnacht, Thomas, Gwatt (Thun); **286.1** Zuckerfabrik Fotodesign, Stuttgart; **286.2** Zuckerfabrik Fotodesign, Stuttgart; **286.3** Zuckerfabrik Fotodesign, Stuttgart; **287.3** Bettina Sommer, Köngen; **288.1** Bettina Sommer, Köngen; **288.5** Nelle, Peter, Münster; **288.6** Bettina Sommer, Köngen; **288.7** Bettina Sommer, Köngen; **289.1** Nelle, Peter, Münster; **290.1** Picture-Alliance, Frankfurt/M. (dpa/Handout Bira - Iasb); **291.2** Ernst Klett Verlag GmbH, Stuttgart; **291.3** Ernst Klett Verlag GmbH, Stuttgart; **291.6** Gerhard Bouchon, Metzingen; **294.4** Gerhard Bouchon, Metzingen; **300.1** stock.adobe.com, Dublin (matka_Wariatka); **303.1** Seilnacht, Thomas, Gwatt (Thun); **303.2** Seilnacht, Thomas, Gwatt (Thun); **303.3** Bettina Sommer, Köngen; **303.5** Bettina Sommer, Köngen; **303.6** Bettina Sommer, Köngen; **304.1** Seilnacht, Thomas, Gwatt (Thun); **304.8** Image Professionals, München (MARTYN F. CHILLMAID); **304.9** Seilnacht, Thomas, Gwatt (Thun); **305.1** Edgar Brückl, Griesbach im Rottal; **306.1** Alamy stock photo, Abingdon (Ashley Cooper); **308.5** akg-images, Berlin; **308.6** Ernst Klett Verlag GmbH, Stuttgart; **312.1** dreamstime.com, Brentwood, TN (Katerina Kovaleva); **313.1** Mauritius Images, Mittenwald (Rossenbach); **317.1** Getty Images Plus, München (iStock / xxcheng); **318.5** Mauritius Images, Mittenwald (Coker/Alamy/Alamy Stock Photos); **319.3** ShutterStock.com RF, New York (DenisProduction.com); **319.4** stock.adobe.com, Dublin (Inga Nielsen); **319.5** Getty Images Plus, München (iStock/Fahroni); **320.1** IMAGO, Berlin (CTK Photo/RomanxVondrous); **320.2** Getty Images Plus, München (iStock/jojoo64); **320.3** Ernst Klett Verlag GmbH, Stuttgart (Ralph Grimmel); **320.4** Ernst Klett Verlag GmbH, Stuttgart; **336.1** ShutterStock.com RF, New York (olrat); **338.1** creativ collection Verlag GmbH, Freiburg; **339.1** Nelle, Peter, Münster; **341.1** Gebhardt, Dieter, Asperg; **342.1** ShutterStock.com RF, New York (tristan tan); **342.6** Image Professionals, München (Stockfood/Mark Sykes/SPL); **345.1** ShutterStock.com RF, New York (Jenny Solomon); **346.1** Getty Images, München (Iconica/Arctic-Images); **346.2** Mauritius Images, Mittenwald (INSADCO Photography/Alamy); **347.1** MEV Verlag GmbH, Augsburg; **347.3** ShutterStock.com RF, New York (Nataliya Hora); **347.4** ShutterStock.com RF, New York (Tomo Jesenicnik); **350.3** stock.adobe.com, Dublin (David Alary); **350.4** iStockphoto, Calgary, Alberta (LoopAll); **350.5** MEV Verlag GmbH, Augsburg (Pawlitzki Micha); **351.4** stock.adobe.com, Dublin (evgenyb); **352.1** Image Professionals, München (Science Photo Library/Giphotostock); **352.2** Dr. Jutta Töhl-Borsdorf, Marburg; **354.1** https://creativecommons.org/licenses/by-sa/4.0/deed.de, Mountain View (Retama); CC-BY-SA-4.0 Lizenzbestimmungen: https://creativecommons.org/licenses/by-sa/4.0/legalcode; By Retama - Own work, CC BY-SA 4.0, https://commons.wikimedia.org/w/index.php?curid=5722312, siehe *3; **354.2** Mauritius Images, Mittenwald (Science Photos Library); **359.1** Seilnacht, Thomas, Gwatt (Thun); **359.2** stock.adobe.com, Dublin (virtua73); **360.1** Getty Images, München (Science Source); **360.3** Image Professionals, München (Science Photo Library/JOSE CALVO); **361.1** Image Professionals, München (Science Photo Library/Terry, Sheila); **361.2** akg-images, Berlin (The National Gallery, London); **362.1** Getty Images RF, München (Photodisc); **362.2** Blühdorn GmbH, Fellbach; **366.1** Okapia, Frankfurt (Eberhard Morell); **366.2** ShutterStock.com RF, New York (COULANGES); **366.5** Kontrast Atelier/Frederic Meyer, Zürich; **367.1** Seilnacht, Thomas, Gwatt (Thun); **367.4** ShutterStock.com RF, New York (Tomo Jesenicnik); **368.1** Blickwinkel, Witten (R. König); **368.2** Blickwinkel, Witten (R. König); **368.3** Seilnacht, Thomas, Gwatt (Thun); **369.1** stock.adobe.com, Dublin (Whispers); **370.1** Okapia, Frankfurt (imageBROKER/Frank Sommariva); **373.3** Bettina Sommer, Köngen; **375.1** stock.adobe.com, Dublin (Guido Miller); **376.1** stock.adobe.com, Dublin (wojtek); **376.2** Image Professionals, München (Science Photo Library/Bulgar, Wladimir); **376.3** Getty Images Plus, München (iStock Unreleased/labsas); **377.1** Wilke de Vries, Mönchengladbach; **377.2** stock.adobe.com, Dublin (F.Schmidt); **378.1** stock.adobe.com, Dublin (Kovalenko I); **378.2** PlasticsEurope, Brüssel; **378.3** PlasticsEurope, Brüssel; **379.4** Seilnacht, Thomas, Gwatt (Thun); **379.5** Ernst Klett Verlag GmbH, Stuttgart (Ralph Grimmel); **379.6** stock.adobe.com, Dublin (evegenesis); **380.1** ShutterStock.com RF, New York (Juriaan Wossink); **382.7** Bettina Sommer, Köngen; **382.8** Alamy stock photo, Abingdon (artpartner.de); **383.3** iStockphoto, Calgary, Alberta (KariHoglund); **384.1** Picture-Alliance, Frankfurt/M. (dpa/G Drollet); **385.2** stock.adobe.com, Dublin (LRafael); **385.3** Mauritius Images, Mittenwald (Science Source / Charles D. Winters); **386.1** stock.adobe.com, Dublin (martinfredy); **386.2** Picture-Alliance, Frankfurt/M. (REUTERS/MICHAELA REHLE); **388.1** Getty Images Plus, München (iStock/scyther5); **388.3** stock.adobe.com, Dublin (sarikhani); **388.6** Ernst Klett Verlag GmbH, Stuttgart (Wolfgang Zeiller); **388.7** MEV Verlag GmbH, Augsburg; **388.8** Getty Images Plus, München (iStock Editorial/Yingko); **388.9** Elfriede König, Fellbach; **388.10** Picture-Alliance, Frankfurt/M. (dpa/Michael Rosenfeld); **388.11** stock.adobe.com, Dublin (www3d); **389.1** Dr. Jutta Töhl-Borsdorf, Marburg; **389.2** Dr. Jutta Töhl-Borsdorf, Marburg; **389.3** Dr. Jutta Töhl-Borsdorf, Marburg; **389.4** Dr. Jutta Töhl-Borsdorf, Marburg; **390.1** Dr. Elke Schumacher, Odenthal; **391.2** Dr. Elke Schumacher, Odenthal; **392.5** stock.adobe.com, Dublin (Kovalenko I); **393.1** IMAGO, Berlin (IPON); **394.1** Picture-Alliance, Frankfurt/M. (dpa/Abir Abdullah);

394.2 ShutterStock.com RF, New York (TotemArt); **396.1** ShutterStock.com RF, New York (Larina Marina); **396.2** ShutterStock.com RF, New York (Rich Carey); **396.3** Alamy stock photo, Abingdon (NOAA); **398.1** ShutterStock.com RF, New York (photokup); **398.2** Alamy stock photo, Abingdon (imageBROKER/Ulrich Niehoff); **399.1** ShutterStock.com RF, New York (Eugene Onischenko); **399.2** Alamy stock photo, Abingdon (EnVogue_Photo); **399.3** Mauritius Images, Mittenwald (Alamy/Otto Pleska); **399.4** Getty Images, München (The Image Bank/Photo and Co); **399.5** stock.adobe.com, Dublin (vitals); **399.6** https://creativecommons.org/licenses/by-sa/4.0/deed.de, Mountain View (Anton); CC-BY-SA-4.0 Lizenzbestimmungen: https://creativecommons.org/licenses/by-sa/4.0/legalcode; By No machine-readable author provided. Saperaud~commonswiki assumed (based on copyright claims). - No machine-readable source provided. Own work assumed (based on copyright claims)., CC BY-SA 3.0, https://commons.wikimedia.org/w/index.php?curid=350295, siehe *3; **400.2** Institut Dr. Flad, Stuttgart (Beuttler/Katzenwadel); **401.2** Wilke de Vries, Mönchengladbach; **401.3** Wilke de Vries, Mönchengladbach; **401.4** Wilke de Vries, Mönchengladbach; **401.5** Wilke de Vries, Mönchengladbach; **403.3** www.panthermedia.net, München (Setsiri Silapasuwanchai); **403.5** Image Professionals, München (Science Photo Library/Nishinaga, Susumu); **404.1** Bettina Sommer, Köngen; **404.2** Bettina Sommer, Köngen; **405.1** Seilnacht, Thomas, Gwatt (Thun); **405.2** Seilnacht, Thomas, Gwatt (Thun); **405.3** Seilnacht, Thomas, Gwatt (Thun); **405.4** Seilnacht, Thomas, Gwatt (Thun); **405.5** Image Professionals, München (Science Photo Library/US Air Force); **406.1** ShutterStock.com RF, New York (Chikena); **406.2** Image Professionals, München (Science Photo Library /Bob Gibbons); **406.3** W. Barthlott, lotus-salvinia.de; **411.1** Getty Images Plus, München (iStock/hayatikayhan); **412.1** Zuckerfabrik Fotodesign, Stuttgart; **412.3** Zuckerfabrik Fotodesign, Stuttgart; **412.7** Zuckerfabrik Fotodesign, Stuttgart; **412.9** Quelle: Henri Brunner: Rechts oder links. In der Natur und anderswo.Wiley-VCH, 1999.; **414.3** akg-images, Berlin; **417.1** creativ collection Verlag GmbH, Freiburg; **417.2** www.panthermedia.net, München (Philip Lange); **417.4** Mauritius Images, Mittenwald (Ypps); **417.5** YOUR PHOTO TODAY, Ottobrunn (BSIP); **418.1** Alamy stock photo, Abingdon (allOver images/MEV); **420.2** Bettina Sommer, Köngen; **420.3** Bettina Sommer, Köngen; **420.4** Bettina Sommer, Köngen; **420.5** Bettina Sommer, Köngen; **420.6** Bettina Sommer, Köngen; **421.1** Getty Images Plus, München (iStock/Pat_Hastings); **423.3** Okapia, Frankfurt; **423.4** StockFood RF (Foodcollection), München; **424.1** Getty Images Plus, München (iStock/anilakkus); **425.2** Image Professionals, München (BIOPHOTO ASSOCIATES); **425.3** Alamy stock photo, Abingdon (Gudrun Schulze Ebbinghoff/Stockimo); **426.2** Getty Images Plus, München (iStock/y_seki); **427.2** Bettina Sommer, Köngen; **427.3** Dr. Jutta Töhl-Borsdorf, Marburg; **427.4** VISUM Foto GmbH, München (Joerg Mueller); **428.1** Ernst Klett Verlag GmbH, Stuttgart; **429.1** Ernst Klett Verlag GmbH, Stuttgart; **431.5** Edgar Brückl, Griesbach im Rottal; **434.1** Getty Images RF, München (PhotoDisc); **434.2** Getty Images Plus, München (E+/Easyturn); **434.3** Mauritius Images, Mittenwald (Ulrich Niehoff/ imagebroker); **434.4** Getty Images Plus, München (iStock/Santje09); **435.4** Avenue Images GmbH, Hamburg (Getty / Digital Vision / Gray), **438.1** Fotosearch Stock Photography/BananaStock; **439.1** Ernst Klett Verlag GmbH, Stuttgart; **439.3** JupiterImages photos.com, Tucson, AZ; **439.4** iStockphoto, Calgary, Alberta (eli_asenova); **439.5** creativ collection Verlag GmbH, Freiburg; **439.6** www.panthermedia.net, München (Thomas Oser); **439.7** Stockbyte, Tralee, County Kerry; **439.8** stock.adobe.com, Dublin (Zoja); **439.9** Mauritius Images, Mittenwald (Alamy Stock Photos / DGDImages); **440.1** ShutterStock.com RF, New York (Belish); **440.2** Avenue Images GmbH, Hamburg (PhotoDisc); **441.1** stock.adobe.com, Dublin (Y's harmony); **441.2** Getty Images Plus, München (iStock/BanksPhotos); **441.3** Mauritius Images, Mittenwald (age fotostock / Neal & Molly Jansen); **441.4** Okapia, Frankfurt (H. P. Oetelshofen); **441.5** iStockphoto, Calgary, Alberta (FotografiaBasica); **443.1** Mauritius Images, Mittenwald (Science Photo Library/Juan Gaertner); **444.1** IMAGO, Berlin (Westend61); **445.2** Getty Images, München (2017 Bloomberg Finance LP); **445.4** Getty Images Plus, München (iStock/JazzIRT); **450.1** Getty Images RF, München (PhotoAlto/ Zhen Shui/ Michele Constantini); **450.1** Getty Images RF, München (PhotoAlto/ Zhen Shui/ Michele Constantini); **453.1** YOUR PHOTO TODAY, Ottobrunn (BSIP); **454.1** akg-images, Berlin; **454.3** iStockphoto, Calgary, Alberta (gilaxia); **455.2** Mauritius Images, Mittenwald (Busse Yankushev); **456.3** Ernst Klett Verlag GmbH, Stuttgart; **457.1** Bettina Sommer, Köngen; **457.2** Ernst Klett Verlag GmbH, Stuttgart; **457.3** Ernst Klett Verlag GmbH, Stuttgart; **457.5** Bettina Sommer, Köngen; **458.2** Image Professionals, München (Science Photo Library/PASCAL GOETGHELUCK); **459.1** Seilnacht, Thomas, Gwatt (Thun); **459.5** Ernst Klett Verlag GmbH, Stuttgart; **460.1** Getty Images, München (Iconica/Nuts); **462.1** Mauritius Images, Mittenwald (Jeff O'Brien); **464.1** Ernst Klett Verlag GmbH, Stuttgart; **464.2** Quinzler, Gottfried, Sindelfingen; **465.1** Seilnacht, Thomas, Gwatt (Thun); **466.2** ShutterStock.com RF, New York (HP_photo); **466.3** Bettina Sommer, Köngen; **468.2** IMAGO, Berlin (Ulrich Niehoff); **469.1** Getty Images Plus, München (E+/oluolu3); **470.1** stock.adobe.com, Dublin (ag visuell); **470.3** Seilnacht, Thomas, Gwatt (Thun); **470.5** Seilnacht, Thomas, Gwatt (Thun); **476.1** Getty Images Plus, München (iStock/AnikaSalsera); **476.2** Getty Images Plus, München (iStock/andhal); **478.1** Getty Images Plus, München (iStock/pic_studio); **478.2** iStockphoto, Calgary, Alberta (Vladimir Zapletin); **478.3** Atotech Deutschland GmbH, Berlin; **480.1** Seilnacht, Thomas, Gwatt (Thun); **480.2** Seilnacht, Thomas, Gwatt (Thun); **480.3** Seilnacht, Thomas, Gwatt (Thun); **480.4** Seilnacht, Thomas, Gwatt (Thun); **481.1** Getty Images Plus, München (E+/GregorBister); **482.1** Image Professionals, München (Stockfood/POWER AND SYRED); **482.2** Alamy stock photo, Abingdon (LAGUNA DESIGN/Science Photo Library); **483.2** Getty Images Plus, München (iStock/Sinhyu); **484.1** Seilnacht, Thomas, Gwatt (Thun); **484.3** Alamy stock photo, Abingdon (LAGUNA DESIGN/Science Photo Library); **485.1** Getty Images Plus, München (DigitalVision/Jacobs Stock Photography Ltd); **487.1** Zuckerfabrik Fotodesign, Stuttgart; **487.2** Zuckerfabrik Fotodesign, Stuttgart; **487.3** Zuckerfabrik Fotodesign, Stuttgart; **489.4** Ernst Klett Verlag GmbH, Stuttgart; **491.1** Ernst Klett Verlag GmbH, Stuttgart; **491.2** Ernst Klett Verlag GmbH, Stuttgart; **491.3** Ernst Klett Verlag GmbH, Stuttgart; **500.2** ullstein bild, Berlin (JOKER / Rainer Steußloff); **U1.1** Getty Images Plus, München (E+/izusek)

*3 Lizenzbestimmungen zu CC-BY-SA-4.0 siehe: http://creativecommons.org/licenses/by-sa/4.0/legalcode

Texte

72.2 Georg Leonhard Schwarzens Reise nach Ostindien. Johann Christoph Erhard Stuttgart 1774; **150.2** Justus Freiherr von Liebig. Die organische Chemie in ihrer Anwendung auf Agricultur und Physiologie. Vieweg Braunschweig 1841; **406** Theophrast Paracelsus: Werke, Bd. 2. WBG Darmstadt 1965, S. 508-513; **455** Justus von Liebig, Zitat. Unter: https://gutezitate.com/zitat/255553 (Zugriff 08.12.2021);

Die Reihenfolge und Nummerierung der Bild- und Textquellen im Quellennachweis erfolgt automatisch und entspricht u. U. nicht der Nummerierung der Bild- und Textquellen im Werk. Die automatische Vergabe der Positionsnummern erfolgt in der Regel von links oben nach rechts unten, ausgehend von der linken oberen Ecke der Abbildung.

Periodensystem der Elemente

Atommasse in u (*Atommasse des langlebigsten Isotops) — 12,0107 (*)
Ordnungszahl — 6
Atomsymbol — C
Elementname — Kohlenstoff
Erste Ionisierungsenergie in eV — 11,26
Elektronegativität nach PAU… — 2,5

- Metalle
- Halbmetalle
- Nichtmetalle
- chemische Eigenschaften unbekannt

Perioden	Hauptgruppen I (1)	II (2)	Nebengruppen III A (3)	IV A (4)	V A (5)	VI A (6)	VII A (7)	VIII A (8/9/1…	
1	1,00794 1 H Wasserstoff 13,60 2,1								
2	6,941 3 Li Lithium 5,39 1,0	9,012182 4 Be Beryllium 9,32 1,5							
3	22,989770 11 Na Natrium 5,14 0,9	24,3050 12 Mg Magnesium 7,65 1,2							
4	39,0983 19 K Kalium 4,34 0,8	40,078 20 Ca Calcium 6,11 1,0	44,955910 21 Sc Scandium 6,54 1,3	47,867 22 Ti Titan 6,82 1,5	50,9415 23 V Vanadium 6,74 1,6	51,9961 24 Cr Chrom 6,77 1,6	54,938049 25 Mn Mangan 7,44 1,5	55,845 26 Fe Eisen 7,87 1,8	58,933200 27 Co Cobalt 7,86
5	85,4678 37 Rb Rubidium 4,18 0,8	87,62 38 Sr Strontium 5,69 1,0	88,90585 39 Y Yttrium 6,38 1,3	91,224 40 Zr Zirconium 6,84 1,4	92,90638 41 Nb Niob 6,88 1,6	95,94 42 Mo Molybdän 7,10 1,8	97,9072* 43 Tc Technetium 7,28 1,9	101,07 44 Ru Ruthenium 7,37 2,2	102,90550 45 Rh Rhodium 7,46
6	132,90545 55 Cs Caesium 3,89 0,7	137,327 56 Ba Barium 5,21 0,9	57–71 Lanthanoide ↓	178,49 72 Hf Hafnium 7,0 1,3	180,9479 73 Ta Tantal 7,89 1,5	183,84 74 W Wolfram 7,98 1,7	186,207 75 Re Rhenium 7,88 1,9	190,23 76 Os Osmium 8,7 2,2	192,217 77 Ir Iridium 9,1
7	223,0197* 87 Fr Francium 4,0 0,7	226,0254* 88 Ra Radium 5,28 0,9	89–103 Actinoide ↓	267,122* 104 Rf Rutherfordium	268,126* 105 Db Dubnium	271,134* 106 Sg Seaborgium	270,133* 107 Bh Bohrium	277,152* 108 Hs Hassium	278,156* 109 M… Meitneriu…

↑ Perioden

Lanthanoide	138,9055 57 La Lanthan 5,58 1,1	140,116 58 Ce Cer 5,47 1,1	140,90765 59 Pr Praseodym 5,42 1,1	144,24 60 Nd Neodym 5,49 1,1	144,9127* 61 Pm Promethium 5,55 1,1	150,36 62 Sm Samarium 5,64 1,2	151,964 63 Eu Europiu… 5,67
Actinoide	227,0278* 89 Ac Actinium 6,9 1,1	232,0381 90 Th Thorium 6,95 1,3	231,03588 91 Pa Protactinium 5,89 1,5	238,02891 92 U Uran 6,08 1,4	237,0482* 93 Np Neptunium 6,19 1,3	244,0642* 94 Pu Plutonium 6,06 1,3	243,0614* 95 Am Americiu… 5,99